Man sieht nur, was man weiß!

IngenieurbauFührer
Baden-Württemberg

Uwe Buck
schwetzingen

Bauwerk

Die Deutsche Bibliothek – CIP-Einheitsaufnahme

Schlaich, Jörg:
IngenieurbauFührer
Baden-Württemberg
Jörg Schlaich, Matthias Schüller;
Herausgegeben von der Ingenieurkammer
Baden-Württemberg
– 1. Aufl. – Berlin: Bauwerk Verlag, 1999
ISBN 3-934369-01-4

NE: Schüller, Matthias

1. Auflage 1999
© by Bauwerk Verlag GmbH, Berlin 1999

Gestaltung:
moniteurs, Berlin
Korrektur:
Hartmut Breckenkamp
Belichtung:
typossatz GmbH Berlin
Druck:
Saladruck GmbH, Berlin
Buchbinder:
Buchbinderei Heinz Stein, Berlin

Printed in Germany

ISBN 3-934369-01-4

Herausgegeben
von der Ingenieurkammer
Baden-Württemberg

IngenieurbauFührer
Baden-Württemberg

Jörg Schlaich
Matthias Schüller

Bauwerk

Geleitwort des Herausgebers

Die Vielfalt an Bauwerken, deren Schöpfer kreative Bauingenieure sind, ist in Baden-Württemberg – darauf beschränken sich die Autoren dieses Buches – schier unerschöpflich.

Was Wunder, wenn sich ihre Kollegen an das Erkunden dieser Ingenieurbauwerke machen und dabei ein Reiseführer herauskommt, ein Wegweiser zur Ingenieurbaukultur in unserem Lande.

Führt das Erstaunen über die Leichtigkeit einer Brücke oder über die Transparenz eines weit gespannten Daches, über eine elegant in die Landschaft gelegte Straße oder Bahn, über die Reinheit und Kühle des allgegenwärtigen Trinkwassers, über den Schwung eines Staudamms nicht zum gleichen Heureka, das uns beim Anblick eines besonders gelungenen Kunstwerkes oder beim Hören eines unter die Haut gehenden Musikstückes überkommt?

Die Ingenieurkammer Baden-Württemberg bietet als Herausgeber dieses Buches das gesammelte Ingenieurbauwissen, den entdeckten Schatz an Ingenieurbaukunst, allen Interessierten an. Dabei vermuten wir, dass dies nicht nur die Ingenieure des Bauwesens sind, wie sie in unserer Kammer als Mitglieder und Könner ihres Faches mehrheitlich organisiert sind. Zu den interessierten Lesern werden mit Sicherheit auch Architekten, Bauherren und die Bauwirtschaft als Ganzes gehören. Für Studenten des Bauingenieurwesens und der Architektur wird das Buch zur Pflichtlektüre werden. Und ganz gewiss werden auch technikkulturbeflissene Laien staunen, wie die vorgestellten Ingenieurbauwerke in der Wirklichkeit aussehen. Dieses Buch gehört m. E. in jedes Handschuhfach.

Die Ingenieurkammer hat den gesetzlichen Auftrag, „... die Ingenieurtätigkeit zum Schutz der Allgemeinheit und der Umwelt zu fördern." Mit der Herausgabe dieses Ingenieurbauführers kommen wir dieser Aufgabe in besonders anspruchsvoller Weise nach. In Partnerschaft mit den Autoren, Prof. Dr.-Ing., Drs. h. c. Jörg Schlaich, Beratender Ingenieur und herausragendes Mitglied unserer Kammer seit der ersten Stunde, und seinem Mitarbeiter Dr.-Ing. Matthias Schüller, sowie den engagierten und kreativen Designern von Moniteurs, Berlin, ist es gelungen, Ingenieurbaukunst sichtbar und begreifbar zu machen. Das Können der Bauingenieure hat eine Darstellung gefunden, die es bisher noch nicht gab – die Ingenieurkammer Baden-Württemberg dankt allen, die am Entstehen dieses Buches beteiligt waren.

Stuttgart, Mai 1999
Gert Kordes
Präsident der Ingenieurkammer
Baden-Württemberg

Vorwort

Dieses Buch wendet sich an alle, die sich für den Ingenieurbau und seine Wirkung auf Mensch und Natur interessieren. Es ist als Reiseführer geschrieben, soll zur Anschauung vor Ort anregen und dort informieren. Da man aber nicht überall selbst hinfahren kann, wird es wohl auch als Lesebuch benutzt werden.

Das Ingenieurbauwerk schlechthin ist die Brücke: Kühn auftrumpfend oder bescheiden zurückhaltend führt sie einen Verkehrsweg mühelos elegant oder plump stampfend über ein Hindernis hinweg. Das Wirken der Bauingenieure umfasst aber weit darüber hinausgehend die gesamte technische Infrastruktur und selbst Kennern und Fachleuten ist nicht bewusst, in welchem Maße dies unsere Umwelt bestimmt, sie bereichert oder verdirbt. Die Menge und Vielfalt der sehenswerten Brücken, Türme und Behälter, der Eisenbahnstrecken, Auto- und Wasserstraßen, der Wärme-, Wasser- und Windkraftwerke, der besonderen Tragwerke zur Überdachung von Gebäuden, Stadien und Kirchen und vielem mehr allein in Baden-Württemberg ist in der Tat überwältigend.

Die Ingenieurbauten wurden bisher nirgends zusammenhängend beschrieben – wir denken, nicht aus Desinteresse der Bauingenieure an ihrem Erbe und Werk, sondern weil die umfassende Recherche nahezu bodenlos und die notwendigerweise strenge Auswahl qualvoll ist. So füllt dieser Reiseführer auf jeden Fall eine Lücke – wie gut, bestimmen zukünftig auch die, die durch Zuschriften zu einer verbesserten 2. Auflage beitragen möchten. Nichts ist für einen Beruf und seine Werke abträglicher als verlegenes Schweigen und nichts anregender als eine lebendige Auseinandersetzung. Wie gut wäre es, wenn es uns gar gelänge, eine Streitkultur zu entwickeln, also zu lernen, um der Sache willen zu streiten, ohne persönlich zu verletzen. Wir bitten also ausdrücklich um freimütige Kritik und Anregungen. Auf Anhieb ist ein solches Werk eben nicht zu schaffen. Wir haben uns redlich bemüht, mit allen erdenklichen Quellen und auf zahllosen Reisen flächendeckend zu recherchieren. Wer sich über eine trotzdem verbliebene Lücke wundert, möge seinen Unmut doch bitte alsbald in eine möglichst konkrete Zuschrift an die Verfasser ummünzen. Wir sind auch für jeden noch so kleinen Hinweis, wie eine bessere Wegbeschreibung oder neue Öffnungszeiten für Besichtigungen, dankbar. Bitte bedienen Sie sich dazu des Vordrucks auf *Seite 15.*

Viele haben uns mit Textbeiträgen, Materialien und Vorschlägen geholfen, allen voran, mit ihren sieben Diplomarbeiten, Heiko Hammelehle (Brücken), Rainer Handschuh (Industrie-, Berg- und Tunnelbau), Gunther Junginger (Brücken sowie Straßen- und Bahnbau), Jürgen Käser (Hallen, Gebäude, insbesondere Fachwerkhäuser), Martin Kühfuss (Hallen und Dächer), Jürgen Schäfer (Türme und Windkraftanlagen) und Rüdiger Siebel (Wasserbau, Wasserwirtschaft und Wasserversorgung), wobei Siebel, Junginger, Käser und Schäfer über ihre Diplomarbeiten hinaus bis zur Fertigstellung dieses Buches mitgearbeitet haben.

Sie alle haben mit Feuereifer bei Behörden, in Ingenieurbüros und in der Literatur recherchiert, sind gereist, haben bewertet und diskutiert und so jeder auf seine Art entscheidend zu diesem Buch beigetragen.

Prof. Hohnecker von der Universität Karlsruhe hat für uns ausführliche Textbeiträge für den Abschnitt „Eisenbahnbau" und Prof. Krauth von der Universität Stuttgart für das Kapitel „Abfall und Abwasser" geschrieben. Prof. Giesecke und seine Mitarbeiter Marx und Heimerl von der Universität Stuttgart haben uns tatkräftig beim Kapitel „Wasserbau, Wasserwirtschaft, Wasserversorgung" unterstützt. Für einen Beitrag zur Landeswasserversorgung danken wir Prof. Flinspach und Herrn Scheck. Konstanze Hall hat für uns die jedem Kapitel vorangestellten Gemälde von Malern aus Baden-Württemberg entdeckt.

Danken möchten wir auch folgenden Damen und Herren, die uns bereitwillig in ihre Archive ließen und uns mit Auskünften und Ratschlägen halfen:

- Herren Gerlinger und Burkhardt
  Deutsche Bahn AG Stuttgart
- Herren Kuppel, Bechthold und Prommersberger
  Deutsche Bahn AG Karlsruhe
- Herr Sohn
  Regierungspräsidium Stuttgart
- Herr Haeberle
  Regierungspräsidium Tübingen
- Herr Maier
  Regierungspräsidium Karlsruhe
- Herr Kindt
  Regierungspräsidium Freiburg
- Herren Hofmann, Lorscheider und Kiefer
  Landesamt für Straßenwesen
- Herren Prof. Beiche, Ehrke, Decker und Schanz
  Tiefbauamt Stuttgart
- Herr Weis
  Tiefbauamt Freiburg
- Herren Prof. Haag und Neef
  Energieversorgung Schwaben (EVS)
- Frau Haun und Herr Thaler
  Deutsche Telekom

Ein Rundschreiben an zahlreiche Kollegen, insbesondere auch in den Regionen des Landes, in denen unsere bis dahin durchgeführten Recherchen noch große weiße Flecke hinterlassen hatten, hat eine erfreuliche Resonanz gefunden.

Wir danken besonders Herrn Müller-Bornemann und Prof. Volker Hahn, die uns nicht nur ihre Unterlagen zur Verfügung gestellt, sondern auch persönlich beraten haben. Alle zu nennen, die uns unterstützt haben, würde hier den Rahmen sprengen, aber wir danken allen Kollegen und versichern, dass wir sämtliche Vorschläge gründlich geprüft und versucht haben, möglichst objektiv zu sein. Daraus folgt natürlich auch, dass die Verantwortung für das, was letztlich gedruckt wurde, allein bei den Verfassern liegt.

Wir hoffen sehr, dass sich über die Ingenieurkammern anderer Bundesländer bald auch dort oder gar jenseits der Grenzen Deutschlands Kollegen finden, die die Initiative ergreifen und die für uns bedauerliche, aber wegen der gebotenen Gründlichkeit notwendige Beschränkung auf ein Bundesland überwinden. Wir laden zur Zusammenarbeit ein und stehen mit unserer Erfahrung zur Verfügung.

Für das kreative Layout und die einfühlsame Gestaltung dieses Buches im Zuge einer engagierten Zusammenarbeit in allen Phasen seiner Entstehung bis hin zur druckfertigen Vorlage danken wir Frau Sibylle Schlaich, der Tochter des erstgenannten Verfassers, und ihren Mitarbeitern Britta Petermeyer und Dominik Kyeck von Moniteurs, Berlin.

Frau Ilse Guy hat uns sehr bei der Materialbeschaffung geholfen. Herrn Hartmut Breckenkamp danken wir für das sorgfältige Lektorat.

Dem Verlag Bauwerk, insbesondere Herrn Prof. Klaus-Jürgen Schneider, sei Dank für gute Ratschläge und den hochwertigen Druck – verbunden mit der Hoffnung auf einen erfolgreichen Vertrieb.

Die „Stiftung Bauwesen", Stuttgart, hat dieses Vorhaben mit einem namhaften Betrag gefördert und bestätigt diesem Buch, dass es ihrem Stiftungszweck „... die Folgen des Bauens für die Gesellschaft einzuschätzen" dient. Vielen Dank dem Vorstand der Stiftung, den Herren Prof. Volker Hahn, Prof. Karl Heinz Bökeler, Prof. Karl Friedrich Hüfner und Erich Hofmann.

Der Ingenieurkammer Baden-Württemberg, ihrem Präsidenten Gert Kordes, ihrem stets zupackenden Hauptgeschäftsführer Manfred Pfaus und der von ihnen berufenen Betreuergruppe, den Herren Prof. Hartwig Beiche, Hans-Jörg Mayer-Vorfelder, Prof. Jörg Peter und Klaus Stiglat danken wir sehr für die Übernahme der Herausgeberschaft. Eine Sonderumlage, zu der alle Kammermitglieder aufgerufen waren, hat eine sehr gute Resonanz gefunden und einen günstigen Ladenpreis dieses Buches ermöglicht.

Stuttgart, Mai 1999
Jörg Schlaich und Matthias Schüller

Was sind Ingenieurbauten?

Unter Ingenieurbauten verstehen wir alle Bauwerke, für deren Entwurf, Planung und Ausführung Bauingenieure verantwortlich sind und die sie entweder allein oder in Zusammenarbeit mit Ingenieuren anderer Fachgebiete, mit Architekten und Landschaftsarchitekten entworfen haben. Im engeren Sinne sind das diejenigen Bauwerke, bei denen das Tragwerk oder die tragende Konstruktion das Ganze oder den größten Teil des Ganzen ausmachen, wie beispielsweise bei den Brücken. Ihre dominanten Teile dienen weitestgehend der Lastabtragung und ihre nicht tragenden Teile, wie Geländer, Beleuchtung, Schilder oder Schallschutzwände, sind zwar prinzipiell von untergeordneter Bedeutung, können aber im Einzelfall die Gestalt der Brücke stark beeinflussen, häufig auch beeinträchtigen. Gleichwohl bleibt selbst die Lastabtragung immer Mittel zum Zweck und haben die Ingenieurbauwerke, wie alle anderen Bauwerke auch, zuerst eine Aufgabe zu erfüllen: die Überführung eines Verkehrsweges über ein Tal oder einen Fluss, die trockene Bedachung, die Lagerung von Schüttgut, die Energieversorgung usw. Bei manchen Ingenieurbauten im weiteren Sinne, die aber sehr wohl noch zentraler Gegenstand dieses Buches sind, kann das Tragwerk bzw. die Lastabtragung durchaus in den Hintergrund treten: etwa im Straßen- und Bahnbau, bei Bauten für die Wasserversorgung oder Abfallbeseitigung oder gar im Bergbau. Der Übergang zum Maschinen- und Anlagenbau ist fließend, beispielsweise bei den Wasser-, Wärme- und Windkraftwerken oder der Wasserversorgung. Besonders der Wasserbau und die Umwelttechnik verlangen vom Bauingenieur im hohen Maße die Fähigkeit zu interdisziplinärer Zusammenarbeit. Neue Arbeitsgebiete kündigen sich an, wie im Umweltschutz, in der Landschaftspflege oder bei der Nutzung der Sonnenenergie.

Auch der Übergang zwischen den Ingenieurbauten und den Architektenbauten ist fließend und undefiniert (was man schon daran erkennt, dass Letzteres eine ungewohnte Wortschöpfung ist). Wir wollen aber den Begriff „Architektur" für das, was die Ingenieure eigenverantwortlich entwerfen sollen, nicht verwenden, sondern eben „Ingenieurbau", um die Ingenieure an ihre Verantwortung für die ganzheitliche Qualität ihrer Arbeit zu erinnern. Zu viele neigen dazu, den Entwurf auch dort, wo sie selbst zuständig wären, den Architekten zu überlassen. So kam es gar in letzter Zeit zu Architektenwettbewerben für Brücken! Wir Ingenieure reklamieren um der Sache – nicht des Prestiges oder gar der Aufträge – willen, dass Architekten- und Ingenieurbauten integrale Bestandteile einer unteilbaren Baukunst sind und sich die Rollenverteilung in der Zusammenarbeit aus der Aufgabenstellung bzw. den Kompetenzen ergibt.

Ein „reiner" Architektenbau dient einer komplexen sozialen Funktion, und wenn er klein ist, spielt die Lastabtragung (im üblichen, doch unglücklichen Sprachgebrauch: die „Statik") keine wesentliche Rolle – typisches Beispiel: das Einfamilienhaus. Wir erkennen den Unterschied zum „reinen" Ingenieurbau mit seinem typischen Vertreter: der Brücke; sie ist unifunktional, normalerweise verhältnismäßig groß und von der Lastabtragung bestimmt. Die Unterschiede im Berufsbild der Architekten und Ingenieure ergeben sich aus ihrer unterschiedlichen Aufgabenstellung. Der Architekt entwickelt die Formen seiner Gebäude aus Räumen und Körpern für eine komplexe Funktion; der Ingenieur entwickelt die Formen seiner Tragwerke für einen effizienten Kraftfluss und eine vorteilhafte Bautechnik. Beide sind aber für die Gestalt „ihrer" Bauten selbst verantwortlich, weil die Baukunst eine angewandte Kunst und keine reine Kunst ist und ihre guten Formen sich aus der Funktion und nicht formal entwickeln sollen. Wenn eine komplexe Funktion und eine komplexe Lastabtragung in einem Bau zusammenkommen – typisches Beispiel: das Hochhaus –, dann ist die enge Zusammenarbeit von Architekten und Bauingenieuren unabdingbar. Baumeister, Alles-noch-selbst-machen-Könner, kann man heute nur noch auf seinem engeren Fachgebiet sein: der Architekt beim Wohnungsbau, der Ingenieur bei der Brücke. Immer aber sucht der Selbstkritische die Zusammenarbeit – der

Ingenieur beim Brückenbau in noch unverbau-
ter Landschaft mit dem Landschaftsarchitekten, beim städtischen Brückenbau mit dem
Architekten. Wer sich zu weit auf fremdes
Terrain vorwagt, wird kopieren und verball-
hornen, aber nicht kreativ erfinden – beispielsweise, wenn sich Architekten alleine an
Brücken versuchen. Wenn die Zusammenarbeit gut war, egal wo, interessiert nicht, was
von wem stammt, sondern nur die Qualität
des Ergebnisses!

In diesem Sinne bringt dieser Führer auch
zahlreiche Hochbauten, bei denen der Beitrag
des Ingenieurs in irgendeiner Weise wesentlich war, sei es, dass die Tragkonstruktion ihre
Gestalt prägt oder, obwohl sie zurückgenom-
men kaum in Erscheinung tritt, trotzdem
Anregungen vermittelt. In diesem Zusammenhang hat uns übrigens auch der Vorwurf
getroffen, dass wir mit einem eigenen Ingenieurbauführer statt mit einer Erweiterung eines
Architekturführers die ja wirklich beklagens-
werte Kluft und Sprachlosigkeit zwischen den
Architekten und den Ingenieuren vertiefen
würden. Wir wollen das ganz sicher nicht – die
Baukunst ist unteilbar –, aber die große Zahl
der bemerkenswerten Ingenieurbauten ließ
uns keine Wahl. Und wenn dieser Führer etwas
zum Selbstbewusstsein der Ingenieure beiträgt und sie an ihre eigene Verantwortung
für Natur und Kultur gemahnt, dann kommt
dies auch der Zusammenarbeit zwischen den
Disziplinen und so der ganzen Baukultur
zugute.

Was soll dieser Ingenieurbauführer?

Die eigene Anschauung und der Respekt vor den Leistungen ihrer Vorfahren und Kollegen soll den kritischen Blick der **tätigen Bauingenieure** im Hinblick auf die Qualität ihrer eigenen Arbeit schärfen und ihren schöpferischen Ehrgeiz anspornen. Während der Recherchen zu diesem Buch wurde ein faszinierend feingliedrige und technisch hochinteressante Stuttgarter Teleskop-Gaskessel aus dem Jahre 1906 abgerissen. Ein Architekt, Professor Roland Ostertag, tat alles, um dies zu verhindern, und schlug dafür vor, den riesigen Raum wie in Oberhausen einer anderen Nutzung zuzuführen. Die Stuttgarter Ingenieure nahmen aber von diesem Vorgang überhaupt keine Notiz und so fühlten sich die von ihnen gewählten Vertreter auch nicht aufgefordert, dieses Denkmal zu erhalten *siehe Seite 543* Ohne Geschichtsbewusstsein und intime Kenntnis seines zeitgenössischen Umfeldes und ohne die kritische Diskussion im Kollegenkreis verfällt ein technisch orientierter Beruf in die Technokratie, die nur die Funktion und die Ökonomie sieht. Technokratisch konzipierte, hässliche und gefühllose Bauten provozieren Technikfeindlichkeit, die sich ein rohstoffarmes, von der Technik existentiell abhängiges Land überhaupt nicht leisten kann. Monotone, graue Betonwände sind nicht von ungefähr das bevorzugte Angriffsziel der Sprayer, ganz zu schweigen von der dann vertanen kulturellen Chance, die jeder Quadratmeter um unseres Wohlstandes willen versiegelter Natur in sich birgt.

Der einzige gleichwertige Ersatz für Natur ist Kultur und deshalb ist jeder Bauende zu einer kulturellen Gegenleistung verpflichtet. Die Ingenieurbauten, die von der Menge und Größe her alles sonst Gebaute dominieren, sind untrennbarer Bestandteil der Baukultur! Ihre Qualität bestimmt der Bauingenieur mit dem Wissen, der Erfahrung, der Phantasie und der Liebe, mit denen er sich ihrem Entwurf, ihrem Bau und ihrer Erhaltung widmet.

Die große Zahl gut gelungener alter oder neuer Ingenieurbauten soll einen **kreativen Nachwuchs** anlocken, für den gerade das Bauingenieurwesen einen großen Bedarf hat. Ein Beruf ist heute für junge Leute besonders attraktiv, wenn er Hightech- oder künstlerische Begabungen anspricht. Das Entwerfen von Ingenieurbauten verlangt ganzheitliches, synthetisches Denken, bei dem sich Wissen, Erfahrung und Intuition unauflöslich verweben. Selbst für unifunktionale Bauaufgaben wie Brücken gibt es unzählige subjektiv gestaltbare Lösungen. So ist das Berufsbild des entwerfenden Bauingenieurs, wie wenige andere, gerade dadurch gekennzeichnet, dass es technisch-wissenschaftliche und gestalterische Fähigkeiten zugleich abruft.

Die im Vergleich zu den historischen Ingenieurbauten teilweise recht unbefriedigende Qualität der gegenwärtigen sollte auch den **Bauherrn**, hier meist die öffentliche Verwaltung, daran erinnern, dass er vorrangig den Qualitätsmaßstab setzt. Wer Brücken mit unsäglich trivialen, immer gleichen Amtsentwürfen ausschreibt und die Angebote nach dem günstigsten Preis beurteilt, macht es sich zu einfach. Er darf sich nicht wundern, wenn ihm dann eine im Wettbewerb stehende Bauindustrie eben auch das Billigste anbietet. Wer meint, einen banalen Standardentwurf mit Farbe und Verzierungen retten zu können, verstößt gegen seinen kulturellen und gesellschaftlichen Auftrag, wobei ihm gar nicht auffällt, dass er laut lachen würde bei der Vorstellung, dass ein Maler vor einer von ihm verantworteten Brücke seine Staffelei aufbauen könnte, obwohl er in den Ferien Museen besucht und sich an Brückenbildern von Blechen, Monet, Kirchner und vielen anderen erfreut. Er muss lernen, den von seinem Ingenieurbau verursachten gesamten materiellen und ideellen Aufwand zu erfassen, bevor er den Auftrag vergibt. Ganzheitliches Denken erfasst auch den Land-, Energie- und Rohstoffverbrauch, die Lärm- und Schadstoffemissionen während des Baus, im Gebrauch und bei der Wartung, die Umnutzbarkeit, die Demontier- und Wiederverwendbarkeit, die Gestaltqualität, die psychische Wirkung und vieles mehr.

Dafür muss ihn die **Gesellschaft** insgesamt vor einem zu kleinlichen Rechnungshof schützen und gutheißen, dass Qualität ihren angemessenen Preis hat. Kein Mensch wundert sich, dass beispielsweise für ein Museum ein internationaler Wettbewerb ausgeschrieben und der beste Entwurf fast um jeden Preis gebaut wird, obwohl man mit heutiger Beleuchtungstechnik Gemälde ebenso gut in einer einfachen Industriehalle präsentieren könnte. Ingenieurbauten haben schon wegen ihrer Größe mindestens dieselbe Wirkung auf ihre urbane oder natürliche Umwelt wie Verwaltungs-, Kulturoder Sakralbauten und müssen mit ihr eine angemessene Symbiose eingehen. Wir brauchen auch eine öffentliche Auseinandersetzung um die Qualität unserer Ingenieurbauten, um sie ins Bewusstsein der Allgemeinheit zu rücken. Wenn heute über eine Brücke diskutiert wird, geht es meist darum, sie zu verhindern oder sie mit einer noch höheren Schallschutzwand weiter zu verschandeln, nicht aber um ihre Gestalt. Keiner merkt mehr, dass eine ästhetische Umweltverschmutzung mindestens so schlimm ist wie eine akustische. Und wer es wagt, einmal ein negatives Beispiel anzusprechen, wird der Geschäftsschädigung bezichtigt, weil wir keine „Streitkultur" entwickelt haben – möge die Auseinandersetzung über die Projekte in diesem Buch dazu einen kleinen Beitrag leisten.

Warum sollen wir nicht auch bei zeitgenössischen Ingenieurbauten von einem Gesamtkunstwerk reden und warum sollen wir nicht hoffen, dass die zukünftigen Ingenieurbauten wieder einen Ort bereichern und das werden, was sie früher häufig waren: der Stolz ihrer Erbauer, Gegenstand der Bewunderung ihrer Betrachter und Vorbild für nachfolgende Generationen?

Wie wurden die Bauwerke für dieses Buch ausgewählt?

Ein Bauwerk wurde nur dann in dieses Buch aufgenommen, wenn es mindestens eines der drei übergeordneten Auswahlkriterien erfüllt:

Bewertung „gut"

Bei diesem Bauwerk „stimmt (mit einer gewissen Großzügigkeit betrachtet) alles" – es hat eine ganzheitlich gute Qualität und ist deshalb im Führer gekennzeichnet mit ●, bei einer sehr guten Qualität mit ● ● und bei einer ganz ungewöhnlich hohen Qualität mit ● ● ●.

Bewertung „wichtig"

Das Bauwerk hat eine besonders bemerkenswerte Einzelqualität: das erste oder letzte seiner Art, das größte oder längste, das ungewöhnlichste, das pfiffigste, das innovationsfreudigste. Dafür erhält es einen ●, aber nicht mehr, wenn seine Gesamtqualität gegenüber der Einzelleistung zurückbleibt. Ein Bauwerk kann aber auch mit einem ● als gut und mit einem weiteren ● als wichtig zugleich qualifiziert sein.

Bewertung „Stellvertreter"

Manche Bauwerke erhalten weder einen ● als gut noch einen ● als wichtig. Sie stehen stellvertretend für unzählige Bauwerke ihrer Art bzw. ihres Sachgebietes, die an sich nicht besonders auffallen, auf deren Zugehörigkeit zum Wirkungskreis des Bauingenieurs aber die Aufmerksamkeit gelenkt werden soll.

Die Verfasser sind sich bewusst, dass die Aufnahme eines Bauwerks in dieses Buch gewissermaßen als Qualitätssiegel interpretiert werden kann. Sie haben sich sehr bemüht, dieser Verantwortung gerecht zu werden, und betonen zum wiederholten Male, dass kritische Zuschriften willkommen sind und sehr ernst genommen werden.

Aufbau des Buches

Die Bauwerksbeschreibungen, in neun Sachgebiete unterteilt und das Kernstück dieses Buches, sind alle gleich strukturiert. Abgesehen von Kurzbeschreibungen wird nach einer Einleitung bzw. einem geschichtlichen Rückblick auf die Besonderheiten des Bauwerks eingegangen. Die Wegbeschreibungen enthalten aus Platzgründen jeweils nur einen möglichen Weg – meist über eine nah gelegene Autobahn. Natürlich kann im Einzelfall eine Anfahrt aus entgegengesetzter Richtung günstiger sein.

In die Bauwerksbeschreibungen wurden – soweit überhaupt verfügbar – nur die zur Vertiefung wichtigsten ein oder zwei Literaturstellen (meist nur die Quelle ohne Verfasser und Titel) aufgenommen. Darüber hinaus wird auf das umfangreiche allgemeine Literaturverzeichnis verwiesen, das entsprechend den neun Kapiteln der Bauwerksbeschreibungen gegliedert ist.

Im Anhang findet sich ein Glossar. Die dort zu findenden, sich häufig wiederholenden Begriffe sind in den Bauwerksbeschreibungen kursiv gedruckt.

Wie benutzt man dieses Buch?

Den konkreten Einstieg zu einem bestimmten Bauwerk, Ort oder Sachgebiet findet man:

*   direkt über die Bauwerksbeschreibungen, die in neun Kapitel und diese teilweise wieder in mehrere Unterkapitel nach Sachgebieten gegliedert sind. Entsprechend dem Register am Beginn jedes Kapitels bzw. Sachgebietes sind die Bauwerke in alphabetischer Reihenfolge nach den Namen ihrer Standorte gegliedert. Außerhalb von Ortschaften liegende Bauten, wie z. B. oft Brücken oder Türme, sind dem nächstliegenden Ort zugeordnet. Ausgenommen von dieser alphabetischen Gliederung sind die Fachwerkhäuser, ein Unterkapitel im Kapitel „Gebäude, Kirchen und Fachwerkhäuser" und die Bauwerke im Kapitel „Wasserbau, Wasserwirtschaft und Wasserversorgung", die nach chronologischer bzw. thematischer Reihenfolge gegliedert sind;

*   über das Ortsregister, das alle Ortschaften, in denen oder in deren Nähe ein in diesem Buch erwähntes Ingenieurbauwerk steht, in alphabetischer Reihenfolge auflistet;

*   über die Karten, in denen alle Ortschaften mit erwähnten Bauwerken an ihrem jeweiligen Standort mit den Kapiteln zugeordneten Piktogrammen (⌒ = Brücken; ◼ = Tunnel- und Bergbau; ◢ = Straßen- und Bahnbau; ⌂ = Hallen und Dächer; ▲ = Gebäude, Kirchen und Fachwerkhäuser; ⌶ = Türme, Maste, Windkraftanlagen und Behälter; ♨ = Wasserbau, Wasserwirtschaft und Wasserversorgung; ⚑ = Abfall und Abwasser; ▄ = Wärmekraftwerke) eingezeichnet sind.

Ortschaften mit eigenen Bauwerksbeschreibungen sind mit einem Piktogramm eingezeichnet. Bauwerke, auf die nur in der Beschreibung eines entsprechenden Bauwerks verwiesen wird, sind mit einem eingeklammerten Piktogramm gekennzeichnet. Sucht man eine Erläuterung zu einem Bauwerk, auf das nur verwiesen wird, dann findet man über das Ortsregister die Zuordnung zum beschriebenen Stellvertreter.

Herrn Prof. Dr. Jörg Schlaich

Institut für Konstruktion und Entwurf II
Universität Stuttgart
Pfaffenwaldring 7

70569 Stuttgart
Fax (07 11) 6 85-69 68

IngenieurbauFührer Baden-Württemberg

Bei der nächsten Auflage sollten noch folgende Bauwerke (Ort, Name,
Besonderheit, Wegbeschreibung, Literatur) berücksichtigt werden:

I..

I..

I..

I..

I..

I..

Verbesserungsvorschläge zu einzelnen Bauwerksbeschreibungen:

I..

I..

Zu unbedeutend finde ich die Bauwerke (Ort, Seite):

I..

I..

Weitere Anregungen:

I..

I...
Name

I...
Straße/Hausnummer

I...
PLZ/Ort

I...
Tel./Fax

Badende bei Untertürkheim mit Brücke
ERWIN STARKER, 1921

Brücken

Brücken

Die Brücke gilt als das Ingenieurbauwerk par excellence. Sie hat die Phantasie und den Mut der Ingenieure über Jahrtausende herausgefordert. Das Verbindende der Brücke im eigentlichen und übertragenen Sinn berührt jeden, so dass kühne und schöne Brücken stets allgemeine Bewunderung und fatale Brückeneinstürze durch Baufehler, Hochwasser, Eis und Wind immer breite Anteilnahme fanden. Keine andere Bauwerksart fand einen vergleichbaren Widerhall in der Dichtung und der Malerei.

Infolge seiner bewegten Topographie finden sich in Baden-Württemberg praktisch alle Brückentypen: vom einfachen Steg bis zur weit gespannten Seilbrücke. So verfielen die Verfasser bei der Recherche zu den Brücken für dieses Buch der Faszination dieser Vielfalt, was sich in dem relativ großen Umfang dieses Kapitels widerspiegelt.

Dabei waren wir durchaus wählerisch und streng. So hätten wir neben Heinrich Gerber, Johann Wilhelm Schwedler, Emil Mörsch, Karl von Leibrand, Karl Schaechterle, Ulrich Finsterwalder, Fritz Leonhardt, Wolfhart Andrä, Willi Baur, Hans Wittfoht gerne noch ein paar Zelebritäten des Brückenbaus für Baden-Württemberg requiriert, wie Robert Maillart und Hellmut Homberg. Aber Maillarts Rheinbrücke in Rheinfelden ist eben eine zu konventionelle Bogenbrücke. Sie lässt noch nichts von den bahnbrechenden Entwicklungen gerade dieses Brückentyps, mit der Salginatobelbrücke bei Schiers von 1929/ 30 und der Schwandbachbrücke bei Hinterfultingen von 1933 als Höhepunkten, erkennen. Oder wir scheuten uns, Sie zu Hombergs erster an sich äußerst geistreichen, querträgerlosen Plattenbalkenbrücke, ein Teilstück der insgesamt etwas zusammengebastelten Neckarquerung der Autobahn A6 (zwischen den Ausfahrten Neckarsulm und Untereisesheim) bei Neckarsulm, zu schicken, weil sie heute nicht mehr sehr attraktiv ist, nachdem sie über den Stützen mit Rohren zwischen den Stegen saniert werden musste. Immerhin ist Homberg mit einer Brücke in Bruchsal vertreten.

Gereizt hätte uns auch, am Werk von Fritz Leonhardt, dem bedeutendsten Brückenbauer aus unserem Land, die Entwicklungsgeschichte des (Spannbeton-)Brückenbaus nach dem Zweiten Weltkrieg nachzuzeichnen. Aber allein seine handschriftliche Notiz lässt schon erkennen, dass dies (zu Recht!) ein eigenes Buch würde, so dass wir uns hier aus Platzgründen – die anderen Kapitel einbezogen – auf seine wichtigsten Bauten beschränken müssen.

Erste Spannbetonbrücken 1948 – ~56 von Leo
Elzbrücke Bleibach 1948
Elzbrücke Emmendingen – 1949 – schlankste!
Leopoldskanal bei Kenzingen 1950
Neckar Zwörishausen 1950
Neckar Neckarhausen
Kocherbrücke Griesbach 1953
Kocherbrücke Weißbach
Jagstbrücke Hencheingen
Jagstbrücke Sieglingen
Jagstbrücke Mockmühl
Kocherbrücke Forchtenberg

Goethebrücke Pforzheim 1953
schlankster Einfeldbalken
Enzbrücke Bietigheim
Enzbrücke Enzweihingen
Neckarbrücke bei Baf. Eyach
Götzenturmbrücke Heilbronn 1952
Neckarkanalbrücke Neckarsulm

Brücken

Nachdenklich stimmt, dass unmittelbar nach dem Zweiten Weltkrieg viele Brückenneubauten deshalb nötig wurden, weil die teilweise eindrucksvollen Originale dem Wahnsinn der Sprengungen durch deutsches Militär zum Opfer fielen, wobei auch unersetzliche, historische Brücken selbst dann zerstört wurden, wenn sie keinerlei strategische Bedeutung hatten.

Durch die Verbreiterung der Autobahnen in jüngerer Zeit von vier auf sechs Spuren gehen auch viele der schönen Brücken aus der Zeit des Reichsautobahnbaus verloren oder werden beim Umbau verstümmelt. Manch Älterer mag sich beispielsweise noch an Fritz Leonhardts elegante Feldwegüberführung bei Jungingen über die Autobahn Stuttgart–Ulm erinnern, die erste Versuchsbrücke mit einer stählernen Leichtfahrbahn aus dem Jahre 1934, die 1987 abgebrochen wurde, ohne dass der Versuch unternommen wurde, sie zu retten und an anderer Stelle wieder aufzubauen! Wegen dieses Verlustes wird der aufmerksame Leser und Betrachter mit um so größerem Bedauern und Missmut erfahren, dass der Straßen- und Bahnbrückenbau nach einer recht kreativen und sensiblen Phase in den ersten Nachkriegsjahren in letzter Zeit zunehmend verarmte. Die frühere Vielfalt und Eleganz musste einer trostlosen Monotonie weichen – „dank" des technologischen Fortschritts bei den Herstellverfahren, die sich dann auszahlen, wenn man möglichst immer wieder dasselbe baut: gleiche (Hohlkasten-)Querschnitte mit einheitlichen Spannweiten auf dicken Pfeilern mit platten Lagern dazwischen – neutral, austauschbar und „geschlechtslos".

So waren wir froh, zwei gut gelungene neuere Stahlbrücken auf Nebenstrecken der Bahn, in Rottenburg und bei Maxau, aufnehmen zu können, um daran den Entwicklungsstand der Bogen- und Fachwerkbrücken aufzuzeigen,

Ehemalige Murgbrücke bei Forbach, siehe Seite 57

aber es war uns unmöglich, auch nur eine neuere Spannbetonbrücke der Bahn „anzuerkennen". Erschreckende Beispiele finden sich im ganzen Land, so z.B. am Bahnhof in Stuttgart-Feuerbach oder bei Bad Krozingen. Besonders schmerzhaft ist dies für die, die sich noch an den schönen, eisernen Neckarviadukt in Stuttgart–Münster erinnern, der Ende der achtziger Jahre wie der bei Stuttgart–Zazenhausen auf derselben Strecke einem faden Neubau weichen musste. Aus diesem Grunde wird der Leser, mit Ausnahme des innovativen Freudensteintunnels, auch Bauwerksbeschreibungen der Neubaustrecke Stuttgart–Mannheim vermissen. Besonders schlimm sind die plumpen und peinlich dekorierten Brücken über das Glemstal bei Markgröningen und über die B3 bei Bruchsal. Der große Enztalviadukt bei Vaihingen-Enz zeichnet sich wenigstens dadurch aus, dass er wegen seiner „Schlichtheit" keiner Erwähnung bedarf.

So kann man nur auf die NBS Stuttgart–Ulm hoffen – aus der Sicht des Brückenbaus allerdings nicht auf die „Stuttgarter Lösung", wo man sich mit Tunnels vor einer „Verschandelung der Gegend mit hässlichen Brücken schützt", *Stuttgarter Zeitung im Sommer 1998*.

Für den neueren Bundes- und Landesstraßenbrückenbau gilt leider grundsätzlich dasselbe, weil Gestaltung – wenn überhaupt – oft als Dekoration eines Standardentwurfes verstanden wird und nicht individuell aus den örtlichen Randbedingungen heraus in einen ganzheitlichen Entwurf integriert ist. Immerhin haben hier die Regierungspräsidien und Gemeinden einige Wettbewerbe veranstaltet, deren Ergebnisse aber auch zeigen, dass Wettbewerbe kein Garant für angemessene Innovationen oder gar für Baukultur sind. Trotzdem sorgten sie für Bewegung und brachten einige Anregungen.

Im Stadtbild sind Brücken oft ein prägendes Element. Die wenigen erhaltenen historischen Stadtbrücken zeugen davon, dass man sich schon sehr früh ihrer Bedeutung bewusst war und dass man für ein angemessenes Brücken-

bauwerk große Anstrengungen unternahm. Nicht selten wurden sie zu Wahrzeichen, wie die Karlsbrücke in Heidelberg. Von den vielen deutschen Stadtbrücken, die diesem Anspruch gerecht wurden, haben leider nur wenige den Zweiten Weltkrieg überlebt. Die „Neutorbrücke" in Ulm fand sogar das Interesse des Malers Paul Kleinschmidt.

Heute wird selbst die Rolle einer Stadtbrücke leider nur noch selten erkannt. Gleichzeitig käme niemand auf die Idee, ein Museum, ein Verwaltungsgebäude oder gar einen Kindergarten möglichst billig nach rein funktionalen Gesichtspunkten zu erstellen. Die „Zweckbauten", die gleichermaßen integraler Bestandteil des Stadtbildes und unseres unmittelbaren Lebensraums sind, werden nicht selten unproportioniert und das Umfeld nicht reflektierend in die Städte gezwängt (wie in Freiburg i. Br. am Hauptbahnhof) und gar von der Bevölkerung kritiklos als notwendiges Übel zugunsten unseres hohen Lebensstandards akzeptiert.

In Stuttgart aber wird schon seit vielen Jahren die Gestaltung der Brücken und ihre Einpassung ins städtische Umfeld sehr ernst genommen. So wollen wir hier neben Manfred Rommel, Hans-Dieter Künne und Theodor Häußler im Stuttgarter Rathaus vor allem auch Erich Schurr, Hartwig Beiche und Ewald Ehrke sowie ihren Mitarbeitern vom Tiefbauamt der Stadt Stuttgart als Bauherren Anerkennung zollen, die ihrer Verantwortung für die städtische Baukultur kreativ und aktiv gerecht werden.

Hinweis
Einige Brücken werden im Kontext des Kapitels Straßen- und Bahnbau und nicht hier dargestellt. Die Brücken in Stuttgart sind nicht alphabetisch, sondern chronologisch sortiert.

Brücken

AICHTAL
Aichtalbrücke ●

Im Zuge des Straßenneubaus der B27 zwischen Leinfelden–Echterdingen und Tübingen wurde in der Nähe der Aichtaler Stadtteile Neuenhaus und Aich eine neue Brücke erforderlich, die unmittelbar aufeinander folgend das Bombach- und Aichtal überquert. Anfangs gab es Überlegungen, für jedes Tal eine eigene Brücke zu bauen, wobei auf dem Rücken zwischen beiden Tälern eine kurze Dammstrecke entstanden wäre. Weil die Anliegergemeinden aber gegen diese zusätzliche Veränderung der Landschaft waren, wurde eine durchgehende, fast 1,2 km lange, mit Hilfe des *Taktschiebeverfahrens* hergestellte Brücke realisiert. Die Aichtalbrücke war damit zur damaligen Zeit die längste *taktgeschobene* Brücke der Welt ●, zeigt aber auch bedrückend, wie Ende der siebziger Jahre „aus Kostengründen" geklotzt wurde.

Konstruktion und Tragverhalten
Das *Taktschiebeverfahren* fordert streng genommen konstante geometrische Entwurfsparameter: Dies gilt für die Überbauform und die Spannweiten genauso wie für die Trassierungselemente (Kurvenradius, Wannen- bzw. Kuppenhalbmesser). Im Fall der Aichtalbrücke sind davon abweichend glücklicherweise wenigstens in beiden Talmitten größere Öffnungen vorgesehen worden als in den Hangbereichen, die durchweg mit 51 m Spannweite überbrückt werden. Das Bombachtal erhielt

Wegbeschreibung
Die B27 überquert südlich von Leinfelden-Echterdingen (Flughafen Stuttgart) die Täler des Bombachs und der Aich. Die L1185 Waldenbuch–Aich führt unter der Brücke hindurch.

eine größere Öffnung von 80 m, das Aichtal drei: mit 65, 84 und 65 m Spannweite. Insgesamt spannen die beiden Betonhohlkästen (je Richtungsfahrbahn einer) als durchlaufende Balken mit gleich bleibendem Querschnitt über 21 Felder. Die Bauhöhe der Kästen wird vom größten Feld diktiert und muss auch in den kleineren beibehalten werden. In Längsrichtung befindet sich der Festpunkt der Brücke auf Pfeiler I, der auf dem Rücken zwischen beiden Tälern steht. Die restlichen Lager sind als Punktkippgleitlager ausgeführt, übertragen jedoch Windlasten in Querrichtung. Die Überbauten sind in Längs- und Querrichtung *beschränkt vorgespannt*. In den großen Feldern mussten Stege und die untere Platte verdickt werden, um die Längsspannglieder unterzubringen. Obwohl Spannweite und Schlankheit des weit gespanntesten Feldes (Länge/Bauhöhe = 84 m/3,50 m = 24) nicht besonders groß sind, wurde hier schon wegen der verfahrensbedingten zentrischen *Vorspannung* die Leistungsfähigkeit des Querschnitts in der Druckzone nahezu erreicht. Die Betonpfeiler sind hohl und haben über die Höhe einen gleich bleibenden Querschnitt.

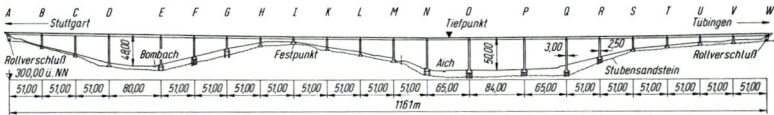

Gründung

Auf dem südlichen Bombachtalhang sowie im Aichtal sind Mergel und Sandstein von einer bis zu 10 m mächtigen Schicht von Hangschutt mit großen Felseinlagerungen überdeckt. Um größere Setzungs- und Verkantungsrisiken während des *Taktschiebens* auszuschließen, wurden die Pfeiler hier auf Großbohrpfählen (∅ = 180 cm) gegründet, die bis auf die Fels-schichten des Stubensandsteins führen. Im Gegensatz dazu konnte im restlichen Brücken-verlauf, bei dem Fels bereits in 3 m Tiefe an-steht, flach gegründet werden.

Schnitt bei Pfeiler R Schnitt bei Pfeiler S

Herstellung

Die Feldfabrik zur Erstellung der beiden Über-bauten war auf der Seite des Stuttgarter Widerlagers eingerichtet. Sie bestand aus einem überdachten, 25,50 m langen Vorferti-gungsplatz für die Bewehrung und der ebenso langen, hydraulisch absenkbaren Taktscha-lung. Im Anschluss daran befand sich eine ca. 50 m lange Wärmehalle, die ein zu rasches Abkühlen der frisch betonierten Takte in den Wintermonaten verhinderte. In das insgesamt vier größeren Talöffnungen wurden jeweils Fertigteil-Hilfsstützen aufgestellt, die unter Last seitlich durch den Überbau und in Längs-richtung durch Abspannungen gehalten wur-den. Es wurde nur ein Satz Hilfspfeiler vorge-sehen, der nach Fertigstellung des ersten Überbaus an windarmen Tagen zur Herstellung des zweiten Überbaus quer verschoben wurde. Die konventionellen Betonpfeiler wur-den mit einer 3,70 m hohen, wärmegedämm-ten *Kletterschalung* errichtet.

Verweis auf ähnliche Bauwerke

Bei Ostfildern-Nellingen wurde im Zuge der Südumgehung von Nellingen eine im Grund-riss gleichmäßig gekrümmte Hohlkasten-brücke aus Spannbeton über das Körschtal *taktgeschoben.* |

Literatur
Beton- und Stahlbetonbau
Heft 1, 1985

Länge
1.161 m
Breite
27 m
Höhe
50 m
Kurvenradius
1.500 m
Wannenhalbmesser
30.000 m

Bauherr
Bundesrepublik Deutschland
Ingenieure
- Planung
Leonhardt und Andrä, Stuttgart, und
Polensky & Zöllner, Frankfurt/M.
- Prüfung
K. Beisswenger, Stuttgart
Baufirmen
R. Besemer, Wendlingen; G. Epple,
Stuttgart, und Polensky & Zöllner,
Korntal-Münchingen
Bauzeit
1979–1983

BACKNANG
Murrtalviadukt ●

Der Murrtalviadukt wurde im Zuge der Umgehung von Backnang im Jahre 1938 als strategisch wichtige Straßenbrücke mit einer Breite von 9 m ganz aus Stahlbeton errichtet. Kurz vor Kriegsende, am 19.4.1945, wurden die beiden 100 m weit gespannten Dreigelenkbögen von der deutschen Wehrmacht gesprengt. Der Wiederaufbau erfolgte im Jahre 1948. An eine erneute Betonkonstruktion für die Bögen war damals aber nicht mehr zu denken, weil das Holz für das aufwendige Lehrgerüst nicht zu beschaffen war. Deshalb wurden beide Bögen aus Stahl mit einer aufgeständerten, nur noch 7 m breiten Fahrbahn aus Stahlbeton errichtet. Da der Viadukt an beiden Talflanken noch intakt war, konnte hier die ursprüngliche Stahlbetonkonstruktion beibehalten werden, so dass es bis zur Verbreiterung in den achtziger Jahren auf der Brücke zwei verschiedene Fahrbahnbreiten gab.

Wegbeschreibung
Die Brücke überführt die B14 Stuttgart–Schäbisch Hall westlich von Backnang über das Murrtal. Am Busbahnhof (unmittelbar neben dem Backnanger Bahnhof) der Etzwiesenstraße folgen; die zweite Straße (Schlachthofstraße) links abbiegen (Wegweiser THW). Die Th.-Körner-Straße (nächste Straße links) führt in ihrer Verlängerung unter der Brücke hindurch.

Konstruktion und Tragverhalten
Die noch erhaltenen Stahlbetonkonstruktionen bestehen aus jeweils paarweise angeordneten, doppel-T-förmigen Betonpfeilern (Breite = 2,50 m), die bei Spannweiten von ca. 11,57 m einen vierstegigen, knapp 2 m hohen Plattenbalkenüberbau tragen. Dieser hat eine Breite von 11,50 m, wovon heute 8 m der Fahrbahn zur Verfügung stehen; der Rest wird für Leiteinrichtungen und beidseitige Hilfswege benötigt.

Die beiden größten Hauptöffnungen werden von zwei Bogentragwerken mit jeweils 104,20 m Spannweite aus genieteten, stetig

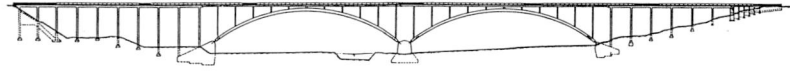

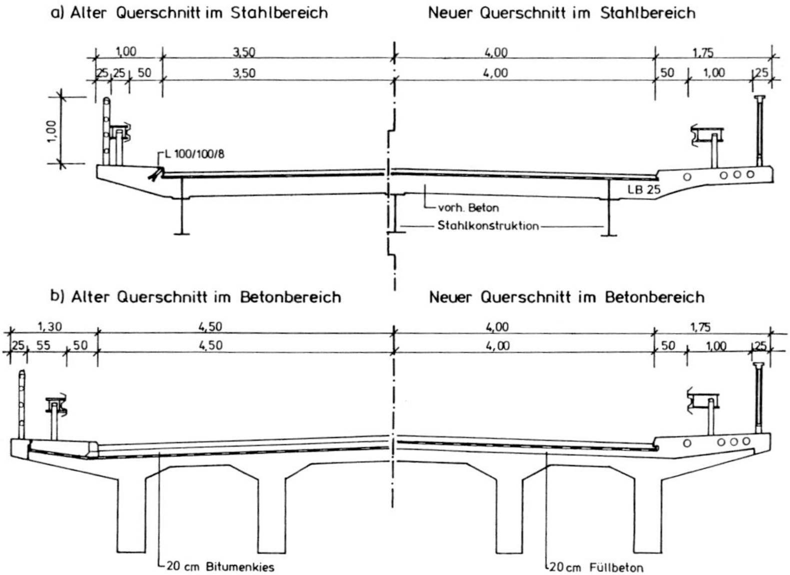

a) Alter Querschnitt im Stahlbereich

Neuer Querschnitt im Stahlbereich

L 100/100/8

LB 25

vorh. Beton

Stahlkonstruktion

b) Alter Querschnitt im Betonbereich

Neuer Querschnitt im Betonbereich

20 cm Bitumenkies

20 cm Füllbeton

gekrümmten Stahlkästen mit äußerlich nahezu gleich bleibendem Querschnitt überbrückt. Jeder dieser Kästen ist an Kämpfern gelenkig gelagert, aber ohne Scheitelgelenk, so dass bei Temperaturänderungen Zwänge auftreten. In Querrichtung sind zwei Kästen über Rautenverbände miteinander verbunden. Auf jeden Kasten ist mittels eingespannter Stahlstützen (Achsabstand in Längsrichtung = 10,10 m) ein im Vergleich zur ursprünglichen Konstruktion deutlich abgespeckter Verbundüberbau aufgeständert. Dieser besteht im Wesentlichen aus einer ca. 27 cm dicken Betonplatte und drei ca. 50 cm hohen Doppel-T-Stahllängsträgern mit einem Achsabstand von 3,25 m. Steife Querträger stellen im Stützenabstand für den mittleren Längsträger ein „indirektes Auflager" bereit, wodurch die Anzahl der Stützen

erträglich bleibt. Zwischen Bogentragwerk und Überbau sind lediglich in Querrichtung abschnittsweise rautenartige Verbände eingebaut, um die Profiltreue des Querschnitts zu gewährleisten. Um Zwänge im Überbau zu vermeiden, sind jeweils über den Bogenkämpfern insgesamt drei quer verlaufende Fugen angeordnet, die den über 400 m langen Überbau in vier Abschnitte teilen. Kräfte in Brückenlängsrichtung, also vor allem die Bremskräfte, werden dabei von den sehr kurzen und damit relativ steifen Stützen im erweiterten Scheitelbereich auf die Bögen übertragen. Unsymmetrische Lasten übernehmen wegen ihrer vergleichsweise großen Biegesteifigkeit allein die Bögen, die nicht auf die versteifende Wirkung des Überbaus angewiesen sind. |

Literatur
Beton
Heft 11, 1983

Tiefbau, Ingenieurbau, Straßenbau
Heft 4, 1986

Länge
403 m
Breite
11,50 m
Höhe
28 m

Bauherr
Bundesrepublik Deutschland
Entwurf und Planung
Regierungspräsidium Stuttgart
Baufirmen
C. Baresel AG, Heilbronn, und
Bauschutz GmbH, Asperg
Bauzeit
1937–1938
Wiederaufbau
1948–1949
Verbreiterung
1983–1985

BAD SÄCKINGEN
Rheinbrücke ● ●

Geschichte

Wann und wie hier die erste Brücke gebaut
wurde, ist nicht belegt. Erstmalig erwähnt
wird eine Brücke zu Säckingen im Jahre 1270.
Nachdem 1570 ein mächtiges Hochwasser die
bestehende Brücke zerstört hatte, beschloss
die Stadt, die 12 hölzernen *Pfahl*-Joche durch
7 Steinpfeiler zu ersetzen. Die damit verbundenen hohen Kosten verlängerten allerdings die Bauzeit auf fast 60 Jahre. Die ersten
vier Pfeiler wurden zwischen 1570 und 1590,
die restlichen drei erst 1620 bis 1630 fertig
gestellt. Zwischenzeitlich übernahm eine
Fährverbindung den Grenzverkehr. Die Holz-
überbauten der Brücke wurden in den folgenden Kriegswirren (30-jähriger Krieg) mehrfach
durch Feuer zerstört und wieder erneuert.
Nach den napoleonischen Kriegen baute der
Zimmermeister Fridolin Albitz die Brücke wieder auf und nahm dann 1843 nochmals
wesentliche Änderungen an den Überbauten
vor. Zur gleichen Zeit wurde das letzte
Brückenfeld auf schweizerischer Seite mit
Erdreich aufgefüllt. In den Jahren 1926/27
musste die Badische Wasser- und Straßenbau-

Wegbeschreibung
Bad Säckingen liegt rheinaufwärts
von Basel etwa auf halbem Weg bis
Waldshut. Die Holzbrücke überquert ca. 2 km oberhalb des Lauf-
wasserkraftwerks den Rhein.

verwaltung das baufällig gewordene, erste
Feld auf deutscher Seite durch ein neues
Holzfachwerk ersetzen. Heute dient die
Brücke dem Fußgängerverkehr zwischen
Deutschland und der Schweiz.

Konstruktion und Tragverhalten

Die Holzbrücke spannt über sieben Öffnungen
mit Spannweiten von 29,10 – 31,10 – 26,21 –
26,61 – 21,19 – 23,14 und 28,06 m. Das Bauwerk überquert den Rhein nicht geradlinig,
sondern führt vom deutschen Ufer in einem
leichten Bogen nach Süden und knickt dann
auf schweizerischer Seite nach Norden ab.
Diese Unregelmäßigkeit erklärt sich aus der
Stellung der Pfeiler, die wegen der damals ver-
fügbaren Baumethoden nur bei Niedrigwasser
gegründet werden konnten und deren Stellung
sich daher an der Wasserführung sowie den
örtlichen Baugrundverhältnissen zu orientieren hatte. Die darauf zurückzuführenden, ungleichmäßigen Spannweiten sowie die unterschiedlichen Maße der parallel angeordneten
Tragwerke bedeuteten für den Zimmermann
einen erheblichen Mehraufwand, da er praktisch jedes Konstruktionsteil mit Sondermaß
anfertigen musste. Als Tragwerke wurden für
alle Öffnungen *doppelte Hängewerke* gewählt.
Insgesamt wurden ca. 520 m³ an Eichen- und
Fichtenholz verarbeitet. Die Holzverbindungen
bestanden ursprünglich ausnahmslos aus
Hartholzdübeln, *Versätzen*, schmiedeeisernen
Nägeln und Bolzen. Nachdem einzelne dieser
Verbindungen schadhaft wurden, sind Teile
von ihnen in diesem Jahrhundert durch Stahl-
verbindungsmittel (Stahldübel, Stahlbleche)
ersetzt worden. Wie damals üblich ist die hölzerne Konstruktion mit einem Dach versehen
und mit einer Bretterverschalung eingehaust
worden, um sie vor Witterung zu schützen.

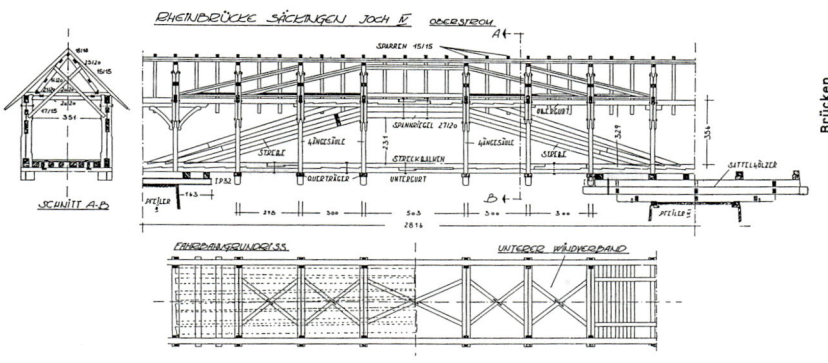

Gründung

Die Pfeiler der alten Holzbrücke waren lediglich auf großen Steinschüttungen im Bett des Rheinstromes flach gegründet. Größeren Auskolkungen zwischen den Pfeilern machten es von Zeit zu Zeit erforderlich, die Flanken der Pfeilerfundamente durch neue Steinschüttungen zu sichern. Im Jahre 1963 wurde etwa 1 km oberhalb der alten Holzbrücke mit dem Bau eines neuen Wasserkraftwerks begonnen. Um dessen Effektivität zu steigern, entschloss man sich, unterstrom die Sohle des Rheins zu vertiefen. Davon war auch die Brücke betroffen, die nun tiefer gegründet werden musste. Die neuen, pilzkopfähnlichen Stahlbetonpfeiler wurden dabei mit Bruchsteinen verkleidet, um das vertraute Bild zu wahren. |

Literatur
Der Bauingenieur
Heft 3, 1963

Badische Heimat (Mein Heimatland)
Heft 4, 1956

Länge
ca. 206 m
Breite
3,40–5 m
Höhe
ca. 3 m

Bauherr
Stadt Bad Säckingen
Entwurf und Ausführung
F. Albitz, Niedergebisbach
Baujahr
1843

BESIGHEIM
Enzbrücke der Bahn ● ●

Geschichte

Der Bau der sogenannten Nordbahn von Stuttgart über Ludwigsburg, Bietigheim und Laufen
(Neckar) nach Heilbronn erfolgte in Teilab-
schnitten. Der erste Abschnitt, Ludwigsburg–
Bietigheim, wurde am 11. Oktober 1847 eröffnet. Ihm folgte am 25. Juli 1848 der 29,9 km
lange Streckenabschnitt Bietigheim–Heilbronn, in dessen Verlauf südlich von Besigheim
die Enz überquert wird. Die Brücke wurde
ursprünglich mit hölzernen, parallelgurtigen
Fachwerkträgern, sogenannten Howe-Trägern,
gebaut und im Jahre 1874 durch ein „doppeltes
Pfostenfachwerk" aus Stahl ersetzt. Anlässlich
des zweigleisigen Ausbaus wurde dieses im
Jahre 1897 durch einen weiteren, gleichartigen
Brückenzug ergänzt. Im Zweiten Weltkrieg
wurde die Brücke zerstört; danach wurden
einzelne Überbauten durch Vollwandträger ersetzt. Von den insgesamt zehn Einfeldträgern
sind heute noch acht erhalten; drei davon
stammen aus dem Jahre 1874. Von der Origi-
nalsubstanz ist allerdings nur noch wenig vorhanden, da mehrfach Teile ausgetauscht bzw.
erneuert wurden.

Wegbeschreibung
Von der Autobahn A81 Stuttgart–
Heilbronn, Anschlussstelle
Ludwigsburg-Nord, in Richtung
Bietigheim fahren. In Bietigheim
der B27 folgen, die nach Heilbronn
führt. Die Enzbrücke der Bahn
überquert noch vor Besigheim die
B27.

Konstruktion und Tragverhalten

Alle Träger spannen als Einfeldträger. Die
maximale Spannweite beträgt 47,12 m. Die
parallelgurtigen Fachwerkträger bestehen aus
Ständern (Pfosten) und feldübergreifenden
Flacheisendiagonalen, die 1926 durch Winkelprofile ersetzt wurden. Die Ständer werden
hierbei auf Druck, die Diagonalen vorwiegend
auf Zug beansprucht. Bei ungünstigen Laststellungen (Lok auf halber Brückenlänge) erhalten aber auch einzelne Diagonalen in
Brückenmitte Druckkräfte, was im oberen Bereich zusätzliche, rechtwinklig anschließende
Stäbe erforderte, um ein Ausweichen der Diagonalen in Trägerebene zu verhindern. Im unteren Bereich war dies nicht nötig, da durch
das Kreuzen der Streben und Pfosten kleine

Brücken

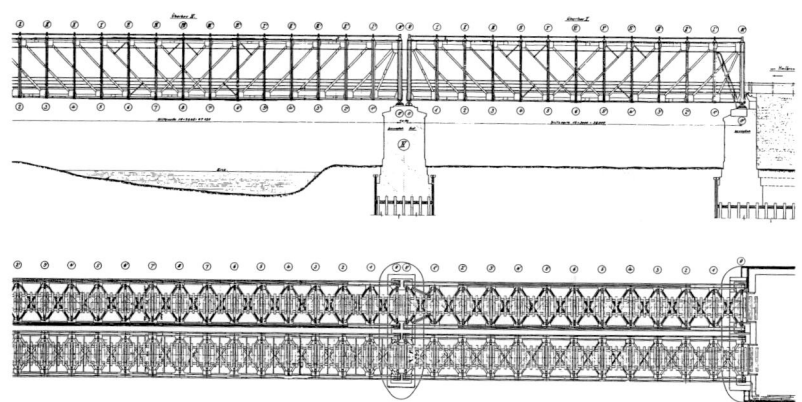

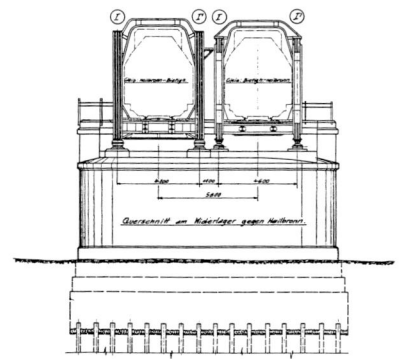

Knicklängen erzeugt werden. In Querrichtung verbinden Kopfriegel und Querträger jeweils zwei Hauptträger zu einem Kasten, der über Rautenverbände in der Ober- und Untergurtebene ausgesteift wird. Momentensteife Anschlüsse der Kopfriegel und Querträger an die Pfosten erzeugen dabei mehrere Rahmen, die die Profiltreue des Querschnitts über die gesamte Länge sicherstellen. Als Verbindungsmittel wurden Nieten verwendet.

Gründung

Die Brücke wurde auf Holz-*Pfählen* im Schutze einer Holzspundwand gegründet. Über den *Pfählen* wurde, wie damals üblich, ein Holzrost aufgelegt, auf dem die aus Natursteinen gemauerten Widerlager bzw. Pfeiler aufgesetzt sind. Diese sind sowohl in Längs- als auch in Querrichtung staffelförmig abgesetzt. Nach dem Zweiten Weltkrieg wurden einzelne Pfeiler neu in Stahlbeton aufgebaut. |

Länge
268 m
Breite
4,80 bzw. 4,60 m
Höhe
ca. 8,50 m

Bauherr
Württembergische Staatseisenbahn
Baujahr
1874
Erweiterung
1897

BEURON
Donaubrücke ● ●

Geschichte

Ein großer Eisgang zerstörte am 2. Februar
1618 die 60 Jahre alte Holzbrücke. Es ist unbekannt, ob nun an dieser Stelle 78 Jahre
lang keine Brücke stand oder ob ein Neubau
wiederholt der Donau zum Opfer fiel. Am
24. Juni 1696 kaufte das österreichische Land-
grafenamt zu Nellenburg-Stockach dem
Kloster Beuron für 2.000 Gulden vierhundert
„Jauchert" Wald ab. Dabei wurde dem Kloster
die Auflage gemacht, die Brücke über die
Donau samt Zöllnerhaus wieder zu errichten.
Auch diese Brücke wurde im Sommer 1799
durch ein Hochwasser zerstört. Ein neuer
Übergang wurde bereits im Sommer 1801
gebaut. Bauherr war der 1790 gewählte Prälat
des mehr als 1.000-jährigen Stiftes Beuron,
Dominik Maier, aus Rottweil. Er ließ die
Brücke zum Schutz vor Hochwasser auf Stein-
pfeilern bauen und des Weiteren mit einem
Dach ausstatten. Vermutlich hat die Brücke
damals die steinerne Vorbrücke mit den
Gewölbebögen erhalten. Über eine Sanierung
im Jahre 1821 gibt eine Inschrift Auskunft, die
mit dicken Pinselstrichen auf einen Balken im

Wegbeschreibung
Beuron liegt im Donautal zwischen
Tuttlingen und Sigmaringen. Die
Brücke steht unterhalb des Klosters.

Mittelteil der Brücke gemalt ist. Die Kriegswirren des Ersten und Zweiten Weltkrieges
überstand die Brücke ohne größere Schäden.
1949 wurde sie unter Denkmalschutz gestellt
und imprägniert, um sie gegen Holzwurmbefall
zu schützen. Wegen des zunehmenden Autoverkehrs wurde im Jahre 1953 zum Schutze
der Fußgänger oberstrom ein Fußgängersteg
angebaut. 1974 wurde die Holzbrücke auf ihre
Tragfähigkeit hin überprüft und für 9 Tonnen
Höchstbelastung zugelassen. Damit war sie
für den Schwerlastverkehr gesperrt. In den
Jahren 1974/75 erstellte man etwa 400 m
donauabwärts, an der Stelle, wo einst eine
Furt über die Donau ging, eine neue Stahlbe-
tonbrücke. Seither dient die alte Holzbrücke
nur noch Fußgängern und Radfahrern. Ein
Schild auf der Seite des Klosters erinnert an
den Brückenzoll, der zur Erhaltung der Brücke
erhoben wurde.

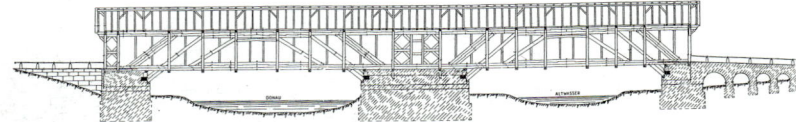

Konstruktion und Tragverhalten

Die zweifeldrige Konstruktion (Spannweiten: 25,93 und 23,14 m) ist eine Kombination aus *Hänge-* und *Sprengwerken*. Als Fahrbahn dient ein Holzbohlenbelag, der auf einfachen Kanthölzern aufliegt. Die Kanthölzer sind Längsträger, die die Lasten zu Querträgern führen, welche auf jeder Seite über vier Stahl-Zugstangen ($\varnothing$ = 30 mm) in Verbindung mit Stahlblechen an das hölzerne Haupttragwerk angehängt sind. Die Streben des Haupttragwerks wurden hier durch die Pfosten hindurchgeführt – vermutlich, um einer aufwendigen Knotenausbildung an den Fußpunkten der *Hängewerke* vorzubeugen. Sie sind über einen *Stirnversatz* in Kombination mit Stahlbolzen an den Untergurt angeschlossen. Die Pfosten bilden zusammen mit den verzapften Kopfbalken und den Querträgern jeweils einen Rahmen, um der Brücke in Querrichtung ausreichend Steifigkeit zu verleihen. Andreaskreuze in der Ober- und Untergurtebene leiten die Windkräfte zu den Portalen, wo sie jeweils in besonders steif ausgebildeter Rahmen in den Untergrund führt.

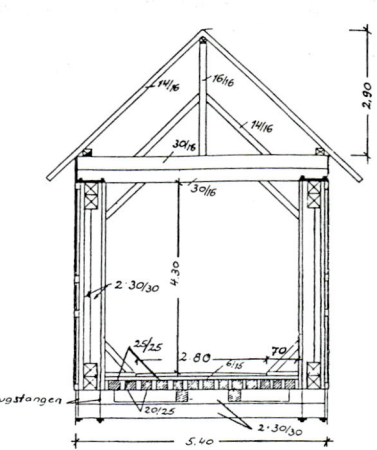

Gründung

Am Ufer und beim Mittelpfeiler ist die Brücke auf massiv gemauerte Kalksteinquader gegründet. Der Mittelpfeiler ist oberstrom durch einen spitz zulaufenden Vorkopf vor Treibgut bei Hochwasser geschützt.

Verweis auf ähnliche Bauwerke

Bei Talhausen im Neckartal (nördlich von Rottweil) steht eine weitere überdachte, allerdings kleinere Holzbrücke. Man fährt vom Bahnhof Talhausen in Richtung Dietingen. |

Länge
70,60 m
Breite
5,40 m
Höhe
ca. 3,80 m

Bauherr
Dominik Maier, Rottweil
Baulastträger
Gemeinde Beuron
Baujahr
1801

BIETIGHEIM-BISSINGEN
Enztalviadukt ● ● ●

Geschichte

Diese in den Jahren 1851 bis 1853 zweigleisig
erbaute Gewölbereihe gehört zu den schönsten
und kühnsten Bauwerken aus der Anfangszeit
des Eisenbahnbaus. Die Zunahme der Verkehrslasten und der Zuggeschwindigkeiten
hatte allerdings im Laufe der Jahrzehnte zu
Rissen in den Gewölben geführt, die auf ein
Ausweichen der schlanken Pfeiler zurückgeführt wurden. In den Jahren 1927 bis 1929
wurde deshalb über jedes Traggewölbe eine
8 m weit gespannte Verbundplatte mit einbetonierten Walzträgern eingebaut, die das Gewölbe entlastet und die Pfeiler gleichmäßiger
belastet. Im Verlauf des Zweiten Weltkrieges
war die wichtige Brücke das Ziel zahlreicher
Bombenangriffe. Abgesehen von den sechs
Öffnungen, die auf westlicher Seite in den
letzten Kriegstagen von deutschen Truppen
gesprengt wurden, war die Brücke aber auch
über die ganze Länge stark beschädigt worden.
Eine behelfsmäßige Wiederherstellung samt
Sicherung der Pfeiler konnte dauerhaft keinen
sicheren Betrieb gewährleisten, so dass man
sich veranlasst sah, den Viadukt grundlegend

Wegbeschreibung
Von der A81 Stuttgart–Heilbronn,
Ausfahrt Ludwigsburg-Nord, auf
der B27 nach Bietigheim. Der
Viadukt befindet sich südlich der
Bietigheimer Altstadt. Vom S-Bahnhof Bietigheim-Bissingen aus führt
die Wobachstraße ins Enztal und
zum Viadukt.

zu sanieren. In dieser Zeit wurde der Verkehr
von einer parallel erstellten, eingleisigen
Fachwerkbehelfsbrücke (Roth-Waagner-
Brückengerät) aufrechterhalten.

Konstruktion und Tragverhalten

Der alte Sandsteinviadukt ist in den Jahren
1946–1948 in seiner alten Form unter Verwendung von Beton und Stahlbeton wieder aufgebaut worden. Wegen des Mangels an Sandsteinen und Steinhauern musste auf eine
Verkleidung der zerstörten Pfeiler und Gewölbe
verzichtet werden. Der Beton wurde jedoch
mit Eisenoxyd eingefärbt, so dass die Sicht-
betonflächen nur noch aus unmittelbarer
Nähe vom Mauerwerk zu unterscheiden sind.

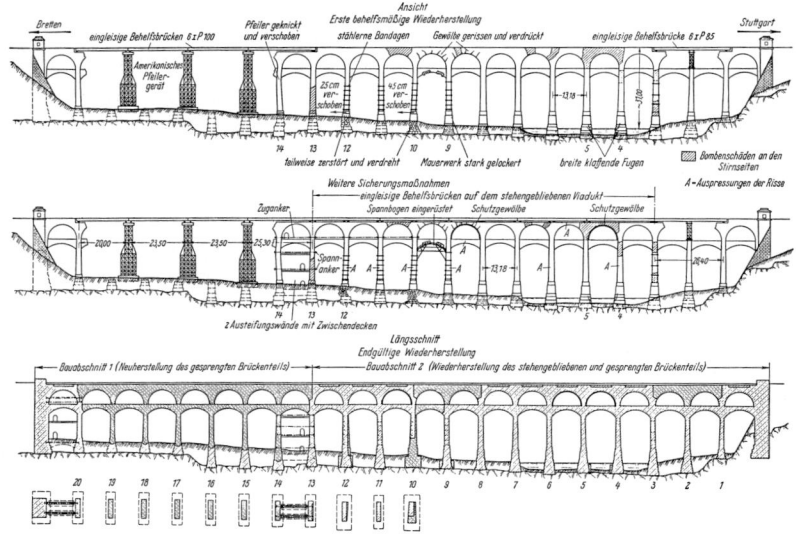

Ursprünglich hatte die Gewölbereihe 21 Öffnungen mit jeweils 11,46 m lichter Weite. Heute sind zwei dieser Öffnungen mit Wänden und Zwischendecken aus Stahlbeton geschlossen. Dies wurde erforderlich, um die Pfeiler zu sichern, die nach der Sprengung nur noch einseitig durch die Gewölbe belastet wurden. Im gesprengten Abschnitt bestehen heute die Pfeiler aus Stampfbeton und die halbkreisförmigen Traggewölbe aus Stahlbeton. Die Spanngewölbe unter den Traggewölben, denen bei Verkehr die Aufgabe zukommt, ungleiche Horizontalschübe der Traggewölbe auszugleichen, wurden wieder in Mauerwerk ausgeführt – allerdings mit Klinker- und eingefärbten Betonsteinen an den Stirnflächen. Damit wurde bei diesen flachen Gewölben sichergestellt, dass der Einfluss der Temperatur keine großen Zwänge hervorruft.

Gründung

Alle Pfeiler sind auf dem Fels gegründet, der in geringer Tiefe unter der Sohle der Enz ansteht. Die Gründung der wieder aufgebauten Pfeiler erfolgte auf den alten Fundamenten. |

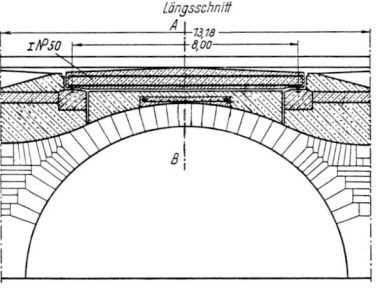

Längsschnitt

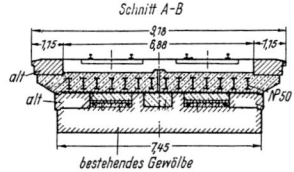

Schnitt A–B

bestehendes Gewölbe

Brücken

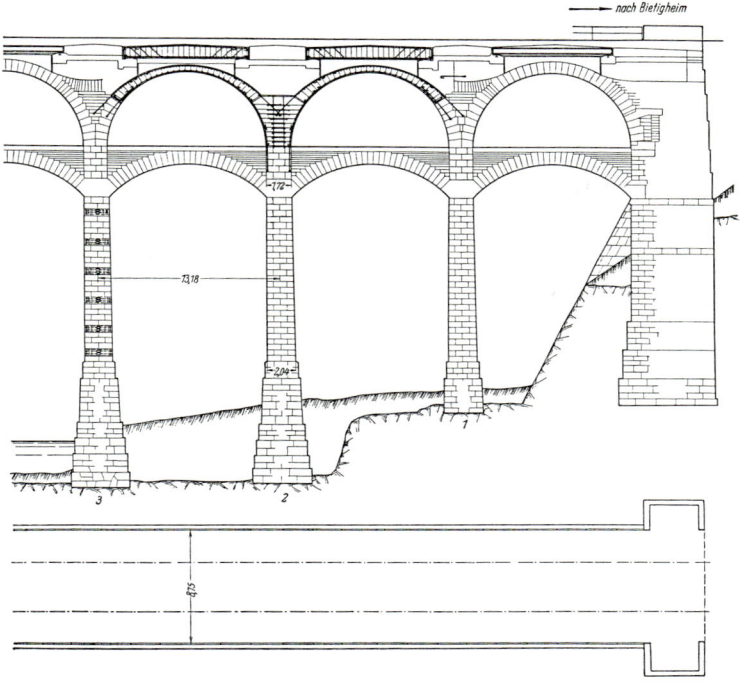

Länge
287 m
Breite
9,18 m
Höhe
33 m

Bauherr
Württembergische Staatseisenbahn
Ingenieur
K. von Etzel
Baufirma
Metzger, Stuttgart
Bauzeit
1851–1853
Sanierung
1927–1929
Wiederaufbau
1946–1948

Literatur
Beton und Eisen
Heft 1 und 2, 1929

Beton- und Stahlbetonbau
Heft 9, 1950

BRUCHSAL
Büchenauerbrücke ●●

Die Bruchsaler Südumgehung der B 35 machte Mitte der fünfziger Jahre einen Brückenneubau über die Bahnanlagen erforderlich, weil die hier bereits vorhandene, parallelgurtige Fachwerkbrücke, mit einer Spannweite von 65 m, hinsichtlich ihrer Tragfähigkeit und Breite nicht mehr genügte. Es waren keine Stützen im Gleisfeld erlaubt; des Weiteren stand wegen der Bahnelektrifizierung nur eine Bauhöhe von 1,10 m zur Verfügung. Zur Ausführung kam ein schlanker Verbundträger mit zügelgurtartigen, über Maste umgelenkten Seilabspannungen. Dies ist sozusagen die erste deutsche Schrägseilbrücke der „zweiten Generation" ●, nachdem solche Brückensysteme wegen einiger früherer Fehlschläge ein halbes Jahrhundert lang nur noch vereinzelt zur Ausführung gelangten.

Konstruktion und Tragverhalten
Die Brücke spannt über drei Felder mit Spannweiten von 13,20, 58,80 und 13,20 m, wobei die mittlere Hauptöffnung durch die Seilabspannungen nochmals in drei annähernd

Wegbeschreibung
Die Büchenauerbrücke überführt die Grabener-Straße (B 35 Germersheim–Bretten) südlich des Bahnhofs Bruchsal über die Anlagen der Deutschen Bahn AG.

gleich große Felder unterteilt wird. In statischer Sicht ist das Bauwerk in Längsrichtung ein Durchlaufträger auf sechs Stützen, von denen die beiden innersten elastisch gebettet sind. Schrägseilbrücken sind selbst verankert, d.h. die Horizontal-Komponenten der Seilkräfte werden über den Überbau kurzgeschlossen. Mit relativ kurzen Seitenfeldern (sie sind deutlich kleiner als die halbe Hauptspannweite) wird sichergestellt, dass die Rückverankerungsseile auch dann noch Zugkräfte erhalten, wenn ausschließlich die Seitenfelder durch Verkehr belastet sind. Dazu sind die Widerlager als Schwergewichtsfundament ausgebildet. Unter den im Überbau eingespannten Masten sind jeweils Pendelstützen angeordnet, die Temperaturdehnungen des Überbaus ermöglichen. Der Festpunkt der Brücke befindet sich am westlichen Widerlager (Karlsdorf); am gegenüberliegenden Widerlager

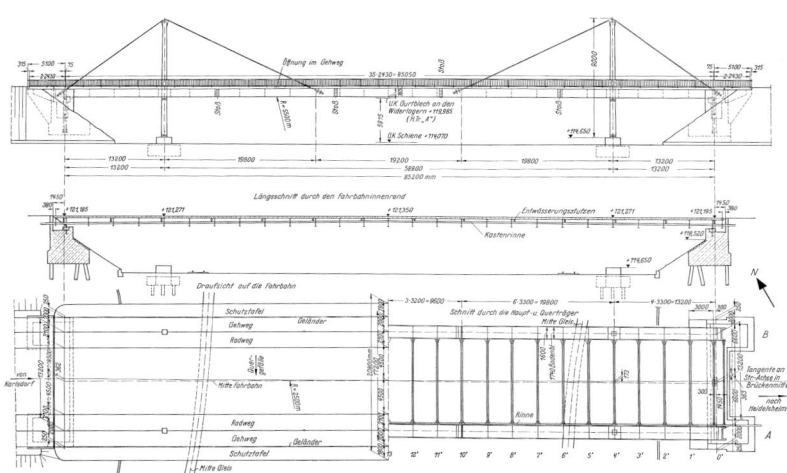

(Heidelsheim) sind Zugpendel eingebaut.
Windlasten in Querrichtung werden von den
beiden Widerlagern abgetragen.

Der insgesamt 20,80 m breite Fahrbahnträger
besteht aus zwei kastenförmigen Hauptträgern
(Achsabstand = 13,20 m), die durch Querträger alle 3,20 m miteinander verbunden sind.
Um die Profiltreue der Kästen zu gewährleisten, sind diese mit Querschotten und innen
liegenden Längsrippen ausgesteift. Auf die
Haupt- und Querträger ist eine 25 cm dicke
Betonplatte aufgebracht worden, die an den
Stellen der größten negativen Momente, also
bei den Masten, in Längsrichtung *vorgespannt*
wurde. Dies erachtete man damals als sinnvoll, weil die Druckkräfte infolge der Selbst-
verankerung allein von den Hauptträgern aufgenommen werden (heute vermeidet man
i.d.R. das Längs*vorspannen* eines Verbundträ-
gers, weil sich die *Vorspann*kräfte durch das
Kriechen des Betons auf den Stahl umlagern
und damit den gewünschten Effekt des Beton-
vordrückens deutlich mindern oder gar
zunichte machen). Die Seilabspannungen
bestehen aus 19 einzelnen, patentverschlos-
senen Seilen (∅ = 39 mm), die in der damals
üblichen, hexagonalen Form angeordnet sind.

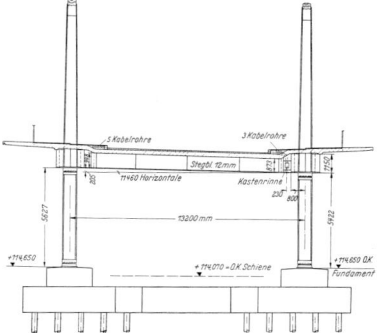

Herstellung

Die Montage der Brücke hatte ebenfalls auf
die besonderen Umstände Rücksicht zu nehmen, die sich aus der Elektrifizierung ergaben.
Da kein Gerüst im Gleisfeld erlaubt war, bediente man sich der alten Fachwerkbrücke als
Rüstträger, die zu diesem Zweck um 2,50 m
angehoben wurde, um oberhalb der Leitungs-
drähte genügend Platz für eine fugendichte
Arbeitsbühne zu schaffen. Zuvor musste
jedoch die alte Brücke um 10 m seitlich hin-
und hergeschoben werden, damit die alten
Widerlager abgerissen und die neuen, etwas
zurückgesetzten Widerlager hergestellt werden
konnten. Nach Montage der Haupt- und Querträger wurde der neue Überbau an den „Seil-
aufhängepunkten" gegen den alten Fachwerkträger *vorgespannt,* um die konfektionierten
(exakt abgelängten) Seile einbauen zu können.
Dieser Einbau erfolgte mit Hilfe eines Gerüstes, bei dem eine „Profilrinne" die Soll-Lage
der mit Seilköpfen versehenen Seile unmittelbar vorgab. Nach Montage der Seile wurde die
alte von der neuen Brücke gelöst, wodurch die
Seile unter Spannung gesetzt wurden. Der nun
überflüssig gewordene Fachwerkträger konnte
daraufhin demontiert werden. Nach Beendigung sämtlicher Arbeiten (u. a. Anstrich und
Betonieren der Fahrbahnplatte) wurde die
gesamte Konstruktion um 1,20 m in ihre endgültige Lage abgesenkt.

Sanierung

Nach gut dreißig Jahren wurde der Korrosionsschutz der Seile und des Überbaus erneuert.
Die eingeschränkte Zugänglichkeit der Seilverankerungen erschwerte dabei die Kontroll-
und Sanierungsmaßnahmen erheblich – ein
Gesichtspunkt, dem man beim Bau späterer
Schrägseilbrücken eine größere Bedeutung
beimaß. |

Literatur
Der Stahlbau
Heft 4, 1957

Länge
85,20 m
Breite
20,80 m
Masthöhe
9 m

Bauherr und Entwurf
Bundesrepublik Deutschland
Prüfer
H. Homberg, Hagen
Gründung
Frankipfahl-Baugesellschaft,
Düsseldorf
Seile
Hüttenwerk Oberhausen,
Werk Gelsenkirchen
Baufirmen
J. Gollnow & Sohn, Karlsruhe;
Ed. Züblin AG, Karlsruhe, und
Stumpf, Bruchsal
Bauzeit
1955–1956

CALW
St. Nikolausbrücke ●

Geschichte

Urkundliche Erwähnung findet die Brücke zum ersten Mal am 13. Oktober 1460, als der Calwer Kaplan Hartmann Bock seine Pfründe dem St. Nicolaus Käppelin auf der Brücke vermachte. Vermutlich wurde die Brücke aber bereits um 1400 auf Drängen von wohlhabenden Bürgern und den Zünften der Stadt Calw gebaut. Auf der Brücke steht eine kleine gotische Kapelle, die der Brücke, die weitgehend in ihrer ursprünglichen Form erhalten geblieben ist, einen besonderen Reiz verleiht.

Konstruktion

Die Nagoldbrücke besteht aus drei breiten Kreissegmentbögen (lichte Weiten: 7,84 – 10,60 – 9,20 m). Die beiden mächtigen Pfeiler sind rund 4,40 m breit und haben ober- wie unterstrom zugespitzte Vorköpfe, die bis zu den Brüstungswänden hochgeführt sind und dort kanzelartige Austritte bilden. Das gesamte Mauerwerk der Brücke besteht aus rotem Sandstein, der in Brüchen der näheren Umgebung gewonnen wurde. Die Tragfähigkeit entspricht heute noch der Brückenklasse 45.

Wegbeschreibung

In Calw vom neuen Bahnhof (Omnibusbahnhof) in Richtung Marktplatz; die Brücke liegt linker Hand beim Überfahren der Nagold.

Gründung

Die Pfeiler der Brücke stehen auf hölzernen *Pfahl*-Rosten, die mit einer Steinschüttung versehen sind. In Zusammenhang mit der Nagoldregulierung sind in den Jahren 1949/50 die Widerlager und Fundamente instand gesetzt worden. Des Weiteren wurde die Flusssohle gegen Unterspülen der Fundamente mit Stahlbeton ausgebaut. Ein im Beton verlegtes Sandsteinpflaster wahrt dabei den ursprünglichen Charakter der Brücke. |

Länge ca. 40 m
Breite 7 m
Höhe 5,20 m

Bauherren
Zünfte und wohlhabende Bürger der Stadt Calw
Bauzeit
um 1400

DÖGGINGEN
Gauchachviadukt ● ●

Geschichte

Die Bahnlinie Neustadt–Donaueschingen überquert zwischen Unadingen und Döggingen die
Täler der Mauchach und Gauchach. Im Gegensatz zum Mauchachviadukt, einer steinernen
Gewölbereihe mit sieben Öffnungen, besteht
der Gauchachviadukt aus einem stählernen
Fachwerkträger, der auf beiden Talflanken von
gemauerten Gewölben eingerahmt wird. Diese
Mischkonstruktion wurde plangemäß ausgeführt und ist nicht das Resultat eines veränderten Wiederaufbaus. Dies lässt sich auch daran
erkennen, dass die Gewölbe auf den jeweiligen Hangseiten unterschiedliche Spannweiten
haben, was im Fall einer durchgehenden Gewölbereihe zu einer untragbaren Asymmetrie
geführt hätte. Der im Jahre 1901 fertig gestellte Gauchachviadukt kann somit als Vorgänger
des großartigen Sitterviadukts der Bodensee–Toggenburg-Bahn bei St. Gallen (CH)
angesehen werden, der 1910 fertig gestellt
wurde. Im Zweiten Weltkrieg wurde die Brücke
über die Gauchach, die damals, noch nicht
eingewachsen, frei im Gelände stand, oft von
alliierten Bomberverbänden angegriffen, aber
durch glückliche Umstände nicht getroffen, so
dass sie weitgehend im Originalzustand erhalten blieb.

Wegbeschreibung
Auf der B31 von Freiburg i. Br.
über Neustadt nach Unadingen
fahren; am östlichen Ortsende
von Unadingen auf der alten
Verbindungsstraße in Richtung
Döggingen/Donaueschingen;
danach den Wegweisern „Eulenmühle" folgen. Noch vor der
„Eulenmühle" fährt man unter der
Brücke hindurch.

Konstruktion und Tragverhalten

Die Brücke hat ein 52 m weit gespanntes
Hauptfeld, das ein Fachwerkträger mit parabelförmigem Untergurt und oben liegender
Fahrbahn überbrückt. Die ursprünglich einfach ausgekreuzten Gefache des Fachwerkträgers wurden später durch gegenläufige
Diagonalen ergänzt. Andreaskreuze aus
L-Profilen, die über Nieten in Kombination
mit Stahlblechen an die Ober- und Untergurte
angeschlossen sind, übernehmen die Queraussteifung. Die senkrechten Ständer bestehen jeweils aus vier U-Profilen, die doppel-
T-förmig zusammengenietet wurden. Querträger, auf denen Längsträger liegen, leiten
die Belastungen aus den Schwellen und den
Schienen an das Stahlfachwerk weiter. Der
Anschluss an die Talhänge des Gauchachtales

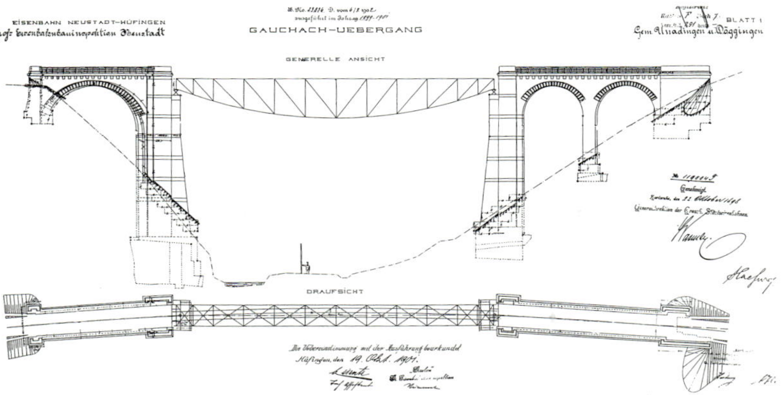

erfolgt auf der westlichen Seite (Richtung
Neustadt) durch einen gemauerten Steinbogen
mit 16 m Spannweite bzw. auf der anderen
Seite durch zwei 10 m weit spannende Stein-
bögen. Die beiden gemauerten Pfeiler, auf
denen der Fachwerkträger statisch bestimmt
aufgelagert wurde, sind so bemessen, dass
sie den Horizontalschub der anschließenden
Gewölbe aufnehmen können. Deshalb war es
erforderlich, sie mit einem Anlauf an der Talseite besonders mächtig auszuführen.

Gründung

Für die gemauerten Fundamente wurden vermutlich die gleichen Steine verwendet wie für
die Gewölbe. In Quer- und Längsrichtung sind
sie entsprechend dem Verlauf der Talhänge
staffelförmig abgesetzt.

Herstellung

Der Fachwerkträger wurde vermutlich wie
beim Sitterviadukt, St. Gallen (CH), hergestellt.
Dort wurde er auf einem zentralen, hölzernen
Gerüstturm im Freivorbau montiert und danach auf die beiden Talpfeiler in die planmäßige Lage abgesenkt.

Verweis auf ähnliche Bauwerke

Im Verlauf der stillgelegten Stichbahn von
Kappel-Gutachbrücke nach Bonndorf findet
sich bei Lenzkirch-Grünwald (zwischen
Lenzkirch und Bonndorf-Holzschlag) die
Klausenbachbrücke. |

Länge
ca. 112 m
Breite
5,60 m
Höhe
ca. 40 m

Bauherr
Badische Staatseisenbahn
Bauzeit
1899–1901

DORNSTETTEN
Kübelbachviadukt ● ● ●

Die im Jahre 1879 fertig gestellte Strecke
von Eutingen im Gäu nach Freudenstadt ist
Teilstück der „ursprünglichen Gäubahn" von
Stuttgart über Eutingen i. G. nach Freudenstadt. Zwischen Dornstetten und Freudenstadt überwindet die Bahn drei Täler, die jeweils mit parallelgurtigen Fachwerkträgern
überbrückt wurden. Bemerkenswert ist der
Kübelbachviadukt bei Dornstetten-Aach, der
im direkten Vergleich zur Rheinbrücke bei
Waldshut eindrucksvoll den Fortschritt vom
Gitterträger zum Strebenfachwerk doku-
mentiert *siehe Seite 218*.

Konstruktion und Tragverhalten
Im Gegensatz zum Gitterträger, dessen Hauptträger durch die engmaschige Diagonalanordnung einfacher Blechstreifen praktisch
schon einem Vollwandträger gleichkommen,
erscheint das vierfache Strebenfachwerk des
Kübelbachviadukts äußerst durchsichtig. Das
Fachwerk entsteht durch die Überlagerung von
vier Strebenfachwerken, die jeweils ein Viertel
der Last tragen. Die Streben sind paarweise
angeordnete Winkelprofile. Die beiden Winkel

Wegbeschreibung
Von der Autobahn A 81 Stuttgart–
Singen, Ausfahrt Horb, nach Horb;
von dort in Richtung Freudenstadt.
Hinter Dornstetten auf die B 28
Altensteig–Freudenstadt, die in
Richtung Freudenstadt unter dem
Kübelbachviadukt hindurchführt.

der vorwiegend auf Druck beanspruchten
Streben sind in Querrichtung jeweils durch
Blechstreifen fachwerkartig miteinander verbunden, um ein seitliches Ausweichen zu verhindern. In Längsrichtung wird das Knicken
durch die Zugstreben verhindert, die durch
die beiden Winkel der Druckstreben hindurchgeführt und an jedem Schnittpunkt mit ihnen
verschraubt sind. An den Auflagerpunkten
sorgen zusätzlich eingefügte Pfosten dafür,
dass alle Streben gleichmäßig beansprucht

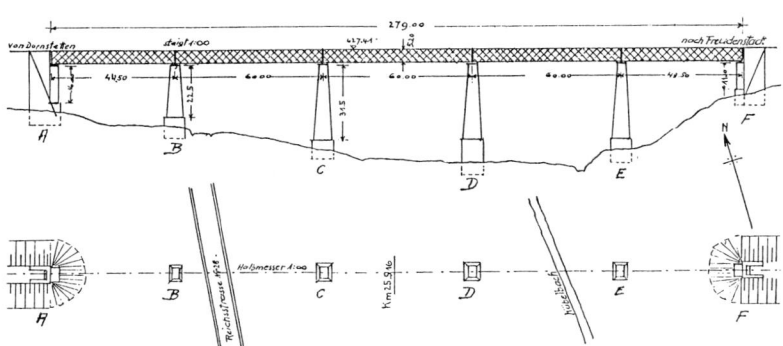

werden und nicht nur einzelne die Querkraft ins Auflager führen. Wegen der oben liegenden Fahrbahn kann die Profiltreue des 3 m breiten und 5,20 m hohen Kastens durch innen liegende Diagonalverbände gewährleistet werden. Der als Durchlaufträger ausgebildete Kasten hat seinen Festpunkt auf dem Pfeiler D. Auf den übrigen Pfeilern und den Widerlagern ist er mittels Rollen längsverschieblich aufgelagert. Die Spannweiten von 49,50, 3 x 60 und 49,50 m wurden so aufeinander abgestimmt, dass unter Eigenlast die Stütz- und Feldmomente aller Öffnungen denen eines 60 m weit gespannten, beidseitig eingespannten Balkens entsprechen. Das vielfach statisch unbestimmte Fachwerk ist durch die spezielle Spannweitenaufteilung und die Auflösung in einfache Strebenfachwerke auf bekannte Tragwerke zurückgeführt worden. Es stellt damit eine interessante Zwischenlösung in der Entwicklung vom Gitterträger zum Fachwerk mit einfachem Strebenzug dar.

Sanierungen
Im Jahre 1945 wurden die Pfeiler B und E von deutschen Truppen gesprengt, wodurch der Viadukt unpassierbar wurde, aber der durchlaufende Fachwerkträger nicht einstürzte.

Nach dem Krieg wurde Pfeiler E neu erstellt sowie Pfeiler B abgerissen und mit den alten Steinen wieder aufgebaut. Im Zuge dieser Arbeiten wurde auch der durch Fliegerbeschuss und Bombenabwurf beschädigte Überbau repariert. Er erhielt dabei stärkere Stützenportale und einen steiferen, oberen Windverband. Eine weitere Sanierung erfuhr der Überbau in den sechziger Jahren, wobei er sandgestrahlt und neu gestrichen wurde.

KÖNIGL. WÜRTTEMBERGISCHE STAATSEISENBAHN. GÄUBAHN.

N⁰ 438. Eisenbahn-Viadukt über das Ettenbachthal bei Freudenstadt.

Continuirlich über 5 Oeffnungen, 1 Mittelöffnung à 60 Meter und 2 Aussenöffnungen à 19,5 Meter. Gesammtlänge 160 Meter. Grösste Thalhöhe 31 Meter.

Ausgeführt im Jahre 1878 von

GEBRÜDER DECKER & CO. CANNSTATT (WÜRTTEMBERG)

Brückenbau, Maschinenfabrik, Eisen- & Metallgiesserei, Kesselschmiede.

Verweis auf ähnliche Bauwerke

Unmittelbar auf den Kübelbachviadukt folgen
in Richtung Freudenstadt noch der Stocker-
bachviadukt bei Freudenstadt-Grüntal, der im
Krieg gesprengt und mit einem Vollwandträger
wieder aufgebaut wurde, und der Ettenbachtal-
viadukt bei Freudenstadt-Wittlensweiler. Zur
Besichtigung dieser Viadukte in Dornstetten-
Aach die B 28 verlassen und nach Freudenstadt-Grüntal fahren. Auf der Anhöhe beim
ehemaligen Haltepunkt Grüntal (zwischen
Grüntal und Wittlensweiler) hat man einen
Blick auf alle drei Viadukte!|

Länge
279 m
Breite
6 m
Höhe
ca. 45 m

Bauherr
Württembergische Staatseisenbahn
Entwurf und Baufirma
Gebr. Decker & Co., Cannstatt
Bauzeit
1875–1879
Instandsetzung
1947–1949
Sanierung
1961

Brücken

EMMENDINGEN
Elzbrücke ●

Die südlich der Stadt Emmendingen gelegene alte Elzbrücke, eine stählerne Fachwerkbrücke, wurde im Jahre 1945 Opfer des Zweiten Weltkrieges. Im Rahmen des Brückenneubaus wurde die Linienführung der Straße den Verkehrsanforderungen angepasst und neu trassiert, so dass nun die Elz im schiefen Winkel überquert wird. Die neue Brücke, eine *gevoutete* Spannbeton-Plattenbrücke, gehört zu den ersten Brücken, bei denen die Spannglieder nach dem Verfahren von Baur-Leonhardt *vorgespannt* wurden.

Konstruktion und Tragverhalten

Die Brücke kreuzt die Elz in einem Winkel von 65°. Zwei Pfeilerscheiben, außerhalb des Mittelwasserbettes angeordnet, lassen den Überbau über 15, 30 und 15 m spannen. Der von Fritz Leonhardt vorgeschlagene Sonderentwurf wurde zur Ausführung bestimmt, weil er im Vergleich zu einer ebenfalls möglichen Stahlbeton-*Plattenbalken*-Brücke kostengüns-

Wegbeschreibung

Von Freiburg i. Br. aus die B3 in Richtung Offenburg fahren. Die B3 erreicht man auch über die Autobahn A5 Karlsruhe–Basel, Ausfahrt Teningen im Norden bzw. Freiburg-Nord im Süden. Die Brücke führt die B3 zwischen dem südlich gelegenen Vorort Wasser und Emmendingen über die Elz.

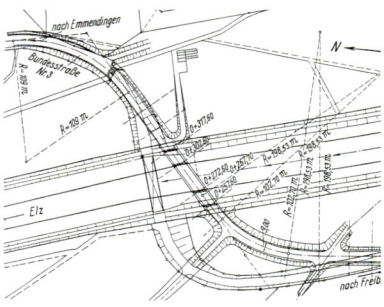

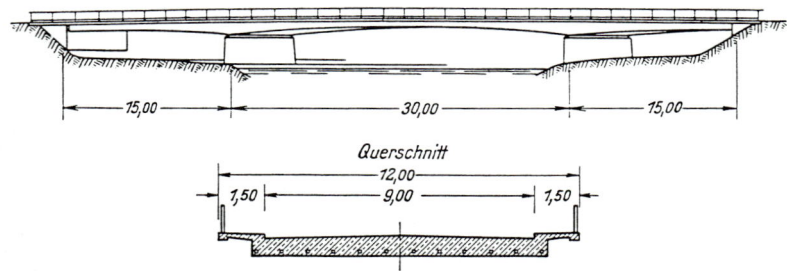

Querschnitt

tiger herzustellen war. Als Spannglieder wurden Drahtlitzenbündel verwendet, die zur Verminderung der Reibung in steifen Blechhohlkästen geführt und am Brückenende schlaufenartig um halbkreisförmige Betonkörper gelegt wurden. Die Spanngliedführung orientiert sich an den Biegemomenten aus ständiger Last und weist daher einen parabelförmigen Verlauf mit Hochpunkten über den Stützen auf. Die Plattendicke wächst von 80 cm an den Widerlagern auf 1,20 m über den Pfeilern, um dann im Mittelfeld mit 64 cm ihren kleinsten Wert zu erreichen. Zusammen mit der leicht geschwungenen Form der Straßengradiente (Plattenoberkante) ergibt sich ein besonders elegant und leicht wirkender Überbau.

Herstellung
Nach Herstellung der Widerlager, Pfeiler und des Schalungsgerüstes wurden 20 cm dicke Betonquerwände als Teile der Brückenplatte betoniert, um dadurch die Blechkästen für die Spannglieder in richtiger Höhenlage zu fixieren. Im Anschluss daran wurde die Platte in vier Abschnitten betoniert. Erst fünf Wochen danach wurde sie durch das Nachaußendrücken der halbkreisrunden Betonumlenkblöcke von beiden Seiten *vorgespannt*. Wegen des späten *Vorspannens* betrug der Spannkraftverlust durch *Kriechen* und *Schwinden* des Betons nur höchstens 8 %. |

Literatur
Beton- und Stahlbetonbau
Heft 9, 1950

Länge
61,68 m
Breite
12 m

Bauherr
Badische Straßenbauverwaltung
Ingenieur
F. Leonhardt, Stuttgart
Baufirma
F. X. Sichler, Freiburg
Baujahr
1949

ESSLINGEN
Pliensaubrücke ●●

Geschichte

Die Pliensaubrücke ist nach der Regensburger Donaubrücke das älteste noch stehende Brückenbauwerk nördlich der Alpen ●. Ihr genaues Alter ist nicht bekannt; doch deutet vieles darauf hin, dass der Bau etwa zeitgleich mit der Errichtung der Stadtbefestigung um 1213 erfolgte. Der Standort der Brücke ergibt sich aus der Tatsache, dass die alte linksufrige Fernstraße von Stuttgart bzw. vom Römerkastell Cannstatt hier auf den Prallhang des Eisberges traf und die Flussseite wechseln musste. An der Stelle einer ehemaligen Furt wird die breite Talaue hintereinander von zwei steinernen Brücken überquert: der Äußeren Brücke (Pliensaubrücke) über das Hauptflussbett des Neckars und der Inneren Brücke über die beiden Seitenarme Wehrneckar und Roßneckar *siehe Seite 53*. Zur Zeit der Staufer überführten sie den Haupthandelsweg Antwerpen–Venedig.

Konstruktion

Über die ursprüngliche Anzahl der fast einen Halbkreis bildenden Bögen mit einer lichten Weite von 13 bis 13,50 m gibt es keine verlässlichen Angaben. In alten Abbildungen wird die Brücke teils mit 9, teils mit 10 Bögen dargestellt. Auch für die Brückenlänge werden unterschiedliche Zahlen genannt; doch dürfte sie zu keinem Zeitpunkt mehr als 200 m betragen haben. Die von beiden Uferseiten gegen die Mitte ansteigende Fahrbahn hat

Wegbeschreibung
Die B10 Stuttgart–Plochingen führt auf der südlichen Neckarseite durch mehrere Bögen der alten Pliensaubrücke. Zu Fuß erreicht man die Brücke vom Esslinger Bahnhof ca. 200 m neckaraufwärts.

ihren Scheitelpunkt über Pfeiler 5, auf dem bis 1814 der mittlere Brückenturm stand. Von den noch vorhandenen fünf Bögen 5 bis 9 wurden die beiden südlichen nach ihrer teilweisen Sprengung im Zweiten Weltkrieg aus Beton mit Steinverkleidung an den Stirnflächen 1946 wiederhergestellt. Wegen des Neckarausbaus zur Schifffahrtsstraße im Abschnitt Stuttgart–Plochingen wurden im Jahre 1962 die Bögen 2, 3 und 4 abgebrochen und durch eine 51 m weit spannende Stahlkonstruktion ersetzt. Die Zwischenpfeiler haben ober- und unterstrom weit ausladende bugförmige Vorköpfe. Der jetzige Endpfeiler 4 ist allseitig rechteckig verbreitert und dient heute als Widerlager für die Stahlkonstruktion über den Schifffahrtskanal. Die wiederhergestellten steinernen Brüstungen haben an ihrem Fuß, als einzigen Brückenschmuck, ein durchlaufendes Gesimsband. Den Stubensandstein für die Gewölbe bezog man aus dem Steinbruch „Am Einäug" des Klosters Weil.

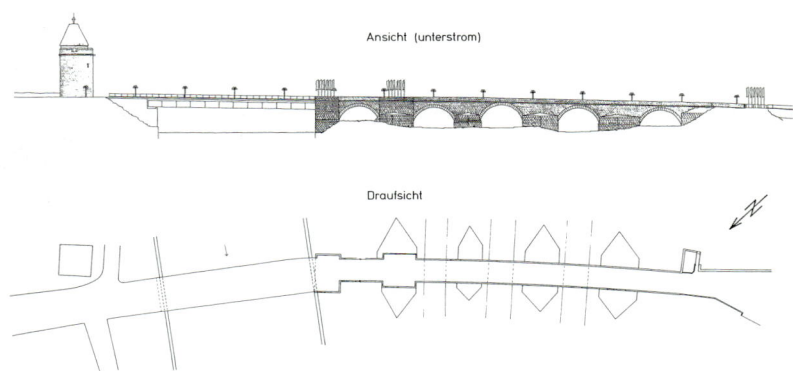

Ansicht (unterstrom)

Draufsicht

Gründung

Holzbalken, die beim Ausbaggern des Neckars
zutage gefördert wurden, lassen den Schluss
zu, dass in der ursprünglichen Gründungssohle ein Balkenrost eingelegt war, der mit
Steinschutt aufgefüllt wurde. Auf dieser
Unterlage wurde die Außenschale der Pfeiler
in Quadermauerwerk ausgeführt und der
Innenraum mit Bruchsteinen aufgefüllt.

Länge
ca. 200 m
Breite
7 m
Höhe
6,62–7,10 m

Bauherr
Stadt Esslingen
Bauzeit
zwischen 1213 und 1259

ESSLINGEN
Innere Brücke ●

Geschichte
Anders als die Äußere Brücke (Pliensaubrücke, *siehe Seite 51*) mit ihrer bewegten Vergangenheit war die Innere Brücke von Anfang an mit Handel und Gewerbe verknüpft. Bereits ab 1250 werden in den Urkunden über diese Brücke auch Fleischbänke und Brotlauben erwähnt. Von 1599 bis zum Ende des 17. Jahrhunderts wurden die fliegenden Verkaufsbuden nach und nach durch feste Gebäude ersetzt. Auf dem sechsten Pfeiler steht die um 1300 erbaute Nikolauskapelle. Beidseitig der Kapelle führen Abgänge einer neugotischen Freitreppe zur Maille, einer Parkanlage zwischen Wehr- und Roßneckar.

Konstruktion
Von den 11 Bögen (lichte Weiten: 8,30 bis 8,50 m) der Inneren Brücke sind neun von der Maille aus zu sehen. Der zehnte Bogen befindet sich zwischen den Häusern Nr. 21 und 23. Erst um das Jahr 1977 konnte der elfte Bogen, der als Kellerraum genutzt wird, zwischen den Häusern Nr. 23 und 28 gefunden werden. Die Pfeiler, die Hausaufbauten tragen, wurden in ganzer Höhe aus Stubensandstein hochgemauert. Diese ursprünglich verfüllten Pfeiler sind inzwischen wieder ausgehöhlt und werden als Kellerräume der Brückenhäuser genutzt.

Wegbeschreibung
Die Innere Brücke bildet die Fortführung der Äußeren Brücke (Pliensaubrücke) in die Esslinger Innenstadt.

Hinweis
Ca. 200 m flussabwärts überquert die 1745 erbaute „Alte Agnesbrücke" in drei steinernen Bögen den Roßneckarkanal. Sie wird heute als Fußgängerbrücke genutzt.

Gründung
Durch den zeitgleichen Bau mit der Pliensaubrücke ist anzunehmen, dass hier die gleiche Gründungsart angewandt wurde: Flachgründung auf Keupermergel. |

Länge ca. 230 m
Breite 7–9 m
Höhe 4–4,30 m

Bauherr
Stadt Esslingen
Bauzeit
vor 1259

FORBACH
Murgbrücke ● ● ●

Geschichte

Bereits im 16. Jahrhundert stand in Forbach
eine alte, nicht überdachte Holzbrücke, die
jedoch bei einem Hochwasser im Jahre 1570
weggerissen wurde. Durch den Einsatz der
umliegenden Gemeinden wurde sie in den
folgenden Jahren wieder aufgebaut. Aufgrund
mangelnder Unterhaltung verschlechterte sich
allerdings der Zustand der Brücke derart, dass
sie in den Jahren 1776 bis 1778 durch einen
Neubau ersetzt werden musste. Bis 1807
wurde von jedem Benutzer „Brückengeld" eingenommen, das der Unterhaltung der Brücke
zugute kam. Im Jahre 1874 wurde etwa 1 km
flussabwärts eine eiserne Bogenbrücke
gebaut, die im Zweiten Weltkrieg zerstört und
danach als Stahlbeton-Bogenkonstruktion
wieder aufgebaut wurde. Hierdurch verlor die
alte Holzbrücke ihre ursprüngliche Bedeutung
als einzige Verbindung zwischen dem unteren
und oberen Murgtal. Am Ende des Zweiten
Weltkrieges wurde die altersschwache Holzbrücke beim Rückzug der deutschen Wehrmacht und durch die einrückenden französischen Soldaten überlastet. Das Gewicht der

Wegbeschreibung

Auf der B462 von Rastatt aus
Richtung Freudenstadt kommend
kurz vor dem Überqueren der
Murg am Forbacher Bahnhof links
abbiegen. Die Brücke überquert
nach ca. 1 km die Murg.

Hinweis

Es lohnt auch ein Blick auf die
flussabwärts gelegene Stahlbeton-
Bogenbrücke, die die B462 über
die Murg führt.

schweren Geschütze und Panzer verursachte
vertikale Setzungen von bis zu 50 cm bzw.
horizontale Verformungen von bis zu 80 cm. In
den Jahren 1950 bis 1954 drohte dann der
Abriss der Brücke, die seit Kriegsende nur
noch als Abstellplatz für Handkarren und
Geräte benutzt wurde. Erst der Einsatz der
Forbacher Bürger und der badischen Denkmalpflege weckte das Interesse am Erhalt der
Brücke. Weil aber die Kosten einer Sanierung
diejenigen eines Neubaus um ein Vielfaches
überstiegen, entschloss man sich, die Brücke
abzureißen und im ursprünglichen Erschei-

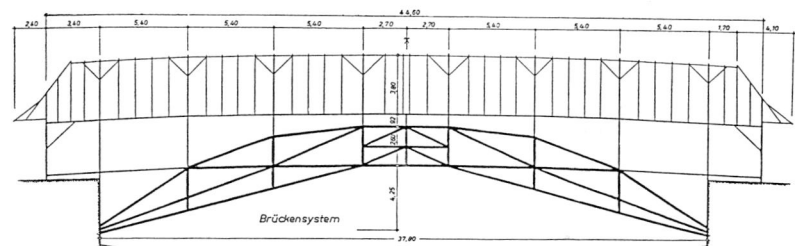

Brücken

nungsbild neu aufzubauen. Neben einer Neu-
imprägnierung im Jahre 1960 erhielt sie
1976 eine Generalrenovierung, bei der u.a.
ein neues Dach eingebaut wurde.

Konstruktion und Tragverhalten

Die kompliziert erscheinende Tragkonstruktion
mit einer Spannweite von 37,80 m lässt sich
auf drei einfache, im Holzbrückenbau geläufi-
ge Tragsysteme zurückführen, die im Fall der
Forbacher Brücke miteinander kombiniert
wurden: ein doppeltes *Sprengwerk*, ein doppeltes *Hängesprengwerk* und ein Stabbogen.
Eine entkoppelte Betrachtung ist aber schon
deshalb nicht möglich, weil beispielsweise der
Spannriegel des doppelten *Hängesprengwerkes* im Mittelteil der Brücke auch gleichzeitig
Teil des Stabbogens ist. Der wiederum ist mit
dem in der Fahrbahnebene liegenden *Spannriegel* des doppelten *Sprengwerks* so verstrebt, dass man das Tragwerk auch als einen
fachwerkartigen Sichelbogen interpretieren
kann. Dabei bilden insgesamt 20 Pfosten aus
je vier zusammengesetzten Kanthölzern zehn
Joche aus. Die Pfosten sind mit Ausnahme der
ersten bzw. letzten Pfosten auf dem Fachwerk
aufgesetzt und mit dessen Streben verblattet.
Die Verbindung der Hölzer untereinander wird

mittels Hartholz- und Stahldübeln in Verbindung mit *Versätzen* und Stahllaschen sichergestellt. Die Queraussteifung besorgen Andreaskreuze in der Dach- und Fahrbahnebene
zusammen mit der Rahmentragwirkung der
Pfosten, Kopf- und Fußbalken. Insgesamt
wurden für den Bau der Brücke 280 m³ Eichen-
und Fichtenholz der Güteklasse II verbraucht.

Gründung

Beim Abbau der alten Widerlager wurde hinter
dem Blendmauerwerk nur weiches Erdreich
angetroffen, das den Horizontalschub der
neuen Konstruktion von rund 100 t nicht aufnehmen konnte. Die Auflager wurden daher
als Flügelwiderlager aus Stahlbeton hergestellt, die eine sichere Abtragung der Kräfte in
den Baugrund gewährleisten. Eine Verkleidung
mit Sandstein verleiht den Widerlagern wieder
das ursprüngliche Aussehen. |

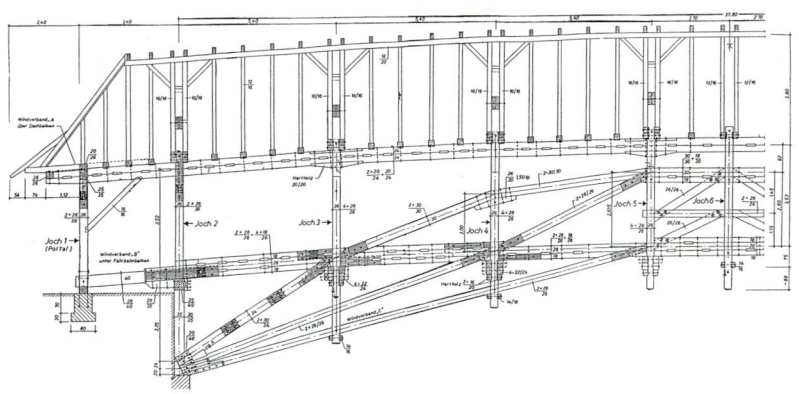

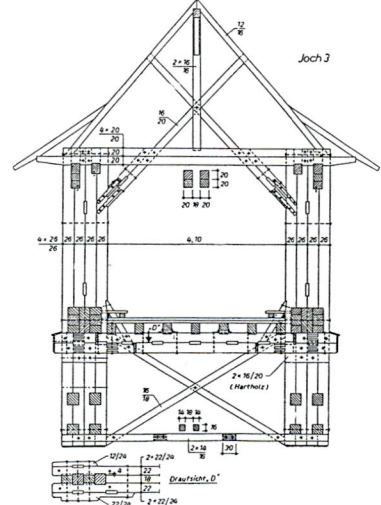

Literatur

Festschrift anlässlich der Renovierung der Brücke
Gemeinde Forbach, 1976

Deutscher Zimmermeister
Seite 300 ff., 1955

Länge
49,40 m
Breite
6,18 m
Höhe
ca. 7 m

Bauherr
Gemeinde Forbach
Ingenieur
G. Hempel, Karlsruhe
Prüfer
O. Steinhardt, Karlsruhe
Baufirmen
O. u. K. Walder, Karlsruhe, und
H. Weiler, Forbach
Bauzeit
1954–1955
Sanierung
1976

Brücken

FORBACH
Kriegsbehelfsbrücke

Geschichte

Das schönste und herausragendste Bauwerk
der Murgtalbahn war sicherlich neben der
ehemaligen Murgbrücke in Langenbrand der
Talübergang bei Forbach. Er überspannte mit
drei nur wenig von der Kreisbogenform ab-
weichenden Korbbögen von 36,76, 42,50 und
39,93 m Spannweite rechtwinklig das Murgtal
siehe Seite 23. Dieser ursprünglich sehr
schöne Steinbogen wurde im Frühjahr 1945
gesprengt. Die heutige, als Provisorium
geplante Brücke genügt den Erfordernissen
der Murgtalbahn immer noch.

Konstruktion und Tragverhalten

Die Behelfsbrücke überquert die Murg in einer
Höhe von 26 m mit einer Steigung von 1:53.
Das Haupttragwerk besteht aus einem dreifeldrigen Durchlaufträger aus Stahl, der als
parallelgurtiges Pfostenfachwerk (Konstruktionshöhe = ca. 4,20 m) mit fallenden und
steigenden Diagonalen ausgebildet ist. Wegen
der gleich großen Spannweiten von 48 m
erhält man relativ große Momente über den
beiden mittleren Stützen, während das Feldmoment im Mittelfeld stark reduziert wird.
Zwei in Querrichtung rautenartig ausgesteifte
Pendelstützen leiten die Lasten in den Untergrund. Ihre beiden als Linienkipplager ausgebildeten Auflager sind zur Lagesicherung bei
Hochwasser über eine Traverse zusätzlich auf
jeder Seite durch vier Stahlstäbe im Betonfundament verankert.

Wegbeschreibung

Vom Forbacher Bahnhof aus entlang der Eisenbahnlinie die Murg
aufwärts fahren. Nach ca. 2 km an
der Wendeplatte parken. Auf dem
anschließenden Wirtschaftsweg
geht man noch ca. 50 m bis zum
Widerlager.

Gründung

Die Gründung der Kriegsbehelfsbrücke erfolgte
im Tal auf den alten Fundamenten der Steinbrücke, die im oberen Bereich durch eine
Stahlbetonplatte verstärkt wurden. Neue Stahlbetonwiderlager an den Talhängen ersetzten
die ursprünglich gemauerten Widerlager der
Vorgängerbrücke. Auf Forbacher Seite ist noch
der Gewölbeansatz des ehemaligen Stein-
viadukts erkennbar. |

Literatur

Deutsche Bauzeitung
Heft 11, 1919

Länge ca. 156 m
Breite ca. 5,50 m
Höhe ca. 26 m

Bauherr
Deutsche Bundesbahn
Bauzeit
1946–1947

FORBACH-GAUSBACH
Viadukt über die
Tennetschlucht ● ●

Ein besonders interessanter Streckenabschnitt der Murgtalbahn ist der 6,17 km
lange Abschnitt zwischen Forbach und
Weisenbach. In seinem Verlauf muss ein
Höhenunterschied von 107 m überwunden
werden. Neben dem bemerkenswerten
Viadukt über die Tennetschlucht wurden
beim Bau der Strecke noch drei Murgüber-
gänge und sieben Tunnel mit einer Gesamtlänge von 1.340 m notwendig. Aufgrund
dieser Kunstbauten verursachte dieser
relativ kurze Abschnitt Baukosten in Höhe
von 5 Mio. Reichsmark – eine für damalige
Verhältnisse unvorstellbare Summe.

Konstruktion und Tragverhalten
Der Viadukt über die Tennetschlucht befindet
sich in einem Gleisbogenabschnitt mit einem
Radius von 220 m. Gleichzeitig steigt hier die
Strecke mit 1:53 an. Der Viadukt besteht aus
einer Gewölbereihe, die mit neun Öffnungen
à 16 m lichter Spannweite das Hindernis überbrückt. Bemerkenswert ist die Grundrissform
der Gewölbereihe, die nicht wie ansonsten
üblich polygonzugartig der Gleisachse folgt,
sondern beidseitig eine bogenförmige Außenkontur aufweist. Die Pfeiler haben unten eine
Breite von bis zu 6 m, die sich zum Gewölbe-

ansatz hin linear auf 4,40 m verjüngt; in
Brückenlängsrichtung sind sie mit einer über
die Höhe konstanten Dicke von 2,80 m ausgebildet. Die auf die Pfeiler aufgesetzten, halbkreisförmigen Gewölbe bestehen aus grob
behauenen Granitquadern. Die zum Kämpfer
hin zunehmende Gewölbestärke ist aufgrund
der handwerklichen Güte der Mauerwerks-
ausbildung von außen deutlich ablesbar. Die
Räume zwischen Gewölbe und Aufmauerung
wurden mit Granitsteinen aufgefüllt und vermauert. Hierdurch wird die Steifigkeit und der
Eigenlastanteil der Gewölbe beträchtlich
erhöht und damit ein günstigeres Tragverhalten unter Verkehrslasten erzielt.

Wegbeschreibung
Forbach liegt im Murgtal an der
B462 zwischen Freudenstadt und
der Autobahn A5, Ausfahrt Rastatt.
Von Forbach aus in Richtung Baden-
Baden fahren. Auf der Anhöhe von
Forbach-Bermersbach hat man
einen guten Blick auf den Eisen-
bahnviadukt und die darüber liegen-
de Straßenbrücke *siehe Seite 60*.

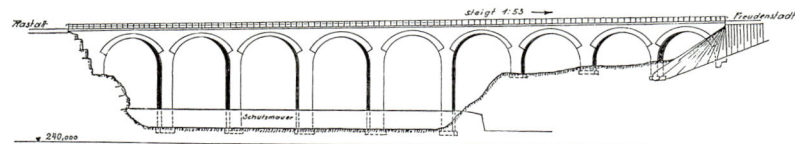

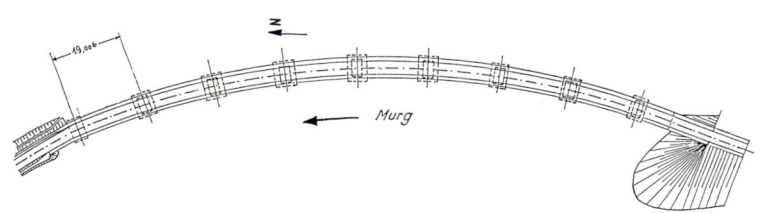

Gründung

Alle Pfeiler sowie die Endwiderlager sind auf dem Fels des Murgtales flach gegründet. Sie bestehen ebenfalls wie der Rest des Bauwerks aus gemauerten Quadersteinen.

Herstellung

Der Bau des Viaduktes war erschwert durch die schlechte Zugänglichkeit der Baustelle. Auch der Gebirgsfluss Murg bereitete Probleme. Damit die Gründungen der Pfeiler im Trockenen ausgeführt werden konnten, war der Bau eines Wasserstollens im felsigen Untergrund notwendig. Des Weiteren wurde vor den Pfeilern eine Schutzmauer errichtet, um deren Fundamente bei Hochwasser vor Unterspülung zu schützen. Das hölzerne Lehrgerüst zur Herstellung der Gewölbe wurde zur Einsparung an Baumaterialien nur dreifach vorgehalten. Begonnen wurde mit den drei oberen Gewölben auf Forbacher Seite, da hier die wenigsten Probleme mit der Gründung auftraten. Die Gewölbesteine wurden dabei trocken auf den Lehrgerüsten verlegt und durch Holzkeile in ihrer Lage gesichert. Erst nach dem Setzen des Schlusssteins im Scheitel wurden die noch offenen Fugen mit Mörtel ausgefüllt und verdichtet. Nach Fertigstellung der ersten drei Gewölbe wurden die Lehrgerüste umgesetzt und die unteren drei Gewölbe hochgemauert. Geschlossen wurde die Gewölbereihe daraufhin mit den mittleren drei

Gewölben. Die Konsolsteine am Gewölbeansatz, welche die Gerüste trugen, wurden nicht entfernt; sie schmücken die Pfeiler und dienen bei Nacharbeiten erneut einem Gerüst als Auflager. |

Literatur
Deutsche Bauzeitung
Seite 593, 1910

Länge
183,30 m
Breite
5,68 m
Gewölbestich
8 m
Höhe
ca. 27 m

Bauherr
Badische Staatseisenbahn
Ingenieure
Engesser und Gaber
Baufirma
W. Bruch, Berlin
Bauzeit
1908–1909

FORBACH-GAUSBACH
Straßenbrücke über die
Tennetschlucht •

Bereits zu Beginn der sechziger Jahre war abzusehen, dass die schmale B462 im Murgtal zukünftig das steigende Verkehrsaufkommen nicht mehr bewältigen konnte. Eine wegen der Talhanglage sehr aufwendige Verbreiterung der bestehenden Straße hätte aufgrund der vielen Kurven die Leistungsfähigkeit nur eingeschränkt verbessert, so dass man sich entschloss, weitgehend eine Neutrassierung vorzunehmen. Dies machte unter anderem auch eine Brücke über die Tennetschlucht oberhalb des alten Eisenbahnviaduktes *siehe Seite 58* erforderlich.

Entwurf

Neben dem ausgeführten Entwurf einer Balkenbrücke mit einer V-förmigen Stütze standen auch Bogenbrücken zur Diskussion. Hervorzuheben ist der Entwurf einer eleganten, aufgelösten Bogenbrücke, der der 1962 fertig gestellten Glemstalbrücke bei Schwieberdingen *siehe Seite 162* nachempfunden war. Der Architekt Wilhelm Tiedje, der bei mehreren Brücken als Berater hinzugerufen wurde, bemerkte hierzu auf dem Betontag im Jahre 1965: „Bei dieser eindeutigen Lage wäre ein energischer Sprung über die Schlucht fraglos das Gegebene gewesen.

Wegbeschreibung
Von Baden-Baden in Richtung Forbach fahren. Davor, auf der Anhöhe von Forbach-Bermersbach, hat man einen guten Blick auf beide Brücken. Alternativ: Vom Parkplatz des „Montana"-Freibades, der linker Hand auf der Strecke von Gausbach nach Langenbrand liegt, geht ein kleiner Pfad ins Murgtal herab. Schon nach 10 m kann man die Brücken sehen.

Es scheint mir unverständlich, warum das Geheimnisvolle der Schlucht gestört werden musste."

Der ausgeführte Entwurf nutzt einen kleinen Felsvorsprung zur Gründung der Mittelstütze. Deren V-Form sorgt dabei für kleine Stützweiten und ermöglicht so einen äußerst schlanken Balken als Fahrbahnträger. Der Entwurf reagiert damit auch auf die speziellen örtlichen Gegebenheiten und zeigt die mögliche Vielfalt im Brückenbau, die im konkreten Fall der Tennetschlucht zu einer interessanten Spannung zwischen den beiden Brücken führt, die sich in Technik und Anschauung je nach ihrer Zeit völlig voneinander unterscheiden.

Längsschnitt in der Fahrbahnachse

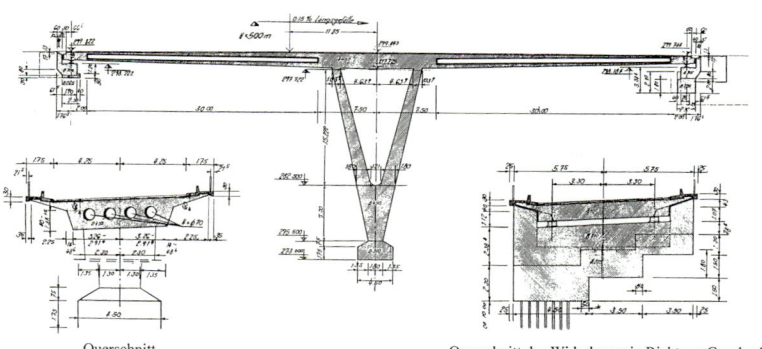

Querschnitt

Querschnitt des Widerlagers in Richtung Gausbach

Konstruktion und Tragverhalten

Die dreifeldrige Brücke (Spannweiten: 34,33 –
10,34 – 34,33 m) überquert in einer Kurve mit
einem Radius von 200 m die Schlucht. Ihr
Überbau besteht aus einer vorgespannten
Platte (Dicke = 1 bis 2 m) mit einer Breite von
12 m. Zur Gewichtseinsparung wurden in
Längsrichtung vier zylindrische Hohlkörper
(∅ = 70 cm) eingebaut. Ihren Festpunkt hat
die rahmenartige Brücke an der knapp 25 m
hohen, V-förmigen Stütze, deren Stiele monolithisch mit dem Überbau verbunden sind. An
den Widerlagern ist der Überbau verschieblich
gelagert, um Zwänge bei Temperaturschwankungen zu vermeiden. Unter der Einwirkung
von Bremslasten wird aber der Überbau zusätzlich auf Biegung beansprucht, da die V-Stütze
gelenkig gegründet ist und somit alleine kein
Gleichgewicht finden würde. Der Überbau, der
von der Stütze getragen wird, stabilisiert diese
also gleichzeitig, indem er im Bremslastfall ein
rückdrehendes Moment aktiviert. In Querrichtung wird der Überbau an den Widerlagern gehalten, so dass die beiden schlanken Stiele
der V-Stütze auch in dieser Richtung durch
den Überbau stabilisiert werden. |

Literatur
TIEDJE, W.
Formprobleme im Brückenbau
in: Vorträge Betontag 1965,
Deutscher Betonverein e.V.

Länge
79 m
Breite
12 m
Höhe
24,50 m

Bauherr
Bundesrepublik Deutschland
Ingenieur
R. Weidle, Stuttgart
Ausführung
Firma Reif, Rastatt
Bauzeit
1964–1965

FORBACH-LANGENBRAND
Aquädukt über die Murg ● ●

Der Aquädukt bei Langenbrand ist eine der
ersten großen Stampfbetonkonstruktionen
in Deutschland. Er wurde im Jahre 1885
erbaut und überführt einen Wasserkanal
zur Papierfabrik Holtzmann.

Konstruktion und Tragverhalten

Die Murg wird von einem massiven Bogen
überspannt. Dieser hat einen gleich bleibenden Querschnitt mit einer Dicke von etwa
1,30 m. Darauf sind zur Gewichts- und Mate-
rialersparnis kleinere Gewölbe aufgeständert,
die das ursprünglich offene Gerinne tragen.
In den Zwickeln zwischen den Gewölben sind
aus gestalterischen Gründen kreisförmige
Aussparungen vorgesehen, teilweise aber
auch nur angedeutet. Der Bogen mit einem
Stich von nur 5 m bei einer Spannweite von
40 m wurde durchgehend monolithisch, also
ohne Gelenke ausgeführt. Im Gegensatz zu
steilen Bögen sind solche eingespannten,
flachen Gewölbe durch Temperaturwechsel
und *Kriechen* großen Zwängen ausgesetzt,
wenn sie nicht sehr dünn sind. Das Gewölbe
des Murgaquädukts hat aber sichtlich keinen

Wegbeschreibung

Auf der B462 Rastatt–Freudenstadt
biegt man in die nördliche Abfahrt
Langenbrand ein und kurz danach
auf der rechten Seite in einen Parkplatz. Einem grünen Hinweisschild
„Kläranlage Murgtalwerke" zu
Fuß folgend kommt man zu einer
kleinen Holzhütte auf der rechten
Seite. Hier biegt man links in einen
Schotterweg ein, der unter die Balkenbrücke der B462 führt. Entlang
der Brücke steigt man den Hang
zur Murg hinab. Der Aquädukt
befindet sich ca. 50 m flussabwärts.

Schaden genommen, weil der unbewehrte Betonbogen – ähnlich einem Steingewölbe – ausweichen kann. Äußerlich wurde er wie ein bossiertes Steingewölbe gestaltet. Die nackten, von der Schalhaut geprägten Außenflächen der Stampfbeton- bzw. später *Eisenbeton*-Konstruktionen wurden zu jener Zeit oft kaschiert, weil man sie im Gegensatz zu den gemauerten als unschön empfand. In Anbetracht der abgeschiedenen Lage ist es bemerkenswert, dass dieser Aquädukt derart verziert wurde.

Herstellung
Der Bogen wurde auf Lehrgerüst hergestellt. Der in keilförmigen Abschnitten von 4 bis 5 m Länge in mehreren Lagen zwischen Querschotten eingebrachte Beton wurde zur Verdichtung „gestampft". Nach dem Abbinden wurden die Schotte entfernt und die Fugen ausbetoniert. |

Spannweite
40 m
Breite
5 m
Kanalbreite
2,20 m

Bauherr
Papierfabrik Holtzmann, Langenbrand
Ingenieur
K. von Müller, Freiburg i. Br.
Baufirma
Thormann und Schneller, Augsburg
Baujahr
1885

FREIBURG I.BR.
Stühlinger Brücke ●

Über die Gleise des Freiburger Hauptbahnhofs führt neben einer neueren Spannbetonkonstruktion eine vergleichsweise zierliche,
blau gestrichene Brücke mit fünf Öffnungen.
Diese über hundert Jahre alte Konstruktion
dient heute Fußgängern und Radfahrern.

Wegbeschreibung
Die Stühlinger Brücke kreuzt
die Bahnsteige des Freiburger
Hauptbahnhofs an deren
südlichem Ende.

Konstruktion und Tragverhalten
Die Spannweiten (28,30–40,90–37,20–31,65–
20,15 m) werden von je einem stählernen
Fachwerk als Einfeldträger überbrückt. Jeder
lagert auf zwei Pfeilerpaaren bzw. den Wider-
lagerbänken. Obwohl die Spannweiten diffe-
rieren, ist im Prinzip jeder Überbau gleich
konstruiert: Die Hauptträger bilden zwei
über der Fahrbahn angeordnete Fachwerke
(Achsabstand = 6,50 m) mit näherungsweise
parabelförmigen Obergurten. Jeder Fachwerkverband ist durch zwei sich kreuzende Diagonalen verstrebt. Zusammen mit den Pfosten
ist damit das Tragwerk innerlich statisch unbestimmt. Bei der Berechnung wurden aber
immer nur die auf Zug beanspruchten Diagonalen berücksichtigt, so dass das System mit
graphischen Verfahren berechnet werden

konnte. Nachteilig wirkt sich dieses Konstruktionsprinzip aber auf die Knoten aus, in denen
in der Regel fünf Stäbe verbunden werden
müssen. Um die Anzahl der zu verbindenden
Stäbe zu reduzieren, entwickelte schon über
20 Jahre zuvor der preußische Eisenbahningenieur J. W. Schwedler einen neuartigen
Fachwerkträger *siehe Seite 212*. Im Fall der
Stühlinger Brücke sind die Diagonalen in
Fachwerke aufgelöst und mittels Knoten-
blechen an die kastenförmigen Pfosten bzw.
Gurte angeschlossen. Sämtliche Verbindungen
waren ursprünglich genietet. Als Konstruk-
tionsmangel muss aus heutiger Sicht die aus
mehreren Blechen und Winkeln zusammenge-
setzte Trogform der Untergurte beurteilt werden, da hierdurch die Kondenswasserbildung
mit Korrosion begünstigt wird. Querträger in

Brücken

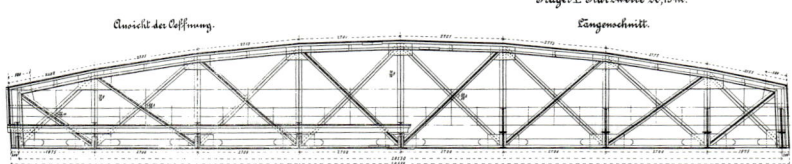

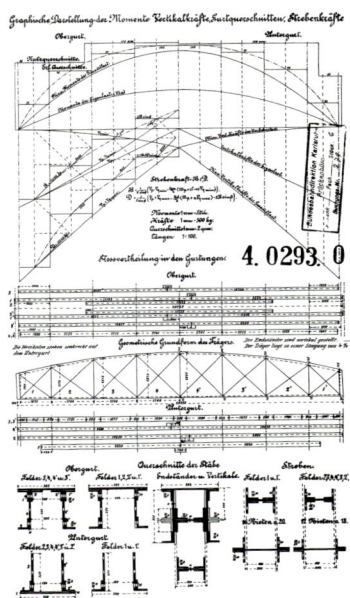

der Untergurtebene tragen die Fahrbahn. Gegen das seitliche Ausweichen der druckbeanspruchten Obergurte sind die Pfosten mittels Blechen biegesteif an die Querträger angeschlossen. Außen werden die Hauptträger von ca. 1,80 m breiten Gehwegen flankiert, die im Querträgerabstand von Kragarmen gestützt werden. Bemerkenswert ist auch das Geländer aus gusseisernen Pfosten, einem einfachen Handlauf sowie einem Geflecht aus Draht, das aber von außen wegen einer Verkleidung („Pinkelschutz") leider nicht durchgängig zu sehen ist.

Verweis auf ähnliche Bauwerke
In Herrlingen, Bahnstrecke Blaubeuren–Ulm, führt ein ähnlicher Träger über die Blau. Er wurde im Jahre 1868 erbaut und ist damit der älteste Fachwerkträger der Bahndirektion Stuttgart. |

Bauherr
Badische Staatseisenbahn
Baufirma
Eisenwerk Kaiserslautern
Baujahr
1886

FREIBURG I. BR.
Luisen- und Mariensteg ● ●

Der lieblich anmutende Fluss Dreisam, der
Freiburg in Ost-West-Richtung durchquert,
zeigt an der Grobheit seines abgelagerten
Geschiebes, dass er sich von Zeit zu Zeit in
einen reißenden Gebirgsfluss verwandelt.
Im Jahre 1896 zerstörte ein Hochwasser
mehrere Brücken und einen großen Teil der
Uferbefestigungen, so dass erhebliche Anstrengungen notwendig wurden, um wieder
eine gute Anbindung des Freiburger Stadtteils Wiehre an die Altstadt herzustellen. Zu
diesem Zweck wurden zwischen der Kaiser-
brücke und der Greiffeneggbrücke auch
zwei filigrane Stahlbogen-Fachwerkbrücken
gebaut.

Konstruktion und Tragverhalten

Die beiden Fußgängerstege sind konstruktiv
nahezu identisch – jedoch mit einem gravie-
renden Unterschied: Während der Luisensteg
die Dreisam im rechten Winkel kreuzt, ist der
Mariensteg schiefwinklig angeordnet, um sich
in die Geometrie des Straßenrasters einzuord-
nen. Dabei richtete man die Querträger auf die
Schiefwinkligkeit der Brücke hin aus, so dass

Wegbeschreibung
Die Dreisam bildet den Südrand der
Altstadt. Die beiden Stege kreuzen
sie zwischen dem Schwabentor und
der Kaiser-Joseph-Straße.

sich in ihnen die Flussrichtung und die Wider-
lagervorderkanten widerspiegeln. Die damit
verbundenen Probleme in der Ausführung
(schiefe Winkel im Grundriss) nahm man
bereitwillig zugunsten eines klaren und sinn-
fälligen Gesamteindrucks der Konstruktion in
ihrem Umfeld in Kauf. Das wäre heutzutage
keine Selbstverständlichkeit mehr! Die genieteten Überbauten aus dem Jahre 1900 wurden
1980 durch geschweißte, aber von der äußeren Erscheinung her sehr ähnliche ersetzt. Sie
bestehen jeweils aus zwei parallel angeordneten Fachwerkträgern, deren gekrümmte Gurte
in einem Schwung die Dreisam überspannen.
Die stärker gekrümmten Untergurte sind beidseitig derart auf gusseisernen Linienkipp-
lagern gelagert, dass gleichmäßige Lasten
über die Bogenwirkung getragen werden können. Die nicht an die Widerlager angeschlossenen Obergurte tragen den Gehweg und sind

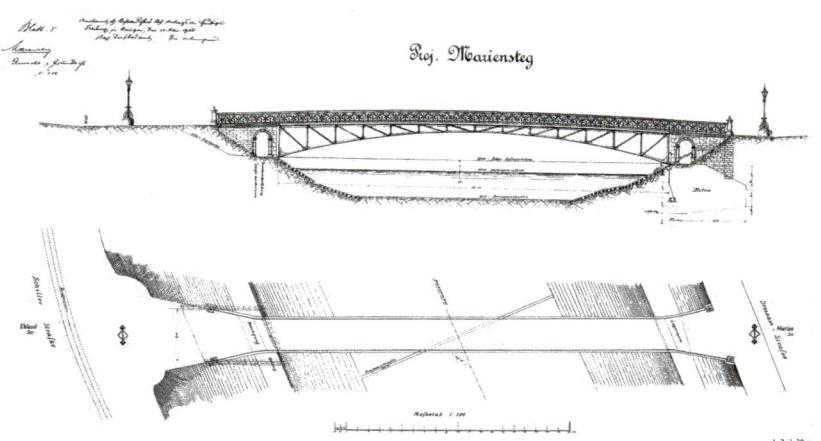

mit den Untergurten über Pfosten und Diagonalen in Längs- und Querrichtung verbunden.
Die daraus folgende Fachwerktragwirkung
garantiert die verformungsarme Abtragung
ungleichmäßiger Lasten. Der Gehweg besteht
heute aus ca. 10 cm dicken Beton-Fertigteil-
platten aus Beton der Güte B35 mit einem
30-mm-Gussasphaltbelag. Man beachte auch
die geschmiedeten, noch originalen Geländer,
die das Raster der Pfosten aufnehmen und
einen Übergang zu den gemauerten Wider-
lagern herstellen. |

Literatur
Deutsche Bauzeitung
Nr. 69 und 70, 1903

Spannweite
35 m
Stich der Untergurte
ca. 2,60 m
Breite
3 m

Bauherr
Großherzogliche
Straßenbauverwaltung bzw.
Stadt Freiburg i. Br.
Ingenieur beim Neubau
S. Bauer, Herbolzheim i. Br.
Prüfer
C. Hofmann, Bad Krotzingen
Baufirma
Stahl- und Metallbau Winterhalter,
Freiburg i. Br.
Baujahr
1900
Erneuerung
1980

FREIBURG I. BR.
Karlssteg ● ●

Die Stadt Freiburg im Breisgau hat zu Beginn
der siebziger Jahre einen Ring um die Altstadt
mit einer Vielzahl höhengleicher, aufgewei-
teter Verkehrsknotenpunkte ausgebaut.
An besonders stark belasteten Kreuzungen
wurde der Fußgängerverkehr durch Unter-
bzw. Überführungen in eine zweite Ebene
verlagert. Für den Knotenpunkt am Karlsplatz wurde eine rund 140 m lange *Spannband*-Brücke nach einem Sondervorschlag
der Baufirma Dyckerhoff & Widmann gebaut.

Konstruktion und Tragverhalten
Der dreifeldrige Überbau (Spannweiten:
25,50–30–34,50 m) besteht aus einem 25 cm
dicken, *vorgespannten* Betonband. Die Zugkraft im Band schwankt je nach Temperatur
und Belastung zwischen 7,7 und 16 MN. Dafür
sind Gewindestäbe im Band vorgesehen, die
gegen das Betonband *vorgespannt* sind, um
den Beton weitgehend ungerissen zu halten.
Die beiden Zwischenpfeiler sind abgesehen
von den beidseitigen Abrollbereichen monolithisch mit dem Band verbunden. In Längsrichtung wirken sie wie *Pendelstützen*, damit

Wegbeschreibung
Der Karlssteg überbrückt den
Leopoldring und verbindet den
Karlsplatz mit dem Stadtgarten.

Hinweis
Weitere *Spannband*-Brücken gibt
es in Pforzheim *Seite 138*, Mosbach
Seite 130 und Stuttgart-Vaihingen
am S-Bahnhof Österfeld.

sich die bei feldweiser Verkehrslast unterschiedlichen Zugbandkräfte ausgleichen können. In diesem Fall übertragen sich aber auch
die dehnungslosen Verformungen des Bandes
von einem Feld ins nächste. Die daraus folgenden Einlaufwinkeländerungen hätten bei
starrer Einspannung an jeder Stützstelle des
Bandes unzulässig hohe Biegespannungen
zur Folge. Deshalb wird bei dieser Brücke das
Band an jedem Auflager über einen ausgerundeten Sattel geführt, um durch ein weiches
Abrollen bei jeder Belastung oder Geometrie
des Bandes seine Biegespannungen in den
gewünschten Grenzen zu halten. Zur Gewähr-
leistung der Kippsicherheit der Widerlager
wird eine 8 m breite Fundamentplatte benötigt,

die das aufliegende Erdreich als Ballast nutzt. Die Horizontalkräfte des *Spannbandes* werden von jedem der beiden Widerlager über einen Drucksporn an den Baugrund abgegeben. Die Stirnfläche jedes Sporns beträgt rund 32 m², um eine mittlere Erdpressung von 700 kN/m² nicht zu überschreiten.

Herstellung

Das *Spannband* wurde auf einem durchgehenden Lehrgerüst betoniert. Wegen der schwer abschätzbaren Größe der Widerlagerverschiebungen wurde zunächst eine Lücke im Band belassen, um durch nachträgliches Vorspannen die Geometrie korrigieren zu können. Dies erübrigte sich jedoch, da die Widerlager maximal nur 4 mm nachgaben. Wegen der Betonierlücke konnte die *Vorspannung* zunächst nur so weit aufgebracht werden, dass der Herstellungsradius des Bandes erhalten blieb. Erst vier Wochen nach dem Schließen der Lücke wurden die restlichen Spannstäbe *vorgespannt*. Um die großen Spannkraftverluste der Gewindestäbe durch Reibung auszugleichen, wurden die Spannglieder in zwei Gruppen mit gegenläufigen Spannkraftlinien *vorgespannt*. |

Literatur
Beton- und Stahlbetonbau
Heft 3, 1972

Länge
136,50 m
Breite
4 m
max. Gradientenneigung
14 %
(heute nicht mehr zulässig!)

Bauherr
Stadt Freiburg i. Br.
Ingenieur
U. Finsterwalder, München
Prüfer
H. Kupfer, München
Baufirma
Dyckerhoff & Widmann, Freiburg i. Br.
Bauzeit
1969–1970

FRIDINGEN
Donaubrücke der Bahn ●

Geschichte

Mitte der achtziger Jahre des 19. Jahrhunderts
nahm der Einfluss des Militärs auf den Bau
von Eisenbahnlinien immer mehr zu. Bezeich-
nend hierfür ist das „Gesetz betreffend der
Vervollständigung des Eisenbahnnetzes im
Interesse der Landesverteidigung und die
Beschaffung von Geldmitteln hierfür" vom
7. Juni 1887. Wesentlicher Bestandteil dieses
Gesetzes war u.a. der Bau einer Eisenbahn
von Tuttlingen in Richtung Sigmaringen zum
Anschluss an die bestehende Bahnlinie Tübingen–Sigmaringen in der Nähe von Inzigkofen.
Den militärischen Stellen war es ein besonderes Anliegen, aus Richtung Bayern Verbindungen zum Oberelsass zu schaffen. Der Druck,
der von militärischer Seite auf den Bahnbau
aus Richtung Memmingen nach Aulendorf und
Sigmaringen ausgeübt wurde, galt daher gleichermaßen auch für die zu schließende Lücke
zwischen Inzigkofen und Tuttlingen, die den
Anschluss an die seit 1876 bestehende Wutachtalbahn *siehe Seite 273* herstellen sollte.
Die im Jahre 1890 erbaute Brücke gehört zu
der eingleisigen, nicht elektrifizierten, strategischen Verbindungsstrecke Inzigkofen–Tuttlingen. Diese Strecke steht in engem Zusammenhang mit den weiteren Umgehungsbahnen Schopfheim–Säckingen und Lörrach–
Weil, die alle aus militärischen Gründen zwischen 1888 und 1890 erbaut wurden und im
Kriegsfall zusammen mit der Wutachtalbahn
zur Umfahrung des schweizerischen Territo-
riums (Rheintalbahn Basel–Konstanz) dienen
sollten.

Wegbeschreibung
Fridingen (bekannt durch die
Donauversickerung) liegt an der
Donau zwischen Tuttlingen und
Sigmaringen. In Fridingen zum
Bahnhof fahren und dann dem
Radweg in Richtung Tuttlingen
folgen.

Hinweis
Von Fridingen aus gesehen überquert vor der beschriebenen
Brücke die Bahn ein weiteres Mal
die Donau. Hier besteht das ebenfalls stählerne Brückentragwerk
allerdings aus parallelgurtigen
Fachwerken mit gekreuzten Diagonalen.

Brücken

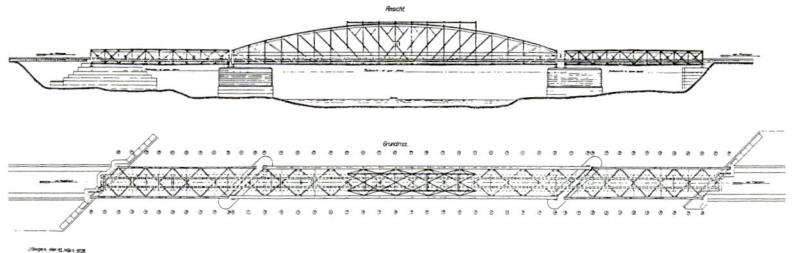

Konstruktion und Tragverhalten

Die Fachwerkbrücke überquert „im Birken-
loch" bei Fridingen im spitzen Winkel die
Donau. Sie besteht aus drei Einfeldträgern, die
22, 52,30 und 22 m weit spannen. Gegenüber
den beiden Flutbrücken, die aus konventionellen, parallelgurtigen Fachwerken mit kreuzenden Diagonalen gebildet werden, kann der
Träger der mittleren Hauptöffnung als eine
Besonderheit bezeichnet werden. Das „doppelte Pfostenfachwerk" mit parabelförmig
ansteigenden Obergurten wird im mittleren
Drittel der Obergurtebene durch einzelne
Portale ausgesteift. Wegen der Schiefwinkligkeit der Brücke und der dadurch verschobenen
Anordnung der gleichartigen Hauptträger
führt dies bei der gewählten Orthogonalan-
ordnung der quer verbindenden Portalriegel
zu dem eigenartigen Bild, dass die Riegel auf
unterschiedlicher Höhe an die Obergurte anschließen. Im Hinblick auf die Queraussteifung
wird der zwischen den Portalriegeln angeordnete obere Windverband durch einen sich
über die gesamte Trägerlänge erstreckenden
unteren Längsverband unterstützt, der aus
Profilstäben besteht. Die Gurte des Haupttragwerks sind im Querschnitt doppel-T-förmig
ausgebildet; Pfosten und Diagonalen sind
dagegen in sich fachwerkartig aufgelöst. Um
die Diagonalen in Brückenmitte gegen Knicken
zu sichern, sind teilweise oben und unten Steifen eingebaut. Die Fahrbahnschwellen liegen
auf Längsträgern, die in einer Querträgerebe-
ne verlaufen. Bedingt durch die orthogonale
Anordnung der doppel-T-förmigen Querträger
war im Auflagerbereich eine besondere

Lösung erforderlich, die einen kraftschlüssigen Übergang zu den schiefwinkligen Träge-
renden ermöglicht. Hier verläuft deshalb der
letzte orthogonal geführte Querträger nur bis
zur Brückenhälfte, wo er an die schräg verlaufenden Endquerträger anschließt. An dieser
Stelle wurde zusätzlich noch ein drittes Auflager unter den Endquerträger gestellt, um diesen nicht verstärken zu müssen. Alle Auflager
des in Längsrichtung statisch bestimmt gelagerten Trägers bestehen aus Gussstahl.

Gründung

Die Widerlager und die beiden Strompfeiler
sind als Flächengründung auf dem dichten
Donaukies ausgeführt. Sie bestehen aus
Sandstein. Zur Aufnahme der Auflagerkräfte
wurden die Auflagerbänke aus Granit aus-
geführt. |

Länge
ca. 105 m
Breite
5,40 m
Höhe
ca. 6,50 m

Bauherr
Württembergische Staatseisenbahn
Baufirma
Eisenwerk Kaiserslautern
Baujahr
1890

FRÖHND
Wiesenbrücke bei der Kastler Mühle ●

Geschichte

Die wenigsten Autofahrer, die auf der B317 zwischen Zell und Schönau im Wiesental fahren, nehmen die Bogenbrücke der Gemeinde Fröhnd wahr. Diese klassisch schöne Bogenkonstruktion ist im engen Tal versteckt und entzieht sich damit dem flüchtigen Auge. Sie wurde zu Beginn dieses Jahrhunderts erstellt und dabei der Plan einer schon im Detail entworfenen Fachwerkkonstruktion aus „Eisen" verworfen. Im Jahre 1978 wurde die Bogenbrücke auf ihre Tragfähigkeit und auf eine neue Einstufung der Brückenklasse hin untersucht. Zur Bestimmung der Betondruckfestigkeiten wurden 16 Bohrkerne ($\varnothing$ = 10 cm) gezogen, die Betondruckfestigkeiten von 19 bis 65 N/mm² ergaben, also Festigkeiten, die Hochachtung verdienen, wenn man die damaligen Möglichkeiten der Betonverarbeitung in Betracht zieht. Allerdings ergab die statische Untersuchung eine Einstufung, die heutigen Ansprüchen des Verkehrs mit z.B. Langholzfahrzeugen und Tanklastwagen nicht mehr gerecht wurde. Die Bogenbrücke sollte des-

Wegbeschreibung
Im Verlaufe der B317, etwa auf halbem Weg zwischen Lörrach und Titisee, fährt man auf der Höhe von Fröhnd direkt an der Brücke vorbei.

halb durch eine *Plattenbalken*-Brücke aus Stahlbeton ersetzt werden. Auf Initiative des Gutachters, Walter Flößer aus Bad Säckingen, wurde gemeinsam mit Prof. Leonhardt, Stuttgart, und dem für den Neubau der Brücke verantwortlichen Ingenieurbüro Bauer aus Lörrach eine Lösung zur Erhaltung der Brücke erarbeitet. Das ursprüngliche Bild der Brücke konnte so trotz der grundlegenden Sanierung im Jahre 1981 weitgehend erhalten werden. Die Tragfähigkeit der Brücke wurde dabei von 6 auf 30 Tonnen gesteigert.

Konstruktion und Tragverhalten

Ein 30,72 m weit spannender Dreigelenkbogen aus unbewehrtem Beton bildet das Haupttragwerk der Brücke. Er hat im Bereich der Kämpfer eine Stärke von 60 cm, die in den Viertelspunkten entsprechend der Momentenbelastung auf 89 cm ansteigt, um sich dann im Scheitel wieder auf 51 cm zu verjüngen.

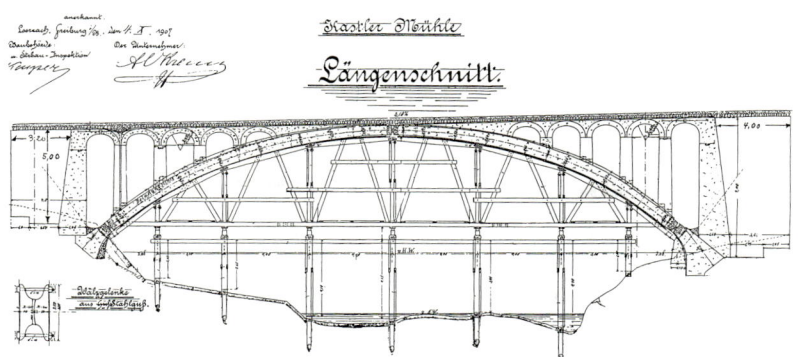

Die als „Wälzgelenke" ausgebildeten Lager an den Kämpfern und im Scheitel sind aus Gussstahl. Auf dem Bogen sind in Längsrichtung im Abstand von 1,40 m Pfeiler mit einem beidseitigen Anlauf von 1:75 aufgeständert. Über ihnen befinden sich korbbögenartige Gewölbe, die die Fahrbahnplatte tragen. Um Bewegungen in den Gelenken infolge von Temperaturdifferenzen und den damit verbundenen Längenänderungen zu ermöglichen, sind im Überbau über den Kämpfern und im Scheitel quer verlaufende *Bewegungsfugen* angeordnet. Die über den Kämpfern liegenden Gewölbe sind als „Scheingewölbe", also als zwei Kragarme ausgebildet und dementsprechend bewehrt. Ursprünglich hatte die Brücke eine Breite (ohne Brüstungen) von 3,80 m: 2,50 m für die Fahrbahn sowie 2 x 65 cm für die Gehwege. Seit ihrer Sanierung hat die Brücke eine neue, versteifende, beidseitig auskragende, 8,50 m breite Platte (Fahrbahn = 5,50 m plus Gehwege = 2 x 1,50 m). Im Rahmen dieser Arbeiten wurden auch die Kämpferbereiche durch eine *Vorspannung* ertüchtigt.

Gründung

Die Brücke ist auf dem in geringer Tiefe anstehenden tragfähigen Untergrund (vermutlich Fels) gegründet. Hierbei stützen sich die schräg verlaufenden Fundamentsohlen zur besseren Übertragung der Bogenresultierenden direkt gegen den Baugrund ab. |

Länge
ca. 41 m
Breite
8,50 m
Höhe
ca. 9 m

Bauherr
Großherzogtum Baden
Entwurf
Großherzogliche Wasser- und Straßenbauinspektion Lörrach
Ingenieur
Butz, Lörrach
Bauzeit
1907–1909
Sanierung
1981

GAILINGEN
Rheinbrücke ● ●

Geschichte

Die erste urkundliche Erwähnung einer Rheinbrücke zu Diessenhofen, dem benachbarten
Grenzort in der Schweiz, stammt bereits aus
dem Jahre 1259. Die erste Abbildung von 1548
zeigt eine offene Holzbrücke, die von acht
Pfeilern getragen wird. Im mittleren Teil gab
es ein kleines Holzhäuschen, von dem aus
der Schiffsverkehr geregelt und gleichzeitig
der Rheinzoll eingenommen wurde. Um 1660
befand sich allerdings die offene Holzkonstruktion in einem so schlechten Zustand, dass ein
Neubau nicht länger aufgeschoben werden
konnte. In den Jahren 1667 bis 1668 wurde
daraufhin vom Baumeister Heinrich Altenburg
aus Schaffhausen (CH) eine offene Holzbrücke
mit sechs Feldern entworfen und gebaut. Über
130 Jahre tat diese Brücke ihren Dienst, bis sie
im Jahre 1799 beim Rückzug russischer Truppen, die vor den Franzosen flohen, in Brand
gesetzt wurde. Im Jahre 1801 wurde eine Notbrücke gebaut, um die Wasserversorgung von
Diessenhofen aufrechtzuerhalten, denn ein
Großteil der Brunnen wurde von einer über die
Brücke geführten Wasserleitung gespeist. Erst
zwischen 1814 und 1816 standen der Gemeinde wieder die erforderlichen Geldmittel zum
Neubau einer nun überdachten, fünffeldrigen
Brücke zur Verfügung, deren Modell in der

Wegbeschreibung
Gailingen (D) liegt zwischen
Stein am Rhein (CH) und
Schaffhausen (CH). In Gailingen
in Richtung Diessenhofen (CH)
fahren. Die Brücke überquert den
Rhein unterhalb von Gailingen.

Rathauslaube von Diessenhofen zu besichtigen ist. Die Notbrücke diente dabei als
Gerüst für den Neubau, den der Werkmeister
Widtmer errichtete. Aber auch diese Brücke
erfuhr Zerstörung durch Krieg: Am 9. November 1944 wurde durch einen versehentlichen
Bombenabwurf der Amerikaner der nördliche
Brückenteil mit dem Widerlager schwer beschädigt. Die Schäden wurden in den Jahren
1946/47 behoben. Nach einer Renovierung im
Jahre 1973 wurde die einspurige Rheinbrücke
1996 grundlegend saniert. Eine Markierung in
Brückenmitte weist auf die Staatsgrenze zwischen der Schweiz und Deutschland hin.

Konstruktion und Tragverhalten

Die Holzbrücke überquert den Rhein mit
fünf Feldern unterschiedlicher Spannweiten
(17,50 – 17,60 – 17,20 – 15,20 – 16,20 m). Das
Haupttragwerk jeder Öffnung besteht aus
einem *doppelten Sprengwerk*, wobei die
Streben jeweils zweifach ausgeführt sind.

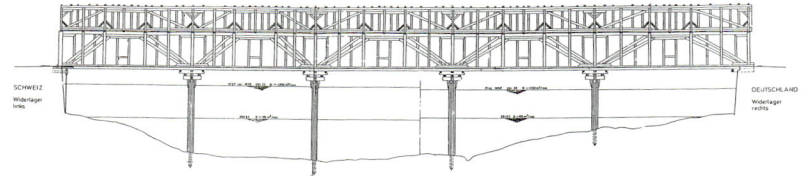

Die Fahrbahn wird von Längsträgern gebildet, auf denen Holzbohlen aufgelegt sind. Querträger nehmen deren Lasten auf und geben sie an die *Hängesäulen* weiter, die als Zangenpfosten in die *Sprengwerke* eingebunden sind. In Querrichtung bilden sie paarweise mit je einem Kopfbalken einen Rahmen, der zusammen mit Andreaskreuzen in der Ober- und Untergurtebene die Queraussteifung besorgt. Ähnlich wie bei der Rheinbrücke in Bad Säckingen *siehe Seite 30* bestehen die Auflager über den Pfeilern aus gestaffelten Lagen horizontaler Kanthölzer, die die freie Spannweite verkleinern, hier aber vor allem den Streben die nötige Aufstandsfläche bereitstellen. Die tragenden Bauteile von Pfeilern und Überbau sind aus Eichenholz gefertigt. Dagegen besteht die Verkleidung aus Nadelholz, das vergleichsweise preisgünstig ist.

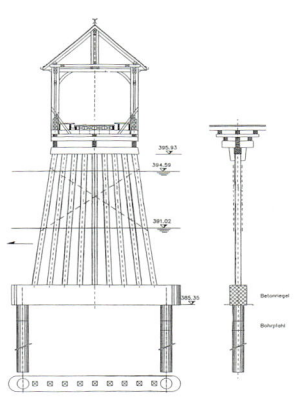

Gründung

Die Holzkonstruktion ruht auf bis zu 9,80 m hohen Eichen-*Pfählen*, die jeweils in einer Reihe zu neun *Pfählen* einen Pfeiler bilden. Sie sind untereinander mit Holzbalken verbunden und durch Andreaskreuze aus Holz ausgesteift. Ursprünglich waren die Eichen-*Pfähle* bis zu 2 m in die Rheinsohle eingerammt; seit der Sanierung der Brücke sind sie in einem Stahlbetonriegel verankert, der auf Bohr-*Pfählen* steht. |

Literatur
WALDVOGEL, H.
Die Geschichte der Rheinbrücke zu Diessenhofen
Diessenhofen (ohne Verlag)

Länge
86,70 m
Breite
6,10 m
Höhe
ca. 6,30 m

Bauherr
Gemeinde Diessenhofen (CH)
Entwurf und Ausführung
A. Widtmer, Schaffhausen
Bauzeit
1814–1816

GEISINGEN AM NECKAR
Natursteinbogenbrücke ● ●

Im Zuge des Reichsautobahnbaus in den
dreißiger Jahren wurden viele Überführungen gebaut, um bestehende Verbindungen
aufrechtzuerhalten. Im Fall der Verbindungsstraße von Geisingen nach Beihingen bot
sich eine Bogenbrücke mit aufgeständerter
Fahrbahn an, da hier die Autobahn im Einschnitt trassiert wurde. Zur Ausführung gelangte ein Natursteinbauwerk, das heute
noch von der handwerklichen und ingenieur-
technischen Kunst der damaligen Zeit zeugt.

Konstruktion und Tragverhalten
Auf das gemauerte Gewölbe, das heute die
inzwischen sechsspurige Autobahn in einem
Sprung mit 35 m Spannweite überbrückt, sind
zur Reduzierung der Eigenlast 80 cm starke
Mauerwerkswände aufgesetzt, die kleinere
Gewölbe mit lichten Weiten von 2 bis 2,20 m
tragen. Im Rahmen einer Sanierung Ende der
siebziger Jahre wurde eine neue Fahrbahnplatte aus Stahlbeton eingebaut. Sie besteht
zur Lastverteilung aus einem mehrstegigen
Plattenbalken, der zu beiden Seiten um 2,27 m
auskragt. Damit befriedigt das Bauwerk heutige Nutzungsansprüche, ohne etwas von seinem ursprünglichen Charakter zu verlieren.

Gründung
Die Bogenkräfte werden über massive, flach
gegründete Kämpferfundamente in den
Baugrund getragen. Zur Erhöhung der Gleitsicherheit sind die Hangpfeiler auf die Funda-
mentkörper aufgesetzt. |

Wegbeschreibung
Die Brücke überquert die Autobahn
A81 Stuttgart–Heilbronn zwischen
den Anschlussstellen Ludwigsburg-
Nord und Pleidelsheim.

Länge
62 m
Breite
10,75 m
Höhe
ca. 12 m

Bauherr
Reichsautobahndirektion Stuttgart
Entwurf
Oberste Bauleitung der
Reichsautobahnen, Stuttgart
Bauzeit
1937–1938
Sanierung
1977–1978

Brücken

GEISLINGEN
Kochertalbrücke ● ● ●

Der Neubau der A6 Heilbronn–Nürnberg erforderte mehrere Talbrücken; die bemerkenswerteste ist die Kochertalbrücke bei Schwäbisch Hall, die mit 185 m Höhe ● fast so hoch ist wie die berühmte, 190 m hohe Europabrücke bei Innsbruck (A).

Entwurf
Weil das Kochertal landschaftlich sehr reizvoll ist, war man bemüht, eine derartige Großbrücke möglichst schonend einzufügen. Der ausgeführte Entwurf ging aus einer Reihe von Vorentwürfen einschließlich einer riesigen Schrägseilbrücke hervor, deren Verträglichkeit mit der Landschaft anhand von Fotomontagen überprüft wurde. Dabei gab es auch lange, kontroverse Diskussionen, ob eine Gründung in den bodenmechanisch schwer zu beurteilenden Rutschhängen verantwortbar sei. Gewählt wurde eine schlichte Balkenbrücke aus Beton, deren einteiliger Überbau mit gleich bleibenden Abmessungen als neunfeldriger Durchlaufträger das Tal überspannt. Es gab auch billigere Angebote mit kürzeren Spannweiten, die das Tal aber mehr versperrt hätten.

Konstruktion
Neben zwei Randfeldern von 81 m hat die Brücke sieben Spannweiten von je 138 m. Der Querschnitt des Überbaus besteht aus einem einzelligen Hohlkasten von 8,60 m Breite und 6,50 m Höhe mit beidseitig 11,20 m

Wegbeschreibung
Die Kochertalbrücke liegt zwischen den Anschlussstellen Schwäbisch Hall und Ilshofen/Wolpertshausen auf der A6 Heilbronn–Nürnberg. Vom Autobahnrastplatz hinter der Brücke aus (Fahrtrichtung Nürnberg) kann man die Brückenunterseite und das östliche Widerlager besichtigen.

auskragenden, von schrägen Druckstreben abgestützten Fahrbahnplatten. Ein derartiger Einzeller ist heute beim Neubau von Autobahnbrücken nicht mehr zulässig, da bei Reparaturen am Überbau eine Totalsperrung des Streckenabschnitts befürchtet wird. Dies ist bedauerlich, weil die Kochertalbrücke zeigt, dass der schmale Kastenträger sehr schlanke Pfeiler mit oben nur 8,60 m Breite bei einer Dicke von 5 m erlaubt. In Querrichtung haben die Pfeiler einen leicht geschwungenen, in Längsrichtung einen linearen Anlauf. An der Basis sind die Pfeiler damit 15 m breit und 9,50 m dick. Diese Pfeilerkonturen tragen wesentlich zum schönen Erscheinungsbild der Brücke bei. Dank der schlanken Pfeiler und der gefälligen Spannweiten wirkt die Brücke auch bei Schrägansicht durchsichtig. In der Längsrichtung ist das statische System symmetrisch mit einer „schwimmenden Lagerung" des Überbaus. Zur Aufnahme von Bremslasten stehen nur die mittleren sechs Pfeiler zur Verfügung, von denen die beiden äußeren mit

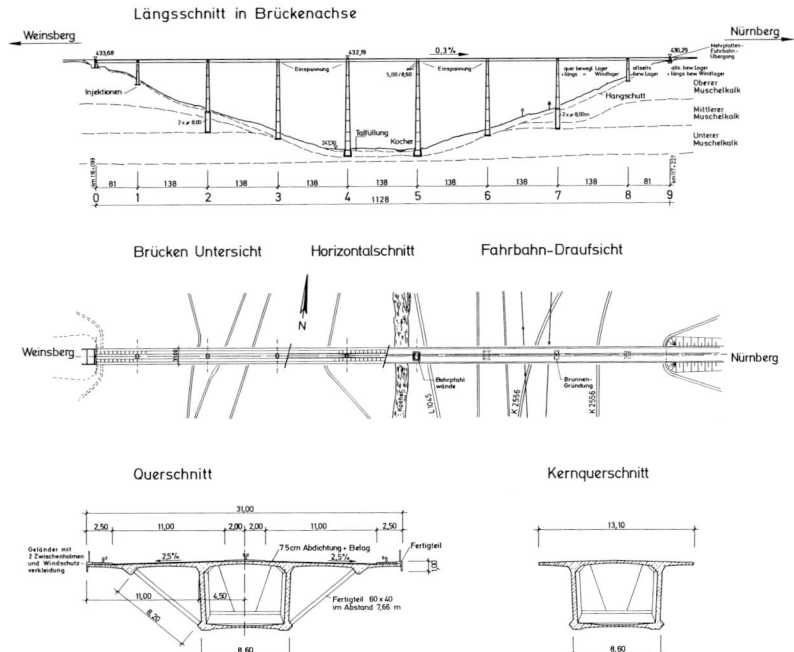

Längsschnitt in Brückenachse

Brücken Untersicht   Horizontalschnitt   Fahrbahn-Draufsicht

Querschnitt   Kernquerschnitt

unverschieblichen Kipplagern ausgerüstet
sind; die vier inneren sind monolithisch und
biegesteif mit dem Kastenträger verbunden
und bilden zusammen mit ihm ein rahmen-
artiges Tragwerk. Die restlichen beiden, kurzen Pfeiler auf den beiden Hangseiten nehmen
keine Horizontalkräfte des Überbaus auf. Hier
ruht der Überbau auf allseits beweglichen
Neotopflagern. Für die in Querrichtung aufzu-
nehmenden Windkräfte wirken die mittleren
sechs Pfeiler als Federn und die Widerlager
als Festpunkte. Sämtliche Pfeiler sind im Baugrund eingespannt. Um eine Einspannung in
den Bereichen des nicht ausreichend tragfähigen Muschelkalks zu erreichen, wurden hier
die Pfeilergründungen durch den Rutschhang
hindurch mit bis zu 45 m tiefen Schächten
ausgeführt.

Brücken

Herstellung

Der Bau des Kastenträgers erfolgte im *Freivorbau* mit Hilfe eines 120 m langen Vorfahrträgers. Dieser diente als Materialtransportbrücke sowie zur Stabilisierung von Pfeilern und Überbau während der *Freivorbau*-Phase. Wirtschaftliche Überlegungen führten dazu, den frei vorzubauenden Querschnitt möglichst „abzuspecken", um die Kragmomente im Bauzustand klein zu halten. Erst nachdem die günstige Durchlaufträgerwirkung des Kernquerschnitts hergestellt war, wurden die auskragenden Fahrbahnplatten im Nachlauf erstellt. Die dafür nötigen 8,20 m langen, schrägen Druckstreben sind Beton-Fertigteile. Die Herstellung der Pfeiler erfolgte mit Hilfe einer *Kletterschalung*.

Verweis auf ähnliche Bauwerke

Die im Zuge des Baus der A 81 Stuttgart–Singen im Jahre 1977 fertig gestellte Eschachtalbrücke bei Rottweil hatte erstmalig einen derartigen einzelligen Spannbetonüberbau. Er war ein Sondervorschlag gegen eine entsprechende Stahlkonstruktion – ähnlich der der Weitinger Brücke *Seite 228*. |

Literatur
Der Bauingenieur
Seite 453–463, 1978

Länge
1.128 m
Breite
31 m
Höhe
185 m

Bauherr
Bundesrepublik Deutschland
Ingenieure
- **Entwurf**
Leonhardt und Andrä, Stuttgart
- **Geologie**
Geologisches Landesamt
Baden-Württemberg und
P. Siedek, Köln
- **Prüfung**
F. Leonhardt, Stuttgart
Baufirmen
Wayss & Freytag AG,
Dyckerhoff & Widmann AG und
Ed. Züblin AG
Bauzeit
1976–1979

HAUSEN
Würmbrücke ● ● ●

Geschichte

Diese Steinbrücke aus dem Jahre 1777 gehört
zu den wenigen Brücken, die den Zweiten
Weltkrieg ohne Schäden überstanden haben.
Erst im Jahre 1979, nach mehr als 200 Jahren,
wurde sie äußerlich instand gesetzt. Die
Brücke ist ein Baudenkmal ersten Ranges ●.

Konstruktion

Das flache Flussbett der Würm wird von fünf
Bögen überspannt (Spannweiten: 3 – 3,40 –
4,30 – 3,40 und 3 m). Die 2,40 bzw. 2,95 m
dicken Pfeiler sind auf Buntsandstein flach
gegründet. Sie haben oberstrom markant zugespitzte Vorköpfe als Eisabweiser. Die Ab-
weiser der beiden mittleren Pfeiler sind bis zur
Oberkante der Brüstung hochgezogen und
bilden dort Ausweichflächen für Fußgänger.
Das Mauerwerk der Fundamente, Pfeiler und
Bögen besteht aus großen Buntsandsteinqua-
dern, die aus der Umgebung stammen dürften.
Die Brückengradiente steigt mit einer Neigung
von max. 8,2 % von Hausen bzw. mit max.
10,2 % von Heimsheim an und hat ihren Scheitelpunkt über dem mittleren Bogen. Dem Verkehr steht nach wie vor nur eine Fahrspur mit
rund 3 m Breite zur Verfügung. Steine stehen
in der Funktion als Radabweiser im Abstand
von 4 bis 5 m und schützen die 56 cm breiten

und 72 cm hohen Brüstungen. Bei der Instandsetzung wurden die Brüstungsabdecksteine
weitgehend ausgewechselt, da sie den Bauern
jahrelang als Wetzsteine für ihre Sensen
gedient hatten. Die Tragfähigkeit der Brücke
entspricht der Brückenklasse 45.

Wegbeschreibung
Hausen liegt zwischen Weil der
Stadt und Pforzheim. In Hausen auf
der L1179 in Richtung Heimsheim
fahren.

Länge
ca. 30 m
Breite
ca. 4,70 m
Höhe
ca. 4 m

Bauherr
Gemeinde Hausen
Baujahr
1777

HAUSEN IM TAL
Donaubrücke ●

Geschichte

Die im Jahre 1792 erbaute, ursprünglich einspurige Brücke bestand aus vier Segmentbo-
gengewölben aus Tuffsteinen. Über 150 Jahre
tat die Steinbrücke ihren Dienst, bis im Frühjahr 1945 die drei auf der Gemeindeseite
liegenden Bögen gesprengt wurden. Das erhalten gebliebene Gewölbe wurde beim Wiederaufbau im Jahre 1950 in die neue Konstruktion integriert, die gleichzeitig eine
Verbreiterung von ursprünglich ca. 4,50 auf
8,90 m erfuhr. Auf dem mittleren Flusspfeiler
unterstrom steht die Statue des Brücken-
heiligen: St. Nepomuk. Sie erinnert an die
Legende, nach der St. Nepomuk kopfüber von
der Moldaubrücke in Prag gestoßen wurde
und dabei den Märtyrertod fand.

Konstruktion und Tragverhalten

Beim Wiederaufbau wurde die Brücke mit
Stahlbetongewölben in der ursprünglichen
Segmentbogenform (lichte Weite = 9,23 m) mit
einer seitlichen Verkleidung aus Tuffsteinen
errichtet. Die von unten sichtbaren Gewölbe-
flächen wurden dabei nicht verkleidet, wie
man vom Flussufer aus deutlich erkennen
kann. Bei der erhalten gebliebenen Öffnung ist
das Gewölbe aus Tuffstein weiterhin sichtbar,
jedoch nur über die halbe Breite, da die Verbreiterung auch hier mit Beton erfolgte. Oberstrom besitzt die Brücke spitz zulaufende
Vorköpfe zum Schutz vor Eisgang und mit-
geführtem Holz bei Hochwasser. Über den

Wegbeschreibung
Die Gemeinde Hausen im Tal
liegt zwischen Tuttlingen und
Sigmaringen. In Hausen auf der
L196 in Richtung Meßkirch bzw.
Burg Wildenstein fahren.

Brückenpfeilern und an den Widerlagern sind
Querfugen angeordnet, um Längenunterschiede infolge Temperaturänderungen ausgleichen
zu können. Ein Fortschritt? Bei den alten, gemauerten Brücken mussten solche planmäßigen, durchgehenden Fugen nicht vorgesehen
werden, da der Mauerwerksverband über
seine unzähligen kleinen Stoßfugen Zwänge
abbaut. Die Gründung der Brücke besteht aus
Holz-*Pfählen* (⌀ = 30 cm). Beim Wiederaufbau
wurde der ursprünglich darauf ausgelegte
Holzrost durch ein Stahlbetonfundament
ersetzt. Die Tragfähigkeit entspricht der
Brückenklasse 30. |

Länge
57,60 m
Breite
8,90 m
Höhe
ca. 4 m

Bauherr
Kloster Salem
Baujahr
1792

HEIDELBERG
Karl-Theodor-Brücke ● ●

Geschichte

Die erste Brücke an dieser Stelle bauten
nachweislich die Römer. Sie verfiel und erst
ca. 1.000 Jahre später, im Jahre 1217, wurde
hier wieder eine Brücke aus Holz gebaut. Ihr
folgten im Zeitraum zwischen 1288 und 1784
sieben weitere Holzbrücken, die aber alle
durch Hochwasser bzw. Eisgang zerstört wurden. Um den Verlust einer 9. Brücke nicht
mehr zu riskieren, ordnete der Kurfürst Karl-
Theodor den Bau einer Brücke aus Stein an.
Diese Brücke konnte auf den noch vorhandenen, tragfähigen Fundamenten der alten
Brücken gegründet werden. Um die Fahrbahn
vor einer erneuten Zerstörung durch Eisgang
und Hochwasser zu bewahren, wurde sie
zwischen den Pfeilern III und VI um 3 m höher
gelegt. Am 29. März 1945 wurden die mittleren drei Gewölbe gesprengt. Durch den
engagierten Einsatz der Bürger der Stadt
Heidelberg konnte die wieder aufgebaute
Brücke bereits am 26. Juli 1947 dem Verkehr
übergeben werden.

Wegbeschreibung
Die Karlsbrücke quert den
Neckar in Heidelberg unterhalb
des Schlosses.

Konstruktion und Tragverhalten

Die 200 m lange Brücke mit ihren neun Bögen
(Spannweiten: 12,20 – 18,80 – 5 x 22 – 11,72
und 7,98 m) hat eine durchschnittliche Breite
von 7 m. Im mittleren, symmetrischen Teil
verläuft die Fahrbahn horizontal, um an ihren
Enden im Bereich der kleiner werdenden
Randbögen in Rampen unterschiedlicher Neigung überzugehen. Alle Pfeiler sind oberstrom
als Wellen- bzw. Eisbrecher spitz, unterstrom
rund ausgebildet. Sie bestehen aus Bruchsteinmauerwerk mit einer Verkleidung aus
Werksteinen. Vom Beginn der beidseitigen
Rampen bis zu den beiden Standbildern des
Kurfürsten Karl-Theodor und der griechischen
Göttin Athene hat die Brücke ein aus Vierkant-
eisen geschmiedetes Geländer, sonst eine
etwa 1,20 m hohe und 40 cm dicke Sandstein-
brüstung.

Brücken

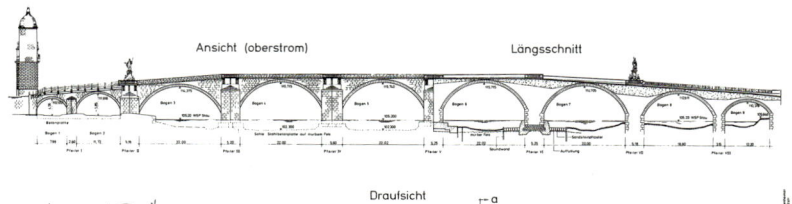

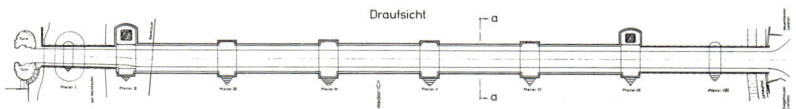

Aufgrund der geschichtlichen Bedeutung der Brücke für die Stadt war man entschlossen, beim Wiederaufbau das ursprüngliche Erscheinungsbild beizubehalten. Da nur ein Teil der alten Sandsteine noch zu gebrauchen war, musste man neue aus Brüchen der näheren Umgebung beschaffen. Um die Bogentragwirkung des Steingewölbes zu aktivieren, wurden die auf Lehrgerüst verlegten Steine mittels hydraulischer Pressen im Scheitelbereich auseinander gedrückt; anschließend wurden die Schlusssteine eingefügt. Dadurch wurde erreicht, dass sich nach dem Abbau des Lehrgerüstes der mittlere Bogenbereich nicht mehr absenkte und die gemeinsame Tragwirkung der neuen Bögen und der alten Bogenstümpfe erhalten blieb. Die Zwickel über den Gewölben bekamen eine Füllung aus Stahlbeton und eine Verkleidung mit Werksteinen. In den Jahren 1969 und 1970 musste aufgrund von Fahrbahnschäden infolge des stark angewachsenen Autoverkehrs die Fahrbahn neu befestigt werden. Im gleichen Zuge wurden die beiden südlichen Bögen erhöht, um das Lichtraumprofil der hier unterführten, uferparallelen B37 zu vergrößern. Die Tragfähigkeit entspricht der Brückenklasse 24.

Gründung

Die Brücke ist auf Holzrosten gegründet, die 3 m unterhalb des Stauspiegels liegen. Im Jahre 1901 mussten die Pfeilerfundamente durch umfangreiche Sicherungsmaßnahmen neu gegründet werden, da sie durch Unterspülung stark gefährdet waren. 1927 erhielten sie wegen des Neckarausbaus zur Schifffahrtsstraße zusätzliche Verstärkungen. Bei der Sprengung am Ende des Zweiten Weltkrieges wurden die Fundamente der zerstörten Bögen stark in Mitleidenschaft gezogen; hier wurden beim Wiederaufbau Neugründungen notwendig. |

Literatur
Bautechnik
Heft 7, 1948

Länge
200 m
Breite
7 m
Höhe
4,40–10,50 m

Bauherr
Kurfürst Karl-Theodor
Baujahr
1788
Wiederaufbau
1946–1947

1877

1949

seit 1992

HEIDELBERG
Theodor-Heuss-Brücke ●

An der Stelle der heutigen Theodor-Heuss-
Brücke stand ursprünglich die im Jahre 1877
eingeweihte Friedrichsbrücke. Die alte
Brücke hatte neben zwei kleinen Sand-
steingewölben fünf Stromöffnungen von
je 35 m Spannweite, die jeweils von sieben
parallel angeordneten, schmiedeeisernen
Bogenfachwerkträgern überbrückt wurden.
Am 29. März 1945 wurde sie durch die
Deutsche Wehrmacht gesprengt. An ihre

Wegbeschreibung
Die Theodor-Heuss-Brücke
verbindet die Heidelberger Stadt-
teile Neuenheim und Bergheim.
Sie liegt zwischen der Ernst-Walz-
Brücke und der Karl-Theodor-
Brücke.

Brücken

Stelle trat eine Behelfsbrücke aus Holz, die 1949 durch die neue Friedrichsbrücke, eine Balkenbrücke mit Einhängeträgern, ersetzt wurde. Die Idee, die Pfeiler als Tische, also mit beidseitigen Kragarmen auszubilden, ermöglichte bei Spannweiten von 38 m eine für Stahlbetonträger verhältnismäßig geringe Überbauhöhe von 2,25 m. Als Mangel erwiesen sich allerdings die unzähligen Fugen mit insgesamt 108 Lagern, die im Laufe der Zeit Schaden nehmen sollten. Das Bauwerk, das 1964 in Theodor-Heuss-Brücke umbenannt wurde, war dann in den achtziger Jahren dem gestiegenen Verkehrsaufkommen nicht mehr gewachsen, so dass man sich im Jahre 1989 für einen weitgehenden Neubau entschied.

Konstruktion und Tragverhalten

Die neue Theodor-Heuss-Brücke behält wegen der noch brauchbaren Pfeilerfundamente die Spannweiten der älteren bei (5 x 38,50 m, 1 x 28,35 m), ist nun aber kein Gelenksystem mehr, sondern ein Durchlaufträger. Der Überbau wird durch 13 nebeneinander liegende, T-förmige Spannbeton-Fertigteile mit einer nachträglich aufgebrachten *Ortbeton*-Platte gebildet. Die im Spannbett hergestellten, bis zu 85 t schweren Fertigteile haben eine Konstruktionshöhe von ca. 1,60 m und tragen im Bauzustand als Einfeldträger. Die gewünschte Durchlaufträgerwirkung wurde nachträglich durch zusätzliche Spanneinlagen in den Trägern und der ca. 30 cm dicken *Ortbeton*-Platte eingestellt. Über den Pfeilern wurden ähnlich wie bei den Vorgängerbrücken beidseitig Kanzeln angebracht, um den Brückenbau zu gliedern und Fußgänger zum Verweilen einzuladen.

Herstellung

Während der Baumaßnahme mussten die bestehenden Verkehrsverbindungen zu Wasser und zu Lande aufrechterhalten werden. Obwohl der Verkehr um rund 40 % eingeschränkt wurde, bestimmte er maßgeblich den Bauablauf. Im ersten Bauabschnitt wurden der bestehende Überbau auf nahezu halbe Breite abgebrochen und die dazugehörenden Pfeilerköpfe neu aufgebaut. Dann setzte ein Schwimmkran die Fertigteilträger auf die Pfeiler ab; danach wurden Querträger und Fahrbahnplatte durch *Ortbeton* ergänzt. Die Fahrbahnplatte wurde zuerst über den Stützen betoniert. Nachdem diese Bereiche mit Zulagespanngliedern *vorgespannt* waren, wurden die Lücken im Feld geschlossen. Anschließend wurden die Fertigteilträger mit nachträglich eingefädelten Spanngliedern zusammengespannt, um die Zugkräfte, resultierend aus den negativen Stützmomenten, nicht allein der Fahrbahnplatte zuzuweisen. Im zweiten Bauabschnitt wurde der Straßenverkehr einschließlich Straßenbahn verlegt und die andere Hälfte der Brücke erneuert. |

Literatur
Beton- und Stahlbetonbau
Heft 5 und 6, 1994

Bauherr
Stadt Heidelberg
Ingenieure
- Entwurf
Bechert + Partner, Stuttgart
- Planung
Tiefbauamt Heidelberg und
Bilfinger + Berger AG, Mannheim
- Prüfung
A. Krebs, Darmstadt
Baufirmen
Bilfinger + Berger AG, Mannheim,
und Adolf Lupp GmbH + Co. KG,
Frankfurt/M.
Bauzeit
1990–1992

HEILBRONN
Peter-Bruckmann-Brücke •

Geschichte

Die nach dem Ersten Weltkrieg verwirklichte
Neckarkanalisierung sah für Heilbronn einen
Kanaldurchstich mit Hafen vor. Mit dem Bau
des Kanals wurde aber Neckargartach von
Heilbronn abgetrennt. Daher wurde in den
Jahren 1931/32 die „Kanalhafenbrücke" ge-
baut, die Straße und Straßenbahn über den
Kanal führte. Sie wurde unter der Beratung
von Emil Mörsch und Paul Bonatz als rippen-
artige Dreigelenkkonstruktion mit uferseitigen
Auslegern ausgeführt und übertraf mit einer
Hauptspannweite von 112,80 m alle früheren
Bauwerke dieser Art. Die durch Kriegsein-
wirkungen im Jahre 1945 zerstörte Brücke
wurde in den Jahren 1949/50 mit einem ähn-
lichen Tragwerk wieder aufgebaut, jedoch mit
Rücksicht auf die Forderungen, die nun die
Schifffahrt an das Lichtraumprofil stellte, in
neuer Form.

Konstruktion und Tragverhalten

Der Dreigelenkrahmen spannt mit 107,80 m
Stützweite über den Kanal; die Ausleger des
Rahmens kragen jeweils 11,80 m weit über die
Kämpfergelenke landeinwärts aus und tragen
an ihren Enden Einfeldträger mit 21,30 m
Spannweite. Die Pfeilhöhe des Rahmens beträgt nur 11,15 m. Das Verhältnis von Pfeilhöhe
zu Spannweite ist also mit 1:9,7 deutlich küh-
ner als mit 1:8,2 bei der ersten Brücke. Zwei
4 m breite, *gevoutete* Hohlkästen verlaufen

Wegbeschreibung
Die B39 Heilbronn–Sinsheim quert
im Stadtgebiet Heilbronn den
Kanalhafen auf der Peter-Bruck-
mann-Brücke. Vom Hauptbahnhof
aus über die Bahnhofstraße (Richtung Ost) und die Kranenstraße zur
B39, die zwischen der Peter-Bruck-
mann-Brücke und der Bleichinsel-
brücke den Namen Kalistraße trägt.

parallel zueinander mit einem lichten Abstand
von 3,20 m. Diesen Zwischenraum überbrückt
eine dünne, beidseits gelenkig, aber nicht verschieblich gelagerte Einhängeplatte, wodurch
die Brückentafel in voller Breite zur Aufnahme
der Querwindlasten dient. Schotte mit einer
Dicke von 20 bzw. 30 cm über den Kämpfergelenken sorgen für die Profiltreue der Hohlkästen. Im Gegensatz zur schlaff bewehrten
Vorgängerbrücke wurde die neue Brücke an
ihrer Oberseite durch Spiralseile ($\varnothing$ = 38 mm)
längs *vorgespannt*. Die Seile liegen im Bauzustand in flachen, nachträglich zubetonierten
Vertiefungen der Fahrbahnplatte und tauchen
über den Kämpfern in die sich hier verdicken-
den Stege ein, um dann am Auslegerende
mittels nachträglich vergossener Seilköpfe
verankert und *vorgespannt* zu werden. Sie
laufen nicht über die ganze Länge durch, sondern werden noch vor Brückenmitte in der
Platte umgelenkt und wieder zurückgeführt –
abenteuerlich aus heutiger Sicht! Die schwer-
gewichtigen Auslegerenden mit der Auflast

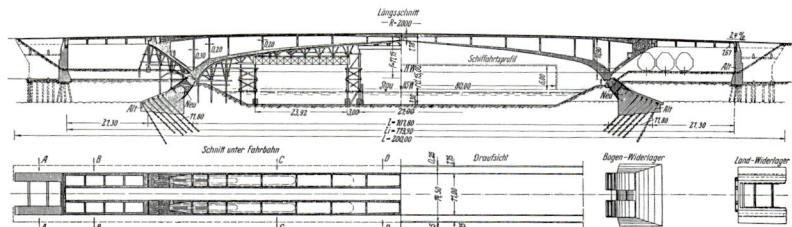

der anschließenden Einfeldträger verringern den Horizontalschub, der über die alten Fundamente in den Baugrund geführt werden musste. Die Rahmengelenke sind im Scheitel Stahlguss-Walzgelenke und an den Kämpfern, wo mehr Platz zur Verfügung steht, gepanzerte *Betongelenke*.

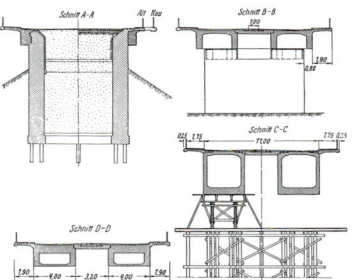

Gründung

Die Kämpferfundamente der alten Brücke, die jeweils mittels 63 Schrägeisen ($\varnothing$ = 50 mm) mit rund 8 m Länge in den dünnbankigen Steinmergelschichten verankert worden waren, genügten auch den Anforderungen der neuen Brücke. Um hier eine sichere Übertragung der Kräfte in Längs- und Querrichtung zu gewährleisten, wurde der neue Beton mit dem alten Beton „verzahnt und vernäht". Die zu schmalen alten Widerlagerfundamente sind konsolartig, ebenfalls ohne Neugründung, verbreitert worden.

Herstellung

Das Haupttragwerk wurde auf einem Lehrgerüst mit drei großen Öffnungen betoniert. Die Rahmentragwirkung durfte allerdings erst nach dem *Vorspannen* eingestellt werden, so dass das Gerüst zunächst nicht abgesenkt werden konnte. Es musste beim *Vorspannen* mit einer klaffenden Fuge im Scheitel gerechnet werden, da die noch auf dem Gerüst liegenden Hohlkästen sich im Laufe des Spannprozesses verkürzen und nach oben verkrümmen würden. Aus diesem Grund wurde der Scheitelbereich erst nachträglich mit hochwertigem Beton geschlossen. Die Rahmentragwirkung wurde daraufhin nach Erhärten des Fugenbetons mit dem schrittweisen Absenken des Gerüstes aktiviert. |

Literatur
Beton- und Stahlbetonbau
Heft 12, 1950, und Heft 2, 1952

Länge
174 m
Breite
15 m
Höhe
10,20 m

Bauherr
Stadt Heilbronn
Entwurf
W. Stöhr, Tiefbauamt Heilbronn
Architekt
W. Tiedje, Stuttgart
Planung und Baufirma
Wayss & Freytag AG, Stuttgart
Bauzeit
1948–1950

HEILBRONN
Rosenbergbrücke ● ●

Geschichte

Erste Anregungen zum Bau einer zweiten
Neckarbrücke in Heilbronn gab es im Jahre
1893. Diese wurde aber erst im Jahre 1938
beschlossen, als die heutige Friedrich-Ebert-
Brücke der zunehmenden Verkehrsbelastung
nicht mehr gewachsen war. Die neue Brücke
konnte am 12. August 1939 dem Verkehr übergeben werden. Nach ihrer Sprengung im Frühjahr 1945 wurde sie in den Jahren 1949/50 in
ähnlicher Form wieder aufgebaut.

Konstruktion und Tragverhalten

Die Vorkriegsbrücke bestand aus zwei Dreigelenkbögen mit einer aufgeständerten Fahrbahn mit *Bewegungsfugen* an beiden Rändern
und in Brückenmitte. Die beiden Bögen hatten
eine Breite von jeweils 8,75 m und eine Stärke
von 1,12 m. Den Abschluss zum Ufer bildeten
damals wie heute zwei Stahlbetonrahmen-
konstruktionen. Bei der Sprengung wurden die
Haupt- und eine Nebenöffnung vollständig
zerstört. Beim Wiederaufbau konnten die
Bögen in einer geringeren Stärke ausgeführt
werden, da inzwischen höhere Betonfestigkei-
ten erzielt werden konnten. So haben die beiden heutigen, 60 m weit gespannten Zweigelenkbögen an den Kämpfern eine Stärke von
50 cm, die im Scheitel auf 1 m anwächst; ihre
Breite beträgt nun jeweils 7 m bei einem
gegenseitigen Abstand von 5 m. Die aufge-

ständerten Pendelscheiben sind oben mit
Querriegeln verbunden, um eine kombinierte
Tragwirkung beider Bögen bei spurweiser
Belastung zu erwirken. In Längsrichtung versteift die Bögen ein schlanker, vierstegiger
Plattenbalken, der sich mit einer 20 cm dicken
Stahlbeton-Fahrbahnplatte durchgehend über
beide Bögen erstreckt. Diese Platte kragt
auf beiden Seiten 2 m aus und ermöglicht
damit neben der 12 m breiten Fahrbahn zwei
Rad- und zwei Gehwege mit jeweils 1,80 bzw.
3,20 m Breite. Zwei *Bewegungsfugen* über den
massiven Uferpfeilern nehmen die Längenänderungen des Überbaus auf, der mit den Bögen
im Scheitel verschmilzt. Die Kämpfergelenke
der Zweigelenkbögen sind aus Stahlguss
gefertigt und auf den unteren Teilen der Ufer-
pfeiler aufgelagert. Die Tragfähigkeit der
Brücke entspricht der Brückenklasse 45.

Wegbeschreibung
Vom Hauptbahnhof aus auf der
Bahnhofstraße in Richtung Innenstadt fahren. Unmittelbar vor der
Friedrich-Ebert-Brücke (Bismarck-
denkmal) rechts abbiegen in die
Badstraße, die parallel zum Neckar
verläuft und nach der Götzenturmbrücke zur Rosenbergbrücke führt.

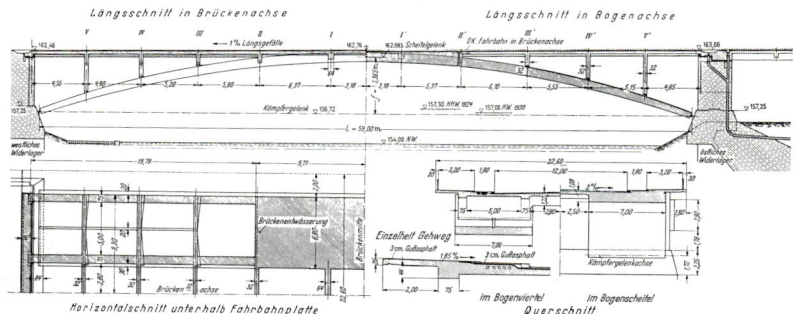

Gründung

Die Brücke wurde ursprünglich 8 m unter dem
Neckarspiegel auf gewachsenen Fels flach
gegründet. Nach dem Krieg zeigten die Fundamente tief gehende Sprengschäden und
zwangen am Rosenberg (östliche Seite) zu
umfangreichen Sicherungen, an der Badstraße
(westliche Seite) zu einer „Vernähung" des
alten Körpers mittels Rundeisenankern, die
in Bohrlöcher mit Zementmörtel eingebettet
wurden. Im Jahre 1980 wurden die bestehenden Fundamente aus den Jahren 1938 bzw.
1950 durch Zementinjektionen verstärkt. |

Länge
98 m
Breite
22,60 m
Höhe
8,76 m

Bauherr
Stadt Heilbronn
Entwurf
Tiefbauamt der Stadt Heilbronn
Architekten
P. Bonatz und v. Grävenitz, Stuttgart
Prüfer
E. Mörsch, Stuttgart
Planung und Baufirma
Wayss & Freytag AG, Stuttgart
Bauzeit
1949–1950

HINTERZARTEN
Ravennaviadukt ● ●

Geschichte

Zwischen den Höllentalbahnstationen Höllsteig und Hinterzarten muss die tief eingeschnittene Ravennaschlucht überquert werden. Der in den Jahren 1883/84 erbaute Ravennaviadukt bestand aus vier gleich großen Öffnungen mit Spannweiten von jeweils 35 m. Sein parallelgurtiges Stahlfachwerk mit gekreuzten Diagonalen in Längs- und Querrichtung war auf Buntsandsteinpfeilern aufgelagert. Aufgrund der geringen Seitensteifigkeit, hervorgerufen durch die geringen Stababmessungen und die Lage der Querverbände, konnte der in einem Gleisradius von 240 m verlaufende Viadukt nur mit einer maximalen Geschwindigkeit von 15 km/h befahren werden. Um höhere Geschwindigkeiten in diesem Streckenabschnitt zuzulassen, wurde die alte, an den Talhängen verlaufende Fachwerkbrücke in den Jahren 1926/27 durch eine massive Gewölbereihe mit gerader Linienführung ersetzt. Der alte Viadukt wurde daraufhin abgebrochen; lediglich seine inzwischen überwucherten Widerlager sind erhalten geblieben. Bedeutend kürzere Fahrzeiten konnten aber erst in den dreißiger Jahren erzielt werden, als die

Wegbeschreibung

Auf der B31 von Freiburg i. Br. aus durch das Höllental. Man erreicht die Ravennaschlucht vor dem letzten Anstieg nach Hinterzarten. Der Weg ist ausgeschildert.

Hinweis

Auf der östlichen Zufahrt zur Ravennaschlucht wird die „Alte Höllentalstraße" von einer kleinen, gemauerten Gewölbbrücke aus dem Jahre 1857 über den Höllenbach geführt. Interessant ist hierbei die wegen der Schiefwinkligkeit der Brücke versetzte, hintereinander gestaffelte Anordnung mehrerer Bögen.

stärkeren Dampflokomotiven der Baureihe 85 (Achsfolge: 1E1) verfügbar waren, die speziell für den Einsatz auf der Höllentalbahn beschafft wurden und den Zahnradbetrieb (max. Steigung = 55‰) überflüssig machten. Während des Zweiten Weltkrieges blieb der Viadukt von Luftangriffen verschont, da Sperrballons einen zielgenauen Bombenabwurf verhinderten. Kurz vor Kriegsende, am 21. April 1945, wurde er dann aber von der Deutschen

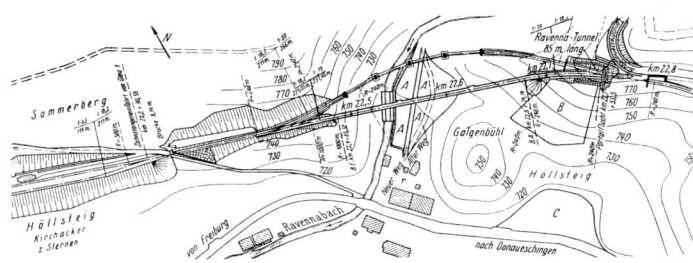

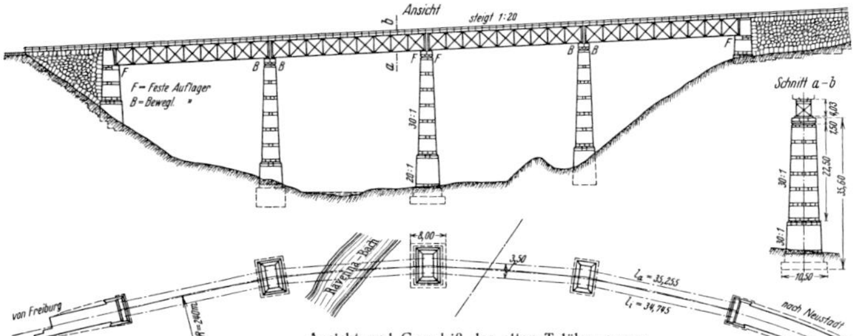

Ansicht und Grundriß des alten Talüberganges.

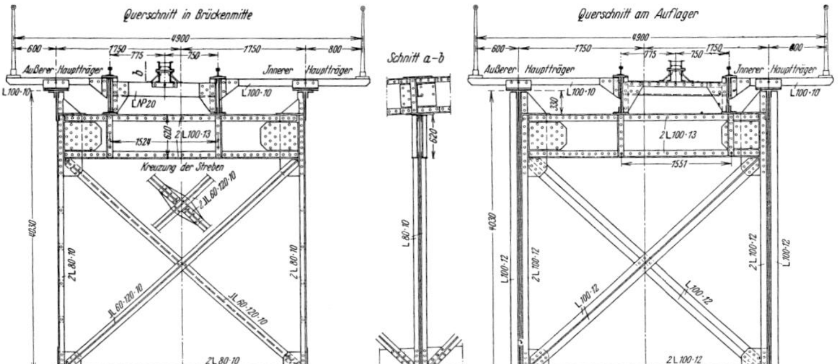

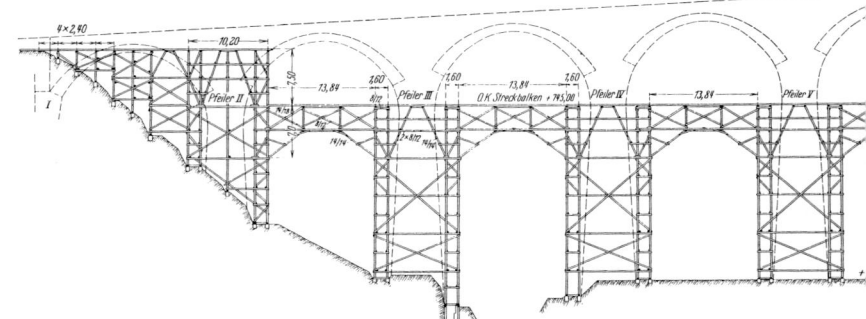

Wehrmacht gesprengt. Hierbei wurden die 3 Mittelpfeiler und die Gewölbe in diesem Bereich vollständig zerstört. Unter Aufsicht der französischen Besatzungsmacht wurde der Viadukt in den Jahren 1947/48 wieder aufgebaut, um den Transport großer Mengen an Schwarzwaldholz als Reparationsleistung sicherzustellen.

Konstruktion und Tragverhalten

Die gleichartig wieder aufgebaute Gewölbereihe überquert den Bergeinschnitt und den Ravennabach mit 9 Öffnungen à 20 m Spannweite. Die Gewölbeform wurde unter der Annahme der Eigen- und einer gleichmäßig verteilten Verkehrslast zunächst graphisch nach dem *Stützlinien*-Verfahren ermittelt. Auf rechnerischem Wege wurden daraufhin weitere Laststellungen untersucht. Durch Auftragen der errechneten *Stützlinien* im Maßstab 1:20 konnte eine zwischen den *Stützlinien* möglichst genau verlaufende Bogenachse bestimmt werden. Gewählt wurde für die innere Leibung der Gewölbe eine aus 6 Kreisbögen bzw. für die äußere Bogenlinie eine aus 3 Kreisbögen gebildete Korbbogenlinie. Die 4,20 m breiten Gewölbe haben eine Dicke von 1 m am Scheitel bzw. 1,80 m am Kämpfer. Lediglich das Gewölbe der Öffnung 9 musste

aufgrund des dort beginnenden Gleisbogens auf 4,40 m verbreitert werden. Wegen der starken Neigung der Gradiente (1:19) sind die Kämpferpunkte aufeinander folgender Bögen an jedem Pfeiler um 1,29 m in der Höhe gegeneinander versetzt. Sowohl die Gewölbe als auch die Stirnflächen bestehen aus Granitsteinen; der Zwischenraum zwischen den Gewölbezwickeln ist mit Magerbeton bis zur Höhe des Gleiskoffers aufgefüllt. Für die Wahl der Steinverkleidung des Betons war maßgebend, dass der 760 m über NN liegende Talübergang der feuchten Luft in der Ravennaschlucht, den häufigen, starken Niederschlägen und der langen Frostperiode des Hochschwarzwaldes ausgesetzt ist. Man befürchtete eine zerstörende Sprengwirkung des Frostes in Schwindrissen des Betons. Die Übermauerung über den Pfeilerköpfen ist von der Gewölbeübermauerung zur Aufnahme von Längenänderungen infolge Temperaturdifferenzen beidseits durch senkrechte, an den Kämpferpunkten des Gewölberückens beginnende *Bewegungsfugen* getrennt. Die zum Teil bewehrten Pfeiler haben in Längsrichtung einen Anlauf von 1:20, in Querrichtung von 1:30. Sie sind ebenfalls zum Schutz vor Witterungseinflüssen mit Granitsteinen verkleidet.

Brücken

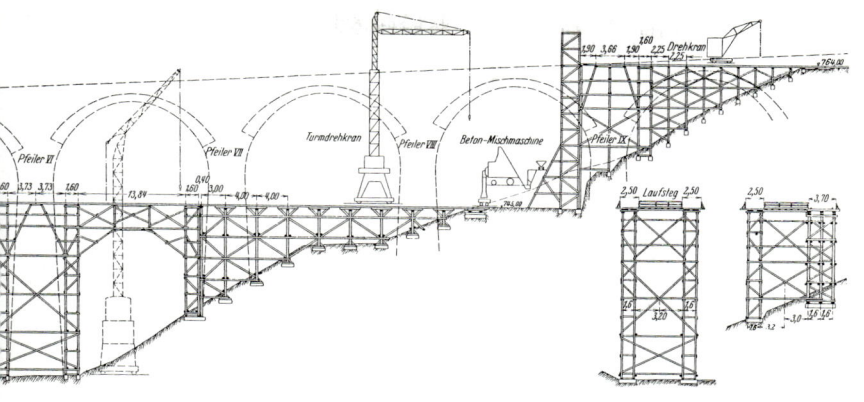

Gründung

Bodenuntersuchungen ergaben, dass bei den
Pfeilern 1 bis 6 in unterschiedlicher Tiefe trag-
fähiger Gneisfelsen vorhanden war, der Flachgründungen erlaubte. Bei den Pfeilern 7, 8 und
9 wurde der tragfähige Fels erst in größeren
Tiefen angetroffen, so dass hier ein Abteufen
von bergmännisch ausgezimmerten Schächten erforderlich wurde. Beim Pfeiler 9 reichte
der Schacht 29 m tief. |

Literatur
Die Bautechnik
Heft 38, 1928

Länge
222 m
Breite
5 m
Höhe
40 m

Bauherr
Deutsche Reichsbahn
Baufirmen
F. X. Sichler und
Freiburger Baugesellschaft, Freiburg
Bauzeit
1926–1927
Wiederaufbau
1947–1948

HIRSAU
Nagoldbrücke ●

Geschichte

Hirsau ist bekannt durch das Kloster der
Benediktiner, die hier in der Zeit von 1049
bis 1534 lebten. Ihre Klosterbauten (z. B.
1028 St. Peter-Paul-Basilika) wurden zum
Vorbild zahlreicher deutscher Kirchenbauten
(Hirsauer Bauschule). Ihnen ist wohl auch der
Bau der Hirsauer Nagoldbrücke zuzuschreiben.
Leider gibt es hierüber keine genauen Über-
lieferungen. Erstmalig erwähnt wird die Brücke
in einem Kirchenbuch aus dem Mittelalter,
aus dem hervorgeht, dass sie im Jahre 1561
erneuert wurde.

Konstruktion

Die 51,30 m lange Nagoldbrücke besteht aus
vier Kreissegmentbögen mit lichten Weiten
von 7,35 – 8,75 – 13,04 und 8,70 m. Ihre Breite
betrug ursprünglich etwa 5 m; im Jahre 1914
wurde sie oberstrom verbreitert, allerdings
nicht gleichmäßig. Zwischen den 32 cm dicken
und 75 cm hohen Brüstungsmauern finden
heute beidseitig 2 m breite Gehwege und eine
Fahrbahn Platz, die sich von 7 m auf der Seite
des Klosters (linke Nagoldseite) auf 6 m ver-
engt. Bei der Verbreiterung wurden die Anbauten in Beton ausgeführt und die Stirnflächen
mit gleichartigem Buntsandstein verkleidet.
Die drei flach gegründeten Pfeiler sind

unterschiedlich dick (3,10 – 3,50 – 3,75 m).
Oberstrom haben sie spitz zulaufende Vorköpfe,
die bei den beiden äußeren Pfeilern bis zur
Brüstungsoberkante hochgeführt sind und dort
Kanzeln bilden. Um Ausspülungen unter den
Fundamenten zu verhindern, wurde die Fluss-
sohle mit Bruchsteinen befestigt. Die Trag-
fähigkeit entspricht der Brückenklasse 24. |

Wegbeschreibung
Hirsau liegt zwischen Calw und Bad
Liebenzell. Im Ortskern von Hirsau
überquert die B463 die Nagold auf
dieser Steinbrücke.

Länge
51,30 m
Breite
10–11 m
Höhe
ca. 5,40 m

Bauherr
vermutl. Benediktiner-Kloster Hirsau
Bauzeit
um 1560

Brücken

HOCKENHEIM
Rheinbrücke ● ●

Entwurf

Im Ausschreibungsentwurf waren keine Stützen zwischen den Uferdämmen zugelassen, da im Bereich der Brücke die Schifffahrtslinie wegen Kiesbankwanderungen nicht eindeutig festgelegt ist. Es wurde daher ein außergewöhnliches Brückentragwerk mit einer Spannweite von mindestens 250 m erforderlich.
Im Hinblick auf die große Spannweite und die freizuhaltende Höhe von 9,10 m für die Schifffahrt wurde eine einhüftige Schrägseilbrücke zur Ausführung vorgesehen – einhüftig, weil die andere, linke Rheinseite durch den Dom zu Speyer bereits einen markanten Anziehungspunkt hat und man dieses gewohnte Bild nicht stören wollte. Dieser einzelne, notwendigerweise höhere Pylon auf der rechten Rheinseite kommt wegen des niedrigen Bewuchses im Vorland samt den Seilen gut zur Geltung.

Konstruktion und Tragverhalten

Die Brücke hat einen zweizelligen Stahlhohlkasten mit einer *orthotropen Fahrbahnplatte* und einem in Querrichtung λ-förmigen Stahlpylon. Der Pylon ist auf Neotopflagern gelenkig gelagert und wirkt dadurch wie ein Pendelrahmen. Der Überbau liegt hier auf einer unabhängigen Pfeilerscheibe aus Beton auf, die zwischen beide Pylonbeine gestellt

Wegbeschreibung
Die Brücke führt ca. 4 km nordöstlich von Speyer die Autobahn A61 Ludwigshafen–Hockenheim über den Rhein. Die Straße von Altlußheim nach Ketsch führt unter der Brücke hindurch.

wurde. Weiter wird der Überbau von den zwei Widerlagern (Achsen 1 und 5), von den Pfeilern im Vorlandbereich (Achsen 2 und 3) sowie in der Stromöffnung durch vier Seilstränge getragen. In Längsrichtung wird er nur am Hockenheimer Widerlager gehalten, in Querrichtung zusätzlich auch vom Widerlager Speyer und der Pfeilerscheibe unter dem Pylon. Sämtliche Rückhalteseile wurden bis zum Widerlager Hockenheim geführt (und so viel Gegengewicht verschenkt). Zu ihrer Verankerung ist der Überbaubalken ca. 17 m über die Widerlagervorderkante hinaus verlängert und mittels vertikaler Spannglieder an den Gründungskörper befestigt worden. Auf diese Weise schließen sich die Horizontalkomponenten der Seilkräfte im Balken kurz, während der Vertikalanteil durch das Gewicht des Widerlagers kompensiert wird. Damit ist eine Einspannung des Balkens in das Widerlager verbunden, wodurch die Vorlandspannweiten bei gleicher Konstruktionshöhe annähernd konstant gewählt werden konnten. Auch bleibt

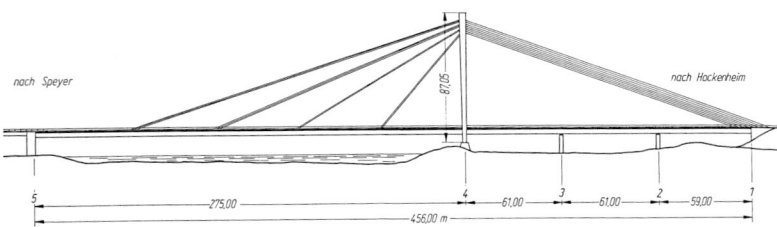

unter veränderlichen Lasten die Winkeländerung zwischen Seil- und Balkenachse klein, da der Anteil aus dem Auflagerdrehwinkel des Balkens entfällt. Die Seile tragen die Brücke in der Mittelachse. Die insgesamt acht Seilstränge bestehen jeweils aus 6 oder 9 voll verschlossenen Spiralseilen (max. $\varnothing$ = 115 mm), die in zwei bzw. drei Lagen zu 3 Seilen geführt werden. Am Pylonkopf wollte man ursprünglich die Schnittpunkte der gegenüberliegenden Seilstränge in die Pylonachse legen. Dies hätte jedoch in der Gesamtansicht ein unbefriedigendes Bild ergeben. Man verschob deshalb die Seile in der Höhe derart, dass am Pylonkopf ein harmonisches Bild entstand – auch wenn dadurch schon unter ständigen Lasten Momente in den Pylon eingetragen werden.

Gründung

Unter einer bis 2,50 m mächtigen Überlagerungsschicht aus Schluff, Mutterboden oder künstlicher Auffüllung wurden Kiese und Sande angetroffen, die sich für Gründungen gut eignen. Es konnten daher durchweg Flachgründungen im Schutze von Spundwänden vorgesehen werden. Beim Widerlager Hockenheim konnte die Gründung in offener Wasserhaltung durchgeführt werden, da dieser Baukörper außerhalb des Hochwasserbereichs liegt.

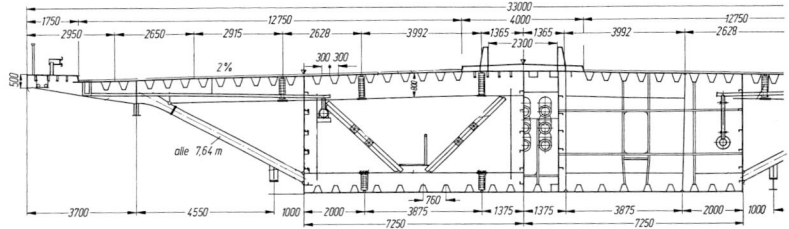

Brücken

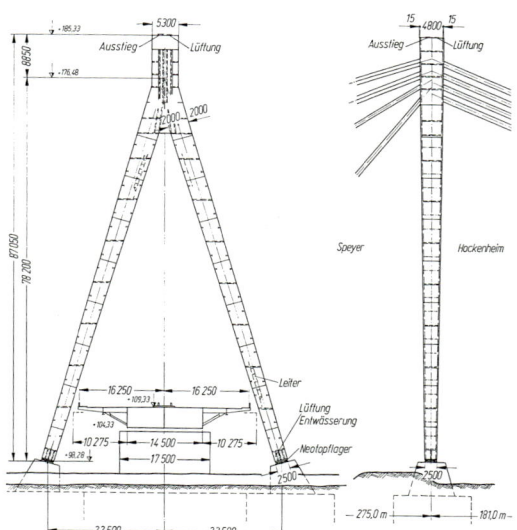

Literatur
Der Stahlbau
Heft 10, 11 und 12, 1977

Herstellung

Die Montage der Brücke erfolgte vom rechts-
rheinischen Ufer aus. Im Vorlandbereich wurde
der Kastenträger mit Hilfe eines Vorbaugerätes
über Hilfsstützen montiert. Zeitgleich wurde
der Pylon aus vorfabrizierten, transportierba-
ren Einzelelementen gefügt. Die Stromöffnung
wurde im *Freivorbau* mit einer temporären
Hilfsstütze im Rhein überbrückt. Die beidseitig
auskragenden, durch Streben abgestützten
Fahrbahnplatten wurden dabei im Nachlauf am
Kastenträger montiert. Die Stahlbauarbeiten
dauerten insgesamt nur knapp 18 Monate.

Verweis auf ähnliche Bauwerke

Die Kurt-Schumacher-Brücke in Mannheim ist
ebenfalls eine einhüftige Schrägseilbrücke mit
einem Pylon aus Stahl. Der Überbau besteht
hier allerdings nur im Bereich der Hauptöffnung aus Stahl, im Vorlandbereich, als Gegen-
gewicht vorteilhafter, aus Beton. |

Hauptspannweite
275 m
Länge
456 m
Breite
33 m
Pylonhöhe
88 m

Bauherr
Bundesrepublik Deutschland
Ingenieur
L. Wintergerst, Esslingen
Architekt
W. Tiedje, Stuttgart
Baufirmen
A. Klönne GmbH, Dortmund,
und Dillinger Stahlbau GmbH,
Homburg a.d. Saar,
sowie Grün u. Bilfinger AG, Mannheim
Bauzeit
1971–1974

INZIGKOFEN
Donaubrücke ● ●

Geschichte

Das Dorf Inzigkofen und die fürstliche, hohen-zollernsche Domäne Nickhof am rechten Ufer der Donau waren bis zum Jahre 1893 mit der am linken Ufer des Flusses gelegenen Eisen-bahnhaltestelle Inzigkofen durch eine Furt und eine hölzerne Jochbrücke verbunden. Diese Brücke wurde im Frühjahr 1893 durch ein Hochwasser zerstört und zunächst nur durch einen hölzernen Fußgängersteg ersetzt. Wegen des geringen Verkehrs konnte ein Neu-bau nur bei äußerster Sparsamkeit finanziert werden. Deshalb wurde der neue Donauüber-gang als Dreigelenkbogen in Stampfbeton ausgeführt; er wurde 1895 dem Verkehr über-geben. Die Brücke hatte eine Spannweite von 43 m und eine Breite von 3,80 m. Die Gewölb-breite betrug im Scheitel 3,60 m und ver-größerte sich gegen Winddruck, Hochwasser und Eisgang zu den Kämpfern hin auf 4,60 m. Zur Reduzierung der Eigenlast war die Fahr-bahn über 36 Pfeilern auf dem Gewölbe aufge-ständert. Im Verlauf des Rückzugs der Deutschen Wehrmacht wurde diese Stampf-betonbrücke am 25. April 1945 gesprengt. Im

Wegbeschreibung
Die Bahnstation von Inzigkofen liegt im Donautal ca. 4 km oberhalb von Sigmaringen. Die Brücke überquert direkt am Bahnhof die Donau.

Jahre 1950 wurde die Brücke als versteifter Stabbogen wieder aufgebaut. Aufgrund von Betonabplatzungen, hervorgerufen durch *Carbonatisierung* und einer zu geringen *Beton-deckung,* musste sie im Jahre 1995 grund-legend saniert werden.

Konstruktion und Tragverhalten

Die neue Brücke ist ein Stabbogen mit aufge-ständerten Stahlbetonscheiben. Der 42,80 m weit spannende Bogen hat durchgehend eine Stärke von 25 cm und eine Breite von 5,60 m. Die Stahlbetonscheiben wirken, obwohl sie mit dem Überbau und dem Stabbogen mono-lithisch verbunden sind, wie *Pendelstützen,* da sie aufgrund ihrer Schlankheit Längenände-rungen des Überbaus infolge von Temperatur-änderungen mitmachen können. An beiden Brückenenden wurden *Bewegungsfugen* an-geordnet. Als Auflager dienen hier ebenfalls Stahlbetonscheiben, die in die Widerlager-

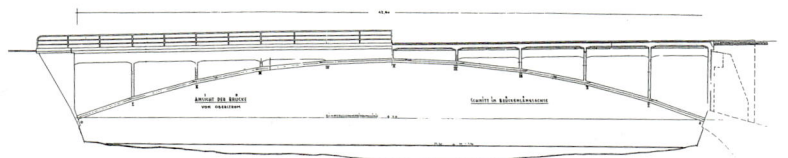

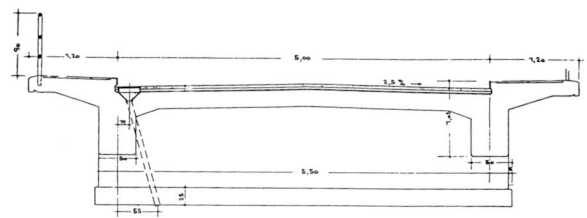

wände eingelassen sind. Der Überbau selber ist als zweistegiger *Plattenbalken* ausgebildet. Kleine *Vouten* an den Übergängen verringern dabei Spannungsspitzen. Die 23 cm starke Fahrbahntafel ist wie die ganze Brücke schlaff bewehrt. Bei der Berechnung wurde das Zusammenwirken von Stabbogen und Überbau berücksichtigt. Dadurch konnte eine Verkleinerung der auftretenden Momente im Überbau erreicht werden.

Gründung

Die alte Brücke hatte auf beiden Seiten eine Flächengründung aus Stampfbeton. Am rechten Ufer wurden die Fundamente unmittelbar auf dem in geringer Tiefe anstehenden Fels gegründet, auf der linken Seite auf dem dort anstehenden dichten Donaukies. Nach ihrer Sprengung wurden die alten Fundamente im oberen Bereich teilweise abgebrochen und wieder hergestellt. Gleichzeitig wurden die Kämpfer um 20 cm angehoben, um einen ausreichenden Schutz gegen Hochwasser zu gewährleisten. |

Länge
48,40 m
Breite
7,40 m
Höhe
ca. 7 m

Bauherr
Gemeinde Inzigkofen
Entwurf und Baufirma
E. Steidle, Sigmaringen
Prüfer
B. Seybold, Schwäbisch Gmünd
Bauzeit
1950–1951
Sanierung
1995

KARLSRUHE
Hirschbrücke ● ●

Geschichte

Der im Jahre 1883 aufgestellte Ortsbebau-
ungsplan sah eine Erweiterung der Hirschstraße in südlicher Richtung vor. Hierbei
mussten die Gleise der Rheintal-, der Maxau-
und der Kurvenbahn gekreuzt werden. Man
erbaute zu diesem Zweck in den Jahren
1888/89 die Hirschbrücke, die eine gefahren-
lose Überquerung der vorhandenen Gleisanlagen und zweier Straßen, der Rheinbahnstraße
(heute Mathystraße) und der Kurvenstraße
(heute Jollystraße), ermöglichte. Nachdem im
Jahre 1913 der Hauptbahnhof an seinen heutigen Standort verlegt worden war, gab man die
Kurvenbahn auf. Auf der Trasse der Maxau-
und Rheintalbahn fährt heute die Straßenbahn, also unverändert Schienenverkehr. Ende
der sechziger Jahre drohte aufgrund von
Kriegsschäden, die nicht instand gesetzt
wurden, und starker Korrosion der Abriss der
Hirschbrücke, die zwischenzeitlich nur noch
für 3 Tonnen schwere Fahrzeuge zugelassen
war. Pläne zum Neubau einer Brücke aus
Stahlbeton oder einer Stahlverbundkonstruk-
tion waren bereits ausgearbeitet. Eine einge-

Wegbeschreibung
Autobahn A5 Frankfurt–Basel,
Anschlussstelle Karlsruhe-Durlach.
Auf der B10 in Richtung Karlsruher
Innenstadt über Durlacher Tor,
Mendelssohnplatz und Ettlinger-
Tor-Platz bis zum Karlstor, dort
links in die Karlstraße. An der
zweiten Straßenkreuzung biegt
man rechts ab in die Mathystraße,
die im weiteren Verlauf unter der
Hirschbrücke hindurchführt.

hende Untersuchung ergab jedoch, dass die
Brücke mit vertretbarem Kostenaufwand
saniert werden konnte. Nicht zuletzt auch
wegen der Bedeutung der Brücke als Baudenkmal wurde
daraufhin die Brücke in den Jahren 1975/76
einer umfangreichen Sanierung unterzogen
und wieder für Fahrzeuge mit einem zulässigen Gesamtgewicht von 16 Tonnen zugelassen. Seit ihrer Renovierung wird jeden Sommer unter der Brücke ein Brückenfest gefeiert,
das sich wachsender Beliebtheit erfreut.

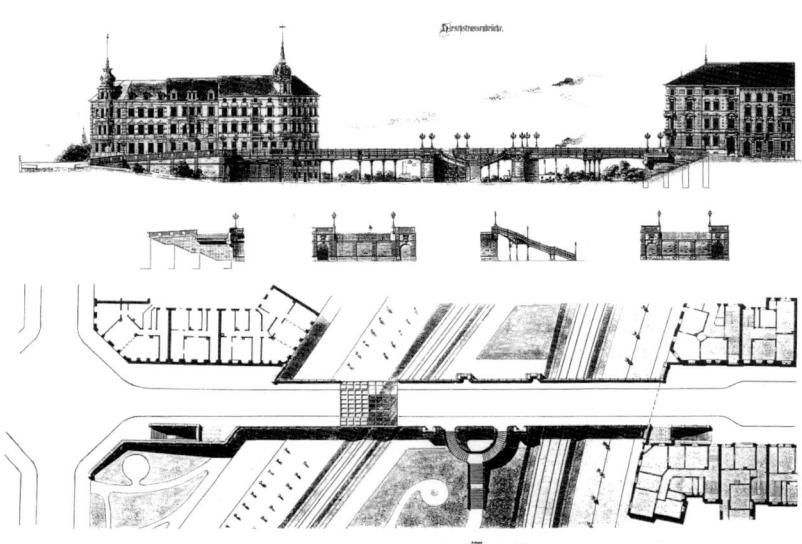

Konstruktion und Tragverhalten

Die Hirschbrücke besteht aus drei Einheiten. Zwei massive Sandsteinpfeiler zwischen der Mathy- und der Jollystraße dienen dabei einem eigenen Mittelteil und zwei Seitenteilen als Auflager. Die Endwiderlager, im Norden auf dem Hirschbuckel und im Süden auf dem Roonbuckel, stellen den Übergang zu den aufgeschütteten Straßenpartien der Hirschstraße dar. Beide Widerlager liegen in unterschiedlich schiefen Winkeln zur Längsachse der Brücke. Dies ergab sich aus der Gleisführung und den unterschiedlichen Richtungen der Mathy- und Jollystraße. Die Mittelpfeiler, die auf die benachbarten Widerlager hin ausgerichtet wurden, stehen damit nicht parallel zueinander. Hierdurch ergaben sich speziell für den Mittelteil zwei unterschiedlich lange Brückenlängsseiten. Das Tragwerk der einzelnen Brückeneinheiten besteht aus einem orthogonal ausgerichteten Stahlrost. Vier Hauptträger in Längsrichtung der Brücke leiten dabei die Belastungen aus dem Überbau auf gusseiserne Säulen weiter. Die Fahrbahn besteht aus Buckelblechen mit einer Abdichtungsschicht,

auf die Füllbeton und ein Bitumenbelag aufgebracht sind. Ein Emblem an den Fußpunkten der Säulen weist darauf hin, dass die gusseisernen Elemente von der ehemaligen Eisengießerei Ferdinand Seneca aus Karlsruhe hergestellt wurden. Die Hauptträger sind an ihren Sichtflächen mit Löwen und Blumen verziert. Das ebenfalls reich verzierte Geländer wird im Bereich der Widerlager und Pfeiler durch Sandsteinbalustraden unterbrochen. Eine gusseiserne Tafel am südlichen Widerlager vermerkt die Bauzeit und erinnert an den Erbauer der Brücke, den Stadtbaumeister Hermann Schück.

Gründung

Die Flächengründungen unmittelbar unter der Geländeoberfläche sind massiv gemauerte Steinfundamente. Vermutlich wurde hierfür der gleiche rote Sandstein wie für die Stützmauern und Widerlager verwendet. |

Länge
88,50 m
max. Spannweite
13,50 m
Breite
10,14 m
Höhe
ca. 6,50 m

Bauherr
Stadt Karlsruhe
Ingenieur
H. Schück, Karlsruhe
Baufirma
Eisengießerei Ferdinand Seneca,
Karlsruhe
Bauzeit
1888–1891
Sanierung
1975

KARLSRUHE
Fußgängerbrücke über den Adenauerring ●

Die im Jahre 1967 erbaute Fußgängerbrücke über den stark befahrenen Adenauerring verbindet die Institute der Universität mit einem Parkplatz am Rande des Fasanengartens.

Konstruktion und Tragverhalten
Die Betonbrücke überquert mit Spannweiten von 27, 35 und 27 m den Adenauerring und die parallel dazu verlaufenden Fuß- und Fahrradwege. Im Mittelfeld ist ein 19,26 m langer, *vorgespannter* Fertigteilträger zwischen den beiden auskragenden Trägern der Seitenspannweiten eingehängt. Der im Querschnitt trapezförmige, hohle Einhängeträger liegt an seinen Enden auf jeweils vier Neoprene-Lagern auf. Die massiven Träger der Seitenspannweiten sind wegen der hier relativ großen Momente im Stützbereich unten durch einen *gevouteten* Steg ergänzt worden. Die Platte kann so in gleicher Dicke durchgeführt werden. Widerlager und Stützen sind auf dem in geringer Tiefe anstehenden tragfähigen Untergrund flach gegründet.

Verweis auf ähnliche Bauwerke
Im weiteren Verlauf des Adenauerringes gibt es weitere, ähnliche Fußgängerbrücken, teilweise auch mit monolithischem Überbau. |

Wegbeschreibung
Die Stadt Karlsruhe ist fächerartig aufgebaut – mit dem Schloss im Mittelpunkt. Im Norden führt der Adenauerring in der Form eines Halbkreises um das Schloss. Aus Richtung Durlach (Anschlussstelle der Autobahn A5 Frankfurt–Basel) erreicht man den Ring, wenn man am Durlacher Tor rechts in Richtung Stadion fährt.

Länge
95,40 m
Breite
4,10 m
Höhe
5,51 m

Bauherr
Stadt Karlsruhe
Ingenieure
Leonhardt und Andrä, Stuttgart
Prüfer
Fritz, Karlsruhe
Baujahr
1967

KETSCH
Straßenbrücke über den Altrhein •

Die aus dem Jahre 1955 stammende, stark korrodierte Stahlbrücke über den Altrhein war für den Holz-Schwerlastverkehr nicht mehr tauglich. Im Jahre 1991 wurde sie durch eine neue Brücke ersetzt, die den Anforderungen der Brückenklasse 30 gerecht wird. Es wurde hierbei eine Holzfachwerkkonstruktion gewählt, um so auf die Eignung einheimischer Hölzer für den Brückenbau aufmerksam zu machen.

Konstruktion und Tragverhalten
Das Haupttragwerk der 54 m weit gespannten Brücke besteht aus einem fachwerkartig aufgelösten Kastenträger, dessen Seitenwände jeweils aus einem einfachen Strebenzug mit Hilfspfosten gebildet werden. Der obere und untere Horizontalverband sind Rautenfachwerke, die zusammen mit den beiden Endportalen, zwei holzverkleideten Stahlrahmen, die Queraussteifung der Brücke sicherstellen. Bis auf die Diagonalen in der Untergurtebene, die aus einfachen Flachstählen gebildet werden, bestehen alle Haupttragkomponenten aus Brettschichtholz. Innen liegende Knotenbleche aus Stahl und Stahldübel stellen die kraftschlüssigen Verbindungen untereinander her.

Wegbeschreibung
Ketsch liegt nördlich von Hockenheim bzw. westlich von Schwetzingen bei Heidelberg. In Ketsch bei der St. Sebastian Kirche in Richtung Speyer fahren. Die Brücke findet sich nach 100 m auf der rechten Seite.

Querträger im halben Pfostenabstand (2,25 m) tragen in der Untergurtebene einen Bohlenbelag aus Nadelholz, auf dem über einer Schutzlage die Deckschicht der Fahrbahn aufgebracht ist. Ein mit „Biberschwänzen" gedecktes Giebeldach schützt die Fahrbahn und die imprägnierten Haupttragkomponenten vor Witterung. Als Primärwerkstoff wurden 380 m³ Douglasienholz verwendet.

Gründung
Die Widerlager sind jeweils auf 4 Bohr-*Pfählen* (∅ = 90 cm) in einer Tiefe von 9 m in dichtem Kies gegründet. |

Ansicht

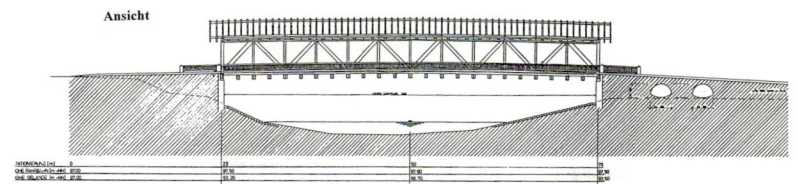

Grundriß

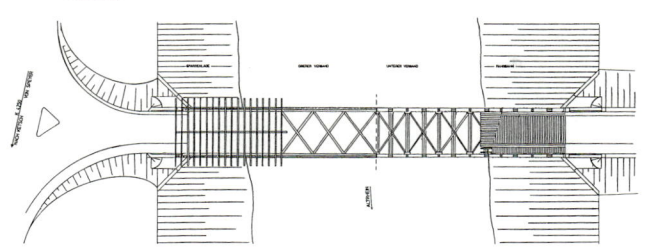

Querschnitt

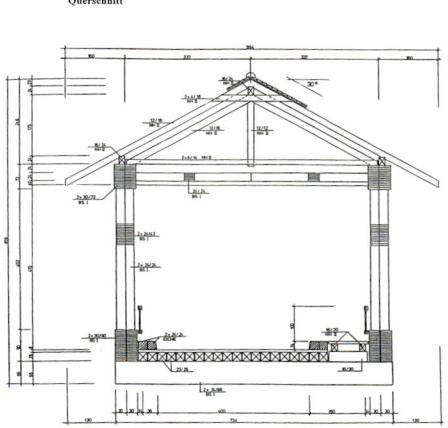

Literatur

Bauen mit Holz
Heft 10, 1991

Länge
60 m
Breite
7,34 m
Höhe
ca. 3 m

Bauherr
Land Baden-Württemberg
Ingenieure
Greschik + Falk, Lörrach
Baufirma
Fürst zu Fürstenberg KG, Hüfingen
Baujahr
1991

KIRCHBERG
Jagstbrücke ● ●

Geschichte

Diese Steinbrücke wurde wahrscheinlich im Jahre 1779 gebaut. Erstmalig Erwähnung findet sie 1799 in einem Aktenvermerk des Kirchberger Kanzleibeamten, in dem über den schlechten Zustand der Brücke berichtet wird. Auch diese Brücke wurde am Ende des Zweiten Weltkrieges unpassierbar gemacht, indem der stadtseitige Bogen gesprengt wurde. Sie wurde bis 1949 repariert. In den sechziger Jahren machte das erhöhte Verkehrsaufkommen eine Verbreiterung der Brücke auf der Oberstromseite, also auf der das Ortsbild prägenden Seite, unumgänglich. Die neuen, parallel errichteten Bögen wurden in Stahlbeton ausgeführt, dabei aber von außen so mit Natursteinen verkleidet, dass das gewohnte Bild mit den zugespitzten Pfeilern und halbkreisförmigen Kanzeln erhalten blieb. Die Brücke ist damit ein gutes Beispiel für ein sensibel den heutigen Bedürfnissen angepasstes Baudenkmal.

Konstruktion

Die flach gegründete Steinbrücke hat fünf Bögen mit den lichten Weiten 2 x 11 – 10,67 – 10,31 – 10,20 m. Die ursprünglich 5,25 m breite Fahrbahn steigt mit 2 % in Richtung Kirchberg an. Im Gegensatz zur Mauerwerksverblendung auf der Oberstromseite ist unterstrom bis zur Scheitelhöhe noch das alte Mauerwerk erhalten geblieben. Alle Sichtflächen, mit Ausnahme der Sandsteinbrüstungen, sind aus Muschelkalkquadern gemauert. Die Tragfähigkeit der Brücke entspricht der Brückenklasse 30. |

Wegbeschreibung
Kirchberg liegt ca. 10 km nordwestlich von Crailsheim. In Kirchberg auf der L 1040 in Richtung Kirchberg-Gaggstatt (Rot am See) fahren. Unterhalb des mittelalterlich ummauerten Residenzschlosses überquert man auf der Brücke die Jagst.

Länge
67,13 m
Breite
10,50 m
Höhe
ca. 3,40–5,40 m

Bauherr
Stadt Kirchberg
Bauzeit
um 1779
Verbreiterung
1963

Brücken

KIRCHHEIM/TECK
Straßenbrücke über die Autobahn ●

Autobahnüberführungen bieten die leider viel zu selten genutzte Gelegenheit, einer großen Zahl von Menschen die mögliche Vielfalt oder gar Schönheit von Brücken vorzuführen. Das Entwurfsziel der Kirchheimer Brücke war eine einfache, aber einprägsame Form, bewusst ohne Gesims und Kanten – wie „ausgesägt", damit man sie auf den ersten Blick erfassen und ihr Tragverhalten verstehen kann.

Entwurf und Tragverhalten
Die Brücke wurde im Zuge der Verbreiterung der Autobahn auf sechs Spuren nötig. Da sie im Einschnitt liegt, bleibt oberhalb des Lichtraumprofils noch genügend Platz für ein unterhalb der Brückenfahrbahn angeordnetes Tragwerk. Im Prinzip ist dies die vertraute Rahmenbrücke mit schrägen Stielen, allerdings nicht so staksig und ungelenk wie häufig, sondern gestrafft und „sprungbereit" – immerhin beträgt ihre Länge zwischen den Widerlagern 70 m. Im ersten Entwurf sollte das Mittelfeld mit Seilen unterspannt werden, um die Platte möglichst dünn und transparent erscheinen zu lassen. Die frei liegenden Seile wurden aber vom Bundesverkehrsministerium mit dem Argument der schlechten Inspizierbarkeit und

Wegbeschreibung
Die Brücke kreuzt die Autobahn A8 Stuttgart–Ulm zwischen den Anschlussstellen Kirchheim-West und Kirchheim-Ost. Man erreicht sie über die Ausfahrt Kirchheim-Ost und die B465 in Richtung Owen. Gleich hinter der Autobahn in das Industriegebiet Lindengarten rechts abbiegen und den Bach Lauter überqueren; nach ca. 200 m rechts abbiegen zur Brücke.

der aufwendigen, verkehrsstörenden Unterhaltung abgelehnt. Deshalb wurden die Tragseile, nun Dywidag Litzenspannglieder St. 1570/1770, einbetoniert, ohne die dem Momentenverlauf folgende Form aufzugeben, was im Vergleich zum Träger mit konstanter Bauhöhe zudem Material und Gewicht spart. Die Gestalt dieser Brücke erhielt viel Tadel und viel Lob! Immerhin regt sie zur Diskussion an.

Konstruktion und Herstellung
Die Brücke ist eine klassische Spannbetonkonstruktion aus Beton B35. Sie kreuzt die Autobahn deutlich schiefwinklig mit einem Winkel von 18°, was aber der Autofahrer kaum wahrnehmen kann, weil die Schiefwinkligkeit

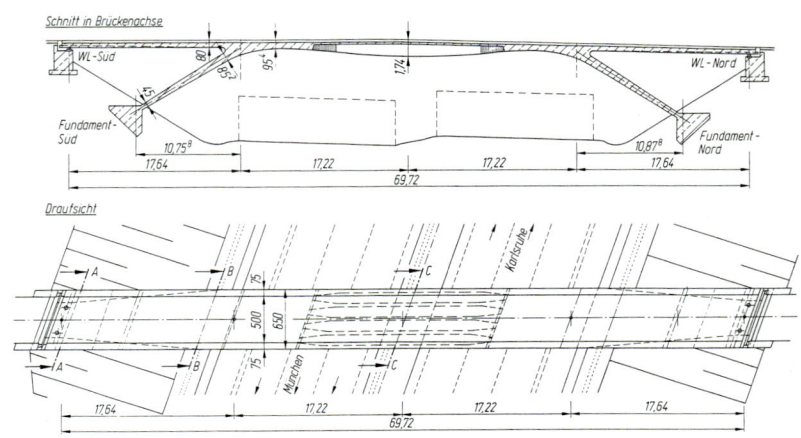

Schnitt in Brückenachse

Draufsicht

in allen Einzelheiten durchgehalten ist. Als Querschnitt des Mittelfeldes wurde weder ein Hohlkasten noch eine massive Platte gewählt, sondern ein vierstegiger *Plattenbalken,* der die „Unterspannungen" erahnen lässt. Der Überbau ist längs für 80 % der anzunehmenden Verkehrslast *voll vorgespannt,* in Querrichtung schlaff bewehrt. Hergestellt wurde die Brücke im Zuge der spurweisen Erneuerung der Autobahn herkömmlich auf einer Rüstung. Hierbei wurde der gesamte Überbau mit beiden Stielen in einem Arbeitsgang betoniert. |

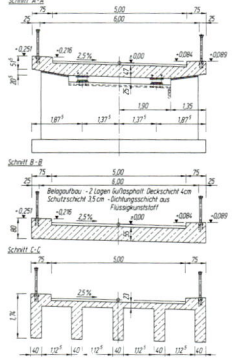

Literatur
Beton- und Stahlbetonbau
Heft 2, 1994

Länge
69,72 m
Breite
6,50 m
Bauhöhe in Feldmitte
1,74 m

Bauherr
Bundesrepublik Deutschland
Ingenieure
Schlaich, Bergermann und Partner, Stuttgart
Prüfer
J. Eibl, Karlsruhe
Baufirma
R. Besemer, Merklingen
Bauzeit
1992–1993

KÖNGEN
Ulrichsbrücke ●

Geschichte
Die Neckarbrücke bei Köngen wurde nach
dem Einsturz einer älteren Brücke im Jahre
1599 an gleicher Stelle wieder aufgebaut.
Sie trägt den Namen des Herzogs Ulrich von
Württemberg (1487–1599), der einer Sage
nach seinen Verfolgern nur dadurch entkom-
men konnte, dass er von der ursprünglichen
Brücke einen mutigen Sprung ins Neckarvor-
land wagte. Die heutige Steinbrücke wurde
nach den Plänen des herzoglich-württembergischen Baumeisters Heinrich Schickhardt
gebaut. Sie war mit minimal 4,50 m Breite zwischen den Brüstungen sehr schmal und wurde
im 19. Jahrhundert zunehmend zum Engpass.
In den Jahren 1912/14 wurde die Brücke auf
8 m verbreitert. Hierbei erfuhr sie gleichzeitig
im Vorlandbereich eine Verlängerung von vier
auf sechs Bögen, damit sie auch bei Hochwasser passiert werden konnte. Am Ende des
Zweiten Weltkrieges wurden die Bögen V und
VI gesprengt, jedoch schon 1946 wieder aufgebaut. Der mittlere Pfeiler wird unterstrom
von einem Obelisken geschmückt, der oben
das Wappen der württembergischen Herzöge
trägt. Er wurde im Jahre 1912 aus Muschelkalk

Wegbeschreibung
Die Autobahn A8 Stuttgart–Ulm an
der Anschlussstelle Wendlingen verlassen und in Richtung Wendlingen
fahren. Beim Überqueren des
Neckars auf der Römerbrücke liegt
die Ulrichsbrücke linker Hand.

werkgetreu nachgebildet, nachdem das
Original aus Sandstein starke Verwitterungs-
schäden zeigte. Die Römerbrücke, eine
Spannbetonkonstruktion in unmittelbarer
Nachbarschaft, löste im Jahre 1976 die
Ulrichsbrücke ab, so dass diese heute aus-
schließlich Fußgängern zur Verfügung steht.

Konstruktion und Tragverhalten
Die Pfeiler und die sechs Bögen (jeweils
14,60 m lichte Weite) sind aus Stubensandstein
gefertigt; die Stirnwände über den Gewölben
sind aus Bruchsteinmauerwerk. Sowohl ober-
als auch unterstrom gehen Stirnwände und
Brüstungen nahtlos ineinander über; lediglich
die äußeren Gewölbesteine und die Abdeckungen der Brüstungen markieren die Außenkonturen. Beim Umbau in den Jahren 1912/14
wurden zwischen den Stirnwänden zusätzliche
Längswände eingezogen, um die Gewölbe in

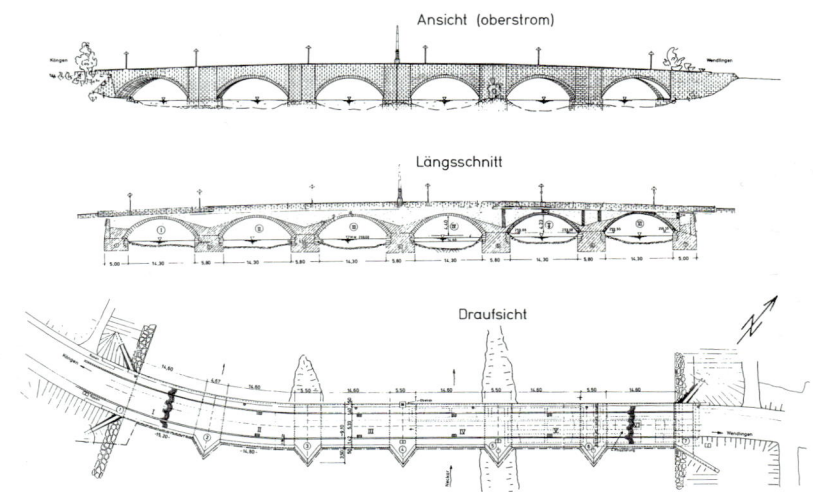

Ansicht (oberstrom)

Längsschnitt

Draufsicht

Querrichtung gleichmäßiger zu belasten. Eine Stahlbetonplatte sorgt für eine entsprechende Querverteilung.

Gründung

Die Brücke ist im Neckarbett auf einer dort anstehenden Felsplatte des Arietenkalkes (schwarzer Jura) flach gegründet. Die Gründungen erlitten bei der Sprengung im Frühjahr 1945 keinen Schaden und konnten vollständig wieder verwendet werden. |

Länge
200 m
Breite
8,10 m
Höhe
ca. 5,50–6,77 m

Bauherr
Herzog Friedrich I. von Württemberg
Baumeister
H. Schickhardt
Bauzeit
1599–1602
Erweiterung
1912–1914
Wiederaufbau
1945–1946

L A H R
Schutterbrücke ●

Geschichte

Schon der Vorgänger der heutigen Brücke war
eine steinerne Bogenbrücke. In den Urkunden
ist aber nicht erwähnt, wann sie gebaut wurde.
Im Jahre 1785 entschloss man sich zu einem
Neubau, da die alte Brücke baufällig geworden
war. Der ursprüngliche Entwurf sah einen
Überbau aus Eichenholz sowie Pfeiler und
Widerlager aus Stein vor. Nachdem aber das
Oberforstamt Bedenken wegen der dafür zu
schlagenden Bäume angemeldet hatte, wurde
eine Brücke „von puren Steinen" ins Auge
gefasst. Im Rahmen eines Wettbewerbs entschied man sich daraufhin für das Angebot
des Maurermeisters Johannes Menhardt, das
mit 2.962 Gulden gut 30 % teurer war als das
preisgünstigste. Die ausgeführte Steinbrücke
diente bis zum Jahre 1974, also knapp 190
Jahre, im Zuge der Schützenstraße als Straßenbrücke. Heute wird das denkmalgeschützte
Bauwerk nur noch von Fußgängern benutzt.

Wegbeschreibung

Lahr liegt an der B 3 zwischen
Offenburg und Freiburg i. Br.
Die Brücke befindet sich am
Dolerplatz gegenüber der
Freiwilligen Feuerwehr.

Konstruktion

Die Steinbrücke besteht aus drei Bögen mit
lichten Weiten von 4,70, 7,40 und 4,95 m. Die
Bögen folgen weitgehend der Kreissegment-
form; im Fall des mittleren Bogens beträgt der
Öffnungswinkel etwa 155 °. Die nur 1,30 m
dicken Pfeiler schränken das Durchflussprofil
nur unwesentlich ein. Als Mauersteine wurden
dichte, rote Sandsteinquader großen Formates
verwendet. Die mit 10 % zu beiden Seiten
ansteigende Fahrbahn ist durch ein Gesims zu
Füßen der Brüstungssteine gekennzeichnet.
Die massive, 45 cm dicke Brüstung, ebenfalls
aus rotem Sandstein, folgt der Fahrbahngradiente und endet nach oben hin mit einem
dem Fußgesims nachempfundenen Abschluss.
Mit ihrer strengen, beinahe symmetrischen
Gestalt erinnert sie an Bauten großer italieni-
scher Baumeister, wie z. B. Andrea Palladio.

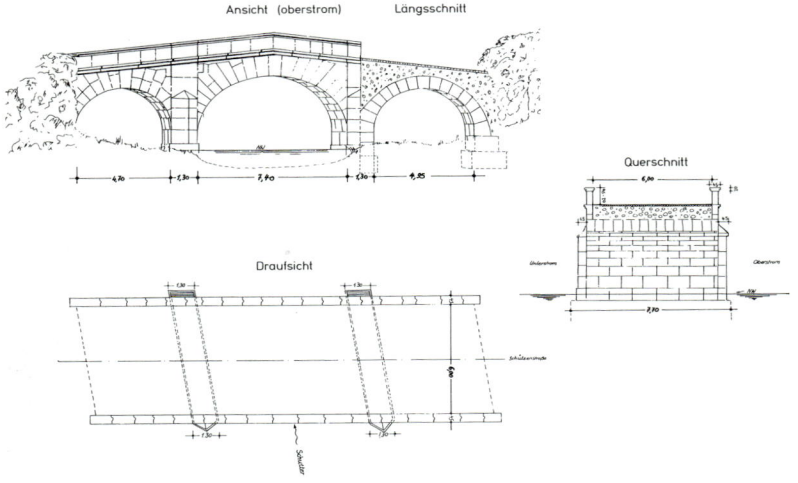

Ansicht (oberstrom)   Längsschnitt

Querschnitt

Draufsicht

Gründung

Gegründet wurde die Brücke wahrscheinlich
auf *Pfahl*-Rosten mit Schwellen aus Eiche und
Pfählen aus Erle.

Länge
ca. 20 m
Breite
6,90 m
Höhe
ca. 5,50 m

Bauherr
Stadt Lahr
Baumeister
J. Menhardt, Lahr
Baujahr
1785

Brücke

Wegbeschreibung
Langenargen liegt am Bodensee
zwischen Friedrichshafen und Lindau. In Langenargen in Richtung
Kressbronn fahren. Nach dem Orts-
schild beim Hinweisschild „Hängebrücke" abbiegen und parken. Die
Brücke verläuft flussaufwärts
parallel zur alten Hängebrücke.

LANGENARGEN
Argenbrücke der Bahn ●●

Geschichte
Mit der Eröffnung der Bahnlinie Hof–Lindau
am 13. Juli 1854 war der Bodensee über zwei
Bahnlinien an das Eisenbahnnetz im süd-
deutschen Raum angeschlossen. Die 101 km
lange Strecke Ulm–Friedrichshafen war
bereits am 7. Juli 1850 eröffnet worden. Im
Januar 1864 wurde in Tettnang das „Comité
zum Bau einer Bodenseegürtelbahn im Bin-
nenland" gegründet, um den Bau einer Bahn
am nördlichen Bodenseeufer voranzutreiben.
Allerdings wurde erst im Sommer 1896 mit
dem Bau des Teilabschnitts Friedrichshafen–
Lindau begonnen. Auf württembergischem
Gebiet waren dabei drei Brücken zu bauen:
über die Rotach bei Friedrichshafen, über die
Schussen bei Eriskirch und über die Argen bei
Langenargen. Am 1. Oktober 1899 konnte die
eingleisige Strecke dem Verkehr übergeben
werden. Bei einem Bombenangriff der Alliierten am 24. Dezember 1944 wurde die Argen-
brücke durch Splittergranaten beschädigt.
Sie wurde zunächst nur notdürftig repariert
und erst Mitte der sechziger Jahre wieder
vollständig instand gesetzt.

Konstruktion und Tragverhalten
Die Fachwerkbrücke überquert die Argen öst-
lich von Langenargen mit einer Stützweite von
74,20 m. Sie besteht aus einer Strebenfach-
werk-Konstruktion mit einem gekrümmten
Obergurt und einem horizontalen Untergurt.
Portalartige, starke Endständer leiten die
Belastungen aus dem oberen Windverband

und dem Obergurt an das Auflager weiter.
Sowohl die Profile der Endportale als auch die
gekreuzten Streben sind in sich fachwerkartig
aufgelöst. Die Querträger und Längsträger
bilden zusammen einen „offenen Trägerrost",
der zur Vermeidung von Nebenspannungen als
unabhängiges Tragwerk in die Hauptträger-
konstruktion eingehängt ist. Hierbei ruhen
die doppel-T-förmigen, an ihren Enden aus-
geklinkten Querträger jeweils auf gelenkigen
Walzenlagern zwischen den unteren Streben-
knotenpunkten. Die aus Flusseisen hergestellte Fachwerkkonstruktion bildet einen
steifen Kasten, der die konstruktiv nur bedingt
mitwirkenden Querträger durch einen in
Querrichtung kräftig ausgebildeten Rahmen
kompensiert. Mit ihrer Querträgerkonstruk-
tion ist die weitgehend im Originalzustand
erhaltene Brücke eine vorbildlich ausgeführte
Umsetzung der von Friedrich Engesser im
Jahre 1893 zusammengefasst dargestellten
Theorie von den Nebenspannungen, welche

durch die Wahl geeigneter Konstruktionen und Montagemethoden vermieden oder zumindest vermindert werden können. In Baden-Württemberg ist mit der Rheinbrücke in Wintersdorf nur noch eine weitere, vergleichbare Überbaukonstruktion dieses Typs vorhanden.

Gründung

Die staffelförmig abgesetzten Auflager der Brücke bestehen aus gemauerten Steinen und sind als Flügelwiderlager auf Langenargener Seite in 5 m, auf Kressbronner Seite in 2 m Tiefe auf tragfähigem Untergrund flach gegründet. Für die konzentrierten Auflagerkräfte sind beide Widerlager mit betonierten Auflagerbänken versehen. |

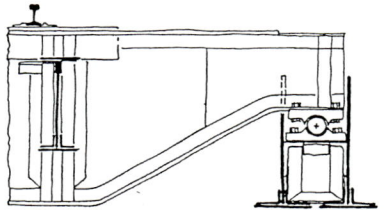

Länge
77,80 m
Breite
ca. 5,20 m
Höhe
4 m

Bauherr
Württembergische Staatseisenbahn
Baufirma
Maschinenfabrik Esslingen
Bauzeit
1898–1899

LANGENARGEN
Hängebrücke ● ● ● ●

Im März 1896 zerstörte ein Hochwasser die
im Zuge der Staatsstraße Friedrichshafen–
Lindau gelegene Holzbrücke über die Argen.
Um einer erneuten Zerstörung durch Hochwasser vorzubeugen, war beim Bau der neuen
Brücke von Stützen zwischen den Ufern abzusehen. Der Plan einer ursprünglich geplanten
Bogenbrücke musste allerdings verworfen
werden, da sich der Baugrund zur Aufnahme
des Bogenschubes als nicht ausreichend tragfähig erwies. Die gebaute, erdverankerte
(echte) Hängebrücke mit 72 m Spannweite ist
die älteste Drahtseilbrücke Deutschlands ●.
Ihren Bau begleitete als Praktikant der
Schweizer Othmar Hermann Ammann, der
damals gerade sein Ingenieurstudium an der
ETH in Zürich aufgenommen hatte und später
in den USA als Chefingenieur der „Port of
New York Authority" u. a. die großartige, über
1.000 m weit gespannte George-Washington-
Hängebrücke über den Hudson planen und
bauen sollte.

Konstruktion und Tragverhalten
An vier Pfeilern und zwei rückverankerten Tragseilen hängt der Fahrbahnträger, der gleichzeitig als Versteifungsbalken fungiert – die

Wegbeschreibung
Langenargen liegt am Bodensee
zwischen Friedrichshafen und
Lindau. Die Kabelbrücke befindet
sich am Ortsausgang von Langenargen in Richtung Lindau. Heute
überführt eine Betonbalkenbrücke
flussabwärts der alten Hängebrücke den Straßenverkehr. Vor der
Brücke (von Langenargen kommend) befindet sich linker Hand ein
Parkplatz.

Hinweis
Nur wenige hundert Meter flussaufwärts findet sich die alte Argen-
brücke der Bahn siehe Seite 113.

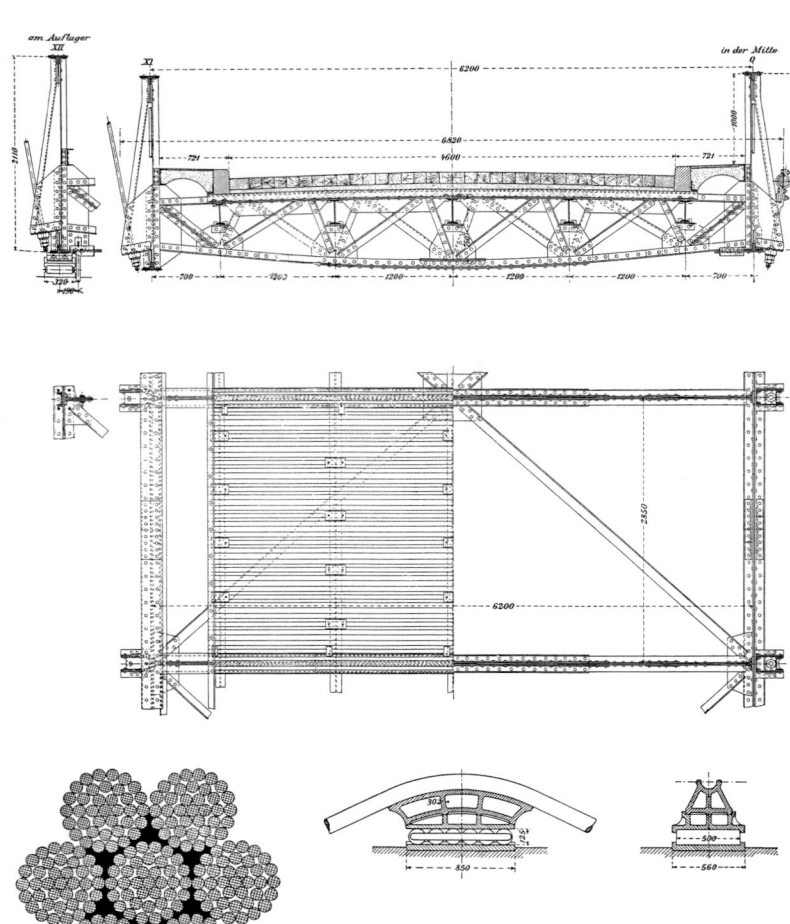

klassische Hängebrücke! Letzterer besteht aus zwei außen liegenden Fachwerkträgern im Achsabstand von 6,20 m. Die schwach gekrümmte obere und untere Gurtung dieser Träger ist aus einfachen Blechen und Winkeln zusammengenietet. Der Gurtabstand beträgt in der Mitte 1,91 m, bei den Auflagern 2,11 m. Jeder Fachwerkträger ist durch senkrechte Pfosten in 24 Felder von je 2,85 m Länge geteilt, die durch je eine fallende und eine steigende Diagonale ausgefacht sind. Die fischbauchträgerähnlichen Querträger verbinden beide Fachwerkträger im Pfostenabstand. Die Fahrbahn wird neben den Fachwerk- und Querträgern von fünf über die Breite verteilten Längsträgern gestützt, die aus einfachen Doppel-T-Walzprofilen unterschiedlicher Größe bestehen. Der Fahrbahnaufbau besteht aus 110 mm hohen Belageisen, auf welche ursprünglich eine Betonbettung und ein Holzbelag aus längs laufenden Bohlen aufgebracht waren (heute: Asphaltbelag). Ausgesteift wird der Fahrbahnträger durch Windverbände, die auf Höhe der Untergurte an die Fachwerk- bzw. Querträger angeschlossen sind. Außen sind an die Fachwerkpfosten einfache, aus Blechen zusammengenietete Konsolen befestigt, an denen die aus 40 mm starkem Rundstahl bestehenden Hängerstäbe angreifen. Jedes Tragseil besteht aus sieben Litzen zu je 37 Gussstahldrähten (Drahtdurchmesser = 6,3 mm). Sie sind mit einer Pfeilhöhe von 9 m aufgehängt und so gegeneinander geneigt, dass sie in der Mitte 6,82 m, bei den Pfeilern 10 m Abstand haben. Zur Auflagerung auf den Pfeilern dienen gusseiserne Sättel, die in Längsrichtung verschieblich gelagert sind, so dass die Seile auf dem Sattel nicht geklemmt werden müssen. Dies ist möglich, weil das Seil zu beiden Seiten des Sattels mit dem gleichen Neigungswinkel einläuft. Die resultierenden Seilumlenkkräfte haben nur noch eine Horizontalkomponente in Querrichtung, die die Pfeiler auf Biegung beansprucht. Bei ungleichmäßigen Verkehrslasten sorgt der Versteifungsträger dafür, dass die dehnungslosen Seildeformationen weitgehend unterbunden werden, wodurch die Verschiebungswege der Sättel auf den Pfeilern klein bleiben. Verankert sind die Seile in begehbaren

Schächten mittels geschmiedeter Seilköpfe, die sich über zwei Doppel-T-Profile und eine Gurtplatte auf dem Betonmauerwerk abstützen. Ebenfalls aus Beton sind die insgesamt vier Pfeiler, die mit Hilfe einer dem Pfeilerprofil entsprechenden Schalung in einem Guss hergestellt wurden.

Sanierung und Nutzungsänderung

Der Fortbestand der Brücke war in den siebziger Jahren stark gefährdet, da sie den Verkehrsansprüchen nicht mehr gewachsen war. Man erkannte aber schon damals den Denkmalwert der Brücke und entschloss sich für einen Neubau an anderer Stelle, um die alte Brücke zu erhalten. Nach einer grundlegenden Sanierung in den achtziger Jahren dient sie heute als technisches Baudenkmal Fußgängern und Radfahrern. |

Literatur
Zeitschrift des Vereins Deutscher Ingenieure
Heft 1, 1899

Spannweite
72 m
Breite
6,20 m
Pfeilerhöhe
9 m

Bauherr
Königreich Württemberg
Ingenieure
Kübler, Maschinenfabrik Esslingen, und K. v. Leibrand, Königliche Bauverwaltung
Kabel
Karlswerk der Firma Felten & Guilleaume, Mülheim
Bauzeit
1896–1898
Sanierung
1982–1983

LANGENBRUNN
Donaubrücke ●

Geschichte

Laut Angaben der Gemeinde Beuron wurde
beim Rückzug der deutschen Soldaten im
Frühjahr 1945 der erste auf der Talseite gelegene Bogen gesprengt. Er wurde aber schon
bald wieder aufgebaut, da diese Straße die
einzige Verbindung zu einem auf der anderen
Seite der Donau gelegenen Bauernhof darstellt. Heute kann man noch die Reste der
alten, gesprengten Bögen im Flussbett der
Donau erkennen.

Konstruktion

Die Brücke überquert in zwei Feldern mit
jeweils 16 m Spannweite die Donau. Die drei
in jedem Feld parallel angeordneten, stählernen Zweigelenkbögen bestehen aus zwei U-
Profilen, die zu einem Doppel-T-Querschnitt
zusammengenietet wurden. Diagonal verlaufende L-Profile dienen der Längs- und
Queraussteifung der Bögen. Im Bereich der
Widerlager liegen die Bögen gelenkig auf massiven Gussstahlwalzen auf. Sie sind mit einfachen Rundeisen gegen Abrutschen bei Hochwasser gesichert. Die Ständer bestehend aus
L-Profilen tragen Längsträger, auf denen in
Querrichtung spannende Trapezprofile aufliegen, als Unterbau für eine Schicht aus grobem
Kies mit einem bituminösen Fahrbahnbelag. In
den Fügungen der Stahlprofile sorgen Stahlbleche und Nieten für eine kraftschlüssige
Verbindung. Die Brücke überzeugt trotz ihrer
einfachen Details und ist ein Beweis für gelungenen Brückenbau auch abseits der Haupt-
verkehrsstraßen.

Wegbeschreibung

Langenbrunn gehört zur Gemeinde
Beuron und liegt im Donautal zwischen Tuttlingen und Sigmaringen.
In Langenbrunn am Fischweiher in
Richtung Donauhaus die Bahnlinie
überqueren. Nach ca. 100 m überquert man die Donau auf dieser
alten Stahlbrücke.

Gründung

Das bergseits gelegene Widerlager und der
Mittelpfeiler bestehen aus gemauerten Natursteinen. Das talseits gelegene Widerlager
wurde nach seiner Sprengung in Stahlbeton
wieder aufgebaut.

Länge
ca. 38 m
Breite
ca. 4 m
Höhe
ca. 7 m

Bauherr
Gemeinde Beuron
Baujahr
unbekannt
Wiederaufbau
1945

Brücken

LENZKIRCH–KAPPEL
Gutachbrücke ● ● ●

Geschichte

Beim alten Bahnhof Kappel-Gutachbrücke
überbrückt die Eisenbahn das tief eingeschnittene Tal der Gutach. Die in den Jahren
1899–1900 erbaute Gutachbrücke war jahr-
zehntelang die größte in Stein gewölbte
Bogenbrücke Deutschlands und nach der
Pruthbrücke bei Jamerec auch die zweitgrößte
Europas. Den Zweiten Weltkrieg überstand die
Brücke ohne größere Schäden, da ein gezielter
Bombenabwurf in dem dichten Waldgebiet
nicht möglich war. Die weitgehend im Originalzustand erhaltene Gutachbrücke ist ein
eindrucksvolles Ingenieurbauwerk, das von
der Brückenbaukunst zu Beginn dieses Jahrhunderts zeugt.

Konstruktion und Tragverhalten

Nach dem Überqueren der Verbindungsstraße
von Neustadt nach Lenzkirch überfährt die
einspurige Bahnlinie zunächst vier Bögen
gleicher Spannweite (7,50 m), bevor sie der
Hauptbogen mit 64 m Spannweite über die
Gutach führt. Ein einziges, 18 m weit gespanntes Gewölbe auf Donaueschinger Seite stellt

Wegbeschreibung
Auf der B31 von Donaueschingen
kommend kurz vor Neustadt
(unmittelbar vor der Gutachtalbrücke) am Schild „Lenzkirch,
Neustadt-Ost" rechts abbiegen.
An der nächsten Kreuzung Richtung Lenzkirch fahren. Nach dem
stillgelegten Bahnhof Kappel-
Gutachbrücke führt die Bahn
über die Straße und dann über die
Gutach. Zur Besichtigung hinter
der Bahnüberführung parken und
auf einem kleinen Pfad in die
Gutachschlucht hinabsteigen.

den Anschluss zu dem dortigen Einschnitt der
Bahntrasse her. Zur Einsparung von Eigen-
gewicht sind auf dem Hauptbogen kleinere
Gewölbe aufgesetzt. Alle Bögen bestehen
aus gemauerten Steinen unterschiedlicher
Herkunft. Der große Bogen wurde aus rotem
Vogesensandstein gefertigt, die aufgesetzten
Gewölbe aus Pfälzer Sandstein. Die an beiden

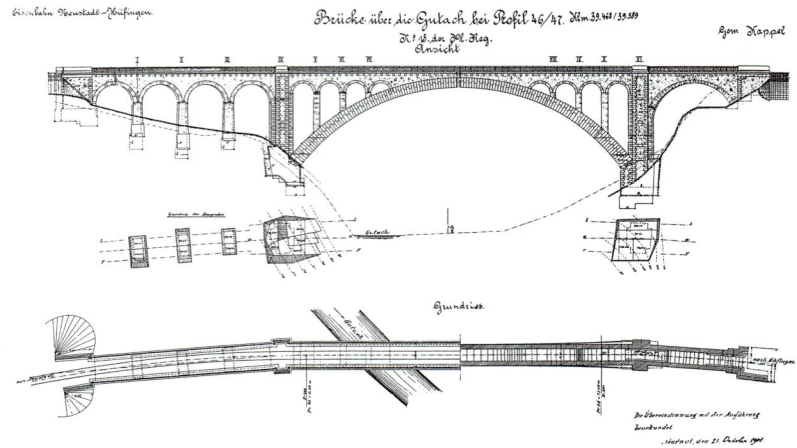

Seiten anschließenden „Vorbögen" sind aus
Rötenbacher Sandstein. Die Steine wurden
trocken auf einem Lehrgerüst verlegt und
nachträglich durch Ausstampfen der Zwischen-
räume mit Zementmörtel verbunden. Die
Kämpferpfeiler sind gegenüber den übrigen
Pfeilern deutlich stärker ausgeführt. Sie gliedern damit aber nicht nur die Brücke, sondern
sorgen über ihre große Eigenlast auch dafür,
dass die Kraftresultierende der gemauerten
Kämpferfundamente steiler in den Baugrund
geführt wird, wodurch die Gründung auf den
Granitfelsen des Gutachtals einfacher gehalten
werden konnte. Die steinernen Gehweg-
platten, die auf Konsolsteinen über dem Zyk-
lopenmauerwerk aufgelegt sind, bilden in
Kombination mit einem über die ganze Länge
durchlaufenden Eisengeländer den oberen
Abschluss der Brücke.

Verweis auf ähnliche Bauwerke

Kurz hinter der Gutachbrücke liegt der gleichzeitig erbaute, 40 m hohe Schwändeholzdobel-
viadukt, der im Gegensatz zur Gutachbrücke
vollständig aus rotem Sandstein besteht. Bei
einer Gesamtlänge von 119 m beträgt hier die
Spannweite des Hauptbogens 57 m. |

Länge
141 m
Breite
5,40 m
Höhe
ca. 35 m

Bauherr
Badische Staatseisenbahn
Bauzeit
1899–1900

Brücken

LEONBERG
Friedensbrücke über das Rohrbachtal ● ●

Beim Bau der Reichsautobahnen wurde der konstruktiven Formgebung, der Materialgerechtigkeit und der Durchbildung der Details größte Aufmerksamkeit geschenkt. Die größeren Talbrücken wurden zwar individuell entworfen, orientierten sich aber oft an der Monumentalarchitektur dieser Zeit. Ausnahmen waren schlichte, teilweise sehr innovative Stahlbalkenbrücken und „nackte" Betongewölbereihen, die an weniger exponierten Stellen gebaut wurden, aber in Konstruktion und Ausführung den mit Mauerwerk verkleideten Viadukten keineswegs nachstanden. Die inzwischen über sechzig Jahre alte, aufgelöste Gewölbebrücke über das Rohrbachtal, die in nahezu unveränderter Form heute noch dem Verkehr dient, ist schon deshalb ein besonderes Denkmal der Ingenieurbaukunst.

Konstruktion und Tragverhalten
Die Fahrbahn wird von zwei parallelen, siebenfachen Bogenreihen getragen, deren gegenseitiger Abstand 7 m und deren Spannweiten

Wegbeschreibung
Die A8 Karlsruhe–Stuttgart über die Anschlussstelle Leonberg verlassen und in Richtung Stuttgart fahren. Noch vor dem ADAC-Übungsplatz rechts Richtung Sindelfingen abbiegen. Hinter der Gaststätte „Glemseck" parken und auf dem rechts abgehenden Wirtschaftsweg in Richtung Leonberg gehen. Nach ca. 300 m links abbiegen in einen Waldweg, der direkt zur Friedensbrücke führt.

27,44 – 34,60 – 42,40 – 44,50 – 42 – 35 und 28 m betragen. Die parabelförmigen Bögen sind tief herabgezogen und in die Fundamente eingespannt. Sie sind durchweg 4 m breit und haben am Kämpfer eine Dicke von 1,60 m und im Scheitel von 80 cm. Unter ständigen Lasten folgt ihre Form weitgehend der *Stützlinie*. Die mittels Wandscheiben aufgeständerte, beidseitig 3,20 m auskragende Fahrbahn erstreckt sich über beide Bogenreihen und ist als 26 cm dicke Stahlbetonplatte ausgebildet. Sie läuft in Längsrichtung über die Wandscheiben,

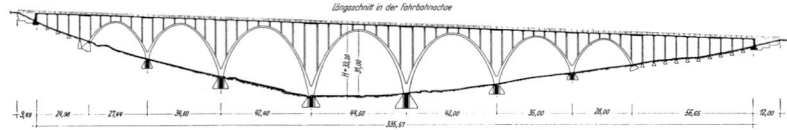

die einen Achsabstand von 4,70 bis 5,70 m haben, durch. Um die hintereinander geschalteten Gewölbe, besonders unter dem Einfluss von Temperatur, voneinander zu entkoppeln, wurde die Fahrbahnplatte in Abschnitte, wie man sie damals für zweckmäßig hielt, unterteilt. Hierzu waren über den Bogenfundamenten sogenannte „Schwebeträger" eingebaut, die jeweils zwei quer verlaufende, durchgehende Fugen in der Fahrbahnplatte erforderlich machten. Dies führte später immer wieder zu Schäden, so dass man im Jahre 1997 die Schwebeträger durch Übergänge mit nur einer Fuge ersetzte. Alle Pfeilerscheiben sind monolithisch mit Bogen und Fahrbahnplatte verbunden. Die hohen Wände wirken dabei aufgrund ihrer Schlankheit als Pendelscheiben und machen Temperaturverformungen der Fahrbahnplatte ohne größere Zwänge mit. Wegen der Knickgefahr haben sie allerdings eine größere Dicke als diejenigen in Scheitelnähe (55 im Vergleich zu 38 cm). In Querrichtung sind die paarweise angeordneten Scheiben oben mit einem Querriegel verbunden, um über eine Rahmentragwirkung das Zusammenwirken der nebeneinander liegenden Bögen zu erreichen. Diese Rahmenriegel kragen beidseitig aus, um die überhängende Fahrbahnplatte zu tragen. Bei der Berechnung ist die Einspannung der Gewölbe in die Fundamente berücksichtigt worden sowie das Zusammenwirken von Bogen, Wandscheiben und Fahrbahnplatte. Das sehr komplizierte statische System wurde durch Annahme einer pendelartigen Kipplinienlagerung aller Wandscheiben angenähert. Dabei wurde der wegen der dünnwandigen Wandquerschnitte relativ geringe Einfluss der Bogen-Fahrbahnträger-Interaktion mit Hilfe einer Näherungsrechnung abgeschätzt.

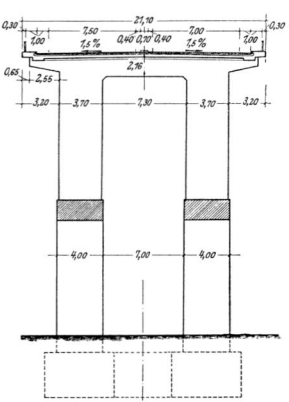

Herstellung

Die Gewölbereihen wurden mit sehr aufwendigen Lehrgerüsten hergestellt. Trotz reduzierter Windkräfte (geschlossenes Waldgebiet) mussten schwere seitliche Windstreben vorgesehen werden, um die Standsicherheit der insgesamt gut 30 m hohen Hilfskonstruktion zu gewährleisten. Für den größten Bogen wurden daher 340 m³ Holz benötigt, rund 9 % des umbauten Gerüstraums! Im Hinblick auf den mehrfachen Einsatz wurden wegen der leichteren Ausbildung der Knotendetails ausschließlich Kanthölzer verwendet. Die steile Form der Bögen erlaubte ein einfaches, symmetrisches Betonieren von den Kämpfern aus. Damit die Verformungen der zwischenzeitlich ausgeschalten und damit sehr weichen Bögen,

deren relativ dünne Scheitelpartien besonders
gefährdet waren, klein blieben, wurden die
Pfeilerscheiben und die Fahrbahnplatte entsprechend symmetrisch für jedes Gewölbe-
paar von außen nach innen betoniert. Die
Bauzeit der gesamten Brücke betrug lediglich
15 Monate.

Erweiterung
Im Zuge des Ausbaus der A8 zwischen dem
Stuttgarter-Kreuz und dem Leonberger-Drei-
eck wurde östlich neben dem alten Viadukt
recht gefühllos, rein nach Kostengesichts-
punkten, eine neue Spannbetonbalkenbrücke
errichtet, so dass die Gewölbebrücke heute
nur noch die Richtungsfahrbahn Karlsruhe–
Stuttgart trägt.|

Literatur
Beton und Eisen
Heft 5, 1938

Länge
335,57 m
Breite
22,10 m
Höhe
33,20 m

Bauherr
Oberste Bauleitung der
Reichsautobahnen, Stuttgart
Ingenieur
K. Schaechterle, Stuttgart
Baufirma
Grün und Bilfinger AG, Mannheim
Bauzeit
1937–1938

LUDWIGSBURG
Hirschbergbrücke ● ●

Der Bau der Reichsautobahn auf dem Teilstück Münchingen–Heilbronn erforderte ein
Brückenbauwerk zur Aufrechterhaltung der
bestehenden Verbindung zwischen Asperg
und Ludwigsburg. In den Jahren 1979/80
wurde die Autobahn sechsspurig ausgebaut;
ihre Trasse wurde dabei im Bereich der
Brücke um ca. 2,50 m abgesenkt, um die
schlichte, aber gestalterisch und handwerk-
lich hochwertige Brücke aus der Zeit des
Autobahnbaus in den dreißiger Jahren zu
erhalten.

Konstruktion und Tragverhalten
Die Brücke besteht aus einem aus Gauinger
Travertin gemauerten, 8,10 m breiten Gewölbe
mit 34,32 m lichter Weite und beidseitigen,
tragenden Stirnwänden. Der Bereich zwischen
Gewölbe und Fahrbahn wurde dabei im mittleren Drittel (Scheitelbereich) vollständig mit
Bruchsteinen als Fahrbahnunterbau ausgemauert. In den beiden äußeren Dritteln übernimmt dagegen eine Fahrbahnplatte aus
Beton die Fahrzeuglasten. Der verbleibende
Raum zwischen dem Gewölbe, den beiden
Stirnwänden und der Betonplatte ist hohl bis
auf eine Quer- und zwei innere Längswände,
alle aus Backsteinmauerwerk, die 37 cm
dicke Betonplatte zusammen mit den Stirnwänden trägerrostartig unterstützen und
gleichzeitig das kühne Gewölbe aussteifen.
Die staffelförmig abgesetzte Flachgründung
des Gewölbes trifft in geringer Tiefe auf einen
tragfähigen Untergrund. |

Wegbeschreibung
Die Brücke liegt zwischen den
Anschlussstellen Ludwigsburg-Süd
und Ludwigsburg-Nord der Auto-
bahn A81 Stuttgart–Heilbronn.
Sie überführt die Hirschbergstraße,
die von Asperg nach Ludwigsburg-
Egolsheim führt.

Länge
56,14 m
Breite
9,50 m
Gewölbestich
6,14 m
Höhe
9,97 m

Bauherr
Reichsautobahndirektion Stuttgart
Entwurf
Oberste Bauleitung der
Reichsautobahnen, Stuttgart
Baujahr
1938
Sanierung
1980–1982

Brücken

LUDWIGSBURG
Schrägseilbrücke über den Neckar •

Südlich von Marbach bildet der Neckar eine große S-förmige Schleife und trennt den Ludwigsburger Stadtteil Neckarweihingen vom Ludwigsburger Zentrum. Bis zum Bau dieser Fußgängerbrücke gab es als einzige Verbindung eine stark befahrene Straßenbrücke mit Gehweg.

Konstruktion und Tragverhalten

Bei dieser Schrägseilbrücke wird ein trapezförmiger Stahlhohlkasten mit auskragender Gehwegplatte über einen A-förmigen Pylon aus Stahl abgespannt. Der Längsabstand der deckseitigen Seilverankerungen beträgt konstant 17 m. Der durchweg nur 75 cm hohe Überbau erreicht damit bei vier Abspannungen im Flussbereich eine Hauptspannweite von 84 m. Er hängt hier jeweils an Seilpaaren ($\varnothing$ = 48 mm), die am 33,74 m hohen Pylon verankert sind. Als Rückverankerung des Pylons sind zwei weitere Seilpaare ($\varnothing$ = 58 mm) zu Zwischenstützen ins Vorland hin vorgesehen; die Vertikalkomponenten der Seilkräfte werden dort mit Pendelstäben an die Gründung weitergeleitet.

Wegbeschreibung
In Ludwigsburg auf der Marbacher-Straße in Richtung Marbach fahren. In Ludwigsburg-Hoheneck kurz vor dem Überqueren des Neckars links in die Uferstraße abbiegen. Die Brücke liegt ca. 500 m flussabwärts der Straßenbrücke.

Gründung

Auf Hohenecker Seite sind die Überbaustützen und der Pylon auf Großbohr-*Pfählen* ($\varnothing$ = 90 cm) gegründet. Zug-*Pfähle* übertragen in den Achsen 2 und 3 die Vertikalkomponenten der Seile in den anstehenden Muschelkalkfels. Auf Neckarweihinger Seite wurden mit Ausnahme des Uferpfeilers (Achse 11), der sich ebenfalls auf einen Großbohr-*Pfahl* stützt, alle Fundamente flach gegründet.

Herstellung

Der gerüstfreie *Freivorbau* einer Schrägseilbrücke kam hier sehr gelegen, da Hilfsstützen im Neckar wegen des Schiffsverkehrs nicht gestattet waren. Der Pylon wurde in zwei Teilen mit Hilfe eines Autokrans montiert.

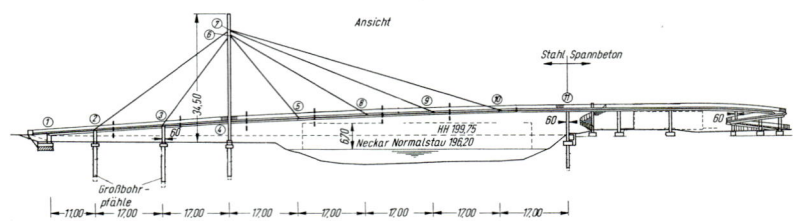

Ansicht

Stahl Spannbeton

Das Zusammenfügen der bis zu 17 m langen Überbaueinheiten erfolgte im Vorlandbereich ebenfalls mit dem Autokran, während in der Hauptspannweite ein Schwimmkran zum Einsatz kam. Bis zum Brückenschluss wurde der freiauskragende Überbau seitlich durch temporäre Zugglieder gegen Wind stabilisiert. |

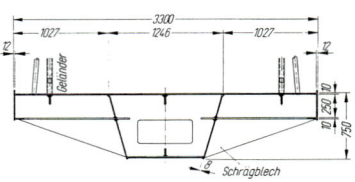

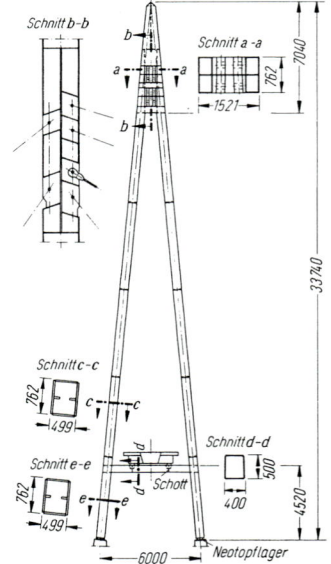

Literatur
Der Stahlbau
Heft 3, 1981

Länge
130 m
Breite
3,30 m
Höhe
ca. 9 m

Bauherr
Stadt Ludwigsburg
Ingenieur
P. Hildenbrand, Ludwigsburg
Prüfer
M. Fischer und D. Netzel, Stuttgart
Baufirmen
F. Krupp GmbH, Altbach, und
Heilmann + Littmann Bau AG,
Stuttgart
Bauzeit
1979–1980

MAXAU
Rheinbrücken ●●

Geschichte

Bereits im Jahre 1840 wurde mit dem Bau einer hölzernen Schwimmbrücke (Ponton-brücke) begonnen, die ausschließlich dem Straßenverkehr diente. Ein ausschwenkbares Mittelteil ermöglichte Schiffen das Passieren. Im Jahre 1862 wurde sie abgelöst von einer neuen Pontonbrücke – nun auch mit einem Eisenbahngleis. Allerdings wurden schon fünf Jahre später die betrieblichen Nachteile offen-sichtlich, die sich aus der Tatsache ergaben, dass kein unabhängiger Verkehr auf dem Land- bzw. Wasserweg möglich war. Eine feste Brücke, die allen Verkehrsströmen ein unge-hindertes Passieren ermöglichte, konnte erst 1938 eröffnet werden. Sie bestand aus zwei stählernen Fachwerkträgern, einer für zwei-spurigen Straßen- und einer für zweigleisigen Bahnverkehr, die von nur einem gemeinsamen Strompfeiler gestützt wurden. Das für seine Zeit hochmoderne Brückenbauwerk wurde am Ende des Zweiten Weltkrieges bei einem Luftangriff zerstört. Im Jahre 1947 wurden Behelfsbrücken dem Verkehr übergeben. Die zweispurige Behelfsstraßenbrücke ersetzte man 19 Jahre später durch eine vierspurige Schrägseilbrücke, die eingleisige Bahnbrücke erst 1991, nachdem ihre vier Strompfeiler des Öfteren Schiffskollisionen verursacht hatten,

Wegbeschreibung
Auf der Autobahn A5 Basel–Frankfurt, Abfahrt Karlsruhe-Durlach, und der B10 über Karls-ruhe nach Wörth a. Rh. fahren. Die B10 wird zwischen Maxau und Wörth-Maximiliansau von der Schrägseilbrücke über den Rhein geführt. Zur Besichtigung der Brücken in Maximiliansau bei erster Gelegenheit abfahren und der Maximilianstraße zum Rheinufer folgen.

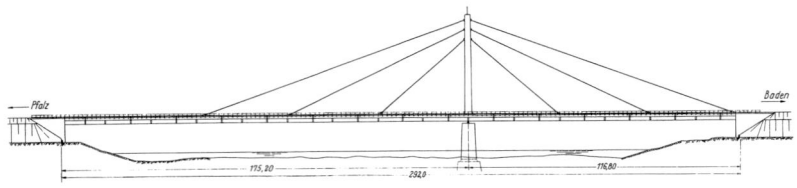

durch eine Fachwerkbrücke. Die heutigen Brücken haben jeweils nur noch einen Strompfeiler, wodurch der Schifffahrt wieder die Durchfahrtsbreite von 1938 zur Verfügung steht.

Konstruktion und Tragverhalten der Straßenbrücke

Der gut 3 m hohe, stählerne Fahrbahnträger, ein torsionssteifer Hohlkasten mit einer beidseitig auskragenden, 35,30 m breiten *orthotropen Fahrbahnplatte*, wird über einen 46 m hohen Stahlmast mittig abgespannt. Jede Abspannung besteht aus 18 voll verschlossenen Spiralseilen mit Durchmessern von 72 bzw. 82 mm. Der Mast mit seinem rechteckigen Profil ist in Längs- und Querrichtung im Überbau eingespannt. Unter dem Mast teilt der Strompfeiler die 292 m lange Brücke in eine Haupt- und eine Seitenöffnung mit 175,20 bzw. 116,80 m Länge. Am Strompfeiler hat die Brücke auch ihren Festpunkt für Bremskräfte sowie Windkräfte in Brückenlängsrichtung. Die Lager bei den Widerlagern sind allseits verschieblich ausgebildet. Horizontale Kräfte in Querrichtung übernimmt hier ein mittig angeordnetes Schwert. Die Seile sind nahezu symmetrisch zum Mast angeordnet. Das Rückverankerungsseil läuft am Mastkopf ohne Klemmung zur ersten Aufhängung durch, wohl um Zwang aus Temperaturänderung zu vermeiden. Dadurch ist die Brücke im Gegensatz zu einer typischen Schrägseilbrücke auf die versteifende Biegetragwirkung des Überbaus angewiesen.

Gründung der Straßenbrücke

Im Gegensatz zu den beiden Widerlagern, die auf Ortbetonramm-*Pfählen* gegründet wurden, wählte man für den Strompfeiler eine Senkkastengründung. Der Senkkasten wurde trotz höherer Kosten aus Beton gefertigt, weil man im Flusskies mit Trümmern der alten Brücke rechnen musste.

Konstruktion der Bahnbrücke

Die Spannweiten der Brücke waren durch die benachbarte Straßenbrücke vorgegeben. Im Bereich der 175,20 m weiten Hauptöffnung durfte wegen der Schifffahrt kein Pfeiler mehr angeordnet werden. Trotz der ungleichen Spannweiten entschloss man sich für einen durchlaufenden, parallelgurtigen Stahlfachwerkträger mit ausschließlich steigenden und fallenden Diagonalen, der äußerlich dem Erscheinungsbild der Brücke von 1938 sehr nahe kommt. Die 7,10 m breite und 12 m hohe Brücke ist mit Ausnahme des oberen Windverbandes vollständig geschweißt. Die in Querrichtung 1,05 m breiten Gurte und Diagonalen sind luftdichte, rechteckige Hohlprofile aus Blechen. Der mit Schrauben angeschlossene obere Windverband besteht aus relativ schlanken Profilen, die im Anschluss an die Gurte keine Momente erhalten. Die Profiltreue des Querschnitts wird daher in erster Linie durch die Einspannung der Diagonalen in die unten liegende Fahrbahn gewährleistet. Letztere ist eine *orthotrope Platte* aus offenen Querträgern im Abstand von 2,92 m und geschlossenen Längsrippen in der Form von Trapez-

profilen. Die Brücke hat ihren Festpunkt auf
dem Flusspfeiler, wodurch Längendifferenzen
bei Temperaturänderung auf beide Fahrbahnübergänge entsprechend den Spannweiten
verteilt werden.

Gründung der Bahnbrücke

Die Brücke ist eingleisig; doch wurden die
Unterbauten für einen zweigleisigen Betrieb
ausgelegt. Die Gründung des Strompfeilers
erfolgte auf dem noch intakten Caissonfunda-
ment der gesprengten Brücke. Auch deren alte
Stahlbetonwiderlager konnten beim Aufbau
der neuen Widerlager verwendet werden;
jedoch mussten hier die vorhandenen Gründungskörper setzungsarm mit Hilfe von
verpressten Schraubbohr-*Pfählen* erweitert
werden. |

Literatur
Der Stahlbau
Heft 1 und 2, 1968

Eisenbahn-Technische-Rundschau
Heft 1 und 2, 1992

Straßenbrücke
Bauherr
Bundesrepublik Deutschland
Ingenieur
L. Wintergerst, Esslingen
Architekt
W. Tiedje, Stuttgart
Seile
Westfälische Union, Hamm
Baufirmen
Seibert, Saarbrücken,
und Gollnow, Karlsruhe,
sowie Siemens-Bauunion
Bauzeit
1963–1966

Bahnbrücke
Bauherr
Deutsche Bundesbahn sowie Wasser-
und Schifffahrtsverwaltung
Baufirmen
Fr. Krupp AG und Ed. Züblin AG
Bauzeit
1989–1991

MOSBACH
Spannband-Fußgängerbrücke •

Entwurf
Die Brücke überspannt schiefwinklig die Bundesstraße B 27 und die Elz. Das Entwurfsproblem bestand darin, dass das mittlere Auflager um 2,30 bzw. 0,70 m höher liegt als die Endauflager. Ein *Spannband* kann sich diesem Gradientenverlauf mit einem Höcker in der Mitte fließend anpassen. Die Rampe, die zum mittleren Auflager führt, wird dagegen in geringen Abständen von mittigen Stahlstützen getragen.

Konstruktion und Tragverhalten
Das 20 cm dicke und 3,30 m breite *Spannband* (Spannweiten: 34 und 26,80 m) ist zentrisch *vorgespannt* und mit einer kräftigen, Risse verteilenden Bewehrung versehen. Entgegen anderen *Spannbändern,* wie z. B. in Freiburg *siehe Seite 68* und Pforzheim *siehe Seite 138,* läuft es aber nicht über einen Umlenksattel in die Auflager ein, sondern ist vollkommen monolithisch ausgeführt, was die Robustheit wesentlich verbessert. Der Übergang ist so ausgeformt, dass die Verformungen wie bei einer auskragenden Blattfeder weich vom Widerlager in das *Spannband* übergehen. In den Endwiderlagern übergreifen sich die Spannglieder mit den Verpress-*Pfählen*, die an einem Widerlager als Zug-*Pfähle* und am anderen als Pfahlbock aus Zug- und Druck-*Pfählen* ausgebildet sind.

Wegbeschreibung
Mosbach liegt an der B 27 von Heilbronn aus knapp hinter der Abzweigung vom Neckartal. In der Ortsmitte von Mosbach überquert in unmittelbarer Nähe zum Bahnhof der Steg die B 27.

Verweis auf ähnliche Bauwerke
In Stuttgart-Vaihingen, an der S-Bahnhaltestelle Österfeld, führt eine sehr schöne, neue einfeldrige *Spannband*-Brücke vom P + R-Parkhaus zum Bahnsteig. |

Bauherr
Regierungspräsidium Karlsruhe
Ingenieure
Schlaich, Bergermann und Partner, Stuttgart
Architekten
Knoll, Schmiedeknecht, Bechler, Krummlauf, Heilbronn
Baufirma
Ingenieur- und Tiefbau Stetzler GmbH, Pforzheim
Baujahr
1997

MOSBACH
Fachwerkstege ●

Entwurf

Für die Landesgartenschau 1997 in Mosbach
waren unmittelbar neben der *Spannband-*
brücke *siehe Seite 130* eine 4 m breite
Straßen- und etwas weiter elzaufwärts drei
3 m breite Fußgängerbrücken mit lichten
Weiten von 20 m nötig, die einheitlich als
Fachwerkbrücken mit durchgehend zugbe-
anspruchtem Obergurt konzipiert sind.

Konstruktion und Tragverhalten

Die Untergurte und zugleich die Gehwege der
Brücken bilden 18 cm dicke Stahlbetonplatten,
die beidseits monolithisch mit den Stahlbe-
tonwiderlagern verbunden sind. Stege und
Obergurte der Träger sind baukastenartig aus
Flachstählen mit Augen zusammengesteckt.
Diese Stäbe taugen natürlich nur für Zugbeanspruchung. Deshalb sind die Obergurte und
die letzten Diagonalen so gegen die Widerla-
gerpfosten verspannt, dass die Stahl-Obergur-
te durchgehend gezogen, die Beton-Untergur-
te gedrückt sind. Anders ausgedrückt: Jede
Brückenhälfte kragt von den im Baugrund eingespannten Widerlagern zur Brückenmitte hin
so aus, dass die Momente und Gurtkräfte
unter Volllast in Brückenmitte zu Null werden.

Wegbeschreibung

Mosbach liegt an der B27 von
Heilbronn aus knapp hinter der
Abzweigung vom Neckartal. Die
Brücken finden sich im Mosbacher
Stadtgarten und Elzpark (elzauf-
wärts vom Bahnhof). Die letzte
Fußgängerbrücke liegt ca. 100 m
südlich der Abzweigung der
L525 von der B27.

So entsprechen diese Brücken vom Tragverhalten her prinzipiell einer Schrägseilbrücke.
Um dieses Tragverhalten auch für den Fall
einer Fundamentnachgiebigkeit zu sichern,
sind die Verankerungen an den Widerlagern
nachstellbar ausgebildet. |

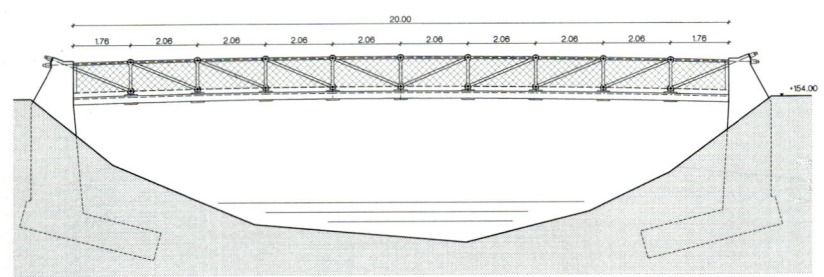

Fußgängerbrücke

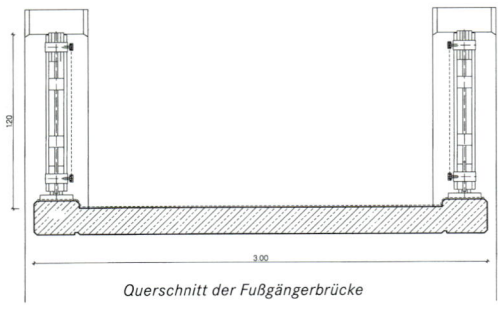

Querschnitt der Fußgängerbrücke

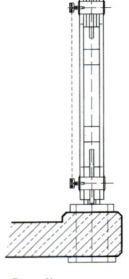

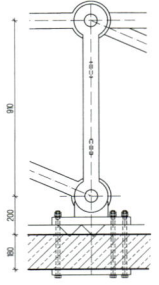

Details

Bauherr
Landesgartenschau Mosbach
Ingenieure
Schlaich, Bergermann und Partner,
Stuttgart
Architekten
Knoll, Schmiedeknecht, Bechler,
Krummlauf, Heilbronn
Baufirma
Ingenieur- und Tiefbau Stetzler GmbH,
Pforzheim
Baujahr
1997

Brücken

MÜHLACKER
Mettersten-Steg über die Enz ● ●

Ursprünglich war an dieser Stelle ein
Düker geplant, der das neue Wohngebiet
Mühlacker-Dürrmenz an die Wasserversorgung anschließen sollte. Zur Ausführung
gelangte dann aber ein „multifunktionales"
Brückenbauwerk, das auch Strom und Gas
überführt und Fußgängern kurze Wege
vom neuen Wohngebiet zu den bestehenden
Schul-, Sport- und Freizeitanlagen ermöglicht.

Konstruktion und Tragverhalten
Dieser Bogensteg überspannt die Enz mit
einem eleganten Schwung mit 46,20 m Spannweite. Zu seiner anmutigen Erscheinung trägt
auch das zurückhaltende, transparente Geländer bei. Der zweistegige *Plattenbalken* wird
beidseitig im Kämpferbereich durch eine untere
Platte zu einem Hohlkasten ergänzt. Im Scheitel hat der Bogen eine Dicke von nur 50 cm.
Die 2,80 m breite Gehwegplatte kragt auf jeder Seite 75 cm aus, wodurch die Brücke mit
ihrem 12 cm hohen Gesims noch schlanker
wirkt. Auf der linken Enzseite trennt sich die
Gehwegplatte vor dem Widerlager vom Bogen.

Gründung
Auf der linken Enzseite übertragen drei *vorgespannte* Felsanker den Bogenschub in den 6 m
unter Geländeoberkante anstehenden Fels.
Auf der rechten Seite kam ein begehbares
„Rucksackwiderlager" zur Ausführung, das
sich direkt gegen den gewachsenen Fels
abstützt. |

Wegbeschreibung
In Mühlacker Richtung Freibad und
Sportplatz fahren. Zum Steg geht
man zu Fuß noch ca. 200 m die Enz
aufwärts.

Länge
55,11 m
Breite
2,80 m
Höhe
ca. 3,50 m

Bauherr
Stadtwerke Mühlacker
Ingenieure
Leonhardt und Andrä, Stuttgart
Prüfer
B. Seybold, Schwäbisch Gmünd
Baufirma
Herer, Stuttgart
Bauzeit
1961–1962

NECKARSULM
2 Rohrleitungsbrücken ●

Entwurf

Schrägseilbrücken sind, besonders wenn enge Seilabstände gewählt werden, sehr filigrane Bauwerke. Im vorliegenden Fall war dies besonders erwünscht, weil die Rohre der Fernwärmeleitung, die die Brücken zu tragen haben, selbst schon 80 cm Durchmesser aufweisen und die Gegend durch den Industriebau sehr gelitten hat. Die größere der beiden Brücken führt über den Neckar und den Neckarkanal. Sie trägt zwei Rohre und dazwischen einen Gehweg. Die kleinere Brücke, die nur den Neckarkanal überspannt, trägt ausschließlich zwei Rohre.

Konstruktion und Tragverhalten

Der Brückenträger der mit 75,25 m Hauptspannweite größeren Brücke ist aus Walzprofilen im Verbund mit Betonplatten hergestellt und wird von Seilen getragen, die an einem Stahlpylon aus verschweißten Blechen aufgehängt sind. Solche Verbundträger sind für Schrägseilbrücken günstig, weil der Stahlrost im *Freivorbau* leicht zu montieren ist und im Endzustand der Beton die Druckkräfte – notwendige Folge der Schrägseile – günstig aufnehmen kann. Gleichzeitig gibt die Platte dem Längsträger eine große Steifigkeit in Querrichtung. Die kleinere Rohrbrücke hat einen zen-

tral angeordneten Mittelmast mit quadratischem Kastenquerschnitt. Auch ihr Träger ist ein Verbundquerschnitt. Beide Brücken hängen an Kabelpaaren aus voll verschlossenen Spiralseilen. Die Seile sind mittels Gabelkopf und Anschlussblech direkt an den Mastköpfen bzw. Trägern befestigt. Im Hinblick auf einfache und klare Details wurde von den Möglichkeiten der heutigen, computergestützten genauen Seillängenberechnung und -fertigung Gebrauch gemacht und auf jede Nachstellmöglichkeit verzichtet. Die Seile und alle anderen Konstruktionsteile wurden mit ihren „ungedehnten" Längen genau so zugeschnitten und gefertigt, dass die montierten Brücken ohne weitere Maßnahmen ihre planmäßige Geometrie annahmen.

Wegbeschreibung

Man sieht die größere Brücke zwar beim Überfahren des Neckars auf der Autobahn A6 zwischen den Ausfahrten Heilbronn-Neckarsulm und Heilbronn-Untereisesheim, muss aber zur Zufahrt nach Neckarsulm hinein. Dort erreicht man die größere über die benachbarte Wehrbrücke in der Nähe des Bahnhofs, die kleinere am Neckarkanal unmittelbar beim Audi-Werk.

Herstellung

Einzelne, bis zu 20 m lange Stahlrostteile aus
Längs- und Querträgern wurden mit einem
160-Tonnen-Autokran gerüstfrei in die Seile
eingehängt. Danach wurden die Fertigteilplat-
ten aufgelegt. Nachdem die Rückhalteseile
gespannt und die Endauflager hergestellt
waren, wurden die Fugen der Fertigteile
vergossen und damit der Verbund zwischen
Trägerrost und Betonplatten hergestellt. |

Literatur
Stahlbau
Heft 10, 1986

Länge
155,50 bzw. 102,50 m
Schrägseile
VVS, $\varnothing$ = 34 bzw. $\varnothing$ = 25 mm
Betonplatte
d = 16 bzw. d = 9 cm

Bauherr
Energieversorgung Schwaben AG,
Stuttgart
Ingenieure
Schlaich, Bergermann und Partner,
Stuttgart
Baufirma
F. Maurer Söhne, München
Baujahr
1985

OBERSTENFELD
Fußgängerüberführung ●

Durch den Bau der Teilumgehung in Oberstenfeld wurde der auf der westlichen Seite liegende, alte Stadtkern getrennt von Schule, Kindergarten, Einkaufsmarkt und Gemeindehalle. Bereits im Jahre 1970 gab es Überlegungen zu einem Brückenbau an dieser Stelle; doch dauerten die Vorplanungen und das Abwägen der Entwürfe noch bis zum Jahre 1986.

Konstruktion und Tragverhalten
Das Tragwerk besteht aus einem Durchlaufträger über neun Felder mit Spannweiten von 11,50 – 2 x 15,50 – 18 – 17 – 11,25 – 14,25 – 13 und 13,80 m. Beidseits der Straße sind die Rundstützen ($\varnothing$ = 80 cm) in den Betonüberbau eingespannt, so dass dieser zusammen mit den Unterbauten einen Rahmen bildet. Links und rechts davon gehen Spindeln ab. Zur Beweglichkeit in Längs- und Querrichtung sind die restlichen Stützen oben mit allseits verschieblichen Neoprene-Lagern ausgestattet. Die Windlasten trägt der Rahmen ab; Torsionsmomente leitet die trapezförmige, massive Gehwegplatte (Konstruktionshöhe = 70 cm)

Wegbeschreibung
Die Autobahn A81 Stuttgart–Heilbronn an der Ausfahrt Mundelsheim (im Süden) bzw. Ilsfeld (im Norden) verlassen. In Oberstenfeld in Richtung Beilstein bzw. Großbottwar fahren; auf Höhe der Gemeindehalle fährt man unter der Brücke hindurch.

Brücken

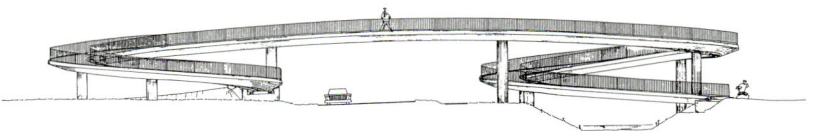

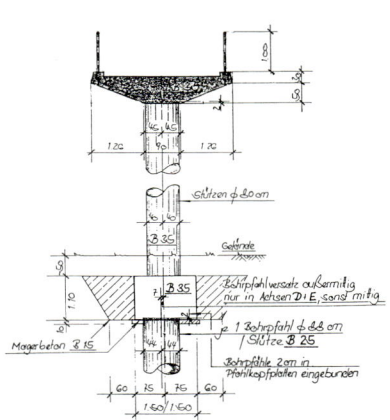

zu den Spindeln, wo sie als Biegemomente aufgenommen werden. Jede Stütze ist kraftschlüssig mit einem 88 cm starken Bohr-*Pfahl* verbunden, der auf den in 12 bis 15 m Tiefe anstehenden tragfähigen Untergrund führt. Die Widerlager sind als Flügelwiderlager in Stahlbetonbauweise ausgeführt.

Verweis auf ähnliche Bauwerke
Vergleichbare Brücken finden sich in Baden-Baden in der Bahnhofstraße und in Hinterzarten im Verlauf der B31. |

Länge
137,70 m
Breite
3,42 m
Höhe
5,50 m

Bauherr
Land Baden-Württemberg
Entwurf
Regierungspräsidium Stuttgart
Ingenieur
G. Geckle, Marbach
Prüfer
Leonhardt und Andrä, Stuttgart
Baufirmen
Grossmann GmbH, Bietigheim, und
Karl Bauer, Schrobenhausen
Bauzeit
1986–1987

Wegbeschreibung
Alle drei Brücken queren die Enz im
Enzauenpark zwischen der Stadt
Pforzheim und der Autobahn A8
Karlsruhe–Stuttgart. Über die
A8-Ausfahrt Pforzheim-Ost und die
B10 (Richtung Pforzheim) erreicht
man noch vor der Enz-Straßenbrücke
und gegenüber dem Vorort Eutingen
zuerst die dritte Brücke. Die erste
und die zweite Brücke befinden sich
weiter flussaufwärts. Hierzu weiter-
fahren auf der B10 und hinter dem
Heizkraftwerk links abbiegen.

PFORZHEIM
3 Fußgängerbrücken über die Enz ● ●

Für die Landesgartenschau 1992 wurde die
Enz renaturiert. Im Rahmen der Neugestaltung des Enzauenparks wurde ein Wettbewerb ausgeschrieben, bei dem zusätzlich
zum vorhandenen „Kanzlersteg" vier neue
Brücken vorgeschlagen wurden, von denen
drei zur Ausführung kamen.

Entwurf
Die Brücken wurden den jeweiligen Randbedingungen entsprechend bewusst unterschiedlich entworfen, um die mögliche Vielfalt

der Fußgängerbrücken aufzuzeigen. Im Vergleich zum älteren Kanzlersteg demonstrieren
diese leicht in die Landschaft eingefügten
Brücken den Fortschritt der Technik. Die
ERSTE BRÜCKE (von der Stadt Pforzheim aus
enzabwärts gezählt) diente während der
Gartenschau als Haupteingang. Deshalb sollte
sie mit einem Mast ein Zeichen setzen und
wurde relativ „massiv", sprich praktisch völlig
schwingungsunempfindlich ausgelegt. Die
ZWEITE BRÜCKE sollte elegant, stützungsfrei
und fast schwerelos die beiden Uferdämme
mit einem Abstand von immerhin 85 m verbinden. Wegen des Hochwassers mussten
diese und die ERSTE BRÜCKE möglichst hoch
liegen – im Gegensatz zur DRITTEN BRÜCKE,
die einen Stausee der Enz, dessen Wasser-
spiegelhöhe nur minimal schwankt, quert und
deshalb als hauchdünnes *Spannband* ganz
knapp an das Wasser herangeführt werden
konnte. Bei der ZWEITEN und der DRITTEN
BRÜCKE wurden zugunsten der Leichtigkeit
spürbare, aber für die meisten Benutzer
akzeptable Schwingungen in Kauf genommen.

Konstruktion, Tragverhalten und
Herstellung
Bei der ERSTEN BRÜCKE bot sich eine im
Detail verbesserte Wiederholung des Stuttgarter Rosensteinstegs 1 von 1977 *siehe Seite 179*
an, weil diese Brücke trotz ihrer visuellen
Leichtigkeit selbst unter extremer Belastung
durch Fußgänger und Wind nicht schwingt und
wenig Pflege braucht. Während sich die Gehwegplatte aus Beton beim Rosensteinsteg 1
nur im Mastbereich erweitert, wurde hier eine
kontinuierliche Verbreiterung vom nördlichen
zum südlichen Widerlager hin vorgesehen.
Außerdem wurden die Hängerseile senkrecht
statt diagonal angeordnet, um Gestalt und
Details weiter zu vereinfachen. Am südlichen
Widerlager, dort wo diese selbst verankerte
Hängebrücke ihren Festpunkt hat, sind zur
Verankerung der Hauptseile kompakte Guss-
teile in das Widerlager einbetoniert. Auf der
anderen Seite sorgen zwei aus Stahlblechen
zusammengeschweißte Pendelzugstäbe dafür,
dass der Vertikalanteil der Hauptseile bei
einer Längsverschiebbarkeit des Überbaus
sicher im Baugrund verankert wird. Jeder

Brücken

Hänger wurde als Schlaufe ausgebildet, wobei die Seilenden mit einer Klemmhülse verbunden sind. Die Montage entsprach der des Rosensteinsteges 1 mit einer in Ortbeton hergestellten Stegplatte. Am Mastfuß ist der Wulst, über den die Brücke zum Spannen angehoben wurde, belassen worden, um bei möglichen Fundamentsetzungen jederzeit wieder Pressen ansetzen und die Brücke anheben zu können.

Bei der ZWEITEN BRÜCKE konnten einmal die Grenzen des Möglichen der klassischen, rückverankerten Hängebrücke für den Fall einer Fußgängerbrücke ausgelotet werden. Trotz der Spannweite von 85 m ist der „Versteifungsträger" eine reine Betonplatte mit nur 16 cm Dicke ohne jede zusätzliche Aussteifung. Nach den „anerkannten Regeln" hinsichtlich der zu meidenden Frequenzen und Amplituden wäre diese Brücke nicht zulässig gewesen. In Wirklichkeit erweisen sich die fußgängererregten Schwingungen aber wenig störend und gedämpft. Das den Gartenschauzäunen angepasste Maschendraht-Geländer, obwohl an sich transparent, wirkt leider durch seinen weißen Anstrich so schwer, dass der Eindruck eines Vollwandträgers entsteht. Die konstruktiven Details entsprechen weitgehend denen des kurz zuvor gebauten Kochenhofstegs in Stuttgart *siehe Seite 186* – natürlich ohne dessen Unterspannung. Allerdings wurde hier einiges vereinfacht: So sind die Querträger aus Walzprofilen, die nach hinten ausgekreuzten Maste aus Katalog-Stahlrohren und die Gabelköpfe der Hauptseile wurden über einfache Bleche an den Mastspitzen angeschlossen.

Für die DRITTE BRÜCKE wurden im Zuge der beidseits ohnehin erforderlichen Geländemodellierungen kräftige Widerlager untergebracht, die eine *Spannband*-Brücke ermöglichten, die grundsätzlich einfachste aller Brücken: Zwischen den Widerlagern spannen hier nur zwei Blechbänder, die den Gehweg in der Form von einfachen Betonplatten tragen. Der Durchhang wird durch die maximale Steigung von 6 % für eine behindertengerechte Brücke begrenzt. Das Geländer aus Pfosten, Rohren

und Maschendraht trägt wirkungsvoll zur Schwingungsdämpfung bei, beeinträchtigt aber die Leichtigkeit des Tragwerks nicht. Die beiden Blechbänder aus normalem Baustahl sind an ihren Enden hammerkopfartig verbreitert, um sie in den Widerlagern zu verankern; die Leichtbetonplatten sind auf Gummizwischenlagern aufgelegt und mit den Blechbändern verschraubt. Die Fugen zwischen den Platten bleiben offen – außer über den Blechbändern, wo Gummieinlagen eingebaut sind, um über einen nachgiebigen Kontakt Schwingungen zu dämpfen. Wegen der größeren Krümmungsänderung der *Spannbänder* über den Widerlagersätteln sind die Platten dort schmaler. Kritisch ist bei solchen *Spannbändern* die Einspannung in das Widerlager. Während das Blechband auf der freien Strecke die Form der *Kettenlinie* einnimmt und nur zugbeansprucht ist, tritt bei einer starren Einspannung unter Verkehr eine hohe Wechselbiegung auf, die unweigerlich zu einem Ermüdungsbruch führt. Dem wurde hier dadurch begegnet, dass die Widerlager am jeweiligen *Spannband*-Auslauf als Sattel ausgebildet sind und so ein Abwälzen des Blechbandes ermöglichen. Der Radius des Sattels ist so groß bemessen, dass die Biegespannungen selbst unter den ungünstigsten Belastungen weit unter der Ermüdungsgrenze bleiben. Die Blechbänder wurden jeweils in drei Teilstücken auf die Baustelle gebracht und dort vollflächig auf ihre endgültige Länge verschweißt. Nachdem sie über die Widerlager gehängt waren, mussten die Betonplatten nur noch aufgelegt und verschraubt werden. |

ERSTE BRÜCKE
Länge
58 m
Masthöhe
24,10 m
Plattenbreite
3,40–6,29 m
Plattendicke
23–26 cm
Hauptseile
2 VVS, Ø 66 mm

ZWEITE BRÜCKE
Abstand der Mastspitzen
88,40 m
Masthöhe
12,50 m
Plattenbreite
2,50 m
Plattendicke
16 cm
Hauptseile
2 VVS, Ø 50 mm

DRITTE BRÜCKE
Länge
67,60 m
Plattenbreite
2,88 m
Spannbänder
2 × 480/40 mm, St. 52–3
Verpresspfähle
Ø 50 mm

Bauherr
Landesgartenschau GmbH,
Pforzheim 1992
Ingenieure
Schlaich, Bergermann und Partner,
Stuttgart
Architekten
Arge, Knoll, Reich und Lutz,
Sindelfingen
Baufirmen
Dyckerhoff & Widmann, Karlsruhe;
Pfeifer, Memmingen, und Stetzler,
Pforzheim, sowie
Wolff & Müller, Stuttgart, und
Stahlbau Gramlich, Markgröningen
Baujahr
1991

Brücken

PLOCHINGEN
Neckarbrücke ●

Geschichte

Die alte Cannstatter König-Karls-Brücke und
die heutige Plochinger Neckarbrücke haben
eine gemeinsame Geschichte. Im September
1891, einen Monat vor dem Tod König Karls
von Württemberg, begannen die Bauarbeiten
an der ehemaligen Neckarbrücke in Cannstatt.
Sie wurde die erste direkte Verbindung zwischen der Residenzstadt Stuttgart und der
Oberamtsstadt Cannstatt. Mit fünf Stahlbögen
mit Spannweiten von 45,51 bis 50,48 m und
einer Breite von 18 m überquerte sie den
Neckar, einen Kanal und den Vorlandbereich.
12 Jahre nach dem Brückenbau in Cannstatt
wurde im Zuge der Erweiterung des Bahnhofs
Plochingen dort der Neubau einer Brücke
erforderlich. Die im Jahre 1905 fertig gestellte
Brücke überquerte den Neckar mit zwei Feldern, die jeweils aus drei Zweigelenkbögen
mit aufgeständerter Fahrbahn bestanden.
Wie viele andere Brücken im Land wurden die
König-Karls-Brücke in Cannstatt am 21. April
und die Plochinger Brücke am 22. April 1945
gesprengt. Die alten Bögen der Cannstatter
Stahlkonstruktion konnten für die in den
Jahren 1946 bis 1948 neu und breiter erstellte
König-Karls-Brücke nicht mehr verwendet

Wegbeschreibung
In Plochingen am Bahnhof in Richtung Autobahn A8 Stuttgart–Ulm
fahren. Auf Höhe der ehemaligen
Waldhornbrauerei überquert man
auf dieser Brücke den Neckar.

werden. Dem Einsatz von Prof. Otto Konz ist
es zu verdanken, dass zwei Stahlbögen zweier
Öffnungen der gesprengten König-Karls-Brücke
zum Wiederaufbau der Plochinger Brücke von
der damaligen Militärregierung freigegeben
wurden. Im Jahre 1948 wurde der Verkehr auf
der Plochinger Neckarbrücke wieder aufgenommen. Sie führte die B10 über den Neckar,
bis diese im Jahre 1979 neu trassiert wurde.
Heute dient sie der L1250, die von Plochingen
nach Wernau führt.

Konstruktion und Tragverhalten

Die zweifeldrige Brücke hat in jedem Feld
drei nebeneinander liegende Zweigelenkbögen mit jeweils 48 m Spannweite. In Querrichtung werden diese durch ein Fachwerk aus
L-förmigen Profilen miteinander verbunden.
Die Bögen bestehen aus zusammengenieteten
Stahlblechen und L-förmigen Profilen. Der
doppel-T-förmige Querschnitt der Bögen hat
dabei eine versteifende Wirkung gegenüber

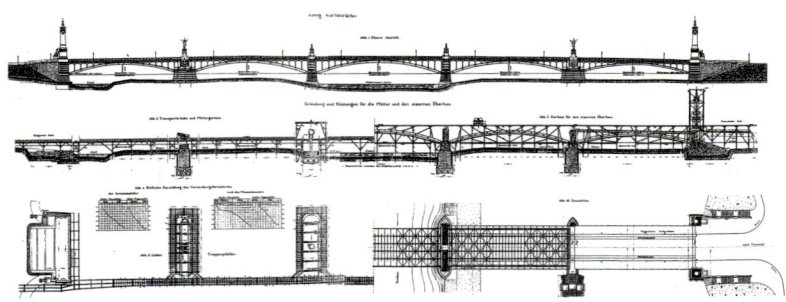

Ehemalige König-Karls-Brücke, Bad Cannstatt

ungleichmäßigen Laststellungen. Der aufgeständerte Überbau wird von Stützen aus Winkelprofilen getragen, die in Querrichtung ebenfalls mit Diagonalen bestehend aus L-Profilen verstrebt sind. Auf den Stützen lagern längs gerichtete, doppel-T-förmige Walzträger, die die Querträger aufnehmen. Auf Letzteren liegen die aus U-Profilen zusammengesetzten Längsträger auf, die die stählerne Fahrbahnplatte mit Bitumenbelag tragen. Die Gelenke der Stahlbögen sind als Linienkipplager ausgebildet. Hier im Kämpferbereich sind die Stahlbögen durch zusätzliche, angenietete L-Profile verstärkt worden, um ein

Beulen des Steges infolge der konzentriert eingeleiteten Auflagerkraft zu vermeiden. Fast alle Verbindungen sind genietet; lediglich im Bereich der Gelenke wurden Schrauben verwendet.

Gründung

Bei der Sprengung der alten Plochinger Neckarbrücke wurden deren Fundamente größtenteils zerstört. Die neuen Fundamente sind als Flächengründung auf dem in geringer Tiefe anstehenden tragfähigen Neckarkies ausgeführt und an beiden Uferseiten staffelförmig abgesetzt. |

Literatur
Zeitschrift für das Bauwesen
Seite 61 ff., 1895

Länge
110 m
Breite
11,15 m
Höhe
ca. 20 m

Bauherr
Land Württemberg
Ingenieure
Häussler und Kurtz
Baufirmen
Maschinenfabrik, Esslingen,
und Karl Kübler, Stuttgart
Bauzeit
1947–1949

ROTTENBURG
Bogenbrücke der Bahn ●●

In den Jahren 1991/92 wurde die Osttangente der großen Kreisstadt Rottenburg am Neckar gebaut, in deren Verlauf die eingleisige, nicht elektrifizierte Bahnlinie Tübingen–Horb zwischen Rottenburg und Kiebingen durch eine neue Brücke unterfahren werden musste. Aufgrund der Randbedingungen (Gleislage fest vorgegeben, Straße im Einschnitt) stand nur eine Bauhöhe von max. 1,30 m für die neue Brücke zur Verfügung. So kam es zu einer schlichten Bogenbrücke mit einem versteifenden Fahrbahnträger in der Form eines Trogquerschnitts.

Konstruktion und Tragverhalten
Das Haupttragwerk der stählernen Brücke besteht aus zwei 52 m weit spannenden Bögen mit rechteckigen Hohlkastenquerschnitten, an denen ein Trogquerschnitt im Abstand von 5,20 m über senkrechte Stahlstäbe angehängt ist. In Querrichtung werden beide Bögen an drei Stellen durch quer verlaufende Riegel, ebenfalls aus jeweils einem rechteckigen Hohlkastenquerschnitt, zu einem räumlichen

Wegbeschreibung
Die Autobahn A81 Stuttgart–Singen an der Ausfahrt Rottenburg in Richtung Rottenburg verlassen. Vor Rottenburg der Umgehungsstraße in Richtung Hechingen folgen. Im Verlauf der Umgehungsstraße fährt man unter der Bahnbrücke hindurch.

Tragwerk verbunden. Der Trog wird gebildet von zwei doppel-T-förmigen Hauptträgern, Querträgern im Abstand von 2,60 m und einer *orthotropen Fahrbahnplatte* mit Längsrippen. Neben der Aufnahme des Schotteroberbaus hat der Trog die Aufgabe, die horizontalen Kraftanteile der Bögen als Zugband kurzzuschließen. Zur zwängungsfreien Lagerung der Brücke auf beiden Widerlagern genügen daher waagerechte Neoprene-Lager. Die vollständig geschweißte Konstruktion ist an der Oberfläche weitgehend ohne Versteifungsbleche ausgeführt, um Kondenswasserbildung und damit Korrosion zu vermeiden.

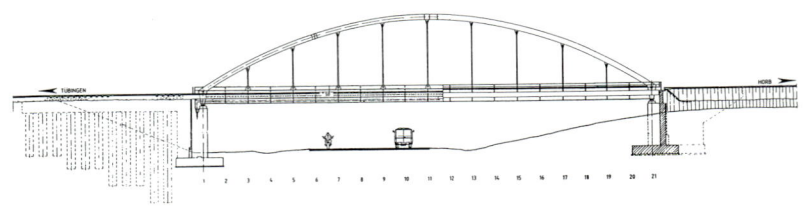

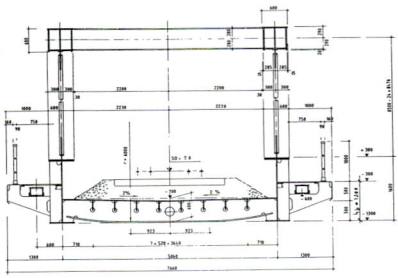

Gründung

Die Gründung der Brücke erfolgte als Flächengründung. Sie ist im Grundriss L-förmig ausgebildet, um den infolge des Einschnittes auftretenden Erddruck aufnehmen zu können.

Hinweis auf ähnliche Bauwerke

In Freiburg i. Br. überquert die Kaiserstuhlbrücke am Güterbahnhof mit zwei Feldern die Güterbahnlinie Frankfurt–Basel der Deutschen Bahn AG. Im Verlauf der B 293 zwischen Karlsruhe und Heilbronn fährt man auf der Höhe von Zaisenhausen kurz vor Eppingen unter einer weiteren vergleichbaren Brücke hindurch. |

Länge
55 m
Bogenstich
8,50 m
Breite
7,66 m
Höhe
6,60 m

Bauherr und Entwurf
Deutsche Bundesbahn
Ingenieure
Schüßler Plan Stahlbau, Düsseldorf
Prüfer
Fischer, Dortmund, und
Rüdt, Stuttgart
Baufirmen
Rüsterbau, Langenhagen, und
Reif, Rastatt
Bauzeit
1990–1991

ROTTWEIL
Neckarburgbrücke ● ●

Auf der Gemarkung Rottweil/Neckarburg
kreuzt die Autobahn A 81 Stuttgart–Singen
das etwa 96 m tiefe Neckartal. Das hierfür
errichtete Brückenbauwerk besteht aus
zwei getrennten Bögen für jeweils eine aufgeständerte Richtungsfahrbahn. Mit einer
Spannweite von 154,40 m waren die Bögen
zur Zeit ihrer Erbauung die weit gespanntesten Betongewölbe Deutschlands ●. So
erfreulich es ist, dass hier endlich wieder
eine Bogenbrücke gebaut wurde, ist sie
doch in der gestalterischen Durchbildung
wenig sensibel.

Entwurf
Die geologischen Verhältnisse haben die Wahl
eines Bogentragwerkes begünstigt. Während
die Talhänge aus den Kalksteinen und Dolomi-
ten des oberen Muschelkalks gute Gründungsverhältnisse boten, wurde im Tal der für Gründungen ungeeignete, mittlere Muschelkalk
angetroffen. Der Amtsentwurf ging allerdings
noch von einer vierfeldrigen Stahlbalken-
brücke mit einer Talöffnung von 110 m Spannweite aus. Die zur Ausführung bestimmte
Bogenbrücke geht auf den Sondervorschlag

Wegbeschreibung
Die Neckarburgbrücke befindet
sich zwischen den Anschlussstellen
Oberndorf und Rottweil der Autobahn A 81 Stuttgart–Singen. Nördlich der Brücke liegt die Autobahn-
Raststätte Neckarburg, von deren
Westseite aus (Fahrtrichtung
Singen) man das nördliche Widerlager über einen Wirtschaftsweg
erreichen kann (ca. 750 m zu Fuß).

der Firma Ed. Züblin AG zurück, der zwei weit
gespannte, im *Freivorbau* mit provisorischer
Abspannung zu erstellende Bögen mit im *Taktschiebeverfahren* hergestellten Überbauten
vorsah.

Konstruktion
Die stetig gekrümmten Bögen sind jeweils
als zweizellige Hohlkästen mit nahezu unver-
änderlichem Querschnitt ausgeführt. Die
Außenabmessungen betragen 6,50 x 3 m bei
Wandstärken von 26 cm (am Kämpfer 28 cm).

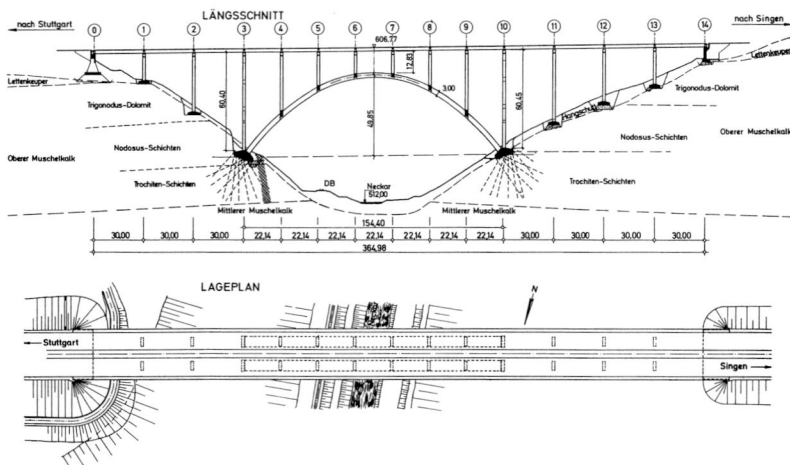

Der innere, den Kasten teilende Bogensteg ist 16 cm dick. Die Pfeiler sind gleichmäßig 1,80 m dick und mit Ausnahme der Kämpferpfeiler 5,30 m breit. Letztere sind durchweg 7 m breit, weil dort die temporären Bogenabspannungen, die an den übrigen Pfeilern vorbeigeführt werden mussten, zwischenverankert wurden. Insgesamt wird jeder der beiden getrennten Überbauten von fünf Hangpfeilern, sechs Bogenpfeilern und den beiden gut 60 m hohen Kämpferpfeilern gestützt. Alle Pfeiler sind im Baugrund bzw. im Bogen eingespannt. Die Überbauten sind jeweils 15,50 m breit und als einzellige Spannbeton-Hohlkästen mit weit auskragenden Fahrbahnträgern ausgeführt. Sie haben im Hangbereich Spannweiten von 30 m bzw. über den Bögen von 22,14 m bei einer Bauhöhe von 2,30 m und einer Breite von unten 5,10 bzw. 7,20 m oben am Ansatz der Kragarme. In Längsrichtung sind sie gelenkig, aber unverschieblich auf den Pfeilern gelagert. Lediglich bei den beiden äußeren und relativ kurzen Hangpfeilern sind wie bei den Widerlagern verschiebliche Lager eingebaut. In Querrichtung beteiligt sich jeder Pfeiler an der Abtragung der Windlasten.

Herstellung

Die Bögen wurden nach einem in Österreich von der Firma Mayreder entwickelten und erstmalig in Deutschland angewandten Verfahren von beiden Kämpfern aus als rückverankerte Kragarme *frei vorgebaut*. Die Schalung wurde dabei von einem speziell hierfür entwickelten Vorbauwagen getragen. Der relativ große lichte Abstand zwischen Bogenscheitel und Überbau, der nicht nur zu größeren Bogenkräften führt, sondern dem Bauwerk auch viel von seiner Eleganz nimmt, ergab sich durch dieses Herstellverfahren: Einerseits sollten die Abspannungen gewisse Neigungen nicht unterschreiten, zum anderen schieden Hilfsmaste über den Kämpferpfeilern aus, weil sie das Einschieben des Überbaus behindert hätten. Die Abspannungen waren auch in dieser Bauphase nötig, um den Bogen während des *Taktschiebe*-Prozesses, der ausschließlich von Singener Seite aus erfolgte, zu stabilisieren. Die Pfeiler wurden in *Gleitschalung* ausgeführt. |

Brücken

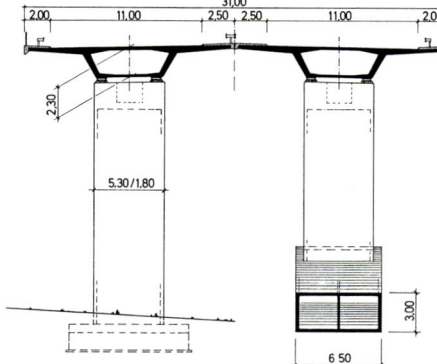

Bauzustand: Vorbau des Bogens

Stuttgart

Druckstrebe

DB   Neckar

154.40

Bauzustand: Einschieben des Überbaues

Vorbauschnabel

Singen

Fertigungsanlage

31,00

2,00   11,00   2,50 2,50   11,00   2,00

2,30

5.30/1,80

3,00

6 50

Literatur
Beton- und Stahlbetonbau
Heft 10 und 11, 1979

Länge
365 m
Breite
31 m
Höhe
95 m
Bogenspannweite
154,40 m
Bogenstich
49,85 m

Bauherr
Bundesrepublik Deutschland
Ingenieure
- Entwurf und Baufirma
Ed. Züblin AG, Stuttgart
- Geologie
Geologisches Landesamt
Baden-Württemberg und
K. F. Henke, Stuttgart
- Prüfung
H. Grassl, München
Baufirma
Ed. Züblin AG, Stuttgart
Bauzeit
1975–1978

SCHILTACH
ehemalige Bahnbrücke über die Kinzig ●

Geschichte

In den Jahren 1891/92 wurde eine Stichbahn gebaut, die das württembergische Schramberg in Schiltach an die badische Kinzigtalbahn (Eröffnung im Jahre 1886) anschließt. Die staatsrechtliche Situation im Schiltachtal kennzeichnet, dass von den insgesamt 8.860 m dieser Bahn nur 1.946 m auf württembergischem Gebiet verlaufen. Beim Bau der Stichbahn gab es zudem besondere Probleme im unmittelbaren Anschluss an die Kinzigtalbahn. Aufgrund von Bedenken der badischen Regierung, die eine Gefährdung der Bausubstanz der nahe gelegenen Schiltacher Kirche befürchtete, musste der ursprünglich als Bergeinschnitt geplante Trassenverlauf durch den erheblich teureren Kirchbergtunnel ersetzt werden. Nördlich des Kirchbergtunnels wurde eine Fachwerkbrücke gebaut, um die Kinzig zu überwinden. Nach Einstellung des Personenverkehrs im Jahre 1959 wurde die Strecke 1991 endgültig auch für den Güterverkehr stillgelegt und der Oberbau entfernt. In den Jahren 1995/96 ging die Baulast der Kinzigbrücke an die Gemeinde Schiltach über, die sie zusammen mit dem Kirchbergtunnel werbewirksam als Eisenbahnmuseum nutzt. Mit Mitteln der Denkmalstiftung Baden-Württemberg und des Landesdenkmalamtes wurde die Brücke grundlegend saniert.

Wegbeschreibung

Schiltach liegt im Schwarzwald an der B 294 zwischen Alpirsbach und Wolfach. In der Ortsmitte von Schiltach in Richtung Wolfach fahren; unterhalb der evangelischen Kirche, noch vor dem Bahnhof, überquert die alte Bahnbrücke die Kinzig.

Konstruktion und Tragverhalten

Die fachwerkartige Kastenbrücke überquert im spitzen Winkel die Kinzig und das Vorland (Campingplatz) mit einer Spannweite von 50 m. Das parallelgurtige, doppelte Pfostenfachwerk wurde vermutlich aus Flussstahl gefertigt. Jeder der beiden Fachwerkträger hat 19 Pfosten. Im Unterschied zu den zeitgenössischen Eisenbahnbrücken hat die Brücke an ihren Enden schräge Druckstreben, die deutlich stärker ausgebildet sind als die übrigen Pfosten. An den unteren Enden der Pfosten

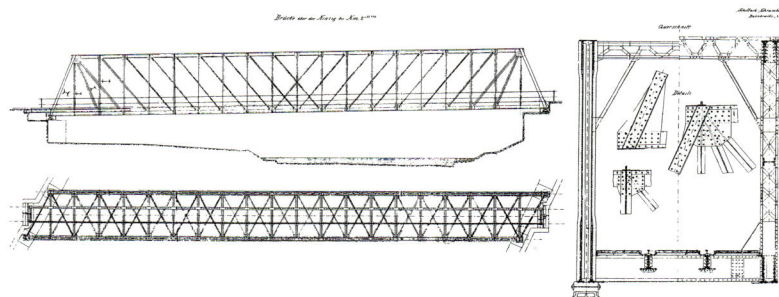

sind jeweils Querträger befestigt, die die
Lasten der unter den Schienen verlegten
Längsträger übernehmen. Andreaskreuze aus
doppelten L-Profilen übernehmen die Queraussteifung in der Untergurtebene. Die Obergurte bilden Winkel und Stahlbleche, die
doppel-T-förmig zusammengenietet sind.
Pfosten bzw. Streben bestehen jeweils aus
vier Winkeln (je zwei bilden eine Gurtung),
zwischen die kreuzweise Flacheisen bzw.
durchgehend Bleche genietet sind. Die End-
streben sind zur Knickstabilisierung an ihren
Außenseiten mit zwei angenieteten U-Profilen
verstärkt. In Querrichtung besteht die Brücke
aus einem aufgelösten Rahmen. Die oberen
Windverbände sind durch Winkel und Stahlbleche an die Obergurte angeschlossen und
zusätzlich durch Diagonale mit den Pfosten
verstrebt. Das Auflager auf der Schramberger
Seite ist als Rollenlager ausgebildet und
nimmt die infolge von Temperaturdifferenzen
auftretenden Längenänderungen der Brücke
auf. Das Auflager auf der Seite des Schiltacher
Bahnhofs besteht aus einer gusseisernen Platte, die in das Widerlager eingelassen ist.

Gründung

Die Gründung der gemauerten Widerlager
erfolgte als Flächengründung auf dem in geringer Tiefe anstehenden tragfähigen Untergrund. Diese sind sowohl in Längs- als auch
in Querrichtung staffelförmig abgesetzt.

Verweis auf ähnliche Bauwerke

Direkt neben der beschriebenen Brücke steht
die um das Jahr 1882 erbaute Straßenbrücke,
ebenfalls mit einem parallelgurtigen, aller-
dings viel feingliedrigeren Stahlfachwerk. |

Länge
50 m
Breite
5,07 m
Konstruktionshöhe
6,25 m
Höhe
ca. 4,50 m

Bauherr
Badische Staatseisenbahn
Baufirma
Burbacher Hütte
Baujahr
1892
Sanierung
1995–1996

SCHÖMBERG
Schlichem-Viadukt •

Zwei wichtige Bahnen, die Hohenzollern-
bahn von Tübingen über Balingen nach
Sigmaringen sowie die internationale
Verbindung Stuttgart–Rottweil–Singen
(–Schaffhausen–Zürich), wurden in zwei
Etappen vor und nach dem Ersten Weltkrieg
durch eine Verbindungsbahn von Balingen
nach Rottweil verbunden. Im Verlauf dieser
Strecke sind zwei Beton-Gewölbereihen
bemerkenswert: die hier beschriebene bei
Schömberg über die Schlichem und eine
ähnliche bei Rottweil über die Prim. Nachdem die Strecke am 25. September 1971
für den Personenverkehr stillgelegt wurde,
ist heute nur noch der Streckenabschnitt
Balingen–Schömberg intakt.

Konstruktion und Tragverhalten

Diese im Grundriss gekrümmte Brücke überquert die aufgestaute Schlichem mit drei
Kreissegmentbögen aus *Eisenbeton*. Die
Spannweiten betragen 21, 26 und 21 m. Die
beiden äußeren Bögen haben im Scheitel
eine Stärke von 1 m, der mittlere von 1,10 m.
Im Kämpferbereich nimmt die Stärke der

Wegbeschreibung

Schömberg liegt direkt an der B27
zwischen Rottweil und Balingen. In
Schömberg in Richtung Ratshausen
fahren; nach Verlassen des Ortes
in Richtung Tieringen (Ratshausen)
links abbiegen; nach ca. 1 km
an dem Gasthofschild „Ölmühle"
erneut links abbiegen. Der Viadukt
führt über den Stausee.

Bögen auf 2,17 bzw. 2,81 m zu, um die zunehmenden Lasten bei gleich bleibender Spannung im Beton abzutragen. Über den Pfeilern
sind vertikale *Bewegungsfugen* angeordnet,
damit unterschiedliche Setzungen der Pfeiler
und Dehnungen aus Temperaturänderungen
keine größeren Zwänge hervorrufen. Wegen
der größeren Spannweite des mittleren Bogens
ist die auf die beiden Pfeiler einwirkende Kraftresultierende in Richtung der Mittelöffnung
geneigt. Dem entsprechen die unsymmetri-
schen Pfeilerkonturen. Den auftretenden
Belastungen in Querrichtung (Wind sowie
Fliehkräfte durch die Bogenfahrt) wird durch
eine Verbreiterung der Pfeiler von 3,80 m auf

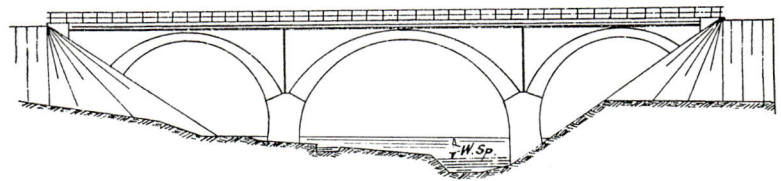

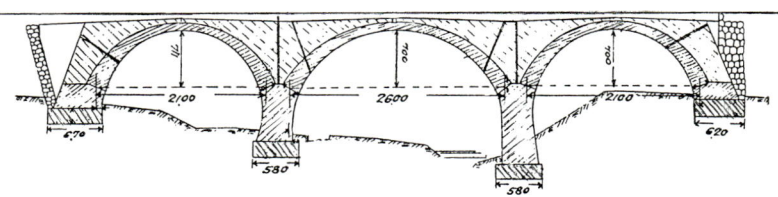

Höhe der Scheitel bis auf 6,35 m im Kämpferbereich Rechnung getragen. Die Flächengründung der Gewölbe erreicht in geringer Tiefe
tragfähigen Untergrund.

Verweis auf ähnliche Bauwerke

Die oben erwähnte Primtalbrücke liegt neben
dem Salinenmuseum von Rottweil *siehe Seite
348* im ehemaligen Streckenabschnitt Schömberg–Rottweil. Drei weitere Viadukte finden
sich im Verlauf der ehemaligen Eisenbahnstrecke Leinfelden–Waldenbuch zwischen
Musberg und Steinenbronn, ebenso im stillgelegten Abschnitt Rudersberg–Welzheim der
Wieslauftalbahn, die in Schorndorf beginnt. |

Länge
82,77 m
Breite
5,50 m
Höhe
ca. 19 m

Bauherr
Württembergische Staatseisenbahn
Baufirma
Wayss + Freytag AG
Baujahr
1909

SCHÖNTAL
Jagstbrücke ●

Geschichte

Die heutige Brücke geht zurück auf eine hölzerne Konstruktion, die auf Steinpfeilern aufgelagert war. Als diese im Jahre 1573 zum vierten Mal durch Eisgang fortgerissen wurde, entschloss sich der ortsansässige Abt Theobald zum Neubau einer steinernen Bogenbrücke. Er beauftragte einen Baumeister aus Hall, der die Brücke mit fünf Bögen ausführte. Allerdings stürzte im Jahre 1608 der fünfte und größte Bogen beim Ausrüsten ein. Ein Jahr später wurde die Brücke durch den Baumeister Michael Kern von Forchtenberg vollendet. Sein Bildnis ziert heute den zweiten Bogen oberstrom. Er ist auch für die Sonnenuhr am ersten Pfeiler verantwortlich. Die Bauernkriege und den Dreißigjährigen Krieg überstand die Brücke ohne Schaden. Im Jahre 1926 wurde eine Stahlbetonplatte eingebaut, da die Hinterfüllung hinter den Stirnwänden unter den zunehmenden Verkehrslasten nachgegeben hatte. Nach der Sprengung des großen Bogens am Ende des Zweiten Weltkrieges diente eine Behelfsbrücke unterhalb der Steinbrücke drei Jahre lang dem Verkehr. In

Wegbeschreibung
Die Autobahn A81 Heilbronn–Würzburg an der Ausfahrt Osterburken verlassen; Weiterfahrt über Schöntal-Oberkessach nach Schöntal. Die Steinbrücke überquert direkt unterhalb des Zisterzienserklosters Schöntal die Jagst.

den Jahren 1949/50 wurde der große Bogen in alter Form bestehend aus Stahlbeton mit natursteinverkleideten Stirnflächen wieder aufgebaut. In den siebziger Jahren wurden einige zerstörte Steine ersetzt, das Bogenmauerwerk verpresst und die Fahrbahn neu abgedichtet.

Konstruktion

Die aus Muschelkalk gemauerte Steinbrücke besteht aus fünf Kreissegmentgewölben mit lichten Weiten von 3,95 – 8,70 – 11,95 – 15,20 und 25,20 m. Die ungewöhnliche Zunahme der Spannweiten ist auf die Neigung der Fahrbahngradiente zurückzuführen, die mit 5,2 % vom Kloster weg ansteigt und erst in der Mitte des größten Bogens wieder abfällt. Für die damaligen Verhältnisse im Kocher- und

Brücken

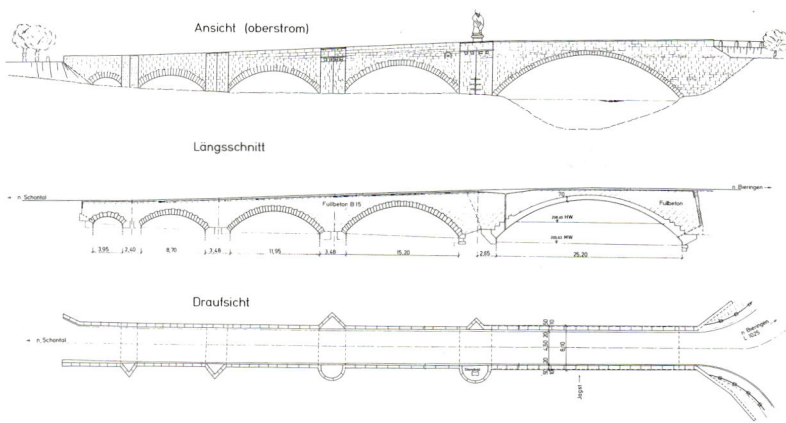

Ansicht (oberstrom)

Längsschnitt

Draufsicht

Jagsttal ist die 4,50 m breite Fahrbahn bemerkenswert, die heute noch den Verkehrsan-
sprüchen genügt. Die Tragfähigkeit der Brücke
entspricht der Brückenklasse 45.

Wiederaufbau

Der im Krieg gesprengte Bogen wurde mit
Hilfe eines freitragenden Gerüstes der Firma
Siemens-Bauunion aus Stuttgart wieder hergestellt. Auf diese Weise konnte ein mögliches
Hochwasser, das ein konventionelles Lehrgerüst in Gefahr gebracht hätte, bedenkenlos
hingenommen werden. Das über 25 m frei-
tragende, relativ leichte, Material sparende
und kostengünstige Gerüst trug jedoch nur
eine dünne Stahlbeton-*Schale* sowie die
flankierenden Stirnsteine. Das eigentliche
Traggewölbe in drei- bis fünffacher Dicke
wurde deshalb erst nachträglich in mehreren
Schichten auf die inzwischen tragfähige erste
Schale betoniert. |

Länge
ca. 87,50 m
Breite
6,10 m
Höhe
4–7,80 m

Bauherr
Abt Theobald, Schöntal
Baumeister
M. Kern, Forchtenberg
Fertigstellung
1609
Wiederaufbau
1949–1950
Sanierung
1972

SCHOPFHEIM
Wiesenbrücke ● ●

Geschichte

Jahrelang stand zwischen Schopfheim und
Fahrnau eine dreifeldrige Holzbrücke. Nachdem sie im Jahre 1907 erneut durch ein Hochwasser stark beschädigt worden war, entschloss sich der Gemeinderat zum Neubau
einer Betonbrücke, die nach damaliger Ansicht
keinen oder zumindest nur wenig Unterhalt
erforderte. Zur Ausführung gelangte der
Entwurf des Oberingenieurs Friedländer
im Dienste der Freiburger Firma Brenzinger,
der wegen der guten Gründungsmöglichkeiten
einen sehr flachen Bogen vorschlug. Im Laufe
der Zeit zeigten sich jedoch Betonabplatzungen und Korrosionsschäden an der Bewe-
rung, die auf eine zu geringe *Betondeckung*
zurückzuführen waren. In den sechziger
Jahren wurde im Rahmen einer untauglichen
Sanierung die ursprünglich kassettenartige
Profilierung der äußeren Brüstungswände
zugeputzt. Das Bauwerk, das sich zu Beginn
der neunziger Jahre in einem sehr schlechten
Zustand befand, wurde in den Jahren 1994/95
grundlegend saniert. Hierzu gewährte das
Landesdenkmalamt einen beachtlichen Zuschuss, nachdem Prof. Fritz Leonhardt das
Bauwerk als eine außergewöhnliche Ingenieur-
leistung seiner Zeit und als erhaltenswertes
Baudenkmal eingestuft hatte.

Wegbeschreibung
Schopfheim liegt an der B317
Lörrach–Todtnau. In Schopfheim
an der Kirche vorbei in Richtung
Fahrnau über die Wiese zur Brücke.

Konstruktion und Tragverhalten

Die Hauptträger des Zweigelenkbogens aus
Stahlbeton sind im mittleren Bereich als Brüstung über die Fahrbahn hochgezogen, um mit
einem möglichst kleinen Stich auszukommen.
Die Pfeilhöhe des Bogens von 2,40 m ist bei
einer Spannweite von 34,80 m selbst aus
heutiger Sicht sehr kühn. An den Kämpfern
wurden jeweils Gelenke vorgesehen, um
Biegezwang zu vermeiden. Die Gelenke sind
Betongelenke mit einer damals neuartigen
Spiralbewehrung. Zwischen den beiden Hauptträgern ist ein dreistegiger *Plattenbalken* mit
Querrippen monolithisch eingefügt. Dieser
trägt die Fahrbahn und verhindert ein Kippen
der schlanken Hauptträger. Eine Besonderheit
stellt die beidseitige Verbreiterung der Fahrbahn auf der rechten Uferseite dar. Solche
Zugeständnisse an die Verkehrsführung
waren damals noch die Ausnahme.

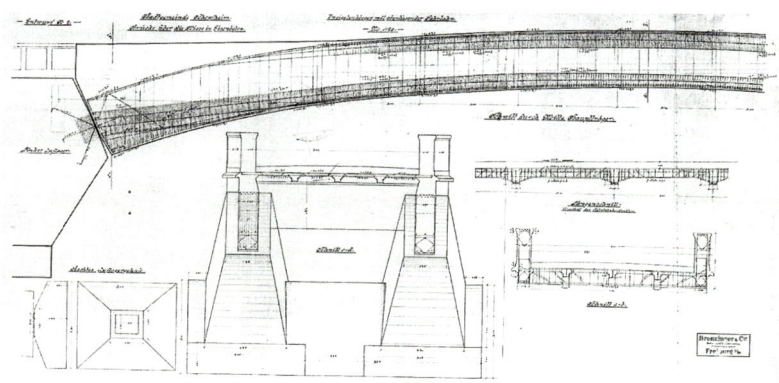

Gründung

Im Gegensatz zur rechten Uferseite, wo Fels
direkt unter Gelände ansteht, musste auf der
linken Uferseite die Gründung 9,50 m unter
Fahrbahnniveau (3 m tiefer als geplant) ausgeführt werden. Auf dieser Seite wurde die
Fundamentsohle sägezahnförmig ausgebildet,
um den Bogenschub sicher in den Baugrund
zu tragen. |

Literatur
FLÖSSER, W.
Die Schopfheimer Wiesenbrücke
Sonderdruck aus dem Jahrbuch 1992
der Gemeinde Schopfheim

Länge
ca. 40 m
Breite
5,60 m
Höhe
ca. 4 m

Bauherr
Gemeinde Schopfheim
Baufirma
Brenzinger, Freiburg
Bauzeit
1911–1912
Sanierung
1994–1995

SCHORNDORF
Wieslauftalbrücke ● ●

Die Ortsumgehung Schorndorf schließt eine
Lücke im Zuge der vierspurig ausgebauten
B29 zwischen Waiblingen und Schwäbisch
Gmünd. Der am 1. Juli 1997 für den Verkehr
freigegebene Straßenabschnitt führt nördlich von Schorndorf in einem großen Bogen
um die ehemalige Freie Reichsstadt. Neben
zwei neuen Tunneln (Grafenberg- und Sün-
chenbergtunnel, Länge = 260 bzw. 350 m)
wurden auch zwei Großbrücken erforderlich,
die die B29 über das Schornbachtal bzw.
das Wieslauftal führen. Für beide Brücken
wurden Ingenieurwettbewerbe durchgeführt.
Im Gegensatz zur Schornbachtalbrücke
(Länge = 618 m), bei der der siegreiche Entwurf einer innovativen Verbundbrücke zugunsten eines dekorierten Standard-Spann-
betondurchlaufträgers nicht zur Ausführung
kam, wurde bei dieser Brücke zum ersten
Mal ein mit dem ersten Preis prämierter
Vorschlag auch gebaut ●.

Entwurf
Das flache Wieslauftal und die niedrige Höhe
der Brücke über dem Gelände erforderten
eine möglichst geringe Überbauhöhe. Dies
wird im östlichen Teil mit relativ kurzen und
vielen Stützen erreicht. Im westlichen Brückenteil waren wegen der Wieslauftalstraße und
der L1150 zumindest zwei größere Spannweiten erforderlich, mit denen der Entwurfsverfasser der Brücke in gestalterischer Hinsicht

Wegbeschreibung
Die Wieslauftalbrücke liegt unmit-
telbar neben der Anschlussstelle
Schorndorf-Ost der B29, die von
Waiblingen nach Aalen führt.

einen Akzent verleihen wollte. Dem Übergang
von den kleinen zu den nahezu doppelt so
großen Spannweiten wurde durch eine stetige
Änderung der Konstruktionshöhe entsprochen
und der Festpunkt der Brücke durch eine
rahmenartige Doppelstützung zwischen den
beiden großen Spannweiten markiert. Die
Rahmenstiele sind in Querrichtung V-förmig
ausgebildet. Die vom Überbau durch Lager
getrennten Rundstützen mit ihren auffälligen
Knaggen für das Lagerwechseln und die Ge-
simse sind hellgrau, der Überbau und die
Rahmenstiele rotbraun eingefärbt – dazu ein
türkisfarbenes Geländer.

Konstruktion
Die auf Lehrgerüst hergestellte Brücke besteht
aus zwei gleichen, unmittelbar nebeneinander
stehenden, für jede Fahrtrichtung getrennten
Überbauten. Die vierzehn Spannweiten von
$20 - 22 - 44 - 10 - 46 - 5 \times 24 - 22 - 2 \times 20$
und 16 m ergeben eine Gesamtlänge der Brücke
von 340 m. Im Spannweitenbereich bis 24 m
wurde für den Überbau eine massive Platte
von 1 m Dicke gewählt, für die beiden großen
Felder *gevoutete* Hohlkastenträger mit para-
bolischer unterer Kontur und einer maximalen

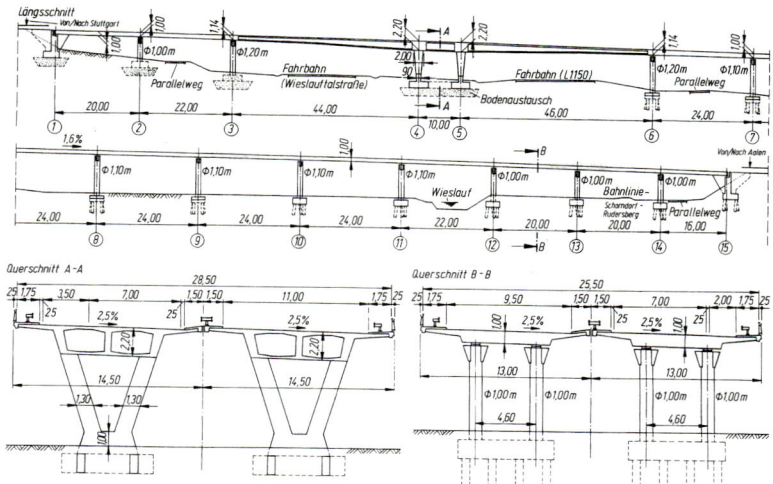

Konstruktionshöhe von 2,20 m. Die *Voutung*
beginnt jeweils ein Feld vor den großen Spannweiten. Das kurze Stück zwischen den beiden
großen Spannweiten bildet zusammen mit
den monolithisch und biegesteif angeschlossenen, rechteckigen Stützen einen Rahmen,
der für die Längsaussteifung sorgt. Die restlichen Stützen haben einen Kreisquerschnitt
($\varnothing$ = 1,10 m). |

Länge
340 m
max. Breite
34 m
Kurvenradius
12.500 m

Bauherr
Bundesrepublik Deutschland
Entwurf und Ausschreibung
Peter + Lochner, Stuttgart,
und Frank-Jakob-Bluth, Stuttgart
Ausführungsplanung
H. Hinteregger, München
Prüfer
J. Peter, Stuttgart
Baufirma
H. Aisslinger GmbH & Co., Aalen
Bauzeit
1991–1995

SCHWÄBISCH-HALL
Henkersbrücke •

Geschichte

Schwäbisch-Hall gelangte wegen seiner Salz-
quellen bereits im Mittelalter zu Wohlstand.
Abseits der großen Handelsstraßen gelegen
reichten hier jedoch lange Zeit Furten und einfache Holzstege zur Kocherüberquerung aus.
Erst im Jahre 1340, als die Kocher am Drei-
mühlenwehr aufgestaut wurde, entschloss
man sich zum Bau einer festen Brücke, die aus
einem überdachten Holzüberbau mit steinernen Pfeilern bestand. Weiter wurde auf der
Ostseite ein hoher Brückenturm errichtet und
in die vorhandene Stadtmauer integriert. Im
Jahre 1502 wurde auf den Fundamenten der
alten Brücke eine reine Steinbrücke mit einer
Breite von rund 6 m errichtet. Der östliche der
insgesamt drei Segmentbögen zeigt andere
Steinformate und Steinmetzzeichen als die
beiden anderen, so dass anzunehmen ist,
dass er später hinzukam und eine alte Zug-
brücke vor dem Torturm ersetzte. Den Namen
gab ihr der Henker, der sein Handwerk bis
zum 18. Jahrhundert auf der Brücke ausübte.
Er hatte sein Handwerkszeug zur Voll-
streckung der Strafen in dem kleinen Häuschen auf der Brücke untergebracht, das später
dem Zolleinnehmer diente. Die dämonische

Wegbeschreibung

Schwäbisch-Hall ist über die A6
Heilbronn–Nürnberg (Ausfahrt
Kupferzell im Westen bzw. Ilshofen/
Wolpertshausen im Osten) zu erreichen. In Schwäbisch-Hall zum
zentralen Omnibusbahnhof (ZOB)
fahren und dort parken. Die
Henkersbrücke liegt kocherauf-
wärts in Richtung Innenstadt.

Hinweis

In unmittelbarer Nähe der Henkersbrücke wird der Kocher flussaufwärts von zwei alten Holzbrücken
überquert. Beide, der Rote-Steg
und der Sulfer-Steg, bieten Fußgängern einen Übergang zu einem
Freizeitpark unterhalb der Altstadt.

Henkersfratze an der Vorderseite des Türm-
chens auf dem Häuschen erinnert heute noch
an diese Zeiten. Anfang des 19. Jahrhunderts
wurde die Brücke grundlegend erneuert und
ihre ursprüngliche Form durch Umbauten
stark verändert. Der durch Sprengung am
17. April 1945 zerstörte mittlere und der stark
beschädigte westliche Bogen wurden mit der
alten Segmentbogenform wieder aufgebaut

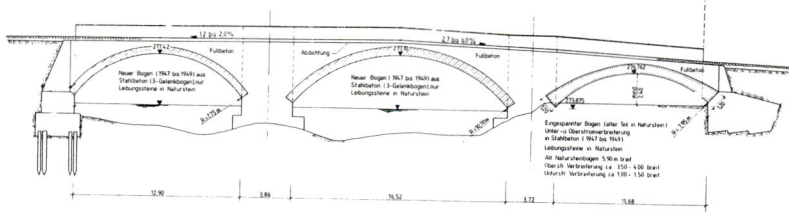

Längsschnitt

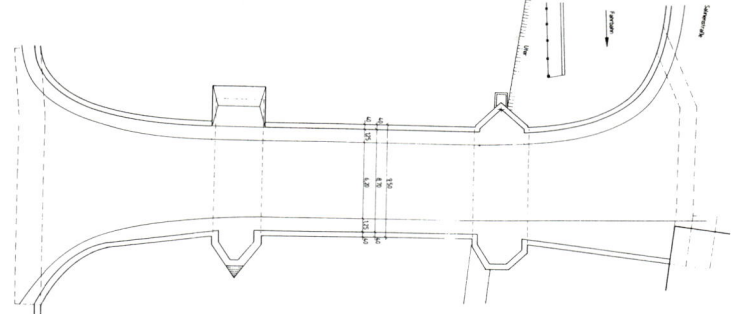

Draufsicht

und die Brücke auf 9,50 m verbreitert. Heute sind nur noch bescheidene Reste der alten Steinsubstanz vorhanden. Die flache Segmentbogenform war für die damalige Zeit, als die römische Halbkreisbogenform noch die Regel war, auf jeden Fall äußerst kühn und fortschrittlich.

Konstruktion

Die lichten Weiten der Bögen betragen in östlicher Richtung von der Stadt aus gesehen 11,20, 16,52 und 12,90 m. Der mittlere und der westliche Bogen wurden beim Wiederaufbau aus Stahlbeton mit einer Verkleidung aus Muschelkalk ausgeführt. Zur Verbesserung der Zu- und Abfahrten wurden die Überbauenden trompetenartig aufgeweitet und mit Zwickelbeton ausgerundet. Nur der Vorlandbogen auf der Stadtseite, der eine Straße überquert und der Hochwasserentlastung dient, hat im mittleren Gewölbeteil noch seine ursprünglichen Steine. Seine Flanken entsprechen im Aufbau den beiden anderen Bögen. |

Länge
48,68 m
Breite
9,50 m
Höhe
ca. 5,50 m

Bauherr
Stadt Schwäbisch-Hall
Baujahr
1502
Wiederaufbau
1947–1949

SCHWÄBISCH-HALL Teuchelsbrücke

Wegbeschreibung
In Schwäbisch-Hall in Richtung
Gelbingen (Autobahn A6 Heilbronn–
Nürnberg, Anschlussstelle Kupfer-
zell) fahren. Noch in Schwäbisch-
Hall, hinter dem Nicolai-Friedhof,
rechts abbiegen. Der Aquädukt ist
nach ca. 500 m zu sehen.

SCHWÄBISCH-HALL
Teuchelsbrücke ●

Geschichte

Dieses in Baden-Württemberg einzigartige
Bauwerk war laut Karten aus dem 18. Jahrhundert Teil der städtischen Wasserversorgung
von Schwäbisch-Hall. Das Wasser aus drei
Quellen wurde im Bereich von Eltershofen,
ca. 2 km nördlich von Schwäbisch-Hall, gebündelt und über eine Sammelleitung in Holz-
rinnen, sogenannten Teucheln (oder Deicheln),
in die Stadt geleitet. Im Jahre 1580 wurde das
ursprüngliche Holzbauwerk über die Wettbach-
klinge durch einen Steinaquädukt ersetzt.
Heute dient dieser nur noch den Fußgängern
zwischen dem Kreiskrankenhaus und der
Innenstadt von Schwäbisch-Hall.

Konstruktion und Tragverhalten

Der ehemalige Aquädukt ist vermutlich flach
auf dem in den Talhängen anstehenden
Muschelkalkfels gegründet. Die vierbögige
Steinbrücke ist etwa in der Mitte stark abge-
winkelt. Sie wirkt sehr massiv, weil Pfeiler und
Öffnungen nahezu die gleiche Weite haben;

dennoch ist sie gut proportioniert. Die lichten
Weiten der Öffnungen betragen in Brückenachse 4,15 – 4,11 – 3,85 und 4,23 m. In der
höchsten Öffnung, die merkwürdigerweise die
kleinste Weite hat, ist zusätzlich ein Spanngewölbe eingefügt, um den horizontalen Erddruck aus den Talhängen kurzzuschließen.
Vermutlich wurde dieses Gewölbe erst
nachträglich eingebaut, da hier im Gegensatz
zum restlichen Tragwerk Sandsteinquader verwendet wurden. Die Pfeiler sowie die anderen
Gewölbe sind als unregelmäßig geschichtetes
Zweischalenmauerwerk in Kalksandstein ausgeführt, wobei die Bögen durch sorgfältig
gesetzte, größere Quader gekennzeichnet
sind. Das Wasser wurde oben in einer 25 cm
breiten Rinne geführt, die nicht mehr aus Holz
war, sondern aus 80 cm langen Sandsteinen
gemauert wurde. Sie war gegen Verunreinigungen oder Verstopfungen abgedeckt. Ein
hölzernes Geländer, dessen Pfosten 60 cm tief
in den Überbau eingelassen sind, sichert Fußgänger und stellt den oberen Abschluss dar.

Sanierung

In den achtziger Jahren wurde das Bauwerk
gründlich saniert. Hierbei wurde es in Längs-
und Querrichtung mit Spannstahl vernadelt
und mit einer Zementsuspension verpresst.
Die Spannnischen wurden anschließend
wieder mit Kalksteinen verkleidet, so dass der
ursprüngliche Charakter erhalten blieb. Den
Gehweg bildet heute eine 20 cm dicke Stahlbetonplatte mit darüber verlegten Kalksteinen.
Eine Rinne in der Mitte dient der Entwässerung des Gehwegs und erinnert an die frühere
Nutzung als Aquädukt. |

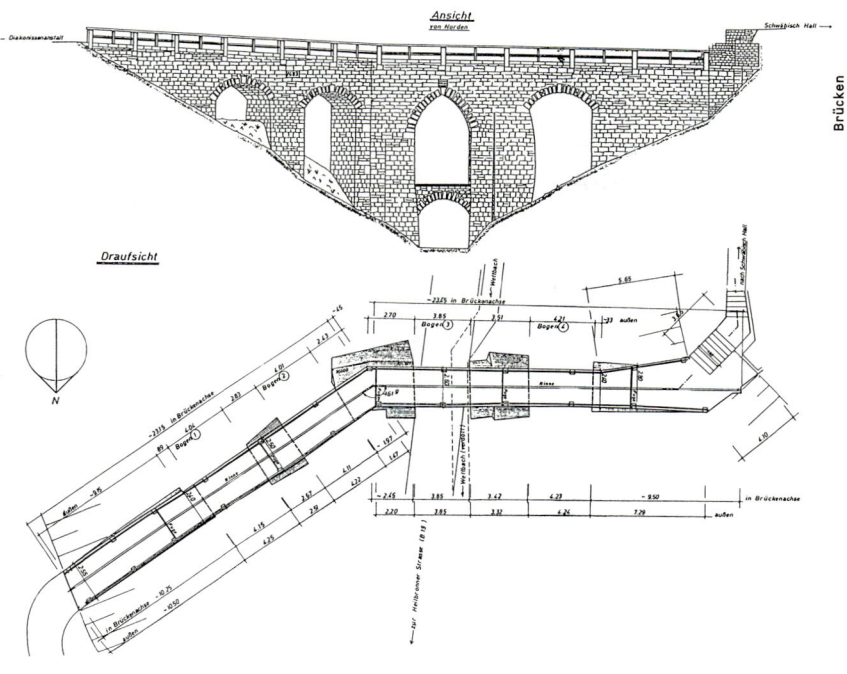

Länge
ca. 47 m
Breite
2,37–2,60 m
Höhe
ca. 12 m

Bauherr
Stadt Schwäbisch-Hall
Baujahr
1580
Instandsetzung
1683
Sanierung
1983–1984

SCHWIEBERDINGEN
Glemstalbrücke ● ● ●

Diese ungewöhnliche, sehr schöne Bogenbrücke verzichtet auf die übliche Aufständerung des Überbaus, der im mittleren Drittel
mit dem Bogen verschmilzt, wodurch das
landschaftlich reizvolle Glemstal weitgehend offen gehalten werden kann. Der
Bogen reagiert auf diese außergewöhnliche
Belastung mit einer straffen Linienführung
in den beiden äußeren Dritteln und erinnert
damit an ein *Sprengwerk*. In Querrichtung
spreizt sich der Bogen zu den Kämpfern hin,
was nicht nur die Seitensteifigkeit erhöht,
sondern der Brücke auch einen plastischen
Charakter verleiht.

Entwurf

Der Ausschreibungsentwurf sah einen 132 m
weit gespannten Sichelbogen mit kontinuierlich aufgeständerter Fahrbahn vor. Die sorgfältige Abstimmung der Proportionen dieses
Sondervorschlags beschränkt sich nicht nur
auf den Bogenbereich – auch in den beiden
Hangbereichen sind Weite und Höhe der einzelnen Öffnungen aufeinander abgestimmt,
wodurch gleichzeitig ein kontinuierlicher

Wegbeschreibung

Die Brücke führt die B10 Stuttgart–Mühlacker (auch zu erreichen
über die A81, Ausfahrt Zuffenhau-
sen) nordwestlich von Schwieberdingen über das Glemstal. Von
Stuttgart kommend die B10 unmittelbar hinter der Brücke verlassen
und auf der Vaihinger Straße nach
Schwieberdingen fahren. Bei der
ersten Gelegenheit links in den
Talweg abbiegen. Dieser führt im
weiteren Verlauf unter der Brücke
hindurch.

Übergang zur großen Spannweite des Fahrbahnträgers über den äußeren Bogendritteln
erfolgt. Der Überbau reagiert auf die Spann-
weitensteigerung mit einer leichten Zunahme
der Konstruktionshöhe, die dort am größten
ist, wo der Überbau hinter der Stirnfläche des
Bogens verschwindet. Beim Besichtigen der
Brücke achte man auf die Flucht der unteren
Fahrbahnträgerkontur, die in ihrer gedachten
Fortführung im Scheitel von der unteren Leibung des Bogens tangiert wird! Schöner kann
man Fahrbahnträger und Bogen nicht miteinander verschmelzen.

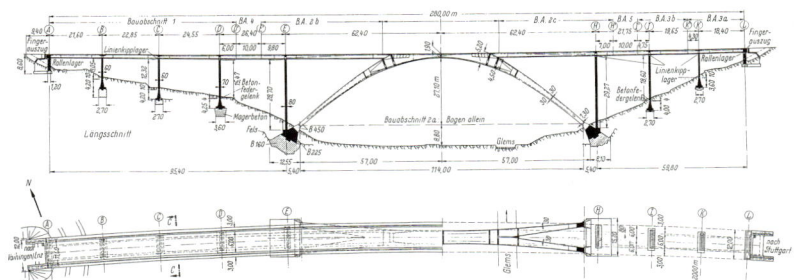

Konstruktion und Tragverhalten

Der als Hohlkasten ausgebildete Überbau hat
nur an den Widerlagern Fugen für Temperaturdehnungen; seinen Festpunkt in Längsrichtung hat er über dem Bogenscheitel. In den
beiden Hangbereichen unterstützen ihn
schlanke Pendelwände, die nahezu zwängungsfrei seinen Bewegungen folgen können. Der
vierbeinige, 114 m weit gespannte Bogen ist
mit Ausnahme der Kämpferbereiche ebenfalls
als Hohlkasten ausgebildet. In Längs- und
Querrichtung wirkt er wie ein Rahmen, dessen
Schwerachsen weitgehend der *Stützlinie* unter
Eigenlast folgen. Der Überbau ist im Bogen
eingespannt und wird so durch die versteifende Wirkung des Bogens günstig beeinflusst.
Beim Zusammenschluss der Bogenfüße und
dem Anschluss an den Überbau sind Schotte
im Bogen eingebaut. Sie gewährleisten die
Profiltreue der Querschnitte und unterstützen
die Einleitung der Schnittgrößen.

Gründung

In der Talsohle gab es keine ausreichend tragfähigen Schichten, sondern Hangschutt und
Ablagerungen. Auf beiden Hangseiten wurde
dagegen schon 2 bis 5 m unter Gelände Fels
angetroffen, der die Gründung eines weit
gespannten Bogens ermöglichte.

Herstellung

Die Brücke wurde in drei Bauabschnitten
unabhängig voneinander gefertigt und erst
zum Schluss zwischen den Kämpferpfeilern
und den ersten Hangpfeilern geschlossen. |

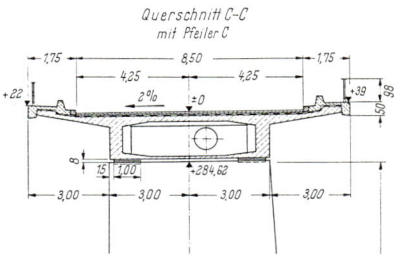

Querschnitt C-C
mit Pfeiler C

Literatur
Beton- und Stahlbetonbau
Heft 4, 1963

Länge 280 m
Breite 12 m
Bogenstich 27,10 m
Höhe 37,80 m

Bauherr
Bundesrepublik Deutschland
Ingenieur
H. Bay, Frankfurt
Architekt
W. Tiedje, Stuttgart
Baufirmen
Wayss & Freytag AG, Stuttgart, und
K. Kübler AG, Stuttgart
Bauzeit
1960–1962

SIGMARINGEN
Donaubrücke der Hohenzolle-
rischen Landesbahn ● ● ●

Im Jahre 1899 wurde mit der Gründung der
„Actiengesellschaft Hollenzollern'sche
Kleinbahngesellschaft" der Grundstein zum
Bau einer Bahn in den souveränen hohenzollerischen Fürstentümern Hechingen und
Sigmaringen gelegt. In den darauf folgenden
13 Jahren wurde das 107,43 km lange Netz
als eingleisige Bahn mit Normalspurweite
(1.435 mm) erbaut. Im Zuge dieser Arbeiten
wurde in der Nähe des Sigmaringer Bahnhofs eine bemerkenswerte Gewölbebrücke
aus Stampfbeton erstellt, die die Bahn in
einem Gleisbogenabschnitt über die Donau
führt. Max Leibrand, verantwortlicher Ingenieur und erster Vorsitzender der Hohenzollerischen Kleinbahn AG, gab dem Gewölbe
beidseitig eine konkave Grundrissform,
die sich donauaufwärts dem Gleisbogen an-
schmiegt und so den Fahrbahnträger kontinuierlich unterstützt. Mit dieser Lösung
konnten nun erstmalig auch in Kurven große
Gewölbespannweiten erzielt werden ●. Diese
Erfindung wird gerne dem großen Schweizer
Ingenieur Robert Maillart zugeschrieben,
der diese Idee jedoch erst im Jahre 1930 in
Klosters (CH) bei seiner, inzwischen abgeris-
senen, Landquartbrücke der Rhätischen
Bahn verwirklichte.

Wegbeschreibung
Sigmaringen liegt im Donautal
zwischen Tuttlingen und Ulm. Am
straßenseitigen Eingang des Bahnhofs vorbei der Sackgasse bis zur
Wendeplatte folgen. Unmittelbar
dahinter befindet sich am Donau-
ufer ein Fußweg, der unter einer
Fachwerkbrücke hindurch flussaufwärts bis zur Gewölbebrücke führt.

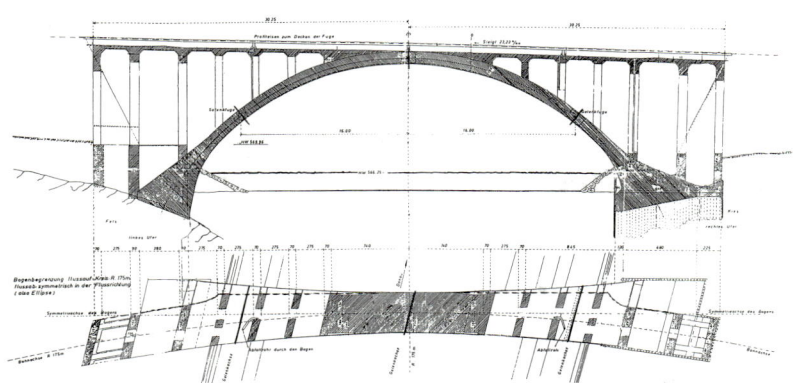

Konstruktion und Tragverhalten

Die Brücke kreuzt die Donau in einem Winkel von 76°. Die Schiefwinkligkeit wurde beim Entwurf berücksichtigt, indem die auf dem Gewölbe aufgesetzten Wände gleichermaßen wie die Kämpferfundamente parallel zur Flussrichtung ausgerichtet worden sind. Das Gewölbe mit einer Spannweite von 42,40 m ist als statisch bestimmter Dreigelenkbogen mit einem Scheitel- und zwei Kämpfergelenken ausgeführt, wobei die Gelenkachsen ebenfalls in Flussrichtung weisen. Die beiden gusseisernen Kämpfergelenke wurden 5 m weiter innen angeordnet, um sie vor Hochwasser zu schützen. Der aufgeständerte Fahrbahnträger verschmilzt im Scheitel mit dem Gewölbe. Er besteht aus einer *Eisenbeton*-Platte mit einem durchgehenden Schotterbett, das für eine Verteilung der Achslasten sorgt. In den Öffnungen über den Kämpfergelenken sind in der Platte *Bewegungsfugen* angeordnet, die Zwänge im Überbau vermeiden. Die den Träger stützenden Wandscheiben sind im Gewölbebereich 70 cm, über den Kämpferfundamenten 90 cm stark. Auf der Kurvenaußenseite haben sie einen Anlauf, um die in Querrichtung wirkenden Radialkräfte bei Zugüberfahrt ausschließlich über Druck auf das Gewölbe zu leiten. Der konkaven Gewölbeform kommt damit auch unter dem Aspekt der Seitensteifigkeit eine besondere Bedeutung zu. Bedenkt man, dass die Entwicklung von Eisenbahnbrücken aus

Beton seinerzeit noch am Anfang stand, ist dieses Bauwerk besonders innovativ, auch wenn es im direkten Vergleich zu den späteren Stabbögen von Maillart noch plump wirkt. Alle Fundamente wurden als Flächengründungen ausgeführt: auf der linken Donauseite auf Weißjurafels, auf der rechten Seite auf Donaukies. |

Länge
64,50 m
Breite
4–6 m
Höhe
ca. 12 m

Bauherr
Hohenzollerische Landesbahn
Ingenieur
M. Leibrand
Prüfer
E. Mörsch, Stuttgart
Bauzeit
1908–1909

SINDELFINGEN
Fußgängersteg über die
Konrad-Adenauer-Straße ●

Entwurf

Entwurfsziel war eine möglichst harmlose,
leichte und zugleich wirtschaftliche Brücke.
Deshalb wurde bei diesem Steg mit 30 cm
eine verhältnismäßig dünne Betonplatte in
engen Abständen regelmäßig unterstützt.
Durch die Wahl dünner, gegabelter Stahlrohrstützen bleibt die Durchsicht unter der Stegplatte frei. Das große Feld über der Straße
wird mit Sonderstützen markiert. Wegen der
hier größeren Spannweite wurde die Platte
kontinuierlich etwas verdickt und die größeren
Lasten beidseits der Straße über vierfach
gegabelte Stützen abgetragen. Fugen, die
zwischen Doppelstützen in Brückenmitte
angeordnet sind, vermeiden Konsolen und
Lager und ermöglichen eine feste Verbindung
des Widerlagers mit der Platte. Die schlanke
Betonplatte war auch die Voraussetzung für
eine günstige Herstellung dieser im Grundriss
geschwungenen und im Aufriss gekrümmten
Brücke. Ein Hohlkasten wäre hier vom Schal-
aufwand her zu teuer.

Wegbeschreibung
Die Konrad-Adenauer-Straße
verläuft in Nord-Süd-Richtung am
Ortsrand von Sindelfingen. Die
Brücke liegt in der Nähe des Sport-
zentrums an der Kreuzung mit der
Pfarrwiesenallee.

Hinweis
In unmittelbarer Nähe zum Fußgängersteg findet sich der „Glaspalast", eine außergewöhnlich
große, moderne Sporthalle siehe
Seite 357.

Konstruktion

Die hier vorkommenden Spannweiten von
7,50 bis 16,70 m werden von einer vorgespannten Betonplatte überbrückt. Bei diesen kleinen
Spannweiten bleiben die Auflagerlasten
gering, so dass für die Stützen schlanke Rohr-
profile (∅ = 152–267 mm) gewählt werden
konnten. Zur Verbindung mehrerer dickwandi-
ger Rohre in einem Knoten wurden erstmals
im Brückenbau Stahlgussknoten eingesetzt.
Die Gabelung der Stützen bewirkt eine günstige
Auflagerung der Platte und ergibt – zusammen

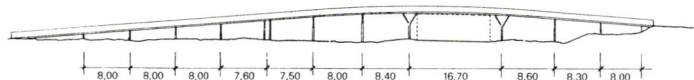

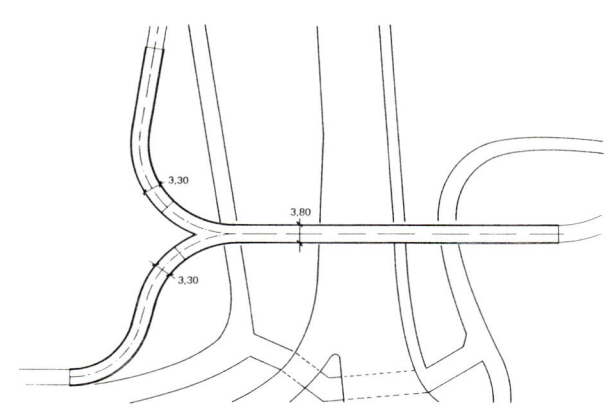

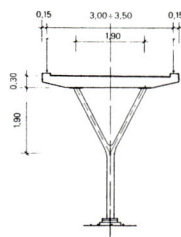

mit der geschwungenen Grundrissform – in der Summe der Einzelstützen einen „stabilen Tisch" unter der Brückenplatte. Die Stützen sind monolithisch mit der Betonplatte verbunden, so dass auch hier keine Lager erforderlich sind. Dies kommt der Dauerhaftigkeit und Wirtschaftlichkeit zugute.

Verweis auf ähnliche Bauwerke
In Stuttgart-Untertürkheim führen zwei lange Fußgängerstege gleichen Typs über den Carl-Benz-Platz. |

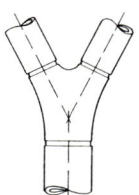

Bauherr
Stadt Sindelfingen
Ingenieure
Schlaich, Bergermann und Partner, Stuttgart
Baufirma
C. Baresel AG, Stuttgart
Baujahr
1986

STAUFEN I. BR.
Gusseisenbrücke über die Neumagen ● ● ●

Geschichte

Die Brücke über die Neumagen wurde zunächst als Eisenbahnbrücke für die Rheintalbahn Frankfurt–Basel in Kenzingen-Hecklingen (nördlich von Freiburg i. Br.) errichtet. Sie überbrückte die Elz mit zwei Öffnungen. Jede Öffnung überspannten dabei drei gusseiserne Bögen: zwei am Rand bzw. einer in der Mitte zwischen beiden Gleisen. Die Querträger, die wie die Bögen aus sprödem Gusseisen gefertigt waren, erwiesen sich jedoch unter den dynamischen Lasten des Eisenbahnverkehrs als ungeeignet. Im Jahre 1865 wurde durch den Verein-Deutscher-Eisenbahnverwaltungen vorgeschrieben, dass bei eisernen Brücken alle tragenden Teile aus gewalztem oder geschmiedetem Eisen bestehen müssten. Es dauerte daraufhin aber noch sechs Jahre, bis die Elzbrücke demontiert und in Teilen als Ersatz für die von einem Hochwasser zerstörte Neumagenbrücke in Staufen i. Br. wieder aufgebaut wurde. Die beiden erhaltenen Bögen gehören damit zu den ältesten Zeugen des deutschen Eisenbahnbrückenbaus ●.

Wegbeschreibung

Autobahn A5 Freiburg–Basel, Ausfahrt Bad Krotzingen, über Bad Krotzingen nach Staufen i. Br. Die Brücke verbindet die Altstadt mit der Durchgangsstraße, die weitgehend parallel zur Neumagen verläuft.

Hinweis

Ein ähnliches Schicksal erfuhr die ebenfalls 1845 erbaute, fünffeldrige Offenburger Eisenbahnbrücke über die Kinzig. Einige ihrer gusseisernen Bögen, die allerdings unter der Fahrbahn angeordnet waren, dienten noch bis 1992 der Straßenbrücke über den Erlengraben bei Ettlingen als Tragwerk. Heute werden Teile von ihnen im Landesmuseum für Technik in Mannheim aufgehoben.

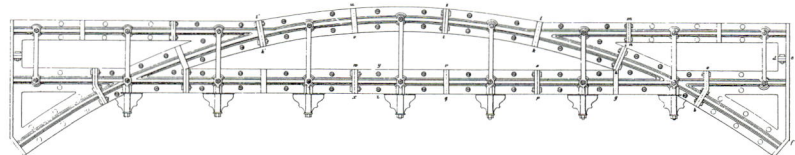

Ansicht der vergleichbaren abgebauten
gusseisernen Brücke über die Elz bei Sexau

Konstruktion und Tragverhalten

Das Zusammenfügen der Konstruktion aus
mehreren Gussteilen ist charakteristisch für
diese Art von Brücken. So besteht jeder Bogen
aus drei Teilen, die an den angegossenen Kontaktflächen verschraubt worden sind. Weil das
frühere Gusseisen zwar eine hohe Druck-
festigkeit, aber nur eine geringe Zugfestigkeit
hatte, wurde möglichst die druckbeanspruchte
Bogenform gewählt. Die Fahrbahn wurde
dabei aufgeständert, um die Bögen gegen
seitliches Ausweichen zu stabilisieren. Hier
wurde jedoch erstmals die Fahrbahn so angeordnet, dass auch Teile des Bogens über der
Fahrbahn liegen. Bei genauer Betrachtung
zeichnen sich auf jeder Seite sogar zwei
Bögen ab, die im Scheitel miteinander verschmelzen. Beide Bögen wirken aber zusammen und übertragen ihre Kräfte über Druck zu
den Auflagern, wo sie von den Widerlagern in
den Baugrund geleitet werden. Ein internes
Kurzschließen der horizontalen Auflagerkräfte
ist wegen der geringen Zugfestigkeit des
Gusseisens unmöglich. Außer den Endquerträ-
gern, die direkt auf den Widerlagern aufliegen,
gibt es sechs weitere Querträger, die über
senkrechte, geschmiedete Stangen an der
Innen- und Außenseite des oberen Bogens mit
Hilfe eines Bolzens gelenkig angeschlossen
sind. Die ursprünglich gusseisernen Querträger wurden beim Umsetzen durch schmiede-
eiserne Winkel, die in Doppel-T-Form zusam-
mengenietet sind, und durch Bleche ersetzt. |

Länge
12,60 m
Breite
7,20 m

Bauherr
Badische Staatseisenbahn
Baufirma
A. Fauler, Freiburg
Baujahr
1845
Umsetzung
1871

STUTTGART
Bergersteg ●●

Entwurf

Der schönste *Langersche Balken* weit und
breit verdankt seine Entstehung dem Umbau
der ursprünglichen Zweifeld-Trogbrücke zum
freispannenden Einfeldträger. Beim Ausbau
des Neckars zur Schifffahrtsstraße bis
Plochingen war der ursprüngliche Mittelpfeiler
im Wege und wurde, unter Erhaltung des
ursprünglichen Unterbaus aus zwei genieteten
Doppel-T-Trägern, durch eine Aufhängung an
einem Stabbogen statisch gleichwertig
ersetzt. Der Trog ist „aufgefüllt" mit einer
hoch liegenden Gehwegplatte aus Stahlbeton,
um darunter Platz für große Wasser- und Gas-
leitungen zu schaffen. Aus den Leitungszu-
führungen unter den Treppen erklären sich
auch die recht voluminösen Widerlager aus
dem Jahre 1928.

Konstruktion und Tragverhalten

Beim *Langerschen Balken* – vergleichbar mit
der Stabbogenbrücke, bei der lediglich der
Bogen den Träger von unten stützt, oder gar
mit deren Umkehrung, der Hängebrücke –
erhalten die beiden dünnen Bögen im Wesent-

Wegbeschreibung
Bei der Fahrt über den Neckar
auf der König-Karls-Brücke von
Stuttgart nach Bad Cannstatt
sieht man den Steg rechter Hand
(neckaraufwärts). Man erreicht
ihn zu Fuß entweder vom Wasen
an der Mercedesstraße oder
gegenüber von der Uferstraße
am Mineralbad Leuze.

lichen nur Normalkräfte. Die Bogenform
gehorcht der *Stützlinie* aus Eigenlast. Der
Träger ist mit Zugstangen ($\varnothing$ = 50 mm) an die
Bögen angehängt. Er gibt aber nicht nur seine
Eigenlast an die Bögen weiter, sondern stabilisiert sie auch in ihrer Ebene (in Querrichtung
brauchen sie einen Windverband). Ein solcher
„Versteifungsträger" ist allein für die Biegemomente aus nicht gleichmäßig verteilter Last
zuständig. Dafür genügte hier vollkommen
der alte, genietete Überbau, der sich bestens
mit den geschweißten Bögen verträgt. Das
Cannstatter Widerlager ist flach gegründet,
das zugehörige auf Stuttgarter Seite steht auf
ca. 10 m langen *Ortbeton*ramm-*Pfählen.*

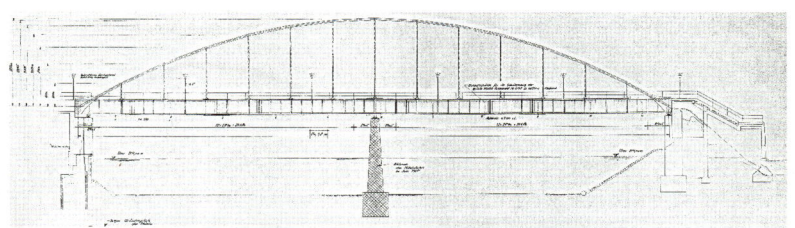

Brückenquerschnitt

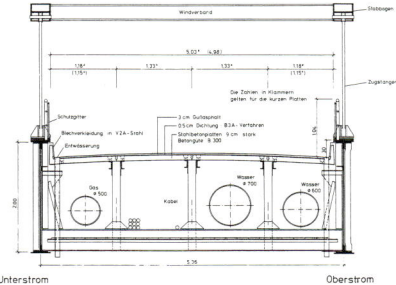

Unterstrom   Oberstrom

Spannweite
80,98 m
Bogenstich
13,50 m
Gehwegbreite
5 m

Bauherr
Landeshauptstadt Stuttgart
Planung
Wasserschifffahrtsamt und
Tiefbauamt Stuttgart
Baufirmen
Scheible, Stuttgart, und
Maschinenfabrik, Esslingen
Baujahr
1928
Umbau
1958
Sanierung
1983

Wegbeschreibung

Die Brücke überquert die Autobahn A8 bzw. A81 zwischen dem Dreieck Leonberg und dem Stuttgarter Kreuz. In Fahrtrichtung Stuttgart durchfährt man die Brücke über das „Rote Steigle" nach dem Passieren der Raststätte „Sindelfinger Wald". Der Rotsteiglesweg, der über die Brücke führt, geht von der Verbindungsstraße Sindelfingen–Büsnau auf Höhe der Maichinger Einmündung in Richtung Osten ab.

STUTTGART
Brücke über das „Rote Steigle" ●

In den Jahren 1935 bis 1941 wurde der Streckenabschnitt Stuttgart/Echterdingen–Münchingen der damaligen Reichsautobahn gebaut. Im Zuge dieser Straße wird das zwischen Sindelfingen und Vaihingen liegende Waldgebiet im Einschnitt durchfahren und in zwei Teile getrennt. Die Brücke über das „Rote Steigle" ist eine von mehreren Brücken, die erstellt wurden, um einen durchgehenden Forstbetrieb aufrechtzuerhalten. Die Bogenbrücke aus Beton, die nun seit mehr als 60 Jahren ihre Funktion erfüllt, ist mit ihrer schlichten Erscheinung ein Beispiel für gelungenen Brückenbau und belegt die hohen gestalterischen Ansprüche der damaligen Zeit.

Konstruktion und Tragverhalten

Der Bogen ist in die Fundamente eingespannt. Die Aufständerung der Fahrbahn bilden einfache, 40 cm starke Wandscheiben mit einem konstanten Achsabstand von 4,50 m. Sie sind parallel zur Autobahnachse angeordnet, die die Brückenachse in einem Winkel von 71° schneidet. Der Fahrbahnträger ist ein zweistegiger *Plattenbalken*, dessen Platte an den Übergängen zu den Stegen bzw. Wandscheiben *gevoutet* ist. Er ist als Durchlaufträger ausgebildet und wie der Bogen mit allen Wandscheiben monolithisch verbunden. Für die Längenänderungen infolge Temperaturschwankungen sind an den beiden Widerlagern *Bewegungsfugen* vorgesehen. Die Widerlager sind im Grundriss U-förmig ausgebildet und beidseitig jeweils mit kleinen Flügelwänden ausgestattet. Ihre vorderen

Abschlusswände sind konsequent schiefwinklig angeordnet. Bei Tageslicht dominiert der Bogen gegenüber dem Fahrbahnträger, da die auskragenden Gehwegkappen dessen Stege beschatten und ihn dadurch besonders schlank erscheinen lassen. Die Flächengründung auf dem in geringer Tiefe anstehenden Stubensandstein ist zur besseren Übertragung der Bogenkräfte in den Baugrund entsprechend dem Hangverlauf staffelförmig abgesetzt.

Länge
68,50 m
Breite
6 m
Höhe
10,85 m

Bauherr
Deutsches Reich
Entwurf
Oberste Bauleitung der Reichsautobahnen, Stuttgart
Baufirma
L. Bauer, Stuttgart
Bauzeit
1936–1937

STUTTGART
Schillersteg, BUGA 1961 ● ● ●

Entwurf

Im Zusammenhang mit den Bundesgarten-
schauen in den Jahren 1961 und 1977 in Stuttgart wurde das „Herz" der Stadt neu gestaltet.
An das Neue Schloss mit seinem Rosengarten
schließen sich die sogenannten „Anlagen" an,
ein alter, königlicher Park, der sich bis zum
Neckar durchzieht, allerdings durch Eisenbahn-
anlagen, Querstraßen und andere Eingriffe im
Laufe der Jahrzehnte an Wert verloren hat.
Diese Grünflächen mit prachtvollen, alten
Baumgruppen wurden mit mehreren Fußgän-
gerstegen wieder verbunden: u. a. sind dies
der Dunantsteg *Seite 175*, der Heinrich-Bau-
mann-Steg *Seite 176* und zwei Stege am
Rosensteinpark *Seite 179*.

Der erste dieser Fußgängerstege wurde im
Jahre 1961 gebaut. Er führt über die Schillerstraße und bildet die wichtige Gehverbindung
zwischen neuem Landtag und den beiden
Theatern auf der einen Seite und dem Bahnhof
auf der anderen Seite. Dieser Steg bildet den
äußerst gelungenen Auftakt der langen Reihe
„Stuttgarter Fußgängerbrücken", die sich dadurch auszeichnen und gar international
bekannt wurden, dass die Stadt Stuttgart als
Bauherr trotz notwendiger Sparsamkeit Wert
auf gute Gestaltung und sensible Einbindung
in die Landschaft legte. So wurden auch

Wegbeschreibung
Der Schillersteg verbindet den
oberen und mittleren Schlossgar-
ten über die Schillerstraße hinweg.
Er ist vom südlichen Vorplatz des
Hauptbahnhofs gut sichtbar.

damals schon mehrere Entwürfe und Sonder-
vorschläge verglichen, um sich dann für die
etwas teurere Seilbrücke zu entscheiden.

Konstruktion

Der Schillersteg, kurz nach den ersten bedeutenden Schrägseilbrücken über den Rhein in
Düsseldorf erbaut, ist mit seinen 2 x 5-Paral-
leldrahtbündeln statt der bis dahin üblichen
Seile und deren kompakten, genauer gesagt
versteckten Verankerungsdetails im Mastkopf
und im Überbau ein schönes Beispiel für
den damaligen hervorragenden Stand der
Brückenbaukunst ● – gerade weil wir heute die
50 cm hohe, präzise, stählerne Hohlplatte
nicht mehr bezahlen könnten und durch eine
massive Stahlbetonplatte ersetzen würden.
Die beiden Öffnungen haben Spannweiten
von 68,60 bzw. 24 m. Der Gehwegträger wird
dabei im Abstand von 17 bis 18,30 m von den
Drahtbündeln getragen. Bis zu 90 Drähte
($\varnothing$ = 6 mm) sind in einem Polyäthylen-Rohr
zusammengefasst und mit Zementmörtel in-
jiziert – eine Ausführung, die sich zwar hier
bestens bewährt hat, aber heute auch als

Ansicht

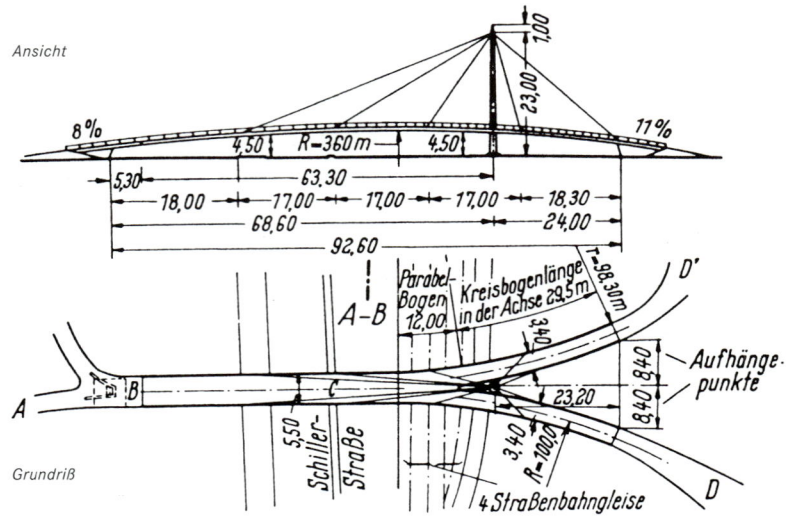

Grundriß

überholt gilt. Der Überbau ist am Ende seiner
Gabelung fest ins Widerlager eingespannt, am
anderen Ende einfach über ein Gleitblech verschieblich und gelenkig gelagert. Der Stahlmast ist in der Mitte der Gabelung des Gehwegs angeordnet. Obwohl sein achteckiger
Kopf nur eine Breite von 490 mm hat, konnten
dort auf einer Höhe von 1 m alle 10 Seile verankert werden. Wie alles an dieser Brücke ist
auch das Geländer sehr sorgfältig gestaltet.
Ursprünglich war es mit einer Handlauf-
beleuchtung ausgerüstet, die aber einer
späteren Verschärfung der Vorschriften, die
heute Handlaufbeleuchtungen praktisch aus-
schließen, zum Opfer fiel. |

Literatur
Die Bautechnik
Heft 4, 1962

Länge
92,60 m
Gehwegbreite
3,40–5,50 m
Masthöhe
24 m

Bauherr
Landeshauptstadt Stuttgart
Ingenieure
Leonhardt, Andrä und Partner,
Stuttgart
Prüfer
W. Pelikan, Stuttgart
Baufirmen
Wayss & Freytag, K. Kübler, L. Bauer,
Krupp Stahlbau
Baujahr
1961

Brücken

STUTTGART
Dunantsteg, BUGA 1977 •

Entwurf

Diese Brücke, gebaut für die Bundesgartenschau 1977, verbindet die mittleren mit den
unteren Schlossgartenanlagen über die mehr-
spurige, bisher erst zur Hälfte ausgebaute
Cannstatter Straße hinweg. Dem Vorschlag
der Gartenarchitekten entsprechend soll der
Spaziergänger diesen Übergang von einem
Park in den anderen möglichst gar nicht wahrnehmen. So kam es zu einer flachen Bogenbrücke, die sich im Grundriss vom Scheitel bis
zu den Kämpfern hin kräftig verbreitert und
auf beiden Seiten harmonisch in das Gelände
eingebunden ist. Der Park wird als Gelände-
aufschüttung bis auf die Brücke geführt und
läuft erst in ihrem Scheitel aus. Die Böschungen des Damms sind im Brückenbereich
gepflastert und beidseits des Wegs begrünt.

Konstruktion

Der sehr schlanke und elastisch eingespannte
Bogen mit einer Spannweite von 51,20 m
hat einen Plattenquerschnitt. Seine Ränder
sind leicht aufgekantet, so dass er wie ein
„Schalen"-Bogen ausgesteift ist. Dadurch
konnte er als reiner Stahlbetonbogen ausgeführt werden. Für die Aufnahme des Horizon-
talschubs ist ein dreiteiliges Spannbetonzug-
band (etwa 11 MN *Vorspann*-Kraft) vorge-
sehen, das knapp unter Straßenniveau liegt. |

Wegbeschreibung
Vom Hauptbahnhof aus verläuft
die Cannstatter Straße (B14) den
mittleren Schlossgarten entlang
und biegt nach ca. 800 m rechts
zur Brücke ab. Die Brücke quert
die Cannstatter Straße zwischen
dem Eisenbahntunnel, der Wolf-
ramstraße und der Schwabengarage.

Literatur
Beton- und Stahlbetonbau
Heft 1, 1979

Bauherr
Landeshauptstadt Stuttgart
Ingenieure
Leonhardt und Andrä, Stuttgart
Landschaftsarchitekt
H. Luz, Stuttgart
Baufirma
K. Kübler, Stuttgart
Baujahr
1976

Wegbeschreibung
Die Brücke quert die Cannstatter Straße (B14) von der Stadtmitte kommend etwa 500 m nach der Schwabengarage.

STUTTGART
Heinrich-Baumann-Steg,
BUGA 1977 ●

Entwurf

Dieser Steg verbindet Wohngebiete über die sechsspurige Cannstatter Straße hinweg mit dem unteren Schlossgarten. Da er zuvor noch eine andere Straße zu überbrücken hat, konnte der Steg im Grundriss nicht gerade werden. Gewählt wurde ein Durchlaufträger aus Beton, weil sich Beton frei formen lässt. Sein Trogquerschnitt ist günstig für die wechselnden Spannweiten, erlaubt kurze Rampen und vermittelt dem Fußgänger ein Gefühl der Geborgenheit. Entwurfsziel war eine unauffällige Form, die den Fußgänger gegen den Verkehr abschirmt und die schöne Parklandschaft nicht stört.

Konstruktion und Tragverhalten

Der Überbau spannt über sechs Felder (Spannweiten: 22 – 18 – 15 – 21,50 – 33 – 11,50 m). In vier von sechs Feldern ist er *vorgespannt*, und zwar in dem mit l/h = 33 recht schlanken Hauptfeld über der Straße, in dessen Nachbarfeldern und dem 22 m langen Endfeld. Die Spannglieder verlaufen in den seitlichen Stegen, die gleichzeitig Brüstung sind. Ein solcher Trogquerschnitt ist bei einem Durchlaufträger sehr sinnvoll, um den vergleichsweise hohen Stützmomenten eine große Druckzone bereitzustellen. Die Lasten werden über die Stege zu den Stützen geführt. Daraus entwickelte sich die Form der trapezförmigen Stützenscheiben, die Querbiegemomente im Auflagerbereich des Überbaus vermeiden. Die gelenkig, aber unverschieblich mit der Stegplatte verbundenen Stützen sind

auf schmalen Fundamenten aufgeständert und wirken dadurch in Brückenlängsrichtung wie *Pendelstützen*. Die beiden Endwiderlager sind als Festpunkte ausgebildet. Etwa in der Mitte des Steges befindet sich eine *Bewegungsfuge*. Die bei Fußgängerbrücken stets schwierige Geländerfrage konnte durch einen schlichten Handlauf auf der Brüstung gelöst werden.

Verweis auf ähnliche Bauwerke

Eine ähnlich konzipierte Brücke mit einer Spiralrampe findet sich am Ortseingang (von Fellbach kommend) von Stetten i. R., Ortsteil von Kernen i. R. Weitere Brücken dieses Typs wurden von der Stadt Stuttgart später noch in Stuttgart (Ecke Heilbronner-/Wolframstraße) und in Stuttgart-Vaihingen beim Bahnhof gebaut. |

Literatur
Beton- und Stahlbetonbau
Heft 1, 1979

Bauherr
Landeshauptstadt Stuttgart
Ingenieure
Leonhardt und Andrä, Stuttgart
Landschaftsarchitekt
H. Luz, Stuttgart
Baufirma
K. Kübler, Stuttgart
Baujahr
1976

Brücken

STUTTGART
Neckarsteg, BUGA 1977 ●

Zur Bundesgartenschau 1977 war eine zusätzliche Verbindung zwischen dem Stuttgarter Botanischen Garten, dem Zoo „Wilhelma" und Bad Cannstatt, vor allem dem Bahnhof Bad Cannstatt, nötig. Der dafür erbaute Fußgängersteg, der den Neckar mit nur einer Zwischenstütze überquert, gehört zu den weit gespanntesten Holzkonstruktionen überhaupt ●. Die Dimensionen der hölzernen Tragglieder und der Aufwand, der hier mit stählernen Verbindungsmitteln nötig wurde, lassen das technisch Machbare allerdings fraglich erscheinen – auch aus gestalterischer Sicht. Im Zuge von „Stuttgart 21" soll an seiner Stelle eine neue Eisenbahnbrücke mit angehängtem Gehweg den Neckar queren.

Konstruktion und Tragverhalten
Bedingt durch die vorgegebenen Stützstellen hat die Brücke im Grundriss einen Knick. Deshalb entschloss man sich zu zwei statisch voneinander getrennten Überbauten mit Spannweiten von 72 bzw. 64,75 m. Jeder Überbau ist ein Zweigelenkrahmen mit Fußgelenken, dessen lang gestreckter Riegel von einem parallelgurtigen Strebenfachwerk mit einer

Wegbeschreibung
Die Brücke befindet sich direkt unterhalb der König-Karls-Brücke und Staustufe Bad Cannstatt. In Stuttgart in Richtung „Wilhelma" fahren (Weg ist mit Elefantensymbol ausgeschildert) und dort parken.

Systemhöhe von 3,50 m gebildet wird. Die geneigten Rahmenstiele sind ebenfalls fachwerkartig aufgelöst und ermöglichen eine *Sprengwerk*-Tragwirkung. Die Ober- und Untergurte bestehen aus starken Brettschichtholzträgern, die auf jeder Seite paarweise die Diagonalen in die Mitte nehmen. Letztere sind über stählerne Einbauteile und Stabdübel mit den Gurten gelenkig verbunden. Die Windkräfte werden über ein Holzfachwerk in der Ober- und Untergurtebene aufgenommen. Die Ableitung dieser Kräfte in den Baugrund erfolgt durch die Rahmenstiele, die dazu in Querrichtung jeweils einen kombinierten Stahl-/Holzrahmen bilden. Im unteren Bereich ist dieser zusätzlich mit stählernen Diagonalen ausgekreuzt. Zum Schutz vor Witterung ist auf den Obergurten ein mit Trapezblechen verkleidetes Satteldach aufgesetzt.

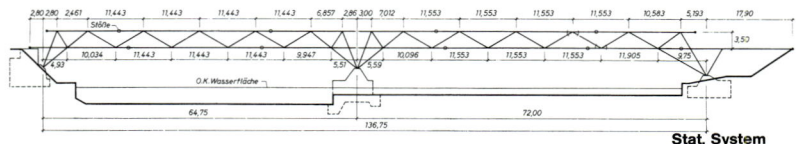

Stat. System

Herstellung

Die kastenförmigen Riegel wurden im Hafengebiet von Obertürkheim vormontiert und auf
zwei Pontons zur Einbaustelle verschifft. Hier
übernahmen Mobilkräne die Einheiten und
setzten sie auf Hilfsjochen ab, bevor die Stiele
eingebaut wurden. Der 72 m lange Riegel mit
einem Gewicht von 76 Tonnen wurde beim
Absetzen auf die Joche von einem Windstoß
erfasst. Weitere unglückliche Umstände führten dazu, dass der schon teilweise abgesetzte
Träger in Längsrichtung verschoben wurde.
Dabei brachen die Untergurte und der Träger
stürzte in den Neckar. Durch den Einsatz
zusätzlich hinzugezogener Firmen konnte ein
neuer Träger in nur 6 Wochen gefertigt und
eingebaut werden, wodurch die Brücke noch
rechtzeitig zur Eröffnung der Bundesgarten-
schau fertig gestellt wurde. |

Literatur
Bauen mit Holz
Heft 6, 1977

Länge
158 m
Breite
3,80 m
Höhe
ca. 9 m

Bauherr
Landeshauptstadt Stuttgart
Ingenieure
- **Entwurf**
D. Sengler, Altdorf
- **Planung**
J. Natterer, München, sowie
M. Holzapfel und P. Rüdt, Stuttgart
- **Prüfung**
L. Wintergerst, Esslingen, sowie
Leonhardt und Andrä, Stuttgart
Baufirmen
Ostbayrische Holzbauwerke,
Osterhofen; C. Burgbacher,
Trossingen; Rathgeber, Sindelfingen;
Fürst zu Fürstenberg, Hüfingen;
Nemaho, Doetinchen; Stephan,
Gaildorf
Baujahr
1977
Sanierung
1996

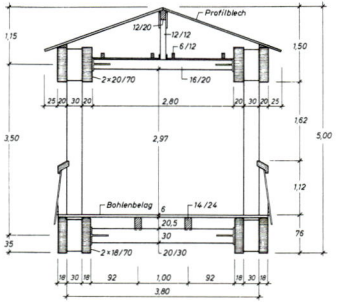

Wegbeschreibung

Mit der Stadtbahn (U14) vom Hauptbahnhof zur Haltestelle Mineralbäder fahren und zum Mineralbad „Leuze" gehen. Die Fußgängerstege stellen von hier aus die Verbindung zum Rosensteinpark bzw. zur „Wilhelma" (Stuttgarter Zoologischer und Botanischer Garten) her. Alternativ bei der „Wilhelma" oder bei den Mineralbädern „Berg" bzw. „Leuze" parken.

STUTTGART
2 Fußgängerstege am Rosensteinpark, BUGA 1977 ●

Entwurf

Zur „Bundesgartenschau BUGA 1977" sind in der Nähe des Rosensteinparks zwei Seilbrücken errichtet worden, darunter wohl die erste Fußgängerhängebrücke neuerer Zeit. Diese HÄNGEBRÜCKE ordnet mit einem markanten Mast ein mehrfach durch Tunnel, Gleise, Maste und Oberleitungen belastetes Gelände. Als Teil der BUGA markierte sie deren Eingang und zugleich den der Stadt Stuttgart. Die andere Brücke ist in Fortsetzung der ersten angeordnet und überspannt eine kleine Schlucht, durch die eine Straßenbahnlinie führt. Aus dem Wunsch, die gestalterischen und konstruktiven Motive der großen Brücke nochmals aufzugreifen, und begünstigt durch das zum Schloss Rosenstein hin ansteigende Gelände entstand ein schlichter SEIL-BINDERSTEG.

Konstruktion und Tragverhalten

Bei der HÄNGEBRÜCKE bildet eine massive Betonplatte den Gehweg. Zur Überwindung der freien Spannweiten von 27 und 51,10 m ist sie mit diagonal angeordneten Litzen (∅ = 16 mm) an den zwei Hauptseilen (VVS, ∅ = 75 mm) aufgehängt. Die beiden Hauptseile sind an den vier Eckpunkten der Gehwegplatte verankert und ungestoßen, aber geklemmt über einen Umlenksattel auf der Spitze des senkrecht stehenden Mastes geführt. Der Mast ist aus Kostengründen nicht aus einem Rundrohr hergestellt, sondern aus vier verschweißten Blechen, die ihm einen quadratischen Querschnitt geben. Er durchstößt die Gehwegplatte mittig, ohne sie zu berühren. Am Fuß ist der Mast gelenkig gelagert, da er am Kopf durch die gespreizten Hauptseile in Längs-, aber auch in Querrichtung gehalten wird. Die Verankerungen der

Haupt- und Hängerseile im Beton sind bei dieser selbst verankerten Hängebrücke noch „verschmolzen" und so hinsichtlich Inspektion und Wartung problematisch.

Der SEILBINDERSTEG mit einer Spannweite von 28,87 m ist im Gegensatz zur ersten Brücke erdverankert. Der Gehweg musste deshalb nicht als Platte ausgeführt werden. Er besteht aus dünnen, durch quer verlaufende Fugen getrennten Stahlbeton-Fertigteilstreifen, die auf zwei an den Widerlagern verankerten Tragseilen aufliegen. Zur Verringerung der dehnungslosen Verformungen unter Teilbelastung und zur Stabilisierung gegen Schwingungen ist mittig unter dem Gehweg ein entgegengesetzt gekrümmtes Seil gespannt, das mit den beiden Tragseilen durch Diagonalseile zu einem räumlichen Seilfachwerkbinder verbunden ist. Der Steg lässt sich trotzdem von Fußgängern in leichte Schwingungen versetzen, insbesondere bei Anregungen in den Viertelspunkten. Die Amplituden bleiben jedoch klein; gleichzeitig wird die Frequenz von etwa 1,7 Hz nicht als unangenehm empfunden. Selbst dieser leichte Überbau muss natürlich mit großen Horizontalzügen erkauft werden. Die Trag- und Spannseile sind jeweils am gleichen Widerlager verankert. Vertretbar sind solche Systeme für Fußgängerstege, bei denen reichlich Durchhang möglich ist und günstige Gründungsverhältnisse im Fels vorliegen oder die, wie hier, den notwendigen Ballast für ihre Fundamente durch nachträglich geschüttete Dämme erhalten.

Herstellung

Bei der HÄNGEBRÜCKE wurde die Gehwegplatte in *Ortbeton* auf Gerüst und Schalung hergestellt. Nach dem Stellen des Mastes und dem Einhängen der Seilkonstruktion erfolgte das Ausschalen der Stegplatte durch das hydraulische Heben des Mastes. Bei diesem Vorgang wurde die Normalkraft von selbst kontinuierlich in die Platte eingetragen. Der SEILBINDERSTEG ermöglichte wegen der Erdverankerung eine gerüstfreie Montage. Die Betonplatten konnten auf den ausgehängten Tragseilen aufgelegt und verankert werden. Im Anschluss daran wurde der Seilbinder an den Verankerungen des Spannseils *vorgespannt*. |

Literatur
Beton- und Stahlbetonbau
Heft 1, 1979

Bauherr
Landeshauptstadt Stuttgart
Ingenieure
Leonhardt, Andrä und Partner, Stuttgart
Landschaftsarchitekt
H. Luz, Stuttgart
Baufirmen
Wayss & Freytag, K. Kübler, E. Pfeifer
Baujahr
1977

STUTTGART
Fußgängerbrücke am
Max-Eyth-See ● ●

Entwurf
Diese Brücke über den Neckar verbindet ein
auf einer Höhe gelegenes Wohngebiet mit dem
Erholungsgebiet um den Max-Eyth-See sowie
die beidseitigen Uferwege. Die unsymmetrische topographische Umgebung, ein steiler
Prallhang sowie Weinberge auf der Westseite
des Neckars und die flachen Neckarauen mit
ihrem parkartigen Baumbestand auf dessen
Ostseite bestimmten den Entwurf der Brücke.
Ebenfalls bestimmend waren ein Hohlweg, der
den Berg hinunter ans Ufer führt, sowie das
freizuhaltende Schifffahrtsprofil. Eine unsymmetrische Hängebrücke schien zunächst die
richtige Antwort auf die unterschiedliche
Geländesituation an beiden Uferseiten zu sein.
Sie braucht jedoch einen Mast in doppelter
Höhe bei gleichzeitig doppelt so hohen Seil-
kräften wie eine Brücke, die an beiden Ufern
Maste hat und deren Tragseile den

Wegbeschreibung
Von Stuttgart-Bad Cannstatt auf
der Neckartalstraße (westliches
Neckarufer) über die Aubrücke zur
Mühlhäuserstraße nach Stuttgart-
Hofen. Am Ortseingang ist an der
Straßenbahnhaltestelle Max-Eyth-
See rechts ein großer Parkplatz,
von dem aus man die Mühlhäuser-
straße querend durch einen
schönen Park zur Brücke geht.

Fluss symmetrisch überspannen. Aber auch
eine symmetrische Lösung der Hängebrücke
kann auf die spezielle Topographie reagieren,
allerdings erst jenseits der Ufer: Am flachen
Ufer führt eine gegabelte Abgangsrampe
unmittelbar zum See bzw. in einer Schleife
zurück zum Fluss; auf der Bergseite mündet
eine einseitig verschwenkte Rampe direkt in
den Hohlweg ein.

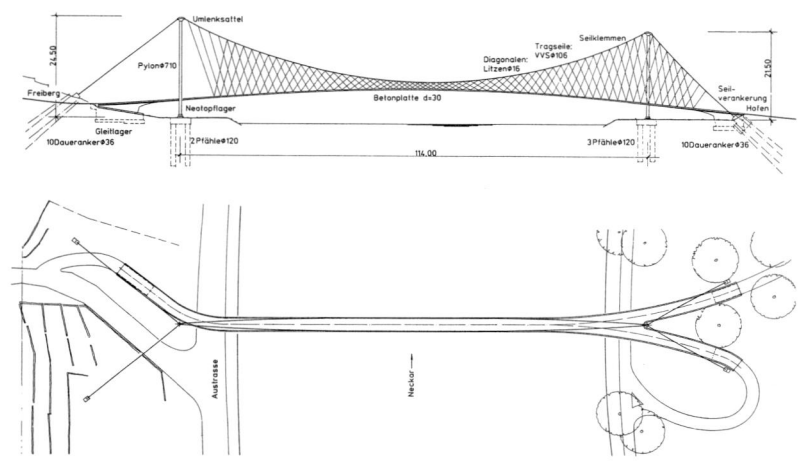

Konstruktion und Tragverhalten

Als Tragwerk für eine im Grundriss verschwenkte Gehwegplatte kommt nur die rückverankerte Hängebrücke in Betracht, nicht die selbst verankerte Hängebrücke und erst recht nicht die grundsätzlich selbst verankerte Schrägseilbrücke. So steht auf der flachen Uferseite ein Mast in der Brückenachse, mittig in der Gabelung der Brückenplatte. Er trägt flussseits die halbe Brücke und rückwärts als Gegengewicht die beiden stützfreien Rampen. Auf der Bergseite steht der Mast an der genau entsprechenden Stelle. Allerdings schwenkt hier die Platte einseitig an ihm vorbei und führt direkt zu dem am Hohlweg gelegenen Widerlager, so dass sie jenseits des Mastes nicht mehr aufgehängt werden muss, sondern dort frei tragen kann. Die Tragseile (VVS, $\varnothing$ = 106 mm) sind an beiden Mastköpfen über Sättel umgelenkt und geklemmt; auf der Bergseite dienen sie direkt der Rückverankerung des Mastes. Die schrägen Hängerseile (Edelstahllitzen, $\varnothing$ = 16 mm) sind zur zusätzlichen Versteifung der dünnen Betonplatte netzartig verschränkt angeordnet. Sie sind an der 30 cm dicken Betonplatte mit Pressfittingen, Spannschlössern und Gabelseilköpfen verankert. Dort entfallen auch die Geländerpfosten. Es wird damit ein besonders durchsichtiges Geländer aus einfachem Maschendraht zwischen zwei in Holmhöhe und entlang der Platte gespannten Litzen möglich.

Herstellung

Nach den Gründungsarbeiten sowie dem Bau der Rampen über Land auf einem Lehrgerüst wurden die Maste aufgestellt und mit Hilfsabspannungen gesichert. Mit Hilfe eines Kabelkrans (zwei Spannseile und darauf laufende Rollenwagen) wurden die Tragseile – bereits mit Hängerseilen versehen – gezogen und an den Endpunkten verankert. U-förmige Betonfertigteile mit einbetonierten Hängerbefestigungen wurden mit Koppelelementen für eine zug- und druckfeste, aber vorübergehend gelenkige Verbindung versehen und beginnend in Brückenmitte von einem Lastkahn aus in die Seilkonstruktion eingehängt. Deshalb hing die Gradiente zunächst durch und näherte sich erst nach und nach ihrer Sollform.

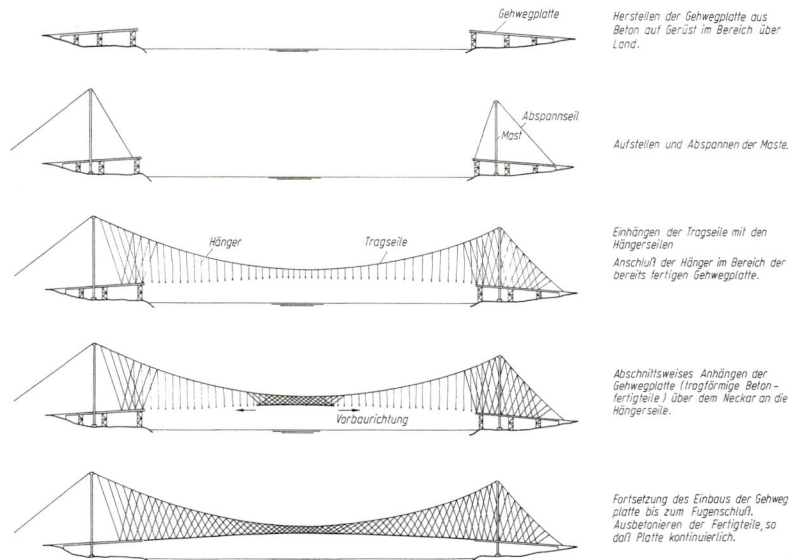

Herstellen der Gehwegplatte aus
Beton auf Gerüst im Bereich über
Land.

Aufstellen und Abspannen der Maste.

Einhängen der Tragseile mit den
Hängerseilen
Anschluß der Hänger im Bereich der
bereits fertigen Gehwegplatte.

Abschnittsweises Anhängen der
Gehwegplatte (tragförmige Beton-
fertigteile) über dem Neckar an die
Hängerseile.

Fortsetzung des Einbaus der Gehwegplatte bis zum Fugenschluß.
Ausbetonieren der Fertigteile, so
daß Platte kontinuierlich.

Literatur
Beton- und Stahlbetonbau
Heft 8, 1990

Länge
ca. 164 m
max. Spannweite
114 m
Masthöhen
24,50 bzw. 21,50 m

Bauherr
Landeshauptstadt Stuttgart
Ingenieure
Schlaich, Bergermann und Partner,
Stuttgart
Architekt
Brigitte Schlaich-Peterhans
Baufirmen
Wayss & Freytag, Stuttgart, und
Pfeifer, Memmingen
Baujahr
1989

Wegen der schrägen Hängerseile wurden die
Kopplungen der Fertigteile abwechselnd gezogen und gedrückt. Die Betonfertigteile wurden
ohne die Querfugen ausbetoniert und bildeten
vorübergehend eine Gelenkkette mit nahezu
endgültigem Gewicht. Nach dem Ausrichten
der Teile wurde die Bewehrung mit Laschen
verschweißt und die Fugen ausbetoniert. Die
größte Abweichung der Gradiente beträgt am
Hochpunkt nach Aufmaß nur etwa 8 cm – ein
Beweis für die Genauigkeit der Berechnungen
und der Seilzuschnitte. |

STUTTGART
Fußgängersteg über die
Willy-Brandt-Straße ●

Entwurf

Die Brücke überquert stützenfrei die stark
befahrene Neckarstraße und stellt die Verbindung zwischen einem Hotel, durch das ein
öffentlicher Gehweg führt, und dem Schlossgarten her. Zwischen dem Lichtraumprofil der
Straße und der durch das Hotel vorgegebenen
Höhe des Gehweges war nur Platz für eine
dünne Betonplatte, die also aufgehängt werden musste. Aus städtebaulicher Sicht wäre
ein Pylon auf der Straßenseite gegenüber dem
Hotel problematisch gewesen. So kam es
zur technisch sinnvollen, aber am Übergang
gestalterisch leider nicht ganz bewältigten
Aufhängung der Brücke am Hotel.

Konstruktion

Der Entwurf des Hotels sah zufällig beidseits
der Eingangshalle bis auf Dachhöhe zwei
durchgehende Betonstützen vor, die zur
Verankerung der Hauptseile genutzt werden
konnten. Diese Seile (VVS, $\varnothing$ = 70 mm) sind
auf der gegenüberliegenden Seite mit einer
geringen Neigung nach oben seitlich an der

Wegbeschreibung
Die Brücke verbindet das Hotel
„Intercontinental" mit dem mittleren Schlossgarten. Sie überquert
die Willy-Brandt-Straße (B14)
zwischen Schillerstraße und
Neckartor.

Betonplatte verankert, so dass dort vertikale
Zugpendel gebraucht wurden. Die Stahlbetonplatte leitet die Horizontalkomponenten der
Seilkräfte zum Hotel zurück; die Spannweite
zwischen Hotel und Pendeln beträgt 37,15 m.
Die Hängerseile, endlose Doppellitzen
($\varnothing$ = 16 mm), und die Pollerverankerung an
der Plattenunterseite eignen sich besonders
für die kurzen Hänger am Zugpendel. Sie weisen durch ihre Gestalt deutlich auf die in den
Hängerseilen liegende Platte hin. Die Seilköpfe, Beschläge und Pendel sind aus Edelstahl (G-X 5 Cr Ni 13.4). Die richtige Wahl der
Legierung für den Edelstahlguss war ange-
sichts der aggressiven Einwirkung von Tau-
salznebel von großer Bedeutung.

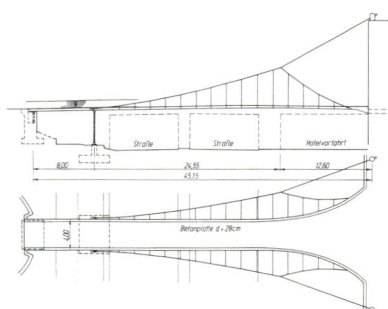

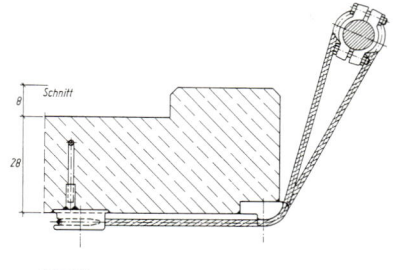

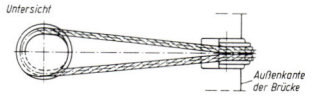

Herstellung

Die Gehwegplatte wurde auf einem Lehrgerüst betoniert und nach Einbau des losen Seiltragwerks an den Aufhängepunkten auf dem Hoteldach gespannt und so aus der Schalung gehoben. |

Literatur
Beton- und Stahlbetonbau
Heft 3, 1991

Länge
45,15 m
Breite
4 m
Plattendicke
28 cm

Bauherr
Aachener und Münchner LV AG und
Intercontinental Hotel, Stuttgart
Ingenieure
Schlaich, Bergermann und Partner,
Stuttgart
Architekten
Kammerer und Belz, Stuttgart
Baufirmen
I. Thalheimer, Stuttgart, und
Pfeifer, Memmingen
Baujahr
1989

STUTTGART
Fußgängersteg am Kochenhof •

Entwurf

Dieser Steg überspannt die Straße „Am
Kochenhof" und verbindet das Messegelände
Killesberg mit den Parkplätzen jenseits der
Straße. Da dort ohnehin schon „viel zu viel los
ist", wurde er so leicht und so filigran wie
möglich ausgebildet. Nachdem Schallschutz-
dämme aufgeschüttet werden sollten, die
schwere Widerlager bergen können, bot sich
auch wegen einer ausreichend hohen Durch-
fahrtshöhe eine Seilbinderkonstruktion an.
Dabei kann die Gehwegplatte sehr dünn
gehalten werden, da ihr – im Gegensatz zur
reinen Hängebrücke – die Aufgabe des Ver-
steifungsträgers von der Unterspannung abgenommen wird. Das gilt auch für die Querrichtung, weil die Unterspannung im Grundriss
gespreizt ist.

Konstruktion

Die über 42,50 m spannende, nur 13 cm dicke
Gehwegplatte ist aus Stahlbeton auf einer
bleibenden Schalung aus Trapezblechen mit
zwei Randwinkeln, die gleichzeitig zur Befestigung der Geländer dienen, hergestellt. Sie
liegt auf Querträgern aus Gussstahl, die über
Fittinge, Edelstahlhängerseile ($\varnothing$ = 16 mm)

Wegbeschreibung

In Stuttgart den Hinweisschildern
„Messe" folgen oder mit der Stadt-
bahn U7 vom Hauptbahnhof zur
Station Killesberg Messe fahren.
Der Fußgängersteg überspannt
die Straße Am Kochenhof in der
Nähe des Messe-Haupteingangs.

und Klemmen an das Seiltragwerk (VVS,
$\varnothing$ = 58 bzw. 38 mm) angeschlossen sind. Die
Platte ist an einem Widerlager (Nord) fest eingespannt und gegenüber auf Rollen verschieblich gelagert. Aus je drei runden Vollstäben
($\varnothing$ = 90 mm) mit Bindeblechen zusammen-
gesetzte Maste stehen in den Winkelhalbierenden der Tragseilumlenkungen, so dass Klemmen auf den Mastköpfen verzichtbar werden.
Sie sind zur Stabilisierung in Querrichtung
nach außen geneigt und mit einem Seil gekoppelt. Das Stabgeländer hat im Abstand von je
einem Meter zwei verstärkte Stäbe, die zur
Aufnahme des Holmdrucks nötig sind und in
der Schrägsicht einen Rhythmus schaffen.

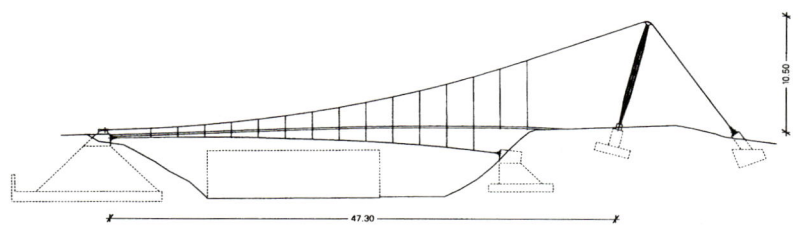

10.50

Brücken

47.30

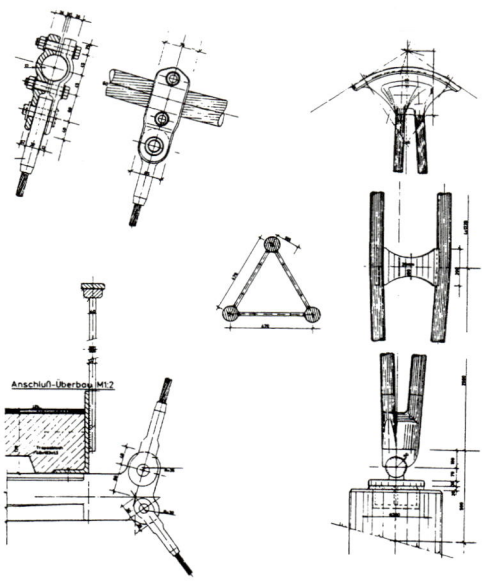

Anschluß-Überbau M1:2

Herstellung

Trotz Rückverankerung, die eigentlich eine
gerüstfreie Montage erlaubt, wurde die Gehwegplatte auf Gerüst ausgelegt und über das
Spannen der Seilkonstruktion freigesetzt.
Gespannt wurde an den Rückverankerungen
der Tragseile und den Endverankerungen der
Unterspannung. |

Bauherr
Landeshauptstadt Stuttgart
Ingenieure
Schlaich, Bergermann und Partner,
Stuttgart
Baufirmen
I. Thalheimer, Stuttgart, und
Pfeifer, Memmingen
Baujahr
1990

STUTTGART
Fußgängersteg und Ranknetz am Löwentor, IGA 1993 •

Entwurf

Mit einem in freier Form die Straße überspannenden Seilnetz, das einen Gehweg trägt und zugleich Ranknetz für Kletterpflanzen ist, wird der Versuch unternommen, eine künstliche, begehbare Landschaft über die Straße zu ziehen. Dadurch wird der Rosensteinpark mit dem Leibfriedschen Garten verbunden, ohne das denkmalgeschützte Löwentor zu beeinträchtigen.

Konstruktion und Tragverhalten

Die *vorgespannte* Netzkonstruktion mit einer Maschenweite von 1 m besteht aus gedoppelten Litzen ($\varnothing$ = 18 mm) mit Pressklemmen für Knoten und Randanschlüsse. Die Randseile ($\varnothing$ = 56 mm) werden je nach Größe der Seilkräfte verdoppelt oder verdreifacht. Das Netz ist am Rand über Maste abgespannt. Hoch- und Tiefpunkte im Inneren sorgen für die nötige Krümmung, um möglichst verformungsarm veränderliche Lasten abzutragen. Der Gehweg, eine dünne Betonplatte, ist über eine beliebig höhenverstellbare und ausrichtbare Konstruktion auf die Netzknoten aufgeständert. An der

Wegbeschreibung
Der Steg überspannt die Nordbahnhofstraße auf Höhe der Kreuzung mit Prag- und Löwentorstraße (ca. 300 m unterhalb des Pragsattels).

sehr unterschiedlichen Größe der Randseilkräfte lassen sich die beengten Platzverhältnisse zwischen den Straßen, Gleisen und unterirdischen Leitungen ablesen, von denen die Anordnung der Maste und Abspannungen bestimmt wurde. Leider wurde der Treppenabgang am Löwentor nach der IGA aus einem übertrieben verstandenen Denkmalschutz heraus abgerissen.

Brücken

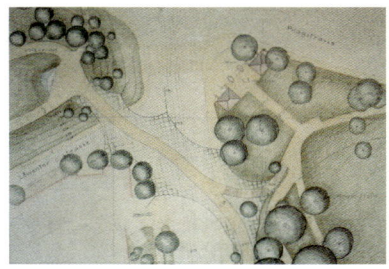

Bauherr
Landeshauptstadt Stuttgart
Entwurf
Planungsgruppe Luz, Lohrer,
Egenhofer, Schlaich
Ingenieure
Schlaich, Bergermann und Partner,
Stuttgart
Baufirmen
Müller-Altvatter, Stuttgart,
und Pfeifer, Memmingen
Baujahr
1992

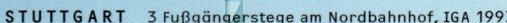

STUTTGART
3 Fußgängerstege am Nordbahnhof, IGA 1993 •

Entwurf

Zwei zusammengehörige Hängebrücken
verbinden zwei Parks über ein breites Eisenbahngelände am Nordbahnhof und eine viel
befahrene Ausfallstraße hinweg. In ihrer Fortsetzung gibt es zudem eine kurze, reine Plattenbrücke. Die GRÖSSERE BRÜCKE über das
Eisenbahngelände bindet zugleich den Nordbahnhof ein, die KLEINERE BRÜCKE eine
Stadtbahnhaltestelle. In beiden Fällen waren
große Spannweiten und niedere Konstruktionshöhen nötig – also Seilbrücken –, um die
Lichtraumprofile von Bahn und Straße einzuhalten und die Brücken kurz an das Gelände
anzubinden. Beide Brücken haben sternförmig
je drei Arme. Bei der GRÖSSEREN BRÜCKE
führt einer der Arme als Rampe mit Zwischen-
podesten für Gehbehinderte auf den Bahn-
steig. Der untere Teil der Rampe steht auf
dünnen Stützen. Bei der KLEINEREN BRÜCKE
hängt die gesamte Rampe an den Seilen.

Wegbeschreibung
Vom Hauptbahnhof stadtauswärts
auf der Heilbronner Straße (B27)
zum Nordbahnhof oder mit der
Stadtbahn (U5 bzw. U6) zur Haltestelle Löwentorbrücke bzw. mit
der S-Bahn (S4, S5 oder S6) zur
Haltestelle Nordbahnhof fahren.

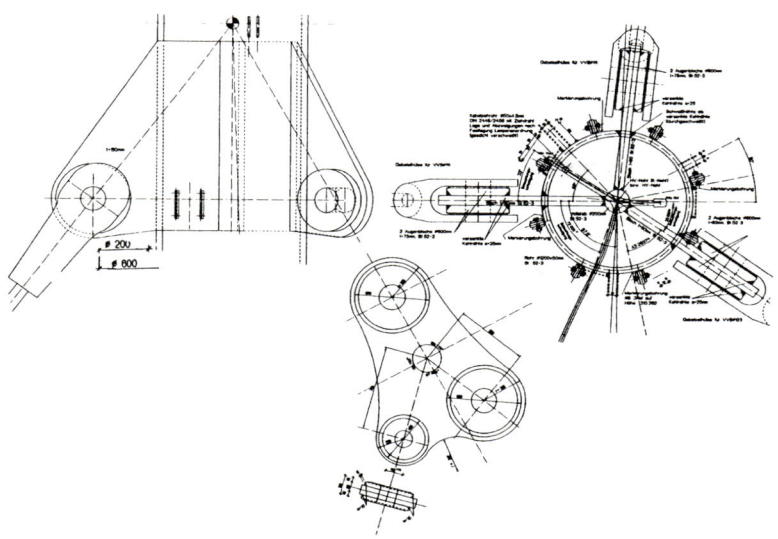

Tragverhalten der Seilbrücken

Bei der GRÖSSEREN BRÜCKE steht der Mast
so im Kreuzungspunkt der drei Arme, dass er
allein von den Hauptseilen im Gleichgewicht
gehalten wird. Über dem Mast hätten die Seile
einen recht unförmigen Umlenksattel benötigt.
So sind die sechs Seilhälften paarweise
gekoppelt und mit kurzen Einzelseilen am
Mastkopf verankert. Die komplizierte Geometrie, d. h. die unterschiedliche Höhenlage
der Koppelstücke und Neigung der Seile,
erklärt sich aus der Gleichgewichtsbedingung,
wonach sich alle Seile in einem Punkt treffen
und ihre Horizontalkraftkomponenten ausgleichen müssen. Die dreiarmige Betongehweg-
platte ist in jeder Richtung selbst verankert.
Bei der KLEINEREN BRÜCKE steht der Mast
außerhalb des Hauptwegs der Rampe gegenüber und wird in entgegengesetzter Richtung
abgespannt. So kommt es, dass diese Brücke
in Richtung des Hauptwegs selbst verankert,
in Richtung der Rampe rückverankert ist. Man
erkennt die Rückverankerung an der *Bewegungsfuge* in der Rampe, die Selbstveranke-
rungen beider Brücken an den Pendeln
gegenüber den festen Widerlagern. |

Bauherr
Landeshauptstadt Stuttgart
Entwurf
Planungsgruppe Luz, Lohrer,
Egenhofer, Schlaich
Ingenieure
Schlaich, Bergermann und Partner,
Stuttgart
Baufirmen
Wayss & Freytag, Baresel,
Müller-Altvatter, Pfeifer
Baujahr
1992

STUTTGART
2 Fußgängerstege am Pragsattel, IGA 1993 ●

Entwurf

Zur „Internationalen-Gartenbau-Ausstellung IGA 1993" wurden am Pragsattel zwei Brücken gebaut, um Fußgängern ein gefahrloses Queren der stark befahrenen Heilbronner Straße und Pragstraße zu ermöglichen. Beide Brücken gehorchen ganz unterschiedlichen Randbedingungen: Die eine überspannt eine Schlucht und konnte deshalb als BOGEN-BRÜCKE ausgebildet werden; die andere, eine PLATTENBRÜCKE, kreuzt in geringer Höhe mehrere Fahrbahnen, so dass für sie nur ein Durchlaufträger auf mehreren Stützen in Frage kam. Trotzdem wurde für beide Brücken, weil sie gleichzeitig zu sehen sind, kein einheitlicher Charakter angestrebt. Sie markieren von Norden her den Eingang zur Stuttgarter Innenstadt und haben so eine wichtige städtebauliche Funktion.

Konstruktion und Tragverhalten

Die BOGENBRÜCKE hat einen 38 m weit gespannten, polygonalen Stabbogen, der – selbst fast vollkommen biegeweich – ganz von der Betonplatte gegen einseitige Belastungen ausgesteift ist. In Umkehrung einer Hänge-brücke mit zwei Einzelmasten und gespreizten Tragseilen treffen sich die beiden Bogen-hälften an den Kämpfern und spreizen sich

Wegbeschreibung

Die Brücken stehen unmittelbar unterhalb des Pragsattels zur Stadt hin. Vom Aussichtspunkt im Zwickel Heilbronner-/Pragstraße hat man einen guten Blick auf beide Stege. Vom Hauptbahnhof aus mit der Stadtbahn (U5 bzw. U6) bis zur Haltestelle Pragsattel fahren.

zum Bogenscheitel hin. Dadurch ergeben sich günstige Neigungswinkel für die Streben zwischen den Bögen und den Plattenrändern. Die massiven, stählernen Rundstäbe für den Bogen und die Streben sind über Gussknoten verbunden. Dies vermeidet die bei Rohrkon-struktionen sonst nötigen schiefen Verschnei-dungen und erlaubt sehr einfache, gerade, rechtwinklige Anschlüsse. Bogen bzw. Stützen und Betonplatte sind monolithisch verbunden – nur an den Widerlagern liegt die Platte gelenkig auf. Die BALKENBRÜCKE hat wie die benachbarte Bogenbrücke eine Betonplatte, die durch eine Stahlstabkonstruktion gestützt wird. Die drei Hauptöffnungen haben jeweils eine Spannweite von 20 m, die beiden Endfel-der eine von 12 m. Die Stützen bestehen aus Stahlrohren und Gussknoten. Sie verzweigen sich nach oben hin, um die Platte häufig zu stützen und dadurch schlank zu halten. Die Stäbe der Stützen sind – wie beim Stab-bogen – unter Eigenlast so ausgerichtet, dass

sie rein axial, also nicht auf Biegung beansprucht werden. Die geometrische Ähnlichkeit
beider Brücken ist nicht zufällig: Man braucht
nur die Platte der Bogenbrücke gedanklich
abzusenken, den Kämpfer durch eine Stütze
zu ersetzen und die Brücke an dieser Stelle zu
spiegeln, um dies zu erkennen.

Herstellung

Das Gerüst der BOGENBRÜCKE, das während
der Bauzeit zum Schutz der Straßen- und
Stadtbahn nötig war, wurde gleichzeitig dazu
benutzt, den in zwei Hälften angelieferten
Bogen zu verschweißen und die Betonplatte
einzuschalen. Der Bogen wurde so zugeschnitten, dass er mit Auflast der Platte seine planmäßige *Stützlinien*-Geometrie annahm. Die
Betonplatte der BALKENBRÜCKE wurde nach
der Montage der „Baumstützen" konventionell
auf Gerüst und Schalung betoniert.

Verweis auf ähnliche Bauwerke

Auf der Autobahn A8, kurz hinter dem Leonberger Kreuz in Richtung Karlsruhe, überquert
eine vergleichbare Brücke mit Baumstützen
die Autobahn. |

BOGENBRÜCKE
Länge
ca. 50 m
Breite
4,50 m

BALKENBRÜCKE
Länge
83,90 m
Breite
4 m

Bauherr
Landeshauptstadt Stuttgart
Entwurf
Planungsgruppe Luz, Lohrer,
Egenhofer, Schlaich
Ingenieure
Schlaich, Bergermann und Partner,
Stuttgart
Baufirmen
Wayss + Freytag, Baresel,
Müller-Altvatter, Stahlbau Illingen
Baujahr
1992

STUTTGART-DEGERLOCH
Fußgängersteg über die Löffelstraße ●

Entwurf

Wegen des Lichtraumprofils über der Bundesstraße B 27 war ein hoch liegendes Tragwerk
nötig. Dies ist keine günstige Voraussetzung
für eine Brücke mit Torwirkung, die zudem
gegen eine architektonisch überinstrumen-
tierte Umgebung anzukämpfen hat. Die sehr
sauber konstruierte Bogenbrücke macht noch
das Beste aus dieser Situation.

Konstruktion und Tragverhalten

Die 31 m weit gespannte Bogenbrücke über
die B 27 ist mit der anschließenden, *gevouteten,* dreifeldrigen Plattenbrücke über die Stadtbahn monolithisch verbunden. Die Bogenkonstruktion (Stich = 4,80 m) aus vorgebogenen
Rohren ($\varnothing$ = 244,5 mm) bildet wegen der
diagonal angeordneten Hänger (Spiralseile,
$\varnothing$ = 16 mm) zusammen mit der Betonplatte
streng genommen einen Fachwerkträger mit
gekrümmtem Obergurt. Die Gehwegplatte
braucht daher die beiden schlanken Bögen
auch nicht zu versteifen und kann so besonders dünn ausgebildet werden. Sie ist durchgehend schlaff bewehrt, obgleich sie im
Bogenbereich als Zugband wirkt. In Querrichtung sind die Bögen durch einen Windverband
aus U-Profilen (*Vierendeel-Träger*) ausgesteift.

Wegbeschreibung
Als „Stadttor" über die B 27 in
Degerloch unübersehbar. Zugang
beidseitig von der Stadtbahnhaltestelle Degerloch Albstraße oder
von den Parkhäusern aus.

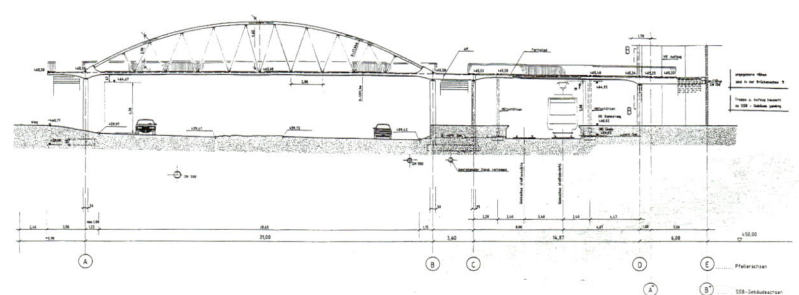

Herstellung

Straße und Stadtbahntrasse wurden beim Bau nicht nennenswert behindert, weil die 60 t schwere Bogenbrücke auf einer nahe gelegenen Baustelle als Fertigteil hergestellt, mit Sattelschleppern angefahren und eingehoben wurde. Das Mittelteil über den Gleisen wurde ebenfalls als Fertigteil angeliefert und mittels Hilfsstützen montiert. Danach wurden über Anschlussbewehrung die restlichen Brückenteile anbetoniert. |

Länge
58,97 m
Breite
3,90 m
Plattendicke
25–60 cm

Bauherr
Landeshauptstadt Stuttgart
Ingenieure
Leonhardt, Andrä und Partner, Stuttgart
Architekten
Reichl und Sassenschmidt, Stuttgart
Prüfer
B.F. Bornscheuer, Stuttgart
Baufirma
R. Besemer, Wendlingen
Bauzeit
1992–1993

STUTTGART-VAIHINGEN
Fußgängersteg über den Allmandring ● ● ●

Auf dem Gelände der Universität Stuttgart
sollte im Zuge der Gehwegerweiterung die
sogenannte „Lernstraße", die vom Allmandring unterbrochen wird, mittels einer Brücke
verbunden werden. Dazu wurde von Prof.
J. Schlaich, vom Institut für Konstruktion
und Entwurf II der Universität Stuttgart, ein
interner Ideenwettbewerb veranstaltet. Zur
Ausführung gelangte ein Bogentragwerk,
das auf eine neuartige Art versteift wird ● .

Konstruktion und Tragverhalten

Dieser sehr leicht wirkende Steg über einem
etwa 35 m breiten und 5 m tiefen Einschnitt
wird vom vorschnellen Betrachter als Bogen
mit Zugband klassifiziert. In Wirklichkeit ist
dies ein Stabbogen, der von einem stark
gespannten Seil (VVS, $\emptyset$ = 80 mm) stabilisiert
wird, dessen Rückstellkräfte unter Querlasten,
die natürlich nur bei nicht gleichmäßig verteilten Lasten wirksam werden müssen, die Rolle
des sonst biegesteifen Versteifungssystems
spielen. Der Bogen stützt sich zwar auf diesel-
ben Widerlager ab, zwischen denen das Seil
gespannt ist, Zugband und Bogen wirken aber
unabhängig voneinander. Unter Volllast
beträgt der Bogenschub nur ca. 1.200 kN,
die *Vorspann*-Kraft im Seil aber zwischen

Wegbeschreibung
Der Allmandring liegt auf dem
Universitätsgelände in Stuttgart-
Vaihingen, in der Nähe der Mensa.
Der Campus ist mit dem Auto über
das Autobahnkreuz Stuttgart und
die A831 bzw. B14, Ausfahrt Universität, zu erreichen. Alternativ
mit der S-Bahn (S1, S2, S3) vom
Hauptbahnhof zur Haltestelle Universität fahren.

Brücken

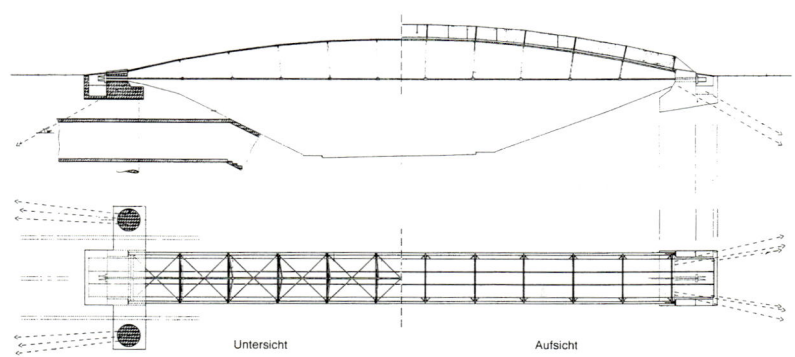

Untersicht   Aufsicht

3.000 kN (warmer Tag) und 4.000 kN (kalter Tag). Jedes Widerlager braucht also für die Differenz von max. 2.800 kN Zuganker – ungewöhnlich für ein Bogenwiderlager!

Das Zugband entwickelt auch in Querrichtung Rückstellkräfte, so dass eine halbseitige Last auf dem Gehweg über die Stahlrohr-Druckstreben (∅ = 51 mm) direkt abgestützt wird und so gar keine Torsion aufkommt. Natürlich schwingt eine solche Brücke und mit ihrem Gitterrostbelag kann sie auch rutschig werden; sie lebt eben – nicht zuletzt auch wegen ihrer schönen Details! |

Literatur
Deutsche Bauzeitung
Heft 3, 1994

Arch+
Heft 124/125, Dezember 1994

Spannweite
34 m
Bogenstich
1,98 m
Breite
3,15 m

Bauherr
Universitätsbauamt Stuttgart und Hohenheim
Ingenieur
G. Lachenmann, Vaihingen/Enz
Architekten
Kaag und Schwarz, Stuttgart
Prüfer
W. Zellner, Stuttgart
Baufirmen
H. Rothfuss, Siemeth, Pfeifer
Baujahr
1994

STUTTGART-VAIHINGEN
Nesenbachtalbrücke ● ● ●

Mit der neuen, 1,9 km langen Ostumfahrung von Vaihingen wurde zwischen zwei Tunneln eine Brücke über das Nesenbachtal erforderlich. Bei der Planung der Brücke waren vor allem der Lärmschutz der Anwohner und die Einbindung in die Landschaft zu berücksichtigen. Im Frühjahr 1994 wurde dazu ein beschränkter Realisierungswettbewerb ausgelobt, zu dem fünf Ingenieurbüros geladen wurden. Den ersten Preis erhielt der hier beschriebene Entwurf, dessen Bau vor kurzem begann.

Konstruktion

Um das noch weitgehend unverbaute Nesenbachtal zu schonen, wurde beim Brückenentwurf ein Höchstmaß an Leichtigkeit angestrebt. Der Überbau besteht aus einem Stahlrohrfachwerk unter einer Betonplatte, dessen Spannweiten (8,25 – 16,50 – 24,75 – 49,50 – 35,75 – 15,86 m) der veränderlichen Taltiefe angepaßt sind. Die ausschließlich steigenden und fallenden Diagonalen des Fachwerks sowie dessen Untergurte bestehen aus Stahlrohren, die über Formstücke aus Stahlguss (eine neue Entwicklung) miteinander verschweißt sind. Den Obergurt bildet eine

Wegbeschreibung

Die Brücke wird unmittelbar neben dem Eisenbahnviadukt gebaut, der die Kaltentaler Abfahrt zwischen Stuttgart-Vaihingen und Stuttgart-Kaltental auf der Fahrt Richtung Stuttgart-Mitte bzw. die parallel verlaufende Böblinger Straße auf der Fahrt Richtung Vaihingen kreuzt. Auch erreichbar mit der U1 bzw. der U6 vom Vaihinger Bahnhof aus; aussteigen an der Haltestelle Vaihinger Viadukt.

Fahrbahnplatte aus Stahlbeton. Getragen wird dieser Überbau durch sich nach oben spreizende Stützen aus Stahlrohren und Stahlgussknoten, die fest mit der Betonplatte und den Fundamenten verbunden sind. Die Betonplatte des Überbaus ist in Längsrichtung fugenlos ausgebildet, also ganz ohne Fahrbahnübergänge fest mit den beiden Tunneln so verbunden, dass diese sie in Längsrichtung halten und ihre Zugkräfte bei Abkühlung bzw. Druckkräfte bei Erwärmung aufnehmen● . Für eine gute Rissverteilung unter Zug ist die Platte kräftig bewehrt. Ziel dieser neuartigen Maßnahme ist eine möglichst robuste Brücke ohne

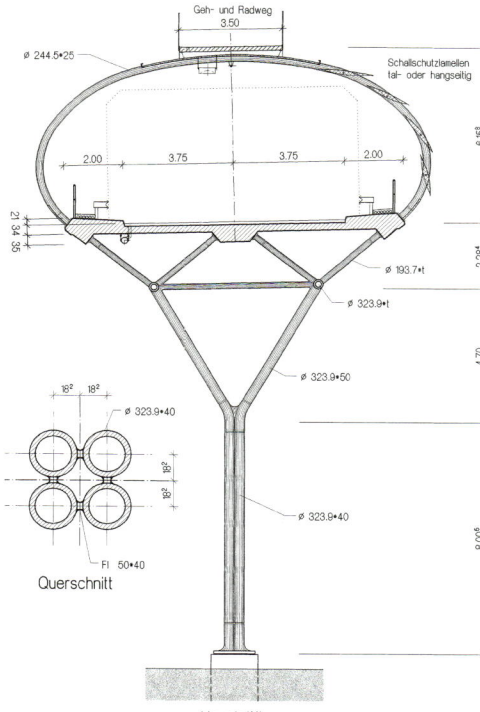

Geh- und Radweg
3.50

ø 244.5•25

Schallschutzlamellen
tal- oder hangseitig

2.00   3.75   3.75   2.00

6.15³

21 34 35

2.28⁴

ø 193.7•t

ø 323.9•t

4.70

ø 323.9•50

18²   18²

ø 323.9•40

ø 323.9•40

8.00⁶

Fl 50•40

Querschnitt

Hauptstütze

Länge
ca. 150 m
Fahrbahnbreite
7,50 m
Gehwegbreite
3,50 m

Bauherr
Landeshauptstadt Stuttgart
Ingenieure
- **Entwurf und Planung**
Schlaich, Bergermann und Partner,
Stuttgart
- **Landschaftsarchitekt**
Luz und Partner, Stuttgart
- **Lärmschutzberechnung**
Gertis + Fuchs, Stuttgart
- **Betontechnologische Beratung**
H.W. Reinhardt, Stuttgart
- **Prüfung**
W. Zellner, Stuttgart
Baufirmen
Woff & Müller GmbH und Co. KG,
Stuttgart, und Stahlbau Illingen GmbH
Geplante Fertigstellung
Ende 1999

Bewegungen, also auch ohne Lager. Durch
den Verzicht auf Fahrbahnübergänge wird die
lauteste Lärmquelle ausgeschaltet. Auf die
Betonplatte sind in Querrichtung spannende
Stahlbögen aufgesetzt, die die Rundung der
Tunnel aufnehmen und einen zentral über der
Fahrbahn liegenden Geh- und Radweg sowie
die seitlich angeordneten Lärmschutzelemen-
te tragen. Die Anordnung dieser schräg an-
gestellten Lärmschutzlamellen erfolgt derart,
dass weiterhin Licht und Luft durchgelassen
werden. Die beidseitig angebrachten Lamellen erstrecken sich aber nicht über die gesamte Brückenlänge, so dass der Autofahrer
zwischendurch einen Ausblick auf das Nesenbachtal hat. Die Portale selbst sind möglichst
unauffällig in die Hangfläche eingefügt. |

TITISEE-NEUSTADT
Gutachtalbrücke ●●

Die B31 Donaueschingen–Freiburg i. Br.
überquert bei Titisee-Neustadt das Gutachtal in einer großen Kurve mit einer knapp
100 m hohen Betonbrücke. Der Ausschreibungsentwurf sah hier eine 617 m lange
Haupt- und eine 134,55 m lange Anschlussbrücke vor, deren Überbauten jeweils im
Taktschiebeverfahren hergestellt werden
sollten. Abweichend von diesem Plan
gelangte für die Hauptbrücke der Sondervorschlag einer Bietergemeinschaft zur Ausführung. Dieser sah vor, einen viel schöne-
ren Überbau mit veränderlicher Trägerhöhe
im *Freivorbau* zu erstellen.

Konstruktion und Tragverhalten

Die Hauptbrücke hat sieben Pfeiler, die einen
gevouteten, einzelligen Hohlkasten tragen.
Hierbei bilden die drei mittleren Pfeiler in den
Achsen 3, 4 und 5 mit dem Überbau einen
gelenklosen Rahmen, der für die Längsaussteifung sorgt. Bei den beidseitig anschließenden Hangpfeilern und den Widerlagern wurden
verschiebliche Lager eingebaut, um Zwänge
zu vermeiden bzw. die Dehnwege auf beide
Fahrbahnübergänge zu verteilen. Die Trägerhöhe variiert zwischen 6,40 m über den Pfeilern und 3 m im Feld. Mit Ausnahme der
beiden Endfelder ist die untere Kontur des
einzelligen Kastens parabelförmig ausgerun-
det. Der maximal 101 m weit spannende Überbau ist in Längsrichtung für Eigenlast und
80 % der zu berücksichtigenden Verkehrslast
voll vorgespannt, in Querrichtung *beschränkt
vorgespannt.* Die Pfeiler sind als rechteckige
Betonhohlpfeiler ausgebildet und haben in
beide Richtungen einen linearen Anlauf. Dies
gilt nicht für den mit gleich bleibendem Querschnitt ausgebildeten Gruppenpfeiler in
Achse 8, der sowohl der Haupt- als auch der
Anschlussbrücke als Auflager dient. Letztere
ist ein parallelgurtiger Hohlkasten auf massiven Rundstützen.

Wegbeschreibung
Die B31 Donaueschingen–
Freiburg i. Br. nach Rötenbach noch
vor der Gutachbrücke verlassen
und in Richtung Neustadt fahren.
Im Gutachtal mündet die Straße
auf die L156 Neustadt–Lenzkirch.
Hier in Richtung Lenzkirch links abbiegen. Die L156 führt im weiteren
Verlauf unter der Gutachtalbrücke
hindurch.

Gründung

Die Pfeiler und Widerlager sind auf dem in geringer Tiefe anstehenden Bärhaldegranit auf
Freiburger Seite bzw. auf dem Granitporphyr
auf Donaueschinger Seite flach gegründet.

Herstellung

Die beiden Endfelder der Hauptbrücke sowie
das Anschlussbauwerk wurden konventionell
auf Lehrgerüst betoniert. Im restlichen Bereich der Hauptbrücke wurde in Anlehnung an
das vom selben Entwurfsverfasser entwickelte
Bauverfahren der berühmten Siegtalbrücke
bei Eiserfeld der Überbau im *Freivorbau* mit
Stahlhilfsträger hergestellt. Der Stahlträger
dient dabei dem Vorfahren der Vorbauwagen,
die so auf einfache Weise von einem Pfeiler an
den nächsten weitergereicht werden können.
Vorteilhaft ist auch, dass bei diesem *Freivorbau* alle zeitintensiven Vertikaltransporte entfallen. Nachdem die Pfeiler mit Hilfe einer
Kletterschalung hergestellt waren, erfolgte
deshalb hier der Material- und Personenzu-
gang ausschließlich vom Freiburger Widerlager
aus über den bereits fertig gestellten Überbauabschnitt sowie den Stahlträger, der die
Verbindung zum isoliert stehenden Pfeiler mit
den Arbeitsorten herstellte. |

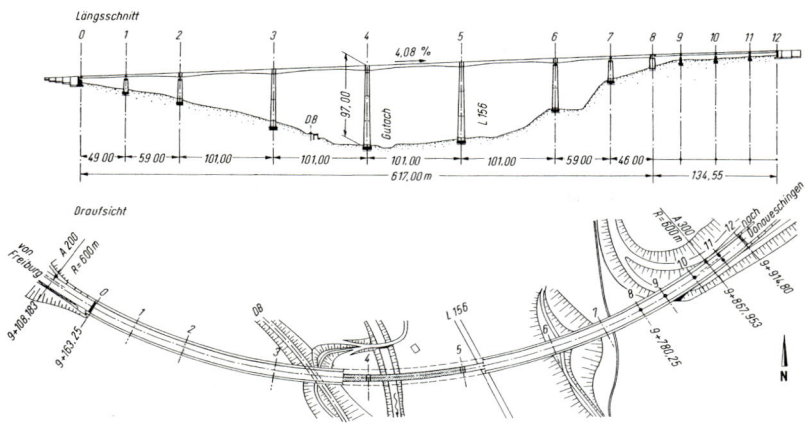

Längsschnitt

Draufsicht

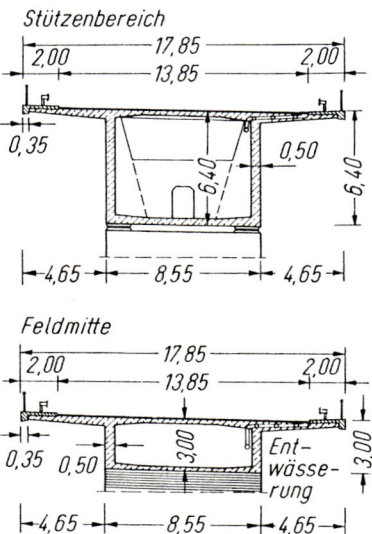

Stützenbereich

Feldmitte

Ent-
wässe-
rung

Literatur
Beton- und Stahlbetonbau
Heft 4, 1983

Länge
751,55 m
Breite
17,85 m
Höhe
97 m
Kurvenradius
600 m

Bauherr
Bundesrepublik Deutschland
Ingenieur
H. Wittfoth, Frankfurt/M.
Prüfer
W. Andrä, Stuttgart
Baufirmen
Polensky & Zöllner, Stuttgart, und
R. Besemer, Wendlingen
Bauzeit
1978–1980

TÜBINGEN
Alleenbrücke ●

Geschichte

Im Jahre 1508 wurde vor dem Hirschauer Tor ein hölzerner Fußgängersteg über den Neckar gebaut. Er wurde mehrfach vom Hochwasser mitgerissen, aber immer wieder als hölzerner Steg aufgebaut. Im Jahre 1895, zwei Jahre nachdem wieder ein Hochwasser den Hirschauer Steg stark beschädigt hatte, konnte die Stadt von einer Bürgerinitiative zum Bau einer massiven Brücke bewegt werden. Die am 18.11.1896 eingeweihte Alleenbrücke hatte einen mit Natursteinen verkleideten Kreissegmentbogen aus Stampfbeton. In Zusammenhang mit der Neckarkorrektur in den Jahren 1909 bis 1911 wurde die Brücke mit einem Bogen gleicher Art über den neuen, parallel zum Neckar verlaufenden Flutkanal verlängert. Beide Bögen wurden jedoch am Ende des Zweiten Weltkrieges zerstört. Im Jahre 1953 wurde der Brückenzug wieder mit Bogentragwerken, aber in neuer Form aufgebaut. Die neue Alleenbrücke geht auf die eleganten Stabbögen zurück, die der Schweizer Ingenieur Robert Maillart in den zwanziger Jahren erstmalig baute.

Wegbeschreibung

In Tübingen vom Hauptbahnhof aus auf der Europastraße in Richtung Rottenburg fahren. Noch vor dem Bahnübergang geht rechts die Derendinger Allee ab. Diese führt im weiteren Verlauf direkt zur Alleenbrücke. Vom begehbaren Inselstreifen zwischen beiden Neckararmen hat man einen guten Blick auf die Brücke.

Konstruktion und Tragverhalten

Die Alleenbrücke hat zwei gleichartige, 31,14 m weit spannende Stabbögen, die von einem aufgeständerten Fahrbahnträger versteift werden. Ihre polygonale Form gehorcht der *Stützlinie* aus Brückeneigenlast. Jeder Bogen hat eine Breite von 4 m und eine konstante Dicke von 20 cm. Sie sind im Abstand von 3,50 m paarweise parallel angeordnet und tragen schlanke, 3,80 m breite Stahlbetonscheiben im Achsabstand von 3,46 m. Diese Scheiben sind 20 cm dick und im oberen Bereich durch einen Riegel gleicher Dicke miteinander verbunden, wodurch sichergestellt wird, dass eine gute Querverteilung einseitiger Lasten erzielt wird. Sie sind oben und unten mit *Betongelenken* ausgerüstet.

Hierdurch wirken sie als Pendelscheiben, die Temperaturdehnungen des Fahrbahnträgers in Längsrichtung ohne Zwänge ermöglichen. Der Fahrbahnträger, der bei den Widerlagern auf Stahlrollen aufgelagert ist, hat seinen Festpunkt über dem Bogenscheitel. Er besteht aus einem in Längsrichtung *vorgespannten Plattenbalken*, dessen Stege jeweils einen Kabelkanal beherbergen.

Die Vorgängerbrücke wurde auf dem unterhalb der Neckarsohle gelegenen Mergel flach gegründet. Da bei ihrer Sprengung die Fundamente nicht in Mitleidenschaft gezogen wurden, konnten sie für den Bau der neuen Brücke herangezogen werden.

Herstellung

Die Entwicklung des äußerst dünnen Stabbogens ermöglichte sehr leichte und sparsame Lehrgerüste. Maillart trieb diesen Gedanken noch weiter, indem er zwei Bogenhälften nebeneinander herstellte, die gemeinsam einen Fahrbahnträger stützen. Auf diese Weise konnte er den Aufwand für das Lehrgerüst minimieren. Im Fall der Alleenbrücke, bei der diese Idee von Maillart übernommen wurde, konnte in den an Material knappen Nachkriegsjahren das Lehrgerüst insgesamt viermal verwendet werden. Besondere Sorgfalt erforderte jedoch das Betonieren des Fahrbahnträgers, da die weichen, nur geringfügig durch das Lehrgerüst versteiften Stabbögen in dieser Bauphase gegenüber ungleichmäßigen Lasten sehr empfindlich waren.

Verweis auf ähnliche Bauwerke

Im Kaufwald bei Böblingen wird von einer gleichartigen Stabbogenbrücke die Gäubahn *siehe Seiten 287 und 289* überquert. |

Länge
2 x ca. 45 m
Breite
14 m
Höhe
7,60 m

Bauherr
Stadt Tübingen
Entwurf und Baufirma
C. Baresel AG, Stuttgart
Prüfer
K. Deininger, Stuttgart
Bauzeit
1952–1953

TÜBINGEN
Neckarbrücke der Bahn ●●

Geschichte

Anfang des 20. Jahrhunderts wurde die Ammertalbahn gebaut, eine einspurige Nebenstrecke, die Tübingen und Herrenberg miteinander verbindet. In ihrem Verlauf wurde zwischen Tübingen-Hauptbahnhof und Tübingen-West eine Brücke erforderlich. Diese wurde als eine der ersten Eisenbahnbrücken in Stampfbeton mit unprofilierten Eisen als Bewehrung ausgeführt. Das Bauwerk, das mit zwei Bögen den Neckar sowie dessen Flutkanal überbrückt, wurde am 18.04.1945 durch die Sprengung des auf der Schlossseite gelegenen Bogens unpassierbar gemacht. Nach dem Krieg wurde der zerstörte Bogen in gleicher Art wieder aufgebaut, so dass die Strecke im August 1946 wieder in Betrieb genommen werden konnte.

Entwurf

Die damals noch nicht ausgeführte Neckar-Hochwasserregulierung sah vor, im Bereich der Brücke den Neckar durch einen parallel angelegten Flutkanal zu erweitern. Der neue Kanal, der vom Flussbett durch einen durchgehenden Inselstreifen getrennt sein sollte, musste deshalb gleichermaßen wie das Flussbett überbrückt werden. Alle Vorentwürfe schlugen Bogenbrücken mit zwei Öffnungen in spiegelbildlicher Anordnung vor. Dabei favorisierten fünf Lösungen mit Stahlträgern jeweils eine abgehängte Fahrbahn, während zwei Entwürfe von Betonbrücken eine aufgeständerte Fahrbahn vorschlugen. Zur Ausführung

Wegbeschreibung

Die Neckarbrücke der Bahn befindet sich ca. 200 m flussaufwärts der Alleenbrücke *siehe Seite 202*. Von der Alleenbrücke führt eine Treppe auf den Inselstreifen; hier den Durchlass unter der Alleenbrücke passieren und zum vorderen Ende des Inselstreifens gehen.

gelangte eine gegenüber den Vorentwürfen schlichte *Eisenbeton*-Konstruktion. Im breiten Mittelpfeiler sowie in den uferseitigen Widerlagern wurden gewölbeartige Durchlässe für Fußgänger angeordnet – beim Mittelpfeiler mit einer Plattform mit Aussicht auf den vorderen Teil des Inselstreifens. Einziger Schmuck ist ein über dem Mittelpfeiler angeordneter Obelisk.

Konstruktion und Tragverhalten

Die beiden gleichartigen Dreigelenkbögen spannen jeweils 34 m weit. Neben einem Scheitelgelenk haben sie zwei Kämpfergelenke, die zum Schutz vor Hochwasser 3 m nach innen verlegt worden sind. Alle Gelenke sind als Walzgelenke aus Gussstahl ausgebildet. Die Brücke erscheint noch als Bogenbrücke mit vollen Gewölbezwickeln, obwohl jeder Bogen in zwei 1,30 m breite Gewölberippen aufgelöst ist und die Zwickel lediglich durch Stirnmauern geschlossen werden. Die Rippenstärke beträgt an den Kämpfergelenken 1,20 m, im Scheitel 1,06 m. In den Viertelspunkten nimmt die Stärke entsprechend dem Momentenverlauf unter ungünstiger Verkehrsbelastung mit 1,33 m den

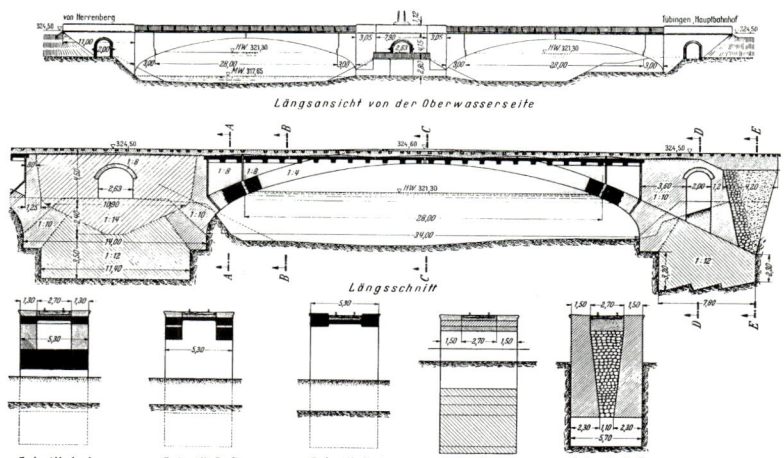

Längsansicht von der Oberwasserseite

Längsschnitt

Schnitt A–A   *Schnitt B–B*   *Schnitt C–C*   *Schnitt D–D*   *Schnitt E–E*

größten Wert an. Im mittleren Bereich der Öffnung sind die massiven Stahlbetonrippen über den Fahrbahnträger gezogen, um bei der vorgegebenen Lage der Gleisgradiente einen möglichst großen Bogenstich zu nutzen. Der Fahrbahnträger, ein in Querrichtung spannender *Plattenbalken*, bildet hier zusammen mit den Rippen einen Trog und steift damit die Rippen in Querrichtung aus. Der sicheren Einleitung der Querkräfte in die Rippen wurde in diesem Bereich durch eine Aufhängebewehrung im Querträgerabstand von 1,33 m Rechnung getragen.

Herstellung

Beide Bögen wurden unter Verwendung desselben Lehrgerüstes errichtet. Die Rippen wurden symmetrisch von beiden Kämpfern aus in Richtung Scheitel betoniert. Die vorab auf das Gerüst gelegten Sandsäcke wurden dabei mit zunehmendem Baufortschritt wieder entfernt, um Bewegungen der Schalung während des Betonierens zu minimieren. Die Gelenke waren durch Hilfskonstruktionen in der richtigen Lage fixiert und wurden direkt (ohne Zwischenlage) hinterstampft. Im mittleren Teil wurde die Fahrbahntafel gleichzeitig mit den Rippen in einem Guss betoniert. Der restliche Überbau wurde erst nach Bogenschluss vollendet. |

Literatur
Schweizerische Bauzeitung
Heft 18, 1911

Beton und Eisen
Heft 1 und 2, 1911

Länge
104 m
Breite
5,30 m
Höhe
6,80 m

Bauherr
Württembergische Staatseisenbahn
Ingenieur
K. Schaechterle, Stuttgart
Architekt
M. Elsässer, Stuttgart
Prüfer
E. Mörsch, Stuttgart
Baufirma
Wayss & Freytag AG, Stuttgart
Bauzeit
1909–1910
Sanierung
1997–1998

U L M
Gänstorbrücke ● ●

Geschichte

In der Nähe des alten, heute noch erhaltenen
Gänstores wurde in den Jahren 1910 bis 1912
die „Neue Donaubrücke" erbaut. Mit der harmonischen Form ihrer drei Korbbögen und
der schlichten Muschelkalkfassade wurde sie
als Schmuckstück bezeichnet. Im Jahre 1945
wurden alle vier Donaubrücken zwischen
Ulm und Neu-Ulm zerstört. An die Stelle der
Neuen Donaubrücke trat eine provisorische
Notbrücke aus Holz, die im Jahre 1950 durch
die Gänstorbrücke ersetzt wurde.

Konstruktion und Tragverhalten

Die heutige Brücke besteht aus zwei parallel
angeordneten, gleichartigen Rahmentrag-
werken aus Beton, die in einem Schwung mit
81,30 m Spannweite die Donau überbrücken.
Die in Längsrichtung verlaufende Fuge
zwischen beiden Konstruktionen wird von
einer 70 cm breiten Einhängeplatte überbrückt,
so dass der Eindruck eines Gesamtbauwerks
erweckt wird. Die Rahmen wurden ohne an-
fällige Gelenke ausgebildet; sie tragen aber
wegen ihrer Steifigkeitsverteilung fast wie
Dreigelenkrahmen mit einem Scheitel- und
zwei Fußgelenken. Die Rahmenstiele sind
jeweils in vertikale Druck- und schräge, *vorgespannte* Zugstreben aufgelöst. Diese treffen

Wegbeschreibung

Die Gänstorbrücke befindet sich
am östlichen Ende der Ulmer
Altstadt. Sie ist im Stadtzentrum
von Ulm die letzte Donaustraßen-
brücke flussabwärts.

auf Höhe des Fundamentes in einem Punkt
zusammen und rechtfertigen damit die Annahme von Fußgelenken. Jeder Rahmenriegel wird
von einem zweistegigen *Plattenbalken* gebildet, der *beschränkt vorgespannt* wurde. Im
Feld sind die Riegel nur für kleine, positive
Momente ausgelegt, um in Brückenmitte
einen schlanken Überbau zu erzielen. Diese
Vorgabe bedingt aus Gleichgewichtsgründen
aber relativ große, negative Momente in den
Rahmenecken, die hier einen Querschnitt mit
einem großen Widerstandsmoment erforderlich machen. Die Stege des *Plattenbalkens*
sind deshalb *gevoutet* ausgeführt und zwar so,
dass sich nicht nur ihre Höhe, sondern auch
ihre Breite über die Brückenlänge stetig ändert. Dabei wurden ihre Außenflächen aus
gestalterischen Gründen eben geschalt und
ihre Breite nur innen variiert.

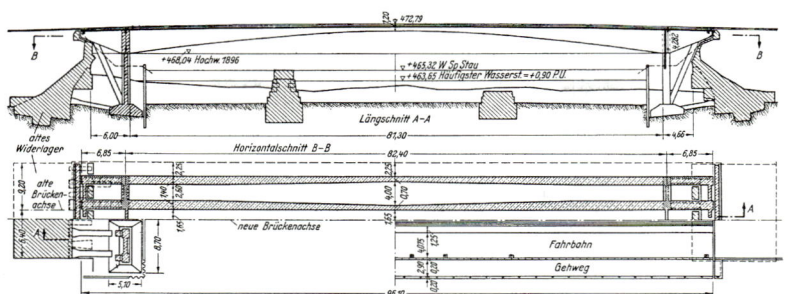

Gründung

Die Gänstorbrücke ist auf einer harten Lehm-
und Mergelschicht gegründet, die ca. 5 m
unter der Flusssohle unter einer lehmigen
Kiesschicht ansteht. Der auf die Fundamente
einwirkende Horizontalschub wird dabei größtenteils über mehrere Druckriegel den noch
intakten, staffelförmig abgesetzten Gründungs-
körpern der alten Brücke zugewiesen.

Herstellung

Die erste Brückenhälfte wurde stromaufwärts
erstellt, nachdem für beide Brückenhälften die
Gründungsarbeiten beendet waren. Nach dem
Abbinden des Betons wurde das Gerüst abgesenkt, verschoben und die zweite Hälfte der
Brücke hergestellt. |

Literatur
Der Bauingenieur
Heft 10, 1951

Länge
96,10 m
Breite
18,60 m

Bauherr
Stadtverwaltungen von Ulm und
Neu-Ulm
Ingenieur
U. Finsterwalder, München
Prüfer
H. Rüsch, München
Baufirmen
Dyckerhoff & Widmann,
C. Baresel sowie Wolfer & Goebel
Baujahr
1950

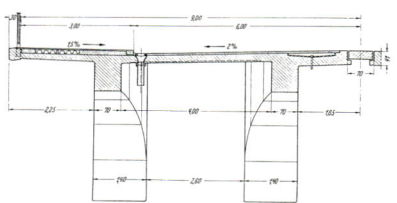

ULM

Neutorbrücke ●● ●

Die Neutorbrücke führt über die Bahngleise
der Strecke Stuttgart–Ulm und verbindet
das im späten 19. Jahrhundert bebaute Gebiet zwischen Olgastraße und Karlstraße
mit dem Villenviertel auf dem Michelsberg.
Die ursprünglich reich verzierte Brücke,
die mit ihren Fialen auf den Pylonen einen
direkten Bezug zum Ulmer Münster herstellt,
ist eine der wenigen noch erhaltenen Ausle-
gerbrücken ●, die um die Jahrhundertwende
in großer Zahl gebaut wurden. Im Jahre 1988
wurde sie ins Denkmalbuch eingetragen.

Konstruktion und Tragverhalten

Die weithin sichtbare Brücke ist eine Eisenfachwerkkonstruktion, die mit ihrer schwung-
vollen Linienführung des Obergurtes an eine
Hängebrücke erinnert. Ihr statisches System
entspricht aber dem einer Auslegerbrücke mit
eingehängtem „Schweberäger", also einem
System, das allgemein als Gerberträger bekannt geworden ist. Sie ist damit die kleine
Ausgabe der Friedrichsbrücke in Mannheim,

Wegbeschreibung

Nördlich des Ulmer Hauptbahn-
hofes (Bahnhofsplatz) über die
Olgastraße in westlicher Richtung
ca. 250 m bis zu einer Kreuzung.
Hier links abbiegen in die Neu-
torstraße, die im weiteren Verlauf
zur Neutorbrücke und zum
Michelsberg führt.

die 1891 von Heinrich Gerber entworfen und
im Zweiten Weltkrieg zerstört wurde. Gerber
vereinigte dort die Vorteile eines Durchlaufträgers mit denen eines statisch bestimmten
Systems, indem er an den Stellen der Momen-
tennulldurchgänge Gelenke anordnete. Im
Gegensatz zu diesem klassischen Gerberträger wurde die Neutorbrücke an beiden
Zwischenstützen in Längsrichtung unverschieblich gelagert, wodurch bei Temperaturänderungen Zwänge im Tragwerk entstehen.
Die sogenannten Gerbergelenke wurden im
Untergurt eingebaut. Über den Gelenken wurden in den Obergurten nicht tragende, über

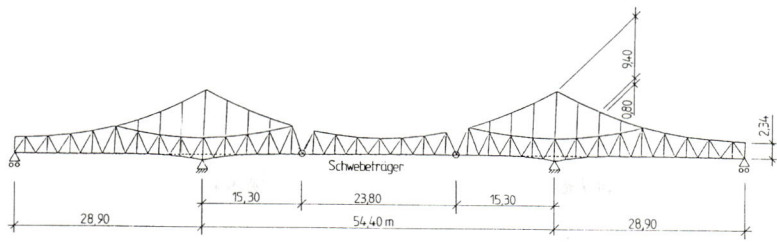

Schwebeträger

| 28,90 | 15,30 | 23,80 | 15,30 | 28,90 |

54,40 m

Querschnitt

Außenfelder   Mittelfeld

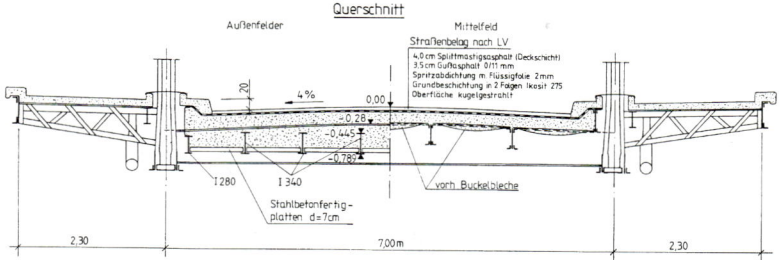

Straßenbelag nach LV
4,0 cm Splittmastigsasphalt (Deckschicht)
3,5 cm Gußasphalt 0/11 mm
Spritzabdichtung m. Flüssigfolie 2 mm
Grundbeschichtung in 2 Folgen Ikosit 275
Oberfläche kugelgestrahlt

4 %   0,00

-0,28
-0,445
-0,787

I 280   I 340   vorh. Buckelbleche

Stahlbetonfertig-
platten d=7cm

| 2,30 | 7,00m | 2,30 |

Langloch angeschlossene „Blindstäbe" eingefügt, um die Obergurtform harmonisch durch-
gehen zu lassen. Der Überbau besteht aus
in Beton ausgeführten Fahrbahn- und Gehweg-
platten, die auf einer Eisenkonstruktion aus
Längs-, Quer- und Hauptträgern aufliegen.
Die nachträglich mit Kunststein verkleideten
Unterbauten sind ebenfalls aus Beton gefertigt.

Sanierung

Schon im Jahre 1964 wurden die meisten Verzierungen abgenommen, da sie stark verrostet
waren. In den siebziger Jahren wurden dann
zunehmend Schäden an der Tragkonstruktion
festgestellt, die fast das Aus für die Brücke
bedeutet hätten. Glücklicherweise erkannte
man aber schon damals den baugeschicht-
lichen Wert der Brücke und entschloss sich
zu einer Sanierung, um die Neutorbrücke zu
erhalten. |

Literatur
Der Stahlbau
Heft 10, 1990

Länge
112,20 m
Breite
11,60 m
Pylonhöhe über Fahrbahn
9,40 m

Bauherr
Württembergische Staatseisenbahn
Ingenieure
Levi und Büttner, Stuttgart
Baufirma
Maschinenfabrik, Esslingen
Bauzeit
1906–1907
Sanierung
Ende der achtziger Jahre

UNTERREGENBACH
Jagstbrücke ● ●

Geschichte

Anfang des 19. Jahrhunderts wurde der unterhalb der heutigen Brücke gelegene, hölzerne Fußgängersteg durch Eisgang zerstört. Fuhrwerken stand bislang nur eine Furt zur Verfügung, was bei Hochwasser einen Umweg nach Oberregenbach zur dortigen alten Steinbrücke (Baujahr 1683) erforderlich machte. Deshalb wurde in den Jahren 1821/22 vom Hofzimmermann Clemens Schumm eine überdachte Holzbrücke für Fußgänger und Fuhrwerke gebaut. Diese Brücke drohte zu Beginn des 20. Jahrhunderts einzustürzen, nachdem sie sich durch die Zunahme des Verkehrs verschoben und geneigt hatte. Es gelang jedoch ortsässigen Zimmerleuten, die Brücke mit Hilfe von Flaschenzügen und Seilwinden wieder zu richten und in ihre ursprüngliche Lage zu versetzen. Am Ende des Zweiten Weltkrieges blieb ihr die geplante Sprengung erspart; doch wurde sie durch die einrückenden Amerikaner schwer beschädigt. Diese und weitere Schäden machten im Jahre 1958 einen Neubau unumgänglich, der trotz einer Erhöhung der Traglast auf 9 Tonnen das alte Erscheinungsbild beizubehalten versucht.

Konstruktion und Tragverhalten

Das Haupttragwerk besteht aus zwei 40 m weit spannenden Holzbögen, die jeweils aus vier übereinander liegenden Lamellen zusammengesetzt sind. Jede einzelne Lamelle wurde

Wegbeschreibung
Autobahn A6 Heilbronn–Nürnberg, Ausfahrt Ilshofen/Wolpertshausen; dann in nördlicher Richtung nach Langenburg-Bächlingen fahren. Von hier aus der Jagst folger, die über Langenburg-Oberregenbach nach Unterregenbach führt.

über Feuer und unter ständigem Befeuchten mit Wasser mechanisch in ihre gekrümmte Form gebracht. Untereinander sind sie versetzt stumpf gestoßen und durch Stahlzangen gebündelt. Versteift werden die Bögen durch ein Fachwerk, das diagonal verstrebte Zangenpfosten mit einem Untergurt in Fahrbahnebene bzw. einem Obergurt unmittelbar unter dem Dachstuhl aufspannen. Die im Abstand von 5 m angeordneten Hauptquerträger sind dabei über die Zangenpfosten an die Lamellenbögen angeschlossen. Die Nebenquerträger, die bei der alten Brücke noch mit Zapfen zwischen die Untergurte eingefügt waren, sind nun wegen der höheren Traglast über Stahlbänder an die Bögen gehängt. Über den Haupt- und Nebenquerträgern befinden sich Längsträger, die den Fahrbahnbelag aus zwei gekreuzten Lagen von Holzbrettern tragen. In den Ebenen der Unter- bzw. Obergurte sind Andreaskreuze eingebaut, die den Kasten zusammen mit den kräftigen Endportalen gegenüber Wind aussteifen. Die Verbindungen

Brücken

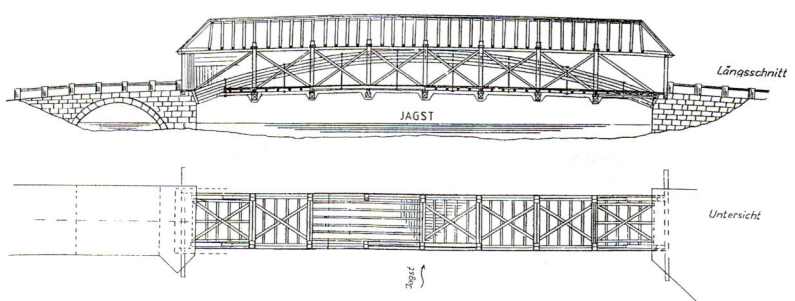

Längsschnitt

JAGST

Untersicht

Jagst

wurden zum überwiegenden Teil noch traditionell über *Verblattung, Stirnversatz* oder mittels Holzzapfen hergestellt. Zum Schutz vor Witterung ist die Brücke zu beiden Seiten mit senkrecht verlaufenden Brettern eingeschalt. Von oben schützt das mit Ziegeln gedeckte Walmdach.

Gründung
Der erste Gründungsversuch im Jahre 1821 scheiterte auf westlicher Seite, nachdem hier die *Pfahl*-Gründung mit einem Holzrost versehentlich nicht auf dem Fels, sondern nur im Schutt oberhalb des Felses verankert wurde. Die Folge war 3 Jahre später eine Unterspülung des Fundaments und eine starke einseitige Setzung der Brücke, die daraufhin abgebaut, auf dem Fels neu gegründet und wieder aufgebaut werden musste. Beim Neubau von 1958 wurden die Widerlager mit Hilfe von Stahlbeton neu gegründet.

Verweis auf ähnliche Bauwerke
Unweit von Unterregenbach, in Langenburg-Bächlingen (jagstaufwärts), findet man eine weitere überdachte Holzbrücke, die in den Jahren 1990/91 nach den Plänen der alten, im Frühjahr 1945 zerstörten Brücke wieder aufgebaut wurde. Die Anschlussdetails wurden hier, im Gegensatz zu den zimmermannsmäßigen Verbindungen der Unterregenbacher Brücke, mit Stahlbolzen und innen liegenden Stahlblechen im Sinne des heutigen Ingenieurholzbaus ausgeführt. |

Länge
ca. 60 m
Breite
4,75 m

Bauherr
Gemeinde Unterregenbach
Baufirma
Stephan, Gaildorf
Baujahr
1958

UNTERREICHENBACH
Nagoldbrücke der Bahn ● ● ●

Geschichte

Mit der Eröffnung der Württembergischen
Schwarzwaldbahn von Weil der Stadt über Calw
nach Nagold am 20. Juni 1872 ergab sich die
Möglichkeit, mit einer Verbindung von Calw
nach Pforzheim den „württembergischen
Inselbetrieb" der Strecke Pforzheim–Wildbad
aufzuheben. Die dazu notwendige Bahn wurde
schon zwei Jahre später am 1. Juni 1874 eröffnet. Die ehemals zweigleisige Strecke folgt
dem Verlauf der Nagold und wechselt bei Unterreichenbach von der rechten auf die linke
Nagoldseite. Als Brückenüberbau wurde ein
sogenannter „Schwedlerträger" vorgesehen,
der, benannt nach seinem Erfinder, dem
preußischen Brückenbauingenieur Johann Wilhelm Schwedler (1823–1894), erstmalig im
Jahre 1864 bei Höxter über die Weser gebaut
wurde. Am Ende des Zweiten Weltkrieges
wurde das nördliche Widerlager der Brücke
gesprengt, was aber nur zu kleinen Schäden
am Überbau führte, so dass dieser bis heute
weitgehend im Originalzustand erhalten blieb.
Der Träger in Unterreichenbach zählt nicht nur
zu den frühesten Konstruktionen dieser Art in
Baden-Württemberg, sondern ist nach Abriss
der Torgauer Elbbrücke heute auch einer der
letzten noch erhaltenen Schwedlerträger
überhaupt● .

Wegbeschreibung
Unterreichenbach liegt im Nagold-
tal zwischen Calw und Pforzheim.
Die Bahnbrücke überquert am
nördlichen Ortsausgang von
Unterreichenbach die Nagold
und die B463.

Entwicklung und Tragverhalten des Schwedlerträgers

Schwedler wollte die Knotendetails der Fachwerkbrücken möglichst einfach halten, indem
er versuchte, nur noch eine Diagonale in jedem Gefach anzuordnen. Bei den bekannten
Trägerformen erhielten diese Diagonalen unter
den hohen Lokomotivlasten aber auch Druckkräfte, was wegen des Knickens dann zu auf-
wendigeren Querschnitten geführt hätte. Deshalb entwickelte Schwedler eine neue, auf
theoretischen Überlegungen basierende Träger-
form, die selbst unter ungünstigsten Laststellungen die Diagonalen ausschließlich auf
Zug beansprucht. Die neue Obergurtform,
weitgehend wieder an der Momentenlinie orientiert, setzt sich dabei aus zwei Hyperbeläs-
ten zusammen, die in der Mitte einen unhar-
monischen Durchhang oder Sattel mit Knick
nach unten ergeben. Schwedler hatte jedoch
ästhetische Bedenken gegen diese Form und
empfahl, in der Mitte von der theoretischen
Linie abzuweichen und den Durchhang durch
eine horizontale Gerade zu ersetzen. Dadurch

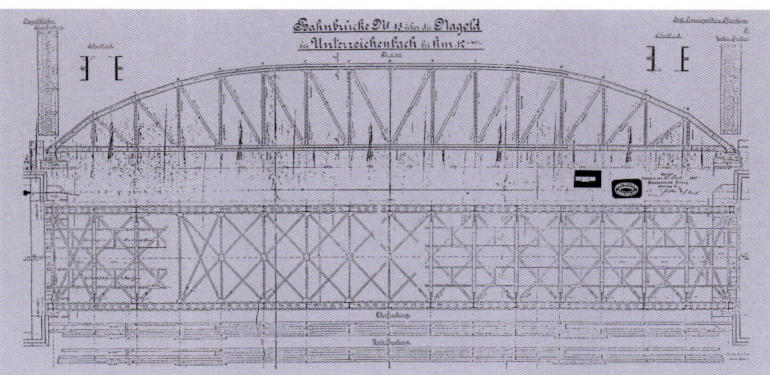

erhalten die Diagonalen in diesem Bereich allerdings wieder Druckkräfte, denen Schwedler normalerweise (nicht in Unterreichenbach) durch das Einfügen von Gegendiagonalen begegnete.

Konstruktion

Die wesentlichen Teile des 60 m spannenden Tragwerks sind fachwerkartig aufgelöst. Die Obergurte verlaufen in den auflagernahen Feldern polygonal geknickt, in der Mitte mit einem horizontalen Verlauf. Die Schwellen der Brücke liegen direkt auf doppel-T-förmigen Längsträgern, die durch die fachwerkartigen Querträger durchlaufen. Letztere liegen im Ständerabstand von 3,75 m auf den Untergurten auf. In Querrichtung sorgen Riegel in der Obergurtebene sowie je ein oberer und unterer Windverband für die Aussteifung des Kastenträgers. Die Profiltreue wird durch Streben gewährleistet, die Riegel und Querträger mit den Ständern verbinden.

Gründung

Die im Grundriss U-förmigen Widerlager bestehen an ihren Außenseiten aus Sandstein mit einer Hinterfüllung aus lockerem Gestein und Stampfbeton. Trotzdem wurde die 9 m tiefe Fundamentsohle durch gerammte Holz-*Pfähle* zusätzlich befestigt, um die Widerlager bei Hochwasser vor Unterspülung zu schützen. |

Länge
64 m
Breite
9,50 m
Trägerhöhe
ca. 8 m

Bauherr
Württembergische Staatseisenbahn
Baufirma
Maschinenfabrik Esslingen
Baujahr
1874

VILLINGEN-SCHWENNINGEN

Bickensteg ●

Wegbeschreibung
Autobahn A81 Stuttgart–Singen,
Ausfahrt Villingen-Schwenningen.
Der Bickensteg befindet sich
direkt am Bahnhof in Villingen.

Jahrelang war das auf der anderen Seite der Bahngleise liegende Neubaugebiet Altstadtsteig/Kopsbühl mit dem Villinger Stadtzentrum nur durch eine Straßenbrücke verbunden, die nicht für Fußgängerverkehr ausgelegt war. In den Jahren 1971/72 wurde deshalb der Bickensteg gebaut, um ein gefahrloses Überqueren der Gleisanlagen am Villinger Bahnhof zu ermöglichen. Seine Konstruktion gehört zu den ersten Schrägseilbrücken aus Leichtbeton.

Konstruktion und Tragverhalten

Die Schrägseilbrücke überquert in drei Feldern (Spannweiten 66,50 – 31 – 24 m) die Bahnanlagen sowie die anschließenden Wege und Straßen. In der Hauptöffnung tragen vier fächerartig, in einer zentralen Seilebene angeordnete Seile (jeweils 85 Paralleldrähte à 7 mm) den Überbau. Vier parallel geführte Rückhalteseile verbinden die Mastspitze mit der auf Zug belasteten Randstütze, die fest mit dem Überbau verbunden ist. Letzterer ist ansonsten längs frei beweglich gelagert und durch eine Bewegungsfuge von der spiralförmigen Auffahrtsrampe auf der Stadtseite getrennt. Der Überbau besteht in der Hauptöffnung aus fünf Leichtbetonfertigteilplatten, die zur weiteren Gewichtsersparnis mit zylindrischen Hohlkörpern versehen sind. In den restlichen Abschnitten besteht er aus einer massiven, längs

vorgespannten Betonplatte. Mit Ausnahme zweier Bereiche hat der durchgehend trapezförmige Querschnitt eine Dicke von 60 cm. Auf Höhe des Mastes und der Randstütze verdickt er sich stetig bis auf 1,20 m, um den relativ großen, negativen Stützmomenten Rechnung zu tragen. Der Stahlmast hat einen veränderlichen Hohlkastenquerschnitt. Seine quadratische Basis (70 x 70 cm) geht zur Mastspitze hin kontinuierlich in einen Rechteckquerschnitt von 50 x 70 cm über. Mit dem Deck ist er biegesteif verbunden, wodurch bei feldweiser Belastung Rückstellmomente im Überbau aktiviert werden. Als Geländerbrüstung wurde eine Plexiglasverkleidung gewählt, die aufgrund ihrer Transparenz den Überbau möglichst schlank erscheinen lassen sollte, was aber leider misslang.

Gründung

Der Mast und die Rundstützen sind auf 6 x 6 m großen Flächenfundamenten auf den in geringer Tiefe anstehenden Schichten des Tonschiefers gegründet. Das Widerlager auf der Seite des Neubaugebietes wurde mit zwei Flügelwänden ausgeführt.

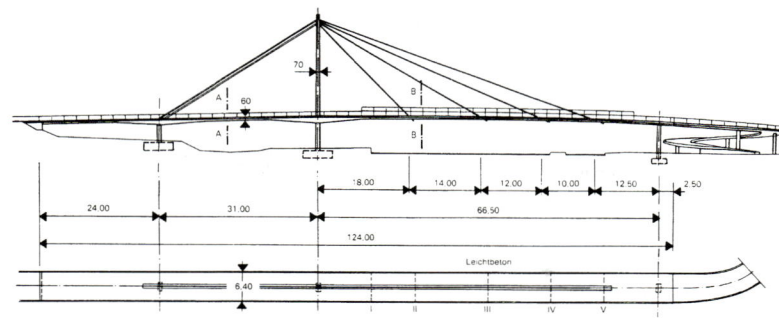

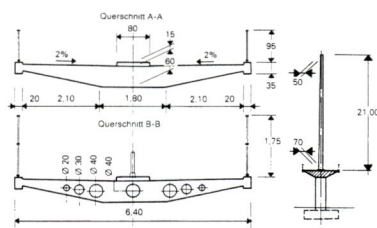

Herstellung

Eine längere Sperrung der Hauptbahnstrecke
Offenburg–Konstanz war ausgeschlossen, so
dass die Brücke im Hauptfeld in einzelnen Abschnitten *frei vorgebaut* wurde. Hierzu wurde
ein Kranwagen der Deutschen Bundesbahn
eingesetzt, der die Fertigteile mit einem Gewicht von bis zu 57 Tonnen in Position brachte.
Ein auf einem Waggon montiertes Hilfsjoch
unterstützte dabei das Fertigteil so lange, bis
die Schrägseile eingefädelt und angespannt
waren. Im Bereich der Randfelder bzw. bei der
spiralförmigen Rampe wurde der Überbau
konventionell auf Lehrgerüst gefertigt. Der
Mast wurde als Fertigteil angeliefert. |

Länge
185 m
Breite
6,40 m
Höhe
7,50 m
Masthöhe über Deck
21 m

Bauherr
Stadt Villingen-Schwenningen
Ingenieure
Leonhardt und Andrä, Stuttgart
Architekt
W. Tiedje, Stuttgart
Baufirma
Wayss & Freytag AG, Stuttgart
Bauzeit
1971–1972

WAIBLINGEN
Fußgängersteg über die Rems ●

Im Rahmen der Neugestaltung der Waiblinger Innenstadt wurden mehrere Fußgängerbrücken gebaut. Eine von ihnen überquert die Rems und verbindet die Erleninsel mit den Brühlwiesen, an deren Ende sich das Bürgerzentrum befindet. Die elegante Stahlbetonbogenbrücke fügt sich sehr gut in den angrenzenden Park ein.

Konstruktion und Tragverhalten

Der schlanke Bogen trägt eine ebenso schlanke Gehwegplatte. Bogen und Gehwegplatte verschmelzen im mittleren Bereich. Die Endauflager der Gehwegplatte sind weit hinter die Bogenfundamente zurückgezogen, wodurch beidseitig zwickelartige Öffnungen entstehen. Diese 9,70 m langen Öffnungen werden von der durchgehend 28 cm dicken Gehwegplatte ohne Zwischenstütze überspannt, wodurch das Tragwerk in der Längsansicht sehr transparent wirkt. Der massive, 2 m breite Bogen mit einer lichten Weite von 27,20 m ist an den Kämpfern 25 cm, im Scheitel 35 cm und in den Viertelspunkten 40 cm dick ausgeführt, um die nötige Biegesteifigkeit für ungleichmäßige Laststellungen bereitzustellen. Das durchsichtige Strebengeländer betont die Schlankheit der Brücke.

Wegbeschreibung
Waiblingen erreicht man über die B14 aus Richtung Stuttgart–Bad Cannstatt bzw. Backnang, Ausfahrt Waiblingen-Mitte. „Auf der Talaue" bis zur Kreuzung „Alte Bundesstraße" fahren; hier parken und zum Bürgerzentrum gehen. Der Remssteg verbindet das Bürgerzentrum mit dem kleinen Park, der vor der Altstadt liegt.

Hinweis
In Richtung Korb führt die Winnender Straße unter einer Fußgängerschrägseilbrücke hindurch, die das Wohngebiet Galgenberg mit demjenigen unterhalb der Korber Höhe verbindet. Die Brücke, auch von Prof. Fritz Leonhardt entworfen, wurde im Jahre 1988 ihrer Bestimmung übergeben.

Gründung
Die Bogenfundamente wurden mit Wurzel-*Pfählen* gegen Gleiten im Untergrund verankert. Dafür wurden je Fundament sechs *Pfähle* (⌀ = 20 cm) schräg in Bogenrichtung in den Boden getrieben.

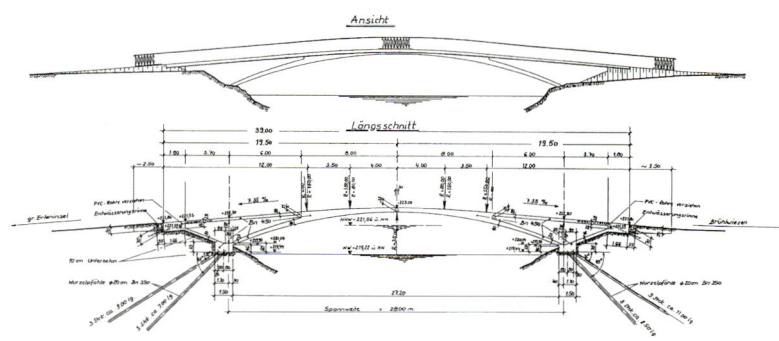

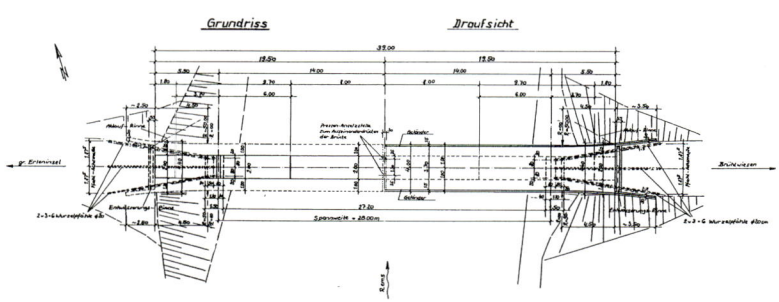

Länge
39 m
Breite
4 m
Bogenstich
2,75 m

Bauherr
Stadt Waiblingen
Ingenieure
Leonhardt und Andrä, Stuttgart
Prüfer
H. Bechert, Stuttgart
Baufirma
Abele & Co., Schorndorf
Baujahr
1978

WALDSHUT-TIENGEN
Rheinbrücke der Bahn ● ● ●

Geschichte

Im Zuge der am 18.08.1859 eröffneten Verbindung zwischen der Schweizer Nordostbahn und der Badischen Staatseisenbahn stellte die Rheinbrücke bei Waldshut den ersten Brückenschlag deutscher Eisenbahnen ins benachbarte Ausland dar. Die für zwei Gleise ausgelegte Brücke wurde stets nur eingleisig genutzt. Das ursprünglich exzentrisch verlegte Gleis wurde im Jahre 1921 in die Mitte gelegt, nachdem die Bahnverwaltungen einen zweigleisigen Ausbau aufgaben. Den darin begründeten Tragreserven und dem Umstand ihrer guten Unterhaltung ist es zu verdanken, dass die Brücke zukünftig sogar durch die Züricher S-Bahn benutzt werden kann. Der letzte vollständig erhaltene Gitterträger in Europa ● bleibt damit als Zeugnis früherer Ingenieurbaukunst weitgehend im Originalzustand erhalten.

Konstruktion und Tragverhalten

Der kastenförmige Überbau aus Puddeleisen ist als parallelgurtiger Durchlaufträger über drei Öffnungen gespannt (Spannweiten: 27,20 – 54,90 – 37,20 m). Er ist als engmaschiger Gitterträger mit oben liegender Fahrbahn ausgebildet. Seine diagonal verspannten Hauptträgerstreben bestehen aus Flacheisen, die in den Kreuzungspunkten miteinander vernietet wurden. Die Breite der Flacheisen variiert zwischen 12 cm in Feldmitte und 18 cm über den Auflagern. Versteift wird dieses vielfache Strebenfachwerk, das zur damaligen Zeit nur

Wegbeschreibung
Waldshut-Tiengen liegt am Oberrhein an der B34 zwischen Schaffhausen (CH) und Basel. Die Bahnbrücke ist sehr gut von der benachbarten Straßenbrücke zu besichtigen, die zwischen Waldshut und Tiengen über den Rhein nach Koblenz (CH) in die Schweiz führt.

näherungsweise berechnet werden konnte, durch vertikale Ständer, die jeweils durch vier aneinander genietete Winkel gebildet werden. Innerhalb des begehbaren Gitterkastens sind Querverbände in der Form von T-Profilen eingefügt, die zusammen mit dem oberen und unteren Längsverband für die Queraussteifung sorgen. Die Gleise lagen ursprünglich auf hölzernen Langschwellen, die später gegen normale Schwellen auf eisernen Längsträgern ausgetauscht wurden. Auf Schweizer Seite schließt unmittelbar an den Gitterträger ein sechsbögiger, steinerner Viadukt an. Dessen halbkreisförmige Renaissance-Bögen stehen dabei im Kontrast zum Widerlager des Gitterträgers, das mit seinen mit Zinnen bestückten Türmen eher an einen mittelalterlichen Festungsbau erinnert.

Gründung

Die steinernen Widerlager und die beiden gemauerten Strompfeiler ruhen auf Gründungen aus gerammten Holz-*Pfählen*. Die *Pfähle* wurden dabei mit Hilfe einer Nasmyth'schen Dampframme niedergebracht.

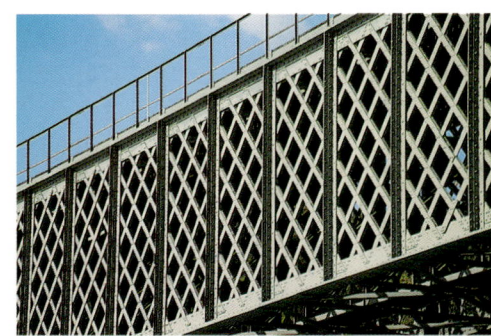

Herstellung

Nach Fertigstellung der Unterbauten wurde
der Gitterträger in einer hölzernen Montage-
halle auf dem Bahndamm auf deutscher Seite
zusammengebaut. Die hier taktweise montierten Abschnitte wurden sofort mit dem bereits
hergestellten Abschnitt zusammengefügt und
mit ihm auf dem Damm in Richtung Rhein verschoben, so dass die Halle wieder frei wurde
für den nächsten Abschnitt. Mit dieser Methode, die heute als *Taktschiebeverfahren* bezeichnet wird, wurde der gesamte Überbau
über den Rhein bewegt. Dabei wurde in der
Hauptöffnung eine hölzerne Montagestütze
aufgestellt und am Überbau ein Vorbauschnabel montiert, um das Kragmoment zu beschränken. Die Verschubkräfte wurden über
überdimensionale Hebel mit Menschenkraft
aufgebracht.

Sanierung

In den achtziger Jahren dieses Jahrhunderts
wurden lokal progressiv verlaufende Rostauf-
reibungen bei den zusammengesetzten Profilen der Ständer festgestellt. Aufgrund der
Tragreserven wurde aber nicht in die alte
Substanz eingegriffen, sondern der Überbau
einer „schonenden Sanierung" unterzogen,
bei der er sandgestrahlt und neu angestrichen
wurde. |

Literatur
Allgemeine Bauzeitung
Seite 243, 1862

Länge
141,45 m
Breite
ca. 5 m
Trägerhöhe
5,13 m

Bauherr
Badische Staatseisenbahn
Ingenieur
R. Gerwig, Pforzheim
Baufirma
Gebr. Benckiser, Pforzheim
Bauzeit
1858–1859
Sanierung
1991

WANGEN I.A.
Talbrücke Obere Argen ● ●

Entscheidend für die Gestaltung und die
Wahl des Brückensystems waren die geologischen Verhältnisse, die wegen eines
Rutschhanges auf Lindauer Seite zu einer
freien Spannweite von mindestens 250 m
zwangen. Nach einem Ideenwettbewerb
wurde der Ausführungsentwurf, eine Schrägseilbrücke in Kombination mit einer Unterspannung, unter zwölf Lösungsvorschlägen
ausgewählt. Diese Lösung ermöglichte eine
Reduktion der Pylonhöhe auf rund die Hälfte
gegenüber einer klassischen einhüftigen
Schrägseilbrücke.

Konstruktion und Tragverhalten

Entgegen dem Wettbewerbsentwurf, der
einen durchgehenden, einheitlichen Stahlüberbau mit regelmäßigen Spannweiten von
2 x 43 = 86 m und Unterspannungen auch auf
der Memminger Seite vorsah, wurde dort, wo
problemlos gegründet werden konnte, der
Überbau zweigeteilt aus Spannbetonhohlkäs-
ten im *Taktschiebeverfahren* ausgeführt, um
stur einer Richtlinie des Verkehrsministeriums
zu entsprechen. Auf Lindauer Seite wurde
mit ihren Ab- bzw. Unterspannungen aus Ge-
wichtsgründen ein einzelliger Stahlhohlkasten

Wegbeschreibung
Die Autobahnbrücke überquert
das Tal der Oberen Argen
zwischen den Anschlussstellen
Wangen und Achberg der
A96 Memmingen–Lindau.

vorgesehen. Beide Abschnitte sind konstruktiv
voneinander getrennt und formal zwei verschiedene, aneinander gestellte Brücken.
Die 381 m lange, gewöhnliche Betonbrücke
verdient keine weitere Erwähnung und es wird
im Weiteren nur noch auf die Seilbrücke auf
Lindauer Seite eingegangen. Der 349 m lange
Stahlüberbau wird von einem Pfeiler zwischen-
gestützt. Die 258 m große Hangöffnung wird
von drei „Luftstützen" und zwei Pylon-Ab-
spannungen in sechs gleich große Abschnitte
zu 43 m geteilt. Die Unterspannung besteht
aus 6, die Abspannungen bestehen aus 8 bzw.
2 Seilen – alles voll verschlossene Spiralseile
mit einem Durchmesser von 120 mm und in
Brückenachse angeordnet. Zur Rückverankerung des λ-förmigen Stahlbetonpylons sind
wegen des steilen Anstellwinkels 12 Seile
erforderlich. Der vertikale Kraftanteil dieser
Seile wird von einem Schwergewichtsfundament aufgenommen, während die

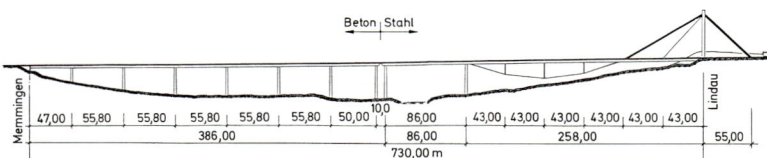

Beton | Stahl

Memmingen

| 47,00 | 55,80 | 55,80 | 55,80 | 55,80 | 55,80 | 50,00 | 10,0 | 86,00 | 43,00 | 43,00 | 43,00 | 43,00 | 43,00 | 43,00 | | Lindau |

386,00   86,00   258,00   55,00

730,00 m

Horizontalkräfte von zwei unter der Fahrbahn liegenden Druckriegeln direkt mit dem Stahlüberbau kurzgeschlossen werden. Weil die Brücke im Grundriss gekrümmt ist, müssen die Seile horizontal umgelenkt werden. Diese Aufgabe übernehmen der λ-Pylon und die mittlere, im Querschnitt V-förmig ausgebildete Luftstütze. Der 9,40 m breite Kasten hat eine Bauhöhe von 3,75 m (wie übrigens auch die Spannbetonüberbauten auf Memminger Seite). Die beidseitig auskragende *orthotrope Fahrbahnplatte* wird in einem Abstand von ca. 7,80 m durch Schrägstreben gegen den Kastenboden abgestützt.

Herstellung

Die Montage des Stahlüberbaus erfolgte im *freien Vorbau* in 24 Schüssen mit bis zu 115 t Gewicht und etwa 15 m Länge. Dabei wurden zunächst der vorgefertigte Kasten über Hilfsstützen eingebaut und die beiden Kragarme im Nachlauf montiert. Die im Rutschhang gegründeten Hilfsstützen waren so eingerichtet, dass sie jederzeit mit Hilfe von hydraulischen Pressen nachjustiert werden konnten. Die Herstellung des Pylons erfolgte mit einer konventionellen *Kletterschalung*. |

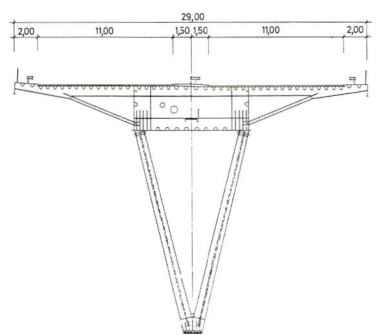

2,00 | 11,00 | 1,50 1,50 | 11,00 | 2,00

29,00

Literatur
Der Bauingenieur
Seite 219–229, 1987

Gesamtlänge
730 m
max. Spannweite
258 m
Breite
29 m
Höhe über Tal
40 m
Pylonhöhe
55 m
Kurvenradius
3.000 m

Bauherr
Bundesrepublik Deutschland
Entwurf und Prüfung
Schlaich, Bergermann und Partner, Stuttgart
Architekt
H. Kammerer, Stuttgart
Baufirmen
Walter-Thosti-Boswau AG, Dyckerhoff & Widmann AG sowie Compagnie Francaise d'Entreprises Metalliques
Bauzeit
1985–1990

WEIL AM RHEIN
Palmrheinbrücke

Geschichte

In älteren Dokumenten wird das frühere
Hüningen – heute Huningue (F) – als alter
Überquerungspunkt des Rheins ausgewiesen.
Im 18. Jahrhundert wurden an dieser Stelle
mehrere Schiffbrücken errichtet, die aber
nicht lange hielten. Eine Brücke, der ein länge-
res Dasein beschieden sein sollte, wurde im
Jahre 1843 dem Verkehr übergeben – eine
„Fliegende Brücke" mit ca. 60 m langen Schiffbrücken an beiden Ufern und einer dazwischen verkehrenden Fähre. Sie wurde 1870
demontiert, als der deutsch-französische
Krieg ausbrach. In der Folgezeit wurden
wieder durchgehende Schiffbrücken gebaut,
von denen die letzte am 9. November 1944
durch Hochwasser zerstört wurde. Neben den
Schiffbrücken für Straßen- und Fußgängerverkehr wurde im Jahre 1878 stromabwärts
auch eine Eisenbahnbrücke gebaut, die jedoch
mangels Bedarf 1937 wieder demontiert
wurde. Nach dem Zweiten Weltkrieg, als keine
Brücke mehr vorhanden war, wurde ein Fähr-
betrieb aufgenommen. Eine fester Übergang
wurde erst wieder in den siebziger Jahren mit
der Palmrheinbrücke möglich. Sie ist eine *frei
vorgebaute* Spannbetonbrücke – gut zwanzig
Jahre jünger als die Wormser Nibelungen-
brücke, der ersten Rheinbrücke dieser Bauart.

Konstruktion und Tragverhalten

Die vier Spannweiten betragen in West-Ost-
richtung 64,71 – 105 – 73,20 und 45,75 m.

Wegbeschreibung
Die Autobahn A5 Freiburg–Basel
an der Ausfahrt Weil am Rhein
verlassen und in Richtung
Frankreich fahren. Die Palmrheinbrücke verbindet Weil am
Rhein mit Huningue (F).

Als Überbau wurde ein *gevouteter* Hohlkasten
mit zwei senkrechten Stegen gewählt. Die
Überbauhöhe variiert zwischen 2,20 m in der
Mitte der Hauptöffnung und 5,08 m bei den
Strompfeilern; an den Widerlagern bzw. am
Landpfeiler auf deutscher Seite beträgt sie
2,71 m. Der Hohlkasten mit seiner beidseitig
2,65 m auskragenden Fahrbahnplatte ist in
Querrichtung schlaff bewehrt, in Längsrichtung *vorgespannt*. Zur Aufnahme des Kragmo-
mentes im Bauzustand (und des Stützmomen-
tes im Endzustand) liegen Spannglieder in der
Fahrbahnplatte. Sie wurden kontinuierlich im
Zuge des Baufortschritts eingefädelt und *vorgespannt*. Nach dem momentensteifen Fugen-
schluss in Feldmitte ist das System statisch
unbestimmt. Infolge *Kriechen* und *Schwinden*
des Betons nähert sich deshalb der Momentenverlauf im Überbau mit der Zeit dem eines
Durchlaufträgers. Die aus dem Feldmoment
resultierenden Zugkräfte werden durch nachträglich *vorgespannte* Spannglieder in der
Bodenplatte aufgenommen. Die Lager sind
bewehrte Neoprene-Lagerplatten. Bei der
Auflagerung des Überbaus war zusätzlich zu
beachten, dass sich das Bauwerk in einem
Erdbebeneinzugsgebiet befindet. Daher wur-

Brücken

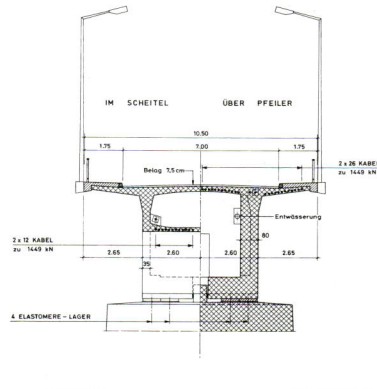

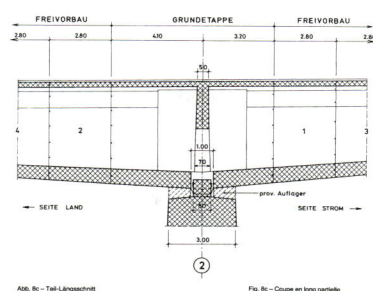

Abb. 8b – Querschnitt   Fig. 8b – Coupe transversale   Abb. 8c – Teil-Längsschnitt   Fig. 8c – Coupe en long partielle

den auf den Pfeilern kräftig bewehrte Beton-
nocken vorgesehen, die bei Pfeilerbewegun-
gen bzw. Erschütterungen ein Abrutschen des
Überbaus in Längs- und Querrichtung verhindern sollen.

Gründung

Weil die Palmrheinbrücke dort gebaut wurde,
wo ursprünglich die Eisenbahnbrücke stand,
konnten für den Strom- und den Landpfeiler
auf deutscher Seite die Unterbauten der abgebauten Bahnbrücke wieder verwendet werden.
Der neu zu erstellende Strompfeiler auf fran-
zösischer Seite wurde 2,50 m unter der Rheinsohle auf halbfestem bis hartem Tonstein aufgebaut. Dagegen sind die Widerlager auf
deutscher Seite in ca. 1,80 m und auf französi-
scher Seite in ca. 3,30 m Tiefe auf mitteldicht
gelagertem, sandigem und geröllhaltigem
Grobkies gegründet. Alle Brückenfundamente
wurden flach gegründet.

Herstellung

Beim *Freivorbau* wurden Etappen von höchs-
tens 3,40 m Länge betoniert. Die Betoniertak-
te wurden dabei so eingeteilt, dass beide
Kragarmlängen sich stets nicht mehr als eine
halbe Etappenlänge voneinander unterschie-
den. Der Überbau wurde nahe den Pfeilern
zusätzlich durch provisorische Auflager bzw.
Zugstangen gegen Kippen gehalten. Beim Pfeiler 3, bei dem die Fundamente der ehemaligen
Bahnbrücke nicht die erforderliche Breite

hatten, behalf man sich mit Hilfsjochen, die auf
Pfählen gegründet wurden. Letztere wurden
später für Schutzkonstruktionen gegen Schiffs-
anprall verwendet.

Verweis auf ähnliche Bauwerke

Die westlichste aller Rheinbrücken in Konstanz
wurde in gleicher Bauart hergestellt. |

Literatur

Bundesminister für Verkehr u.a. (Hrsg.):
Festschrift zur Verkehrsübergabe
der Straßenbrücke über den Rhein
zwischen Weil/Rh. und Hüningen/
Neudorf am 29. September 1979

Länge 288,66 m
Breite 10,50 m
Höhe 12 m

Bauherr
Bundesrepublik Deutschland und
Département du Haut-Rhin
Ingenieur
E. Schmidt, Basel
Prüfer
H. Wippel, Karlsruhe
Baufirma
Bilfinger + Berger AG, Freiburg i. Br.
Bauzeit
1977–1979

WEINSBERG
Reisbergbrücke ● ●

Mitte der siebziger Jahre wurde die Autobahn A 81 Stuttgart–Heilbronn am Reisberg
auf ca. 3 km Länge 6-spurig ausgebaut. Im
Zuge dieser Arbeiten wurde die Autobahn-
trasse nach Osten verschoben. Die hier
vorhandene alte Brücke über die Autobahn
musste dazu abgebaut und in Fortführung
des Reisbergweges durch eine neue Stahlbetonkonstruktion ersetzt werden.

Konstruktion und Tragverhalten

Das Tragwerk der 51 m weit spannenden
Betonbrücke besteht aus einem eigenwillig
schönen, polygonal verlaufenden Zweigelenk-
bogen mit aufgeständerter Fahrbahn. Der
durchweg 5 m breite Bogen hat in den Rand-
bereichen zwischen den Kämpfern und den
beiden Aufständerungen im Viertelspunkt
jeweils einen massiven Rechteckquerschnitt,
während er im mittleren Bereich zwischen den
beiden Viertelspunkten zur Verringerung der
Eigenlast in eine Trogform übergeht. Die Trogform, die bei einer kleinen Querschnittsfläche
ein relativ großes Widerstandsmoment zur
Versteifung des Tragwerks bereitstellt, ist bei
Bogenbrücken nicht neu – man denke z.B.
nur an die berühmte Salginatobelbrücke bei
Schiers (CH), die Robert Maillart 1930 fertig
stellte. Auch im Fall der Reisbergbrücke ver-

Wegbeschreibung
Die A 81 Stuttgart–Heilbronn führt
kurz vor dem Autobahnkreuz
Weinsberg (bei Heilbronn) unter
der Brücke hindurch.

schmilzt im Scheitel der trogförmige Bogen
mit dem Fahrbahnträger zu einem Hohlkasten.
Die Ständer sind als schlanke Stahlbetonscheiben ausgeführt, die trotz monolithischer
Bauweise den Überbau nicht am Dehnen infolge Temperaturänderung hindern. Der Überbau,
ein zweistegiger *Plattenbalken*, ist bei beiden
Widerlagern längsverschieblich aufgelagert.
Er hat damit seinen Festpunkt in Brückenmitte
über dem Bogenscheitel. Die Tragfähigkeit
entspricht der Brückenklasse 30.

Gründung

Alle Bauteile sind auf dem vorhandenen
Schilfsandstein flach gegründet. Zur besseren
Übertragung des Bogenschubs in den Unter-
grund sind die Kämpferfundamente staffel-
förmig abgesetzt. |

Längsschnitt

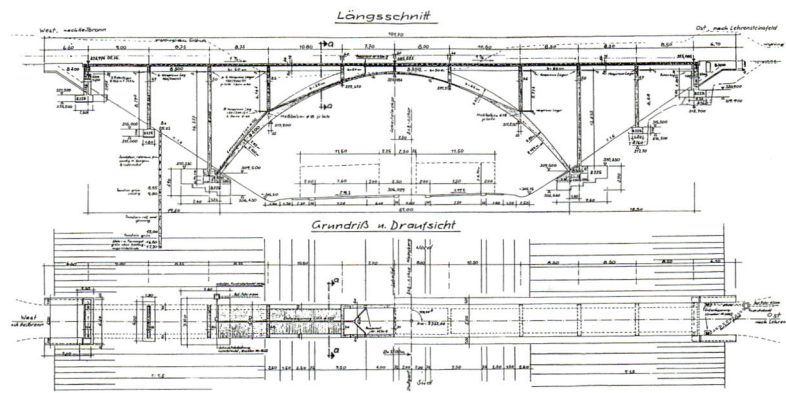

Grundriß u. Draufsicht

Querschnitt g–g

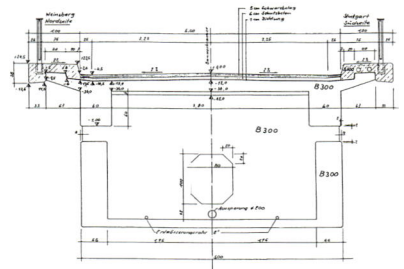

Länge
101,70 m
Breite
7 m
Höhe
19,50 m

Bauherr
Bundesrepublik Deutschland
Entwurf
Autobahnamt Baden-Württemberg
Planung und Baufirmen
G. Dreßler und Sohn, Rastatt, sowie
Sager & Woerner, Stuttgart
Bauzeit
1964–1965

WEISENBACH
Murgbrücke der Bahn •

Geschichte

Im Verlauf des Streckenabschnittes Weisenbach–Forbach überquert die Murgtalbahn kurz
nach Weisenbach die Murg. Die in den Jahren
1908/09 erbaute Brücke wurde wie viele andere Bauwerke dieser Bahn am Ende des
Zweiten Weltkrieges zerstört. Dabei wurde das
Fundament auf Forbacher Seite so gesprengt,
dass die Fachwerkbrücke vom Widerlager
rutschte. Beim Aufschlagen der Konstruktion
brachen sowohl Ober- als auch Untergurt
im Drittelspunkt auf der Seite von Forbach.
Nach einer Hebung des Tragwerks und einer
Erneuerung der gebrochenen Tragwerksteile
konnte die Strecke aber bereits im Juli 1947
wieder befahren werden.

Konstruktion und Tragverhalten

Das Bauwerk überquert in einem Steigungsab-
schnitt (1:53) die Murg und einen Kanal. Den
Kanal überbrückt ein eigener, 11,35 m weit
spannender Stahlträger bestehend aus einem
Stahlrost mit Haupt- und Nebenträgern. Die
untere Gurtung dieses Trägers ist rein nach
gestalterischen Gesichtspunkten geformt und
spiegelt nicht die Momentenbeanspruchung
wider. Bei kleineren Spannweiten wurden
früher gerne solche Zugeständnisse gemacht,
besonders im innerstädtischen Bereich.

Wegbeschreibung
Weisenbach liegt im Murgtal
zwischen Rastatt und Freudenstadt. In Weisenbach auf der B462
in Richtung Forbach (Freudenstadt)
fahren. Nach Verlassen des Ortes
überquert die Eisenbahnlinie rechts
von der Straße die Murg.

Brücken

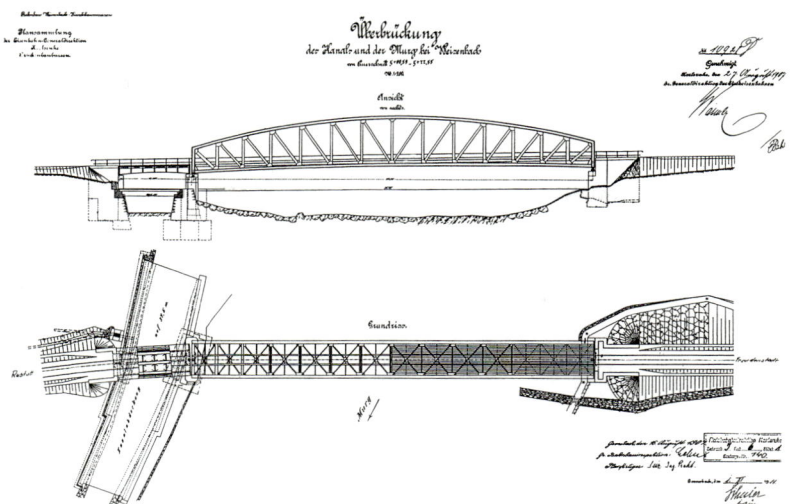

Das Haupttragwerk der Brücke (Spannweite: 65 m) besteht aus einem Stahlfachwerk mit zwei parabelförmig gekrümmten Obergurten. Bemerkenswert ist, dass die beiden dazugehörenden Untergurte – wenn auch deutlich schwächer – in die gleiche Richtung gekrümmt sind. Diese Form der zugbeanspruchten Untergurte erfordert Umlenkkräfte, die die Obergurte zusätzlich belasten. Die Queraussteifung besorgen Andreaskreuze aus L-Profilen im Ober- und Untergurtbereich sowie die Rahmentragwirkung einzelner Querriegel in der Obergurtebene mit den Pfosten und Querträgern. Im Unterschied zu einem Großteil der Eisenbahnbrücken des 19. Jahrhunderts hat der Träger in jedem Gefach zur Vereinfachung der Knotenpunkte nur noch eine Diagonale. Damit erhalten aber einzelne Diagonalen, vor allem in Brückenmitte, unter Verkehrslasten auch Druckkräfte. Diese Diagonalen müssen nun gegen Knicken biegesteif ausgebildet werden. Im Gegensatz zu den doppelt ausgekreuzten Gefachen, bei denen die Diagonalen meistens aus einfachen Stahlbändern oder L-Profilen bestanden, sind deshalb hier kastenartige Querschnitte bestehend aus Winkeln und Blechen vorgesehen worden.

Gründung

Die Brücke ist auf dem in geringer Tiefe anstehenden Fels des Murgtales flach gegründet. Die Widerlager der Brücke bestehen aus Stampfbeton mit einer gemauerten Verkleidung aus Naturstein. |

Länge
ca. 88 m
Breite
ca. 5 m
Konstruktionshöhe
ca. 8,30 m
Höhe
ca. 4 m

Bauherr
Badische Staatseisenbahn
Bauzeit
1908–1909

WEITINGEN
Neckartalbrücke ● ● ●

Im Zuge des Autobahnbaus zwischen Stuttgart und Singen wurden mehrere bemerkenswerte Brücken gebaut. Die größte von
ihnen ist die Neckartalbrücke 6 km östlich
von Horb. Das an dieser Stelle landschaftlich nahezu unberührte, vom mäandrieren-
den Neckar durchzogene Tal mit seinen steilen, bewaldeten Hängen war eine besondere
Herausforderung für die Ingenieure – nicht
zuletzt auch wegen der schwierigen geologischen Verhältnisse auf beiden Hangseiten.
Sie lösten diese Aufgabe in technischer und
gestalterischer Hinsicht virtuos. Dies ist
sicher eine der gelungensten Brücken im
Land.

Wegbeschreibung
Die Neckartalbrücke führt die
Autobahn A81 Stuttgart–Singen
zwischen den Anschlussstellen
Rottenburg und Horb über das tief
vom Neckar eingeschnittene Tal.
Nördlich der Brücke befindet sich
ein Autobahn-Rastplatz, der einen
Zugang zum Widerlager ermöglicht.
Die Straße zwischen Horb und
Eutingen-Weitingen bzw. Starzach-
Börstingen führt neben der Eisen-
bahnstrecke Horb–Tübingen unter
der Brücke hindurch.

Konstruktion und Tragverhalten
Die geologische Situation erforderte für beide
Randfelder außergewöhnlich große Spannweiten. Sie wurden durch Unterspannungen
des Überbaus bewältigt, der damit als einzelliger Stahlkasten mit beidseitig auskragender,
orthotroper Fahrbahnplatte hergestellt werden
konnte. Jede Unterspannung besteht aus einer
biegesteif am Überbau angeschlossenen und
im Querschnitt V-förmigen Luftstütze sowie 12
verschlossenen Spiralseilen (∅ = 105 bzw.
120 mm). Die Seile sind an der Luftstütze
umgelenkt und an ihrem Ende im Überbau ver-

ankert, so dass dieser im Bereich der Unterspannung auch Längskräfte erhält (selbst verankertes System). Im Weiteren wird der Stahlkasten durch vier Pfeiler im Tal gestützt. Die
hangseitigen Pfeiler sind in Querrichtung als
rahmenartige Doppelpfeiler ausgebildet, um
wie die Widerlager Windkräfte und Torsionsmomente aus einseitiger Belastung aufzunehmen. Dadurch konnten die beiden mittleren
Talstützen nur für Vertikallasten und damit
auch in Querrichtung sehr schlank ausgelegt
werden, so dass das Tal durch diese riesige
Brücke nur minimal versperrt wird. Alle Pfeiler

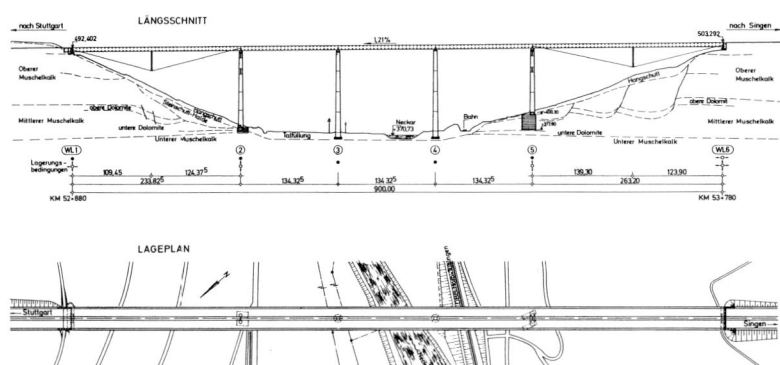

sind aus Beton mit einem nach oben sich verjüngenden, achteckigen Querschnitt. Un-
verschiebliche Neotopflager stellen die Verbindung zum Überbau dar, der seinen
Festpunkt am Widerlager auf Stuttgarter Seite
hat. Da in Längsrichtung auch die Doppelpfeiler sehr schlank sind, können Temperaturdehnungen des Überbaus ohne größere
Zwänge erfolgen.

Gründung

Am Talhang auf Singener Seite waren bereits
mehrere Felsschollen ins Rutschen gekommen. Da weitere Bewegungen nicht ausgeschlossen werden konnten, waren hier auf
einer Länge von 260 m keine Pfeilergründungen erlaubt. Auf der gegenüberliegenden
Hangseite wurden solche Erscheinungen nicht
beobachtet; allerdings stand hier stark zerklüfteter Muschelkalk an, der einen erheblichen Gründungsaufwand erfordert hätte. Es
wurden daher nur Gründungen im Tal vorgesehen: Hier stehen die Pfeiler auf Brunnen-
gründungen, im Fall des südlichsten Pfeilers
(Achse 5) bis zu 25 m tief.

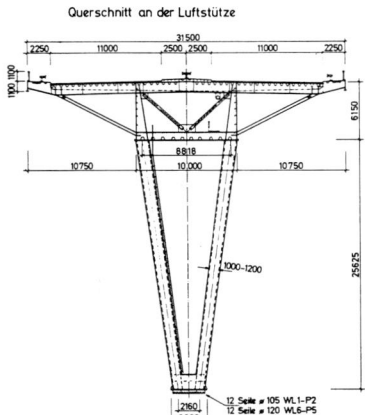

Querschnitt an der Luftstütze

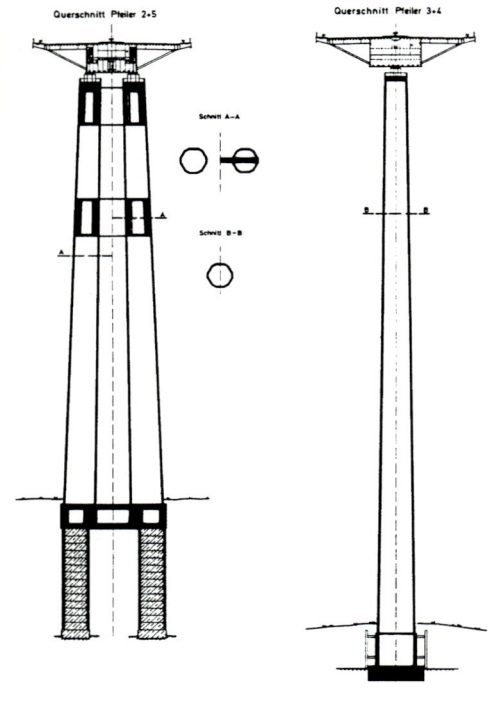

Querschnitt Pfeiler 2+5

Querschnitt Pfeiler 3+4

Schnitt A–A

Schnitt B–B

Herstellung

Die Brücke wurde im *Freivorbau* gleichzeitig
von beiden Widerlagern aus hergestellt. Dabei
wurden insgesamt 47 vorgefertigte, bis zu
146 t schwere Schüsse von 15 bis 22 m Länge
mit Hilfe von Derrickkränen montiert. Um die
Kragmomente zu reduzieren, wurden bis zu
vier Hilfsstützen mit einer Höhe von maximal
120 m eingesetzt. Die Seilunterspannungen
wurden nach dem Erreichen der Doppelpfeiler
eingebaut. |

Literatur
Der Stahlbau
Heft 3 und 4, 1983

Länge
900 m
Breite
31,50 m
Höhe
127 m

Bauherr
Bundesrepublik Deutschland
Ingenieure
- **Entwurf und Prüfung**
Kolbe, Autobahnamt;
Leonhardt und Andrä, Stuttgart
- **Geologie**
Geologisches Landesamt
Baden-Württemberg und
P. Siedeck, Köln
Architekt
H. Kammerer, Stuttgart
Baufirmen
F. Krupp GmbH,
Duisburg-Rheinhausen, und
K. Stöhr GmbH & Co., Stuttgart
Bauzeit
1975–1978

WIDDERN
Jagsttalbrücke ● ●

Etwa 25 km nördlich von Heilbronn überquert die Autobahn A81 Heilbronn–Würzburg das ca. 80 m tief eingeschnittene
Jagsttal. Wegen des zum Teil sehr schlechten Baugrundes wurde aus Gewichts-
gründen ein reiner Stahlüberbau gewählt.
Sein Querschnitt mit den die Auskragung
der Fahrbahnen stützenden, schrägen
Druckstreben wurde zum Vorbild späterer
Brücken und bewog sogar die „Beton-
konkurrenz" zu Nachahmungen *siehe
Eschachtal- bzw. Kochertalbrücke, Seite 77*.

Wegbeschreibung
Die Jagsttalbrücke überführt
zwischen den Anschlussstellen
Möckmühl und Osterburken die
A81 Heilbronn–Würzburg über das
Jagsttal. Die Landesstraße L1025
führt im Abschnitt zwischen
Möckmühl und Widdern unter
der Brücke hindurch.

Konstruktion
Der im Grundriss gekrümmte Überbau wurde
als durchlaufender Stahlhohlkasten von
10,68 m Breite und 5,25 m Höhe als reine
Schweißkonstruktion ausgeführt. Er hat eine
orthotrope Fahrbahnplatte mit trapezförmigen
Hohlrippen und Querträgern im Abstand von
5 m. Diese beidseitig 9,66 m auskragende
Stahlleichtfahrbahn (Blechdicken: 12–22 mm)
ist durch schräge Druckstreben an jedem
zweiten Querträger gegen den Kastenboden
abgestützt. Rohrverbände im Querträgerabstand sorgen im Inneren des Kastens für die
Profiltreue des Querschnitts. In Längsrichtung
spannt der Kastenträger über 8 Felder mit den
Spannweiten 70 – 100 – 115 – 130 – 150 – 120 –
110 und 93 m. Die hohlen Betonpfeiler und
die Widerlager stützen ihn jeweils über drei
Neotopflager, von denen die beiden äußeren
allseits beweglich sind. Die mittleren, in der
Brückenachse angeordneten Lager sind nur in
tangentialer Richtung beweglich; sie übernehmen die Windkräfte und führen den Überbau
bei Längenänderungen infolge Temperaturschwankungen. Ausschließlich das mittlere
Lager auf Pfeiler E sorgt für eine allseitige
Unverschiebbarkeit und damit für die Abtragung der Bremslasten.

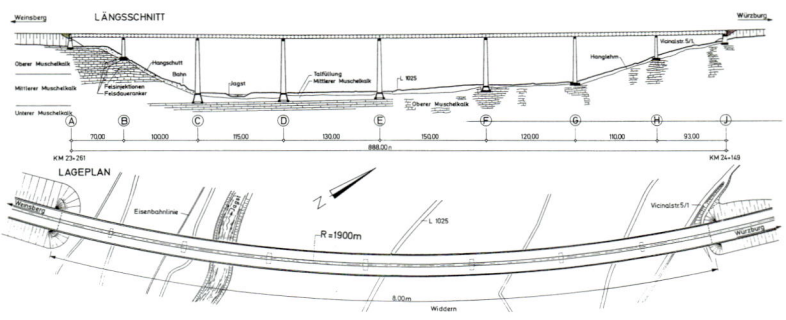

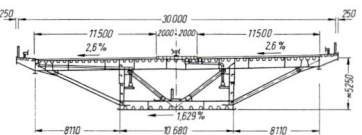

Gründung

Im Jagsttal wurde oberer, mittlerer und unterer Muschelkalk angetroffen. Der obere Muschelkalk im südlichen Hangbereich war dabei so stark zerklüftet, dass er durch mehrere Zementinjektionen stabilisiert werden musste. Erst danach konnte das Fundament von Pfeiler B durch 16 fächerförmig angeordnete Felsanker im Baugrund dauerhaft verankert werden. Die Fundamente der Pfeiler F, G und H sowie die der beiden Widerlager konnten dagegen als einfache Flachgründungen auf dem oberen Muschelkalk ausgeführt werden. Für die Pfeiler C, D und E war dies nicht möglich. Hier mussten aufgelöste Gründungskörper hergestellt werden, die die Schicht des mittleren Muschelkalks durchfahren und bis auf die ausreichend tragfähigen Gesteine des unteren Muschelkalks führen.

Herstellung

Die Montage des Überbaus wurde in einzelnen Schüssen beginnend am Widerlager Heilbronn im *Freivorbau* über Hilfsstützen ausgeführt. Wegen der Rutschgefahr des Steilhangs auf dieser Seite war es aber nicht möglich, in jeder Öffnung Hilfsstützen zu setzen. Deshalb musste das ca. 100 m weit gespannte Feld B–C frei überbrückt werden. Die Pfeilerschäfte wurden in *Gleitschalungs*-Bauweise mit allseitigem Anlauf nach oben hergestellt. |

Länge
880 m
Breite
30 m
Überbauhöhe
5,25 m
Kurvenradius
1.900 m

Bauherr
Bundesrepublik Deutschland
Entwurf und Baufirmen
F. Krupp GmbH, Duisburg-Rheinhausen, und
Ed. Züblin AG, Stuttgart
Prüfer
W. Andrä, Stuttgart
Bauzeit
1971–1974

Königliches Landhaus Rosenstein mit der
Neckarbrücke und Tunnelmündung, 1855

Tunnel- und Bergbau

Tunnel- und Bergbau

Die Tunnel, die ja in jüngster Zeit im innerstädtischen Bereich und für den Lärmschutz zunehmend an Bedeutung gewinnen, werden anhand von charakteristischen Beispielen beschrieben, weil bei diesen Bauten naturgemäß wenig von der eigentlichen Ingenieurleistung zu sehen ist und meistens weder die Portale, geschweige denn die Röhre zugänglich sind. Eine Ausnahme ist der Stuttgarter Schwabtunnel, der erste innerstädtische Straßentunnel Deutschlands, der für Fußgänger zugänglich ist. Er fällt durch seine aufwendig gestalteten Portale auf.

Der Bergbau hat in Baden-Württemberg eine lange Tradition. Hier wurden vor allem Erz, Silber und Steinsalz abgebaut. Während die Erz- und Silberminen heute stillgelegt und teilweise nur noch als Besucherbergwerke zu besichtigen sind, gibt es in Bad Friedrichshall-Kochendorf ein aktives, hochmodernes Steinsalzbergwerk, dessen riesige Abbaukammern zum Teil ebenfalls für Besucher geöffnet wurden.

Anhand zweier Beispiele, dem Erzbergwerk in Aalen-Wasseralfingen und dem Steinsalzbergwerk in Bad Friedrichshall-Kochendorf, soll die Arbeits- und Ingenieurleistung der Hauer, Steiger und Bergräte gewürdigt werden. Dem weitergehend interessierten Leser möge die folgende Liste von Besucherbergwerken in Baden-Württemberg hilfreich sein.

Aalen-Wasseralfingen
Erzbergwerk „Tiefer Stollen"
Kontakt: Fremdenverkehrsamt Aalen
Telefon (073 61) 52-23 58

Bad Friedrichshall-Kochendorf
Steinsalzbergwerk
Kontakt: Südwestdeutsche Salzwerke AG
Telefon (07131) 9 59-2 83

Freiburg i. Br.
Grube „Schauinsland" (Museumsbergwerk)
Kontakt: Forschergruppe Steiber
Oberlinden 16, 79098 Freiburg i.Br.
Telefon (0761) 2 64 68

Münstertal
Silberbergwerk „Teufelsgrund"
Kontakt: Kurverwaltung Münstertal
Telefon (076 36) 7 07 30 oder 7 07 40

Neubulach
Silberbergwerk „Hella-Glück-Stollen"
Kontakt: Bürgermeisteramt Neubulach
Telefon (070 53) 9 69 50

Neuenbürg
Erzbergwerk „Frischglück-Stollen"
Kontakt: Arge Neuenbürger Bergau e. V.
Telefon (07082) 8241

Schriesheim
Erzbergwerk „Anna-Elisabeth"
Kontakt: Besucherbergwerk Schriesheim
Telefon (0 62 03) 6 81 67

Seebach
Erzbergwerk „Silbergründle"
Kontakt: Bürgermeisteramt Seebach
Telefon (0 78 42) 20 60

Sexau
Erzbergwerk „Carolinengrube"
Kontakt: Bürgermeisteramt Sexau
Telefon (0 76 41) 10 13

Tunnelbau

HERRENBERG
Schönbuch-Tunnel ●

Der Schönbuch-Tunnel ist das einzige Tunnelbauwerk der A81 im Abschnitt Stuttgart–Singen. In zwei Röhren, deren Achsabstand 39 m beträgt, durchquert er den „Alten Rain", einen sich nach Süd-Westen erstreckenden Ausläufer des Schönbuchs. Beide Röhren haben ein von Nord nach Süd verlaufendes Längsgefälle von 3 %. Die maximale Überlagerungshöhe beträgt 55 m.

Geologie und Konstruktion
Da der Tunnel größtenteils in der Gipskeuperzone des Unteren und Mittleren Keupers verläuft und sowohl Bereiche mit ausgelaugtem als auch unausgelaugtem Gips durchschneidet, war ein statisch geschlossenes Tunnelprofil erforderlich. Ein Ausbruchquerschnitt je Röhre von 152 m² war aber bei vergleichbarer Geologie noch nie ausgeführt worden, so dass zur Sicherung des Gebirges ein Hilfsgewölbe mit einer Stärke von 25 bis 28 cm vorgesehen wurde. Auf dieses Gewölbe wurde zum Schutz vor stark sulfathaltigem Schichtwasser eine 3 mm starke Polyäthylen-Folie aufgelegt. Das tragende Innengewölbe ist in Scheitel und Sohle 45 cm dick, an den *Ulmen* 61 cm. *Arbeitsfugen* wurden alle 10 m angeordnet.

Wegbeschreibung
Der Schönbuch-Tunnel liegt im Zuge der Autobahn A81 Stuttgart–Singen zwischen den Anschlussstellen Gärtringen und Herrenberg.

Herstellung
Weil bisher noch keine Erfahrungen mit ähnlich großen Querschnitten bei derartigen Gebirgsverhältnissen vorlagen, mussten Ausbruchverfahren und Sicherungsmittel sehr sorgfältig ausgesucht und angewandt werden. Der *Kalotten*-Ausbruch erfolgte in beiden Röhren gleichzeitig mit Hilfe einer Teilschnittmaschine. Der *Strossen*-Kern wurde, soweit möglich, mit einem Bagger gelöst. In den harten Zonen musste dabei durch schonendes Schießen (Sprengen) das Gebirge gelockert werden. Die *Ulmen* sind mittels Fräsen freigelegt worden, um auch hier den störenden Einfluss möglichst zu begrenzen. Erst nach dem Ausbruch der Sohle und dem zwischenzeitlichen Sichern des Ausbruchquerschnitts konnten die Isolierung und die Innenschale eingebaut werden. Als letzter Schritt wurde der Innenausbau vorgenommen, bei dem u.a. die Sohle mit Mineralbeton bis auf Fahrbahnniveau aufgefüllt wurde. |

LÄNGSSCHNITT
MIT GEOLOGISCHEN
SCHICHTEN

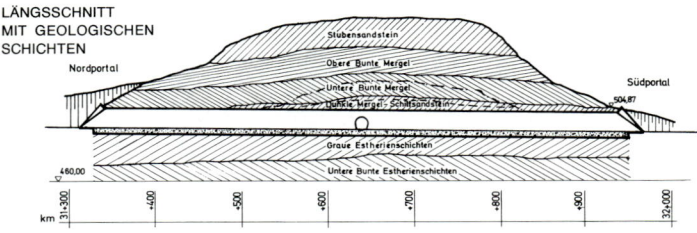

LAGEPLAN
SCHÖNBUCHTUNNEL

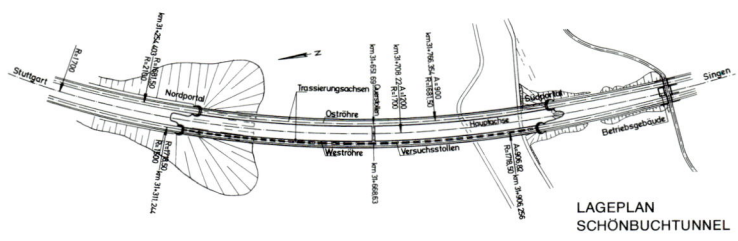

QUERSCHNITT

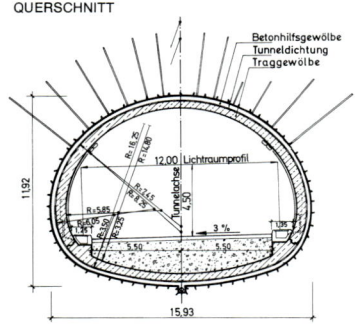

Länge
600 m
Ausbruchquerschnitt je Röhre
152 m²

Bauherr
Bundesrepublik Deutschland
Ingenieure
- **Planung**
Autobahnamt Baden-Württemberg
- **Geologie**
Geologisches Landesamt
Baden-Württemberg
- **Prüfung**
Ingenieurbüro Berger,
Stuttgart-Vaihingen
Baufirmen
Baresel, Heitkamp,
Sänger & Lanninger und Züblin
Bauzeit
1972 (Probestollen), 1974–1978

KNITTLINGEN-
FREUDENSTEIN
Freudenstein-Tunnel ●●

Die Inbetriebnahme des Hochgeschwindig-
keitszuges ICE am 2. Juni 1991 bedeutete
für die damalige Deutsche Bundesbahn den
Schritt in ein neues Eisenbahnzeitalter. Voraussetzung dafür war der Bau sogenannter
Neubaustrecken (NBS), die Geschwindigkeiten von über 200 km/h erlauben. Die diesen
Strecken zugrunde gelegten Trassierungspa-
rameter machten bemerkenswerte Brücken-
und Tunnelbauwerke erforderlich, wie sie
für deutsche Bahnen lange nicht mehr oder
noch nie gebaut worden sind. Der Freudenstein-Tunnel der NBS Mannheim–Stuttgart
stellt ein derartiges Bauwerk dar, das im
Jahre 1992 mit dem Ingenieurbau-Preis
ausgezeichnet wurde.

Geologie
Der Freudenstein-Tunnel durchfährt mit seiner
Länge von 6,8 km einen Teil der sogenannten
Strombergmulde. Auf einer Länge von 4,8 km
führt er durch quell- und schwellfähiges
Gebirge. Dieses gehört der Gipskeuperforma-
tion an und besteht aus einer dünn- bis mittel-

Wegbeschreibung
Von Bruchsal bzw. Karlsruhe oder
Pforzheim nach Bretten. Zwischen
Bretten und Oberderdingen biegt
man (L1103) am Ortseingang, noch
vor den Sportplätzen, rechts ab in
einen Wirtschaftsweg, der in den
Froschgraben führt. Von einer
Brücke aus, die über die NBS führt,
kann man das Westportal einsehen.
Das Ostportal befindet sich nord-
östlich des Ortsteils Maulbronn-
Zaiserweiher. Maulbronn erreicht
man über die B 35 Bretten–Illingen.

Profiltyp VNS

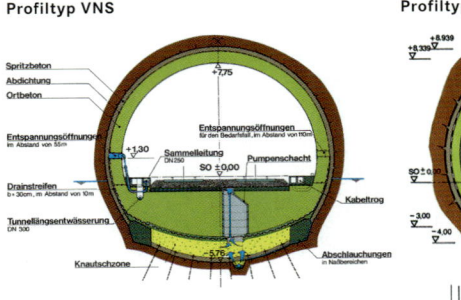

Profiltyp C

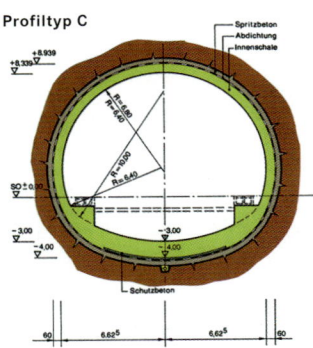

bankigen Wechsellagerung aus Ton-, Schluff-, Mergel- und Dolomitstein mit Gips und Anhydrit in Form von Bändern oder Knollen. Anhydrit wandelt sich bei Wasserzutritt in Gips um, wobei es bei einem Schwellvorgang sein Volumen bei freier Ausdehnung um ca. 64 % vergrößert. Wird die Dehnung behindert, können Drücke entstehen, die im Labor mit bis zu 8 N/mm² gemessen wurden.

Erkundungsstollen

Um die bei diesen geologischen Verhältnissen zu erwartenden Standfestigkeits- und Abdichtungsprobleme in den Griff zu bekommen, wurde zunächst ein Erkundungsstollen aufgefahren. Er ermöglichte es, die Gesteinsformationen genau zu untersuchen und so vorzubehandeln, dass beim späteren Hauptvortrieb keine schwerwiegenden Probleme mehr auftraten. In einer 120 m langen *Kaverne* wurden Spannungen und Verformungen von Tunnelprofilen mit verschiedenen Querschnittsdicken und unterschiedlichem Bewehrungsgrad untersucht. Ein Profil wies beispielsweise im Sohlbereich der Beton-*Schale* eine kompressible Schicht auf, um den beim Schwellvorgang entstehenden Zwängen auszuweichen. Des Weiteren diente der Erkundungsstollen zur Vorentwässerung. Ausgehend von diesem Stollen wurden auch gezielte Injektionen vorgenommen, um einem tief gehenden

Durchfeuchten des Anhydrits vorzubeugen. Von Osten wurde der Stollen mit einer Vollschnittmaschine, von Westen mit Hilfe einer Teilschnittfräse vorgetrieben.

Konzept zur Beherrschung des Schwellproblems

Die Schwellversuche zeigten, dass die bei Anwendung des Widerstandsprinzips zu erwartenden Sohldrücke unmöglich von einer Stahlbeton-*Schale* aufgenommen werden können. Deshalb wurde am Freudenstein-Tunnel erstmalig im Tunnelbau das „Ausweichprinzip" angewandt. Der Bemessung liegt die Konstruktion einer Innen-*Schale* mit Sohlgewölbe zugrunde. Die Innen-*Schale* wurde dabei für einen Sohldruck von 1 N/mm² ausgelegt. An Proben konnte gezeigt werden, dass bei diesem Druck die Volumenzunahme der schwellfähigen Schicht nur noch maximal 14 % beträgt. Die „Knautschzone" in der Sohle war also derart auszulegen, dass die zu erwartende Gebirgshebung infolge Schwellen unter diesen Bedingungen problemlos aufgenommen werden kann. Als komprimierbares Füllmaterial wurde schaumig-glasig gebrannter Blähton verwendet. Versuche mit diesem Material zeigten, dass es bei einem Druck von 1 N/mm² eine Volumenabnahme von 40 % erfährt. Bei der gewählten Mächtigkeit von 1,20 m für die Schicht der Knautschzone steht damit ein „Spielraum" von 48 cm Höhe zur Verfügung. Hinsichtlich der Verhältnisse im

Freudenstein-Tunnel war eine 10 m mächtige Schicht zu berücksichtigen, bei der der Anteil des schwellfähigen Gebirgsmaterials 30 % ausmacht. Bei einem Druck von 1 N/mm² wäre also eine vertikale Ausdehnung von 42 cm anzunehmen. Tatsächlich nimmt allerdings die Schwelldehnung nach den Gesetzen der Elastizitätstheorie mit zunehmender Tiefe näherungsweise parabelförmig ab, so dass nur von einer Hebung in der Größenordnung von 14 cm ausgegangen werden musste. Damit verblieb in der Knautschzone eine Sicherheitsreserve von 34 cm.

Konstruktion

Überall dort, wo mit Schwelldrücken gerechnet werden musste, wurde das „Verfahren mit nachgiebiger Sohlstützung" (VNS) angewandt. Der Profiltyp VNS ist an den unnachgiebigen, seitlichen Flanken der Knautschzone für den 2,5fachen Druck des ansonsten in der Sohle angesetzten Drucks ausgelegt. Wo keine Sohldrücke erwartet wurden, kam der Profiltyp C zum Einsatz. Zwischen dem Sohlgewölbe und der Spritzbetonsicherung wurde hier im Gegensatz zum Typ VNS lediglich eine dünne Schutzbetonschicht eingebracht. Eine 3 mm starke Abdichtungsbahn schützt die Betonkonstruktion vor dem stark sulfathaltigen Bergwasser. Um ein Aufstauen des Wassers im Firstbereich zu vermeiden, wurden in Abständen von 55 m Entspannungsöffnungen eingebaut, die eine Abführung des Wassers durch die Abdichtung und die Innen-*Schale* ermöglichen.

Herstellung

Der Westabschnitt des Freudenstein-Tunnels wurde in bergmännischer Bauweise zeitgleich von drei Hauptangriffspunkten aus vorangetrieben, um die kurze Vortriebszeit von 16 Monaten einhalten zu können. Das Baulos „Freudensteintunnel-Mitte" wurde ebenfalls in bergmännischer Bauweise aufgefahren, wobei der *Strossen*-Vortrieb unter starkem Wasserzufluss zu leiden hatte. Der 400 m lange Ostabschnitt konnte wegen der dort geringen Überlagerungshöhen von weniger als 15 m in offener Bauweise hergestellt werden. |

Tunnelbau

Literatur
Ingenieurbauwerke ibw
Heft 7, 1991

Länge
6.756 m
Ausbruch
860.000 m³
Spritzbeton
60.000 m³
Beton
398.000 m³
Knautschmaterial
52.000 m³
Abdichtung
272.000 m²

Bauherr
Deutsche Bundesbahn
Planung
Ingenieurbüro Bung, Heidelberg
Baufirmen
- **Arge Freudensteintunnel-West**
Harsch, Kunz, Thyssen Schachtbau, Universale Bau
- **Arge Freudensteintunnel-Mitte**
Hochtief, Universale Bau
- **Arge Freudensteintunnel-Ost**
Bilfinger + Berger, Stumpf, Früh, Becker
Anschlag
26.06.1987
Durchschlag
24.06.1988
Fertigstellung
15.06.1990

LEONBERG
Engelbergtunnel und
Autobahndreieck ●●

Der alte und der zukünftige Autobahntunnel
durch den Engelberg auf der A 81, unmittelbar nördlich des Dreiecks Leonberg, sind
bemerkenswerte Bauwerke. Der im Jahre
1938 fertig gestellte, doppelröhrige Tunnel
mit je zwei Fahrspuren ohne Standstreifen
war der erste Autobahntunnel Deutschlands. Er diente im Zweiten Weltkrieg den
Messerschmitt-Werken zur Produktion von
Flugzeugteilen, bevor beide Röhren in den
letzten Kriegstagen gesprengt wurden. Nach
mühevoller und gefährlicher Instandsetzung
wurde im Jahre 1950 die Ost- bzw. 1961 die

Wegbeschreibung
Die Baustelle Engelbergtunnel wird
vom Nordportal aus betrieben. Die
Baustellenzufahrt erreicht man, wenn
man in Gerlingen auf der Leonberger-
straße in Richtung Autobahn A 81 fährt.
Die Abzweigung ist ausgeschildert.

Hinweis
Von Norden kommend wird die Vor-
freude auf den Tunnel durch eine deko-
rativ und gegen den Kraftfluss geformte
Überführung getrübt: Obwohl diese
Brücke mit Mittelstütze in den beiden
Widerlagern gelenkig und verschieblich
gelagert ist, verdickt sie sich dort, um
die „Form des Tunnels" aufzunehmen.
Dies sollte man nicht tun!

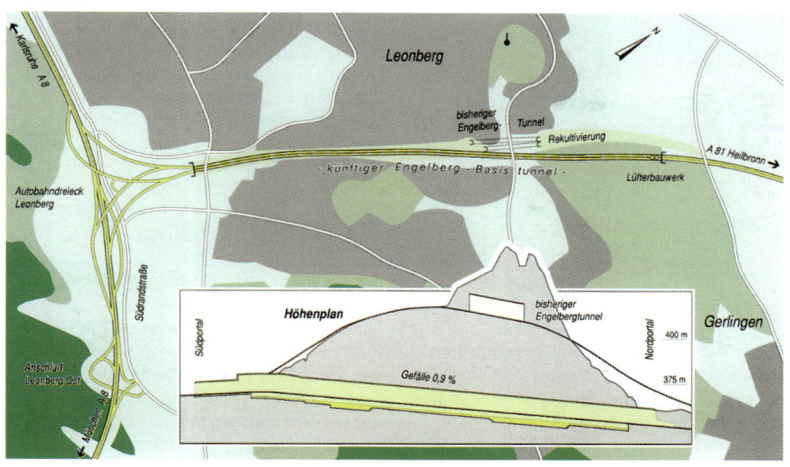

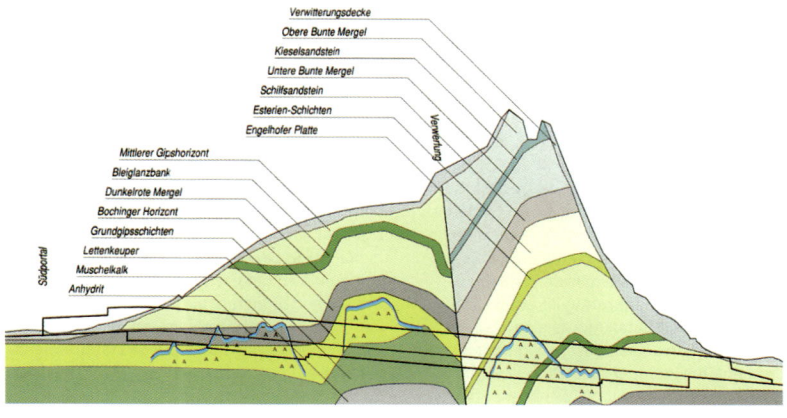

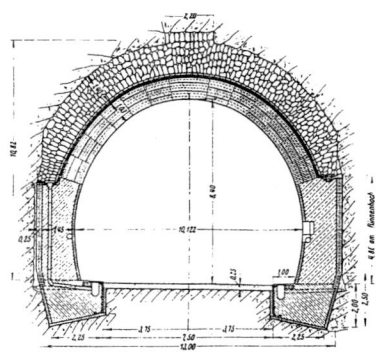

Weströhre wieder befahren. Es zeigte sich jedoch schon bald, dass dieser Scheiteltunnel mit seinen beidseitigen, 6%igen Rampen dem erhöhten Verkehrsaufkommen nicht mehr gewachsen war. Seit dem Jahre 1965 sind deshalb Überlegungen zur Beseitigung des Engpasses am Engelberg im Gange. Es wurde dabei eine Umgehungsstraße im Westen Leonbergs genauso diskutiert wie eine dritte Röhre. Im Jahre 1972 entwickelte die Planungsabteilung des damaligen Autobahnamtes Baden-Württemberg einen Basistunnel mit zwei Röhren zu je 3 Fahrstreifen plus Standspur. Mit seiner Realisierung wurde am 25. Juli 1995 begonnen. Dabei wird auch das Autobahndreieck Leonberg neu gestaltet. Die veranschlagte Bauzeit von nur gut vier Jahren, das private Finanzierungsmodell und das Ausmaß machten das Projekt zu einem der komplexesten in der Geschichte des Autobahnbaus.

Geologie
Der Höhenrücken des Engelbergs besteht aus den für Süddeutschland typischen Schichten des Keupers. In der Mitte sorgt eine Verwerfung für eine inhomogene Schichtung. Während der alte Scheiteltunnel von der Verwerfung nicht betroffen ist und je zwei Schichten des Bunten Mergels sowie verschiedener Sandsteinarten passiert, durchkreuzt der neue Basistunnel zusätzlich auch die Schichten des Gips- und Lettenkeupers.

Als problematisch stellt sich hierbei der unregelmäßige Verlauf zwischen ausgelaugtem und unausgelaugtem Gipskeuper heraus. Der ausgelaugte Gipskeuper steht als teilweise entfestigtes, Wasser führendes Gestein mit bereichsweise geringer Standfestigkeit an. Besondere Beachtung muss aber auch dem unausgelaugten Gipskeuper geschenkt werden, der zwar hart und trocken ist, bei dem aber eingelagertes Anhydrit und Corrensit bei Wasserzutritt stark schwellen und bei behinderter Verformung hohe Quelldrücke auf die Tunnel-*Schale* ausüben.

Herstellung und Konstruktion des alten Scheiteltunnels
Der alte Scheiteltunnel wurde nach der *Alten Österreichischen Tunnelbauweise* aufgefahren. Das Gestein wurde unter schwersten Bedingungen mit Hilfe von Pressluftbohrern gelöst und in Loren, die von Dampflokomotiven bewegt wurden, zutage gefördert. Die Oströhre ist 318 m lang und hat ein Längsgefälle von 3,1% in nördlicher Richtung, während die Weströhre von 287 m Länge nur auf eine Neigung von 1,5% kommt. Als Profil kam für beide Röhren die damals übliche Hufeisenform zur Ausführung mit einer Querschnittsfläche von je 145 m². Die Tunnelportale wurden aufwendig mit Schilfsandstein in bester handwerklicher Qualität verkleidet. Die Bauzeit dauerte vom Herbst 1935 bis zum Herbst 1938.

Herstellung und Konstruktion des neuen Basistunnels
Unter Tage wird hier aus nördlicher Richtung durchgängig nach dem Prinzip der *Neuen Österreichischen Tunnelbauweise* vorgegangen. Wegen der großen Ausbruchsflächen von 200 m² im Regelquerschnitt wird das Gebirge nur in Teilquerschnitten und in kurzen Abschlägen ausgebrochen und mit Spritzbeton in mehreren Lagen bis zu einer Gesamtdicke von 20 bis 40 cm gesichert. Zusätzlich werden Stahlbögen, Baustahlmatten und Anker eingebaut, um eine großflächige Gebirgslockerung zu verhindern. Der Tunnelausbau ist durchgängig zweischalig aus der äußeren Spritzbeton-*Schale* und einer bewehrten 70 cm dicken

Innen-*Schale* aus Beton B35. Zwischen beiden *Schalen* wird eine 3 mm starke PE-Folie zur Abdichtung eingebaut. Aufgrund der Erfahrungen, die man mit einem Sondierstollen ($\emptyset$ = 4 m) in den siebziger Jahren gemacht hatte, kann langfristig der Wasserzutritt zum Anhydrit und damit ein Schwellen bzw. eine hohe Druckentwicklung nicht ausgeschlossen werden. Im Gegensatz zum Freudenstein-Tunnel der NBS Mannheim–Stuttgart *siehe Seite 239* entschied man sich hier für das Widerstandsprinzip. Im Anhydritbereich erhalten deshalb beide Tunnelröhren eine Innen-*Schale* mit einer maximalen Stärke von 3 m im Sohlbereich, von 1 m im First und von 2 m an den *Ulmen*. Der Ausbruchquerschnitt beträgt für dieses verstärkte Profil 265 m².

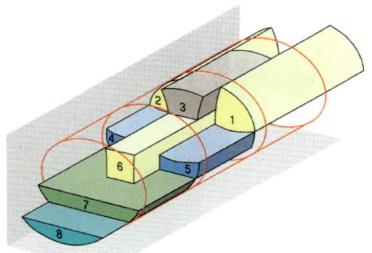

Belüftungskonzept für den Basistunnel

Die Belüftung der Röhren erfolgt von den Tunnelportalen aus. Hier wird Frischluft angesaugt, im Zuluftkanal unter der Tunnelfahrbahn längs transportiert und im Abstand von 10 m seitlich in den Fahrraum eingeblasen (Halbquerlüftung). Aus Rücksicht auf die Stadt Leonberg soll am südlichen Portal keine Abluft ausströmen. Die Abluft der Röhre in Fahrtrichtung Süden, die durch den Fahrzeugsog normalerweise am Südportal ins Freie gelangen würde, wird am Ende abgesaugt und über die Abluftkanäle von Ost- und Weströhre zu den nördlich angeordneten Abluftkaminen befördert.

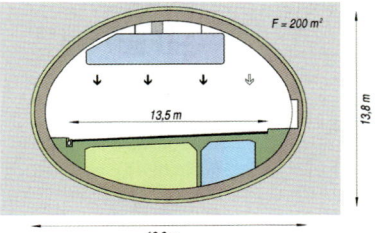

$F = 200\ m^2$

13,5 m

13,8 m

18,8 m

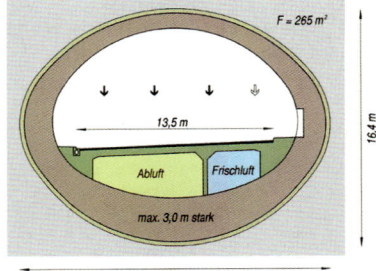

$F = 265\ m^2$

13,5 m

16,4 m

Abluft | Frischluft

max. 3,0 m stark

21,3 m

Tunnelbau

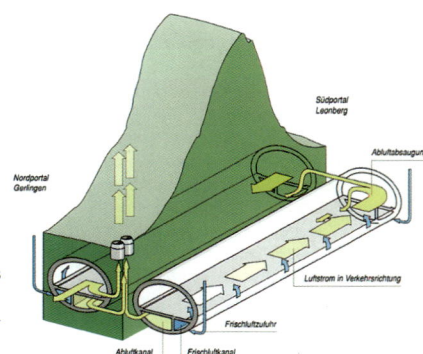

Modernisierung des Autobahndreiecks Leonberg

Der Umbau des Leonberger Dreiecks beinhaltet den Wechsel der Verkehrsführung von einem Zentralbrückenbauwerk hin zu einer leistungsfähigeren, ausschließlich richtungsbezogenen Verkehrsverknüpfung der A8 mit der A81. Bedingt durch die Einbindung von Umgehungssstraßen und eines Gewässers sind hierzu 5 Brückenneubauten mit Längen von 22 bis 190 m und Erdbewegungen von 250.000 m³ nötig. Hinzu kommt der Bau von Lärmschutzwällen mit einer Gesamtlänge von 1.500 m und Lärmschutzwänden mit insgesamt 560 m Länge.

Kosten und Finanzierung des Basistunnels und der Modernisierung des Autobahndreiecks Leonberg

Die Tunnelrohbaukosten belaufen sich auf rund 444 Mio. DM (brutto) zuzüglich ca. 70 Mio. DM für die Tunnelausstattung. Die Kosten für die Anschlussarbeiten und die Modernisierung des Dreiecks liegen bei 90 Mio. DM, so dass die Gesamtkosten des Projekts ca. 604 Mio. DM betragen. Als eines von 12 „Pilotprojekten" in Deutschland wird das Bauvorhaben „privat vorfinanziert", also der nächsten Generation aufgebürdet. Während der Bauzeit werden dabei durch den Bauherrn keine Zahlungen an die ausführende Arbeitsgemeinschaft Engelberg geleistet, sondern es erfolgt eine Zwischenfinanzierung, die eine ausgewählte Vertragsbank vornimmt. Diese Bank steht jedoch in keinem Vertragsverhältnis zum Bauherrn. Nach Abnahme der gesamten Baumaßnahme erfolgt die Feststellung der Gesamtkosten (Zwischenfinanzierungskosten und Zinsen), die in 15 gleich bleibenden Jahresraten durch den Bauherrn refinanziert werden. |

Basistunnel
Länge je Röhre
2.530 m, davon 1.780 m in untertägiger Bauweise
Außenschale
140.000 m³ Spritzbeton
Innenschale
255.000 m³ Beton, über 30.000 t Betonstahl

Basistunnel und Autobahndreieck
Bauherr
Bundesrepublik Deutschland, vertreten durch das Land Baden-Württemberg, Landesamt für Straßenwesen, Autobahnbetriebsamt Heilbronn
Prüfer
Ingenierbüro Müller + Hereth, Ingenieurgruppe Bauen
Bauüberwachung
Bauleitung Stuttgart mit der Ingenieurgemeinschaft Bung und Weidleplan, Stuttgart
Baufirmen der Arge Engelberg
Züblin, Bilfinger + Berger, Hochtief, Baresel, Wayss & Freytag, Wolff & Müller
Geplante Fertigstellung
30.11.1999

STUTTGART
Schwabtunnel ● ● ●

Am 4. Oktober 1894 beschloss der Gemeinderat der Stadt Stuttgart in Verlängerung
der Schwabstraße den Bau eines Tunnels
durch den Hasenberg, um dem Verkehr
große Umwege zu ersparen. Der „Schwabtunnel" wurde am 29. Juni 1896 eingeweiht.
Er ist der erste deutsche innerstädtische
Straßentunnel ●. Der Tunnel war für zwei
Fußwege, zwei Fahrspuren für Fuhrwerke
und eine in der Mitte fahrende Straßenbahn
ausgelegt worden. Er ist 10,50 m breit und
war damit seinerzeit der breiteste Tunnel
Europas. Die zwischenzeitlich zweigleisig
ausgebaute Straßenbahntrasse wurde im
Jahre 1972 aus dem Tunnel verbannt. Heute
benutzen ihn neben Fußgängern täglich
rund 18.000 Autos.

Konstruktion und Betrieb
Der Schwabtunnel hat ein aus Backsteinen
gemauertes Gewölbetragwerk. Die Stärke des
Mauerwerks schwankt zwischen 78 cm im
Scheitel und 1,18 m an den *Ulmen*. Unter den

Wegbeschreibung
Der Schwabtunnel führt im Süd-
westen Stuttgarts die Schwabstraße zwischen Reinsburgstraße
und Schickhardtstraße durch den
Hasenberg.

Ulmen sind Streifenfundamente angeordnet,
auf denen das Tunnelgewölbe gegründet ist.
Als problematisch erwies sich der unerwartet
starke Wasserandrang. Dagegen wurden die
Fugen des Gewölbes mit Zement verpresst
und Sickerschlitze angelegt, die das anstehende Wasser zu einem eigens angelegten Kanal
in der Mitte der Tunnelsohle führen. Die Dichtigkeit des Tunnels war trotzdem nur eingeschränkt gewährleistet, so dass es schon bald
nach der Inbetriebnahme zu Problemen kam.
Im Winter bildeten sich gefährliche Eiszapfen
und bedingt durch überfrierende Nässe wurde
ein Streuen der Fahrbahn erforderlich, die aus
Schallschutzgründen einen Holzbelag erhalten
hatte. Der Tunnel erfuhr daher mehrere Sanierungen, bei denen mittels Zementinjektionen
ein Dichtungsschleier um das Gewölbe gelegt

wurde. Bemerkenswert sind auch die damaligen Überlegungen, die man bezüglich der Belichtung und Belüftung des Tunnels anstellte. Um den Eintritt von Licht und Luft ins Tunnelinnere zu fördern, wurde eine konische Aufweitung der Tunnelröhre zu den Portalen hin vorgesehen. Zur Verbesserung der Lichtverhältnisse wurde das Gewölbe zusätzlich mit hellen Kacheln verkleidet, die tagsüber eine künstliche Beleuchtung überflüssig machten. In der Nacht wurde der Tunnel elektrisch beleuchtet, was für damalige Verhältnisse sehr fortschrittlich war.

Herstellung

Der Ausbruch des Tunnels erfolgte bergmännisch nach der sogenannten *Englischen Tunnelbauweise*. Im Fall des Schwabtunnels kam es aufgrund der geringen Überdeckung von nur 6 bis 20 m und der lockeren Schichtung des anstehenden Gipskeupers zu erheblichen Setzungen, die ein Privathaus, Ecke Hasenbergsteige/Schwabstraße, in Bewegung brachten. Um die Gefahr eines Einsturzes zu bannen, wurde es mit Backsteinpfeilern in einer Tiefe von bis zu 10 m abgefangen. Ein weiteres Problem stellte eine 300 Jahre alte Wasserleitung dar, die die Tunnelachse im Grundriss kreuzt. Im Zusammenhang mit den Setzungen musste diese vollständig freigelegt werden, um eine Beschädigung zu vermeiden. Trotz der unerwartet schwierigen Baubedingungen gelang es, den Tunnel nach einer Bauzeit von nur 16 Monaten fertig zu stellen. |

Länge
125 m
Breite
10,50 m
Höhe
6,50–8,50 m
Backsteine
rund 1 Mio. Stück

Bauherr
Stadt Stuttgart
Entwurf
Stadtbaurat K. Kölle
Bauausführung
Werkmeister Mehl
Portalgestaltung
- Seitliche Treppen
Bildhauer T. Bausch
- Wappen und Löwenköpfe
Bildhauer O. Rothe und A. Hilliger
Bauzeit
1895–1896

STUTTGART-HESLACH
Heslacher Tunnel ●

Der Heslacher Tunnel dient der Verkehrsent-
lastung des Stuttgarter Stadtteils Heslach,
der bis zu seiner Umfahrung von der Bundesstraße 14 durchschnitten wurde. Bedingt
durch die Talkessellage wurden dort an
Spitzentagen bis zu 50.000 Fahrzeuge
gezählt, größtenteils Durchgangsverkehr.
Der Heslacher Tunnel ist mit vorerst nur
einer Röhre und je einer Richtungsfahrbahn
heute mit täglich 45.000 Fahrzeugen derart
ausgelastet, dass es in Spitzenzeiten zu
Rückstaus kommen kann. Ein „Nadelöhr"
stellt hierbei die plangleiche, lichtsignal-
gesteuerte Kreuzung am Tunnelportal
Marienplatz dar, deren Leistungsfähigkeit
geringer ist als die des Tunnels.

Geologie
Der Tunnel durchläuft auf seiner gesamten
Länge von 2,3 km die rund 200 Mio. Jahre
alten Sedimentgesteine des Mittleren Keupers. Das massive Auftreten von Anhydrit
machte es erforderlich, dass das normaler-

Wegbeschreibung
Der Heslacher Tunnel im Süd-
westen Stuttgarts führt die B14
zwischen Südheimer Platz und
Marienplatz östlich an Heslach
vorbei.

weise ausgeführte Maulprofil an manchen
Stellen in ein statisch günstigeres Kreisprofil
überführt werden musste. Diese Profilform
wurde notwendig, um die hohen Quelldrücke
zu beherrschen, die entstehen, wenn Anhydrit
sich bei Wasserzutritt in Gips umwandelt und
die damit verbundene Volumenzunahme
behindert wird. Im Bereich zwischen Südheimer Platz und der Karl-Kloß-Straße wurde
stark zerklüfteter Kieselsandstein angetroffen,
der eigens mit Zementmörtel verpresst und
gesichert werden musste.

Herstellung

Bedingt durch die Topographie gliederte sich
der Tunnelbau in DREI BAUABSCHNITTE:
Der ERSTE BAUABSCHNITT erstreckte sich
vom Südheimer Platz über eine Länge von
1 km bis zur Karl-Kloß-Straße, bei der aufgrund der geringen Überdeckung der Tunnel
geöffnet und eine Anschlussstelle angeordnet
wurde. Dieser erste Tunnelabschnitt wurde auf
seiner gesamten Länge bergmännisch nach
der *Neuen Österreichischen Tunnelbauweise*
aufgefahren. Im Verzweigungsbereich der
Anschlussstelle Karl-Kloß-Straße weitet sich
der Ausbruchquerschnitt auf ca. 246 m² auf.
Um auch diesen Bereich gefahrenlos herzustellen, wurden zunächst zwei seitlich liegende *Ulmen*-Stollen vorgetrieben, die dann
beim Ausbruch des Mittelteils als Widerlager
für die Firstsicherung dienten.

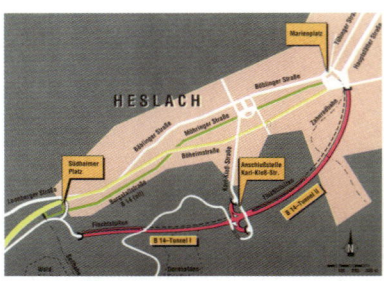

Den ZWEITEN BAUABSCHNITT bildete das
1,1 km lange Teilstück Karl-Kloß-Straße bis
zum Marienplatz. Ausgehend vom Marienplatz
wurde hier der Tunnelbau auf einer Länge
von ca. 100 m in offener Baugrube erstellt.
Im Bereich der Unterfahrung der Kreuzung
Alte Weinsteige-Liststraße-Zellerstraße wurde
die Deckelbauweise angewandt, um die Be-
lästigung und Behinderung für die Anlieger in
Grenzen zu halten. Hierbei wurde nach einer
30 m tiefen Baugrubensicherung mittels
Beton-Bohr-*Pfählen* (∅ = 1,20–1,50 m) das

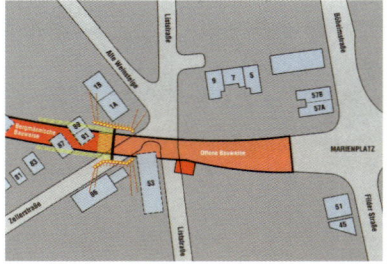

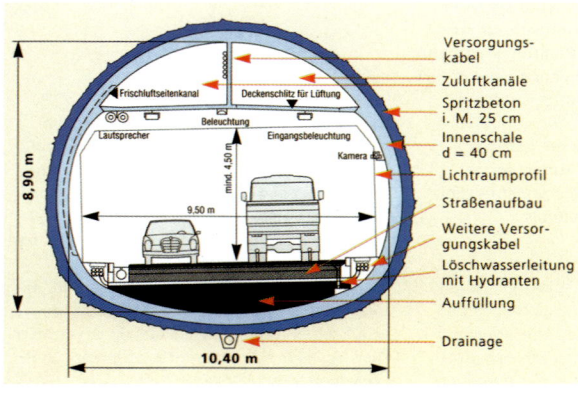

Erdreich auf einer Höhe von 5 m abgetragen und eine 2 m starke Betonplatte eingebaut. Nachdem dieser Deckel hergestellt war, konnte über Tage der Rückbau bzw. unter Tage der Aushub beginnen. Im Zuge dieser Maßnahmen musste das Haus Liststraße 53 am Westgiebel unterfangen werden, da an dieser Stelle die Baugrube breiter werden musste als der Platz, der im Straßenraum zur Verfügung stand. Hierzu wurden beidseitig der Hausfundamente Bohr-*Pfähle* niedergebracht, die gekoppelt über einen Betonbalken die Lasten abfangen. Mit Einbau des Deckels wurden die *Pfähle* auf diesen abgestützt, so dass im Schutze des Deckels auch unter dem Haus ein ungehinderter Aushub des Tunnels erfolgen konnte. Erst nach Fertigstellung dieses Teils konnte der weitere Bau des zweiten Abschnitts in bergmännischer Bauweise vorangetrieben werden.

Der DRITTE BAUABSCHNITT betraf die Herstellung der Anschlussstelle Karl-Kloß-Straße im Tunnel. Nachdem der Bereich der Tunnelaufweitung im Rahmen des ersten Bauabschnitts noch bergmännisch erfolgt war, wurde der unmittelbare Anschlussstellenbereich mit den dafür notwendigen Tunnelöffnungen wegen der geringen Überdeckung auf einer Länge von 180 m in offener Bauweise, also über Tage, hergestellt. Im Zuge dieser Baumaßnahmen wurde auch die Karl-Kloß-Straße im Anschlussbereich neu gestaltet. In Richtung Degerloch passiert die Straße nun einen ca. 70 m langen Tunnel, der eine „grüne Verbindung" zwischen der Kleingartenanlage über dem Tunnel und dem angrenzenden Waldstück herstellt.

Verkehrsleittechnik

Zur Steuerung des Verkehrs im Tunnel werden in der Fahrbahn verlegte Induktionsschleifen verwendet, die die Art, Anzahl und Geschwindigkeit der Fahrzeuge sowie die Zeitlücken zwischen ihnen erfassen. Die Schleifen haben einen Abstand von 150 m, der im Bereich der Anschlussstelle Karl-Kloß-Straße auf 75 m verdichtet wird. Bei einer genügend großen Zeitlücke schaltet ein Rechner eine Grünphase für den von der Karl-Kloß-Straße einmündenden Verkehr. Rechtzeitig bevor die Fahrzeuge des Hauptstroms die Lichtsignalanlage der Anschlussstelle erreichen, wird für sie die Fahrt wieder freigegeben, so dass diese Anschlussstelle im Tunnel nur eine geringe Einbuße der Tunnelleistungsfähigkeit zur Folge hat. |

Länge
2,3 km
Ausbruchquerschnitt
97–246 m²
Aushub
400.000 m³
Beton
80.000 m³
Stahl
8.500 t

Bauherr
Landeshauptstadt Stuttgart
Ingenieure
- **Planung und Bauleitung**
Tiefbauamt Stuttgart
- **Geologie und Ingenieurbau**
Müller und Hereth sowie Tompert, Sautter und Neugebauer, Stuttgart
- **Prüfung**
Boll + Partner, Stuttgart
Baufirmen
Baresel, Heitkamp,
Sänger & Lanninger, Strabag,
Wolfer & Goebel und Züblin
Bauzeit
1980–1983 (Vorstollen), 1984–1991

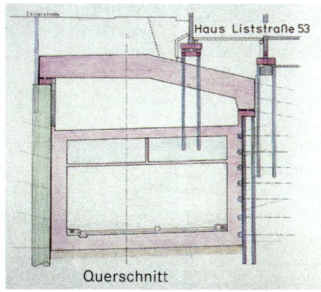
Haus Liststraße 53

Querschnitt

Tunnelbau

STUTTGART-NEUGEREUT
Lärmschutztunnel ● ●

Lärmschutz ist heute eine wesentliche Aufgabe zum Schutze unserer Umwelt. In den innerstädtischen Bereichen spielt dabei vor allem der Verkehrslärm eine große Rolle. Neben dem aktiven Lärmschutz, z. B. Drosselung der Motor- und Abrollgeräusche durch Reduzierung der Fahrgeschwindigkeit, kann man auch passiv die Ausbreitung von Lärm einschränken. Zu diesem Zweck entwickelte die Firma Ed. Züblin AG in den Jahren 1979–1981 mit Unterstützung des Bundesministers für Forschung und Technologie ein neuartiges Konzept für einen „Lärmschutzstraßentunnel", das im Zuge der Ortsumgehung „Kleiner Ostring" des Stuttgarter Stadtteils Neugereut erstmalig angewandt wurde ● .

Tunnelkonzept

Von einem normalen Tunnel unterscheidet sich dieser Lärmschutztunnel durch seine Tunneldecke. Sie ist nur über der Fahrbahn zum Schutz gegenüber Niederschlag geschlossen, hat aber über den Seitenstreifen längs durchlaufende Schlitze, die eine blendfreie

Wegbeschreibung
Neugereut liegt nördlich von Bad Cannstatt zwischen Hofen und Schmiden. Auf dem Seeblickweg vom Max-Eyth-See (Hofen) kommend durchfährt man den Lärmschutztunnel unmittelbar hinter der Kreuzung mit der Kormoran- bzw. Steinhaldenstraße.

Belichtung der Fahrbahn durch Tageslicht und einen natürlichen Luftaustausch ermöglichen. Plattenförmige, schallschluckende Kulissen, die geneigt in die Schlitze eingebaut wurden, absorbieren die Fahrgeräusche und schützen dadurch die Umwelt vor der Lärmquelle Straßenverkehr. Mit dieser Bauart sollen im Vergleich zu einem konventionellen Tunnel die Kosten für Bau und Betrieb gesenkt werden – natürlich mit dem Nachteil, dass die Tunneldecke nur beschränkt begehbar ist.

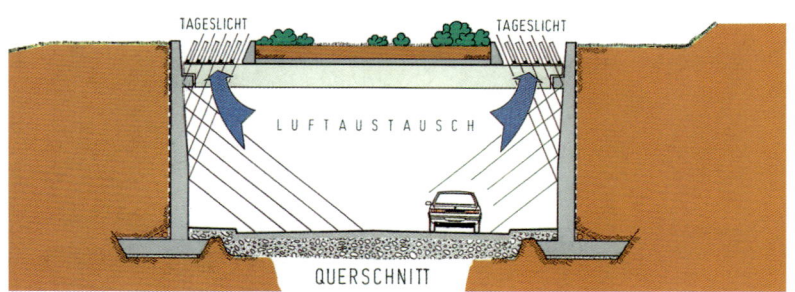

TAGESLICHT TAGESLICHT

LUFTAUSTAUSCH

QUERSCHNITT

Konstruktion und Herstellung

Die Kreisstraße 9500 in Neugereut verläuft im Bereich des Tunnels in „Halbtieflage". Dadurch war ein Erdausgleich zwischen Aushub und Anfüllung möglich. Nach dem Aushub wurden die Tunnelwände abschnittsweise in *Ortbeton* ausgeführt. In einem zweiten Arbeitsschritt verlegte ein Kran die Beton-Fertigteilträger der Decke (Höhe = 75 cm, Breite = 25 cm) auf vorbereitete Konsolen in einem Abstand von 2,40 m. Diese Fertigteilträger sind aber nicht nur Einfelddeckenbalken, sondern wirken nach dem Hinterfüllen der Wände auch als Druckstäbe, um so dem oberen Ende der Wände zusätzliche Auflager in Querrichtung zu bieten und den anteiligen Erddruck beider Wände kurzzuschließen. So brauchen die Wände nur schmale Fundamente und geringere Wanddicken (max. Dicke = 55 cm bei einer Höhe von 6,45 m). Die Übertragung der horizontalen Kräfte von der Wand auf die Stirnfläche des Fertigteilträgers erfolgt dabei über vertikale Elastomere-Lager. Um einen optimalen Tageslichteinfall und Schallschutz zu erzielen, sind die Innenflächen der Wände im oberen Bereich nach außen gekrümmt und mit schallschluckenden Aluminium-Lochpaneelen verkleidet. Der Dachaufbau im Fahrbahnbereich wurde aus Beton-Halbfertigteilplatten (Dicke = 6 cm) mit einer 12 cm starken *Ortbeton*-Schicht hergestellt. Diese bilden den Boden eines Pflanzentrogs, der in Längsrichtung durch seitliche Betonkragen abgeschlossen wird. In den verbleibenden, beidseitigen, 1,93 m breiten Öffnungen über den Seitenstreifen sind jeweils fünf Schalldämpfungs-

elemente eingesetzt, die ca. 10 cm dick und um 20° gegen die Vertikale geneigt sind. Die Neigungsrichtung der Elemente ist so gewählt, dass die Fahrbahn nur indirektes Tageslicht erhält, wodurch ein Blenden der Autofahrer ausgeschlossen wird. An beiden Tunnelenden wurde mit einer gerasterten Beton-Fertigteildecke ein Übergang von den Tageslicht- zu den Tunnellichtbedingungen geschaffen, so dass keine ständige künstliche Adaptationsbeleuchtung nötig ist.

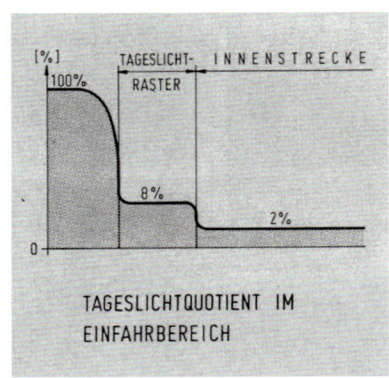

TAGESLICHTQUOTIENT IM EINFAHRBEREICH

Betriebserfahrungen

Die Erfahrungen bestätigen eine Minderung des kennzeichnenden Lärmpegels (Mittelungspegel) gegenüber vergleichbaren offenen Straßen um ca. 20 dB (A). Das über die hellen Seitenwände einfallende, indirekte Tageslicht sorgt für eine angenehme Ausleuchtung im Tunnel. Die installierte Nachtbeleuchtung ist tagsüber durchschnittlich nur 1 bis 2 Stunden in Betrieb; die im Eingangsbereich installierte Beleuchtung, die bei ungünstigen Sonnenständen eingeschaltet wird, kommt sogar nur auf 30 bis 35 Minuten. Da der Tunnel ferner ausschließlich natürlich belüftet ist, liegen die Betriebs- und Unterhaltskosten erheblich unter denen eines herkömmlichen geschlossenen Tunnels.

Verweis auf ähnliche Bauwerke

Ein Lärmschutztunnel gleichen Typs findet sich südlich von Kornwestheim auf der neuen B27a, die von der B27 Feuerbach–Ludwigsburg, Ausfahrt Zuffenhausen-Nord, abzweigt und nach Möglingen führt. |

Literatur

Straße und Autobahn
Heft 9, 1980

Tiefbau, Ingenieurbau, Straßenbau
Heft 1, 1990

Länge
415 m
Straßenbreite
8,50 m
Erdarbeiten
25.000 m^3
Anzahl der Fertigteile
1.505 Stück

Bauherr
Landeshauptstadt Stuttgart
Planung
Ed. Züblin AG
Prüfer
Boll + Partner, Stuttgart
Baufirma
Ed. Züblin AG
Bauzeit
1984–1985

Bergbau

AALEN-WASSERALFINGEN
Besucher-Erzbergwerk

Die Schwäbische Ostalb ist ein uraltes
Bergbaugebiet. Durch den Eisenerzabbau
entstand hier eine der ersten Industrieland-
schaften Süddeutschlands. Rund 14 %
der deutschen Eisenerzvorräte lagern im
Bereich der Schwäbisch-Fränkischen Alb,
ein großer Teil davon im Braunenberg bei
Wasseralfingen. Das Besucherbergwerk
„Tiefer Stollen" dort ist das größte in
Baden-Württemberg.

Geschichte
Bereits die Kelten werden mit dem Bergbau
auf der Ostalb in Verbindung gebracht. Sie
waren die ersten in Europa, die es verstanden,
aus Eisenerz Eisen zu schmelzen und hieraus
Gegenstände anzufertigen. Die ersten nach-
gewiesenen Eisenschmelzstätten stammen
jedoch von den Römern. Die Funde in einem
römischen Kastell bei Rainau-Buch lassen
darauf schließen, dass die Römer die Erz-
vorräte am östlichen Albrand gezielt abbau-
ten. Es ist bemerkenswert, dass der Limes in
diesem Bereich die strategisch günstigere
Linie entlang des Albrandes verlässt, um die

Wegbeschreibung
In Aalen ist der Weg zum Besucherbergwerk „Tiefer Stollen" ausgeschildert. Parkplätze sind am
Viktoria-Sportgelände ausreichend
vorhanden.

Öffnungszeiten
April–Oktober von
Dienstag bis Sonntag,
montags Ruhetag;
nähere Informationen beim
Fremdenverkehrsamt Aalen,
Telefon (0 73 61) 52-23 58.

Hinweis
Das Limes-Museum in Aalen,
St. Johann-Straße 5, ist auf dem
Gelände des größten römischen
Reiterkastells nördlich der Alpen
erbaut. Der Museumsbau grenzt
unmittelbar an die noch erhaltenen
Fundamente des Lagertores
und des Stabsgebäudes –
Telefon (0 73 61) 52-22 30.

Eisenerzlagerstätten zu sichern. Als erste, kleine Eisenschmelzen und Schmieden werden im Jahre 1241 die „Isenmühlen" im Leintal genannt. Erzgräber der Fürstprobstei Ellwangen fanden im Jahre 1610 die ersten Erzvorkommen am Braunenberg bei Wasseralfingen. Zur Verhüttung wurde im Jahre 1671 nach der Zerstörung der ellwangischen Werke Abtsgmünd, Ober- und Unterkochen im 30-jährigen Krieg der Hochofen Wasseralfingen in Betrieb genommen. Damit begann die Entwicklung der Wasseralfinger Eisenindustrie. Im heutigen Stadtgebiet Aalens befanden sich zu jener Zeit außer der Grube „Am Braunenberg" noch die Gruben „Am Burgstall" und „Roter Stich". Im Jahre 1840 war der Baubeginn für den „Tiefen Stollen". In der darauf folgenden Hochphase des Ostalbbergbaus waren hier bis zu 249 Bergleute beschäftigt. Die erste Zahnradbahn Deutschlands (konstruiert vom Schweizer Zahnradbahnpionier Nikolaus Riggenbach) transportierte ab 1876 das Eisenerz vom Bergwerk zum Hüttenwerk Wasseralfingen. Mit dem wirtschaftlichen Einbruch im Jahre 1880 erlitt auch der Erzabbau auf der Ostalb einen Abschwung. Im Jahre 1924 war das durch den „Tiefen Stollen" erschlossene Grubenfeld am Braunenberg erschöpft und der Stollen wurde geschlossen. Die Schließung des letzten Stollens am 18.12.1939 bedeutete das endgültige Aus für den Wasseralfinger Erzbergbau. Aufgrund der hohen technikgeschichtlichen Bedeutung des Bergwerks wurde im Jahre 1979 zunächst ein Bergbaupfad angelegt und am 9. September 1987 das Besucherbergwerk „Tiefer Stollen" eröffnet.

Erzgewinnung

Eisenerz wurde auf der Ostalb sowohl über Tage als auch unter Tage abgebaut. Das Bohnenerz, das seinen Namen von den bohnenförmigen Erzkügelchen hat, tritt hauptsächlich oberflächennah auf. Es wurde steinbruchartig im offenen Abbau gewonnen und spielte auf der Ostalb nur eine untergeordnete Rolle. Von größerer Bedeutung war das Stuferz, das durch Sedimentation entstand. Am Braunenberg ist es in acht Flözen zu finden: Davon wurden zwei, nämlich das 1,70 m mächtige „Untere Flöz" und das 1,40 m mächtige „Obere Flöz", in der Grube „Am Braunenberg" abgebaut. Die Abbaufelder waren durch mehrere parallele Förderstollen mit dem jeweiligen Hauptstollen verbunden. Zwischen den Förderstollen befanden sich 7 bis 8 Strebörter, an denen von jeweils zwei Hauern das Erz gebrochen wurde. Diese Strebörter waren treppenförmig angelegt, wobei der mittlere Strebort den Ausbruch eröffnete. Die seitlichen Strebörter mit einer Breite von 15 bis 18 m folgten in einem Abstand von jeweils 15 m. Die Entfernung zweier Förderstrecken betrug 200 m. Nach Abzug der 20 m breiten Sicherheitspfeiler zu beiden Seiten erreichten die Abbaufelder eine Breite von jeweils 160 m. Den durch den Abbau entstandenen Hohlraum verfüllten die Hauer gleich wieder mit ausgeräumtem Tonschiefer und blindem, unbrauchbarem Gestein. Die Abbautiefe betrug pro Tag etwa 1,50 m. Das von den Hauern losgelöste Erz wurde von Schleppern im Strebort auf kleine Handwagen geladen und zur Verladestelle in der Förderstrecke geschoben. Dort wurde es

12

Weg durch den Stollen

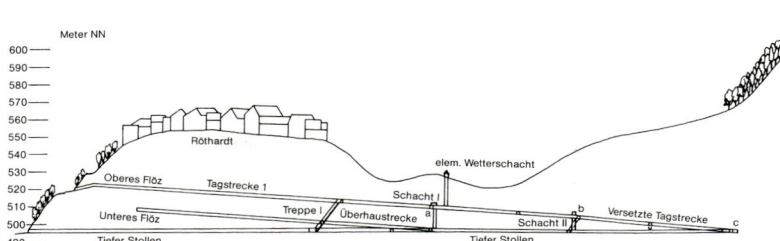

Bergbau

in die größeren Erzhunde gekippt und über Treppen und Förderschächte in den „Tiefen Stollen" und von dort zutage gefördert. Um die Unfallgefahr zu mindern, waren in der Grube „Am Braunenberg" getrennte Personen- und Erzförderstrecken angelegt. Während die Förderstrecken und Zugänge mit Stahl ausgebaut waren, wurden die Abbau- und Begleitstrecken für die kurze Zeit ihrer Benutzung lediglich durch Holzzimmerung gestützt. Vor dem Stollenausgang befand sich der Erzscheideplatz. Dort sortierten die Erzscheider auf Tischen das taube Gestein aus dem gebrochenen Erz aus und schütteten es auf Halde. Wer Bergmann werden wollte, fing meistens als Erzscheider an. Das gute Erz wurde in Loren geschüttet und ins Wasseralfinger-Hüttenwerk transportiert, wo es zu Eisen weiterverarbeitet wurde.

Verweis auf ähnliche Bauwerke
Siehe Liste der Besucherbergwerke im Vorwort zu diesem Kapitel. |

Literatur
BAYER, H.-J. / SCHUSTER, G.
Besucherbergwerk Tiefer Stollen
Konrad Theiss Verlag, Stuttgart 1988

Gesamtstollenlänge
ca. 25 km
davon begehbar
6,5 km
öffentlich zugänglich
1,2 km

Planung
Bergrat Faber du Faur
Besucherbergwerk
- Bauherr
Stadt Aalen
- Planung
H.-J. Bayer und G. Schuster
- Bauzeit
1986–1987

BAD FRIEDRICHSHALL-KOCHENDORF
Steinsalzbergwerk •

Salz ist für das menschliche Leben unverzichtbar. Da die Vorkommen ungleich verteilt sind, wurde es zu einem der wichtigsten Handelsgüter der Welt. Der Wohlstand mäncher Städte oder ganzer Regionen wäre ohne ihre Salzlagerstätten undenkbar gewesen. Der Schacht „König Wilhelm II" des Bergwerks in Bad Friedrichshall-Kochendorf erschließt einen Teil des 200 Mio. Jahre alten Salzlagers, das sich von Bad Friedrichshall entlang dem östlichen Schwarzwald bis in die Nordschweiz erstreckt. Schon von weitem ist der imposante Förderturm sichtbar, der von einem Backsteinbau aus der Zeit der Jahrhundertwende geprägt wird. Das auf Repräsentation angelegte Erscheinungsbild unterstreicht die Bedeutung dieser staatlichen Industrieanlage für das damalige Königreich Württemberg. Die weltweite Salzproduktion ist in diesem Jahrhundert von 10 Mio. Tonnen auf 190 Mio. Tonnen gestiegen. In Deutschland macht das „Speisesalz" heute nur noch 3 % des Gesamtvolumens aus; Hauptabnehmer ist die Industrie, die 85 % der Erträge verbraucht.

Wegbeschreibung
Von Neckarsulm auf der B27 in Richtung Mosbach fahren. Der Schachteingang befindet sich auf der Höhe von Kochendorf unmittelbar links neben der B27. Parkplätze sind ausreichend vorhanden.

Öffnungszeiten
April–Oktober, unregelmäßig und nicht täglich; nähere Informationen bei der Südwestdeutschen Salzwerke AG unter Telefon (0 71 31) 95 9-2 83.

Geschichte
Im Jahre 1816 wurde erstmals in Mitteleuropa durch eine gezielte Bohrung in Bad Friedrichshall-Jagstfeld Salz entdeckt • . Das erste deutsche Salzbergwerk, „Wilhelmsglück" bei Schwäbisch Hall, ging im Jahre 1825 in Betrieb und bescherte der Region einen bedeutenden Aufschwung (Produktion bis zum Jahr 1900). Im Jahre 1859 gelingt der zweite Versuch zum Abteufen eines Schachtes in Jagstfeld. Mit der Förderung von Steinsalz in Jagstfeld stand Württemberg an vorderster Stelle in Deutschland. Ein Wassereinbruch im Jahre 1895 zwang

allerdings zur Aufgabe dieses Bergwerks. Ein geeigneter neuer Standort wurde südlich von Kochendorf gefunden. Die Steinsalzförderung wurde dort im Jahre 1899 aufgenommen. Für eine Steigerung des Absatzes sorgte die Kanalisierung des Neckars, die ab 1935 den Salztransport ohne Umschlag bis nach Holland ermöglichte. Während des Zweiten Weltkrieges wurden die großen Abbaukammern des Bergwerks dazu benutzt, einen Rüstungsbetrieb unterzubringen und wertvolle Kunstgegenstände, darunter der „Isenheimer Altar", vor Zerstörung zu bewahren. Aufbereitet wurde das Rohsalz bis 1945 in der alten Jagstfelder Salzmühle. Im Zweiten Weltkrieg wurde dann neben der Kochendorfer Schachtanlage eine neue Steinsalzmühle mit sechs Mahlgängen errichtet, die die Transportwege verkürzte. Seit 1984 sind die Bergwerke in Kochendorf und Heilbronn unterirdisch miteinander verbunden. Damit umfasst das in der Region entstandene Wege- und Streckennetz mehr als 700 km (dies entspricht der Entfernung Heilbronn–Florenz). Tag für Tag wächst dieses Netz mit Hilfe modernster Technologien weiter. Seit dem Jahre 1990 ist das Bergwerk in Kochendorf für Besucher zugänglich (Rundganglänge: 1,5 km).

Salzgewinnung

Das Salzlager in Kochendorf trifft man in einer Tiefe von 180 m an. Die Schachtanlage ist so ausgelegt, dass nach dem Erreichen der Salz führenden Schicht eine zentrale Förderstrecke von 14 m Breite und 4 m Höhe für die Erschließung sorgt. Rechtwinklig abzweigend von dieser Förderstrecke werden Nebenstrecken, sogenannte „Einbrüche", vorangetrieben, die vorerst ebenfalls nur eine Höhe von 4 m haben. Nach Fertigstellung der Einbrüche werden diese dann zu Abbaukammern erweitert. Durch diesen als „Hochbruch" bezeichneten Arbeitsschritt entstehen unter Tage Hohlräume von 10 bis max. 20 m Höhe bei einer Breite von 15 m und einer Länge von bis zu 200 m. Zwischen den einzelnen Abbaukammern bleiben sogenannte Salzpfeiler stehen. Sie sind etwa 10 bis 20 m breit und haben die Aufgabe, das darüber liegende Gestein abzufangen. Der Vortrieb auf den einzelnen Strecken erfolgt durch Sprengarbeit: Große Bohrwagen treiben Löcher von bis zu 7 m Tiefe ins Salz; der Sprengstoff wird mittels Druckluft in die Löcher geblasen und elektrisch gezündet. Pro Sprengung können etwa 300 bis 1.000 t Salz herausgelöst werden. Während der Räumarbeiten schlägt das „Beraubegerät" das lose Steinsalz vom „Streckendach", um so die Unfallgefahr durch herabbrechende Brocken zu bannen. |

Bergbau

Betreiber
Südwestdeutsche Salzwerke AG
Ausführung
Fa. Haniel & Lueg, Düsseldorf
Produktion
seit 1899

*Lokomotive im Schnee auf
dem alten Stuttgarter Bahnhof*
HERMANN PLEUER, 1906

Straßen- und Bahnbau

Straßen- und Bahnbau

Mit diesem Kapitel soll der Verkehrswegebau als eigene Ingenieurleistung gewürdigt werden. Neben dem Straßen- und Bahnbau gehört dazu streng genommen auch der Verkehrswasserbau. Dieser spezielle Zweig des Verkehrswegebaus mit seinen eigenen baulichen Einrichtungen, wie Kanälen, Schleusen und Hafenanlagen, wird aber nicht hier, sondern wegen der Verwandtheit zum Wasserbau im Kapitel „Wasserbau, Wasserwirtschaft und Wasserversorgung" beschrieben.

Das folgende Kapitel enthält auch Strecken, die keine bemerkenswerten Kunstbauten enthalten, wie z. B. die „Neue Weinsteige" in Stuttgart. Wenn Kunstbauten aber vorkommen – in der Regel sind dies Brücken, gelegentlich auch Tunnel –, dann werden sie hier im Kontext mit behandelt und nicht getrennt im Kapitel „Brücken" bzw. „Tunnel- und Bergbau".

Traditionelle Aufgaben im Bereich des Verkehrswesens sind das Planen, Entwerfen, Bauen und Betreiben von Verkehrsanlagen. In jüngster Zeit treten zunehmend auch Fragen nach dem Erhalt der natürlichen Lebensgrundlagen, der Schonung der Ressourcen und einer besseren Gestaltung der baulichen Umwelt in den Vordergrund. Derartige Aufgaben sind verkehrsträgerübergreifend und bedürfen der Erfahrungen und Entwicklungen verschiedener benachbarter Fachdisziplinen (z.B. Kraftfahrwesen, Stadtplanung, Ökologie).

Verkehrsingenieure konzentrieren sich bei der Ausübung ihrer Tätigkeit nicht allein auf technisch orientierte Belange, sondern sie müssen sich intensiv mit Zielen und Bedürfnissen der Gesellschaft und ihrem sozialen Umfeld auseinander setzen. Dies erfordert im Rahmen eines Gesamtplanungsprozesses ein vorausschauendes, auf die Zukunft ausgerichtetes Vorsorgehandeln, das über die bestehende Verursacherverantwortung hinausgeht.

Wesentliche Aufgaben der Verkehrsplanung sind die Analyse und Prognose der Verkehrsbeziehungen bei vorgegebener Flächennutzung, die Verkehrsmittelwahl, die Wegewahl in alternativen Verkehrswegenetzen und die Ausarbeitung genereller Konzepte für funktionsgerechte Straßen und Knotenpunkte, etwa im Rahmen der Straßennetzgestaltung oder von flächendeckenden Verkehrsberuhigungskonzepten.

Die erste Eisenbahnstrecke in Württemberg wurde im Oktober 1845 zwischen Cannstatt und Untertürkheim in Betrieb genommen – 20 Jahre nach der ersten Bahn der Welt in England und 10 Jahre nach der ersten deutschen Eisenbahn (Nürnberg–Fürth).

Die heutige, rasch steigende Mobilitätsentwicklung mit ständig wachsenden Reiseweiten hat die Bahnen in Absprache mit den Administrationen weltweit veranlasst, neue Schienenstrecken zu planen und zu bauen sowie vorhandene Strecken um- bzw. auszubauen.

Im „Leitschema des transeuropäischen Schienennetzes" der EU für den Eisenbahnverkehr (ohne öffentlichen Regional-, Nah- und Stadtverkehr = ÖPNV) wurden bis zum Jahre 2010 Investitionen von mehreren hundert Mrd. ECU ausgewiesen, um 70.000 km Schienenwege überwiegend in ihrer Linienführung und Leistungsfähigkeit zu verbessern. Die im Plan für den Hochgeschwindigkeitsverkehr vorgesehenen 23.000 km müssen dabei größtenteils neu erstellt werden. Allein die Realisierung solcher Hochgeschwindigkeitsmagistralen und weiterer Ausbaustrecken mit ca. 35.000 km Länge kostet 250 Mrd. ECU.

Speziell für die Streckenerneuerung in Deutschland ist die Grundlage der Bundesverkehrswegeplan (BVWP). Dieser fügt sich bei den Magistralen nahtlos in das „Leitschema des transeuropäischen Schienennetzes" ein. In der mittelfristigen Finanzplanung wurden vom Bund im Zeitraum von 1995–1998 für die deutschen Eisenbahnen 128 Mrd. DM eingeplant.

In Baden-Württemberg gehören die beiden Hochgeschwindigkeitsstrecken im Rheintal bzw. von Stuttgart nach Ulm inkl. „Stuttgart 21" zum „vordringlichen Bedarf". Allein das Vorhaben „Stuttgart 21" mit einem Investitionsvolumen von 4,8 Mrd. DM kann dabei nach den Angaben des Statistischen Landesamtes Baden-Württemberg bis zu 4.200 Arbeitsplätze sichern. Hinzu kommt noch die Nachfrage auf dem Gebiet des öffentlichen Regional-, Nah- und Stadtverkehrs. Hier wird ab 1996 die Regionalisierung des ÖPNV mit jährlich 13 Mrd. DM vom Bund unterstützt.

Das im Eisenbahn- und öffentlichen Verkehrswesen notwendige vernetzte, ganzheitliche Denken umfasst neben der Verkehrsplanung, dem konstruktiven Ingenieurbau und der Baulogistik viele weitere Gebiete, mit denen sich ein Bauingenieur in der Praxis auseinander setzen muss.

Vorrangig zu beachten sind:
- Entscheidungen aus der Sicht der Ökonomie, Politik und Technik,
- Planungen unter den Aspekten Recht, Ökologie, Raum- und Stadtplanung,
- die Bedürfnisse der Öffentlichkeit und die Folgewirkungen auf das Umfeld, wie beispielsweise Landschaft, Hydrologie und Städtebau.

Ein besonders nahe liegendes Anschauungsbeispiel für ein solches komplexes und deshalb reizvolles Projekt ist „Stuttgart 21", das deshalb in dieses Kapitel aufgenommen wurde, obwohl die Planungen erst begonnen haben.

Straßen- und Bahnbau

Ehemaliges Viadukt am Aichelberg im Zuge des Albaufstieges der A8 Stuttgart–Ulm

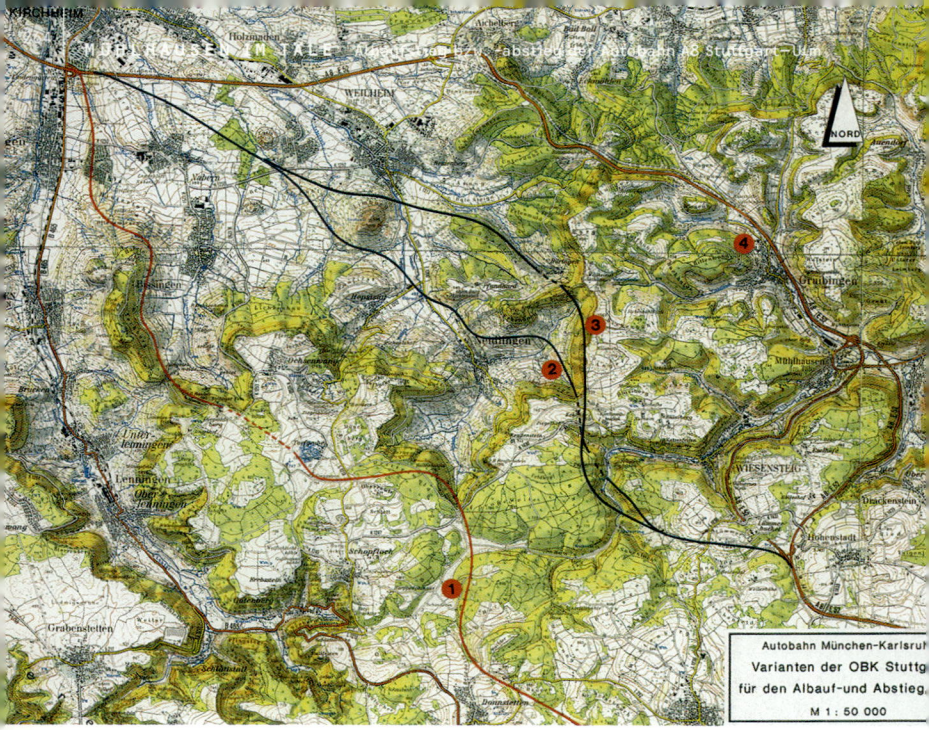

Autobahn München-Karlsruhe
Varianten der OBK Stuttgart
für den Albauf- und Abstieg
M 1 : 50 000

MÜHLHAUSEN IM TÄLE
Albaufstieg bzw. -abstieg der
Autobahn A8 Stuttgart–Ulm ● ● ●

Geschichte

Im Zuge des Reichsautobahnbaus von
Stuttgart nach Ulm stellte die Überwindung
der Schwäbischen Alb ein schwieriges technisches Problem dar. Die zu Beginn des Jahres
1934 eingerichtete „Oberste Bauleitung
Kraftfahrbahnen (OBK)" erarbeitete unter
Vorgabe einer max. Steigung von 8 % und
eines Mindestradius von 200 m vier Streckenvarianten, von denen die Linie Kirchheim,
Holzmaden, Aichelberg, Gruibingen, Mühlhausen und Hohenstadt, Widderstall zum
Bau freigegeben wurde. Diese Strecke lässt
sich in zwei Teilabschnitte, den Abschnitt
Kirchheim–Mühlhausen und den Abschnitt
Mühlhausen–Widderstall, einteilen (Strecke 4
im obigen Plan).

Abschnitt Kirchheim-Mühlhausen

Während der zweite Abschnitt heute noch
nahezu unverändert dem Verkehr dient, wurde
der erste Abschnitt (Kirchheim–Mühlhausen)
in den Jahren 1985 bis 1990 zwischen Aichelberg und Gruibingen den neuen Bedingungen
an eine überregionale Straße angepasst und
neu trassiert. Im Zuge dieser Arbeiten wurde
der in den Jahren 1936 bis 1938 erbaute
Aichelbergviadukt, das mit 939 m längste Bauwerk des Albaufstiegs, abgebrochen und
durch einen bis zu 30 m hohen Damm ersetzt.
Die ebenfalls in den dreißiger Jahren errichteten Naturstein-Stützmauern am Turmberg
sind dagegen als Zeugen der damaligen Hand-
werkskunst erhalten geblieben. Die neue,
direktere Linie (um 430 m kürzer) weicht nach

der Anschlussstelle Aichelberg in Richtung Süden von der alten Trasse ab und steigt mit 5,3 % zum Sattel unterhalb des Turmbergs an. Im Gewann Ziegelrain, am südlichen Fuß des Turmbergs, wird die neue Straße im Einschnitt geführt und durchfährt kurz danach die sogenannte Grünbrücke. Diese Brücke, streng genommen ein zweiröhriger Tunnel mit 100 m Scheitellänge, verbindet die links bzw. rechts neben der Autobahn gelegenen Waldgebiete miteinander. Sie wurde in offener Bauweise hergestellt und diente während der Umbaumaßnahme als Überführungsbauwerk, um die alte, höher gelegene Trasse über die neue zu führen. Im Anschluss an die Grünbrücke verläuft die Autobahn weiter im Einschnitt bis zur tiefen Talklinge des Maustobels, die von einer sechsfeldrigen Brücke mit einer Länge von 425 m (Fahrbahn Stuttgart–Ulm) bzw. 475 m (Fahrbahn Ulm–Stuttgart) überquert wird. In geringem Abstand folgt die Franzosenschlucht, die ebenfalls mit parallelgurtigen Spannbetonüberbauten mit Hohlkastenquerschnitt überbrückt wird. Der höchste Punkt des Streckenabschnitts befindet sich im Gewann Schanze auf 625 m über NN. Von da ab wird mit mäßigem Gefälle von 2,6 % die Tank- und Rastanlage Gruibingen und der Anschluss an die alte A8 erreicht.

Abschnitt Mühlhausen-Widderstall

Während für die Überwindung der ersten Stufe des Albaufstiegs in den dreißiger Jahren noch eine Staffelung der Richtungsfahrbahnen genügte, hätte eine derartige Lösung an den Steilhängen zwischen Mühlhausen und Hohenstadt schon nach damaligem Verständnis einen so erheblichen Eingriff in die Landschaft bedeutet, dass man sich entschied, die Richtungsfahrbahnen vollständig zu trennen und sie an zwei verschiedenen Hängen zu trassieren •. Das zum oberen Filstal im Abstand von 2 km parallel verlaufende Gostal begünstigte eine solche getrennte Verkehrsführung. Für die Aufstiegslinie wurde eine am südlichen Filstalhang (Wiesensteiger Hang) verlaufende Trasse gewählt, während für den Abstieg die Linie am westlichen Steilhang des Gostals (Drackensteiner Hang) vorgesehen wurde. Mit der Verkehrsübergabe

Straßenbau

des Abschnitts Kirchheim – Mühlhausen am 30.10.1937 (nach nur 4½ Jahren Planungs- und Bauzeit) wurde zunächst nur die Strecke entlang des Drackensteiner Hanges eröffnet und im Gegenverkehr befahren. Die Aufstiegs- strecke war zwar auch schon im Bau, konnte aber wegen des Zweiten Weltkrieges und des- sen Folgen erst 20 Jahre später dem Verkehr übergeben werden.

Kunstbauwerke

Beide Strecken erforderten eine Reihe von Kunstbauten, von denen hier nur die bedeu- tendsten, die TODSBURGBRÜCKE und der LÄMMERBUCKELTUNNEL, beide auf der Aufstiegsstrecke, beschrieben werden können. Der Bau der 317 m langen und 25 m hohen TODSBURGBRÜCKE wurde im Jahre 1939 begonnen, aber durch die Kriegsereignis- se bereits 1941 wieder eingestellt. Ursprüng- lich zur Ausführung bestimmt war eine massi- ve, fugenlose Gewölbereihe mit 17 Öffnungen à 15,35 m lichter Weite, die allerdings wegen mächtiger Hangschuttablagerungen in bis zu 25 m Tiefe mit Hilfe von Senkkästen gegrün- det werden musste. Die Arbeiten an der Brücke, bei der noch nicht einmal alle Grün- dungsarbeiten abgeschlossen waren, wurden erst wieder im Jahre 1955 aufgenommen. Zur Ausführung gelangte nun allerdings ein

gründlich überarbeiteter Entwurf des Büros Leonhardt und Andrä. Dieser behielt die Form des Reihengewölbes äußerlich bei, wich jedoch im statischen System grundlegend von der Gewölbereihe ab. Jeder Pfeiler stellt nun ein eigenes Brückenelement dar, das nach beiden Seiten ausladende, der Bogenform nachempfundene Kragarme trägt. Diese nun wesentlich setzungsunempfindlichere Kon- struktion wurde nicht massiv, sondern mit wesentlich leichteren Hohlquerschnitten aus- führt, wodurch bei drei Pfeilern eine einfache Flachgründung genügte. Die zahlreichen Fugen im Scheitel der „Scheingewölbe" wurden durch eingelegte Kupferschlaufen überbrückt, die mit Bitumen vergossen der 9,50 m breiten Fahrbahn als Unterlage dienen.

Kurz vor dem Erreichen der Albhochfläche führt der Albaufstieg durch den rund 640 m langen LÄMMERBUCKELTUNNEL. Dieser im Mittel 40 m überdeckte Tunnel wurde im Jahre 1937 angeschlagen. Der Durchbruch des Sohlstollens gelang ein knappes Jahr später. Der Ausbruch des Gesteins erfolgte damals kombiniert: teils nach der *Belgischen*, teils nach der *Alten Österreichischen Tunnelbau- weise*. Bei dieser Bauweise wurden Sohl- und Firststollen gleichzeitig vorangetrieben. Vom Firststollen aus erfolgte eine Aufweitung des

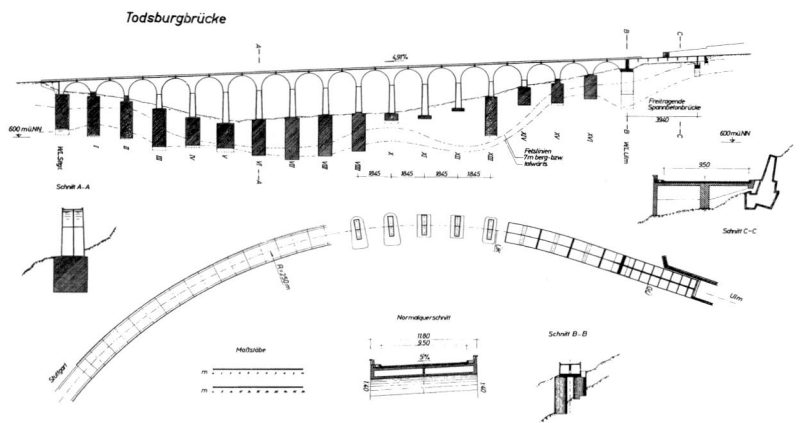

Todsburgbrücke

Straßenbau

oberen Tunnelraums, wobei das gebrochene Material durch Durchbrüche zum Sohlstollen in Transportwagen geschüttet und von dort zutage gefördert wurde. Im Anschluss daran wurde der Sohlstollen bis zum vollen Raumprofil ausgeweitet, wobei gleichzeitig eine Unterfangung des Holzeinbaus im oberen Tunnelraum durch einen entsprechenden Verbau vorgesehen werden musste. Das vollständig ausgebrochene Profil erhielt eine Ausmauerung mit Klinkersteinen, die alle 8 m durch Fugen unterteilt wurde. Im Jahre 1941 wurden die Arbeiten am Tunnel eingestellt und die bereits hergestellte Röhre mit einem Querschnitt von etwa 70 m² als Produktionsstätte für Rüstungsgüter benutzt. Seiner Bestimmung konnte das Bauwerk erst im Jahre 1957 nach mehreren Nacharbeiten übergeben werden. |

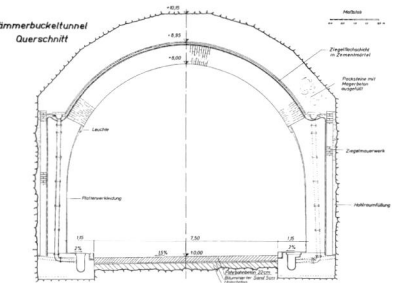

Lämmerbuckeltunnel Querschnitt

Literatur

Autobahnamt
Baden-Württemberg (Hrsg.)
Der Albaufstieg – 1955/57
Stuttgart 1957

Bundesminister für
Verkehr u.a. (Hrsg.)
Aichelberg – A8 Karlsruhe–München

RAVENSBURG
Ortsumgehung ●

Das steigende Verkehrsaufkommen überfordert unsere Städte zunehmend. Unerträgliche Belastungen für Anwohner und Verkehrsteilnehmer führen dazu, dass Umgehungsstraßen gebaut werden müssen. Der damit verbundene Eingriff in teilweise unverbaute Naturgebiete orientierte sich lange Zeit vorrangig an volkswirtschaftlichen Aspekten. Inzwischen hat man erkannt, dass eine „gesamtheitliche Planung" auch den Belangen des Landschaftsschutzes Rechnung tragen muss.

Wegbeschreibung
Die B30 führt von Ulm über Ravensburg nach Friedrichshafen. Die Meersburgerstraße in Ravensburg wird im Bereich der vollständigen Überdeckelung der B30 über diese geführt. Sie stellt die direkte Verbindung des Zentrums mit der Weststadt her.

Wettbewerb
Aufgrund des Modellcharakters der B30-Ortsumgehung Ravensburg wurde nach dem Planfeststellungsverfahren zu Beginn der neunziger Jahre ein Wettbewerb ausgelobt, bei dem vier private Planungsteams das Projekt zu begutachten hatten und darüber hinaus neue Ideen einbringen sollten. Die aufgeforderten Teams setzten sich aus Landschafts- und Städteplanern sowie aus Hochbauingenieuren zusammen. Im Rahmen des Wettbewerbs besonders zu beachten waren der Lärmschutz, die landschaftliche Einbindung notwendiger Kunstbauwerke wie Tunnel, Galerien und Brücken sowie landschaftspflegerische Maßnahmen zum Ausgleich des Eingriffs in die relativ unberührte Auenlandschaft der Schussen. Mit leichten Abweichungen kam der Vorschlag „Zeitgemäße Kulturlandschaft" zur Ausführung, den Luz und Partner zusammen mit dem Büro Asplan erarbeiteten.

Ausführungsentwurf
Die vierspurige Umgehungsstraße passiert auf der Westseite der Schussen einen Hang, der abschnittsweise bebaut ist. Um eine strenge Zäsur in der Landschaft sowie eine optische und akustische Beeinträchtigung der hangseitigen Anlieger zu vermeiden, werden die beiden Fahrstreifen in südlicher Richtung weitgehend durch Galerien überdacht. Auf einem relativ kurzen Abschnitt wird der gesamte Straßenquerschnitt sogar in einem Tunnel geführt, wodurch eine grünfläche Anbindung der Ortschaft an das Schussental erhalten bleibt. In den unüberdeckten Partien sorgen auf der Hangseite eine hinterfüllte Stützmauer und auf der Talseite ein Erdwall für den nötigen Lärmschutz. Beide Einrichtungen werden zwecks einer natürlichen Schallabsorption begrünt. Die insgesamt 1,2 km lange Lärmschutz-Stützmauer ist aus Betonfertigteilen zusammengesetzt. Leicht gegen den Hang

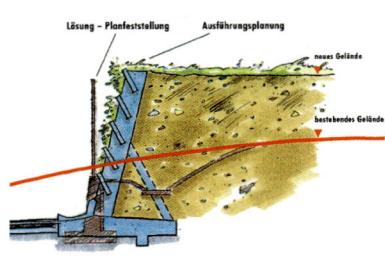

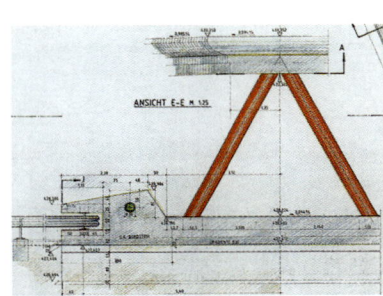

geneigte Stützen weisen beidseitig mehrere Einschubschlitze auf, in die nachträglich Betonplatten eingeführt werden. Die dadurch entstehenden „Pflanzentröge" werden mit Flieder und Efeu bepflanzt, die sich trotz Trockenheit gut entwickeln können. Besondere Aufmerksamkeit wurde den Übergangsbereichen von den Galerien zu den Lärmschutzwänden und von den Tunnelportalen zum Gelände gewidmet. Durch besonders gestaltete Wandelemente bzw. Flügelwände wurde eine möglichst harmonische Verbindung untereinander hergestellt. Das ausgerundete Gesims der Galerie lässt in Zusammenhang mit den stählernen Diagonalstützen im Mittelstreifen die Konstruktion leicht erscheinen. Die rote Farbe der Diagonalstützen soll dabei den technischen Charakter der Galeriekonstruktion unterstreichen. Im Galeriebereich ermöglichen zusätzlich zur „Grünbrücke" zwei gut und sauber durchgebildete Fußgängerschrägseilbrücken ein Überqueren der Straße. |

Literatur

Schriftenreihe der Straßenbauverwaltung Baden-Württemberg
Kreativ planen, Ideenwettbewerbe bei der Straßenplanung, Projekt B 30 Umgehung Ravensburg
Heft 5, September 1993

Bauherr
Bundesrepublik Deutschland
Auslober des Wettbewerbs
Verkehrsministerium
Baden-Württemberg,
Regierungspräsidium Tübingen,
Straßenbauamt Ravensburg und
Stadt Ravensburg
Teilnehmer des Wettbewerbs
1) Luz und Partner mit Asplan,
beide Stuttgart
2) K. Bauer mit G. Kasimir,
beide Karlsruhe
3) Heinz, Moritz und Partner, Aachen,
mit Raderschall, Möhrer, Peters, Bonn
4) Aminde und Loweg mit
Planungsgruppe Schmelzer,
Bezzenberger, alle Stuttgart
Bauzeit
1990–1995

Straßenbau

STUTTGART
Neue Weinsteige ●

Die „Alte Weinsteige", die, heute noch so
genannt, aus dem Stuttgarter Talkessel
führt, wird erstmalig im Jahre 1350 erwähnt.
Beginnend am Marienplatz bildete sie über
Jahrhunderte hinweg die Hauptverbindung
zwischen Stuttgart und Degerloch. Ihre Steigung von bis zu 15 % erforderte das Vorspannen von bis zu 16 Pferden und war für den
Durchgangsverkehr ein erhebliches Hindernis. Seit etwa dem Jahre 1815 gab es Überlegungen, die Alte Weinsteige durch eine
neue Straße mit geringerer Steigung zu
ergänzen. Gründe dafür waren der leichtere
Aufstieg und einfachere Ausbau des
Straßennetzes, mit dem man verhindern
wollte, dass der Nord-Südverkehr vorrangig
über Bayern und Baden abgewickelt wurde.

Entwurf
Die erste Planvorlage wurde König Wilhelm I.
im Jahre 1820 unterbreitet. Sie stammte vom
Oberwasserbaudirektor Duttenhofer, der eine
ohne scharfe Kurven am Hang verlaufende
Straße vorsah. Der Verkehr sollte an der
Bürgerstadt vorbei direkt vom Neckartal auf
die Filderebene geführt werden. Dieses Vorhaben führte zu Widerstand in den Reihen der
Stuttgarter Geschäftsleute und noch mehr
bei den Gastwirten, die einen Rückgang ihrer

Wegbeschreibung
Die Neue Weinsteige endet in
Degerloch in der Nähe des Zahn-
radbahnhofs. Oberhalb des Ernst-
Sieglin-Platzes verlässt die B 27 die
ursprüngliche Trasse der Neuen
Weinsteige, die nach zwei Kehr-
schleifen (Etzelstraße) auf die
Olgastraße trifft.

Einnahmen befürchteten. Ein weiteres Argument gegen den Neubau war die im Jahre 1809
eröffnete Straße im Nesenbachtal, die über
Kaltental nach Böblingen führte und somit
bereits einen bequemen Aufstieg ermöglichte.
Gleichzeitig mit Duttenhofer legte Gottlieb
Christian Eberhard Etzel einen Entwurf vor,
nach dem die neue Straße am Tübinger Tor
beim Holzmarkt (heute Wilhelmsplatz) ihren
Anfang nehmen sollte. Dieser Plan wurde auf
eine Bausumme von knapp 77.000 Gulden

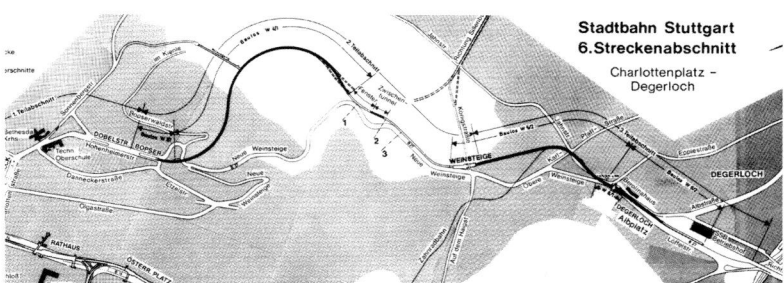

**Stadtbahn Stuttgart
6. Streckenabschnitt**

Charlottenplatz –
Degerloch

veranschlagt und damit um 30.000 Gulden
günstiger bewertet als der Duttenhofer-Plan.
Nachdem mehrere Streckenvarianten im
Gelände abgesteckt und besichtigt worden
waren, entschied man sich für eine Straße,
die gemäß dem Vorschlag von Etzel in der
sogenannten Tübinger Vorstadt ihren Anfang
nehmen sollte. Am Ende der neuen Wilhelm-
straße, etwa auf Höhe der heutigen Heusteig-
straße, sollte ein Stadttor errichtet werden,
wozu es aber nicht kam.

Straßenbau

Mit dem Bau der Neuen Weinsteige wurde in
Degerloch begonnen. Die Bauleitung hatte der
junge Bauinspektor Michael Knoll übernommen, der durch den Bau der Geislinger Steige
für die Eisenbahn später noch zu Ruhm gelangen sollte *siehe Seite 284*. Zum Bau der
Straße wurde auf der Bergseite ein Einschnitt
hergestellt und der gewonnene Abraum auf
der Talseite aufgeschüttet. Die für den Straßenbau benötigten Steine (Kieselsand- und
Stubensandstein) konnten unmittelbar neben
der Baustelle in eigens angelegten Stein-
brüchen gebrochen werden (diese Brüche
wurden erst im Zuge der Verbreiterungsarbei-
ten mit Abraum verfüllt). Die Trasse schmiegt
sich im oberen Bereich elegant an den Hang,
erfordert jedoch im unteren Bereich zwei enge
Kehrschleifen. Am 9. Dezember 1831 meldete
Etzel dem Ministerium des Inneren die Fertigstellung der Straße. Zwei Jahre nach seinem
Tod im Jahre 1842 wurde ihm zu Ehren ein
Denkmal aus Schilfsandstein aufgestellt.
Es steht unterhalb der heutigen Stadtbahnhaltestelle Weinsteige in den Grünanlagen.

Verbreiterung und Ausbau

Die mit einer ungewöhnlichen Breite von 7,50 m
fortschrittlich angelegte Neue Weinsteige
schien noch im gleichen Jahrhundert zu ver-
alten. Die im Jahre 1879 eröffnete Bahnlinie
Stuttgart–Eutingen sowie die Zahnradbahn
Stuttgart–Degerloch, die fünf Jahre später
ihren Betrieb aufnahm, führten zu einer Ver-
kehrsverlagerung von der Straße auf die
Schiene. Der Nahverkehr spielte sich fortan
fast nur noch auf der Zahnradbahn ab, obwohl
man vier Jahre zuvor die Hohenheimer Straße
an die Neue Weinsteige angeschlossen und
damit den Plan Duttenhofers doch noch zur
Ausführung gebracht hatte.

Wie wichtig die Neue Weinsteige war, zeigte
sich erst wieder in den zwanzigsten Jahrhundert.
Ende der zwanziger Jahre war die zwischenzeitlich mit zwei Straßenbahngleisen aus-
gerüstete Neue Weinsteige dem mit der allgemeinen Motorisierung stark zunehmenden
Straßenverkehr nicht mehr gewachsen. Aus
diesem Grund wurde in den Jahren 1932 bis
1934 die Fahrbahn auf 12 m verbreitert. Im
Zuge der Verbreiterung wurden die Straßen-
bahngleise in die Fahrbahnmitte gelegt und
auf der Tal- und Bergseite Gehwege angelegt
(mit 2,80 bzw. 1,50 m Breite). Im unteren Abschnitt bis zur Wernhalde wurde dabei eine
talseitige Stützmauer als einfache Stampfbe-
tonmauer mit Steineinlagen errichtet. An den
Stellen, wo der tragfähige Untergrund zu tief
lag, wurden Bohr-*Pfähle*, teilweise aber auch
nachträglich ausbetonierte Brunnengründun-
gen mit kreisrunden Schächten ($\varnothing$ = 1,50 m)
zur Gründung der Mauer vorgesehen. Diese

Straßenbau

wurden an einzelnen Stellen 17 m tief unter Straßenniveau geführt, um die Standsicherheit zu gewährleisten. Eine Aufständerung der Straße wurde nur in einem 70 m langen Teilabschnitt vorgesehen, wo der Hang besonders steil war und die Straße zur Aufnahme von Verkehrsinseln zusätzlich verbreitert werden musste. Zur Ausführung gelangte hier eine *Eisenbeton*-Konstruktion bestehend aus einer von Pfeilern gestützten Platte mit *Unterzügen*. Im oberen Bereich wurden günstige Baugrundverhältnisse angetroffen, so dass hier die Stützmauern ohne Probleme gegründet werden konnten. Die Fahrbahnbefestigung erfolgte in gleicher Weise wie bei der vorherigen Straße mit Granitpflastern. Die damals erforderlichen Kosten zur Verbreiterung von rund 1 Mio. RM konnten nicht von der Stadt Stuttgart aufgebracht werden, die seit dem Jahre 1922 die Unterhaltslast für die Straße trägt. Das Unternehmen wurde im Rahmen einer Arbeitsbeschaffungsmaßnahme für Arbeitslose, teilweise auch unter Mitwirkung des freiwilligen Arbeitsdienstes durchgeführt. Ein Reichsdarlehen deckte dabei ca. 25 % der Gesamtkosten.

Mit dem Anstieg des Individualverkehrs nach dem Zweiten Weltkrieg kam es zu einer zunehmenden Behinderung der Straßenbahn. Man entschloss sich deshalb zu einer Neutrassierung des Gleiskörpers, auch um dem Individualverkehr mehr Platz zur Verfügung stellen zu können. Seit der Fertigstellung im Jahre 1987 fahren die normalspurige Stadtbahn und die meterspurige Straßenbahn auf der sogenannten „Fenstertrasse" vom Charlottenplatz nach Degerloch. Ein Großteil der Strecke verläuft nun in Tunneln. Im Bereich zwischen Altenbergstaffel und der Haltestelle Weinsteige tritt die Trasse ins Freie (Fenster) und ermöglicht den Fahrgästen damit weiterhin den einzigartigen Panoramablick auf Stuttgart. Schon im Jahre 1904, im Jahr der Eröffnung der Bahn, wurde diese wegen ihrer Aussicht als eine der schönsten Panoramabahnen Deutschlands bezeichnet. |

Länge
ca. 5 km
Höhenunterschied
200 m
max. Steigung
6 %
Fahrbahnbreite
12 m

Bauherr
Württembergischer Staat
Ingenieure
G. C. E. Etzel und M. Knoll
Fertigstellung
1831
Verbreiterung
1932–1934

BLUMBERG
Wutachtalbahn ● ● ● ●

Geschichte

Als Folge des Deutsch-Französischen Krieges
von 1870/71 wurde das Elsass an Deutschland
angegliedert. In Berlin, der Hauptstadt des im
Jahre 1871 gegründeten Deutschen Reiches,
rechnete man mit einem erneuten Krieg gegen
Frankreich, so dass man eine rasche Truppen-
konzentration im Westen mittels der Eisenbahn sicherstellen wollte. Aus östlicher Richtung stand damals als einzige Verbindung nur
die Hochrheinstrecke Basel—Singen zur Verfügung, die an zwei Stellen durch Schweizer
Hoheitsgebiet führt. Es musste angenommen
werden, dass die Schweiz die Durchfahrt für
deutsche Militärzüge verbieten würde, um ihre
Neutralität zu wahren. Aus diesem Grund forderte die deutsche Reichsregierung den Bau
von strategischen Umgehungsbahnen. Dies
waren die Strecken Weil am Rhein—Lörrach,
Schopfheim—Bad Säckingen und Oberlauchringen—Hintschingen. Letztere stellte die
Verbindung der Hochrheinstrecke mit der
Donautalbahn her und ging als Wutachtalbahn
in die Geschichte ein.

Die Wutachtalbahn lässt sich in drei Strecken-
abschnitte unterteilen: den Südabschnitt von
Oberlauchringen nach Weizen (20,4 km), den
Mittelabschnitt von Weizen nach Zollhaus-
Blumberg (25,5 km) und den Nordabschnitt
von Zollhaus-Blumberg nach Hintschingen
(15,7 km). Der Südabschnitt war bereits in den
Jahren 1875/76 gebaut, während Mittel- und
Nordabschnitt am Stück erst 1890 nach vier
Jahren Bauzeit fertig wurden. Als bautech-
nisch besonders interessanter Bereich gilt
der Mittelabschnitt. Obwohl die direkte Entfernung (Luftlinie) zwischen den Bahnhöfen
Weizen und Zollhaus-Blumberg nur 9,6 km
beträgt, musste wegen des Höhenunter-
schieds von 231 m die Streckenlänge auf über
25 km ausgedehnt werden, um die militärischen Vorgaben, also die max. Steigung von
10 % und den kleinsten Radius von 300 m einzuhalten. Die direkte Linie hätte eine Steigung
von 24 % gehabt, was bei einer „normalen
Hauptbahn" noch zulässig gewesen wäre

Wegbeschreibung

Die A81 Stuttgart—Singen am
Autobahndreieck Bad Dürrheim verlassen und in Richtung Schaffhausen (CH) fahren. Die Wutachtalbahn
kreuzt man auf der Höhe der
Station Zollhaus-Blumberg.

Hinweis

Im Bahnhofsgebäude von Zollhaus-
Blumberg ist ein Eisenbahnmuseum
eingerichtet. Hier können unter
anderem auch Dokumente zum Bau
der Strecke besichtigt werden.
Geöffnet wird das Museum bei
Dampfsonderfahrten. Informationen
bei der Stadt Blumberg unter
Telefon (07702) 5127.

Straßen- und Bahnbau

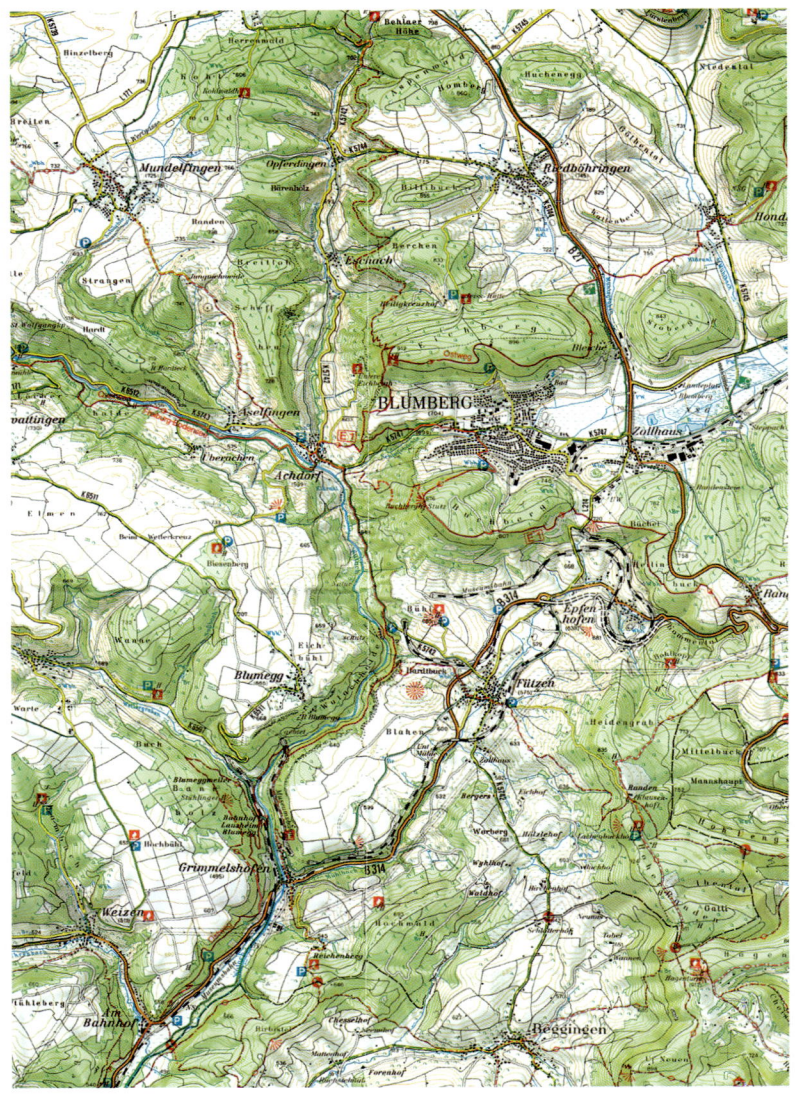

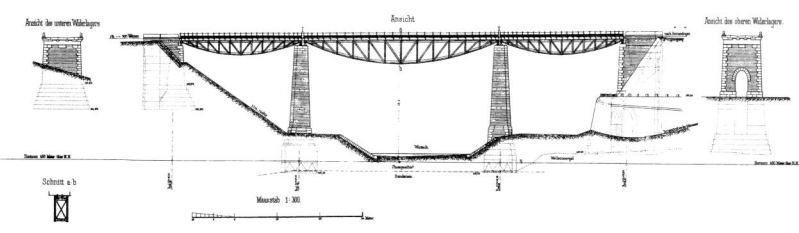

*Wutachübergang
bei Grimmelshofen*

Bahnbau

siehe Geislinger Steige, Seite 284. Allein im Mittelabschnitt waren zum Bau der Strecke vier große Brücken mit einer Gesamtlänge von 777 m und sechs Tunnel mit einer Gesamtlänge von 4.560 m erforderlich. Sämtliche Pfeiler, Widerlager und Tunnel wurden für zweigleisigen Betrieb ausgelegt, der aber niemals zustande kam. Auch ihrer Bedeutung als strategische Umgehungsbahn wurde die Wutachtalbahn nie gerecht – ein echtes Berliner Sandkastenspiel. Lediglich in den zwanziger Jahren erlebte die Strecke eine kurze Blüte, als 1923 wegen der Unterbrechung der Hauptbahn durch französische Truppen bei Offenburg und Appenweier Umleitungsstrecken gesucht wurden. Im Zweiten Weltkrieg blieben die Kunstbauwerke nahezu ohne Schaden – ein Indiz dafür, dass auch die Alliierten der Strecke eine untergeordnete Bedeutung beimaßen. Nach 1945 ging es mit der Bahn stetig bergab. Der kostenintensive Mittelabschnitt, der von der Fahrzeit her nicht mit dem Individualverkehr auf der parallel verlaufenden B314 konkurrieren konnte, wurde im Mai 1955 vorübergehend und am 1. Januar 1976 endgültig stillgelegt. Den Gleisabbau verhinderte die NATO, die aus militärischen Gründen die Strecke zwischenzeitlich für 5,4 Mio. DM renovierte. Nachdem Mitte der siebziger Jahre die Schwarzwaldbahn für Züge mit Lademaßüberschreitungen ausgebaut worden war, sahen die Militärs von einer weiteren Unterhaltung ab. Es ist der Stadt Blumberg und der Vereinigung Schweizer Eisenbahnfreunde EUROVAPOR zu verdanken, dass die außergewöhnliche Strecke im Mittelabschnitt, die der Bahn auch den Namen „Sauschwänzlebahn" gab, als Museumsbahn betriebsfähig erhalten bleibt.

Kunstbauwerke

Zu den bemerkenswerten Kunstbauten im Mittelabschnitt zählen (in der Reihenfolge von Weizen nach Zollhaus-Blumberg) der WUTACHÜBERGANG bei Grimmelshofen, der GROSSE STOCKHALDEKEHRTUNNEL, der FÜTZENER TALÜBERGANG, der EPFENHOFENER TALÜBERGANG sowie der BIESENBACHVIADUKT.

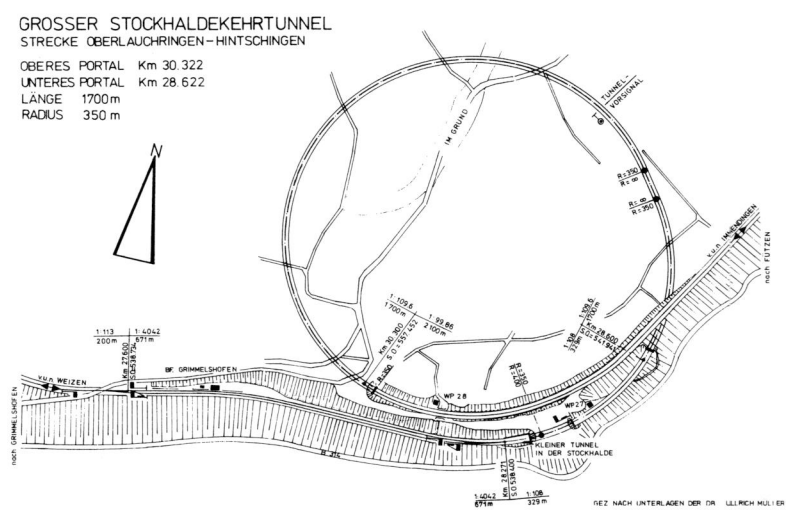

GROSSER STOCKHALDEKEHRTUNNEL
STRECKE OBERLAUCHRINGEN – HINTSCHINGEN

OBERES PORTAL   Km 30.322
UNTERES PORTAL Km 28.622
LÄNGE   1700m
RADIUS   350 m

Der WUTACHÜBERGANG erfolgt kurz hinter dem Weiler Kehrtunnel in einer Kurve mit einem Radius von 350 m. Der Reichsentwurf sah hier einen 107 m langen Steinviadukt mit zwei Seitenöffnungen und einer Hauptöffnung von 20 m vor. Aufgrund des rutschgefährdeten Untergrundes entschloss man sich aber für eine leichtere Brücke mit Überbauten aus Puddeleisen, einer höherwertigen Form des Schmiedeeisens. Insgesamt spannen drei hängende, parabelförmige Fachwerkträger mit oben liegender Fahrbahn über das Tal. Die Spannweiten betragen 30 – 47,50 und 30 m. Die beiden Talpfeiler sowie die Widerlager sind aus Kalkstein mit einer Verblendung aus Sandstein gefertigt. Gegründet wurden sie auf 10 bis 14 m tiefe Caissons auf Wellenmergel, Flussgeschiebe und Sandstein unter teilweise starkem Wasserandrang. Die Schienenoberkante hat in der Mittelöffnung eine Höhe von 28 m über der Wutachsohle. Einzigartig im deutschen Mittelgebirge ist der in der Form einer Kreiskehre gebaute GROSSE STOCKHALDEKEHRTUNNEL •, den man als

Schraub- oder Spiraltunnel bezeichnen kann. Derartige Tunnel findet man im Allgemeinen nur im Hochgebirge: Beispielsweise besitzt die Gotthardbahn (CH) fünf, die Albulabahn (CH) vier und die Furka-Oberalp-Bahn (CH) zwei solcher Spiraltunnel. Der Tunnel folgt weitgehend einem Radius von 350 m und überwindet dabei auf einer Länge von 1.700 m einen Höhenunterschied von 15,51 m. Das Gebirge erwies sich hier als günstig – wenig druckhaft, leicht sprengbar und nur bei Regenzeiten Wasser führend. Als Gesteinsformationen werden mehrere Kalkschichten sowie dickbankige Dolomite des Hauptmuschelkalks durchfahren. Die Herstellung erfolgte nach der *Alten Österreichischen Tunnelbauweise*, wobei zuerst der Sohlstollen, nach dessen Durchschlag der First und im Anschluss daran *Strosse* und *Ulmen* ausgebrochen wurden.

Bahnbau

Talübergang bei Füetzen

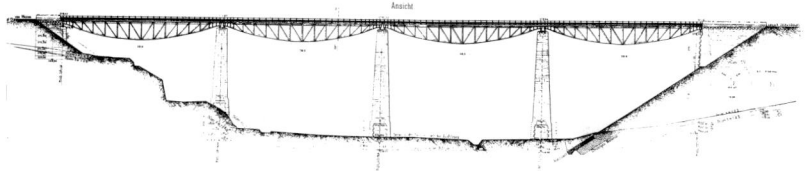

Talübergang bei Epfenhofen

Im weiteren Streckenverlauf passiert die Bahn den FÜTZENER TALÜBERGANG. Zum Überqueren des Taleinschnitts wurden alternativ eine Dammschüttung oder eine Brücke vorgesehen. Eine vergleichende Kostenbetrachtung ergab jedoch deutliche Vorteile für die Brückenvariante. Ausgeführt wurden vier in Reihe auf gemauerten Steinpfeilern angeordnete Einfeldträger mit Spannweiten von 38 – 2 x 38,50 und 38 m. Die Konstruktionsart der Träger entspricht derjenigen beim Wutachübergang. Der parabelförmige Untergurt und der gerade Obergurt sind mit senkrechten Ständern und Zugdiagonalen verbunden. Im Mittelbereich wurden nachträglich Gegendiagonalen eingezogen, da hier unter ungünstigen Laststellungen Druckkräfte in den vorhandenen Diagonalen nicht ausgeschlossen werden konnten. Die einzelnen Tragglieder bestehen aus Winkeln und Blechen. Andreaskreuze in der Obergurt- und Untergurtebene sowie in Querrichtung steifen die Träger aus. Die Höhe über Grund beträgt 28 m.

Epfenhofener Talübergang

Biesenbachviadukt

*Pyramidenstumpf
des Epfenhofener
Talübergangs*

Bahnbau

Unmittelbar hinter dem Bahnhof von Epfenhofen liegt der EPFENHOFENER TALÜBER-
GANG. Der Reichsentwurf sah hier ursprünglich ein nur 110 m langes Bauwerk mit zwei
steinernen Seitenöffnungen von jeweils 20 m
lichter Weite und eine Hauptöffnung mit 54 m
Spannweite vor. Die Hauptöffnung sollte ein
parallelgurtiger Stahlfachwerkträger überbrücken. Diesem Entwurf lagen allerdings
hohe Dämme jenseits der Widerlager zugrunde, die bei den geologischen Verhältnissen vor Ort, wenn überhaupt, nur sehr kostspielig gegen Abrutschungen hätten gesichert
werden können. Man entschied sich daher für
eine 264 m lange Brücke mit kürzeren und vor
allem niedrigeren Dämmen. Den Überbau
bildet nun durchgehend ein parallelgurtiges
Ständerfachwerk mit doppelt ausgekreuzten
Gefachen. Gelagert ist dieses auf insgesamt
sechs *Pendelstützen* und einem festen Pfeiler,
der in der Form eines Pyramidenstumpfes
einen Bock bildet. Alle Pfeiler sind fachwerkartig aus Stahlprofilen zusammengenietet.
Der Überbau ist über dem festen Pfeiler geteilt, das heißt, er besteht aus zwei in Reihe
angeordneten Durchlaufträgern, von denen
einer über vier Felder zu 36 m, der andere
über vier Felder zu 30 m spannt. Der kürzere
Überbauabschnitt hat seinen Festpunkt auf
dem festen Pfeiler, der Brems- und Beschleu-
nigungskräfte abzutragen hat. Dagegen hat
der längere Überbauabschnitt seinen Festpunkt am Widerlager, so dass die Dehnwege
auf zwei Übergänge verteilt werden, gleichzeitig aber der feste Pfeiler nur einen Teil der
Längskräfte erhält. Alle Pfeiler sind in Querrichtung rahmenartig verstrebt und mittels
Steinsockel auf den verschiedenen Tonschichten des braunen Jura bzw. auf sandigem Kalk
und Mergel flach gegründet. Die Schienenoberkante hat eine Höhe von 34 m über
Grund. Der in einer Kurve (Radius = 360 m)
liegende BIESENBACHVIADUKT, unweit von
Epfenhofen, sollte nach dem Reichsentwurf
in ähnlicher Weise erstellt werden wie der
Epfenhofener Talübergang: mit einer Hauptöffnung von 50 m Spannweite und je einer
gewölbten Seitenöffnung von 10 m Weite.
Aufgrund widriger Gründungsverhältnisse
(untergelagerte Tonschichten) war man aber

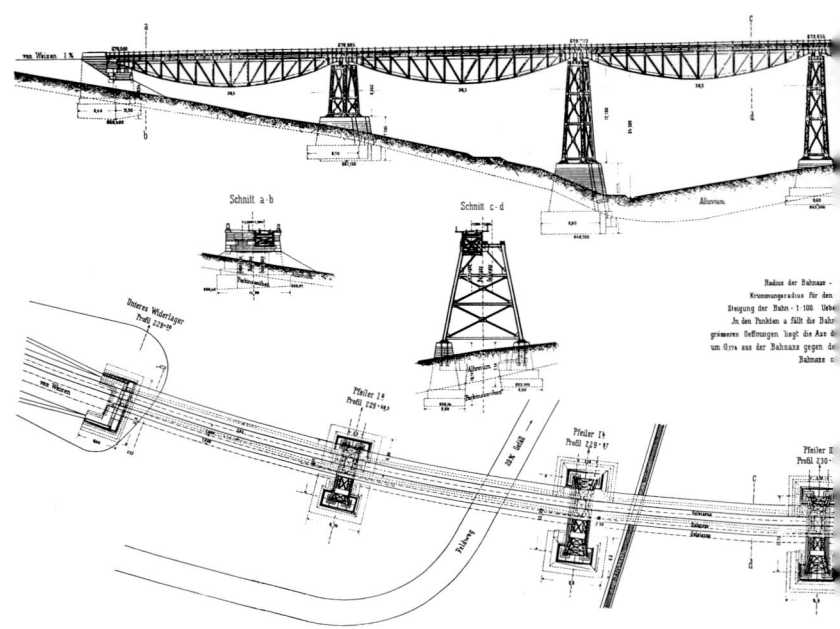

gezwungen, die beiden Widerlager zurück-
zusetzen und den Entwurf zu überarbeiten.
Der nun geplante Viadukt mit drei Öffnungen
musste nochmals um vier Felder erweitert
werden, nachdem der bereits geschüttete
Damm für das obere Widerlager ins Rutschen
gekommen war. Die Spannweiten der fachwerkartigen Einfeldträger, erneut hängende
Parabelträger, betragen 5 x 38,50 m und 2 x
30 m. Alle Überbauten sind statisch bestimmt
gelagert. Dabei bildet jeder Fachwerkpfeiler
stets nur für einen Träger einen Festpunkt. Die
Höhe der Schienenoberkante beträgt 24 m
über dem Biesenbach.

Alle Brücken wurden auf Hilfsgerüsten
montiert. Als Bemessungslast war der
Transport eines 140 Tonnen schweren
Krupp-Geschützrohres vorgesehen worden.

Verweis auf ähnliche Bauwerke
Die badische Schwarzwaldbahn von Offenburg
über Triberg nach Villingen-Schwenningen hat
eine ähnliche Streckenführung, um Höhen-
unterschiede zu überwinden. |

Literatur
MÜLLER, U.
*Die Wutachtalbahn – Strategische
Umgehungsbahn (Sauschwänzlebahn)*
Schneider-Verlag, Grenzach-Wyhlen
1985

RUST, G.
Die Museumsbahn Wutachtal
IG zur Erhaltung der Museumsbahn
Wutachtal e.V.
Postfach 241, 78171 Blumberg

Bahnbau

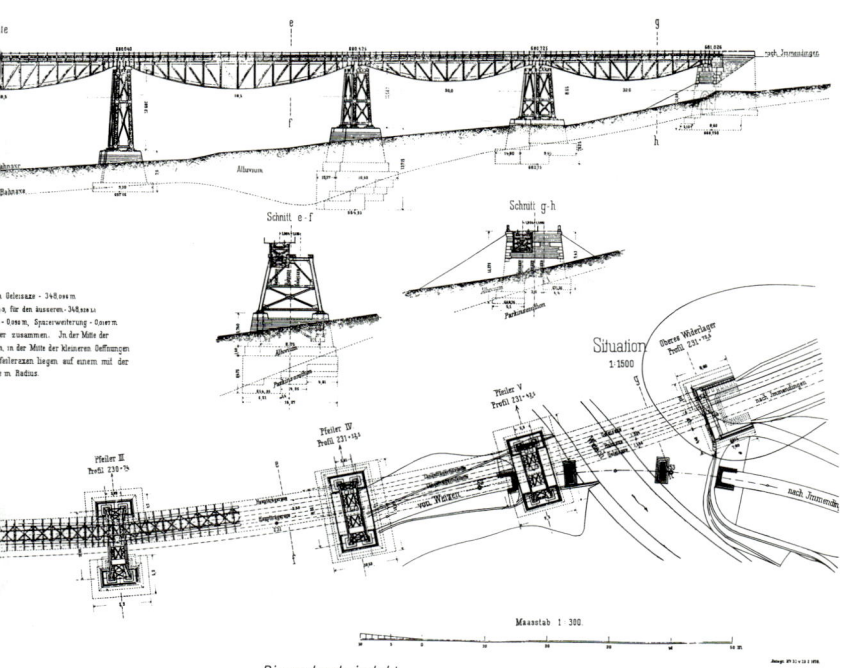

Biesenbachviadukt

Länge
61,6 km
max. Steigung
10 %
min. Kurvenradius
300 m
Brückenlänge (Summe)
834 m
Tunnellänge (Summe)
4.560 m

Bauherr
Deutsches Reich
Entwurf
Generaldirektion der Badischen
Staatseisenbahn und
die Bahninspektionen
Ingenieure
v. Würthenau, Kräuter, Gebhard,
Gernet
Brückenbaufirmen
MAN, Mainz-Gustavsburg, und
Gutehoffnungshütte, Oberhausen
Tunnelbaufirmen
Philipp Holzmann, Frankfurt/M., und
Höschele
Bauzeiten
- Südabschnitt
1875–1876
- Mittel- und Nordabschnitt
1887–1890

Der Bahnhof Feldberg-Bärental ist Deutschlands höchst gelegener Bahnhof, 967 m über NN

Hinweis
Die beiden bedeutendsten Kunstbauten, der Viadukt über die Ravennaschlucht sowie die Gutachbrücke bei Lenzkirch-Kappel, werden im Kapitel „Brücken" beschrieben.

FREIBURG I. BR.
Höllentalbahn ●

Seit über 100 Jahren besteht nun die 34,9 km lange Höllentalbahn zwischen Freiburg i. Br. und Neustadt/Schwarzwald mit ihrer später gebauten Anschlussstrecke Neustadt–Donaueschingen (Länge: 41,7 km) sowie der als Stichbahn gebauten Dreiseenbahn Titisee–Seebruck (Länge: 19,18 km). Der Bau der Höllentalbahn ist ein eindrucksvolles Beispiel für die Anstrengungen, die im 19. und zu Beginn des 20. Jahrhunderts unternommen wurden, um den Schwarzwald trotz schwieriger topographischer Bedingungen durch die Eisenbahn zu erschließen.

Geschichte
Schon im Jahre 1845, als die badische Hauptbahn im Rheintal Freiburg i. Br. erreicht hatte, wurde eine Eisenbahn von Freiburg durch das Höllental nach Schaffhausen (CH) vorgeschlagen. Trotz heftiger Bemühungen für die Höllentalbahn wurde per Gesetz vom 24.06.1862 entschieden, eine Bahn von Offenburg über Donaueschingen nach Singen, die sogenannte „Badische Schwarzwaldbahn", zu bauen. Damit bestand kaum noch Hoffnung für eine Bahn durch das Höllental. Die anliegenden Gemeinden ließen sich dadurch aber nicht entmutigen und wiesen in den Jahren 1863 bis 1869 weiter auf die strategische und eine mögliche internationale Bedeutung einer Verbindung von Paris über Freiburg, Donaueschingen nach Wien hin, wodurch der Wille zum Bau der Höllentalbahn erneut bekräftigt wurde. Das Projekt wurde aber erst wieder aufgenommen, als mit Ende des Deutsch-Französischen Krieges im Jahre 1871 die französischen Reparationszahlungen im

neu gegründeten Deutschen Reich einen Wirtschaftsaufschwung auslösten. Am 24.05.1882 wurde schließlich das Gesetz zum Bau einer eingleisigen Nebenbahn von Freiburg i. Br. nach Neustadt verabschiedet. Der Traum einer Hauptbahn mit internationaler Bedeutung war damit allerdings ausgeträumt, weil nur eine leistungsfähige, zweigleisige Bahn solchen Ansprüchen gerecht geworden wäre. Am 23.05.1887 (also genau fünf Jahre später) wurde zwischen Freiburg und Neustadt der Betrieb aufgenommen. Danach stand der Wunsch nach einem Anschluss in Donaueschingen an die „Badische Schwarzwaldbahn" im Vordergrund. Dieser wichtige Fortführungsabschnitt, der die Höllentalbahn von einer Stich- zu einer Verbindungsbahn aufsteigen lassen sollte, wurde per Gesetz vom 18.02.1896 beschlossen und am 10.08.1901 dem Betrieb übergeben. Wegen der extremen Randbedingungen (große und wechselnde Steigungen sowie harter Winterbetrieb) wurde die Höllentalbahn in den Jahren 1935/36 als Versuchsstrecke elektrifiziert. Die geplante Elektrifizierung der Strecke Neustadt–Donaueschingen wurde jedoch nie realisiert, was neben verkehrstechnische auch betriebliche Nachteile für diese Verbindungsbahn hat.

Bahnbau und Betrieb
Die Führung der Trasse ist einerseits geprägt durch die topographische Situation; andererseits setzten die Gemeinden, die Jahrzehnte um ihre Bahn gekämpft hatten, verkehrstechnische Schwerpunkte zu ihren Gunsten. Die Vorarbeiten wurden in den Jahren zwischen 1871 und 1874 von dem Ingenieur Karl Müller

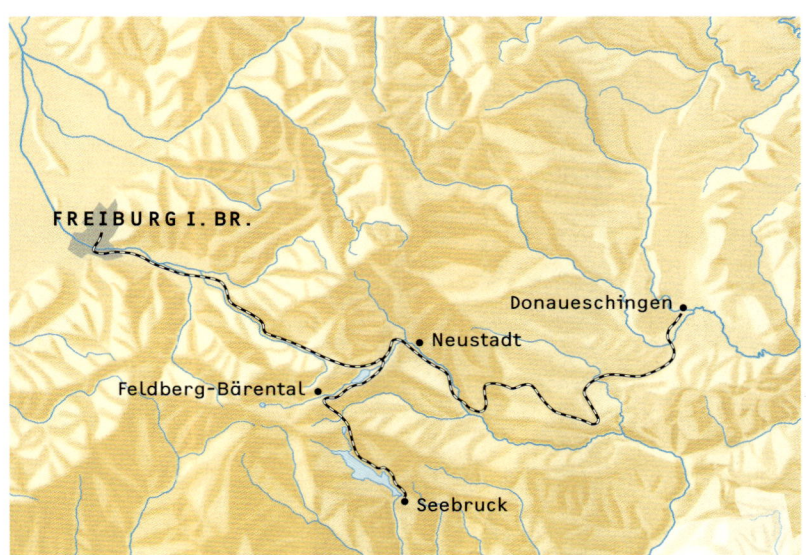

Bahnbau

erbracht. Er schlug den Bau einer normalspu-
rigen Bahn vor, die den Abschnitt zwischen
Himmelreich und Hinterzarten mit Hilfe einer
Zahnstange überwinden sollte. Daraufhin
erhielt Robert Gerwig, der Erbauer der
„Badischen Schwarzwaldbahn", den Auftrag,
einen bauwürdigen Plan für die Höllentalbahn
auszuarbeiten, wobei das vom Schweizer
Nikolaus Riggenbach entwickelte und nach
ihm benannte Zahnradsystem zur Anwendung
kommen sollte. Eingebaut wurde eine modifi-
zierte Riggenbach-Zahnstange in dem 7,17 km
langen Abschnitt zwischen den Stationen
Hirschsprung und Hinterzarten, um den vorhandenen Höhenunterschied von 326 m zu
überwinden. In diesem Abschnitt wird mit
57,1‰ auch die größte Steigung der Bahn erreicht. In den dreißiger Jahren ermöglichte
die Anschaffung schwerer Dampflokomotiven
(Baureihe 85) die Abschaffung der Zahnstange
und damit eine Fahrzeitverkürzung von
30 Minuten. Die Höllentalbahn ist die steilste
Strecke, die von der Deutschen Bahn AG im
Adhäsionsbetrieb (Reibungsbetrieb) befahren
wird. |

Literatur
FREESE, J. / GOTTWALDT, A. B.
Die Eisenbahn durchs Höllental
Trans-Press-Verlagsgesellschaft,
Berlin 1994

Länge
34,9 km
Höhenunterschied
617 m
min. Kurvenradius
240 m
max. Steigung
57,1‰
max. Geschwindigkeit
100 km/h

Bauherr
Großherzogtum Baden
Ingenieure
K. Müller und R. Gerwig
Fertigstellung
1887

Wegbeschreibung
Geislingen erreicht man über die
Autobahn A8 Stuttgart–Ulm, Aus-
fahrt Mühlhausen, Amstetten auch
über die A8, Ausfahrt Merklingen.
Die Geislinger Steige verläuft weit-
gehend parallel zur B10, die von
Geislingen nach Ulm führt.

Zu empfehlen ist auch die Anreise
mit den modernen Doppelstock-
Regionalzügen von Stuttgart oder
Ulm aus.

GEISLINGEN/STEIGE
Geislinger Steige ●●

Am 29. Juni 1850 wurde als letztes Teilstück
der 94 km langen Bahnlinie Stuttgart–Ulm
die 5,7 km lange Geislinger Steige als erste
europäische Gebirgsbahn in Betrieb genommen. Sie beginnt im Bahnhof Geislingen und
endet im 113 m höher gelegenen Bahnhof
Amstetten. Zur Erinnerung an die Erbauer
wurde im Jahre 1904 an der Blockstelle,
die beim Bau der Steige als Wasserentnah-
mestelle diente, das Denkmal des leitenden
Ingenieurs Michael Knoll wieder errichtet.
Zur Zeit des Bahnbaus hielt man diesen
Ort für die halbe Distanz Paris–Wien.

Geschichte
Bereits im Jahre 1830 beauftragte der württembergische König Wilhelm I. eine Kommission zur „Vervollkommnung des württembergischen Verkehrswesens durch Eisenbahnen".

Diese schlug in ihrem im Jahre 1834 vorge-
legten Gutachten eine Eisenbahnlinie von
Stuttgart nach Ulm, die sogenannte Ostbahn,
vor. Für die Strecke wählte man unter Berücksichtigung geeigneter Anschlüsse an die
Nachbarländer Baden und Bayern eine Linie,
die den Tälern von Rems, Kocher und Brenz
folgt (im Folgenden als Remstal-Linie bezeichnet). In Betracht gezogen wurde auch eine
Linie von Cannstatt über Plochingen, Göppingen und Geislingen nach Ulm, die sogenannte
Filstal-Linie. Gegen die Trassierung durch das
Filstal sprachen aber zunächst noch die unge-
klärten Schwierigkeiten, die beim Albaufstieg
bei Geislingen zu bewältigen waren. Mit der
Ausarbeitung der Streckenführung beauftragt
waren zunächst Generalmajor von Seeger (bis
1841) und Oberbaurat von Bühler. Im Sommer
1842 gab der hinzugezogene Österreicher

Alois von Negrelli ein Gutachten ab, das die beiden Streckenvarianten miteinander verglich und die Filstalvariante wegen der um zwei Stunden kürzeren Fahrzeit und der Linienführung auf rein württembergischem Territorium favorisierte. Am 18. April 1843 wurde das „Gesetz betreffend den Bau von Eisenbahnen" verabschiedet, das u.a. den Bau der Filstal-Linie bestimmte. Zur Ausarbeitung der endgültigen Pläne wurde der englische Zivilingenieur Prof. Charles Vignoles aus London eingesetzt. Außerdem wurde eine Kommission innerhalb der Württembergischen Staatsbahn gegründet, der u.a. die Bauräte Michael Knoll und Karl Etzel (Sohn von G.C.E. Etzel, dem Erbauer der „Neuen Weinsteige" in Stuttgart) angehörten. Vignoles schlug vor,

die steile Rampe zwischen Geislingen und Amstetten mit einem „atmosphärischen System" zu überwinden, wobei stationäre Dampfmaschinen die Züge mittels Seilzugvorrichtungen nach oben ziehen sollten. Weil dieser Vorschlag abgelehnt wurde, stellte Vignoles die Remstal-Linie wieder zur Diskussion. Daraufhin wurden die Ingenieure Knoll, Etzel und Klein beauftragt, ein Gutachten zu erstellen. Der ausführliche Untersuchungsbericht vom 31. Mai 1845 gab eindeutig der Filstal-Linie den Vorzug. Hauptargument waren dabei die günstigeren Baukosten (rund 4,5 Mio. Gulden weniger).

Bahnbau

Mit den Bauarbeiten an der Geislinger Steige wurde im August 1846 begonnen. Die Linienführung entlang der Talhänge des Rohrbachtals bedingte einen Einschnitt auf der Bergseite und das Aufschütten eines Damms auf der Talseite. Dabei handelte es sich vor allem um Erd- und Felssprengarbeiten. Die größten Schwierigkeiten traten am Ausgang des Rohrbachtals auf: Hier versperrten massive Felsen den Weiterbau. Der größte von ihnen, der Mühltalfelsen mit einem geschätzten Gewicht von 4.200 Tonnen, wurde am 14. September gesprengt. Zur Bewältigung der enormen Erdmassen und Felstrümmer waren ca. 4.100 Arbeiter beschäftigt, die mit Spitzhacke, Schaufel und Schubkarren ihre Arbeit im Akkord ausführten. Durch den Bau der Geislinger Steige kam es zu einer industriellen Pionierleistung in Württemberg. Der damalige Kapellmüller Daniel Straub errichtete eine kleine Reparaturwerkstätte für Bauwerkzeuge und legte damit den Grundstock für die späteren Firmen MAG (Maschinenfabrik Augsburg-Geislingen) und WMF (Württembergische Metallwarenfabrik). Nach Fertigstellung der zunächst eingleisigen, aber bereits für zweigleisigen Betrieb ausgelegten Strecke begann man am 1. November 1849 mit den Probefahrten. Die dabei eingesetzten, speziell für die Anforderungen der Geislinger Steige konstruierten Dampflokomotiven der Maschinenfabrik Esslingen mit der Typen-Bezeichnung „Alp" (später „Alb") erbrachten im Adhäsionsbetrieb (Reibungsbetrieb) die erhofften Ergebnisse. Im Jahre 1862 wurde auf der Trasse das zweite Gleis gebaut, im Jahre 1933 die Strecke elektrifiziert.

Betrieb

Die Geislinger Steige ist zwischen den beiden Bahnhöfen Geislingen und Amstetten in drei Zugfolgeabschnitte unterteilt. Diese sind durch Blockstellen abgegrenzt, die beim Betrieb die Abstandsfolge der Züge regeln. Die gesamte Strecke ist mit der „Induktiven Zugsicherung (INDUSI)" ausgerüstet. Dabei wird die Geschwindigkeit mit Gleismagneten nicht nur an den Vor- und Hauptsignalen der Blockstellen, sondern auch dazwischen in relativ kurzen Abständen überwacht. Die Leistungsfähigkeit ist nach der Fahrplanbelastung in Fahrtrichtung Ulm als befriedigend, in Fahrtrichtung Stuttgart jedoch als deutlich schlechter zu bezeichnen. Hier erreicht die Ausnutzung, ohne die rückkehrenden Schublokomotiven, bis zu 139 Zugfahrten pro Tag. Auf der gesamten Strecke besteht die Möglichkeit zum zweiseitigen „Gleiswechselbetrieb", das heißt, ein signalisiertes Falschfahren kann ohne zusätzliche Leistungseinbuße durchgeführt werden. Im Rahmen der Modernisierung des Fahrzeugparks sollen künftig gleisbogenabhängig wagenkastengesteuerte Fahrzeuge (sogenannte Neigetechnikfahrzeuge) auch auf der Geislinger Steige eingesetzt werden, wodurch zumindest in Fahrtrichtung Ulm höhere Geschwindigkeiten erzielt werden können. In Fahrtrichtung Tal wird aus Sicherheitsgründen erst mit Einführung reibungsunabhängiger Bremsen, z.B. der Wirbelstromschienenbremse, eine höhere Geschwindigkeit zugelassen werden können. Wegen der zusätzlich auftretenden Kräfte durch Schienenerwärmung bedingt dies allerdings eine „Feste-Fahrbahn" als Oberbau. |

Länge
5,7 km
Höhenunterschied
113 m
min. Kurvenradius
278 m
max. Steigung
25,08 %
max. Geschwindigkeit
70 km/h

Bauherr
Württembergische Staatseisenbahn
Ingenieure
M. Knoll, K. Etzel, L. Klein
Bauzeit
1846–1850

Bahnbau

STUTTGART
Gäubahn •

Die Gäubahn verläuft von Stuttgart Hauptbahnhof bis Hattingen. Sie war Teilstück der
Nord-Süd-Magistrale Berlin–Rom. Heute
steht sie allerdings bezüglich des Verkehrsaufkommens im Schatten anderer Nord-
Süd-Verbindungen. Die Ingenieurleistung
ihrer Trassierung verdient größten Respekt:
Man denke nur an die Herausführung der
Strecke aus dem Stuttgarter Talkessel,
deren Luftlinie von 8 km bis auf die Anhöhe
bei Stuttgart-Vaihingen mit einer großen
Schleife auf 15,6 km ausgedehnt wurde, um
insgesamt 189 Höhenmeter zu überwinden.
Diese von Süden kommende Bahneinfahrt
wird durch „Stuttgart 21" *siehe Seite 290*
ersetzt.

Historisch lässt sich die Gäubahn
in drei Abschnitte gliedern

Der 1. ABSCHNITT, eröffnet am 1. September
1876, verläuft von Stuttgart nach Eutingen
im Gäu. Er ist Teilstrecke der bis 1879 im Bau
befindlichen „Ursprünglichen Gäubahn"

Stuttgart–Eutingen–Freudenstadt. Der
2. ABSCHNITT wurde schon 2 Jahre früher
eröffnet. Er verbindet Eutingen im Gäu mit
Horb und ist Teilstrecke der bis zum Jahre
1874 im Bau befindlichen „Nagoldbahn" von
Pforzheim über Calw, Nagold, Eutingen im
Gäu nach Horb. Der 3. ABSCHNITT stellt die
Fortsetzung von Horb nach Tuttlingen dar, die
in drei Teilen zwischen den Jahren 1867 und
1896 eröffnet wurde. Dieser Abschnitt ist damit auch die Fortsetzung der „Oberen Neckar-
talbahn", die von Stuttgart über Plochingen,
Reutlingen, Tübingen nach Horb führt und im
gleichen Zeitraum eröffnet wurde.

Geschichte

Zur Gründerzeit der Eisenbahn war das Verkehrswesen im württembergischen Außen-
ministerium angesiedelt. Bis zum Jahre 1870
räumte man hier dem Binnenverkehr den Vor-
rang ein. Es ist deshalb nicht verwunderlich,
dass der erste Abschnitt der Gäubahn im Zuge
einer Nord-Süd-Magistrale Berlin–Rom nicht

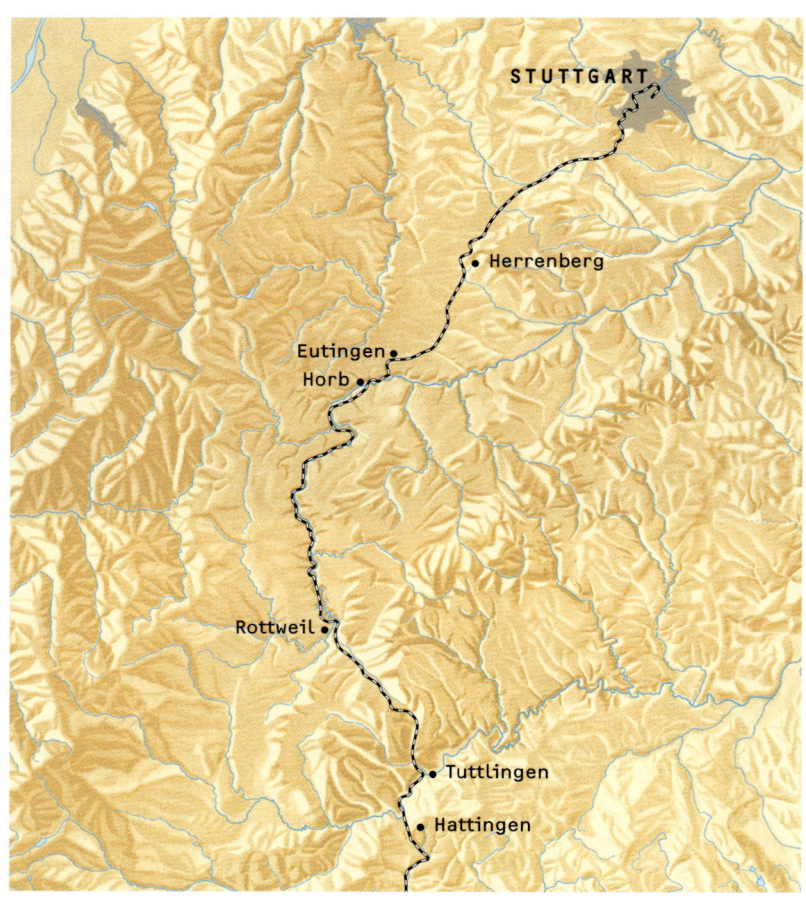

als besonders dringlich eingestuft wurde, zumal diese Linie der eigenen, der „Württembergischen Schwarzwaldbahn" (von Stuttgart über Weil der Stadt nach Calw), Konkurrenz machte. Erst mit den württembergischen Gesetzen vom 16. März 1868 bzw. 22. März 1873 wurde der Bau der Gäubahn beschlossen. Beim dritten Teilabschnitt waren politische Ziele gepaart mit wirtschaftlichen Untersuchungen für die Streckenführung verantwortlich. Eine Linie ausschließlich auf württembergischem Gebiet über Schopfloch und Bittelbronn wurde aus wirtschaftlichen Gründen zugunsten einer direkten Verbindung über das damals preußische Horb und Sulz fallen gelassen. „Zum Zwecke der Herstellung angemessener Eisenbahnverbindungen zwischen Württemberg und Hohenzollerischen Landen" kam es deshalb am 3. März 1865 zum Staatsvertrag zwischen Württemberg und Preußen.

Bei der Betriebsführung stellte sich das „Kopfmachen" in Immendingen als Erschwernis dar. Im Rahmen des Staatsvertrages zwischen Württemberg und Baden vom 23./24. Januar 1927 wurde dieser zusätzliche Betriebsaufwand durch die Direktverbindung Tuttlingen–Hattingen aufgehoben. Die damit verbundenen Baumaßnahmen wurden im Jahre 1934 beendet. Nach dem Zweiten Weltkrieg verlor die Gäubahn den Rang einer internationalen Nord-Süd-Verbindung und wurde zur „Nebenfernstrecke" abgestuft. Als Folge von Reparationszahlungen an Frankreich wurde im Jahre 1946 das zweite Gleis auf dem Abschnitt Horb–Tuttlingen abgebaut und bis heute nicht ersetzt. In den Jahren 1963 bis 1977 wurde die Strecke schrittweise elektrifiziert.

Linienführung

Von Stuttgart Hauptbahnhof (246,6 m über NN) wird über eine lange Schleife die Filderhöhe bei Stuttgart-Vaihingen (435,6 m über NN) erreicht. Hinter dem Tunnel am ehemaligen Westbahnhof wird die weitgehend im Einschnitt geführte Trasse von mehreren Bogenbrücken überspannt. Die bemerkenswerteste ist die im Jahre 1906 gebaute *Eisenbeton*-Brücke am Rudolf-Sophien-Stift (ehem. Haltestelle Wildpark der Gäubahn). Im Verlauf des Anstiegs nach Vaihingen treten auch die größten Neigungen der Gäubahn mit 21,74 % auf. Hinter Vaihingen führt die Strecke mit 13,58 % wieder hinab in das Neckartal bei Horb (391,5 m über NN). In diesem Abschnitt durchschneidet sie zwischen Stuttgart-Rohr und Böblingen den Kaufwald. Hier, auf Höhe der Kreuzung mit der alten Römerstraße (heutige Panzerstraße), fuhren früher die Züge durch den Kaufwaldtunnel, der jedoch im Zuge der Elektrifizierung abgetragen und durch eine sehenswerte, in den Jahren 1959/60 errichtete Stabbogenbrücke mit 53 m Spannweite ersetzt wurde *siehe Foto auf Seite 287*. Von Horb bis Rottweil folgt die Strecke dem Neckarverlauf. Dabei unterquert sie kurz vor Rottweil die Neckarburgbrücke der Autobahn A 81 Stuttgart–Singen *siehe Seite 145*. Nach Spaichingen und Tuttlingen gelangt die Gäubahn an ihren Endpunkt in Hattingen, wo sie ihre größte topographische Höhe von 690 m über NN erreicht.

Betrieb und Fahrdynamik

Aufgrund der Linienführung und der Trassierung sind auf der Strecke häufige Geschwindigkeitswechsel erforderlich. Nach der Elektrifizierung treten diese Trassierungsmängel vorrangig beim Energieverbrauch und bei der Fahrzeit in Erscheinung. Zur Verkürzung der Fahrzeit und damit zur Steigerung der Attraktivität soll die Strecke zukünftig mit gleisbogenabhängig wagenkastengesteuerten, sogenannten Neigetechnikfahrzeugen befahren werden, wodurch die Fahrgeschwindigkeit um bis zu 50 km/h angehoben werden kann. Hierfür wurden im Jahre 1994 die Übergangsbögen und Übergangsrampen (Gleisverwindung) in den Gleisbögen angepasst. Wegen der größeren Länge bei gleicher Distanz kamen beim Übergangsbogen anstatt der üblichen kubischen Parabeln mit geradliniger Rampe Parabeln vierter Ordnung mit geschwungener Rampe (nach Schramm) bzw. Parabeln fünfter Ordnung mit ausgerundeter Rampe (nach Bloss) zum Einsatz. Dadurch verteilt sich das Erreichen der maximalen Seitenbeschleunigung über einen längeren Fahrweg, was der Fahrgast als vergleichsweise erhöhten Komfort empfindet.|

Bahnbau

Literatur
SCHARF, H.-W. / WOLLNY, B.
Die Gäubahn von Stuttgart nach Singen
Eisenbahn-Kurier Verlag, Freiburg 1992

Länge
58,3 km
min. Kurvenradius
315 m
max. Steigung
21,74 %
max. Geschwindigkeiten
90 bis 160 km/h

Bauherr
Württembergische Staatseisenbahn
Fertigstellung
1867–1876 (in Abschnitten)

STUTTGART
Projekt „Stuttgart 21"

Am 6. Dezember 1996 wurde im Auftrag der
Deutschen Bahn AG die Durchführung eines
Raumordnungsverfahrens für das Projekt
„Stuttgart 21" beantragt. Gegenstand ist die
Umgestaltung des Bahnknotens Stuttgart
und der Bau einer Schnellbahntrasse von
Stuttgart auf die Fildern als Teil einer Hoch-
geschwindigkeitsverbindung von Mannheim
über Stuttgart nach Ulm. Der Kopfbahnhof
soll zugunsten eines tiefer gelegten Durch-
gangsbahnhofs, der mit insgesamt 8 Gleisen
das Regional- und Fernverkehrsaufkommen
bewältigt, aufgegeben werden. Diese neue
Situation erlaubt es, ca. 100 ha bisheriges
Bahngelände im Vorfeld des Bahnhofs
städtebaulich und ökologisch neu nutzen
zu können.

Information
Die „DB Projekt GmbH
Stuttgart 21" unterhält
ein Informations-Telefon:
(0711) 22785-58,
montags–freitags
14–18 Uhr

Verkehrskonzept
Damit der Schienenverkehr attraktiv ist, muss
er vor allem ein leistungsfähiges Netz und
konkurrenzfähige Fahrzeiten bieten. Der Stuttgarter Kopfbahnhof ist in dieser Hinsicht für
den Durchgangsverkehr nachteilig. Im Zuge
der Überlegungen für die ICE-Neubaustrecke
Stuttgart–Ulm lag es deshalb nahe, einen unterirdischen Durchgangsbahnhof vorzuschla-
gen, der wegen der betrieblichen Vorteile auch
dem Regionalverkehr zur Verfügung stehen
soll. Er hat Leistungsreserven für 50 % mehr
Fernverkehr und 80 % mehr Regionalverkehr.

Bauwerke
Auffälligste Baumaßnahme ist der Umbau
des Stuttgarter Hauptbahnhofs. Das Projekt
„Stuttgart 21" sieht vor, die Gleislage nicht
nur tiefer zu legen (wie für Frankfurt und München gedacht), sondern sie im Grundriss auch
um ca. 90° zu drehen. Der Bonatzbau, das
heutige Bahnhofsgebäude, bleibt bestehen
und behält entsprechende Funktionen für den
neuen Bahnhof. Die acht Bahnsteige, die eine
Länge von jeweils 420 m aufweisen, sollten
nach den ursprünglichen Plänen der Bahn
im Bereich zwischen den Flügelbauten des
Bonatz-Bahnhofs mit einem großzügigen Glasdach überspannt werden, im Bereich des
mittleren Schlossgartens aber nur Oberlicht
bekommen. Ende 1997 wurde ein Wettbewerb
entschieden, nach dem die Bahnsteige auf
ganzer Länge in einem Tunnel mit (merk-
würdigen) Oberlichtern verlaufen sollen! Über
diese in städtebaulicher Hinsicht und für den
Reisenden unerfreuliche Situation ist hoffent-
lich noch nicht das letzte Wort gesprochen.

Im Zuge der Anbindung des Durchgangsbahn-
hofs an das bestehende Bahnnetz sind neue,
unterirdische Trassen notwendig; insgesamt
sind vier Tunnelabschnitte geplant. Im Norden
soll der Killesberg aus Richtung Feuerbach
und Bad Cannstatt unterfahren werden,
während im Süden die Hochgeschwindigkeits-
trasse auf die Filderhöhe führt und bei
Plieningen zutage tritt. Abzweigend von dieser
Strecke führt ein weiterer Tunnel durch den
Gablenberg nach Untertürkheim, um einen
Anschluss an die bestehende Strecke Stuttgart–Ulm (Filstalbahn) herzustellen. Die
Strecke Untertürkheim–Bad Cannstatt schließt
den Ring, der die bestehenden und neuen
Strecken mit dem Durchgangsbahnhof und
einem neuen, in Untertürkheim geplanten
Wartungsbahnhof verbindet.

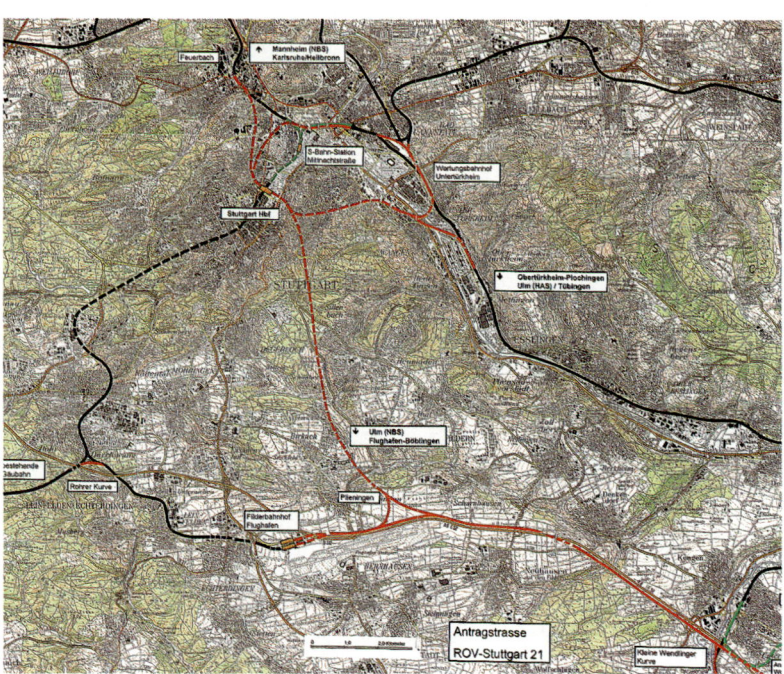

Bahnbau

Städtebauliche Aspekte

Durch den vollständigen Rückbau der ober-
irdischen Gleisanlagen zwischen Hauptbahnhof und Rosensteinpark besteht die
Möglichkeit, das Stadtzentrum trotz der
beengten Talkessellage zu erweitern und neu
zu gestalten. Eine neue City wäre möglich,
die mit ihrer zentralen Lage als Ambiente für
Kultur ebenso wie für Einzelhandel und
Dienstleistungen prädestiniert wäre. Die
Randbereiche in unmittelbarer Nachbarschaft
zum Schlossgarten und Rosensteinpark bieten
sich an für Wohnanlagen und Büros, die eine
gemischte Nutzung unterstreichen. Der
Hauptbahnhof wäre damit Verbindungsglied
(falls er nicht „vergraben" und zertrennt wird)
zwischen alter und neuer City. Seine Lage
würde durch die neue City aufgewertet.

Finanzierung

Die Investitionskosten wurden im Jahre 1995
mit 4,9 Mrd. DM veranschlagt. Ein Anteil von
2,2 Mrd. DM soll aus den Erlösen für die
Grundstücke gedeckt werden. An Bundesmit-
teln kommen gemäß § 8 Abs. 1 Bundesschie-
nenwegeausbaugesetz (BSchAG) diejenigen
Mittel hinzu, die im Rahmen der Neubaustrecke Stuttgart–Ulm für den Großraum
Stuttgart vorgesehen sind – 886 Mio. DM, die
je zur Hälfte als Zuschuss und als zinsloses
Darlehen gewährt werden. Ein weiterer Finan-
zierungsbeitrag gilt den Nahverkehrsmitteln.
Er setzt sich aus einem Zuschuss von 500 Mio.
DM gemäß Gemeindeverkehrsfinanzierungs-
gesetz (GVFG) und einem zinslosen Bundes-
darlehen von 350 Mio. DM nach § 8 Abs. 2
(BSchAG) zusammen. Damit verbleibt noch
knapp 1 Mrd. DM, die fremd finanziert werden
muss. |

Teehaus im Weißenburgpark, Stuttgart
HEINRICH HENES, 1914

Hallen und Dächer

Hallen und Dächer

In diesem Kapitel werden Bauwerke geschildert, deren wesentliches Merkmal die Überdachung einer größeren Fläche ist – eine Aufgabenstellung, die vorrangig Bauingenieure des „konstruktiven Ingenieurbaus" anspricht. Bei den meisten Bauaufgaben dieser Art ist aber eine enge Zusammenarbeit von Ingenieur und Architekt erforderlich. Beide sollen nach einer angemessenen Lösung suchen und diese auch gemeinsam realisieren. Ähnlich wie im Brückenbau darf der Entwurf nicht rein formal entstehen, um dann berechnet zu werden, noch umgekehrt, d. h. von vornherein technologisch auf das ökonomische Minimum zielen, ganz zu schweigen von einer statischen Akrobatik. Der Entwurf soll sich in einer Einheit von Form und Funktion aus den jeweiligen Randbedingungen logisch entwickeln, wobei es bei einer guten Zusammenarbeit unerheblich ist, was von wem stammt.

Wie die ausgewählten Beispiele zeigen, lassen die teilweise sehr unterschiedlichen Randbedingungen eine große Vielfalt an Lösungen zu, in denen sich die Phantasie der Beteiligten widerspiegelt. Das Spektrum reicht heute von relativ einfachen, ebenen Platten und Rosten über doppelt gekrümmte monolithische Stahlbeton- und Stab-*Schalen* bis hin zu Seilnetzen und Membranen aus textilen Werkstoffen. So zeigt sich in den Hallen und Dächern die Entwicklung der Bautechnik von den Eisenkonstruktionen des letzten Jahrhunderts über die stählernen Fachwerke und ersten Stahlbetonbogenbinder zu Beginn des zwanzigsten Jahrhunderts bis zu den Leichtbauten unserer Zeit aus hochfesten Seilen, Kunststoffen und Faserverbundwerkstoffen. Fast alles ist heute möglich, so dass das Ziel des Entwerfens nicht mehr lautet „größer, weiter, höher", sondern „angemessen, effizient, schonend, recyclebar".

Bei der Auswahl der Beispiele für dieses Kapitel ergab sich nicht nur die letztlich unerhebliche Schwierigkeit der Abgrenzung gegenüber dem Kapitel „Gebäude, Kirchen und Fachwerkhäuser", sondern auch diejenige, dass einige wichtige Entwicklungen bzw. Ingenieurleistungen auf diesem Gebiet nicht besichtigt werden können, obwohl sie es verdienen. Ein Beispiel dafür sind die *vorgespannten* Flachdecken beim Verwaltungsgebäude der Energie- und Verfahrenstechnik GmbH (EVT) in Stuttgart-Obertürkheim. Sie ermöglichen einen raschen Baufortschritt und vor allem sehr dünne Decken ohne Unterzüge. Nach dem Betonieren der Decken ist von ihrem geistreichen „Innenleben" bzw. nach dem Vorhängen der Fassade von ihrer Schlankheit allerdings nichts mehr zu sehen, so dass ein Besuch des fertigen Bauwerks nicht lohnt.

Eine ausführliche Schilderung des Entwicklungsstandes der Dächer aus Stahlstäben, aus Holz, aus Stahlbeton und der zugbeanspruchten Konstruktionen findet sich in: HEINLE, E. / SCHLAICH, J.; *Kuppeln – aller Kulturen – aller Zeiten*, DVA, Stuttgart 1996.

Hallen und Dächer

*Ehemalige Luftschiffhalle
in Friedrichshafen*

AICHTAL-GRÖTZINGEN
Naturtheater ● ●

Die Beton-*Schale* des Naturtheaters in
Grötzingen überdacht die Zuschauerränge
auf einer Fläche von 28 x 42 m und bietet
damit etwa 800 Personen Schutz vor
Witterung. Das *Schalen*-Tragwerk ist eine
gelungene Symbiose von konstruktiver
Funktionalität und guter Form.

Konstruktion

Die einfache symmetrische *Schale* hat fünf
Fußpunkte, die bedingt durch die Neigung der
Ränge auf unterschiedlichen Höhenniveaus
gegründet sind. Ihre Dicke beträgt im Scheitel
ca. 8 cm und nimmt im Verlauf zu den Fußpunkten hin bis auf 20 cm zu. Die Bewehrung
liegt in Richtung der Hauptspannungen, die
sich unter Eigenlast ergeben. Die *Schalen*-
Form wurde im „Hängeversuch" ermittelt.
Hierbei wird ein Tuch oder Gewebe dem
gewünschten Grundriss der *Schale* entsprechend an einzelnen Punkten aufgehängt.
Aufgrund der Eigenlast stellt sich eine natürliche Form ein, die nur Normalkräfte im
Tuch erzeugt. In einem weiteren Schritt wird
das Tuch mit einer erhärtenden Flüssigkeit

Wegbeschreibung
Aichtal-Grötzingen erreicht man
über die A8 Karlsruhe–Ulm (Ausfahrt Stuttgart-Degerloch), die B27
neu (Richtung Tübingen), die B312,
die hinter Filderstadt abzweigt, und
über den Ortsteil Aichtal-Aich. In
der Ortsmitte von Grötzingen biegt
man rechts ab in die Hindenburg-
straße und kreuzt den Fluss Aich.
Das Naturtheater liegt von dort
nicht weit entfernt auf der rechten
Seite der „Alten Poststraße".

getränkt, z.B. mit gefrierendem Wasser oder
einem abbindenden Kunststoff, so dass das
versteifte Formmodell in der Umkehrung als
druckbeanspruchte *Membran* aufgestellt
werden kann. Das Modell ist nun ein ausgezeichnetes Hilfsmittel, um die endgültige Form
zu finden und durch eine Vermessung und
entsprechende Vergrößerung die Maße der
tatsächlichen *Schale* zu ermitteln. Für eine
Beton-*Schale* ergibt sich auf diese Art und
Weise eine nahezu optimale Form. Weil sie
fast nur Druckspannungen erfährt, sind
keine Risse zu erwarten. Dadurch bleibt die

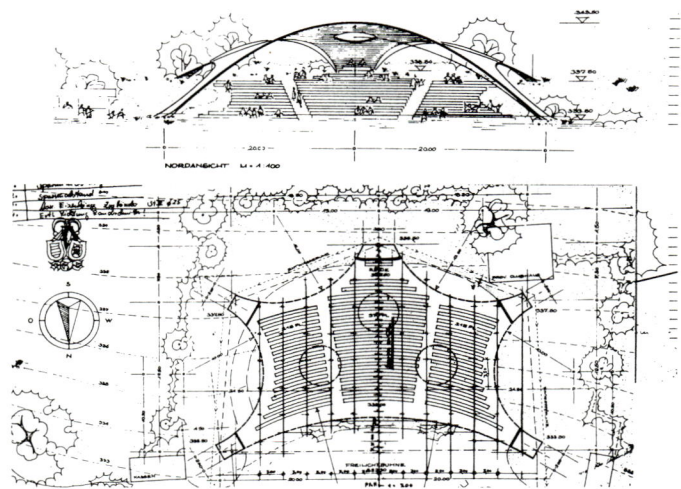

Hallen und Dächer

Konstruktion auch ohne eine zusätzliche Dacheindeckung dicht und weitgehend unterhaltsfrei. Abweichend vom Hängemodell wurde der *Schalen*-Rand mit einer leichten Gegenkrümmung versehen, um der lokalen Beulgefahr entgegenzuwirken. Dabei wird auch das Regenwasser in einer Wasserrinne zu den Füßen geleitet. Die durch die flache Neigung der Füße relativ großen Horizontalschubkräfte in den Auflagern werden über Zugbänder kurzgeschlossen, die die Fundamente polygonartig miteinander verbinden. In Grötzingen blieb das Betondach unbehandelt; auf diese Weise kann der Beton „ehrlich" altern und mit der Zeit grau wie ein Naturstein werden.

Herstellung

Bei der Herstellung freigeformter *Schalen* sind eine besonders hohe geometrische Genauigkeit und eine hohe Qualität der Verarbeitung des Betons Voraussetzung für ein stabiles und dauerhaftes Tragwerk. Neben der komplizierten Schalung, die die doppelt gekrümmte Fläche abbilden muss, bereiten die Arbeiten an steilen Partien in großer Höhe, das Bewehren und Betonieren dünner Schichten sowie die Oberflächenbehandlung besondere Schwierigkeiten. Wirtschaftlich und damit konkurrenzfähig ist der Bau von Beton-*Schalen* deshalb nur mit geübten Bautrupps. Heinz Isler suchte aus diesem Grund immer wieder in dieser Hinsicht erfahrene Baufirmen. |

Bauherr
Stadt Aichtal
Ingenieur
H. Isler, Burgdorf (CH)
Architekt
M. Balz, Leinfelden-Echterdingen
Baujahr
1977

ALTHÜTTE
Sporthalle

Diese Sporthalle ist mit der Unterstützung des Kultusministeriums als Pilotprojekt für eine kostengünstige Sporthalle gebaut worden. Die Einsparungen wurden vor allem durch sinnvolle Abweichungen von den hohen Forderungen der DIN 18 032 (Sporthallen) und durch die Auswahl und Optimierung von wirtschaftlichen Herstelltechniken sowie preisgünstigen Konstruktionen mit Holz als Primärwerkstoff erzielt. Bei der Gestaltung der Halle wurden die Landschaft, die benachbarte Bebauung und die Topographie berücksichtigt. Sie erhielt daher ein einfaches Dach mit niedrigen Traufhöhen. Die Halle wurde im Jahre 1984 mit dem Holzbaupreis und 1987 vom Bund-Deutscher-Architekten (BDA) ausgezeichnet; sie steht – sauber, aber aus Ingenieursicht unbedeutend – hier stellvertretend für viele im Lande.

Konstruktion

Die Halle ist ein reiner Holzskelettbau; nur die erdverbundenen Wände und Bodenplatten sind aus Stahlbeton. Die Dachbinder haben eine Spannweite von etwa 22 m und sind nach dem Prinzip des *Polonceau-Trägers*

Wegbeschreibung
Althütte liegt zwischen Backnang und Gaildorf südlich von Murrhardt. In Althütte beim Rathaus dem Wegweiser „Festhalle/Sporthalle" folgen.

konstruiert. Sämtliche auf Zug beanspruchten Tragwerksteile des Binders sind aus Stahl, die auf Druck und Biegung beanspruchten Teile aus Holz. Die beiden um 15° geneigten Obergurte sind in den Firstpunkten gelenkig miteinander verbunden und tragen das Giebeldach. Für die Obergurte wurde eine Holz-Zangenkonstruktion gewählt, um die Druckstreben der Binder zentrisch einpassen zu können. Die Obergurte sind jeweils in Trägermitte durch Druckstreben unterstützt. Dadurch wird nicht nur eine ausgewogene Momentenbeanspruchung im Obergurt erzielt, sondern es ergibt sich auch ein besonders harmonisches Erscheinungsbild des *Polonceau-Trägers*, der den aus den geneigten Obergurten resultierenden Horizontalschub über sein Zugband kurzschließt. Die Unterspannungen sowie das Zugband sind aus jeweils zwei Stahlstangen mit Rundquer-

schnitt hergestellt. Diese sind nicht sichtbar in den Fußpunkten der zweigeteilten Obergurte angeschlossen. Da die Binderkonstruktion nicht exakt symmetrisch ist, schneiden sich die Systemlinien der Zugbänder, des Obergurtes und der Stützen nicht immer in einem Punkt, was zu zusätzlichen Biegebeanspruchungen in einem Obergurt führt. Die Binder selber sind mittels Bolzen gelenkig an den Stützen angeschlossen; die Fußpunkte der Stützen sind ebenfalls gelenkig gelagert, so dass für die Aussteifung der Halle Diagonalverbände in der Längsrichtung und die gemauerten Giebelwände in der Querrichtung herangezogen werden mussten. Dies erfordert auch eine starre Dachscheibe mit weiteren Verbänden im Dach. Aus formalen Gründen sind diese aber unter der Verkleidung versteckt. |

Abmessungen
22 x 45 m
Umbauter Raum
12.100 m³

Bauherr
Gemeinde Althütte
Ingenieure
Pfefferkorn + Partner, Stuttgart
Architekten
Beyer, Weitbrecht und Wolz, Stuttgart
Bauzeit
1983–1984

AUGGEN-RICHTBERG
ehemalige Zeppelinhalle ● ● ● ●

Im Auggener Ortsteil Richtberg erhebt sich ein imposantes, zeltartiges Bauwerk. Es ist der letzte erhaltene Teil einer ehemals dreimal so großen Zeppelinhalle in Deutschland ● und ein einmaliges Zeugnis der Ingenieurbaukunst des Maschinenzeitalters. Die Halle wurde nach dem Ersten Weltkrieg von Baden-Oos hierher versetzt und beherbergt heute das Sägewerk der Karl Richtberg KG. Obwohl sie nicht mehr in ihrer originalen Größe erhalten ist, beeindruckt sie durch die Mächtigkeit der äußeren Gestalt und überrascht durch das äußerst feingliedrige Tragwerk im Inneren. Weitere Zeppelinhallen existieren noch in Cardington, England, in Lakehurst und Akron, USA, sowie in Recife, Brasilien.

Geschichte

Mit der Entwicklung und Konstruktion der Luftschiffe noch vor der Jahrhundertwende durch Graf Zeppelin begann auch die Geschichte der Luftschiffhallen. Der Bau und die Bergung der Luftschiffe erforderte zweckmäßige und wirtschaftliche Gebäude. Dazu wurden schwimmende, ortsfeste, dreh- und verschiebbare, ein- oder mehrschiffige Hallen

Wegbeschreibung
Über die Autobahn A5 Freiburg–Basel, Ausfahrt Müllheim/Neuenburg, und die B378 nach Müllheim. Weiter auf der B3 in Richtung Basel. In Auggen in westlicher Richtung abbiegen und am Bahnhof vorbei nach Auggen-Richtberg fahren. Der Schornstein des Sägewerks ist von weitem sichtbar.

konstruiert. Die ersten Hallen waren ursprünglich für Industrieausstellungen entworfene, tuch- oder holzgedeckte, demontable Holzbinderhallen. Im Jahre 1908 wurde aufgrund des gestiegenen Bedarfs an Hallen ein Wettbewerb ausgeschrieben, zu dem 74 Entwürfe eingereicht wurden. Dies war der Beginn einer regen Bautätigkeit auf dem Gebiet der Luftschiffhallen. Der Erste Weltkrieg unterbrach diese Entwicklung; von über 80 Hallen existierten nach Kriegsende nur noch 39, welche nach den Regelungen des Versailler Vertrages bis zum 21.2.1921 an die Alliierten ausgeliefert oder niedergelegt werden mussten. Später wurde der Zeppelin- und Hallenbau noch einmal aufgenommen und erreichte eine neue Blütezeit. In Friedrichshafen-Löwenthal beispielsweise wurde im Jahre 1931 eine Halle errichtet, die mit ihren

Dimensionen von 270 m Länge, 58,40 m Breite und über 53 m Höhe alle vorherigen Hallen in den Schatten stellte. Mit der Katastrophe von Lakehurst und der rasanten Entwicklung des Flugzeugs endete jedoch schlagartig die große Zeit der Luftschiffe und damit auch die des Zeppelinhallenbaus.

Konstruktion und Tragverhalten

Die Konstruktionsweise der Zeppeline stellte besondere Anforderungen an die Hallen. Im Abstand von 8 m waren Aufhängemöglichkeiten für das Zeppelingerüst nötig, außerdem unter dem First Laufstege sowie seitlich Arbeitsgalerien. Die Hallen sollten ausreichend belichtet, genügend gegen Sonneneinstrahlung isoliert und wegen des Umgangs mit gefährlichen Gasen mit guten Entlüftungswegen ausgestattet sein. Die Tore waren so herzustellen, dass sie sich schnell und einfach öffnen ließen. Schließlich sollten die Hallen aus Kostengründen möglichst wenig Bodenfläche in Anspruch nehmen und nur den erforderlichen Lichtraum umfassen.

Das ursprüngliche Tragwerk der Halle in Baden-Oos war eine weitmaschige Eisenfachwerkkonstruktion aus Bögen, die auf eingespannten Stützen auflagen. Äußerlich erschienen diese

Bögen als eingespannte Rahmen. Tatsächlich handelte es sich aber um „Viergelenkbögen" mit jeweils einem Kämpfergelenk (K) an den Fußpunkten und jeweils einem sogenannten Wechselgelenk (W) im Obergurt beiderseits des Scheitels. Die den Kämpfergelenken gegenüberliegenden Stäbe (Sk) waren mittels Langlöchern angeschlossene Blindstäbe, die stets spannungslos blieben. Die den Wechselgelenken gegenüberliegenden Stäbe (Sw) waren ebenfalls mittels Langlöchern angeschlossen. Zusätzlich waren diese Stäbe (Sw) jedoch mit Druck- oder Zuganschlägen ausgestattet, so dass sie nur Druck- oder nur Zugkräfte übertragen konnten. Unter symmetrischer Belastung des Tragwerks, z.B. im Lastfall Eigengewicht, waren die Stäbe (Sw) in jedem Fall spannungslos; es wirkten beide Wechselgelenke (W) gelenkig. Unter asymmetrischer Belastung, z.B. im Lastfall Wind, sperrte eines der beiden Wechselgelenke (W), da der dem Gelenk gegenüberliegende Stab (Sw) wegen des Anschlages Kräfte übernahm. Das zweite Wechselgelenk (W) blieb wirksam, da der zugehörige Stab (Sw) wegen des Langloches keine Kräfte aufnehmen konnte. Das Tragwerk entsprach nunmehr einem Dreigelenkbogen mit asymmetrisch angeordnetem Scheitelgelenk.

Um welche Variante von Anschlägen es sich bei der Halle in Baden-Oos handelte, ließ sich nach den Veränderungen des Tragwerks infolge der Umsetzung nicht mehr eindeutig feststellen. Aufgrund der großen Länge der den Wechselgelenken gegenüberliegenden Stäbe besaßen sie aber wahrscheinlich Zuganschläge, um die Knickgefahr auszuschalten. Das statische System des „bedingten Viergelenkbogens" bot alle Vorteile eines statisch bestimmten Tragwerks: Es ließ sich einfach berechnen und es traten keine Zwänge aus Temperaturänderungen oder Setzungen auf; einseitige Setzungen und Montageungenauigkeiten ließen sich leicht durch Passstücke an den Gelenken ausgleichen. Außerdem ließen sich durch die Wahl der Lage der Wechselgelenke und der Form des Systems die Bogenbeanspruchungen günstig beeinflussen. Dies führte zu einer optimierten Dimensionierung des Tragwerks und somit zu einem sparsamen Materialverbrauch, einem reduzierten Gewicht und geringeren Kosten. Die Zerlegung des Tragwerks in eine größere Anzahl von Einzelelementen erleichterte den Transport und die Montage. Die Aussteifung der Halle in Längsrichtung erfolgte durch Windverbände.

Gemauerte Wände zwischen den Stützen und eine Dachdeckung aus Eternit bildeten den äußeren Raumabschluss. Eine Giebelseite konnte durch große Drehtore vollständig geöffnet werden. Die Belichtung erfolgte durch drei lange Oberlichter sowie Fenster in den Seitenwänden und Toren.

Umsetzung

1923 wurde ein Teil der Halle in Auggen-Richtberg wieder aufgebaut. Man verzichtete dabei allerdings auf den eingespannten unteren Teil, auf dem die Kämpfergelenke ruhten, und errichtete nur noch die Bögen. Dabei wurden die Gelenke versteift. Außerdem wurden die Bögen etwas gespreizt, wodurch sich die Spannweite vergrößerte, die Höhe sich etwas verringerte und die ehemals vertikalen Stäbe des Fachwerks um etwa 10° gegen die Vertikale geneigt wurden. Das statische System der Bögen entspricht heute dem eines Zweigelenkrahmens. Die geänderte Konstruktion sowie die unterschiedlich großen Endfelder und das in Längsrichtung nicht symmetrisch eingesetzte Oberlicht deuten darauf hin, dass es sich nur um einen Teil der ursprünglichen Halle handelt. |

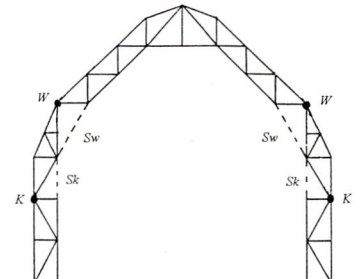
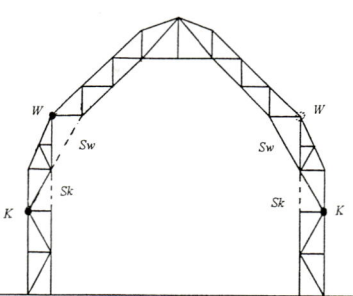

Hallen und Dächer

Literatur
Denkmalpflege in Baden-Württemberg, 1981
Deutsche Bauzeitung, Heft 5, 1985

Länge
ca. 50 m (ca. 161 m)
Breite
ca. 34 m (ca. 30 m)
Lichte Höhe
ca. 16 m (ca. 24 m)
(in Klammern die ursprünglichen Maße)

Bauherr
DELAG (Deutsche Luftschifffahrts AG)
Entwurf und Ausführung
MAN, Gustavsburg
Baujahr
1910
Niederlegung
1921
Umsetzung
1923

Wegbeschreibung
Bad Dürrheim liegt südlich von
Villingen-Schwenningen. Das
Solemar grenzt unmittelbar an
den Bad Dürrheimer Kurpark.

Konstruktion

Die fünf verschieden hohen, baumähnlich
verzweigten Stützen gruppieren sich um einen
kleinen, zentralen Lichthof. Das Dach ist eine
Holz-*Schale*, die sich wie ein hängendes Netz
von Baumstütze zu Baumstütze schwingt. Die
Äste der Baumstützen tragen Ringe, an denen
die *Schale* hängt. Den Abschluss über den
Stützen bilden Glaskuppeln, die die Form des
Daches aufnehmen. Die Glasfassade folgt den
Randbögen, welche die Dachfläche girlanden-
förmig begrenzen.

Schale

Die *Schale* besteht aus Meridian- und Ringrippen, einer doppelten Schalung, den Baumringen sowie den Randbögen. Sie ist an allen
Stellen doppelt gekrümmt und so geformt,
dass sie Eigen- und Schneelasten primär über
Membran-Kräfte abträgt. Von Randstörungen
abgesehen treten also keine wesentlichen
Biegebeanspruchungen auf. Das Formbil-
dungsgesetz gehorcht dem einer an den
Baumringen und den Rändern befestigten,
zugbeanspruchten *Membran* unter gleichmäßiger Last. Die Geometrie der Rippen
zeichnet ungefähr die Hauptspannungsrich-
tungen unter Eigenlast nach, was auch eine
optimale Materialausnutzung gewährleistet.
Die Schalung besteht aus zwei Lagen Bretter,
die diagonal über zwei Felder laufen und auf
den Meridianrippen versetzt gestoßen sind.
Beide Lagen sind mit Rillennägeln auf den
Ring- und Meridianrippen befestigt, wobei die
untere, gehobelte Lage sichtbar bleibt. Die
doppelte Diagonalverschalung mit ihrer hohen
Schubsteifigkeit gewährleistet eine gute
Formstabilität und somit nur kleine Biegemomente in den Baumstützen bei ungleichmäßigen Lasten. Die Formfindung erfolgte
zunächst an Drahtgewebemodellen, um die
Standorte und die Höhen der Baumstützen
festzulegen. In einem weiteren Schritt wurden

BAD DÜRRHEIM
Solemar ● ●

Entwurfsziel war eine Gebäudeform und
Baustruktur, die sich organisch in den alten
Baumbestand des Kurparks einfügt und den
Badegästen bzw. Besuchern einprägt. Als
Baumaterial war Holz erwünscht, weil
es gegen die aggressive Sole widerstands-
fähig und als natürlicher Baustoff für den
Schwarzwald charakteristisch ist. Das Sole-
mar erhielt mehrere Preise: u.a. im Jahre
1988 den Holzbaupreis Baden-Württemberg
und den Ingenieurbau-Preis sowie 1989 den
Europäischen Holzleimbaupreis.

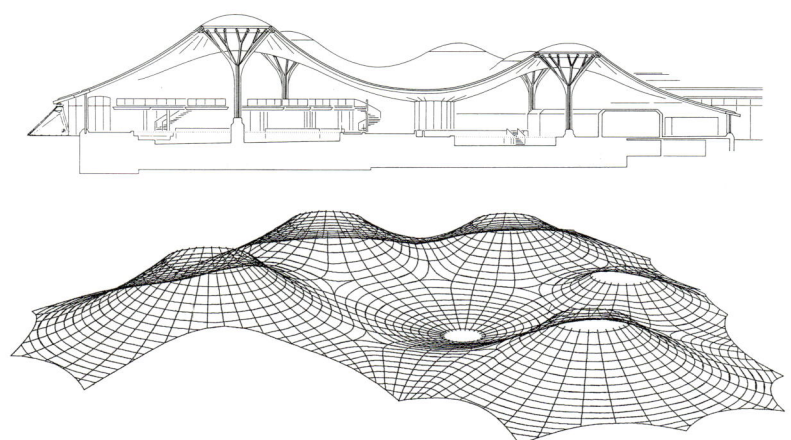

die Durchmesser und Neigungen der Baumringe sowie die Lage und ungefähre Höhenentwicklung der Ränder bestimmt. Mit Hilfe von speziellen Formfindungsprogrammen wurde daraufhin die Fläche ermittelt, die den statischen Anforderungen und den mit Hilfe des Modells gefundenen Randbedingungen am besten genügte. Das Ergebnis der rechnerunterstützten Formfindung waren die Koordinaten eines jeden Rippenkreuzungspunktes, die dann in einem weiteren Schritt der statischen Berechnung zugrunde gelegt wurden.

Meridian- und Ringrippen

Die Meridianrippen spannen sich als Hängeglieder zwischen den Baumringen und den Randbögen bzw. in den Sattelflächen von Baumring zu Baumring. Ihr Querschnitt beträgt 20 x 20,5 cm. Die insgesamt 128 Meridianrippen haben Einzellängen bis zu 17 m und eine Gesamtlänge von 1.750 m. Die im Abstand von 80 cm umlaufenden Ringrippen haben je nach Meridianabstand einen Querschnitt von 8 x 8 cm bis 12 x 14 cm. Sie sind mit den Meridianrippen verkämmt. Die Ringrippen wurden in Einzellängen von 6 bis 10 m hergestellt und sind über Kontakt oder bei Zugbeanspruchung durch Schäftung gestoßen. Die Gesamtlänge der Ringrippen beträgt 2.900 m. Sowohl die

Meridian- als auch die Ringrippen sind größtenteils doppelt gekrümmt und verwunden. Jeder Meridian- und Ringrippenabschnitt wurde deshalb eigens nach Rechnervorgaben geformt.

Baumringe

Die Baumringe haben Durchmesser von 6 bis 8 m und sind aus stehenden Brettlamellen verleimt. Die Ringe laufen nach oben hin konisch zu. Sie setzen sich aus zwei Teilen mit den Querschnitten 8,5 x 80 cm und 12 x 80 cm zusammen; zwischen diesen Abschnitten laufen die Meridianrippen ein. Alle Teile sind über Sechskantschrauben und Zwischenhölzer miteinander verbunden.

Randbögen

Die Randbögen sind vom Prinzip her ähnlich aufgebaut wie die Baumringe; ihre Breite beträgt jedoch 1,30 m. Bedingt durch die Neigung des Dachrandes sind auch sie wie die Rippen doppelt gekrümmt und entsprechend verwunden. Ihr Eigengewicht wird über die Fassadenstützen abgetragen. An ihren Enden lagern die Randbögen auf den als Dreibock ausgebildeten Randstützen, die die von den Bögen eingesammelten Zugkräfte in den Baugrund tragen.

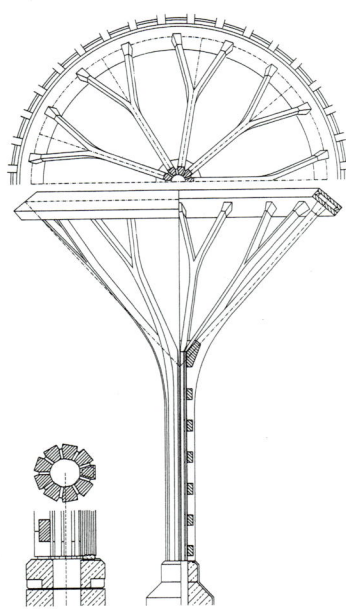

Baumstützen

Die baumartigen Stützen sind jeweils aus mehreren gleichen Leimholzsegmenten zusammengesetzt, die vom Fußpunkt bis zum Baumring durchlaufen. Im unteren Teil werden sie über geleimte Bindehölzer zu einem Stamm gebündelt, während sie sich im oberen Teil gabeln. Der größte Baum besteht aus 9 solchen Segmenten und hat 18 Äste, die den Baumring unterstützen.

Aussteifung

Die Konstruktion ist durch einen fixen, zentralen Punkt sowie durch die unverschiebbare Lagerung der Randstützen ausgesteift. Der zentrale Punkt wird durch ein räumliches Speichenrad gebildet, welches oben und unten von zwei Stahlrohrringen begrenzt ist. Am oberen Ring ist die Holz-*Schalen*-Konstruktion unverschiebbar angeschlossen, so dass sie sich unter einseitigen Schnee- und Windlasten nur wenig verformt.

Literatur
Bauen mit Holz
Heft 5, 1987

Überdachte Fläche
ca. 2.500 m²
Wasserfläche
860 m²

Bauherr
Kur- und Bäder GmbH, Bad Dürrheim
Ingenieure
- **Holzbau**
Wenzel, Frese, Pörtner,
Haller und Barthel, Karlsruhe
- **Betonbau**
Hezel+Stehle, Schwenningen
- **Formfindung**
Linkwitz, Preuss und Gründig,
Stuttgart
Architekten
Geier+Geier, Stuttgart
Planung
1984–1985
Bauzeit
1985–1987

Wegbeschreibung
Die Caracalla-Therme liegt am
Römerplatz 11 in der Innenstadt
von Baden-Baden.

BADEN-BADEN
Caracalla-Therme •

Die Caracalla-Therme ist ein öffentliches
Thermalbad in der Bäderstadt Baden-Baden.
Der klassizistisch anmutende, von Säulen
getragene Kuppelbau ist von den Materialien
Stahl, Glas und Marmor geprägt.

Konstruktion und Tragverhalten
Der Kuppelbau besteht aus einer Rahmen-
kuppel, die aus biegesteif miteinander verbundenen Rechteckhohlprofilen hergestellt
wurde. Derartige Rahmenkuppeln mit trapezförmigen Maschen ohne Diagonalen benötigen bei asymmetrischer Belastung die Biegesteifigkeit der Stäbe, so dass diese relativ dick
ausfallen müssen. Um dennoch ein filigranes
Tragwerk zu erhalten, wird das Viereckma-
schennetz zusätzlich von der Dachdeckung
aus Stahlblechprofilen ausgesteift. Die
meridianen Rippen der Kuppel stützen sich
im Zenit gegen einen Druckring. Da der
Durchmesser dieses Druckrings relativ klein
ist, konnten nicht alle Rippen daran angeschlossen werden; deshalb endet jede zweite
Rippe am dritten Breitenkreis von oben. Um
die Druckkräfte besser einleiten zu können,
bildet das sonst nur aus viereckigen Maschen
bestehende Netz dort kleine Dreiecke. Am
unteren Rand wird der Horizontalschub der
Meridianrippen durch einen Zugring kurzgeschlossen. Eine kreisringförmige Betonplatte
nimmt die vertikalen Kuppellasten auf. Diese
Platte wird an ihren beiden Rändern von
Stützen getragen, die die Lasten über 36 eingespannte Betonrundstützen in den Baugrund
leiten. Eine natürliche Belichtung des Kuppel-
raums erfolgt über das verglaste Innere des
zweiten Breitenkreises von oben. |

Literatur
Deutsche Bauzeitschrift
Heft 11, 1986

Steinmetz + Bildhauer
Heft 3, 1987

Element + Bau
Heft 5, 1988

Kuppeldurchmesser
23,25 m
Stich der Kuppel
4,50 m
Bruttogeschossfläche
ca. 3.600 m²
Wasserfläche
450 m²

Bauherr
Stadt Baden-Baden
Ingenieure
Ingenieurgemeinschaft RS, K.-L. Ross,
B. Schabert, Achern
Architekten
H.-D. Hecker, Freiburg; P. Krätz,
Baden-Baden; G. Seemann, Ettlingen
Bauzeit
1983–1985

Hallen und Dächer

BADENWEILER
Erweiterungsbau des Markgrafenbades ●

Badenweiler kann auf eine lange Tradition als Bäderstadt zurückblicken. Schon die Römer errichteten hier ein Thermalbad, dessen Grundmauern mit begehbaren Kanalisationen heute noch existieren und besichtigt werden können. Das Markgrafenbad wurde Ende der siebziger Jahre um einen etwas schwerfälligen Kuppelbau erweitert, der sich im Osten an die bestehenden Gebäude aus den Jahren 1885 und 1911 angliedert.

Konstruktion und Tragverhalten der Kuppel

Das Erscheinungsbild des Erweiterungsbaus wird durch die Kuppel über der neuen Schwimmhalle geprägt, deren geschweißte Stahlrohrkonstruktion aus einer tragenden Primär- und einer den Dachaufbau tragenden Sekundärkonstruktion besteht. Die Rohre der Primärkonstruktion (Rohrdurchmesser = 139,7 bzw. 193,7 mm) sind in Meridian- und Ringrichtung angeordnet. Sie werden nur in den Knotenpunkten durch die Sekundärkonstruk-

Wegbeschreibung
Autobahn A5 Freiburg–Basel, Ausfahrt Müllheim/Neuenburg. In Müllheim in östlicher Richtung nach Badenweiler; das Markgrafenbad und die Ruine des Römerbades befinden sich in der Stadtmitte.

tion belastet, wodurch unter gleichmäßigen Lasten die Kuppel als ein räumliches Stabwerk trägt, also lediglich über Normalkräfte Lasten abträgt. Für ungleichmäßige Lasten wie Wind oder Schnee ist diese Art der Lastabtragung nicht möglich, da eine Diagonalverstrebung der Viereckmaschen wie bei der „Schwedler-Kuppel" nicht vorgesehen wurde. In diesem Fall wird die Rahmentragwirkung der Kuppel durch ihre biegesteifen Rohrverbindungen aktiviert. Aufgelagert ist die Primärkonstruktion auf achteckigen Betonstützen, die in verglasten Erkern der Kuppelhalle angeordnet sind. Diese Erker, vom Architekten gewünscht, um einen „Gewächshausbezug" zum Kurpark herzustellen, verhindern auf Auflagerhöhe einen Ring, der den Horizontalschub der

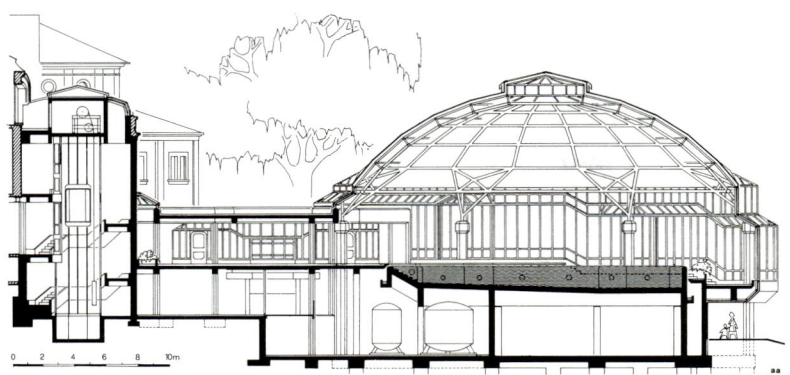

Kuppel kurzgeschlossen hätte. Deshalb wurden hier, etwas gewaltsam, fachwerkartig aufgelöste Konsolen notwendig, die den untersten Kuppelring auf Zug und den darüber liegenden Ring auf Druck beanspruchen.

Gründung

Im Bereich der Schwimmhalle wurde die tragfähige Schiefertonschicht erst unter einer Opalinustonschicht (verwitterter Schieferton) und einer Auffüllschicht in 10 bis 12 m Tiefe erreicht. Die Gründung erfolgte hier mittels 45 Bohrpfählen ($\varnothing$ = 90 cm, Länge bis zu 14 m), die ein 80 cm dickes Fundamentrost tragen. |

Literatur
Schriftenreihe Stahl und Form
Thermalbad Badenweiler
Stahl-Informations-Zentrum
Postfach 104842, 40039 Düsseldorf

Umbauter Raum
20.500 m³
Nutzfläche
1.700 m²
Kuppeldurchmesser
24 m
Höhe über Wasserfläche
13 m

Bauherr
Land Baden-Württemberg
Ingenieure
Ingenieurgruppe Bauen, Karlsruhe
Planung
Staatl. Hochbauamt I, Freiburg i. Br.
Prüfer
Hofmann, Bad Krotzingen, und Zilg, Freiburg i. Br.
Baufirma
Winterhalter, Freiburg i. Br.
Bauzeit
1977–1981

ESSLINGEN
Aula der Fachhochschule für Technik

Die Aula der Fachhochschule für Technik (FHT) in Esslingen wird von einem *Faltwerk* überdacht. Die Konstruktion soll die Raumhöhe optisch vergrößern und gute akustische Verhältnisse schaffen. Die Spannweite des Tragwerks nimmt dem trapezförmigen Grundriss entsprechend von 13 auf 20 m zu.

Konstruktion und Tragverhalten

Das *Faltwerk* setzt sich aus lang gestreckten, gegeneinander geneigten, dreieckigen Flächen zusammen. Die zweilagig bewehrte *Ortbeton*-Konstruktion ist 10 cm dick, mit Sichtbeton auf der Innenseite. Die Höhe und Breite des Tragwerks nimmt proportional mit der Änderung der Spannweite ab. Die Grate fallen gegenläufig vom Hochpunkt auf der einen Gebäudeseite zum Tiefpunkt auf der anderen Seite hin ab. Die Kehlen des *Faltwerks* sind verstärkt. Um ein seitliches Ausweichen der Faltung zu verhindern, sind die Falten an den außen liegenden Hochpunkten abgewalmt. So entsteht gleichzeitig ein formschöner Abschluss des Tragwerks. Für die Bemessung wurden jeweils zwei benachbarte, gegenläufige Falten zusammengefasst und als freiaufliegender Einfeldträger berechnet. Nachteilig ist, dass bei dieser Geometrie das Trägheitsmoment an der Stelle des maximalen Momentes in Feldmitte minimal ist; mit einer anderen Wahl der Geometrie des *Faltwerks* hätte dessen Leistungsfähigkeit erhöht werden können. Da die Spannweiten jedoch nicht sehr groß sind, wurde darauf zugunsten einer einfacher

herzustellenden Form verzichtet. Zur Vermeidung sichtbarer Risse und zur Verringerung der Durchbiegung ist das Tragwerk *beschränkt vorgespannt*. In jede Rinne wurde ein Spannglied eingelegt. Die Vorspannkraft ist entsprechend der abnehmenden Spannweite von 850 bis 400 kN abgestuft. Um zu verhindern, dass ein Teil der Vorspannkraft beim *Vorspannen* in die Wände abwandert, wurde das *Faltwerk* an den Giebelseiten und einer Längsseite beweglich auf Gleitfolien gelagert. Erst nach dem *Vorspannen* wurden die bewehrten Auflagerpunkte ausgegossen, damit das Tragwerk die horizontalen Kräfte aufnehmen kann. |

Wegbeschreibung
Die Aula der Fachhochschule findet sich in der Obertorstraße, die in der Verlängerung der Plochingerstraße liegt. Zur Besichtigung des Daches in den 2. Stock des angrenzenden Lehrgebäudes hinter der Aula gehen (Zugang über Mensa).

Länge
31 m
Breite
13 bzw. 20 m

Bauherr
Land Baden-Württemberg
Entwurf
Staatliches Hochbauamt, Esslingen
Ingenieur
H. Zimmerle, Stuttgart
Prüfer
W. Blank, Esslingen
Baufirma
Wolfer & Goebel, Esslingen
Baujahr
1968

Wegbeschreibung
Vom Hauptbahnhof aus der
Bismarckallee (Richtung Norden)
und deren Fortführung, der
Stefan-Meier-Straße, folgen.
Nach ca. 600 m geht rechts die
Albertstraße ab. Man findet den
Hörsaal in der Albertstraße 21a.
Er liegt etwas von der Straße
zurückgesetzt.

FREIBURG I.BR.

Hörsaal der
Albert-Ludwigs-Universität ●

Der Hörsaal des Zoologischen Instituts der
Universität Freiburg befindet sich in einem
zylinderförmigen Anbau des Laboratorien-
gebäudes. 430 Sitzplätze sind teilweise auf
einer spiralförmig ansteigenden Empore
treppenartig im Halbkreis angeordnet. Der
Raum wird geprägt von der außergewöhn-
lichen Deckenkonstruktion, deren Unterzüge
ein schönes, fast florales Muster bilden.

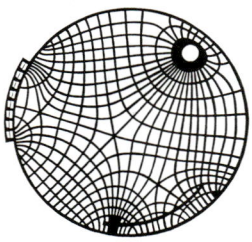

Konstruktion und Tragverhalten

Die Rippendecke des Hörsaals ist eine
Ortbeton-Konstruktion mit einem Durchmesser von 24 m und einer Bauhöhe von 70 cm,
die von einer runden Hohlstütze und zwei
Wandscheiben getragen wird. Die Stütze ist
als festes, die Wände sind als bewegliche
Auflager ausgebildet. Der Verlauf der sichtbaren Rippen folgt den Hauptmomentenlinien,
die sich aus der Belastung durch Eigengewicht
und gleichmäßig verteilte Verkehrslast sowie
aus der Lage der Auflager ergeben. Der Verlauf
der *Trajektorien* wurde in einem spannungs-
optischen Versuch an einer homogenen Kreisplatte konstanter Dicke ermittelt (Maßstab =
1:25) und anschließend das Verhalten der
Rippendecke unter den Lastfällen Eigengewicht und Verkehrslast an einem Modell untersucht. Die Fassade schließt an einem etwas
zurückgesetzten, ringförmigen Unterzug an,
der das Rippenmuster kreuzt und stört. Er ist
aus statischer Sicht nicht nötig gewesen. |

Literatur
Deutsche Bauzeitung
Heft 2, 1969

Durchmesser
24 m
Überbaute Fläche
452 m²
Durchmesser der Hohlstütze
2,20 m

Bauherr
Land Baden-Württemberg
Entwurf
Staatl. Hochbauverwaltung und
Universitätsbauamt, Freiburg i. Br.
Ingenieure
Ing.-Büro Kahl, Freiburg i. Br.
Versuche
G. Franz, Karlsruhe
Baujahr
1968

Hallen und Dächer

Wegbeschreibung
Von der Autobahn A5 Karlsruhe–
Basel, Ausfahrt Freiburg-Mitte,
kommend sieht man das Faulerbad
nach der Unterfahrung der beiden
Eisenbahnbrücken stadteinwärts
auf der linken Seite liegen. Alternativ vom Freiburger Hauptbahnhof in
Richtung Süden fahren und vor der
Dreisam links in die Faulerstraße
einbiegen.

FREIBURG I. BR
Faulerbad ●

Der dem Faulerbad zugrunde liegende
Entwurf ging im Jahre 1977 aus einem
Wettbewerb als Sieger hervor. Die Dach-
konstruktion in Holzbauweise bestimmt
die Architektur des Bades maßgeblich.
Im Jahre 1983 wurde das Bauwerk mit dem
Hugo-Häring-Preis ausgezeichnet.

Konstruktion

Die Dachkonstruktion setzt sich aus zehn
aneinander gereihten *hyperbolischen Parabo-
loid-Schalen (HP-Schalen)* zusammen. In ihren
Tiefpunkten stützen sich diese *Schalen* gegen
zwei Reihen von je vier runden, im Baugrund
eingespannten Stahlbetonpfeilern. Dort liegen
sie auf Elastomere-Lagern auf, die eine geringe Verformung zulassen. Die Hochpunkte der
äußeren *Schalen* kragen frei aus, während die
drei Firstpunkte der inneren *Schalen* miteinander verbunden sind. In ihrer Gesamtanord-
nung sind die Schalen so aneinander gefügt,
dass jeweils Trennfugen von ca. 50 cm Breite
entstehen. Im unteren Bereich dienen diese
als Entlüftungsstreifen, während sie im oberen
Verknüpfungspunkt als Oberlichtkreuze ausgeführt sind.

Tragverhalten

Die *HP-Schalen* drücken die Stützen, auf
denen sie *Membran*-gerecht aufgelagert sind,
nach außen. Dazu sind jeweils zwei gegenüberliegende Stützenpaare über Kreuz durch

Zugstäbe so miteinander verbunden, dass die
Horizontalkomponenten der eingeleiteten Auflagerkräfte kurzgeschlossen werden können.
Diese Zugstäbe unterstützen zugleich die
äußeren Firstpunkte des Daches, indem sie
„Luftstützen" unterspannen, welche diese
Firstpunkte hochdrücken. Dadurch wird gleichzeitig der mittlere Firstpunkt nach unten gedrückt. Die Länge der aus Rundstahlstangen
bestehenden Zugstäbe ist mit Hilfe von
Gewinde-*Muffen* so eingestellt, dass die vor-
gegebene Geometrie unter Eigenlast erreicht
wird. Durch die Kopplung der *HP-Schalen*
untereinander konnte mittels der Unterspannungen ein räumlicher Vorspannzustand in
das Dach eingetragen werden, der dieses
gegenüber veränderlichen Lasten versteift.
Weil die kurzzuschließenden Horizontalkräfte
recht groß und die vertikalen Kräfte in den
Luftstützen klein sind, ergibt sich in den
Unterspannungen ein sehr kleiner Knick.
Zudem führen die unterschiedlichen Höhen-
lager der Auflagerpunkte der *Schalen* zu
wechselnden Neigungswinkeln der Zugstangen, was insgesamt zwar statisch gesehen
nachvollziehbar, aber für das Erscheinungsbild
der Konstruktion etwas unvorteilhaft ist.

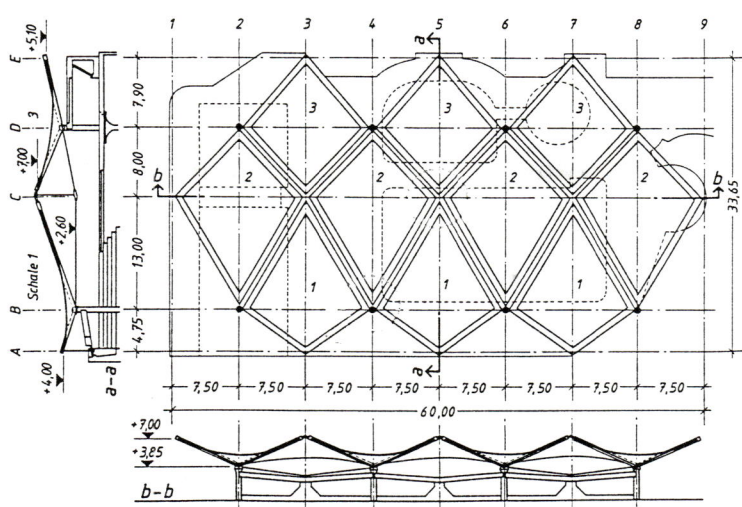

Hallen und Dächer

Aufbau der Schalen

Die drei verschiedenen *Schalen*-Formen
bestehen aus je drei verwundenen Brettlagen
aus Brettschichtholz der GK I, je 22 mm stark;
sie sind also insgesamt 66 mm dick. Die max.
Brettlänge beträgt 15 m. Die drei Brettlagen
sind durch Nagelung und durch Stabdübel mit
den Randgliedern der *HP-Schalen* verbunden.
Die beiden äußeren Brettlagen verlaufen in
Richtung der Druckbögen, also parallel zur
Verbindungslinie der Tiefpunkte, während die
Mittellage rechtwinklig zu den Außenschich-
ten verläuft und auf Zug beansprucht ist. Die
geraden Randglieder sind als Doppelquer-
schnitte (2 x 20 x 70 cm) ausgeführt. Beide
Hälften sind entsprechend den veränderlichen
Randneigungswinkeln der *HP-Schalen* verwunden.

Fertigung

Am schwierigsten waren die Randglieder
herzustellen, die wegen ihrer verwundenen
Form bereits im Werk verleimt wurden. Ursprünglich war eine Fertigung der *HP-Schalen*
am Bestimmungsort auf einem in entsprechender Höhe angeordneten Arbeitsgerüst

vorgesehen. Auf Vorschlag der ausführenden
Firma entschied man sich aber für einen
Zusammenbau am Boden, um die fertigen
Schalen dann mit einem Kran in ihre endgültige Lage zu transportieren. Für die Auflagerung
im Bauzustand auf den Stützenkapitellen
waren temporäre Zugglieder zur Stabilisierung
einzubauen. |

Literatur
Bauen mit Holz
Heft 12, 1986

Bauherr
Stadt Freiburg i. Br.
Ingenieur
M. Scherberger, Freiburg i. Br.
Architekt
H. D. Hecker, Freiburg i. Br.
Baufirma
Amann, Weilheim-Remetschwiel (CH)
Holzbau
Fürst zu Fürstenberg KG, Hüfingen
Bauzeit
1981–1983

FREIBURG I. BR
Tiefgarage am Bahnhof

Unmittelbar unter dem zentralen Omnibusbahnhof (ZOB) in Freiburg liegt die
Bahnhofsgarage. Diese dreigeschossige
Tiefgarage mit 272 Stellplätzen gehört zu
einem Komplex von drei Tiefgaragen mit
insgesamt 948 Stellplätzen, die alle über
ein gemeinsames Erschließungsbauwerk
von der Bismarckallee her zugänglich sind.

Konstruktion

Befahren werden die Tiefgaragen über insgesamt vier Rampen. Für jede Fahrtrichtung der
Bismarckallee steht somit je eine Einfahrts-
und Ausfahrtsrampe zur Verfügung. Unter der
Bismarckallee werden die Verkehrsströme der
Rampen so geführt, dass die Parkplätze aller
Tiefgaragen aus beiden Richtungen der Zubrin-
gerstraße erreicht bzw. in beide Richtungen
verlassen werden können. Die verschiedenen
Geschosse sind über sogenannte Halbspindel-
rampen miteinander verbunden und durch
Stützenreihen in einzelne Parkgassen unterteilt. Jede der Gassen bedient beidseitig Parkbuchten, die einer Diagonalanordnung gehorchen. Abgesehen vom Nachteil, dass damit
i. d. R. bei jeder Gasse weniger Parkplätze zur
Verfügung stehen als bei einer Orthogonal-

Wegbeschreibung
In den Tiefgaragenkomplex fährt
man über die Bismarckallee auf
Höhe des Freiburger Hauptbahnhofs ein.

anordnung, können die Gassen vergleichsweise deutlich schmaler gehalten werden, weil
sich nun der Einfahrwinkel in die Buchten
günstiger darstellt. Mit einer Diagonalanordnung ist also nicht nur eine größere Über-
sichtlichkeit beim Parkmanöver verbunden,
sondern es werden vor allem die Spannweiten
der Decken quer zu den Gassen reduziert. Die
lichte Breite einer Gasse mit Parkbuchten
beträgt im Fall der Bahnhofsgarage 14,60 m.
Das Parkdeck weist hier je Geschoss zwei
Parkgassen auf, die parallel verlaufen und
durch eine Reihe von Stützen ($\varnothing$ = 1,10 m)
voneinander getrennt sind. Überspannt werden beide Gassen von einer in Querrichtung
einachsig zwischen *gevouteten* Unterzügen
gespannten Stahlbetonplatte, so dass sich in
Längsrichtung ein mehrstegiger, zweifeldriger
Plattenbalken ergibt. Der Achsabstand der
Stützen bzw. Unterzügen beträgt 5 m. Im
Bereich der Mittelunterstützung sind die
Unterzüge nicht nur in vertikaler, sondern

auch in horizontaler Ebene *gevoutet*, um dem
hohen, negativen Moment durch eine große
Druckzone Rechnung zu tragen.

Herstellung

Die Tiefgarage wurde in der „Deckelbauweise"
gebaut, d.h. es wurden zuerst die Stützen
niedergebracht und darauf die oberste
Deckenplatte betoniert. Erst nach Abschluss
dieser Arbeiten wurde mit dem Aushub unter
dem „Deckel" begonnen; die Bodenplatte und
die beiden Zwischendecken wurden also
nachträglich eingebaut. Bei diesem Bauablauf
stellte sich damit das Problem der Auflagerung der Zwischendecken an den bereits
fertig gestellten, durchgehenden Stützen.
Um die Querkräfte der Decken in die Stützen
eintragen zu können, wurde der Umfang der
Stützen mit einem zylindrischen Betonmantel
erweitert und so ein Auflager in Form einer
Ringkonsole bereitgestellt. Wegen der durchgehend hergestellten Stützen musste die
obere Lage der Plattenbewehrung um die
Stützen herumgeführt werden. Diese Baumaßnahme und das Krempelmoment in der Decke,
das durch die ringförmige Auflagerung entsteht, erforderten einen zusätzlichen Bewehrungsaufwand in Längs- und in Querrichtung.
Die Stützen im eingeschossigen Erschließungsbauwerk wurden mit „Pilzköpfen" ausgebildet. Auf diese Weise konnte der Gefahr
des Durchstanzens der Decke begegnet und
gleichzeitig ein schlanker Stützenquerschnitt
auf Fahrbahnniveau ermöglicht werden.

Verkehrsleitsystem

Das interne Verkehrsleitsystem des Tiefgara-
genkomplexes ist leicht begreifbar und übersichtlich. Hervorzuheben ist das „Leitsystem
für die Fußgänger", das man in vielen Parkhäusern vergeblich sucht. In der Form von
„Zebrastreifen" werden hier die Wege zu den
Ausgängen unmissverständlich markiert. Dies
bedeutet aber nicht nur eine vorbildliche
Fluchtwegbeschilderung, sondern signalisiert
auch dem zu- bzw. abfließenden Verkehr, dass
verschiedene Flächen sowohl von fahrenden
als auch von gehenden Verkehrsteilnehmern
benutzt werden und dementsprechend Rück-
sicht zu nehmen ist. |

Hallen und Dächer

Bauherr
Freiburger Stadtbau GmbH
Ingenieure
Anselment + Möller, Karlsruhe, und
Stoelcker, Theobald, von Lampe,
Kirchzarten
Fertigstellung
November 1993

GIENGEN A.D. BRENZ
Ostbau der Firma Steiff ● ● ● ●

Auf dem Gelände der Firma Margarete
Steiff GmbH steht ein kubisches, funktio-
nalistisch-modern anmutendes Gebäude
mit der weltweit ersten Vorhangfassade
(curtain-wall) ●. Die Halle mit einem Tragwerk aus Stahl und einer gläsernen Außenfassade entstand bereits im Jahre 1903!
Auf drei Geschossen wurden dort Stofftiere
hergestellt. Das Gebäude beherbergt heute
das Firmenmuseum sowie Lagerräume.
In den Jahren 1904 und 1908 entstanden
weitere Firmengebäude mit Holzkonstruktionen, die dem Erscheinungsbild des ersten
Gebäudes nachempfunden sind.

Konstruktion und Tragverhalten
Die Stahlskelettkonstruktion besteht aus vier
längs gerichteten Rahmen, deren vier Fuß-
punktreihen mit Fachwerkträgern verbunden
sind. Die so erzeugte Einspannung der Rahmen erlaubt die Abtragung sowohl vertikaler
als auch längs gerichteter, horizontaler Kräfte
mit nur kleinen Verformungen. Die nach der
Montage einbetonierten beiden äußeren Fachwerkträger (C) übertragen vertikale Lasten
gleichmäßig auf die *Pfähle* der im hier sump-
figen Gelände nötigen *Pfahl*-Gründung. Außer-

Wegbeschreibung
Giengen an der Brenz erreicht
man über die Ausfahrt Giengen/
Herbrechtingen der Autobahn A7
Ulm–Würzburg. Das Werk der
Firma Steiff liegt am Schibbogen-
platz in Giengen.

dem dienen sie als Fundament für die Fassadenstützen (B); sie sind vergleichbar mit den
Schwellen im Fachwerkbau. Diese außergewöhnliche Konstruktion reagiert also
geschickt auf die schlechten Baugrundverhältnisse. Die diagonal ausgesteiften Decken-
roste im Inneren des Gebäudes bestehen
aus Trägern mit Doppel-T-Profilen mit einer
Hourdis-Ausfachung (Ziegelhohlplatten). Sie
werden von Stützen aus U-Profilen mit Steg-
verbindungen (A) sowie von Fassadenstützen
aus I-Profilen (B) getragen. Den äußeren
Raumabschluss bildet die früheste bekannte
Vorhangfassade (curtain-wall) – 15 Jahre älter
als das bisher mit diesem Attribut versehene
Hallidie Building in San Francisco (USA). Diese
Fassade sorgt in der gesamten Halle für kaum
besser zu belichtende, helle Arbeitsplätze und
ist im Hinblick auf den Wärmeschutz zweischalig mit einem Zwischenraum von 25 cm

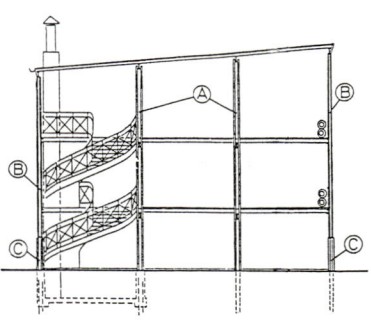

ausgebildet (eine Lösung, die uns neuerdings als „intelligente Fassade" verkauft wird). Die äußere *Schale* läuft über alle drei Geschosse durch, die innere ist an jeder Geschossdecke unterbrochen. Die einzelnen Scheiben der Glasfassade sind in Sprossen aus Blei gefasst. Das Gewicht der beiden Sprossenwände sowie die darauf einwirkenden Windkräfte werden allein über direkt am tragenden Skelett befestigte Laschen abgetragen. Die zwischen den Glasflächen liegenden Konstruktionselemente bleiben von außen sichtbar. |

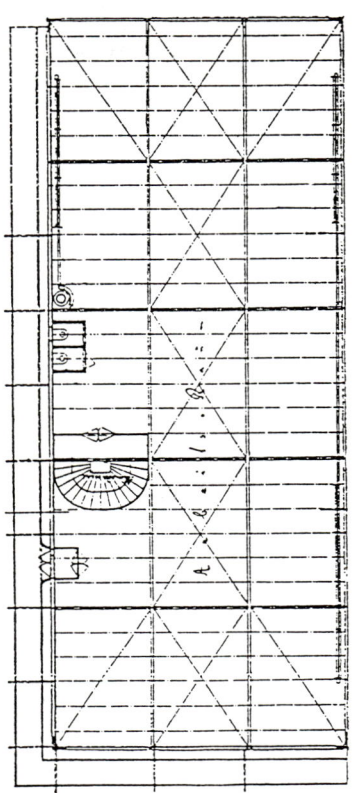

Literatur

ACKERMANN, K.
Geschoßbauten für Gewerbe und Industrie
DVA, 1993

Bauen und Wohnen
Heft 7, 1970

Deutsche Bauzeitung
Heft 10, 1981

Bauwelt
Heft 44, 1992

Grundfläche
12 x 30 m
Achsmaß
4 x 6 m
Höhe
9,40 m

Bauherr
Margarete Steiff GmbH,
Giengen a. d. Brenz
Architekt
R. Steiff, Giengen a. d. Brenz
Ingenieure und Baufirma
Eisenwerke München AG
Baujahr
1903

Hallen und Dächer

GÖPPINGEN
Stadtbad •

Bei seiner Eröffnung am 12. Juli 1963 galt
das Stadtbad in Göppingen als das schönste,
modernste, aber auch als das teuerste Hallenbad Baden-Württembergs. Es geht auf
einen Entwurf der beiden Süßener Architekten Wilhelm und Gerhard Keller zurück, die
einen vorausgegangenen Architektenwett-
bewerb gewonnen hatten. Besonderes Merkmal des Bades ist das Hängedach, das eine
Fläche von rund 2.000 m² überspannt.

Entwurf
Aufgrund des speziellen Raumprogramms
erachteten die Architekten es für sinnvoll,
eine Dreiteilung des Baus vorzunehmen.
Markantester Baukörper ist die Schwimmhalle
flankiert von dem flach gehaltenen Bau des
Eingangsbereiches mit Umkleidekabinen.
Der dritte Baukörper nimmt einen separaten
Bäderteil mit angegliederten Wohnungen auf.
Als Tragwerk der Schwimmhalle wurde hier
ein leichtes Hängedach gewählt, das mit
seinem weit ausladenden Dachrahmen das
Erscheinungsbild maßgebend prägt. Die dem
Umkleidetrakt gegenüberliegende Längsseite

Wegbeschreibung
Das Stadtbad liegt gegenüber der
Hohenstaufenhalle. Der Weg zu
dieser Halle ist in Göppingen
beschildert.

ist großflächig zu einer weiten Grünfläche hin
verglast. Ein Sprungturm, der ursprünglich
auch eine 7,50 m hohe Plattform zu bieten
hatte, ragt über das große Becken, das damit
von der Funktion her sowohl Schwimmer-
als auch Sprungbecken ist. Eine Tribüne mit
300 Sitzplätzen begrenzt den Raum zum
Umkleidetrakt hin und vermittelt den Eindruck
einer Wettkampfsportstätte.

Dachkonstruktion
Das Hängedach spannt in Querrichtung.
Die Geometrie des Daches beschreibt dabei
eine inverse Tonnenform, die in der Mitte eine
rinnenartige Mulde bildet. An den beiden
in Längsrichtung verlaufenden Flanken, die
als die Hochpunkte des Daches bezeichnet
werden können, wird das einachsig gespannte
Dach jeweils von scheibenartigen, in der
Dachfläche liegenden Spannbetonträgern
gehalten. An ihren Enden sind sie mit

schrägen Stahlbeton-Stielen verbunden, so dass hierdurch ein „räumlicher Dachrahmen" entsteht. Dieser wird durch zwei Strebepfeiler gestützt, die jeweils an den Tiefpunkten der Stiele die vertikalen Lasten des Rahmens aufnehmen. Die horizontalen Kräfte, die das Dach aufgrund seiner Hängewirkung in die Riegel einträgt, werden durch die Stiele intern kurzgeschlossen. Es handelt sich daher um ein selbst verankertes System. Für die erheblichen Windlasten sind die Strebepfeiler in Längsrichtung als dreieckförmige Scheiben ausgebildet. In Querrichtung lehnen sie sich an die raumabschließenden Wände. Unterstützt wird der Dachrahmen zusätzlich durch schlanke Stahlbetonpfeiler, die im Innenraum unmittelbar hinter der Fassade angeordnet sind. Auf diese Weise wird ein Kippen des vorrangig zweipunktgelagerten Rahmens verhindert. Die Hängestruktur selber besteht aus 28 mm dicken und 9 m langen Stahlstäben, die mittels Schraub-*Muffen* gestoßen sind. Befestigt sind die aus den Stangen gebildeten Zugstränge in den 8 bzw. 7 m breiten Dachriegeln. Hierzu sind in den Riegeln Leerrohre einbetoniert worden, um nachträglich die Stangen von hinten über Druck verankern zu können. Der gegenseitige Abstand der Stränge beträgt 1 m. Das Ausrichten musste an einem bewölkten Tag bei möglichst gleichmäßigen Temperaturbedingungen erfolgen, um Längenunterschiede der 44 Einzelstränge auszuschließen. Auf dieser Primärkonstruktion wurden 3 cm dicke Spannbetonplatten verlegt, die mittels kleiner Stahlhaken an den Stangen befestigt wurden. Die Fugen zwischen den 4 m langen und 50 cm breiten Fertigteilelementen wurden nachträglich mit *Ortbeton* geschlossen. Anschließend wurden die in einem 50 mm dicken Kunststoffrohr geführten Stangen mit hydraulischen Pressen nachgespannt, um den Beton *vorzuspannen.* Danach wurden die Hüllrohre aus Gründen des Korrosionsschutzes mit Zementmörtel verpresst. Für das gewaltige Lehrgerüst des Dachrahmens, dessen Aufbau rund 4 Monate dauerte, waren ca. 300 m³ Holz erforderlich.

Sanierung

In den Jahren 1991/92 musste der Spritzasbestputz des Hängedaches entfernt werden, um eine latente Gefahr für die Gesundheit der Badegäste auszuschließen. In Zusammenhang mit diesen Arbeiten wurde eine neue untere Deckenverkleidung eingebaut, die in Querrichtung S-förmig schwingt. Dieser Holzkonstruktion musste wegen des somit eingeschränkten lichten Raums auch die oberste Plattform des Sprungturms weichen. |

Literatur
Das neue Stadtbad in Göppingen
Sonderdruck aus dem Jahresbericht
1963 der Stadt Göppingen

Dachlänge
ca. 45 m
Dachbreite
ca. 39 m
Dachhöhe
11,50 m

Bauherr
Stadt Göppingen
Ingenieure
Leonhardt und Andrä, Stuttgart
Architekten
W. Keller und G. Keller, Süßen
Prüfer
Seybold und Frey, Schwäbisch Gmünd
Baufirmen
K. Kübler AG, Göppingen, und
J. Keller-Bau KG, Süßen
Bauzeit
1959–1963

Hallen und Dächer

HEIDELBERG
Bahnsteigüberdachung
des Hauptbahnhofs ● ●

Wegbeschreibung
Der Weg zum Hauptbahnhof ist
in Heidelberg ausgeschildert.

Wer mit dem Zug nach Heidelberg reist, wird
auf den Bahnsteigen des Hauptbahnhofs von
schmetterlingartig geformten Bahnsteig-
dächern aus Spannbeton empfangen, die
sich wohltuend von den später gebauten,
billigen „Bahnsteigdachdeckeln" unterscheiden. Ihre Form und Konstruktion wiederho-
len sich in ähnlicher Weise im Dach der vollständig verglasten Bahnsteigbrücke. Diese
verbindet das Empfangsgebäude mit den
ca. 5,80 m tiefer liegenden Bahnsteigen
über je zwei abgewinkelte Treppenläufe. Die
Bahnsteigüberdachung steht heute unter
Denkmalschutz. Die Konstruktion kam erstmalig im Jahre 1953 im Bahnhof Koblenz zur
Ausführung und wurde zwei Jahre später in
Heidelberg wiederholt.

Konstruktion und Tragverhalten

Die in Sichtbeton ausgeführten Bahnsteig-
dächer sind *schalenartig* gekrümmte V-Träger,
die in Bahnsteiglängsrichtung 10 bis 13 m weit
spannen. Sie hängen sich in ebenso geformte
Querträger, die von einer mittleren Stützenreihe
aus beidseitig ca. 6 m auskragen. Die Ton-
nen-*Schalen* sind 7 cm dick und laufen mit

glatter Unteransicht unter den Querträgern
durch. In jedem zweiten Feld ist quer eine
abgedichtete *Bewegungsfuge* angeordnet. An
den Dachenden sind die *Schalen* abgewalmt;
dort sind die Stützen dann auch zweistielig.
Alle Stützen sind am Fuß in Längsrichtung mit
einem *Betongelenk* versehen, aber in Querrichtung eingespannt. Dadurch bilden die
Stützen zusammen mit den *Schalen* in Längsrichtung Zweigelenkrahmen für die Längsaussteifung. Die Dächer sind längs und quer
vorgespannt: Die Spannglieder der Längs-*Vorspannung* liegen in den *Schalen*, die der Quer-
Vorspannung in den Querträgerrippen. Die
Vorspannung verhindert eine zu große Durchbiegung des freien *Schalen*-Randes und
ermöglichte eine Ausführung ohne Randträger. Die Entwässerung des Daches erfolgt
durch Fallrohre, die zugänglich in Nischen der
Stützen verlegt sind. Die Fahrleitungsmaste
bestanden ursprünglich ebenfalls aus Spannbeton und waren mit den Binderstützen der
Dächer vereinigt. Sie wurden durch herkömmliche Stahlgittermaste zwischen den Bahnsteigen ersetzt. Das Dach der Bahnsteigbrücke
besteht aus einer randträgerlosen Mitteltonne

Hallen und Dächer

mit anschließenden, freiausladenden *Schalen*
mit Endabwalmung. Das Dach ist im Allgemeinen 8 cm dick und verstärkt sich an den Rändern und in den Kehlen auf 20 cm. Es ist in
Längs- und Querrichtung mit Einzelstäben von
11,7 mm Durchmesser *vorgespannt* und wird
von über der Schale liegenden, *vorgespannten*
Querträgern getragen. Die Lasten des ca.
20 x 91 m großen Flächentragwerks werden
von 20 Stützen in den *vorgespannten Plattenbalken*-Unterbau abgeleitet.

Sanierung

Infolge der zu geringen *Betondeckung* der
dünnen *Schalen* kam es zu Korrosionsschäden
der Bewehrung, die als Betonabplatzungen
sichtbar wurden. Dies erfordert heute aufwen-
dige Sanierungsmaßnahmen. |

Literatur
Die Bauzeitung
Heft 8, 1955

Höhe über Bahnsteigkante
4,76 m
Höhe über Bahnsteigmitte
3,48 m
Breite
11,76 m

Bauherr
Deutsche Bundesbahn
Ingenieur
U. Finsterwalder, München
Baufirma
Dyckerhoff & Widmann AG, München
Eröffnung
5. Mai 1955

KARLSRUHE
Bahnhofshallen ●

Wegbeschreibung
Der Weg zum Hauptbahnhof ist
in Karlsruhe ausgeschildert.

Als der erste Karlsruher Bahnhof aus dem
Jahre 1843 mit seinen Gleisanlagen eine
Barriere für die weitere Stadtentwicklung
bedeutete, entschloss man sich, auf dem
Gelände des ehemaligen Lautersees,
ca. 2 km südlich des alten Standorts, einen
neuen zu bauen. Zu diesem Zweck wurde im
Jahre 1904 ein Wettbewerb unter deutschen
Architekten ausgeschrieben. Nachdem der
mit dem 3. Preis aus dem Wettbewerb her-
vorgegangene Architekt August Stürzenacker mit der Planung beauftragt war, wurde
im Jahre 1908 mit dem Bau begonnen. Dass
die beim Wettbewerb siegreichen Architekten Billing und Vittali nicht zum Zuge kamen,
lag an den relativ hohen Kosten, die man
für die Realisierung ihres Entwurfes veranschlagte.

Der neue Hauptbahnhof besteht im Wesentlichen aus einer großzügig gestalteten Empfangshalle, die von dem ca. 200 m langen
Hauptgebäude in der Form eines rechteckigen Hufeisens umfasst wird. Die Bahnsteige
werden in ihrer Hochlage von fünf zusammen-
hängenden Tonnendächern vor Witterung
geschützt. Auf der Straßenseite dominiert
die Jugendstil-Fassade des Mittelbaus.

Konstruktion der Empfangshalle

Die Empfangs- und Schalterhalle besteht aus
zwei sich rechtwinklig kreuzenden Tonnenge-
wölben, die aus armiertem Beton hergestellt
sind. Das Längsschiff in Richtung des Zugangs
zu den Zügen hat eine Länge von 45 m, während das Querschiff der Halle über beide
Arme 70 m misst. Nach den Plänen Stürzen-
ackers zeigt der Querschnitt der Tonnengewölbe einen 4 bis 5 m über der Bodenfläche
aufsitzenden, 18 m weit gespannten Halb-
kreisbogen. Da diese Bogenform nicht der
Stützlinie entspricht, waren für ihre Wahl vermutlich gestalterische und bauausführungs-
technische Gründe ausschlaggebend. Das

Quergewölbe ist außerhalb des Durchdringungsbereichs mit dem Längsgewölbe in eine kassettenartige Struktur aufgelöst, die eine natürliche Belichtung zulässt. Gestützt wird diese Tonne durch Pfeiler, deren Abstand abschnittweise größer gewählt wurde als der Rippenabstand der Kassettenstruktur. Dies machte zusätzliche Betonstreben erforderlich, um eine gleichmäßige Stützung der Tonne zu gewährleisten. Eine Besonderheit stellt das im Scheitel angeordnete *Betongelenk* des Kreuzgewölbes dar, bei dem keine durchlaufende Bewehrung angeordnet wurde.

Konstruktion der Bahnsteighalle

Die fünfschiffige Bahnsteighalle ist eine genietete Stahlkonstruktion. Die identischen Tonnendächer sind 180 m lang und 21,50 m breit. Sie erreichen eine Höhe von ca. 16 m über Gleisebene. Die Ein- bzw. Ausfahrportale der Halle sind durch sogenannte Schürzen oberhalb des freizuhaltenden Lichtraumprofils abgeschlossen. Die Schürzen sind weitgehend verglast und hängen an den verstärkten Portalbindern. Die Aussteifung in Längsrichtung wird über Rahmentragwirkung durch eine biegesteife Verbindung jeder Portalstütze mit Riegeln erzielt, die in der Traufe der Tonnendächer angeordnet sind. In Querrichtung sind alle Stützen eingespannt und biegesteif an die Bogenrippen angeschlossen. Dadurch entsteht in jeder Binderreihe ein fünffacher, gelenkloser Rahmen, der bedingt durch die schlanke Ausbildung der Stützen nur geringe Zwänge bei Temperaturänderungen erfährt. Die Bogenrippen selber sind über einfache Diagonalverbände in jedem zweiten Feld des Tonnendaches gegen Ausweichen gesichert. Die Endfelder haben keine Lichtbänder mehr. Ihnen kommt die Aufgabe zu, die Windkräfte abzutragen, die auf die Schürzen einwirken. Verstärkte Windverbände leiten diese zusammen mit mächtigen Pfetten in die Portalstützen. |

Hallen und Dächer

Literatur
*75 Jahre Hauptbahnhof
Karlsruhe – 1913–1988*
Info-Verlag GmbH,
Karlsruhe 1988

Bauherr
Großherzogliche Generaldirektion
der Badischen Staatseisenbahnen
Architekt
A. Stürzenacker
Baufirma der Empfangshalle
Dyckerhoff & Widmann
Bauzeit
1908–1913

KARLSRUHE
Schwarzwaldhalle ● ● ●

Im Oktober 1952 schrieb die Stadt Karlsruhe
einen „Ideenwettbewerb zur Bebauung des
Geländes südlich des Festplatzes" aus. Im
Programm gefordert war eine große Halle
für Sport- und Festveranstaltungen mit
einer Eingangs- und Kassenhalle sowie
Büroräumen und einem Restaurant. Den
1. Preis erhielt der Architekt Erich Schelling
für seine „lockere Anlage mit weiträumiger
Grünverbindung zum Stadtgarten". Durch
die statisch-konstruktive Leistung des
Ingenieurs Ulrich Finsterwalder wurde das
Dach der Schwarzwaldhalle zu einem der
bedeutendsten Spannbetondachtragwerke
in Deutschland.

Konstruktion und Tragverhalten

Das Dach der Schwarzwaldhalle hat die Form
einer Sattelfläche über einem ovalen Grundriss
mit Hauptachsen von 71 und 46 m. Die durchgehende, sattelförmige *Schale* ist nur 5,8 cm
dick und mittig mit einer Matte mit 1,39 cm²/m
bewehrt (schon von der Betondeckung her
unmöglich nach heutigen Vorschriften).
Darunter sind Rippen im Raster von 4,50 x
4,50 m angeordnet, die entlang der stärker
gekrümmten, längeren, durchhängenden

Wegbeschreibung
Die Schwarzwaldhalle grenzt
unmittelbar an das Tullabad,
das neben dem Stadtgarten und
dem Zoo von der Ettlinger-Straße
aus zu erreichen ist.

Hauptachse 4 cm herausschauen, in Querrichtung, entlang den schwächer gekrümmten,
stehenden Bögen, 8 cm. In den insgesamt
9,8 bzw. 13,8 cm dicken Rippen liegen Dywi-
dag-Spannglieder (∅ = 26 mm, St. 600/900)
in beiden Richtungen. An den schmalen, hochliegenden Rändern des Daches sind kräftige
bzw. tiefe Randscheiben angeordnet, die der
Krümmung der Dachfläche folgend durchgehend gleich dick wie die Querrippen, also
13,8 cm dick sind. An ihnen hängt das Dach
über die Spannglieder der Längsrippen, das
deshalb ein Hängedach mit Querkrümmung
ist. Letzteres erkennt man auch daran, dass
die Randglieder entlang der langen Dach-
ränder nur relativ schwache, lisenenartige
Verstärkungen der *Schale* sind, die gar nicht
in der Lage wären, eine bogenartige Lastabtragung in Querrichtung abzustützen.

Die Randscheiben an den beiden hochliegenden Rändern sind „Einfeldträger" und entsprechend der Biegung in der Dachebene mit aufgefächerten Spanngliedern *vorgespannt*. Sie stützen sich an ihren Flanken beidseitig gegen die Längsrandglieder ab und deren Druckkräfte sorgen für das innere Gleichgewicht des Daches, das so unter vertikalen Lasten (Eigenlast und Schnee) keine Horizontalabstützung braucht, sondern nur unter Wind. Deshalb kann das ganze Dach auf relativ schlanken, am Fuß eingespannten, dort 30 cm breiten und 180 cm dicken Stützen liegen, die sich nach oben auf 30/90 cm verjüngen. Die steife Dachscheibe verteilt die horizontalen Windkräfte gleichmäßig auf diese Stützen, deren Form sich aus den Windmomenten erklärt. Die druckbeanspruchten Längsrandglieder, die übrigens im Grundriss entsprechend dem Oval gekrümmt sind, müssen wegen der nach außen treibenden Umlenkkräfte vom Dach selbst, und zwar mittels der Spannglieder in den Querrippen, zusammengebunden werden. Diese Spannglieder üben dadurch selbst Umlenkkräfte auf die Längsspannglieder aus und erhöhen deren Zugkräfte. So wirken die Spannglieder beider Richtungen zusammen wie ein *vorgespanntes, sattelförmiges* Seilnetz oder eine zugbeanspruchte *Membran* aus Spannbeton. Bedenkt man die damals noch sehr beschränkten rechnerischen Hilfsmittel, dann muss man bewundern, wie es dem Ingenieur Finsterwalder gelang, diese Dachform in ein mechanisch-mathematisches Modell umzusetzen, die Kräfte systematisch zu verfolgen und das Ergebnis in eine saubere Konstruktion umzusetzen.

Herstellung

Das Dach wurde komplett auf Gerüst betoniert. Spötter sagen, dass dafür der halbe Schwarzwald abgeholzt werden musste und die Halle so zu ihrem Namen gekommen sei. |

Hallen und Dächer

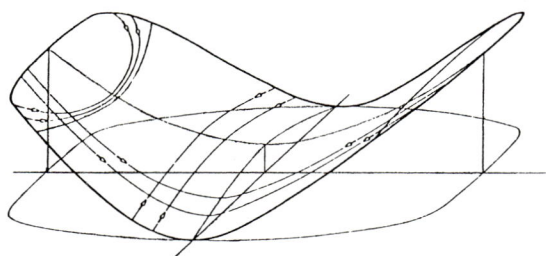

Literatur
Deutsche Bauzeitung
Heft 4, 1989

Bauherr
Stadt Karlsruhe
Ingenieur
U. Finsterwalder, München
Architekt
E. Schelling
Baufirma
Dyckerhoff & Widmann AG
Bauzeit
1953–1954

KARLSRUHE
Europahalle ● ●

Das Programm zum Bau der Halle beinhalte-
te die Forderung nach einer 200-m-Rund-
laufbahn und 5.000 Zuschauerplätzen,
um Leichtathletikwettkämpfe in der Halle
durchführen zu können. Neben der Leicht-
athletik steht die Halle heute aber auch dem
Breitensport in Schule und Verein sowie
dem Behindertensport zur Verfügung. Der
ausgeführte und später durch die Forderung
nach einer größeren Nordtribüne nicht gerade verbesserte Entwurf ging aus einem
beschränkten Wettbewerb hervor.

Konstruktion und Tragverhalten
Die 13 Hauptfachwerkträger, die die Halle
in Querrichtung überspannen, sind entlang
den beiden Rändern des Spielfeldes an zwei
hängebrückenartigen Seilkonstruktionen –
in dieser Art im Hochbau erstmalig ● – aufge-

Wegbeschreibung
Die Europahalle befindet sich im
Stadtteil Beiertheim. Sie grenzt
an den südöstlichen Rand des
Günther-Klotz-Freizeit- und
Erholungsgeländes, das von
dem Fluss Alb berandet wird.

hängt und dort mit vollwandigen Längsträgern
als Versteifungsträger verbunden. Das in
Längsrichtung spannende Seiltragwerk stützt
damit im mittleren Bereich die Hauptfachwerkträger als konstruktive Alternative zu
zwei Stützenreihen in der Halle, die die Sicht
der Zuschauer auf das Spielfeld behindert
hätten. Natürlich hätten die Fachwerkträger
die Querspannweite von 69 m auch ungestützt
bewältigen können, wären dann aber unschön
hoch und schwer geworden – ganz abgesehen
von dem dann vergrößerten Hallenvolumen.
Die Seile sind derart abgelängt, dass sich

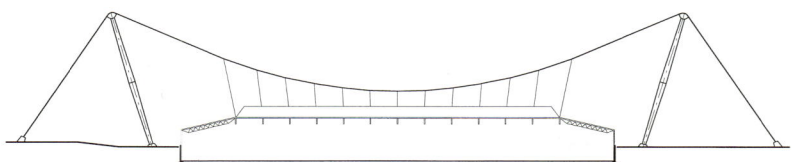

Hallen und Dächer

unter ständigen Lasten in den Hauptfachwerk-
trägern der Momentenverlauf eines starr
gestützten Durchlaufträgers über 3 Felder
ergibt. Da die Stützung durch das Seiltragwerk für alle anderen Lastfälle elastisch ist
und Seilbinder zu dehnungslosen Verformungen neigen, sind die beiden Versteifungsträger
für ungleichmäßige Belastungen infolge
Schnee und Wind sinnvoll. Sie sorgen dafür,
dass die Dachscheibe stets eben und horizontal bleibt.

Dachaufbau

Die geschweißten Hauptfachwerkträger haben
eine Bauhöhe von nur 1,25 m. Ihr Abstand zueinander beträgt 6 m. Auf den Hauptfachwerk-
trägern liegen insgesamt 9 Shed-Oberlichte
in Hallenlängsrichtung. Sie sind einseitig mit
einem Metall-Leichtdach geschlossen, auf
der anderen Seite innen mit Drahtglas und
außen mit Rohglas verglast. In die Sheds sind
Lüftungsklappen eingebaut.

Seiltragwerk

Das Seiltragwerk besteht aus zwei durchgehenden, im Grundriss schlitzzügig gespreizten
Hauptseilen (je Seite zwei voll verschlossene
Spiralseile, $\varnothing$ = 82 mm) mit Hängern (Spiralseile, $\varnothing$ = 33 mm), die die Versteifungsträger
tragen. Die zwei Seilbinder sind um 31° gegen
die Vertikale nach außen geneigt. An ihren
beiden Hochpunkten treffen sich die beiden
Hauptseile auf Umlenksätteln, die jeweils
von einem Mast getragen werden. Auf den
rückwärtigen Seiten laufen die Tragseile
wieder auseinander, um zusammen mit den
31 m hohen Masten jeweils einen stabilen
„Dreibock" zu bilden. Mit einer Neigung von

16° nach außen (bezogen auf die Vertikale)
halten die Maste die Seilbinder zurück und
sorgen damit dafür, dass die Seile in der
Winkelhalbierenden gestützt werden. Mit den
geneigten Masten wird zwar die Spannweite
der Seilbinder und damit auch die Mastlänge
vergrößert, vorteilhaft ist bei einer Stützung
der Seile in der Winkelhalbierenden aber, dass
die Seile auf beiden Seiten des Umlenksattels
gleich stark ausgenützt und im Sattel nur
geringe Klemmkräfte nötig sind. Beabsichtigt
war auch die imposante Erscheinung der
geneigten Maste, die zusammen mit dem
Hauptseil das Logo der Halle abgeben. |

Literatur
Deutsche Bauzeitung
Heft 4, 1985

Gesamtnutzfläche
9.365 m²
Stützenfreie Hallenfläche
6.450 m²

Bauherr
Stadt Karlsruhe
Ingenieure
Schlaich, Bergermann und Partner,
Stuttgart,
und Daebel + Janssen, Karlsruhe
Architekten
Schmitt, Kasimir und Partner,
Karlsruhe
Bauzeit
1982–1983

Wegbeschreibung
Über die Autobahn A5 Frankfurt–
Basel, Ausfahrt Karlsruhe-Durlach,
und die B10 (Durlacher Allee) in
Richtung Karlsruher Innenstadt fahren. Noch in der Oststadt, auf Höhe
der Tullastraße, links abbiegen in
die Schlachthaus-Straße. Das
Schloss Gottesaue befindet sich
im Verlauf dieser Straße auf der
rechten Seite.

KARLSRUHE
Schloss Gottesaue ● ●

Im Jahre 1588 wurde der Bau im Auftrag des
Markgrafen Ernst Friedrich als Lustschloss
mit einem von zwei Bauabschnitten begonnen, bereits 1689 wurde er im Pfälzischen
Krieg von Ludwig XIV. niedergebrannt. Das
Schloss wurde verändert wieder aufgebaut
und diente als Mustergut bzw. als Artillerie-
kaserne, bis es schließlich gegen Ende des
Zweiten Weltkrieges zum wiederholten Mal
ausbrannte. Erst im Jahre 1978 fiel die Entscheidung zum Wiederaufbau des Gebäudes, das seitdem von der Musikhochschule
genutzt wird.

Entwurf

Der Wiederaufbau wirkt von außen wie eine
vereinfachte Totalrekonstruktion des Gebäudes. Innen erhielt er aber entsprechend den
geänderten Nutzungsbedingungen einen völlig
neuen Charakter. Besonderes Augenmerk gilt
hier der eleganten Dachkonstruktion, unter
der die Bibliothek der Musikhochschule neue
Räume fand. Neben der Dachkonstruktion
überzeugen auch die sorgfältig rekonstruier-
ten Treppenhäuser sowie deren Stahlkuppeln.
Ebenfalls sehenswert sind die Kellergewölbe
aus der Erbauerzeit.

Konstruktion und Tragverhalten
des Dachstuhls

Den Dachstuhl bildet eine Reihe von 18 Drei-
gelenkbindern, deren unterspannte Hälften
jeweils mit einem hochliegenden, horizontalen
Stab gekoppelt sind und damit an verzerrte
Polonceau-Träger erinnern. Vom Tragverhalten
her haben die Binder des Schlosses Gottesaue
mit diesen aber nichts gemeinsam. Im Gegensatz zum klassischen *Polonceau-Träger* erhält
hier der zusätzlich eingefügte Untergurtstab
Druck- statt Zugkräfte, weil die Binderhälften
an ihren Füßen unverschiebbar gelagert sind.
Das Dach trägt damit wie ein Sparrendach,
das im Gegensatz zum Rofendach auf eine
unverschiebbare Lagerung des Traufgurtes
angewiesen ist. Der zusätzliche Untergurtstab
ist für das Abtragen der Lasten nicht unbedingt erforderlich; er wurde beim Bau zunächst
auch weggelassen und erst nach der fertigen
Montage eingefügt, um die Dachdurchbiegun-
gen unter veränderlichen Lasten zu begrenzen. Alle Gelenk- und Anschlusskonstruktio-
nen des Fachwerks sind aus schweißbarem
Stahlguss hergestellt. Die Stahlkonstruktion
wurde sichtbar belassen. Auf eine Feuer-
schutzverkleidung bzw. einen Feuerschutzan-
strich konnte verzichtet werden, da um das
Dach ein Gang führt, der baurechtlich als
Fluchtbalkon gewertet wurde. Auf diese Weise
entstand ein modernes Dachgebinde, das
durch seine Filigranität und insbesondere

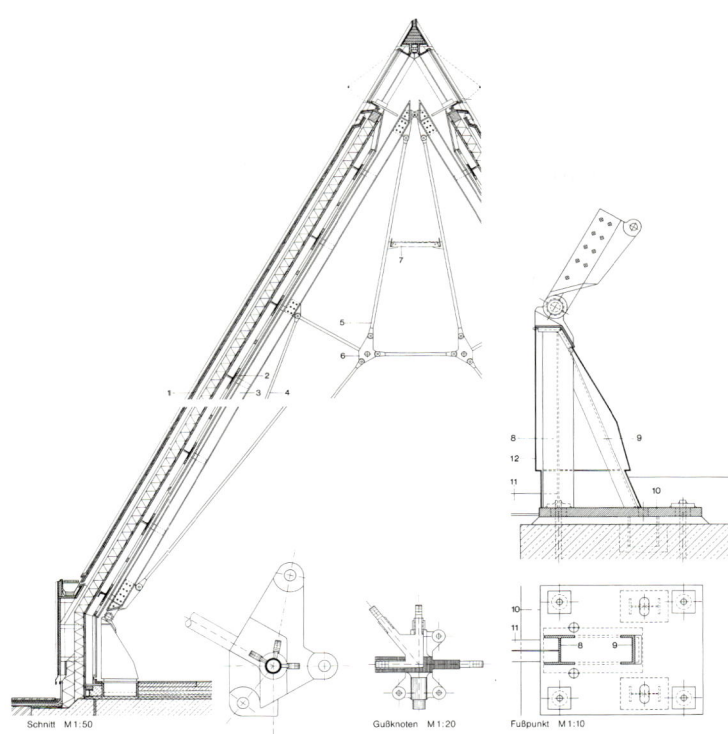

Schnitt M 1:50   Gußknoten M 1:20   Fußpunkt M 1:10

Hallen und Dächer

seine gut gestalteten Gussteile besticht. Die Verglasung im Firstbereich allein schafft schon einen hellen, lichtdurchfluteten Dachraum, weswegen das 60° steile Bleidach nicht durch allzu viele Gauben aufgelöst werden musste. Die Aussteifung der Dachkonstruktion in Längsrichtung besorgt die Scheibenwirkung der Dachhaut. |

Literatur

Deutsche Bauzeitung,
Heft 7, 1990

Schriftenreihe Stahl und Form
Schloß Gottesaue
Stahl-Informations-Zentrum
Postfach 104842, 40039 Düsseldorf

Bauherr
Land Baden-Württemberg
Planung
Staatliches Hochbauamt, Karlsruhe
Ingenieure
Ingenieurgruppe Bauen, Karlsruhe
Prüfer
G. Janssen, Karlsruhe
Baufirmen
Dyckerhoff & Widmann AG, Karlsruhe, und G. Stumpf & Co. KG, Bruchsal, sowie Beck Stahlbau, Augsburg
Stahlguss
Lauinger Guß GmbH & Co. KG, Lauingen
Bauzeit
1988–1989

KARLSRUHE
Haupttribüne im Wildparkstadion •

Am 8. Mai 1954 forderte die Stadt Karlsruhe
sechs Architekturbüros auf, sich an einem
Wettbewerb „Tribünenneubau im Wildparkstadion" zu beteiligen. Das Preisgericht
bezeichnete am 19. Juli 1954 den Entwurf
von Egon Eiermann, der eine totale Stadion-
überdachung vorsah, und den von Erich
Schelling als die besten. Eine reduzierte
Lösung des Schellingschen Entwurfes
wurde schließlich gebaut und am 7. August
1955 eingeweiht. Auf der Strecke blieb
jedoch dessen Idee eines Hängedachs mit
seitlichen Masten. Im Februar 1978 wurden
auf der Gegengerade eine neue Tribünen-
überdachung von Schelling sowie eine
erneuerte Flutlichtanlage ihrer Bestimmung
übergeben. Im Jahre 1986 kam die elektroni-
sche Anzeigetafel hinzu. Gleichzeitig geriet
die alte Haupttribühne in die Diskussion, da
sie erhebliche funktionale und konstruktive
Mängel aufwies. Am 28. Juni 1988 beschloss
der Gemeinderat, einen Architekten- und
Ingenieurwettbewerb für eine neue Haupttribüne auszuschreiben. Diesen Wettbewerb
gewannen Thomas Großmann und Lucy
Hillebrand, deren Konzept im Januar 1990
zum Bau beschlossen wurde.

Wegbeschreibung
Das Wildparkstadion liegt unmittelbar am Adenauerring nordöstlich
des Karlsruher Schlosses. Der Weg
ist ab Durlacher Allee (A5, Ausfahrt
Karlsruhe-Durlach) mit einem
Fußballsymbol ausgeschildert.

Konstruktion und Tragverhalten des Tribünendaches

Das Tribünendach, bei dessen Entwurf offen-
sichtlich die Architekten dominierten, besteht
aus insgesamt 13 konstruktiv ähnlichen, abgespannten Dreigurtbindern, die ca. 30 m weit
auskragen. Getragen werden diese Binder
jeweils von einem Stützenbock aus zwei Halbrahmen. Die verlängerten Stiele der Rahmen
bilden die beiden vorderen Drucklager des
Dreigurtbinders. Zur Stabilisierung der Rahmen wird jeweils ihr drittes Bein herangezogen, das so im unteren Bereich Druck erhält.
In der Verlängerung nach oben bildet dieses
Bein das hintere Zuglager für den weit auskragenden, über Mast und Stangen abgespannten
„Schrankenbaum". Die Abspannungen sind
gegen die biegesteifen Binder *vorgespannt,*
um bei abhebenden Windkräften ein Schlaffwerden der Zugstangen zu vermeiden. Die
Emporen-Träger mit ihren unteren Druckriegeln sind direkt an den Halbrahmen befestigt

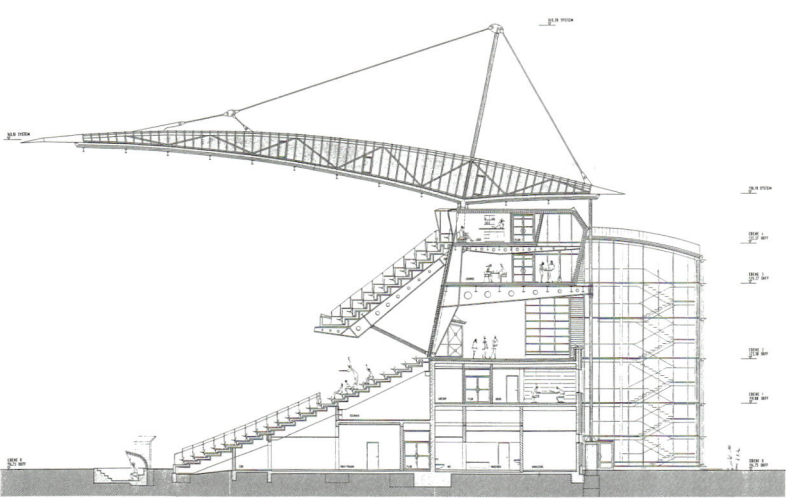

und belasten diese zusammen mit den rückwärtigen Einbauten zusätzlich. Die bockartigen Stützen sind in Blickrichtung der Zuschauer durch eine reine Rahmentragwirkung, quer dazu durch eine kombinierte Rahmen-Fachwerktragwirkung ausgesteift. Die das Dach tragenden Pfetten spannen als Einfeldträger von einem der beiden Binder-Untergurte zum nächsten. Diagonalverbände zwischen den Pfetten und der doppelschaligen Aluminiumeindeckung sorgen jeweils für eine steife Dachscheibe. Insgesamt ist das Tribünendach 120 m lang und ca. 39 m tief. Es überdacht 6.290 Sitzplätze, inklusive 52 Behindertenplätze. Die Kragarmspitze befindet sich 26 m über der Spielfeldebene. |

Literatur
Deutsche Bauzeitung
Heft 5, 1991
Bauwelt
Heft 23, 1994

Bauherr
Stadt Karlsruhe
Ingenieure
Großmann Ingenieure, Göttingen
Architekten
T. Großmann, J. Brandi, L. Hillebrand, Göttingen
Prüfer
E. Buchholz, Karlsruhe
Baufirmen
Wolff und Müller GmbH & Co. KG, Karlsruhe, und Greschbach Industrie & Stahlbau GmbH, Herbolzheim i. Br.
Bauzeit
1991–1993

LAUCHRINGEN
Büro- und Lagergebäude ●

Das Gebäude befindet sich in einem neu geschaffenen Gewerbegebiet mit typischer, uneinheitlicher Bebauung. Kostengünstig und schnell (Planungs- und Bauzeit von 11 Monaten) sollte ein Gebäude für Verwaltung, Produktion und Lagerung für Stahlhalbzeuge (z.B. Bewehrungsmatten) errichtet werden. Als Baustoff sollte vorrangig Stahl zum Einsatz gelangen, um den Charakter der vom Bauherrn vertriebenen Produkte widerzuspiegeln.

Entwurf

Der zweigeschossige Bürotrakt, in dem sich auch alle erforderlichen Nebenräume befinden, ist vom Dach und der Hallenkonstruktion wärme- und schalltechnisch abgelöst. Nach außen erscheinen Bürotrakt und Halle jedoch als geschlossene Einheit und unterstreichen damit den Wunsch des Bauherrn, „alles unter einem Dach" unterzubringen. Dies wurde vor allem dadurch erreicht, dass man sich auf wenige Materialien beschränkt hat. So werden

Wegbeschreibung
Lauchringen liegt zwischen Waldshut-Tiengen und Stühlingen. Von Stühlingen auf der B314 kommend am Ortseingang von Lauchringen rechts abbiegen in Richtung Detzeln. Die Firma Schwarzenberger + Endres findet sich nach ca. 500 m auf der rechten Seite (Industriestraße 17).

ausschließlich Glas und Aluminium für die Gebäudehülle bzw. Stahl und Beton für alle tragenden Teile verwendet.

Konstruktion und Tragverhalten

Die Produktionshalle hat eine Länge von 64,80 m und eine Breite von 43,20 m. Die komplette Hallenfläche stützenfrei zu überspannen war aufgrund der vorgegebenen Nutzungsbedingungen nicht notwendig. Man entschloss sich daher für ein Tragsystem, das in Querrichtung spannt und neben den Randstützen auch Mittelstützen hat. In Längsrichtung wird mit diagonal verlaufenden Windverbänden ausgesteift, in Querrichtung durch Rahmenwirkung. Der Einspanngrad der Stützen in den Baugrund ist dabei mit 50% einer starren Einspannung berücksichtigt worden. Im Gegensatz zu klassischen Rahmenecken, die aus genormten Stahlwalzprofilen biegesteif verschweißt sind, wurden hier die Rahmenecken über gelenkig angeschlossene Diagonalstäbe anschaulich aufgelöst. Gegenüber der klassischen Lösung entstehen dadurch kleinere Biegemomente in den Riegeln und den Stielen, was zu einem sehr filigranen Tragwerk führt. Im Vergleich zu einem herkömmlichen Rahmensystem konnten so angeblich etwa 15% an Stahl eingespart werden. Besonders sorgfältig wurden die Anschlüsse ausgebildet. Obwohl Gelenke für den Anschluss der Diagonalstäbe in diesem Fall nicht unbedingt nötig gewesen sind, veranschaulichen die Edelstahlbolzen die Aufgabe der Diagonalstäbe als Pendelstäbe für die steife Rahmenecke. Das Gebäude der Firma Schwarzenberger + Endres ist somit als positives Beispiel der viel missbrauchten „Hightech-Architecture" zu bewerten. Es wurde im Jahre 1993 zu Recht vom Bund-Deutscher-Architekten (BDA) ausgezeichnet. |

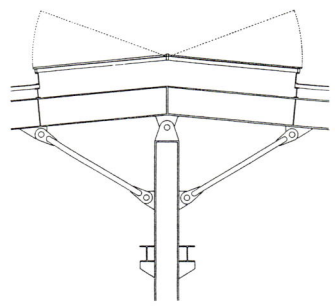

Hallen und Dächer

Geschossfläche
4.600 m²
Umbauter Raum
22.100 m³

Bauherr
Schwarzenberger + Endres OHG,
Lauchringen
Ingenieur
D. Kirsch, Stuttgart-Vaihingen
Architekt
M. Jockers, Stuttgart und
Waldshut-Tiengen
Bauzeit
1992–1993

LEINFELDEN-ECHTERDINGEN
Abflughalle des Stuttgarter Flughafens ● ●

Im Zuge der Erweiterung des Flughafens Stuttgart wurde im Jahre 1980 ein Wettbewerb für ein neues Fluggastabfertigungsgebäude ausgelobt. Den 1. Preis erhielt der Entwurf aus dem Büro von Gerkan, Marg und Partner, der auch zur Ausführung kam. Die neue Abfertigungshalle trennt als Baukörper Land- und Luftseite. Die Gliederung des Terminals wurde auf zwei geometrische Körper reduziert: Dies sind der Längstrakt, der unmittelbar an das Rollfeld anschließt, und die mit einem Pultdach versehene Halle. Die von Funktion und Geometrie unterschiedlichen Körper durchdringen sich, sind aber durch die streng differenzierte Ausbildung der Fassade von außen als solche zu erkennen. Im Folgenden wird die Abflughalle beschrieben, die mit ihrer zum Rollfeld ansteigenden Dachfläche das Abheben der Flugzeuge symbolisieren soll.

Konstruktion und Tragverhalten der Abflughalle

Das Pultdach der Abflughalle wird von zwölf „Baumstützen" getragen. Hierbei entfällt auf jeweils eine Baumstütze eine rechteckige Fläche von 30,60 x 19,80 m. Formal getrennt sind diese zwölf Rechtecke durch Oberlichtstreifen, die das Dach gliedern. Die

Wegbeschreibung
Der Flughafen Stuttgart ist über die Autobahn A8 Stuttgart–Ulm zu erreichen. Der Weg von Stuttgart aus über Degerloch ist ausgeschildert.

Baumstützen sind baumartig ausgebildete Stützkonstruktionen aus Stahlrohren, die sich von Stämmen aus so verzweigen, dass ein die Dachlasten direkt einsammelnder Kraftfluss möglich ist. Die Äste folgen dabei etwa den räumlichen *Stützlinien* unter gleichmäßiger Last und sind deshalb überwiegend durch Normalkräfte beansprucht. Neben der kontinuierlichen Stützung der Dachkonstruktion, die wegen der somit kleinen Spannweiten sehr filigran ausgebildet werden konnte, ist der Vorteil dieser Lösung, dass durch die Bündelung der Äste zum Boden hin der Raum in Augenhöhe der Fluggäste überschaubar und erlebbar bleibt. Weiter sorgt die Verzweigungsstruktur der Äste dafür, dass die Knicklängen und somit auch die Querschnitte der einzelnen Stäbe klein bleiben. Dieses von der Natur abgeschaute Tragprinzip ist nicht neu, wenn man an die Tragkonstruktion der gotischen Kathedralen denkt. Charakteristisch für diese Baumstützen ist jedoch die Ausbildung ihrer Stämme in Bodennähe. Sie sind aus vier Stahlrohren (∅ = 406 mm bei 10 mm

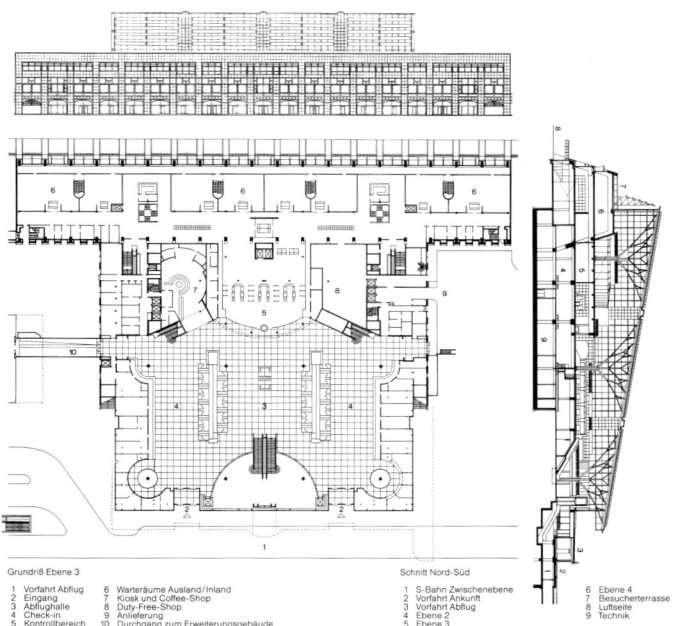

Grundriß Ebene 3

1 Vorfahrt Abflug
2 Eingang
3 Abflughalle
4 Check-in
5 Kontrollbereich
6 Warteräume Ausland/Inland
7 Kiosk und Coffee-Shop
8 Duty-Free-Shop
9 Anlieferung
10 Durchgang zum Erweiterungsgebäude

Schnitt Nord-Süd

1 S-Bahn Zwischenebene
2 Vorfahrt Ankunft
3 Vorfahrt Abflug
4 Ebene 2
5 Ebene 3
6 Ebene 4
7 Besucherterrasse
8 Luftseite
9 Technik

Hallen und Dächer

Wandstärke) zusammengesetzt, die mittels durchgehender Flachstähle zu einem Gesamtkörper verbunden sind. Jedem dieser vier Rohre entspringen drei Äste mit kleineren Durchmessern, die dann jeweils in vier Zweige mit einem Durchmesser von 159 mm enden. Diese Zweige sind mit „Fingern" bestückt, die einen gelenkigen Anschluss an die Trägerrostdachkonstruktion herstellen; die Finger sind ebenso wie die Verzweigungspunkte der Äste aus Stahlguss gefertigt. Diese Stahlgussteile, die mittels sichtbar belassener Schweißnähte mit den Rohren gefügt sind, werten damit die Qualität der Baumstützen als Blickfang in der Halle auf. Die Trägerrostkonstruktion setzt sich aus geschweißten Kastenprofilen mit den Abmessungen 34 x 15 cm zusammen. Die rechteckigen Zwischenfelder sind kassettenartig so ausgefüllt, dass die Untergurtebene

des Daches von unten sichtbar bleibt und diese strukturiert. Das Raster des Rostes ist dabei bedingt durch die Geometrie der Äste einer besonderen Gliederung von Rechtecken unterworfen. Der obere Raumabschluss wird von Trapezblechen gebildet, auf die eine 12 cm dicke Wärmedämmung und eine Dachhaut aus Aluminiumblechen aufgebracht sind. Die Knotenpunkte des Rostes sind hierbei ebenfalls aus Stahlguss hergestellt. Die im Baugrund eingespannten Baumstützen beteiligen sich an der Abtragung der Horizontallasten und unterstützen dabei im erheblichen Maße die Fassaden, die mittels Windverbänden dieser Aufgabe nachkommen.

Belichtungskonzept

Die erwähnten Glasoberlichter wurden erst durch den Einsatz eines speziellen Lichtprismensystems möglich, das einer Aufheizung der Halle entgegenwirkt. Dieses Prismensystem basiert darauf, dass die direkte Einstrahlung der Sonne von den Kanten kleiner Dreieckprismen reflektiert wird, während das diffuse, nichtgerichtete Licht in den Innenraum gelangen kann. Trotz dieser Lösung war vorauszusehen, dass während des Tages der Innenraum im direkten Vergleich zu den Außenbereichen eine viel geringere Lichtstärke aufweisen würde. In Zusammenhang mit der unvermeidlichen Spiegelwirkung der Glasfassaden war die angestrebte Erkennbarkeit der Baumstützen von außen stark beeinträchtigt, so dass eine zusätzliche, direkte Beleuchtung der Baumstützen und des Innenraums vorgesehen wurde. Über bewegliche Spiegel im Dach wird Sonnenlicht eingefangen und über Spiegel an den Fußpunkten der Stützen derart reflektiert, dass die Bäume eine gezielte, blendfreie Anstrahlung von unten erfahren.

Erweiterung des Flughafens

Im Jahre 1998 wurde aufgrund eines Wettbewerbs entschieden, das Terminal mit einer praktisch gleichen Konstruktion in Richtung Osten zu erweitern. |

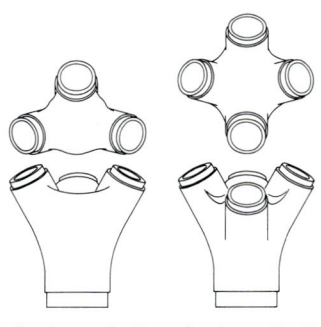

Gussknoten Typ II   Gussknoten Typ III

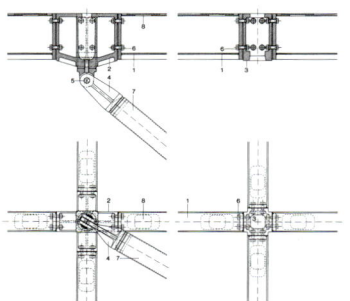

Literatur
Schriftenreihe Stahl und Form
Flughafen Stuttgart, Neues
Abfertigungsgebäude
Stahl-Informations-Zentrum
Postfach 104842, 40039 Düsseldorf

Länge des Terminals
140 m
Tiefe des Terminals
105 m
Höhe des Pultdaches
30 m
Pultdachneigung
9,5°
Umbauter Raum
ca. 270.000 m³

Bauherr
Flughafen Stuttgart GmbH
Architekten
von Gerkan, Marg + Partner, Hamburg
Ingenieure
Weidleplan Consulting GmbH,
Stuttgart
Prüfer
J. Schlaich, Stuttgart
Belichtungskonzept
Bartenbach Lichtplanung,
Innsbruck (A)
Bauzeit
1989–1991

MANNHEIM
Multihalle ● ● ●

Im Jahre 1971 schrieb die Stadt Mannheim
einen Wettbewerb für eine Mehrzweckhalle
und ein Restaurant aus, die im Rahmen der
Baumaßnahmen für die Bundesgartenschau
1975 errichtet werden sollten. Den 1. Preis
erhielt das Büro Mutschler und Partner,
die einen „überdachten Marktplatz" für
eine Vielzahl von Aktivitäten vorsahen. Als
Überdachung wurde nach einer Idee von
Frei Otto eine „Holzgitter-*Schale*" gewählt ●,
deren unregelmäßige Wölbungen und Keh-
lungen die natürliche Hügelformation der
Umgebung aufgreift und weiterführt. Eine
kleinere Version einer solchen Holzgitter-
Schale wurde von Frei Otto bereits im Jahre
1967 im Inneren des deutschen Pavillons
auf der EXPO in Montreal/Kanada gebaut.

Konstruktion und Tragverhalten
Dies ist ein räumlich gekrümmtes Stabtragwerk mit 50 x 50 cm Maschenweite, dessen
Elemente in beiden Richtungen durchlaufende
Holzlatten (Querschnitt = 50 x 50 mm) sind,
die ein flächiges Gitter mit viereckigen
Maschen und konstanten Knotenabständen
bilden. Die Geometrie dieser Gitter-*Schale*
wurde in der Umkehrung an einem hängenden, biegeweichen Netz ermittelt, so dass sie
für einen bestimmten Belastungszustand,

ähnlich wie eine *Schale* (was sie ja mit ihren
viereckigen, verschieblichen Maschen nicht
ist), einen *Membran*-Zustand entwickelt, d.h.
die Lasten weitgehend über Axialkräfte abträgt. Der Vorteil eines solchen Netzes aus
viereckigen Maschen besteht darin, dass es in
der Ebene ausgelegt quadratisch ist und sich
jeder doppelt gekrümmten Fläche durch
Winkelverdrehungen anpassen lässt, was den
Zuschnitt, die Fertigung und die Montage
erheblich vereinfacht. Alle Maschen sind

Wegbeschreibung
Über das Autobahnkreuz Weinheim
(A5 Frankfurt–Basel) bzw. Viernheim (A6 Darmstadt–Hockenheim),
die A659 und deren Fortführung
als B38 nach Mannheim bzw. von
der Innenstadt über die Friedrich-
Ebert-Brücke zur Neckarstadt.
Südlich der Kinderklinik, die direkt
an der B38 liegt, in Richtung West
in die Carl-Benz-Straße abbiegen,
dann nach mehreren Querstraßen
rechts abbiegen in die Max-Joseph-
Straße, die direkt zum Herzogen-
riedpark führt. Die Multihalle liegt
im Park nördlich des Herzogenried-
bades.

gleich und der Zuschnitt beschränkt sich auf die Randstäbe. Hierzu war sicherzustellen, dass im Bauzustand die Holzlatten in den Kreuzungspunkten nur einfach verbolzt wurden, um die notwendige Rotation der Stäbe zuzulassen. Nach dem Einstellen der endgültigen Form waren dann die Latten in den Knotenpunkten durch das Anziehen der Bolzen derart zu klemmen, dass auch unter veränderlichen, ungleichmäßigen Lasten ein stabiler Gleichgewichtszustand ohne gravierende Verformungen erzielt werden kann. Um die Klemmung der Latten auch nach dem Schwinden des Holzes aufrechtzuerhalten, wurde die Verbindung mittels Tellerfedern *vorgespannt*. Bei der statischen Berechnung zeigte sich allerdings, dass in den schwach gekrümmten Bereichen die Vorgaben bezüglich der Verformungen nicht ohne weiteres erfüllt werden konnten. Man sah sich deshalb gezwungen, dort eine doppellagige Lattenkonstruktion mit Schubverbindungen vorzusehen. Zusätzlich wurden in jedem sechsten Lattenkreuz Diagonalseile eingezogen, um die Momentenbeanspruchung in den Knoten zu reduzieren. Durch diese Maßnahme werden einige steifere Dreieckmaschen erzeugt, die im Gegensatz zu den Rautenmaschen nicht auf die Klemmung der Latten angewiesen sind. Am Rand sind Betonfundamente vorgesehen, an denen das Gitterwerk mit einer zweiteiligen Sperrholzrandbohle befestigt ist. In den Zonen der angehobenen Ränder und Öffnungen werden spezielle Zwillingsträger eingesetzt, bei denen die Gitterlamellen zwischen beiden Trägerhälften einlaufen und zentrisch verbolzt sind. Diese verleimten Randträger werden bedingt durch ihre Höhenlage in entsprechend größeren Abständen von Stahlstützen getragen. Eingedeckt ist das ganze Netz mit einer PVC-beschichteten Polyester-*Membran*, die direkt auf den Holzrost befestigt ist.

Herstellung

Die ursprüngliche Montageidee war, das quadratische Lattennetz eben auf dem Boden auszulegen, um es dann insgesamt mit Hilfe von mehreren Kränen in die endgültige Lage zu liften und zu verschrauben. Der während der Bearbeitung immer komplizierter gewor-

dene Aufbau ließ ein solches Vorgehen wegen der damit verbundenen Vorhaltekosten nicht mehr sinnvoll erscheinen. Deshalb wurde das Gitter auf einer Rüstung nach der endgültigen Höhenlage ausgelegt und mit Hilfe von Hubtürmen vollends nach oben gedrückt. Das Vorspannen der Seile bzw. das Klemmen der Latten erfolgte nach dem Einstellen der endgültigen Form. Danach wurde die *Membran* aufgebracht. |

Literatur
IL 10: Gitterschalen
Publikation des Instituts für leichte Flächentragwerke, Universität Stuttgart, 1975

Bauen mit Holz
Heft 6, 1975

Überdachte Fläche 10.500 m²
Größte Spannweite ca. 60 m
max. Kuppelhöhe ca. 20 m

Bauherr
Bundesgartenschau GmbH, Mannheim
Ingenieure
Ove Arup und Partner, London, mit T. Happold und I. Liddel, London
Formfindung
F. Otto und E. Bubner, Warmbronn
Architekten
C. Mutschler und J. Langer, Mannheim
Baufirma
Poppensieker GmbH, Löhne-Gohfeld
Bauzeit
1975–1976

Hallen und Dächer

NECKARSULM
Kuppel des Aquatolls ● ● ●

Die Beckenlandschaft des Aquatolls in
Neckarsulm sollte mit einer möglichst
leichten und transparenten, glasgedeckten
Kuppel in der Form einer Kugelkalotte
überspannt werden. Dafür wurde eine Netzstruktur mit *Schalen*-Tragwirkung entwickelt,
die sich für beliebig doppelt gekrümmte
Flächen eignet. Sie wurde hier erstmalig
gebaut ●, seither aber an vielen Orten.

Konstruktion und Tragverhalten
Das viereckige Grundraster (Maschenweite =
1 x 1 m) entsteht aus einem eben ausgelegten,
quadratischen Netz von Flachstäben. Diese
sind in ihren Kreuzungspunkten gestoßen
und drehbar miteinander verschraubt. Dieses
ebene Quadratnetz lässt sich beliebig, also
auch zur Kugelkalotte formen, wenn die ursprünglichen Quadratmaschen zu Romben
verformt werden. Die Flachstäbe (Querschnitt = 6 x 4 cm) können auf diese Art und
Weise alle gleich lang ausgebildet werden.

Wegbeschreibung
Das Aquatoll liegt im Osten von
Neckarsulm. Die Autobahn A6
Weinsberg–Walldorf an der Aus-
fahrt Heilbronn/Neckarsulm verlas-
sen und nach Neckarsulm fahren.
Ab Heilbronner-Straße ist der Weg
ausgeschildert.

Nur am unteren Begrenzungsrand der Kuppel
erfordert der Zuschnitt je nach gewünschter
Geometrie der Dachfläche unterschiedliche
Längen der Flachstäbe. Das viereckige Grundraster der Kuppel ist aber noch kinematisch.
Unter einseitigen Schnee- bzw. Windlasten
wären erhebliche Verformungen die Folge. Aus
diesem Grund wurden die Viereckmaschen mit
durchlaufenden dünnen Seilen diagonal verspannt, die in den Kreuzungspunkten fest
geklemmt sind, wodurch die erforderlichen
steifen Dreiecke entstehen. Hätte man statt

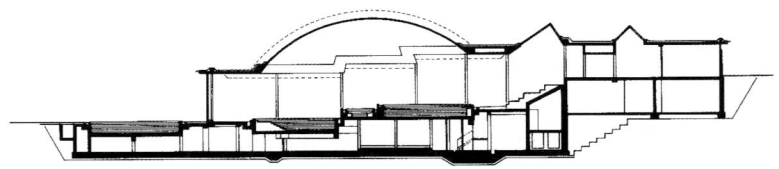

der Seile Diagonalstäbe vorgesehen, hätten diese jeweils unterschiedliche Längen haben müssen, was aus baupraktischer Sicht sehr nachteilig gewesen wäre. Die durchlaufenden Spiralseile brauchen gar nicht zugeschnitten zu werden, was den Arbeitsaufwand klein hält. Zudem sind Seile dünner als Stäbe, was zur Transparenz der Kuppel beiträgt. Die Seile (∅ = 5 mm) aus St. 1570/1770 sind kunststoffummantelt und *vorgespannt*. Die *Vorspannung* sorgt dafür, dass die Seile unter Druckkräften in den Diagonalen nicht schlaff werden, was ihre Wirkung verhindern würde *siehe Abbildung unten*. Die Netzknoten selber bestehen aus den *vorgespannten* Knotenschrauben M12, 10.9 und den dreiteiligen Klemmtellern (∅ = 90 mm) für die Seile. Knoten und Klemmteller können sich, weil sie nur von einer Schraube je Kreuzungspunkt durchbohrt werden, der unterschiedlichen Geometrie (variable Rombenwinkel) ideal anpassen. Um die Schraube in ihre Mitte nehmen zu können,

sind die Seile in beiden Richtungen paarweise geführt. Die sich so kreuzenden Seilscharen werden auf zwei unterschiedlichen Ebenen geführt, mit dem mittleren Tellerteil als Abstandshalter. Die Verglasung besteht aus einem sphärisch gekrümmten Sonnenschutz-Isolierglas mit 12 mm Luftzwischenraum; sie ist direkt auf die Flachstäbe aufgelegt und mit zusätzlichen Tellern von außen an den Knotenschrauben festgeklemmt. Für die Abdichtung sorgen Neoprene-Profile ohne Deckprofil zwischen Scheiben und Flachstab. Die so den Stabachsen folgenden Scheibenränder bedingen wechselnde Maße und Winkel der Scheiben, allerdings aus Symmetriegründen mit achtfacher Wiederholung. Die von der Geometrie her unterschiedlichen Scheiben wurden aber innerhalb einer festgelegten Toleranzgrenze so zusammengefasst, dass die insgesamt 524 Scheiben mit nur 32 unterschiedlichen Zuschnitten gefertigt werden konnten.

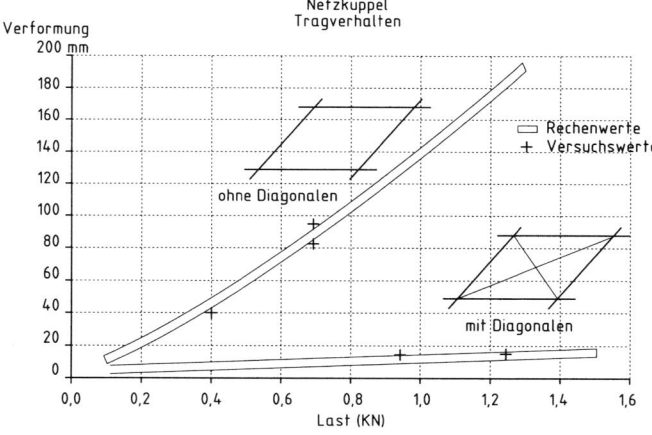

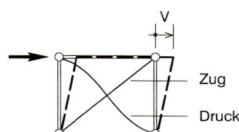

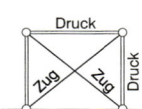

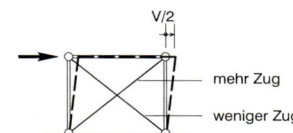

diagonale Seile nicht vorgespannt: Druckdiagonale
wird schlaff, nur die
Zugdiagonale wirkt

diagonale Seile vorgespannt:
Vorspannzustand ohne Last

diagonale Seile vorgespannt:
Zustand mit Last
Verschiebung V/2 im Vergleich
zu V ohne Vorspannung

Herstellung

Da die Kuppelgeometrie durch die unterschiedlich zugeschnittenen Stablängen am
unteren Begrenzungsrand eindeutig festgelegt
wird, ist die Montage des Gitternetzes relativ
einfach. Nach der exakten Lagebestimmung
des Randes wird Stab für Stab eingebaut und
verschraubt. Bevor die eingezogenen Seile
geklemmt werden, um die steife Tragwirkung
einzustellen, wird die Geometrie überprüft.
Nach Abschluss dieser Arbeiten werden die
Glasscheiben auf der Gitternetzstruktur
aufgebracht, wodurch die Kuppel wasserdicht
geschlossen wird, nichts aber von ihrer
Transparenz einbüßt.

Verweis auf ähnliche Bauwerke

Die Schwaben-Quellen in Stuttgart-
Möhringen (SI-Zentrum) haben eine Kuppel
des gleichen Konstruktionsprinzips. |

Hallen und Dächer

Literatur
Deutsche Bauzeitung
Heft 7, 1991

Schriftenreihe Stahl und Form
Transparente Netztragwerke
Stahl-Informations-Zentrum
Postfach 104842, 40039 Düsseldorf

Kuppelradius
16,50 m
Spannweite
25 m
Stichhöhe
5,75 m

Bauherr
Stadt Neckarsulm
Ingenieure
Schlaich, Bergermann und Partner,
Stuttgart
Architekten
Kohlmeier und Bechler, Heilbronn
Baufirma
H. Fischer GmbH, Talheim
Planung
1986
Bauzeit
1988–1990

OSTFILDERN-NELLINGEN

„Zollinger"-Halle ●●

Das alte, leer stehende Straßenbahndepot kam den Überlegungen entgegen, dem bei der Gemeindereform zusammengewürfelten Ort Ostfildern eine neue Ortsmitte zu geben. Nach einem Wettbewerb entschloss man sich im Jahre 1985, die inzwischen baufällig gewordene Halle im alten Stil, aber mit einigen Verbesserungen neu zu bauen und als Marktplatz und Veranstaltungsort zu nutzen.

Konstruktion und Tragverhalten

Tonnenförmig gekrümmte Hallen werden normalerweise aus in Querrichtung parallel laufenden, parabolisch gekrümmten Rippen hergestellt. Für die Montage ihrer großen und schweren Elemente sind Hubgeräte nötig. Die *Zollinger-Bauweise*, benannt nach ihrem Erfinder, dem Merseburger Stadtbaurat Zollinger, basiert auf zwei gleichen, diagonal verlaufenden Rippenscharen. Das Rautenmuster erzeugt sehr viele Kreuzungspunkte; in jedem Kreuzungspunkt enden zwei Rippen, während eine Rippe durchläuft. Die durchlaufende Rippe wird jeweils im nächsten Kreuzungs-

Wegbeschreibung

Die Autobahn A8 Stuttgart–Ulm über die Ausfahrt Esslingen verlassen und in Richtung Esslingen fahren. Nach dem Passieren der Körschtalbrücke an der nächsten Kreuzung links abbiegen und in die Ortsmitte von Nellingen fahren. Kurz vor der Ortsmitte rechts in die Schillerstraße abbiegen und vor dem Postamt parken. Die Halle befindet sich hinter dem Postamt.

punkt gestoßen, so dass jedes Rippenelement nur über zwei Rautenfelder durchläuft. Der große Vorteil ist, dass so die gesamte Rippenstruktur aus relativ kurzen, leichten, immer gleichen Bohlenstücken hergestellt werden kann und keine Pfetten mehr erforderlich werden. Als Verbindungsmittel dienen einfache Bolzen, die mit Muttern gekontert werden. Die Dachhaut kann direkt auf die Diagonalrippen genagelt werden und steift das Dach so *schalenartig* aus. Die Montage lässt sich einfach mit einem verfahrbaren Arbeitsgerüst und ohne schwere Hebehilfsmittel durchführen. Nachteilig ist allerdings – weil aus

Fertigungsgründen ja alle Rippenelemente genau gleich sein sollen –, dass das Tonnendach im Querschnitt zwangsläufig die statisch ungünstigere Kreisform hat. Für Eigen- und gleichmäßig verteilte Schneelasten weicht diese Form von der *Stützlinie* ab. Daher werden die Rippen nicht nur durch Normalkräfte, sondern stets auch durch Biegemomente beansprucht. Diese bedingen am Rippenstoß Kräfte, die eine nicht unerhebliche Beanspruchung für den Fügungspunkt darstellen und leicht zu einem gegenseitigen Verdrehen der Lamellen führen können. Neben den üblichen Lastfällen war bei der Erneuerung der Nellinger Halle auch der Lastfall „Unterwind" zu berücksichtigen, da die Halle an ihren Giebelseiten offen blieb. Das neue Dach wurde deshalb mit kräftigeren Rippen (6 x 28 cm) ausgeführt. Die etwas breiteren Rippen erlaubten auch eine intensive Vernagelung mit der Dachschalung, die mit zur Versteifung des Daches herangezogen wird. Die Verbindung der Lamellen wurde mit zwei M16-Bolzen hergestellt. Der Schlupf in den Fügungspunkten wurde durch eine leichte Überhöhung berücksichtigt. Auf den Längsseiten liegt das Dach auf Stahlprofilen mit Doppel-T-Querschnitt auf. Um seinen Horizontalschub aufzunehmen, werden die Längsränder des Tonnendachs in Abständen von 2,62 m mit Zugbändern aus Rundstahl gehalten. Im Scheitel wird die Schalung in einem Bereich von etwa 4 x 58 m durch ein Oberlicht unterbrochen. Um in diesem Bereich die *Schalen*-Tragwirkung des Daches zu erhalten, sind die kinematischen Rautenmaschen durch Längsstäbe so ergänzt, dass man steife Dreieckmaschen erhält.

Verweis auf ähnliche Bauwerke

Ein Dach gleicher Bauart haben drei Hangars auf dem Flugplatz in Mengen, die Augustinerkirche in Heilbronn und die Christus-König-Kirche in Stuttgart-Vaihingen. |

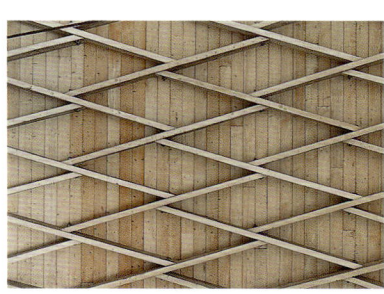

Hallen und Dächer

Literatur
Bauen mit Holz
Heft 8, 1992

Überdachte Fläche
15 x 66 m
Stich des Tonnendachs
ca. 2,60 m

Bauherr
Stadt Ostfildern und die
Baugenossenschaft Filder e.G.
Ingenieur
W. Dreher, Ostfildern
Architekten
S. Kohlhoff, F. Dollmann, K. Kober
und J. Stüber
Holzbau
Zimmerei L. Riempp, Oberboihingen
Bauzeit
Dreißiger Jahre
Neubau
1986–1989

ÖTIGHEIM
Tribünendach der Volksschauspiele ●

Die Volksschauspiele in Ötigheim finden auf einer beliebten Freiluftbühne statt, die Platz für 3.850 Zuschauer bietet. Die abgestuften Sitzreihen der Zuschauertribüne sind auf einem Kreissegment angeordnet. Sie werden von einer Seilkonstruktion bestehend aus den bekannten Jawerth-Bindern ● auf einer Fläche von 2.200 m² überdacht.

Wegbeschreibung
Auf der Autobahn A5 Karlsruhe–Basel die Ausfahrt Rastatt benutzen und in Richtung Rastatt fahren. Nachdem man die B3 erreicht hat, auf dieser in nördlicher Richtung (Karlsruhe) fahren. Nach einem knappen Kilometer geht von der B3 halb links die B36 in Richtung Ötigheim/Durmersheim ab. In Ötigheim ist der Weg ausgeschildert.

Konstruktion und Tragverhalten

Das Dach hat die Grundrissform eines lang gestreckten, doppelt symmetrischen Sechsecks. Es wird von 12 Jawerth-Seilbindern getragen: Sie spannen 40 m weit parallel zwischen zwei Betonbindern beiderseits des Zuschauerraums und laufen in den Endfeldern fächerförmig auf die zwei turmartigen Widerlager zu, an denen sie verankert sind. Die Seilbinder sind *vorgespannt*. Sie bestehen aus jeweils einem parabelförmigen, hängenden Tragseil, das über Stabstahl-Diagonalen von einem gegensinnig gekrümmten Spannseil versteift wird. Trag- und Spannseil sind in ihren mittigen Scheitelpunkten unverschiebbar miteinander gekoppelt. Bei Windsog statt

Schnee vertauschen die Seile ihre Funktion. Durch die Kopplung von Trag- und Spannseil und infolge der dreieckbildenden Diagonalen verformen sich die Seilbinder auch unter ungleichmäßigen Lasten nur wenig. Die *Vorspannung* beträgt im Allgemeinen 8 bis 10% der max. Belastung und bewirkt, dass für alle Lastfälle im gesamten Seiltragwerk nur Zugkräfte herrschen. Deshalb gibt es auch keine Stabilitätsprobleme und die Querschnitte können minimal bemessen werden. Die 4,50 m hohen, halbkreisförmigen Widerlager aus Beton nehmen die Horizontalkräfte des Seiltragwerks auf und sind auf einer 7 x 13 m großen Grundplatte in 7 m Tiefe gegründet. Die *vorgespannten* Betonbinder lagern im

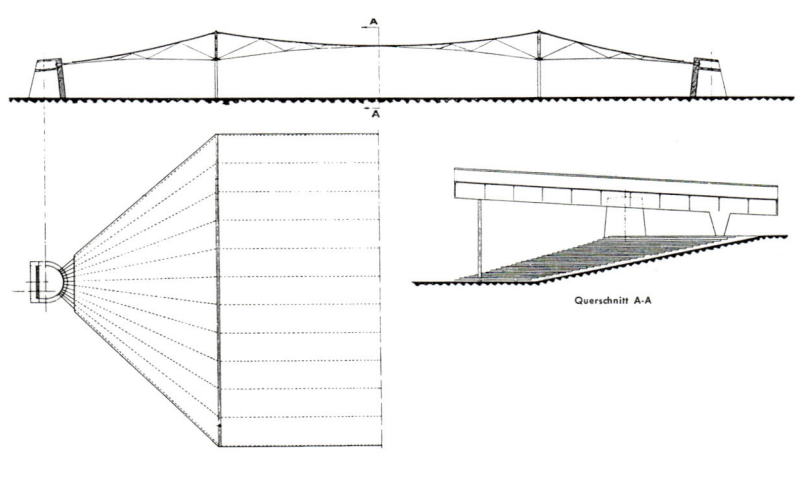

Querschnitt A-A

rückwärtigen Teil der Tribüne auf V-förmig sich nach unten verjüngenden Betonstützen und vorne auf Stahlstützen mit einem Querschnitt von 30 x 40 cm. Die Spannbetonbinder nehmen auch die Druckkräfte aus der horizontalen Umlenkung der Seilbinder und infolge der Spreizung der Seile in vertikaler Richtung auf. Das Kippen der sehr schlanken Träger (38 x 3,60 x 0,30 m) wird von den Seilbindern selbst verhindert. Die Dachhaut besteht aus gestrichenen Stahlblechprofilplatten mit einer 1,5 cm starken Dämmschichtauflage aus Holzfaserplatten und einer zweilagigen Bitumenpappe. Die gesamte Konstruktion ermöglicht einen hohen Grad der Vorfertigung, einen minimalen Materialaufwand und günstigen Transport sowie eine einfache Montage mit leichten Hebemitteln. |

Literatur
Bauwelt
Heft 24, 1962

Spannweite der Endfelder
20 m
Hauptspannweite
40 m
Trag- und Spannseilestich
1,80 m

Bauherr
Volksschauspiele Ötigheim
Ingenieure
D. Jawerth, Stockholm (S) (Seilbinder), und G. Lehr jun., Freiburg i. Br. (Betonbau)
Architekt
E. Heid, Ötigheim
Prüfer
O. Steinhardt, Karlsruhe
Baujahr
1962

PFORZHEIM
Gold- und Silberscheideanstalt

Die Buckel-*Schale* wurde 1954 von Heinz
Isler, dem heute wohl bekanntesten und
aktivsten Betonschalenbauer überhaupt,
entwickelt. Ihre praktischen Eigenschaften
und die ansprechende Form machten sie zu
einer beliebten Industriebaukonstruktion,
die auch in Baden-Württemberg häufig
ausgeführt wurde. Stellvertretend für viele
werden hier die *Schalen* der Allg. Gold-
und Silberscheideanstalt AG, Pforzheim,
beschrieben.

Geometrie
Die Buckel-*Schale* ist eine flache, kuppelartig
gekrümmte, dünne *Schale* über quadratischem oder rechteckigem Grundriss, die nur
an ihren vier Eckpunkten gestützt ist. Die
Krümmung ihrer Oberfläche ist an jeder Stelle
harmonisch, sie besitzt also keine Unstetig-
keitsstellen. Eine solche Form lässt sich
beispielsweise durch das Aufblasen einer
Gummi-*Membran* über einem beliebigen, polygonalen Grundriss erzeugen. Die Geometrie
einer so erzeugten *Schale* lässt sich aber mit
(einfachen) mathematischen Funktionen nicht
beschreiben. Alle notwendigen geometrischen
Daten und Schnittgrößen für die Bemessung

Wegbeschreibung
Die Scheideanstalt befindet sich
in der Kanzlerstraße. Diese Straße
ist leicht zu finden, wenn man
Pforzheim auf der B10 in Richtung
Mühlacker verlässt. Nach der Buch-
rainbrücke, die hinter dem ehemaligen Landesgartenschaugelände
über die Enz führt, geht die Kanzlerstraße als erste Straße rechts
ab. Ein Linksabbiegen aus der
Gegenrichtung der B10 ist nicht
möglich.

wurden an maßstäblichen Modellen gemessen; eine Berechnung solcher Tragwerke war
im Jahre 1954 noch nicht möglich.

Konstruktion und Tragverhalten
Die Konstruktion ist wegen ihrer Geometrie
für Industriebauten besonders interessant:
Wegen ihrer doppelten räumlichen Krümmung
verbraucht die *Schale* im Vergleich zu einer
einfach gekrümmten Shed-*Schale* oder gar
einem ebenen Tragwerk wenig Beton und
Stahl und erlaubt größere Spannweiten.
Eine einzelne Buckel-*Schale* kann stützenfrei
Flächen bis zu 10.000 m² überspannen. Die
geraden Ränder und die Einzelstützen im

Quadratraster ermöglichen eine modulare Addition der einzelnen *Schalen* zu einer beliebig großen Halle. Die rechteckigen Fassaden und die einfachen Anschlüsse eignen sich besonders für großflächige Verglasungen, Tore oder Innenwände. Die Oberlichter im Scheitel jeder *Schale* sorgen auch bei großen Hallen für eine natürliche Belichtung.

Die *Schalen* in Pforzheim überspannen Grundflächen von je 15 x 15 m. Ihre Dicke nimmt von 7 cm in Feldmitte zum Rand hin zu. Die Ränder der *Schalen* sind *vorgespannt*. Dadurch treten in den Tragwerken insgesamt nur noch Druckspannungen auf. Sie sind rissfrei, wasserdicht und brauchen daher keinen Dachbelag. Trotzdem sind die *Schalen* zweilagig schlaff bewehrt. Die Bewehrung macht sie unempfindlich gegen örtliche Lastangriffe, Zwang oder unvorhergesehene Beanspruchungen und sorgt für ein duktiles Bruchverhalten. Die Oberlichter bestehen hier aus doppelwandigen Polyester-*Schalen*.

Herstellung

Um homogene *Schalen* ohne qualitätsmindernde *Arbeitsfugen* zu erhalten, werden sie am Stück betoniert und der Beton gleichmäßig geschüttet. Das zweilagige Bewehrungsnetz hilft gegen das Abrutschen des Betons. Nach dem Verdichten und Glätten wird der Beton mit Sprühnebel nachbehandelt. Das Schalungsgerüst besteht aus entsprechend der Geometrie gekrümmten BSH-Bindern und Latten, die zur Kostensenkung mehrfach angesetzt werden. Als Schalungshaut werden Holzwolleleichtbauplatten (Heraklith) verwendet, die gleichzeitig als verlorene Schalung der Wärme- und Schalldämmung dienen.

Verweis auf ähnliche Bauwerke

Das Autohaus Mercedes-Benz in Donaueschingen und das Gartencenter Dehner in Böblingen sind ebenfalls mit Buckel-*Schalen* der Bauart Isler überdacht. |

Schalenecke

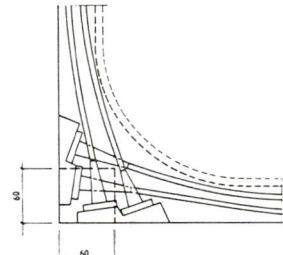

Randträgerschnitt

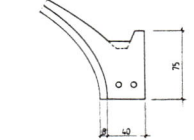

Hallen und Dächer

Bauherr
Allg. Gold- und Silberscheideanstalt
AG, Pforzheim
Ingenieur
H. Isler, Burgdorf (CH)

ROTTWEIL
Kuppel des Salinen-Museums ●

Die ehemalige Saline Wilhelmshall bei
Rottweil gilt als baulich hervorragende
Anlage des frühen Industriebaus in Baden-
Württemberg. Eine Besonderheit sind ihre
kuppelförmigen Überdachungen der vier
Solerundbehälter, die von einer für die
damalige Zeit ungewöhnlich funktionalen
Industriearchitektur zeugen.

Geschichte

Mit dem Bau der Saline Wilhelmshall begann
1825 in Rottweil die Salzproduktion. Zwischen
1827 und 1837 wurden die Solerundbehälter
angelegt. Sie dienten bis zur Stilllegung der
Saline im Jahre 1969 als Puffer, um bei Still-
stands- oder Ausfallzeiten der Soleförderung
genügend Sole für die Salzproduktion bereitstellen zu können. Die Kuppeldächer schütz-
ten die Sole vor dem Verdunsten und boten
Lagerraum für Salzfässer. Nach der Stilllegung
der Saline wurden die Siedehäuser abgebrochen und die Solewannen verfüllt. Zwei der
unter Denkmalschutz stehenden Rundbehäl-
terüberdachungen wurden nach Bad Dürrheim
versetzt und einer anderen Nutzung zugeführt.
Eine Kuppel konnte nicht erhalten werden.
Die vierte der Kuppeln wurde 1983 zum unteren Bohrhaus versetzt und ist heute Teil des
dortigen Salinen-Museums.

Wegbeschreibung

Das Stadtzentrum von Rottweil auf
der B27 in südlicher Richtung verlassen. Noch vor dem Ortsausgang
links in die Hochmaurenstraße
abbiegen. Danach rechts abbiegen
in die Römerstraße; dabei den Hinweisschildern „Firma Mahle" und
später „Salinen-Museum" folgen.

Öffnungszeiten

Das Museum hat mittwochs
von 14.30–17 Uhr geöffnet.

Kontakt

Dipl.-Ing. Rudolf Bareis
Telefon (0741) 2 22 05

Konstruktion und Tragverhalten

Die Behälter in Form eines umgekehrten
Kegelstumpfes waren in der Erde versenkt; die
Sohle und die Wandung waren mit einem 50
bis 60 cm starken Lettenverstrich abgedichtet
und mit groben Muschelkalksteinen gepflastert. Stützen mit Kopf-*Bändern* aus Vierkant-
hölzern standen im Behälter und trugen auf
einer Balkenlage einen Bohlenbelag. Die runden, schindelgedeckten Kuppeldächer sind
zimmermannsmäßig gefügte Holzkonstruktionen aus 36 radial angeordneten, gekrümmten

Hallen und Dächer

Bohlenbindern, die aus zwei Brettlagen zu-
sammengenagelt sind. Ein ebenfalls mehrlagiger, hölzerner Ring mit versetzten Stößen
bildet das obere Auflager der Binder. Der Ring,
der gleichzeitig die gläserne Dachspitze des
Oberlichts trägt, wird von vier orthogonal zueinander angeordneten Kopf-*Bändern* gestützt,
die die Lasten an eine Mittelstütze weitergeben. Die Kuppelform entspricht also nicht
dem Tragverhalten. Das untere Auflager der
Binder bildet eine umlaufende, doppellagige
Schwelle. Die Kuppel wird von stehenden
Böcken bestehend aus je zwei Streben und
einem doppelzängigen Riegel, ausgesteift.
Der Riegel verbindet zwei gegenüberliegende
Bohlenbinder oberhalb ihres oberen Drittel-
punktes. Zwischen den Bindern sind zur Verringerung der Knicklängen auf Höhe ihrer Drit-
telpunkte kurze Bohlen montiert. Neben den
runden Kuppeln waren später auch achteckige
Konstruktionen geläufig. Diese bestanden aus
gekrümmten Bohlenbindern, allerdings mit
dreifacher Brettlage. Die acht Hauptbinder
stießen im Zenit der Kuppel zusammen; die
Nebenbinder dazwischen verliefen zueinander
parallel und lagerten auf den Hauptbindern
auf. Die Bauwerke waren konstruktionsbedingt
voll ausgesteift. Die eckige Form ermöglichte
auch die Deckung mit Ziegeln.

Sanierung
Nach einigen Jahrzehnten wurden undichte
Stellen im oberen Bereich der Behälter festgestellt. Es wurde versucht, sie mit gebranntem
Schwarzkalk abzudichten. Dies gelang nur
zum Teil, so dass schließlich zwei Behälter
wegen ständigem Soleverlust nicht mehr
genutzt werden konnten. Außerdem mussten
die älteren, zunächst runden Kuppeln abgestützt werden, da sich die Rundbinder infolge
der mangelhaften Aussteifung im Laufe der
Zeit verschoben hatten. Dazu wurden die
beschriebenen *sprengwerk*-artigen Ausstei-
fungsböcke und die Mittelstütze in die Kuppel
eingezogen. Dies änderte auch das bis dahin
vorhandene statische System der Kuppel,
das von einem Druckring im Zenit und einem
Zugring am unteren Auflager gebildet wurde.
Der ursprünglich außergewöhnliche Raumein-
druck wurde durch die nachträglich erforder-
liche Aussteifung empfindlich gestört. |

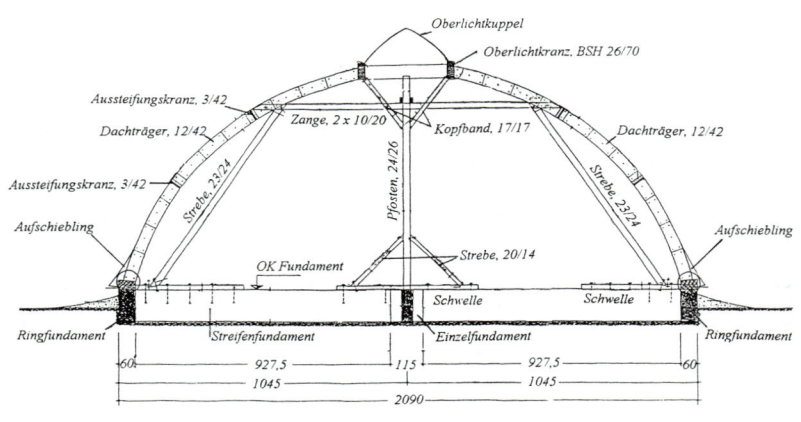

Literatur

SCHULZ, G.
Die Saline Wilhelmshall bei
Rottweil 1824–1969
Veröffentlichung des Stadtarchivs
Band 1, Rottweil 1970

Kuppelgrundfläche
ca. 315 m²
Höhe der Kuppel
ca. 8 m

Bauherr
Saline Wilhelmshall
Ingenieur
C. F. Stock
Architekt
Bergrat F. von Alberti
Baufirma
Zimmermeister Depp, Rottweil
Ingenieur der Umsetzung
A. Burkard, Zimmern o. R.
Bauzeit
1827–1828
Umsetzung
1981

RUST
Geodätische Kuppel
im Europa-Park ● ● ●

Eine Achterbahn des Europa-Parks in Rust fährt im völlig dunklen Innenraum einer futuristisch anmutenden Kuppelkonstruktion. Diese kugelige Hülle ist die größte „geodätische Kuppel" in Deutschland!

Geometrie

Die Geometrie der Stäbe und Knoten dieser Kuppel beruht auf dem von R. Buckminster Fuller entwickelten Prinzip der geodätischen Kuppel (geodesic dome) ●. Damit soll die Kugeloberfläche durch einen Polyeder mit möglichst regelmäßigen Dreiecken angenähert werden. Geometrische Ausgangsform ist der Ikosaeder, ein regelmäßiger Vielflächner aus 20 gleichseitigen Dreiecken, der sich unter den fünf platonischen Vielflächnern (Tetrahedron = dreieckige Pyramide, Hexahedron = Würfel, Octahedron = Körper aus 8 Dreiecken, Dodecahedron = Körper aus 12 Fünfecken und Icosahedron = Körper aus 20 Dreiecken) am besten einer Kugel flach annähert. Als unmittelbare dreieckige Kugelnäherung für eine Kuppelkonstruktion würde er sich aber nur bei einem sehr kleinen Kuppeldurchmesser eignen, weil die Stäbe hinsichtlich des Knickens zu lang würden. Um die Stäbe kurz zu halten, muss man daher die ebenen Dreiecke des Ikosaeders auf die Kugeloberfläche projizieren, wodurch sie zu „geodätischen Dreiecken" zwischen Großkreisen werden und diese weiter in n gleiche Abschnitte unterteilen. Die Anzahl dieser Unterteilungen wird „Frequenz" genannt und ist abhängig von der Spannweite der Kuppel sowie von der Art der Außenhaut. Mit zunehmender Frequenz steigt die Anzahl der Stäbe und die Zahl unterschiedlicher Stablängen. Die neu entstehenden Dreiecke, deren Seiten auf den Mittelsenkrechten der Ikosaederdreiecke oder parallel zu deren Kanten liegen können, sind allerdings nicht mehr gleichseitig. Sie erzeugen aber in jedem Fall ein hexagonales Netz – mit der Ausnahme von 12 Pentagonen dort, wo sich beim Ikosaeder

Wegbeschreibung
Der Europapark ist über die Ausfahrten Ettenheim (im Norden) bzw. Herbolzheim (im Süden) der Autobahn A5 Karlsruhe–Basel zu erreichen. Der Weg ist ausgeschildert.

jeweils fünf Großdreiecke in einem Punkt treffen. Es ist also unmöglich, die Kugeloberfläche nur mit Hexagonen zu bilden. Da für eine Dachkuppel nur ein Kugelausschnitt in Frage kommt, folgt der gelagerte Rand einer geodätischen Kuppel sinnvollerweise den Großkreisen. Dadurch entsteht im Allgemeinen eine geschwungene Begrenzungslinie, die nur im Sonderfall einer Halbkugel eben ist. Um jeden Randknoten auf einem ebenen Rand auflagern zu können, wird manchmal die unregelmäßige Netzstruktur im Bereich des

(unteren) Randes durch Korrektur der Stablängen in eine regelmäßige Ringstruktur
überführt („optimiert"), wobei die Kugel-
geometrie mit hinreichender Genauigkeit
beibehalten wird.

Konstruktion und Tragverhalten
Die geodätische Kuppel im Europa-Park Rust
ist eine reine Stahlkonstruktion aus wenigen
verschiedenen, vorgefertigten Elementen. Das
Stabwerk besteht aus Rechteckhohlprofilen,
die mit je einem Bolzen durch ein Montage-
loch mit dem sogenannten Tellerknoten
oberflächenbündig und verdrehungssicher
verschraubt sind. Die Stäbe bilden eine zu
den Seiten der Ikosaederdreiecke parallele
Dreieckstruktur mit einer Frequenz von
n = 10. Die Stäbe liegen bei dieser Frequenz
an einem Knoten fast in einer Ebene, obwohl
das Tragwerk insgesamt sphärisch gekrümmt
ist. Dadurch besteht die Gefahr des Beulens
der Struktur, d.h. selbst kleine Einzellasten
an einem Knoten können große Kräfte in den
Stäben erzeugen, so dass der Knoten nach
innen gedrückt wird. Dieser elastischen Insta-
bilität wird durch die biegesteife Ausführung
der Knoten sowie durch eine steife Sekundär-
struktur entgegengewirkt. Die Sekundär-
struktur besteht in Rust aus pyramidenförmi-
gen Aluminiumpaneelen, die gleichzeitig den
äußeren Raumabschluss bilden. Die Lastein-
leitung aus der Eindeckung erfolgt linear in die
Rechteckhohlprofile. In den Knoten werden
Normal- und Querkräfte sowie Momente
übertragen.

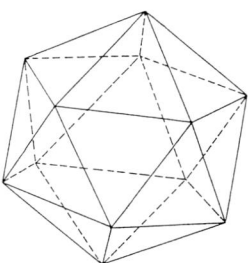

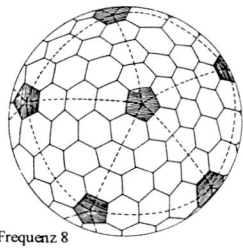

Frequenz 8

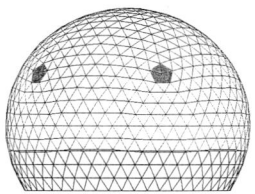

Herstellung

Die Montage erfolgte einfach und schnell
durch geschickte Detaillösungen an vorgefertigten Knoten und Stäben. Die Struktur wurde
dabei am Fuß der Kuppel beginnend von unten
spiralförmig nach oben weiterentwickelt. Sie
war auch während der Montage selbst tra-
gend. Wegen des geringen Gewichts der Ein-
zelteile erforderte die Montage keinen großen
Personaleinsatz. |

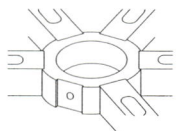

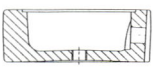

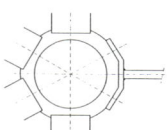

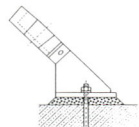

Knotenpunkt in
verschiedenen
Ansichten

Fußpunkt

Höhe
45 m
Durchmesser
43 m
Radius der Basis
18,30 m
Stablänge
ca. 2,40 m
Querschnitt der Stäbe
90 x 70 mm

Bauherr
Europa-Park, Freizeit- und
Familienpark, Mack KG, Rust
Entwurf und Ausführung
Mero-Raumstruktur GmbH & Co.,
Würzburg
Baujahr
1989

Hallen und Dächer

SINDELFINGEN
Hallenbad ● ●

Wegbeschreibung
In Sindelfingen in Richtung Leon-
berg fahren. Am Ortsausgang den
Wegweisern „Badezentrum" folgen.
Das Hallenbad grenzt unmittelbar
an das Freibadgelände.

Für Schwimmhallen ist Holz ein sehr geeigneter Baustoff, da dieser einer chlor- bzw.
solehaltigen Atmosphäre im Vergleich zu
Beton und Stahl viel besser widersteht.
Außerdem kostet bei einer Holz-*Schale* im
Vergleich zu einer Beton-*Schale* das Lehrgerüst deutlich weniger. Beim Hallenbad
in Sindelfingen, welches im Vergleich zu
anderen Bädern ein sehr weit gespanntes
Dach hat, wurde eindrucksvoll bewiesen,
dass große Flächen mit Holz überspannt
und sinnvoll gegliedert werden können ●.

Konstruktion und Tragverhalten

Die Dachform – inspiriert vom Hypar-*Schalen*-
Dach des Hallenbades Sechslingspforte in
Hamburg – wird gebildet durch zwei entlang
je einem geraden Rand C-F gestoßene *hyperbolische Paraboloide* (HP-*Schalen*) unterschiedlicher Größe. Beide *Schalen* haben je
vier gerade Ränder, die Verbindungslinie der
unmittelbar benachbarten (mit den Buchsta-
ben A–F bezeichneten) Eckpunkte. Die Verbindungslinie der zwei jeweils gegenüberliegenden Eckpunkte sind stehende (B–F, D–F) und
hängende (A–C, C–E) Parabeln. Die HP-Fläche
kann so als Regelfläche (durch Aneinanderrei-
hen verwundener Geraden) oder Translationsfläche (Verschieben der einen Parabel auf der
anderen) definiert werden. Entsprechend hat
man prinzipiell auch die Wahl, die *Schale* aus

geraden Brettern bzw. Rippen entlang den
Geraden-Erzeugenden oder besser – und hier
so ausgeführt – entlang dem Hauptzug- oder
Hauptdruckparabelbogen zu bauen. Die *Scha-
len* tragen Gleichlasten primär über *Membran*-
Kräfte ab. In den geraden Randträgern addie-
ren sich die Tagentialkräfte der Druck- bzw.
Zugbögen, die sie zu den Fundamenten in den
Tiefpunkten leiten. Die Randträger sind in der
Grundrissprojektion bzw. der *Schalen*-Fläche
gegen Knicken fischbauchartig aufgeweitet.
Dies hilft auch für den Fall einer ungleich-
mäßigen Belastung der Dachfläche sinnvoll,
die eine Biegung in den Randträgern bewirkt.
In der Vertikalen wird ein Ausweichen der Trä-
ger durch die Fassadenstützen verhindert.
Die Hauptauflager des Daches bilden die
Tiefpunkte an den Ecken B, D und F, über die
auch das Regenwasser abgeführt wird.

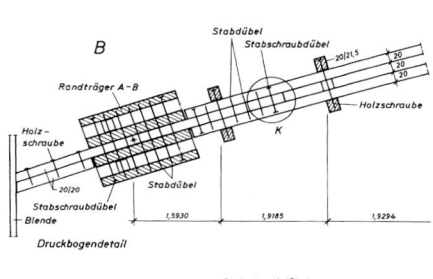

Druckbogendetail

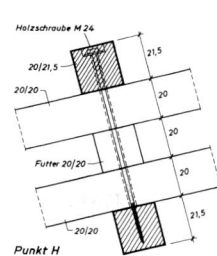

Punkt H

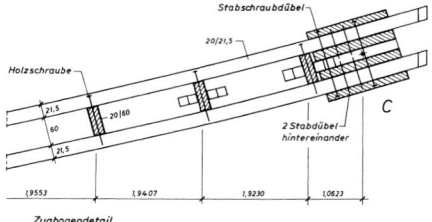

Zugbogendetail

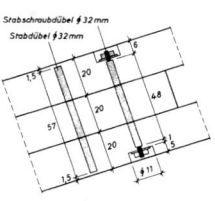

Schraubendetail Punkt K

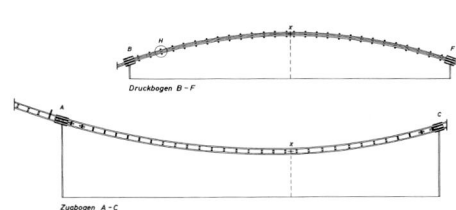

Druckbogen B - F

Zugbogen A - C

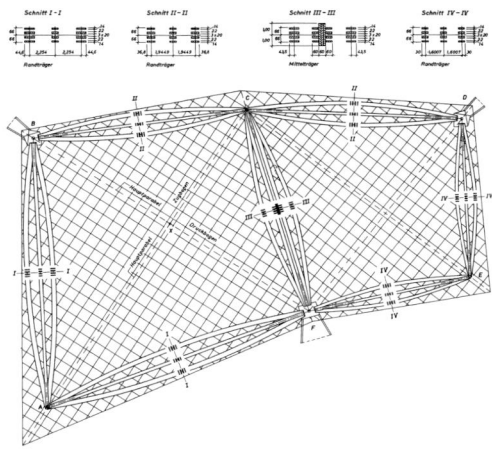

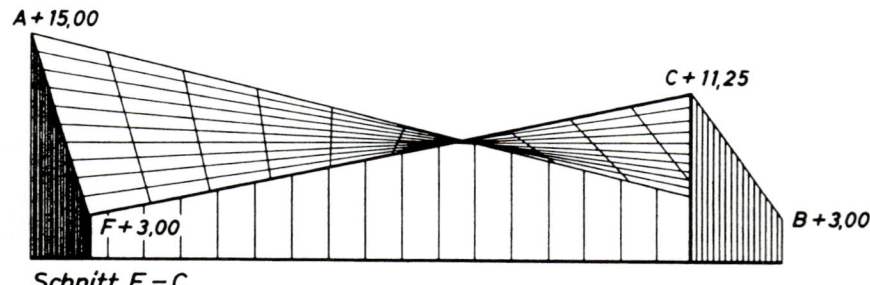

A + 15,00

C + 11,25

F + 3,00

B + 3,00

Schnitt F – C

Herstellung

Die Randträger der HP-*Schalen* konnten nicht mehr in einem normalen Pressbett gefertigt werden, da sie aufgrund der gekrümmten Dachfläche verwunden sind. Für die Herstellung dieser Tragglieder waren daher eigens für diesen Zweck geformte Pressplatten erforderlich. Als Verbindungsmittel wurden Stabdübel verwendet; ein Teil dieser Dübel sind mit Kopf, Gewinde und dazugehörender Mutter versehen worden, um eine Klemmwirkung zu erzielen. Im Werk wurden die bis zu 65 t schweren Einzelbauteile der Randträger in 1,60 m Höhe gelagert, um die Anschlussteile für die Fassadenkonstruktion unter den Trägern zu montieren. Diese Arbeit war bedingt durch die Verwindung der Träger besonders aufwendig, zumal eine millimetergenaue Lage der trägerseitigen Verbindungselemente nötig war, um eine reibungslose Montage auf der Baustelle zu gewährleisten. Die Durchführung des Transportes der Randträger, die im Schwarzwälder Holzwerk Hüfingen hergestellt wurden, stellte eine eigene Leistung dar: Wegen Überlänge und einer Breite von mehr als 6 m mussten nicht nur die Transportfahrzeuge umgebaut und Straßen gesperrt, sondern auch Bäume gefällt sowie Straßenlampen und Verkehrsschilder abmontiert werden. |

Literatur
Bauen mit Holz
Heft 1, 1977

Dachfläche
ca. 3.800 m²
Gewicht des mittleren Dachträgers
ca. 87 t
max. Randträgerlänge
52 m

Bauherr
Stadt Sindelfingen
Ingenieur
U. Otto, Stuttgart
Architekt
Tober, Sindelfingen
Holzbaufirmen
Lübbert, Bad Oeynhausen;
Fürst zu Fürstenberg, Hüfingen, und
Nemaho, Doetinchem
Baujahr
1976

SINDELFINGEN
Glaspalast ●

Obwohl schon im Jahre 1967 ein Wettbewerb zum Bau der Halle durchgeführt worden war, kam der Bau der Sporthalle erst 1975 in Gang. Gegenüber dem preisgekrönten Entwurf gelangte die Halle mit einem veränderten Raumprogramm zur Ausführung. Außerdem wurden die Erfahrungen von der Leichtathletik-Aufwärmhalle in München eingebracht. Beide Hallen sind von Funktion und Ausmaß her vergleichbar. Ähnlich wie in München wurde in Sindelfingen die Halle teilweise im Boden versenkt, um den Baukörper nicht so massig erscheinen zu lassen. Übernommen wurde auch die sehr transparente Fassadengestaltung, die in Sindelfingen dazu geführt hat, dass die Halle den Namen „Glaspalast" erhielt. Der Beiname „Palast" ist auch schon wegen der Größe der Halle gerechtfertigt: Mit 105,60 x 74,50 m übertrifft sie ein Standard-Fußballfeld (105 x 68 m) und ermöglicht damit auch Sportarten, die gewöhnlich nur im Freien ausgeübt werden können. Ferner hat die Halle über 2.500 Sitz- und 1.000 Stehplätze.

Wegbeschreibung

Über die A81 Stuttgart–Singen, Ausfahrt Böblingen-Hulb, nach Sindelfingen-West. Nach der B464 an der nächsten Kreuzung links abbiegen in die Gottlieb-Daimler-Straße (Richtung Leonberg), die im weiteren Verlauf zur Konrad-Adenauer-Straße wird. Danach rechts abbiegen in die Rudolf-Harbig-Straße, deren nächste Querstraße links direkt auf den Glaspalast führt. In Sindelfingen ist der Weg ausgeschildert.

Hinweis

Unmittelbar neben dem Glaspalast lohnt ein Blick auf die Fußgänger-brücke über die Konrad-Adenauer-Straße *siehe Seite 166.*

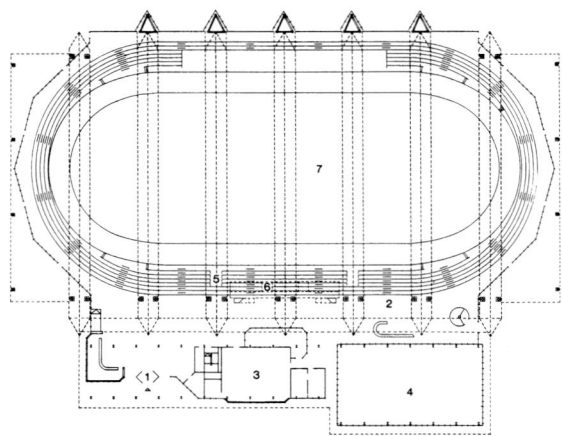

1 Eingang
2 Foyer
3 Vereinsraum
4 Judo- und Aufwärmhalle
5 Zuschauertribüne
6 Regie
7 Halle

Konstruktion der Haupt- und Seitenschiffe

Das relativ konventionelle Stahltragwerk der Hallenschiffe besteht aus quer verlaufenden Bindern, die in einem Achsabstand von 11,70 bzw. 13,20 m den Dachaufbau tragen. Die beiden Randträger haben Spannweiten von 3 x 14,88 m; zwei Hauptbinder sowie fünf Halbrahmen haben jeweils 48,36 m Spannweite mit einer Auskragung von 5,50 m. Die fünf Halbrahmen liegen an einem Ende (Osten) auf zwei *Pendelstützen* auf, während sie am anderen Ende (Westen) als einhüftige Rahmen bis zu den Lagerkissen an die Hallenunterkante heruntergezogen sind. Diese Halbrahmen stellen damit gleichzeitig die Aussteifung in Ost-West-Richtung sicher. Beim zentralen Halbrahmen sind die beiden östlichen *Pendelstützen* mittels eines Kreuzverbandes und Diagonalen zu einem Bock ergänzt, der die Aufnahme der Windlast in Nord-Süd-Richtung garantiert. Mit dem aus Trapezblech gefertigten Flachdach, das durch die Anordnung von Windverbänden als Scheibe wirkt, ist die Halle in allen Richtungen ausgesteift. Die beiden Hauptbinder konnten daher einfach auf *Pendelstützen* gelagert werden. Hauptbinder und Halbrahmen sind Dreigurt-Fachwerkträger mit einem liegenden, gleichschenkligen

Dreieckquerschnitt von 2,80 m Höhe und 3 m Breite. Diese Fachwerkträger haben ausschließlich steigende und fallende Diagonalen, also keine vertikalen Pfosten. Sämtliche Dreigurtbinder sind zur Kompensation von Eigen- und Schneelastdurchbiegung überhöht, so dass sie im ungünstigsten Fall immer noch einen „Katzenbuckel" von 60 cm zur Dachentwässerung bilden. An den höchstbeanspruchten Stellen kamen Rohre aus St. 52-3 mit einem Durchmesser von 324 mm und 25 mm Wandstärke zum Einsatz, während in den übrigen Bereichen bei gleicher Wandstärke St. 37-2 Rohre mit 220 mm Durchmesser genügten. Die Rohre durchdringen sich räumlich und sind entlang der Schnittkurve ohne zusätzliche Verstärkungen miteinander verschweißt. Die Randträger der Seitenschiffe lagern ebenfalls auf Rohr-*Pendelstützen*. Bedingt durch die Durchlaufträgerwirkung und die relativ kleinen Spannweiten von 3 x 14,88 m reicht für diese zweigurtigen Fachwerkträger eine Konstruktionshöhe von 90 cm. An die einzelnen Binder bzw. Randträger sind längs laufende Pfetten mit 3,72 m Achsabstand befestigt. Diese Einfeldträger haben im Bereich der Halbrahmen Spannweiten von 10,20 m, während sie zwischen den Hauptbindern und den Randträgern in

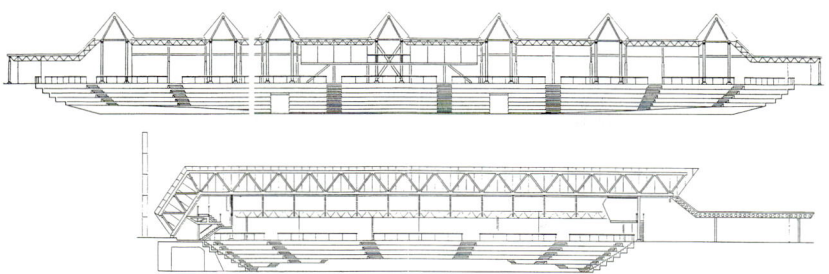

Hallen und Dächer

abgeknickter Form Spannweiten von 11,70 m erreichen. Sie sind als Rundstahl-Gitterträger mit einer Höhe von 66 cm ausgebildet und haben ebenfalls nur steigende und fallende Diagonalen. Alle Stahlteile erhielten einen Feuer hemmenden Anstrich der Klasse F30.

Herstellung

Im Werk wurden 18,60 m lange Elemente der Dreigurtbinder vorgefertigt. Die sandgestrahlten und grundierten Teile wurden dann vor Ort komplett verschweißt und mittels eines Mobilkranes auf die Lagerkissen bzw. die vorläufig fixierten *Pendelstützen* gesetzt. Aufgrund des besonderen Aussteifungskonzeptes waren mit Ausnahme des zentralen Binders sämtliche Binder im Bauzustand seitlich zu stabilisieren, bis die montierte Dachscheibe diese Funktion übernehmen konnte. Trotz dieser Probleme und der gewaltigen Stahlmenge dauerte die Stahlbau-Montage (einschließlich Trapezblecheindeckung) insgesamt nur drei Monate und war im Mai 1976 abgeschlossen.

Literatur
Deutsche Bauzeitschrift
Heft 12, 1975

Stahlbau
Heft 2, 1979

Hauptfläche
4.840 m²
Nebenfläche
2.380 m²
Stahlmenge
440 t

Bauherr
Stadt Sindelfingen
Ingenieure
Leonhardt und Andrä, Stuttgart
Architekten
Behnisch und Partner, Stuttgart
Baufirma
Stahlrohrbau Nürnberg
Bauzeit
1975–1977

STETTEN A.D. FILDERN
Schalen des Naturtheaters ●

Das Naturtheater Stetten, heute „Theater
unter den Kuppeln", besteht seit 1963. Die
heutige Anlage umfasst die offene Zuschauerkuppel (Baujahr 1976), die *Schale* für den
Ballettsaal (Baujahr 1979) sowie die erst
1989 ergänzte *Schale* für den Musiksaal
(Mörikesaal). Ballett- und Mörikesaal haben
die gleiche Form. Mit zur Anlage gehört auch
die Wohn-*Schale* „Haus Balz", die 1980
entstand.

Konstruktion der Theaterkuppel
Die *Schalen*-Form für die Theaterkuppel
wurde ebenso wie die über den Sälen durch
Hängeversuche mit *Membranen* gefunden
*siehe Naturtheater Aichtal-Grötzingen, Seite
296.* Sie zeichnet sich durch ihre freie, rand-
trägerlose Form aus. Die *Schale* ist aufgrund
ihrer Doppelkrümmung in der Lage, auch unsymmetrische Lasten (z. B. Schnee und Wind)
vorwiegend über Druckkräfte abzutragen. Die
große Zuschauerkuppel überspannt von drei
Fußpunkten aus eine Fläche von ca. 440 m²
und überdacht damit etwa 600 Sitzplätze; in
Längsrichtung beträgt die Spannweite 28 m,
in Querrichtung 20 m. Ihre Dicke variiert zwischen 8 cm im Scheitel und ca. 15 cm an den

Wegbeschreibung
Stetten gehört zur Stadt Leinfelden-Echterdingen und liegt unweit
des Stuttgarter Flughafens –
erreichbar über die A8 Stuttgart–
Ulm, Ausfahrt Stuttgart-Degerloch,
und die B27 (Richtung Tübingen).
Der Weg zum Naturtheater ist in
Stetten ausgeschildert.

Fußpunkten. Die Fundamente sind mit Zugbändern verbunden, um die Horizontalanteile
des über die Füße ankommenden Kuppelschu-
bes kurzzuschließen.

Herstellung der Theaterkuppel
Kernstück der Schalung waren gekrümmte
Schalungsbinder, deren Formen aus dem
Formmodell herausgemessen wurden. Sie
mussten beim Einrüsten auf Stahlrohrstützen
exakt ausgerichtet werden, um die Form der
Schale möglichst genau abzubilden. Die Schalhaut bestand aus Brettern und darauf verlegten Holzwolleplatten, die als verlorene Schalung zur Schallabsorption herangezogen
werden. Nach Einbau einer zweilagigen

Bewehrung wurde die *Schale* in einem Guss betoniert. Durch die Verwendung eines erdfeuchten Betons und eines speziellen Oberflächenrüttlers war es möglich, auch die steilen Randbereiche ohne Konterschalung zu betonieren.

Formfindung der Schalen für das „Haus Balz"

Das Wohnhaus besteht aus *Schalen*-Teilen, deren Formen durch Aufblasversuche gefunden wurden. Dabei wird eine ebene *Membran* in einem Rahmen beliebiger Berandung eingespannt und durch Innendruck aufgeblasen. Über die Größe des Drucks kann die Stichhöhe beeinflusst werden. Solange die *Membran* keine Falten wirft, steht sie unter einem reinen Zugspannungszustand. Die entsprechend geformte *Schale* erhält deshalb unter Eigen- und Schneelast vornehmlich einen zweiaxialen Druckspannungszustand, der dafür sorgt, dass der Beton rissfrei und dicht bleibt.

Herstellung des Wohnhauses

Zur Herstellung des „Hauses Balz" wurden die an Modellen gefundenen Formen aus Bewehrung nachgewoben, mit einem zusätzlichen Netz bedeckt und von innen mit Putzmörtel bespritzt. Die so entstandene *Schale* bildete dann die Schalung für den von außen aufgebrachten Beton. |

Bauherr
Stadt Leinfelden-Echterdingen
Ingenieur
H. Isler, Burgdorf (CH)
Architekt
M. Balz, Stetten
Bauzeit
1976–1989 (in Abschnitten)

STUTTGART
Alte Reithalle ● ●

Die Alte Reithalle ist heute eines der bedeutendsten Denkmäler der Stahlarchitektur
des 19. Jahrhunderts in Baden-Württemberg.
Erbaut wurde sie aufgrund einer Initiative
der „Interessensgemeinschaft zur Förderung des städtischen Pferdemarktes". Die
Halle war aber nicht nur als Reithalle konzipiert, sondern sollte auch den Ansprüchen
einer Multifunktionshalle mit Zirkus- und
Operettenaufführungen genügen. Nach
einer schweren Beschädigung im Jahre 1944
wurde die Alte Reithalle zunächst wieder
vereinfacht aufgebaut. Nach jahrelanger
Verwendung als Lagerhalle stand das
Gebäude dann leer. Erst nach einer grundlegenden Sanierung wurde die Halle im
Jahre 1985 wieder das, was sie einmal war:
ein vielfältig nutzbarer, schöner Veranstaltungsort.

Konstruktion und Tragverhalten

Von besonderer baugeschichtlicher Bedeutung ist die ovale Manege mit der Dachkonstruktion, die dem Halleninneren heute noch
ein besonderes Ambiente verleiht. Getragen
wird der Dachaufbau von eisernen Fachwerkträgern, die biegesteif an die Stützen ange-

Wegbeschreibung
Die Alte Reithalle gehört heute
zum Komplex des Hotels Maritim
nahe der Liederhalle in der
Forststraße 2a.

schlossen sind und so mit ihnen ein System
von gekoppelten Rahmen bilden. Auf halber
Höhe der Stützen ist eine zweite Ebene eingezogen, ähnlich der Ränge in den damaligen
Opernhäusern. Da es hier allerdings keine
Bühne gab, konnte dieser Rang als Rundgang
ausgebildet werden. Außen wird der Rundgang
von dem umgebenden Backsteinbau getragen.
Ein seitliches Ausweichen der schlanken Stützen, die im Gegensatz zu anderen Bauwerken
der damaligen Zeit nicht aus Gussstahl, sondern aus Walzprofilen hergestellt wurden,
kann dadurch verhindert werden. Die Stützen
sind einfache U-Profile, die kopfseitig zu
einem H-Profil zusammengenietet wurden.
Zwischen den beiden U-Profilen wurde
abschnittsweise ein einfaches Blech eingefügt, um die Profile auf Distanz zu halten. Auf
diese Weise konnten die Gurte bzw. die Diagonalen der Fachwerkträger über Stoßbleche
sehr einfach zentrisch an den Stützen angeschlossen werden. Die Fachwerkträger spannen in Querrichtung. Eine Ausnahme bilden

die ausgerundeten Hallenenden, bei denen
halbierte Träger radial angeordnet wurden, um
die halbkegelartigen Dachpartien zu tragen.
Jeweils im Mittelpunkt der Halbkreise, die
durch die Hallenenden beschrieben werden,
treffen die halbierten Fachwerkträger zusammen. Um den radialen Trägern an dieser Stelle
ein Auflager zu bieten, aber gleichzeitig dem
jeweils ersten durchgehenden Fachwerkträger
diese Last nicht alleine zuzumuten, wurde in
der Firstlinie ein in Hallenlängsrichtung
zusätzlich verlaufender Fachwerkträger eingebaut, der abgesehen vom Kurzschließen der
Untergurtkräfte aller radialen Träger auch eine
Rahmentragwirkung in Hallenlängsrichtung
aktiviert. Die Obergurte aller Träger verlaufen

entsprechend der Satteldachform abschnittweise geradlinig, während die Untergurte
einen bogenförmigen Polygonzug aufspannen.
Die einzelnen Gurt- und Diagonalstäbe sowie
die Pfosten der Fachwerkträger bestehen je
nach Beanspruchungsart aus einfachen
Winkeln oder Flacheisen, die mittels Blechen
und Nieten zusammengefügt sind. Auch hier
wurden die Gurte so ausgebildet, dass die
paarweise angeordneten Winkel auf Distanz
gehalten werden, um im Zwischenraum die
Pfosten bzw. Diagonalen zentrisch einzufügen.
Die Dachkonstruktion der Alten Reithalle
zeichnet sich damit nicht nur durch ein filigranes Stabtragwerk aus, sondern beweist eindrucksvoll, wie einfach auch damals schon
anspruchsvolle Details gelöst wurden. Sie
ist damit ein Zeugnis der Kunst des Kon-
struierens im 19. Jahrhundert, beflügelt auch
durch die damals noch heilsam hohen
Materialkosten. |

Hallen und Dächer

Architekt
R. Reinhardt
Bauzeit
1887–1888
Sanierung
1984–1985

STUTTGART
Markthalle ●●

Der heutige Bau der Markthalle trat an die
Stelle einer im Jahre 1864 erstellten Gemü-
sehalle. Der Entwurf aus dem Jahre 1910
ging aus einem Wettbewerb hervor, den
überraschend der junge Martin Elsässer
gewann. Auffällig ist die Diskrepanz
zwischen dem inneren und dem äußeren
Erscheinungsbild der Halle. Die Fassaden
deuten auf den Versuch hin, die Halle in die
damals noch intakte Stuttgarter Altstadt zu
integrieren. Arkaden, Erker und Türmchen
nahmen unmittelbar Bezug auf benachbarte
Gebäude. An den Außenwänden der Halle
finden sich Fresken von Franz Heinrich Gref
und Gustav Rümelin, die im Jahre 1974
restauriert wurden. Ganz gegensätzlich dazu
präsentiert sich das Gebäudeinnere, das für
die damalige Zeit sehr modern gestaltet
wurde. Bewusst wurde hier auf kühle Sach-
lichkeit und Funktionalität geachtet – mit
einem schlichten Tragwerk aus dem damals
noch relativ neuen Werkstoff *Eisenbeton*.
Anfang der siebziger Jahre wäre die Markthalle fast abgerissen worden, da sie als
unrentabel bewertet wurde. Erst der breite
Protest von Denkmalschützern, Händlern
und der Öffentlichkeit konnte das Bauwerk

Wegbeschreibung
Die Markthalle findet man in der
Innenstadt Stuttgarts. Sie grenzt
unmittelbar an die Ostseite des
Alten Schlosses.

retten. Heute wird die Erdgeschossfläche
immer noch von Lebensmittelhändlern
genutzt, während im Obergeschoss der
Seitenschiffe und der Empore ein exklusiver
Einrichtungsmarkt, ein Restaurant sowie
städtische Ämter untergebracht sind. Die
Markthalle stellt damit heute einen Multi-
funktionsbau dar, der durch sein Flair ein
breit gefächertes Publikum anspricht.

Konstruktion und Tragverhalten

Die 60 m lange und 25 m breite Halle wird von
insgesamt 11 Stahlbetonbindern in Querrichtung überspannt. Der Obergurt der Binder ist
jeweils als Druckbogen ausgebildet, während
der ebenfalls nach oben, aber deutlich
schwächer gekrümmte Untergurt als Zugband
wirkt und die Horizontalschubkräfte des
Druckgurtes kurzschließt. Aus gestalterischen
Gründen wurde der Untergurt nicht polygonal
geführt, sondern stetig gekrümmt. Aus Stahl
waren derartige Sichelträger damals nicht

neu, wohl aber aus Beton. Im Gegensatz zu den Stahlbindern dieser Art weisen jene der Markthalle nur vertikale Verbindungen zwischen Ober- und Untergurt auf. Auf diagonale Auskreuzungen, die bei unsymmetrischen Lasten eine Fachwerktragwirkung sicherstellen, wurde bewusst verzichtet, so dass sich die Binder der Markthalle der Tragwirkung eines *Vierendeel-Trägers* bedienen. Es wurde also richtig erkannt, dass die im Vergleich zu Stahlprofilen dicken Betonquerschnitte nicht nur Normalkräfte, sondern auch Biegemomente aufnehmen können. Die durch die Herstellung bzw. den Feuerschutz bedingten Mindestmaße der einzelnen Betonquerschnitte wurden damit geschickt auch statisch genutzt, um dennoch ein transparentes Tragwerk zu erhalten. Die besondere Art der Dachführung, die im mittleren Bereich dem Obergurt, im Randbereich dem Untergurt folgt und dabei im Übergangsbereich treppenartig einen mit Fenstern versehenen, vertikalen Träger einschaltet, weist ebenfalls Merkmale auf, die schon bei stählernen Bahnhofshallen des vorangegangenen Jahrhunderts zu beobachten waren. Im Gegensatz zu den großen Bahnhofshallen übernimmt dieser vertikale Träger hier aber keine Verstrebungsfunktion der knickgefährdeten Obergurte. Ein seitliches Ausweichen der Druckgurte wird schon durch die Stahlbetonpfetten verhindert, die an den Stirnseiten gehalten sind. Im mittleren Teil tragen diese Pfetten ein Glasdach, das die Halle so belichtet, dass am Tag keine künstliche Beleuchtung für den Innenraum benötigt wird. |

Hallen und Dächer

Bauherr
Stadt Stuttgart
Architekt
M. Elsässer
Wandmaler
F. H. Gref und G. Rümelin
Bauzeit
1911–1914

STUTTGART-HESLACH
Hallenbad ● ●

Im Jahre 1929 wurde die „modernste und wohl größte Schwimmhalle Deutschlands" eingeweiht (Hallenfläche = 68 x 23 m). Die für Schwimmhallen ungewöhnliche Länge des Baus ist darauf zurückzuführen, dass der Entwurf das Männer- und Frauenschwimmbecken in unmittelbarer Verlängerung unter ein und demselben Hallendach vorsah. Durch Wegnahme einer beweglichen Trennwand konnten so die beiden Becken von je 25 m Länge in ein Wettkampfbecken mit 50 m Länge verwandelt werden. Heute haben aufgrund des veränderten Bedarfs die Becken (Springer-, Schwimmer- und Kinderplanschbecken) verschiedene Größen.

Wegbeschreibung
Das Heslacher Hallenbad findet sich in der Mörikestraße in der Nähe des Südportals des Schwabtunnels *siehe Seite 247* hinter dem Schickardt-Gymnasium.

Konstruktion und Tragverhalten

Als Besonderheit der Halle kann das von Max Bergs Jahrhunderthalle in Breslau übernommene Konstruktionsprinzip gewertet werden. Das Tragwerk besteht aus neun Stahlbetonbindern mit 21 m Spannweite, die als Zweigelenkbögen ausgebildet sind. Die Bögen gehen bei einem Abstand von 5,86 m untereinander vom Auflager zunächst 6,25 m vertikal auf, bevor sie in einer nahezu parabolischen Form die Halle mit einer Scheitelhöhe von 16,80 m überspannen. Das Dach aus Stahlbeton schließt sich den Bogenbindern treppenartig an und bildet eine ausgezeichnete Versteifung der Bögen in Hallenlängsrichtung. Im unteren Bereich sind die Bögen durch Mauerwerk ausgefacht, während im oberen Bereich die Halle durch selbst tragende Fensterbänder in den vertikalen Partien der treppenartigen Dachkonstruktion belichtet wird. Der First ist ein Satteldach aus Stahlbeton, das unten mittels einer flachen Stahlbeton-Isolierdecke abgeschlossen wird. Ursprünglich waren die Bogenbinder als eingespannte Bögen konzipiert; auf Vorschlag der Baufirma wurden sie jedoch gelenkig in die Fundamente eingebunden. Gegenüber den eingespannten Bögen konnten so die Betonmassen in den Binderfüßen drastisch reduziert werden. Aufgrund der damaligen, hohen Materialkosten war damit eine beachtliche Kostenersparnis verbunden. Die Fußgelenke sind als *Betongelenke* ausgebildet, die in monolithischer Bauweise die notwendige Rotation erlauben. Die Anordnung solcher Gelenke – scheinbare Schwachstellen dort, wo die Beanspruchungen am größten sind – ist für den Laien nur schwer verständlich. Mit Hilfe des planmäßigen Anordnens solcher Gelenke kann der Ingenieur aber den Beanspruchungsverlauf und damit

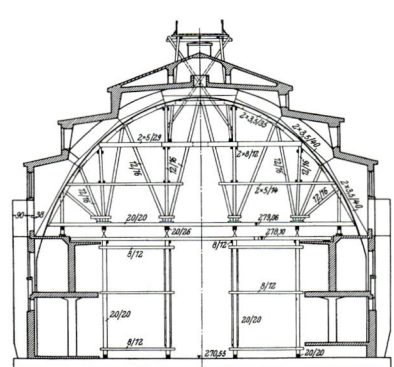

auch die notwendige Querschnittsausbildung
von Traggliedern gezielt beeinflussen, so dass
hierdurch, wie im konkreten Fall, ein günstigeres Tragverhalten erzielt und Kosten eingespart
werden können.

Gründung

Aufgrund des gipshaltigen Baugrundes wurde
das Bauwerk auf 500 Stahlbeton-*Pfählen* gegründet. Die *Pfähle* wurden mit Querschnitten
von 30 x 30 cm unter der Verwendung von
Schmelzzement nach einem besonderen
Verfahren hergestellt und in Längen von
7 bis 12 m durchschnittlich schon 3 Tage nach
ihrer Herstellung gerammt. Die Rammleistung
betrug in dem aufgefüllten Boden bis zu
19 *Pfähle* in 10 Stunden. Das gesamte Fundament mit rund 4.500 laufenden Metern
Pfahl-Länge konnte in weniger als 7 Wochen
mit nur einer Ramme hergestellt werden.

Herstellung

Von besonderer Bedeutung war beim Bau der
Halle der strenge Zeitplan, der eine Fertigstellung der Dach-Rohbauarbeiten bis Ende
des Jahres 1927 vorsah. Da die Fundament-
herstellung erst Mitte September 1927 abgeschlossen war, musste das Dach in einem
Zuge betoniert werden. Ein verschiebbares
Lehrgerüst konnte somit nicht eingesetzt werden. Um einen reibungslosen Arbeitsfortschritt zu gewährleisten, wurden die Gerüst-
konstruktion und die Lehrbögen so weit
vorbereitet, dass unmittelbar nach Abschluss
der Fundamentarbeiten das Lehrgerüst für das
ganze Dach mit Hilfe von Turmdrehkränen
innerhalb von acht Tagen aufgestellt werden
konnte.

Verweis auf ähnliche Bauwerke

Das Dach der Turn- und Festhalle in Len-
ningen-Oberlenningen wird ebenfalls von
Zweigelenk-*Eisenbeton*-Bögen getragen.
Aus gestalterischen Gründen sind diese dort
allerdings als Spitzbögen ausgebildet. |

Literatur
Beton und Eisen
Heft 5, 1929

Bauherr
Landeshauptstadt Stuttgart
Ingenieure
F. Fischle und F. Cloos,
Hochbauamt Stuttgart
Baufirma
Ed. Züblin & Cie A.G., Stuttgart
Bauzeit
1927–1929

Hallen und Dächer

STUTTGART-VAIHINGEN
Institut für leichte
Flächentragwerke ● ● ●

Ursprünglich als Versuchsbau zur Erprobung
von Konstruktion und Montage des „Deutschen Pavillons" auf der Montrealer Welt-
ausstellung von 1967 erstellt beherbergt das
Dach seit Ende 1968 das Institut für leichte
Flächentragwerke (IL) der Universität Stuttgart. Der Versuchsbau entspricht mit einer
Fläche von 460 m² etwa einem 17tel der
Fläche des Montrealer Pavillons. Das Dach,
dessen Form fast ausschließlich durch
Modellversuche entwickelt wurde, ist einer
der wenigen dauerhaft genutzten Zeltbauten
Frei Ottos. Aufgrund seiner Pionierrolle
gebührt ihm zweifellos eine besondere
Stellung in der Baukunst und im Leichtbau ●.

Konstruktion
Die Struktur des *antiklastisch* gekrümmten
Seilnetzdaches ist auf das Notwendigste reduziert: Sie besteht aus dem zugbeanspruchten
gleichmaschigen Seilnetz (Maschenweite =
50 x 50 cm) und dem druckbeanspruchten

Wegbeschreibung
Das IL-Gebäude findet man auf
dem Campus in Stuttgart-Vaihingen. Der Weg ist ab Pfaffenwaldring
bzw. der S-Bahn-Station ausgeschildert.

Stahlrohrmast. Der Rand des Seilnetzes ist
mit Randseilen eingefasst, die an zwölf Punkten gegen Böcke aus Stützen und Abspannsei-
len verspannt sind. Das ca. 600 m² große Netz
besteht aus zwei gleichen, symmetrisch angeordneten Teilen. In der Symmetrieachse verlaufen zwei Spiralseile, die vom Fundament
aus über einen Bock die Mastspitze erklim-
men. Das horizontale Gleichgewicht am Mastkopf wird von zwei weiteren Spiralseilen
befriedigt, die auf gleiche Weise von der anderen Seite her die Spitze der Struktur erreichen. Diese Gratseile öffnen sich aber auf
einer Seite zu einem „Auge", das die Kräfte
des Netzes besonders vorteilhaft einsammeln
und der Mastspitze zuführen kann, wie Frei
Ottos Versuche mit Seifenhäuten zeigten.
Dieses Auge ist mit einem Sekundärnetz und

Plexiglasplatten zur Belichtung des Innenraums eingedeckt. In den Bereichen, in denen
die Gratseile parallel geführt sind, wird der
horizontale Kräfteausgleich mittels einfacher
Schäkel hergestellt. Die Verbindungsmittel
haben eine entscheidende Bedeutung für die
Montage, das Tragverhalten und die Tragfähigkeit solcher Netze. Die Netzknoten sind Kreuz-
klemmen, die frei von scharfen Kanten und
Ecken sind, um ein Beschädigen der 12 mm
dünnen Litzenseile beim Zusammenrollen der
Netzbahnen zu vermeiden. Die Randseilklem-
men sind dagegen so konstruiert, dass sie
Seile unterschiedlichen Querschnitts miteinander verbinden können. Die für den Versuchsbau entwickelte Randseilklemme
besteht daher aus 5 mm starkem, U-förmig
vorgebogenem Bandstahl, der mittels einer
Klemmschraube (M20) den Anschluss herstellt. Alle Verbindungsmittel wurden aus
Gründen des Korrosionsschutzes verzinkt. Der
17 m hohe Mast ist als *Pendelstütze* ausgebildet; er besteht aus einem Stahlrohr mit einem
gleich bleibenden Durchmesser von 42 cm.
Der Fuß des Mastes steht auf einem Gummi-
topflager, das die allseitig gelenkige Lagerung
des Mastes sicherstellt. Hydraulische Pressen
unter dem Mastfuß erledigten das *Vorspannen*
der gesamten Seilnetzkonstruktion, die heute
neben einer Holzschalung und einer Isolier-
schicht eine Eindeckung mit Eternitschindeln
trägt. Der am Seilnetzbau interessierte Ingenieur kann die Weiterentwicklung an der Voliere
in der Stuttgarter „Wilhelma" *siehe Seite 379*
sowie am Olympiadach und an der Eissport-
halle in München verfolgen. |

Hallen und Dächer

Bauherr
Bundesbaudirektion
Ingenieure
Leonhardt und Andrä, Stuttgart
Architekten
F. Otto, P. Strohmeyer, Stuttgart
Baufirmen
L. Strohmeyer und Co. GmbH,
Wolff und Müller, Stuttgart
Baujahr
1966
Wiederaufbau
1967–1968

Wegbeschreibung
Man findet die Schleyer-Halle in unmittelbarer Nachbarschaft des Gottlieb-Daimler-Stadions *siehe Seite 375* und des Cannstatter Wasens.

STUTTGART-BAD CANNSTATT
Hanns-Martin-Schleyer-Halle ● ●

Im Jahre 1978 wurde von der Stadt Stuttgart ein Wettbewerb für eine große Veranstaltungshalle ausgeschrieben. Vorgegeben waren eine fest eingebaute Radrennbahn mit 285,71 m Länge (7 Runden = 2 km), mindestens 5.000 ständig verfügbare Sitzplätze auf seitlichen Tribünen und eine einwandfreie Belichtung der Halle durch Tageslicht. Des Weiteren waren die speziellen Randbedingungen zu beachten, die sich aus dem beengten, dreieckförmigen Grundstück und der Gründung in den weichen Deckschichten des mineralwasserhaltigen Bodens ergaben.

Konstruktion
Zur Ausführung gelangte ein Tragwerk, bei dem 65 m weit gespannte Stahlfachwerkträger beidseitig von ca. 15 m weit auskragenden Spannbetonrahmen getragen werden. Die Gesamtspannweite der Konstruktion beträgt damit etwa 95 m, der Abstand der 10 Hauptträger in Hallenlängsrichtung 12,50 m. Das Dach selbst ist ein Sheddach, wobei die Sheds um 30° gegen die Hallenlängsrichtung verschwenkt sind, um das Tageslicht optimal einfangen zu können.

Spannbetonrahmen
Die geknickten Kragarme der Rahmenkonstruktion werden jeweils durch einen schrägen Druckriegel abgestützt, der gleichzeitig als Tribünenträger dient. Die Horizontalschubkraft des Druckriegels wird über Zugbänder zurückverankert, so dass aus den ständigen Lasten nur vertikal gerichtete Kräfte über die Stützen unter dem Umgang an den Baugrund abgegeben werden. Der Fundamentkörper der Rahmen ist dabei so ausgerichtet, dass die Wirkungslinie der Resultierenden aus den Eigenlasten im mittleren Drittel der Fundamentbreite angreift. Dadurch wird eine klaffende Fuge auf der rückwärtigen Seite zwischen Fundament und Boden verhindert. Zur Aussteifung in Längsrichtung sind jeweils zwei Rahmen gekoppelt. Als Besonderheit ist hervorzuheben, dass hier erstmals in Deutschland die *teilweise Vorspannung* in größerem Umfang im Hochbau zum Einsatz kam ●.

Fachwerkträger
Für die Fachwerkbinder wurde eine Bauhöhe von 5,95 m gewählt. Die im gleichen Winkel fallenden und steigenden Diagonalen haben einen jeweiligen Abstand von 7,22 m. Für den am höchsten belasteten Binder ergaben sich damit als max. Kräfte 3,7 MN für den Gurt bzw. 1,3 MN für die Randdiagonale. Die Gurte sind als geschweißte Hohlkästen mit 40 x 40 cm Außenabmessungen und je nach Stabkraft mit variablen Blechdicken von 10 bis 20 mm ausgeführt worden. Für die Diagonalen kamen Walzprofile der Klassen IPE, HEA und HEB entsprechend der Größe und der Art der Beanspruchung (Knicken) zum Einsatz. Lediglich die letzte Diagonale am Rand wurde aus formalen Gründen wie der Untergurt auch als Kastenquerschnitt ausgeführt. Alle Stabanschlüsse wurden geschweißt, wobei auf Knotenbleche aus gestalterischen Gründen

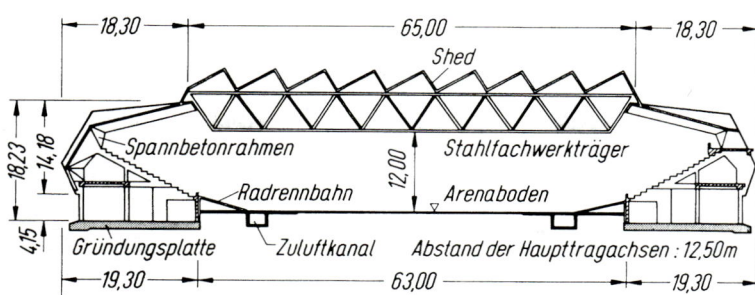

Hallen und Dächer

verzichtet wurde. Die Aussteifung der Fach-
werkobergurte besorgen die diagonal verlaufenden Untergurte der Shedträger, die zusammen mit den Obergurten und zusätzlichen
Verbänden eine horizontale, aus Dreiecken
aufgebaute Fachwerkscheibe bilden.

Sheddach

Die ebenfalls fachwerkartig aufgelösten Träger
des Sheddachs sind Einfeldträger, um bei unterschiedlicher Durchbiegung der Hauptfachwerkträger von Zwängen verschont zu bleiben.
Ungleiche Verformungen treten schon deshalb
auf, weil die Sheds schräg zu den Hauptträgern
spannen und dadurch an verschiedenen Stellen der Hauptträger zum Aufliegen kommen.
Die Spannweite dieser Shedträger beträgt
14,44 m bei einem gegenseitigen Abstand von
ca. 6,25 m. Eingedeckt wurde das Sheddach
auf der Nordseite mit einer doppelten Profilit-
Verglasung und auf der flachen, abgewinkel-
ten Südseite mit Trapezblech mit Wärmedämmung. Das Sheddach der Schleyer-Halle ist
heute deren Hauptmerkmal und findet sich im
Logo, das auf den Verkehrsschildern innerhalb
Stuttgarts den Weg zur Schleyer-Halle weist. |

Literatur
Stahlbau
Heft 7, 1984

Beton- und Stahlbetonbau
Heft 6, 9 und 10, 1985

Überdachte Fläche
ca. 100 x 140 m
Gebäudehöhe
ca. 20 m
Umbauter Raum
ca. 235.000 m³
Stahlkonstruktion
ca. 870 t

Bauherr
Landeshauptstadt Stuttgart
Ingenieure
Peter und Lochner, Stuttgart
Architekten
Siegel, Wonneberg und Partner,
Stuttgart
Baufirmen
P. Stephan GmbH + Co. und F. M.
Wachter GmbH + Co., Stuttgart
Stahlbau
A. Heinrich GmbH, Saarbrücken
Bauzeit
1980–1983

STUTTGART-MÖHRINGEN
Züblin-Haus ●● ●

Für den Bau eines Verwaltungsgebäudes
für 700 Mitarbeiter der Ed. Züblin AG wurde
Anfang 1982 der Architekt Gottfried Böhm,
mit dem die Firma Züblin schon die Wall-
fahrtskirche in Neviges gebaut hatte, auf
Initiative von Prof. Volker Hahn direkt mit
der Planung beauftragt. Gefordert waren
eine variable Anordnung der Büroräume mit
natürlicher Belüftung sowie eine tragende
Konstruktion aus Betonfertigteilen. Der
Entwurf von Böhm sieht zwei parallele,
ca. 100 m lange Bürobauten aus Beton und
eine verbindende, gläserne Halle vor. An den
Stirnseiten der Halle geben Glasfassaden
gegliedert durch mittige Treppentürme mit
beidseitigen Laufstegen den Blick auf die
Außenbereiche frei. Unterbrochen wird dieser große Raum durch den zentralen Trep-
pen- und Aufzugsturm, der mit beidseitigen
Laufstegen in jedem Geschoss die Halle in
zwei Bereiche trennt.

Wegbeschreibung

Das Züblin-Haus grenzt direkt an
die Südseite der überregionalen
Straße, die die beiden im Süden von
Stuttgart gelegenen Stadtbezirke
Vaihingen und Möhringen miteinan-
der verbindet (Albstadtweg 3). Zu
erreichen über die B14, Ausfahrt
Vaihingen, im Westen bzw. die B27,
Ausfahrt SI-Zentrum, im Osten.

Konstruktion der Büroflügel

Zwei Entwurfsbedingungen prägen die Konstruktion und das äußere Erscheinungsbild
der Bürotrakte: Es waren jeweils 7 Vollgeschosse in einer Höhe von 22 m über EG unterzubringen und beide Büroflügel mit Beton-
fassaden zu versehen. Die Fassaden aus
eingefärbten Betonfertigteilen wurden dabei
so gestaltet, dass die tragenden Außenstützen
mit zur Fassadengestaltung herangezogen
wurden. Diese Stützen sind dunkelrot gefärbt,

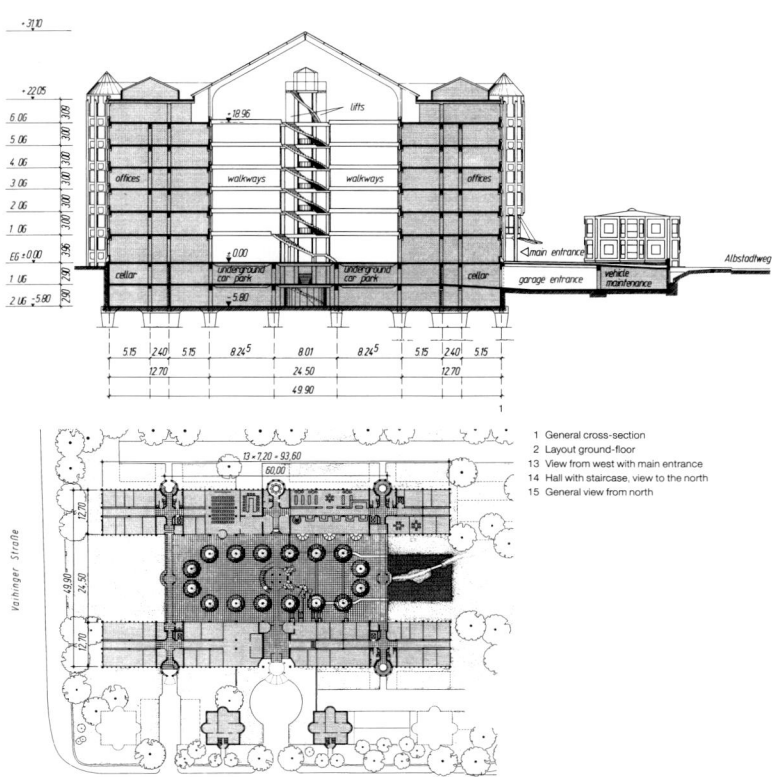

1 General cross-section
2 Layout ground-floor
13 View from west with main entrance
14 Hall with staircase, view to the north
15 General view from north

Hallen und Dächer

während die eingehängten Verkleidungselemente (Brüstungen) eine hellrote Farbe erhielten. Die 7 Vollgeschosse ließen bei einer lichten Raumhöhe von 2,80 m nur einen Spielraum von 16 cm für die Konstruktionshöhe. Die geforderte Nutzlast von bis zu 10 kN/m² konnte bei diesen Verhältnissen nur mittels einer in Querrichtung durchlaufenden Platte bewältigt werden. Aufgrund von fertigungstechnischen und terminlichen Gründen wurde eine Halbfertigteilbauweise gewählt. Auf

Konsolen der 40 x 40 cm starken Innenstützen liegt ein in Längsrichtung 7,20 m spannender, zweistegiger *Plattenbalken* mit einer Breite von 2,40 m auf. Ähnlich spannt ein L-förmiger Träger mit einbetonierter Wärmedämmung von Außenstütze zu Außenstütze, ebenfalls als Einfeldträger. Die Deckenbereiche zwischen den L-Trägern und den beiden Flanken des *Plattenbalkens* wurden danach mit 5 cm starken Filigranplatten geschlossen, so dass eine glatte Deckenuntersicht entstand.

Ergänzt wurde die Fertigteilplattenkonstruktion durch eine 11 cm dicke *Ortbeton*-Schicht, die über eine obere Bewehrungslage nachträglich eine Durchlaufträgerwirkung der einachsig gespannten Platten erzeugt. Stützstellen sind hierbei die Stege des *Plattenbalkens* bzw. die L-förmigen Randträger.

Konstruktion der Halle

Das Giebeldach der Halle spannt zwischen den Büroriegeln über 24 m. Die Tragkonstruktion besteht aus vorgefertigten Dreigelenkbindern aus Stahlbeton, die direkt auf den oberen Enden der inneren Fassadenstützen aufliegen. Die Dachbinder sind 11,85 m hoch, so dass der First bei 31,10 m über Hallenboden erreicht wird. Der Horizontalschub der Binder wird über Scheibentragwirkung auf drei Punkte konzentriert und dort über drei Laufstege mit der gegenüberliegenden Seite mittels Spannlitzen ohne Verbund kurzgeschlossen, also nicht nur an den beiden Stirnseiten der Halle, sondern auch über dem zentralen Treppenturm, der damit Teil des statischen Systems ist und nicht nur Inneneinrichtung. Auf den Bindern im Abstand von 7,20 m tragen Stahlpfetten die kittlos verbundenen Glasscheiben aus Verbundsicherheitsglas. In Längsrichtung wird jede Dachscheibe in zwei Streifen mittels diagonal verlaufender Windverbände ausgesteift. |

Literatur
Beton
Heft 9, 1985
Deutsche Bauzeitung
Heft 9, 1985

Abmessungen
94 x 50 x 33 m
Glashalle
60 x 24 x 33 m
Bürofläche
2.500 m²

Bauherr und Planung
Ed. Züblin AG, Stuttgart
Architekt
G. Böhm, Köln
Prüfer
J. Schlaich, Stuttgart
Bauzeit
1983–1984

Hallen und Dächer

STUTTGART-
BAD CANNSTATT
Dach des Gottlieb-Daimler-
Stadions ● ● ●

Wegbeschreibung
Der Weg zum Gottlieb-Daimler-
Stadion ist mit einem Fußballsym-
bol in Stuttgart ausgeschildert.

Zur Leichtathletikweltmeisterschaft 1993
sollte das damalige Neckarstadion ein Dach
erhalten, das sämtliche Zuschauerränge
vor Witterung schützt. Der Entwurf dieses
Daches wurde sehr stark durch seine speziellen Randbedingungen bestimmt. Die bestehenden Tribünenkonstruktionen waren
nicht in der Lage, zusätzliche Lasten aus
einem neuen Dach aufzunehmen, so dass
die Konstruktion außerhalb der Arena gegründet werden musste. Der hier zur Verfügung stehende Platz war allerdings sehr
begrenzt und erlaubte aufgrund des nur
3 m unter Geländeoberkante anstehenden
Mineralwasserspiegels lediglich Flachgründungen, wodurch erdverankerte Lösungen
oder Rückverankerungen von vornherein aus-
schieden. Als weitere Randbedingung war
auf der Seite der Haupttribüne der spätere
Einbau eines 2. Ranges zu ermöglichen. Inzwischen wurden weltweit mehrere Dächer
nach diesem Vorbild gebaut – ein Beispiel
dafür, dass mit Demonstrationsbauten in
Deutschland Arbeitsplätze gesichert werden
können.

Entwurf
Die große, konstante Dachtiefe von 58 m
machte eine gewichtsminimierte Tragwerks-
lösung erforderlich. Ausgehend vom Prinzip
eines liegenden Speichenrades wurde ein
Tragsystem entwickelt, das aus zwei äußeren
Druckringen, radialen Seilbindern und einem
inneren Zugring besteht ●. Die im Grundriss
und auch im Aufriss ovale, geschwungene
Dachform ergibt sich aus der Grundrissgeo-
metrie der vorhandenen Tribünen und den vorgesehenen Erweiterungsmöglichkeiten des
Stadions. Der noch einzubauende 2. Rang
erforderte, dass die Konstruktion im Bereich
der Haupttribüne knapp 50 m über dem Spielfeld ihren höchsten Punkt hat. Die Hauptachsen des Ovals sind längs etwa 280 m und quer
etwa 200 m lang. Über den Kurven der Arena,
bei denen die horizontalen Krümmungen des
ovalen Daches am größten sind, haben die
Seilbinder aufgrund der größeren Umlenkkräfte, die der Zugring und die Druckringe bereitstellen, kleinere Konstruktionshöhen als in
den Bereichen der Haupt- und Gegentribüne.
Das Auf und Ab des oberen Druckringes

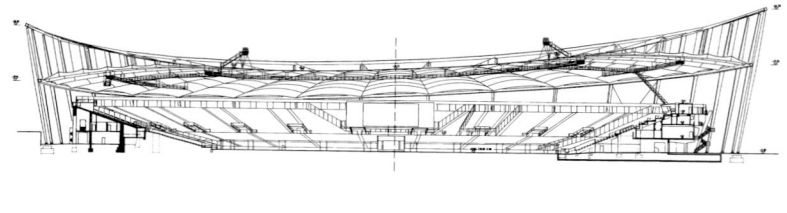

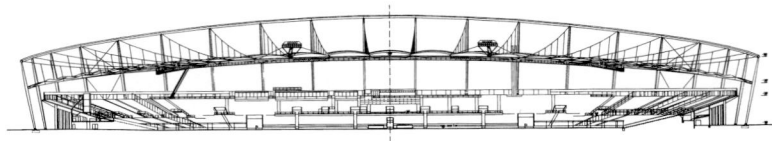

erklärt sich also mit dem Gleichgewichtszustand, dem die *vorgespannte* Seilkonstruktion unterliegt. Zwischen den unteren Seilen der Seilbinder spannen Bögen, die mit *Membranen* eingedeckt sind.

Konstruktion und Tragverhalten

Der innere Zugring ist wegen seiner großen Kräfte aufgelöst in 8 einzelne, voll verschlossene Spiralseile ($\varnothing$ = 79 mm), die an den Anschlusspunkten der Seilbinder mit Stahlgussteilen auf Distanz gehalten und geklemmt werden. Die Seilbinder bestehen jeweils aus einem oberen „Schneeseil" und einem unteren „Windseil", die am Zugring über das Gussteil miteinander gekoppelt sind. Vertikale Hängerseile zwischen diesen Seilen *spannen* sie *vor* und führen dem Schneeseil die Dachlasten zu. So stellt jeder Binder einen Kragarm mit Ober- und Untergurt dar, dessen Gurte aber wegen der *Vorspannung* stets nur Zugkräfte erfahren. Das Stabilitätsproblem druckbeanspruchter Tragkomponenten wird auf diese Weise allein in die äußeren Druckringe verlagert, die als rechteckige Stahl-Hohlkästen dem Knicken Material sparend begegnen. Sie sind ohnehin nur örtlich knickgefährdet, weil sie vertikal durch die Stützen und radial durch die Seilkonstruktion stabilisiert werden. In den sehr

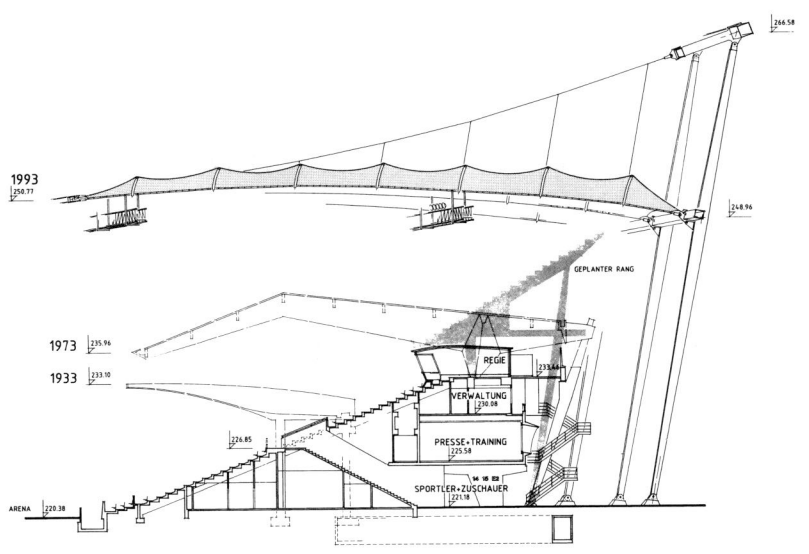

schwach gekrümmten Bereichen der Haupt- und Gegentribüne musste aber die Biegesteifigkeit des oberen Druckringes durch eine Zweiteilung mit fachwerkartiger Auskreuzung erhöht werden, um die Verformungen des Daches bei einseitigem Schnee in Grenzen zu halten. Dadurch, dass die großen, aus der *Vorspannung* und den vertikalen Lasten resultierenden Horizontalkräfte intern kurzgeschlossen werden, erhalten die 40 Stützen unter Eigenlast und Schnee nur Normalkräfte. Zwischen den Stützen in den Viertelspunkten des Ovals sind Windverbände angeordnet, damit sie auch infolge Wind keine horizontal gerichteten Beanspruchungen erfahren. Die Stützenfundamente selber konnten daher oberhalb des Mineralwasserspiegels als einfache Einzelfundamente ausgelegt werden. Die gelenkigen Anschlüsse der Stützen an die Fundamente bzw. Druckringe, die eine Bewegung der Stützen in radialer Richtung ermöglichen, sorgen für eine große Bewegungsfreiheit, die im Zusammenhang mit der flexiblen Seilkonstruktion benötigt wird, um auf deren Verformungen unter Lasten zwängungsfrei reagieren zu können. Dies wird verständlich, wenn man weiß, dass dem *vorgespannten* Tragwerk mit einem mittleren Gewicht von 0,13 kN je m² Dachfläche Schneelasten von 0,7 bis 0,8 kN/m² gegenüberstehen.

Dachaufbau

Als Sekundärkonstruktion sind zwischen den unteren Seilen der Seilbinder jeweils sieben Stahlrohrbögen mit Zugbändern angeordnet, auf die *Membran*-Dachhaut gespannt wurde. Die Rohrbögen konnten mit 22 cm Durchmesser bei Spannweiten bis zu 20 m so schlank dimensioniert werden, weil sie durch die *Membran* nicht nur belastet, sondern gleichzeitig auch am seitlichen Ausweichen gehindert werden. Dies ist besonders in Bezug auf unsymmetrische Schnee- und Windlasten vorteilhaft. Als *Membran*-Material wurde PVC-beschichtetes Polyestergewebe mit einer Lichtdurchlässigkeit von etwa 8% und einer Flur-Endbeschichtung verwendet, die die Schmutzhaftung verringern soll.

Dachentwässerung

Die Abführung des Regenwassers erfolgt
überwiegend entlang der Seilbinder nach
hinten zu den Außenstützen. Aufgrund der
Neigungsverhältnisse müssen jedoch gewisse
Dachbereiche über der Haupt- und Gegentribüne zum vorderen Rand hin entwässert werden. Bedingt durch die Dachform läuft dieses
Wasser zu den Kurven und wird dort unter der
Membran seitlich zu den Stützen abgeleitet.
Die vertikalen Entwässerungsrohre laufen in
den Stützen, wobei sie das Regenwasser
durch die Fundamente hindurch einer neu
angelegten Ringsammelleitung mit einem
Regenrückhaltebecken zuführen.

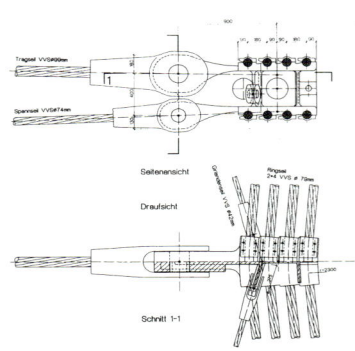

Herstellung

Nachdem die Fundamente hergestellt waren,
wurden die Stützen gestellt und jeweils durch
Druckringsegmente miteinander verbunden.
Das so entstandene Stahlgerüst, das noch
nicht durch die Seilbinder ausgesteift war,
musste in diesem Bauzustand durch Abstützungen gegen die bestehenden Tribünen stabilisiert werden. An die fertige Stahlkonstruktion wurden entlang des oberen Druckringes
40 Hubeinrichtungen (für jeden Binder eine)
für die Montage des Seiltragwerks eingehängt.
Die Seilbinder, die auf den Tribünen ausgelegt
und vormontiert wurden, sind daraufhin mit
dem auf der 400-m-Bahn zusammengesetzten
Zugring gekoppelt und in Position gebracht
worden. Hierbei zogen 40 zentral gesteuerte
Pressen an der gesamten Seilkonstruktion.
Dieser genau berechnete und durch ständige
Kraft- und Geometriemessungen begleitete
Vorgang dauerte insgesamt drei Wochen.
Zum Abschluss der Arbeiten wurden die Stahlbögen montiert und die *Membranen* aufge-
zogen. Bedingt durch das neue Dach erhielt
das Gottlieb-Daimler-Stadion noch eine neue
Flutlichtanlage, die ebenfalls von der Seilkons-
truktion auf Höhe des inneren Zugrings ge-
tragen wird. |

Literatur
Deutsche Bauzeitung
Heft 9, 1993

Überdachte Fläche
34.000 m²
Stahlbau
ca. 2.700 t
Seilnetz
ca. 420 t

Bauherr
Landeshauptstadt Stuttgart
Ingenieure
Schlaich, Bergermann und Partner,
Stuttgart
Architekten
Siegel und Partner, Stuttgart, und
Weidleplan, Stuttgart
Prüfer
Baurechtsamt der Stadt Stuttgart
Stahlbau
W. Haslinger Stahlbau GmbH,
München
Seile
Pfeifer Seil- und Hebetechnik
GmbH & Co., Memmingen
Membran
Koit High-Tex GmbH, Rimsting
Bauzeit
1992–1993

Hallervorden/Dieter ?

STUTTGART
Voliere in der „Wilhelma" ● ●

Der zoologisch-botanische Garten „Wilhelma" ging nach dem Zweiten Weltkrieg aus einer 1840 entstandenen Gartenanlage des württembergischen Königs Wilhelm I. hervor. Der Bereich zwischen Haupteingang und Wilhelma-Theater, der durch den wertvollen Baumbestand und die charakteristische Terrakottawand der Parkeinfassung gekennzeichnet ist, sollte durch eine Großvoliere als attraktiver Abschluss des Besucherrundgangs aufgewertet werden. Dabei galt es, unter Berücksichtigung von Denkmal- und Landschaftsschutz in ein Großgehege von etwa 3.000 m² zwölf Einzelvolieren zu integrieren. Aufgrund dieser vorgegebenen Rahmenbedingungen zielte das Entwurfskonzept auf äußerste Entmaterialisierung der Gehegekonstruktion: Einem „Gespinst" vergleichbar spannt sich ein schönes, filigranes, schwingendes Seil-Drahtnetz zwischen Hoch- und Tiefpunkten, Bäumen und den abgeschlossenen Vogelhäusern.

Wegbeschreibung
Die „Wilhelma" findet sich zwischen Rosensteinpark und dem Neckar. In Stuttgart ist der Weg mit einem Elefantensymbol ausgeschildert.

Hinweis
Neben den vielen Sehenswürdigkeiten, die die „Wilhelma" bietet, lohnt auch ein Blick auf die alten, eisernen Gewächshäuser, die teilweise mit Stilelementen der maurischen Architektur verziert wurden *siehe Fotos Seite 381.*

Konstruktion
Die Tragstruktur, die prinzipiell dem früher gebauten Seilnetzdach des Instituts für leichte Flächentragwerke *siehe Seite 368* entspricht, ist ein Seilnetz mit einer Maschenweite von 40 x 40 cm, das durch Randseile gefasst und über die Maste (Hochpunkte) und verschiedene Böcke (Tiefpunkte) geführt wird. Auf diesem Primärnetz aus Spiralseilen mit einem

Durchmesser von 6 mm liegt ein Feingitter mit
einer Maschenweite von 25 x 25 mm auf, um
die Vogelgehege nach außen abzuschließen.
Aus gestalterischen Gründen wurde die
gesamte Netzfläche einheitlich ausgerichtet,
d.h. Seilnetz und Feingitter sind parallel geführt. Die beiden druckbeanspruchten Maste
sind 14,50 und 11,60 m hoch und als aufgelöste Stahlgitterkonstruktionen ausgebildet,
deren drei Gurte mit Blechen schubsteif verbunden sind. Sie verjüngen sich zu ihren
Enden hin, was einer optimalen Ausbildung in
Bezug auf die Knickgefahr entspricht. Die Einleitung der Kräfte an den Mast-Hochpunkten
erfolgt mittels (von Frei Otto an Seifenhäuten
entwickelten) Seilschlaufen, die dem Veranke-
rungsproblem und der Kräftekonzentration
an der Mastspitze Rechnung tragen. Die *vorgespannte* Netzform folgt aus dem Gleichgewichtszustand der rechnerisch ermittelten,
gegensinnig gekrümmten Struktur. Die Quar-
tiergebäude, die Bäume und die Anforderungen des Denkmalschutzes waren Randbedingungen für die Formfindung. Aufgrund des
feinmaschigen Gitters war bei der Berechnung
eine Schneelast von 0,45 kN/m² zu berücksichtigen und das Netz aus Reinigungsgrün-
den begehbar zu machen. Zur Trennung der
einzelnen Volieren dienen vertikale Netze, die
mittels umgelenkter Spannseile zwischen der
Primärstruktur und dem Boden verspannt
werden.

Herstellung

Die Primärstruktur wurde nach rechnerischer
Zuschnittsermittlung im Werk vorgefertigt, vor
Ort zusammengefügt und mittels hydraulischer
Pressen lediglich durch Heben der beiden zentralen Maste *vorgespannt*. Der Zeitbedarf für
den Spannvorgang betrug dadurch nur wenige
Stunden. Weiter konnte auf zusätzliche Justie-
rungsmöglichkeiten verzichtet und die Verankerungsdetails sehr einfach gehalten werden.
Dieses Vorgehen setzte allerdings einen ungewöhnlich hohen Aufwand bei der Planung und
der Fertigung der einzelnen Tragelemente
voraus. |

Gewächshäuser im maurischen Stil verziert

Literatur
Deutsche Bauzeitung
Heft 9, 1993

Bauherr
Land Baden-Württemberg
Ingenieure
Mayr und Ludescher, Stuttgart
Architekten
Auer + Weber + Partner, Stuttgart
Seile
Pfeifer Seil- und Hebetechnik
GmbH & Co., Memmingen
Baujahr
1993

Hallen und Dächer

STUTTGART
Vordach des Berger-Tunnels ●

Das lüftungstechnische Konzept für die Tunnelanlage sah vor, die am Cannstätter Portal der B14 austretenden Abgase über den neuen Eckverbindungstunnel zur Lüftungszentrale am gemeinsamen Portal Richtung Esslingen umzuleiten. Dafür war es notwendig, die Überdeckelung der B14 in Richtung Cannstatt über den Eckverbindungstunnel hinaus um 50 m zu verlängern. Statt eines Abbruchs des bestehenden Portals und einer massiven Überdeckelung (diese Baumaßnahme hätte unter den Verkehrsbedingungen nur mit großen Schwierigkeiten durchgeführt werden können) wurde eine leichte Konstruktion aus Stahl und Glas gewählt, die diese Aufgabe gut erfüllt. Leider leidet das günstige Bild dieses Daches unter einem oben aufgebrachten Netz, das gegen Steinwurf schützen muss.

Konstruktion und Tragverhalten
Neun schlanke Bögen mit Spannweiten bis zu 23 m bilden das Traggerüst, das in der bestehenden Portalkonstruktion und den seitlichen Stützwänden verankert ist. An ihren Kämpfern sind die Bögen gelenkig gelagert, so dass

Wegbeschreibung
Das Vordach des Berger-Tunnels befindet sich über dem Tunnelausgang der B14 in Fahrtrichtung Bad Cannstatt unmittelbar vor dem Rosensteinsteg siehe Seite 179.

jeder Bogen dem statischen System eines Zweigelenkbogens gehorcht; auf die Tragwirkung einer Zylinder-*Schale* wurde also verzichtet. Das Kämpfergelenk wurde mittels eines Edelstahlzylinders ähnlich wie ein Türscharnier realisiert, um auch Zugkräfte infolge abhebender Windkräfte zu übertragen. Die Bögen bestehen aus HEM 160-Profilstahl. Unter Gleichlast tragen sie ihre Lasten über Normalkräfte bogentypisch ab. Wird die Konstruktion durch Wind bzw. Schnee einseitig belastet, wirken die Bögen als Biegeträger. Ein Kippen der Träger wird durch die orthogonal verlaufenden, T-förmigen Pfetten verhindert, die gleichzeitig den Glasaufbau tragen. Dieser besteht aus *teilweise vorgespanntem* Verbundsicherheitsglas (2 x 8 mm), das in Scheiben mit der Größe 1 x 2,50 m eingebaut wurde. Die Stufenfalze in den Fugen gewährleisten dabei ein einfaches Auswechseln beschädigter Gläser. Die geometrische Form

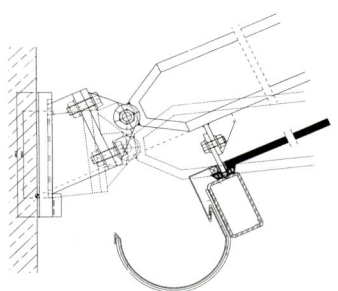

der Konstruktion ergibt sich aus der Ver-
schneidung der Tonnen-*Schale* des neuen
Daches mit dem parabelähnlichen Grundriss
des bestehenden Portals. Die Berandungskur-
ve der Tonnen-*Schale* beschreibt dabei eine
vom Scheitel bis zum vorderen Abschluss kontinuierlich fallende Linie, so dass die Dachentwässerung einfach durch eine Regenrinne entlang dieser Linie realisiert werden konnte.

Belichtungskonzept
Den schwierigen Belichtungsverhältnissen
wurde durch eine neue Entwicklung der Glastechnik entsprochen. Das in vier unterschiedlichen Lichtdurchlässigkeitsstufen bedruckte
Glas dient der Verkehrssicherheit und der
Energieeinsparung im Portalbereich; im Vergleich zu einer künstlichen Adaptionsbeleuch-
tung kann hier etwa ein Drittel an Strom ein-
gespart werden. |

Literatur
Glasforum
Heft 4, 1993
Deutsche Bauzeitung
Heft 3, 1994

Bauherr
Landeshauptstadt Stuttgart
Ingenieure
Bechert und Partner, Stuttgart
Architekten
Kaag + Schwarz, Stuttgart
Baufirmen
Stahl- und Leichtmetallbau
Bott, Schömberg, und
BGT Glastechnik, Bretten
Bauzeit
1992–1993

Hallen und Dächer

Wegbeschreibung
Das Katharinenhospital befindet
sich in der Jägerstraße etwa auf
Höhe der Keplerstraße gegenüber
den Kollegiengebäuden der
Universität siehe Seite 414.

möglichst einzuschränkender Lärm- und
Staubbelastung und eine geringe Konstruktionshöhe der Decken, die trotz der hohen
Anforderungen der Gebäudetechnik eine
stockwerksebene Anbindung an die bestehenden Etagen ermöglicht. Des Weiteren
war dem Konzept der variablen Nutzung
Rechnung zu tragen, was im OP-Bereich
große, stützenfreie Räume erforderlich
machte.

Konstruktion des Neubaus

Diesen hohen Anforderungen wurde ein
Stahlskelettbau in Verbundbauweise gerecht.
Er besteht aus Stützen mit den Profilen HEB
300 bzw. HEM 280 und Verbundträgern mit
den Spannweiten von 4,80 und 9,60 m. Auf
Querträger orthogonal zu den Trägerachsen
wurde zugunsten einer einfachen Installations-
führung verzichtet. Im Bereich der Operations-
säle spannen Fachwerkträger über 19,20 m.
Sie bestehen aus den Walzprofilen HEB 220,
HEM 220 und IPE 220 der Güte St. 52-3.
Die Konstruktionshöhe dieser Einfeldträger
beträgt einschließlich einer 18 cm dicken
Betonplatte 1,70 m. Über Kopfbolzendübel
($\varnothing$ = 22 mm, h = 150 mm) wird hier eine Mitwirkung der Betonplatte als Druckgurt sichergestellt. Die steigenden und fallenden Diagonalen des Fachwerkträgers sind ca. 45°
geneigt und schaffen damit den größtmögli-
chen Platz für Installationen. Besondere Überlegungen erforderte auch der Baugrund, der
aufgrund der Gefahr von Gipsauslaugungen
weitere Anforderungen an das Tragwerk stellt.

STUTTGART
Neubau des
Katharinenhospitals ●

Der Funktionsneubau wurde als Eingangsge-
bäude und Erweiterung des bereits vorhandenen Krankenhauses erstellt. Um die große
Eingangshalle, die von einem Glasdach
abgeschlossen wird, gruppieren sich das
chirurgische Zentrum mit 7 Operations-
sälen, die Intensivstation sowie das radiolo-
gische Zentrum und das Zentrallabor. Die
bauliche und funktionelle Bindung an die
bestehenden Einrichtungen des Krankenhauses stellte dabei besondere Anforderungen an den Neubau. Im Einzelnen zu berücksichtigen waren: eine kurze Montagezeit mit

Da ein Bodenaustausch ausgeschlossen wurde, mussten Einbruchkegel mit Durchmessern von 5 m an beliebiger Stelle angenommen werden. Um die Gefahr eines damit verbundenen Stützenausfalls zu bannen, wurde die Gründung in der Form eines Trägerrostes ausgeführt. Die Streifenfundamente verlaufen also kreuzweise im Stützenraster und sind entsprechend der Trägerrosttragwirkung für Biegung und Querkraft bewehrt worden. Zusammen mit den massiven Kellerwänden und der Kellerdecke entstand auf diese Weise ein fugenloser und steifer „Kellerkasten", in dem auch die 4 aussteifenden Stahlbetonkerne eingespannt sind.

Konstruktion des Glasdaches

Das Glasdach besteht aus 4 mit Seilen unterspannten, parallelen Trägern (max. Bauhöhe = 2,54 m), die über 19,20 m mit einem Achsabstand von 4,80 m spannen. Diese von ihrer Form her als Fischbauchträger bezeichneten Binder sind gegen die seitlich anschließenden Gebäude so *vorgespannt*, dass ihre beiden Gurte eine dauerhaft eingeprägte Zugkraft erhalten. So war es möglich, den Obergurt für viel kleinere Druckkräfte zu bemessen als für reinen Biegedruck und ihn als schlankes Rohr ($\varnothing$ = 133 mm) auszubilden. Um bei ungleichmäßigen Lasten die Verformungen klein zu halten, wurden zwischen den spreizenden Pfosten Diagonalseile eingezogen. Auch diese wurden *vorgespannt*, um dem Schlaffwerden einzelner Seile und dem damit verbundenen Steifigkeitsverlust vorzubeugen. Ein seitliches Ausweichen der Pfosten ist ausgeschlossen, da sie bei einer Auslenkung von der Unterspannung Rückstellkräfte erfahren. Quer zu den einzelnen Bindern spannen im Abstand von 2,40 m einfache, als *Vierendeel-Träger* ausgebildete Pfetten, die aus verschweißten Blechen zusammengesetzt sind. Diese am Obergurt befestigten Pfetten tragen über Glassprossen (T-Profile) den Glasaufbau, der aus Sonnenschutz-Isolierglas besteht; die Höhe der *Vierendeel-Träger* schafft Platz für bewegliche Sonnenschutzjalousien. Die Aussteifung des Daches erfolgt über Windverbände und die unverschiebbaren Auflager der Fischbauchträger. |

Literatur
Deutsche Bauzeitung
Heft 12, 1993

Stahlbau
Heft 5, 1994

Nutzfläche
9.760 m²
Umbauter Raum
99.295 m³
Stahlmenge
900 t
Betonmenge
13.500 m³

Bauherr
Landeshauptstadt Stuttgart
Ingenieure
Schlaich, Bergermann und Partner, Stuttgart
Architekten
Heinle, Wischer und Partner, Stuttgart
Betonbau
S. Moser, Freiburg i. Br.
Stahlbau
Schauenberger GmbH, Kirchzarten
Glasbau
H. Fischer GmbH, Talheim
Bauzeit
1988–1993

Hallen und Dächer

STUTTGART-
BAD CANNSTATT
Glasdach des Mineralbades ●

Schon seit Mitte der siebziger Jahre wurde über einen Neubau des Mineralbades in Cannstatt nachgedacht. Bereits im Jahre 1980 war ein von der Stadt ausgeschriebener Ideenwettbewerb durchgeführt worden, um architektonische und städtebauliche Impulse für das abgewirtschaftete Kursaalviertel zu erhalten. Aber erst ein neues Finanzierungsmodell privater Investoren ermöglichte den Neubau. Das Modell der Investoren sah vor, das neue Mineralbad auf dem städtischen Gelände an der Sulzerrainstraße in Erbbaurecht auf eigene Rechnung zu errichten und nach der Fertigstellung an die Stadt zu vermieten. Das neue Bad hat eine Schwimmhalle mit einem trapezförmigen Grundriss, die mit einer möglichst transparenten Dacheindeckung versehen werden sollte. Zur Ausführung gelangte eine filigrane, mit Seilfächern ausgesteifte und Glas eingedeckte Tonnen-*Schale*.

Wegbeschreibung
Das Cannstatter Mineralbad grenzt direkt an das alte Kursaalgebäude und den Kurpark. Es ist vom Bahnhof Bad Cannstatt aus über Bahnhofstraße, Wilhelmsplatz und König-Karl-Straße zu erreichen.

Konstruktion

Die Tonnen-*Schale* wird im Prinzip ähnlich wie beim Aquatoll in Neckarsulm *siehe Seite 339* aus Flachstahlprofilen (Querschnitt = 60 x 40 mm) gebildet, die ein quadratisches Netz erzeugen. Die Maschenweite beträgt 1,06 m. Die Profile sind in den Knotenpunkten mit je einer Schraube drehbar miteinander verbunden. Die Winkeländerung der Quadratmaschen wird durch diagonal angeordnete Seilscharen verhindert, die mittels Tellern an den Knotenpunkten festgeklemmt sind. Die Seile sind *vorgespannt*, um die gewünschte Tragwirkung auch bei Druck in den Diagonalen durch den Abbau von Zug bereitzustellen. Die derart entstandene Dreieckgeometrie gewährleistet zusammen mit den Seilfächern die gewünschte *Schalen*-Tragwirkung bei möglichst hoher Transparenz des Tragwerks. Die Tonne hat

eine Spannweite von 15,90 m bei einem Stich
von 4,50 m. Für den Lastfall Eigenlast entspricht die Bogenform der *Stützlinie*. Die
Bögen, die nicht symmetrisch sind, stützen
sich auf der einen Längsseite direkt auf eine
Stahlbetondecke ab, während sie auf der
anderen Seite auf einer vertikalen Glasfassade
aufliegen. Der Horizontalschub aus der
Bogenkonstruktion wird dort über außen liegende, schräge Druckstreben in die darunter
liegende Decke abgetragen. Da diese Streben
nicht tangential an die Bögen bzw. die Zylin-
der-*Schale* anschließen, werden gleichzeitig
auch die Fassadenpfosten beansprucht, die
so mit den Druckstreben einen Bock bilden –
wobei die Fassadenpfosten Zug erhalten. Die
Deckenplatte wiederum leitet die Dachlasten
über die Scheibentragwirkung der beiden
Außenwände in den Untergrund ab. In Bezug
auf die Lastabtragung ist die nur einseitig
gekrümmte Tonnen-*Schale* sehr empfindlich
für ungleichmäßige Lasten. Um größere Verformungen zu verhindern, die schon wegen
der Glaseindeckung zu unterbinden sind,
wurde die *Schale* durch drei *vorgespannte* Seilfächer ausgesteift. Mit Ausnahme der beiden
äußeren Abspannseile des Fächers werden
alle Radialseile jeweils von einem zentralen
Nabenblech aus zu den Flachstäben gespannt.
Die Abspannseile sind dagegen in der Stahlbetonkonstruktion verankert und sorgen dafür,
dass die Lage der Nabe eindeutig fixiert ist.
Die in Bogenrichtung verlaufenden Flachstäbe
in den Achsen der Seilfächer, die durch die
Vorspannung der Radialseile nun zusätzliche
Kräfte erhalten, wurden verstärkt und haben
einen Querschnitt von 60 x 60 mm. Alle Seile
sind offene Spiralseile, die Radialseile bzw.
die Abspannseile mit einem Durchmesser von
10 bzw. 16 mm. In der Anordnung der Seile
und der Form des Nabenblechs spiegelt sich
die asymmetrische Dachform wider.

Dachaufbau

Die Verglasung besteht aus *vorgespanntem*
Sonnenschutz-Isolierglas aus einer VSG- und
einer ESG-Scheibe mit Luftzwischenraum.
Die Scheiben werden direkt auf die mit einem
Gummiprofil versehenen Flachstähle aufgelegt
und mit Tellern in den Knoten befestigt. Die
Fugen der deckleistenlosen Verglasung sind
dauerelastisch mit Silikon abgedichtet. |

Bauherr
Kurbad Cannstatt oHG, Stuttgart
Ingenieure
Schlaich, Bergermann und Partner,
Stuttgart
Architekten
Beck-Erlang und Partner, Stuttgart
Bauzeit
1992–1994

Hallen und Dächer

SULZBACH A. D. MURR
Sporthalle

Die Sporthalle liegt reizvoll in der Talaue der
Murr, umgeben von den bewaldeten Hügeln
des Schwäbischen Waldes. Sie wurde dort in
das bestehende Schul- und Sportzentrum
integriert. Die Halle mit einem Spielfeld von
22 x 45 m ist teilbar in zwei Einheiten und
hat 152 fest eingebaute Zuschauersitzplätze.
Die landschaftliche Situation, die Lage zum
Ort sowie die Größe des Spielfeldes bestimmen weitgehend Architektur und Konstruktion der Halle. Die Umkleiden und Duschen
befinden sich an der Nordseite und bilden
als relativ geschlossener Baukörper den
„Rücken" bzw. die Abschirmung gegen das
anschließende Wohngebiet. Die der unbe-
bauten Landschaft zugewandten Seiten der
Halle sind verglast und geben den Blick auf
die gegenüberliegenden Hänge frei. Die
möglichen Hochwasserstände der Murr erlaubten kein Eingraben des Hallenkörpers.
Um den angestrebten Proportionen dennoch
gerecht zu werden, wurde das Gelände um
die Halle herum aufgeschüttet und großflächig modelliert. Diese Halle – sauber,
aber aus Ingenieursicht unbedeutend –
steht hier stellvertretend für viele im Lande
siehe Althütte Seite 298.

Wegbeschreibung
Sulzbach liegt an der B14 zwischen
Backnang und Schwäbisch-Hall.
Von Backnang kommend am Orts-
eingang rechts abbiegen in die
Jahnstraße und dem Wegweiser
„Festhalle/Schulen" folgen.

Konstruktion

Die Tragkonstruktion der Halle besteht aus
Stahl. Die das Spielfeld in Querrichtung überspannenden, ca. 1,50 m hohen Fachwerkträger lagern auf der Nordseite auf eingespannten Rundrohrstützen, während sie sich auf der
Südseite auf auskragende Träger abstützen.
Die vollwandigen Kragträger sind wie eine
„Wippe" ausgebildet, d.h. der Träger ist nur
durch eine Rundstütze auf Höhe der Spielfeld-
berandung gestützt. Das Momentengleich-
gewicht wird durch eine rückwärtige, außen
hinter den Fassaden liegende, vertikale Abspannung befriedigt. Sämtliche Stützen sind
eingespannt und steifen damit zusammen mit
Windverbänden zwischen den Stützen und in
der Dachebene die Halle aus. Die Ober- und
Untergurte der Fachwerkträger sowie deren
Diagonalen sind aus Rundrohren zusammengeschweißt. An den Untergurten der Fachwerkträger sind hölzerne Nebenträger

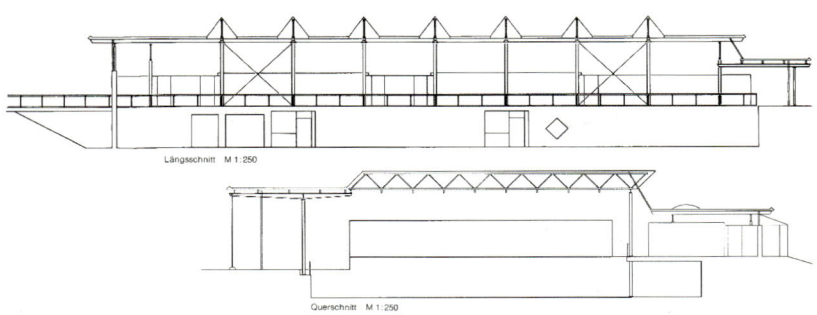

Längsschnitt M 1:250

Querschnitt M 1:250

Hallen und Dächer

befestigt, die den Dachaufbau in der Form von Holzbohlen tragen. Die Belichtung der Halle erfolgt über Sheds, die sich an die Obergurte der Fachwerkträger anlehnen. Die günstige Wirkung der abgehängten, bewusst niedrig gehaltenen Decke wird durch die aufgesetzten Sheds nicht beeinträchtigt; vielmehr wird dadurch das Dach von außen sichtbar in das gewählte Stützenraster gegliedert. Schwachstellen sind die aufwendigen und aus bauphysikalischer Sicht ungünstigen Durchstoßpunkte der abgespannten „Wippträger" durch die Glasfassade. |

Literatur
Deutsche Bauzeitung
Heft 4, 1985

Bauherr
Gemeinde Sulzbach a. d. Murr
Ingenieur
H. Baumez, Sulzbach a. d. Murr
Architekten
Behnisch und Partner, Stuttgart
Baufirma
ISW-Industrie-Stahlbau GmbH,
Winsen a. d. Luhe
Bauzeit
1982–1984

ULM
Bahnhofsvordach ●

Auf dem Bahnhofsvorplatz des Ulmer Hauptbahnhofs wurde auf einer Grundfläche von
ca. 25 x 24 m eine neue Überdachung erstellt. Die Höhe des Daches beträgt ca. 5 m.
Das Dach schützt die Bahnhofsbenutzer auf
ihrem Weg zwischen der Straßenunterfüh-
rung und dem Bahnhofseingang. Der erste
Eindruck der ankommenden Reisenden wird
durch das Dach entscheidend mitgeprägt.
Deshalb sollte hier eine filigrane, möglichst
unaufdringliche, elegante Konstruktion
entstehen, die auch von einigen nicht sehr
attraktiven Nachbargebäuden ablenkt. So
wurde ein verglastes, sehr transparentes
Hängedach entworfen, ohne das durchaus
charaktervolle Empfangsgebäude von der
gegenüberliegenden Straßenseite aus zu
verdecken.

Konstruktion und Tragverhalten

Die 24 m weit gespannte Hängekonstruktion
besteht aus zwei schräg liegenden, verkleideten Fachwerkträgern mit dazwischen gespannten Zugbändern. Letztere sind Vollpro-
file aus St. 52-3 mit einem Querschnitt von

Wegbeschreibung
Der Weg zum Hauptbahnhof ist in
Ulm ausgeschildert.

25 x 60 mm. An den Enden der Zugbänder
sind schwalbenschwanzähnliche Bleche auf-
geschweißt, die eine sichere Verankerung in
den inneren Gurten der Fachwerkträger ermöglichen. Die inneren Zuggurte der Fachwerkträger sind aus Flachprofilen hergestellt, während der äußere Druckgurt aus einem Rohr
mit einem Außendurchmesser von 508 mm
besteht. Auf der Ober- und Unterseite sind
die beiden in der Dachfläche hängenden Fachwerkträger wie Flügel mit dünnen Blechen
verkleidet, so dass die Fachwerke nicht sichtbar sind. Gestützt werden die Träger durch
je zwei Böcke jeweils gebildet aus einer
Druckstütze und einem Zugpendel. An sie ist
das Gurtrohr des Fachwerkträgers gelenkig
angeschlossen, um einer ermüdungswirk-
samen Biegebeanspruchung der Zugbänder

im Verankerungsbereich vorzubeugen. Die Druckstützen der Böcke sind gegen Knicken aus Rohren hergestellt, die sich an den Enden konisch verjüngen. Am Boden sind sie auf einer Kugel gelagert, um deutlich zu machen, dass hier ausschließlich Druckkräfte übertragen werden. Die Zugpendel wurden aus Flachstählen zusammengeschweißt; sie wurden mit kreuzförmig aufgeschweißten Flachstählen verstärkt, um sie optisch zu gliedern und mutwillig angeregte Schwingungen der Pendel in Querrichtung zu verhindern. Auf den Zugbändern liegen die Verbundglasscheiben direkt auf. Es sind zwei Einscheiben-Sicherheitsgläser mit 8 mm plus 6 mm Stärke. Die rechteckigen Scheiben mit einer Größe von 1 x 2 m sind auf Neopreneprofile mit Deckschienen längs der Bänder geklemmt.

In Querrichtung wurden dauerelastische Silikonfugen ausgebildet, die die Verformungen bei einseitiger Belastung mitmachen. Bedingt durch die geringe Biegesteifigkeit der Zugbänder bzw. des Glasaufbaus stellt sich für jede Last die natürliche Hängeform ein. Das Eigengewicht der Konstruktion und der geringe Stich von etwa 1,20 m sorgen aber dafür, dass die Verformungen unter veränderlichen Wind- und Schneelasten klein bleiben. Die Aussteifung quer zu den Zugbändern erfolgt durch die Kopplung des Daches an das Bahnhofsgebäude. Hierzu sind an den 4,70 m auskragenden Stirnseiten der Fachwerkträger jeweils auf Höhe der Rohrgurte einfache Pendel angebracht, die nur Horizontalkräfte übertragen. Die Entwässerung erfolgt mittels einer in der Dachsenke verlaufenden Edelstahlrinne. Das Dach ist zur Straße hin leicht geneigt, so dass das Wasser zu einem freistehenden Edelstahlrohr mit Trichter abfließen kann. |

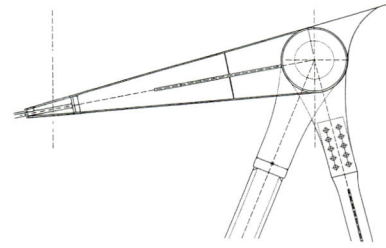

Hallen und Dächer

Bauherr
Deutsche Bundesbahn
Ingenieure
Schlaich, Bergermann und Partner,
Stuttgart
Architekten
Jauss + Gaupp, Friedrichshafen
Baujahr
1993

Werkbundsiedlung Weißenhof in Stuttgart
REINHOLD NÄGELE, 1927

Gebäude, Kirchen und Fachwerkhäuser

Gebäude, Kirchen und Fachwerkhäuser

Kirchtürme und Kirchenschiffe beeindrucken ganz offensichtlich, aber auch größere und kleinere Häuser bis hin zu den schlichten Fachwerkhäusern bergen oft sehr eindrucksvolle Ingenieurleistungen und zeugen von bewundernswerten handwerklichen Fähigkeiten gepaart mit theoretischem Wissen. Vor allem die alten Bauwerke spiegeln Erfahrung, Ideenreichtum und Mut wider – Eigenschaften, die man heute oft vermisst, obwohl technisch fast alles machbar ist.

Zur besseren Übersicht erschien uns in diesem Kapitel eine Unterteilung in die Unterkapitel Gebäude, Kirchen und Fachwerkhäuser zweckmäßig, obwohl Kirchen und Fachwerkhäuser streng genommen auch zur ersten Kategorie gehören.

Im Unterkapitel **Gebäude** – die in diesem Ingenieurbauführer natürlich nur vorkommen, wenn sie auf einer besonderen Ingenieurleistung beruhen – wird unter anderem an „moderne Bauweisen" erinnert, die heute schon wieder in Vergessenheit geraten sind: so beim Max-Kade-Haus in Stuttgart an die Schüttbetonbauweise oder bei der Pädagogischen Hochschule in Ludwigsburg an das Hubdeckenverfahren.

Schließlich werden hier auch anhand zweier Bauwerke Innovationen auf dem Gebiet der „Gebäudetechnik" und deren Konsequenzen auf das Tragwerk dargelegt. Es sind dies die Decken mit Lüftungskanälen nach Bauart Ed. Züblin in der Papierfabrik Scheufelen in Oberlenningen und aus jüngster Zeit das Solarhaus „Heliotrop" in Freiburg i. Br., das zur kritischen Reflexion anregen soll.

Im Unterkapitel **Kirchen** werden die Sakralbauwerke im Ganzen, also Türme und Schiffe beschrieben, auch wenn in manchen Fällen wegen ihrer bedeutenden Dachkonstruktion und Türme eine Aufnahme in das Kapitel „Hallen und Dächer" bzw. in das Kapitel „Türme" gerechtfertigt gewesen wäre.

Im Unterkapitel **Fachwerkhäuser** wird – aus Platzgründen – jeweils ein typischer Vertreter der wichtigsten hiesigen Fachwerkbauten ausführlich beschrieben und auf vergleichbare Häuser andernorts verwiesen. Die Objekte sind hier ausnahmsweise in chronologischer und nicht in alphabetischer Reihenfolge dargestellt, um die Entwicklung des Fachwerkbaus zu verdeutlichen.

Ehemaliges Kaufhaus Schocken in Stuttgart

BADEN-BADEN
Trinkhalle

Die Baden-Badener Trinkhalle ist ein Monumentalbau im Stil des Historismus. Sie wird heute noch zum Ausschenken verschiedener Quellwässer benutzt.

Beschreibung des Bauwerks

Die Frontpartie der Trinkhalle wird von der 90 m langen Wandelhalle gebildet. Den von außen einsehbaren Wandelgang überspannt in Querrichtung ein flaches Gewölbe, das auf der Frontseite von 16 korinthischen Säulen getragen wird, während auf der gegenüberliegenden, rückwärtigen Wandseite verzierte Pilaster diese Aufgabe übernehmen. Die Anordnung der Pilaster entspricht dabei der von den Säulen der Frontpartie vorgegebenen Gliederung. Auf Höhe jeder Säule nehmen in Querrichtung spannende Bögen die Gewölbelasten auf und führen sie zu den Säulen bzw. Pilastern. Der Horizontalschub dieser Bögen wird mittels geschmiedeter Zugstangen kurzgeschlossen. Zwischen den Pilastern der mit hellbraunen Terrakottaplatten verkleideten Wandelhalle sieht man 14 Fresken mit Motiven aus der Sagenwelt. Betreten werden kann die Wandelhalle jeweils an ihren Enden und von vorn. Der mittige, vordere Eingang wird betont durch einen Dachgiebel, der als Architrav vier der Säulen überspannt. Der hervortretende, zentrale Eingangsbereich unter dem Giebeldach bestimmt die Größe des Trinksaals hinter der Wandelhalle, der einen quadratischen Grundriss hat. Das vierfache Kuppelgewölbe dieses Saals wird von einer zentralen Säule und acht rechteckigen Stützen getragen.

Wegbeschreibung
Die Trinkhalle befindet sich im Kurpark nur wenige Schritte vom Kurhaus (Spielkasino) entfernt.

Öffnungszeiten
Ab Karfreitag bis 31. Oktober, täglich 10.00–17.30 Uhr, Telefon (0 72 21) 27 52 77

Baumeister
H. Hübsch
Fresken
J. Götzenberger
Bauzeit
1837–1840

BRUCHSAL
ehemaliger Schlachthof ●

Der ehemalige Schlachthof der Stadt Bruchsal war einer der letzten Schlachthofneu-
bauten nach 1900 im heutigen Baden-Württemberg. Die mehrfarbige Backsteinfassade
des Hauptgebäudes zeigt architektonische
Elemente des Historismus und des Jugendstils. Hinter dem zentralen, schmiedeeisernen Tor befindet sich eine große Halle. Sie
verbindet die „produzierenden" Schlacht-
räume auf der östlichen Seite mit den
„konservierenden" Kühlräumen auf der
westlichen Seite. Im Norden steht ein Wasserturm mit dem integrierten Kamin der
Maschinenräume.

Konstruktion des Hallendaches

Die Verbindungshalle hat eine lichte Breite von
10 m. Sie wird von äußerst leicht wirkenden,
geknickten Stahlfachwerkträgern aus genieteten T- und L-Profilen überspannt. Diese
lagern auf den Außenwänden der anschließenden Gebäudekomplexe auf. Die Dachdeckung
besteht aus *Eisenbeton*-Platten. Zwei großzügige Lichtbänder, die über die volle Länge
der Halle reichen, sorgen für eine natürliche
Belichtung. Die Aussteifung in Längsrichtung
erfolgt durch zwei die Lichtbänder unterbre-
chende *Eisenbeton*-Scheiben. |

Wegbeschreibung
Bruchsal erreicht man über die
Autobahn A5 Frankfurt–Karlsruhe,
Ausfahrt Bruchsal. Der Schlachthof
befindet sich auf der linken Seite
der Württemberger Straße kurz
vor dem Ortsausgang in Richtung
Bretten.

Bauherr
Stadt Bruchsal
Architekt
G. Uhlmann, Bruchsal
Bauzeit
1907–1908

Wegbeschreibung
In Freiburg südlich in Richtung
Merzhausen fahren (Merzhäuser-
Straße). Hinter dem Sportplatz
links in die Alte-Straße einbiegen.
Die nächste Straße erneut links
abbiegen (Schlierbergstraße);
danach rechts abbiegen in den
Ziegelweg. Das „Heliotrop" befin-
det sich am Ende des Ziegelwegs.

Gebäude

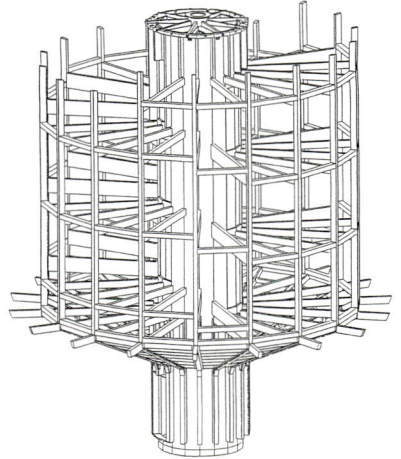

FREIBURG I.BR.
Solarhaus „Heliotrop" ●

Mit einer ungewöhnlichen Form tritt das als
Niedrigenergie-Solarhaus konzipierte Wohn-
und Atelierhaus „Heliotrop" in Erscheinung:
Ein drehbarer, turmförmiger Aufbau mit
einem auf dem Dach montierten „Sonnen-
segel" erhebt sich über einem betonierten
Sockelgeschoss ●. Wohnräume und Fassade
steigen spiralförmig um eine zentrale Wendeltreppe an.

Konstruktion

Das Tragwerk des dreigeschossigen Turmes
besteht aus einer hölzernen Säule, in der sich
das Treppenhaus befindet, und einer Brett-
schichtholz-Skelettkonstruktion. Die zylinderförmige Säule besteht aus 18 Furnierschicht-
holz-Segmenten mit kreuzweise verleimten
Furnierschichten. Die Segmente sind über ein-
geleimte und anschließend mit Epoxydharz
ausgegossene Stahlbügel verbunden. Radial
an die Säule angeschlossene Balkenlagen

werden von Stützen getragen, deren Lasten über 18 dreieckförmige Kragbinder in den unteren Bereich der Säule eingeleitet werden. Das Ausbeulen der Säule wird durch die Scheibentragwirkung der Bodenschalungen verhindert. Der gesamte Turm ist auf einem Drehmechanismus gelagert, was den rotationssymmetrischen Grundriss der Konstruktion bedingt.

Energiekonzept

Die eine Hälfte der Fassade des Turms ist hochwärmeschutzverglast, die andere ist hochwärmegedämmt. Durch Drehen des Turmes wird die Glasfassade als passiver Sonnenkollektor während der Heizperiode der Sonne nachgeführt, im Sommer von der Sonne abgewandt. Die Photovoltaik-Anlage des getrennt vom Haus der Sonne zweiachsig nachführbaren Sonnensegels liefert Strom. Eine als Brüstungs- und Sonnenschutzelement in die Fassade integrierte Solarkollektoren-Anlage dient der aktiven Solarbeheizung und Warmwassergewinnung. Diese und weitere technische Einbauten sorgen für eine im Vergleich zum Bundesdurchschnitt achtmal geringere Heizenergiebilanz und erwirtschaften sogar fünf- bis sechsmal mehr Primärenergie als das „Heliotrop" verbraucht, obwohl der Ausnutzungsgrad von Photovoltaik-Anlagen in unseren Breiten recht gering ist. Trotzdem ist ein solches Haus heute bei weitem noch nicht wirtschaftlich. |

Literatur

Bauwelt
Heft 11, 1990

Mikado
Heft 9, 1994

Baumeister
Heft 9, 1994

Nutzfläche
355 m²
Bebaute Grundfläche
10 m²
Höhe
24,50 m
Turmdurchmesser
1 m
Photovoltaik-Anlage
55 m²

Bauherr und Architekt
R. Disch, Freiburg i. Br.
Ingenieure
Lignaplan AG, Waldstatt (CH)
Prüfer (Holzbau)
Ehlbeck, Karlsruhe
Energetische Beratung
Arge Solar
Bauzeit
1993–1994

HEIDELBERG
Labor- und Unterrichtsgebäude •

Das Labor- und Unterrichtsgebäude
der Stiftung Rehabilitation Heidelberg im
Westen der Stadt dient der Ausbildung von
Behinderten zu medizinisch-technischen
Laboratoriums-Assistenten und -Assisten-
tinnen. Durch die Hängekonstruktion des
Tragwerks • scheint der Baukörper mit
seinen ringsum laufenden Fensterbändern
zu schweben.

Wegbeschreibung
In Heidelberg auf der B 37 in
Richtung Mannheim fahren. Die
Bonhoeffer-Straße, in der sich
das Gebäude der Stiftung Rehabilitation befindet, geht noch vor
dem Stadtteil Wieblingen links ab.

Gebäude

Gründung
Das Gebäude sollte in unmittelbarer Nähe zu
anderen Einrichtungen des Berufsförderungs-
werks errichtet werden. Als Bauplatz stand
aber nur ein Parkplatz zur Verfügung, dessen
Stellplätze möglichst erhalten werden sollten.
Zudem verläuft unter dem Platz die Haupt-
sammelleitung der Kanalisation, die nicht
verlegt werden konnte. Das Gebäude wurde
deshalb aufgehängt und nur auf einer kleinen
Fläche neben dem Abwasserkanal gegründet.
Die vier im Quadrat angeordneten Stützen
(IPBv 360) der aufgehenden Konstruktion
stehen auf Einzelfundamenten, die durch
Zerrbalken verbunden sind.

Konstruktion und Tragverhalten
Die Stützen und Querträger bilden einen
Stockwerksrahmen, der als tragender und
aussteifender Schaft der Hängekonstruktion
fungiert. An den oberen Stützenenden sind
Zugträger befestigt, die aus genormten Profilen (IPBl 360) bestehen. Sie bilden zusammen
mit den auf Druck beanspruchten, 50 cm
hohen Trägern der obersten Geschossdecke
den auskragenden Gebäudekopf. An diesen
Auskragungen hängen an je zwei Hängestangen die Träger der übrigen Geschossdecken
(Höhe = 50 cm). Die Hängestangen mit ihrem
sehr kleinen Querschnitt (∅ = 45 mm) liegen
dabei geschützt hinter der Fassade; die

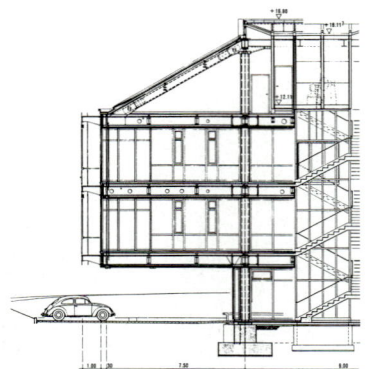

Decken sind aus vergossenen Stahlbeton-
fertigteilen hergestellt. Der Kräfteverlauf der
Konstruktion lässt sich von außen gut ablesen, da nicht nur die Dachfläche von der Form
her maßgebend durch die schrägen Zugträger
geprägt wird, sondern hier auch die Hängestangen hinter der gläsernen Fassade sichtbar
bleiben. |

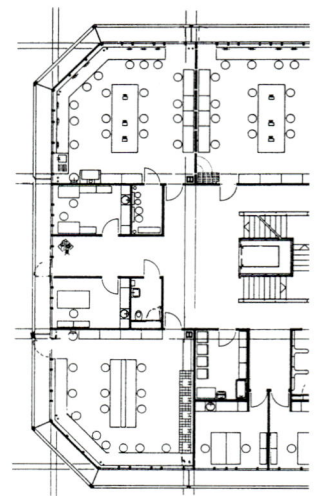

Literatur
Deutsche Bauzeitung
Heft 3, 1981

Bauvolumen
6.725 m³
Nutzfläche
1.450 m²

Bauherr
Stiftung Rehabilitation, Heidelberg
Ingenieure
Schwarzwälder und Zickendraht,
Karlsruhe
Architekten
Rossmann + Partner, Karlsruhe
Baujahr
1978

LENNINGEN-OBERLENNINGEN
Papierfabrik Scheufelen ● ●

Aus einer kleinen Papiermühle an der Lauter in Oberlenningen, die seit 1773 mit einer herzoglich-württembergischen Konzession Schreib- und Packpapier produzierte, wurde dank Carl Scheufelen eine der bedeutendsten Papierfabriken Deutschlands. Ende der zwanziger Jahre des 20. Jahrhunderts entstanden nach einem Generalplan Industriebauten, die für die damaligen Verhältnisse in vielfacher Hinsicht bemerkenswert sind.

Geschichte

Carl Scheufelen pachtete am 4. Oktober 1855 im Alter von 32 Jahren eine Papiermühle, die schon nach einem halben Jahr in seinen Besitz übergehen sollte. In den ersten Jahren beschäftigte er fünf bis sechs Arbeiter, die am Tag drei bis vier Zentner Papier herstellten. Schon im Jahre 1866 gab Scheufelen mit der Aufstellung der ersten Papiermaschine, einer kleinen Rundsiebmaschine mit Dampfkessel und Dampfmaschine, die traditionelle Herstellung von handgeschöpftem Papier auf. Im Jahre 1876 ging die erste Langsiebmaschine für endloses Papier in Oberlenningen in Betrieb. Carls Brüdern, Adolf und Heinrich Scheufelen, gelang es im Jahre 1892, auf einer selbst gebauten Streichmaschine das erste

Wegbeschreibung

Man erreicht Oberlenningen über die Autobahn A8 Stuttgart–Ulm, Anschlussstelle Kirchheim-Ost, und die Straße Richtung Owen. Nach Owen dem parallel verlaufenden Gleis folgen. Von weitem ist schon der Schornstein der Papierfabrik erkennbar.

Hinweis

Neben den hier beschriebenen Erweiterungsbauten in der Fabrik wurden auch Bauten errichtet, die der „Ertüchtigung und Erholung" der Arbeiter dienten, wie u.a. die Turn- und Festhalle, deren Dach von fünf Spitzbögen aus *Eisenbeton* getragen wird (sehenswert!).

Gebäude

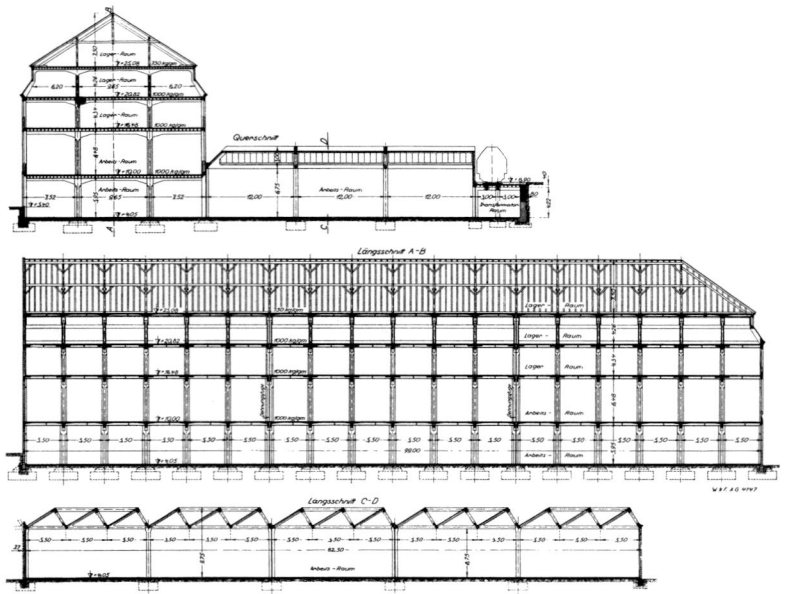

deutsche „Kunstdruckpapier" herzustellen. Ein Jahr später baute Scheufelen ein Wasserkraftwerk an der Lauter zur Stromgewinnung. Mittels einer rund 2 km langen Freileitung überführte er die elektrische Energie in seine Fabrik – eine der ersten Württembergs, die sich dieser neuen Energieform bediente. Als im Jahre 1899 die Eisenbahnstrecke Kirchheim–Oberlenningen eröffnet wurde, erhielt die Fabrik einen Bahnanschluss, der es Scheufelen erlaubte, seine Frachtkosten um 50 % zu senken. Diese Randbedingungen veranlassten ihn, über eine Erweiterung und Neuordnung des Werkes nachzudenken. Im Jahre 1900 wurde dazu vom Stuttgarter Architekturbüro Eisenlohr & Weigle ein Generalplan für die bauliche Entwicklung der Papierfabrik für die nächsten 30 Jahre erstellt. Das dem Plan zugrunde liegende Konzept basierte auf einem möglichst wegsparenden Produktionsfluss. Die wesentlichen Produktionseinrichtungen waren dabei aber nicht nur im Grundriss aufeinander abzustimmen, sondern auch auf

einem Niveau anzuordnen, das durch die Höhe der Eisenbahnverladerampe bindend vorgegeben war. Die Planungen waren im Jahre 1932 im Wesentlichen verwirklicht. Nach dem Zweiten Weltkrieg, den die Fabrik nahezu schadlos überstanden hatte, ging es kontinuierlich aufwärts. Im Jahre 1958 erreichte die Zahl der Beschäftigten mit 2.362 Personen ihren Höhepunkt. Die in diesem Jahr produzierte Papiermenge betrug 47.700 Tonnen. Nach ständigen Modernisierungsmaßnahmen waren im Jahre 1979 für 100.000 Tonnen hergestelltem Papier nur noch 1.229 Personen erforderlich. Der größte Teil des heute erzeugten Papiers geht in die Druckwerbung für hochwertige Gebrauchsgüter. Aus dem übrigen Papier werden Ausstellungskataloge, Kalender, Bücher und Bildbände gefertigt.

Der HOCHBAU hat eine Länge von 99 m bei einer Breite von knapp 25 m. Von den fünf Geschossen des *Eisenbeton*-Skelettbaus werden die beiden unteren als Arbeits-, die drei oberen als Lagerräume verwendet. Die Decken sind als Rippendecken mit Bimsbetonhohlsteinen ausgeführt. Sie dienen damit auch zur Be- und Entlüftung der Räume. Die Idee, mittels einer Hohlkörperdecke die Belüftung der Räume zu ermöglichen, geht auf den Ingenieur und Unternehmer Eduard Züblin zurück, der dieses Bauprinzip im Jahre 1903 für Bauten der Papierfabrik Scheufelen erstmalig angewandt hatte. Als Nutzlasten sind für die obere Decke 750 kg/m², für die übrigen 1.000 kg/m² angesetzt worden. In der Längsrichtung des Gebäudes sind zwei Stützenreihen angeordnet, deren Achsabstand in der Querrichtung 9,65 m beträgt; in Längsrichtung haben die Stützen einen Achsabstand von 5,50 m. Die äußeren Stützen wurden auf Höhe des vierten Geschosses geknickt ausgeführt, zur äußeren Angleichung an bereits bestehende Nachbargebäude. Die Fassadenausfachung des Skelettbaus besteht aus einem 25 cm dicken Mauerwerk aus Ziegelhohlsteinen. Die Gründung musste wegen des schlechten Baugrunds teilweise 7 m tief geführt werden; die unter dem Gebäude fließende Lauter machte dabei komplizierte Unterfangungen nötig.

In der SHEDHALLE ist ein Kalandersaal untergebracht. Der Bau hat eine Grundfläche von 82,77 x 35,70 m. Die lichte Höhe bis Unterkante Traufträger beträgt 6,75 m. Das Rastermaß des Shedbaus in Längsrichtung entspricht dem des Hochbaus; die in dieser Richtung angeordneten Fachwerkträger nehmen die Geometrie der Sheds auf und spannen jeweils über drei Shedfelder. In der Querrichtung verlangte die Aufstellung der Maschinen eine Stützweite von 12 m. Die flachen, geschlossenen Partien der Sheddächer sind als isolierende Bimshohlkörperdecken ausgeführt. Sie stützen sich zwischen der First- und Traufträger, die ihre Lasten an die orthogonal spannenden Fachwerkträger weitergeben. Die steilen Partien sind voll verglast und ermöglichen eine natürliche Belichtung der Halle. Die Shedhalle grenzt unmittelbar an den Hochbau, ist aber

Gebäude

Bauwerksbeschreibung

Stellvertretend für unzählige Bauten, die zur Papierfabrik Scheufelen gehören, soll eines der letzten Bauvorhaben im Rahmen des Generalplans von 1900 beschrieben werden – ein 5-geschossiger HOCHBAU, an den sich eine SHEDHALLE anschließt. In diesen Gebäuden sollten auf einer Geschossfläche von insgesamt nahezu 15.000 m² Fabrikations- und Lagerräume untergebracht werden. Mit 1,5 Mio. Reichsmark war dies das bis dahin größte Investitionsvorhaben in der Geschichte des Unternehmens.

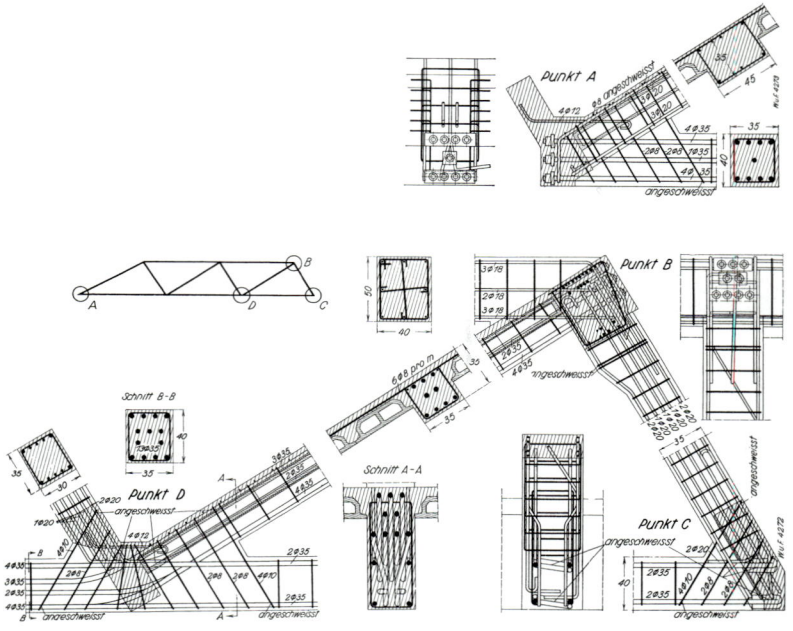

durch eine *Bewegungsfuge* von diesem konstruktiv getrennt. Aufgrund der direkten Nachbarschaft wurde das Sheddach hier so zurück-
genommen, dass weiterhin ungehindert Licht
in den 1. Stock des Hochbaus einfallen kann.
Die schlanken Querschnitte des aufgelösten,
aus Beton gefertigten Sheddachs erforderten
eine durchdachte Bewehrungsführung, die in
den Knotenpunkten der Fachwerkträger zu
Sonderlösungen führte. Weil die Bewehrungs-
stäbe hier auf konventionelle Art nicht mehr
verankert werden konnten, wurden sie ver-
schweißt oder mit Köpfen versehen. |

Literatur

Festschrift
*125 Jahre Papierfabrik Scheufelen
1855–1980*
Oberlenningen 1980

Hochbau und Shedhalle
- **Bauherr**
Papierfabrik Scheufelen
- **Architekten**
Eisenlohr & Weigle, Stuttgart
- **Prüfer**
E. Mörsch, Stuttgart
- **Baufirma**
Wayss & Freytag AG
- **Bauzeit**
1929–1932

LUDWIGSBURG
Pädagogische Hochschule ●●

Die Pädagogische Hochschule und Staatliche Sportschule in Ludwigsburg liegt auf
einem dreieckigen, 18 Hektar großen Gelände neben dem Favoritepark. Um einen
gemeinsamen Platz gruppieren sich ein
Lehrtrakt mit Aula, die Mensa und eine
Sporthalle. Hinzu kommen die Heizzentrale,
die Wohnhäuser für technisches Personal
und ein Wohnheim für 50 Sportstudenten.
Für die Geschossdecken des Lehrtraktes
und des Wohnheims kam das sogenannte
„Lift-Slab"- oder *Hubdeckenverfahren* zur
Anwendung ●.

Konstruktion und Herstellung
Die Gebäude sollten weitgehend in Beton-
Fertigteilbauweise errichtet werden. Hierzu
wurde vor Ort eine eigene Feldfabrik aufgebaut, um lange Transportwege der Fertigteile
zu vermeiden. Die Stützen (Querschnitt =
50 x 50 cm) wurden aufgrund der vom Architekten geforderten, scharfkantigen Sichtbe-
tonflächen stehend in geschosshohen Ab-

Wegbeschreibung
Die Pädagogische Hochschule ist
bequem über die S-Bahn-Station
Favoritepark der Linie S4 Stuttgart–Marbach zu erreichen.

schnitten betoniert. Hierbei wurde ein zentri-
sches Hüllrohr in der Längsachse eingebaut,
so dass jeweils vier dieser Fertigteile im liegenden Zustand zu der vollen Stützenlänge
zusammengespannt werden konnten. Auf die
Kontaktflächen an den jeweiligen Enden wurde Kunstharzkleber gestrichen. Die Montage
der fertigen Stützen erfolgte mit Hilfe eines
Autokrans, der sie in vorbereitete Köcherfun-
damente absetzte. Eine genaue Zentrierung
wurde durch eine einbetonierte Stahlplatte
mit Dorn ermöglicht. Nachdem die Stützen
montiert und mit Hilfe eines Theodoliten lot-
recht ausgerichtet waren, konnten die Vorbereitungen für das *Hubdeckenverfahren*
getroffen werden. Hierzu wurden alle Geschossdecken als Flachdecken ausgebildet
und auf der Bodenplatte aufeinander betoniert
– mit einem Sprühmittel zur Trennung. Der
Grundriss des Lehrtraktes wurde dabei in vier

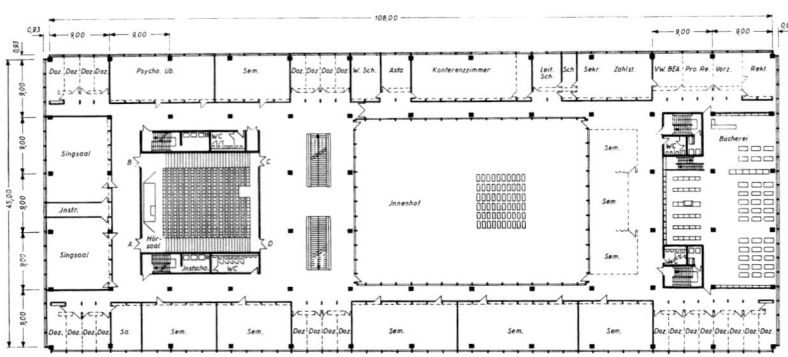

Grundriß Lehrtrakt

etwa 850 m² große Abschnitte unterteilt, die durch statisch günstige Betonierlücken von 5,40 m Breite voneinander getrennt waren. Diese Lücken wurden nach Abschluss der Hubarbeiten mit *Ortbeton* geschlossen. Insgesamt ergaben sich für dieses 4-geschossige Gebäude 16 Deckenplatten (40 cm Dicke) mit Hohlkörpern, um das Gewicht von 850 t je Einheit auf 650 t zu reduzieren. Zur Befestigung der Decken an den Hubstangen wurde ein sogenannter Stahlkragen aus U-Stahl und einer Anschlussbewehrung entwickelt, der später auch die dauerhafte Verankerung an den Stützen ermöglichte. Ein in die Stützen einbetoniertes Gegenstück, ebenfalls aus Stahl, musste dabei nicht nur eine problemlose Verankerung ermöglichen, sondern durfte selbstverständlich den Hubvorgang nicht behindern. Die Verbindung zwischen Stahlkragen und Gegenstück wurde deshalb mit 4 Keilen sichergestellt. Die Konstruktion ist so ausgelegt, dass die Keile Ungenauigkeiten

ausgleichen und ein selbstständiges Lösen ausgeschlossen ist. Der Hörsaalblock und die beiden Treppenhäuser des Lehrtraktes sind in *Ortbeton* ausgeführt und steifen das Gebäude aus. Die Stützen waren für die einzelnen Bauphasen bezüglich ihrer Knicksicherheit genau zu analysieren, da sowohl Knicklängen als auch Lasten sich ständig änderten. Beim Heben der ersten Decke wurden sämtliche Stützen mit Hartholzkeilen in den noch nicht gehobenen Decken verspannt, so dass die Einspannstelle höher gelegt und damit die Knicklänge reduziert werden konnte. Die Hubarbeiten der Decken am Lehrtrakt dauerten insgesamt 7 Wochen. Durch den Einsatz des *Hubdeckenverfahrens* konnte die Bauzeit verkürzt werden; gleichzeitig ging mit dieser Baumethode eine Einsparung an Facharbeitern und Schalmaterial einher, so dass der zusätzliche Aufwand, den beispielsweise die Stahlkragen und deren Tauglichkeitsprüfungen erforderten, gerechtfertigt war. |

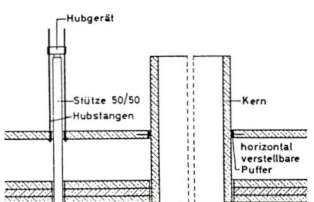
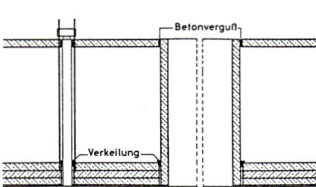

Lift-Slab

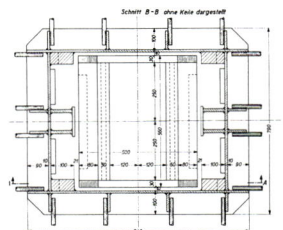

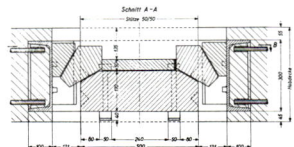

Stahlkragen zur Deckenauflegung

Literatur

Bauwelt
Heft 6, 1965

Beton
Heft 1 und 2, 1966

Bauherr
Land Baden-Württemberg
Ingenieur
K. Boll, Stuttgart
Architekt
E. Heinle, Stuttgart
Baufirma
Hochtief AG, Stuttgart
Hubarbeiten
British Lift-Slab Limited, Birmingham
Bauzeit
1963–1966

Haus Am Weißenhof 14-20

STUTTGART
Weißenhofsiedlung

Die Weißenhof-Wohnsiedlung wurde 1927 vom Deutschen Werkbund und der Stadt Stuttgart für die Ausstellung „Die Wohnung" gebaut. 16 Architekten, Pioniere des Neuen Bauens aus fünf europäischen Ländern, sollten demonstrieren, dass „die Probleme der Neuen Wohnung nur von der veränderten materiellen, sozialen und geistigen Struktur unserer Zeit aus zu begreifen sind." Zugleich sollten Beiträge zur Typenbildung und Rationalisierung geleistet werden. Die Mustersiedlung mit insgesamt 63 Wohneinheiten entstand unter der Leitung von L. Mies van der Rohe; beteiligt waren u.a. W. Gropius, B. und M. Taut, H. Poelzig, P. Behrens, H. Scharoun, R. Döcker, L. Hilbersheimer, Le Corbusier, J. J. P. Oud, M. Stam und V. Bourgeois. Die Weißenhofsiedlung mit ihren funktionalen, in kleinen und abgestimmten Proportionen gehaltenen, weißen Wohnhäusern war von epochemachender Bedeutung für die moderne Architektur. Unter dem Nationalsozialismus als „entartete Kunst" heftig angegriffen sollten die Bauten abgerissen werden, was der Krieg aber verhinderte. Bomben zerstörten 10 der ursprünglich 21 Häuser, die nach dem Krieg

Wegbeschreibung
Siehe Lageplan Seite 409. Vom Hauptbahnhof aus besteht eine direkte U-Bahn-Verbindung zur Messe am Killesberg (U7). Von dort 5 Minuten Fußweg bergab.

verändert wieder aufgebaut wurden. Die erhaltenen Häuser stehen heute unter Denkmalschutz und sind so weit wie möglich in den ursprünglichen Zustand versetzt.

Konstruktionsidee

An zwei Beispielen und Zitaten seien die Ideen der Architekten, die auch aus konstruktiver Sicht höchst interessant sind, geschildert: AM WEISSENHOF 14–20; Architekt: Mies van der Rohe (1886–1969); dreigeschossiger Mietshausblock aus vier Teilen mit je 6 Wohnungen; Stahlskelettbau, ausgefacht mit verputztem Mauerwerk.

„Wirtschaftliche Gründe fordern heute beim Bau von Mietwohnungen Rationalisierung und Typisierung. Diese immer steigende Differenzierung unserer Wohnbedürfnisse aber fordert auf der andern Seite größte Freiheit in der

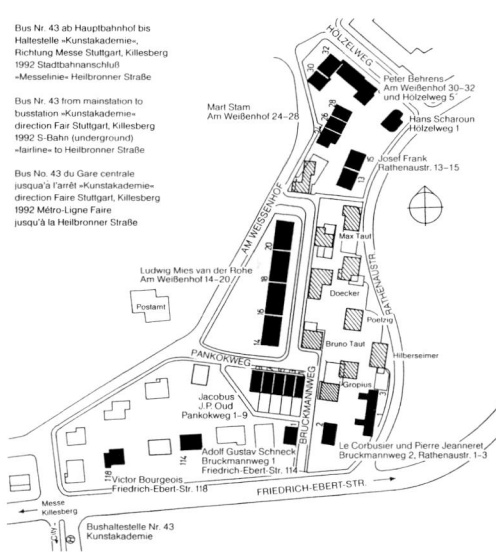

Bus Nr. 43 ab Hauptbahnhof bis
Haltestelle «Kunstakademie»,
Richtung Messe Stuttgart, Killesberg
1992 Stadtbahnanschluß
«Messelinie» Heilbronner Straße

Bus Nr. 43 from mainstation to
busstation «Kunstakademie»
direction Fair Stuttgart, Killesberg
1992 S-Bahn (underground)
«fairline» to Heilbronner Straße

Bus No. 43 du Gare centrale
jusqua'à l'arrêt «Kunstakademie»
direction Faire Stuttgart, Killesberg
1992 Métro-Ligne Faire
jusqu'à la Heilbronner Straße

Gebäude

Benützungsart. ... Beschränkt man sich darauf, lediglich Küche und Bad ihrer Installation wegen als konstante Räume auszubilden und entschließt man sich dann noch, die übrige Wohnfläche mit verstellbaren Wänden aufzuteilen, so glaube ich, dass mit diesen Mitteln jedem berechtigten Wohnanspruch genügt werden kann." M.v.d. Rohe, in *Bau und Wohnung*, Stuttgart 1927.

Durch die mit dem Skelettbau verbundene Unabhängigkeit der Grundrissgestaltung von tragenden Wänden wollte v.d. Rohe zeigen, wie variables, individuelles Wohnen möglich ist. Demontierbare Trennwände sollten es erleichtern, bei Veränderungen in der Familie Veränderungen an der Wohnung vorzunehmen. Zur Verdeutlichung seiner Idee der „größten Freiheit in der Benützungsart" lud er 29 Architekten und Innenarchitekten ein, die von ihm geplanten Wohnungen nach ihren unterschiedlichen Vorstellungen vom Wohnen und von den Bewohnern einzurichten.

BRUCKMANNWEG 2 UND RATHENAU-STRASSE 1–3; Architekten: Le Corbusier (1887–1965) und Pierre Jeanneret (1896–1967); Einfamilienhaus Bruckmannweg 2: Stahlskelettbau, mit Bimsbeton-Hohlblocksteinen ausgefacht; Doppelhaus Rathenaustraße 1–3: Stahlbetonskelettbau und Stahlskelettbau, mit Bimsbeton-Hohlblocksteinen ausgefacht.

„Die fünf Punkte zu einer neuen Architektur. Eingehende Studien haben zu Realisierungen geführt, die als Laboratoriumsresultate ihre Auswirkungen haben. Sie eröffnen der Architektur neue Perspektiven und unterstützen den Städtebau auf der Suche nach Lösungen im Kampfe mit den Missständen unserer Städte. 1. Das Haus auf Säulen – dadurch werden feuchte Kellerräume vermieden. Das Haus schwebt nun in der Luft, ist vom Boden getrennt und der Garten setzt sich unter ihm fort.

Haus Bruckmannweg 2

Haus Rathenaustraße 1-3

2. Die Dachgärten: Die bebaute Fläche eines Grundstückes kann durch ein flaches Dach zurückgewonnen werden. ... Der Dachgarten wird zum bevorzugtesten Aufenthalt des Hauses und bedeutet außerdem für eine Stadt den Wiedergewinn ihrer ganzen bebauten Fläche.
3. Der freie Grundriss: Das Säulensystem trägt die Decken aller Stockwerke. Die Trennungswände können in jedem Geschoss beliebig aufgestellt werden ... Tragende Mauern gibt es nicht mehr ...
4. Das lange Fenster: ... Der *Eisenbeton* ermöglicht endlich lange Fenster und damit auch das Maximum an Licht.
5. Die freie Fassade: Durch Vorschieben der Decken vor die tragenden Pfeiler ... wird die Fassade von allen tragenden Bauteilen befreit. ... Die Fassade ist absolut frei.
Diese fünf Punkte enthalten eine grundlegende ästhetische Reaktion. Es bleibt nichts mehr von vergangener Architektur, sowenig wie von den Theorien der Akademien." Le Corbusier, in *Le Corbusier 1910–1960*, Stuttgart 1960. |

Literatur
KIRSCH, K.
Kleiner Führer durch die Weißenhofsiedlung
DVA, Stuttgart 1989

STUTTGART
Tagblatt-Turm ● ●

Der Tagblatt-Turm, von Ernst Otto Oßwald
im Stil des Neuen Bauens für die Zeitung
„Neues Tagblatt" entworfen, ist das erste in
Sichtbeton errichtete Hochhaus der Welt●
und mit 61 m heute noch das höchste Gebäude in der Stuttgarter Innenstadt. Es
ist Ausdruck der gestalterischen Aufbruch-
stimmung im Bauwesen der damaligen Zeit.

Konstruktion und Tragverhalten
Das Tragwerk des Turms ist eine von drei
Wandscheiben ausgesteifte *Eisenbeton*-Ske-
lettkonstruktion. Diese Konstruktion lässt im
Gegensatz zu einer reinen Rahmenkonstruktion schlankere Stützenquerschnitte zu, da
die Stützen nur Normalkräfte erhalten und
keine Momente. Da die Wandscheiben die
Windlasten abtragen, sind sie nur mit kleinen
Fenstern durchbrochen. Die Zwangskräfte
infolge Temperaturdehnung sind bei den
geringen Abmessungen dieses Grundrisses
vernachlässigbar klein. Im Jahre 1982 wurde
die Betonoberfläche saniert und mit einem
Spezialputz versehen.

Gründung
Die aufgehende Konstruktion steht auf einer
2 m starken *Eisenbeton*-Platte, die die Last
des Turms gleichmäßig auf ein Pfeilerfunda-
ment überträgt. Dieses ist auf einer in 11 m
Tiefe liegenden Kiesschicht gegründet. Wegen
des hohen Gipsgehalts des Grundwassers
wurde dafür kalkarmer Portland-Juramente-
Zement verwendet. |

Wegbeschreibung
Der Tagblatt-Turm steht in der Eberhardstraße am südlichen Rand des
Innenstadtkerns. Die Eberhardstraße
stellt die südöstliche Verlängerung
der Fritz-Elsas-Straße dar.

Literatur
Bauzeitung
Heft 49, 1928

Höhe
61 m
Anzahl der Obergeschosse
17

Bauherr
Zeitung „Neues Tagblatt"
Architekt
E.O. Oßwald
Baufirma
Kübler AG, Stuttgart
Bauzeit
1924–1928

Gebäude

STUTTGART
Hauptbahnhof ● ●

Paul Bonatz und Friedrich Scholer gewannen gemeinsam den 1911 ausgeschriebenen Wettbewerb für den neuen Stuttgarter Bahnhof. Ihr Entwurf sucht durch asymmetrisch, frei gruppierte bauliche Massen das Gleichgewicht mit der städtebaulichen Situation. Der Bau wurde 1914 begonnen. Wegen des Ersten Weltkrieges und seinen Folgen verzögerte sich die Fertigstellung um acht Jahre bis 1928.

Konstruktion

Mit Ausnahme der Stahlbetonunterkonstruktion auf der Bahnsteigseite der Kopfbahnsteighalle ist der gesamte Bau einschließlich des Turms massiv gemauert. Die Wände bestehen aus Muschelkalkbossen, die außenseitig mit Backsteinen, innenseitig mit diversen, örtlich vorhandenen Natursteinen und Backsteinen vermauert sind. Im Zweiten Weltkrieg wurden die Stahl- und Holzfachwerkbinder der Dachkonstruktionen der Kopfbahnsteighalle und der Schalterhallen zerstört. Sie wurden beim Wiederaufbau 1948–1954 durch flach geneigte, geknickte Spannbetonträger mit einem *Plattenbalken*-Querschnitt ersetzt. Die ebenfalls zerstörte, hölzerne Gleisüberdachung wurde durch eine Stahlkonstruktion unter Verwendung der nicht zerstörten Stahlbetonstützen ersetzt.

Wegbeschreibung
Der Weg zum Hauptbahnhof ist in Stuttgart ausgeschildert.

Es lohnt auch der kurze Weg zur alten Expressguthalle im Südostflügel des Bahnhofsgebäudes an der Cannstätter Straße. Man sieht dort eine genietete, über mehrere Felder durchlaufende, räumliche Rahmenkonstruktion zur Aufständerung von Gleis 16. Im Zuge des Projekts „Stuttgart 21" *siehe Seite 290* sollen die beiden Flügel und damit auch die alte Expressguthalle abgerissen werden. Es bleibt nur zu hoffen, dass dieser Plan nicht zuletzt wegen der Bedeutung dieser Bauwerke für die Geschlossenheit des Bahnhofskomplexes noch einmal überdacht wird.

Gründung

Das sumpfige Gelände entlang der heutigen Cannstätter Straße machte eine aufwendige *Pfahl*-Gründung des Südflügels notwendig. Allein der 56 m hohe Turm ruht auf 288 Eichen-*Pfählen* von 11 m Länge. |

Literatur
Deutsche Bauzeitung
Heft 24, 1913

Der Industriebau
Heft 10, 1923

Bauherr
Württembergische Staatseisenbahn
Architekten
P. Bonatz und F. E. Scholer

Wegbeschreibung
Das Max-Kade-Heim steht in der Holzgartenstraße zwischen Schloßstraße und Lindenmuseum am Hegelplatz ca. 3 Gehminuten von der Liederhalle entfernt.

eng begrenzten Korngruppen, möglichst mit Ausfallkörnung, hergestellt werden sowie aus Kostengründen und zur Schwindarmut möglichst wenig Zement verbrauchen. Er durfte deshalb auch nicht mit Rüttlern verdichtet, sondern nur leicht gestochert und gestampft werden – in gewisser Weise ein Vorläufer des Leichtbetons. Während Prof. Otto Graf sich um die Betontechnologie kümmerte und Schulungskurse abhielt, entwickelte F. Leonhardt mit L. Bölkow und der Firma Bossert leichte Schalungen aus Stahlgerippe, die mit Drahtgewebe bespannt waren, um so auch den Füllvorgang zu beobachten.

Während bei den üblichen zwei- bis dreigeschossigen Häusern Würfelfestigkeiten von 3 N/mm² genügten, war für das 16-geschossige Max-Kade-Heim unten ein B8 nötig, abnehmend auf B3 oben, bei einem Einkorn-Ziegelsplittbeton mit Wandstärken von 37 cm außen und 25 cm innen, ohne Skelett, also bei einer reinen Scheibenbauweise – erkennbar an den relativ kleinen Fenstern.

Gebäude

STUTTGART
Max-Kade-Heim ● ●

Eine Spende des deutsch-amerikanischen Fabrikanten Max Kade ermöglichte die Errichtung des ersten Stuttgarter Studenten-Wohnhochhauses mit 16 Geschossen. Der Bau wurde in der sogenannten Schüttbeton-Bauweise ● hergestellt.

Bauwerksbeschreibung
Das Gebäude ist ein Wohnheim für 160 Studenten. Jedes Normalgeschoss verfügt über acht Einzel- und zwei Doppelzimmer. Die nach dem Zweiten Weltkrieg zur Trümmerverwertung und im Hinblick auf den Wohnungsbau weit verbreitete Schüttbetonbauweise zur Herstellung von Wänden sollte einerseits preisgünstiger sein als der Mauerwerksbau und andererseits gegenüber der konventionellen Betonbauweise den Wänden vorteilhaftere bauphysikalische Eigenschaften verleihen. Schüttbeton wurde dafür bewusst porig spezifiziert, sollte kein Feinkorn enthalten und aus

Literatur
Bauen und Wohnen
Oktober–November, 1947

Ingenieur
F. Leonhardt, Stuttgart
Prüfer
K. Deininger
Architekten
W. Tiedje und L. H. Kresse, Stuttgart
Baufirma
Chr. Bossert, Stuttgart
Bauzeit
1952–1953

STUTTGART
2 Kollegiengebäude der Universität •

Wegbeschreibung
Man findet die Kollegiengebäude in der Keplerstraße 17. Die Keplerstraße liegt südwestlich vom Hauptbahnhof und ist von dort aus in fünf Gehminuten zu erreichen.

Zwei Hochhäuser, die Kollegiengebäude K I und K II, bilden das Eingangstor zum Universitätszentrum Stadtmitte. Sie haben je einen dreibündigen Grundriss. Durch die unterschiedlichen Geschosshöhen der Bünde ergeben sich 10 bzw. 15 Obergeschosse. Diese Gliederung ist in der Fassade durch die dunklen und hellen Fenster- und Brüstungsbänder nachvollziehbar. Als wesentlichen konstruktiven Unterschied zum K I weist das 3 Jahre später fertig gestellte K II eine fugenlose Ausbildung der Geschossdecken auf.

Konstruktion und Tragverhalten
Der Stahlbeton-Skelettbau ist in Sichtbeton ausgeführt. Die Decken spannen in Querrichtung; sie sind über den hohen Hörsaalgeschossen als Rippendecke mit einer Konstruktionshöhe von 29 cm und über den niederen Fluren und Institutsräumen wegen der beschränkten Bauhöhe als 17 cm starke Deckenplatten ausgeführt. Sie geben ihre Lasten über *Unterzüge* an die innen liegenden Stützenreihen und über Brüstungsträger an

die Fassadenstützen ab. Die Stützen laufen durch alle Geschosse in gleicher Stärke und sind vom ersten Untergeschoss bis einschließlich des fünften Obergeschosses aus einem Beton der Güte B 45 hergestellt. Für die Stützen der anderen Geschosse und für das Fundament wurde ein B 30 verwendet. Aus Gründen der Grundrissgestaltung und der Fassadenkonstruktion sollte das zweite Kollegiengebäude ohne *Bewegungsfugen* ausgeführt werden. Bei den großen Abmessungen entstehen aber infolge Temperaturdifferenzen Längenänderungen von bis zu 1 cm. Um die daraus resultierenden Zwangsspannungen zu verhindern, wurde der kleinere Kern auf Corroweld-Rollenlagern beweglich gelagert. Durch diese Beweglichkeit entzieht er sich der Aussteifung in dieser Richtung, wofür jedoch der große Aufzugs- und Treppenhauskern ausreicht. Durch die Linienlagerung beteiligt sich der Kern aber an der Aussteifung in Querrichtung. Da die beiden Kerne zusammen in der

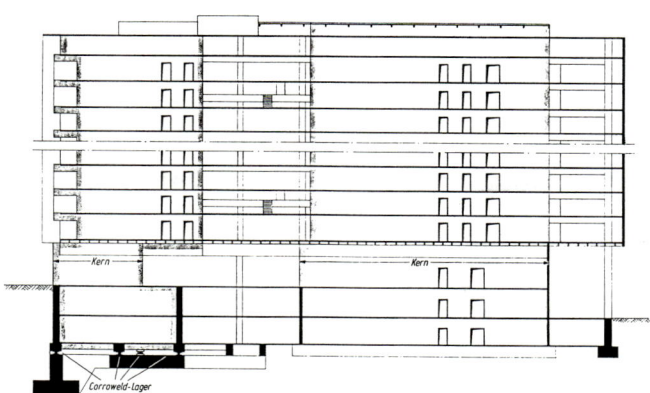

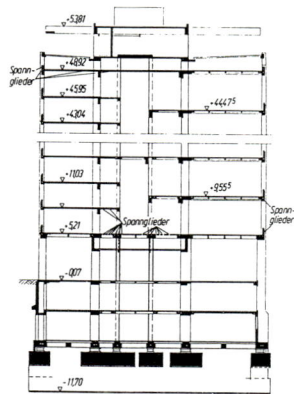

Querrichtung relativ weich sind, wurden auch die Außenwände der Obergeschosse an der Gebäudeschmalseite zur Queraussteifung herangezogen; Letztere nehmen rund 65 % der horizontalen Lasten in Querrichtung auf. Die Decke über dem Erdgeschoss leitet die aus diesen Querwänden ankommenden Horizontalkräfte an zwei Querwände im Erdgeschoss weiter, die um eine Rasterweite versetzt sind. Die als steife Gründungskästen ausgebildeten Untergeschosse geben alle vertikalen und horizontalen Lasten gleichmäßig an den Untergrund ab. |

Grundfläche
60,76 x 25,14 m
Gesamtnutzfläche
12.000 m²
Umbauter Raum
98.300 m³
Höhe
55 m

Bauherr
Land Baden-Württemberg
Ingenieur
F. Leonhardt, Stuttgart
Architekten
R. Gutbier, C. Siegel, G. Wilhelm, Stuttgart
Bauzeit
1960–1963

Gebäude

STUTTGART
Institutsgebäude der Universität •

Die Institute für Arbeitswissenschaft und Technologiemanagement, Industrielle Fertigung, Umformtechnik und Werkzeugmaschinen befinden sich in einem fünfgeschossigen Büroturm mit rundum laufenden Fensterbändern. Er erhebt sich pilzförmig über einem teils zweigeschossigen, unterkellerten Hallentrakt, in dem sich Werkstätten und Laboratorien befinden.

Büroturm
Der Turm besitzt eine in Sichtbeton ausgeführte Stahlbeton-Skelettkonstruktion. Die Geschossdecken werden jeweils von zwei Paaren sich kreuzender *Unterzüge* getragen. Sie geben ihre Lasten an die vier zentralen Hauptstützen des Turms und an je zwei Fassadenstützen weiter. Die Lasten der stützenlosen, äußeren Ecken der Decken werden von niederen Brüstungsträgern ebenfalls an die Fassadenstützen weitergeleitet. Die Form der Brüstungsträger ist dem Momentenverlauf linear angeglichen. Die vertikalen Lasten der

Wegbeschreibung
Die Gebäude finden sich gegenüber der Universitätsbibliothek und dem Stadtgarten in der Holzgartenstraße 17 nahe dem Max-Kade-Heim *siehe Seite 413.*

Fassadenstützen aller Obergeschosse werden von einem 4,70 m auskragenden Trägerrost abgefangen und in die vier innen liegenden Hauptstützen abgeleitet. Die Form der Träger des Trägerrostes entspricht wie die der Brüstungsträger dem Momentenverlauf. Die vier Hauptstützen des Turms gehen in den Untergeschossen in Wandscheiben über; sie bilden mit den Decken und der Fundamentplatte der Untergeschosse einen steifen Gründungshohlkörper. Der Turm ist damit in die Untergeschosse eingespannt. Die vertikalen Lasten werden von der Fundamentplatte direkt an den Baugrund abgegeben, während die Einspannmomente aus horizontalen Lasten von den Stützen und dem an der Lastabtragung beteiligten Treppenhaus- und Aufzugskern über ein horizontales Kräftepaar in die Decken und damit in den Gründungshohlkörper eingetragen werden.

Gebäude

Halle

Die Stahlbeton-Skelettkonstruktion der Halle
ist auf Streifen- und Einzelfundamenten gegründet und mit einem Füllmauerwerk aus
dunkelbraunem bzw. gelbem Klinker ausgefacht. Die Geschossdecken sind als massive
Platten auf *Unterzügen* ausgeführt. Das Hallendach ist eine Shedkonstruktion, deren
Oberlichter nach Norden orientiert sind. Die
Sheds bestehen aus geknickten Stahlbindern
mit einem Kragarm, die diagonal zu jedem
Feld auf die Stahlbetonstützen des Hallentrag-
werks gesetzt sind. Auf den Stahlbindern sind
vorgespannte Betonfertigteile ausgelegt, die
die Dachfläche bilden. Diese ist mit einer
Korkisolation versehen, mit Kupferblech
gedeckt und über Kunststoffrohre, die in die
Stützen einbetoniert sind, entwässert. Der
Schub aus den diagonal aufgesetzten Dach-
trägern und die Horizontalkräfte der Kranbahn
werden durch Querscheiben und Rahmentragwirkung in die Fundamente geleitet, wodurch
die Außenwände unbeansprucht bleiben. |

Nutzfläche des Turms
5.300 m²
Nutzfläche der Halle
2.500 m²
Rastermaß
7,125 m

Bauherr
Land Baden-Württemberg
Architekt
A. Sack, Stuttgart
Bauzeit
1961–1963

STUTTGART

GENO-Haus ●

Am Hang oberhalb des Stuttgarter Hauptbahnhofs erhebt sich der mächtige Glas-
körper des GENO-Hauses, der Sitz der
Genossenschaftlichen Zentralbank AG Stuttgart. Abhängig von den Lichtverhältnissen
erscheint das Bürogebäude mächtig und
glänzend spiegelnd oder aber fast „unsicht-
bar".

Konstruktion und Tragverhalten

Hinter der Glasfassade sind in den Oberge-
schossen großzügige Büroräume angeordnet.
Ihre Decken werden von vielen hinter der Fassade stehenden Beton-Fertigteilstützen und
wenigen Stützen und Kernen im Inneren der
Räume getragen. Die Lasten der Fertigteilstützen werden etwa 17 m oberhalb des öffentlichen Platzes mittels eines Abfanggeschosses
in einzelne Kerne und schlanke Stützen über-
geleitet. Dazu dienen auskragende Beton-
Hohlkästen, die gleichzeitig als Installations-
geschoss genutzt werden. Die Kästen sind mit

Wegbeschreibung
Das GENO-Haus befindet sich
in der Heilbronner-Straße 41.
Die Heilbronner-Straße (B 27)
führt vom Hauptbahnhof hinauf
zum Pragsattel.

Querschotten torsionssteif ausgebildet und in
Längs- und Querrichtung *vorgespannt*. Sie sind
über die massiven Deckenscheiben untereinander und mit den Aufzugsschächten und den
Treppenhauskernen verbunden. Alle Horizontalkräfte werden über die Decken in die Kerne
abgeleitet, da die Stützen wegen ihrer Schlankheit nur vertikale Kräfte abtragen können. Um
die Abmessungen der Kerne klein zu halten
und um die Auslenkung des Gebäudes zu minimieren, wurden sie in den vier- bis fünfgeschossigen Untergeschosskörper eingespannt. Die
Einspannmomente werden von einem horizontalen Kräftepaar in die *vorgespannte* Rippendecke des zweiten Untergeschosses bzw. in
die ebenfalls *vorgespannte* Bodenplatte eingeleitet. Damit die Lasten einschließlich des Erd-

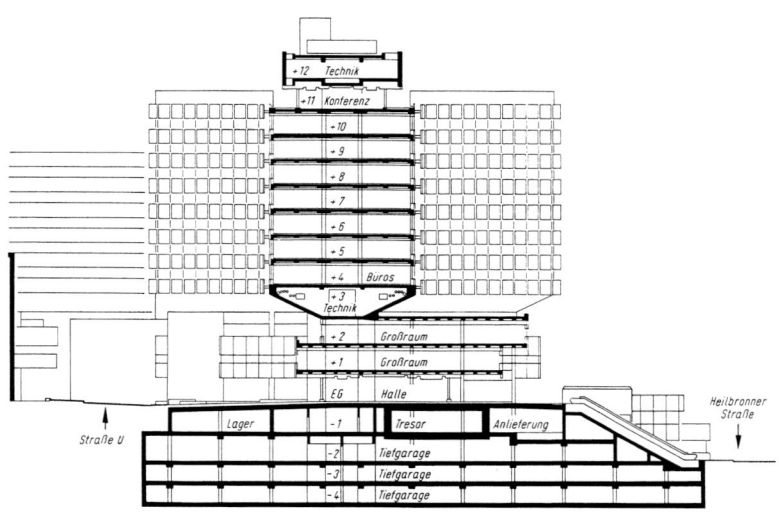

Gebäude

drucks des Hanges an den Baugrund abgegeben werden können, müssen diese horizontalen Deckenscheiben zusammen mit den in
beide Richtungen durchgehenden, vertikalen
Wandscheiben einen starren Gründungshohlkörper bilden. Dafür werden nur die Außenwände als durchgehende Scheiben herangezogen, um die Nutzung im Inneren nicht
einzuschränken. Dies ging aber nur, weil der
Gründungshohlkörper fugenlos in monolithischer Bauweise ausgebildet wurde.

Gründung

Die Fugenlosigkeit des Gründungshohlkörpers
machte besondere Maßnahmen zur Verhinderung von Rissschäden aus Zwangskräften der
Schwind-Verformung notwendig. Dazu wurden
außerhalb einer normal gegründeten Kernzone
Gleitlager zwischen Bauwerk und Baugrund
bzw. den Fundamenten angeordnet, die teilweise geneigt sind. Die durch die Neigung
entstehenden Abtriebskräfte kompensieren
dabei die Reibungskräfte der Gleitlager, die
der *Schwind*-Verformung entgegenwirken
würden. Auf diese Weise konnte eine nahezu

unbehinderte Verformung des ca. 95 x 80 m
großen Gründungshohlkörpers beim *Schwind*-
Vorgang erfolgen. Die Gründung auf Gleitlager
stellte zum Zeitpunkt der Bauausführung eine
neue bzw. noch keine „anerkannte Regel der
Bautechnik" dar. Sie ist das Ergebnis sorgfälti-
ger Überlegungen, Untersuchungen und
Berechnungen – der Erfolg bestätigte auch die
Richtigkeit dieser neuen Technik. Allerdings
war den Verantwortlichen auch der verhältnismäßig hohe Aufwand für die Herstellung und
den Einbau der Lager bewusst. Diese Nachteile führten später bei ähnlichen Aufgaben zur
Verwendung von Viskositätslagern. |

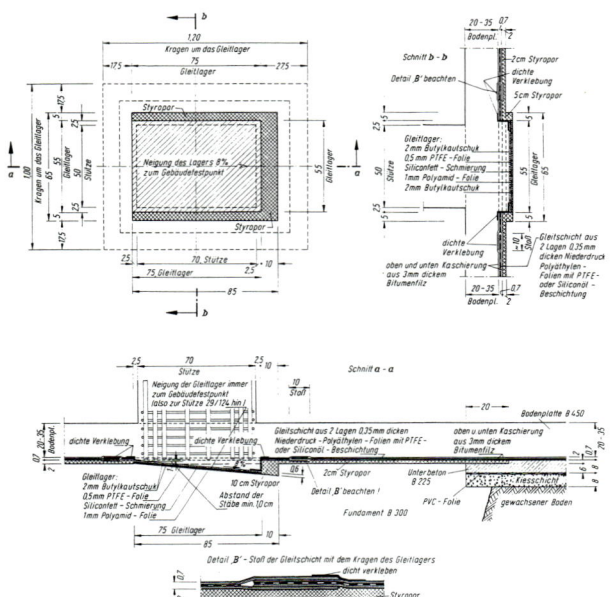

Details der Gleitlager

Literatur

Beton- und Stahlbetonbau

Heft 8, 1974

Umbauter Raum

214.000 m³

Nutzfläche

49.000 m²

Höhe

65 m

Bauherr

Genossenschaftliche Zentralbank AG, Stuttgart

Ingenieure

Pfefferkorn + Partner, Stuttgart

Architekten

Kammerer + Belz, Stuttgart

Baufirmen

Arge G. Epple, L. Bauer, P. Brenner, MF Wachter KG

Bauzeit

1969–1972

FREIBURG I. BR.
Freiburger Münster ● ● ●

Das Freiburger Münster ist das Wahrzeichen Freiburgs und des Breisgaus. Berühmt wurde der 45 m hohe, vollständig aufgelöste Turmhelm des Westturms, dessen Nachbau vielfach versucht, aber niemals übertroffen wurde.

Geschichte

Um 1200 begann man im Auftrag des letzten Zähringer Herzogs, Berthold V., mit dem Bau einer „bedeutenden Kirche", deren Vorbild die spätromanische Bischofskirche in Basel sein sollte. Die aus Basel kommenden Baumeister und Steinmetzen schufen das Querhaus mit der Vierungskuppel, die Untergeschosse der seitlichen „Hahnentürme" und die ersten Joche von Chor und Langhaus. Das geplante romanische Münster wurde aber nicht vollendet. Nach dem Tod Bertholds im Jahre 1218 übernahm Graf Egino I., der Sohn einer Zähringertochter, die Stadtherrschaft in Freiburg. Dieser veranlasste inspiriert von den neuen, französischen Kathedralen einen Weiterbau im gotischen Stil. Nach einigen Misserfolgen holte man um 1250 einen Baumeister aus der Bauhütte des Strassburger Münsters. Der neue Baumeister kannte sich bestens mit den in St. Denis und Reims entwickelten Stilformen der Gotik aus und brachte darüber hinaus eine Fülle konstruktiver Ideen und praktischer Erfahrungen mit. Unter seiner Leitung entstanden das Mittelschiff und die beiden Seitenschiffe sowie der im Grundriss fast quadratische Unterbau des Hauptturms. In Freiburg entschied man sich im Unterschied zu Strassburg und den französischen Vorbildern aus verschiedenen Gründen für nur einen großen Turm als Krönung des Bauwerks: Zunächst gebührte der Pfarrkirche nicht der Rang und die prachtvolle Fassade einer Bischofskirche und zudem hat die Einturmkirche – mit einem Turm im Westen oder als Chorturmkirche ausgeführt – am Oberrhein Tradition. Vollendet wurde der 115 m hohe Turm um 1320, allerdings von einem neuen, ebenfalls aus Strassburg kommenden

Wegbeschreibung
Das Freiburger Münster befindet sich im Zentrum der Freiburger Altstadt, die vom Hauptbahnhof aus in östlicher Richtung zu Fuß erreichbar ist.

Kirchen

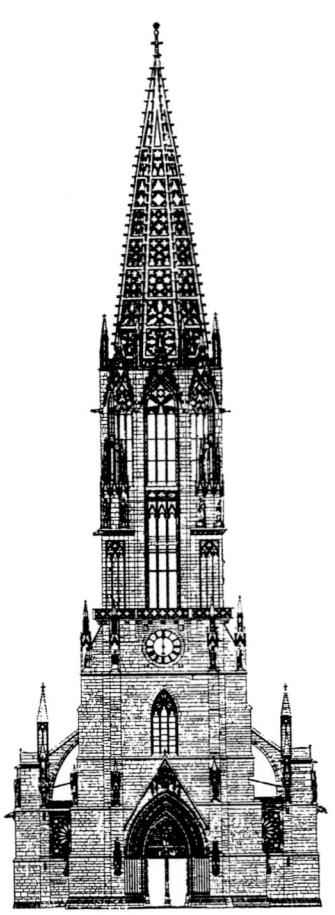

Baumeister, der die unglaublich kühne Idee verwirklichte, den Turmhelm lediglich als höchst feingliedriges, selbst tragendes Maßwerk ohne innere Einbauten zu realisieren. Im Jahre 1354 wird der Grundstein zum Chor gelegt, für den man Johannes Parler *(siehe auch „Ulmer Münster" Seite 438)* als Baumeister aus der berühmten Baumeisterfamilie der Parler aus Schwäbisch Gmünd gewinnen konnte. Nach einer Pause von etwa 100 Jahren wurde der Chor zwischen 1471 und 1510 fertig

gestellt. Im Jahre 1827 wurde das Münster zur Kathedrale, d.h. zur Bischofskirche der neu errichteten Erzdiözese Freiburg i. Br. erhoben.

Konstruktion und Tragverhalten

Der älteste Teil des nach Osten ausgerichteten Münsters ist das heute noch bestehende Querhaus der ursprünglich romanisch geplanten Pfarrkirche, das aus dem roten und gelben Sandstein vom nahe gelegenen Lorettoberg gebaut wurde. Der massige Charakter einer romanischen Kirche ist hier aber schon ansatzweise aufgegeben worden. Die schwach ausgebildeten Spitzbögen und die entsprechend geformten Gewölbe sowie die Bündelpfeiler enthalten Elemente der Gotik und mildern den Stilbruch zum späteren, gotischen Langhaus und zum spätgotischen Chor. Die Art der Abtragung der Gewölbelasten prägt jedoch eindeutig die zeitlich versetzten Bauabschnitte: Während die Gewölbelasten des Querhauses nur über die Pfeiler abgetragen werden, zeigen Langhaus und Chor die typische, feingliedrige Architektur der Gotik, bei der die vertikalen Gewölbelasten durch relativ schlanke Bündelpfeiler und der Gewölbeschub von den nach außen verlegten Strebebögen und Strebepfeilern aufgenommen werden. Die in den inneren Wandpartien nur leicht angedeuteten Hauptpfeiler sowie die in den oberen Bereichen weitflächig verglasten Fassaden vermitteln damit den Eindruck, als ob Chor- und Mittelschiffgewölbe nahezu schweben würden. Die äußeren Strebebögen, deren Form der *Stützlinie* entspricht, sind in ihrer harmonischen Reihung derart angeordnet, dass ungehindert Sonnenlicht von oben her in den Kirchenraum einfallen kann, wodurch der Effekt des „Schwebens der Gewölbe" noch verstärkt wird. Man beachte in diesem Zusammenhang die Strebebögen im Bereich des polygonalen Chorabschlusses, die im Grundriss doppelt bzw. dreifach je Pfeiler ausgeführt worden sind, um die großzügige Fenstergliederung beizubehalten. Der Turm des Freiburger Münsters erhebt sich zunächst 5 Geschosse bis zur Maßwerkgalerie über der Uhr. Auf diesem 37 m hohen Unterbau wurde das 33 m hohe Oktogon aus Tennenbacher Sandstein mit den großartigen Maßwerkfenstern über

der Glockenstube aufgesetzt. Das Gewölbe über den Glocken auf etwa der halben Turmhöhe bildet die letzte Decke im Turm. Der Raum darüber, der durch den prächtigen, leicht konvexen Turmhelm nach oben hin abgeschlossen wird, ist leer und ermöglicht einen einzigartigen Blick in das Maßwerk. Die acht spitzen Dreieckflächen des Helms stützen sich so gegeneinander ab, dass keine Zugbeanspruchungen auftreten. Gegenüber Windlasten wirken die Dreieckflächen zusammen als *Faltwerk*, dessen Profiltreue durch den steifen Auflagerkranz des Oktogons günstig beeinflusst wird. Der Horizontalschub des Helms wird vermutlich allein von den Pfeilern aufgenommen, die deshalb in radialer Richtung entsprechend steif ausgebildet wurden. Der Helm lagert dabei nur auf den inneren Stirnflächen der Pfeiler. Die äußeren Stirnflächen tragen Fialen, denen neben der Schmuckfunktion die konstruktive Aufgabe zukommt, die Resultierende der wirkenden Kräfte in Richtung der Pfeiler zu drücken, so wie man es von den Fialen auf Strebepfeilern her kennt. Um den Auflagerkranz herum ist eine Aussichtsgalerie angeordnet, die über einen äußeren, an der Ostseite befindlichen Wendeltreppenturm erreicht werden kann. Der Turmhelm (ohne Kreuzblume) teilt den Turm der Höhe nach im Verhältnis des „goldenen Schnitts". |

Literatur
BECKER, K.
Das Münster zu Freiburg
Verlag Schnell & Steiner,
Regensburg 1995

HUG, W.
*Das Freiburger Münster erzählt
seine Geschichte*
Bildverlag J. Gass,
March-Neuershausen 1995

Turmhöhe
115 m
Höhe des Chors
17,35 m
Breite des Langhauses
ca. 30 m
Länge des Münsters
ca. 130 m

Bauherr
Stadt Freiburg
Baumeister, soweit bekannt
Bauhüttenmeister Gerhart (ab 1308);
Werkmeister P. von Basel und
H. Müller, J. Parler (ab 1354);
H. Niesenbacher (ab 1471) und
H. Niederländer
Baubeginn
um 1200
Weihung
1513

Kirchen

FREIBURG I. BR.
Heilig-Geist-Kirche ●

Die katholische Heilig-Geist-Kirche steht
zwischen der Medizinischen und der Chi-
rurgischen Abteilung der Universitätsklinik
Freiburg. Sie ist mit beiden über einen zweigeschossigen, verglasten Gang verbunden.
Zu ebener Erde finden 500 Personen Platz;
die weit in den Raum ragende Empore bietet
Platz für 80 Krankenbetten.

Wegbeschreibung
Die Universitätsklinik liegt rund
1 km nördlich des Hauptbahnhofs
un-mittelbar neben dem Haupt-
friedhof. Ein Zugang zur Kirche ist
über den Friedrich-Ebert-Platz und
die Hugstetter-Straße im Südosten
bzw. über die Hartmann-Straße
im Nordwesten möglich.

Konstruktion und Tragverhalten

Der ovale Kirchenraum wird von einer fein-
gliedrigen, hölzernen Kuppel überspannt. Sich
kreuzende Bohlenbinder mit unterschiedlich
großen Rechteckquerschnitten erzeugen eine
Netzstruktur mit rautenförmigen Viereckmaschen. Nur am Rand entstehen dreieckige
Felder. Die viereckigen Maschen werden von
der Dachdeckung ausgesteift. Sie besteht aus
doppelschalig angeordneten Holzfaserdämm-
platten, die zum Raum hin aus akustischen
Gründen mit einem parallel zur langen Diagonalen der Rauten verlaufenden Holzstabwerk
verkleidet sind. Unter Flächenlasten ergibt
sich eine sehr gleichmäßige Spannungs-
wirkung in den Lamellen. Wegen der räumlichen
Tragwirkung können aber auch große Einzellasten getragen werden. Für die gesamte
Dachkonstruktion wurde Tannenholz verwendet; die Kuppel wird von einer Stahlbeton-
Skelettkonstruktion in Sichtbeton getragen.
Zwei Kränze von jeweils 16 Stützen tragen die
Empore, das Oberlichtband und den Zugring,
auf dem die hölzerne Kuppel ruht und der
ihre radialen Kräfte kurzschließt. Den äußeren
Raumabschluss bildet die zweischalige Wand-
ausfachung zwischen den äußeren Stützen.
Die innere, 15 cm starke Wand aus Ytong-
Steinen ist verputzt, die äußere ist als 12 cm
starkes Sichtmauerwerk aus gelblichen
Altriper-Hartbrandsteinen ausgeführt. |

Literatur
Architektur und Wohnform
Heft 4, 1955

Höhe
ca. 28 m
Kuppelhauptachsenabschnitt
ca. 32 m
Kuppelnebenachsenabschnitt
ca. 26 m
Stich der Kuppel
ca. 5 m

Bauherr
Land Baden-Württemberg
Entwurf
Staatliche Hochbauverwaltung,
Universitätsbauamt, Freiburg i. Br.
Baujahr
1954

Kirchen

KIRCHHEIM/TECK
Katholische Kirche
Maria Königin ●

Das Dach der Kirche Maria Königin hat die Form eines weit ausladenden *hyperbolischen Paraboloids* (Hypar) über einem quadratischen Grundriss. Den Wandabschluss bilden schlanke Stützen mit dazwischengestellten Glasbetonflächen, die den Raum eindrucksvoll belichten. Die Aufmerksamkeit im Innenraum wird ganz auf den Altar gelenkt, der unter der am höchsten aufstrebenden Ecke des Daches steht. Dem Altar diagonal gegenüberliegend steht eine Empore frei im Raum. Im Kontrast zu dieser Dachform steht der hochaufstrebende, schlanke Glockenturm.

Konstruktion
Die Hypar-*Schale* ist eine Stahlbetonkonstruktion. Sie spannt zwischen geraden Randträgern, in die sie ihre Lasten einleitet. Die *Schale* ist zwischen 6 cm in Feldmitte und 17 cm am Trägeranschluss dick und in Hauptzug- und Hauptdruckrichtung schlaff bewehrt. Sie ist innen in Sichtbeton ausgeführt, außen wärme-

Wegbeschreibung
Über die Autobahn A8 Stuttgart–Ulm, Ausfahrt Kirchheim-Ost, nach Kirchheim. Dort halb links in die Lenninger-Straße einbiegen. Die nächste Straße rechts abbiegen (Eichendorf-Straße), danach die vierte Straße rechts abbiegen (Tannenberg-Straße). Die Kirche befindet sich in der Lichtenstein-Straße, welche hinter dem Postamt links abzweigt.

isoliert und mit Rhepanol-Dachbahnen abgedichtet. Die vier Randträger, die die Lasten der *Schale* zum Baugrund leiten, sind 50 cm breit; ihre Höhe nimmt von 20 cm an den Hochpunkten auf 100 cm an den Auflagerpunkten zu. Die Träger werden von Stützen im Abstand von 1,70 m getragen; die Stützen aus Betonfertigteilen haben einen Kern aus *Ortbeton*. Die beiden Widerlager an den Tiefpunkten der *Schale* sind durch ein unterirdisch verlaufendes Zugband miteinander verbunden. Das Gebäude ist auf Streifen und Einzelfundamenten gegründet.

Tragverhalten

Wie alle doppelt gekrümmten *Schalen*-Trag-
werke trägt das Hypar gleichmäßige Belastungen mit geringstem Materialaufwand ab, ist
aber empfindlich gegenüber Einzellasten. Die
Lasten werden durch einen Bogenmechanis-
mus in der einen und einen Hängemechanis-
mus in der anderen Achse auf die Randträger
übertragen. Die Druck- und Zugkräfte vereinigen sich zu einer resultierenden Druckkraft in
Richtung des Randträgers, die zum Auflager
hin linear ansteigt. Der Randträger erfährt
bei gleichmäßiger Belastung keine Biegung.
Die Stützen des Randträgers stabilisieren das
Hypar gegen Kippen; außerdem steifen sie den
knickgefährdeten Randträger aus, so dass dieser sehr schlank gehalten werden kann. Die
Stützen leiten aber auch horizontale Windkräfte in den Randträger und in die *Schale* ein. Der
Horizontalschub, den die resultierenden Druckkräfte der Randträger auf die Auflager ausüben,
wird von dem Zugband aufgenommen. Dem
Beulen der *Schale* kann durch ein Anhängen
der Randträger oder gar der Streifenfundamente unter den Randstützen, die dann zu
Zuggliedern werden, entgegengewirkt werden,
worauf aber bei den vorliegenden, geringen
Abmessungen verzichtet werden konnte.

Herstellung

Wie an der Struktur der inneren Sichtbeton-
oberfläche erkennbar ist, wurde die HP-*Schale*
entlang den die Translationsfläche erzeugenden Parabeln mit gekrümmten Brettern
geschalt, obwohl die Schalung mit geraden
Brettern entsprechend der Regelfläche ein-
facher herzustellen gewesen wäre. |

Kirchen

Grundriss
26 x 26 m
Höhe der Ecken
11,40 bzw. 15,40 m

Ingenieure
Frodel und Greiner
Architekt
E. Zinster
Bauzeit
1963–1965

NERESHEIM
Abteikirche

Die Abteikirche St. Ulrich und Afra des
Benediktinerklosters Neresheim ist das letzte
Sakralbauwerk Balthasar Neumanns. Zu-
sammen mit den Kuppelfresken des Tiroler
Freskanten Martin Knoller stellt es ein ein-
maliges Kunstwerk barocker Architektur dar.

Konstruktion

Die sieben Kuppeln sind hölzerne Konstruktionen mit radial zulaufenden Spanten (7/20 cm)
und ringförmig verlaufenden, unter die Spannten genagelten Latten (3/5 cm). Die Latten laufen über mehrere Spanten durch. Ihre Stöße
sind gegeneinander versetzt. Die Latten der
Kuppeln sind von unten und oben verputzt,
wobei der untere Putz und Malgrund aus 2 cm
starkem Haarkalk besteht. Haarkalk ist ein mit
Tierhaaren versetzter Kalkputz; die Haare wirken als Bewehrung zur gleichmäßigen Trock-
nung und Risseverteilung. Die Vierungskuppel
über dem durch die Kreuzung von Längs- und
Querschiff gebildeten Raum ist auch über den
Spanten gelattet und völlig verputzt.

Wegbeschreibung
Über die Ausfahrt Aalen/Oberko-
chen (im Norden) bzw. Heidenheim
(im Süden) der Autobahn A7 Ulm–
Würzburg erreicht man Neresheim.
Das Kloster mit der Abteikirche
befindet sich auf einer Anhöhe
und ist schon von weitem sichtbar.

Tragverhalten

Ursprünglich waren alle sieben Kuppeln am
Dachstuhl aufgehängt; die Vierungskuppel
lagerte außerdem auf vier Säulenpaaren. Bei
einem Umbau wurden 1828 die Kuppeln aus
dem Dach gelöst und stattdessen an besondere *Hängewerke*, die auf den Wänden lagerten,
umgehängt. Das Gewicht der Kuppeln wurde
von der Lattung und den Spanten in einen umlaufenden Holzring übertragen und von dort
an die *Hängewerke* abgegeben. Durch die
näherungsweise kontinuierliche Auflagerung
der Kuppel mittels des Holzrings entstand
eine Kuppeltragwirkung – ähnlich der einer
Schwedler-Kuppel. Die Druckspannungen
in Meridianrichtung wurden vom Putz, den

Latten und den Spanten abgetragen. Die Ringkräfte in Lattenrichtung wirkten im oberen
Bereich als Druckspannungen und wurden von
der Lattung und vom Putz aufgenommen, im
unteren Bereich als Zugspannungen, die nur
von der Lattung und der Nagelung abgetragen
wurden.

Schäden

Im Jahre 1966 musste die Kirche wegen akuter
Einsturzgefahr bzw. schwerer Schäden an den
Fresken und an der Kuppel- und Dachkonstruktion geschlossen werden. Infolge einer
fehlerhaften Dachdeckung waren Teile der Holzkonstruktion des Daches verfault. Dadurch
hatte sich das Dach abgesenkt und stützte
sich sogar an zwei Stellen auf der Vierungskuppel ab. Außerdem konnten die *Hängewerke*
wegen eines Konstruktionsfehlers die Lasten
der Kuppeln nur noch zu 60% abtragen; die
übrigen 40% wurden von der Kuppel-*Schale*
direkt auf die vier Doppelsäulen abgesetzt.
Dabei bildeten sich infolge der Lastumlage-
rungen zwischen benachbarten Säulen gekrümmte Druckbögen in der Kuppel aus, die
Ausbeulungen und Risse im Putz und Malgrund verursachten. Überschallknalle von
Düsenflugzeugen erzeugten Erschütterungen,
die das Herabfallen von losen Putzteilen för-
derten. Hinzu kamen Schäden im Mauerwerk
der Wände durch starke Setzungen des Baugrundes.

Sanierung

Bei den unmittelbar nach der Schließung eingeleiteten Sanierungsarbeiten wurden die
Wände durch Maueranker gegen Kippen gesichert. Der Turm wurde ebenfalls mit Ankern
fest mit dem Chor verbunden. Anschließend
wurden die Risse im Mauerwerk mit Mörtel
verpresst. Die Gründung des Ostturms wurde
mit Stahlbeton-Bohr-*Pfählen* unterfangen; das
Nordquerschiff wurde durch eine Bodenver-
festigung mit Zement gesichert. Im Schutz
eines 46 m hohen, temporären Daches über
der Vierung wurde das morsche Vierungsdach
abgebaut und durch eine Stahlkonstruktion
ersetzt. Das Längsschiffdach wurde an einzelnen Stellen repariert. Anschließend wurde das
gesamte Dach mit Kupferblech gedeckt. An

den Kuppelkonstruktionen mussten nur örtliche Ausbesserungsarbeiten vorgenommen
werden. Der lose Putz wurde von Restaurato-
ren gesichert. Die nicht ausreichend tragenden *Hängewerke* wurden mit torsionssteifen
Stahlgitterträgern umbaut; an diesen wurde
die Vierungskuppel mit 270 Aufhängungen entlang ihres ringförmigen Randträgers angeschlossen. Die *Hängewerke* der Nebenkuppeln
wurden durch Einziehen neuer Diagonalen und
Verstärken der Knoten wieder ausreichend
tragfähig. |

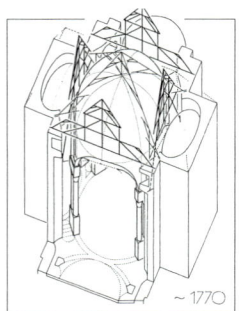

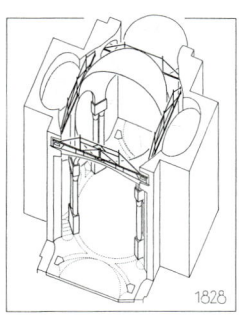

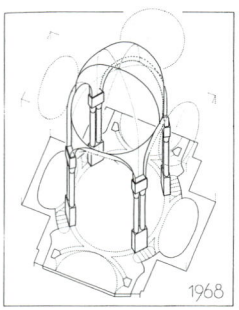

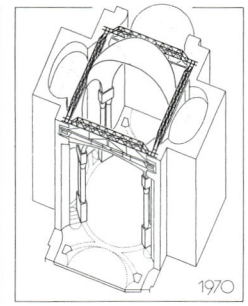

Literatur
WENZEL, F.
Die Sicherungsarbeiten an der hölzer-
nen Dach- und Kuppelkonstruktion der
Abteikirche Neresheim
Pro Neresheim, Heft 5

Gewicht der Vierungskuppel
100 t
Gewicht der kleinen Kuppeln
je 19 t

Architekt
B. Neumann
Freskant
M. Knoller
Ingenieur der Sanierung
F. Wenzel, Karlsruhe
Bauzeit
1747–1792
Sanierung
1966–1975

Wegbeschreibung
St. Blasien liegt im Schwarzwald
zwischen Todtmoos und der B500
Waldshut–Schluchsee. Die Kuppel-
kirche überragt die Ortsmitte von
St. Blasien.

Kirchen

lich dem Petersdom oder dem Florenzer Dom
vor, die aber sowohl aus Furcht vor den großen
Lasten als auch vor den hohen Kosten abgelehnt wurde. Im zweiten Vorentwurf wurden
die Massivkuppeln durch eine leichtere, im
Querschnitt sichelförmige Holzfachwerkkonstruktion ersetzt. Im schließlich zur Ausführung bestimmten Entwurf aus dem Jahre
1772 wurde die Schutzkuppel im Vergleich zu
den beiden Vorentwürfen noch steiler ange-
stellt – nicht, weil dies statisch günstiger ist,
sondern weil auch die Höhe der Kuppel zur
damaligen Zeit als wichtig galt, um auf den
Rang der Kirche aufmerksam zu machen. Aber
schon im Jahre 1774 wurden beide Baumeister
wegen Streitigkeiten mit dem Bauherrn ent-
lassen. Ihr Nachfolger, Nicolas de Pigage,
führte den Bau weiter und gab der Schutzkuppel wieder eine Halbkugelform. Ansonsten
wurde der Entwurf von d'Ixnard mit leichten
Veränderungen im Jahre 1777 fertig gestellt.
Im Jahre 1887 wurde das Bauwerk durch ein
Feuer erneut vernichtet. Nachdem zunächst
die heutige Schutzkuppel mit eisernen Rippen
errichtet worden war, wurde erst im Jahre
1910 die Scheinkuppel aus Beton eingebaut.
Schutz- und Scheinkuppel sind seither völlig
entkoppelt, wie man das ja auch von anderen
bedeutenden Kuppeln kennt – z.B. St. Paul in
London, die sogar dreiteilig ist.

ST. BLASIEN
Kuppel der Klosterkirche ●●

St. Blasien, ehemalige Benediktiner-Abtei
und eine der ältesten Kulturstätten im
südlichen Schwarzwald, wird von einer
Kuppelkirche überragt, die gleichzeitig das
Wahrzeichen der Region ist. Die Kuppel, die
auf 20 korinthischen Säulen ruht, hat einen
Durchmesser von 34 m und ist zweischalig.
Die Außenkuppel bestimmt das Erscheinungsbild und bietet den Wetterschutz. Eine
innere Scheinkuppel schließt den Innenraum
nach oben hin ab.

Geschichte

Im Jahre 1768 wurde das Kloster samt der Kirche fast vollständig zerstört. Ein Jahr später
erhielt Pierre Michel d'Ixnard zusammen mit
Franz Josef Salzmann den Auftrag, die zerstörte Kirche wieder aufzubauen. Ihr erster Entwurf sah eine gemauerte Doppelkuppel ähn-

Konstruktion der Schutzkuppel

Die heutige Schutzkuppel besteht aus
20 Meridianrippen, die in Fachwerke aufgelöst
sind. Sie sind sowohl in ihren Fußpunkten
als auch im Scheitel gelenkig angeschlossen.
Ringdruckkräfte im oberen Bereich und Ringzugkräfte im unteren werden durch Breiten-
kreisringe aufgenommen. Die trapezförmigen
Felder zwischen den Rippen und den Ringen
sind diagonal ausgekreuzt, so dass diese
Fachwerkkuppel vom Konstruktionsprinzip her

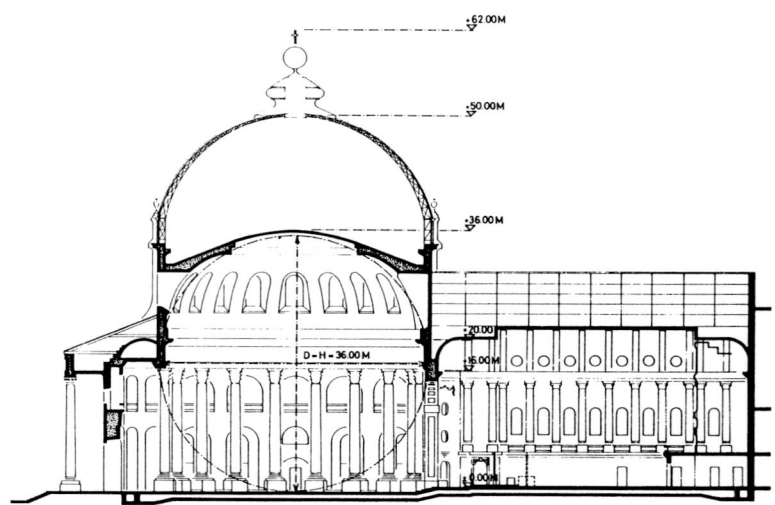

der Schwedler-Kuppel entspricht und tatsächlich als *Schale* trägt. Eingedeckt wurde die Schutzkuppel mit Kupferblechbahnen, die auf einer Holzschalung aufgebracht wurden.

Konstruktion der Scheinkuppel

Der schwierigste Teil der Wiederherstellungsarbeiten war der Bau der inneren Kirchendecke, weil seinerzeit bei der Errichtung der eisernen Schutzkuppel Lasten für eine anzuhängende Unterkonstruktion nicht berücksichtigt worden waren. Man musste deshalb eine selbst tragende Konstruktion finden, die aus Feuerschutzgründen aus Beton hergestellt werden sollte. Aus Kostengründen entschied man sich nochmals für einen zweiteiligen Aufbau: An eine Stahlbetonkuppel, die die tragende Funktion übernimmt, ist von unten im Abstand von 60 cm mittels verzinkter Drähte eine Zierdecke aus Gips angehängt, so dass nur noch im Scheitelbereich die Tragkuppel aus Beton sichtbar bleibt. Der von unten sichtbare Zentralbereich der Tragkuppel ist eine im Scheitel 8 cm dicke und im Durchmesser 15,40 m messende Kugel-*Kalotte,* die dort, wo sie durch die Zierdecke verkleidet ist, durch 20 geradlinig in Radialrichtung verlaufende Rippen

gestützt wird. Am Übergang von der inneren *Kalotte* zu dieser Rippenkonstruktion verdickt sich der Rand der *Kalotte* auf 50 cm und sind die Rippen *gevoutet*. Die Stützrippen sind ferner durch drei ebenfalls rippenartige, ringförmige Druckringe in einem Abstand von 2,66 m versteift und mit 6 cm dicken Deckenplatten abgedeckt, so dass eine Kassettendecke entsteht. Die Rippen sind im Mittel 35 cm hoch und 40 cm breit. Die radialen Rippen geben ihre vertikalen Kraftanteile in Nischen des extra aufgebrochenen, alten Mauerwerks ab. Der Horizontalkraftanteil dieser Rippen wird durch „Stahl-Schuhe" gefasst und durch einen in den Innenraum hineinverlegten Zugring kurzgeschlossen. Auf diese Weise war es möglich, den Eingriff in die alte Bausubstanz auf ein Mindestmaß zu begrenzen. Da die Stahlbetonkuppel im Winter errichtet wurde, musste man damit rechnen, dass sich die Konstruktion im Sommer ausdehnen und einen Zwang auf das Mauerwerk ausüben würde. Um dem vorzubeugen, wurde jeweils eine 2 cm dicke Strohmatte zwischen die vertikal eingeschnittenen Mauerwerksflächen und die Stirnseiten der radialen Betonrippen eingefügt.

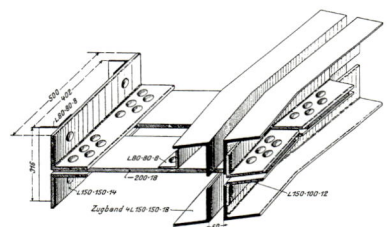

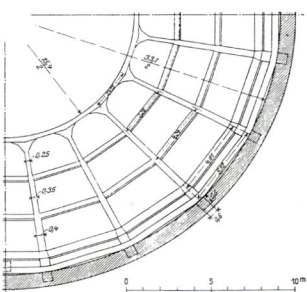

Herstellung der Scheinkuppel

Ursprünglich war ein Holzgerüst vorgesehen;
doch letztendlich wurde die Scheinkuppel mit
einem bereits vorhandenen Stahlgerüst einer
badischen Gerüstbaufirma eingerüstet. Während der Betonierarbeiten wurde der Innenraum der Kirche beheizt, um eine Verkürzung
des 28 m hohen Stahlgerüstes durch Abkühlung und damit die Absenkung der Schalung
zu verhindern. Später wurde dieser Gedanke
beim Ausrüsten der Tragkuppel verwertet, indem durch Abstellen der Heizung und Einlassen
der Außenluft die Temperatur um rund 10 °C
abgekühlt wurde, so dass durch die Verkürzung des Gerüstes die Ausrüstung des „Zelt-
daches" eingeleitet wurde. Im Frühjahr 1911
erfolgte die Herstellung der Zierdecke aus
sogenanntem Duro-Material, das im Wesentlichen aus Gips besteht. Sie wurde anschlie-
ßend von Prof. Georgi aus Karlsruhe bemalt. |

Literatur
Deutsche Bauzeitung
Heft 11–12, 1912

St. Blasien / Schwarzwald
Verlag Schnell & Steiner GmbH,
München 1993

Kuppeldurchmesser
34 m
Höhe der Scheinkuppel
36 m
Gesamthöhe bis zum Kreuz
62 m
Länge einschließlich Chor
92 m

Bauherr
Kloster St. Blasien
Baumeister
P. M. d'Ixnard (F) und F. J. Salzmann,
Meßkirch, sowie TN. de Pigage,
Luneville (F)
Baufirma der Scheinkuppel
Dyckerhoff & Widmann, Karlsruhe

Kirchen

STUTTGART
Markuskirche •

Die evangelische Markuskirche ist der erste
Bau der Württembergischen Landeskirche im
Neuen Stil. Sie ist eine der frühesten ganz in
Eisenbeton errichteten Kirchen •. Das für die
Zeit neue Baumaterial tritt jedoch an keiner
Stelle zutage; es ist überall verkleidet worden.
Erst in den zwanziger Jahren des 20. Jahr-
hunderts führte der Beton auch zu formal
neuen Lösungen, wie beispielsweise beim
Tagblatt-Turm in Stuttgart *siehe Seite 411*.

Wegbeschreibung
Die Markuskirche findet sich in
der Filderstraße 22. In unmittel-
barer Nähe des Heslacher-Tunnels
(Portal Marienplatz) zweigt die
Filderstraße von der B14 in
Richtung Osten ab und führt auf
die Olgastraße.

Konstruktion und Tragverhalten

Die Decke des Kirchenraumes wird von korb-
bögigen Tonnen-*Schalen* gebildet. Da sie nicht
der *Stützlinie* des Gewölbes entsprechen,
müssen sie Momente aufnehmen. Die *Schalen*
spannen zwischen verstärkten Bogenrippen;
die Rippen sind monolithisch mit Stützen verbunden, in die sie die vertikalen und horizontalen Komponenten der Bogenkräfte einleiten.
Jede Stütze bildet zusammen mit einer zusätzlichen, weiter außen stehenden Stütze und
einem Riegel einen Rahmen, dessen Form
dem Strebepfeiler einer gotischen Kathedrale
ähnelt. Dieser Rahmen trägt den Horizontalschub der Bögen über Momente und ein
Kräftepaar in den Baugrund ab. Die *Schalen*-
Konstruktion wird von einem herkömmlich
konstruierten, hölzernen Mansardendach
überspannt. Das *Eisenbeton*-Tragwerk des
Turms besteht aus dünnen Wandscheiben mit
innen liegenden, scheibenförmigen Lamellen
zur Aussteifung. An dieser aufwendigen Konstruktion lässt sich der vorsichtige Umgang
mit dem neuen Werkstoff *Eisenbeton* erkennen, der bis dahin nur für Gründungen und
Unterkonstruktionen verwendet worden war. |

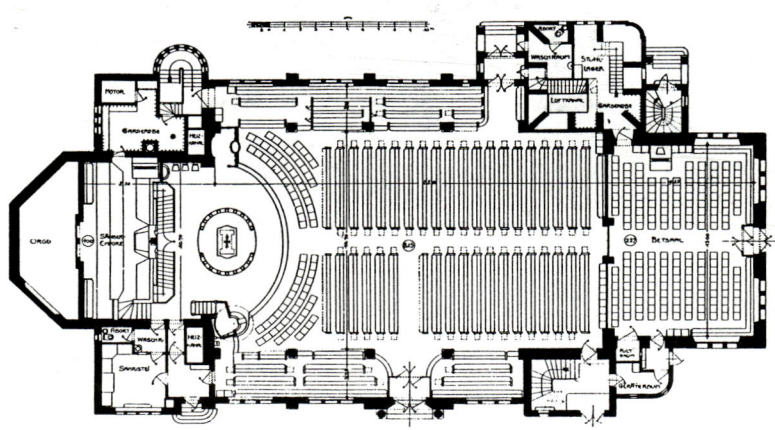

Literatur
Denkmalpflege in Baden-Württemberg
Heft 1, 1978

Grundrissabmessungen
ca. 48 x 24 m
Spannweite der Bögen
14,70 m
Höhe des Turms
47,80 m

Bauherr
Württembergische Landeskirche
Architekt
H. Dolmetsch
Bauzeit
1906–1908

TENGEN-WATTERDINGEN
Dachstuhl der
Kirche St. Gordian •

Die Kirche St. Gordian hat einen spätgotischen Dachstuhl aus dem 15. Jahrhundert. Er gilt als einzigartig in der ganzen Region. Nachdem Setzungen von bis zu 40 cm aufgetreten waren, musste er saniert werden.

Ursprüngliche Konstruktion

Der Dachstuhl ist als Sparrendach ausgebildet. Im oberen Drittel stützen *Kehlbalken* die Sparren gegeneinander ab, um deren Beanspruchungen unter Schnee und Wind zu reduzieren. Die *Kehlbalken* werden jeweils durch ein einfaches *Hängesprengwerk* unterstützt. Die dabei mittig angeordneten *Hängesäulen* dienen der Zwischenunterstützung des Deckengebälks, damit der untere Kirchenraum frei von Stützen gehalten werden kann. Aufgrund des großzügig gewählten Abstands der *Hängewerke* unterstützen die *Hängesäulen* nur jeden dritten Dachbalken; die Lasten der übrigen Dachbalken werden ebenfalls von Kanthölzern nach oben gehängt. Diese werden ca. 1 m über der Ebene des Dachbodens von einfachen Balken gefasst, die den Abstand zweier *Hängewerke* überbrücken und die Lasten an die *Hängesäulen* weiterleiten.

Wegbeschreibung
Ausfahrt Engen der Autobahn A81 Stuttgart–Singen. Watterdingen liegt an der Straße zwischen Engen und Tengen.

Sanierung

Die Verankerungen der hölzernen Zugglieder sind stark beschädigt. Aus denkmalpflegerischen Gründen der Substanzerhaltung wurde allerdings auf eine grundlegende Sanierung verzichtet. Um die Deckenlast dennoch sicher abfangen zu können, wurden Rundstähle eingebaut, die die auf Zug beanspruchten Kanthölzer vollständig entlasten. Hierzu wurden jeweils in den Drittelpunkten der Dachbalken in Längsrichtung verlaufende Balken unmittelbar auf dem Dachboden befestigt. Diese sammeln die Dachbalkenlasten ein und leiten sie an die Rundstähle weiter, die auf Höhe der *Kehlbalken* befestigt sind. Heute haben damit praktisch nur noch die Sparren bzw. die *Kehlbalken* eine tragende Funktion, doch der Charakter der ursprünglichen Konstruktion blieb zumindest äußerlich voll erhalten. |

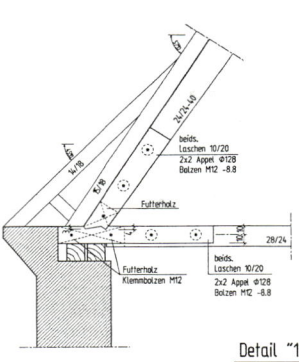

Detail "1"

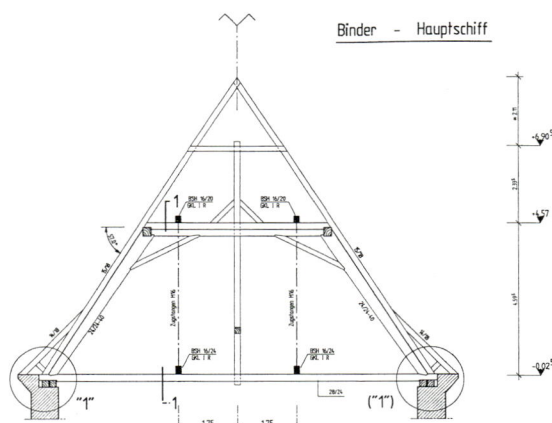

Binder - Hauptschiff

Sanierung
- **Planung**
Erzbischöfliches Bauamt, Konstanz
- **Ingenieure**
Ingenieurgruppe Flösser,
Bad Säckingen
- **Bauzeit**
1993–1995

Wegbeschreibung
Vom Hauptbahnhof aus in östlicher Richtung über die Bahnhofs- und Hirschstraße (Fußgängerzone) zum Münsterplatz gehen.

Schließlich wurde das Ulmer Münster ein beispielhaftes Bauwerk der Spätgotik. Nach den wuchtigen Formen der Romanik strebte man in der Gotik zugunsten einer Gliederarchitektur nach der Auflösung der Massen. Das Wahrzeichen der Stadt wird vom welthöchsten Kirchturm gekrönt •.

Geschichte

Im Jahre 1377 wurde Heinrich Parler der Ältere als erster Werkmeister verpflichtet. Er plante die Kirche als Hallenkirche mit drei gleich hohen Schiffen. Einer in dieser Zeit üblichen Bauweise folgend wurde wahrscheinlich zuerst der Turm gebaut, danach die Wände des Chors. So konnten sich die schweren Mauermassen des Turms setzen, bevor die Wände des Chors daran angeschlossen wurden. Risse zwischen dem Chor und dem Turm durch unterschiedliche Setzungen konnten so vermieden werden. Heinrich Parlers Sohn Michael führte von 1383–1387 den Bau bis zum unteren Kranzgesims fort. Er behielt den Grundriss der Pläne seines Vaters mit drei gleich breiten Schiffen bei, änderte aber die Hallenkirche zur Basilika, indem er das Mittelschiff über die Höhe der Seitenschiffe anhob. Heinrich Parler der Jüngere führte von 1387–1391 die Arbeiten seines Großvaters und die seines Vaters fort. Ein Teil des Mittelschiffs war damals provisorisch, also noch ohne Gewölbe überdacht, damit die Kirche schon benutzt werden konnte. Der Münsterbaumeister Ulrich von Ensingen begann 1391 mit dem Bau des Westturms, dessen Bau seine Söhne und Enkel nach seinen Plänen bis 1470 weiterführten. In dieser Zeit wurden auch die Gewölbe fertig gestellt. Ein Strebewerk wurde nicht ausgeführt. Matthäus Böblinger baute 1478 den Turm nach eigenen Plänen bis in eine Höhe von 70 m weiter. Dabei stellte er Schäden am Mauerwerk und an den Fundamenten des Turms fest, die bis zum Jahre 1500 umfangreiche Sanierungs-

ULM
Ulmer Münster • • •

Am 30. Juni 1377 wurde in der auf ihrem wirtschaftlichen und kulturellen Höhepunkt angelangten freien Reichsstadt Ulm der Grundstein zu einer Pfarrkirche gelegt. Sie sollte ein Zeichen der Macht werden und ein Vielfaches der Einwohnerzahl der Stadt aufnehmen können.

arbeiten nötig machten. 1507 mussten die Gewölbe der Seitenschiffe eingerissen und durch ein unterteiltes Gewölbe mit einer weiteren Stützenreihe ersetzt werden. Der Schub der ursprünglichen Gewölbe hatte die Widerlager auseinander geschoben. Seither neigen sich die Arkadenpfeiler nach innen und die Abschlussmauern nach außen. 1543 wurden die Arbeiten eingestellt; erst mit der Neugründung der Bauhütte 1844 begann die Vollendung des Bauwerks. Zwischen 1856–1870 wurde das 18 m weit gespannte Strebewerk eingebaut, nachdem das Mittelschiff 400 Jahre ohne Streben ausgekommen war. In den Jahren 1870–1880 wurden die Chortürme und von 1885–1890 der Hauptturm in Anlehnung an die Pläne des Baumeisters von Ensingen vollendet.

Konstruktion und Tragverhalten

Die mächtigen Mauern und Gewölbe des Gebäudes sind im Wesentlichen aus Backsteinen gemauert; alle architektonisch wichtigen Glieder sind aus Werkstein gehauen. Die unterschiedlichen Gewölbe des Chors und des Langhauses sind entsprechend dem Verlauf der Rippen als Kreuz-, Stern- und Netzrippengewölbe ausgebildet. Sie setzen sich aus Gurt- und Schildbögen sowie den Diagonalrippen zusammen und bilden das tragende Gerüst der Gewölbe. Die Kappen bilden die Füllung zwischen den Rippen. Die 40 cm starke Ausmauerung ist meist leicht überhöht ausgeführt, damit sie sich zwischen den Rippen verspannt. Die verschiedenen Rippen vereinigen sich in den Kämpferpunkten; sie laufen als Dienstbündel über das Kapitell bis zum

Fußpunkt des Pfeilers hinab. Den horizontalen Komponenten der Rippen kann die Hochschiffwand aber wegen ihrer vielen Fensterdurchbrüche keinen Widerstand leisten; deshalb sind die außen liegenden Strebebögen vorgesehen. Sie leiten die Kräfte auf turmartig über die Seitenschiffe hochgeführte Strebepfeiler weiter. Zu den schrägen Kräften der Strebebögen addiert sich das Eigengewicht der Strebepfeiler, das durch aufgesetzte Fialen und die Auflast des Dachstuhls noch erhöht wird. Die Resultierende wird dadurch so gelenkt, dass sie innerhalb der Kernzone des Pfeilers verläuft, wodurch eine klaffende Fuge oder gar das Kippen der Pfeiler verhindert wird. Die Strebepfeiler sind nach unten entsprechend der zunehmenden Belastung verstärkt. Die Konzentration der Lasten durch die Gewölbe auf wenige Punkte ermöglicht die Durchbrechung der Wände und somit die Auflösung der Massenarchitektur in eine Gliederarchitektur, wie es die Gotik anstrebt. |

Höhe des Hauptturms
161,60 m
Firsthöhe
55 m
Spannweite der Schiffe
15 m
Lichte Grundfläche
5.100 m²

Bauherr
Freie Reichsstadt Ulm
Baumeister
Familie der Parler, U. von Ensingen,
M. Böblinger
Bauzeit
1377–1890 (in Abschnitten)

Kirchen

ULM
Pauluskirche ●

Zu Beginn des 20. Jahrhunderts waren
10.000 Soldaten in der Garnisonsstadt Ulm
stationiert. Die Garnisonsgemeinden erforderten den Bau eigener Kirchen. Zu diesem
Zweck wurde im Jahre 1906 ein Wettbewerb
ausgeschrieben, der zur Aufgabe hatte,
einen evangelischen Kirchenraum für 2.000
Menschen zu schaffen. Zur Ausführung kam
der Plan von Prof. Theodor Fischer, der
eine Kirche aus dem noch neuen Werkstoff
Eisenbeton vorschlug.

Beschreibung des Bauwerks

Der weiträumige Baukörper wurde im zeitge-
mäßen Jugendstil erbaut. Dabei wurden alle
Details in bester handwerklicher Wertarbeit
hergestellt: Dies trifft nicht nur auf die Sicht-
betonflächen zu, die steinmetzmäßig bearbei-
tet wurden, sondern auch auf das Außenmau-
erwerk mit handgestrichenen Ziegeln und die
Majoliken (bemalte und glasierte Tonware) in
der Beton-Kassettendecke über dem Altar.
Über den großen zentralen Raum spannt sich

Wegbeschreibung
Die Pauluskirche steht in der
Frauenstraße zwischen der
Karlstraße und dem Olgaplatz
direkt neben dem alten Friedhof.

eine leicht gewölbte Decke, deren verzierte
Stützbögen aus den seitlichen Arkadengängen
aufsteigen. Diese Bögen, die Fenster und die
westlichen Emporen haben die äußere Kontur
eines flach gedrückten Kleeblatts. Diese Form
im Sinne des Jugendstils wurde auch als
„Fischerbogen" bekannt. Nach außen wird der
zentrale Kirchenraum abgeschlossen durch
ein steiles Giebeldach, das im Osten durch
zwei mächtige Türme begrenzt wird. Die Türme
sind bis weit oben durch einen Querbau miteinander verbunden, der in der obersten Etage
die Glockenstube beherbergt. Vor der offenen
Eingangshalle im Westen liegen die beiden
Wappentiere, Staufischer Löwe und Württemberger Hirsch, den Säulen zu Füßen. Beide
Tiere sind ebenfalls aus Sichtbeton hergestellt
und unterstreichen damit die damalige hand-
werkliche Fertigkeit mit diesem Werkstoff. |

Literatur
Die Pauluskirche in Ulm
Broschüre, (Hrsg.): Ev. Kirchen-
gemeinde der Pauluskirche,
Rosensteinweg 22, 89075 Ulm

Bauherr
Deutsches Reich
Architekt
T. Fischer, Stuttgart
Bauzeit
1908–1909

Esslingen
Haus Webergasse 8 (1267)

Entwicklung des Fachwerks

In der gesamten Frühgeschichte herrschte der PFOSTENBAU vor, dessen Gerüst sich aus Mittel- und Wandpfosten sowie das Dach tragenden Pfetten zusammensetzte. Die senkrechten wandbildenden Pfosten waren in die Erde eingegraben, so dass das Gerüst aufgrund der Einspannwirkung keine zusätzlichen Streben zur Aussteifung benötigte. Um die Jahrtausendwende kam der STÄNDERBAU auf. Die senkrechten wandbildenden Ständer setzten im Gegensatz zur Pfostenbauweise erst über der Erdoberfläche an und mussten mit schräg gestellten Hölzern ausgesteift werden. Die Ständerbauten besaßen bis zum Beginn des 13. Jahrhunderts *Schwellen*, die unmittelbar auf der Erde verlegt wurden. Das im trockenen oder nassen Zustand Jahrhunderte überdauernde Eichenholz verfaulte aber in der wechselfeuchten Zone am Boden innerhalb von 20 bis 30 Jahren. Erst im Laufe des 13. Jahrhunderts setzte sich allmählich die Gründung der *Schwellen* auf Steinsockeln zum Schutz

Wegbeschreibung
Die Webergasse befindet sich in der Esslinger Altstadt. Sie führt auf den nordöstlichen Teil des Rathausplatzes. Letzterer liegt nördlich der Inneren Brücke *siehe Seite 53.*

vor Wechselfeuchtigkeit durch. Deshalb stammen die ältesten erhaltenen Fachwerkhäuser aus dem 13. Jahrhundert, wie das Haus Webergasse 8 in Esslingen aus dem Jahre 1267.

Konstruktion

Das Haus ist ein Wandständerbau mit teilweiser Stockwerkskonstruktion. Auf einem „Erdstock" erhebt sich ein zweigeschossiger Aufbau, dessen Ständer über beide Obergeschosse durchlaufen. Das Gerüst setzt sich aus Geschossbalkengebinden zusammen und ist mit traufseitig symmetrisch angeordneten, kurzen und langen *Schwertungen* ausgesteift. Wie alle anderen Verbindungen sind auch diese *überblattet*. Das flach geneigte Sparrendach ohne Dachstuhl steht auf Dachbalken und ist lediglich mit *Kehlbalken* und einzelnen Streben versteift. Das gesamte Gefüge ist im Laufe der Jahrhunderte vielfach geändert worden, so dass das Fachwerk nur noch in wenigen Teilen der ursprünglichen Struktur entspricht.

Tragverhalten

Die Lasten werden im Fachwerkbau allein vom Gerüst abgetragen, dessen Hölzer in gelenkigen Knotenpunkten gefügt sind. Die Hölzer müssen dabei Druck- und Zugkräfte sowie Biegung aufnehmen. Die vertikalen Lasten werden zunächst von den Deckenbalken über Biegung aufgenommen und über Querkräfte in die Balken der Geschossbalkengebinde weitergegeben. Diese leiten sie in gleicher Weise an die Ständer weiter, die sie über Normalkräfte nach unten tragen. Die horizontalen Lasten werden vorrangig über Druckkräfte von den Balken und den *Schwertungen* in die Ständer geleitet. Die Ausfachung hat eine Scheibenwirkung, die aber eine für die Lastabtragung nicht anrechenbare, geringe Steifigkeit besitzt.

Kirchen und Fachwerkhäuser

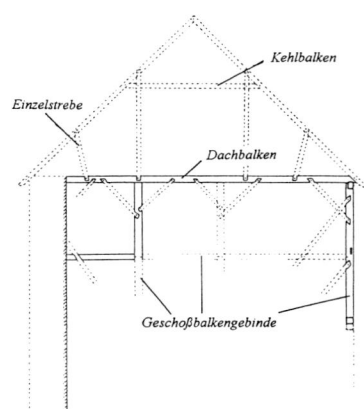

Verweis auf ähnliche Bauwerke
Die ältesten bekannten Fachwerkhäuser
in Baden-Württemberg findet man in:
Bad Wimpfen, Wohnstadel, 1266
Esslingen, Webergasse 8, 1267
Esslingen, Ehnisgasse 18, 1297/1298
Biberach, Zeughausgasse 4, 1318/19
Esslingen, Hafenmarkt 2-4, 1328/29
Esslingen, Hafenmarkt 10, 1331
Pfullendorf, Schoberhaus, 1357/58.

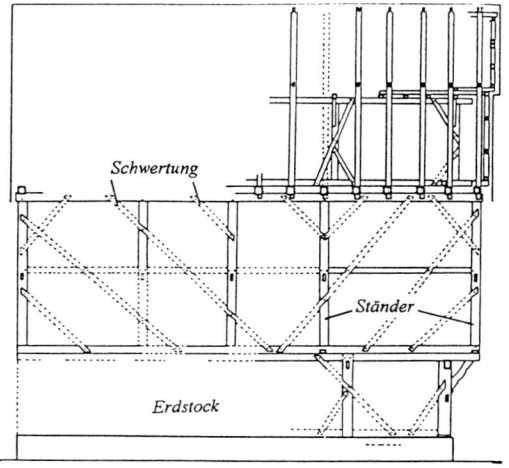

Wegbeschreibung
In Sindelfingen auf der Calwer-
Straße (aus Richtung Darmsheim)
ins Zentrum fahren. Am Ende der
Calwer-Straße, wo diese in die Gartenstraße übergeht, links abbiegen
in die Wettbachstraße. Die Lange
Straße befindet sich in der Verlängerung der Wettbachstraße.

den Eck- und Bundständern getragenen Fuß-
pfetten auf oder sind mit ihnen allenfalls leicht
verkämmt. Die sehr kleinen Fenster liegen
zwischen Brustriegel, separat eingefügten
Fensterstielen und Sturzriegel bzw. Geschoss-
balken. Die Konstruktion wird durch *überblat-
tete* Streben, *Bänder* oder *Schwertungen* in
Längs- und Querrichtung ausgesteift. Die
Überblattungen sind teilweise schwalbenschwanzförmig ausgeführt, so dass sie auch
Zugkräfte aufnehmen können. Das Fachwerk
ist mit Lehmflechtwerk ausgefacht. Firstständerbauten besaßen ursprünglich keinen Keller.
Deshalb wurden sie, wie auch in diesem Fall,
häufig nachträglich mit einem einfachen,
gewölbten Kellerraum ausgestattet.

SINDELFINGEN
Haus Lange Straße 48 (1447)

Entwicklung des Fachwerks
Das Haus Lange Straße 48 ist mit der FIRST-
STÄNDERKONSTRUKTION ein für den Neckarraum bis Stuttgart charakteristischer Vertreter
des Fachwerkbaus des 14. und 15. Jahrhunderts. Das Gebäude steht nicht mehr an seinem ursprünglichen Standort, sondern wurde
im Zuge seiner Sanierung in den achtziger
Jahren des 20. Jahrhunderts an den heutigen
Ort versetzt.

Konstruktion
Das charakteristische Merkmal des Firststän-
derbaus ist die mittlere Reihe von bis in den
First reichenden Ständern, den sogenannten
Firstständern. Sie sind wie die Eck- und Bund-
ständer auf Findlingen gegründet. Dies weist
auf die Ursprünge der Konstruktion im *Pfahl*-
Bau hin. Das Gerüst und das Dach bilden eine
zusammenhängende Konstruktion. Auf den
Firstständern ist die Firstpfette aufgezapft.
An ihr hängen schräge Dachhölzer, die soge-
nannten Rofen. Sie liegen lose auf den von

Tragverhalten
Die Balken und Riegel tragen ihre Lasten über
Biegung in die Ständer ab. Die Bauteile haben
verhältnismäßig große Abmessungen, da sie
bedingt durch die großen Ständerabstände
hoch beansprucht werden. Die Aussteifung
des langen Firstständers im oberen Bereich
erfolgt nur indirekt über die *Schwertung* und
den *Kehlbalken*. Das Gefüge ist relativ „weich",
so dass der Firstständer auch von Momenten
beansprucht wird.

Verweis auf ähnliche Bauwerke
Weitere Fachwerkhäuser in Firstständerbau-
weise findet man in:
Eppingen, Bäckerhaus, Altstadtstraße 36, 1412
Untergrombach, Obergrombacher-Straße 32,
1495. |

Fachwerkhäuser

Wegbeschreibung

Das Chorherrenhaus findet sich in der Stiftstraße 2. Die Stiftstraße grenzt unmittelbar an den Klostersee, der nördlich der Altstadt liegt.

SINDELFINGEN
Chorherrenhaus (1454)

Entwicklung des Fachwerks

In der Mitte des 15. Jahrhunderts vollzog sich der Übergang vom STÄNDER- bzw. FIRST-STÄNDERBAU zum STOCKWERKSBAU. Im Gegensatz zum Ständerbau, bei dem die Ständer über mehrere Geschosse durchlaufen, sind beim Stockwerksbau die Ständer nur noch geschosshoch. Die einzelnen Stockwerke sind eigenständig abgezimmert und ohne konstruktive Verbindung aufeinander gesetzt. Die geänderte Bauweise ermöglichte Bauwerke, deren Höhe nicht mehr von der maximalen Länge des vorhandenen Holzes abhing. Am Gefüge des 1987 vollständig restaurierten Chorherrenhauses in Sindelfingen lässt sich die Entwicklung deutlich ablesen.

Konstruktion

Der Grundriss entspricht im Wesentlichen noch dem der Firstständerbauten. Der ursprünglich durchlaufende Firstständer ist bis zum *Kehlbalken* des Sparrendaches in stockwerkshohe Ständer geteilt. Die Ständer bilden

mit jeweils einer *Schwelle* und dem *Rähm* eine eigenständige Wandkonstruktion. Die *Schwellen* liegen auf einem gemauerten Sockel und sind so vor Feuchte geschützt. Alle Ständer sind Bundständer, an denen im Inneren eine Wand anschließt. Das klar gegliederte Gefüge besitzt eine starke horizontale Ausrichtung. Sie wird durch die weiten Ständerabstände und die großen Gefache mit Brust- und Sturzriegeln, zwischen denen die Fenster liegen, verursacht. Die *überblatteten* Verbindungen der Streben sowie der Kopf- und Fuß-*Bänder* werden weiterhin beibehalten. Jeder Ständer wird von einer *Schwertung* und einem Fuß-*Band* ausgesteift. Die *Schwertungen* reichen von der *Schwelle* bis zum *Rähm* und kreuzen die Ständer. Im Giebel sind sie sparrenparallel geführt. Die sogenannten Scherenstreben sind für den baden-württembergischen Raum charakteristisch. Die auskragenden Geschosse sind für die Zeit eine neue Entwicklung. Die mit einer Bohlenwand hervorgehobene Stube ist dem bis Anfang des 15. Jahrhunderts in Süddeutschland ebenfalls bekannten STÄNDER-BOHLENBAU entlehnt. Die Bohlen der Bohlenwand werden beim Richten des Hauses in Nuten, die in die Ständer gestemmt sind, eingesetzt. Das Erneuern beschädigter Bohlen ist deshalb später in gleicher Technik nicht mehr möglich. Die Bohlenwand ist wahrscheinlich nach der Fertigstellung von innen verputzt worden.

Tragverhalten

Aufgrund der weiten Spannweiten und wenigen Ständer sind die Hölzer sehr stark dimensioniert. Das *Rähm* des Erdgeschosses ist sogar gedoppelt, um die großen Deckenlasten sicher in die Ständer leiten zu können. Die Wände der Obergeschosse stehen auf den auskragenden Balkenenden der darunter liegenden Decken; die Lasten der Wände werden über Momente in das *Rähm* des darunter liegenden Stockwerks geleitet. Infolge der die Feldmomente entlastenden Auskragungen werden die Balken besser ausgenutzt. Kopf-*Bänder* unterstützen die Balken bzw. *Rähme,* in die die Ständer ihre konzentrierten Lasten einleiten.

Herstellung

Das Abzimmern, das Bauen eines Fachwerkhauses, unterlag von der Planung bis zur Ausführung dem Zimmermann. Das im Winter gefällte Holz wurde noch im Wald grob zugehauen und dort oft schon zu Bohlen und Balken verarbeitet. Auf dem Zimmerplatz am Stadtrand wurden die Balken für die verschiedenen Tragwerkselemente, wie Fachwerkwände, Dachstühle und Balkenlagen, entsprechend der späteren Konstruktion ausgelegt. Dann wurden alle Verbindungen angerissen und mit verschiedenen Sägen, Stemmeisen und Äxten ausgeführt. Danach wurden die Hölzer abgebunden, d.h. probeweise zusammengefügt, mit Abbundmarken gekennzeichnet und zum Transport zur Baustelle wieder auseinander genommen. Anhand der Abbundmarken wurde das Fachwerk dort endgültig aufgerichtet.

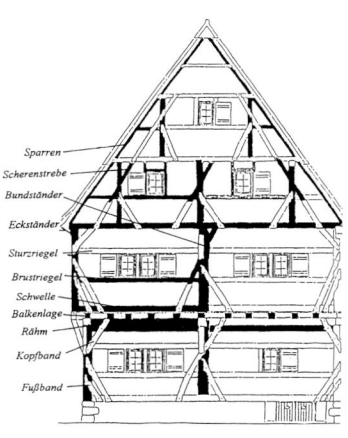

Der nach außen hin sichtbare Dielenboden zwischen Balkenlage und *Schwelle* kennzeichnet eine in Baden-Württemberg übliche Bauweise: Nach dem Abzimmern eines Stockwerks wurde zuerst die Dielung hergestellt und anschließend die *Schwelle* des nächsten Geschosses.

Sparren
Scherenstrebe
Bundständer
Eckständer
Sturzriegel
Brustriegel
Schwelle
Balkenlage
Rähm
Kopfband
Fußband

Fachwerkhäuser

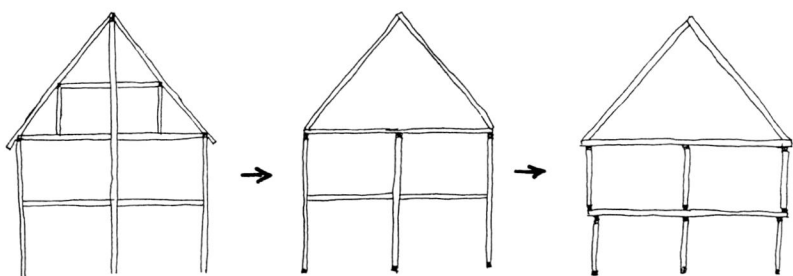

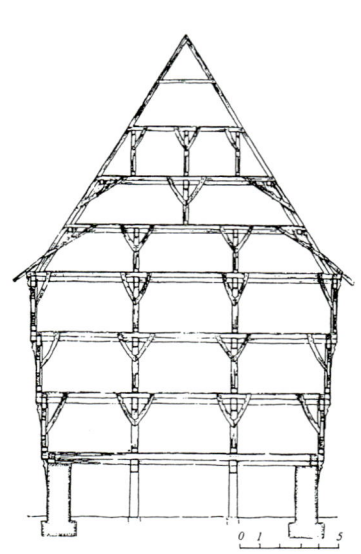

Fruchtkasten, Geislingen/Steige

Mit dem Schließen der Gefache und dem Innenausbau wurde das Gebäude schließlich vollendet. Bis ins 19. Jahrhundert wurden die Gefache durch ein mit Lehm beworfenes Holzflechtwerk geschlossen. Ab dem 18. Jahrhundert wurden Gefache auch mit Bruch- oder Backsteinen ausgemauert.

Verweis auf ähnliche Bauwerke
Weitere Fachwerkhäuser dieser Epoche sind zu finden in:
Esslingen, Altes Rathaus, 1430
Eppingen, Kirchgasse 22, um 1450
Sindelfingen, Kurze Gasse 9, 1455
Bietigheim, Altes Rathaus, 1459
Ulm, Schiefes Haus im Fischerviertel, 1490
Geislingen/Steige, Fruchtkasten, um 1500
Markgröningen, Altes Rathaus, 15./16. Jh.
Bad Urach, Altes Rathaus, 15./16. Jh.

Wegbeschreibung
In Sindelfingen auf der Calwer-Straße (aus Richtung Darmsheim) ins Zentrum fahren. Am Ende der Calwer-Straße, wo diese in die Gartenstraße übergeht, links abbiegen in die Wettbachstraße. Die Lange Straße befindet sich in der Verlängerung der Wettbachstraße. Das Badhaus steht in der Lange Straße 5.

Konstruktion

Das Fachwerk hat noch eine horizontal gegliederte Struktur und einen einfachen, zweischiffigen und dreizonigen Grundriss. Die Decke der Stube ist als Bohlenbalkendecke gesondert ausgeführt. Unter der eigentlichen geschossbildenden Balkenlage befindet sich dabei eine zweite, gewölbte Balkenlage mit abgefasten (abgeschrägten Kanten) und Nuten versehenen Balken und dazwischen eingesetzten Bohlen. Die kleinen Fenster liegen zwischen Brust- und Sturzriegel. Die *Schwertungen* im Giebel sind mit den Ständern *überblattet*.

Eine neue Verbindungstechnik, die *Verzapfung* der Streben und Riegel mit den Ständern, *Schwellen* und dem *Rähm,* gewann Anfang des 16. Jahrhunderts gegenüber der *Überblattung* zunehmend an Bedeutung. Die *Verzapfung* war im Vergleich zur *Überblattung* leichter herzustellen; die Verbindung hatte aber eine geringere Steifigkeit als die *Überblattung* und konnte im Allgemeinen keine Zugkräfte übertragen. Das dadurch lockerere Gefüge des Fachwerks musste durch zusätzliche, aufwendige Streben ausgesteift werden.

Verweis auf ähnliche Bauwerke

Ein weiteres Fachwerkhaus der Zeit ist das Alte Rathaus in Plochingen aus dem Jahre 1520. |

SINDELFINGEN
Badhaus (1523)

Entwicklung des Fachwerks

Das Sindelfinger Badhaus ist ein dreigeschossiger STOCKWERKSBAU, wie er für viele öffentliche Gebäude in den Städten zwischen Ulm und Stuttgart üblich war. Der Stockwerksbau hat am Ende des 15. Jahrhunderts die FIRST-STÄNDERBAUWEISE verdrängt. Im 15. und 16. Jahrhundert wurde das Fachwerk im Gegensatz zur Zeit davor, in der das Holz gänzlich unbehandelt blieb, farblich gestaltet. Mit dem Anstrich konnte das Holz optisch verbreitert und begradigt werden. Die grau gestrichenen Hölzer des Badhauses erhielten zusätzlich einen schwarzen Beistrich. Der Randstreifen zwischen Holz und Beistrich wurde wie das Gefach weiß gekalkt.

Fachwerkhäuser

Wegbeschreibung
Bietigheim erreicht man über die
Autobahn A81 Stuttgart–Singen,
Ausfahrt Ludwigsburg-Nord, bzw.
über die B27 Stuttgart–Heilbronn.
In Bietigheim in Richtung Metter-
zimmern fahren. Die Metterzim-
mererstraße führt südlich an der
Altstadt von Bietigheim vorbei. Das
Hornmold-Haus findet sich dort
in der Hauptstraße.

Brust- und Sturzriegel angeordnet. Diese
Riegel und die Bohlenwände und Bohlenbal-
kendecken der Stube sind alte Konstruktions-
elemente. Es sind nur einzelne konstruktive
Details modernisiert worden. Die langen, *ver-
blatteten* Kopf- und Fuß-*Bänder* sind durch
kürzere, *verzapfte* $3/4$-Streben und Kopfknaggen ersetzt. Die Brüstungsgefache wurden mit
gekreuzten Streben und Lehm ausgefacht. Die
mit Nasen und verputzten Aussparungen ver-
zierten Andreaskreuze werden als Feuerböcke
bezeichnet. Im Giebel finden sich außerdem
geschwungene Brüstungsstreben mit Nasen
und hohe Andreaskreuze. Sehr fortschrittlich
für die Zeit sind die kleinen Giebelvorkragungen, die mit profilierten Schalgesimsen verziert sind und hinter denen sich die Bal-
kenköpfe verbergen.

BIETIGHEIM
Hornmold-Haus (1526)

Entwicklung des Fachwerks
Zwischen 1450 und 1550 entwickelte sich das
sogenannte NEUZEITLICHE FACHWERK. In
den Städten traten beim Fachwerkbau immer
mehr gestalterische Absichten in den Vordergrund. Die Zimmerer statteten das Fachwerk
mit sogenannten Zierformen wie Andreaskreuzen, Schnitzereien, Profil- und Figurenknaggen
aus. Auch das Gebäudeinnere wurde bewusst
gestaltet, wie die prachtvolle ornamentale und
figürliche Bemalung der Wände und Decken
des Hornmold-Hauses in Bietigheim zeigt.

Konstruktion
Das Hornmold-Haus hat ein gemauertes Erdgeschoss. Das gedoppelte *Rähm* trägt die
hohen Lasten in die Ständer ab. Die Fenster-
stiele werden durch ihre Verlängerung zu
Ständern, wodurch sich die Ständerabstände
halbieren. Die Fenster sind weiterhin zwischen

Tragverhalten
Die Andreaskreuze beteiligen sich wesentlich
an der Aussteifung des Fachwerks. Deshalb
kann auf die Verstrebung jedes einzelnen Stän-
ders verzichtet werden. Die Lasten verteilen
sich auf eine größere Anzahl von Ständern,
so dass ihre Abmessungen nicht mehr so
stark sind und das Fachwerk weniger wuchtig
wirkt.

Verweis auf ähnliche Bauwerke
Weitere Fachwerkhäuser dieser Epoche sind
anzutreffen in:
Sindelfingen, Kurze Gasse 6, 1564
Eppingen, Alte Post, Marktplatz 2, 1588
Eppingen, Handwerkerhaus, Brettener
Straße 10, Ende 16. Jh.
Eppingen, Spechtsches Haus, Altstadt-
straße 11, Ende 16. Jh.

Wegbeschreibung
Eppingen liegt an der B293,
die von Karlsruhe über Bretten
nach Heilbronn führt. Das Bau-
mannsche Haus steht in der
Kirchgasse 31.

Konstruktion und Tragverhalten

Das Fachwerk ist auf einem gemauerten, zweigeschossigen Unterbau errichtet. Die zweischiffige und dreizonige Grundrissaufteilung ist an den Bundständern noch zu erkennen. Das Fachwerkgerüst weist eine enge Ständerstellung auf, die es erlaubt, auf ein doppeltes *Rähm* zu verzichten. Die Ständer stehen konsequent auf den *Schwellen* und nicht mehr auf der Dielung, so dass diese auch nicht mehr in der Außenfassade zu sehen ist. Die Bundständer werden von gekrümmten 3/4-Streben und flachen, dreieckigen Winkelhölzern zwischen Ständer und *Rähm*, sogenannten Kopfknaggen, gehalten. Die übrigen Ständer sind von Kopf- und Fußknaggen gehalten, die zwischen Ständer und *Schwelle* liegen. Die Knaggen ersetzen die älteren *Bänder* und sind mit Nasen und verputzten Aussparungen aufwendig geschmückt. Die Bundständer, Konsolen und Fenstererker sind mit Schnitzereien verziert, die kleinen Giebelvorkragungen mit profilierten Schalgesimsen verkleidet, weshalb auch keine Konsolen mehr vorhanden sind. Die Fenster waren ursprünglich zwischen Brust- und Sturzriegel eingepasst, wurden aber wahrscheinlich im Laufe des 17. oder 18. Jahrhunderts durch die größeren Fenster ersetzt.

Verweis auf ähnliche Bauwerke

Ein weiteres Fachwerkhaus dieser Epoche ist das Haus Kielmeyer in Esslingen am Marktplatz aus dem Jahre 1582. |

EPPINGEN
Baumannsches Haus (1582/83)

Entwicklung des Fachwerks

Ende des 16. Jahrhunderts war die konstruktive Entwicklung des Fachwerks größtenteils abgeschlossen. Wesentliche Änderungen betrafen nur noch die Gestaltung. Der Formenreichtum der Steinarchitektur der Renaissance wurde mit verschiedenen Zierformen wie Schnitzwerk und durch Gestaltung der Ausfachung mit farbigen Anstrichen in den Holzbau übertragen. Die Vorkragungen wurden zugunsten einer flacheren Gliederung der Fassade kleiner.

Fachwerkhäuser

Wegbeschreibung
Schorndorf liegt an der B 29, die
auf der Höhe von Waiblingen von
der B 14 Stuttgart–Backnang
abzweigt und nach Aalen führt.
Die Palmsche Apotheke findet sich
am Marktplatz, Haus Nummer 2.

SCHORNDORF
Palmsche Apotheke (1660)

Entwicklung des Fachwerks

Die Palmsche Apotheke in Schorndorf aus
dem Jahre 1660 hat ein ZIERFACHWERK mit
vielen Elementen des Hochbarocks. Bei der
Gestaltung der rechten Fassadenhälfte orientierte man sich 1660 an dem Fachwerk der
linken Gebäudehälfte von 1580.

Konstruktion

Das Gebäude bestand ursprünglich aus zwei
einzelnen Häusern, wie an einer Zäsur in der
Struktur des Fachwerks an der Traufseite zu
erkennen ist. Der Stockwerksbau hat einen
dreischiffigen Grundriss. Das Gefüge besteht
aus eng stehenden Ständern und $3/4$-Streben
mit Gegenstreben und hat keine Knaggen
mehr. Im ersten und zweiten Obergeschoss
befinden sich in den Brüstungsfeldern stark
geschwungene Rauten und Andreaskreuze mit
Nasen und Aussparungen (Feuerböcke) sowie
zwischen den Ständern aufwendige Rautenmuster. Im Giebel, der aus dem Jahre 1696
stammt, sind die Andreaskreuze aus geraden
Hölzern ohne Schnitzwerk gefertigt. Dies deutet schon den Verzicht auf die aufwendigen
Verzierungen zugunsten eines wieder einfacher werdenden Fachwerks zu Beginn des
18. Jahrhunderts an.

Sanierung

Das Gebäude wurde in den achtziger Jahren
des 20. Jahrhunderts aufwendig saniert, und
zwar so radikal, dass das Fachwerk nur als
Fassade erhalten wurde und einer modernen
Stahlbetonkonstruktion vorgehängt ist. Der
Interessenkonflikt zwischen Denkmalschützern, die ein Gebäude so weit wie möglich in
seiner Gesamtheit erhalten möchten, und
Besitzern bzw. Nutzern, die ein modernes
Gebäude wünschen, lässt sich meistens nicht
lösen. Immerhin ist die Erhaltung wenigstens
der Fassade zum Vorteil des Schorndorfer
Stadtbildes.

Verweis auf ähnliche Bauwerke

Das Haus Schieringerstraße 13 in Bietigheim
aus dem Jahre 1700 lässt sich auch dieser
Epoche zuordnen.

Fachwerkhäuser

Wegbeschreibung
Über die B14 Stuttgart–Backnang,
Ausfahrt Waiblingen-Mitte, nach
Waiblingen. Die Straße An der Talaue geht nach der Kreuzung mit der
alten Bundesstraße bzw. Winnender Straße in die Neustädter Straße
über. Die Lange Straße, in der sich
das Wohn- und Geschäftshaus
befindet, zweigt westlich von der
Neustädter Straße ab, überquert
die Rems und führt durch das Bein-
steiner Tor in die Altstadt.

WAIBLINGEN
Wohn- und Geschäftshaus
(Ende 19. Jh.)

Entwicklung des Fachwerks

Ab Mitte des 19. Jahrhunderts wurde das Fachwerk nicht mehr gestaltet. Es übernahm nur
noch konstruktive Aufgaben. Unter klassizisti-
schem Einfluss entstanden ab 1870 verputzte
oder einfarbig weiß überstrichene Fachwerkbauten. Auch ältere Sichtfachwerkbauten
mussten aufgrund von Brandschutzbestim-
mungen verputzt werden. Während der Gründerzeit und des Historismus am Ende des
19. Jahrhunderts wurden Fachwerkhäuser
errichtet, die vollständig mit einer massiven
Fassade verkleidet wurden, und während des
Jugendstils um die Jahrhundertwende wurden
die Fassaden der Fachwerkhäuser aufwendig
verputzt und gestrichen.

Konstruktion

Am Fachwerkgerüst wurde auf jeglichen Aufwand verzichtet. Es übernahm keine Geschoss- und
Giebelvorkragungen mehr und auch nur wenige diagonale Aussteifungselemente, da die
Gefache ausgemauert sind und sich an der
Aussteifung beteiligen. Die Ständer stehen in
kurzen Abständen; die Fenster sind groß und
reichen vom Brustriegel bis direkt unter das
Rähm. |

Wegbeschreibung
Über das Autobahnkreuz Stuttgart, die A831 bzw. B14 in Richtung Messe/Killesberg fahren. Am Ende der Straße Am Kräherwald, noch vor den Messehallen, in den Feuerbacher Weg links einbiegen; die nächste Querstraße ist die Hermann-Pleuer-Straße. Das Haus 2 der Kochenhofsiedlung steht in der Hermann-Pleuer-Straße 11.

STUTTGART
Kochenhofsiedlung Haus 2 (1933)

Entwicklung des Fachwerks

Im 20. Jahrhundert wurde das Fachwerk durch neue Werkstoffe und Techniken weitgehend in den Hintergrund gedrängt. Eine Ausnahme stellt der von der Stuttgarter Schule in den zwanziger und dreißiger Jahren des 20. Jahrhunderts noch einmal aufgegriffene Fachwerkbau dar. Als Gegenformation zum avantgardistischen Werkbund formierte sich die traditionalistische „Heimatschutzbewegung", die Goethes Gartenhaus in Weimar von 1870 als architektonisches Vorbild hatte. Unter Paul Schmitthenner als geistigem Vater der Heimatschutzbewegung entstand die Kochenhofsiedlung als Gegenausstellung zur Weißenhofsiedlung *siehe Seite 408* mit ihren „Wohnmaschinen". Schmitthenner entwickelte eine typisierte und genormte VORFERTIGUNGS-BAUWEISE FÜR HOLZFACHWERK. Durch die ideologische Verbindung des Fachwerkbaus mit der völkischen und heimattümelnden Absicht, „dem deutschen Holz als Baustoff wieder zu seinem alten Recht zu verhelfen und dem deutschen Bauhandwerk zu dienen", ging die revolutionäre Neuerung der seriellen Vorfertigung des Fachwerks leider wieder verloren. Nach dem Zweiten Weltkrieg erlangte der Fachwerkbau seine Rolle nicht wieder. Für die neuen Bauaufgaben, die im klassischen Holzbau nicht auszuführen waren, wurden neue Materialien und Bautechniken entwickelt. Heute wird der moderne Holzbau im Zuge des „natürlichen" und „nachhaltigen" Bauens wieder aktuell. Die serienmäßige Vorfertigung, die für eine wirtschaftliche Fertigung unumgänglich ist und zu der die Zimmerleute in früheren Zeiten nicht in der Lage waren, ist dabei zusammen mit modernen technischen Verbindungen selbstverständlich.

Konstruktion

Das zweigeschossige Fachwerkhaus mit seinem einfachen, kubischen Baukörper hat ein Sparrendach. Das Fachwerk ist mit alten, handwerksmäßig abgebundenen Zimmermannskonstruktionen in etwas vereinfachter, modernisierter Form gefertigt und ohne besondere Neuerungen. Die Ständerabstände liegen zwischen 60 und 100 cm. Die Wände sind in den äußeren Gefachen mit einer von der *Schwelle* bis zum *Rähm* reichenden Strebe ausgesteift. Die Gefache sind ausgemauert; das Gebäude ist verputzt. Leider entspricht die heutige Putztechnik nicht mehr dem Originalzustand von 1933, bei dem sich das Fachwerk unter dem Putz abzeichnete.

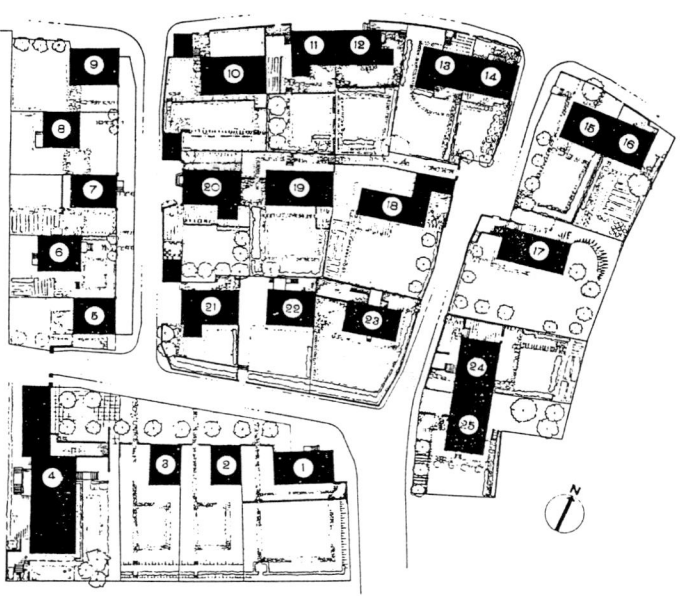

Verweis auf ähnliche Bauwerke

Alle originalen Häuser der Kochenhofsiedlung von 1933 weisen noch die charakteristischen Merkmale der letzten Epoche des Fachwerkhausbaus auf. |

Über allen Türmen
MAX ACKERMANN
Stuttgart, 1967

Türme, Maste, Windkraftanlagen und Behälter

Türme, Maste, Windkraftanlagen und Behälter

Dieses Sammelkapitel für Bauwerke, die höher als breit sind, aber völlig unterschiedliche Funktionen haben, ist unterteilt in:
- Aussichtstürme
- Sondertypen der Fernseh- und Fernmeldetürme
- Typentürme der Fernmeldetürme
- Wassertürme
- Hochspannungsmaste
- Windkraftanlagen
- Behälter und Silos
- Achterbahn

Innerhalb dieser Unterkapitel sind die Bauwerke wie üblich nach Ortsnamen in alphabetischer Reihenfolge gegliedert.

Überwältigt von ihrer schönen Lage, ihrer Vielfalt und Originalität haben wir hier eine große Zahl von **Aussichtstürmen** aufgenommen und trotzdem noch auf viele verzichten müssen.

Die Post baute ab Mitte der fünfziger bis Ende der siebziger Jahre zahllose **Fernmeldetürme** für Richtfunkantennen auf Plattformen, ÖbL-Antennen am Mast und eine obere TV-Antenne. Im städtischen Bereich wurde oft die Chance genutzt, die Türme mit Aussichtsplattformen und Restaurants der Öffentlichkeit zugänglich zu machen. Bei diesen Türmen führte der „edle Wettstreit" zwischen den Städten zu **Sondertypen**, weil ja jede Stadt ihren unverwechselbaren Turm haben wollte. In Baden-Württemberg kam es nach dem nach wie vor schönsten Turm, dem Stuttgarter Fernsehturm, nur noch zum Mannheimer Fernsehturm, während alle anderen im Abschnitt Sondertypen beschriebenen Türme nicht öffentlich zugänglich sind, aber sich aus irgendwelchen anderen Gründen mehr oder weniger von den prinzipiell nicht zugänglichen reinen **Typentürmen** unterscheiden.

Der erste Typenturm in Baden-Württemberg wurde 1964 bei Ulm-Ermingen und ein zweiter, gleichartiger etwas später bei Heubach/ Schwäbisch Gmünd gebaut. Diese Baureihe wurde dann von der Post aufgegeben, weil die Entfernung zwischen den Sendegeräten in einem Gebäude am Turmfuß und den Antennen auf den Plattformen zu sehr großen Leitungsverlusten führte. Danach erhielten die Türme, mit Ausnahme der relativ niederen, einfach ausgeführten FMT 8–10, Turmköpfe für die Sendegeräte und das Personal. Zunächst wurden die Türme der Gruppe FMT 1–3 gebaut, die aber gestalterisch nicht befriedigten und durch die schönen Türme der Gruppe FMT 4–6 ersetzt werden sollten, was aber nur zum Teil gelang, weil diese als reine Beton-*Schalen*-Konstruktionen zu teuer wurden. So kam es zu den günstigeren, aber mindestens ebenso gut aussehenden, schlichten Türmen der Gruppe FMT 11–13, die in Stahlbetonverbundbauweise die großen Auskragungen preisgünstig bewältigten. Innerhalb dieser 3er-Gruppen unterscheiden sich die Türme jeweils nur durch die absolute Höhe und relative Höhenlage der Turmköpfe. In diesem Führer wird aus jeder der insgesamt vier Gruppen ein Turm beschrieben und auf die weiteren verwiesen, wobei nicht alle in Baden-Württemberg vertreten sind.

Die **Wassertürme** sind auch reichlich vertreten, weil sie ebenfalls von überwältigender Vielfalt sind. Dies gilt für die heute historischen Behälter gleichermaßen wie für die sehr schönen jüngeren Behälter aus Spannbeton. Nicht unwährt bleiben soll ein alter Wasserturm in Singen/Hohentwiel am Bahnhof, der uns erst nach Redaktionsschluss auffiel. In seiner Form erinnert er ein wenig an den berühmten Wasserturm einer Weberei in Scafati (I), den Eduard Züblin im Jahre 1897 aus *Eisenbeton* baute.

Den **Hochspannungsmasten** wurde nur eine Doppelseite gewidmet und die auch keinem speziellen Objekt, sondern einer allgemeinen Beschreibung. Diese interessanten und effizienten Konstruktionen sind ebenfalls anspruchsvolle Ingenieurbauten, aber eine

Türme, Maste, Windkraftanlagen und Behälter

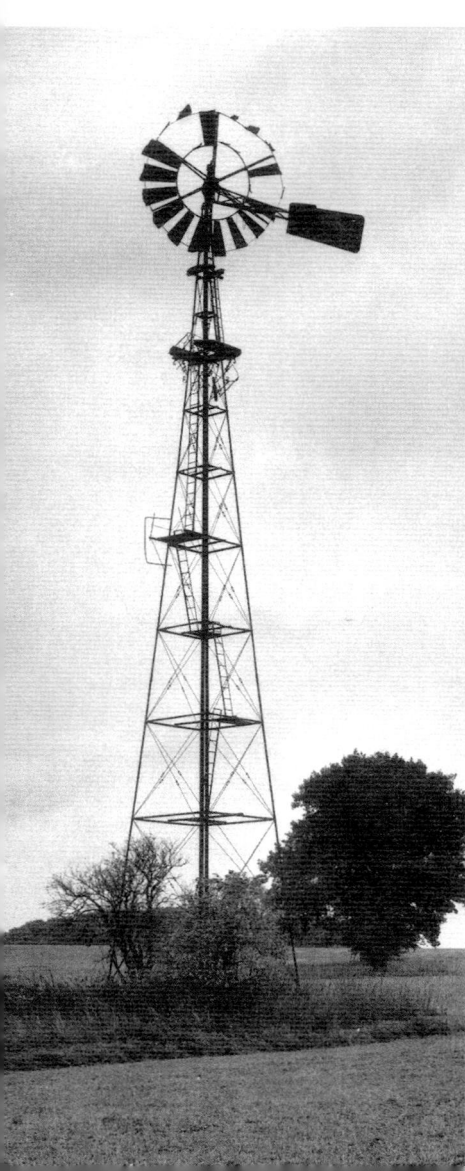

erschöpfende Darstellung mit Ortsbeschrei-
bungen würde diesen Rahmen bei weitem
sprengen.

Bei den **Windkraftanlagen** beschränkt sich
die Leistung des Bauingenieurs zwar meist auf
das Tragwerk ohne die Rotorblätter und die
maschinelle Einrichtung, aber es lohnt immer,
sie sich anzusehen.

Die **Behälter und Silos,** von den fast schon
historischen Gasbehältern über die riesigen
Zementsilos bis zu ganz neuen Warmwasser-
speichern, umfassen ein weites Spektrum teilweise recht mutiger Konstruktionen, dem hier
mit einer kleinen Auswahl Rechnung getragen
wird.

Schließlich wurde mangels eines passenderen
Kapitels die konstruktiv hochinteressante
Achterbahn „Euro-Mir" im Europa-Park Rust
hier untergebracht, weil sie mit ihren Achterbahnstützen und verglasten Zylindern noch
am ehesten zu den Türmen und Masten passt.
Ebenfalls im Europa-Park soll ein ursprünglich
in der Nähe stehendes, zur Zeit allerdings
demontiertes Radiospiegelteleskop wieder
aufgebaut werden. Des Weiteren lohnt hier
auch die Besichtigung der „Geodätischen
Kuppel" *siehe Kapitel „Hallen und Dächer"
Seite 351.*

*Langenburg, Kreis Schwäbisch-Hall.
Windrad-Wasserpumpe, 1901*

AALEN
Aalbergturm ●

Geschichte

Der im Jahre 1992 eingeweihte Aussichtsturm
auf dem Aalbäumle ist bereits der dritte Turm
in Holzbauweise an dieser Stelle. Der erste
Turm wurde 1893 errichtet und überdauerte
siebzig Jahre; der zweite Turm von 1964 hielt
aufgrund konstruktiver Mängel nicht einmal
30 Jahre.

Konstruktion und Tragverhalten

Der Turm ist auf einem quadratischen Beton-
Plattenfundament mit 7 m Seitenlänge gegründet. Die Hauptkonstruktion des sich nach
oben verjüngenden Turmschaftes besteht aus
vier Douglasienholzstämmen, die an den
Ecken des Fundaments angeordnet sind. Aus
Gründen des Holzschutzes sind die Douglasienstämme nicht im Fundament einbetoniert,
sondern jeweils auf einem Stahlrohr aufgeständert. Die unten 60 und oben 35 cm dicken
Stämme sind in Längsrichtung aus Gründen
des Nach-Schwindens und zum Schutz
vor Frostsprengungen mit mehreren Nuten

Wegbeschreibung
Aalen liegt zwischen Schwäbisch-
Gmünd und Nördlingen an der B 29.
In Aalen in Richtung Limes-Therme
fahren; von der Schranke am
Limes-Therme-Parkplatz aus sind
es noch ca. 20 Minuten zu Fuß
bergauf.

(Breite = 10 mm; Tiefe = 60 mm) versehen
worden. Pro Seite verbinden vier über die
Höhe verteilte, horizontale Rundholzriegel die
Stämme. Zwischen diesen Riegeln sind *vorgespannte* Rundstahldiagonalen eingezogen, die
den Turm aussteifen. Die Anschlüsse erfolg-
ten im Wesentlichen durch Schlitzblech-Stab-
dübel-Verbindungen. Die Aussichtsplattform
mit quadratischem Grundriss ist um 45° zum
Schaft gedreht angeordnet. Die dabei auskragenden Ecken der Plattform sind gegen die
Hauptstützen abgespannt, um die aus Wind-
auftrieb bzw. durch Besucher entstehenden
Momente in der Plattformplatte zu verringern.
Ein um 15° geneigtes Dach mit Titanzinkblech-
deckung schützt die Plattform und deren
Besucher gegen Niederschlag. Als Aufgang
dient eine von der Holzkonstruktion getrennte,
im Grundriss quadratische, verzinkte Stahl-
konstruktion. |

Literatur
Bautechnik
Heft 4, 1995

Höhe
25 m
Plattformhöhe
21,50 m
Plattformfläche
8,50 x 8,50 m

Bauherr
Stadt Aalen
Ingenieur
W. Hirzle, Umkirch
Architekt
F. J. Lips-Ambs, Freiburg
Baujahr
1992

Aussichtstürme

BÜCHENBRONN/ PFORZHEIM
Aussichtsturm ● ● ●

Südwestlich des Pforzheimer Stadtteils Büchenbronn steht ein über 100 Jahre alter Aussichtsturm. Bei der damaligen Ausschreibung gingen neben der Eisenkonstruktion auch mehrere Vorschläge von Steintürmen ein. Wegen des günstigen Preises entschied man sich aber für den Entwurf der „Heizungsbaufirma" Louis Kühne aus Dresden, die einen aus serienmäßigen Elementen zusammengesetzten Turm vorschlug. Der weitgehend im Originalzustand erhaltene Turm auf der Büchenbronner Höhe besticht durch seine filigrane Fachwerkkonstruktion, dessen elegante Erscheinung heute noch beeindruckt.

Konstruktion und Tragverhalten

Das Tragwerk besteht aus einer Eisenfachwerkkonstruktion mit achteckigem Grundriss. Es ist auf acht Einzelfundamenten, die rund 1 m tief im Erdreich verankert sind, gegründet. Der Basisdurchmesser des Oktogons verjüngt sich parabelförmig entsprechend der Beanspruchung infolge Wind von 8,50 auf ca. 2 m auf Höhe der Aussichtsplattform. Getragen wird der Turm von acht geschwungenen Ständerrohren, die nach jedem zweiten Gefach mittels gusseiserner *Muffen* gestoßen sind. Die Aussteifung erzielen horizontale, gleichschenklige Winkelprofile und *vorgespannte* Diagonalstäbe, die die Ständerrohre miteinander verbinden. Oberhalb des vierten und achten Gefaches sind Ruheplattformen angeordnet, die gleichzeitig die Profiltreue des Querschnitts gewährleisten. Dem Zugang zu den Plattformen dient ein im Grundriss quadratischer Treppenturm innerhalb der Tragkonstruktion, der auf die obere der beiden Ruheplattformen führt. Bemerkenswert an diesem Treppenturm sind seine vier gusseisernen Ständer und die leider nur noch teilweise erhaltenen, rechtwinkligen Stufen aus Gussstahl, die Namen und Sitz des Herstellers tragen. Von der oberen Ruheplattform führt eine Spindeltreppe auf die auskragende

Wegbeschreibung
In Pforzheim in Richtung Wildbad fahren. Zwischen Birkenfeld und Neuenbürg links abbiegen nach Engelsbrand. Auf der Höhe (nach der Abzweigung nach E.-Salmbach) links abbiegen in Richtung Pforzheim-Büchenbronn. Noch vor Büchenbronn liegt linker Hand der Hermannsee hinter einem großen Parkplatz. Vom Parkplatz aus führt ein ausgeschilderter Fußweg zum Turm (ca. 15 Minuten zu Fuß).

Aussichtsplattform. Zwischen der äußeren Tragkonstruktion und derjenigen des Treppenturms bzw. der Spindeltreppe sind in unregelmäßigen Abständen Rundstäbe angeordnet, um den Turm schwingungsunempfindlicher zu machen. Dennoch konnte man in der *Deutschen Bauzeitung* von 1885 vernehmen, „dass der Thurm schon durch einen einzigen Besucher mit Leichtigkeit in ziemlich große Schwingungen versetzt werden kann." Zur Begrenzung solcher Schwingungen erhielt der Turm im Jahre 1977 vier Abspannseile, die oberhalb des elften Gefaches mittels einer Sekundärkonstruktion am Turm befestigt sind. Im Jahre 1984 wurde der Turm einer umfangreichen Sanierung unterzogen. |

Literatur
Deutsche Bauzeitung
Seite 541–542, 1885

KÄPPLEIN, R.
Der Aussichtsturm auf der
Büchenbronner Höhe
in: *Erhalten historisch*
bedeutsamer Bauwerke
Sonderforschungsbereich 315,
Jahrbuch 1987, Universität Karlsruhe,
Verlag Ernst & Sohn, Berlin 1988

Höhe
24,75 m
Schaftdurchmesser
- unten
8,50 m
- oben
ca. 2 m
Plattformdurchmesser
4 m

Bauherr
Schwarzwaldverein
Entwurf und Baufirma
L. Kühne, Dresden
Baujahr
1883
Sanierung
1984

Aussichtstürme

Wegbeschreibung
Bühl liegt an der B 3 zwischen Offenburg und Rastatt. Der Turm steht zwischen Bühl und Bühl-Müllenbach östlich der B 3 in den Weinbergen.

BÜHL
Friedrichsturm

Konstruktion und Tragverhalten
Bei Bühl steht ein im Jahre 1902 errichteter Aussichtsturm, dessen Eisenkonstruktion einen quadratischen Grundriss hat. Die Tragkonstruktion ist aus vier nach innen geneigten Stützen aufgebaut, die durch horizontale Profile miteinander verbunden sind. Streben in der Form von K-Verbänden und Andreaskreuzen angeordnet steifen den Turm aus. Die Profiltreue des Schaftes wird durch die rahmenartige Verstrebung der horizontalen Profile sowie durch die Aussichtsplattform gewährleistet. Im Innern des Turmes führt eine Wendeltreppe (∅ = 1,40 m) zur Plattform. |

Höhe
11 m
Schaftquerschnitt unten
3,20 x 3,20 m
Plattformfläche
3,30 x 3,30 m

Bauherr
Schwarzwaldverein
Baujahr
1902

Wegbeschreibung
In Freiburg i. Br. auf der B3 in Richtung Norden fahren. Im Freiburger Stadtteil Zähringen rechts abbiegen in die Bernlapp-Straße, die zum Bahnhof führt. Südlich des Bahnhofs die Bahnlinie Freiburg–Offenburg unterqueren und die Plochgasse hinauffahren bis zum Wanderparkplatz Zähringer Burg. Von hier sind es noch ca. 45 Minuten zu Fuß bergauf; eine Wanderkarte am Parkplatz weist den Weg.

FREIBURG I. BR.
Roßkopfturm ● ●

Auf dem Roßkopf, östlich des Freiburger Stadtteils Zähringen, steht ein inzwischen über 100 Jahre alter, eiserner Aussichtsturm. Als damals bekannt wurde, dass hier ein Aussichtsturm gebaut werden sollte, gingen beim Schwarzwaldverein mehrere Varianten ein, die im Erscheinungsbild dem im selben Jahr eingeweihten Eiffelturm nachempfunden waren. Zur Ausführung gelangte allerdings eine schlichte Fachwerkkonstruktion, die im Gegensatz zum Eiffelturm nahezu unverziert blieb.

Konstruktion und Tragverhalten
Die Ständer des Turms sind auf untereinander verbundenen Einzelfundamenten aus Beton flach gegründet. Den konischen, im Grundriss quadratförmigen Turmschaft bilden vier 26 m lange Hauptstützen aus gleichschenkligem Winkelstahl, die in die Fundamente einbetoniert sind. Im untersten Gefach sind je Hauptstütze zwei zusätzliche Eisenstreben abgespreizt, um den Turm zu stabilisieren. Die Hauptstützen verbinden untereinander je Seite zehn über die Höhe verteilte, horizontale Stäbe aus U-Profilen, die zusammen mit Diagonalen den Turm aussteifen. Besonders harmonisch wirkt

dabei die stetige Abnahme der Gefachhöhe, die durch die gleiche Neigung sämtlicher Diagonalen erzielt wird. In verschiedenen Ebenen sind des Weiteren horizontale Diagonalverbände eingezogen, um Schwankungen zu begegnen, die schon beim Bau auftraten. Der Erschließung der Aussichtsplattform dient eine in den Turmschaft eingepasste Eisentreppe, die ebenfalls einen quadratischen Grundriss hat. Vier Ruheplattformen, über die Höhe verteilt angeordnet, erleichtern den Aufstieg. Auf der Eingangsseite wurde im untersten Gefach zugunsten der Zugänglichkeit auf eine Diagonalverstrebung verzichtet und stattdessen ein fachwerkartiges Portal ausgebildet. Hier ist auch eine Gussplatte angebracht, die auf das Baujahr und den Namen der Baufirma hinweist. |

Höhe
28 m
Schaftquerschnitt
- unten
5 x 5 m
- oben
3 x 3 m
Plattformfläche
4 x 4 m

Bauherr
Schwarzwaldverein
Baufirma
P. A. Fauler, Freiburg i. Br.
Baujahr
1889

Wegbeschreibung
Der Schauinsland ist über eine Seilbahn, aber auch per Pkw erreichbar. Der Weg zur Talstation der Seilbahn führt von Freiburg i. Br. aus über Freiburg-Wiehre und Günterstal. Wer die Bahn nicht benutzen will, fährt weiter in Richtung Todtnau bis zum Parkplatz Schauinsland. Von hier sind noch ca. 2 km in östlicher Richtung zu Fuß zurückzulegen.

FREIBURG I. BR.
Aussichtsturm auf dem Schauinsland

Auf dem Schauinsland, dem Freiburger Hausberg, ist im Jahre 1980 ein hölzerner Aussichtsturm errichtet worden. Bereits bei der Projektierung stand für die Stadt Freiburg als Bauherr fest, dass aufgrund des reichhaltigen Bestandes an Douglasienbäumen im Stadtwald vorwiegend Douglasienholz als Baustoff verwendet werden sollte. Außerdem ist diese Holzart sehr resistent gegen extreme Witterungsbedingungen.

Konstruktion und Tragverhalten
Der Turm bildet im Grundriss ein gleichschenkliges Dreieck mit 8,60 m Seitenlänge, in dessen Ecken 23 m lange Hauptstützen (Douglasienstämme mit einem Fußdurchmesser von 65 cm) angeordnet sind. Zwischen den Hauptstützen sind jeweils vier über die Höhe verteilte Querriegel aus Kanthölzern druck- und zugfest angeschlossen, die zusammen mit Rundstahldiagonalen den Turm aussteifen. Die Rundstähle sind deshalb mittels Spann-

schlössern *vorgespannt*. Im geometrischen Mittelpunkt der dreieckförmigen Grundfläche ist ein weiterer Douglasienstamm eingebaut, der dem Treppenaufgang als Stütze dient. Unten sind in die Stämme Stahlrohre eingepasst, so dass sie keinen Kontakt zum Boden haben und damit vor Fäulnis geschützt sind. Des Weiteren wurden die Stämme zur Verlängerung ihrer Lebensdauer kesseldruckimprägniert.

Die Aussichtsplattform hat ebenfalls einen dreieckigen Grundriss, der – wenig befriedigend – entgegen dem Grundrissdreieck des Turms angeordnet ist. Die auf diese Weise 3,60 m an den Ecken auskragende Aussichtskanzel ist mittels Rundstahlankern nach oben und unten abgespannt. Das Dach setzt sich aus drei einzelnen Dreieckflächen zusammen und schützt die gesamte Plattform vor Niederschlag.

Aussichtstürme

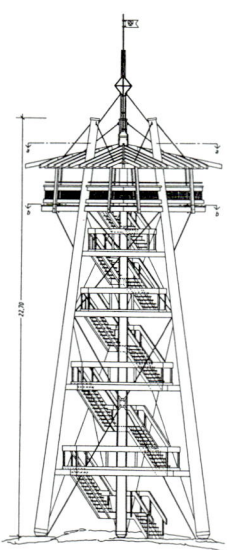

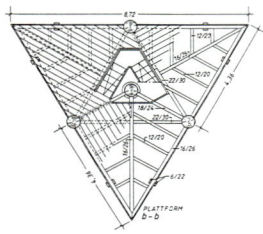

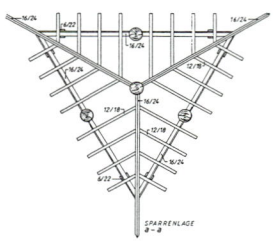

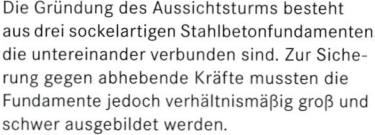

Die Gründung des Aussichtsturms besteht
aus drei sockelartigen Stahlbetonfundamenten,
die untereinander verbunden sind. Zur Sicherung gegen abhebende Kräfte mussten die
Fundamente jedoch verhältnismäßig groß und
schwer ausgebildet werden.

Herstellung

Die Montage des Aussichtsturms erfolgte in
drei Etappen. Zunächst wurde der Unterbau
(Traggerüst bis zur Plattformebene) horizontal
am Boden liegend mittels eines Krans zusammengebaut. Dieses 22 Tonnen schwere Teilstück wurde dann mit einem weiteren, größeren Kran aufgerichtet. In der dritten Etappe
wurde schließlich über dem eingerüsteten
Turmdreibock die Plattform aufgebaut. |

Höhe
28 m
Plattformhöhe
17,86 m
Plattformfläche
ca. 35 m²

Bauherr
Stadt Freiburg i. Br.
Planung
Hochbauamt Freiburg i. Br.,
H. J. Angenendt, P. Ries, F. Zängle
Ingenieur
W. Hirzle, Umkirch
Baufirma
Holzbau Langenbach
Bauzeit
1978–1980

Wegbeschreibung
Die B465 Bad Urach–Ehingen
a. d. Donau bis Münsingen fahren.
Hier in westlicher Richtung nach
Gomadingen abbiegen. Vom Goma-
dinger Hallenbad aus noch ca.
1,5 km zu Fuß bergauf.

GOMADINGEN
Sternbergturm •

Auf dem Sternberg, südwestlich von Gomadingen, steht der im Jahre 1953 vom
Schwäbischen Albverein errichtete Aussichtsturm. Bereits im Jahre 1905 wurde
100 m vom heutigen Turm entfernt ein 26 m
hoher Holzturm errichtet, der jedoch wegen
Baufälligkeit abgerissen werden musste.

Konstruktion und Tragverhalten

Die Gründung des Aussichtsturms besteht aus
einem unter dem quadratischen Turmschaft
angeordneten, 1,30 m tiefen Streifenfunda-
ment aus Stahlbeton. Auf dem Fundament ist
bis zu einer Höhe von 3,60 m über Gelände ein
sich nach oben verjüngender, massiver Turm-
sockel aufbetoniert. Der darauf aufgesetzte,
19,50 m hohe Turmschaft ist eine Holzfachwerkkonstruktion, die zum Schutz vor Witterung außen mit Brettern verschalt wurde. Die
kantholzartigen Stützen haben einen Querschnitt von 20 x 20 cm. Sie sind verstrebt mit
horizontalen und diagonalen Holzträgern, die
mittels Holzlaschen angeschraubt wurden. Im
Abstand von 3,57 m sind über die Höhe verteilt insgesamt fünf Zwischenpodeste eingezogen. Hierbei wurde auf zwei Trägerlagen eine
Holzdielenlage aufgebracht. Im Turmschaft ist
eine im Grundriss quadratische Holztreppe
eingebaut, die ab dem letzten Stockwerk
unter dem Turmkopf in eine enger geführte
Wendeltreppe übergeht. Der Turmkopf mit der
Aussichtsplattform ist überdacht und seitlich
mit Brettern verschalt. Sein Grundriss entspricht einem Quadrat mit abgeschrägten
Ecken. Je ein großzügiges Fenster in den langen Stirnseiten bzw. kleine, rautenartige
Öffnungen in den Ecken geben die Aussicht
auf die Umgebung frei. |

Höhe
28 m
Schaftquerschnitt
- unten
6,80 x 6,80 m
- oben
4,70 x 4,70 m
Plattformhöhe
23,30 m
Plattformfläche
5 x 5 m

Bauherr
Schwäbischer Albverein
Entwurf und Baufirma
Vöhringer
Baujahr
1953

Aussichtstürme

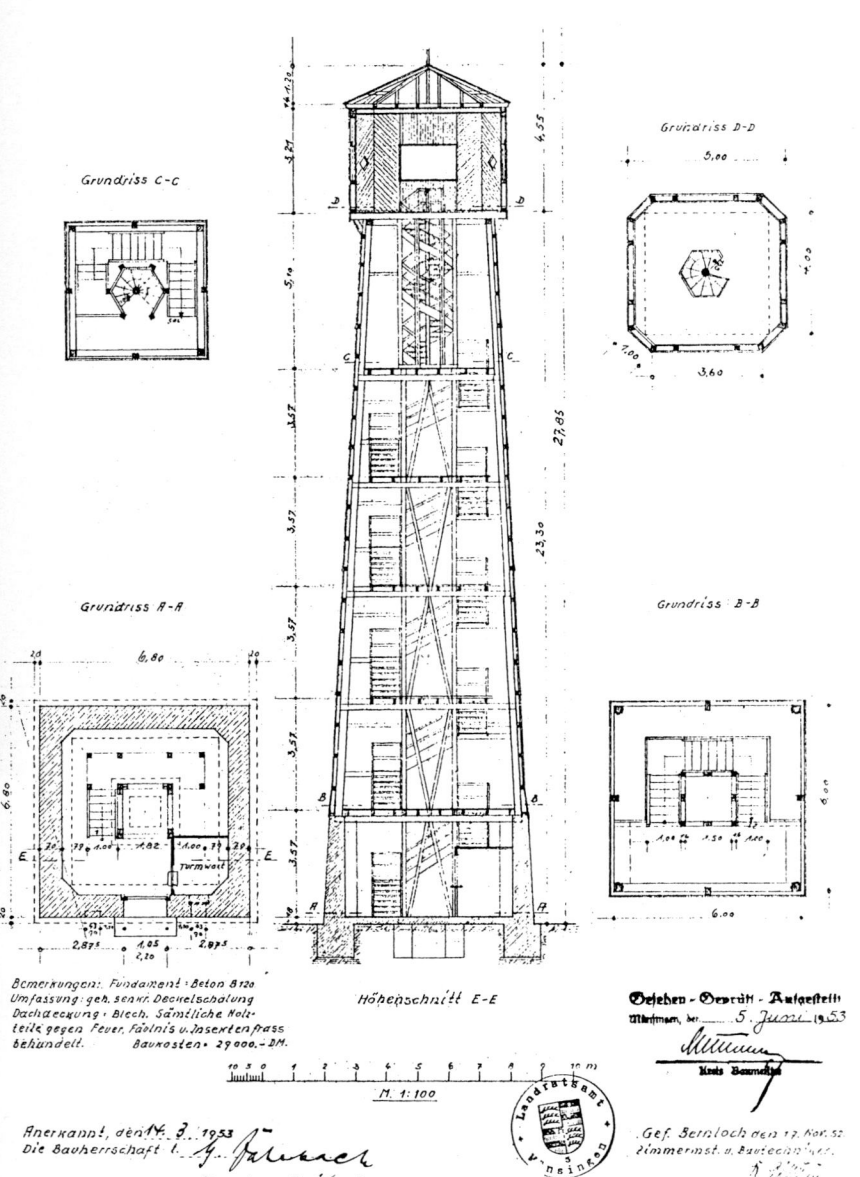

Grundriss C-C

Grundriss D-D

Grundriss A-A

Grundriss B-B

Höhenschnitt E-E

Bemerkungen: Fundament · Beton B120
Umfassung: geh. senkr. Deckelschalung
Dachdeckung · Blech. Sämtliche Holz-
teile gegen Feuer, Fäulnis u. Insektenfrass
behandelt.   Baukosten · 29000.– DM.

M. 1:100

Geſehen · Geprüft · Aufgeſtellt
Münſingen, den ___5. Juni___ 19 53

Kreis Baumeiſter

Anerkannt, den 14. 3. 1953
Die Bauherrschaft i.

Gef. Seinloch den 17. Nov. 52
Zimmermst. u. Bautechniker

Wegbeschreibung
Gschwend liegt zwischen Gaildorf
und Schwäbisch-Gmünd direkt
an der B298. In Gschwend in
Richtung Welzheim fahren und
beim Gehöft Dinglesmad rechts
abbiegen. Von hier aus über den
Sturmhof zum Haghof und dort
parken (zum Turm noch ca.
10 Minuten zu Fuß).

Zur Stabilisierung des Turmschafts sind auf
den äußeren Rippen des Fundaments Pfeiler
aufgesetzt. Ausgesteift wird der Turm ferner
durch diagonale Seilverbände, die hinter der
Holzverschalung angeordnet sind. Die Aussichtsplattform kragt auf jeder Seite um
75 cm aus, um so eine Fläche von 30,25 m²
bereitzustellen. Der Turmabschluss besteht
aus zwei übereinander gesetzten Dächern, die
ihm sein pagodenartiges Aussehen geben.
Dabei wurde das obere Dach direkt auf den
vier Hauptstützen aufgesetzt. Im Inneren des
Aussichtsturms befindet sich eine zwischen
den Hauptstützen eingebaute Holztreppe mit
quadratischem Grundriss. Die Hülle des Turms
besteht aus abwechselnd horizontal und vertikal vernagelten Brettern, die die tragende
Konstruktion vor Witterung schützen. |

GSCHWEND
Hagbergturm ●

Geschichte
Bereits zu Beginn des 20. Jahrhunderts stand
auf dem Hagberg ein Holzgerüst mit einer
Aussichtsplattform. Im Jahre 1920 wurde ein
23 m hoher Turm im Jugendstil mit zwei pago-
denartigen Aufsätzen errichtet. Dieser Aussichtsturm wurde 1973 wegen Baufälligkeit
geschlossen und 6 Jahre später abgebrochen.
In den Jahren 1979/80 errichtete der Schwäbische Albverein wieder einen Holzturm auf dem
Hagberg, der äußerlich dem von 1920 gleicht.

Konstruktion und Tragverhalten
Der Turm ist auf einem trägerrostartigen Stahlbetonfundament gegründet, dessen äußere
Abmessungen 9,20 x 9,20 m bei 1 m Tiefe
betragen. Das Tragwerk des Turmschafts
besteht aus vier 20,40 m langen, senkrechten
Holzstützen (Querschnitt = 50 x 50 cm).
Diese sind im Abstand von 3,40 m in die mittleren Rippen des Fundaments eingelassen.

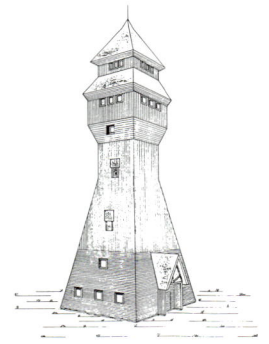

Aussichtstürme

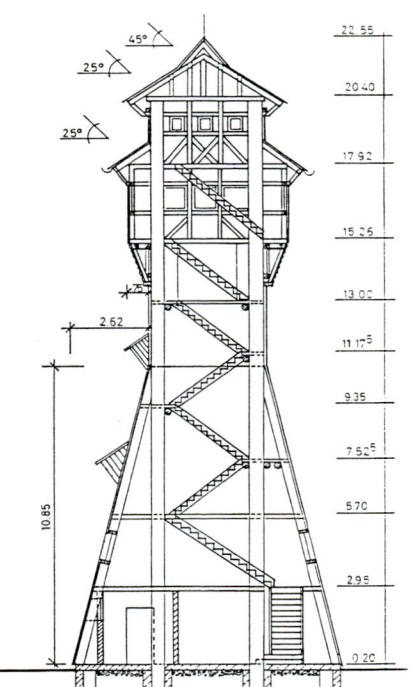

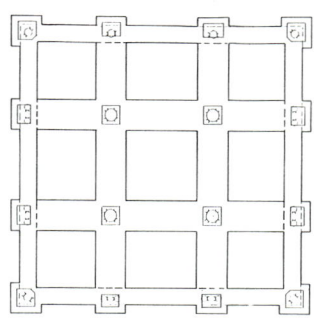

Fundament im Grundriss

Höhe
23 m
Grundrissfläche
9,20 x 9,20 m
Plattformhöhe
15,26 m
Plattformfläche
5,50 x 5,50 m

Bauherr
Schwäbischer Albverein
Ingenieur
G. Stätter, Schwäbisch-Gmünd
Architekt
K. Wecker, Ditzingen
Bauzeit
1979–1980

Wegbeschreibung
Pfullingen liegt an der B312, südlich von Reutlingen. In Pfullingen
auf der B312 bleiben und kurz vor
Lichtenstein-Unterhausen in süd-
westlicher Richtung abbiegen. Hier
führt eine schmale Einbahnstraße
bergauf zum Wanderparkplatz
„Große Wanne". Von dort noch ca.
15 Minuten zu Fuß bergauf.

sind die Wände dem Grundriss treu bleibend
hochgezogen. Darüber teilt sich der Turm in
die beiden sich nach oben leicht verjüngenden
Schäfte, die jeweils ein regelmäßiges Achteck
als Querschnitt haben. In den Ecken der
Schäfte sind Stützen mit trapezförmigem
Querschnitt angeordnet, die zusammen mit
den monolithisch verbundenen, 14 cm dicken
Wänden die Lasten abtragen. In die beiden
Schäfte sind *Eisenbeton*-Treppen eingepasst,
die auf die Aussichtsebene führen. Der Aus-
sichtsraum spannt über beide Turmschäfte
und verbindet sie rahmenartig miteinander.
Den oberen Abschluss bildet ein mit Kupfer
gedecktes Dach, das über den Schäften
jeweils als Kegel ausgebildet ist.|

PFULLINGEN
Schönbergturm ●

Der im Jahre 1905 erbaute Aussichtsturm
steht südlich von Pfullingen auf der Schwä-
bischen Alb. Der ursprünglich geplante
Holzturm wurde nicht ausgeführt, da die
Lebensdauer einer Holzkonstruktion im
Vergleich zur erstellten Massivkonstruktion
als viel geringer eingestuft wurde. Die
Besonderheit des Turms ist der getrennte
Auf- und Abgang – eine für damalige Ver-
hältnisse sehr innovative Lösung. Wegen
seiner unverwechselbaren Form wird der
Turm im Volksmund „Unterhose" genannt.
Im Eingangsbereich ist ein Kiosk unterge-
bracht.

Konstruktion und Tragverhalten
Die Stampfbetonkonstruktion besteht aus
zwei Turmschäften, die jeweils oben und unten
miteinander verbunden sind. Sie ist auf einem
2 m tiefen Betonfundament gegründet. Die
Bodenplatte hat dabei die Form eines unregel-
mäßigen Achtecks. Bis zu einer Höhe von 3,30 m

Höhe
28 m
Schaftabmessungen
- unten
10 x 3,62 m
- in der Mitte
2 x 3,52 x 3,52 m
- oben
9,55 x 3,30 m
Plattformfläche
ca. 30 m²

Bauherr
Schwäbischer Albverein
Architekt
T. Fischer, Stuttgart
Baufirma
Luipold & Schneider, Stuttgart
Baujahr
1905

Aussichtstürme

Wegbeschreibung
In Reutlingen auf der B 312 nach Pfullingen fahren. Dort rechts abbiegen in die Sandstraße, die auf die Gönninger Straße führt. In Reutlingen-Gönningen in Richtung Sonnenbühl-Genkingen fahren. Unterwegs in östlicher Richtung abbiegen und auf dem Parkplatz am Roßfeld parken. Von hier noch ca. 1 km zu Fuß bergauf.

Wirkung erzielt. Ein altes, 18 m hohes Holzgerüst aus dem Jahre 1890 diente als „Kran" für den Neubau; es wurde nach Fertigstellung des neuen Turms abgebrochen. Im Erdgeschoss des Turms ist eine Gaststätte untergebracht, die in den Jahren 1927 und 1972 erweitert wurde. Ferner sind im Turmschaft mehrere Übernachtungsräume eingerichtet. Der Turm zählt zu den ersten Bauwerken in Deutschland, die in Gussbetonbauweise erbaut wurden.

REUTLINGEN-GÖNNINGEN
Roßbergturm ●

Südlich des Ortes Gönningen steht der im Jahre 1913 erbaute Aussichtsturm. Bei einem vom Schwäbischen Albverein ausgeschriebenen Wettbewerb gingen insgesamt 53 Arbeiten ein. Darunter befanden sich viele Eisenkonstruktionen, die von der Form her dem Eiffelturm nachempfunden waren. Die Entscheidung fiel zugunsten von Entwurf Nr. 38 (Kennwort „Steinpilz"), der nach der Meinung der Preisrichter eine klare und sachliche Auffassung der gestellten Aufgabe erkennen lässt sowie mit wenigen, einfachen Mitteln eine schlichte und monumentale

Konstruktion

Der Massivbau des Turmschaftes ist im Grundriss quadratisch. Er ist auf Streifenfundamenten aus Stahlbeton gegründet. Der 1,50 m tiefe Fundamentkörper hat im Grundriss Abmessungen von 9 x 9 m. Der Schaft besteht aus vier Eckstützen, die sich parabelförmig von 1,85 auf 0,70 m Dicke verjüngen und mit 30 cm dicken Wänden ausgefacht sind. Eine im Grundriss quadratische Massivtreppe erschließt die Übernachtungsräume in den Zwischenstöcken und die Aussichtsplattform. Das Dach wird nur von den vier Eckstützen getragen. Auf dem Dach sind Funkantennen der Telekom und der Landespolizei angebracht, die das Erscheinungsbild des „Pilzes" leider beeinträchtigen.

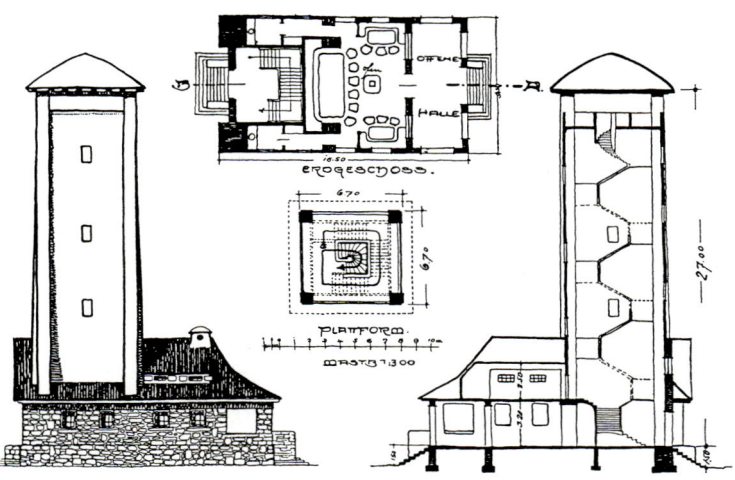

Herstellung

Der Turm wurde über die gesamte Höhe komplett eingeschalt und dann aus einem äußerst wasserhaltigen Beton gegossen. Die dadurch entstandenen Kiesnester wurden teilweise mit Mörtel verputzt. |

Literatur
Bauzeitung für Württemberg, Baden, Hessen und Elsaß-Lothringen
X. Jahrgang, Seite 50 ff., Stuttgart
1913

Höhe
28 m
Schaftquerschnitt
- unten
9 x 9 m
- oben
6,70 x 6,70 m
Plattformfläche
6,70 x 6,70 m

Bauherr
Schwäbischer Albverein
Ingenieur
R. Keppler, Stuttgart
Architekt
K. Schweizer, Stuttgart
Baujahr
1913
Sanierung
1982

Aussichtstürme

Wegbeschreibung
Südöstlich von Rottweil liegt
Gosheim. Hier in Richtung Wellen-
dingen-Wilfingen fahren und auf
der Anhöhe auf dem Wanderparkplatz parken. Von hier aus ca. 20
Minuten zu Fuß bergauf; der Weg
ist ausgeschildert.

mehrere Stahltürme errichtet hatte – der
Turm ist der einzige stählerne Aussichtsturm
des Schwäbischen Albvereins. Im Jahre 1971
wurde der Turm generalüberholt; dabei wurden die Reparaturteile von einem Hubschrau-
ber angeliefert. Im Jahre 1988 sind von der
Post Richtfunkantennen unter der Plattform
angebracht worden, die wegen der Schwin-
gungsanfälligkeit des Turms nicht mehr in
Betrieb sind, aber leider immer noch am
Turm hängen.

Konstruktion und Tragverhalten

Der Turmschaft wird von vier Hauptständern
gebildet, die jeweils auf Beton-Einzelfunda-
menten flach gegründet sind. Im Gegensatz
zur konischen Form im oberen Bereich sind
unten die Ständer aus Winkelprofilen ge-
schweift ausgeführt worden. Man entschied
sich hier aus gestalterischen Gründen für
eine parabelförmige und nicht für eine
statisch günstigere, polygonale Ständerform.
Pro Schaftseite sind 12 über die Höhe verteilte
Fachwerkverbände aus Diagonalstäben angeordnet. Horizontale Stäbe aus U-Profilen sind
zwischen die Diagonalen eingezogen, so dass
diese nur auf Zug beansprucht werden. Oberhalb des dritten und siebten Verbandes sind
Ruheplattformen im Schaft eingepasst.
Die auskragende Aussichtsplattform ist oben
auf die Ständer aufgesetzt. Je Ecke sind zwei
geschwungene Streben unter den Plattform-
trägern befestigt, um deren Kragmomente
zu reduzieren. Die druckbeanspruchten Streben werden dabei jeweils durch einen in
den Zwickel eingepassten Ring ausgesteift. |

ROTTWEIL
Lembergturm ●●

Auf der höchsten Erhebung der Schwäbischen Alb (1.015 m über NN) wurde im Jahre
1889 durch den Schwäbischen Albverein ein
Aussichtsturm errichtet. Die ursprüngliche
Idee eines hölzernen Turms wurde aber
wegen der rauhen Witterungsbedingungen,
die dafür keine lange Lebensdauer erwarten
ließen, nicht weiterverfolgt. Stattdessen
sollte nun ein Stahlturm zur Ausführung
gelangen. Insgesamt wurden vier Entwürfe
hierzu eingereicht. Ausgewählt wurde
der Vorschlag der Firma Fauler, die schon

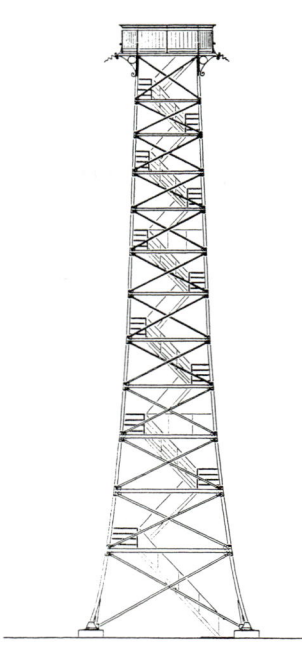

Höhe
33 m
Schaftquerschnitt
- unten
8 x 8 m
- oben
2,80 x 2,80 m
Plattformfläche
4,50 x 4,50 m

Bauherr
Schwäbischer Albverein
Architekt
Gruber, Eislingen
Baufirma
P. A. Fauler, Freiburg i. Br.
Baujahr
1899
Sanierungen
1971, 1998

Wegbeschreibung
Die A81 Stuttgart–Singen an der
Ausfahrt Villingen-Schwenningen
verlassen und auf der B523 nach
Villingen fahren. Am Ortseingang
von Villingen links abbiegen in den
Habsburger-Ring, der hinter der
Unterführung in den Fürstenberg-
Ring übergeht. Vor der nächsten
Unterführung links abbiegen in
die Straße Beim Hohenstein. In
die dritte Straße „Auf der Wanne"
erneut links abbiegen und an deren
Ende parken. In der Wendeschleife
führt ein Fußweg zum Turm
(ca. 3 Minuten Gehzeit).

Bäume, so dass man von seiner Aussichtsplattform einen sehr guten Ausblick auf
Villingen und Umgebung hat. Zur Zeit ist er
wegen seines schlechten Zustands gesperrt;
es bleibt nur zu hoffen, dass er wieder instand gesetzt wird.

VILLINGEN-SCHWENNINGEN
Aussichtsturm „Auf der Wanne" ●●

Auf der Wanne, einer kleinen Erhebung östlich von Villingen, steht der im Jahre 1889
erbaute Aussichtsturm. Der Turm wurde von
einer ortsansässigen Glockengießerei ausgeführt. Seine Konstruktion zeigt auch im
Detail deutliche Ähnlichkeiten mit den filigranen Aussichtstürmen, die die Firma Louis
Kühne aus Dresden im letzten Viertel des
19. Jahrhunderts errichtete *siehe Seite 460*.
Der leider wenig gepflegte Turm überragt
auch heute noch die ihn umgebenden

Konstruktion und Tragverhalten

Der sich nach oben hin konisch verjüngende,
aus acht Rundrohren bestehende Turmschaft
ist auf den Fundamentring, einem Betonring
($\varnothing$ = 9 m), der im Mittel 60 cm über dem Gelände herausragt, aufgesetzt. Ausgesteift sind
die Ständerrohre durch Fachwerkverbände
bestehend aus horizontalen Druckstäben und
diagonalen Zuggliedern. Die Zugglieder sind
vorgespannt, um ein Schlaffwerden unter
Wind zu vermeiden. Im Kreuzungspunkt der
Diagonalen sind diese mittels eines Ringes
kraftschlüssig miteinander verbunden. Die
Muttern auf der Innenseite des Ringes gestat-
ten dabei das Vor- bzw. Nachspannen der Diagonalen. Ab dem achten Fachwerkverband
nimmt der Durchmesser der Ständerrohre von
80 auf 50 mm ab; auch die Gefachhöhe wird
reduziert. Über dem vierten bzw. dem achten
Gefach sind Ruheplattformen mit 30 bzw. 10 m²
Fläche in den Schaft eingepasst. Die Aussichtsplattform ist auf dem zwölften Gefach aufgesetzt. Die Erschließung der Plattformen erfolgt

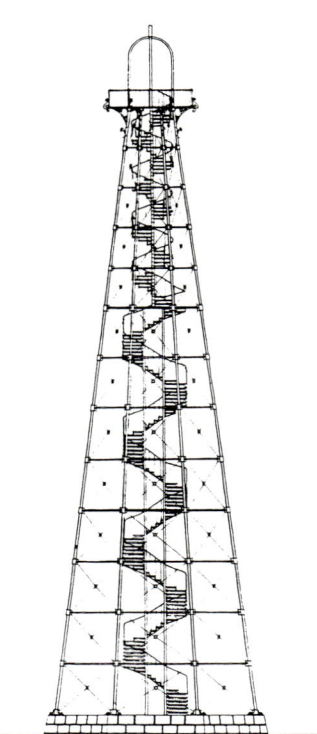

Höhe
30 m
Schaftdurchmesser
- unten
9 m
- oben
2,30 m
Plattformdurchmesser
4,20 m

Bauherr
Stadt Villingen
Baufirma
B. Grüniger & Söhne, Glockengießerei,
Villingen
Baujahr
1889

im Inneren der Tragkonstruktion. Eine im Grundriss quadratische Treppe, die von vier eigenen
Ständerrohren gestützt wird, führt bis auf die
zweite Ruheplattform. Von hier erreicht man
die Aussichtsplattform über eine Spindeltreppe, die nur noch einen Durchmesser von 2 m
hat. Verbindungsstangen zwischen den selbst
tragenden Treppenkonstruktionen und der
äußeren Tragkonstruktion erhöhen die räum-
liche Steifigkeit des Aussichtsturms. |

Aussichtstürme

WEIL AM RHEIN
Fußgängerbrücke und Treppenturm am Bahnhof Gartenstadt

Am 17. April 1999, in der Schlussphase der Bearbeitung dieses Buches, wurde in Weil am Rhein die Landesgartenschau Grün '99 eröffnet. Sie liegt in der Rheinebene im Süden der Stadt und ist von der Stadtmitte durch die Bahnlinie Weil–Lörrach und die Bundesstraße B317, beide entlang einem ca. 16 m hohen Geländesprung, getrennt. So wurde eine günstige Fußgängerverbindung von der hochliegenden Stadt über den Hegelplatz zu den Freizeiteinrichtungen im Süden mit Zugängen zu dem dort neu eingerichteten Bahnhof Weil-Gartenstadt benötigt.

Entwurf

Da von der Stadt kommend der Gehweg erst ansteigen und wieder abfallen muss, um das Lichtprofil der Bahn zu überwinden, beträgt der effektiv zu bewältigende Höhenunterschied ca. 22 m, was bei einer Steigung von weniger als 6 % für Behinderte eine Rampenlänge von 370 m erfordert hätte – ein land-

Wegbeschreibung
Von Süden kommend sieht man den Turm vom Landesgartenschaugelände bzw. vom ausgeschilderten Laguna-Bad aus. Aus der Stadtmitte von Weil über die Hauptstraße kommend geht man durch ein Wohngebiet über die Marktstraße zum Hegelplatz und zum Bahnhof Weil-Gartenstadt.

schaftsverträglich kaum bewältigbar langes Band! Da die Behinderten auch über einen zumutbaren Umweg ans Ziel kommen können, entschied man sich hier für einen Übergang mit angenehm zu begehenden Treppen. Ein Steg quert zunächst von der Stadt kommend die Bahn mit einem Buckel, an dessen Ende 2 Treppenabgänge zur Bahn führen. Dann „schwebt" man ca. 16 m über der Straße zu einem Treppenturm, der in dieser Höhe eine kreisrunde Plattform mit 10 m Durchmesser

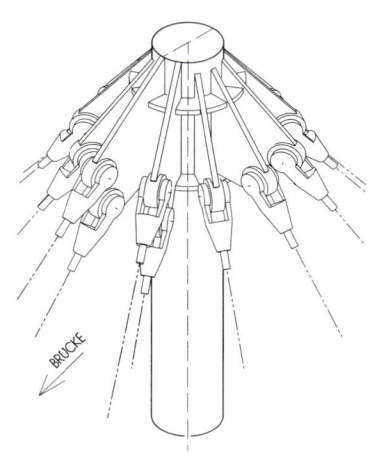

hat. Wer Zeit hat, kann von hier aus auf eine obere Aussichtsplattform steigen und von dort auch die Aufhängekonstruktion, den Mastkopf des Turmes und die Schrägseile betrachten. Eilige Zeitgenossen steigen gleich von der unteren Plattform über eine 65 m lange, bequeme Wendeltreppe ab. Gegenüber sehen sie die „Aufsteiger", denn sowohl für den Aufstieg auf die Aussichtsplattform als auch für die Verbindung zwischen Steg und Rheinebene werden zwei unabhängige Auf-Ab-Treppen mit jeweils nur 1,20 m Breite angeboten, um den doch unangenehmen „Gegenverkehr" auf Wendeltreppen zu vermeiden.

Konstruktion

Der Steg zwischen Stadt und Turm und die Plattform besteht aus 25 cm dicken Stahlbetonstreifen bzw. -platten, hergestellt auf einer bleibenden Trapezblechschalung und eingefasst mit Stahlwinkeln (auch zur günstigen Geländerbefestigung). Der 2,50 m breite Steg wird von beidseitigen Stahlstützen getragen und ist über der Straße neben dem Turm unterspannt. Im Turm sind die Wendeltreppen beidseitig an vertikalen, zwischen dem Turmkopf und dem Fundament *vorgespannten* Seilen aufgehängt. Die radialen Aufhängeseile am Mastkopf übertragen die Seilzugkräfte in den Mast, der so über seine Druckkraft die *Vorspannung* der Seile aufrechterhält. Die inneren Vertikalseile werden über den Schrägseilaufhängern geführt, die äußeren indirekt über die Kragträger der oberen Plattform. Dort, wo der Steg aufliegt, übernehmen zwei zusätzliche Schrägseile die Steglasten. Die inneren Vertikalseile sind so ausgekreuzt, dass der Turm auch gegen Windlasten und horizontale Schwingungen stabil ist.

Mittels einer indirekten Beleuchtung mit Spiegeln wurde versucht, das Spiel der Linien aufzunehmen, was das Bauwerk auch bei Nacht sehenswert macht. |

Bauherr
Stadt Weil am Rhein
Ingenieure
Schlaich, Bergermann und Partner, Stuttgart
Lichtplaner
Lichtlabor Bartenbach, Innsbruck (A)
Baufirma
Maurer Söhne, München
Seile
Fa. Brugg
Beleuchtung
Hatec, Lörrach
Baujahr
1998

Aussichtstürme

Wegbeschreibung
Die Autobahn A8 Stuttgart–Ulm,
Ausfahrt Mühlhausen, dann in
Richtung Geislingen fahren. In Bad
Ditzenbach rechts abbiegen nach
Geislingen-Aufhausen. Der Turm
steht nordwestlich des Ortes auf
den Feldern.

AUFHAUSEN
Funkturm ● ●

Auf einer Erhebung bei Aufhausen am Rande
der Schwäbischen Alb steht der im Jahre
1965 errichtete Polizeifunkturm. Er gilt als
der schlankste moderne Turm überhaupt.
Deshalb wurden in den siebziger Jahren von
der Universität Stuttgart (Prof. J. Schlaich)
seine Windlasten aufgezeichnet und die daraus resultierenden Bauwerksreaktionen
untersucht, um die Windbemessungen von
hohen schlanken Bauwerken besser zu verstehen. Zum Studieren des Schwingungs-
und Dämpfungsverhaltens wurde der Turm
zusätzlich über ein Seil von einer Zugmaschi-
ne künstlich angezupft.

Konstruktion und Tragverhalten

Der Turm ist auf einem Beton-Ringfundament
(∅ = 11 m) gegründet, das mit *vorgespannten*
Felsankern gesichert ist, um Zugkräfte aus

wechselnden Momenten infolge Wind sicher
im Baugrund zu verankern. Die Felsanker sind
in zwei Ringen angeordnet: einem inneren mit
17 lotrechten Ankern und einem äußeren mit
34 nach außen geneigten Ankern. Der Stahlbetonschaft hat einen parabelförmigen Anlauf.
Seine Wanddicke nimmt von 70 cm in Höhe
der Geländeoberkante bis auf 25 cm linear
ab. Der Turmkopf in 90,69 m Höhe besteht im
unteren Teil aus einem inversen Kegelstumpf,
der in den Schaft eingespannt ist. Darauf baut
das zylindrische, 14 m hohe Haupttragwerk
des Kopfes auf. Für die Antennen sind drei
über die Höhe verteilte Kreisringplattformen
vorgesehen, die auf der zylindrischen Turm-
kopfwand gelagert sind und jeweils 2,90 m
nach außen bzw. nach innen auskragen. Die
Decke des Turmkopfes ist ebenfalls als Kreisplatte ausgebildet und kragt gleich weit wie
die Antennenplattformen aus. In der Decke
ist auf 108,45 m Höhe ein Antennenmast einbetoniert.

Herstellung

Der *Ortbeton*-Schaft wurde mit einer *Kletterschalung* hergestellt. Die Plattformen sind
mittels eines am Schaft befestigten Lehrgerüstes betoniert worden.

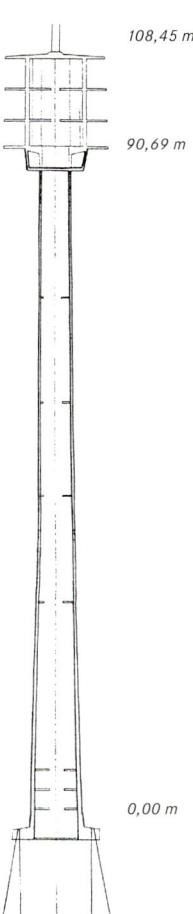

108,45 m

90,69 m

0,00 m

Literatur
Konstruktiver Ingenieurbau
Heft 35/36, 1981

Höhe
132 m
Schafthöhe
108,45 m
Schaftdurchmesser
- unten
6 m
- oben
3,60 m
max. Plattformdurchmesser
14 m

Bauherr
Polizei Baden-Württemberg
Ingenieure
Leonhardt, Andrä und Partner,
Stuttgart
Baufirmen
Wayss & Freytag AG und Ed. Züblin AG
Baujahr
1965

Sondertypen der Fernmelde- und Fernsehtürme

MANNHEIM

Fernsehturm ●

Die unzureichende funk- und fernsehtech-
nische Versorgung der Stadt Mannheim und
des Umlands war Anlass zur Planung eines
kombinierten Funk- und Fernsehturms. Die
Vorbereitungen zur Bundesgartenschau
1975 boten dabei die Gelegenheit, den zunächst ausschließlich für technische Zwecke
geplanten Turm um eine Aussichtsplattform
und ein Restaurant auf einer Drehplattform
zu erweitern und damit der Allgemeinheit
zugänglich zu machen. Der Turmkopf des
Mannheimer Fernsehturms ist der erste seiner Art, der mit Stahlzuggliedern am Schaft
befestigt wurde.

Konstruktion und Tragverhalten

Die Baugrundverhältnisse in der Neckaraue
mit ihrem hohen Grundwasserstand führten
zur Wahl eines auf *Pfählen* gegründeten Ring-
plattenfundaments ($\varnothing$ = 27,40 m). Die insgesamt 160 *Ortbeton*-Ramm-*Pfähle*, angeordnet
in sechs konzentrischen Ringen, haben einen
Durchmesser von 50 cm bei 9 m Länge. Das

Wegbeschreibung

Am Autobahnkreuz Mannheim
die A6 Viernheim–Hockenheim
verlassen und auf der A656 bzw.
B37 in das Stadtzentrum von
Mannheim fahren. Auf Höhe der
Augusta-Anlage rechts abbiegen
in die Otto-Beck-Straße, die an
ihrem Ende auf die Straße Paul-
Martin-Ufer stößt. Der Turm
befindet sich rechter Hand am
nördlichen Ende des Luisenparks.

3 m dicke Ringplattenfundament wurde mit
24 Spanngliedern in Ringrichtung *vorgespannt*.
Die *Ortbeton*-Röhre des Turmschaftes hat
einen parabelförmigen Anlauf. Die Wanddicke
nimmt dabei von 60 cm an der Basis bis auf
25 cm am Schaftende ab. Das Grundgerüst
des Turmkopfs ist aus 12 radial angeordneten
Stahlträgern aufgebaut, die von Zugdiagonalen nach oben abgehängt sind. Die oberen,
nach außen gerichteten Horizontalkomponenten der Diagonalen werden von einem vor dem
Schaft liegenden Zugring eingesammelt, die
unteren, nach innen gerichteten über Druckkräfte in den radialen Kragträgern einem
Druckring am Schaft zugeführt und außerdem
von der Betonplatte auf diesen Träger aufgenommen. Das untere Aussichts- und das
obere Restaurantgeschoss sind an diesen
Kragarmen abgehängt. Der obere Turmkopf-
bereich, der dem Sendebetrieb dient, wurde
zur Erhöhung der Steifigkeit und als Tempe-
raturpuffer für die Geräte aus Stahlbeton ausgeführt. Die konisch verlaufende Abschluss-
wand, die außen die Boden- und Deckenplatte
des Betriebsgeschosses stützt, wird ebenfalls
durch die Kragkonstruktion abgefangen. Der
Antennenmast ist eine Stahlfachwerkkon-
struktion, die mit einem glasfaserverstärkten
Kunstharzmantel umhüllt ist.

Herstellung

Der Turmschaft wurde mit einer *Kletterschalung* hergestellt. Der Turmkopf wurde gerüstfrei montiert: Zuerst wurden die 12 Kragarme
eingehängt und dann darauf die Stahlbetonkonstruktion hergestellt.

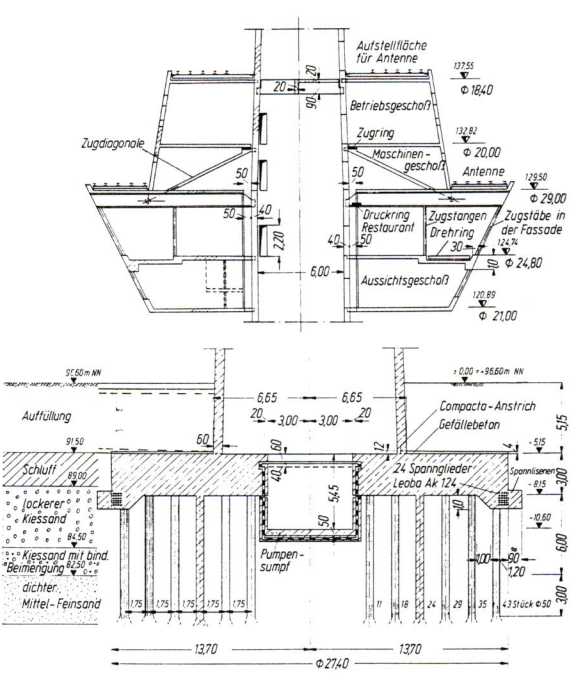

Höhe 204,90 m
Schafthöhe 166,20 m
Schaftdurchmesser
- **unten** 13,30 m
- **oben** 4,60 m
max. Plattformdurchmesser 29 m

Bauherr
Gewerbebauträger mbH, Hamburg
Ingenieure
Leonhardt und Andrä, Stuttgart
Architekten
Heinle, Wischer und Partner, Stuttgart
Prüfer
W. Pfefferkorn, Stuttgart
Baufirmen
Grün + Bilfinger AG, Mannheim,
und Homburger Stahlbau GmbH,
Homburg/Saar
Bauzeit
1973–1975

Literatur
Beton- und Stahlbetonbau
Heft 5, 1977

Sondertypen der Fernmelde- und Fernsehtürme

Wegbeschreibung
Die Schwarzwaldhochstraße
(B 500) von Freudenstadt in
Richtung Baden-Baden fahren.
Am Parkplatz Mummelsee parken
und dem Wegschild „Hornisgrinde"
folgen (Fußweg: 20 Minuten).

SASBACHWALDEN
Fernsehturm auf der Hornisgrinde •

Auf der Hornisgrinde im Westschwarzwald
steht der im Jahre 1972 fertig gestellte
Fernsehturm des Südwestfunks. In den
Jahren 1976 und 1981 wurden hier von der
Universität Karlsruhe (Prof. Müller) Wind-
und Schwingungsmessungen durchgeführt,
um die Windstruktur und die dazugehörenden Bauwerksreaktionen zu untersuchen.
Als Ergebnis wurde festgestellt, dass die
Momentenanteile der 2. Eigenform je nach
Windgeschwindigkeit größer sein können
als diejenigen der 1. Eigenform. Die üblicherweise verwendete Berechnungsmethode
für die Windbeanspruchung schlanker Bauwerke, bei der nur die 1. Eigenform berücksichtigt wird, ist damit nicht in jedem Fall
ausreichend.

Konstruktion und Tragverhalten

Der Stahlbetonschaft verjüngt sich der Biegebeanspruchung entsprechend von unten nach
oben parabelförmig. Er ist in 5,60 m Tiefe auf
einem Kreisringfundament ($\varnothing$ = 22,50 m)
gegründet. Insgesamt sichern 24 Felsanker
($\varnothing$ = 20 cm) das Fundament gegen Abheben
bei Wind. Die Anker reichen bis in eine Tiefe
von 8 und 12 m. Am Schaft sind zwischen 58
und 75 m Höhe fünf Plattformen angebaut –
Kreisplatten, deren Durchmesser von unten
nach oben von 14,99 auf 18,78 m zunehmen.
Die Plattformen sind im Schaft eingespannt,
weshalb ihre Dicke zum Schaft hin kontinuierlich zunimmt. Der Turmschaft trägt einen 56 m
hohen Stahlfachwerk-Antennenmast, der zum
Schutz der Antennen vor Witterung mit einem
Polyestermantel umhüllt ist. |

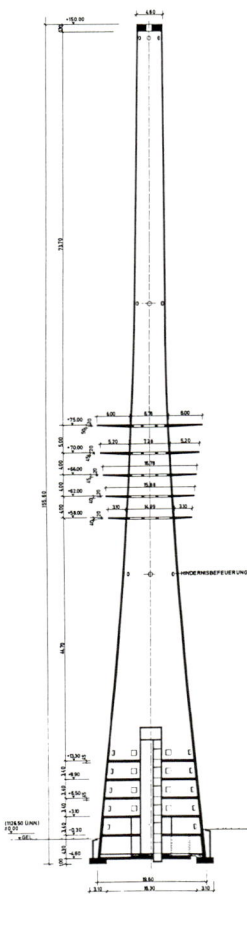

Literatur
Konstruktiver Ingenieurbau
Heft 35/36, 1981

Höhe
206 m
Schafthöhe
150 m
Schaftdurchmesser
- **unten**
19,60 m
- **oben**
4,60 m
max. Plattformdurchmesser
18,78 m

Bauherr
Südwestfunk, Baden-Baden
Ingenieure
Bauabteilung SWF
Architekten
E. Heinle und R. Wischer, Stuttgart
Baufirma
A. Kunz & Co., München
Bauzeit
1971–1972

Sondertypen der Fernmelde- und Fernsehtürme

STUTTGART
Fernsehturm ● ● ● ●

Anfang des Jahres 1953 plante der Süddeutsche Rundfunk (SDR) einen Fernsehsender für Stuttgart und Umgebung. Als Standort war die höchste Erhebung Stuttgarts auf dem hohen Bopser südlich des Stuttgarter Talkessels vorgesehen. Die Antenne musste trotzdem noch eine Mindesthöhe von 200 m über Gelände haben, um dem gesamten Umfeld eine gute Empfangsqualität zu bieten. Geplant war zu diesem Zweck ein Stahlgittermast; doch konnte der Bauingenieur Fritz Leonhardt mit seinem schönen Entwurf den Bauherrn davon überzeugen, dass ein Stahlbetonturm mit Restaurant und Aussichtsplattform in dieser exponierten Lage vorteilhafter ist. Inzwischen ist der Turm ein Wahrzeichen Stuttgarts und ein unverwechselbares Kennzeichen des SDR-Logos. Als weltweit erster Fernsehturm aus Stahlbeton● löste er den Bau einer Serie von Betontürmen in der ganzen Welt aus.

Wegbeschreibung
Der Fernsehturm steht im Stuttgarter Stadtteil Degerloch östlich des Waldau-Stadions (Jahnstraße). In Stuttgart ist der Weg zum Turm mit einem Symbol ausgeschildert.

Konstruktion und Tragverhalten
Der Turmschaft ist ein Stahlbetonrohr mit parabelförmigem Anlauf. Seine Wandstärke nimmt von unten 30 cm bis auf 18 cm ab. Der Mindestschaftdurchmesser am Kopf ergab sich durch den Platzbedarf für zwei Aufzüge sowie eine Nottreppe und Leitungen mit rund 5 m. Der Turmschaft wurde erstmalig mit einer „ausgesteiften Kegelstumpf-*Schale*" auf einem Fundamentring (∅ = 27 m) gegründet. Die *Schale* überträgt dabei die Lasten und Windmomente aus dem Turmschaft in den Ring, der im Vergleich zu einer massiven Bodenplatte eine viel größere Kernweite hat; so kann sich die Kraftresultierende vergleichsweise weiter von der Turmachse entfernen, ohne dass das Fundament auf der Luv-Seite vom Boden abhebt. Hierdurch wird nicht nur die Kippsicherheit vergrößert, sondern auch die Schwankungen des Schaftes unter Wind werden kleiner. Zur Versteifung wurde in die äußere Kegelstumpf-*Schale* eine zweite, innere Kegelstumpf-*Schale* eingefügt. Diese invers angeordnete, zweite *Schale* ist aber nicht unbedingt erforderlich und wurde später bei anderen Türmen weggelassen. Der zugbeanspruchte Fundamentring in 5,80 m Tiefe ist durch radial verlaufende Spannglieder *vorgespannt*. Der viergeschossige Turmkopf stützt sich in 138,15 m Höhe auf eine am oberen Rand in Ringrichtung *vorgespannte* Kegelstumpf-*Schale*, die die Lasten primär über Normalkräfte in den Schaft leitet. Die Rippendecken des Turmkopfs sind außen jeweils über 18 Stahlbetonstützen (Querschnitt: 14 x 18 cm) aufgeständert. Die glatte Außenhaut des Turmkopfes aus geschosshohen Aluminiumtafeln und -profilen garantiert nicht nur einen günstigen c_w-Wert, sondern hält auch die Windgeräusche in Grenzen. Über dem Turmkopf ist noch eine zurückgesetzte Kinderplattform mit offenem Geländer angeordnet.

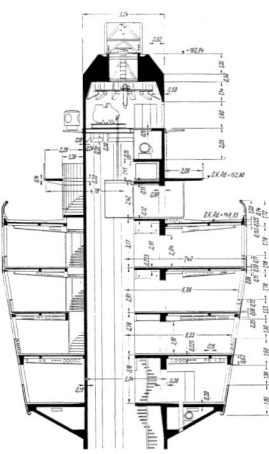

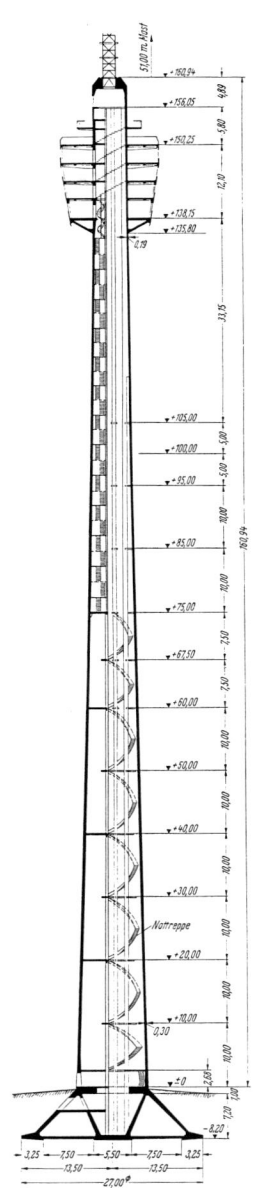

Den oberen Abschluss des Turms bildet ein im Grundriss quadratischer Gittersendemast aus Stahlwinkelprofilen. Glücklicherweise konnte die Rot-Weiß-Bemalung zur Flugsicherung auf den Mast beschränkt werden – ursprünglich sollte auch der Betonschaft einen derartigen Warnanstrich erhalten, auf den aber durch den Einbau eines rotierenden Xenonscheinwerfers verzichtet werden konnte.

Herstellung

Der Turmschaft wurde mit einer *Kletterschalung* hergestellt. Der diskontinuierlich veränderliche Schaftdurchmesser wurde dabei mit Schraubspindeln eingestellt. Die Plattform des Turmkopfes ist auf einem eingehängten Lehrgerüst betoniert worden. |

Sondertypen der Fernmelde- und Fernsehtürme

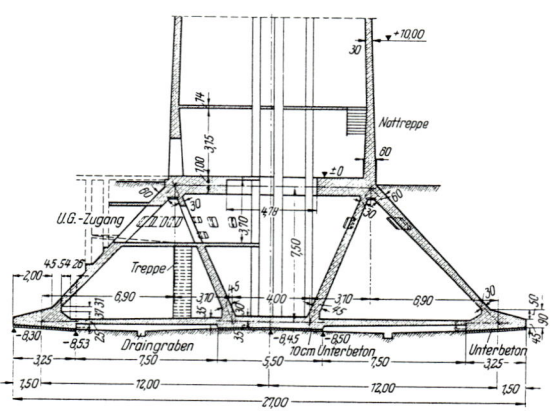

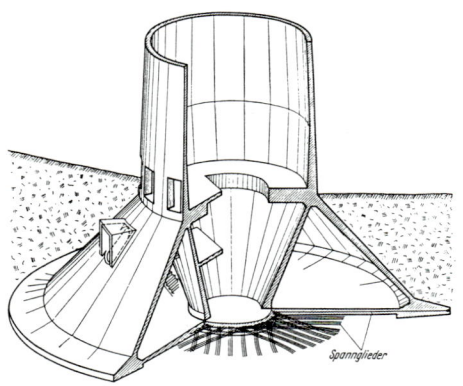

Spannglieder

Literatur
Beton- und Stahlbetonbau
Heft 4 und 5, 1956

Höhe
211,94 m
Schafthöhe
160,94 m
Schaftdurchmesser
- unten
10,80 m
- oben
5,04 m
max. Plattformdurchmesser
14,85 m

Bauherr
Süddeutscher Rundfunk, Stuttgart
Ingenieur
F. Leonhardt, Stuttgart
Architekt
E. Heinle, Stuttgart
Baufirmen
G. Epple, Stuttgart-Degerloch, und
Wayss & Freytag AG, Stuttgart
Bauzeit
1955–1956
Sanierung
1995

Wegbeschreibung
Von Stuttgart-Degerloch kommend am Fernsehturm vorbei der Jahnstraße über den Hohen Bopser hinaus folgen. An der Haltestelle Geroksruhe rechts (bzw. von der Stadtmitte über die Panoramastraße kommend links) abbiegen zum Waldheim. Hier parken und noch ca. 150 m zu Fuß zum Turm gehen.

entwürfe gingen deshalb alle von einem großen Betriebskopf mit den nötigen Plattformen unmittelbar über den Baumkronen aus. Die Fernsehantenne wird von einem schlanken Betonschaft mit einem oben aufgesetzten Gittermast getragen.

Konstruktion und Tragverhalten
Der Schaft wird von einer stetig gekrümmten Stahlbetonröhre gebildet; die Wanddicke variiert zwischen unten 70 und oben 25 cm. Er ist in 10,50 m Tiefe auf einem 16-eckigen Ringfundament ($\varnothing$ = 23,95 m) gegründet. Zur Übertragung der vertikalen Lasten bzw. des Windmomentes aus dem Schaft wurde auch hier eine Kegelstumpf-*Schale* verwendet, allerdings unter Verzicht auf eine aussteifende, innere *Schale* wie etwa beim Stuttgarter Fernsehturm. Das Ringfundament wurde ringförmig *vorgespannt*, indem 16 Pressen in Nischen die außen liegenden Spannglieder wie Fassreifen radial aufweiteten.

Die Stützkonstruktion des Betriebskörpers ist eine Kegelstumpf-*Schale* mit einem oberen, *vorgespannten* Zugring. Sie konnte bei dieser geringen Höhe über Grund auf einem Rohrgerüst hergestellt werden. Aufgrund der *Membran*-Tragwirkung der dünnen Kegelstumpf-*Schale* war es möglich, sie nur über eine kleine, ringsum laufende Nut ohne Anschlussbewehrung am Schaft abzustützen (diese Konstruktion wurde von denselben Ingenieuren erstmals beim Hamburger Turm erprobt). Der Betriebsraum liegt in 33,78 m Höhe.

STUTTGART
Fernmeldeturm auf dem Frauenkopf ●●

Entwurf
Bei der Planung des Turms mussten vor allem zwei Randbedingungen berücksicht werden: Erstens sollte der Fernmeldeturm dem nur 1,5 km entfernten Stuttgarter Fernsehturm *siehe Seite 486*, der inzwischen zu einem Wahrzeichen geworden war, nicht den Rang ablaufen und zweitens musste das umfangreiche Nutzungskonzept der Post berücksichtigt werden, das drei große Plattformen in unmittelbarer Nähe des Betriebsraumes und eine hohe Fernsehantenne vorsah. Die Vor-

Sondertypen der Fernmelde- und Fernsehtürme

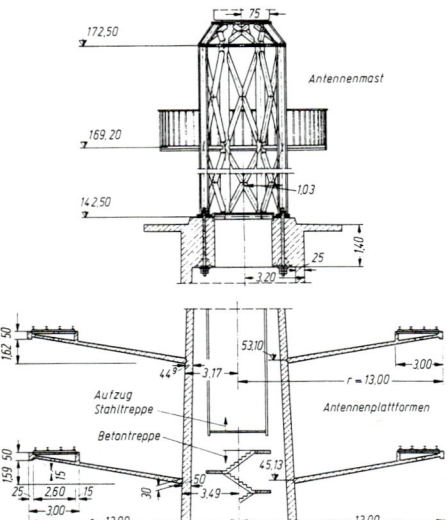

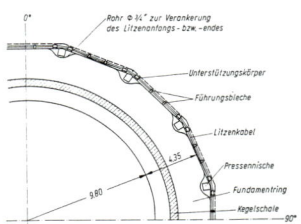

Draufsicht auf das Ringfundament

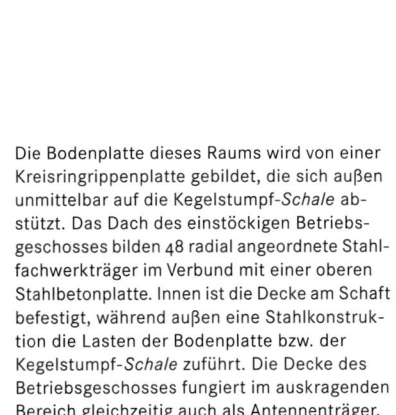

Die Bodenplatte dieses Raums wird von einer Kreisringrippenplatte gebildet, die sich außen unmittelbar auf die Kegelstumpf-*Schale* abstützt. Das Dach des einstöckigen Betriebsgeschosses bilden 48 radial angeordnete Stahlfachwerkträger im Verbund mit einer oberen Stahlbetonplatte. Innen ist die Decke am Schaft befestigt, während außen eine Stahlkonstruktion die Lasten der Bodenplatte bzw. der Kegelstumpf-*Schale* zuführt. Die Decke des Betriebsgeschosses fungiert im auskragenden Bereich gleichzeitig auch als Antennenträger, so dass nur noch zwei weitere Plattformen, ebenfalls als dünne Kegelstumpf-*Schalen* ausgeführt, in 45,13 bzw. 53,10 m Höhe erforderlich waren. Die äußere Stahlkonstruktion des Betriebsgeschosses sollte ursprünglich verglast und bei Nacht von innen beleuchtet werden, worauf aber später verzichtet wurde. |

Literatur
Beton- und Stahlbetonbau
Heft 4, 1971

Höhe
192,40 m
Schafthöhe
142,50 m
Schaftdurchmesser
- **unten**
12,23 m
- **oben**
6,40 m
max. Plattformdurchmesser
40,60 m

Bauherr
Deutsche Bundespost
Ingenieure
Leonhardt, Andrä und Partner,
Stuttgart
Prüfer
W. Pfefferkorn, Stuttgart
Baufirma
Wayss & Freytag KG, Stuttgart, und
Siemens Bauunion, Stuttgart
Bauzeit
1970–1972

Wegbeschreibung
In Ulm die B311 in Richtung
Ehingen a. d. Donau fahren.
In Grimmelfingen in westlicher
Richtung abbiegen nach Ulm-
Ermingen. Der Turm ist auf der
Anhöhe von Ermingen sichtbar.

ab. Am oberen Ende trägt er einen 52 m
hohen Antennenmast aus Stahl. Dieser brach
einmal infolge winderregter Querschwin-
gungen (v. Kármánsche Wirbelstraße) und
wurde beim Wiederaufbau deshalb mit einer
„Scruton-Wendel" ausgestattet. Die vier
kreisrunden Hauptplattformen mit variablen
Durchmessern sind zwischen 43 und 81,20 m
Höhe angeordnet. Im Schaft ist eine an der
Innenwand geführte Wendeltreppe zur
Wartung der Plattformen eingebaut.

Herstellung
Der *Ortbeton*-Schaft wurde mit einer *Kletterschalung* errichtet. Im Nachzug wurden
daraufhin die Plattformen mittels am Schaft
befestigter Lehrgerüste angebaut.

Verweis auf ähnliche Bauwerke
Auf dem Glasenberg bei Heubach in der Nähe
von Schwäbisch-Gmünd steht ein sehr ähn-
licher, gleich hoher Fernmeldeturm. |

ULM-ERMINGEN
Fernmeldeturm • •

Westlich von Ulm, im Ortsteil Ermingen,
steht der im Jahre 1964 fertig gestellte
Fernmeldeturm der Telekom.

Konstruktion und Tragverhalten
Die Gründung des Turms besteht aus einem
auf 32 Bohr-*Pfählen* aufgesetzten Kreisringfundament mit 13,30 m Durchmesser. Die
Bohr-*Pfähle* (∅ = 88 cm) reichen in eine Tiefe
von 12 bis 22 m. Sie sind am unteren Ende
mit Köpfen versehen, um nicht von den Zugkräften, die aus wechselnden Einspannmo-
menten resultieren, aus dem Felsuntergrund
herausgezogen zu werden. Auf dem Ringfundament ist der sich parabelförmig verjüngende Stahlbetonschaft aufgebaut. Seine Wanddicke nimmt mit der Höhe von 45 auf 20 cm

Höhe	
162 m	
Schafthöhe	
110 m	
Schaftdurchmesser	
- unten	
11,50 m	
- oben	
2,90 m	
max. Plattformdurchmesser	
12,90 m	

Bauherr
Deutsche Bundespost
Entwurf und Baufirma
A. Kunz & Co., München
Bauzeit
1963–1964

Sondertypen der Fernmelde- und Fernsehtürme

Wegbeschreibung
Die B27 Stuttgart–Heilbronn kurz
vor Besigheim verlassen und in
westlicher Richtung über Löchgau
und Freudental nach Sachsenheim-
Ochsenbach fahren. Auf der Anhöhe
zwischen Ochsenbach und Eibens-
bach rechts abbiegen und der as-
phaltierten Straße zum Turm folgen.

zum Turmschaft stellt unterhalb der Geländeoberfläche eine Kegelstumpf-*Schale* her. Der
rohrartige Schaft hat eine konische Form mit
einer Wanddicke von 60 cm am Boden bzw.
40 cm am oberen Ende. Entgegen der
Typenausführung ist unterhalb des eigentlichen Turmkopfes auf 65 m Höhe eine Plattform
mit einem Durchmesser von 14,22 m vorgesehen. Die untere Plattform des Turmkopfes
($\varnothing$ = 20 m) liegt 9 m darüber. Sie wird außen
durch eine Kegelstumpf-*Schale* abgestützt,
wodurch die Plattenbiegemomente (besonders
die in Radialrichtung) klein gehalten werden.
Auf dieser Plattform steht das sich konisch
nach oben erweiternde Betriebsgeschoss,
dessen Lasten über eine zweite Kegelstumpf-
Schale (innerhalb der ersten *Schale*) abgefangen werden. Diese Art der Lastabtragung,
primär über Normalkräfte, ermöglicht eine
sehr Material sparende Bauweise. An der
Oberkante des Betriebsgeschosses in 84 m
Höhe schließt das Dach des Turmkopfes an;
die Dachplattform ($\varnothing$ = 25,80 m) ragt 4,50 m
über die Wand des Betriebsgeschosses hi-
naus. Auf dem Dach ist ein etwa 7,50 m hoher
Kegel aufgebaut, der den Antennenmast trägt.

Herstellung

Der Schaft und die Plattformen wurden in *Ortbeton* erstellt. Beim Schaft wurde dazu eine
Kletterschalung, bei den Plattformen Lehrgerüste verwendet. Der Antennenmast aus
Schleuderbeton wurde dagegen in Fertigteil-
bauweise errichtet.

Verweis auf ähnliche Bauwerke

Ein weiterer FMT 6 steht bei Waghäusel-
Wiesental. |

BRACKENHEIM
FMT 6 ●

In der Nähe von Brackenheim (südwestlich
von Heilbronn) steht der im Jahre 1969 errichtete Fernmeldeturm FMT 6 der Telekom.
Er ist auf der sogenannten „Olympiatrasse",
der Fernmeldeverbindung zwischen München
und Frankfurt/Main angeordnet. Leider
konnten sich diese besonders sorgfältig
gestalteten Typentürme, zu denen auch der
FMT 4 und der FMT 5 gehören, aus Kostengründen nicht durchsetzen.

Konstruktion und Tragverhalten

Der Fernmeldeturm ist in 6,78 m Tiefe auf
einem *vorgespannten* Beton-Kreisringfunda-
ment ($\varnothing$ = 19,60 m) gegründet. Den Übergang

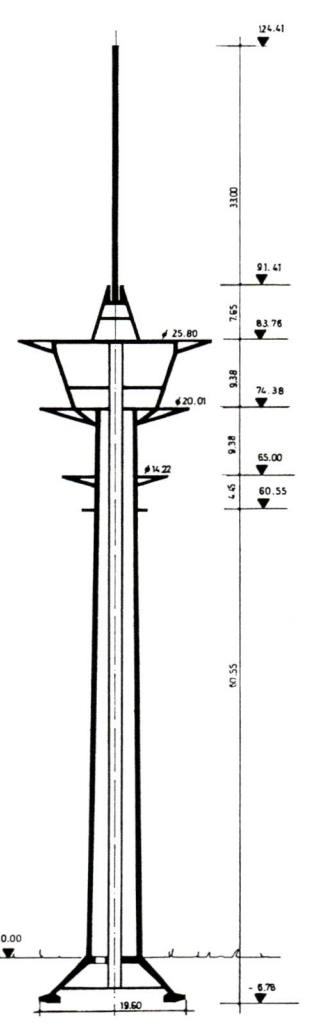

Höhe
125 m
Schafthöhe
84 m
Schaftdurchmesser
- unten
7,40 m
- oben
5,33 m
max. Plattformdurchmesser
25,80 m

Bauherr
Deutsche Bundespost
Ingenieure
Leonhardt, Andrä und Partner,
Stuttgart
Architekten
Heinle und Wischer, Stuttgart
Baujahr
1969

Typentürme der Fernmeldetürme

Wegbeschreibung
Von Geislingen/Steige (erreichbar über die A8 Stuttgart–Ulm, Ausfahrt Mühlhausen) im Verlauf der Straße von Geislingen-Stötten nach Böhmenkirch-Schnittlingen ist der Turm auf der linken Seite gut sichtbar.

Hinweis
Unmittelbar neben dem FMT 12 befindet sich das „Windenergietestfeld Ulrich Hütter", das älteste Testgelände dieser Art in Baden-Württemberg siehe Seite 524.

17,50 und einer Dicke von 2,90 m. Im Mittelbereich ist unter dem Fundament eine 10 cm dicke Styroporschicht untergelegt, die gegenüber dem reinen Plattenfundament eine günstigere Spannungsverteilung in der Fundamentsohle bewirkt und somit bei Biegung infolge Wind eine klaffende Fuge auf der Luv-Seite verhindert. Im Schaft sind eine Treppe und ein 1,90 x 2 m großer Aufzugsschacht für den Materialtransport eingebaut. In einer Höhe von 74,67 m über Gelände ist eine 8,25 m hohe Kragkonstruktion an den Schaft angebaut. Sie besteht aus zwei 480 m² großen Hauptplattformen, auf die die Richtfunkantennen aufgeständert sind. Zwischen diesen Plattformen ist eine kleinere Plattform (∅ = 15,95 m) angeordnet, die dem Betrieb dient. Die beiden unteren Plattformen sind in Mischbauweise (Stahlbeton/Stahl) ausgeführt; sie bestehen aus jeweils 18 radial nach außen gerichteten Stahlfachwerkträgern. Ihre Einspannmomente werden von einem oben liegenden, entlang dem Schaft verlaufenden, stählernen Zugring und einem Stahlbetondruckring in ihrer Untergurtebene aufgenommen. Sie sind am Schaft auf Konsolen in Nischen so gelagert, dass der Schaft keine Biegebeanspruchung, sondern selbst unter einseitigen Plattformlasten nur einen *Membranspannungszustand* erfährt. Die obere Hauptplattform ist aus Stahlbeton und stützt sich auf die unteren Plattformen ab. Den oberen Abschluss bildet ein Schleuderbetonmast.

GEISLINGEN-STÖTTEN
FMT 12 ● ●

Auf dem Lauterstein, einer Erhebung der Schwäbischen Alb, ist in 16-monatiger Bauzeit ein Typenturm der Art FMT 12 errichtet worden.

Konstruktion und Tragverhalten
Der konisch zulaufende Turmschaft aus Stahlbeton hat unten eine Wandstärke von 35 cm, die sich über die Höhe linear auf 25 cm reduziert. Er ist 5 m unter der Geländeoberkante gegründet. Sein Betonfundament hat die Form einer Kreisplatte mit einem Durchmesser von

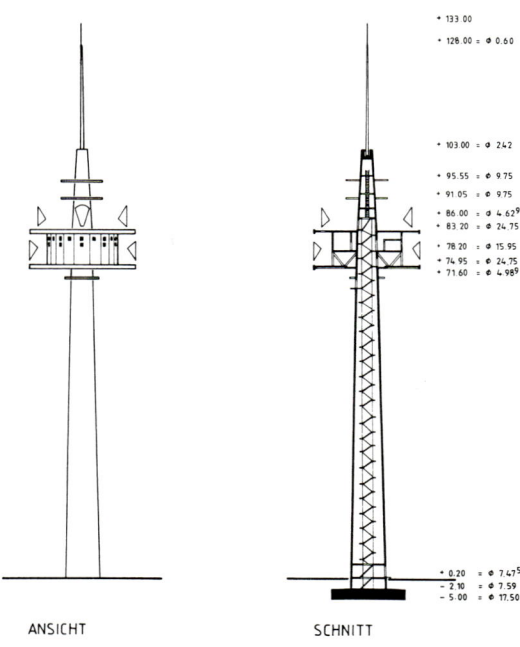

ANSICHT   SCHNITT

Herstellung
Der Turmschaft wurde konventionell in *Ortbeton* mit Hilfe einer *Kletterschalung* erstellt.
Die radialen Stahlfachwerkträger dienten als „bleibende Rüstung" für den *Ortbeton* der Plattformen.

Verweis auf ähnliche Bauwerke
Ein weiterer FMT 12 steht bei Mainhardt.
Auf dem Plettenberg bei Rottweil steht der von der Bauart her gleiche FMT 13, der allerdings eine Höhe von 158 m hat. |

Höhe
133 m
Schafthöhe
103 m
Schaftdurchmesser
- unten
7,59 m
- oben
2,42 m
max. Plattformdurchmesser
24,75 m

Bauherr
Deutsche Bundespost
Ingenieure
Leonhardt, Andrä und Partner, Stuttgart
Architekten
Heinle und Wischer, Stuttgart
Baujahr
1981–1982

Typentürme der Fernmeldetürme

HEIDENHEIM A. D. BRENZ
FMT 8

Auf der Ostalb zwischen Heidenheim a.d. Brenz und Nattheim steht der im Jahre 1977 errichtete Fernmeldeturm FMT 8 der Telekom. Sein Standort befindet sich fernmeldetechnisch auf einer Endstrecke. Der FMT 8 gehört zu den kleineren, untergeordneten Typentürmen und wird hier stellvertretend für die unzähligen kleineren Fernmeldetürme beschrieben.

Konstruktion und Tragverhalten
Der Turm ist auf einem sechseckigen Stahlbeton-Plattenfundament 3,20 m tief gegründet. Auf dem Fundament ist ein zylindrischer Stahlbetonschaft aufgebaut, an dessen Spitze ein ebenfalls zylindrischer Schleuderbetonmast eingesetzt ist. Die beiden in den Schaft eingespannten, kreisförmigen Plattformen in 30 bzw. 37,50 m Höhe kragen 3,60 m aus.

Herstellung
Der Turmschaft wurde in *Ortbeton*-Bauweise mit einer *Kletterschalung* hergestellt. Die Plattformen wurden auf einem Lehrgerüst betoniert, das am Schaft eingehängt war.

Verweis auf ähnliche Bauwerke
Einen weiteren FMT 8 findet man in Calw. Baugleiche Türme stehen in Pforzheim (FMT 9; Höhe = 75 m) und in Schorndorf (FMT 10; Höhe = 90 m).

Wegbeschreibung
Autobahn A7 Ulm–Ellwangen, Ausfahrt Heidenheim. Auf der B466a in Richtung Heidenheim fahren. Noch vor Heidenheim links abbiegen in einen Waldparkplatz. Unmittelbar hinter dem Parkplatz an der Waldwegkreuzung links gehen, dann dem Birkelhöhlenweg und dem Wagnersgrubenweg folgen (ca. 20 Minuten zu Fuß).

Höhe
60,50 m
Schafthöhe
43 m
Schaftdurchmesser
3,50 m
max. Plattformdurchmesser
10,70 m

Bauherr
Deutsche Bundespost
Ingenieure
Leonhardt, Andrä und Partner, Stuttgart
Architekten
Heinle und Wischer, Stuttgart
Baujahr
1977

Wegbeschreibung
Auf der alten B27 von Stuttgart
nach Tübingen fahren. Zwischen
Waldenbuch und Dettenhausen den
Wanderparkplatz auf der Anhöhe
anfahren. Der Turm steht in öst-
licher Richtung (ca. 15 Minuten
Fußmarsch).

WALDENBUCH
FMT 2

Auf dem Betzenberg zwischen Waldenbuch
und Dettenhausen steht der im Jahre 1976
errichtete Fernmeldeturm FMT 2 der Telekom. Bei diesem Turm wurde die schönere,
parabolische Schaft-Mantellinie aus Kostengründen (erhöhter Schalungsaufwand) nicht
ausgeführt, sondern ein geradlinig konischer
Anlauf.

Konstruktion und Tragverhalten

Der Fernmeldeturm ist auf einem Stahlbeton-
kreisplattenfundament (∅ = 19,85 m) in 4 m
Tiefe flach gegründet. Der Schaft der zum
überwiegenden Teil aus Stahlbeton ausgeführten Konstruktion hat Wanddicken, die von
unten 60 bis auf 30 cm oben abnehmen. Im
Inneren des Schaftes ist außer einer Fertig-
teiltreppe noch ein 1,50 x 1,50 m großer Aufzugsschacht untergebracht. In einer Höhe
von 71,50 m ist an den Schaft eine nach oben
geöffnete Kegelstumpf-*Schale* angesetzt.
Diese kragt 5,60 m aus und stützt außen die

30 cm dicke Hauptplattform in 75 m Höhe. Die
Plattform reicht aber nur bis zur Kegelstumpf-
Schale; darüber hinaus kragen insgesamt 36
radial angeordnete, 3,60 m lange Stahlbeton-
balken, die in Ringrichtung durch Stahlträger
miteinander verbunden sind, um Antennen
aufzunehmen. Die Decke des 8,60 m hohen
Turmkopfes, der insgesamt noch zwei weitere
Plattformen beherbergt, entspricht im Aufbau
der Hauptplattform. Das Betriebsgeschoss im
Turmkopf ist durch eine mit Glas ausgefachte
Aluständerkonstruktion gegen die Witterung
geschützt. Über dem Turmkopf sind noch zwei
kleinere Plattformen in 91,50 bzw. 94,20 m
Höhe angeordnet, die ebenfalls als Anten-
nenträger herangezogen werden. Den oberen
Abschluss bildet ein Stahlfachwerkmast, der
auf dem Stahlbetonschaft aufgesetzt ist und
durch eine Glasfaserhülle geschützt wird.

Herstellung

Der konische Schaft wurde in *Ortbeton* mit
einer *Kletterschalung* hergestellt. Das Betonieren der Plattformen erfolgte auf Lehrgerüsten; die Stahlbetonkragarme bestehen
dagegen aus Fertigteilen.

Verweis auf ähnliche Bauwerke

Von der Bauart her identische Türme findet
man bei Donaueschingen (FMT 1; Höhe =
129 m) und bei Baden-Baden (FMT 3;
Höhe = 175 m).

Typentürme der Fernmeldetürme

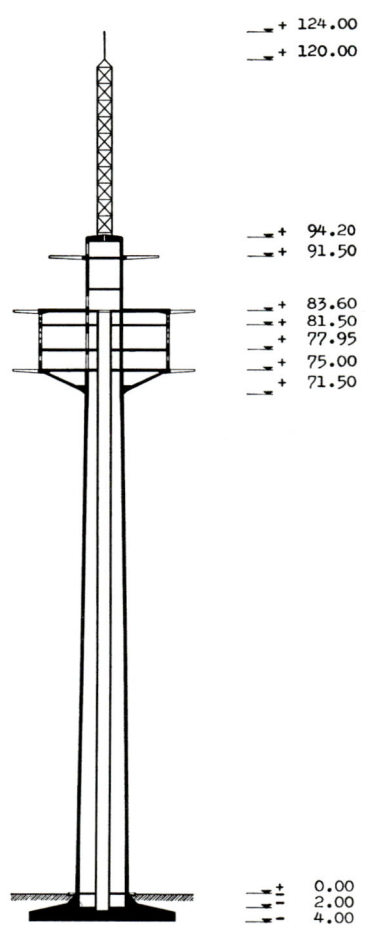

+ 124.00
+ 120.00

+ 94.20
+ 91.50

+ 83.60
+ 81.50
+ 77.95
+ 75.00
+ 71.50

± 0.00
– 2.00
– 4.00

Höhe
127,55 m
Betonschafthöhe
102,55 m
Schaftdurchmesser
- unten
8 m
- oben
5 m
max. Plattformdurchmesser
25 m

Bauherr
Deutsche Bundespost
Ingenieur
W. Pieckert, Stuttgart
Architekten
E. Heinle, Stuttgart; A. Hoyer, Bonn,
und W. Teutschbein, Darmstadt
Baujahr
1976

Wegbeschreibung
Autobahn A6 Heilbronn–Nürnberg,
Ausfahrt Crailsheim. Auf der B290
nach Crailsheim, hier in Richtung
Gaildorf fahren. Im südlich liegenden Stadtteil Altenmünster führt die
Horaffenstraße zur ESV Sportan-
lage, in deren unmittelbarer Nachbarschaft der Wasserturm steht.

hohe Beulsteifigkeit, die eine wirtschaftliche
Auflagerung unterhalb des Äquators ermöglicht. Die vorgesehene lotrechte Stützung
erfordert jedoch einen druckbeanspruchten
Stütz- bzw. Auflagerring (etwa halber Äquator-
umfang), der zu einer Störung des *Membran-*
zustandes in der Kugelhülle führt. Am Äquator
des Behälters ist eine von Konsolblechen ge-
stützte, begehbare Galerie angebracht. An ihr
sind zwei bewegliche Leitern befestigt, die
dazu dienen, den korrosionsanfälligen Behälter von außen zu warten und ihn mit dem
nötigen Schutzanstrich zu versehen. Auf der
Spitze der Behälterkugel sind die Belüftungs-
laterne mit Kegeldach, ein Knauf und eine
Fahnenstange aufgesetzt. |

CRAILSHEIM
Wasserturm der Bahn ● ●

Südlich des Bahnhofs in Crailsheim steht
auf dem Betriebsgelände der Deutschen
Bahn AG ein im Jahre 1912 erbauter Wasserturm. Sein Fassungsvermögen von 500 m³
reichte als Vorrat für 50 Dampflokomotiven.
Im Jahre 1978 sollte der Turm abgerissen
werden, weil durch die Umstellung von
Dampf- auf Dieselbetrieb sein Zweck nicht
mehr gegeben war. Den Abriss verhinderte
jedoch das Landesdenkmalamt, indem es
den Turm unter Denkmalschutz stellte.

Konstruktion und Tragverhalten
Das Fundament des Turms ist ein ringförmiger
Sockel aus Muschelkalkquadern. Darauf steht
der Turmschaft aus Backstein-Sichtmauer-
werk. An seinem oberen Ende ist ein Konsol-
gesims aus Kalksteinquadern aufgesetzt, das
den kugelförmigen *Wasserbehälter der Bauart*
Klönne trägt. Die Kugelhülle aus doppelt
gekrümmten Stahlblechen besitzt eine relativ

Literatur
Denkmalpflege in Baden-Württemberg
Heft 2, 1982

Höhe
22 m
Schaftdurchmesser
- unten
10 m
- oben
8 m
Fassungsvermögen
500 m³

Bauherr
Württembergische Staatseisenbahn
Baufirma
A. Klönne, Dortmund
Baujahr
1912

Wassertürme

Wegbeschreibung
Auf der B37 von Heidelberg nach
Mannheim fahren. Der Wasserturm
steht auf der linken Seite am Orts-
eingang von Edingen (Ergelweg).
Auch sichtbar von der Autobahn
A5 Frankfurt–Basel zwischen der
Anschlussstelle Heidelberg/
Dossenheim und dem Autobahn-
kreuz Heidelberg (nach Westen
schauen).

EDINGEN-NECKARHAUSEN

Wasserturm ● ●

Der im Jahre 1908 erbaute Wasserturm
der Gemeinde Edingen weist Konstruktionsmerkmale auf, die ihn von anderen Wassertürmen seiner Zeit unterscheiden. Nachdem
der Schaft bereits hergestellt war, entschied
man sich anstelle des geplanten, eisernen
Wasserbehälters für einen in der Instandhal-
tung kostengünstigeren *Eisenbeton*-Behäl-
ter. So entstand in Baden-Württemberg der
erste *Wasserbehälter der Bauart Intze I* aus
Beton. Im Jahre 1945 musste der Turm wegen schwerer Kriegseinwirkungen saniert
werden. Seit dem Jahre 1970 ist er nicht
mehr in Betrieb. Das inzwischen unter Denkmalschutz stehende Bauwerk wurde im
Jahre 1984 für rund 400.000 DM erneut
renoviert.

Konstruktion und Tragverhalten

Der Turm ist auf einem ringförmigen Stampf-
betonfundament gegründet. Der 25 m hohe
Turmschaft aus Ziegelsteinen verjüngt sich
nach oben. Die Schaftkrone bildet ein 1,90 m
hoher, zylindrischer Ring aus *Eisenbeton*.
Auf diesem ist der Auflagerring des Wasserbehälters aufgesetzt. Der zylindrische Behälter
($\varnothing$ = 9,40 m) hat Wanddicken von 10 bis 20 cm.
Am Auflagerring erreicht der Boden sogar eine
Stärke von 25 cm. Wegen der großen Schaftkrone konnte nicht erreicht werden, dass sich
die Horizontalkräfte nach dem Intze-Prinzip
kompensieren. Der innere Gegenboden in
Form einer Kugelhaube ($\varnothing$ = 6,48 m) erzeugt
einen größeren Horizontalschub als der nur
rund 1 m auskragende, äußere, inverse Kegel-
stumpfboden. Die dadurch entstehende
Zugkraft im Auflagerring wird durch elf einbetonierte Rundeisen aufgenommen. Innen
erhielt der Behälter eine 2 cm dicke Zement-
putzschicht, um ihn zu dichten. An der Schaftkrone aus *Eisenbeton* sind außen zehn
geschwungene *Eisenbeton*-Konsolen angebracht, die die 7,60 m hohen *Eisenbeton*-
Säulen des Turmkopfes und den Dachaufbau
tragen. Die Säulen sind mit einem 12 cm starken Schwemmsteinmauerwerk ausgefacht,
das von außen verputzt wurde. Am oberen
Ende der Säulen ist ein *Eisenbeton*-Ring aufgesetzt, der durch das 11,50 m weit gespannte
Kuppeldach auf Zug belastet wird. Im Scheitel
ziert das Dach eine 2,80 m hohe *Eisenbeton*-
Laterne. |

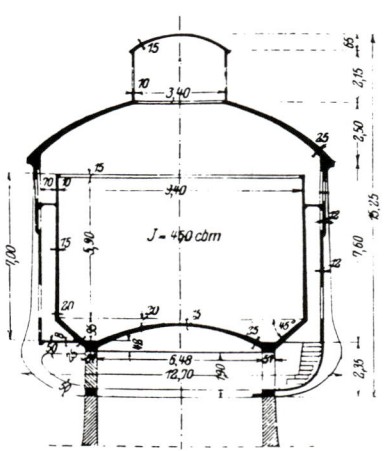

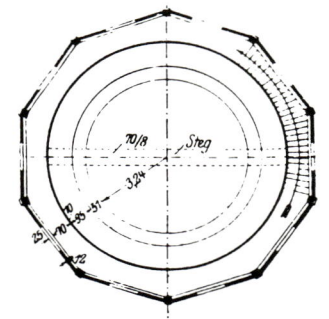

Höhe
40,25 m
Schaftdurchmesser
- unten
12 m
- oben
7 m
Turmkopfdurchmesser
12,70 m
Fassungsvermögen
450 m³

Bauherr
Gemeinde Edingen
Baufirma
Dyckerhoff & Widmann AG, Karlsruhe
Baujahr
1908
Sanierungen
1945–1984

Wassertürme

Wegbeschreibung
Den Wasserturm erreicht man,
wenn man in Göppingen der
Beschilderung zur Klinik am Eichert
folgt. Dort biegt man Richtung
Dialysezentrum ab. Nach ca. 200 m
biegt man rechts in einen Feldweg
ein, der zum Wasserturm führt.

GÖPPINGEN
Wasserturm Eichert ●

Nur ca. 500 m von der Klinik am Eichert
entfernt steht im Süden Göppingens der
Wasserturm Eichert. Er dient der Wasserversorgung des gesamten Klinikbereichs sowie
des angrenzenden Wohngebietes Bergfeld.

Konstruktion
Bedingt durch die erforderliche Wasserspiegel-
höhe von 448 m über NN erreicht der Turm
eine Höhe von 52 m über Gelände. Der einkammerige Turmbehälter aus Beton hat die
Form eines Kelches mit einem oberen Durchmesser von 23,80 cm und einer Wandstärke
von 25 cm. Die Neigung der Behälterwand
beträgt 51° gegenüber der Vertikalen. Ein vom
Treppenhaus zugänglicher Umgang ermöglicht die Überwachung des Behälters. Zur
Durchführung von Reinigungsarbeiten ist
zusätzlich an der Innenseite der Behälterwand
ein Podest angebracht. Sämtliche vom Trinkwasser benetzten Betonflächen erhielten eine

glasfaserverstärkte Polyesterbeschichtung.
Die Metalleinbauten sind gegen Korrosion aus
Edelstahl gefertigt. Die begehbare Behälter-
decke ist mit einer Folie abgedichtet, mit einer
Wärmedämmung und Waschbetonplatten darauf. Die unter 45° nach innen geneigte Brüstung der oberen Plattform ist auf dem Kelch
elastisch aufgelagert, um Zwänge zu vermeiden, die durch die unterschiedlichen Temperaturdehnungen der wärmegedämmten Behäl-
terdecke und der ungeschützten Brüstung
entstehen würden. Unter dem Behälter befindet sich ein Rohrboden, in dem die für den
Betrieb erforderlichen Armaturen installiert
sind. Gestützt wird der Behälter durch den
zylindrischen Turmschaft, der bei einer Wandstärke von 30 cm einen Außendurchmesser
von 5,10 m aufweist. In diesem Schaft befindet sich ein zweiter Hohlzylinder, der einen
Lift für vier Personen beherbergt. Dieser
Innenzylinder hat einen Außendurchmesser
von 2,50 m bei einer Wandstärke von 20 cm.
Zwischen beiden Zylindern, die wegen unterschiedlicher Temperaturdehnungen konstruktiv voneinander getrennt sind, ist die Wendeltreppe eingebaut. Diese 1 m breite Treppe
wurde aus Betonfertigteilen zusammengefügt.
Im erdüberdeckten Rohrkeller im Untergeschoss des Turms ist der wesentliche Teil der
hydraulischen Einrichtung untergebracht.
Hierzu zählen die wasserspiegelabhängig
gesteuerten Zulauf-*Schieber*, Wasserzähler,
Rückschlagklappe, Druckminderungsventile
sowie mehrere mechanische Absperr-*Schieber*. Der Durchmesser der Rohrleitungen
schwankt zwischen 150 und 250 mm. Gegründet ist der Turm auf einem Kreisplattenfundament. Dieses hat einen Durchmesser von 10 m
und ist 1,80 m dick.

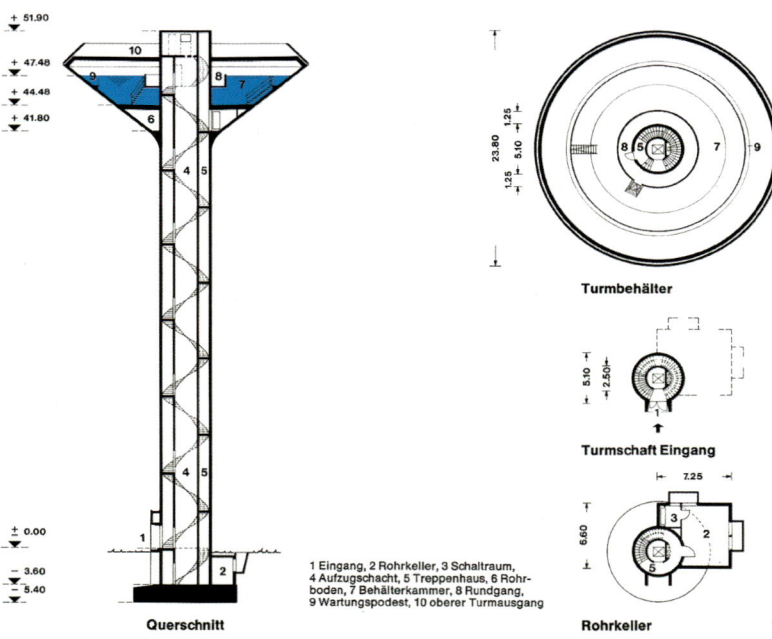

Querschnitt

1 Eingang, 2 Rohrkeller, 3 Schaltraum,
4 Aufzugschacht, 5 Treppenhaus, 6 Rohrboden, 7 Behälterkammer, 8 Rundgang,
9 Wartungspodest, 10 oberer Turmausgang

Turmbehälter

Turmschaft Eingang

Rohrkeller

Wassertürme

Herstellung

Beim Bau des Turmschaftes wurden beide
Zylinder gleichzeitig mit Hilfe einer *Gleitschalung* errichtet. Dabei wurde rund um die Uhr
betoniert. Bei einer Gleitdauer von 273 Stunden
und einer Höhe von 55,50 m gemessen von
Oberkante Fundament bedeutete dies ein
stündliches Wachstum von 20 cm. Nach Abbau
der *Gleitschalung* wurde die Schalung für
den kelchförmigen Behälter am Boden zusammengefügt und mit Hilfe von 12 hydraulischen
Pressen nach oben gezogen. Auf diese Weise
konnte für die 120 Tonnen schwere Schal-
konstruktion auf ein aufwendiges Außengerüst
verzichtet werden. Nach Abschluss der Betonierarbeiten wurde auch diese Schalung wie-
der abgelassen und am Boden demontiert. |

Höhe
51,90 m
Größter Außendurchmesser
23,80 m
Schaftdurchmesser
5,10 m
Fassungsvermögen
500 m³

Bauherr
Stadtwerke Göppingen
Planung
VEDEWA
Prüfer
W. D. Lang, Göppingen
Baufirma
L. Bauer, Stuttgart
Bauzeit
1974–1975

Wegbeschreibung
Die Ausfahrt Hockenheim von
der Autobahn A6 liegt zwischen
Mannheim und dem Kreuz Walldorf.
Der Turm steht in der Nähe des
Bahnhofs an der Kreuzung Wasser-
turmallee/Goethestraße.

HOCKENHEIM
Wasserturm ● ●

Die Kulturinspektion Heidelberg veranstal-
tete im Jahre 1908 für den Wasserturm der
Stadt Hockenheim einen engeren Wettbewerb unter mehreren *Eisenbeton*-Baufirmen.
Zwingend vorgeschrieben war u. a. ein Turm
in *Eisenbeton*-Bauweise mit geschlossenem
Unterbau sowie einem Behältervolumen von
500 m³ bei einer Druckhöhe von mindestens
26 m. Frei wählbar waren Konstruktion und
architektonische Gestalt des Turms. Den
Zuschlag erhielt die Firma Dyckerhoff &
Widmann, die zusammen mit dem Architekten Eugen Beck für ihren Entwurf mit dem
Kennwort „Neue Form" den ersten Preis
erhielt. Nach seiner Stilllegung im Jahre
1981 hat der vom Jugendstil geprägte Turm
heute nur noch die Funktion eines markanten, städtebaulichen Punktes.

Konstruktion und Tragverhalten

Der Wasserturm ist auf einem Ringfundament
(max. $\varnothing$ = 15 m) aus *Eisenbeton* in 4,70 m
Tiefe gegründet. Die Breite des Fundament-
körpers verjüngt sich dabei von 3,30 m an der
Sohle stufenartig bis auf 1 m. Das Traggerüst
bilden acht *Eisenbeton*-Säulen, deren Querschnitt von 65 x 65 cm nach oben hin auf
60 x 65 cm abnimmt. Die Felder zwischen den
Säulen sind mit 12 cm dickem Ziegelmauerwerk
zum äußeren Abschluss und zur Aussteifung
ausgefacht. Bemerkenswert ist die Stützung
des zylindrischen Behälters ($\varnothing$ = 9 m), der als
8,60 m hoher *Wasserbehälter der Bauart Intze I*
aus *Eisenbeton* ausgebildet wurde. Die Behälterlasten werden von einem parabolisch gekrümmten Stützgewölbe unmittelbar auf die
acht Säulen übertragen, ohne dass hierdurch
die *Plattenbalken*-Decke (Revisionsboden)
unter dem Behälter auf Biegung beansprucht
wird. Der Horizontalschub des Gewölbes wird
von Flacheisen (Querschnitt = 160 x 16 mm) in
der Decke kurzgeschlossen. In den unbelasteten Rändern ist das Stützgewölbe parabelförmig ausgeschnitten, um eine gute Belichtung der Behälterbodenunterseite über die
ovalen Fenster zu erzielen. Auf Höhe der
Behälteroberkante ist außen eine umlaufende
Galerie angebaut, die zusammen mit dem
kupfergedeckten Dach dem Turm einen unverwechselbaren Charakter verleiht. Die konstruktiv klare Lösung, die Behälterlasten über ein
Stützgewölbe abzutragen, ermöglichte erst
diese „Neue Form", die bei einem *Wasserbehälter der Bauart Intze I* auf einen ausladenden Turmkopf verzichtet. Funktion und Form
sind im Einklang. |

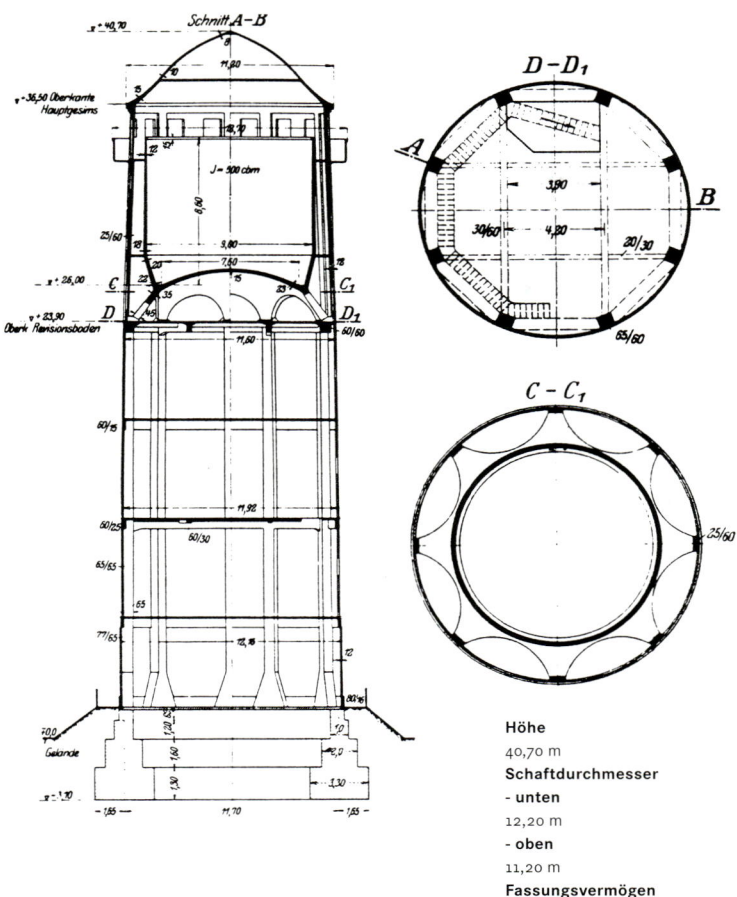

Höhe
40,70 m

Schaftdurchmesser
- unten
12,20 m
- oben
11,20 m

Fassungsvermögen
500 m³

Bauherr
Kulturinspektion Heidelberg

Architekt
E. Beck, Karlsruhe

Baufirma
Dyckerhoff & Widmann AG, Karlsruhe

Baujahr
1909

Sanierung
1957

Wassertürme

Wegbeschreibung

Kehl liegt auf der deutschen Rheinseite gegenüber von Strasbourg (F).
Der Wasserturm steht in Kehl
zwischen dem Bauhof und dem
Rheinstadion.

Konstruktion und Tragverhalten

Der Turm ist in einer Tiefe von 3,30 m gegründet. Der Gründungskörper des aus Ziegeln
gemauerten Schafts ist ein Beton-Ringfundament ($\varnothing$ = 14,30 m), das an der Sohle eine
Breite von 3,80 m hat. Auf den Schaft ist oben
der eiserne, 9 m hohe *Wasserbehälter der
Bauart Intze I* unmittelbar aufgesetzt. Der
Auflagerring ($\varnothing$ = 6 m) konnte kostengünstig
hergestellt werden, da er nach dem von Otto
Intze entwickelten Prinzip keine Ringkräfte
erhält. Zur Aussteifung des Turms sind vier
über die Höhe des Turms verteilte Decken
eingezogen. Die Last des mit Ziegeln gedeckten Daches wird durch eine um den Wasserbehälter herum gebaute Stahlkonstruktion auf
dem konsolartig verbreiterten, oberen Ende
des Turmschaftes abgesetzt. |

KEHL
Wasserturm ●

Der „Zivilingenieur" Max Hessemer entwarf
und baute den Wasserturm und die daran
anschließenden Versorgungseinrichtungen
auf eigene Kosten. Aufgrund des von Hessemer geforderten hohen Wasserpreises wollte
die Stadt Kehl den Turm in ihren Besitz nehmen. Dies gelang jedoch erst nach mehreren
Prozessen und einer Ablösesumme von
285.000 Goldmark im Jahre 1910. Der Turmkopf wurde im Zweiten Weltkrieg stark in
Mitleidenschaft gezogen. Bei einer anschließenden Restaurierung gestaltete man den
Turmkopf äußerlich um; in seiner Grund-
konstruktion blieb er jedoch erhalten.
Die ursprüngliche Gestalt des Turmkopfes
ähnelte der des 1899 fertig gestellten
Wasserturms in Frankfurt-Rödelheim –
ebenfalls von Hessemer – und zählte mit
ihrer zwölfeckigen Tropfbodenverkleidung
zu den einfallsreichsten, aber auch kom-
pliziertesten, die jemals gebaut wurden.

Höhe
47,50 m
Schaftdurchmesser
- unten
11,90 m
- oben
6,70 m
Turmkopfdurchmesser
10,90 m
Fassungsvermögen
300 m³

Bauherr und Ingenieur
M. Hessemer, Frankfurt/Main
Baufirma
Azone
Bauzeit
1904–1905

KORNWESTHEIM
Wasserturm der Bahn ●

Westlich des Kornwestheimer Rangierbahnhofs steht der um 1914 erbaute Wasserturm.
Seine Aufgabe war es, Dampflokomotiven
mit Wasser zu versorgen und das für die
Reinigung der Züge benötigte Wasser zur
Verfügung zu stellen. Im Vergleich zu den
meisten Wassertürmen seiner Zeit hat dieser
Turm mit 1.000 m³ Fassungsvermögen ein
sehr großes Reservoir. Heute ist der Turm
nicht mehr in Betrieb und wird deshalb
technisch nicht mehr gewartet. Dies hat zur
Folge, dass der eiserne Kugelbehälter außen
mit Flugrost bedeckt ist. Im Sommer wird
der Turm als Gartenwirtschaft genutzt.

Konstruktion und Tragverhalten
Die Gründung des Turms besteht aus einem
Ringfundament (∅ = 12 m), das aus Steinquadern aufgebaut ist. Darauf steht der 14 m
hohe Turmschaft aus Backstein-Sichtmauer-
werk. Seine konisch zulaufende Form wurde

Wegbeschreibung
Kornwestheim liegt an der B 27 zwi-
schen Stuttgart und Ludwigsburg,
die man über die A 81, Ausfahrt
Kreuz Stuttgart-Zuffenhausen oder
Ludwigsburg-Nord, erreicht. Der
Wasserturm steht westlich des
Rangierbahnhofs: Zufahrt über
Stuttgarter-Straße, Jakob-Straße,
Holzgrund-Straße und Münchinger-
Straße in Richtung Container-
bahnhof.

nicht nur aus gestalterischen Gründen gewählt; sie hat auch den Vorteil, dass durch das
Mauerwerksgewicht Kräfte in Ringrichtung entstehen, die die vertikalen Fugen unter Druck
setzen. Der aufgesetzte Behälter wurde nicht
nach dem Prinzip des typischen Klönne-Kugel-
behälters ausgeführt; man kann ihn vielmehr
als einen *Wasserbehälter der Bauart Intze I*
klassifizieren. Ungeachtet der Herstellung des
Bodens als Kugelhaube und der im Gegensatz

zum klassischen Intze-Behälter abgewandelten Ausführung der anschließenden Behälterwandung als Kugel (bei Intze als Kegel) wurde auch hier der grundsätzliche Gedanke Intzes (Kompensieren der Horizontalkräfte) realisiert. Auffallend sind die der Kugelform folgenden Leitern, die nicht nur außen, sondern auch innen angeordnet wurden und jeweils um 360° schwenkbar gelagert sind. Diese Leitern waren notwendig, um die korrosionsanfällige Behälterhülle in relativ kurzen Zeitabständen mit einem schützenden Anstrich zu versehen. Die von außen sichtbare Belüftungslaterne sitzt auf einem Innenzylinder, durch den auch das Schwimmerseil für die äußere Wasserstandsanzeige geführt wird. |

Wassertürme

Höhe
30 m
Schaftdurchmesser
- unten
10,50 m
- oben
8 m
Fassungsvermögen
1.000 m³

Bauherr
Württembergische Staatseisenbahn
Baufirma
A. Klönne, Dortmund
Baujahr
um 1914

Wegbeschreibung
Auf der B27 Ludwigsburg–Stuttgart
am südlichen Stadtende links in
die letzte Querstraße (Königin-Allee)
in Richtung Osten einbiegen.
Der Wasserturm steht am Ende
des Salonwäldles an der Kreuzung
Aldinger-Straße/Königin-Allee.

LUDWIGSBURG
Wasserturm •

Der Wasserturm im Ludwigsburger Salon-
wäldle wurde im Jahre 1969 gebaut. Er ist
einer der ersten Wassertürme mit *vorgespanntem* Wasserbehälter ohne zusätzliche
Dichtung und Dämmung.

Konstruktion und Tragverhalten
Der Turm ist auf einem massiven Kreisring
(∅ = 18,50 m) gegründet. Auf dem Ring aufgestellt ist eine Kegelstumpf-*Schale,* die bis
zur Geländeoberfläche reicht. Der Schaft mit
seiner 25 cm dicken Wand ist ein 17,90 m
hoher Kreiszylinder. Zur äußeren Begrenzung
des Behälters wurde eine in Meridian- und
Ringrichtung *vorgespannte* Kegelstumpf-*Schale* auf den Schaft aufgesetzt. Die *Vorspannung*
soll die aus der Temperaturdifferenz zwischen
dem Beton und dem Wasser entstehenden

Zwängungsspannungen überdrücken und so
eine für die Dichtigkeit notwendige, kleine
Rissbreite garantieren. In den Kegelstumpf
ist eine 10 m hohe Kreiszylinder-*Schale*
(∅ = 12,10 m) eingepasst, die den Behälter in
eine äußere und eine innere Wasserkammer
teilt. In der inneren Wasserkammer ist eine
weitere, zentrale Kreiszylinder-*Schale* eingebaut, um die im Schaft aufgehende Wendeltreppe durch den Behälter auf die obere,
kreisförmige Plattform (∅ = 27,36 m) zu
führen. Die Lasten des Treppenzylinders und
anteilig auch die der inneren Wasserkammer
werden über schräge Fertigteil-*Pendelstützen*
in den Schaft getragen. Deren Horizontalschub
vermindert damit den Ringdruck im Anschluss
Kegelstumpf/Schaft. Die außen am „Kelch"
sichtbaren Rippen sind die Spannlisenen zum
Verankern und Spannen der sich dort über-
greifenden Ringspannglieder.

Herstellung
Der Wasserturm wurde komplett mit einem
Lehrgerüst eingeschalt und bis auf die *Pendel-
stützen* und die Treppe in *Ortbeton* hergestellt. |

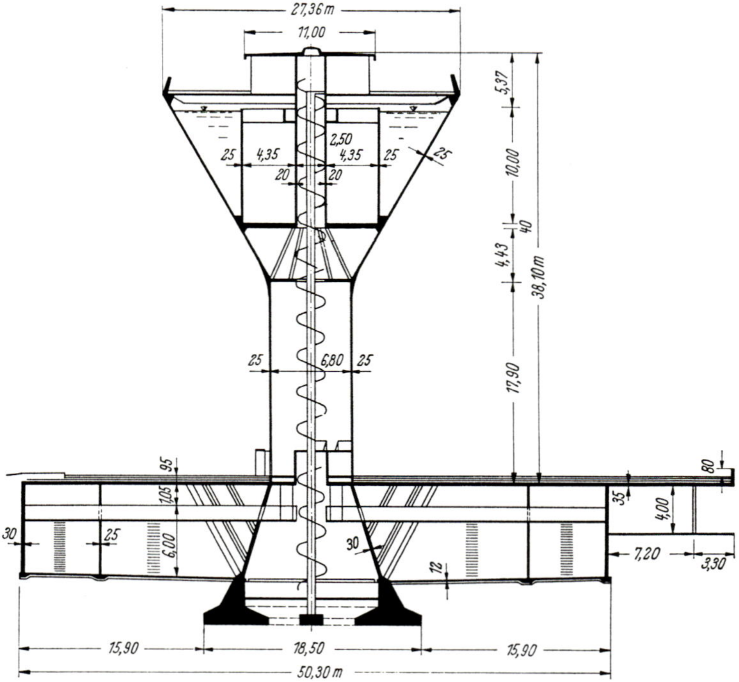

Literatur
Beton- und Stahlbetonbau
Heft 6, 1969

Höhe
38,10 m
Schaftdurchmesser
6,80 m
Fassungsvermögen
2.620 m³

Bauherr
Stadt Ludwigsburg
Ingenieure
Leonhardt, Andrä und Partner,
Stuttgart
Baufirma
Hochtief AG
Baujahr
1969

Wassertürme

Wegbeschreibung
Die Autobahn A6 Hockenheim–
Viernheim am Autobahnkreuz
Mannheim verlassen und auf
der Stichautobahn A656 in das
Stadtzentrum von Mannheim
fahren. Der Turm steht am Ende
der Augusta-Anlage.

werden. In den fünfziger Jahren wurde ein Wettbewerb für einen Neubau bzw. zur Umgestaltung des stark beschädigten Turms ausgeschrieben. Aufgrund eines Volksbegehrens wurde jedoch der Wettbewerb abgebrochen und der Wasserturm in seiner ursprünglichen Form restauriert. Heute gilt das Bauwerk als ein Wahrzeichen der Stadt Mannheim.

Konstruktion und Tragverhalten

Alle Massivteile des Wasserturms sind aus Buntsandstein ausgeführt. Der die Wasserlast tragende Turmschaft hat dabei eine Mauerwerksdicke von 1,65 m. Er ist 6,60 m unter der Geländeoberfläche auf einem 3,85 m breiten Kreisringfundament gegründet. Auf der Innenkante des Turmschaftes ist der Druckring des eisernen *Wasserbehälters mit Hängeboden* aufgesetzt. Der Wasserbehälter selber hat einen Durchmesser von 16,10 m und eine Höhe von 12,50 m. Die Installationsrohre an der Unterseite des Behälters sind mit elastischen Dehnungsstücken versehen, um Durchbiegungsunterschiede des Hängebodens auszugleichen, die durch wechselnde Wasserstände hervorgerufen werden. Dem Turmschaft sind insgesamt zehn Säulen vorgemauert, die die Lasten der ringförmigen Ummauerung des Wasserbehälters und das Gewicht der Dachkonstruktion aufnehmen. Der Aufgang zum Behälter führt über eine innere, vom Turmschaft getrennte Eisenturmkonstruktion mit quadratischem Grundriss und einer Kantenlänge von 5,50 m. Der kegelartige, obere Abschluss hat ein mit Kupferblech gedecktes Dach mit einer Aussichtsgalerie an der Spitze, die von einer Wendeltreppe vom Behälterdeckel aus erschlossen wird. |

MANNHEIM
Wasserturm am Friedrichsplatz ● ●

Für die Planung des im Stadtzentrum von Mannheim stehenden Wasserturms wurde im Jahre 1885 ein Architekturwettbewerb ausgeschrieben, den der damals junge Stuttgarter Architekt Halmhuber gewann. Im Jahre 1888, zwei Jahre nach Baubeginn, wurde der Turm der Stadt übergeben. Seitdem versorgt er fast ohne Unterbrechung die Stadt mit Frischwasser. Im Jahre 1907 wurden Außenanlagen durch eine breite Freitreppe und einen Arkadengarten mit Jugendstilornamenten ergänzt. In den letzten Jahren des Zweiten Weltkrieges wurde der Turm stark in Mitleidenschaft gezogen; in dieser Zeit konnte der Betrieb nur durch ständige Notreparaturen gewährleistet

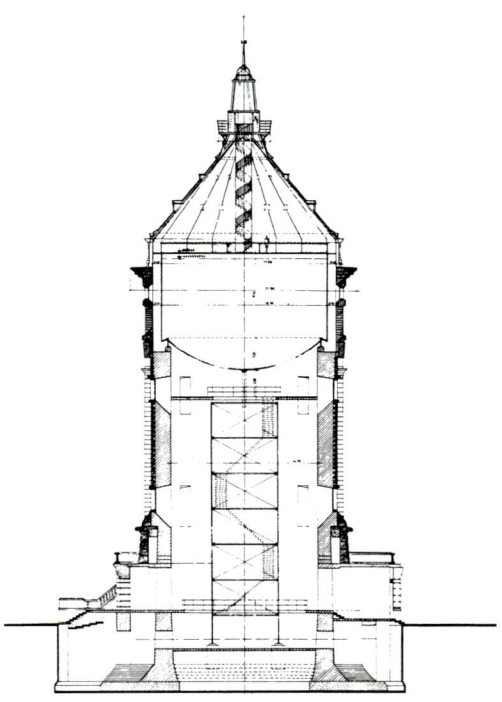

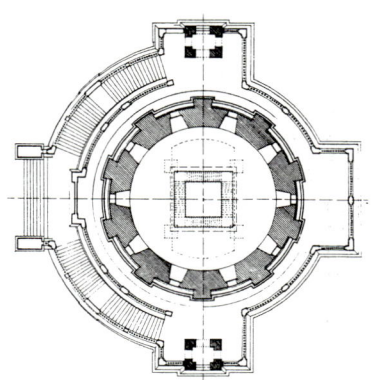

Höhe
60,33 m
Schaftdurchmesser
19 m
Fassungsvermögen
2.000 m³

Bauherr
Stadt Mannheim
Ingenieur
Smrecker
Architekt
Halmhuber, Stuttgart
Bauzeit
1886–1887

Wassertürme

MANNHEIM-FEUDENHEIM
Wasserturm ●

Im Ortskern von Feudenheim steht der im Jahre 1919 erbaute Wasserturm, der der Frischwasserversorgung diente. Im Jahre 1984 wurde eine außen umlaufende Galerie an den Turmkopf angebaut, der heute ein Architekturbüro beherbergt.

Konstruktion und Tragverhalten

Der nach oben konisch zulaufende, 23,70 m hohe Turmschaft aus Ziegelsteinen ist 7 m tief gegründet. Das ringförmige Fundament ($\varnothing$ = 15 m) ist an der Sohle 5,40 m breit und verkleinert sich stufenartig nach oben bis auf 1 m Breite. Zur Aussteifung des Schaftes sind fünf Zwischendecken eingezogen, die über eine sich an die Innenseite des Schaftes anschmiegende Wendeltreppe miteinander verbunden sind. Das Wasser wurde in einem eisernen *Wasserbehälter der Bauart Klönne* gespeichert. Bei diesen Kugelbehältern war durch den tangential angeschlossenen Stützkegelmantel nur noch ein kleiner Druckring am unteren Kegelrand notwendig, der hier auf der Oberkante des Schaftes aufsitzt. Um den Behälter ist eine vorgebaute Eisenwand gezogen, welche die Dachlast in den Schaft abträgt. Die nachträglich angebrachte Galerie mit schwungförmigen Kragträgern aus Eisen ist an die äußere Eisenwand angehängt. Das Dach mit der aufgesetzten Laterne hat als Korrosionsschutz einen kupfernen Überzug. |

Wegbeschreibung
Der Stadtteil Feudenheim liegt östlich von Mannheim. Von Mannheim kommend (Feudenheimer Straße bzw. Hauptstraße) bis zum Marktplatz in der Feudenheimer Ortsmitte fahren, hier links abbiegen. Nach ca. 150 m ist der Turm auf der linken Seite sichtbar.

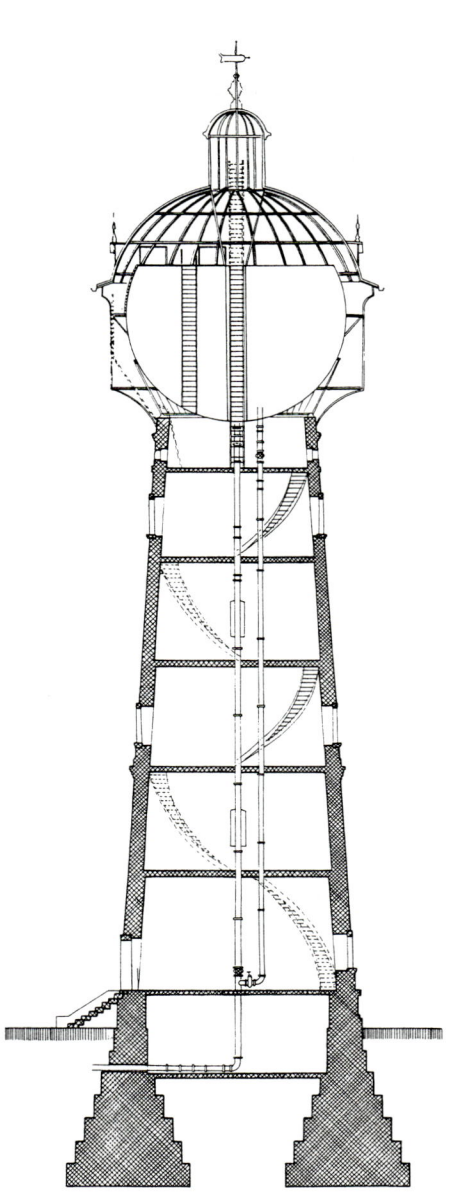

Höhe
44,10 m
Schaftdurchmesser
- **unten**
9,82 m
- **oben**
7,18 m
Fassungsvermögen
350 m³

Bauherr
Stadt Feudenheim
Baujahr
1919

Wassertürme

MÖGLINGEN
Wasserturm ●●

Der Möglinger Wasserturm wurde notwendig, um den Spitzenverbrauch der Wasserversorgung sicherzustellen. Sein funktional und einfallsreich verzierter Schaft macht ihn zu einem der schönsten modernen Wassertürme. Er steht unmittelbar neben der Hauptleitung der Bodenseewasserversorgung *siehe Seite 632.*

Konstruktion und Tragverhalten
Die Gründung besteht aus einer äußeren Kreisringplatte (∅ = 14,16 m) für die Tragkonstruktion und einer inneren Kreisplatte (∅ = 14,16 m) für den Fahrstuhlschacht. Die Sohle beider Gründungskörper liegt 4 m tief; zur Verhinderung ungleicher Setzungen sind beide durch radial angeordnete Stege schubsteif miteinander verbunden.

Wegbeschreibung
Autobahn A81 Stuttgart–Heilbronn, Ausfahrt Ludwigsburg-Süd, in Richtung Möglingen fahren. Hier erst der Südumgehung und dann der Straße nach Stuttgart-Stammheim folgen. Nach dem Unterqueren der A81 sieht man den Turm rechter Hand. Er ist auch von der Autobahn aus gut zu erkennen.

Der Turmschaft ist als *Rotationshyperboloid* mit teilweise fachwerkartiger Auflösung ausgeführt. Die Lage der Geraden-Erzeugenden dieser Form lässt sich an der Neigung der Fachwerkstreben bzw. an den Abdrücken der geradlinigen Schalhölzer erkennen. Schon zu Beginn dieses Jahrhunderts hat der russische Ingenieur Šuchov solche Rotationskörper als filigrane Fachwerkkonstruktionen ausführen, um den Schaft von Sende- bzw. Hochspannungsmasten sowie Wassertürmen kostengünstig herzustellen. Für Betontürme eignet sich diese spezielle, *antiklastische* Form besonders, da unter Eigenlast sowohl in Meridian- als auch in Ringrichtung Druck entsteht und damit der Bewehrungsaufwand gering gehalten werden kann. Der von den Außenwänden und dem darüber liegenden Plattformboden getrennte Wasserbehälter mit Flachboden ist auf einen Trägerrost über der Schieberkammer aufgelagert. Im Schaftinneren sind ein Aufzug und eine Stahltreppe eingepasst, die bis zur Aussichtsplattform führen. Letztere wird von einer weit auskragenden Kreisplatte überdacht.

Herstellung
Die Schalung wurde aus Brettern zusammengefügt, die in Richtung der Erzeugenden angeordnet waren. Sie wurde entsprechend den Betonierabschnitten in einzelnen, geschlossenen Ringen am örtlichen Lagerplatz montiert. Die Betonierfugen sind sichtbar und tragen zur Gliederung des Schaftes bei.

Verweis auf ähnliche Bauwerke
Bei Alfdorf-Pfahlbronn in der Nähe von Schwäbisch-Gmünd steht ein Turm gleichen Typs. |

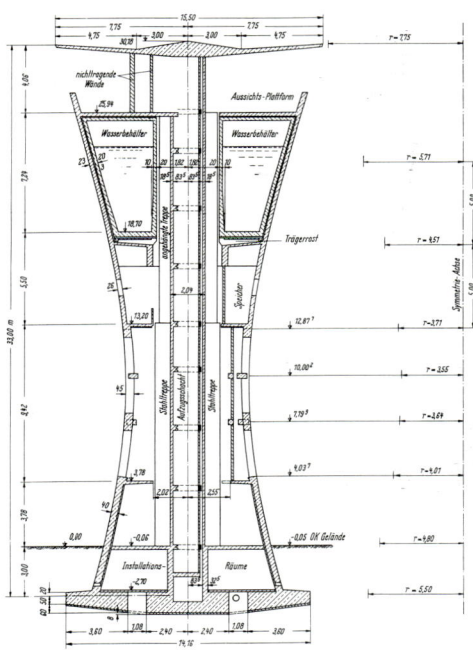

Literatur
Deutscher Betonverein e.V. (Hrsg.)
Betonbau des Inlandes
Nr. 85/88, Wiesbaden, April 1965

Höhe
30 m
Schaftdurchmesser
- unten
9,60 m
- Taille
7 m
- oben
15,50 m
Fassungsvermögen
400 m³

Bauherr
Gemeinde Möglingen
Ingenieur
F. Cenek, Stuttgart
Architekt
R. Kessler, Stuttgart
Baufirma
L. Bauer, Stuttgart
Baujahr
1965

Wassertürme

Wegbeschreibung
Autobahn A5 Karlsruhe–Offenburg,
Ausfahrt Rastatt. Der Turm steht
im Stadtzentrum von Rastatt
neben der Pagodenburg.

aufgesetzt, der den Auflagerring weder auf
Druck noch auf Zug beansprucht. Hier ergeben sich bedingt durch die Form des konischen
Innenschaftes lediglich kleine Ringdruckvor-
spannungen. Der äußere, deutlich dünnere,
zylindrische Turmschaft umschließt den Wasserbehälter und endet an dessen Oberkante
in einer Höhe von 29,80 m. Darauf aufgesetzt
ist der 17,50 m hohe Turmhelm mit einer sehr
aufwendigen Holzkonstruktion. Sein Dach ist
mit Ziegeln und Kupfer gedeckt. Der Turm ist
in 3,20 m Tiefe gegründet; die Breite des ringförmigen Fundaments (∅ = 14 m) verjüngt
sich mit zunehmender Höhe stufenartig von
3,80 auf 1,30 m.

RASTATT
Wasserturm ●

Geschichte
Auf dem höchsten Punkt Rastatts, zwischen der
Einsiedler Kapelle und der Pagodenburg,
steht der im Jahre 1901 errichtete Wasserturm.
Während des Zweiten Weltkrieges wurde er
durch Geschosseinschläge beschädigt und
nur notdürftig repariert. Eine grundlegende
Sanierung erfolgte erst im Jahre 1953. Gut
dreißig Jahre später wurde die Fassade aber-
mals instand gesetzt und gleichzeitig die
Farbe den umliegenden historischen Gebäuden
angepasst. Heute steht der Turm unter Denkmalschutz.

Konstruktion und Tragverhalten
Der Turm hat einen inneren und einen äußeren
Schaft. Beide sind aus Backsteinmauerwerk
und hellem Sandstein aufgebaut. Der innere
Schaft hat die Aufgabe, den Wasserbehälter zu
stützen, während der äußere Schaft die Fassade bildet und den Turmhelm trägt. Der höher
belastete, innere Turmschaft läuft nach oben
konisch zu. An seiner Oberkante ist ein eiserner *Wasserbehälter der Bauart Intze I* direkt

Literatur
Deutsche Bauzeitung
1904

Höhe
47,30 m
Schaftdurchmesser
- unten
11,40 m
- oben
11,40 bzw. 7,80 m
Turmkopfdurchmesser
14 m
Fassungsvermögen
670 m³

Bauherr
Stadt Rastatt
Architekt
F. Ratzel, Karlsruhe
Baujahr
1901
Sanierungen
1953, 1984

Wegbeschreibung
In Degerloch vom Zahnradbahnhof
aus in Richtung Fernsehturm
(Waldaustadion) gehen. Der Wasser-
turm steht auf der linken Seite der
Jahnstraße.

Wasserbehälterboden. Der sogenannte Flach-
bodenbehälter in zylindrischer Form hat einen
Durchmesser von 8 m und ist ebenso hoch.
Er besteht ebenfalls aus *Eisenbeton*. Um den
Behälter ist ein 1 m breiter Revisionsgang
vorgemauert, der gleichzeitig die Dachlast in
die Säulen abträgt. Im Mittelbereich sind auf
einer Höhe von 6,40 bis 16,70 m über Gelände
zur Lastverteilung zusätzlich noch 16 Zwischenpfeiler eingezogen. Das Skelett der Tragkonstruktion ist mit Klinkersteinen ausgemauert
und dadurch ausgesteift. Der Dachaufbau
wurde aus einer 8,80 m hohen, mit Ziegeln
gedeckten Holzkonstruktion errichtet. |

STUTTGART-DEGERLOCH
Wasserturm ●

Als die Hänge Degerlochs immer höher
hinauf bebaut wurden, war ein Wasserturm
erforderlich, der im Jahre 1889 mit einem
Fassungsvermögen von 70 m³ und einer
Gesamthöhe von 13,20 m von der Stadt
Stuttgart gebaut wurde. Er genügte jedoch
schon bald nicht mehr den Ansprüchen, so
dass man in den Jahren 1911/12 den heutigen Wasserturm mit einem Fassungsvermögen von 400 m³ neben dem alten errichtete,
der nach der Inbetriebnahme des neuen abgerissen wurde. Im Jahre 1943 übernahmen
die Technischen Werke der Stadt Stuttgart
(TWS) den Wasserturm.

Konstruktion und Tragverhalten
Der Turm ist auf einem ringförmigen Fundament gegründet, das einen rechteckigen Querschnitt bei einer Sohlbreite von 2,90 m hat.
Auf dem Fundament sind acht Stützenpaare
aus *Eisenbeton* aufgebaut, die in 11,90 m Höhe
über Geländeoberkante durch eine achteckige
Platte verbunden sind. Diese Platte, ausgeführt als *Plattenbalken*, dient gleichzeitig als

Wasserstürme

Höhe
28 m
Schaftdurchmesser
10,90 m
Fassungsvermögen
400 m³

Bauherr
Stadt Stuttgart
Entwurf
Städtisches Hochbauamt Stuttgart
Baufirma
Stuttgarter Eisenbetonbau-
Gesellschaft
Bauzeit
1911–1912

WEIL AM RHEIN-HALTINGEN
Wasserturm der Bahn ● ●

Auf dem Haltinger Bahngelände befindet sich einer der größten deutschen Verschiebebahnhöfe. Dazu gehört wie üblich ein Bahnbetriebswerk, das bis zum Jahre 1969 noch Dampflokomotiven unterhielt. Ein Zeugnis dieser Zeit ist der im Jahre 1913 fertig gestellte Wasserturm, der an Spitzentagen bis zu 50 Lokomotiven mit Wasser versorgen konnte. Mit dem Ausmustern der letzten in Haltingen stationierten Dampflok verlor er seine Aufgabe. Der Turm, der heute von einer Straßenbrücke arg bedrängt wird, ist einer der letzten reinen Stahltürme mit Kugelbehälter; wahrscheinlich wird ihm dies auch zum Verhängnis, da sein aufgelöster Fachwerkschaft eine Nutzungsänderung ausschließt.

Konstruktion und Tragverhalten

Ein ringförmiges Fundament ($\varnothing$ = 8,50 m) aus Steinquadern dient der Gründung des Turms. Der Turmschaft besteht aus einem sich nach oben verjüngenden, 10 m hohen Stahlgerüst. Dieses ist aus acht Ständern aufgebaut, die aus gegeneinander gesetzten Winkelprofilen bestehen und mit Schrauben an den Steinquadern befestigt sind. Zur Aussteifung sind die Ständer mit horizontalen Profilen und sich kreuzenden Diagonalen verbunden. Der kugelförmige *Wasserbehälter der Bauart Klönne* ist durch einen weit unten angeordneten, auf Druck belasteten Auflagerring gestützt. Dieser war bei Behältern mit einem Fassungsvermögen von 500 m³ noch mit fertigungstechnisch vertretbarem Aufwand herzustellen. Direkt unter dem Auflagerring sind 16 vertikale, dreieckförmige Bleche über den ganzen Umfang verteilt angeschlossen. Acht Bleche geben die Behälterlast direkt an die Ständer ab, während die übrigen Bleche ihre Kräfte über Streben je

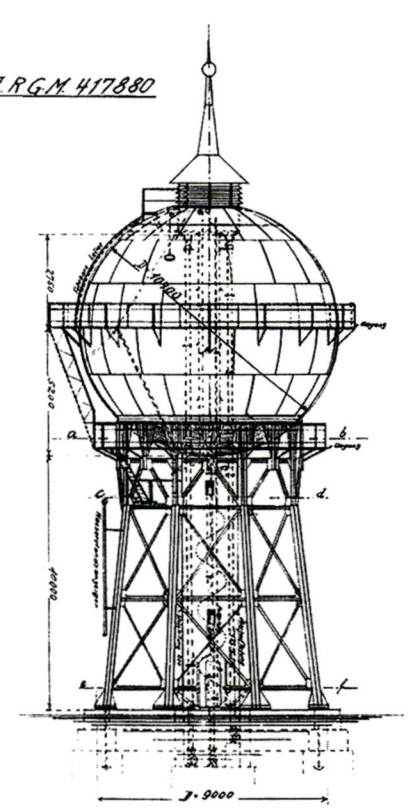

II. R G M 417880

hälftig in die Ständer einleiten. Der Turm kann über einen zentral angeordneten Stahlzylinder mit eingepasster Wendeltreppe bestiegen werden; die drei Installationsleitungen (Steigrohr, Fallrohr und Überlaufleitung) sind ebenfalls im Zylinder untergebracht. Der Zylinder führt die Treppe durch den Kugelraum bis zur Reservoiroberkante. Unterhalb des Auflagerrings gibt es einen Ausstieg, der den Zugang zur unteren Galerie ermöglicht. Die obere Galerie auf Höhe des Kugeläquators ist über eine stationäre Leiter von der unteren Galerie aus zu erreichen. Des Weiteren stehen bewegliche, der Kugelform angepasste Leitern zur Wartung der Behälterhülle zur Verfügung. Die obere dieser Leitern führt zur schlichten, aber formschönen Belüftungslaterne. |

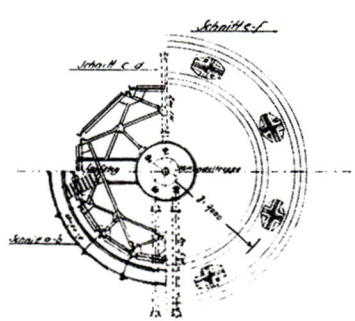

Höhe
25 m
Schaftdurchmesser
- unten
8,20 m
- oben
6,40 m
Fassungsvermögen
500 m³

Bauherr
Badische Staatseisenbahn
Baufirma
A. Klönne, Dortmund
Baujahr
1913

Wassertürme

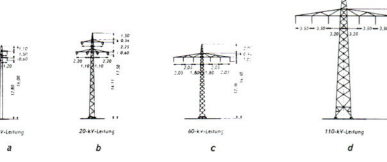

Hochspannungsmaste

Für Hochspannungsleitungen ab 110 kV
werden fast ausschließlich Stahlgittermaste
aus Winkelprofilen verwendet. In Nieder-
und Mittelspannungsnetzen kommen auch
Stahlrohr-, Holz- und Betonmaste zum
Einsatz, auf die hier aber nicht näher eingegangen wird. Die Stahlgittermaste sind
als Serienfabrikate konzipiert, wobei in
Deutschland neun verschiedene Typen mit
Höhen von 16 bis 64 m ausgeführt werden.
Für die Berechnung der Maste und deren
Gründungen sind die elektrischen Erforder-
nisse, die Eigenarten der jeweiligen Trasse
und die Wirtschaftlichkeit der Spannweiten
einer Leitung maßgebend.

Gründung

Die Gründungen der Maste werden als Blockfundamente auf Kippen bzw. als Einzelfundamente auf Druck und Zug beansprucht. Für
Gittermaste werden vorwiegend Einzelfundamente vorgesehen, die in Abhängigkeit von
den Bodenverhältnissen sehr unterschiedlich
ausgeführt werden. Bei standfesten Böden
sind Bohr- oder Schachtfundamente üblich,
die sehr sparsam ausfallen können. Meistens
ist der Baugrund aber nicht ausreichend tragfähig, so dass Stufen- oder Blockfundamente
vorgesehen werden müssen. In Wasserböden
bieten sich darüber hinaus vor allem Gründungen mit gerammten *Pfählen* oder aus Betonfertigteilen an.

Konstruktion und Tragverhalten von Gittermasten

Ein Gittermast ist meistens aus gleichschenkligen Stahl-Winkelprofilen zusammenge-
schraubt. Sein fachwerkartiger Aufbau bewirkt
im Gegensatz zu Vollwandmasten einen relativ
steifen Schaft bei geringem Eigengewicht.
Abgesehen von Masten an Freileitungsumlenk-
punkten, die planmäßig ein Quermoment
erhalten, gehen die maßgebenden Biegebeanspruchungen auf Wind zurück. Gerade im Hinblick auf diese Belastungsart ist es wichtig,
dass sich die Wirkungslinien der aussteifenden Streben mit den Hauptstützen in einem
Punkt schneiden. Im Regelfall sind die meisten
Fachwerkstäbe auf Druck zu bemessen. Dies
gilt auch für die Diagonalen, die vor allem in
den unteren Schüssen relativ große Längen
erhalten. Um ein Knicken dieser Stäbe zu

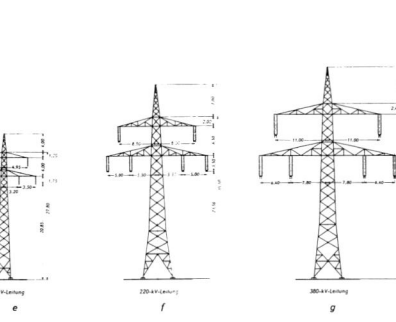

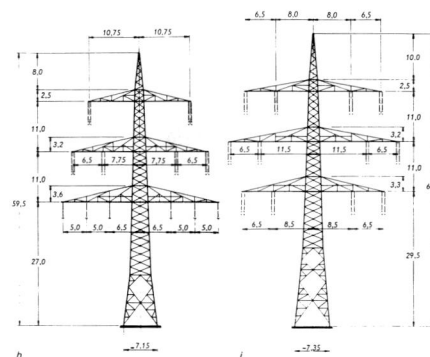

h
220/380 kV-Vierfach-Leitung $N_{\ddot{u}}$ – 1560 MW, G – 19 t   i   380 kV-Vierfach-Leitung $N_{\ddot{u}}$ = 3600 MW, G – 29 t

e   f   g

Hochspannungsmaste

vermeiden, werden zusätzliche Fachwerkstäbe eingefügt. Die Profiltreue des Schaftes wird durch horizontale Rautenverbände oder einfache, über Eck gehende Streben gewährleistet. Neben der quadratischen Grundrissform sind auch andere Formen geläufig. Bei der Rechteckform ist das Seitenlängenverhältnis aber auf 3:2 beschränkt, um das Tragverhalten des Turms ausgewogen zu halten. Die Traversen für die Freileitungen werden von fachwerkartigen, dem Momentenverlauf angepassten Auslegern gebildet. Bei einseitiger Kabelführung werden an der freien Traverse ggf. auch Gegengewichte befestigt, um die ständigen Momente im Schaft klein zu halten.

Herstellung

Kleinere Gittermaste werden am Boden komplett montiert und anschließend mit Hilfe der sogenannten „Stellschere" aufgekippt. Bei größeren Konstruktionen werden vormontierte Einheiten über am Mast befestigte „Stockbäume" hochgezogen, eingeschwenkt und verschraubt. Im unwegsamen Gelände werden Maste auch werkseitig fertig montiert, von einem Hubschrauber transportiert und auf einem vorbereiteten Fundament abgesetzt. |

Literatur

Gittermaste für Hochspannungsleitungen
Merkblatt 389, Beratungsstelle für Stahlverwendung, 2. Auflage, Düsseldorf 1973

BÖHMENKIRCH-SCHNITTLINGEN
Windkraftanlage

Geschichte

Auf der Schwäbischen Alb bei Böhmenkirch-Schnittlingen befindet sich das älteste Windenergietestfeld Baden-Württembergs. Seit dem Jahre 1952 wird auf dem nach dem Windpionier Ulrich Hütter benannten Gelände experimentiert. 17 Jahre lang galt Schnittlingen als führende Einrichtung in der Windenergieforschung. Zwischen den Jahren 1969 und 1978 war die Anlage jedoch aus wirtschaftlichen Gründen stillgelegt. Im Jahre 1978 übernahm die Deutsche Forschungsanstalt für Luft- und Raumfahrt (DLR) das Gelände und errichtete im Jahre 1983 die heutige Windkraftanlage. Anfang der neunziger Jahre drohte nach dem Ausstieg der DLR aus der Windkraftforschung erneut die Stillegung des Testfeldes; im Juni 1992 übernahmen die Neckarwerke die Anlage und sicherten den Standort für Forschung und Erprobung von Windkraftanlagen. Heute stehen auf dem Testgelände bzw. hinter dem benachbarten Fernmeldeturm FMT 12 *siehe Seite 494* zwei weitere Windkraftanlagen neueren Typs, wie beispielsweise auch in Walzbachtal-Wössingen *siehe Seite 528*. Beschrieben wird hier deshalb die Anlage aus dem Jahre 1983.

Konstruktion und Tragverhalten

Der Stahlrohrschaft ist auf einem Plattenfundament gegründet. Die Nabe der drei Rotorblätter liegt in 22,70 m Höhe. Durch die Drehbehinderung der in der Gondel eingebauten Generatoren wird dem Mast ein konstantes Drehmoment auf Höhe der Rotorachse eingeprägt. Dieses Moment beansprucht den Mast um 90° verdreht zu den Momenten aus statischer Windlast, was eine zweiaxiale Biegung bewirkt. Der im Gegensatz zur Rotorgondel starre Schaft wurde deshalb mit einem über die Höhe konstanten Mastquerschnitt und mit drei nach außen gespreizten Abspannungen ausgeführt. Die beiden Generatoren laufen asynchron. Die Regelung ihrer Leistung erfolgt durch die Blattwinkelverstellung. |

Wegbeschreibung
Von Geislingen/Steige (erreichbar über die A8 Stuttgart–Ulm, Ausfahrt Mühlhausen) liegt das Testfeld im Verlauf der Straße von Geislingen-Stötten nach Böhmenkirch- Schnittlingen hinter dem Fernmeldeturm noch vor Böhmenkirch-Schnittlingen.

Kontakt
Neckarwerke, Abteilung IK,
Kurt-Schumacher-Straße 39
73728 Esslingen
Telefon (07 11) 31 90-24 06

Literatur
Wind und Sonne in Schnittlingen
Broschüre der Neckarwerke,
Esslingen

Schafthöhe
22,70 m
Rotordurchmesser
25 m
Nennleistung
100 kW
Abschaltgeschwindigkeit
20 m/s

Bauherr
Deutsche Forschungsanstalt für
Luft- und Raumfahrt (DLR)
Hersteller
Voith, Heidenheim a. d. Brenz
Baujahr
1983

BREITNAU-HOHWART
Windkraftanlage

Wegen der ungleichmäßigen Windgeschwindigkeiten wurde auf der Kuppe in Breitnau-Hohwart eine Anlage ausgewählt, die auch bei starken Schwankungen des Windangebots noch effektiv arbeitet. Die Windkraftanlage der Firma Enercon vom Typ 33 gehört mit ihrer 855 m² überstreichenden Rotorblattfläche zu den größten serienmäßig hergestellten Anlagen. Ende des Jahres 1991 waren weltweit 82 Anlagen dieses Typs in Betrieb.

Konstruktion und Funktionsweise

Die dreiblättrige Windenergieanlage mit einer Nabenhöhe von 33,50 m ist auf einem Plattenfundament gegründet. In den Fundamentkörper ist ein *vorgespannter* Schleuderbetonmast eingespannt. Die aus Glasfaser hergestellten Rotorblätter treiben einen in die Gondel eingebauten Synchron-Generator an. Die Leistungsbegrenzung erfolgt dabei durch das Pitch-System, bei dem eine elektrisch-hydraulische Blattverstellung die Drehzahl regelt. |

Wegbeschreibung

Auf der B 31 zwischen Freiburg i. Br. und Titisee-Neustadt von Freiburg aus kurz vor Hinterzarten-Höllsteig links abbiegen in Richtung Furtwangen (B 500). Nach ca. 3 km erneut links abbiegen nach Breitnau. Die Anlage steht in westlicher Richtung (ca. 2 km von Breitnau entfernt) und ist frei zugänglich.

Kontakt

Kraftwerk Laufenburg
Betriebsstelle Neustadt
Gutachstraße 36
79822 Titisee-Neustadt
Telefon (0 76 51) 10 32

(Infobroschüren gibt es auch im Fremdenverkehrsbüro Breitnau.)

Literatur
Regenerative Energien – Windkraft
Broschüre des Kraftwerks Laufenburg

Schafthöhe
32,50 m
Rotordurchmesser
33 m
Nennleistung
300 kW

Bauherr
Kraftwerk Laufenburg
Hersteller
Enercon, Aurich
Baujahr
1992

Windkraftanlagen

HEROLDSTATT
Darrieus-Windkraftanlage

Nach intensiven Windmessungen auf der
Schwäbischen Alb entschied sich die Ener-
gie-Versorgung-Schwaben (heute: Energie
Baden-Württemberg AG) für den Standort
Heroldstatt bei Laichingen, weil hier die
Windgeschwindigkeiten im Jahresmittel bis
zu 5 m/s betragen. Im Jahre 1989 wurde
eine konventionelle Anlage mit horizontaler
Drehachse der Firma Enercon aus Aurich
installiert, die bei einem Rotordurchmesser
von 17,20 m und einer Schafthöhe von 28 m
eine Nennleistung von 80 kW erreicht. Ungewöhnlich ist dagegen die ein Jahr später
errichtete Anlage mit vertikaler Achse,
deren Funktionsprinzip von dem französischen Ingenieur Darrieus erfunden wurde.
Sie wird im Folgenden beschrieben.

Vor- und Nachteile der
Darrieus-Anlage

Die Anlage arbeitet bei Wind aus allen Richtungen, ohne dass dabei eine Nachführung
erforderlich wird. Vorteilhaft ist auch, dass
Getriebe, Generator und Bremseinrichtung am

Wegbeschreibung
Autobahn A8 Stuttgart–Ulm, Ausfahrt Merklingen, dann in Richtung
Laichingen fahren. An Laichingen
östlich vorbeifahren und die B28
Bad Urach–Blaubeuren unterqueren. Die Anlagen stehen am
nördlichen Rand von Heroldstatt.

Kontakt
EVS-Geschäftsstelle Laichingen
Geislinger-Straße 36
89150 Laichingen
Telefon (0 73 33) 50 41

Boden angeordnet sind, wodurch eine gute
Zugänglichkeit ermöglicht wird und die Biegebeanspruchung des Mastes infolge Drehwider-
stand entfällt. Nachteilig ist die insgesamt
niedrigere Lage der winddurchströmten Fläche
und die damit geringere Energieausbeute
gegenüber Anlagen mit horizontaler Achse
bei gleicher Masthöhe. Die Anlage kann
außerdem nicht von selbst anlaufen, sondern
muss mit einem Anlasser gestartet werden.

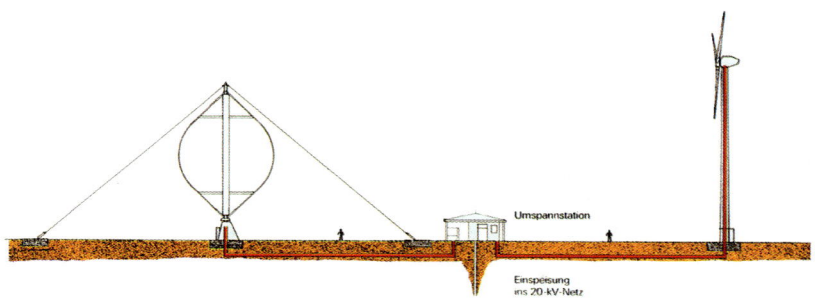

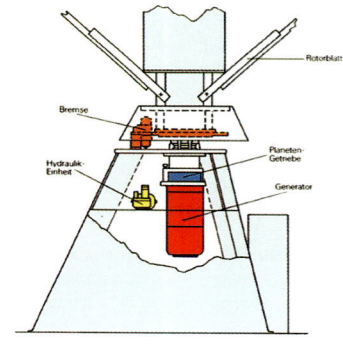

Konstruktion und Funktionsweise der Darrieus-Anlage

Der Windkonverter ist auf einem Kreisplatten-fundament gegründet. Der Mast besteht aus einem spiralförmig geschweißten Stahlrohr und ist oben mit drei Seilen abgespannt, um am Fußpunkt auf eine Einspannung verzichten zu können. Die zwei geschwungenen Rotor-blätter drehen sich um die vertikale Mastach-se und sind in Holzverbundbauweise mit einer Glasfaserkunststoff-Deckschicht ausgeführt. Die Leistungsregelung erfolgt mit einer dyna-mischen Stall-Bremse, die durch Wirbelab-lösungen auf der Lee-Seite der Rotorblätter die Drehzahl steuert. |

Literatur
Windkraftanlage Heroldstatt
Broschüre der EVS AG, Stuttgart 1994

Höhe
25 m
Rotordurchmesser
15 m
Abschaltgeschwindigkeit
25 m/s
Nennleistung
55 kW

Bauherr
EVS AG, Stuttgart
Hersteller
Dornier/Flender
Baujahr
1990

Windkraftanlagen

WALZBACHTAL-WÖSSINGEN
Windkraftanlage

Diese Windkraftanlage nimmt bereits bei einer Windgeschwindigkeit von 4 m/s ihren Betrieb auf. Außergewöhnlich ist auch der Umstand, dass der Betreiber gleichzeitig Planer und Konstrukteur der Anlage ist.

Konstruktion und Funktionsweise

Der zylindrische Stahlrohrmast ($\varnothing$ = 1,12 m) ist auf einem Ringplattenfundament gegründet. Im Inneren des Schaftes befindet sich eine Leiter für den Aufgang zur Turmgondel. Die Nabe der Rotorblätter liegt in 25,20 m Höhe. Die drei Rotorblätter mit einem Gewicht von jeweils 290 kg sind aus Glas- und Kohlefasern im Verbund mit Epoxidharz gefertigt. Die Leistungsregelung erfolgt durch eine Stall-Bremse, bei der die Drehzahl ohne eine Blattverstellung nur durch Wirbelablösungen auf der Lee-Seite der Blätter gesteuert wird.

Verweis auf ähnliche Bauwerke

In Nagold-Emmingen und auf der Hornisgrinde bei Baden-Baden stehen weitere Anlagen dieses Typs. |

Wegbeschreibung

Die Autobahn A5 Frankfurt–Basel an der Ausfahrt Karlsruhe-Durlach verlassen und der B293 in Richtung Bretten folgen. Die Anlage ist in Walzbachtal-Wössingen in östlicher Richtung auf den Feldern sichtbar.

Kontakt

Seewind Windenergiesysteme GmbH
Im Grund 7
75045 Walzbachtal
Telefon (0 72 03) 71 11

Schafthöhe
24 m
Rotordurchmesser
22 m
Nennleistung
132 kW

Bauherr und Planung
Seewind Windenergiesysteme GmbH, Walzbachtal-Jöhlingen
Hersteller
Dampfkesselbau Dresden-Übigau
Baujahr
1990

DOTTERNHAUSEN
Zementsiloanlage ● ●

Silos sind reine Ingenieurbauten, meist
aus Stahl- und Spannbeton. Sie dienen der
Bevorratung von staubförmigen und fluidi-
sierfähigen Schüttgütern wie Zement oder
Kalk. Die Zementsiloanlage des Rohrbach-
Zementwerks aus dem Jahre 1978 ist die
erste in Deutschland errichtete Anlage mit
Zentralkegelsilos ●.

Konstruktion
Die vierteilige Zementsilo-Anlage besteht aus
einem großen und drei kleineren, zylindrischen
Silos. Jedes dieser Silos besitzt einen zentral
angeordneten Kegel; er bildet den unteren Abschluss eines Silos und überspannt stützenfrei dessen gesamten Grundriss. Im Kegel
befinden sich mehrere Auslassöffnungen.
Außerdem sind in ihm technische Einrichtungen, wie z.B. Bühnen, an Zuggliedern aufgehängt. Er ist auf einem Absatz in der Zylinder-
Schale gelagert, die die Silowand bildet. Die
Silodecke besteht aus vorgefertigten Stahlbe-
tonteilen mit einer *Ortbeton*-Schicht. Jedes
Silo ist auf einem Ringfundament gegründet.

Wegbeschreibung
Das Dotternhausener Zementwerk
der Firma Rohrbach liegt an der
B 27, die Tübingen mit Rottweil
verbindet.

Tragverhalten
Die auf den Kegel einwirkenden Lasten erzeugen durch die *Schalen*-Tragwirkung hauptsächlich Druckkräfte in Meridian- und Ringrichtung.
Rechnerisch ist nur infolge des Lastfalls Temperatur und im Bereich von Biegestörungen,
wie z.B. an den Aufhängepunkten der Bühnen,
Bewehrung erforderlich. Die Kegel-*Schale* ist
am unteren Rand durch einen im Querschnitt
trapezförmigen Ring ausgesteift. Dieser wird
im Wesentlichen von den Druckkräften in
Meridianrichtung des Kegels beansprucht. Die
horizontale Komponente erzeugt Zugspannungen im Ring; sie werden von der Ringbeweh-
rung aufgenommen. Die vertikale Komponente
wird am Auflager des Kegels direkt in die Silowand weitergeleitet. Durch die exzentrische
Krafteinleitung und die Verformungsbehinde-
rung entstehen Biegemomente in der Silowand, die aber durch die *Schalen*-Tragwirkung

Behälter und Silos

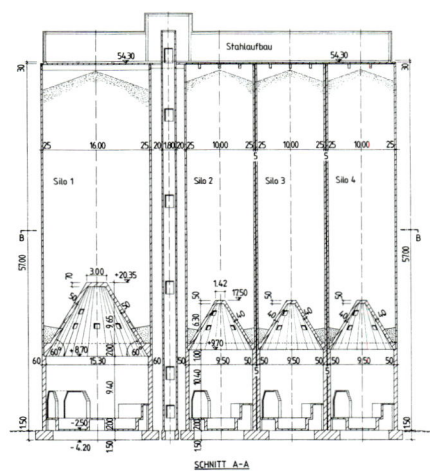

SCHNITT A-A

schnell abklingen. Die Silowand oberhalb des
Kegels wird hauptsächlich durch den radialen
Silodruck belastet, der Ringzugkräfte in der
Wand hervorruft. Lastfälle aus exzentrischer
Entleerung brauchen nicht berücksichtigt zu
werden, da technisch gewährleistet ist, dass
dem Silo abwechselnd aus verschiedenen
Abzugsöffnungen jeweils nur geringe Mengen
entnommen werden. Das günstige Tragverhalten der Kegel- und Zylinder-*Schalen* der Silos
führt zu einem minimalen Beton- und Beton-
stahlverbrauch und damit zu sehr filigranen
Bauten.

Herstellung

Die Silos wurden mit *Gleitschalung* hergestellt.
Zunächst wurde die gesamte Silowand vom
Fundament bis zur Oberkante betoniert. Am
Absatz, der das Auflager für den Kegel bildet,
musste dabei die Schalung umgebaut werden.
Anschließend wurde der Kegel in *Ortbeton*-
Bauweise mit einer herkömmlichen Schalung
gefertigt. Heute werden die Kegel-*Schalen* bevorzugt aus Fertigteilen in Segmentform mit
nachträglich geschlossenen *Ortbeton*-Fugen
erstellt. Durch den wiederholten Einsatz
können die Kosten der *Gleitschalung* zur Herstellung der Silowände gesenkt werden. Der
Umbau der Schalung an Absätzen und Zellen-
wandanschlüssen stellt keine wesentliche
Störung des Gleitbetriebs dar. |

Literatur
PETER, J.
Großraumsilos und Rundlager für
Schüttgüter der Zementindustrie
Sonderdruck aus dem VDI-Bericht
Nr. 1202, VDI-Verlag GmbH,
Düsseldorf 1995

Höhe
ca. 55 m
Durchmesser
16 bzw. 10 m
Füllvolumen
7.500 bzw. 3.000 m^3

Bauherr
Rohrbach-Zement, Dotternhausen
Ingenieure
Peter und Lochner, Stuttgart
Bauzeit
1978–1979

F R I E D R I C H S H A F E N - W I G G E N H A U S E N
Wärmespeicher ● ●

Ein sehr großer Teil des Energieverbrauchs in Deutschland entfällt auf die Heizung und Warmwasserversorgung von Wohnungen. Für diese Niedertemperaturwärme unter 100 °C bietet sich die aktive Nutzung der Sonnenenergie über Heißwasser-Solarkollektoren an – allerdings ist aufgrund der zeitlichen Verschiebung zwischen Wärmeangebot und Wärmenachfrage eine temporäre Speicherung der Wärmeenergie erforderlich. Hierzu wurde in Friedrichshafen-Wiggenhausen als Prototyp ein Langzeitwärmespeicher gebaut, der das im Sommer überschüssige heiße Wasser speichert und in der kalten Jahreszeit für die Raumheizung und Warmwasserversorgung zur Verfügung stellt. Dieser Wärmespeicher ist mit einem Fassungsvermögen von 12.000 m³ der größte seiner Art in Europa ●.

Funktionsprinzip der Nahwärmeversorgung

Die solare Nahwärmeversorgung mit einem Langzeitspeicher erfordert neben dem Speicherbehälter ein Kollektorfeld, in dem das Trägermedium (Wasser-Glykol-Gemisch) durch die Sonne erwärmt wird. Die erwärmte

Wegbeschreibung
In Friedrichshafen auf der B 31 bzw. der Keplerstraße bei der TINOL-Tankstelle in die Ailinger-Straße einbiegen, die im weiteren Verlauf in die Äußere-Ailinger-Straße übergeht. Die Solarstadt Wiggenhausen-Süd liegt noch vor Wiggenhausen auf der linken Seite (Solarstraße).

Kontakt
Technische Werke
Friedrichshafen GmbH
Kornblumenstraße 7/1
88046 Friedrichshafen
Telefon (0 75 41) 505-0

Flüssigkeit wird in einem Primärkreislauf zu Wärmetauschern in die Heizzentrale geführt, wo sie ihre Wärmeenergie an den Sekundärkreislauf des Wassers im Speicherbehälter abgibt. Im Speicherbehälter herrscht über die Höhe ein natürliches Temperaturgefälle. Um einen hohen Wirkungsgrad zu erreichen, wird das zu erwärmende Wasser vom kalten Boden aufgenommen und nach dem Durchlaufen der Wärmetauscher dem oberen, wärmeren Bereich des Speichers wieder zugeführt. In

Behälter und Silos

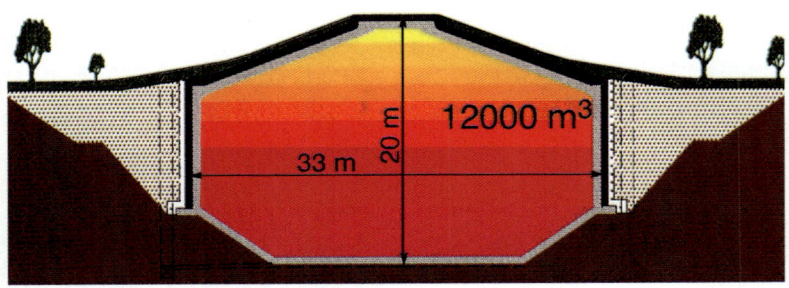

der umgekehrten Reihenfolge erfolgt die Wärmeabgabe an einen dritten Wasserkreislauf, der die Heizkörper und die dezentral angeordneten Brauchwassererhitzer bedient. Die solare Wärmeversorgung in Wiggenhausen wird im Endzustand bei einer Kollektorfläche von 5.600 m² den Jahresbedarf der geplanten 800 Wohneinheiten zu ca. 50% decken. Die restliche benötigte Wärme stellt eine konventionelle Gasheizung in der Heizzentrale zur Verfügung.

Konstruktion des Speicherbehälters

Zur Minimierung der Wärmeverluste des Speichers soll seine Oberfläche in Relation zum vorgegebenen Rauminhalt möglichst klein sein. Am günstigsten ist dafür die Kugelform, die aber wegen der doppelt gekrümmten Oberfläche teuer herzustellen ist. Der Wärmespeicher in Wiggenhausen nähert sich der Kugelform durch die Kombination von zwei Kegelstumpf-*Schalen* mit einer Zylinder-*Schale* (also lauter Regelflächen) so gut an, dass ein nur ca. 10% größeres Oberflächen-Volumen-Verhältnis gegenüber der Kugel in Kauf genommen werden muss. Der Speicher wurde nicht vollständig versenkt, sondern ist als Hügel in der Grünanlage des Wohngebiets erkennbar. Die tragende Speicherkonstruktion besteht aus Beton B35. Die Zylinderwand ist 30 cm dick und mit 13 Ring-Spanngliedern mit nachträglichem Verbund *teilweise vorgespannt*. Auf der Innenseite ist der Behälter komplett mit 1,25 mm dickem Edelstahlblech

ausgekleidet, das dampfdicht verschweißt wurde. Im Wand- und Deckelbereich ist außen eine Wärmedämmung aus hochfester Mineralwolle mit 20 bzw. 30 cm Dicke angebracht worden. Wegen der fehlenden unteren Dämmung wirkt das Erdreich bei geringen Wärmeverlusten als Speicher mit. |

Volumen
12.000 m³
Wärmedämmung
1.920 m²
Edelstahlauskleidung
2.800 m²
Beton
1.000 m³
Erdaushub
15.000 m³

Bauherr
Technische Werke Friedrichshafen
Ingenieure
K.-H. Reineck, A. Lichtenfels,
H. Hottmann, Universität Stuttgart,
und Schlaich, Bergermann und
Partner, Stuttgart
Edelstahl
Fa. Noell, Würzburg
Baufirma
Wayss & Freytag AG, Stuttgart
Bauzeit
1995–1996

Behälter und Silos

GEISINGEN
Zementwerk ● ●

Beim Bau des Zementwerkes in Geisingen stellte sich die Aufgabe, diese großtechnische Anlage möglichst schonend in das fast unberührte Donautal einzugliedern und gleichzeitig allen verfahrens- und betriebstechnischen Anforderungen, auch im Hinblick auf eine zukünftige Erweiterung des Werkes, gerecht zu werden. Aufgrund einer durchdachten Gesamtplanung, die die Belange von Landschaftsschutz und Bevölkerung berücksichtigte, präsentiert sich das Zementwerk Geisingen als ein „verträglicher Industriebau". Mit seiner klaren Gliederung und den wohl abgestimmten Proportionen macht der Komplex deutlich, dass es sich gerade bei einem „reinen Zweckbau" lohnt, auch in gestalterischer Hinsicht auf Qualität zu achten.

Wegbeschreibung
Das Werk steht unmittelbar neben der Autobahnausfahrt Geisingen der A81 Stuttgart–Singen.

Bauwerksbeschreibung

Das zur Zementherstellung benötigte Kalksteinmaterial wird im 850 m entfernten Steinbruch gebrochen, in einem Brechergebäude zerkleinert und über eine Transportbandstraße zur Kalksteinlagerhalle transportiert. Zum Landschaftsschutz wird das Förderband nach Austritt aus dem Wald unterirdisch geführt. Die Kalksteinlagerhalle besteht aus Stahl-Normprofilen mit einer Welleterniteindeckung und ist im Süden durch eine massive Stahlbetonstützwand abgeschlossen. Die sich anschließende Tonlagerhalle ist dagegen eine Beton-Fertigteilkonstruktion. Folgt man dem

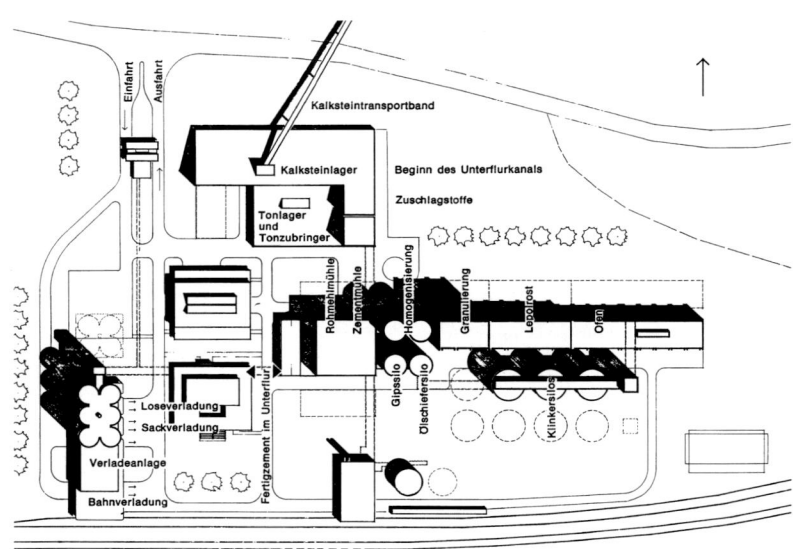

Weg der Zementherstellung, dann gelangt man zur Rohmehlmahlanlage, die zusammen mit der Trafostation in einem Gebäudekomplex untergebracht ist. Im Bereich der Kugelmühlen hat der Bau zum Schallschutz allseitig 30 cm starke Stahlbetonwände. Der darüber liegende Teil mit den Vorratssilos und den Filtern besteht aus einem Stahlskelettbau, der mit einer Welleternithülle vor Witterung geschützt wird. Die benachbarten, zweigeschossigen Homogenisierungssilos sind wie alle anderen Silos aus Beton und mit *Gleitschalung* hergestellt. Fachwerkkonstruktionen aus Stahl, die mit Eternit verkleidet sind, stellen den Anschluss an die Mahlanlage sowie die Verbindung zum Ofenkomplex her. Der Ofenkomplex besteht aus dem Granulierturm, der „Lepolroststation" und der Ofenhalle. Alle diese Baugruppen wurden mit einer gemeinsamen Fassade gefasst. Diese Hülle, die vornehmlich beim Granulierturm eine statische Funktion übernimmt, wurde in wenigen Wochen abschnittweise mit der gleichen *Gleitschalung* errichtet. Diese Baumethode war

sehr wirtschaftlich und brachte gegenüber einer konventionellen Herstellung eine Zeitersparnis von bis zu 3 Monaten. Die internen Bühnen und das Dach des Ofenkomplexes werden von Fertigteilträgern getragen; der Dachaufbau besteht hier aus Bimsplatten. Südlich sind dem Ofenkomplex drei identische Klinkersilos (∅ = 17 m) vorgelagert. Sie haben einen eigenen Beschickerturm mit Aufzug und Treppen. Die Klinkerentnahme aus diesen Silos und der Transport zur Zementmahlanlage, die im gleichen Gebäude wie die Rohmehlmühle untergebracht ist, erfolgen unterirdisch. Bei Bedarf lassen sich die Mahlanlagen, die Silos und der Ofenkomplex durch Anbauten ergänzen bzw. linear erweitern. Das Versorgungssystem und die Fundationen für solche Bauten sind zum Teil schon hergestellt. Nach dem Mahlen des Zements wird dieser über den Ost-West-Hauptkanal im „Airlift-Verfahren" der Verladeanlage zugeführt. Diese besteht aus sechs gleich großen Silos (∅ = 11 m). Aufgrund der Aneinanderreihung in zwei Reihen zu je drei Silos, bei der die Zylinder-*Schalen* nicht nur tangential aneinander stoßen, sondern auch kraftschlüssig miteinander verbunden sind, ergeben sich zwei zusätzliche „Zwickelsilos", die von den Außenkonturen der Rundsilos berandet werden. Die Beschickung der Silos erfolgt durch einen frei stehenden Turm, der zusätzlich wieder einen Lift und Treppen beherbergt. Die Austragsvorrichtungen mit allen Steuerapparaturen sowie die Lose- und die Sackverladeeinrichtung mit ihren Aggregaten benötigen den gesamten Raum zwischen den Silotrichtern und den senkrecht darunter angeordneten Lkw-Durchfahrten. Am Südende ermöglicht ein Gleisanschluss auch den Abtransport per Bahn.

Die Silolasten werden von einer ca. 30 m hohen Rahmenkonstruktion getragen, die so angeordnet ist, dass die notwendigen Durchfahrtsbreiten für die Abholfahrzeuge frei bleiben. Die Gründung der Verladeanlage (Höhe = ca. 60 m) erforderte wegen schwieriger Baugrundverhältnisse eine 3,50 m starke Betonplatte. Die Verladeanlage ist ebenfalls auf eine mögliche Produktionssteigerung hin ausgelegt; eine Erweiterung spiegelbildlich um den Beschickerturm in Richtung Norden ist problemlos möglich.

Das Geisinger Zementwerk ist eine technisch und gestalterisch gelungene industrielle Großanlage. Trotz der Komplexität der einzelnen Einrichtungen ist es durch das äußerliche Zusammenfassen einzelner Baugruppen gelungen, ein überschauliches Bild der Anlage zu wahren. Neben der vorausschauenden Planung bezüglich einer Erweiterung ist hervorzuheben, dass sich die Lärm erzeugenden Einrichtungen im Ostteil des Werkes, also auf der von Geisingen abgewandten Seite befinden. Die vielen nackten Betonflächen, die neben den Eternitverschalungen das Bild beherrschen, unterstreichen im Sinne des Betreibers die vielseitigen Anwendungsmöglichkeiten des Werkstoffes Beton. |

Literatur
Deutsche Bauzeitung
Heft 9, 1971
Zentralblatt für Industriebau
Heft 11, 1971

Überbaute Fläche
15.820 m²
Umbauter Raum
356.400 m³
Länge der Förderanlagen
ca. 3,5 km

Bauherr
Breisgauer Portland-Cementfabrik GmbH, Kleinkems
Ingenieure
- Planung
W. Flößer, Säckingen, und J. Fiegle, Kressbronn a. B.
- Prüfung
G. Franz und O. Steinhardt, Karlsruhe, sowie W. Flößer, Säckingen
- Gründung
H. Leussink, Karlsruhe
- Vermessung
W. Kammerer, Herten
Architekten
F. Wilhelm und B. Wilhelm, Lörrach
Bauzeit
1969–1971

Behälter und Silos

Wegbeschreibung
Über die Autobahn A5 Frankfurt–
Basel, Ausfahrt Heidelberg/
Schwetzingen, nach Leimen. Das
Zementwerk liegt am nördlichen
Ortsausgang von Leimen.

auszunutzen. Das Silo besitzt eine Mittelsäule, um die sich eine Kranbrücke unterhalb des Daches bewegt. Die Kranbrücke stützt sich dabei auf je eine Ringschiene an der Silowand und der Mittelsäule ab. Der Antrieb erfolgt über die äußere Schiene mittels eines Getriebemotors. Diese Kranbrücke dient der Aufnahme eines Hubsystems, das mittels einer horizontalen Förderschnecke die Flugasche gleichmäßig in einer vorgegebenen Schichthöhe über die Silofläche verteilt. Die Beschickung der Förderschnecke erfolgt von oben mittels eines teleskopierbaren Rohres, das in einem oberen Raum der Mittelsäule, der sogenannten Materialempfangsstation, die Flugasche erhält. Ein pneumatischer Ringbahnförderer auf Höhe der Kranbrücke sowie ein mechanischer auf Höhe des Hubsystems sorgen für eine reibungslose Materialübergabe, unabhängig davon, in welchem Sektor sich die Brücke mit ihrem Hubteil befindet. Die Siloentleerung erfolgt in umgekehrter Reihenfolge mit dem Unterschied, dass die Flugasche auf Höhe der Förderschnecke über rechteckige Einlauföffnungen in die Mittelsäule gelangt und von dort aus direkt pneumatisch nach unten transportiert wird.

Konstruktion

Die wesentlichen Konstruktionsmerkmale des Silos sind die zylinderförmige Silowand ($\varnothing$ = 30 m) sowie die Mittelsäule mit 3 m Außendurchmesser. Um eine einwandfreie Funktionsweise der Kranbrücke mit ihrer Hubeinrichtung zu gewährleisten, waren bezüglich des Abstandes zwischen Silowand und Mittelsäule Toleranzen in radialer Richtung für die Wände von ± 5 cm bzw. für den Mittelturm von ± 1 cm einzuhalten. Man entschied sich deshalb für eine *Gleitschalung,* um Silowand und Mittelsäule gleichzeitig hochzuziehen. Eine

LEIMEN
Großraumsilo für Flugasche

Flugasche entsteht als Nebenprodukt bei der Verbrennung von Kohle. Der zunehmende Einsatz dieses „Sekundärrohstoffes" in der Bauwirtschaft und Zementindustrie seit den achtziger Jahren erforderte die Schaffung großer Lagerkapazitäten. Im Jahre 1983 wurde deshalb im Zementwerk Leimen ein neuartiges Silo, ein sogenanntes „Pneutech-Silo", zur Lagerung von Flugasche errichtet.

Funktionsweise

Die Einlagerung von Flugasche erfordert bei großen Silos ein kombiniertes Füll- und Entleerungssystem mit pneumatischen und mechanischen Bauelementen. Die Silobeschickung erfolgt dabei vorrangig pneumatisch, um die guten Fließeigenschaften der Flugasche

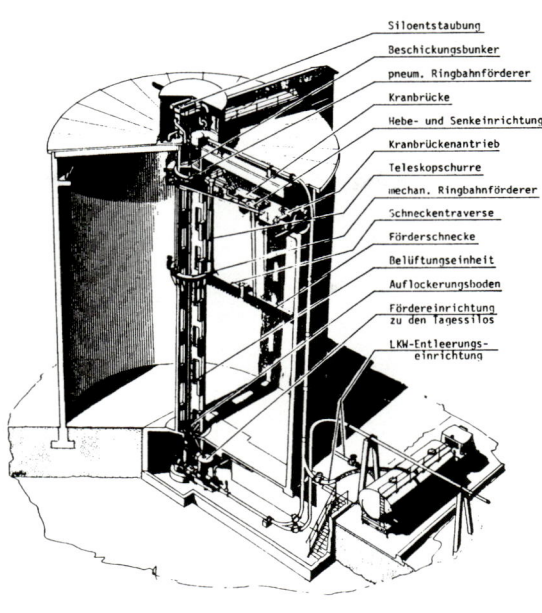

Siloentstaubung
Beschickungsbunker
pneum. Ringbahnförderer
Kranbrücke
Hebe- und Senkeinrichtung
Kranbrückenantrieb
Teleskopschurre
mechan. Ringbahnförderer
Schneckentraverse
Förderschnecke
Belüftungseinheit
Auflockerungsboden
Fördereinrichtung zu den Tagessilos
LKW-Entleerungseinrichtung

Vorspannung der Silowände war nicht nötig, da die Ringzugkräfte wegen des relativ geringen spezifischen Gewichts der Flugasche von g = 10 kN/m³ vergleichsweise klein sind. Das Silodach wurde mit *Plattenbalken* hergestellt, die aus radial spannenden Stahlbeton-Fertigteilträgern und Halbfertigteilplatten in Verbund mit einer nachträglichen *Ortbeton*-Schicht zusammengesetzt wurden. Diese radialsymmetrischen Plattenbalken verbinden Silowand und Mittelsäule unverschiebbar. Die Schienen der Kranbrücke sind jeweils auf umlaufenden Ringkonsolen angebracht, die nach Beendigung des Gleitens nachträglich mittels GEWI-*Muffen*-Stößen befestigt und für eine max. Einzelradlast von 105 kN ausgelegt wurden. Die vertikal auf den Siloboden wirkenden Füllgutlasten werden direkt in den Baugrund abgetragen, so dass aus statischer Sicht keine Bodenplatte erforderlich wurde. Eine Lage Frostschutzkies verhindert als oberer Abschluss den Zutritt von Feuchtigkeit von unten. |

Literatur
Zement-Kalk-Gips
Heft 5, 1983, und Heft 1, 1985

Fassungsvermögen
19.000 m³
Lichte Höhe
36,70 m
Lichter Durchmesser
30 m

Bauherr
Heidelberger Zement AG
Ingenieure
J. Peter und D. Lippold, Stuttgart
Baujahr
1983

Behälter und Silos

NAGOLD
Faulschlammbehälter

Die bei der Abwasserreinigung beseitigten Schmutzstoffe fallen überwiegend als Klärschlamm an (ca. 1 Liter Schlamm je Einwohner und Tag). Eine Verbesserung der Reinigungsqualität bedeutet gleichzeitig einen vermehrten Schlammanfall mit all den Problemen der Weiterbehandlung und Entsorgung. Meistens ist der Schlamm belastet und muss verbrannt bzw. gesondert deponiert werden. In diesen Fällen kommt einer wirtschaftlichen Volumen- bzw. Gewichtsreduzierung eine besondere Bedeutung zu.

Funktionsbeschreibung
In speziellen Faultürmen kann der Schlamm unter Luftabschluss (anerob) bei ca. 35 °C und einer Aufenthaltszeit von etwa 30 Tagen ausfaulen, wodurch er sich leichter entwässern lässt und geruchsneutral wird. Das bei diesem Prozess entstehende Methangas wird als wichtige Energiequelle im Klärwerk genutzt. Im Fall der Kläranlage Nagold wird beispielsweise der Faulbehälter damit beheizt.

Wegbeschreibung
Nagold erreicht man über die B28 Freudenstadt–Herrenberg bzw. die B463 Pforzheim–Horb. Von Pforzheim kommend sieht man noch vor dem Ortseingang von Nagold den Faulturm rechter Hand.

Konstruktion und Tragverhalten
Der wärmegedämmte Faulbehälter des Abwasserzweckverbandes Nagold ist eine rotationssymmetrische Betonkonstruktion, die auf einem Fundamentring ($\varnothing$ = 16 m) gegründet ist. Die Dicke der eiförmig, *synklastisch* gekrümmten *Schale* oberhalb des Fundamentrings nimmt von oben 30 cm auf unten 50 cm entsprechend der Beanspruchung in Meridianrichtung stetig zu. Der Behälterteil unterhalb des Fundamentrings ist als inverser Kegelstumpf ausgebildet und entlang seiner äußeren Mantelfläche über eine 10 cm dicke Magerbetonschicht direkt auf Fels gegründet. Zur Auflagerung des Behälters auf den Fundamentring ist außen eine Ringkonsole monolithisch an die *Schale* angefügt. Diese Ringkonsole fungiert gleichzeitig als Druckring, um den Behälter tangential, also *Membran*gerecht zu stützen. Diese Lagerung kann aber einen Biegezwang hervorrufen durch unterschiedliche Temperatur- bzw. Füllzustände am Übergang der Ei-*Schale* zur steifen Ringkonsole bzw. zum quasi starr gestützten Kegelstumpf nicht verhindern. Des Weiteren musste bei der Berechnung für Füllzustände oberhalb des Niveaus des größten Innenumfangs auch Auftrieb durch Schlamm berücksichtigt werden. |

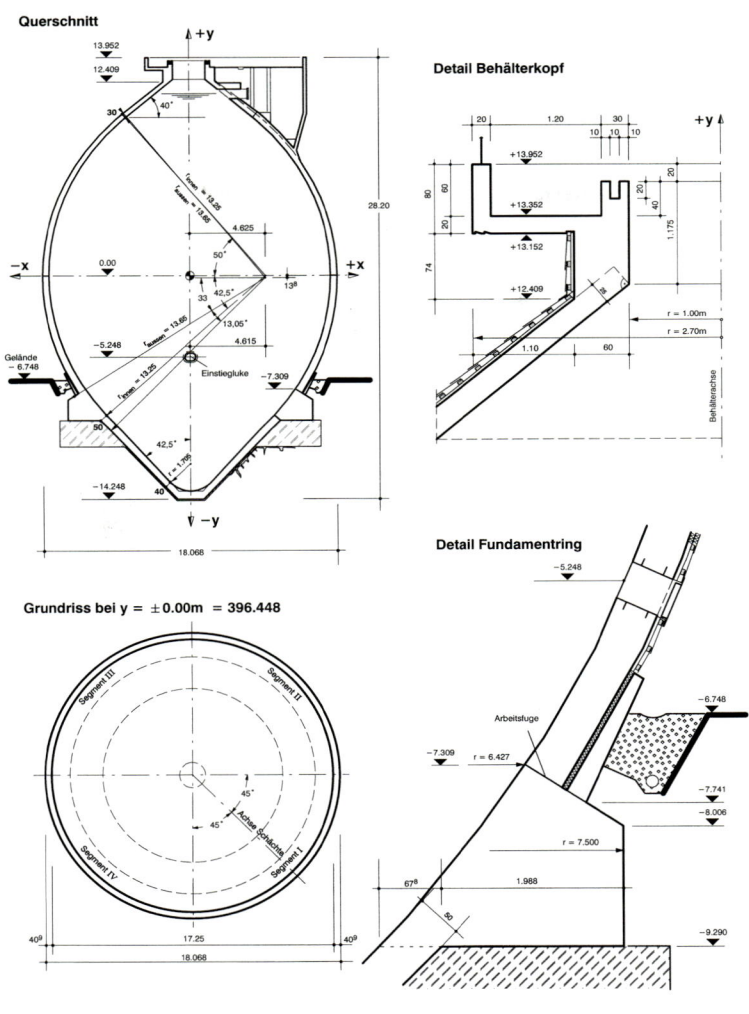

Querschnitt

Detail Behälterkopf

Grundriss bei y = ± 0.00m = 396.448

Detail Fundamentring

Höhe	**Bauherr**
28 m	Abwasserzweckverband Nagold
Durchmesser	**Ingenieur**
18 m	M. Brandolini, Ulm
Volumen	**Baujahr**
3.600 m³	1977

PFORZHEIM

2 Gasbehälter am Enzauenpark ●

Unmittelbar am linken Enzufer befinden sich die beiden Gasbehälter der Stadtwerke Pforzheim. Beide Behälter sind Pufferbehälter und dienen dem täglichen Ausgleich zwischen dem Gasbezug und dem stark schwankenden Verbrauch der Kunden. Während der zylinderförmige Niederdruckbehälter der Versorgung der Stadt Pforzheim dient, wird der kugelförmige Hochdruckbehälter dazu verwendet, die angrenzenden Nachbargemeinden mit Gas zu versorgen.

Konstruktion des Niederdruckbehälters

Der Niederdruckbehälter ist ein teleskopierbarer Glockengasbehälter. Er steht unter einem mittleren Betriebsdruck von 20 mbar und hat einen maximalen Nutzinhalt von 40.000 m³. Er wird auch als Nassbehälter bezeichnet, da zu seiner Abdichtung Wasser verwendet wird. Im Einzelnen besteht der Behälter aus einem runden Wasserbecken, einem Führungsgerüst und drei beweglichen Hubteilen (zwei soge-

Wegbeschreibung

Die Behälter in Pforzheim grenzen unmittelbar an den Enzauenpark, der beidseitig der Enz von Fußgängerwegen und -brücken *siehe Seite 138* erschlossen ist. Den besten Blick auf die Behälter hat man vom gegenüberliegenden rechten Enzufer. Parkmöglichkeiten sind beim Sportgelände des VfR Pforzheim vorhanden.

nannte Teleskope und die Glocke). Das Wasserbecken hat einen Durchmesser von ungefähr 35 m und ist 10 m tief; die Höhe des Führungsgerüstes beträgt 38 m. Die Teleskope sind zylindrische Hohlkörper, die oben und unten offen sind. Sie sind an ihrem oberen Rand mit einer „Haktasse" und an ihrem unteren Rand mit einer „Schöpftasse" versehen. Die Behälterwand besteht aus sich überlappenden Stahlblechen, die auf Winkelprofile genietet sind.

Funktionsweise und Betrieb des Niederdruckbehälters

Bei leerem Behälter ruhen die Hubteile ineinander geschoben auf Auflagerbänken im Wasserbecken. Wird der Behälter gefüllt, so wird die Glocke durch den Gasdruck angehoben. Wenn die Glocke gefüllt ist, hakt sich ihre mit Wasser gefüllte Schöpftasse in die Haktasse des oberen Teleskops ein und hebt dieses bei weiterer Füllung mit an. Das Wasser in der Schöpftasse übernimmt dabei die Abdichtung zwischen beiden Hubteilen. Auf diese Weise wird ein Hubteil nach dem anderen angehoben, bis der Behälter seine zulässige Füllgrenze erreicht hat. Die Hubteile werden von 18 vertikalen Schienen geführt, die gegenseitig mit Diagonalverbänden ausgesteift sind. Da die Glocke mit den anhängenden Teleskopen vom Gas getragen wird, muss das Führungsgerüst lediglich Horizontallasten aufnehmen. Dem Wasser im Behälter ist ein spezielles Schutzöl beigemischt, das bei jedem Tauchgang die Behälterwandung zum Korrosionsschutz einölt. Gleichzeitig bewirkt die obenauf schwimmende Ölschicht, dass eine Wasserverdunstung praktisch ausgeschlossen ist. Nur so ist es möglich, dass im „nassen Behälter" trockenes Gas gespeichert werden kann und die Abdichtung der Hubteile zwischen den Tauchvorgängen funktioniert. Die Füllstandsanzeige erfolgt mechanisch: Über ein durch ein Gegengewicht gespanntes Seil, das die Bewegung der Glocke von einem kleinen Ausleger aus aufnimmt, wird eine Drehanzeige gesteuert. Im Hinblick auf die Beulgefahr der Bleche muss ein Unterdruck im Behälter unbedingt vermieden werden. Aus diesem Grund verbleiben 5.000 m³ ständig im Behälter. Die maximale Füllmenge wurde auf 35.000 m³ begrenzt, so dass als nutzbares Speichervolumen nur 30.000 m³ zur Verfügung stehen. Weil diese Menge von der Stadt Pforzheim täglich verbraucht wird, fährt der Behälter in 24 Stunden einmal auf und ab.

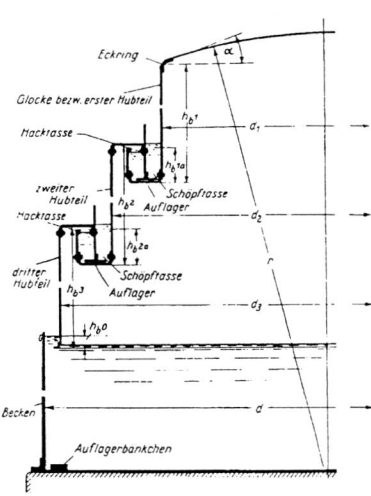

Konstruktion und Funktionsweise des Hochdruckbehälters

Der Hochdruck- bzw. Kugelgasbehälter ist 32 m hoch und hat einen lichten Durchmesser von 28,80 m. Sein Normvolumen gemessen bei einem Gasdruck von 1 bar und einer Temperatur von 0 °C beträgt 12.500 m³. Im Gegensatz zum teleskopierbaren Niederdruckbehälter bleibt bei diesem Behälter das geometrische Volumen unverändert. Das Speichervolumen des Gases wird hier über den Druck gesteuert. Bei einem maximalen Betriebsdruck von 8 bar beträgt der Gasinhalt des Kugelbehälters das 8-fache Normvolumen. Die Behälterwand besteht aus verschweißten Stahlblechen mit einer Dicke von 32,5 mm. Gelagert ist die Stahlkugel tangential auf runden Stahlstützen, die jeweils paarweise V-förmig angeordnet sind. Durch diese Dreieckanordnung können Windlasten problemlos nur über Normalkräfte in den Stützen abgetragen werden. Durch den tangentialen Anschluss der Stützen an die Behälterwand wird ausgeschlossen, dass in der Kugel zusätzliche Ringkräfte entstehen. Ein Aussteifungsring, der je nach Neigung der Stützen Ringdruckkräfte bzw. -zugkräfte aufnehmen

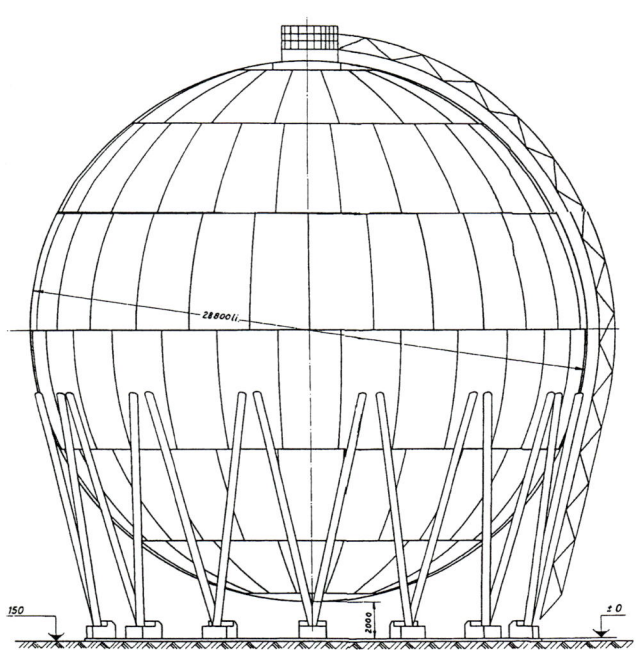

kann, würde bei den unterschiedlichen Druck-
zuständen im Behälter und den damit verbundenen Zugspannungen in der Kugel zu einem
sehr inhomogenen Beanspruchungszustand
führen. Um die Auflagerkräfte in die vergleichsweise dünne Kugelwand einzutragen,
sind Stahlbleche zwischengeschaltet, die
die wirksame Schweißnahtlänge vergrößern.
Gegründet sind die V-Stützen auf kleinen
Betonsockeln. Bei einer täglichen Entleerung
des Hochdruckbehälters von 8 auf maximal
4 bar besteht keine Gefahr, dass Unterdruck
und somit ein Stabilitätsproblem entsteht.
Zur Überwachung der Behälterwand ist eine
sichelförmige Leiter angebracht, die im Zenit
der Kugel drehbar gelagert und über eine
Ringschiene am „Äquator" seitlich geführt ist.

Verweis auf ähnliche Bauwerke
Es gibt noch mehrere Gasspeicher in Baden-
Württemberg. Niederdruck-Glockengasbe-
hälter stehen z.B. noch in Geislingen/Steige
neben dem Bahngelände. In Reutlingen und
Göppingen findet man weitere kugelförmige
Hochdruckbehälter. |

Bauherr
Stadtwerke Pforzheim
Niederdruckbehälter
- Planung und Baufirma
August Klönne, Dortmund
- Baujahr
1906
Hochdruckbehälter
- Entwurf und Baufirma
Fintsch BAMAG, Köln
- Baujahr
1965

STUTTGART-GAISBURG
Nachruf auf den Gasbehälter II

Auf dem Gelände der TWS (Technische Werke Stuttgart) im Stuttgarter Stadtteil Gaisburg stand einer der letzten erhaltenen Teleskop-Gasbehälter aus der Frühzeit des Gaswerkbaus – ein echtes Ingenieurkunstwerk, das trotz seiner gewaltigen Abmessungen durch seine leichte Erscheinung und Schönheit beeindruckte. Er diente bis zu seiner Stilllegung als Pufferspeicher zum Ausgleich zwischen dem Gasbezug bzw. der Gaserzeugung und dem stark schwankenden Verbrauch der Kunden.

Geschichte

Der Gasbehälter II wurde 1906 errichtet. Ihm folgte 1910 der baugleiche Gasbehälter I. Beide Behälter wurden im Zweiten Weltkrieg stark beschädigt. Der Behälter II wurde 1948 mit Teilen des nicht mehr zu reparierenden Behälters I wieder instand gesetzt. Im Jahre 1996 wurde er trotz zahlreicher Proteste, und obwohl von anderen Orten her bekannt war, dass es dafür reizvolle Umnutzungsmöglichkeiten gibt, gefühllos abgebrochen – ein herber Verlust für Gaisburg, die Ingenieurbaugeschichte und die Baukultur.

Konstruktion

Der Gasbehälter II war ein teleskopierbarer Niederdruck-Glockengasbehälter. Er wurde auch als nasser Behälter bezeichnet, da zur Abdichtung Wasser verwendet wird. Behälter dieser Bauart werden wie der in unmittelbarer Nähe stehende und ebenfalls im Besitz der TWS befindliche Scheibengasbehälter in Verbindung mit einem Niederdruck-Versorgungsnetz betrieben. Der Gasbehälter II bestand aus einem runden Wasserbecken aus Stahlblech, einem Führungsgerüst aus stählernen Gitterträgern und -säulen sowie aus drei Hubteilen, den sogenannten Teleskopen und einer Glocke. Für das Führungsgerüst besaß die ausführende Firma F. A. Neuman aus Eschweiler ein Reichspatent. Die Glocke und die Teleskope waren zylindrische Hohlkörper. Sie bestanden aus mit Stahlblech verkleideten Stahlgerüsten. Die Glocke war nach oben hin geschlossen; die Teleskope waren oben und unten offen. Die Teleskope und die Glocke sind am unteren Rand mit einer sogenannten Schöpftasse versehen, die Teleskope zusätzlich mit der sogenannten Haktasse am oberen Rand.

Wurde der Behälter mit Gas gefüllt, so wurde die Glocke vom Gasdruck gehoben. Dabei hakte die Schöpftasse der Glocke in die Haktasse des ersten Teleskops ein, schöpfte gleichzeitig das zur Abdichtung benötigte Wasser aus dem Wasserbecken und hob das Teleskop mit an. Die Glocke und die Teleskope rollten dabei auf Rollen an den senkrechten Säulen des Führungsgerüsts entlang nach oben. Der so entstehende Raum war nach unten durch die ins Wasserbecken eingetauchten Teleskope abgedichtet. Bei leerem Behälter ruhten die Glocke und die Teleskope auf Auflagerbänken am Grund des Wasserbeckens. Gegen das Gefrieren des Wassers in den Schöpftassen war eine Dampfstrahlheizung vorgesehen. Das Gewicht der Glocke und der Teleskope abzüglich des Auftriebs der Gassäule bestimmte den Gasdruck im Behälter. Da die Glocke und die Teleskope allein durch den Gasdruck angehoben wurden, kam dem Führungsgerüst lediglich die Aufgabe zu, die anfallenden Windlasten abzutragen. Diese wurden über die Laufrollen an die Säulen der räumlichen Fachwerkkonstruktion weitergeleitet. Diese optimal auf ihre Nutzung abgestimmte Konstruktion ermöglichte die filigrane Ausführung des an sich massigen Bauwerks.

Sanierung und Abriss

Durch das Gewicht des gefüllten Wasserbeckens entstanden erhebliche Bodenpressungen, die 1916 zu Setzungen führten und mit *Unterzügen* und Presszement abgefangen werden mussten. In den letzten Jahren traten wegen des hohen Alters und konstruktionsbedingt durch die Ausführung als nasser Behälter verstärkt Korrosionsschäden auf. Eine Sanierung erschien der TWS als nicht rentabel und veranlasste sie im Dezember 1993 zur Stilllegung des Gasbehälters. Obwohl das Bauwerk 1991 in die Liste der Kulturdenkmäler aufgenommen wurde, blieb es vom Abriss nicht verschont. Der Erhalt und die nötigen Umbaumaßnahmen für eine andere Nutzung wären angeblich mit einem zu hohen technischen und finanziellen Aufwand verbunden gewesen.

Verweis auf ähnliche Bauwerke

Der Gasbehälter am Enzauenpark in Pforzheim *siehe Seite 540* ist ein vergleichbares Bauwerk. Im Anschluss an seine Beschreibung wird auf weitere Bauwerke dieser Art verwiesen. |

Fassungsvermögen
100.000 m^3
Gesamthöhe
63 m
Beckendurchmesser
54 m
Beckenhöhe
12,60 m
Höhe der Teleskope
12,40 m
Gewicht inkl. Führungsgerüst
1.800 t
Wasserbeckeninhalt
28.000 m^3

Bauherr
Gaswerke der Stadt Stuttgart
Entwurf und Ausführung
F. A. Neumann, Eschweiler
Baujahr
1906

Wegbeschreibung
Der Europa-Park ist über die Ausfahrten Ettenheim (im Norden) bzw. Herbolzheim (im Süden) der Autobahn A5 Karlsruhe–Basel zu erreichen. Der Weg ist ausgeschildert.

R U S T
Achterbahn „Euro-Mir"

Die Achterbahn „Euro-Mir" gehört zusammen mit der Raumstation „Mir" zum russischen Themenbereich des Europa-Parks in Rust. Die „Euro-Mir" ist eine Weiterentwicklung der ebenfalls im Park befindlichen Bahn „Euro-Sat". Besonderes Kennzeichen beider Achterbahnen sind die Aufzugstürme, in denen die Züge mittels eines sich drehenden Zylinders (Haspel) spiralförmig nach oben gezogen werden. Die Konstruktionen dieser stationären Bahnen gelten als „fliegende Bauten".

Konstruktion

Die Grundfläche der „Euro-Mir" beträgt 40 x 80 m. Die 2.000 Tonnen schwere, dynamisch beanspruchte Stahlkonstruktion gliedert sich in den 31 m hohen, runden Aufzugsturm (∅ = 16 m), 4 sechseckige, schlankere Türme mit Höhen von 26 bis 30 m und einen Bereich mit herkömmlichen Achterbahnstützen. Die Gründung der Konstruktion erfolgte auf 37 Betonrüttelsäulen und 47 Schraubbohr-

Pfählen. Der Bahnhof und die Technikräume sind in Stahlbetonbauweise erstellt. In Zusammenhang mit der Planung der Bahn wurden neuartige Gondeln entwickelt: Die Gondeln, von denen je vier einen Zug bilden, werden nach dem Hochziehen oben in einer Langsamfahrpassage um ihre Vertikalachse gedreht, weil immer 2 Fahrgäste je Gondel in Fahrtrichtung und 2 Fahrgäste mit dem Rücken zur Fahrtrichtung sitzen. Nach dem Arretieren der Gondeln geht es den fast 30 m hohen Absturz hinunter, in dessen Verlauf auch die Spitzengeschwindigkeit erreicht wird. Im übrigen Bahnabschnitt werden die Gondeln noch einmal gedreht; anschließend kehren die Züge in den Bahnhof zurück. Bedingt durch die relativ hohen Geschwindigkeiten und die kleinen Radien wirkt auf die Fahrgäste bereichsweise die vierfache Erdbeschleunigung. Die Neigung des Fahrwegs ist deshalb so ausgelegt, dass die Beschleunigungskräfte vorrangig in Richtung der Wirbelsäule wirken und die unangenehmen Seitenbeschleunigungen möglichst klein bleiben. Die dem Streckenverlauf entsprechende Verwindung des Fahrwegs stellt dabei hohe Anforderungen an Planung, Fertigung und Montage. Gebildet wird der Fahrweg von zwei rohrförmigen Schienen und einem zentral unter der Gleisebene angeordneten Trägerrohr, das die Kräfte an die Türme bzw. Stützen weiterleitet. Alle Türme sind mit einer blau-grünlich schimmernden Spiegelverglasung eingehüllt, die dem gesamten Bauwerk einen unverwechselbaren Ausdruck verleiht. |

Achterbahn

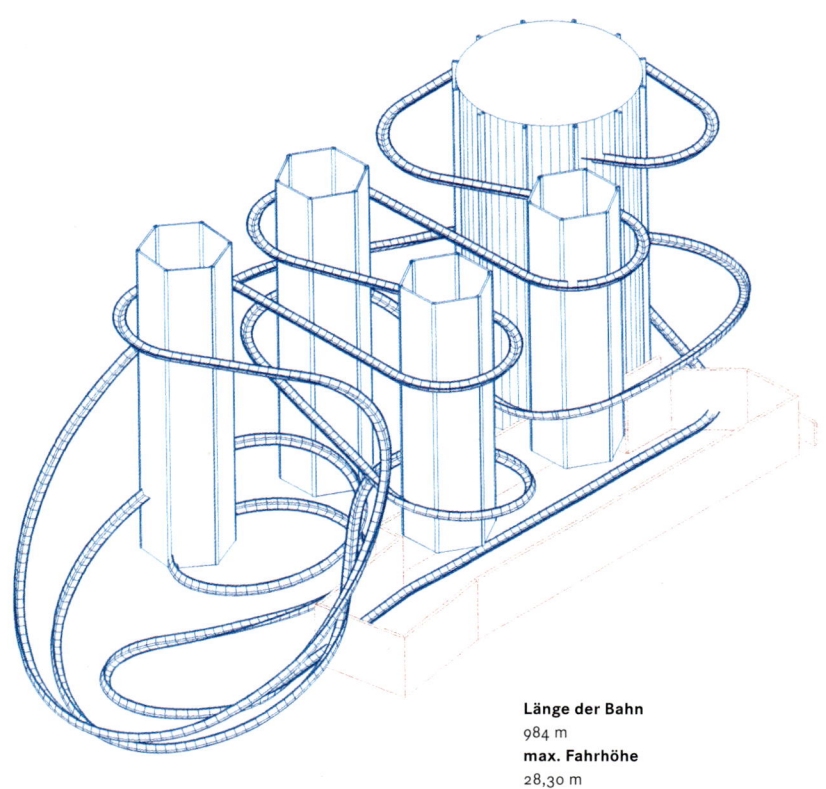

Länge der Bahn
984 m
max. Fahrhöhe
28,30 m
Höchstgeschwindigkeit
72 km/h
Fahrzeit
knapp 5 Minuten

Bauherr
Europa-Park, Freizeit- und
Familienpark, Mack KG, Rust
Ingenieure
F. Mack, Waldkirch, und Büro F. Weiß,
Freiburg i. Br.
Architekt
U. Damrau, Rust
Baufirma
Heinrich Mack GmbH & Co., Waldkirch
Inbetriebnahme
Sommer 1997

Neckarschleuse
ERWIN STARKER, 1872–1938

Wasserbau, Wasserwirtschaft und Wasserversorgung

Wasserbau, Wasserwirtschaft und Wasserversorgung

Dieses Kapitel macht deutlich, dass vom Bauingenieur im Wasserbau ein hohes Maß interdisziplinären Denkens erwartet wird. Dieses reicht vom konstruktiven Ingenieurbau mit Kenntnissen im Maschinenbau und in der Elektrotechnik bei den Wasserkraftanlagen über das Verkehrswesen im Verkehrswasserbau bis zur Hydrologie, Geologie und Biologie in der Wasserwirtschaft, beispielsweise bei der Renaturierung begradigter Wasserläufe.

Um den Überblick innerhalb dieses Kapitels zu wahren, wurde folgende Einteilung in Unterkapitel vorgenommen:
- **Verkehrswasserbau** (Flößerei, Wasserstraßen, Schleusen, Häfen)
- **Wasserkraftnutzung** (Mühlen, Laufwasserkraftwerke, Speicher- und Pumpspeicherkraftwerke)
- **Wasserrückhalt** (Talsperren, Hochwasserrückhaltebecken, Renaturierung)
- **Wasserversorgung**

Überschneidungen sind wegen der vernetzten Aufgabenbereiche unvermeidlich: Beispielsweise dient die Schwarzenbach-Talsperre sowohl der Wasserkraftnutzung als auch dem Wasserrückhalt bzw. die Talsperre Kleine-Kinzig dem Wasserrückhalt und der Wasserversorgung.

Bei der Fülle der Bauwerke wird der ausführlichen Darstellung charakteristischer Bauwerke der Vorzug gegenüber dem Versuch einer umfangreichen, dafür aber zwangsläufig oberflächlichen Beschreibung gegeben. So finden sich hier auch kleinere Anlagen und unscheinbar wirkende Bauwerke, weil sie vielerorts anzutreffen sind.

Obwohl die Distanz zwischen dem Trinkwasser (am Wasserhahn) und dem Abwasser (am Gully) nur 15 cm beträgt (womit verdeutlicht sei, wie leichtsinnig wir mit dem kostbaren Wasser umgehen), wird die Abwasserbehandlung nicht hier, sondern im Kapitel „Abfall und Abwasser" dargestellt.

Der **Verkehrswasserbau** beschränkt sich in Baden-Württemberg geographisch bedingt auf die Binnenschifffahrt, die Schiffbarmachung, den Ausbau und den Erhalt von Binnengewässern. Schiffbare Kanäle spielen hier keine große Rolle. Der Bau bzw. der Ausbau von Umschlags- und Betriebseinrichtungen kann dagegen wieder an Bedeutung gewinnen, wenn man bedenkt, dass den noch lange nicht ausgenutzten Transportkapazitäten auf dem Wasserweg überlastete Straßen und beschränkte Kapazitäten auf der Schiene gegenüberstehen.

Das Unterkapitel Verkehrswasserbau beginnt mit dem Beispiel einer historischen Wasserstraßennutzung, der Flößerei, weil sie ein ausgezeichnetes Beispiel dafür ist, wie man mit Einfallsreichtum und viel Fleiß Baumstämme zu Geld machen konnte. Für die heutigen Wasserstraßen wird anhand des Neckars gezeigt, wie im Laufe der Jahrhunderte ein ehemals stark mäandernder Fluss begradigt und für die Großschifffahrt ausgebaut wurde. Dabei wurde der Verkehrswasserbau sinnvoll mit der Wasserkraftnutzung und dem Hochwasserschutz kombiniert.

Mit der Staustufe Iffezheim am Rhein wird die für die Schifffahrt wichtigste Betriebseinrichtung einer Staustufe, die Schleuse, behandelt. Am Beispiel des Rhein-Neckar-Hafens in Mannheim wird dann noch eine in Baden-Württemberg bedeutende Umschlagseinrichtung beschrieben. Auch hier wurde in den letzten knapp 200 Jahren Beachtliches geleistet.

Die **Wasserkraftnutzung** ist eine vollkommen emissionsfreie Energiegewinnung. Aufgrund des steigenden Umweltbewusstseins und des Widerstandes gegen die Kernenergie gewinnt die Nutzung von Wasserkraft zur Stromerzeugung wieder an Bedeutung. In Baden-Württemberg werden etwa 8 % der Stromerzeugung durch Wasserkraft gedeckt; allerdings ist

damit hier auch das Potential weitgehend ausgenutzt. Neubauten wie das unscheinbare
Neckarkraftwerk in Heidelberg sind selten.
Zukünftige Aufgaben sind vor allem der Bau
von Kleinwasserkraftanlagen und der Ausbau
bzw. die Modernisierung der teilweise schon
sehr alten Kraftwerke.

Wasserkraftwerke lassen sich in Mühlen, Laufwasserkraftwerke, Speicher- bzw. Pumpspeicherkraftwerke einteilen. Aus Platzgründen
haben wir auf die Beschreibung von Wassermühlen ganz verzichtet und stellvertretend
für die frühere Nutzung der Wasserkraft eine
historische, wasserradbetriebene Hammerschmiede im Schwarzwald aufgenommen.
Es sei an dieser Stelle aber auf den erlebnis-
reichen und gut ausgeschilderten Mühlen-
wanderweg im Welzheimer Wald zwischen
Kaiserbach und Alfdorf hingewiesen, in dessen Verlauf die Heinlesmühle, die Menzles-
mühle (auch Cronmühle genannt), die
Ebersberger-Mühle, die Klingenmühle, die
Haghofer Öl- und Sägmühle, die Hagmühle,
die Meuschenmühle, die Mannholzer Ölmühle,
die Voggenbergmühle, die Vaihinghofer Sägmühle (im Volksmund auch Hummelgautsche
genannt) und die Welzheimer Obermühle,
teilweise mit erhaltenen Radstuben und Mahl-
einrichtungen, zu besichtigen sind.

Neben der Hammerschmiede haben wir noch
vier Laufwasserkraftwerke mit unterschiedlichen Nutzungen bzw. Aufgaben ausgewählt.
Für die Speicher- und Pumpspeicherkraftwerke stehen dagegen zwei gewaltige und eindrucksvolle Anlagen: die Schluchsee- und die
Hotzenwald-Werksgruppe.

Der **Wasserrückhalt** dient der Erhöhung der
Fallhöhe bei der Wasserkraftnutzung, dem
Hochwasserschutz und der Schaffung eines
Speichers bei der Trinkwasserversorgung.

Der Rückhalt wird im Allgemeinen durch
Talsperren in Form von Staudämmen oder
Staumauern bewerkstelligt. Die Staudämme
werden dabei in homogene Dämme oder in
gegliederte Dämme mit außen bzw. innen
liegender Dichtung unterteilt. Bei den Stau-

mauern wiederum unterscheidet man zwischen Bogenmauern, Gewichtsmauern oder
einer Kombination aus beiden, wobei Gewichtsmauern massiv oder aufgelöst ausgeführt werden. Die ausgewählten Beispiele
berücksichtigen diese unterschiedlichen Aus-
führungsformen: Es werden ein Staudamm
mit schmalem Dichtungskern, eine Schwergewichtsmauer und eine beeindruckende Gewölbereihenmauer vorgestellt.

Aus ökologischer Sicht wird der Hochwasserrückhalt zunehmend mit Renaturierungsmaßnahmen gekoppelt, wodurch großflächige
Poldergebiete und Überschwemmungsflächen
ausgewiesen werden. Diese Maßnahmen sind
in Baden-Württemberg vor allem im Zuge
des vom Land durchgeführten „integrierten
Rheinprogramms" und „integrierten Donau-
programms" zu beobachten. Für die Hochwasserrückhaltebecken wurde stellvertretend
ein System von elf Becken im Einzugsgebiet
der Lein ausgewählt, für die Renaturierung
je eines der Projekte aus dem „integrierten
Rheinprogramm" und dem „integrierten
Donauprogramm".

Weltweit gesehen ist die **Wasserversorgung**
ein ganz dringliches Zukunftsproblem. Der
Anstieg der Lebenserwartung eines Menschen
ist zu einem großen Teil auf die Verbesserung
der hygienischen Verhältnisse durch die Wasserversorgung zurückzuführen.

In Baden-Württemberg gibt es glücklicherweise ausreichend Wasser. Die Wasserversorgungsverbände müssen hier primär für einen
Ausgleich zwischen den Wassermangel- und
den Wasserüberschussgebieten sorgen. Der
Bedarf an Trinkwasser wird in Baden-Württemberg zu 80 % mit Grund- und Quellwasser
und zu 20 % mit Oberflächenwasser gedeckt,
wobei die Grundwasserförderung der Ober-
flächenwasserförderung aufgrund der Reinheit
des Wassers vorgezogen wird.

Als „Erfinder" der überörtlichen Wasserversor-
gungssysteme gilt Karl Ehmann. Er baute in
den Jahren 1870/71 für das Wassermangelgebiet der Schwäbischen Alb das Pumpwerk

Teuringshofen, das Flusswasser aus dem Tal
zu drei höhergelegenen Gemeinden förderte.
Dies war der Anfang einer stürmischen Entwicklung, die auch zwei Weltkriege nicht
stoppen konnten.

Dem Teuringshofer Pumpwerk folgen noch
die Beschreibungen der beiden größten Fern-
wasserversorger Baden-Württembergs: die
Landeswasserversorgung und die Bodensee-
Wasserversorgung.

Wilhelmskanal, Heilbronn

WILDBAD-CALMBACH
Seeligfloßstube

Die Geschichte der Flößerei im Schwarzwald reicht bis in das 13. Jahrhundert zurück. Vor allem der im 17. Jahrhundert einsetzende Holzhandel mit den Holländern trug dazu bei, dass auch kleinste Wasserläufe für die Flößerei genutzt wurden. Die meist niedrigen Abflüsse dieser Wasserläufe hätten es natürlich nicht erlaubt, sie mit Flößen, die in der Tat bis zu 750 m lang waren, zu „befahren". Dafür mussten zahlreiche Einrichtungen, wie Floßstuben (auch Schwallung, Schwellraum oder Wasserstuben genannt) und Einbindestuben, erbaut werden. Die Einbindestuben dienten dem Zusammenbinden der einzelnen Baumstämme, während in den Floßstuben die Gewässer durch ein Stau-*Wehr* aufgestaut wurden.

Die Kleine Enz ist ein 19,7 km langes Flüsschen, das im Schnitt 16,30 m pro Kilometer fällt und von daher ideale Voraussetzungen für die Flößerei mit sich bringt, nicht aber seitens der Wasserführung von weniger als 1 m³/s. Die deshalb vermutlich bereits in der ersten Hälfte des 18. Jahrhunderts erbaute Seeligfloßstube ist die größte von zehn Floßstuben auf der Kleinen Enz oberhalb von Calmbach, wo Große Enz und Kleine Enz zusammenfließen. Sie wurde

Wegbeschreibung
Von Pforzheim auf der B294 nach Wildbad-Calmbach fahren. Dort auf der B294 bleiben, in Richtung Freudenstadt weiterfahren und nach ca. 4 km rechts beim Campingplatz parken. Weiter zu Fuß den Waldweg entlang der Kleinen Enz zurück in Richtung Calmbach. Nach 1 km liegt rechter Hand die Seeligfloßstube.

Hinweis
In Calmbach kann sonntags zwischen 14 und 17 Uhr das Heimat- und Flößereimuseum in der Bergstraße 1 besucht werden.

zugleich als Einbindestube und zum Aufstau des Wassers genutzt. So gelangte das Holz von der Kleinen Enz über die Enz, den Neckar und den Rhein bis nach Holland. Mitte des 19. Jahrhunderts erreichte die Flößerei ihren Höhepunkt. Durch den Bau von Eisenbahnlinien und anderer Verkehrswege folgte dem Höhepunkt der Flößerei ihr baldiges Aus. Im Jahre 1906 fuhr auf der Kleinen Enz offiziell das letzte Floß. Die durch ein Hochwasser im Jahre 1919 fast völlig zerstörte Seeligfloßstube wurde aus historischen Gründen Anfang der achtziger Jahre aufwendig restauriert.

Verkehrswasserbau

Funktionsweise

Zur Herstellung eines Floßes in einer Einbindestube mussten die einzelnen Baumstämme
nebeneinander zu „Gestören" zusammengebunden werden. Dazu wurden Wieden verwendet – das waren Fichtenzweige, die dadurch
biegsam gemacht wurden, dass sie in einem
Ofen erhitzt und anschließend verdrillt wurden.
Ebenfalls mit Wieden wurden dann die einzelnen Gestöre mit einem so großen Abstand hintereinander gekoppelt, dass das Floß für
Kurven und Unebenheiten ausreichend gelenkig war. Die Länge und die Breite der Gestöre
nahm grundsätzlich von vorne nach hinten zu.
Die Flöße auf der Kleinen Enz durften bis
zu 280 m lang und 3,40 m (11 Fuß) breit sein.

Um das Floß lenken zu können, wurde auf dem
ersten Gestör ein Stamm befestigt, mit dem
es vom zweiten Gestör aus in eine bestimmte
Richtung gedrückt werden konnte. Der Trick
bei der Flößerei war nun, aus einer Öffnung in
der Floßstube eine Welle abgehen zu lassen,
auf der das Floß „fahren" (heute würde man
„surfen" sagen) konnte.

Da das Floß im Normalfall schneller war als
diese Welle, musste es von Zeit zu Zeit abge-
bremst werden. Auch auf kurvenreichen
Strecken, wenn die schweren, hinteren Gestöre auf die vorderen drückten und dadurch
die Gefahr eines Knickes im Floß bestand,

musste gebremst werden. Dafür gab es auf
dem vorletzten Gestör einen „Sperrstimmel",
einen Stamm, der durch das Gestör hindurch
zum Bremsen gegen die Flusssohle gestemmt
wurde. Um die Flöße durch die aufeinander
folgenden Floßstuben zu bugsieren, musste
ein Mann vorauslaufen und in der nächsten
Floßstube, kurz bevor sie vom Floß erreicht
wurde, die *Wehr*-Tafel anheben, um im Stau-
Wehr ein „Floßloch" zu öffnen, durch das das
Floß dann fahren konnte. Zugleich wurde
dadurch wieder eine Welle erzeugt, auf der das
Floß dann bis zur nächsten Floßstube „fuhr".

Bauwerksbeschreibung

Das Stau-*Wehr* selbst hat drei *Wehr*-Felder. In
der Mitte ist der ca. 4 m (13 Fuß) breite Durchlass für die Flöße, das Floßloch. Die Flöße
mussten mindestens 2 Fuß schmaler sein als
das Floßloch. Links und rechts begrenzen
1,10 m breite und 3,30 m lange Steinmauern
das Floßloch; diese Mauern werden talwärts
durch ca. 3 m lange Wände aus Kiefernholz-
balken verlängert. So wird das Wasser kanali-
siert und es ist unmittelbar nach dem Floßloch
ausreichend Wasser für das Floß vorhanden,
weil es nicht seitlich abfließen kann. Auf den
Mauern stehen zwei eichene Pfosten (Saulen)
mit gabelförmigem Kopf, in denen eine Welle
(Haspel) lagert; durch deren Enden sind je
zwei Stangen (Rungen) gesteckt, mit denen
die Haspel gedreht werden kann. So werden

zwei eiserne Ketten, an denen die *Wehr*-Tafel hängt, um die Haspel gewickelt, wodurch die *Wehr*-Tafel gehoben bzw. gesenkt werden kann. Auf der einen Seite des Floßloches wird das Wasser durch eine Mauer gestaut – mit einem steinernen Tosbecken darunter für den Überlauf. Auf der anderen Seite des Floß- loches findet sich eine 8,30 m breite Öffnung, die zum Stau mit aufeinander liegenden Dielen versperrt werden kann. Auf dieser Seite der Floßstube hat die Kleine Enz nämlich eine Ausbuchtung mit einer ganz geringen Strö- mung, so dass sich dort Sand, Geröll und Laub ablagern. Um die Verlandung zu vermeiden, blieb diese Öffnung, wenn nicht geflößt wurde, offen, so dass das Geschiebe vom Wasser mitgenommen wurde. Oberwassersei- tig findet sich auf ganzer Breite der Stauung ein in Fließrichtung leicht ansteigender Die- lenboden (die Stichpritsche), der auf ein am Flussgrund eingelegtes Gerippe aus Balken aufgenagelt ist. Diese Stichpritsche soll die Flusssohle und die *Schwelle* des Floßloches vor Beschädigungen durch das einlaufende Floß schützen. Unterwasserseits gibt es auch einen Dielenboden (die Abfallpritsche), der verhindert, dass das vorderste Gestör nach Passieren der *Wehrschwelle* überkippt und sich in die Flusssohle rammt.

Verweis auf ähnliche Bauwerke

An der Kleinen Enz bei Simmersfeld gibt es noch die vordere Neubach-Wasserstube, die zweite der ehemals zehn Floßstuben an der Kleinen Enz. Sie liegt nur etwa ein bis zwei Kilometer unterhalb des Bachursprungs. Die Nonnenwag-Wasserstube an der Nagold ist eine etwas „modernere" Floßstube, weil bei ihr schon Metallteile verwendet wurden. Sie liegt etwa 2 km nördlich von Bad Liebenzell. Ebenfalls an der Nagold, etwa 4 km östlich von Altensteig, gibt es eine weitere, sehr schön hergerichtete Floßstube, die Monhardter Wasserstube.

Mit etwas Geduld kann man entlang der Kinzig und ihren Nebenflüssen weitere alte Flößerein- richtungen entdecken. An dieser Strecke gibt es in manchen Orten auch Museen über die Flößerei, wie in Schiltach oder Gengenbach. |

Literatur- und Bildquellenverzeichnis
FISCHER, H.
Joggele sperr!
Flößergeschichte,
Pforzheim 1983

Gesamtbreite
ca. 20 m
Floßlochbreite
4 m
Zulässige Floßlänge
280 m

Bauherr
Königliche Floßinspektion
Bauzeit
vermutlich erste Hälfte
des 18. Jahrhunderts

Verkehrswasserbau

HEILBRONN
Neckarwasserstraße ● ●

Der Neckar entspringt im Schwenninger
Moos bei Villingen-Schwenningen. Nach
367 km und 610 m tiefer mündet er in Mannheim in den Rhein. Die 203 km lange Strecke
zwischen Plochingen und Mannheim, auf
der der Neckar 161 m fällt, ist er schiffbar.
Das war nicht immer so. Zwar wurde schon
vor mehr als 150 Jahren Schifffahrt auf dem
Neckar betrieben; doch war dies wegen der
geringen Wassertiefe neben Flößen nur
kleineren Schiffen möglich. Bei Niedrigwasser „fuhr" gar nichts.

Geschichte

Schon Anfang des 17. Jahrhunderts versuchte
man, den Neckar schiffbar zu machen. Neben
den Mühl-*Wehren,* mit denen das Wasser auch
aufgestaut wurde, um mehr Wassertiefe zu
gewinnen, wurden Schiffsgassen angelegt, damit die Schiffe die *Wehre* überwinden konnten.
Für die Bergfahrt der Schiffe waren die
Schiffsgassen allerdings stets ein Problem,
denn die damals noch üblichen Zugtiere
kamen oft nicht gegen die Strömung in den
Schiffsgassen an. Im Jahre 1829 wurde in
Besigheim die erste Kammerschleuse am
Neckar gebaut, die eine Schiffsgasse überflüssig machte. So verschwanden die Schiffsgassen nach und nach.

Um den Hochwassern und den damit verbundenen Veränderungen des Flusslaufs zu begegnen, wurde der Neckar zudem stellenweise
begradigt und befestigt, beispielsweise zwischen Obertürkheim und Cannstatt in den
Jahren 1926 bis 1936.

Mitte des 19. Jahrhunderts, mit dem Bau der
Eisenbahnen, kam die Schifffahrt zum Erliegen. Alle bis zur Jahrhundertwende gebauten Anlagen zur Schiffbarmachung des Neckars waren ohnehin nur Stückwerk; ab 1879
verkehrten nur noch unterhalb von Heilbronn
Schiffe. Nach der Jahrhundertwende entschlossen sich die Regierungen von Württemberg, Baden und Hessen, den Ausbau des
Neckars von Mannheim bis Plochingen zur
Großschifffahrtsstraße anzustreben. Dafür
wurde im Jahre 1921 die Neckar-AG gegründet, die sich vertraglich dazu verpflichtete,
den Neckar zwischen Mannheim und Plochingen für die Großschifffahrt auszubauen. Dafür
erhielt sie die Konzession, die bei der Aufstauung entstehenden Wasserkräfte bis zum Jahr
2034 zu nutzen. Der Ausbau des ERSTEN
ABSCHNITTS zwischen Mannheim und Heilbronn mit elf Staustufen war 1935 fertig. Der
Bau des ZWEITEN ABSCHNITTS zwischen
Heilbronn und Stuttgart mit zwölf Staustufen

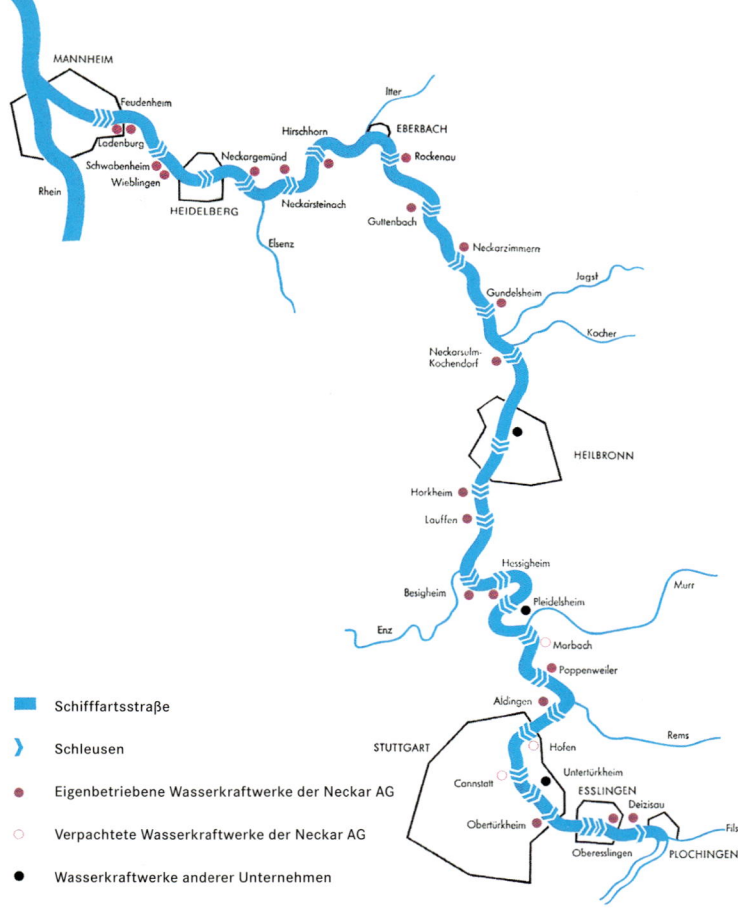

Schifffahrtsstraße

⟩ Schleusen

● Eigenbetriebene Wasserkraftwerke der Neckar AG

○ Verpachtete Wasserkraftwerke der Neckar AG

● Wasserkraftwerke anderer Unternehmen

konnte erst nach dem Zweiten Weltkrieg Stück für Stück vorangetrieben werden, bis im Jahre 1958 der Stuttgarter Hafen feierlich an das deutsche Wasserstraßennetz angeschlossen werden konnte. Der DRITTE und letzte ABSCHNITT bis Plochingen mit vier Staustufen wurde zehn Jahre später in Betrieb genommen.

Bauwerksbeschreibung

Wenn die beiden Kraftwerke Heidelberg und Esslingen demnächst fertig gestellt sind, wird an allen 27 Staustufen mit Schleusen der Neckar-AG zwischen Plochingen und Mannheim Strom aus Wasserkraft erzeugt. Diese Kraftwerke sind entweder in Buchten oder in Seitenkanälen untergebracht.

Name	Lage	Hubhöhe	Kammerzahl	Länge x Breite
	[km]	[m]		[m]
Feudenheim	6,21	10,00	3	108,6 x 12,0
				105,0 x 12,0
				190,0 x 12,0
Schwabenheim	17,68	8,70	2	109,0 x 12,0
				107,7 x 12,0
Heidelberg	26,14	2,60	2	109,0 x 12,0
Neckargmünd	30,86	3,90	2	110,0 x 12,0
Neckarsteinach	39,30	4,70	2	110,0 x 12,0
Hirschhorn	47,74	5,30	2	110,0 x 12,0
Rockenau	61,43	6,00	2	110,0 x 12,0
Guttenbach	72,21	5,30	2	110,0 x 12,0
Neckarzimmern	85,95	5,60	2	109,0 x 12,0
Gundelsheim	93,86	4,20	2	110,0 x 12,0
Kochendorf	103,89	8,00	2	110,0 x 12,0
				109,5 x 12,0
Heilbronn	113,59	3,20	2	110,0 x 12,0
Horkheim	117,53	7,30	2	110,0 x 11,9
Lauffen	125,17	8,40	2	109,0 x 11,9
Besigheim	136,23	6,30	2	106,0 x 11,9
Hessigheim	143,01	6,20	2	110,0 x 11,9
Pleidelsheim	150,11	8,00	2	110,0 x 11,9
Marbach	157,63	6,00	2	110,0 x 11,9
Poppenweiler	165,00	7,00	2	110,0 x 11,9
Aldingen	171,99	3,60	2	110,0 x 12,0
Hofen	176,26	6,80	2	110,0 x 11,9
Cannstatt	182,71	5,40	2	107,5 x 11,9
Untertürkheim	186,45	3,65	2	110,0 x 11,8
Obertürkheim	189,52	8,35	2	110,0 x 11,9
Esslingen	193,99	5,20	2	110,0 x 11,9
Oberesslingen	194,84	5,90	2	110,0 x 11,9
Deizisau	199,58	5,10	1	110,0 x 11,9

Zum größten Teil fließt der Neckar auf der Strecke zwischen Mannheim und Plochingen in seinem natürlichen Flussbett, zu etwa 15 % verläuft er in Schleusen- oder Seitenkanälen.

Der ERSTE ABSCHNITT zwischen Mannheim und Heilbronn ist mit etwa 114 km bei etwa 65 m Höhendifferenz der längste. Aufgrund des damals erwarteten niedrigen Verkehrsaufkommens wurden seine 11 Schleusen bis auf Feudenheim und Heidelberg vorerst einkammerig ausgeführt. Vorausschauend wurde allerdings Platz für eine weitere Kammer vorgesehen. Bereits 1952, noch während des

Ausbaus des ZWEITEN ABSCHNITTS zwischen Heilbronn und Stuttgart, begann man, die zweiten Schleusenkammern im ersten Abschnitt zu bauen, um sie 1960 fertig zu stellen.

Als der Neckar in die europäische Wasserstraßenklasse IV a eingestuft wurde, mussten die Schleusen, die für nur 1.200 t schwere Schiffe ausgelegt waren, in den siebziger Jahren für 1.350 t ausgebaut werden, was aber mit geringfügigen konstruktiven Änderungen möglich war. Nur bei der Staustufe Feudenheim, kurz vor Mannheim, wurde dafür eine dritte Schleusenkammer mit 190 m Länge und 12 m Breite hinzugefügt. Die neue Einstufung des Neckars erforderte auch eine Wassertiefe von 2,80 m bei mittlerem Abfluss statt bisher 2,50 m.

Der ZWEITE ABSCHNITT zwischen Heilbronn und Stuttgart hat eine Länge von etwa 73 km. Sein vor allem zwischen den Staustufen Lauffen und Poppenweiler stark mäandernder Verlauf wurde – von einigen Ausnahmen abgesehen – natürlich belassen. In diesem Abschnitt beträgt die Wassertiefe noch 2,50 m; der Ausbau auf 2,80 m ist allerdings bereits im Gange.

Einige der zwölf Stauanlagen wurden schon vor 1935 zur Wasserkraftnutzung gebaut, wie zum Beispiel Lauffen, wo es 1891 das erste Mal gelang, den erzeugten Strom ohne erhebliche Verluste über eine längere Distanz zu übertragen. Beim zweiten Abschnitt mussten neben dem Bau neuer Staustufen vor allem die älteren ausgebaut werden. Nach dem Zweiten Weltkrieg, etwa ab 1954, setzte beflügelt durch das ehrgeizige Ziel eines baldigen Anschlusses Stuttgarts an das deutsche Wasserstraßennetz ein wahrer Bauboom ein. Die Schleusen des zweiten Abschnitts sind inzwischen alle zweikammerig. Im Oberhaupt wurden im allgemeinen Hubtore angeordnet, die sich auch problemlos öffnen lassen, wenn die Schleuse gleichzeitig zur Hochwasserabfuhr dient. Im Unterhaupt hingegen ordnete man Stemmtore an, die sich durch eine niedrige Bauhöhe auszeichnen. Sogenannte umlegbare Hubtore findet man bei den Unterhäuptern der

Schleusen in Pleidelsheim, Marbach, Poppen- weiler und Hofen. Sie stehen senkrecht, wenn sie geschlossen sind, und gehen, wenn sie sich öffnen, durch eine kombinierte Translati- ons- und Rotationsbewegung entlang einer Viertelkreisbahn in die Horizontale über. Dies hat den großen Vorteil, dass die Bauhöhe der Schleusentürme wesentlich niedriger gehalten werden kann. Eine Abwandlung dieser umleg- baren Hubtore ist das sogenannte Hubdrehtor, das es bei der Staustufe Cannstatt zu sehen gibt. Beengte Platzverhältnisse in Längsrich- tung zwangen hier zu solch einer Lösung, denn während sich das umlegbare Hubtor gegen das Unterwasser öffnet und dadurch in der Länge zusätzlichen Platz beansprucht, führt das Hubdrehtor erst eine senkrechte Translations- und anschließend eine Drehbe- wegung aus und bewegt sich dabei in Rich- tung der Schleusenkammer.

Der DRITTE ABSCHNITT zwischen dem Stutt- garter Hafen und Plochingen hat eine Länge von 14 km. Zwei Neckardurchstiche wurden hier bereits Anfang der zwanziger und Mitte der dreißiger Jahre als Arbeitsbeschaffungs- maßnahmen durchgeführt. Zudem errichtete man, lange bevor der Hafen in Stuttgart fertig gestellt werden konnte, ein *Wehr* und ein Kraftwerk in Oberesslingen. Ein weiterer Neckardurchstich wurde bei Plochingen voll- zogen, um das Gebiet zwischen dem Altarm und dem Neckarkanal für den Plochinger Hafen nutzen zu können.

Bei Deizisau liegen die beiden Wärmekraft- werke Altbach I und Altbach II *siehe Seite 663* direkt am Neckar. Sie entnehmen zur Kühlung Neckarwasser aus dem Oberwasser der Stau- stufe Deizisau und leiten es nach der Kühlung in das Unterwasser. Bei Niedrigwasser über- steigt der Kühlwasserbedarf (max. 13,5 m³/s) den Neckarabfluss erheblich. Dann wird die Laufrichtung der beiden *Kaplan-Rohrturbinen* im Kraftwerk Deizisau umgekehrt und das Wasser vom Unterwasser ins Oberwasser gepumpt, wodurch ein Kühlkreislauf für die Wärmekraftwerke entsteht – ein aus ökologi- scher Sicht bedenkliches Verfahren!

Bis auf die einkammerige Schleuse bei Deizis- au wurden, wenn auch erst nachträglich, alle vier Schleusen des dritten Abschnitts zwei- kammerig ausgebildet. Die Schleusenkammern sind entlang des gesamten Neckars mit nahe- zu gleichen Abmessungen ausgeführt worden: Ihre Länge beträgt meist 110 m, ihre Breite etwa 12 m. Da einkammerige Schleusen fast doppelt so viel Wasser verbrauchen wie zwei- kammerige, bei denen das Wasser zwischen den zwei Kammern hin und her gepumpt wer- den kann, wurden neben den einkammerigen Schleusen sogenannte Sparbecken angeord- net, um bei Niedrigwasser über genügend Schleusungswasser zu verfügen. Nachdem die Schleusen mit einer zweiten Kammer aus- gerüstet worden waren, konnten die Spar- becken entfallen. Weil bei der Staustufe Deizisau vom Unterwasser ins Oberwasser gepumpt werden kann, war hier kein Spar- becken nötig.

Insgesamt wird der Neckar zwischen Stuttgart und Plochingen in einem überwiegend begra- digten, künstlichen Wasserbett geführt und durch Dämme und aufgehöhte Ufer von sämt- lichen Überflutungsflächen abgeschnitten, hat also dort seinen natürlichen Flusscharakter weitestgehend verloren.

Verweis auf ähnliche Bauwerke
Außer dem Neckar wird in Baden-Württem- berg nur noch der Rhein als Wasserstraße genutzt. Auch hier gibt es mehrere Staustufen mit Schleusen *siehe Staustufe Iffezheim, Seite 560.* |

Literatur
Wasserwirtschaft
Heft 6, 1958, und Heft 8, 1968

Neckar-AG u.a. (Hrsg.)
Großschiffahrtsstraße Neckar
Stuttgart 1985

Länge 203 km
Fallhöhe 161 m
Staustufen 27 (siehe Tabelle)

Bauherr Neckar-AG
Bauzeit 1921–1968 (in Abschnitten)

Verkehrswasserbau

IFFEZHEIM
Rheinstaustufe ● ●

Als in den Jahren zwischen 1817 und 1886 der Oberrhein zwischen Basel und Karlsruhe nach den Plänen des Baumeisters Johann Gottfried Tulla (1770–1828) begradigt und in ein schmaleres Flussbett gezwängt wurde, dachte man noch nicht daran, dass sich der Rhein nach ca. 100 Jahren so weit in das anstehende Gestein gegraben haben würde, dass der Grundwasserspiegel links und rechts des Rheins auf eine für Pflanzenwelt und Schifffahrt bedenkliche Tiefe absänke. Um dieser durch die Tullasche Rheinkorrektur und die darauf folgenden Maßnahmen entstandenen, fortschreitenden Sohlerosion und der damit verbundenen Grundwasserabsenkung Einhalt zu gebieten, wurde von den beiden Anrainerstaaten Deutschland und Frankreich im Juli 1969 ein Vertrag über den Bau von zwei weiteren Staustufen unterzeichnet. Acht Staustufen wurden zwischen Basel und Strasbourg (F) bereits verwirklicht. Zusätzlich sollten die Gemeinschaftswerke der beiden Staaten der Kanalisierung des Flusses und der Erzeugung elektrischer Energie bei weitestgehender Erhaltung der oberrheinischen Landschaft dienen.

Wegbeschreibung
Über die A5 Karlsruhe–Basel, Ausfahrt Baden-Baden, und die B500 nach Frankreich. Direkt vor dem Brückenbauwerk der Staustufe liegt linkerhand ein Parkplatz.

Die ERSTE STAUSTUFE, Gambsheim (F) bei Rhein-km 309, deren Bauherr Frankreich war, konnte bereits im Jahre 1974 feierlich eingeweiht werden. Die Bauherrschaft für die ZWEITE STUFE, Iffezheim bei Rhein-km 334, die eine nahezu spiegelverkehrte Version der Staustufe Gambsheim ist, übernahm die Bundesrepublik Deutschland. Sie konnte im Dezember 1977 vollständig in Betrieb genommen werden.

Bauwerksbeschreibung
Die Staustufe Iffezheim besteht hauptsächlich aus zwei Seitendämmen, einem beweglichen *Wehr*, einem Damm quer zur Flussachse, einem Kraftwerk sowie zwei Schleusenkammern. Brückenbauwerke über das *Wehr*, das Kraftwerk und die *Unterhäupter* der Schleusen sowie eine Straße auf dem Querdamm verbinden die beiden Staaten miteinander. Zwischen den Seitendämmen wird der Fluss aufgestaut. Sie liegen parallel zu dem

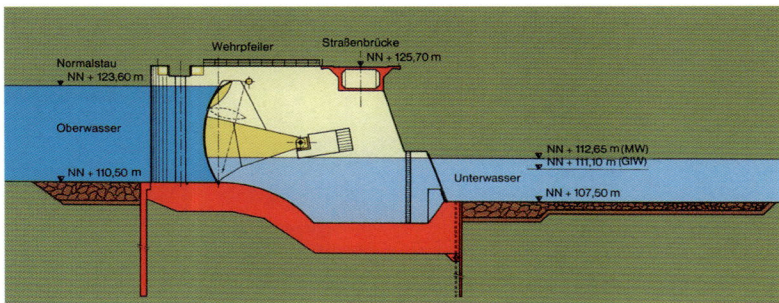

durch die Tullasche Korrektur entstandenen Mittelwasserbett. Die Dämme wurden aus einem Kies-Sand-Gemisch aufgeschüttet und enthalten einen Dichtungskern aus schwach bindigem, schluffigem Feinsand. Um die Unterströmung der Dämme einzuschränken, wurden unter dem Dichtungskern noch Dichtungsschürzen von 6 bis 14 m Länge angebracht, deren Oberkante in den Dichtungskern einbindet. Die Dammkronenbreite beträgt 5,50 m. Zum Schutz vor Wellenauflauf, der vor allem durch Schiffe verursacht wird, ist die Wasserseite bis knapp unter die Krone mit Bruchsteinen abgedeckt; im Bereich der Vorhäfen ist der Damm außerdem noch durch eine Asphaltbetonschicht gesichert. Die Landseite ist begrünt. Neben den Dämmen auf der Landseite sind Gräben angebracht, die das Druckwasser zum Unterwasser hin abführen. Das *Wehr*, welches auf der französischen Seite liegt, hat sechs Öffnungen mit je 20 m lichter Weite. Diese sind mit Segmentverschlüssen und verstellbaren Aufsatzklappen ausgestattet. Das *Segmentschütz* wird über zwei symmetrisch angeordnete Getriebe betätigt, die Aufsatzklappen mittels eines hydraulischen Servozylinders. Beide Vorgänge werden durch einen Rechner gesteuert. Über das *Wehr* können im Falle des Bemessungshochwassers von 7.500 m³/s selbst bei Ausfall einer der sechs Öffnungen bis zu 7.050 m³/s Wasser abgeführt werden. Für den Rest werden dann die Turbinen des Kraftwerks herangezogen, die speziell für diesen Fall ausgelegt sind. Für die Fische ist im linken Landpfeiler eine *Fischtreppe* vorgesehen.

Der an das *Wehr* anschließende, ca. 300 m lange Querdamm ist aus einem Sand-Kies-Gemisch aufgeschüttet worden. Er hat eine oberwasserseitige Dichtung mit einer daran anschließenden Dichtungsschürze. An der Dammkrone beträgt die Breite 14 m. An den Querdamm schließt sich das Kraftwerk an. Es nützt bei mittlerem Abfluss eine Wasserspiegeldifferenz von ca. 10,80 m aus; die Ausbauwassermenge liegt zwischen 1.000 und 1.100 m³/s. Das Wasser strömt durch vier gewaltige, horizontal liegende *Kaplan-Rohrturbinen* mit einem *Laufrad*-Durchmesser von 5,80 m. Bei ihnen sind jeweils Turbinenaggregat, Getriebe und Generator in einer von allen Seiten umströmten Stahlbirne untergebracht. Damit kann bei einer Drehzahl von 100 U/min insgesamt eine Leistung von 108 MW bzw. eine Jahresnettoerzeugung von 685 GWh erreicht werden, die fast für eine Stadt wie Heidelberg (ca. 120.000 Einwohner) ausreicht. Neben dem Kraftwerk liegt auf deutscher Seite die Schleuse – eine Doppelkammerschleuse, mit geringem Platzbedarf, niedrigem Schleusungswasserverbrauch sowie hohen Steig- und Fallgeschwindigkeiten.

Die Schiffe müssen bei Normalaufstau ca. 10,80 m Höhendifferenz überwinden. Die beiden Schleusenkammern haben jeweils eine Breite von 24 m, eine Länge von 270 m und erlauben es zum Beispiel, sechs Motorgüterschiffe der Europaklasse gleichzeitig zu schleusen. Sie können mit 165 m³/s gefüllt und entleert werden, was einer Steig- und Fallgeschwindigkeit von ca. 1,50 m/min

Verkehrswasserbau

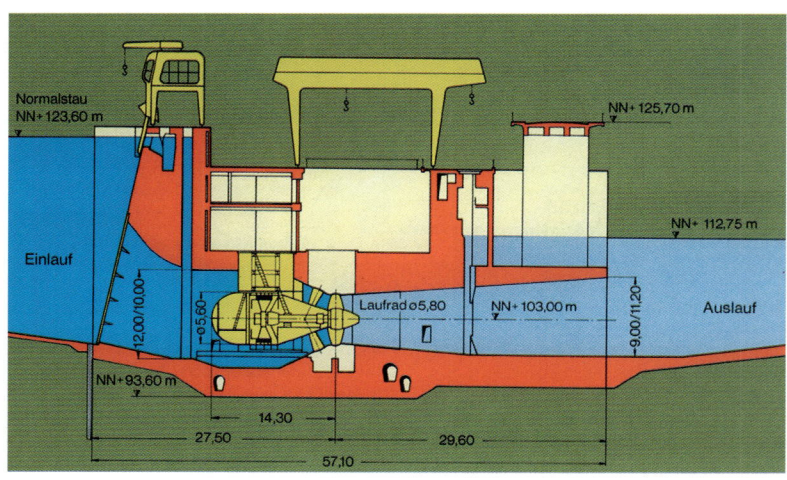

entspricht. Für einen Schleusungsvorgang genügen also 15 Minuten. Für die Füllung bzw. Entleerung wurde das sogenannte „Multiportsystem" mit unten in den Seitenwänden der Kammern angebrachten Längs- und Stichkanälen gewählt (pro Schleusenkammer 960 Stück mit einem Durchmesser von 20 cm). Dies hat den großen Vorteil, dass das Wasser über die gesamte Länge zugeführt bzw. entnommen wird, wodurch Schwall- und Sunkerscheinungen sowie größere Längsströmungen stark reduziert werden. Beim Füllen wird das Wasser derart eingeleitet, dass eine Strömung entsteht, die die Schiffe in Kammermitte hält. Zum Füllen der Schleusenkammern wird das Wasser aus dem oberen Schleusenvorhafen entnommen; beim Entleeren wird es jeweils zur Hälfte in die unteren Schleusenvorhafen und in den unteren Kraftwerkskanal abgelassen.

Die Schleusungen lassen den Ober- bzw. Unterwasserspiegel um ca. 1 cm schwanken, was geringfügige Auswirkungen auf den Kraftwerksbetrieb hat. Auch um diese Schwankungen ein wenig zu dämpfen, wurden die langen Kaimauern angelegt, welche die Schleusenvorhäfen von den Kraftwerkskanälen im Ober- und Unterwasser voneinander trennen.

Die Wassertiefe in den Schleusen beträgt mindestens 3,50 m bei einem Abfluss von 575 m³/s, was im langjährigen Mittel nur an 20 (eisfreien) Tagen im Jahr auftritt bzw. unterschritten wird. Dies garantiert auch den Schleusenbetrieb bei sehr niedrigen Wasserständen. Als Verschlüsse der Schleusenkammern dienen jeweils zwei schwere Stahltore. Das Tor im *Oberhaupt* kann nach unten abgesenkt werden, während das andere im *Unterhaupt* seitlich in eine dafür vorgesehene Nische verfahren werden kann. Zum Schutz der beiden Tore wurden sowohl im *Ober-* als auch im *Unterhaupt* zwei Stoßbalken aus Stahl angebracht, die auf Höhe des Wasserspiegels mitfahren, wenn sich bei einem Schleusungsvorgang Schiffe in der Schleusenkammer ganz vorne oder ganz hinten befinden. Die Kammerwände wurden als Schwergewichtsmauern aus Stahlbeton ausgeführt, die nach unten treppenförmig abgestuft breiter werden. Dazwischen wurde eine mit seitlichen Fugen versehene Sohlplatte aus massivem Beton eingespannt. Sie wurde für den vollen Sohlwasserdruck bemessen, damit keine Grundwasserhaltung notwendig wird, was vor allem dann ein großer Vorteil ist, wenn bei Reparaturarbeiten die Kammer leergepumpt werden muss.

Die Schleusenvorhäfen dienen den auf die Schleusung wartenden Schiffen als Ankerplatz und haben jeweils eine Länge von 750 m bzw. eine Breite von 125 m gemessen zwischen den Dalben, die ihrerseits in Längsrichtung einen Abstand von 35 m haben. Die Schleusungsvorgänge werden von zwei Turmbauwerken auf dem 15 m breiten Mittelkai – der Schiffsleitstelle im *Oberhaupt* und dem Zentralsteuerstand im *Unterhaupt* – aus überwacht und koordiniert.

Bemerkenswert sind bei solchen Baumaßnahmen auch die baubetrieblichen Abläufe. Zunächst wurden etwa zeitgleich die Arbeiten an der Schleuse, dem Kraftwerk und dem *Wehr* ausgeführt, während der Rhein nach wie vor durch sein ca. 300 m breites Flussbett floss. Nach dem Fluten der Buchten, in denen Schleusen, *Wehr* und Kraftwerk liegen, konnte dann der Querdamm aufgeschüttet werden. Dabei sorgten die Schleusen und das *Wehr* für den Wasserabfluss. Erst zum Schluss wurde das Kraftwerk nach und nach in Betrieb genommen.

Verweis auf ähnliche Bauwerke

Staustufen dieser Größenordnung findet man in Baden-Württemberg nur am Oberrhein. Insgesamt gibt es zwischen Basel und Karlsruhe zehn Staustufen: außer Iffezheim und Gambsheim (F) sind dies Strasbourg (F), Gerstheim (F), Rhinau (F), Marckolsheim (F), Vogelgrun (F), Fessenheim (F), Ottmarsheim (F) und Kembs (F). |

Literatur
Wasserwirtschaft
Heft 12, 1974, und Heft 9, 1975

Rheinkraftwerk Iffezheim
GmbH (Hrsg.)
Iffezheim
Karlsruhe 1979

Badenwerk AG (Hrsg.)
Iffezheim
Karlsruhe 1986

Kraftwerk
- **Stauhöhe**
10,80 m
- **Ausbauwassermenge**
1.100 m³/s
- **Turbinenzahl**
4
- **Turbinenleistung**
108 MW

Schleuse
- **Kammerzahl**
2
- **Kammerbreite**
24 m
- **Kammerlänge**
270 m

Bauherr
Bundesrepublik Deutschland
Baufirmen
Ed. Züblin AG, Voith GmbH, BBC,
Siemens AG, Escher Wyss
Bauzeit
1974–1977

Verkehrswasserbau

MANNHEIM
Rhein-Neckarhafen

Die Lage an zwei schiffbaren Flüssen war
ein Grund, Mannheim im Jahre 1607 das
Stadtrecht zu verleihen. Bereits im späten
Mittelalter wurde erkannt, dass an der Mündung des Neckars in den Rhein optimale
Voraussetzungen für eine Hafenanlage
bestehen. So verkehrten schon damals
regelmäßig Schiffe auf dem Rhein und dem
Neckar, die in Mannheim ihre Waren, vor
allem landwirtschaftliche Güter und Baumaterial, umschlagen konnten. Eine Weiterentwicklung des Warenverkehrs wurde
jedoch durch Zollbeschränkungen blockiert.
Erst im Jahre 1804, als die Flusszölle abge-
schafft wurden, konnte eine Belebung der
Schifffahrt einsetzen. Dazu trug auch die
Rheinkorrektur durch Johann Gottfried Tulla
(1770–1828) bei, weil sie durch sie den Rhein
zwischen Basel und Mannheim begradigt
und um 72 km verkürzt wurde.

Geschichte

Im September 1828 stimmte der Großherzog
Ludwig dem Bau eines Freihafens zu. Die neue
Hafenanlage bestand vorerst aus zwei Becken,
einem für den Inlandsverkehr und einem für
den Auslandsverkehr, und konnte im Jahre
1840 feierlich eingeweiht werden. In den darauf folgenden Jahren wurde ein Winterhafen
angelegt und der Anschluss an das Eisenbahnnetz erreicht. Erst 1862 gelang nach fehl-

Wegbeschreibung
Die Häfen 1 (Handelshafen),
3 (Altrheinhafen) und 4 (Industriehafen) liegen nördlich (rheinab-
wärts) von der Stadtmitte und vom
Hauptbahnhof, der Hafen 2 (Rheinauhafen) südlich (rheinaufwärts).
Mit der Beschilderung in der Stadt
und dem nebenstehenden Plan findet man sich gut zurecht.

geschlagenen Versuchen in den Jahren 1827
und 1838 endlich der Friesenheimer Durchstich, durch den dem Rhein eine Schleife
abgeschnitten wurde. Gegen Ende des
19. Jahrhunderts war die gesamte Fläche des
Hafengebietes verbaut, so dass man den
durch den Friesenheimer Durchstich entstandenen Altrheinarm zu einem weiteren Hafengebiet ausbaute, was bis 1906 dauerte.
Zeitgleich wurde südlich von Mannheim aus
privaten Mitteln der Rheinauhafen mit drei
Becken erbaut.

Die Nachwirkungen des Ersten Weltkrieges,
Inflation und Wirtschaftskrisen, führten zu
einem zeitweiligen Erliegen. Im Zweiten Weltkrieg wurden die Hafenanlagen durch Luft-
angriffe zu 98 % zerstört. Danach wurden sie
nach den neuesten Erkenntnissen so schnell
wie möglich wieder aufgebaut. Dabei wurde
auf der Friesenheimer Insel eine Erdölraffinerie

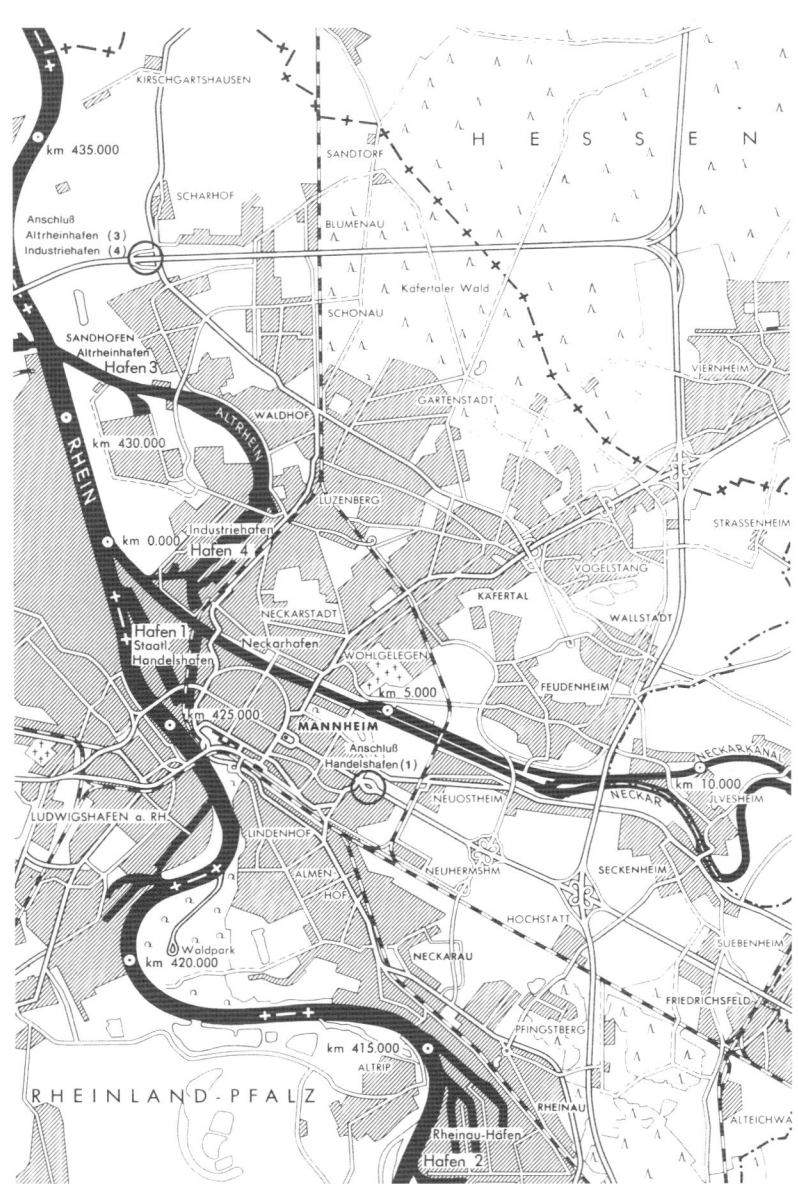

lagert werden. Im Hafengebiet gibt es vier Drehbrücken (z.B. die Brücke über das *Unterhaupt* der Kammerschleuse) und drei Hubbrücken (z.B. die Diffenébrücke). Dies kann hier nicht alles beschrieben werden, sondern es können lediglich einige interessante, bauliche Aspekte erwähnt werden, wie z.B. die Uferbefestigungen. Die nachfolgend geschilderten Baumaßnahmen wurden allesamt in den achtziger Jahren durchgeführt.

errichtet und im Jahre 1968 das erste Containerterminal in einem deutschen Binnenhafen in Betrieb genommen. Die bestehenden alten, auf Eichen-*Pfählen* gegründeten Kaimauern wurden im Zuge der Wiederaufbauarbeiten umfangreich saniert. Die meisten Ufer des Mannheimer Hafens sind aber nicht von Kaimauern umfasst, sondern geböscht und mit Steinwurf gesichert. Regelmäßig angeordnete Dalben ermöglichen in diesen Bereichen ein problemloses Anlegen der Schiffe. Des Weiteren wurde die 1899 erbaute Kammerschleuse zwischen dem Altrheinarm und dem Neckar erneuert und eine „Roll-on-roll-off-Anlage" im Rheinauhafen erstellt. Heute ist der Hafen in Mannheim nach Karlsruhe der zweitgrößte Hafen in Baden-Württemberg.

Bauwerksbeschreibung

Der Mannheimer Hafen besteht aus vier Hafengebieten mit insgesamt 16 Hafenbecken: dem Handelshafen (Hafen 1) im spitzen Winkel zwischen Rhein und Neckar, dem Rheinauhafen (Hafen 2) südlich von Mannheim, dem Altrheinhafen (Hafen 3) am Altrheinarm bis zur Diffenébrücke und dem Industriehafen (Hafen 4) im Altrheinarm zwischen Neckar und Diffenébrücke. Diese vier Teilhäfen haben zusammen bei einer Uferlänge von 54,5 km eine Fläche von 1.131 ha (inklusive der Wasserflächen). Des Weiteren wurden insgesamt 160,3 km Gleisanlagen sowie 35,7 km Straßen gebaut. In dem Hafen werden jährlich 10 Mio. t Güter und mehr umgeschlagen. In großen Hallen, Silos und Tanks können die Güter zwischenge-

Um die Leistungsfähigkeit des Rheins zu erhöhen, wurde ab 1964 das Fahrwasser zwischen Neuburgweier/Lauterburg und St. Goar um 40 cm vertieft. Für eine zusätzliche Vertiefung der Fahrrinne sorgt im Raum Mannheim bedingt durch die Tullasche Rheinkorrektur eine Sohlerosion von 1 bis 1,5 cm pro Jahr. Nach Empfehlungen der Hafenbautechnischen Gesellschaft e.V. und der Deutschen Gesellschaft für Erd- und Grundbau e.V. soll die Hafensohle in Binnenhäfen mindestens 30 cm unter der Flusssohle liegen; deshalb musste die Sohle im Mannheimer Hafen um etwa einen Meter vertieft werden. Das verlangte umfangreiche Baggerarbeiten und eine Sicherung der bestehenden Kaimauern. Vor die schon bestehende Schwergewichtsmauer aus Sandstein wurde eine etwa 15 m hohe Spundwand gerammt, die an ihrem oberen Ende über einen Stahlbetonholm mit gerammten, verpressten Profilträgern (RV-*Pfähle*) der *vorgespannten* Injektionsanker rückverankert ist. Der Zwischenraum zwischen der Spundwand und der bestehenden Kaimauer ist mit Beton hinterfüllt. In den Bereichen, in denen der Betonholm nicht an die bestehende Mauer heranreicht, wurde der Zwischenraum unter einer Neigung von 1:2 mit Kies aufgefüllt. Das so entstandene, teilgeböschte Ufer wurde durch Betonsteinpflaster gesichert. Im Abstand von 20 m sind *Pfähle* mit Seitenpollern in die Spundwand versetzt, die unabhängig vom Wasserstand ein ordnungsgemäßes Anlegen der Schiffe garantieren.

Interessant war auch der Neubau der Kammerschleuse, der ebenfalls wegen der Vertiefung der Rheinsohle nötig war. Überlegungen, die Schleuse ganz abzubrechen und einen offenen

Kanal zu bauen, wurden wegen der dann zu hohen Strömungsgeschwindigkeit wieder verworfen. Die Schleusenkammer hat eine Länge von 140 m und eine Breite von 13,50 m. Sie wird durch hydraulisch angetriebene Stemmtore aus Stahl abgeschlossen, in denen auch die Füll- und Entleerungseinrichtungen integriert sind. Zwei quer gespannte, in der Höhe verfahrbare Seile, die sich den Wasserständen innerhalb der Schleusenkammer anpassen, schützen die Tore vor Schiffsstößen. Die Kammerwände bestehen aus zweifach mit schrägen RV-*Pfählen* und Rundstahlankern mit Ankerplatten verankerten Spundwänden. Die *Ober-* und *Unterhäupter* sowie die Kammersohle wurden in Stahlbeton ausgeführt und mit Injektionszugankern bzw. mit Ankerzugbohlen im Untergrund verankert. Über das *Unterhaupt* der Schleuse führt eine Stahlbrücke. Diese kann, wenn ein Schiff mit hohem Aufbau die Schleuse passiert, zur Seite weggedreht werden.

Mannheim war der erste deutsche Binnenhafen, der eine Roll-on-Roll-off-Anlage erstellte, bei der ähnlich der rollenden Landstraße der Bahn ganze Lastzüge oder auch nur deren Anhänger transportiert werden und direkt auf das Schiff auffahren können. Sie besteht im Wesentlichen aus einer etwa 200 m langen, zweifach verankerten Stahlspundwand, die auf Geländeebene mit einem Betonbalken abschließt, und einer 15 m breiten Rampe mit der Neigung 1:11. Eine Kranbrücke von 40 m Spannweite und 20 t Tragkraft sorgt dafür, dass außer dem reinen Roll-on-roll-off-Verkehr auch Güter auf herkömmliche Art und Weise verladen werden können. An die Anlage schließt eine 50.000 m² große Verkehrsfläche an.

Verweis auf ähnliche Bauwerke

Weitere größere, öffentliche Häfen in Baden-Württemberg findet man in Karlsruhe und Kehl (Rhein) sowie in Heilbronn, Stuttgart und Plochingen (Neckar). |

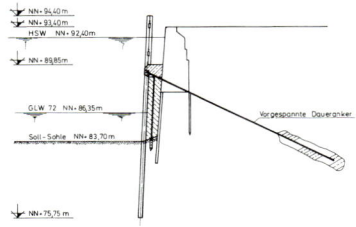

Ertüchtigung bestehender Kaimauern zur Absenkung der Sohle des Hafenbeckens

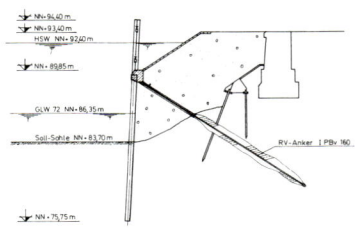

Literatur
Staatliches Hafenamt Mannheim (Hrsg.)
Mannheimer Hafenführer
Mannheim 1985

Hafenbeckenzahl
16
Gesamtfläche (inkl. Wasserflächen)
11,31 km²
Uferlänge
54,5 km
Güterumschlag
10 Mio. t/Jahr

Bauherren
Großherzogtum Baden,
Stadt Mannheim, Land Baden,
Land Baden-Württemberg
sowie private Investoren
Betreiber
Staatliche Rhein-Neckar Hafengesellschaft Mannheim mbH
Bauzeit
ab ca. 1820 (in Abschnitten)

Verkehrswasserbau

SEELBACH
Geroldsecker Waffenschmiede

Geschichte

Die ersten Wassermühlen lassen sich in
Deutschland im vierten Jahrhundert n. Chr.
nachweisen. Sie wurden zum Mahlen, zum
Sägen und Schmieden benutzt. Die urkundliche Erwähnung der Mühle bei Seelbach im
Schwarzwald reicht bis ins Jahr 1280 zurück.
Sie wird noch immer zum Antrieb von Schmie-
dehämmern benutzt und ist von einigen kleinen Ausnahmen abgesehen noch im Originalzustand erhalten. Anfänglich wurden dort
Waffen für die Ritter der nahe gelegenen Burg
Geroldseck geschmiedet; nach der Zerstörung
der Burg in einer Schlacht beschränkte man
sich auf landwirtschaftliche Geräte.

Die Familie Fehrenbach, in deren Besitz sich
diese alte Schmiede seit 1596 befindet, hat in
unzähligen Generationen das Handwerk bis in
die heutige Zeit hinein gerettet. Als sich diese
Art der Fertigung der landwirtschaftlichen
Geräte nicht mehr rentierte, beschloss Ludwig
Fehrenbach Anfang der siebziger Jahre, die
Fertigung von Waffen nach altem Vorbild wie-
der aufzunehmen. Diese werden heute von
Sohn Rainer gefertigt und hauptsächlich an
Sammler aus aller Welt verkauft.

Wegbeschreibung

Über die Autobahn A5 Karlsruhe–
Basel, Ausfahrt Lahr, oder vom Kin-
zigtal über Biberach (B33 Gengen-
bach-Hausach) nach Lahr-Reichen-
bach (B415). Hier in südlicher
Richtung nach Seelbach abbiegen.
In Seelbach kurz vor Ortsende
rechts abbiegen (ab dort ist die
Waffenschmiede ausgeschildert)
und etwa 4 km weiter auf dem sehr
schmalen Weg.

Bauwerksbeschreibung

In der WASSERRADSTUBE finden sich insgesamt drei Wasserräder, die alle oberschlächtig
betrieben werden. Mit dem bei einem Durchmesser von 5,80 m größten wurde der Schleifstein in der Schleiferei angetrieben. Das
Antriebsrad für die Hämmer der Schmiedewerkstatt hat einen Durchmesser von 3,20 m;
das kleinste Wasserrad mit nur 1 m Durchmesser dient zum Antrieb des Gebläses der Esse.
Es wurde vor etwa 160 Jahren nachträglich
eingebaut.

Das Wasser für die Mühle wird dem Sohlbach
entnommen und wieder beigeleitet. Dabei
werden sowohl das Gebläserad als auch das

Schleifsteinrad über eine hölzerne Wasserrinne beschickt, die durch einfache Stauklappen abgesperrt werden kann. Diese beiden Räder benötigen etwa 250 l/min, um eine optimale Drehzahl zu erreichen. Für das Hammerrad wird in kurzen Stößen sehr viel Wasser verbraucht (ca. 100 l/s), wofür die Rinnen nicht genügen. Ein hinter der Schmiede angelegtes Wasserreservoir mit 120 m³ Inhalt ermöglicht diese kurzzeitigen Stoßbelastungen; aber auch dieses Reservoir ist nach rund 20 Minuten aufgebraucht. Als Reserve, und um vom jahreszeitlichen Wasserdargebot unabhängig zu sein, wurde 80 m weiter oberhalb zusätzlich ein Weiher mit 700 m³ Inhalt angelegt, der jederzeit ausreichend viel Wasser für die Mühle zur Verfügung stellen kann.

In der SCHMIEDEWERKSTATT rechts neben der Wasserradstube waren ursprünglich drei Pochhämmer untergebracht. Heute sind es nur noch zwei: ein großer mit einer Stiellänge von 3,50 m und ein kleiner mit einem 2,80 m langen Stiel. Beide Hämmer werden über eiserne Nockenräder (früher Holzzapfenräder) angetrieben, die auf der Welle des Hammerrades liegen. Dabei erreicht der große Hammer eine Schlagkraft bis zu 3.000 N, der kleine Hammer bis zu 1.800 N. Die Schlagzahl des kleinen Hammers beträgt bis zu 220 Schläge pro Minute, die des großen Hammers 180 – gesteuert über die unterschiedliche Anzahl der Nocken. In der Schmiedewerkstatt gibt es natürlich auch eine Feueresse. Für die nötige Zugluft sorgt das erwähnte Gebläse, das über eine Riemenübersetzung von dem Gebläserad angetrieben wird.

Die SCHLEIFEREI auf der linken Seite der Wasserradstube ist aufgrund einiger schwerer Unfälle, bei denen die Schleifsteine zerrissen und umherfliegende Teile nicht nur große Sachschäden anrichteten, sondern auch einige Menschenleben kosteten, nicht mehr in Betrieb. Einst wurde dort ein ca. 2 m messendes Sandsteinrad über eine Transmission auf Drehzahlen bis zu 750 U/min gebracht. Den wegen dieser hohen Drehzahl großen Fliehkräften überlagern sich die Spreizkräfte der Holzkeile, mit denen der Stein auf der Welle

verankert war – kein Wunder, dass solch ein Schleifstein von Zeit zu Zeit zerriss. Bis in die fünfziger Jahre wurden über eine Hanfseiltransmission zusätzlich einige Arbeitsgeräte auf einem 200 m entfernten Bauernhof angetrieben.

Verweis auf ähnliche Bauwerke

Im Schwarzwald gibt es noch zahlreiche alte Mühlen. Jedoch sind die meisten von ihnen nicht mehr in Betrieb. Eine Mühle, die wenigstens bis ins letzte Jahrzehnt in Betrieb war, ist die Kunstmühle in Waldkirch/Breisgau. Bei ihrem Wasserrad handelt es sich um ein *mittelschlächtiges Zuppinger-Rad* mit einem aufwendigen Getriebe.

Am Blautopf bei Blaubeuren steht eine als Museum hergerichtete Hammerschmiede, die mit Wasserkraft angetrieben wird (Vorführungen in Absprache mit dem Verkehrsbüro Blaubeuren). Auch im Schwäbischen Wald sind einige noch funktionstüchtige Mühlen zu finden – so die Brandhöfer Öl- und Sägemühle nahe Kaisersbach und die Hummelgautsche, die zu der Gemeinde Alfdorf gehört.

Zum „Mühlenwanderweg" von Rudersberg bei Schorndorf nach Welzheim fahren. Hinter dem ehemaligen Bahnhof Laufenmühle, unmittelbar hinter dem Viadukt, befindet sich auf der rechten Seite ein Wanderparkplatz mit Karte. |

Anzahl der Wasserräder
3
Wasserraddurchmesser
5,80–3,20–1 m
Wasserverbrauch je Rad
250, 6.000 und 250 l/min

Betreiber
Familie Fehrenbach
(seit dem 16. Jahrhundert)
Baujahr
um 1260

Wasserkraftnutzung

Wegbeschreibung

Oberriexingen erreicht man über
die B10, auf der man von Stuttgart
bzw. von der A81, Ausfahrt Zuffen-
hausen, kommend kurz vor Enzweihingen nach rechts abbiegt. In
Oberriexingen die Enz überqueren;
nach der Brücke links ab zum Kraftwerk.

OBERRIEXINGEN
Kleinwasserkraftanlage

Erst ab dem 15. Jahrhundert gelang es, in
der bei Hochwasser wilden Enz Wehranlagen
und mehrere wasserbetriebene Mühlen zu
bauen. Aus der Mühle in Oberriexingen, die
Graf Ludwig zu jener Zeit bauen ließ, wurde
die heutige Kleinwasserkraftanlage. Im
Jahre 1898 wurde die Mühle abgerissen und
an ihrer Stelle ein Wasserkraftwerk zur
Stromerzeugung mit einer Fallhöhe von ca.
2,50 m bei einer Ausbauwassermenge von
etwa 17 m³/s erbaut. Schon im Jahre 1899
ging die erste von später drei *Francis-
Schachtturbinen* in Betrieb und lieferte
Strom in eine nahe gelegene Fabrik. Im
Jahre 1931 kauften die Enzgauwerke, aus
denen später die Neckarwerke AG hervor-
ging, das Kraftwerk und bauten es aus. Im
Jahre 1945 wurde es von französischen
Besatzungstruppen gesprengt und eine der
drei Turbinen vollkommen zerstört. Diese
Turbine wurde 1949 ersetzt, während die
beiden anderen mit geringem Aufwand
repariert werden konnten. Anfang der neunziger Jahre beschloss man, das Kraftwerk,
das von 1931 bis dahin bei einer maximalen
elektrischen Leistung von 250 kW über

70 Mio. kWh erzeugt hatte, zu modernisie-
ren und dabei die beiden älteren Turbinen
stillzulegen; die Turbine von 1949 wird weiterhin verwendet. In einem seitlichen Anbau
des Krafthauses wurde eine moderne
Kaplan-Rohrturbine untergebracht. Mit ihr
konnte die Leistung auf 300 kW erhöht
werden. Die älteste Maschine von 1899
wurde hergerichtet und kann im Kraftwerk
besichtigt werden, wenngleich sie nur noch
durch einen Elektromotor in Bewegung versetzt werden kann. Seit der Modernisierung
kann das Kraftwerk auch automatisch
gesteuert werden.

Bauwerksbeschreibung

Das Kraftwerk in Oberriexingen ist ein „Ausleitungskraftwerk", bei dem die Fallhöhe
durch das Abschneiden einer Flussschlaufe
erzielt wird. Das Krafthaus sitzt ohne Oberwasserkanal direkt am Ausleitungspunkt des
Wassers und hat einen knapp 130 m langen
Unterwasserkanal zur Enz. Auf der rechten
Seite des *Wehrs* wurde unter ökologischen
Gesichtspunkten eine 2 m breite und 22 m
lange Rampe angelegt, über die die Fische
eine Höhendifferenz von 1,90 m überwinden
können.

Zwischen dem linken Widerlager des *Wehrs*
und dem Kraftwerksgebäude wurde als Grundablass eine Fischbauchklappe angeordnet, mit
der der Oberwasserspiegel reguliert wird.
Zudem wird über sie ein Großteil der vorge-
schriebenen Restwassermenge abgeführt, die
mindestens 1,91 m³/s betragen muss. Links
des Grundablasses ist ein Rechen mit elektrischer Rechenreinigungsvorrichtung ange-

ordnet, damit kein Treibgut in die Turbinen gelangt. Energie wird in dem Krafthaus auf der linken Uferseite erzeugt. Die *Kaplan-Rohrturbine* mit dem dazugehörigen Generator erzielt bei einem Wasserdurchsatz von 11,3 m³/s bis zu 200 kW.

Die „Schmuckstücke" des Kraftwerks sind die zwei Maschinensätze aus den Jahren 1899 und 1949 im Hauptgebäude. Der Maschinensatz von 1949 besteht im Wesentlichen aus einer *Francis-Schachtturbine*, die über eine ca. 3 m lange Turbinenwelle, ein Stirnkegelradgetriebe und eine Federkupplung mit dem Generator verbunden ist. Diese Turbine hat ein Schluckvermögen von bis zu 6,3 m³/s bei einem Laufraddurchmesser von 1,70 m. Das Stirnkegelradgetriebe koppelt die vertikale Turbinenwelle mit der horizontalen Generatorwelle. Der Generator ist ein Asynchrongenerator, der den Erregerstrom dem Netz entnimmt und so eine Synchronisiereinrichtung der erzeugten Spannung überflüssig macht. Dieser Maschinensatz erzeugt 100 kW.

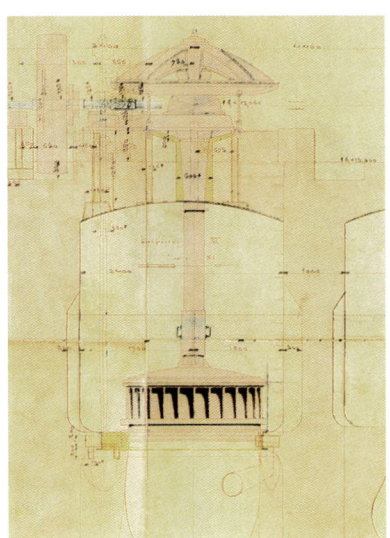

Noch anschaulicher als der Maschinensatz aus dem Jahr 1949 ist der von 1899. Das Schluckvermögen der *Francis-Schachtturbine* mit ihrem Durchmesser von 1,90 m betrug 5 m³/s. Ihre Drehzahl wurde wie bei der noch in Betrieb befindlichen Turbine von 1949 durch einen *Leitapparat* und dessen *Leitschaufelstellung* von einem Fliehkraftpendel geregelt, das durch einen Hebelmechanismus mit den *Leitschaufeln* verbunden ist. Steigt die Turbinendrehzahl an, lenkt das Fliehkraftpendel aus, wodurch über den Hebelmechanismus die *Leitschaufeln* so gestellt werden, dass der Wasserdurchsatz und damit die Drehzahl der Turbine sinkt. So stellt sich eine konstante Drehzahl ein, die bei einem herkömmlichen Generator zur Frequenzhaltung im Netz ausgesprochen wichtig ist. Oben auf der etwa 6,50 m langen, senkrechten Turbinenwelle sitzt ein Kammkegelrad, das die Drehbewegung über ein Kammkegelradgetriebe auf die horizontale Transmissionswelle überträgt. Die Zähne dieses Kammkegelrades bestehen aus hunderten von Holzkeilen, die nur von speziell ausgebildeten Kammenschreinern

eingesetzt und ausgerichtet werden können. Heute ist dieser alte Berufszweig nahezu ausgestorben.

Auf der Transmissionswelle sitzt ein großes Schwungrad, das den Generator über eine Flachriementransmission antrieb. Die Turbinendrehzahl von ca. 60 U/min wurde durch das Kammkegelradgetriebe und die Transmission ungefähr verzehnfacht, so dass der Generator mit einer Drehzahl von etwa 600 U/min lief. Im Gegensatz zu dem Generator des Maschinensatzes von 1949 handelt es sich bei diesem Generator um einen Synchrongenerator, bei dem der Erregerstrom von einem Gleichstromgenerator erzeugt wurde, den ebenfalls die Turbine antrieb. Damit war ein netzunabhängiger Betrieb möglich, aber eine Synchronisiereinrichtung nötig, um den Generatorstrom in das Netz einspeisen zu können. Die elektrische Leistung dieses Maschinensatzes lag bei etwa 70 kW.

Sowohl ober- als auch unterwasserseitig können die beiden derzeitig betriebenen Turbinen durch Tafel-*Schütze* abgesperrt werden, wenn

Wasserkraftnutzung

eine der Maschinen wegen mangelnden Wassers oder für Revisionsarbeiten nicht beaufschlagt werden kann.

Verweis auf ähnliche Bauwerke

An der Enz gibt es noch mehrere Kleinwasserkraftanlagen mit einer Leistung unter 1 MW, u.a. in Pforzheim. Auch an anderen Flüssen, wie dem Kocher, der Jagst, der Fils, der Rems, der Erms, dem oberen Neckar, sind solche Kleinwasserkraftanlagen zu finden. |

Literatur
Wasserwirtschaft
Heft 1, 1995

Neckarwerke Elektrizitäts-
versorgungs-AG (Hrsg.)
Laufwasserkraftwerk Oberriexingen
Esslingen 1990

Stauhöhe
ca. 2,50 m
Ausbauwassermenge
17,6 m³/s
Turbinenzahl
3 (2 aktiv)
Turbinenleistung
300 kW

Modernisierung
- **Bauherr**
Neckarwerke AG, Esslingen
- **Entwurf**
ELS Energiewirtschaftliche Dienstleistungen Süd GmbH, Leonberg
- **Baufirmen**
Wolff & Müller, Pforzheim; J.M. Voith GmbH, Heidenheim; WKA, Heidenheim
- **Bauzeit**
1994–1995

INGELFINGEN
Kraftwerk am Kocher

Um nach dem Ende des Ersten Weltkrieges eine flächendeckende Stromversorgung zu sichern, schlossen sich immer öfter mehrere Gemeinden zu Zweckverbänden zusammen. So entstand im Jahre 1917 der Gemeindeverband Überlandwerk Ingelfingen. Zwischen 1921 und 1923 wurde von diesem Verband ein größeres Kraftwerk in Ingelfingen am Kocher errichtet, wo das Wasser bei einem mittleren Abfluss von 17 m³/s auf ca. 2 km Länge um rund 6 m fällt. Über drei *Francis-Schachtturbinen* nutzte man diesen Höhenunterschied zur Stromerzeugung. So wurden jährlich bei einer Leistung von maximal 550 kW ca. 3 Mio. kWh erzeugt. Anfang der neunziger Jahre wurde das Werk für ca. 6 Mio. DM modernisiert und die drei alten *Francis-Turbinen* gegen zwei neue *Kaplan-Rohrturbinen* ausgetauscht, womit die elektrische Leistung auf bis zu 750 kW und die Jahresenergieerzeugung auf 4 Mio. kWh erhöht werden konnte. Einer der alten Maschinensätze ist dort als Museumsstück zu besichtigen.

Im Jahre 1939 schlossen sich die einzelnen Gemeindeverbände in Württemberg zur EVS AG (Energie-Versorgung Schwaben AG) zusammen. Sämtliche früheren Verbands-

Wegbeschreibung
Ingelfingen erreicht man über die A6 Heilbronn–Nürnberg, Ausfahrt Kupferzell, und die B19 nach Künzelsau. Unmittelbar hinter Künzelsau links in Richtung Ingelfingen abbiegen. In Ingelfingen kurz nach Ortsanfang links in einen kleinen Weg abbiegen (wird leicht übersehen!).

gemeinden wurden dadurch Aktionäre bei der EVS. Im Jahre 1997 fusionierten das Badenwerk und die EVS zur Energie Baden-Württemberg AG.

Bauwerksbeschreibung

Das Kraftwerk in Ingelfingen ist ein Ausleitungskraftwerk, bei dem das Wasser von einem *Wehr* im Fluss aufgestaut und durch einen Kanal geleitet wird. Durch die tiefere Lage und geringere Neigung des Kanals gegenüber dem Flussbett wird die Fallhöhe im Kraftwerk konzentriert und zur Erzeugung elektrischer Energie genutzt. Vor der Turbineneinläufen ist gegen Fische und Fremdkörper ein Rechen mit einer automatischen Rechenreinigungsanlage angeordnet. Auf der rechten Seite der Rechenanlage befindet sich der Grundablass, der durch Heben eines *Tafelschützes* freigegeben werden kann. Der Hoch-

Wasserkraftnutzung

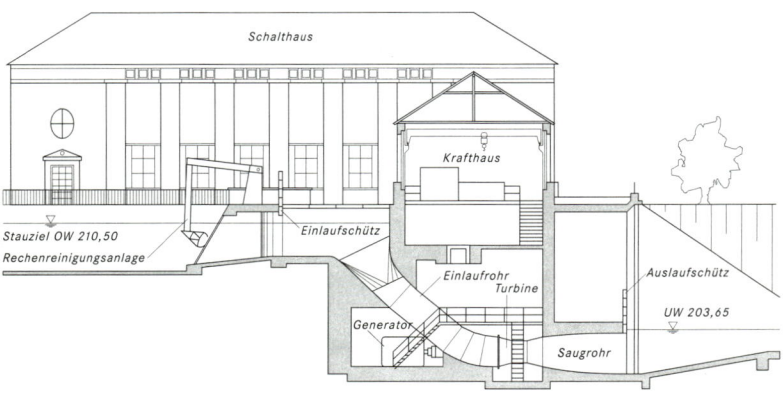

wasserentlastung dient auf der rechten Kanal-
seite vor dem Krafthaus eine *Schwelle* aus
Beton, über die das Wasser zum Grundablass
abgeführt wird. Rechts des Grundablass-
Schützes ist eine *Fischtreppe.* Im Maschinenhaus sind die beiden mit Generatoren gekoppelten *Kaplan-Rohrturbinen* mit horizontaler
Welle untergebracht. Beide Turbinen verfügen
über ein maximales Schluckvermögen von
7,7 m³/s, sind darüber hinaus aber unterschiedlich ausgelegt: Eine der Maschinen
arbeitet mit einer konstanten Drehzahl von
375 U/min, bei welcher der Generator synchron zur Netzfrequenz von 50 Hz läuft; die
zweite Maschine wird in Abhängigkeit von der
Wassermenge und der Fallhöhe mit variabler
Drehzahl betrieben. Die Synchronisierung der
vom Generator erzeugten Frequenz auf die
Netzfrequenz erfolgt hier über einen elektronischen Umrichter. Die von den Generatoren
erzeugte Spannung wird auf 20 kV transformiert und über eine Freiluftschaltanlage hinter
dem Kraftwerksgebäude in das öffentliche
Netz eingespeist.

Verweis auf ähnliche Bauwerke

Kleinere Wasserkraftanlagen sind am Kocher
häufig, wie z. B. in Möglingen, in Ohrnberg
oder bei Morsbach das Kraftwerk Buchen-
mühle. Turbinen mit variabler Drehzahl sind
noch selten. Im Kraftwerk „Beim Preußischen"
in Rottenburg *siehe Seite 575* befinden sich
z. B. welche. |

Literatur
EVS AG (heute: Energie Baden-
Württemberg), (Hrsg.)
Geschäftsstelle Ingelfingen
Stuttgart 1989

EVS Bericht
Heft 6, 1993

Stauhöhe
ca. 6 m
Turbinenzahl
2
Turbinenleistung
750 kW

Bauherr
EVS AG
Entwurf
Weber-Ingenieure, Pforzheim
(Modernisierung)
Baufirma
L. Weiss GmbH & Co., Crailsheim
(Modernisierung)
Bauzeiten
1921–1923 und 1994–1995

Kraftwerk „Beim Preußischen"

ROTTENBURG
Wasserkraftanlagen

Unmittelbar vor Rottenburg tritt der Neckar
aus einem Trogtal, das in die Muschelkalk-
tafel der südwestdeutschen Schichtstufen-
landschaft einschneidet, und ergießt sich
in eine weite Talaue der Keuperlandschaft.
Auf der Rottenburger Gemarkung fällt der
Neckar knapp 12 m. Wegen häufiger Hochwasser mit teilweise beträchtlichen Schäden wurde in den sechziger Jahren das Bett
des Neckars zum Hochwasserschutz und
zugleich zur Wasserkraftnutzung ausgebaut.

Bauwerksbeschreibung

In den Jahren 1966 bis 1969 wurde das KRAFT-
WERK „TÜBINGER STRASSE" gebaut. Im Winter 1971/72 wurde ein oberhalb dieses Kraftwerks gelegenes *Streichwehr* durch schweren
Eisgang so beschädigt, dass es nicht mehr
zu retten war. Mitte der achtziger Jahre entschloss man sich, anstelle dieses *Streich-
wehrs* eine zweite Wasserkraftanlage ca. 2 km
oberhalb des bestehenden Kraftwerks zu
bauen, um den vom Wasser zu bewältigen-
den Höhenunterschied zu regulieren und zur
Stromerzeugung zu nutzen. So entstand
zwischen 1989 und 1991 das KRAFTWERK
„BEIM PREUSSISCHEN".

Wegbeschreibung

Über die Autobahn A81 Stuttgart–
Singen, Ausfahrt Rottenburg,
nach Rottenburg. Zum Kraftwerk
„Tübinger Straße" in Rottenburg
hinter der Neckarbrücke links in
Richtung Kiebingen. Nach ca. 500 m
liegt das Kraftwerk auf der linken
Seite. Zum Kraftwerk „Beim Preußischen" hinter der Neckarbrücke
rechts in Richtung Bad Niederau.
Hier findet sich das Kraftwerk nach
ca. 1,5 km auf der rechten Seite.

Beim KRAFTWERK „TÜBINGER STRASSE"
wird das Wasser für das Kraftwerk von einem
selbst tragenden Dach-*Wehr* aufgestaut. Die
durch den Aufstau erzeugte Fallhöhe beträgt
5,80 m. Auf der rechten Uferseite liegt das
Kraftwerksgebäude mit einer *Kaplan-* und
einer *Francis-Turbine*. Bei einem Schluckvermögen von zusammen 23 m³/s können
die Turbinen bis zu 1.000 kW leisten. Die
Jahresenergieerzeugung liegt bei 6 Mio. kWh.
Im Unterwasserbereich des Kraftwerks
wurde bereits in den Jahren 1779 bis 1786
mit der Neckarkorrektur zwischen Rottenburg und Tübingen dafür gesorgt, dass das
Wasser selbst im Hochwasserfall ungehindert

Kraftwerk „Tübinger Straße"

abfließen kann. Das Flussbett erhielt dafür einen trapezförmigen, geometrisch regelmäßigen Abflussquerschnitt, der einen optimalen Kompromiss zwischen hydraulischen und erdstatischen Anforderungen darstellt. Um Erosionserscheinungen durch die höhere Fließgeschwindigkeit zu vermeiden, wurden Natursteine, Beton oder Asphalt als Ausbaustoffe verwendet. Diese althergebrachte Methode wurde auch knapp 200 Jahre später beim Ausbau des oberwasserseitigen Bereichs des Kraftwerks angewendet: Auf ca. 2 km Länge stellte man ein Trapezprofil her, das mit 25 cm hohen Steinmatten, bestehend aus in Drahtnetze gepacktem Grobschotter, gesichert wurde.

Beim KRAFTWERK „BEIM PREUSSISCHEN" staut ein zweifeldriges *Wehr* mit 19 m breiten und 4,80 m hohen Fischbauchklappen den Neckar auf. Der Pfeiler zwischen den beiden *Wehr*-Feldern dient gleichzeitig als Brückenpfeiler einer Eisenbahnbrücke, die dort schräg über den Neckar führt. Das *Wehr* ist so konzipiert, dass selbst bei Versagen einer der Stauklappen der Bemessungshochwasserabfluss von 640 m³/s gewährleistet ist. Auf der rechten Uferseite wird dem Kraftwerk das Triebwasser durch einen 80 m langen Oberwasserkanal zugeführt. Als Grundablass wurde dort ein *Schütz* angeordnet, über das im Hochwasserfall bis zu 65 m³/s abgeführt werden können.

Sowohl die *Wehr*-Anlage als auch das Krafthaus werden von einem *Herdgang* unterquert. Dieser liegt hinter einer aus überschnittenen Großbohr-*Pfählen* hergestellten Dichtungsschürze, welche die Anlage vor Sickerwasserströmungen schützt und für Gleitsicherheit sorgt. Den Turbinensaugschläuchen wurde ein Rechen vorgelagert, der samt Rechenreinigungsmaschine von einem Überbau aus Stahl und Glas überdacht wird. Die zwei schräg liegenden *Kaplan-Rohrturbinen* im Krafthaus laufen im Gegensatz zu herkömmlichen Turbinen abhängig vom Wasserstand mit variabler Drehzahl. Da sie hierbei immer an ihrem optimalen Betriebspunkt arbeiten, erhofft man sich eine Wirkungsgradsteigerung von 3 bis 4 %. Durch eine Kupplung sind die Turbinen mit den Generatoren verbunden, die aufgrund der variablen Drehzahl der Turbinen Wechselstrom mit Frequenzen zwischen 45 und 60 Hz erzeugen. Um diese Spannung in das 50-Hz-Netz einspeisen zu können, wird sie durch einen elektronischen Umrichter umgeformt. Bei einer Fallhöhe von 5,30 m und einer Ausbauwassermenge von zusammen 26 m³/s leisten die Turbinen je 520 kW, was eine Jahreserzeugung von 6,1 Mio. kWh ergibt.

Der unterwasserseitige Übergang von den geraden Leitwänden zu den Böschungen des Trapezquerschnitts wird hier mit abgetreppten Schwergewichtsmauern aus Natursteinen vollzogen, welche die Strömungsgeschwindigkeit an den Ufern herabsetzen und dadurch die nachfolgenden Böschungen schützen.

Bei der Gestaltung des 3,4 km langen, oberwasserseitigen Flussabschnitts wurde ein hoher Aufwand betrieben. Der flaschenhalsförmige Staubereich unmittelbar vor dem *Wehr* wird auf beiden Uferseiten durch Mauern oder Erddämme eingefasst. Dabei sind die Höhen der Mauern so festgelegt worden, dass auch bei dem Bemessungshochwasserabfluss und zusätzlichem Versagen einer *Wehr*-Klappe eine Freibordhöhe von 30 cm eingehalten werden kann. Ein Teil des Fließgewässers verwandelt sich durch den Aufstau des Wassers in einen See, wodurch sich an dieser Stelle der Fischbesatz ändert. Als Ausgleichsmaßnahme wurde der Flussbereich oberhalb der Stauwurzel dieses Sees nahezu in den ursprünglichen Zustand zurückversetzt. Die so geschaffenen, temporär überfluteten Kiesflächen und der auentypische Wald bieten einen optimalen Lebensraum für viele Fische, Vögel, Käfer und andere Tierarten.

Verweis auf ähnliche Bauwerke

Wasserkraftanlagen dieser Größe sind in Baden-Württemberg an einigen Flüssen zu finden, wie beispielsweise an der Donau, dem Neckar, der Iller, der Enz und dem Kocher *siehe Seite 573.* |

Literatur
Wasserwirtschaft
Heft 11, 1991, und Heft 5, 1992

Stadtwerke Rottenburg (Hrsg.)
Das Wasserkraftwerk
„Beim Preußischen", ein wichtiger
Baustein im Rottenburger
Energiekonzept
Rottenburg

KRAFTWERK „TÜBINGER STRASSE"
Stauhöhe
5,80 m
Ausbauwassermenge
23 m³/s
Turbinenzahl
2
Turbinenleistung
1.000 kW

KRAFTWERK „BEIM PREUSSISCHEN"
Stauhöhe
5,30 m
Ausbauwassermenge
26 m³/s
Turbinenzahl
2
Turbinenleistung
1.040 kW

Bauherr
Stadtwerke Rottenburg
Entwurf
Sigmund & Storz, Stuttgart, bzw.
Hutarew, Pforzheim
Baufirma
C. Baresel AG, Tübingen, bzw.
L. Weiss, Göppingen
Bauzeit
1966–1969 bzw. 1989–1991

Wasserkraftnutzung

LAUFENBURG/BADEN
Rheinkraftwerk ● ●

Geschichte

Ein großer Fischreichtum, Eisenherstellung,
die Flößerei und die Schifffahrt sorgten für
wirtschaftliche, strategische und politische
Bedeutung der Stadt Laufenburg im Mittelalter.
Zahlreiche Kriege in den darauf folgenden
Jahrhunderten führten jedoch zur Verarmung
der Stadt. Als Mitte des 19. Jahrhunderts
durch den Bau von Straßen und Schienenwe-
gen die Flößerei und die Schifffahrt an Bedeutung verloren und kurz darauf ganz zum Erliegen kamen, wurde die Armut unerträglich.
Der Laufenburger A. Trautweiler wollte seine
Geburtsstadt aus dieser Misere erlösen und
ihr zum industriellen Aufschwung verhelfen.
Im Jahre 1886 präsentierte er ein Projekt, das
vorsah, die gewaltigen Kräfte des Rheins zu
nutzen. Dafür sollte ein Kanal vom Rhein abgezweigt und anschließend durch eine Untertun-
nelung der Stadt zu einem Kraftwerk geleitet
werden. Auf diese Weise erhoffte Trautweiler,
mit einer Wassermenge von 300 m³/s ungefähr 6.000 PS (ca. 4,4 MW) erzeugen zu können. Die Energie sollte dann zur weiteren Nutzung mittels Transmissionen in die nähere
Umgebung und mittels Druckluft sogar bis
nach Basel geleitet werden.

Wegbeschreibung
Laufenburg liegt an der B34 entlang
dem Rhein an der deutsch-schwei-
zerischen Grenze. Das Kraftwerk
sieht man aus westlicher Richtung
kommend kurz vor Laufenburg. Der
Haupteingang zum Kraftwerk liegt
auf Schweizer Seite. In Laufenburg
über die Rheinbrücke, dahinter
rechts abbiegen und nach etwa
1 km kurz vor dem Kraftwerk wiederum rechts abbiegen.

S. Z. de Ferranti stellte wenige Jahre später
einen weiteren Plan vor, der auch von Trautweiler befürwortet wurde und letztendlich im
Jahre 1891 zu einem Konzessionsgesuch
führte. Er sah vor, eine *Wehr-* und Maschinen-
hausanlage quer in den Rhein zu stellen. Erst
1906 stimmten der Kanton Aargau und das
Großherzogtum Baden dem Bau der Wasserkraftanlage zu. In der Zwischenzeit waren die
Pläne für die Anlage weitestgehend ausgereift,
wobei auch das Problem der Fernübertragung
von elektrischem Strom als gelöst angesehen
werden konnte. Im Jahre 1909 wurde mit dem
Bau des Kraftwerks begonnen; 1914 konnte
die erste von zehn Maschinen den Probebetrieb aufnehmen. Der endgültige Ausbau
dauerte noch bis 1915. Mit einer Leistung bis

zu 40 MW war das Kraftwerk Laufenburg damals die größte Wasserkraftanlage Europas. Es gelang hier zum ersten mal, eine *Wehr*-Anlage mit dem Maschinenhaus quer in einen Strom zu stellen. In den Jahren 1929 bis 1960 wurde das Werk Schritt für Schritt ausgebaut, was zu einer Erhöhung der Ausbauwassermenge von 660 auf 1.080 m^3/s und zu einer Verdoppelung der maximalen Leistung auf 81 MW führte. Im Jahre 1986 wurde die auslaufende Konzession um weitere 80 Jahre verlängert. Jedoch machte man der Kraftwerk Laufenburg AG Auflagen, die zum dritten Ausbau des Kraftwerks in den Jahren 1988 bis 1994 führten. Dabei wurden vor allem die horizontalachsigen Doppel-*Zwillings-Francis-Turbinen* durch *Straflo-Turbinen* ersetzt. So konnten die Ausbauwassermenge auf 1.370 m^3/s und die maximale Leistung auf bis zu 110 MW erhöht werden. Heute liefert das Kraftwerk pro Jahr ca. 630 GWh, womit über 300.000 Menschen versorgt werden können.

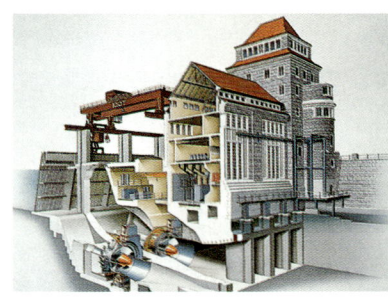

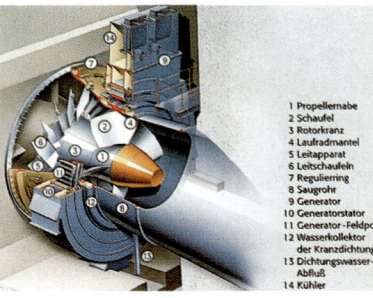

1 Propellernabe
2 Schaufel
3 Rotorkranz
4 Laufradmantel
5 Leitapparat
6 Leitschaufelring
7 Regulierring
8 Saugrohr
9 Generator
10 Generatorstator
11 Generator-Feldpo
12 Wasserkollektor der Kranzdichtung
13 Dichtungswasser-Abfluß
14 Kühler

Bauwerksbeschreibung

Auf der rechten wie auf der linken Uferseite befindet sich eine *Fischtreppe*, über die Fische flussauf- und flussabwärts die Fallhöhe von rund 10 m überwinden können. An die *Fischtreppe* auf der rechten Uferseite schließt eine Schleuse für kleinere Schiffe an. Auf der Oberwasserseite wird sie durch zwei Türme eingerahmt, welche durch eine Brücke miteinander verbunden sind. Zur Unterwasserseite hin wird die ca. 12 m breite und 30 m lange Schleusenkammer von zwei Schwergewichtsmauern begrenzt. Sowohl ober- als auch unterwasserseitig wurde die Schleuse mit einem Hubtor ausgestattet. Bei Hochwasser kann die Schleuse mit 160 m^3/s zur zusätzlichen Hochwasserabfuhr herangezogen werden.

Das vierfeldrige *Wehr*, das an die Schleuse anschließt, dient einerseits der Regulierung des Oberwasserspiegels, andererseits der Abfuhr von Hochwassern. Dabei kann der höchste angenommene Hochwasserabfluss von 5.200 m^3/s selbst dann abgeführt werden, wenn eine der vier *Wehr*-Öffnungen sperrt. Die vier 17,30 m breiten und 15 m hohen

Wehr-Öffnungen werden von 25 m langen und 4,50 m breiten Pfeilern begrenzt; durch Brücken werden diese *Wehr*-Pfeiler miteinander verbunden. Die untere Brücke dient als Zugang zum Krafthaus von der deutschen Uferseite aus. Auf der anderen, höher gelegenen Stahlbrücke sind die Hebeeinrichtungen für die *Wehr*-Verschlüsse untergebracht. Pro *Wehr*-Feld gibt es hier zwei versetzt übereinander liegende *Tafelschütze* aus Stahl, die als genietete Fachwerkkonstruktionen ausgeführt wurden. Beide werden von den Hebewerken über je zwei Ketten gehoben und gesenkt. Die *Schütztafeln* laufen seitlich auf Rollwagen, diese wiederum in Stahlschienen an den *Wehr*-Pfeilern. Als Korrosionsschutz wird in regelmäßigen Zeitabständen eine Bitumenschicht aufgebracht. Um Revisions- und Unterhaltsarbeiten an den *Schütztafeln* durchzuführen, können sowohl ober- als auch unterwasserseitig *Dammbalkentafeln* eingesetzt werden. Die Sohle des unterhalb des *Wehrs*

Wasserkraftnutzung

liegenden Tosbeckens wurde mit Granitblöcken
versehen, die der Kraft des herabstürzenden
Wassers standhalten. Die gesamte *Wehr*-Anla-
ge wurde auf Fels durch eine Druckluft-Senk-
kastengründung erstellt.

Ein geneigter Rechen, der vor dem Turbinen-
einlauf angeordnet wurde, hält grobes Treibgut von den Turbinen fern. Der Rechen kann
durch eine Rechenreinigungsanlage gesäubert
werden, die das Treibgut in eine Geschwemm-
selrinne kippt. Diese Rinne wird in regelmäßigen Abständen durch einen Greifer entleert.
In dem über 100 m langen Krafthaus, welches
an das *Wehr* anschließt, gibt es zehn Maschinensätze. Die *Straflo-Turbinen* sind um 6,5°
gegen die Horizontale geneigt. Ihr Laufrad-
Durchmesser beträgt 4,25 m. Jede der Turbinen kann von 137 m³/s durchströmt werden
und dabei bis zu 11 MW erzeugen. Um eine
stabile Netzfrequenz zu erzielen, muss die
Nenndrehzahl von 107,14 U/min überaus
genau eingehalten werden. Die Regelung der
Drehzahl erfolgt hier über 18 verstellbare *Leitschaufeln*, die wiederum von einem elektronischen Regler gesteuert werden, der kleinste
Drehzahländerungen der Turbine registriert.

Die Turbinen können sowohl ober- als auch
unterwasserseitig abgesperrt werden. Auf der
Oberwasserseite genügen aufgrund der *Leitschaufeln* 8,80 m breite und 10 m hohe Roll-
dammtafeln. Sie werden von dem auf der
Oberwasserseite des Krafthauses angeordneten 100-t-Kran in die dafür vorgesehenen
Nischen gesetzt und abgelassen. Auf der Unterwasserseite werden die Rohraustritte durch
einen Mittelpfeiler in zwei Hälften geteilt, die
jeweils durch eine 4,40 m breite und 6,50 m
hohe *Dammbalkentafel* abgesperrt werden
können.

Die Transformatoren wurden im Krafthaus
untergebracht. Über Polyäthylenkabel wird
ihnen die von den Generatoren erzeugte
Nennspannung von 10,5 kV zugeleitet und
auf 110 kV hochtransformiert. Dabei hängen
jeweils zwei Generatoren an einem Transformator. Auf der Schweizer Uferseite liegt
etwa 300 m vom Ufer entfernt die 110-kV-
Schaltanlage, die den Strom auf verschiedene
Netze verteilt. Die Energieableitung von den
Transformatoren im Krafthaus zu dieser
Schaltanlage erfolgt über SF_6-isolierte *Rohrleiter*.

Die übergeordnete Steuerung des gesamten
Kraftwerks mit all seinen Anlagen erfolgt von
einem bemannten Kommandoraum aus, der
im Maschinenhaus untergebracht ist. Zusätzlich können die einzelnen Anlagen noch vor
Ort bedient werden.

Verweis auf ähnliche Bauwerke

Am Hochrhein zwischen dem Bodensee und
Basel finden sich weitere imposante Kraftwer-
ke, so in Rheinfelden/Baden und bei Whylen.
Ein besonderes „Schmuckstück" unter den
Kraftwerken am Hochrhein ist das Kraftwerk
Eglisau, das allerdings komplett der Schweiz
zugerechnet wird. |

Literatur
Wasserwirtschaft
Heft 11, 1991

Kraftwerk Laufenburg (Hrsg.)
75 Jahre Kraftwerk Laufenburg
Laufenburg 1983

Stauhöhe
9,50 m
Ausbauwassermenge
1370 m³/s
Turbinenzahl
10
Leistung
110 MW

Bauherr
Kraftwerk Laufenburg AG
Entwurf
Elektrowatt Ingenieurunternehmung
AG, Zürich
Baufirmen
Deutsch-Schweizerische-Wasserbau-
Gesellschaft mbH, Arge RKW,
Laufenburg u. a.
Bauzeiten
1909–1914, 1929–1960, 1988–1994

Wasserkraftnutzung

VÖHRENBACH
Linach-Talsperre ● ● ●

Während das Land Baden in den zwanziger
Jahren größte Anstrengungen auf den Ausbau des Murgwerks *Seite 606* verwendete,
entstanden getragen von einzelnen Verbänden und Gemeinden einige Wasserkraftanlagen von eher örtlicher Bedeutung. Das
Kraftwerk Vöhrenbach wurde durch die
gleichnamige Gemeinde erstellt, damals ein
ca. 2.000 Einwohner zählendes Städtchen
im südlichen Schwarzwald. Das industrielle
Aufwärtsstreben des Ortes wurde durch die
Lage an der Breg begünstigt. Um der zunehmenden Industrialisierung den Weg zu
ebnen und vor allem um vom Rheinkraftwerk Laufenburg *Seite 578* unabhängiger zu
werden, entschloss man sich im Jahre 1921
zum Bau eines eigenen Kraftwerks. Als
Standort wurde das nahe gelegene Linachtal
mit der außergewöhnlich hohen Nieder-
schlagsmenge von 32,3 l/s pro Quadrat-
kilometer ausgewählt. Die Linach, ein
Seitenflüsschen der Breg mit einem Einzugsgebiet von 11,7 km², wurde dafür durch
eine Staumauer zu einem 1,1 Mio. m³ fassenden See aufgestaut. Als Unterwasser nutzte
man die Breg. So betrug die Fallhöhe rund

Wegbeschreibung
Über die A81 Stuttgart–Singen,
Ausfahrt Villingen-Schwenningen,
und Villingen nach Vöhrenbach.
Hier weiterfahren in Richtung
Hammereisenbach; nach ca. 4 km
rechts abbiegen in Richtung Fuchs-
loch, ca. 3 km bis zur Staumauer.

80 m. Erstmalig in Deutschland wurde dabei
die Staumauer in aufgelöster Bauweise als
Gewölbereihenmauer ausgeführt ●.

Da die Abflüsse des Rheins, der im Sommer
aufgrund der alpinen Schneeschmelze viel
Wasser führt, und der Schwarzwaldbäche,
die gerade dann einen niedrigen Abfluss
aufweisen, sich ideal ergänzen, lag es nahe,
das Werk an das Netz der Rheinkraftwerke
anzuschließen. Darüber hinaus konnte
durch den Verbund günstig Nachtstrom
bezogen werden, weswegen man sich dafür
entschied, das Kraftwerk als Pumpspeicherwerk auszuführen. Im Jahre 1988 wurde der
Stausee abgelassen, um die Staumauer und
das Kraftwerk instand zu setzen. Da die
Kosten dafür aber doppelt so hoch gewesen
wären wie angenommen, wurde von dem

Vorhaben vorerst abgesehen. Seitdem wird das Gebiet des ehemaligen Stausees nach und nach von der Natur zurückerobert, so dass nur noch die Staumauer an den See erinnert.

Bauwerksbeschreibung

Nahe der Mündung der Linach in die Breg liegt das Krafthaus. In ihm wurden vier Maschinensätze untergebracht: eine kleine Freistrahlturbine mit 45 kW Höchstleistung, zwei *Francis-Spiralturbinen*, die bis zu 250 kW leisteten, und die eigentliche Pumpspeicherkomponente, also eine Pumpe, ein Generator und eine Turbine, die sowohl im Pump- als auch im Tubinenbetrieb 370 kW leisteten. Die mittlere Jahresenergieerzeugung lag bei rund 1,2 Mio. kWh.

Das Wasser aus dem Stausee gelangte durch einen 340 m langen Stollen, der die Staumauer weiträumig umgeht, in eine Hangrohrleitung mit 1.650 m Länge und von dort in eine 234 m lange, eiserne Fallrohrleitung mit einem Innendurchmesser von 90 cm, die im Krafthaus endet. Am Übergang vom Stollen zur Hangrohrleitung ist ein Schieberhäuschen angeordnet. Dort mündet eine Beileitung des Schwanenbachs in die Rohrleitung. Die Hangrohrleitung ist ein *Eisenbeton*-ummanteltes

Holzrohr mit einem Innendurchmesser von 1 m mit innen aneinander gelegten und verspannten Holzbrettern, die derart geglättet waren, dass der Reibungskoeffizient gegenüber Eisen- und *Eisenbeton*-Rohren um 20 % niedriger ist. Kurz bevor die nur schwach geneigte Hangrohrleitung in die stark geneigte Fallrohrleitung übergeht, wurde ein *Wasserschloss* angeordnet, das im Wesentlichen aus einer unteren und einer oberen Kammer sowie einem senkrechten Schacht im Felsen besteht.

Das bemerkenswerteste Bauwerk der Kraftwerksanlage ist ohne Zweifel die *Eisenbeton*-Staumauer in aufgelöster Bauweise. Sie nahm den Wasserdruck durch 13 schief liegende Gewölbe auf und leitete ihn über rippenartige Pfeiler in den felsigen Untergrund. Für die Mauer sprach, dass man gegenüber einer Schwergewichtsmauer nur ca. 20 % der Betonmenge benötigte, wodurch vor allem die Bauzeit verkürzt werden konnte – wichtig, wenn man bedenkt, dass aufgrund der Witterungsbedingungen nur sechs bis sieben Monate im Jahr gearbeitet werden konnte. Auch die Kosten konnten so in Grenzen gehalten werden. Für die Gewölbereihenmauer sprach auch der sehr gute Untergrund aus Granit, der in 10 bis 12 m Tiefe ansteht.

Wasserkraftnutzung

Die Mauer hat im Grundriss einen geraden Verlauf. Ihre Höhe beträgt 30,40 m über der Gründungssohle bzw. 26,80 m über der Talsohle. Die Krone mit einem schmalen Fußgängersteg ist 5,90 m breit und 143,90 m lang. Die Tonnengewölbe überspannen bei einem Zentriwinkel von 130° eine Weite von 10,80 m; ihre Achse ist um 50° gegen die Horizontale geneigt. Die Bogenstärke nimmt von oben nach unten linear von 40 auf 60 cm zu, wobei der Radius der Innenseite mit 5,20 m konstant bleibt. Am unteren Ende der Gewölbe wurden diese in eine etwa 3 m starke *Herdmauer* eingespannt, die ihrerseits 2 m tief in den felsigen Untergrund einbindet. Die Dichtung der Wasserseite erfolgte durch einen 4 cm starken Spritzputz mit einer Metallnetzbewehrung und einem Inertolanstrich. Die Bewehrung für die Gewölbe wurde zweilagig ausgeführt. Um durch das teilweise sehr dichte Bewehrungsnetz betonieren zu können, wurde ein Beton mit besonders flüssiger Konsistenz gewählt. Trasszusätze sollten ihn vor zu schnellem Abbinden und dadurch vor zu hoher *Hydratationswärme* schützen. Die Stützrippen wurden als Dreieckscheiben ausgebildet. Sie tragen die Last der Gewölbe über Streifenfundamente in den Untergrund ab; auf der Luftseite beträgt ihre Neigung 77,5°. Die Stärke der Scheiben nimmt von oben 80 cm auf unten 120 cm zu, wobei die Ränder verstärkt worden sind, um wasserseitig das Schalgerüst für das Gewölbe zu tragen und luftseitig die Knicksicherheit zu erhöhen. Hauptsächlich wird das Ausknicken der Stützrippen jedoch durch ein System von Querriegeln verhindert. Nur zur Erzielung einer Rahmentragwirkung zwischen den Querriegeln und den Rippen wurde geringfügig Bewehrung eingebaut. Für die Winterpausen wurden noch heute gut sichtbare, verzahnte *Arbeitsfugen* angeordnet, die man mit einer Anschlussbewehrung versah.

Der Hochwasserentlastung dienten zwei Vorkehrungen. Zum einen ist dies ein an das achte Gewölbe anschließender Entlastungsturm mit 2 m Durchmesser. Dieser Turm wird durch eine pilzartige Kappe abgedeckt. Im Hochwasserfall strömte das Wasser durch seitlich angeordnete Öffnungen mit einem *Zylinderschütz* in den Turm und über eine Rohrleitung in ein Tosbecken auf der Luftseite

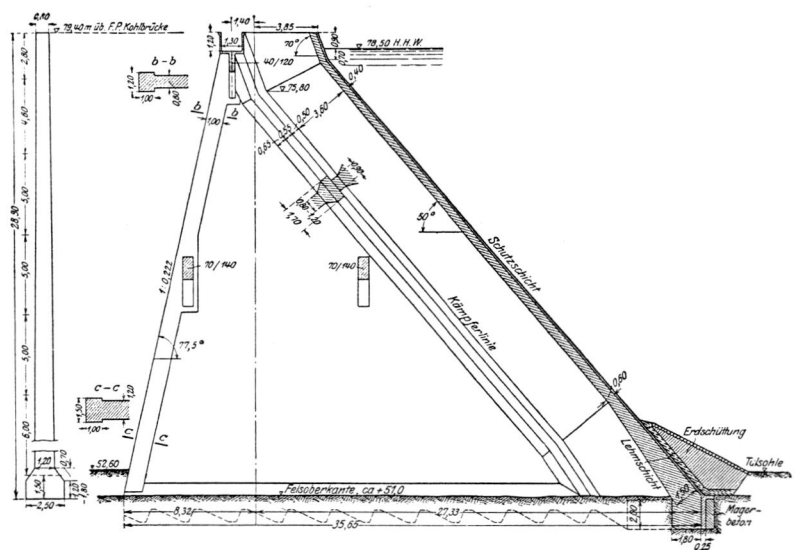

der Mauer. So konnten bis zu 30 m³/s Wasser abgeführt werden. Weiter gibt es auf der linken Uferseite einen von drei Seiten frei anströmbaren Überfall in Trogform, dessen Krone 1,60 m unter der Mauerkrone liegt. An den Überfall schließt eine in das linke Mauerwiderlager integrierte Sammelrinne an, die auf der Luftseite der Mauer in eine Schussrinne übergeht. Von dort gelangte das Wasser in das Tosbecken, wo es erst auf eine Prallwand traf, bevor es über eine kleine *Schwelle* in das natürliche Bachbett der Linach floss. Diese beiden Hochwasserentlastungsanlagen konnten zusammen mit dem Grundablass selbst gefährlichste Katastrophenhochwasser unschädlich ableiten. Der Einlauf zum Grundablass, über den maximal 10 m³/s abgeführt werden konnten, besteht aus einer wannenartigen Vertiefung, die am Fuße des siebten Gewölbes angeordnet wurde. Daran schließt eine Rohrleitung mit 1 m Nennweite an, die ebenfalls in das Tosbecken führt. Von einer direkt hinter dem Gewölbe liegenden Armaturenkammer aus konnte der Grundablass mit Hilfe eines Absperrorgans verschlossen werden.

Die Triebwasserentnahme für das Kraftwerk erfolgte über einen betonierten Stollenmund auf der linken Talseite. Heute ist dieser Einlauf derart von Pflanzen überwuchert, dass er kaum noch zu sehen ist. Für die Bauarbeiten musste zunächst die Linach über eine Holzrinne aus zwei Lagen Bohlen, die mit bitumengetränkter Pappe ausgekleidet wurde, umgeleitet werden. Da der Triebwasserstollen die Mauer weiträumig umgeht, war es möglich, die Bauarbeiten für die Mauer und den Stollen weitestgehend unabhängig voneinander durchzuführen. Die Zuschlagstoffe für den Beton wurden in einem 900 m entfernten Steinbruch gewonnen. |

Literatur

Der Bauingenieur
Heft 4, 1923

Beton und Eisen
Heft 2 und 3, 1924, und Heft 19, 1926

Wochenend-Journal
Heft 20, 1993

Mauerhöhe
30,40 m
Kronenlänge
143,90 m
Mauervolumen
41.400 m³
Beckennutzinhalt
1,1 Mio. m³

Bauherr
Stadt Vöhrenbach
Entwurf
F. Maier, Karlsruhe
Baufirma
Dyckerhoff & Widmann AG, Karlsruhe
Bauzeit
1922–1925

Wasserkraftnutzung

Wegbeschreibung

Der Schluchsee liegt im Hochschwarzwald an der B500 von Titisee-Neustadt nach Waldshut-Tiengen. Häusern liegt südlich des Schluchsees ebenfalls an der B500. Zum Kraftwerk Häusern biegt man, aus Norden kommend direkt hinter Häusern links ab (Wegweiser) und nach 2 km noch einmal links ab. Zum Kraftwerk Witznau biegt man zuletzt nicht links ab, sondern fährt noch etwa 10 km geradeaus. Das Kraftwerk Waldshut (erreichbar über die B500 von Norden oder die B34 entlang dem Rhein) liegt direkt am Rhein.

SCHLUCHSEE
Schluchsee-Werksgruppe ● ● ●

Schon Ende des 19. Jahrhunderts machte man sich aufgrund der zunehmenden Industrialisierung Gedanken darüber, das Wasserkraftpotential des Schwarzwaldes zu nutzen. Allerdings scheiterte das Vorhaben vorerst daran, dass der Badische Landtag eine Beteiligung des Staates am Bau entsprechender Anlagen ablehnte. Erst als im Jahre 1907 ein Konzept über die Nutzung der Fallhöhe zwischen dem Schluchsee und dem Rhein bei Waldshut ausgearbeitet worden war, revidierte der Badische Landtag diese Ablehnung. Im Jahre 1912 wurde einem Gesetzentwurf über den Bau des Murgwerks *Seite 606* entsprochen. Neun Jahre später wurde, um den nach dem Ersten Weltkrieg wachsenden Bedarf an Elektrizität decken

zu können, einem Gesetzentwurf zugestimmt, der den Bau des Rheinkraftwerks Ryburg-Schwörstadt und die Erweiterung des Murgwerks in Forbach durch das Schwarzenbachwerk vorsah. Zudem wurde der Bau eines Schluchseekraftwerks gefordert. Um diesen Aufgaben gerecht zu werden und sie zu beschleunigen, wurde im Juli 1921 die Badische Landeselektrizitätsversorgung AG (seit 1938 Badenwerk AG, heute Energie Baden-Württemberg AG) ins Leben gerufen.

Geschichte

Im Oktober 1921 konnte ein öffentlicher Wettbewerb für den Schluchseeausbau ausgeschrieben werden. Um mit wertvollem Spitzenstrom die Bedarfsspitzen im Stromverbrauch abdecken zu können, entschied man sich für Pumpspeicherwerke mit dem Schluchsee und seinen natürlichen Zuflüssen als Oberbecken und dem 620 m tiefer gelegenen Rhein als Unterbecken. Dazwischen waren die drei Kraftwerke Häusern, Witznau und Waldshut mit den dazugehörigen Ausgleichsspeichern geplant. Im Jahre 1922 wurde mit der Bearbeitung des Bauentwurfs der Oberstufe Häusern begonnen, der im Jahre 1924 zu einem Konzessionsgesuch führte, dem man 1928 stattgab. Nach dreijähriger Bauzeit konnte die Oberstufe Häusern 1931 in

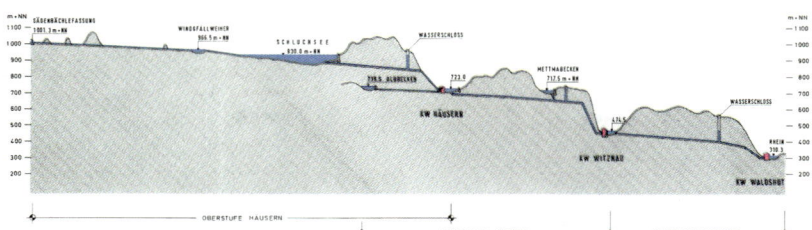

Betrieb genommen werden. Die Inbetriebnahme der Mittelstufe Witznau und der Unterstufe Waldshut verzögerte sich durch die Welt-
wirtschaftskrise und den Zweiten Weltkrieg
bis zum Jahre 1943 bzw. 1951.

Bauwerksbeschreibung

Der OBERSTUFE HÄUSERN dient der
Schluchsee als Oberbecken und das ca. 210 m
tiefer, direkt am Krafthaus in Häusern liegende Schwarzabecken als Unterbecken. Die
Verbindung wird durch den Schluchsee-
Schwarza-Stollen und zwei anschließende
Hangrohrleitungen hergestellt. Das Schwarzabecken ist zugleich das Oberbecken der
MITTELSTUFE WITZNAU. Die Verbindung zwischen dem Schwarzabecken und dem etwa
250 m tiefer liegenden Witznaubecken, das als
Unterbecken der Mittelstufe Witznau dient,
wird durch den Schwarza-Witznau-Stollen
hergestellt. Das Witznaubecken ist gleichzeitig
auch Oberbecken für die UNTERSTUFE
WALDSHUT. Hier wird die Verbindung zu dem
rund 160 m tiefer liegenden Rhein, dem Unterbecken der Unterstufe Waldshut, durch den
Rheintalstollen hergestellt.

OBERSTUFE HÄUSERN

Der Schluchsee ist ein natürlicher See. Durch
den Bau der Schluchseesperre in den Jahren
1929 bis 1932 konnte der höchste Seewasser-
spiegel um 30 auf 930 m über NN angehoben
werden. Dadurch entstand ein Stauraum von
108 Mio. m³ Inhalt, der als Jahresspeicher der
Schluchsee-Werksgruppe dient. Das Absenkziel des Schluchsees liegt bei 888 m über NN.
Die Schluchseesperre ist eine Schwergewichtsmauer aus Beton und 16 % Blockeinlagen
aus Granit zur Erhöhung des spezifischen

Gewichts. Die ursprünglich im Grundriss gerade geplante Mauer musste aufgrund von
angetroffenem, mürbem Fels in der Gründungssohle mit einem Knick in Richtung des
Stausees ausgeführt werden. Über der Gründungssohle hat die Mauer eine Höhe von
63,50 m, über der Talsohle von 35 m. Die
Krone hat eine Länge von 250 m und eine
Breite von 3,70 m. Das Bauwerksvolumen
beträgt rund 124.000 m³. Zusätzlich zum
Reibungswiderstand wird die Gleitsicherheit
durch Einbindung der Mauer in den Fels
um 1/20 der Sperrenhöhe gewährleistet.
Außerdem ist auf der Wasserseite ein mehrere Meter tiefer Sporn angelegt worden, an
den ein 12 m tiefer Dichtungsschleier anschließt.

Der Hochwasserentlastung dienen vier Öffnungen in der Mauermitte mit 5 m breiten und
2,50 m hohen *Gleitschützen*. Der Grundablass
ist eine Stahlrohrleitung mit 1 m Innendurchmesser. Er kann durch eine *Drosselklappe* und
einen *Ringschieber* reguliert werden. Sowohl
das Wasser des Grundablasses als auch das
der Hochwasserentlastung münden in ein
Tosbecken am Fuße der Mauer. Quer durch die
Mauer verläuft ein Kontrollgang, in dem der
Sohlwasserdruck gemessen werden kann.
Undichte Stellen werden mit Hilfe eines Drän-
leitungssystems ermittelt. An der Mauer wurden zahlreiche Höhenfeinvermessungspunkte
angebracht, um ihre Verformung beobachten
zu können.

Die Triebwasserentnahme für die Oberstufe
Häusern erfolgt über ein oberes und ein
unteres Einlaufbauwerk gegenüber der Ortschaft Schluchsee: Das untere, trompeten-

Wasserkraftnutzung

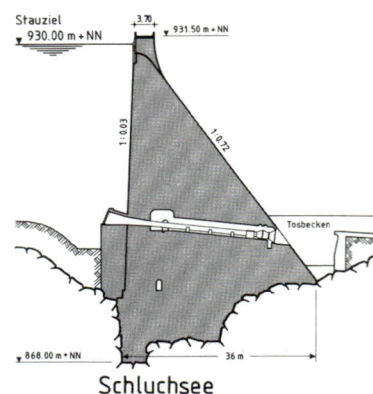

Schluchsee

förmige, an das sich direkt der Schluchsee-Schwarza-Stollen anschließt, ist dabei das eigentliche Einlaufbauwerk; das obere, das durch einen senkrechten Schacht mit dem Schluchsee-Schwarza-Stollen verbunden ist, dient in erster Linie zum Herablassen der *Schütze*.

Der Schluchsee-Schwarza-Stollen hat eine Länge von 6,25 km, wobei sich der lichte Durchmesser des kreisrunden Stollenprofils von 4,10 m am Einlaufbauwerk auf 5 m hinter dem *Wasserschloss* vergrößert. Um die Stollenauskleidung nicht auf äußeren Wasserdruck bemessen zu müssen, verläuft unter der Sohle ein Dränagerohr. Die insgesamt ca. 30 cm starke Auskleidung wurde aus bewehrtem Stampfbeton hergestellt, wobei die Zuschläge größtenteils aus dem Ausbruchmaterial gewonnen wurden. Auf die Betonschicht wurde noch eine 2 cm dicke Putzschicht aufgetragen, um die Reibungsverluste im Stollen gering zu halten. Kurz vor dem Übergang vom Stollen zu den Hangrohrleitungen befindet sich ein *Wasserschloss* mit 10 m Durchmesser, das die gesamte Überdeckung des Stollens von etwa 80 m durchquert. Steigt das Wasser im Falle einer Aufschwingung der Wassersäule auf mehr als 14 m über das Stauziel des Schluchsees, fällt es über den oberen Rand des *Wasserschlosses* und wird in einer Tasse von 28 m Durchmesser und einem

Inhalt von rund 4.300 m³ aufgefangen. Durch einen 190 m langen Ringstollen mit 5 m Durchmesser wurde eine untere Kammer mit ca. 4.500 m³ Inhalt geschaffen, die beim raschen Anfahren der Turbinen dafür sorgt, dass der Wasserspiegel im *Wasserschloss* nicht mehr als 26 m unter das Absenkziel des Schluchsees fällt und Luft in die Leitung gelangt. Kurz nach dem *Wasserschloss* bricht der Stollen aus dem Berg. Dort wurde ein *Hosenrohr* angeordnet, das in die zwei offen am Hang verlegten Druckrohrleitungen aus Stahl mündet. Die Druckrohrleitungen haben im oberen Bereich, am Anschluss an das *Hosenrohr,* einen Durchmesser von 3 m. Im unteren Bereich, d. h. bevor sie sich aufgabeln und den einzelnen Turbinen bzw. Pumpen zugeführt werden, haben sie nur noch einen Durchmesser von 2,50 m. Als Absperrorgane der Rohrleitungen wurden am oberen Ende zwei *Drosselklappen* eingebaut.

Bergseitig an das Maschinenhaus der Oberstufe Häusern wurde der Verteilrohrkeller angebaut, in dem die Abzweige zu den Turbinen und den Pumpen untergebracht sind. Das Maschinenhaus selbst besteht hauptsächlich aus einem wasserdichten Betontrog, der 20 m unter das Stauziel des Schwarzabeckens hinabreicht, und einer mit Klinkersteinen ausgefachten Stahlhalle darauf. Das Herzstück des Kraftwerks sind die vier vertikal angeordneten

Maschinensätze. Die vertikale Anordnung erfolgte aufgrund der geforderten Zulaufdruckhöhe der Pumpen von mindestens 6 m, die durch die Förderhöhe von ca. 210 m notwendig wird, um Schäden durch *Kavitation* zu vermeiden. Die Pumpe liegt ganz unten, darauf die Kupplung, die Turbine und der Generator. Der Generator ist, um den Ansprüchen an ein Pumpspeicherwerk gerecht zu werden, als „Synchron-Motor-Generator" ausgeführt worden, das heißt, dass er im Turbinenbetrieb zur Erzeugung elektrischer Energie herangezogen wird, während er im Pumpbetrieb elektrische Energie aufnimmt, als Motor arbeitet und die Pumpe antreibt. Die Leistung beträgt im Generatorbetrieb 120 MW, im Motorbetrieb 106 MW. Der Erregerstrom des Generators wird von einem ebenfalls von der Turbine angetriebenen Gleichstromgenerator geliefert, wodurch ein netzunabhängiger Betrieb möglich wird. Eine Synchronisiereinrichtung sorgt dafür, dass die Phasenfolge und die Phasenlage des Generators mit denen des Netzes übereinstimmen. Da es bei den rotierenden Generatoren zu einer hohen Wärmeentwicklung kommt, ist ihre Kühlung von größter Bedeutung. Im Kraftwerk Häusern wurde ein in sich geschlossenes Kühlsystem gewählt, das prinzipiell folgendermaßen funktioniert: Ein Luftstrom kühlt die Generatorbauteile; der dadurch erwärmte Luftstrom wiederum wird in Wärmetauschern gekühlt, die mit durchlaufendem Wasser als Kühlmedium betrieben werden; die so gekühlte Luft kann nun wieder für die Kühlung des Generators herangezogen werden. Auf diese Weise wird verhindert, dass die Generatorbauteile durch Verunreinigungen von angesaugter Luft verschmutzt werden.

Die Turbinen wurden in der Oberstufe Häusern als *Francis-Spiralturbinen* ausgeführt. Wird der oberwasserseitige *Kugelschieber* geöffnet, gelangt das Wasser über eine Einlaufspirale in die Turbine. Die Regelung der Turbinendrehzahl, welche für eine stabile Netzfrequenz von 50 Hz sehr konstant sein muss, erfolgt über einen *Leitapparat*. Der Übergang vom Stillstand in den Volllastbetrieb kann innerhalb 90 s erfolgen. Die Nenndrehzahl liegt hier

bei $333\frac{1}{3}$ U/min, die Ausbauwassermenge beträgt 80 m³/s. Zwischen der Turbine und der Pumpe sind hydraulisch-mechanische Kupplungen eingesetzt, sogenannte hydraulische Wandler. Bei Turbinenbetrieb sind sie ausgekuppelt und die Pumpen stehen still, während beim Pumpbetrieb die Kupplungen eingerückt sind und die Turbinen mitlaufen müssen, da sie auf derselben Welle zwischen Motor und Pumpe sitzen. Um im Pumpbetrieb den Reibungswiderstand so gering wie möglich zu halten, wird das in den Turbinen verbliebene Wasser ausgeblasen. Von großer Bedeutung ist die Art und Weise, mit der die Pumpen aus dem Stillstand angefahren werden. Prinzipiell gibt es die Möglichkeiten, die durch Ausblasen entleerten Pumpen oder die gefüllten Pumpen anzufahren. In Häusern entschied man sich für die zweite Methode, die eine erhebliche Zeitersparnis mit sich bringt, da die Pumpen nicht erst ausgeblasen und dann wieder gefüllt werden müssen. Durch den hydraulischen Wandler wird dabei erst die Pumpenwelle auf annähernd die gleiche Drehzahl gebracht wie die Motor-Generator-Welle. Laufen die Wellen dann synchron, wird eine Zahnkupplung eingerückt, die die Kraft mechanisch weiterleitet. Der hydraulische Wandler besteht im Wesentlichen aus einem auf der Motor-Generator-Welle angebrachten *Pumpenlaufrad* und einem auf der Pumpenwelle angebrachten *Turbinenlaufrad*. Diese beiden Laufräder sind im Wandlergehäuse untergebracht. Nun wird durch Wasserfüllung vom Pumpenlaufrad ein Wasserdruck erzeugt, der wiederum das *Turbinenlaufrad* auf der Pumpenwelle antreibt. So beginnt die Pumpe langsam zu laufen. Der gesamte Vorgang dauert hier ca. 60 s. Die *einflutigen*, zweistufigen Pumpen können bei einer Leistung von je 26 MW bis zu 11 m³/s in den Schluchsee pumpen. Um die Fördermengen den elektrischen Netzverhältnissen anzupassen, wird der Pumpförderstrom von *Ringschiebern* mit mechanischer Öffnungsbegrenzung reguliert.

Vom Generator fließt der erzeugte Stom zu einem 115,5 t schweren Transformator, der die Spannung auf 110 kV transformiert. Dem Transformator ist aus oberwasserseitiger

Wasserkraftnutzung

Sicht auf der rechten Seite eine Schaltanlage im Freien zugeordnet worden, die ein An- und Abschalten des Kraftwerks vom Netz ermöglicht. Von der Schaltanlage gelangt der Strom über 110-kV-Hochspannungsleitungen zu den beiden Schaltanlagen Gurtweil und Tiengen. Die Steuerung des Kraftwerks kann von vier hierarchisch gestaffelten Stellen aus erfolgen. Höchste Priorität hat dabei der Handbetrieb direkt an der Maschinensteuertafel in der Maschinenhalle gefolgt vom Handbetrieb von der Leitwarte und dem Automatikbetrieb der Leitwarte. Als unterste Stufe kann das Kraftwerk noch automatisch von der Lastverteilungsanlage in Kühmoos gesteuert werden.

MITTELSTUFE WITZNAU

Das Schwarzabecken ist ein künstliches, als Tagesbecken ausgelegtes Becken. Es wird hauptsächlich durch das Wasser des Schluchsees (im Turbinenbetrieb) und des Rheins (im Pumpbetrieb), aber auch durch den Albstollen und andere kleine Beileitungen gespeist. Der Speicherinhalt des Schwarzabeckens beträgt 1,3 Mio. m³; das Stauziel liegt bei 723 m über NN, das Absenkziel bei 711 m über NN. Der Aufstau des Wassers im Schwarzabecken wurde durch den Bau der Schwarzasperre in den Jahren 1929 bis 1931 ermöglicht. Wie alle anderen Sperren der Schluchsee-Werksgruppe ist die Schwarzasperre eine Betonschwergewichtsstaumauer mit Blockeinlagen. Die Sperre hat einen gekrümmten Verlauf; ihre Höhe über der Gründungssohle beträgt 43 m. Die Krone ist 158 m lang und 3,10 m breit; das Mauervolumen beläuft sich auf 44.000 m³. Zwei Heberüberfälle und zwei dazwischen angeordnete, 4,50 x 2,70 m große Öffnungen in der Mauer, deren Querschnitt durch das Absenken zweier *Schütze* freigegeben werden kann, dienen als Hochwasserentlastung. So können im Hochwasserfall bis zu 230 m³/s Wasser an das Tosbecken abgeführt werden. Für den Grundablass wurde ein trichterförmiges Einlaufbauwerk erstellt. Von dort läuft die 80 cm messende Grundablassleitung durch die Mauer und mündet hinter der Mauer und dem Tosbecken in die Schwarza. Innerhalb der Mauer sitzt ein *Kugelschieber* als Absperrorgan.

Die wichtigste Beileitung des Schwarzabeckens ist die westlich der Schwarza fließende Alb. Sie wird 3 km vom Schwarzabecken entfernt durch die Albsperre zum Albbecken aufgestaut, von dem ein Stollen zum Schwarzabecken führt.

Vom Schwarzabecken führt der Schwarza-Witznau-Stollen zum Maschinenhaus der Mittelstufe Witznau. Dieser Stollen kann in zwei Teilstollen unterteilt werden: den flach verlaufenden Niederdruckstollen bis zum *Wasserschloss* Berau und den bis zu 26° geneigten Druckstollen, der seitlich an das Krafthaus Witznau heranführt. Der Stollen hat eine Länge von 9.231 m und weitet sich von 4,50 bis 5 m auf. Der Stollen wurde ebenfalls mit einer ca. 30 cm starken Stahlbetonschicht ausgekleidet. Auch hier verläuft unter der Sohle ein Dränagerohr. Ein 302 m langer Abschnitt musste aufgrund erheblicher Wasserverluste nachträglich verstärkt und zusätzlich mit einer Stahlpanzerung versehen werden. Um den Stollen absperren zu können, gibt es am Schwarzabecken ein Verschlussbauwerk. Nach einem Drittel der Stollenlänge sorgt eine *Dammbalkentafel* für eine weitere Verschlussmöglichkeit. Kurz vor dem *Wasserschloss* münden noch zwei Beileitungsstollen, der Mettmastollen I und II, in den Schwarza-Witznau-Stollen. Die Mettma ist ein kleiner Fluss östlich der Schwarza. Ca. 3 km nördlich des Witznaubeckens wird sie durch eine in den Jahren 1939 bis 1943 erbaute Schwergewichtsmauer zum 1,7 Mio. m³ fassenden Mettmabecken aufgestaut. Das *Wasserschloss* Berau ist im Grunde ein großes Rohr, das auf dem Stollen steckt. Es ist über 70 m hoch und hat einen Durchmesser von 12 m, woraus sich ein Inhalt von knapp 8.000 m³ ergibt. Bei sehr hohen Aufschwingungen fällt das Wasser über den oberen Rand des Rohres und wird wie beim *Wasserschloss* Häusern in einer Tasse mit 49 m Durchmesser aufgefangen. Eine untere Ringkammer, wie sie in Häusern zur Ausführung kam, war hier nicht notwendig.

Der Schwarza-Witznau-Stollen gabelt sich durch ein *Hosenrohr* auf und geht in zwei Verteilrohrleitungen mit 2,90 m Durchmesser

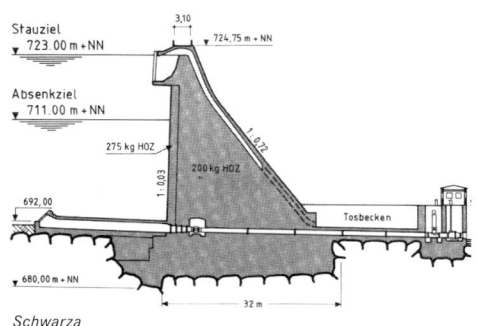

Schwarza

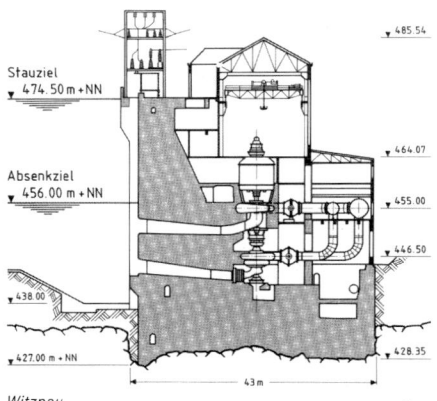

Witznau

über, die in das Krafthaus Witznau führen. Aufgrund der Enge des Tales entschied man sich bei der Mittelstufe Witznau zum Bau eines sogenannten „Talsperrenkraftwerks", bei dem das Krafthaus auf der Staumauer sitzt. Die Anordnung der vier Maschinensätze erfolgte wegen der beengten Platzverhältnisse und der notwendigen Pumpenzulaufdruckhöhe von 9 m auch hier vertikal. Die Generatoren sind ebenfalls Synchron-Motor-Generatoren; jedoch ist die Leistung im Generatorbetrieb mit 220 MW sowie im Pumpbetrieb mit 130 MW bedeutend höher. Der Kühlung der Generatoren liegt das gleiche Prinzip wie in Häusern zugrunde. Die Turbinen sind auch

hier *Francis-Spiralturbinen*, die über einen *Leitapparat* reguliert werden. Sie haben zusammen bei einer Nenndrehzahl von $333^{1}/_{3}$ U/min ein Schluckvermögen von 120 m³/s. Da sie mitlaufen, müssen sie im Pumpbetrieb ausgeblasen werden, um den Widerstand so gering wie möglich zu halten. Als Absperrorgane wurden oberwasserseitig *Kugelschieber*, unterwasserseitig *Dammbalkentafeln* angebracht. Die Kupplungen und ihre Funktionsweise unterscheiden sich grundlegend von denen in Häusern. Hier werden zuerst die Pumpen ausgeblasen und dann mittels *Pelton-Turbinen*, die eine Leistung von 750 kW erbringen, angefahren. Haben sie die

Wasserkraftnutzung

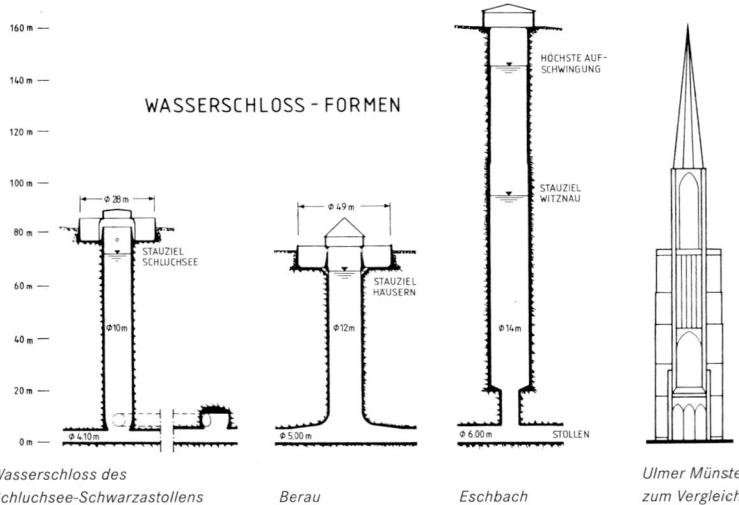

WASSERSCHLOSS - FORMEN

Wasserschloss des
Schluchsee-Schwarzastollens

Berau

Eschbach

Ulmer Münster
zum Vergleich

gleiche Drehzahl wie der Motor erreicht, werden sie eingekuppelt. Danach wird die Pumpenspirale wieder mit Wasser gefüllt, wobei sich ein Druck gegen den noch geschlossenen *Ringschieber* aufbaut. Erst wenn dieser Druck die Größe der Pumpförderhöhe erreicht hat, wird der *Schieber* geöffnet. Der große Nachteil dieses Verfahrens sind die langen Zeiten zum Ausblasen und Füllen der Pumpen. In Witznau dauert solch ein Kupplungsvorgang 155 s. Der Grund, warum man sich trotzdem für diese Kupplungen entschied, ist – von den geringeren Kosten abgesehen – der, dass man glaubte, durch eine Entlüftung die zweistufigen Pumpen schneller wieder mit Wasser füllen zu können. Jedoch führte das in die Pumpe eintretende Wasser, das schlagartig von den sich in der Luft drehenden Laufrädern erfasst wurde, zu unzulässig hohen Druckstößen. Daraufhin entschied man sich für eine Füllung von der oben sitzenden, zweiten Stufe aus, was allerdings mit den langen Anfahrzeiten erkauft werden musste.

Bei den *einflutigen*, zweistufigen Pumpen wurde von der Regulierung über einen *Leitapparat* abgesehen. Stattdessen wird die Pumpfördermenge, die insgesamt bis zu 40 m³/s betragen kann, durch oberwasserseitige *Ringschieber* reguliert. Gegen das Unterwasser werden die Pumpen mittels Stauklappen abgesperrt.

Die Generatoren leiten den Strom über offen verlegte Schienenverbindungen zu einem Transformator, der die Spannung auf 110 kV transformiert. Mit seinen 110 t Gewicht sitzt der Transformator ebenso wie die Freiluftschaltanlage auf der Mauerkrone hinter dem Krafthaus. Auch in Witznau gilt die hierarchisch gestaffelte Steuerung wie bei der Oberstufe Häusern.

UNTERSTUFE WALDSHUT

Die Witznausperre ist eine Schwergewichtsmauer aus Beton. Sie staut die Schwarza zu dem 1,35 Mio. m³ fassenden Witznaubecken auf. Das Stauziel liegt hier bei 474,50 m, das Absenkziel bei 456 m über NN. Inklusive Krafthaus hat das Bauwerk ein Volumen von 63.000 m³. Die Krone ist 116 m lang und 6,20 m breit. Die Witznausperre gründet hauptsächlich auf Granit und Gneis. Um die Sickerwasserströmung und den damit verbun-

denen Sohlwasserdruck zu vermindern, wurde eine mehrere Meter tiefe Dichtungsschürze angelegt und daran anschließend ein bis zu 17 m tiefer Dichtungsschleier abgeteuft. Für das Wasser, das aus den Turbinen strömt bzw. von den Pumpen angesaugt wird, sind in der Mauer Saugrohre ausgespart worden. Als Hochwasserentlastung dienen drei 5 x 3,50 m große Überläufe auf der rechten Seite der Mauer. Diese Überläufe können durch *Gleitschütze* verschlossen werden. Vom Rheintalstollen zweigt als weitere Hochwasserentlastungsmaßnahme ein ca. 60 m langer Umlaufstollen ab, der mit einem *Schütz*-Verschluss ausgestattet wurde. Durch diese Hochwasserentlastungsanlagen können bis zu 240 m³/s abgeführt werden. Der Durchmesser des Grundablasses beträgt bei der Mittelstufe Witznau 1,10 m. Er wurde mit einem *Gleitschütz* und einem Absperrorgan ausgestattet.

Das mit Rechen versehene Einlaufbauwerk zum Rheintalstollen liegt ca. 100 m vor der Mauer auf der rechten Talseite. Es läuft trichterförmig auf die Breite des Rheintalstollens zu. Nach ungefähr 200 m, kurz nachdem der Hochwasserentlastungsstollen abzweigt, kann der Rheintalstollen durch ein *Schütz* verschlossen werden. Der im Jahre 1951 fertig gestellte Rheintalstollen hat eine Länge von

9.486 m. Er weitet sich in seinem Verlauf von 5 auf 6 m auf. Für den Stollen mussten 400.000 m³ Fels ausgebrochen werden. Der Durchfluss beträgt 140 m³/s (entsprechend etwa der mittleren Wasserführung des Neckars bei Heidelberg). Wie auch die anderen Stollen hat der Rheintalstollen eine ca. 30 cm starke Betonauskleidung mit einer Dränageleitung unter der Sohle. Im Bereich unterhalb des *Wasserschlosses* musste beim Durchfahren einer Buntsandsteinschicht mit geringer Überdeckung ein Teil der 1.300 m langen Strecke durch eine dickere Betonauskleidung mit zusätzlicher, bis zu 36 mm starker Stahlblechpanzerung verstärkt werden, ein anderer Teil durch den Einbau eines Klinkergewölbes, einer darüber aufgetragenen Betonschicht und wieder der Stahlblechpanzerung. Dadurch sollte sichergestellt werden, dass kein Wasser in eine über der Buntsandsteinschicht und einer Wellenkalkschicht liegende Anhydritschicht vordringt, die ansonsten stark quillt. Eine besondere Lösung wurde für ein 477 m langes Teilstück mit Kernringauskleidung mit *Vorspannung* gefunden, weil hier die Gefahr bestand, dass durch die Innendrücke die Betonauskleidung Risse bekommt und das austretende Stollenwasser an der Oberfläche Hangrutschungen verursacht. Das *Wasserschloss* Eschbach ist mit 14 m Durchmesser und 161 m Höhe das größte und höchste der

Schluchsee-Werksgruppe. Es wurde als gedrosseltes *Schachtwasserschloss* ausgeführt, wodurch die ein- und ausflutenden Wassermengen beschränkt werden. Die Drosselung erfolgt durch eine Verjüngung des Querschnitts direkt über dem Rheintalstollen. Die höchste Aufschwingung des Wassers liegt bei ca. 150 m, so dass eine Überlauftasse nicht notwendig ist. Auf einem 88 m langen Teilstück, in dem die Anhydritschicht durchstoßen wird, wurde das *Wasserschloss* in Ringrichtung *vorgespannt*. Den Übergang vom Rheintalstollen zu den Verteilrohrleitungen bildet wiederum ein mächtiges, 230 t schweres *Hosenrohr*. Direkt hinter dem *Hosenrohr* befindet sich in beiden Rohrleitungssträngen eine *Drosselklappe* als Absperrorgan.

Das Krafthaus der Unterstufe Waldshut ist ein eher unauffälliges, längliches, entlang dem Rheinufer errichtetes Gebäude. Seine längliche Form kam durch die im Gegensatz zu den Kraftwerken Häusern und Witznau horizontal angeordneten Maschinensätze zustande. Die horizontale Anordnung wird dadurch ermöglicht, dass der Unterwasserspiegel, also hier der Wasserspiegel des Rheins, nur leicht schwankt und somit die Pumpen relativ hoch eingebaut werden können (die Zulaufdruckhöhe ist hier etwa Null). Auch bei der Unterstufe Waldshut sind *Francis-Spiralturbinen* eingesetzt. Mit 160 m Fallhöhe und einer Nenndrehzahl von 250 U/min verarbeiten sie zusammen bis zu 140 m³/s. Da auch hier die Turbinen starr mit den Motor-Generatoren verbunden sind, müssen sie im Pumpbetrieb ausgeblasen werden. Unterwasserseitig können sie durch ein *Schütz* und oberwasserseitig durch einen *Kugelschieber* abgesperrt werden. Die Generatoren sind wiederum Synchron-Motor-Generatoren. Ihre Gesamtleistung liegt im Generatorbetrieb bei 160 MW, im Pumpbetrieb bei 80 MW. Das Funktionsprinzip der Kupplungen ist das gleiche wie in Witznau. Obwohl man dort mit dieser Technik Probleme hatte, bot sie sich hier an, da aufgrund der Zulaufdruckhöhe von Null die Pumpen im Stillstand ohnehin nur zur Hälfte gefüllt sind und die Entlüftung und Füllung der Pumpen unproblematisch ist. Zudem kann der *Ringschieber*

früher als in Witznau geöffnet werden, da aufgrund der niedrigeren Pumpförderhöhe kein so hoher Druck gegen ihn aufgebaut werden muss. So dauert hier ein kompletter Kupplungsvorgang nur noch 92 s.

Die Pumpen sind auch hier *einflutige*, zweistufige Pumpen, die bis zu 40 m³/s in das Witznaubecken fördern können. Der Pumpförderstrom wird durch *Ringschieber* mit hydraulischem Antrieb reguliert.

Der Strom wird vom Generator über offene Schienenverbindungen zu dem 91 t schweren Transformator geleitet, der die Spannung auf 110 kV transformiert. Dem Transformator wurde eine Freiluftschaltanlage auf der Bergseite hinter dem Krafthaus zugeordnet, von der aus 110-kV-Leitungen zu den Schaltanlagen nach Gurtweil und Tiengen führen. Die Steuerung erfolgt auch in der Unterstufe Waldshut durch eine hierarchische Staffelung der Steuerstände.

Für den Bau eines Ausgleichsbeckens wurde in dem engen Hochrheintal keine geeignete Stelle gefunden, so dass man sich entschied, den Stauraum des Rheinkraftwerks Albbruck-Dogern als Unterwasserspeicher zu verwenden. Die Stauhaltung des Rheinkraftwerks wurde für diesen Zweck um 50 cm erhöht, wodurch ein „aufgesetztes Becken" mit ca. 1 Mio. m³ Inhalt entstand, was etwa der Förderwassermenge einer Nacht entspricht. Da bei Rheinabflüssen unter 800 m³/s eine Pumpwasserentnahme nicht mehr gestattet bzw. bei Abflüssen über 1.800 m³/s eine Wasserzugabe durch die Turbinen nicht mehr zugelassen wird, baute man im Jahre 1978 auf einen Inselstreifen im Rhein ca. 3 km flussabwärts das Aubecken, ein Ausgleichsbecken mit 2 Mio. m³ Inhalt. Hiermit wird nicht nur bei extremen Rheinabflüssen der Kraftwerksbetrieb ermöglicht, sondern es werden auch die durch den Pumpspeicherbetrieb hervorgerufenen Wasserspiegelschwankungen gedämpft.

Verweis auf ähnliche Bauwerke
Ein vergleichbares Pumpspeicherwerk findet sich in Forbach *siehe Seite 606*. |

OBERSTUFE HÄUSERN
Fallhöhe
210 m
Ausbauwassermenge
80 m³/s
Turbinen- bzw. Pumpenzahl
4
Turbinenleistung
120 MW
Pumpenleistung
106 MW

MITTELSTUFE WITZNAU
Fallhöhe
250 m
Ausbauwassermenge
120 m³/s
Turbinen- bzw. Pumpenzahl
4
Turbinenleistung
220 MW
Pumpenleistung
130 MW

UNTERSTUFE WALDSHUT
Fallhöhe
160 m
Ausbauwassermenge
140 m³/s
Turbinen- bzw. Pumpenzahl
4
Turbinenleistung
160 MW
Pumpenleistung
80 MW

Wasserkraftnutzung

Literatur
Schluchseewerk AG (Hrsg.)
Schluchseewerk
Freiburg i. Br. 1976

Schluchseewerk AG (Hrsg.)
Regelenergie aus dem Schwarzwald
Freiburg i. Br. 1989

Bauherr
Schluchseewerk AG, Freiburg i. Br.
Inbetriebnahme
1931 (Oberstufe)
1943 (Mittelstufe)
1951 (Unterstufe)

WEHR
Hotzenwald-Werksgruppe ● ● ●

Der in Deutschland nach dem Ende des Zweiten Weltkrieges stark steigende Strombedarf wurde größtenteils durch Wärmekraftwerke gedeckt, die aus Kostengründen möglichst durchgehend mit gleicher Last fahren sollten. Um die durch den steigenden Strombedarf auch stark gestiegenen Bedarfsspitzen decken zu können, überlegte man, die Schluchsee-Werksgruppe zu erweitern. Von einer Triebwasserleitung, die Wasser aus der Wehra, der Murg und dem Ibach zur Werksgruppe Schluchsee leiten sollte, kam man schnell wieder ab, da sich die Anforderungen an Pumpspeicherkraftwerke inzwischen merklich geändert hatten. Die Betriebswechsel vom Pump- zum Generatorbetrieb wurden immer häufiger verlangt und die geforderte Leistung stieg stark an. Mit den Beileitungen hätte zwar die erzeugte elektrische Energie erhöht, nicht aber hätten die kurzen, hohen Leistungsspitzen abgedeckt werden können. Andererseits erlaubten Fortschritte bei den hydraulischen und elektrischen Maschinen, jetzt auch größere Fallhöhen zu nutzen. Die richtige Konsequenz war also der Bau einer weiteren Kraftwerksgruppe. Man legte sich dafür auf das Gebiet des Hotzenwaldes westlich der Kraftwerke der Schluchsee-Werksgruppe fest.

Entscheidende Kriterien für die Standortwahl waren die über 600 m Fallhöhe zum Rheintal, die im langjährigen Mittel über 2.000 mm Jahresniederschlagsmenge sowie das standfeste Grundgebirge, das den Bau von Stollen, *Kavernen* und Talsperren begünstigt. Zudem ergänzen sich die Abflüsse der Schwarzwaldbäche und des Rheins in idealer Weise: In den Wintermonaten stehen den starken Abflüssen im Schwarzwald geringe Rheinabflüsse gegenüber, während im Sommer, wenn der Rhein wegen der alpinen Schneeschmelze sehr viel Wasser führt, die Schwarzwaldbäche nur geringe Abflüsse haben. Auch erlaubten die sehr dünn besiedelten Gebiete große Speicherbecken. Im Gegensatz zum Gebiet der Schluchsee-Werksgruppe, das durch Täler geprägt ist, liegt der Hotzenwald auf einer Hochfläche, weswegen man sich für den Bau von unterirdischen Kraftwerken, sogenannten *Kavernen*-Kraftwerken, entschied.

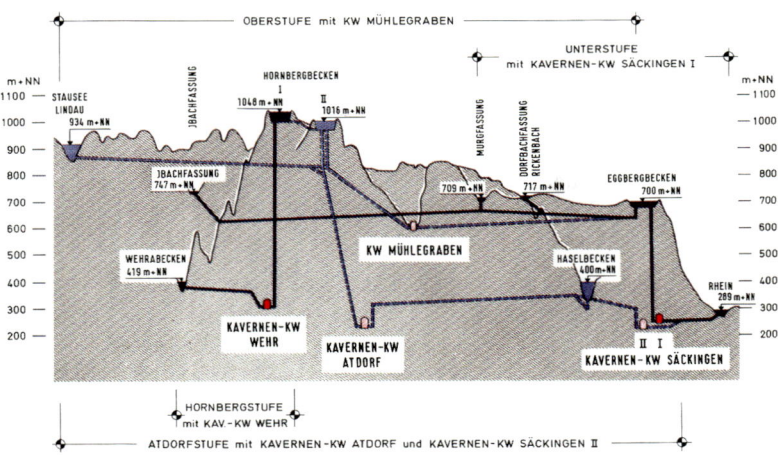

Wegbeschreibung

Zum *Kavernen*-Kraftwerk Säckingen über die B34 nach Bad Säckingen, dort in Richtung Egg abbiegen, dann in Richtung Rippolingen. Kurz hinter Bad Säckingen rechts in einen Weg abbiegen, der direkt zur Einfahrt der *Kaverne* führt.

Zum Eggbergbecken die oben beschriebene Straße anstatt in Richtung Rippolingen etwa 5 km in Richtung Egg fahren. Das Becken liegt auf der Bergkuppe.

Zum Wehrabecken westlich von Bad Säckingen in Richtung Wehr abbiegen, durch Wehr hindurch in Richtung Todtmoos; ca. 2 km weiter liegt auf der linken Seite die aufgestaute Wehra mit der Sperre. Die Einfahrt zum *Kavernen*-Kraftwerk Wehr geht auf halber Höhe des Wehrabeckens rechts ab.

Zum Hornbergbecken in Wehr in Richtung Rickenbach abbiegen, nach ca. 4 km links abbiegen und durch Rüttehof, Atdorf und Hornberg fahren. Das Becken liegt auf der Bergkuppe.

Bauwerksbeschreibung

Im Jahre 1962 begann man mit dem Bau der UNTERSTUFE SÄCKINGEN, bei der zwischen dem Eggbergbecken und dem Rhein eine Fallhöhe von über 400 m genutzt wird. Das dazugehörige Kraftwerk wurde im Jahre 1967 in Betrieb genommen. Der gestiegene Bedarf in der *Spitzenlast* führte im Jahre 1969 zu dem Beschluss, die sogenannte HORNBERGSTUFE zu bauen, bei der zwischen dem künstlich angelegten Hornbergbecken als Oberbecken und der aufgestauten Wehra als Unterbecken eine Fallhöhe von 630 m zur Energieerzeugung genutzt wird. Diese Stufe ging 1976 in Betrieb. Der Bau der Kraftwerksgruppe Hotzenwald brachte eine deutliche Erhöhung des hydraulischen Wirkungsgrades, so dass man dort für die Erzeugung von 1 kWh Spitzenstrom nur noch 1,3 kWh Pumpstrom benötigt, während man bei der Schluchsee-Werksgruppe noch vergleichsweise 1,65 kWh braucht.

UNTERSTUFE SÄCKINGEN

Das Oberbecken der Unterstufe Säckingen ist das künstlich angelegte Eggbergbecken mit ovalem Grundriss. Der Beckenrand ist ein 30 m hoch aufgeschütteter Ringdamm. An der Krone gemessen hat das Becken einen Längsdurchmesser von ca. 500 m und einen

Wasserkraftnutzung

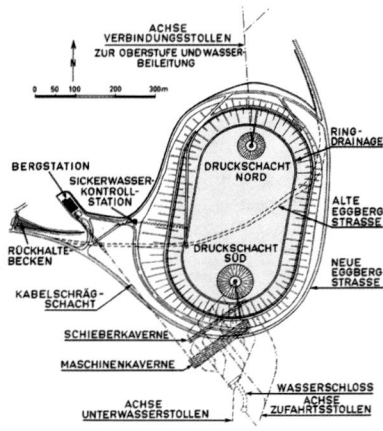

Querdurchmesser von ungefähr 300 m. Der maximale Beckennutzinhalt beträgt bei einem Stauziel von 700 m über NN 2,2 Mio. m³. Das Absenkziel wurde auf die Kote 679 m über NN festgelegt. Die Krone des Damms hat eine Länge von 1.340 m und eine Breite von 5,50 m; das Dammvolumen beträgt 680.000 m³.
In dem Becken stehen die zwei baugleichen, zylindrischen Einlauftürme Nord und Süd. Durch den Einlaufturm Nord gelangen die Beileitungen der natürlichen Zuflüsse aus Ibach, Murg und Dorfbach in das Eggbergbecken. Deren Zuflüsse werden in einem insgesamt 12,5 km langen Stollen gesammelt, der den Ringdamm in 40 m Tiefe unterfährt und dann in einen Druckschacht mündet, dessen oberer Abschluss der Einlaufturm Nord ist. Der aus Stahlbeton gefertigte Turm wurde zum Verschließen des Zuflusses mit einem *Zylinderschütz* von 5,40 m Durchmesser ausgestattet. Auch der Einlaufturm Süd wurde mit einem *Zylinderschütz* ausgestattet, das im Revisionsfall betätigt wird. Der ihm angeschlossene, vertikale, 415 m tiefe Druckschacht mit 4,30 m Durchmesser, der vom Eggbergbecken zum Kraftwerk Säckingen führt, musste mit einer 17 mm starken Stahlpanzerung versehen werden, da das Gebirge nicht den gesamten Wasserdruck aufnehmen kann. Der Raum hinter der Stahlpanzerung wurde mit Beton verfüllt. Zum Schutz des entleerten Schachtes

vor Einbeulen durch äußeren Wasserdruck wurde alle 40 Höhenmeter eine horizontale Dränage in den Spalt zwischen Panzerung und Fels rund um den Druckschacht gelegt. Diese Dränage ist nur im entleerten Zustand geöffnet, so dass der äußere Wasserdruck bei gefülltem Rohr auf den Schacht wirken kann und damit den Druck auf das Gebirge vermindert.

Das Kraftwerk selbst wurde tief unter der Erdoberfläche errichtet. Für die *Kavernen*-Lösung entschied man sich aufgrund der geforderten Pumpenzulaufdruckhöhe von 32 m, wodurch ein *Kavitations*-freier Betrieb der Pumpen gewährleistet wird. Außer der großen Maschinen-*Kaverne* und einer kleineren *Schieber*-Kaverne, in der *Drosselklappen* als Notabschlussorgane untergebracht sind, mussten noch Zufahrtsstollen, Lüftungsstollen, einige Kabelstollen und Stollen für die ober- und unterwasserseitigen Verteilrohrleitungen ausgebrochen werden. Für die 160 m lange, 23 m breite und 30,50 m hohe Maschinen-*Kaverne* mussten 115.000 m³ Granit und Gneis durch Sprengungen ausgebrochen werden. Eine Ellipse mit einem Hauptachsenverhältnis von 2:3 (Breite zu Höhe) ist die Grundform des Ausbruchsquerschnitts, bei dem dann zumindest theoretisch weder im Scheitel noch in der Sohle Zugspannungen auftreten. Gesichert wurde das Gebirge mit insgesamt 4.500 Felsankern, einer dünnen Spritzbetonschicht (5 cm Stärke) unmittelbar nach dem Ausbruch sowie einer nachträglich aufgebrachten, zweiten, mit Stahlmatten versehenen und bis zu 15 cm starken Spritzbetonschicht.

Die vier Maschinensätze bestehend aus Turbine, Generator, Kupplung und Pumpe wurden bei der Unterstufe Säckingen horizontal angeordnet. Die *Francis-Spiralturbinen* können sowohl ober- als auch unterwasserseitig durch *Kugelschieber* abgesperrt werden. Durch Öffnen des oberwasserseitigen *Schiebers* gelangt das Wasser in eine Spirale und von dort über den *Leitapparat* in die Turbine. Die Regelung des *Leitapparats* erfolgt über ein am freien Wellenende angebrachtes Flieh-

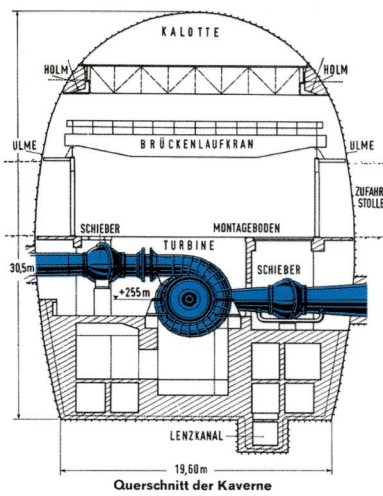

Querschnitt der Kaverne

kraftpendel. Abhängig von seiner Auslenkung steuert dieses Pendel den Leitkranzservomotor, der wiederum die *Leitschaufeln* verstellt. Dadurch ist eine sehr konstante Drehzahl erreichbar, deren Abweichung unter 0,01 % liegt, was für die Erzeugung von Wechselstrom im Hinblick auf die Frequenzkonstanz ausgesprochen wichtig ist. Die Drehzahl bei der Unterstufe Säckingen beträgt 600 U/min; die Ausbauwassermenge bei voll geöffneten *Leitschaufeln* liegt bei 96 m³/s. Nach Austritt aus der Turbine gelangt das Wasser in den Saugkrümmer. Von dort strömt es über die unterwasserseitig angeordneten Verteilrohrleitungen in den Unterwasserstollen, der zum Rhein führt. Zwischen den Turbinen und den ober- bzw. unterwasserseitigen *Kugelschiebern* wurden Druckausgleichsstopfbüchsen angeordnet, die Relativverschiebungen zwischen *Schieber* und Turbine erlauben. So kann sichergestellt werden, dass dort keine Zwangskräfte wirken. Die „Überholkupplung" zwischen Turbine und Generator erlaubt es, die Turbinen bei beliebiger Generatordrehzahl anzukuppeln. Der Kupplungsvorgang erfolgt automatisch, wenn die Drehzahl der Turbine die Drehzahl des Generators überholt. Bei

relativ zur Generatordrehzahl abnehmender Turbinendrehzahl wird automatisch ausgekuppelt. Diese Kupplung hat den großen Vorteil, dass die Turbine im Pumpbetrieb nicht mehr ausgeblasen werden muss und somit die Übergangszeit vom Stillstand zum Erreichen der Nenndrehzahl mit 15 Sekunden deutlich unter der älterer Kraftwerke *siehe Schluchseegruppe, Seite 586* liegt. Die Generatoren sind bei Pumpspeicherkraftwerken übliche Synchron-Motor-Generatoren, die im Turbinenbetrieb Strom erzeugen und im Pumpbetrieb dem Netz Strom entnehmen, um als Motor die Pumpe anzutreiben. Die Leistung im Turbinenbetrieb beträgt 370 MW. Dem stehen 280 MW im Pumpbetrieb gegenüber. Zur Kühlung der rotierenden Generatoren, die einer beträchtlichen Wärmeentwicklung ausgesetzt sind, wurde ein Kühlsystem installiert, mit dem man schon bei den Werken der Schluchsee-Werksgruppe gute Erfahrungen gemacht hatte. Die Kühlung erfolgt in einem Kreislauf mit Luft, die ihrerseits von wasserdurchströmten Wärmetauschern gekühlt wird. Zwischen dem Generator und der Pumpe wurde eine Kupplung angeordnet, die im Turbinenbetrieb ausgekuppelt wird, damit sich die Pumpe nicht mitdrehen muss. Dadurch werden unnötige Verluste vermieden. Interessant ist, wie die Pumpen angefahren werden. Bei der Unterstufe Säckingen entschied man sich für das Anfahren von wassergefüllten Pumpen mit Hilfe von sogenannten hydraulischen Wandlern.

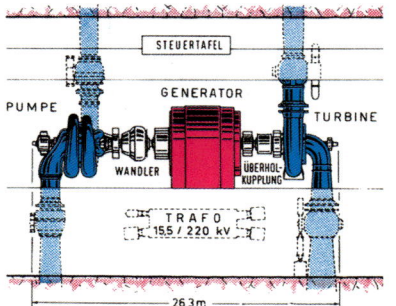

Wasserkraftnutzung

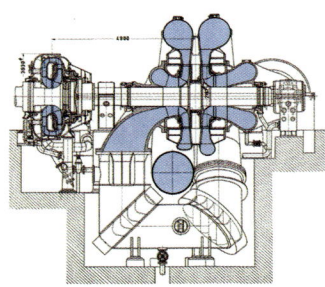

Schnitt durch eine einflutige, zweistufige Pumpe

Der Wandler besteht aus einem *Pumpenlaufrad* auf der Generatorwelle und einem *Turbinenlaufrad* auf der Pumpenwelle. Beide
Laufräder sind in dem Wandlergehäuse untergebracht. Durch Füllung mit Wasser wird vom
Pumpenlaufrad ein Wasserdruck erzeugt, der
das *Turbinenlaufrad* und somit die Pumpe
antreibt. Sobald das *Pumpenlaufrad* und das
Turbinenlaufrad annähernd synchron laufen,
wird eine Zahnkupplung eingerückt. Ein Kupplungsvorgang dauert bei der Unterstufe
Säckingen nur 14 s, obwohl die Pumpe auf
eine Drehzahl von 600 U/min gebracht werden
muss! Die Pumpen wurden in Säckingen *ein-
flutig*, zweistufig ausgeführt, um die mehr als
400 m Förderhöhe zu steigern. Bei diesen
„Back-to-back"-Pumpen sind die *Pumpenlaufräder* gegeneinander gerichtet, während
die *Laufräder* bei den herkömmlichen Modellen in gleicher Richtung auf der Welle sitzen.
Das Wasser wird von der ersten zur zweiten
Stufe durch ein aus zwei rechtwinkligen
Umlenkecken bestehendes Umlenkrohr
geführt, das unter den Pumpenspiralen verläuft. Diese Anordnung der *Pumpenlaufräder*
hat den Vorteil, dass die Baulänge geringer
ausfällt und sie außerdem besser zugänglich
sind. Eine geringfügige Erhöhung des Wir-
kungsgrads ist ein positiver Nebeneffekt. Als
nachteilig seien die hohe Materialbeanspru-
chung und die hohe Geräuschentwicklung
erwähnt. Pro Pumpe können bei etwa 71 MW
Leistung bis zu 16 m³/s gefördert werden.
Eine Regelung des Pumpförderstroms ist nicht
nötig, da die heutigen Netzverhältnisse dies

nicht mehr verlangen. Ober- und unterwasserseitig der Pumpen wurden *Kugelschieber* als
Absperrorgane angeordnet. Zwischen ihnen
und den Pumpen brachte man auch hier
Druckausgleichsstopfbüchsen an.

Die Transformatoren wurden zwischen den
unterwasserseitigen Pumpen- und Turbinen-
absperrorganen angeordnet, wodurch der
Übertragungsweg zwischen Generatoren und
Transformatoren auf ein Minimum beschränkt
wurde. Die Spannung wird von den 184 t
schweren Transformatoren von 15,75 auf
235 kV transformiert. Die Generatorableitung
zu den Transformatoren erfolgt durch offene
Schienenverbindungen. Von den Transformatoren führen 235-kV-Öldruckkabel über den
Energieableitungsstollen und die Hochspannungsleitungen zu der Schaltanlage Kühmoos,
wo der Strom in das Netz eingespeist wird.
Die Steuerung der Maschinen erfolgt per Hand
oder automatisch von einer Steuertafel aus.

Kurz bevor die letzten beiden unterwasserseitigen Verteilrohrleitungen zusammenlaufen,
wurde ein *Wasserschloss* angeordnet. Das
Wasserschloss besteht hauptsächlich aus
einem ca. 90 m langen, horizontalen Stollen
mit 6,83 m Durchmesser und einem am Ende
daran anschließenden, ca. 50 m hohen Steig-
schacht mit 11,50 m Durchmesser. Das andere
Ende des horizontalen Stollens ist mit einem
Querstollen verbunden, der auf die zwei
Hauptäste der Verteilrohrleitungen führt.
Das obere Ende des Steigschachtes ist zum
Druckausgleich über einen Stollen und einen
Schacht an den Zufahrtsstollen angeschlossen. Der Inhalt des *Wasserschlosses* beträgt
6.700 m³. Zum Schutz vor Überschwingungen
ist eine elektro-mechanische Überschwing-
schutzvorrichtung eingebaut worden, die die
Schwingungsamplituden durch Blockieren des
Öffnungsvorgangs der *Kugelschieber* inner-
halb des *Wasserschlosses* hält.

Der im Vollausbruch aufgefahrene Unterwasserstollen hat eine Länge von 2.026 m. Das
Stollenprofil ist ein Kreis von 5,80 m Durchmesser mit einer ebenen, befahrbaren Sohle.
Die Stollenauskleidung besteht aus einer

bis zu 50 cm starken Betonschicht mit einbetonierten Stahlbögen, die nach dem Ausbruch zur Sicherung eingesetzt wurden. Auf einer ca. 90 m langen Strecke musste aufgrund eines Wasserandrangs von bis zu 130 l/s ein Sohlstollen zur Entspannung des Bergwassers angelegt werden. Der Unterwasserstollen endet in einem Ein- und Auslaufbauwerk am rechten Rheinufer. Gegen grobes Treibgut ist ein Rechen vorgesehen. Durch ein *Rollschütz* kann der Unterwasserstollen abgesperrt werden. Zusätzlich besteht die Möglichkeit, dieses Mündungsbauwerk durch *Dammbalkentafeln* zu verschließen.

Das Unterbecken bildet der Rhein. Wasserwirtschaftlich gesehen treten hier vor allem zwei Probleme auf: Erstens muss mit Rücksicht auf die Schifffahrt im Turbinenbetrieb das Wasser dem Rhein möglichst gleichmäßig zugeführt werden; zweitens muss auch in Zeiten, in denen laut Konzession dem Rhein kein Wasser entnommen werden darf, für mindestens acht Stunden Pumpwasser zur Verfügung stehen. Im Falle der Unterstufe Säckingen werden diese Probleme durch eine Bewirtschaftung der Stauräume der beiden Flusskraftwerke Säckingen und Ryburg-Schwörstadt gelöst, die zusammen einen Stauraum von 1,9 Mio. m^3 bereitstellen, was für einen achtstündigen Pumpbetrieb mit 64 m^3/s ausreicht. Die Wasserspiegeländerungen im Rhein durch den Kraftwerksbetrieb betragen maximal 75 cm.

HORNBERGSTUFE

Die Hornbergstufe, die in den Jahren 1970 bis 1976 errichtet wurde, ist im Gegensatz zur Unterstufe Säckingen eine reine Pumpspeicheranlage, die keine natürlichen Zuflüsse hat. Als Oberbecken für die Hornbergstufe dient das künstlich angelegte Hornbergbecken. Wie das Eggbergbecken der Unterstufe Säckingen hat es einen ovalen Grundriss und besteht aus einem aufgeschütteten Ringdamm, der mit einer Höhe von knapp 50 m fast doppelt so hoch ist wie der Damm des Eggbergbeckens. In Längsrichtung misst das Becken ungefähr 700 m, in Querrichtung ca. 300 m. Bei Vollstau bis zum Stauziel, das hier bei 1.048 m über NN liegt, hat das Becken einen Nutzinhalt von 4,4 Mio. m^3. Das Absenkziel liegt bei 1.012 m über NN. Die Dammkrone hat eine Länge von 1,7 km bei einer Breite von 5 m; das Dammvolumen beträgt 2,2 Mio. m^3.

Die Triebwasserentnahme für das Kraftwerk der Hornbergstufe, das *Kavernen*-Kraftwerk Wehr, erfolgt über einen Entnahmeturm aus Stahlbeton. In ihm befindet sich ein *Zylinderschütz* mit einem Durchmesser von 7 m. Dieses hydraulisch angetriebene *Zylinderschütz* wurde für den Notfall als Schnellschlussorgan ausgebildet, das innerhalb von 60 s schließen kann. Der an den Entnahmeturm anschließende Druckschacht, der zum Kraftwerk Wehr führt, besteht aus einem senkrechten Schacht bis zu einem Druckschachtkrümmer, einem um 32° geneigten Schrägschacht bis zu einem weiteren Krümmer und aus einem horizontalen Druckstollen, der in die oberwasserseitigen Verteilrohrleitungen übergeht. Die Gesamtlänge des Druckschachtes beträgt ungefähr 1,4 km. Der Durchmesser des Kreisprofils vergrößert sich von oben nach unten von 5,44 auf 5,50 m. Die Auskleidung dieses Stollens besteht aus einer auf bis zu 90 bar Innendruck bemessenen Stahlpanzerung, die mit Beton hinterfüllt wurde. Die Stärke dieser Stahlpanzerung liegt zwischen 15 mm im oberen Teil des Schachtes und 46 mm im unteren Teil. Der untere Krümmer wurde mit einer 66 mm dicken Stahlpanzerung versehen, während man den oberen Krümmer nur aus Beton herstellte. Der Beulgefahr durch Außenwasserdruck begegnete man durch den Einbau von Ringversteifungen.

Für das Kraftwerk wurde wegen der nötigen Pumpenzulaufdruckhöhe von 64 m wieder die *Kavernen*-Lösung gewählt. Wie beim Kraftwerk in Säckingen wurden auch hier bei der Maschinen-*Kaverne* sowie der *Schieber*- und Trafo-*Kaverne*, den Zufahrts-, Kabel- und Belüftungsstollen sowie der ober- bzw. unterwasserseitigen Verteilrohrleitungen beträchtliche Ausbruchleistungen erbracht. In der *Schieber*- und Trafo-*Kaverne,* die parallel zur Maschinen-*Kaverne* verläuft, wurden die oberwasserseitigen *Kugelschieber* und die Transformatoren untergebracht. Auf eine Anordnung von

Wasserkraftnutzung

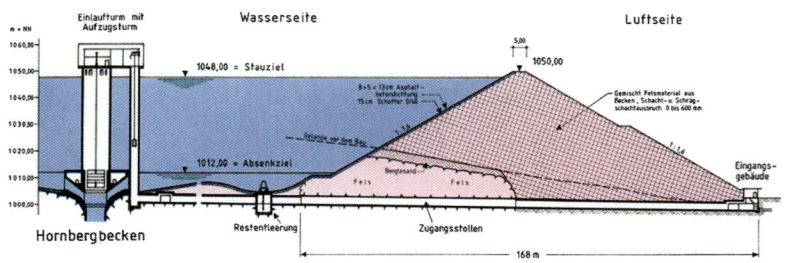

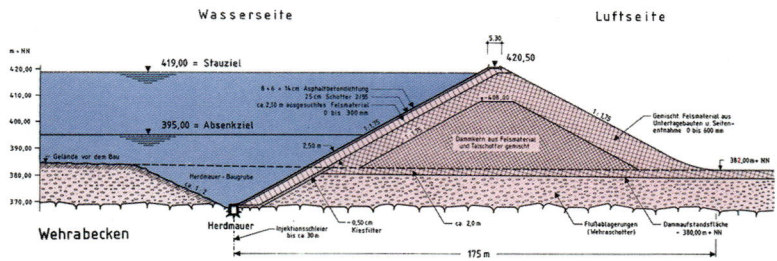

Drosselklappen wie im Kraftwerk Säckingen konnte hier verzichtet werden, da das *Zylinderschütz* des Entnahmeturms im Hornbergbecken als Schnellschlussorgan ausgebildet wurde.

Der Querschnitt der *Kaverne* hat die Form einer Ellipse mit senkrechten Wänden. Die Querschnittsfläche beträgt 70 m² bei einer Höhe von 9,20 m. Die senkrechten Wände folgten aus Fortschritten bei den Berechnungsmethoden und den Erfahrungen beim *Kavernen*-Kraftwerk Säckingen. Für die Transformatoren mussten Nischen ausgebrochen werden, wo sich dann bei einer Höhe von 14,50 m der Querschnitt auf 190 m² vergrößert. Der Vortrieb erfolgte im Teilausbruch mit anschließender Spritzbetonsicherung. Bei einer Länge von 219 m, einer Breite von 19,20 m und einer Höhe von knapp 33 m mussten 135.000 m³ Granit und Gneis ausgebrochen werden. Die im Vergleich zum *Kavernen*-Kraftwerk Säckingen geringere Breite der Maschinen-*Kaverne* beruht auf der Tatsache, dass die oberwasser-

seitigen *Kugelschieber* nicht in der Maschinen-*Kaverne*, sondern in der *Schieber*- und Trafo-*Kaverne* untergebracht wurden.

Die Anordnung der vier Maschinensätze erfolgte bei der Hornbergstufe horizontal. Die Wahl von *Francis-Spiralturbinen* ist bei Fallhöhen über 600 m eher ungewöhnlich. Entscheidend für die Wahl war, dass hier halbwegs sauberes und feststofffreies Wasser vorhanden ist. Ein *Leitapparat* übernimmt auch hier die Regulierung der Durchflussmenge und damit der Drehzahl, die bei 600 U/min liegt. Die Ausbauwassermenge beträgt pro Turbine 40 m³/s. Sowohl ober- als auch unterwasserseitig können die Turbinen durch einen *Kugelschieber* abgesperrt werden. Zwischen den Turbinen und den *Kugelschiebern* sorgen Druckausgleichsstopfbüchsen für eindeutige Kräfteverhältnisse. Bei der Kupplung zwischen Turbine und Generator handelt es sich wie in Säckingen um eine Überholkupplung. Die Generatoren sind ebenfalls Synchron-Motor-Generatoren, die im Turbinenbetrieb 980 MW,

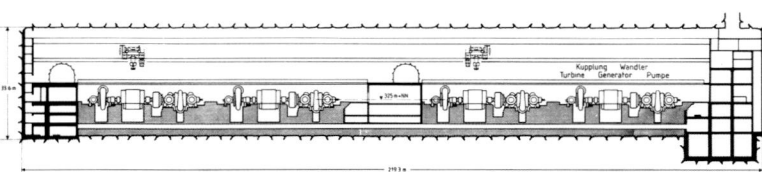

Längsschnitt durch das Kavernenkraftwerk Wehr, Querschnitt siehe Seite 599

im Pumpbetrieb sogar 990 MW leisten können. Die im Vergleich zur Generatorleistung erstmals höhere Motorleistung ist auf die verkürzte Schwachlastzeit zurückzuführen. Bei der Kühlung der Generatoren wurde aufgrund der sehr hohen Leistung von dem bewährten Luftkühlsystem der Schluchsee-Werksgruppe und des Kraftwerks Säckingen abgewichen. Die Generatoren werden im Kraftwerk Wehr über ein kombiniertes Luft-Wasser-Kühlsystem gekühlt. Dabei gibt es jeweils für den Ständer und den Läufer einen separaten Kühlkreislauf: Der Ständer wird direkt mit Wasser gekühlt, während der Läufer luftgekühlt wird. Sowohl das erwärmte Wasser der Ständerkühlung als auch die erwärmte Luft der Läuferkühlung werden über Wärmetauscher rückgekühlt. Bei der Wahl der Kupplungen zwischen den Generatoren und den Pumpen entschied man sich wieder für hydraulische Wandler, mit denen man gute Erfahrungen gemacht hatte. Ein Kupplungsvorgang erfolgt hier innerhalb 14 s. Bei den Pumpen handelt es sich um *zweiflutige*, zweistufige Pumpen mit einem Pumpförderstrom von 36 m³/s pro Pumpe. Ober- und unterwasserseitig dienen *Kugelschieber* als Absperrorgane, wobei wieder Druckausgleichsstopfbüchsen zwischen den Pumpen und den *Schiebern* angeordnet wurden.

Zwei Transformatoren, die jeweils 436 t wiegen, transformieren bei der Hornbergstufe die Generatorspannung von 21 auf 380 kV. Sie sind für je zwei Maschinensätze ausgelegt. Die Generatorableitung erfolgt über eine gekapselte Stromschiene durch einen Schrägstollen zur Transformatornische in der *Schieber*- und Trafo-*Kaverne*. Der Strom gelangt

vom Transformator über SF_6-*isolierte Rohrleiter* im Energieableitungsstollen und nach dessen Austritt aus dem Berg über Hochspannungsleitungen zum 380-kV-Teil der Schaltanlage Kühmoos, wo er ins Netz eingespeist wird.

Im Kraftwerk Wehr existieren drei getrennte Steuerebenen: die Handsteuerung von der Steuertafel aus, die Handsteuerung von der in der Maschinen-*Kaverne* untergebrachten Kraftwerkswarte aus und die Automatik, die sowohl von der Warte als auch von der Lastverteilungsanlage Kühmoos eingeschaltet werden kann. Der automatische Betrieb ist der Normalfall.

Kurz hinter den vereinigten, unterwasserseitigen Verteilrohrleitungen wurde ein *Doppelkammerwasserschloss* angeordnet. Die untere Kammer besteht aus einem ca. 40 m hohen Schacht, einem ca. 100 m langen, leicht geneigten Stollen mit 7 m Durchmesser und daran anschließend einem senkrechten, über 60 m hohen Schacht mit einem Durchmesser von 12,35 m. Die obere Kammer besteht aus zwei an den großen Schacht der unteren Kammer anschließenden Stollenarmen, die jeweils eine Länge von über 30 m haben. Die Drosselung erfolgt durch eine Querschnittsverjüngung des unteren Schachts der unteren Kammer. Zum Druckausgleich ist noch ein kleiner Stollen mit anschließendem Luftschacht angeordnet worden, der in einem Zufahrtsstollen zum *Wasserschloss* endet.

Der 1,5 km lange Unterwasserstollen hat einen kreisrunden Querschnitt mit einer ebenen, befahrbaren Sohle. Der Durchmesser des Stollens beträgt 7 m. Beim Vortrieb des

Wasserkraftnutzung

Stollens, bei dem man hauptsächlich auf Syenit und Gneis stieß, wurde der volle Querschnitt aufgefahren. Die Auskleidung erfolgte mit einer 35 cm starken Betonschicht. Die Kraftschlüssigkeit des Betons mit dem Gebirge und eine Verdichtung der Auflockerungszone rund um den Ausbruchquerschnitt wurde durch dreimaliges Injizieren mit Drücken bis zu 25 bar erreicht.

Als Unterbecken für die Hornbergstufe dient das durch die Wehrasperre auf einen Inhalt von 4,1 Mio. m^3 aufgestaute Flüsschen Wehra. Das Stauziel dieses Wehrabeckens liegt bei 419 m über NN, das Absenkziel bei 395 m über NN. Auf der linken Seite des Beckens endet der Unterwasserstollen in einem Ein- und Auslaufbauwerk, das mit Rechen ausgestattet wurde. Dieses Bauwerk kann durch ein hydraulisch angetriebenes *Rollschütz* abgesperrt werden. Die Wehrasperre ist ein hauptsächlich aus dem Ausbruchsmaterial der Kraftwerks-*Kaverne* aufgeschütteter Damm mit 400.000 m^3 Volumen. Er hat im Grundriss einen geraden Verlauf. Seine Höhe beträgt 50 m über der Gründungssohle bzw. 37 m über der Talsohle. Die Dammböschungen haben beidseitig Neigungen von 1:1,75. Über die Krone, die 5,30 m breit und ca. 235 m lang ist, führt eine Straße, die die beiden Talflanken miteinander verbindet. Gegründet wurde die Sperre auf einer bis zu 16 m mächtigen Schicht aus Flussablagerungen (Wehraschotter). An den Talflanken lehnt sich die Sperre an festen Gneis und Syenit. Als Grundablass für das im Mittel 2,7 m^3/s führende Flüsschen Wehra und zur Hochwasserentlastung dient der über 300 m lange Wehrastollen mit 3,70 m Durchmesser, der um das Dammbauwerk herumführt. Das Einlaufbauwerk zum Wehrastollen besteht aus einem oberen und einem unteren Bauwerk, die beide mit Rechen versehen wurden. Das untere Einlaufbauwerk dient zum Abführen der Mindestwassermenge – auch bei Erreichen des Absenkziels. Durch das obere Bauwerk wird der Einlaufquerschnitt vergrößert (z. B. für den Hochwasserfall); außerdem nimmt es ein *Schütz* auf, mit dem das gesamte Einlaufbauwerk abgesperrt werden kann. Am luftseitigen Austritt des

Stollens aus dem Fels wurde ein *Hosenrohr* angeordnet, von dessen zwei Hauptsträngen wiederum zwei kleinere Stränge abzweigen. Diese insgesamt vier Rohrstränge münden in das Auslaufbauwerk, in dem vier Regulierorgane untergebracht wurden, die den Abfluss von Kleinstmengen bis zum größten Hochwasser von 160 m^3/s garantieren.

Bei diesen Regulierorganen handelt es sich um zwei *Ringschieber* mit Nennweiten von 900 und 300 mm sowie um zwei *Kegelstrahlschieber* der Nennweite 2.800 mm. Die *Ringschieber* dienen der Regulierung kleiner Wasserströme, während die *Kegelstrahlschieber* für die Hochwasserabfuhr ausgelegt sind. Eine Hochwasserentlastungsanlage kann dadurch entfallen. Zum Zwecke der Energieumwandlung befinden sich die *Kegelstrahlschieber* in einer Toskammer.

Verweis auf ähnliche Bauwerke
Ein ähnliches, aber viel kleineres, reines Pumpspeicherkraftwerk ist das Kraftwerk Glems nahe der gleichnamigen Gemeinde zwischen Reutlingen und Metzingen. Auch hier wurde auf einer Bergkuppe ein Erddamm zum Oberbecken aufgeschüttet. Als Besonderheit gilt die 5 bis 10 m dicke, fast 80 m lange und fugenlose Fundamentplatte des Krafthauses Glems, die *mäßig vorgespannt* wurde. |

UNTERSTUFE SÄCKINGEN
Fallhöhe
415 m
Ausbauwassermenge
96 m³/s
Turbinen- bzw. Pumpenzahl
4
Turbinenleistung
370 MW
Pumpenleistung
280 MW

HORNBERGSTUFE
Fallhöhe
630 m
Ausbauwassermenge
160 m³/s
Turbinen- bzw. Pumpenzahl
4
Turbinenleistung
980 MW
Pumpenleistung
990 MW

Bauherr
Schluchseewerk AG
Entwurf
Schluchseewerk, Freiburg i. Br.,
und Lahmeyer International,
Frankfurt/Main
Baufirmen
Hochtief AG, Frankfurt/Main, Dycker-
hoff & Widmann AG, München, u. a.
Bauzeiten
1962–1967 bzw. 1969–1976

Literatur
VDI Nachrichten
Heft 49, 1972
LEONHARDT, F.
*Betontragwerke ohne schlaffe
Bewehrung ...*
in Beton- und Stahlbetonbau, Heft 5,
1973

Wasserwirtschaft
Heft 1, 1973

Schluchseewerk AG (Hrsg.)
Werksgruppe Hotzenwald ...
Freiburg i. Br. 1984

Schluchseewerk AG (Hrsg.)
Das Kavernenkraftwerk Wehr ...
Freiburg i. Br. 1995

Wasserkraftnutzung

FORBACH
Schwarzenbach-Talsperre und Rudolf-Fettweis-Kraftwerks-komplex ● ●

Im Zuge der Industrialisierung im 19. Jahrhundert entstanden im Schwarzwald in vielen Orten kleine kommunale und private Wasserkraftwerke, die von der badischen Landesregierung mit günstigen Konzessionen gefördert wurden. Das Großherzogtum Baden fasste aufgrund des ständig wachsenden Strombedarfs schließlich den Entschluss, die Stromversorgung in eigene Regie zu nehmen. So wurde das gesamte Großherzogtum Baden hydrographisch und geologisch untersucht und bei der „Oberdirektion des Wasser- und Straßenbaues" in Karlsruhe speziell eine Abteilung für Wasserkraft und Elektrizität eingerichtet. Im Jahre 1921 wurde daraus eine Aktiengesellschaft mit dem Namen Badische Landeselektrizitätsversorgung AG, welche man 1938 in die Badenwerk AG und 1997 durch die Fusion mit der EVS in Energie Baden-Württemberg AG umbenannte.

Wegbeschreibung
Die Schwarzenbach-Talsperre ist von Baden-Baden aus über die B500 in Richtung Freudenstadt oder von Gernsbach aus über die B462 in Richtung Freudenstadt erreichbar: Über die B500 etwa 15 km hinter Baden-Baden links in Richtung Herrenwies abbiegen bzw. über die B462 von Gernsbach aus durch Forbach hindurch nach ca. 8 km bei Raumünzach rechts abbiegen. Das dazugehörige Kraftwerk steht in Forbach.

In ihren Aufgabenbereich fiel in den Jahren 1914 bis 1926 der Bau des Kraftwerkskomplexes „Rudolf-Fettweis-Werk", der bei einer mittleren Jahresenergieerzeugung von 130 GWh im Pumpspeicherbetrieb wertvollen Spitzenstrom liefert. Dies war der erste Kraftwerkskomplex der Welt, der im großen Umfang das Pumpspeicherprinzip für die öffentliche Stromversorgung einsetzte.

Bauwerksbeschreibung

Der Rudolf-Fettweis-Kraftwerkskomplex
besteht aus vier Teilwerken:
MURGWERK (1914–1918)
NIEDERDRUCKWERK (1914–1918)
RAUMÜNZACHWERK (1921–1923)
SCHWARZENBACHWERK mit
SCHWARZENBACH-TALSPERRE (1922–1926)

Sie sind durch ein aufwendiges System von
Druckstollen und Rohrleitungen miteinander
vernetzt.

MURGWERK

Im Murgwerk wird im Wesentlichen das Wasser aus dem Einzugsgebiet der Murg und der
Raumünzach genutzt – zusammen ein Gebiet
von 247 km². Ein 17 m hohes *Wehr* staut die
Murg bei Kirschbaumwasen auf. Von dort wird
das Wasser erst durch den 5,6 km langen
Murgstollen, dann durch zwei Druckrohrleitungen zum Krafthaus in Forbach geleitet.
Unterwegs nimmt der Stollen noch das Wasser der Raumünzach auf; insgesamt fällt es
dabei um 145 Höhenmeter. Im Krafthaus wird
dann die Energie des Wassers durch fünf mit
Generatoren gekoppelte *Francis-Spiralturbinen* in elektrischen Strom umgewandelt.

NIEDERDRUCKWERK

Am unteren Ausgleichsbecken des Rudolf-
Fettweis-Werks in Forbach, das als Unterbecken des Murgwerks und des Schwarzen-
bachwerks dient, liegt das Niederdruckwerk.
Es erfüllt zwei Aufgaben: Die durch den
Pumpspeicherbetrieb unregelmäßig anfallenden Wassermengen können ausgeglichen
und – an die natürliche Wasserführung angepasst – wieder der Murg zugeführt werden;
die Fallhöhen von 3,50 bis 10 m werden mittels zweier mit Generatoren gekoppelter
Kaplan-Rohrturbinen zur Stromerzeugung
genutzt. Dies geschieht in dem kleinen
Maschinenhaus, das in das Stau-*Wehr* integriert wurde.

RAUMÜNZACHWERK

In der zweiten Ausbaustufe entstand dann das
Raumünzachwerk, das zunächst für die Energieversorgung beim Bau der Schwarzenbach-
Talsperre angelegt wurde. Das Wasser wird
hier im Sammelbecken Erbersbronn aufgestaut, dann durch einen 1,2 km langen Hang-
stollen und anschließend durch eine 125 m
lange Druckrohrleitung in ein kleines Maschinenhaus geleitet, das mit einer *Francis-Spiralturbine* ausgestattet wurde. Nach seiner
Nutzung fließt dieses Wasser in den Murgstollen, so dass es im Krafthaus des Murgwerks in
Forbach zum zweiten Mal genutzt wird.

SCHWARZENBACHWERK

Das Schwarzenbachwerk ist die eigent-
liche Pumpspeicherkomponente in diesem
Kraftwerkskomplex. Hier wird durch die
Schwarzenbach-Talsperre ein Stausee mit

Wasserrückhalt und Renaturierung

14,3 Mio. m³ Nutzinhalt gebildet, der sowohl von den natürlichen Zuflüssen des Schwarzenbachs und des Seebachs als auch von den Beileitungen des Hundsbachs und der Biberach gespeist wird. Das dadurch entstandene Einzugsgebiet hat eine Größe von 50 km². Vom Stausee fließt das Wasser durch den 1,7 km langen Schwarzenbach-Stollen, bevor es in eine Druckrohrleitung mit 881 m Länge und anschließend in Forbach in dasselbe Krafthaus gelangt, das auch dem Murgwerk als Krafthaus dient. Dort werden zwei mit Generatoren gekoppelte Freistrahlturbinen mit 43 MW Leistung angetrieben. Wenn in Schwachlastzeiten Wasser gepumpt wird, werden in dem Krafthaus zwei Pumpen in Betrieb gesetzt, die bis zu 8 m³/s in den Schwarzenbach-Stausee fördern. Hierzu wird aber nicht das Wasser des vor dem Krafthaus liegenden Ausgleichsbeckens verwendet, sondern, um einen möglichst geringen Höhenunterschied zu überwinden, das Wasser des 145 m höher liegenden Sammelbeckens bei Kirschbaumwasen. So muss das Wasser statt 357 nur 212 m hochgepumpt werden.

SCHWARZENBACH-TALSPERRE

Bei dieser Talsperre handelt es sich um eine Schwergewichtsmauer aus unbewehrtem Gussbeton mit Blockeinlagen aus gewaschenem Granit (21 % Volumenanteile). Im Grundriss ist sie zur Wasserseite hin gekrümmt und über der Gründungssohle 65,30 m bzw. über der Talsohle 56,30 m hoch. Die Krone der Mauer ist 6,20 m breit und 400 m lang; an der Sohle ist die Mauer 48,50 m breit. Insgesamt beträgt das Volumen des Bauwerks 283.871 m³, was knapp 2 % des Gesamtstauraums entspricht. Das höchste Stauziel des Stausees liegt bei 668,50 m, das tiefste Absenkziel bei 627 m über NN. Der Sperrentyp der Schwergewichtsmauer bietet sich vor allem bei weiten Tälern mit felsigem Untergrund an. Hier liegt als Untergrund ein Glimmergranit vor, der von teilweise starken Ablösungen, Klüften und Rissen durchsetzt ist. Um die Dichtigkeit der Sohle zu gewährleisten, wurden vor Beginn der Betonarbeiten sämtliche Felsspalten sowie die gesamte Sohlfläche sorgfältig torkretiert. Anschließend verlegte

man eine Sohldränage und umhüllte sie mit einer Magerbetonschicht, bevor die zweite Torkretschicht aufgebracht wurde. Zusätzlich teufte man zur Dichtung des durch frühere Sprengungen erschütterten Granits einen 3 m tiefen Dichtungsschleier ab, der mit Zementmilch ausgepresst wurde.

Der gekrümmte Verlauf wurde gewählt, um den Temperatureinflüssen Rechnung zu tragen. Darüber hinaus ordnete man Temperaturfugen an, indem in Mauerbreitenrichtung im unteren Teil alle 60 m und im oberen Teil alle 30 m eine *Arbeitsfuge* gelassen wurde. Diese Fugen erhielten durch 4 m breite und 3 bis 5 m hohe Blöcke, die jeweils 1 m tief in den Nachbarblock eingreifen, eine Verzahnung. Auf der Wasserseite werden die Fugen durch einen 50 cm breiten Kupferstreifen abgedeckt. In einem Abstand von 5 und 10 m von der Wasserseite befinden sich Kontrollschächte, in denen die Durchsickerung kontrolliert werden kann. Falls die Sickerwassermengen zu groß werden, ist vorgesehen, die Fugen mit Asphaltbeton auszufüllen. Die Luftseite der Mauer wurde mit aufgesetztem Granitschichtmauerwerk verkleidet, das bei der Herstellung in mühsamer Arbeit mit einbetoniert wurde. Es verleiht der Sperre nicht nur ein ansprechendes Äußeres, sondern dient auch als Schutz vor Witterungseinflüssen (vor allem Frost) und nimmt durch seine Rauhigkeit dem Wasser im Falle der Hochwasserentlastung einen Teil seiner Energie. Wasserseitig ist auf den Kernbeton eine 80 cm dicke Schutzbetonschicht aufgebracht. Zwischen diesen beiden Betonschichten befindet sich im unteren Sperrenteil eine Dichtung aus mehrlagiger Asphaltpappe, im oberen Teil ein Putz. Im Jahre 1952 wurde im Hauptregulierungsbereich des Wasserspiegels oberhalb 661,50 m über NN eine weitere Betonschicht auf den Schutzbeton aufgebracht, auf welcher wiederum die außen sichtbare Torkretputzschicht liegt. Diese zweite Betonschutzschicht wurde mit beheizbaren Fugendichtungen in Form von Bitumenstäben ausgestattet, die bei längeren Frostperioden durch eine Widerstandsheizung nacheinander erwärmt werden. Dies bewirkt eine Verflüssigung der Bitumenstäbe und

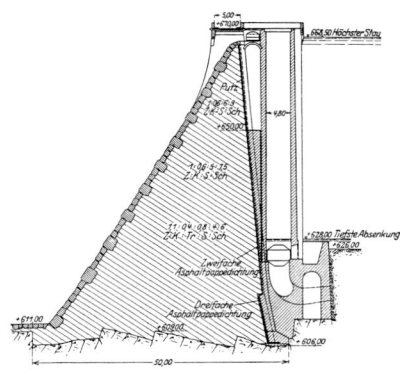

damit eine Nachdichtung der Fuge. Durch das Abschalten der Heizung erstarren sie wieder. Der eventuell auftretende Massenschwund der Bitumenstäbe wird kontrolliert und gegebenenfalls ersetzt.

Für die Hochwasserentlastung wurden in der Mauermitte auf der Höhenkote 667,90 m über NN 24 regulierbare *Schütze* angebracht. Diese haben jeweils eine Breite von 3 m. Bei Hochwasser werden die *Schütze* um 60 cm abgesenkt und damit bis zu 80 m³/s abgeführt. Über die Luftseite der Mauer stürzt dann das Wasser in das kaskadenförmig gegen die Talhänge gebaute Tosbecken. Für die Triebwasserentnahme wurde auf der Wasserseite in Mauermitte ein Entnahmeturm erstellt, der von der Mauerkrone aus erreicht werden kann. Er hat einen Innendurchmesser von 4,80 m. Als Verschluss dient ein *Zylinderschütz*. Von dem Entnahmeturm führt eine Rohrleitung zu einer Armaturenkammer, die auf der linken Seite der Staumauer liegt. In ihr befinden sich zwei *Kugelschieber* mit Innendurchmessern von 1 m und 80 cm. Von dort strömt das Wasser in den Schwarzenbach-Stollen (Innendurchmesser = 3 m), bevor es über das *Wasserschloss* und die Hangrohrdruckleitung in das Krafthaus in Forbach gelangt. Der Grundablass besteht aus einer Rohrleitung, die vom Entnahmeturm des Triebwassers durch die Staumauer hindurch in das auf der Luftseite liegende Tosbecken läuft.

Innerhalb der Staumauer befindet sich ein *Kugelschieber,* mit dem der Grundablass geöffnet und geschlossen werden kann. Dieser *Kugelschieber* kann durch einen Kontrollgang in der Mauer erreicht werden. Dieser verläuft innerhalb der Mauer 56 m unter der Krone und ist 110 m lang. In ihm werden Sickerwässer gesammelt, gemessen und abgeführt. Außerdem befinden sich dort 16 Sohlwasserdruckmessstellen. Anfang der neunziger Jahre wurde aufgrund der Neufassung der DIN-Norm für Staumauern und Staudämme der Kontrollgang links und rechts um jeweils 80 m verlängert. Im Zuge dessen wurden auch von der Mauerkrone aus zwei Löcher für ein Pendel- und ein Schwimmlot nach unten gebohrt. In zwei Nischen können diese Lote abgelesen werden. Die Pendellote, die an der Mauerkrone befestigt wurden, dienen der Messung der Horizontalverformungen innerhalb der Mauer, während mit den Schwimmloten, die im Untergrund verankert und am oberen Ende schwimmend gelagert sind, die Relativverschiebungen zwischen Mauer und Untergrund gemessen werden können. Geringe Verformungen und Verschiebungen treten hauptsächlich bei Temperaturschwankungen bzw. Temperaturdifferenzen auf, aber auch bei Schwankungen des Staupegels. Im Turnus von vier Jahren wird an der Sperre außerdem eine Feinvermessung vorgenommen, für die ein Triangulationsnetz mit 27 Messpunkten festgelegt wurde. Alle diese Messungen haben bis heute gezeigt, dass die Schwarzenbach-Talsperre noch immer in einem sehr guten Zustand ist.

Heute ist kaum noch vorstellbar, mit welchem Aufwand der Bau einer solchen Talsperre in den zwanziger Jahren verbunden war. Die ersten beiden Jahre benötigte man alleine für die Baustelleneinrichtung für ca. 2.000 Mann sowie für den Aushub von 120.000 m³ Boden und Fels bei Tagesleistungen von 250 m³. Anschließend konnte mit den Betonarbeiten begonnen werden. Dabei wurden im Schnitt 1.000 m³ Beton pro Tag eingebracht. In dem in nächster Nähe gelegenen Steinbruch Schneidersköpfle wurde dafür der Brechschotter gewonnen. Über Feldbahngleise transportierte man den Schotter zur Baustelle, wo er dann auf die richtige Korngröße gebracht, gewaschen, sortiert und letztendlich zu Beton verarbeitet wurde.

Ein Problem bei der Einbringung von Massenbeton, das auch hier auftrat, ist die *Hydratationswärme* des abbindenden Betons. Um ihr vorzubeugen, wurden ein hoher Wasserzementwert gewählt und zusätzlich Trassanteile mit eingebracht. Beim Betoniervorgang wurde die Mauer in einzelne, große Blöcke aufgelöst, so dass diese im Grund- und Aufriss derart zueinander versetzt waren, dass eine gute Verdübelung entstand. Die Arbeiten an der Mauer konnten nach fünf Jahren termingerecht beendet werden.

Verweis auf ähnliche Bauwerke
Schwergewichtsmauern ähnlich der Schwarzenbach-Talsperre können in Baden-Württemberg vor allem bei der Schluchsee-Werksgruppe gefunden werden, *siehe Seite 586.* |

Literatur
Der Bauingenieur
Heft 11, 1925

Badenwerk AG (Hrsg.)
Rudolf-Fettweis-Werk
Forbach/Murgtal

Sperrmauer
- **Höhe**
65,30 m
- **Kronenlänge**
ca. 400 m
- **Bauwerksvolumen**
283.871 m³
Beckennutzinhalt
14,3 Mio. m³
Stauziel
668,50 m über NN
Absenkziel
627 m über NN

Bauherr
Badische Landeselektrizitätsversorgung AG (heute: Energie Baden-Württemberg AG)
Entwurf und Baufirma
Siemens Bauunion
Bauzeiten
1914–1918 und 1921–1926

FREUDENSTADT
Kleine-Kinzig-Talsperre ●

Am Anfang der siebziger Jahre war der Wasserbedarf im Schwarzwald so hoch, dass man schon von Wasserknappheit sprechen konnte. Trotz 1.700 mm mittlerer Jahresniederschlagsmenge lassen schon nach kurzen Trockenzeiten Quellen und Grundwasservorräte stark nach oder versiegen, weil der hier anstehende Buntsandstein nur ein geringes Speichervermögen hat. Darüber hinaus verteilen sich die Niederschläge sehr ungünstig über das Jahr. Gerade im Spätsommer und Herbst, wenn der Bedarf durch den zunehmenden Fremdenverkehr steigt, gehen sie zurück.

Im Jahre 1974 schlossen sich 13 Gemeinden und Verbände im mittleren und nördlichen Schwarzwald zusammen und gründeten den Zweckverband Wasserversorgung Kleine Kinzig zum Bau und Betrieb einer Talsperre. Mit dem Bau der Talsperre, zahlreicher Hochbehälter und über 200 km Rohrleitungen konnte 1978 begonnen werden. Im Jahre 1985 wurde der Betrieb der Trinkwasserversorgung für mehr als 150.000 Menschen

Wegbeschreibung
In Freudenstadt in Richtung Freudenstadt-Zwieselberg (Bad Rippoldsau) fahren, etwa 2 km nach Freudenstadt links in Richtung Schömberg abbiegen. Ca. 5 km hinter Schömberg rechts abbiegen (Wegweiser „Wasserversorgung Kleine Kinzig"); Parkplatz vor der Schranke, dann ca. 500 m zu Fuß.

aufgenommen. Heute beträgt die Zahl der zu versorgenden Einwohner schon 250.000. Ferner hat sich die Talsperre noch bei der Erzeugung elektrischer Energie, beim Hochwasserschutz und bei der Niedrigwasseraufhöhung bewährt.

Bauwerksbeschreibung
Der im Grundriss gerade verlaufende Steinschüttdamm mit einer schmalen Kerndichtung aus Asphaltbeton ist über 70 m hoch und hat eine Kronenlänge von 380 m bei einer Kronenbreite von 8 m. Die Dammböschung hat auf der Wasserseite eine Neigung von 1:1,7 und luftseitig zwischen 1:1,7 und 1:2. Das Dammvolumen entspricht mit 1,42 Mio. m³ etwa

Wasserrückhalt und Renaturierung

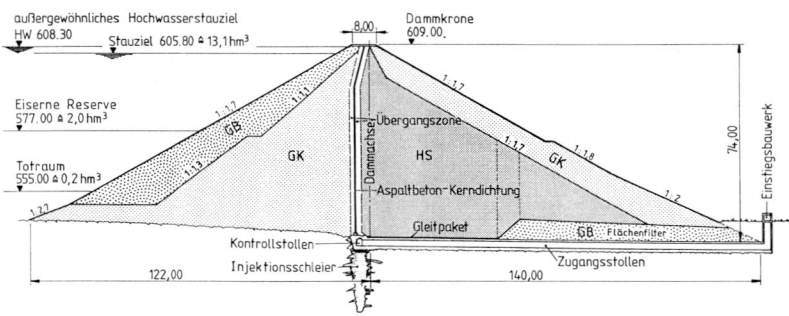

einem Zehntel des Staurauminhalts, der bei dem höchsten Stauziel von 606,90 m über NN rund 14 Mio. m³ beträgt. Die Höhenkote der Dammkrone liegt bei 609 m über NN. Die Untergrundverhältnisse im Bereich des Stauraums sind für ein Speicherbecken nahezu ideal. Auf dem Grundgebirge aus Granit liegt eine ca. 200 m mächtige Schicht des Sedimentgesteins Rotliegendes. Darüber lagert eine rund 55 m starke Schicht aus Buntsandstein gefolgt von einem mittel- bis grobkörnigen Sandstein mit einer mehrere Meter dicken Hangschuttschicht. Das Rotliegende ist nur sehr wenig wasserdurchlässig, wodurch der Stausee eine natürliche Dichtungsschicht besitzt. Selbst das Grundgebirge aus Granit steht in den Talflanken meist bis weit über das Stauziel des Stausees an, so dass Wasserverluste ausgeschlossen werden können. Die Sperre selbst wurde auf Fels gegründet. Am Dammfuß steht der Damm auf dem Rotliegenden, an den Talflanken auf der Buntsandsteinschicht. In der Mitte des Dammfußes ist unter der Asphaltbetondichtung als Bindeglied zwischen Bauwerk und Baugrund eine begehbare *Herdmauer* aus Beton angeordnet worden. Durch Einstiegsbauwerke an den beiden Talflanken und durch einen Zugangsstollen kann der Kontrollgang innerhalb der *Herdmauer* erreicht werden. Die aus 7 m langen Blöcken bestehende Mauer bindet 3 bis 4 m tief in das anstehende Gestein ein.

Die Dichtung aus einem 65 cm breiten, nachgiebigen Kern aus Asphaltbeton kann Setzungen gut anpassen und ist unempfindlich gegenüber Temperatureinflüssen und Erdbeben. Am Anschluss an die *Herdmauer* erhielt die Kerndichtung einen in Bitumen-Mastix gelagerten Aufstandsfuß. Wasser- und luftseitig der Kerndichtung befindet sich ein ca. 1,50 m breiter Übergangsbereich aus Granitschotter der Korngrößen von 0 bis 56 mm. Auf der Luftseite wurden in diesem Übergangsbereich im Abstand von 30 m Querschotte angeordnet, welche die Dichtungsfläche in Messfelder einteilen. In Höhe der Kote 577 m über NN befindet sich eine horizontale Sammelrinne, die das Sickerwasser aus diesen Messfeldern sammelt und in den Kontrollgang ableitet. Dadurch können eventuelle Undichtigkeiten lokalisiert werden. Der den Wasserdruck abtragende, luftseitige Stützkörper des Dammes besteht im Wesentlichen aus relativ wasserundurchlässigem Hangschutt mit Korngrößen von bis zu 400 mm. Auf der unteren Hälfte der Aufstandsfläche wurde ein mehrere Meter starker Flächenfilter aus Dränschotter aufgebracht. Unter der Filterschicht nehmen Dränrohre das Sickerwasser auf und leiten es zum Vorfluter. Um Erosionserscheinungen zu verhindern, besteht die begrünte Decklage des luftseitigen Stützkörpers aus Granit mit Korngrößen von bis zu 400 mm. Der wasserseitige Stützkörper, der vorrangig die Aufgabe hat, die Kerndichtung in ihrer Lage zu halten, besteht zum größten Teil aus Granit. Die Deckschicht ist aus einer Syenit-Granit-Mischung geschüttet worden. Diese Schicht ist sehr porös bzw. wasserdurchlässig, damit bei einem schnellen Absinken des Wasserspiegels die Deckschicht nicht gefährdet ist.

Zur Überwachung der Talsperre sind zahlreiche Mess- und Kontrolleinrichtungen installiert worden. In drei Messquerschnitten werden Setzungen, Horizontalverschiebungen sowie Spannungen und Porenwasserdrücke gemessen. Auf der Dammkrone und den Böschungen befinden sich in das umliegende Festpunktnetz eingebundene, geodätische Beobachtungspunkte. In der *Herdmauer* wurden zudem Festpunkte für die Überwachung derselben angeordnet. Die Sickerwassermengen und der Sohlwasserdruck werden ebenfalls von dem Kontrollgang aus gemessen. An den Talhängen sind darüber hinaus einige Brunnen zur Messung des Grundwasserstandes angeordnet worden.

Für die Abfuhr des Bemessungshochwasserabflusses von 113 m³/s ist auf der linken Talseite kurz vor dem Damm eine Einlauftulpe aus Stahlbeton mit 16 m Durchmesser mit einem runden Fallschacht mit 3,50 m Durchmesser, der in einen 90°-Krümmer übergeht, gebaut worden. Diesem Krümmer folgt ein 157 m langer Freispiegelstollen und diesem wiederum auf der Luftseite des Dammes eine offene Schussrinne, die in einem Tosbecken endet. Der Grundablass, über den mindestens 100 l/s an das Unterwasser abgeführt werden müssen, und die Trinkwasserentnahme, die bis zu 1,2 m³/s beträgt, werden hier kombiniert. Das Wasser wird dabei von einem Entnahmeturm aus durch zwei in einem Stollen untergebrachte Rohrleitungen in ein Verteilerbauwerk geleitet, wo man es entweder dem Wasserwerk oder dem Tosbecken zuführt. Durch die beiden Rohrleitungen der Nennweite 1,20 m können maximal 21 m³/s abgeführt werden. Der Entnahmeturm ist über der Gründungssohle 75 m hoch und hat einen Schaftdurchmesser von 7,90 m. Am Fuß des Turmes wurden dem Grundablasseinlauf auf der Höhenkote 544 m über NN ein Geröllfang und ein Rechen vorgelagert. Die zwei Grundablassleitungen führen quer durch den Fuß des Turmes in den Stollen auf der gegenüberliegenden Seite. Sechs Entnahmeöffnungen in drei verschiedenen Höhenstufen des Turmschafts dienen der Trinkwasserentnahme. Dadurch wird die Entnahme aus der für die Aufberei-

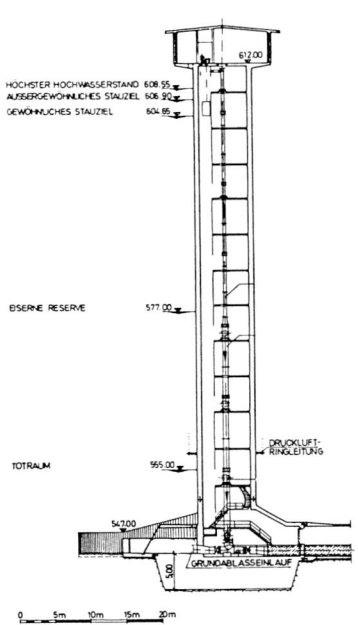

Entnahmeturm

tung günstigsten Wasserschicht ermöglicht. Durch zwei Fallrohrleitungen der Nennweite 700 mm gelangt das Wasser in die Grundablassleitungen im Turmfuß. Sowohl die Fallrohrleitungen der Trinkwasserentnahme als auch die Grundablassleitungen wurden mit mehreren Regulier- und Absperrorganen ausgestattet.

Der ca. 300 m lange Stollen für die Grundablassleitungen wurde in bergmännischer Bauweise aufgefahren. In der Sohle des 4,20 m hohen und knapp 4 m breiten Stollens sind die beiden Rohrleitungen einbetoniert worden. Die verbleibende Querschnittsfläche des Stollens dient als Zugang zum Entnahmeturm. Der Übergang von dem Entnahmeturm zum Stollen ist mit einem selbsttätigen Schott versehen worden, das dann schließt, wenn in dem Entnahmeturm, z.B. aufgrund eines Rohrbruchs, Wasser austritt. Auf der Luftseite führt der Stollen in das Verteilerbauwerk. In diesem Verteilerbauwerk wurden *Kegelstrahlschieber* angeordnet, die der Regelung des Wasserstroms in den beiden Leitungen dienen. Kurz vor diesen Regulierorganen zweigen zwei Nutzwasserleitungen mit 800 mm Durchmesser ab, die das Wasser zu den Betriebsgebäuden der Wasseraufbereitung leiten. Das Wasser, das durch diese Nutzwasserleitungen fließt, treibt im Betriebsgebäude zwei *Francis-Spiralturbinen* an. Bei einem Schluckvermögen von zusammen 1,2 m³/s wird eine Leistung von 1 MW erzielt. Die Jahresenergieerzeugung beläuft sich auf knapp 4 Mio. kWh.

Bevor das Trinkwasser in den Nordstrang gepumpt oder in den Weststrang geleitet wird, durchläuft es die Aufbereitung, wo es mehreren Prozessen der Qualitätsverbesserung unterzogen wird.

Verweis auf ähnliche Bauwerke

Ein weiterer wichtiger Staudamm in Baden-Württemberg ist die Nagold-Talsperre nordöstlich von Freudenstadt bei Altensteig. Im Gegensatz zu der Kleinen-Kinzig-Talsperre hat er eine außen liegende Dichtung. Auch der Damm des Wehrabeckens und die Erdringdämme der Oberbecken der Hotzenwaldgruppe seien hier erwähnt *Seite 596*. Für den Hochwasserrückhalt findet man in Baden-Württemberg unzählige kleinere Staudämme, so die Staudämme des Wasserverbandes Kocher-Lein *Seite 615*. |

Literatur
Wasserwirtschaft
Heft 12, 1981

GWF-Wasser/Abwasser
Heft 10, 1978

Zweckverband Wasserversorgung
Kleine Kinzig (Hrsg.)
20 Jahre Trinkwasser aus dem Schwarzwald
Alpirsbach 1994

Dammhöhe
70 m
Kronenlänge
380 m
Dammvolumen
1,42 Mio. m³
Beckennutzinhalt
14 Mio. m³

Bauherr
Zweckverband Wasserversorgung
Kleine Kinzig
Entwurf
Eppler, Dornstetten, und Lahmeyer
International, Frankfurt/Main
Baufirmen
Müller Gönnern GmbH, Angelburg, und
Strabag AG, Köln
Bauzeit
1978–1985

Wegbeschreibung
Das Leingebiet liegt nördlich von
Schwäbisch Gmünd zwischen Welz-
heim und Abtsgmünd und kann von
Westen oder Osten über die B29,
von Norden über Gaildorf und die
B298 erreicht werden.

Rückhaltebecken Reichenbach

den Jahren 1957 bis 1982 wurden 11 der 14
Becken fertig gestellt und ein weiteres,
schon bestehendes Becken (Küferbach-
becken) übernommen. Die Ergebnisse, die
bis dahin mit diesen Becken erzielt wurden,
waren derart zufrieden stellend, dass der
Bau eines der drei noch ausstehenden Becken (Hagbachbecken) verworfen und der
Bau der anderen (Auerbach- und Spatzen-
bachbecken) vorerst zurückgestellt wurde.
Ein weiterer Erfolg, den man durch den Bau
der Hochwasserrückhaltebecken verbuchen
konnte, war, dass sich die Stauseen immer
größerer Beliebtheit erfreuten und vor allem
für den Ballungsraum Stuttgart zu Zentren
der Naherholung wurden.

Speicherbecken

Die bisher fertig gestellten Speicherbecken
sind alle dauereingestaut – mit Ausnahme des
Küferbachbeckens mit 35.000 m³ Rückhalte-
raum, das nur im Hochwasserfall gefüllt wird.
Die wichtigsten Daten der 11 anderen Becken
können der Tabelle entnommen werden.

Die Gewässer werden durchweg von Stein-
schüttdämmen aufgestaut, die man zum
größten Teil mit erdüberdeckten Asphalt-
außendichtungen abdichtete. Zur Anwendung
kamen aber auch Hydratondichtungen sowie
eine Tonkerndichtung (Federbachbecken). Die
Neigung der Dammböschungen beträgt in den
meisten Fällen sowohl wasser- als auch luftseitig 1:2, wobei sie auf der Luftseite auch
teilweise flacher ausfällt. Bei einigen Dämmen
wurden die Böschungen durch ein oder zwei
Bermen abgestuft. Die Dammoberflächen sind
entweder mit niedrigem Gehölz oder mit Gras
bepflanzt worden, um Erosionserscheinungen

A B T S G M Ü N D
Hochwasserrückhaltesystem des
Wasserverbandes Kocher-Lein

Ständig wiederkehrende, schwere Hochwasser der Lein (westlicher Zufluss des
Kochers) mit Auswirkungen bis in das mittlere Kochertal führten in der Vergangenheit
immer wieder zu schweren Schäden. Oftmals führen im Frühjahr starke Niederschläge und die gleichzeitige Schneeschmelze zu
extremen Hochwassern. Der dortige, sehr
dichte Keuperboden sorgt dafür, dass das
Wasser in dem 247 km² großen Einzugsgebiet zum größten Teil an der Oberfläche
abfließt.

Nach einem katastrophalen Hochwasser im
März 1956 gründeten 28 Gemeinden und
vier Landkreise den Wasserverband Kocher-
Lein und planten den Bau von 14 Hochwasserrückhaltebecken mit einem Gesamtstauraum von ca. 15 Mio. m³. Die maximale
Abflussmenge bei Abtsgmünd, wo die Lein
in den Kocher mündet, sollte dadurch von
202 auf 125 m³/s verringert werden. In

Wasserrückhalt und Renaturierung

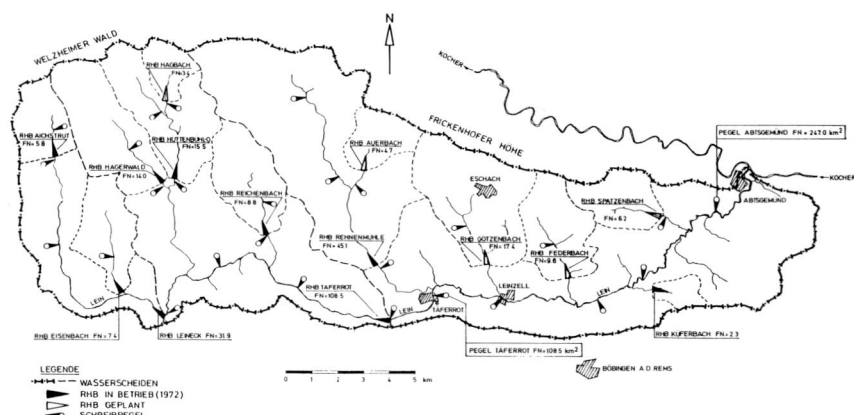

zu vermeiden. Der Grundablass besteht in der Regel aus einem Stahlbetondurchlass mit rechteckigem Profil. Er unterfährt den Staudamm und mündet auf der Luftseite in das ursprüngliche Bachbett. Auf den Dämmen wurden *Schieber*-Häuschen angeordnet. Zum Schutz der Badenden wird der Einlauf zum Grundablass meist weiträumig abgesperrt. Der Auslauf des Grundablasses wurde oftmals mit „Strahlaufreißern", sonstigen Störkörpern oder Schwellen versehen, um dem Wasser einen Teil seiner Energie zu nehmen. Damit im Hochwasserfall die Dämme nicht überströmt werden, erstellte man Überlaufbauwerke aus Beton. Sobald der Wasserstand eine bestimmte Höhe erreicht hat, tritt das Wasser über die feste Überlauf-Schwelle des Bauwerks, strömt anschließend durch einen rechteckigen Tunnel auf die Luftseite des Dammes und mündet zusammen mit dem Wasser des Grundablasses in das ursprüngliche Bachbett.

Aufgrund der niedrigen Fließgeschwindigkeit in den Stauseen lagern sich dort verstärkt Sedimente ab. Bei den 11 dauereingestauten Becken fallen jährlich bis zu 10.000 m³ Ablagerungen an, was pro Becken einer Höhe von 10 cm und mehr entspricht. Um diese Schlammschichten auszubaggern, müssen die Becken in regelmäßigen Abständen von

ca. zehn Jahren völlig entleert werden. Da dieser Vorgang nicht nur äußerst kostspielig ist, sondern auch für den Fischbestand eine große Gefahr darstellt, legte man an der Stauwurzel einiger der Seen kleine Vorbecken an, in denen sich die Sedimente ablagern können und die man ohne eine Entleerung der Speicherbecken ausbaggern kann.

Bei der Standortwahl für die Speicherbecken waren vor allem eine geringe Siedlungsdichte und enge Täler, damit die Staudämme kurz bleiben, ausschlaggebend. Das Material für den Bau der Staudämme wurde zum größten Teil in unmittelbarer Nähe durch das Anschneiden von Hängen gewonnen. Die Ausbruchsmenge lag zwischen 100.000 und 200.000 m³. Nach der Fertigstellung der Dämme wurden die durch das Anschneiden der Hänge entstandenen Flächen im Allgemeinen landwirtschaftlich genutzt. In den letzten Jahren tendierte man allerdings mehr dazu, die Flächen für die Naherholung zu verwenden (z. B. für den Bau von Campingplätzen).

Betrieb

Von Interesse ist vor allem die Art und Weise der Hochwassersteuerung. Ein dichtes Netz von Pegelmessstellen, Regenschreibern und mehreren Stationen des Deutschen Wetter-

Rückhaltebecken	aufgestautes Gewässer	Bauzeit	Dauer-stauraum	Gesamt-stauraum	Dauer-staufläche	Hoch-wasser-staufläche	Damm-höhe
			[m³]	[m³]	[ha]	[ha]	[m]
Aichstrut	Lein	1958–1959	80.000	715.000	4,00	20,50	11,00
Eisenbach	Eisenbach	1959–1961	40.000	580.000	1,65	11,00	13,50
Leineck	Lein	1959–1961	60.000	2.180.000	4,90	35,00	14,00
Hagerwald	Blinde Rot	1967–1969	55.000	800.000	3,10	18,00	13,50
Hüttenbühl	Schwarze Rot	1958–1959	35.000	530.000	2,20	13,00	11,20
Reichenbach	Reichenbach	1957–1959	45.000	900.000	2,85	17,60	15,00
Täferrot	Lein	1961–1964	40.000	2.200.000	1,80	42,00	14,00
Rehnenmühle	Rot	1963–1967	100.000	2.800.000	4,90	56,50	15,00
Götzenbach	Götzenbach	1971–1976	90.000	1.750.000	3,40	45,00	23,20
Federbach	Federbach	1978–1982	78.000	1.080.000	2,50	14,00	25,00
Laubach	Laubach	1957–1958	10.000	190.000	1,00	4,10	12,60

dienstes sorgt für eine frühzeitige Hochwasserwarnung, so dass rechtzeitig reagiert werden kann. Die automatischen Messwertansager und die Hochwassermelder alarmieren sowohl den Betriebsbeauftragten als auch die Dammwärter. Durch teilweises Schließen der Steuer-*Schieber* in den *Schieber*-Häuschen kann bei Hochwasser verhindert werden, dass die Lein unterhalb der Becken ausufert. Sobald der Wasserstand der Lein sinkt, werden die *Schieber* wieder geöffnet und das Wasser aus den Staubecken so schnell wie möglich „abgewirtschaftet", damit diese für den nächsten Hochwassereinsatz mit maximalem Volumen zur Verfügung stehen. Das System bewirkt so lediglich eine zeitliche Verzögerung der natürlichen Abflüsse.

Verweis auf ähnliche Baumaßnahmen

Im Einzugsgebiet der Jagst in der Umgebung von Ellwangen befindet sich ein ähnliches System mehrerer Hochwasserrückhaltebecken. Ein großes Einzelbecken, das auch dem Hochwasserschutz dient, ist der Nagold-Stausee nordöstlich von Freudenstadt im Schwarzwald. |

Literatur
Wasserverband Kocher-Lein (Hrsg.)
Hochwasserschutz, Landschaftspflege, Naherholung
Schwäbisch Gmünd 1979

Beckenzahl
12
max. Dammhöhe
25 m
Gesamtstauraum
13,76 Mio. m³

Bauherr
Wasserverband Kocher-Lein
Entwurf
Wasserwirtschaftsämter Schorndorf und Ellwangen
Baufirmen
Wolff & Müller, Aißlinger, Baresel, Härer, Weidler, Kiener
Bauzeit
1957–1982

Wasserrückhalt und Renaturierung

BLOCHINGEN
Donaurenaturierung im „Blochinger Sandwinkel"

Gegen Ende des 19. Jahrhunderts wurde die stark mäandernde Donau in Baden-Württemberg teilweise begradigt – so auch in den Jahren 1872 bis 1874 bei Blochingen, einige Kilometer östlich von Sigmaringen, wo sie um 600 m verkürzt und ihrer natürlichen Überflutungsflächen beraubt wurde. Einerseits die Verarmung von Flora und Fauna entlang der Donau, andererseits immer häufiger auftretende Hochwasserkatastrophen, die regelmäßig Schäden in Millionenhöhe anrichteten, sowie eine durch die Sohleintiefung bedingte, stark zunehmende Absenkung des Grundwasserspiegels waren Anlass, im Jahre 1987 ein wasserwirtschaftlich-ökologisches Konzept, das „Integrierte Donauprogramm (IDP)", für das Donautal in Baden-Württemberg zu entwickeln. Es sieht vor, ein vielgestaltiges und lebendiges Flussbett mit ausgeglichenem Geschiebehaushalt zu schaffen, die ökologisch wertvolle Tallandschaft zu erhalten bzw. wiederherzustellen und gleichzeitig das Tal als Lebens- und Wirtschaftsraum für die Menschen zu bewahren.

Wegbeschreibung
Der „Blochinger Sandwinkel" liegt zwischen Sigmaringen und Saulgau. Von Sigmaringen aus auf der B 32 durch Sigmaringendorf und ca. 4 km hinter Scheer links abbiegen bzw. von Saulgau aus auf der B 32 durch Herbertingen, ca. 6 km dahinter rechts abbiegen.

Im sogenannten „Blochinger Sandwinkel" startete man im Rahmen des IDP ein Pilotprojekt, um die Donau wieder annähernd in ihren ursprünglichen Zustand zu versetzen. Nach mehrjähriger Untersuchung und Planung sowie einer kurzen Bauphase konnte im Sommer 1993 die naturnah umgestaltete Strecke fertig gestellt werden.

Bauwerksbeschreibung
Die entscheidende Maßnahme war die Verlängerung des Donauabschnitts von 1 auf 1,4 km. Dabei hielt man sich ungefähr an den Verlauf der ursprünglichen Donau mit ihren beiden Mäanderschleifen. Durch die Verlängerung wird das Sohlgefälle und damit auch die Fließ-

geschwindigkeit reduziert, was zur Folge hat, dass die Tiefenerosion zurückgeht und auch etwa 15 km flussabwärts bei Riedlingen die Anlandung von Sedimenten abnimmt. Um den Grundwasserspiegel anzuheben, wurde die Sohle des neuen S-förmigen Donaubetts bis zu 1,20 m höher gelegt als die des alten Flusslaufs. Das alte Donaubett blieb für die Abfuhr von Hochwassern erhalten. Tiefer liegende Mulden dienen zusätzlich als Stillwasserbereich und damit als Lebensraum für viele Kleinlebewesen.

Da das Wasser bei mittleren Abflüssen überwiegend dem neuen Flussbett zugeleitet werden soll, war es nötig, in die alten Donauarme zwei Sohlstütz-Schwellen zu bauen. Diese Sohlstütz-Schwellen heben den Wasserspiegel um etwa 2 m und leiten das Wasser in das neue Donaubett. Um in den alten Donauarmen einen ständigen Durchfluss zu ermöglichen und somit diese vor Austrocknung zu schützen, wurden die Sohlstütz-Schwellen mit Abflussrinnen versehen, die auch bei niedrigsten Abflüssen einen Durchfluss von mindestens 1 m³/s garantieren. Im Hochwasserfall werden die Sohlstütz-Schwellen überströmt und das alte Flussbett zur Hochwasserabfuhr herangezogen. Die Überflutungsfläche, die der Donau im Hochwasserfall zur Verfügung steht, wurde so von 20 auf 350 m verbreitert.

Auf eine Befestigung und Bepflanzung der Uferböschungen ist hier bewusst verzichtet worden, da man der Natur freien Lauf lassen wollte. Schon im ersten Winter nach der Fertigstellung erwies sich diese Maßnahme als richtig, als sich die Donau bei dem ersten Hochwasser mit einem Abfluss über 200 m³/s ihr eigenes Ufer formte. Dabei dehnte sich der Fluss annähernd 4 m tief in den anschließenden Grünlandbereich aus und es entstanden mehrere hundert Meter Steilböschungen. An Stellen mit starker Strömung traten Entmischungserscheinungen des Bodenmaterials auf, so dass sich an manchen Stellen Kiesbänke ausbildeten, die ein bevorzugter Lebensraum für eine Reihe von Tierarten sind. Diese Kiesbänke unterliegen einer ständigen Umformung durch das Wasser.

Auch für die Zukunft sind keinerlei Pflegemaßnahmen vorgesehen. Das Gebiet wird lediglich aufmerksam beobachtet. Nur wenn der Hochwasserschutz in den umliegenden Gemeinden nicht mehr garantiert sein sollte, wird eingegriffen. Innerhalb der nächsten Jahrzehnte ist damit zu rechnen, dass im „Blochinger Sandwinkel" wieder eine Flussaue entsteht, wie sie im Donautal von Baden-Württemberg nicht mehr vorhanden war.

Verweis auf ähnliche Bauwerke
Etwa 15 km flussabwärts vom „Blochinger Sandwinkel" zwischen Riedlingen und Zwiefaltendorf fangen die sogenannten Donauwiesen an. Auch dies ist ein Pilotprojekt im Rahmen des IDP. Weitere Renaturierungsmaßnahmen können aber auch am Rhein, z.B. Kulturwehr bei Kehl *siehe Seite 620*, gefunden werden. Am Neckar befindet sich bei Bad Cannstatt eine renaturierte Strecke mit einigen Altarmen. Ein anderes Beispiel ist die Enz unterhalb Pforzheims, die für die Landesgartenschau 1992 renaturiert wurde.

Literatur
Wasserwirtschaft
Heft 12, 1991

Lebensraum Donau, Erhalten – Entwickeln
Heft 2, 1994

Beiträge der Akademie für Natur- und Umweltschutz Baden-Württemberg
Band 17, 1994

Bauherr
Land Baden-Württemberg und Wasserwirtschaftsverwaltung
Entwurf
Regierungspräsidium Tübingen
Baufirma
Asphalt Inzigkofen
Bauzeit
1992–1993

Wasserrückhalt und Renaturierung

KEHL
Kulturwehr ●

Sowohl die Tullasche Rheinkorrektur
(1817–1886) als auch der Oberrheinausbau
(1950–1977) führten durch die im Staubereich erbauten Dämme dazu, dass dem
Rhein ca. 130 km² Auengebiete abgeschnitten wurden, die damit nicht mehr als natürliche Überflutungs- und Rückhalteflächen
zur Verfügung standen. Die Folge war, dass
diese in Mitteleuropa einzigartigen Auenlandschaften verssteppten und mitsamt ihrer
vielseitigen Flora und Fauna fast vollständig
verschwanden. Als weitere Folge stieg die
Hochwassergefahr, vor allem unterhalb der
Staustufe Iffezheim. Man entschied sich
daher für den Bau des Kulturwehrs Kehl
(KWK), das sowohl der Grundwasserstüt-
zung als auch dem Hochwasserschutz dient.
Zusammen mit den Poldern Altenheim I und
II, die in den Jahren 1979 bis 1986 eingerichtet wurden, ist so ein funktionsfähiges
Hochwasserrückhaltesystem mit insgesamt
55 Mio. m³ Stauvolumen entstanden. Im
November 1988 stimmte die Landesregierung Baden-Württemberg dem „Integrierten
Rheinprogramm (IRP)" zu, welches nicht
mehr allein die wasserwirtschaftlichen
Gesichtspunkte beim Hochwasserschutz in
den Vordergrund stellt, sondern auch eine
ökologische Zielsetzung enthält. Diese ökologische Komponente hat vor allem die
Erhaltung und Regeneration der auentypi-
schen Landschaften entlang des Oberrheins
zum Ziel. Beim Wehr ist als konstruktive
Besonderheit hervorzuheben, dass Wehr-
Pfeiler und Staubalken mäßig vorgespannt
wurden, um sie frei von größeren Rissen zu
halten.

Wegbeschreibung
Über die Autobahn A5 Karlsruhe–
Basel, Ausfahrt Offenburg, und die
B36 in Richtung Kehl fahren. Nach
Goldscheuer, etwa 2 km hinter
Marlen, links abbiegen, dann immer
geradeaus. Die Polder Altenheim I
und II liegen westlich der gleich-
namigen Gemeinde. Das Wehr liegt
stromaufwärts von Kehl.

Bauwerksbeschreibung

Das 243 m breite Wehr wurde als symmetrisches Stahlbetonbauwerk konzipiert. Es besteht aus drei Teilen. In der Mitte befindet sich
ein festes, 85 m breites Überfall-Wehr, das
den notwendigen Dauerstau von 140 m über
NN garantiert. Auf den beiden Uferseiten
wurden 79 m breite Staubalken-Wehre mit
jeweils drei 20 m breiten Drucksegmenten
angeschlossen. Diese beiden Staubalken-
Wehre ermöglichen es, den Stauraum zu
bewirtschaften. Auf der ganzen Breite des
Wehrs folgt im Unterwasser ein 33 m langes
Tosbecken aus Stahlbeton, an das wiederum
ein 55 m langes Kolkbett aus bis zu 1 t schweren Bruchsteinen anschließt.

Interessant an diesem Hochwasserrückhaltesystem ist vor allem die Bewirtschaftung der
Stauräume. Bei Normalstau kann die Mindestwassermenge von 15 m³/s im Restrhein über
den festen Mittelteil des Wehrs abgeführt werden. Kündigen Pegelmessungen Hochwasser
an, wird der Speicherraum vor der Ankunft
der Hochwasserwelle vorentleert, indem die
Drucksegmente geöffnet werden. Kurz vor
dem Eintreffen der Hochwasserwelle werden
die Segmente geschlossen, so dass das Was-

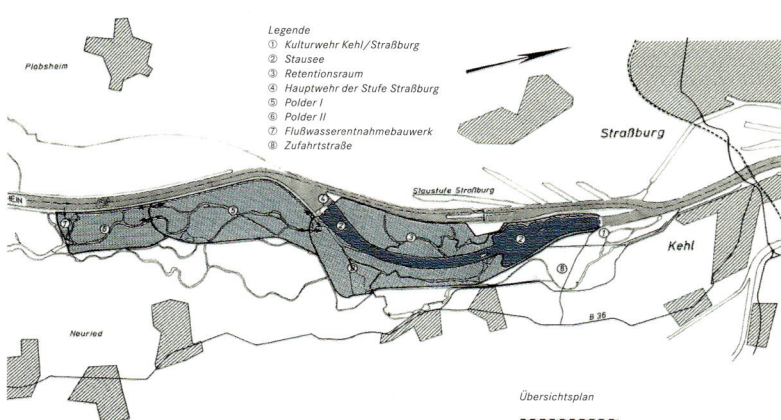

Legende
① Kulturwehr Kehl/Straßburg
② Stausee
③ Retentionsraum
④ Hauptwehr der Stufe Straßburg
⑤ Polder I
⑥ Polder II
⑦ Flußwasserentnahmebauwerk
⑧ Zufahrtstraße

Übersichtsplan

ser die dafür vorgesehenen Rückhalteräume überflutet. Im *Retentionsraum* des KWK werden so bis zu 500 m³/s und in den Poldern Altenheim I und II maximal 150 m³/s Wasser zurückgehalten. Insgesamt haben die Rückhalteräume eine Fläche von 1.220 ha. Die Einstauzeit beträgt im Falle des Hochwasserrückhalts vier bis fünf Tage. Sobald bei *Retention* das höchste Stauziel von 146 m über NN erreicht wird, werden die Segmente zur schadlosen Abfuhr des Wassers wieder geöffnet.

Polder sind ringsum durch Deiche abgeschlossene Überschwemmungsgebiete, die man gezielt für den Hochwasserrückhalt einsetzt. Ihr Einsatz kann durch Einlauf-, Auslauf- und Durchlassbauwerke gesteuert werden. Die südlich des *Retentionsraums* des KWK liegenden Polder Altenheim I und II sollen dabei wieder zu intakten Auenlandschaften umgestaltet werden. Funktionsfähige Auenlandschaften bedürfen aber regelmäßiger Überflutungen. Da statistisch nur alle sieben bis zehn Jahre ein Hochwasser auftritt, bei dem die Polder zum Rückhalt herangezogen werden müssen, führt man in bestimmten Zeitabständen sogenannte „ökologische Flutungen" durch. Bei diesen ökologischen Flutungen werden die Polder auch bei niedrigeren Hochwassern geflutet, um dadurch die Tier- und

Pflanzenwelt an die regelmäßigen Überflutungen zu gewöhnen und auenspezifische Verhältnisse zu schaffen. Bei Rheinabflüssen von 1.550 m³/s und mehr werden die Polder beschickt. Ab 2.000 m³/s werden sie auf der ganzen Fläche überflutet. Steigt der Abfluss über 2.600 m³/s, müssen die ökologischen Flutungen abgebrochen und die Polder entleert werden, damit sie für die *Retention* wieder zur Verfügung stehen. Auf diese Weise befinden sich die Polder im Mittel 55 Tage pro Jahr im überfluteten Zustand. Während des Probebetriebs hatte sich schon nach wenigen ökologischen Flutungen herausgestellt, dass die Maßnahme erfolgreich war. So entstanden in dieser kurzen Zeit wieder naturnahe, auentypische Räume mit entsprechender Flora und Fauna.

Grundriss des Wehrs

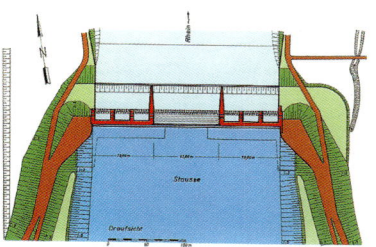

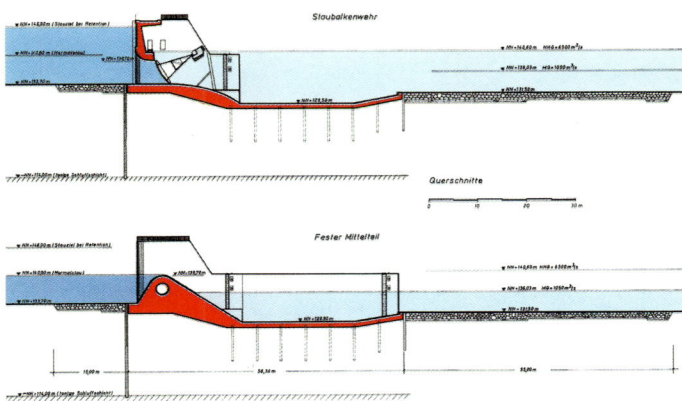

Schnitte durch das Wehr, oben: im Randbereich, unten: im mittleren Bereich

Verweis auf ähnliche Bauwerke

Ein weiteres Kultur*wehr* steht rheinaufwärts bei Breisach westlich von Freiburg. Es dient ausschließlich der Wasser- und Forstwirtschaft. In Zukunft soll das *Wehr* jedoch auch zum Hochwasserschutz herangezogen werden. Bei Rheinmünster, ebenfalls am Rhein, entstehen auf der Höhe von Baden-Baden momentan vier neue Poldergebiete, die Polder Söllingen/Greffern. |

Literatur

Wasser- und Schifffahrtsdirektion Südwest u.a. (Hrsg.)
Kulturwehr Kehl/Straßburg
Der Oberrhein im Wandel
Heft 4, 1991; Heft 6, 1992, und Heft 12, 1994

Rückhalteraum
55 Mio. m³
max. Staufläche
1.220 ha
Wehrbreite
243 m

Bauherr
Bundesrepublik Deutschland;
Wasser- und Schiffahrtsamt Offenburg
Entwurf
Leonhardt, Andrä und Partner, Stuttgart
Baufirmen
Züblin, Stuttgart; A. Kunz, München; Bilfinger + Berger, Mannheim
Bauzeit
1977–1984

TEURINGSHOFEN
ehemaliges Pumpwerk der
Albwasserversorgung ● ● ●

Die Schwäbische Alb ist trotz ausreichender
Niederschläge ein Wassermangelgebiet.
Die Ursache dafür sind die geologischen
Verhältnisse, denn die Niederschläge ver-
sickern umgehend in dem weit verzweigten,
mit Hohlräumen sowie größeren und kleine-
ren Wasseradern übersäten Untergrund. Am
Fuße der Schwäbischen Alb tritt dieses Was-
ser dann in Form von Quellen wieder an die
Oberfläche und sammelt sich in Flussläufen.
Der Wassermangel und die damit verbunde-
nen, teilweise verheerenden hygienischen
Verhältnisse führten vor allem im 19. Jahr-
hundert dazu, dass schlimme Epidemien wie
Cholera, Typhus oder Tuberkulose an der
Tagesordnung waren.

Bereits zu der Zeit von König Wilhelm I.
von Württemberg (1816–1864) wurden Anstrengungen unternommen, um diese Wasserknappheit zu beenden. Jedoch erst im

Wegbeschreibung
Auf der B492 zwischen Blaubeuren
(Ausfahrt Merklingen der Autobahn
A8 Stuttgart–München) und
Ehingen in Schmiechen abbiegen
nach Teuringshofen. Das Pumpwerk
liegt etwa in Ortsmitte.

Jahre 1866 gelang dem „Oberbaurath" Karl
Ehmann (1827–1889) der entscheidende
Durchbruch: Er schlug vor, das Wasser aus
den Tälern auf die Höhen zu pumpen und
zum Antrieb der Pumpen die Wasserkraft der
in den Tälern verlaufenden Flüsse zu verwenden. Da die Kosten für solch eine Anlage
für eine einzelne Gemeinde zu hoch waren,
empfahl er, mehrere Gemeinden an dem Vorhaben zu beteiligen. In den darauf folgenden
Jahren plante Ehmann acht Versorgungsgruppen für unzählige Gemeinden. Jedoch
wurden seine Pläne von fast allen Seiten
abgelehnt, da es den Menschen unmöglich
erschien, das Wasser mehrere hundert
Meter hochzupumpen. Außerdem dachten
auch schon damals viele Leute eher

Wasserversorgung

Hauptreservoir Sandburen
Hilfsreservoir Stauden
ca. 180 m
Ortsrohrnetz Justingen
Ortsrohrnetz Hausen
Vorfilter
Ortsrohrnetz Ingstetten
Pumpwerk Teuringshofen

kurzfristig, so dass ihnen eine Investition in eine Anlage, von der noch gar nicht erwiesen war, dass sie überhaupt funktioniert, äußerst riskant vorkam. So blieb am Schluss von den acht Gruppen nur noch die Gruppe VIII (untere Schmiechgruppe) mit den drei Gemeinden Justingen, Ingstetten und Hausen übrig.

Innerhalb von nur einem Jahr gelang es, in dem Örtchen Teuringshofen ein Pumpwerk zu erbauen, welches das Wasser der Schmiech zum Antrieb der Pumpen verwendete und zugleich als Trinkwasser durch Rohrleitungen in einen ca. 180 m höher liegenden Behälter förderte, von dem aus die drei Gemeinden versorgt wurden. 1871 konnte die Anlage unter dem Staunen der Bevölkerung in Betrieb genommen werden. Als man sah, dass die Anlage funktionierte, schlossen sich schnell weitere Gemeinden zusammen und bildeten unter der Leitung Ehmanns in den nächsten zehn Jahren die Gruppen I bis IX. Auch nach Ehmanns Tod im Jahre 1889 wurden etliche neue Versorgungsgruppen auf der Alb ins Leben gerufen, wobei Hermann Ehmann, ein Vetter von Karl, die Aufgaben weiterführte. Im Jahre 1964, über 100 Jahre nachdem das Pumpwerk in Teuringshofen erbaut worden war, wurden die Gruppe VIII und die Gruppe IX (obere Schmiechgruppe) zusammengeschlossen. Das bedeutete für das Pumpwerk in Teuringshofen trotz vieler nachträglicher

Umbaumaßnahmen das Aus. Heute ist das schön restaurierte Pumpwerk als technisches Denkmal zu besichtigen.

Bauwerksbeschreibung

Da in wirtschaftlich vertretbarer Entfernung kein Grundwasser anzutreffen war, musste das Wasser der Schmiech als Trinkwasser verwendet werden. So wurden dem Fluss über einen kurzen Ausleitungskanal sowohl das Triebwasser für den Pumpenantrieb als auch das Trinkwasser selbst entnommen. Ein 12 x 3 m großes, gemauertes Becken, das neben dem Triebkanal lag und von diesem gespeist wurde, diente als Filter für das Trinkwasser. Dazu musste das Wasser eine Sandschicht und spezielle, perforierte Filtersteine durchlaufen, bevor es in den Reinwasserschacht und die daran anschließenden Saugrohre der Pumpen gelangte. Das Antriebswasser für das Wasserrad in dem Pumpwerk musste durch einen Rechen fließen. In Zeiten, in denen nicht gepumpt wurde, versperrte man den Einlauf zu dem Wasserrad durch eine einfache Stauklappe und öffnete dafür eine zweite Stauklappe, die das Wasser über einen Kanal wieder der Schmiech zuführte. Später wurden diese Stauklappen durch ein moderneres *Tafelschütz* ersetzt.

Das Pumpwerk wurde in einem unscheinbaren, kleinen Häuschen untergebracht. Eines der wichtigsten Anlagenteile des Pumpwerks

war das 2,50 m breite, *oberschlächtig* betriebene Zellenrad aus Eisen mit 5,80 m Durchmesser. Mit diesem Wasserrad wurde bei einer mittleren Fallhöhe von 6,13 m, einem Wasserdurchsatz von bis zu 400 l/s und einem Wirkungsgrad von 60 bis 70 % eine Leistung von annähernd 24 PS (entspricht ca. 18 kW) erreicht. Durch das Wasserrad wurden direkt zwei links und rechts neben ihm angeordnete, stehende Kolbenpumpen mit einem Pumpförderstrom von jeweils 5 l/s angetrieben. Kolbenpumpen haben den Vorteil, dass sie relativ unempfindlich gegenüber Drehzahlschwankungen sind, was sich hier als eines der wichtigsten Kriterien entpuppte, da der Antrieb über das Wasserrad erheblichen Schwankungen ausgesetzt war. Um die Druckstöße, die bei jedem Hubwechsel entstehen, abzudämpfen, wurden bei den Pumpen Windkessel angeordnet: Durch die Druckstöße wird die in den Windkesseln enthaltene Luft komprimiert, so dass die Stöße gedämpft auf die Rohrleitung wirken. Wurde der Druck in der Rohrleitung zu groß, z. B. beim Erreichen des Maximalwasserstands in dem Behälter, so öffnete sich ein gewichtsbehaftetes Sicherheitsventil, woraufhin das Wasser in den Maschinenraum strömte. Spätestens dann musste der Pumpenwärter, der stets bereit zu sein hatte, den Triebwasserzulauf absperren. Die Pleuelstangen konnten einfach ausgehängt und so die Pumpen von dem Wasserrad getrennt werden, was nötig war, wenn eine der Pumpen repariert wurde oder die Wasserführung der Schmiech den Betrieb beider Pumpen nicht erlaubte.

Mit dem Bau der mittleren Schmiechgruppe im Jahre 1909 entschloss man sich, das Wasser für das Pumpwerk in Teuringshofen nicht mehr der Schmiech zu entnehmen, sondern gemeinsam mit der mittleren Schmiechgruppe das Wasser aus der nahe gelegenen Weiherquelle zu verwenden, das man zu diesem Zweck dem Pumpwerk zuleitete.

Im Jahre 1921 wurde das Pumpwerk modernisiert. Es entstand ein Anbau und das Wasserrad wurde zugunsten einer *Francis-Turbine* ausgebaut, die sich im Vergleich zu einem Wasserrad durch einen wesentlich höheren Wirkungsgrad auszeichnet. Die Verbindung zwischen der Turbine und der Pumpe stellte man über eine Flachriementransmission her. Als weitere Neuerung wurde eine der Pumpen gegen eine liegende, doppelt wirkende Kolbenpumpe mit einem Pumpförderstrom von ebenfalls 5 l/s ausgetauscht. Der Vorteil der doppelt wirkenden Kolbenpumpe liegt darin, dass gleichzeitig ein Druck- und ein Saughub ausgeführt wird und der Pumpvorgang somit gleichmäßiger ausfällt. Um vom Wasserstand der Schmiech weitestgehend unabhängig zu sein, wurde darüber hinaus ein Rohölmotor installiert, der in Zeiten mangelnder Wasserführung der Schmiech die Pumpen antrieb. Im Jahre 1931 wurde die zweite alte Pumpe ebenfalls gegen eine liegende, doppelt wirkende Kolbenpumpe ausgetauscht. Zudem ersetzte man den Rohölmotor durch einen 2-Takt-Dieselmotor. In diesem Zustand ist das Pumpwerk heute. Die Pumpen werden für Vorführzwecke allerdings durch einen Elektromotor angetrieben.

Für die Druckrohrleitungen, die zu dem Behälter führten, verwendete man Gussrohre. Die Rohre wurden für einen zweieinhalbfachen Betriebsdruck ausgelegt. Im unteren Streckenabschnitt, wo hohe Drücke herrschten, fügte man die Rohre durch Flanschverbindungen aneinander, im oberen Abschnitt genügten *Muffen*-Verbindungen, die man mit Hanfzöpfen abdichtete und anschließend mit Blei vergoss. An den Hochpunkten der Rohrleitung wurden Entlüftungsarmaturen angeordnet, während man an den Tiefpunkten sogenannte

Schlammkästen anbrachte, in denen sich der Schlamm sammelte und abgelassen werden konnte. Beide Einrichtungen wurden in gemauerten Schächten mit gusseisernen Abdeckungen untergebracht.

Die Gruppe VIII verfügte über zwei Behälter: das Hauptreservoir Sandburren mit 380 m³ Inhalt, von dem zwei Leitungen nach Justingen und Ingstetten führten, und das Hilfsreservoir Stauden mit 200 m³ Inhalt für die Versorgung von Hausen, das man von einem Abzweig am Ortsnetz Justingen speiste. Beide Behälter wurden mit Erdreich überdeckt und können von oben durch ein kleines Einstiegshäuschen betreten werden. Die Decke, die das darüber liegende Erdreich tragen muss, besteht aus Gewölben, welche die Last über Pfeiler und Mauern in das Fundament aus 30 cm starkem Beton und somit in den Boden ableiten. Die Wände im Inneren der Behälter wurden mit einem äußerst glatten Zementputz ausgekleidet, der nicht nur optimale hygienische Bedingungen garantierte, sondern auch Reinigungsarbeiten erheblich erleichterte. Über Fallrohrleitungen, die an den Hoch- und Tiefpunkten ebenfalls mit Entlüftungsvorrichtungen bzw. Schlammkästen versehen wurden, floss das Wasser den jeweiligen Ortsnetzen zu. Die Versorgung der Bürger erfolgte über Brunnen, die man an den Knotenpunkten der Rohrleitungen und entlang den wichtigsten Straßen anordnete (Hausanschlüsse waren damals die Ausnahme).

Verweis auf ähnliche Bauwerke

Die Albwasserversorgung besteht aus weiteren Versorgungsgruppen, die teilweise auch über sehr schöne, alte Pumpeinrichtungen verfügen, so z.B. das Pumpwerk Lautern in Heubach-Lautern, das Pumpwerk Dapfen in Gomadingen-Dapfen, das Pumpwerk Mühlhausen in Mühlhausen im Täle und das Pumpwerk Überkingen in Bad Überkingen. Die Erfindung Ehmanns machte bis weit über die Grenzen der Schwäbischen Alb von sich reden. Deswegen kann man auch in vielen anderen Orten derartige Einrichtungen finden, wie z.B. in Pforzheim ein altes Pumpwerk der Stadtwerke unmittelbar neben den beschriebenen Fußgängerbrücken *Seite 138.*|

Literatur
GWF Wasser/Abwasser
Heft 6, 1995

Förderhöhe
180 m
Pumpförderstrom
10 l/s
Behältervolumen (Summe)
580 m³

Bauherr
Gruppe VIII der Albwasserversorgung
Entwurf
K. und H. Ehmann
Bauzeit
1870–1871

LANGENAU
Landeswasserversorgung ● ●

Der Zweckverband Landeswasserversorgung (LW) wurde im Jahre 1912 als damals staatliche Landeswasserversorgung gegründet, um die Trinkwasserversorgung in weiten Bereichen Ost-Württembergs und vor allem dem mittleren Neckarraum sicherzustellen. Heute versorgt der Verband rund 2,8 Mio. Einwohner in Baden-Württemberg und Bayern mit über 90 Mio. m³ Trinkwasser pro Jahr.

Wassergewinnung

Die Landeswasserversorgung gewinnt ihr Trinkwasser aus folgenden Wasservorkommen:

- Grundwasser aus dem Donauried nordöstlich von Ulm
- Quellwasser aus der Buchbrunnenquelle bei Dischingen
- Karstgrundwasser aus Tiefbrunnen in Burgberg bei Giengen a.d. Brenz
- Karstgrundwasser aus Tiefbrunnen in Blaubeuren-Gerhausen

Infolge des steigenden Wasserbedarfs nutzt die Landeswasserversorgung seit 1973 zusätzlich bis zu 2.300 l/s Oberflächenwasser aus der Donau für die Trinkwassergewinnung. Das

Wegbeschreibung

Langenau erreicht man über die Autobahn A7 Ulm–Würzburg, Ausfahrt Langenau. Das Wasserwerk Langenau liegt östlich von Langenau auf der Höhe von Rammingen direkt an der Bahnlinie Langenau–Niederstotzingen. Das Egau-Werk findet man südöstlich von Dischingen unmittelbar an der Egau. Dazu die A7 an der Ausfahrt Heidenheim verlassen und über Nattheim nach Dischingen fahren.

Kontakt

Landeswasserversorgung
Schützenstraße 4
70182 Stuttgart
Telefon (07 11) 21 75-0

Hinweis

Sehenswert ist auch das alte Förderwerk Niederstotzingen (zwischen Langenau und Giengen a.d. Brenz) mit seinen historischen Pumpanlagen.

Wasserversorgung

Wasser wird dazu im Rohwasserpumpwerk Leipheim der Donau entnommen und zum Wasserwerk Langenau gepumpt. Hier durchläuft es zur Trinkwasseraufbereitung ein hoch entwickeltes Reinigungsverfahren, das weltweit als eines der effektivsten gilt (Näheres dazu später).

Bauwerksbeschreibung

Zur Aufbereitung und Speicherung des Trinkwassers hat die LW mehrere Wasserwerke bzw. Behälter (siehe Karte). Aus Platzgründen wird hier nur auf die Wasserwerke eingegangen; beschrieben werden die beiden interessantesten: das WASSERWERK LANGENAU und das EGAU-WASSERWERK bei Dischingen.

WASSERWERK LANGENAU

Im Wasserwerk Langenau wird wie erwähnt das Oberflächenwasser der Donau aufbereitet, aber auch Grundwasser aus dem Donauried (max. 2.500 l/s), das im Normalfall eine hohe Reinheit aufweist und keiner Aufbereitung bedarf.

Das Donauwasser durchläuft in der mehrstufigen Trinkwasseraufbereitung eine Vorreinigung in einer von der LW selbst entwickelten Kompaktflockungsanlage, eine Vorozonung, einen Bioreaktor zur Ammoniumentfernung, eine Hauptozonstufe zur Desinfektion und zur Oxidation organischer Stoffe, eine Flockungsfiltration mit Zweischichtfiltern zur Entfernung von Schwebstoffen, eine Aktivkohlefilterung zur Entfernung von gelösten organischen Stoffen und zum Schluss noch einmal Sicherheitsdesinfektion zum Schutz vor Wiederverkeimung. Das derart aufbereitete Wasser kann qualitativ gutem Grundwasser gleichgesetzt werden.

Da in den vergangenen Jahren die Brauchwassereigenschaften von Trinkwasser immer mehr an Bedeutung gewonnen haben, wird das Grundwasser im Wasserwerk Langenau seit 1989 in einer von der LW selbst entwickelten, neuartigen Entcarbonisierungsanlage enthärtet. In einem mehrstufigen Verfahren wird durch die Zugabe von hochreinem Kalkwasser das im Wasser gelöste Calciumhydrogencar-

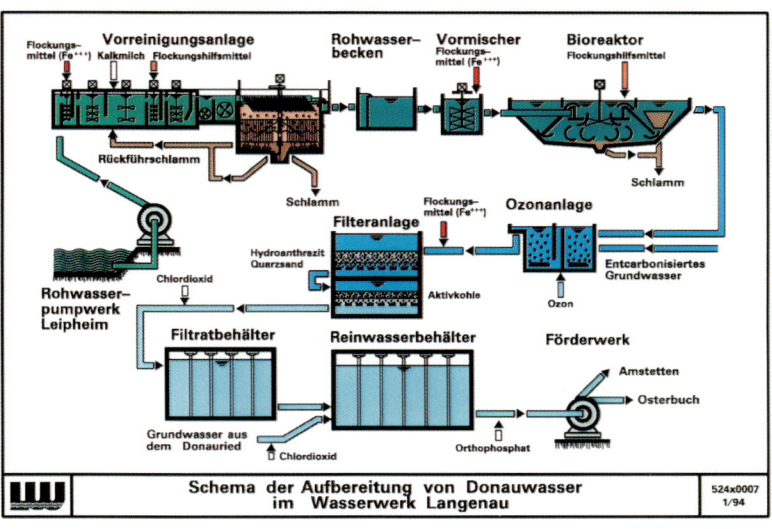

Schema der Aufbereitung von Donauwasser im Wasserwerk Langenau

524x0007
1/94

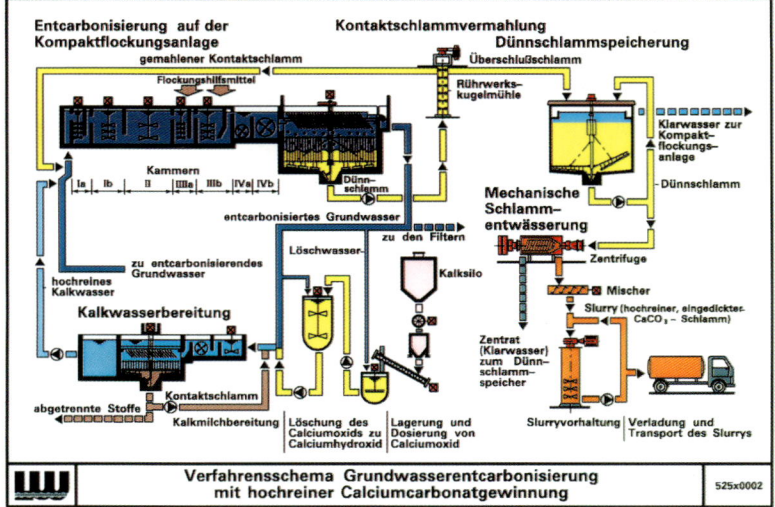

Verfahrensschema Grundwasserentcarbonisierung mit hochreiner Calciumcarbonatgewinnung

525x0002

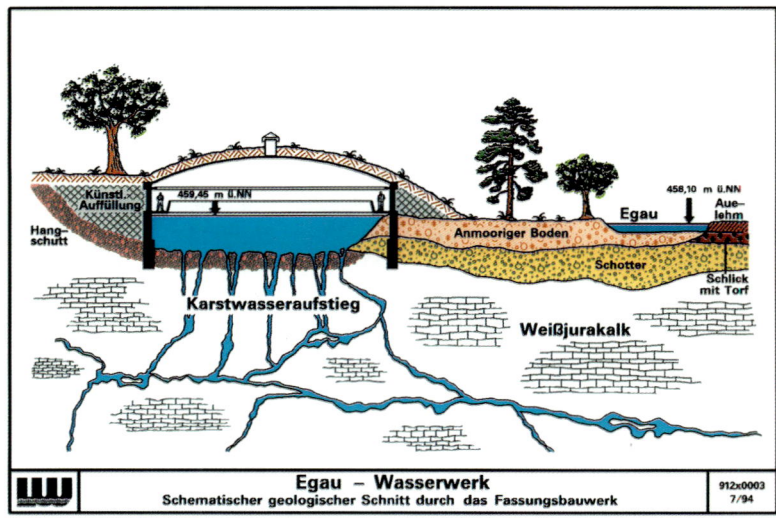

Egau – Wasserwerk
Schematischer geologischer Schnitt durch das Fassungsbauwerk

912x0003
7/94

bonat als Calciumcarbonat ausgefällt, wobei
es sich als hochreiner Calciumcarbonat-
Schlamm absetzt. Dieser sogenannte Slurry
wird in der Papier- und Farbenindustrie als
wertvoller Rohstoff weiterverarbeitet. Der Ver-
kaufserlös deckt einen Großteil der Betriebskosten ab, so dass mit diesem Verfahren eine
sehr wirtschaftliche und gleichzeitig umwelt-
schonende Enthärtung von Trinkwasser durchgeführt werden kann.

EGAU-WASSERWERK

Im Egau-Wasserwerk wird seit 1957 die Buchbrunnenquelle zur Trinkwassergewinnung
genutzt. Das Einzugsgebiet dieser Quelle
erstreckt sich über weite Teile des Härtsfelds,
einem östlichen Ausläufer der Schwäbischen
Alb. Die Quellschüttung schwankt in Normal-
jahren zwischen 800 und 1.150 l/s. Diese für
eine Karstquelle sehr gleichmäßige Schüttung
ist dadurch zu erklären, dass die Felsspalten,
aus denen das Wasser an die Oberfläche steigt,
wie eine Drossel wirken. Über den Hauptauf-
brüchen wurde ein imposantes Fassungsbauwerk mit einer Stahlbetonkuppel mit 28 m
Durchmesser errichtet.

Der Staatsvertrag zwischen Baden-Württemberg und dem Freistaat Bayern regelt in Abhängigkeit von der Wasserführung der Egau
die zulässige Wasserentnahme aus der Bruch-
brunnenquelle; sie beträgt maximal 800 l/s.
Zum Schutz dieses Grundwasservorkommens
wurde im Hinblick auf das stark verkarstete
Einzugsgebiet ein ca. 280 km² umfassendes
Trinkwasserschutzgebiet ausgewiesen. Umfangreiche Untersuchungen haben ergeben,
dass die Fließgeschwindigkeiten im Grundwasser bis zu 140 m/h betragen, so dass Verunreinigungen des Grundwassers selbst aus
entfernten Bereichen verhältnismäßig schnell
zur Quelle gelangen können.

Durch den Neubau der Autobahn A7 Ulm–
Würzburg, die auf einer Länge von 15 km mit
zum Teil tiefen Einschnitten durch das Schutz-
gebiet des Egau-Wasserwerkes führt, wurde
Anfang der achtziger Jahre auch der Neubau
einer leistungsfähigen Aufbereitungsanlage
notwendig. Die neue Anlage hat eine Ozon-
begasung, um organische Verunreinigungen
zu beseitigen und den Geschmack sowie
den Geruch des Wassers zu verbessern. Des

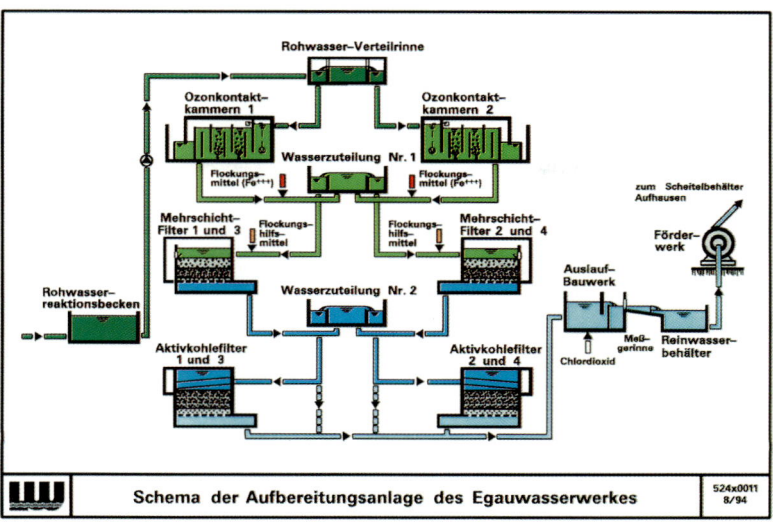

Schema der Aufbereitungsanlage des Egauwasserwerkes

524x0011
8/94

Weiteren sorgt eine Flockungsfiltration mit offenen Zweischichtfiltern aufgebaut aus Anthrazitkohle und Quarzsand dafür, dass ungelöste Schmutzpartikel zurückgehalten und das Restozon entfernt werden. Bei problematischen Rohwasserverhältnissen wird das gesamte Wasser anschließend noch über Aktivkohlefilter geführt: An die feinporige Aktivkohle, die aufgrund ihrer porösen Struktur eine sehr große Filterfläche aufweist, lagern sich noch im Wasser verbliebene Verunreinigungen an. Zum Abschluss wird das Wasser mit Chlordioxid desinfiziert. Im Jahre 1995 ging auch im Egau-Wasserwerk eine Entcarbonisierungsanlage in Betrieb, die nach dem gleichen Prinzip wie jene im Wasserwerk Langenau arbeitet. |

Literatur
Zweckverband Landeswasser-
Versorgung (Hrsg.)
75 Jahre Landeswasserversorgung
1912–1987
Stuttgart 1987

Verbraucher
2,8 Mio.
Abgabemenge
90 Mio. m³/Jahr
max. Wassergewinnung
6.921 l/s
Rohrleitungen (Summe)
ca. 800 km
Behältervolumen (Summe)
405.000 m³

Bauherr
Zweckverband Landeswasserversorgung, Stuttgart
Bauzeiten
1953–1960 (Egau-Werk)
1968–1973 (Werk Langenau)

Wasserversorgung

SIPPLINGEN
Bodensee-Wasserversorgung ●●

Die Versorgung der Bevölkerung mit Wasser
ist in Baden-Württemberg kein Problem der
Wassermenge. Wegen der sehr unterschied-
lichen geologischen und hydrologischen
Verhältnisse besteht hier die Aufgabe der
Wasserversorgungsverbände hauptsächlich
in der Schaffung eines Ausgleichs zwischen
Wassermangel- und Wasserüberschuss-
gebieten. Die Situation wurde durch die
Bevölkerungszunahme, das gesteigerte
Hygienebewusstsein, das veränderte Kon-
sumverhalten und selbstverständlich auch
durch die Ausweitung der industriellen
Produktion verschärft.

Geschichte

Im Oktober 1954 schlossen sich 13 Städte
und Gemeinden unter dem Namen Bodensee-
Wasserversorgung (BWV) mit der Absicht
zusammen, Trinkwasser vom Bodensee in die
Wassermangelgebiete zu leiten. Vier Jahre
später förderte man zum ersten Mal Wasser
vom Bodensee nach Bietigheim. Dabei wurde
das Wasser vom Seepumpwerk in Sipplingen

Wegbeschreibung
Sipplingen liegt am Bodensee
(Überlinger See) zwischen Überlin-
gen und Ludwigshafen. An der
Kirche den Berg hinauf, die dritte
Querstraße links abbiegen, etwa
400 m weiter rechts abbiegen und
dann immer geradeaus. Nach gut
2 km liegt auf der rechten Seite
das Gelände der BWV. Das See-
pumpwerk liegt in Fahrtrichtung
Überlingen etwa 1,5 km hinter
Sipplingen auf der linken Seite der
Uferstraße.

zu der Aufbereitungsanlage auf dem Sipplinger
Berg und nach dem Durchlaufen der Aufbereitung in den Scheitelbehälter in Liptingen gepumpt, welcher der höchste Punkt der Anlagen
der BWV ist. Allein unter Ausnutzung des
natürlichen Gefälles gelangten von dort bis zu
2.160 l/s zu den Verbrauchern. In den darauf
folgenden Jahren schlossen sich immer mehr
Gemeinden und Verbände der BWV an, so
dass vier Drucksteigerungspumpwerke installiert werden mussten, um die Förderleistung

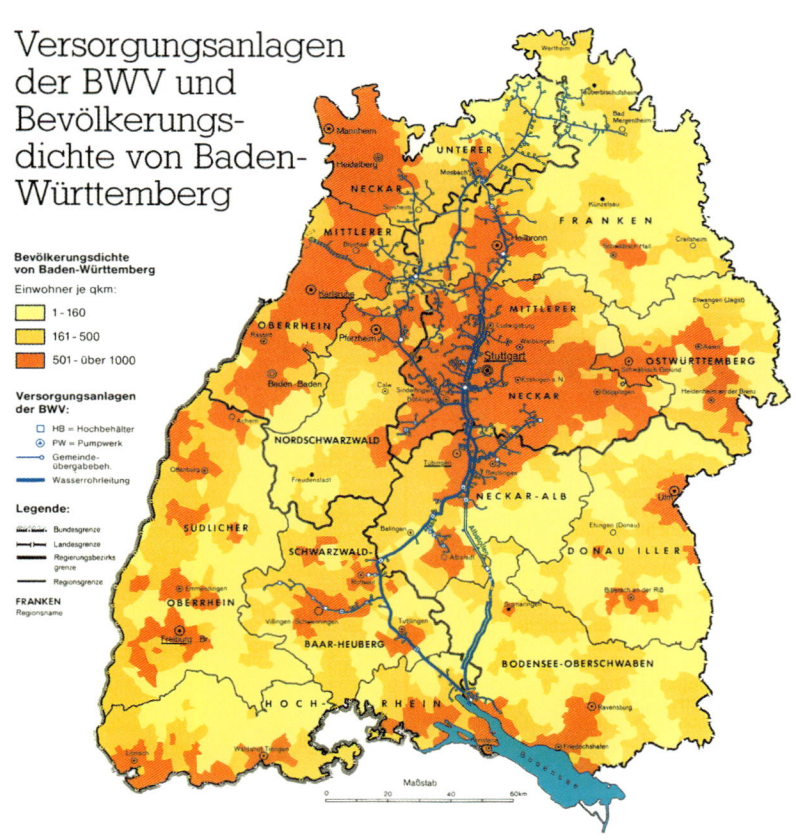

Versorgungsanlagen der BWV und Bevölkerungsdichte von Baden-Württemberg

Bevölkerungsdichte von Baden-Württemberg

Einwohner je qkm:

- 1 - 160
- 161 - 500
- 501 - über 1000

Versorgungsanlagen der BWV:

- HB = Hochbehälter
- PW = Pumpwerk
- Gemeindeübergabebeh.
- Wasserrohrleitung

Legende:

- Bundesgrenze
- Landesgrenze
- Regierungsbezirksgrenze
- Regionsgrenze

FRANKEN
Regionsname

Maßstab
0   20   40   60km

Wasserversorgung

auf bis zu 3.000 l/s zu erhöhen. Aber auch dadurch konnte die steigende Nachfrage langfristig nicht gesichert werden, so dass man sich dazu entschloss, die BWV auszubauen und einen zweiten Rohrleitungsstrang nach Norden zu führen, der Anfang der siebziger Jahre in Betrieb genommen werden konnte. Vor allem aus wirtschaftlichen Gründen fusionierte man im Sommer 1980 mit der Fernwasserversorgung Rheintal (FWR), die bis zu diesem Zeitpunkt den Nordwesten Baden-

Württembergs mit Wasser versorgt hatte. Dabei wurden 64 Mitgliedsgemeinden und über 500 km Rohrleitungen übernommen. Derzeit versorgt die BWV 3,5 Mio. Verbraucher in 140 Gemeinden und 34 Wasserversorgungsverbänden. Bei einer maximalen Entnahmemenge von 9.000 l/s werden aus dem Bodensee gegenwärtig ca. 130 Mio. m³ pro Jahr abgezweigt und durch das Rohrleitungsnetz, das sich inzwischen bis an die Nordgrenze des Landes bei Main und Tauber

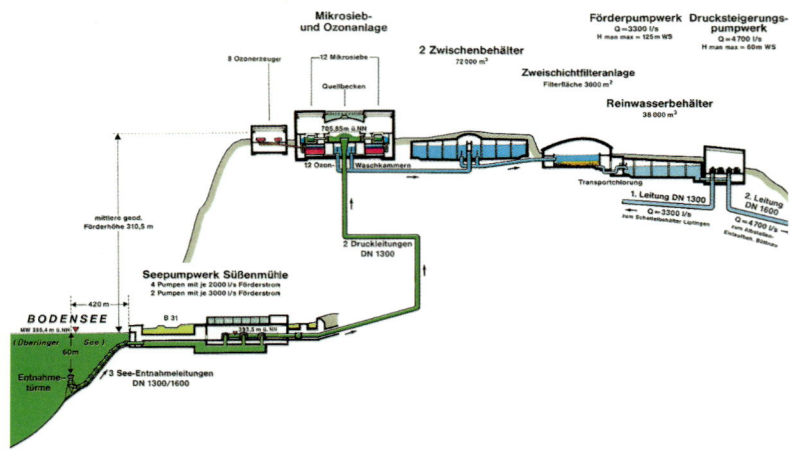

ausgedehnt hat, befördert. Im Vergleich zu den Zu- bzw. Abflüssen von 11.500 Mio. m³ ist die jährliche Entnahmemenge von 130 Mio. m³ derart gering, dass dadurch keine nachteiligen Wirkungen auf den Wasserhaushalt des Bodensees und die Umwelt zu erwarten sind. Die mittlere tägliche Verdunstung ist zirka doppelt so hoch wie die maximale Entnahmemenge von 670.000 m³ pro Tag.

Entnahmebauwerk und Seepumpwerk

Im Überlinger See, der außerhalb des Bereichs der Rheinströmung liegt und deshalb besonders klares Wasser führt, wird das Wasser in 60 m Tiefe entnommen. Dort herrschen sowohl in bakteriologischer als auch in chemischer Hinsicht bei Temperaturen von konstant 4,5 bis 5,5 °C optimale Bedingungen. Der Entnahme dienen drei 10 m hohe Türme, die 420 m vom Ufer entfernt auf dem Grund des Sees stehen. Stählerne Rohrleitungen schließen an die Entnahmetürme an und führen zu dem direkt hinter der Uferstraße liegenden Seepumpwerk, dessen Pumpen unter dem niedrigsten Seewasserstand liegen, so dass ein Ansaugen des Wassers entfällt. Des Weiteren konnte dadurch das Seepumpwerk relativ unscheinbar in die Landschaft eingefügt werden.

Die beiden Maschinenhallen wurden als wannenartige Konstruktionen unter der Erde ausgeführt. In ihnen befinden sich jeweils drei große, horizontal angeordnete Maschinensätze, deren Pumpen das Wasser ca. 310 m hoch auf den Sipplinger Berg pumpen. Vier der Pumpen wurden für eine Fördermenge von 2 m³/s ausgelegt, die beiden anderen für 3 m³/s. Druckseitig wurden alle Pumpen mit *Kugelschiebern* ausgestattet, auf der Zulaufseite mit *Drosselklappen* oder ebenfalls *Kugelschiebern*. Zwischen dem Motor und der Pumpe sitzt ein Schwungrad, das der Druckstoßbegrenzung dient. Die beiden Druckrohrleitungen, die auf den Sipplinger Berg führen, sind ca. 3.350 m lang, wobei sich der Innendurchmesser von 1,10 auf 1,30 m vergrößert. Diese Rohrleitungen verlaufen sowohl in Rohrstollen als auch in verfüllten Rohrgräben.

Anlage Sipplinger Berg

Auf dem Sipplinger Berg befindet sich die Wasseraufbereitungsanlage der BWV. Aufgrund des Landschaftsschutzes und des Platzmangels konnte die Aufbereitungsanlage nicht direkt neben dem Seepumpwerk angeordnet werden, was sowohl in technischer als auch in finanzieller Hinsicht sicherlich günstiger gewesen wäre. Auf dem höchsten Punkt des Sipplinger Berges steht ein kreisförmiges Gebäude, in dem sich die beiden Druckrohrleitungen vereinigen und in einen kreisrunden „Quelltopf" mit einem Durchmesser von 14 m münden. Im Quelltopf tritt das Wasser über dessen Rand und erstmals an das Tageslicht. Es gelangt danach in eine der zwölf radial angeordneten Mikrosiebtrommeln mit 3 m Durchmesser. Die Mikrosiebe mit einer Maschenweite von 15 μm (das Haar eines Menschen hat einen Durchmesser von etwa 60 μm) filtern Schwebstoffe aus dem Wasser. Für Bakterien, winzige Keime oder sonstige gelöste organische Stoffe erstellte man eine Ozonanlage. In einem gesonderten Bau werden in acht Ozoneuren täglich bis zu 2.040 kg Ozon (O_3) erzeugt, das in zwölf unter den

Seepumpwerk

Mikrosiebkammern angeordnete Ozonwaschkammern strömt und dort gut mit dem gesiebten Wasser vermischt wird. Durch den Zusatz von ca. 1,6 mg Ozon pro Liter Wasser oxidiert der Kohlenstoff der organischen Substanzen und flockt aus. Das Wasser wird dann in einen von zwei Rohwasserbehältern mit einem Fassungsvermögen von insgesamt 72.000 m³ geleitet. Zuletzt werden die bei der Ozonisierung entstehenden Ausflockungen sowie die Feinstpartikel, die durch die Mikrosiebe gelangen konnten, in der Schnellfilteranlage, die in einem lang gezogenen, sichelförmigen Gebäude mit einer asymmetrischen Tonnen-*Schale* als Dach untergebracht ist, ausgefiltert. Die Filteranlage besteht aus 27 parallel geschalteten, offenen Becken mit einer Gesamtfläche von 3.000 m². Über mehreren Stützschichten aus Kies liegt eine 80 cm starke Schicht aus feinstem Quarzsand, welche wiederum von einer 20 cm starken Bimsschicht überlagert wird. Der Druck des etwa 3,50 m hoch stehenden Wassers sorgt für Filtergeschwindigkeiten bis zu 9 m/h. Auf dem Weg in die Reinwasserbehälter werden dem Wasser noch geringe Mengen Chlor zugeführt, die es auf dem mehrere Tage dauernden Weg zu den Verbrauchern vor Verkeimungen schützen. Beide Reinwasserbehälter, die 38.000 m³ fassen, sind wie auch die Rohwasserbehälter von Kies und Erdreich überdeckte Stahlbetonkonstruktionen.

Zwischenschichtfilteranlage auf dem Sipplinger Berg

Wasserversorgung

Direkt an die Reinwasserbehälter schließt das Maschinenhaus mit Pumpaggregaten an. Zwei sind Spülwasserpumpen zur Reinigung der Schnellfilteranlage. Die sechs anderen *einfluti-gen*, zweistufigen Pumpen fördern das Trink-wasser zu den Verbrauchern. Vier dieser Pum-pen beschicken den ersten Rohrstrang, der das Wasser über ca. 22 km erst in den rund 64 m höher liegenden Scheitelbehälter Liptin-gen pumpt. Von dort fließt es unter Ausnut-zung des natürlichen Gefälles zu den Verbrau-chern. Die Förderkapazitäten der ersten drei Pumpen betragen 700, 1.400 und 3.100 l/s. Bei der vierten Pumpe kann die Drehzahl geregelt werden, so dass die Fördermenge zwischen 2.100 und 3.300 l/s liegt. Die fünfte und sechste Pumpe werden lediglich zur Druck-steigerung eingesetzt. Dadurch kann der maximale Durchfluss von 3.000 l/s, der bei Ausnutzung des natürlichen Gefälles erreicht wird, auf bis zu 4.700 l/s gesteigert werden. Eine Besonderheit stellt hierbei der *Zweiweg-kugelschieber* dar, der den durch nur eine gemeinsame Leitung angesaugten Wasser-strom alternativ jeweils einer der beiden Pum-pen zuführt. Zur Maschineneinrichtung auf dem Sipplinger Berg gehören auch sechs

Windkessel mit 7 m Höhe und 3,50 m Durch-messer. Sie haben die Aufgabe, Druckstöße abzumindern, die durch An- und Abschaltvor-gänge der Pumpen hervorgerufen werden.

Rohrleitungen

Wie erwähnt führen vom Sipplinger Berg nach Norden zwei große Rohrleitungsstränge zu den Verbrauchern. Die Gesamtlänge dieses Rohrleitungsnetzes beträgt über 1.500 km. Der erste Strang verläuft zunächst in nord-westlicher Richtung, umgeht weitestgehend die Schwäbische Alb, führt dann am Fuß der Alb entlang, kreuzt das Neckartal und gelangt so über Stuttgart bis nach Bietigheim. Die Nennweite des Hauptstrangs liegt zwischen 1,30 m und 60 cm, die der Anschlussleitungen zwischen 80 und 10 cm. Den Druckverhältnis-sen entsprechend sind dies entweder Spann-beton- oder Stahlrohrleitungen. Die Stahlrohr-leitungen, mit Stumpfschweißnähten gefügt, wurden für hohe Drücke ausgelegt. Den Außenschutz gewährleisten eine bituminöse Schicht, Rohrwickelmasse und zusätzliche Kälkung sowie ein kathodischer Korrosions-schutz. Die Innenseite der Rohre wird durch eine Bitumenschicht geschützt, wodurch auch die hydraulischen Verhältnisse verbessert werden. Auf dem ca. 36 km langen Teilstück zwischen den Behältern in Liptingen und Zep-fenhahn wurden radial *vorgespannte* Beton-rohre eingebaut, da dort nur relativ niedrige Drücke herrschen. Hier sind die einzelnen Rohrstücke durch *Innenstemm-Muffen* mitein-ander verbunden. Die Krümmer der Stahlbe-tonrohre sind fest im Boden verankert, um ein Lösen der *Muffen*-Verbindungen durch die Umlenkkräfte zu verhindern.

Der zweite Rohrstrang verläuft nahezu in Vogelfluglinie nach Norden zu einem Behälter in Stuttgart-Rohr. Der 46,3 km lange „Bau-abschnitt Süd" besteht zur Hälfte aus Spann-beton- und Stahlrohren mit einem Innen-durchmesser von 1,60 m. Der äußere Schutz der Stahlrohre wird durch ein bitumenge-tränktes Glasvlies garantiert, das bei aggres-siven Böden und Grundwässern verstärkt wurde. Auf der Innenseite ist zum Schutz eine Zementmörtelschicht aufgeschleudert

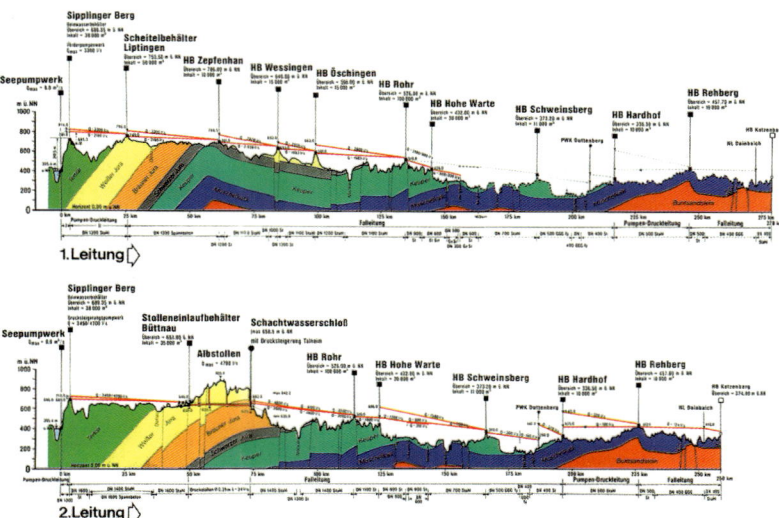

1. Leitung

2. Leitung

worden. Die Spannbetonrohre sind alle 5 m durch Rollgummidichtungen in *Glockenmuffen* gelenkig miteinander verbunden. Abgesehen von Strecken mit aggressiven Böden, wo sie mit einem Kunststoffanstrich versehen wurden, blieben die Rohre ungeschützt. Im geringen Abstand verläuft parallel zu den Spannbetonrohren die Stahlrohrleitung mit 1,40 m Nennweite, die der Versorgungssicherheit dient. Sie ist mehrfach mit der Spannbetonrohrleitung gekoppelt und erhöht den Durchsatz im Gefällebetrieb. Der 24,1 km lange, zweite Bauabschnitt unterfährt die Schwäbische Alb in einer Tiefe von bis zu 260 m und fällt um knapp 11 m. Das kreisrunde Stollenprofil hat eine lichte Weite von 2,25 m. Die Auskleidung erfolgte mit ca. 20 cm Beton und, wenn nötig, mit einer Isolierung. Aufgrund der erhöhten Erdbebengefahr wurde eine ca. 3 km lange Strecke durch elastisch gebettete Stahlrohre gepanzert. In Abhängigkeit von den Gebirgsverhältnissen erfolgte der Vortrieb des Stollens zum größten Teil mit Stollenbohrmaschinen, aber auch durch Sprengungen. Am nördlichen Ende des Stollens wurde ein *Wasserschloss* angeordnet; es besteht aus

einem senkrechten Schacht mit etwa 38 m Höhe und 8,75 m Durchmesser. Im dritten, ca. 40,5 km langen „Bauabschnitt Nord" verlegte man ausnahmslos Stahlrohrleitungen mit 1,40 m Nennweite, die wie die Stahlrohre im „Bauabschnitt Süd" ausgeführt wurden. Aufgrund sehr hoher Drücke mussten bei der Kreuzung mit dem Neckartal die Rohre verstärkt und die Nennweite auf 1,30 m reduziert werden. Bei allen Anschlussleitungen wurden an den Stellen relativer Hoch- und Tiefpunkte Entlüftungs- bzw. Entleerungsöffnungen angeordnet. Zudem sind in Abständen von 10 bis 15 km *Streckenschieber* eingebaut.

Weitere Einrichtungen

Zum Ausgleich der täglichen Verbrauchsschwankungen und zur Überbrückung von betriebsbedingten Unterbrechungen sind entlang der beiden Hauptsträngen und einigen Anschlussleitungen Hochbehälter errichtet worden, die auch der Druckregulierung in den Rohrleitungen dienen. Der BWV stehen insgesamt 480.000 m³ Behälterinhalt zur Verfügung, wobei der Hochbehälter in Rohr mit einem Fassungsvermögen von 100.000 m³

Wasserversorgung

der größte ist. Die Restenergie des in die Behälter einströmenden Wassers wird meistens für den Antrieb von Turbinen zur Stromerzeugung genutzt. Auf diese Weise können jährlich über 11,5 Mio. kWh in das öffentliche Netz eingespeist werden.

Zur Erhöhung der Durchflusswerte wurden in gewissen Abständen Drucksteigerungspumpen angeordnet. Sie sind in der Regel den Behältern zugeordnet worden. Dadurch wird eine Steigerung des Durchflusses von 5.160 m³/s bei alleiniger Ausnutzung des natürlichen Gefälles auf 7.700 m³/s bei Hinzunahme der Drucksteigerungspumpen erzielt. Sämtliche Regel- und Steuereinrichtungen sowie die Behälter, die *Streckenschieber* und alle anderen Einrichtungen können von den drei Schaltwarten in Stuttgart, Sipplingen und Sinsheim aus ferngesteuert und überwacht werden, so dass nur wenig Personal benötigt wird.

Verweis auf ähnliche Bauwerke

Der zweitgrößte Wasserversorgungsverband in Baden-Württemberg ist die Landeswasserversorgung (LW) *Seite 627*. Weitere größere Wasserversorgungsverbände sind die Wasserversorgung Nordost-Württemberg, die Wasserversorgung Kleine Kinzig *Seite 611* und die Albwasserversorgung *Seite 623*. |

Literatur

Zweckverband Bodensee-Wasserversorgung (Hrsg.)
25 Jahre Bodensee-Wasserversorgung – Entstehung, Bau und Betrieb
Stuttgart 1979

Zweckverband Bodensee-Wasserversorgung (Hrsg.)
Wasser aus dem Bodensee
Stuttgart 1995

Verbraucher
3,5 Mio.
Entnahmemenge
130 Mio. m³/Jahr
max. Entnahmemenge
9.000 l/s
Rohrleitungen
1.500 km
Behältervolumen (Summe)
480.000 m³

Bauherr
Bodensee-Wasserversorgung
Bauzeit
ab 1955

Wasserversorgung

Falls es wieder eine volksnahe Kunst gibt ...
HEINZ E. HIRSCHER, Stuttgart 1968

Abfall und Abwasser

Abfall und Abwasser

Die Bauwerke der Abfallbeseitigung und der Abwasserreinigung sind heute aus dem Kreislauf der Rohstoffe nicht mehr wegzudenken. Der gestiegene Lebensstandard mit all seinen Konsequenzen erfordert dabei immer aufwendigere Konzepte, um die Umweltbelastungen verträglich zu halten. Damit Luft, Erde und Wasser geschont werden, ist auch der Bauingenieur in besonderem Maße gefordert. Ein interdisziplinäres Denken und Handeln in Zusammenarbeit mit Maschinenbauern, Verfahrenstechnikern, Biologen und Chemikern ist auch hier unabdingbar.

Das Unterkapitel **Abfall** enthält nur drei Bauwerke: ein Kompostwerk, eine Mülldeponie und ein Müllheizkraftwerk. Auch wenn die Bauwerke dieser Sparte nur wenig Besucher anziehen, weshalb sie jeweils auch nur mit einem typischen Beispiel vertreten sind, gehören sie doch als Ingenieurleistungen im Umweltschutz unbedingt in diesen Führer.

Im Unterkapitel **Abwasser** werden Kläranlagen beschrieben. Sie sind fester Bestandteil des Wasserkreislaufes und der Garant für das ökologische Gleichgewicht unserer Gewässer. Die Beschreibung unterschiedlicher Typen soll dabei einen Einblick in die vielfältigen Bauaufgaben, den Stand der Technik und die Verantwortung der privaten und öffentlichen Haushalte, der Betreiber und der Industrie geben.

Zum Wasserkreislauf gehören selbstverständlich auch die Abwasserkanäle, die die Haushalte mit den Kläranlagen verbinden. Das heutige Kanalnetz stellt dabei streng genommen eine eigene Ingenieurbauleistung dar, die hohe Anerkennung verdient, zumal diese Bauwerke auf eine lange Tradition zurückblicken (man denke z. B. an die alten, römischen Kloaken). Da die Abwasserkanäle in der Regel nicht öffentlich zugänglich und auch nicht besonders attraktiv sind, wird von einer detaillierten Bauwerksbeschreibung mit Wegweisung abgesehen und an dieser Stelle stellvertretend für viele kurz das Stuttgarter Entwässerungssystem vorgestellt: Das Stuttgarter *Mischkanalisations*-Netz, das auf dem Plan des englischen Ingenieurs J. Gordon aus dem Jahre 1874 basiert, hat heute eine Gesamtlänge rund 1.800 km, wovon 20 % begehbar sind, also einen Durchmesser von mehr als einen Meter haben. Rund 2 % der Kanäle sind älter als 100 Jahre, über 25 % älter als 60 Jahre und fast 60 % älter als 30 Jahre. Aus Gründen der Substanzerhaltung – das Kanalnetz hat heute einen Wiederbeschaffungswert von über 1,3 Mrd. DM! – ist es notwendig, ständig Unterhaltsarbeiten durchzuführen. Die Stadt Stuttgart wendet hierfür jährlich 9 Mio. DM auf, wodurch dringende Schäden beseitigt werden können, um die mit undichten Stellen einhergehenden Gefahren für Grundwasser und Boden klein zu halten. Die Stuttgarter Kanalisation ist damit eines der kostenintensivsten Objekte, das in diesem Buch erwähnt wird.

Stuttgarter Kanal

LEONBERG
Kompostwerk

Mit dem Kompostwerk Leonberg des Landkreises Böblingen ging im Jahre 1994 die
größte und modernste Anlage dieser Art im
Regierungsbezirk Stuttgart in Betrieb. Rund
200.000 Einwohner im nördlichen Kreisge-
biet profitieren von dieser Anlage, die kom-
postierbare Abfälle zu einem hochwertigen
Bodenverbesserungsmittel verarbeitet. Das
Verhältnis der bebauten Fläche von über
10.000 m² zur Grundstücksfläche von rund
18.000 m² ist Anzeichen für einen ausgeklü-
gelten Betriebsablauf.

Funktionsbeschreibung
Die kompostierbaren Materialien werden in
der Annahmehalle in einem Flachbunker ent-
laden und einer Sichtkontrolle unterzogen, um
grobe Störstoffe zu entfernen. Danach durchläuft das Material eine Siebtrommel, die durch
die Aussiebung der Feinfraktion die nachfolgende Störstoffauslese in der Sortierstation
erleichtert. Im Zuge des Sortierens entfernen
zwei Überbandmagneten Eisenmetalle. Im
Anschluss wird das Material mit gehäckseltem
Baum- und Heckenschnitt durchmischt,
homogenisiert und kommt als sogenannter
Rohkompost in die Rottehalle, wo es zu Mie-
ten aufgesetzt und im Intervall von 10 Tagen
durch einen Umsetzer automatisch umge-
wälzt wird. Die Durchsatzzeit in der Rottehalle
beträgt insgesamt 10 Wochen. In dieser Zeit
wird der Rohkompost durch die vorhandenen

Wegbeschreibung
Das Kompostwerk Leonberg wurde
auf dem Plateau der Erddeponie
„Autobahn/Rennstrecke" südlich
von Leonberg errichtet. Zufahrt
über die Autobahn A8 Stuttgart–
Karlsruhe, Ausfahrt Leonberg,
Richtung Sindelfingen. Vor der
Unterquerung der Autobahn rechts
abbiegen in Richtung Warmenbronn
(Wegweiser beachten).

Mikroorganismen zu Fertigkompost umgewandelt. Nach Ausscheiden des Grobkompostes,
der erneut der Aufbereitung zugeführt wird,
gelangt der Feinkompost in die Lagerhalle, wo
er bis zur Abholung nachrottet.

Konstruktion
Die Anlage wurde auf einer Erddeponie mit
einer Auffüllhöhe von bis zu 30 m errichtet.
Die Gründung erfolgte hierbei auf einer durchgehenden, trägerrostartig versteiften Stahlbetonplatte, um zu gewährleisten, dass sich die
Gebäude und das umliegende Gelände möglichst gleichmäßig setzen. Man bemühte sich,
die Hallen zur Annahme, Aufbereitung, Rot-
tung und Lagerung ansprechend zu gestalten
und mit einer Staffelung der Gebäudehöhen
sowie geschwungenen Dachformen in die
Umgebung einzupassen. Das Traggerüst der
Hallen ist ein Stahlbetonskelettbau mit Stützen in zwei Reihen. Die 6 m langen Gefache
zwischen den Stützen sind ausgemauert. Das

Abfall

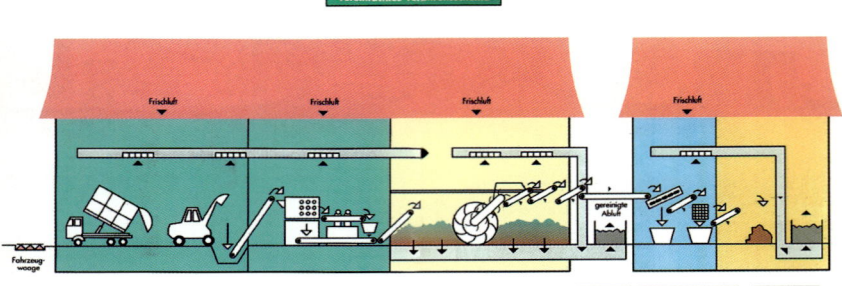

Vereinfachtes Verfahrensschema

Frischluft — Frischluft — Frischluft — Frischluft

Fahrzeug-waage

Annahme | Aufbereitung | Hauptrotte | Biofilter | Feinaufbereitung | Nachrotte und Lager

Satteldach bilden statisch bestimmt gelagerte Leimholzbinder mit Zugbändern aus Edelstahl. Der Dachaufbau selber besteht vorrangig aus Holz, da sich Holz in aggressiver Umgebung bestens bewährt hat.

Verweis auf ähnliche Bauwerke

Kompostwerke sind vielerorts anzutreffen. Beispielhaft seien genannt das Kompostwerk Kirchheim/Teck (unmittelbar neben der A8 Stuttgart–Ulm, Ausfahrt Kirchheim-West) und das Kompostwerk Heidelberg-Wiebingen (unmittelbar neben der Neckarbrücke der Autobahn A5 Karlsruhe–Frankfurt). |

Literatur
Abfallwirtschaftsbetrieb des
Landkreises Böblingen u.a. (Hrsg.)
Das Kompostwerk Leonberg:
Garantie für Qualität
Böblingen 1994

Durchsatz
18.350 t/Jahr
Rottedauer
10 Wochen
Abluftmenge
91.500 m³/h

Bauherr
Landkreis Böblingen
Ingenieure
Decker Ingenieur-Gesellschaft,
Böblingen
Verfahrenstechnik
Umwelt- und Energie Consult, Berlin,
und Noell Abfall- und Energietechnik,
Goslar
Baufirmen
C. Baresel, Stuttgart, und Schaffitzel
Holzindustrie, Schwäbisch-Hall
Fertigstellung
1994

SINSHEIM
Kreismülldeponie

Beschreibung

Die Deponie Sinsheim ist seit Januar 1978 in Betrieb. Sie ist die einzige Deponie des Kreises für die Entsorgung von Hausmüll, Sperrmüll und hausmüllähnlichem Gewerbemüll. Um die Abfallentsorgung des Landkreises mit rund 500.000 Einwohnern auf Dauer sicherzustellen, wurde vom Rhein-Neckar-Kreis als entsorgungspflichtiger Körperschaft eine Erweiterung der bestehenden Deponie beschlossen. Im Zuge der damit verbundenen Arbeiten war gleichzeitig auch eine Sanierung des bestehenden Deponieteils vorzunehmen.

Die Sickerwasseraufbereitung erfolgt in der kommunalen Kläranlage von Sinsheim. Zukünftig will man hier das Wasser biologisch behandeln und einer anschließenden Ozonierung zuführen. Das im Laufe des Verrottungsprozesses anfallende Deponiegas wird erfasst und über eine Verdichterstation abgesaugt. Ab einer Methankonzentration von 25 Vol.-% wird das Gas in einer Fackel verbrannt. Für die Zukunft ist eine Verstromung des Deponiegases geplant. |

Wegbeschreibung
Man erreicht die Mülldeponie über die A6 Heilbronn–Mannheim, Ausfahrt Sinsheim. Weiterfahrt auf der B292 in Richtung Waibstadt und der K4281 in Richtung Daisbach.

Planfestgestellte Deponiefläche
43,2 ha
Ablagerungsfläche
12,5 ha
Einlagerungsvolumen
3,1 Mio. m³
Jährlich eingebauter Müll
70.000 m³

Bauherr
Abfallverwertungsgesellschaft des Rhein-Neckar-Kreises
Planer
Tabasaran & Partner GmbH, Stuttgart

Abfall

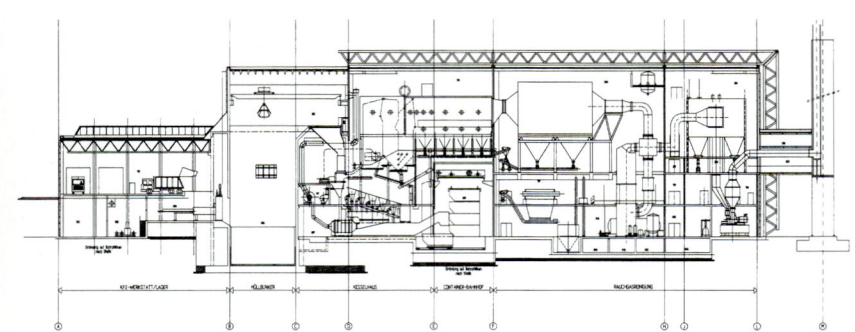

ULM
Müllheizkraftwerk

Beschreibung

Zur Verwirklichung des Abfallwirtschaftskon-
zeptes der Stadt Ulm und des Alb-Donau-
Kreises wurde zur Beseitigung stofflich nicht
verwertbarer Abfälle eine thermische Abfall-
behandlungsanlage geplant. Dabei entschied
man sich für eine Anlage mit Rostfeuerung
und aufwendiger Rauchgasreinigung (Entsti-
ckung, E-Filter, Nasswäsche, Dedioxinierung)
zur Zerstörung bzw. Ausschleusung der
Schadstoffe. Die Reststoffe werden nach der
thermischen Behandlung aufbereitet und so
weit wie möglich verwertet. Der nicht verwert-
bare Rest wird als Rückstand deponiert. Die
bei der Verbrennung des Mülls entstehende
Wärme wird neben der Stromgewinnung
als Fernwärme genutzt.

Verweis auf ähnliche Bauwerke

Die Technischen Werke der Stadt Stuttgart
(TWS) betreiben das Kraftwerk Münster kombiniert mit einer Müllverbrennungsanlage. Zur
Reinigung der Rauchgase verfügt das Kraftwerk über eine Rauchgasentschwefelungsanlage (REA) und eine Rauchgaswaschanlage
(RWA). Die futuristisch anmutende Verkleidung dieser Anlagen wurde 1990 vom Bund-
Deutscher-Architekten (BDA) ausgezeichnet. |

Wegbeschreibung
Das Müllheizkraftwerk steht in
der Voithstraße im Industriegebiet
Ulm-Donautal; Anfahrt über die
Daimler- und Siemensstraße.

Gesamtdurchsatz
111.000 t/Jahr
Stromgewinnung
41.300 MWh/Jahr
Fernwärme
144.200 MWh/Jahr

Bauherr
Zweckverband Thermische Abfall-
verwertung Donautal (TAD)
Planer
Tabasaran & Partner GmbH, Stuttgart
Bauzeit
1994–1997

BISINGEN-WESSINGEN
Abwasserteichanlage

Die Gemeinde Bisingen besteht aus fünf Ortsteilen. Die Abwässer von drei Ortsteilen (Steinhofen, Bisingen und Thanheim) werden seit 1977 in der Kläranlage im „Oberen Tal" gereinigt. Die Ortsteile Wessingen und Zimmern konnten aus topographischen Gründen nicht ohne weiteres an diese Anlage angeschlossen werden. Die Belastungen, die dadurch für den Weidenbach entstanden, waren auf Dauer nicht hinzunehmen, so dass im April 1982 verschiedene Planungsfirmen beauftragt wurden zu untersuchen, welche Möglichkeiten zur Abwasserreinigung hier kostengünstig und Erfolg versprechend eingesetzt werden könnten. Drei Möglichkeiten standen ein Jahr später zur Diskussion: ein konventioneller Kläranlagenneubau, ein Abwasserpumpwerk, um einen Anschluss an die bestehende Bisinger Kläranlage herzustellen, und eine Abwasserteichanlage. Wegen der günstigen Investitions- und der niedrigen Betriebskosten entschied sich der Gemeinderat im Juli 1983 für die Abwasserteichanlage.

Wegbeschreibung
Bisingen liegt zwischen Balingen und Hechingen. Die Abwasserteichanlage liegt nördlich der B27 auf Höhe von Bisingen-Wessingen.

Kontakt
Rathaus der Gemeinde Bisingen
Telefon (0 74 71) 49 13

Funktionsbeschreibung

Die Abwasserteichanlage besteht aus mehreren hintereinander geschalteten Teichen, die ohne mechanische oder chemische Hilfsmittel eine Reinigung durchführen. Die Abwässer durchfließen dabei mit natürlichem Gefälle die einzelnen Teiche, in denen Bakterien den biologischen Abbau der Schmutzstoffe besorgen. Dazu benötigen diese allerdings viel Sauerstoff und deshalb große Teichflächen. Im Fall der Anlage Wessingen/Zimmern muss aufgrund der relativ kleinen Teichgrößen künstlich Luftsauerstoff über ein Röhrensystem eingeblasen werden. Im Einzelnen durchströmt das Abwasser zwei Belüftungsteiche mit schwimmender Tiefendruckbelüftung, einen unbelüfteten Nachklärteich und einen Schönungsteich. Der Schönungsteich unterscheidet sich von den vorgeschalteten Teichen nicht nur durch seine unregelmäßige Form, sondern besitzt auch durch Flachwasserzonen, Inseln und Pflanzen den Charakter eines Feuchtbiotops. Während normale

Abwasser

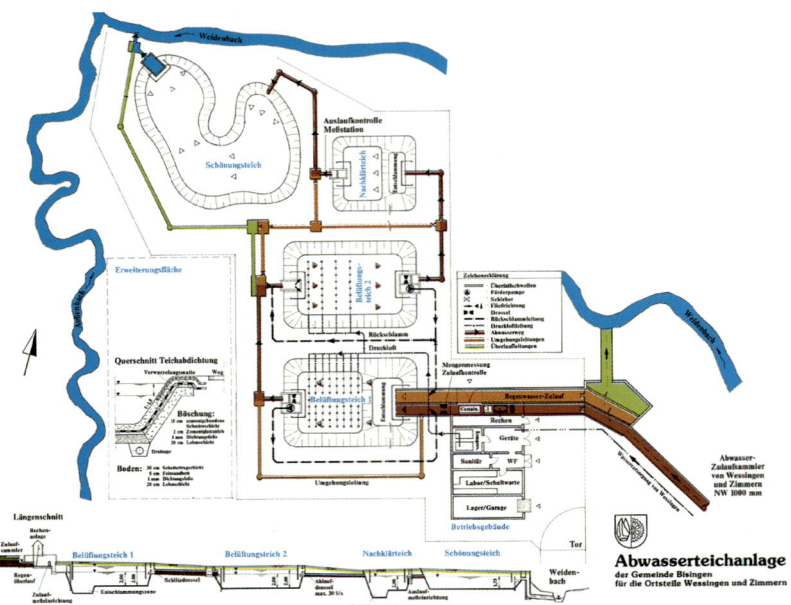

Abwasserteichanlage
der Gemeinde Bisingen
für die Ortsteile Wessingen und Zimmern

Kläranlagen ständig eine Entschlammung vornehmen müssen, braucht der Schlamm, der sich am Boden der Teiche ansammelt, nur etwa alle 5 bis 7 Jahre entfernt zu werden. Befahrbare Rampen in der Teichböschung erleichtern die Entschlammung. Die beiden belüfteten Teiche dienen neben der Abwasserklärung auch dem Regenwasser als Pufferbecken, so dass keine zusätzlichen Regenrückhaltebecken notwendig wurden. |

Literatur
Broschüre über die Abwasserteichanlage Wessingen
Zimmern, Gemeinde Bisingen,
Juni 1987

Ausbaugröße
2.350 Einwohner
Reaktorvolumen
7.412 m³

Bauherr
Gemeinde Bisingen
Planung
Süddeutsche Abwasserreinigungs-Gesellschaft mbH, Ulm
Baufirma
A. Dieringer GmbH & Co. KG, Rangendingen
Bauzeit
1985–1987

ERISKIRCH-GMÜND
Kläranlage

Die Kläranlage in Eriskirch-Gmünd am
Bodensee wird betrieben vom „Abwasserverband Unteres Schussental", der zu
Beginn der siebziger Jahre von der Stadt
Tettnang sowie von den Gemeinden Eriskirch, Kehlen und Meckenbeuren gegründet
wurde. Das Gemeinschaftsklärwerk verfügt
über eine *mechanische* und eine *biologische
Reinigung*. Die biologische Stufe wurde
dabei in den Jahren 1991/92 um eine Flo-
ckungsfiltrationsanlage erweitert. Die Anlage ermöglicht es, den Phosphorgehalt in den
gereinigten Abwässern auf 0,2 mg/l zu
reduzieren (Bodenseegrenzwert: 0,3 mg/l).

Bedeutung der Phosphorentnahme
für den Schutz des Bodensees

Stickstoff und Phosphor sind in der Form des
Nitrats und des Phosphats die wichtigsten
Aufbaustoffe für Wasserpflanzen (u.a. mikro-
skopisch kleine Algen), die in der obersten,
vom Sonnenlicht durchfluteten Wasserschicht
einer Vielzahl von Organismen als Lebensraum
und Nahrungsquelle dienen. Abgestorbene
Algenzellen und Kleintiere sinken ab und werden von sauerstoffzehrenden Bakterien abge-

Wegbeschreibung
Von Eriskirch (östlich von Friedrichshafen am Bodensee) nach
Langenargen fahren. Die Kläranlage
liegt am Ortsende direkt neben der
Bahnlinie Friedrichshafen–Langenargen.

Kontakt
Abwasserverband
Unteres Schussental
Telefon (0 75 42) 510-210

baut. Bei einer Veränderung des natürlichen
Gleichgewichts kann es auf diese Weise zu
einem erheblichen Sauerstoffmangel und
damit zum Umkippen des Gewässers kommen. Die Algen benötigen zum Aufbau ihrer
Zellsubstanz die Nährstoffe Stickstoff und
Phosphor im Gewichtsverhältnis 7:1. Da dem
Bodensee deutlich mehr Stickstoff zugeführt
wird, als dieser Relation entspricht, wird das
Algenwachstum vorrangig von der Phosphormenge bestimmt. Zwei Drittel der dem Bodensee zugeführten Phosphormenge stammen
aus Abwässern. Aus diesem Grund kommt den
Ufergemeinden eine besondere Verantwortung bei der Klärung ihrer Abwässer zu.

Abwasser

Funktionsbeschreibung der Phosphorabscheidung

Die Flockungsfiltrationsanlage ist die letzte Station des Klärbetriebes, die die gereinigten Abwässer durchlaufen, bevor sie in die Schussen abgegeben werden. Nach vorangegangener *biologischer Reinigung* mit Simultanfällung, d.h. gleichzeitiger Ausfällung von Phos- phor durch die Hinzugabe von Aluminiumchlorid, wird der verbleibende Phosphorrest im Zuge der Nachklärung durch die erneute Zugabe von Metallsalzen ausgefällt. Die dabei entstehenden Flocken werden aber nicht durch Sedimentation, wie bei der Simultanfällung, sondern viel wirksamer durch Filtration in einem Sandfilter ausgeschieden. Wichtigster Teil dieser Anlage ist die in sieben Filterkammern eingeteilte Filtergalerie; jede Filterkammer hat hier eine Filterfläche von 22 m². Die Filtration erfolgt durch eine über den Filterboden aufgeschüttete, kornige Filterschicht aus Stützsand (15 cm), Quarzsand (65 cm) und Hydroanthrazit (85 cm). In den Böden der Filter sind insgesamt 9.300 Düsen eingebaut, durch die das Wasser aus dem Filter rinnt. Des Weiteren dienen die Düsen dem Spülen des Filters, um ihn zu regenerieren. Dabei wird das Kornmaterial durch einen aufwärts gerichteten, kräftigen Strom von Wasser und Luft aufgewirbelt und gewaschen. Das verschmutzte Spülwasser wird dem Klärprozess erneut zugeführt und bei der Simultanfällung weitgehend von Phosphor befreit. |

Literatur
Abwasserverband Unteres
Schussental (Hrsg.)
*Broschüre über die Kläranlage
Eriskirch-Gmünd*
Oktober 1992

Ausbaugröße
50.000 Einwohner
Reaktorvolumen
30.000 m³

Bauherr
Abwasserverband Unteres
Schussental
Planung
Süddeutsche Abwasserreinigungs-
Gesellschaft mbH, Ulm
Baufirma
Ed. Züblin AG, Friedrichshafen
Bauzeiten
1974–1977 und 1991–1992

GAIENHOFEN
Klärwerk

Nach Gründung des „Abwasserverbandes Gaienhofen-Hemmenhofen-Horn" im Jahre 1964 wurde 1972 eine gemeinschaftliche Kläranlage in Gaienhofen errichtet. Sie befindet sich unmittelbar am Ufer des Bodensees am Rande eines Naturschutzgebietes. Zu jener Zeit war der Bodensee am Umkippen, so dass die Ufergemeinden große Anstrengungen machen mussten, um eine weitere Verschlechterung der Bodenseewasserqualität zu vermeiden. Der Gaienhofer-Verband hat dabei mit seiner Kläranlage eine Vorreiterrolle übernommen. Nach der Gemeindereform im Jahre 1974 löste sich der Verband auf. Seitdem liegt die Abwasserverantwortung in den Händen der neuen, vier Ortsteile umfassenden Gemeinde Gaienhofen. Zu den drei bereits verbündeten Ortsteilen kam noch Gundholzen hinzu, das zwar ein eigenes Klärwerk besaß, aber an die Gaienhofener Kläranlage angeschlossen werden sollte. Dies und die rasche Entwicklung führten dazu, dass schon in den achtziger Jahren über eine

Erweiterung der Anlage nachgedacht werden musste. Nach umfangreichen Untersuchungen konnte das den entsprechenden Bedürfnissen angepasste Werk im Jahre 1990 in Betrieb genommen werden. Es war das erste Klärwerk mit biologischer Stickstoffentfernung. Der Anschluss von Gundholzen erfolgte im Jahre 1992.

Funktionsbeschreibung

Die Kläranlage arbeitet weitgehend nach dem Prinzip der Selbstreinigung der Gewässer. Die Abwässer durchlaufen dabei eine *mechanische Reinigung* mit Rechen, Sandfang und

Wegbeschreibung
Gaienhofen liegt auf der Halbinsel Höri im Unter- bzw. Zellersee des Bodensees. In der Ortsmitte von Gaienhofen in Richtung See/Campingplatz fahren.

Kontakt
Gemeinde Gaienhofen, Tiefbauamt
78343 Gaienhofen
Telefon (0 77 35) 8 18 33

Abwasser

Vorklärbecken sowie eine *biologische Reinigung,* bei der Mikroorganismen im Wasser gelöste, organische Substanzen abbauen. Zusätzlich wird eine *chemische Reinigung* mittels Aluminiumchlorid eingeschaltet, um den Nährstoff Phosphor auszufällen. Der bei den beiden letztgenannten Reinigungsstufen anfallende Schlamm wird in einem geschlossenen Faulbehälter wiederum durch Mikroorganismen mineralisiert. Nach dem Ausfaulen wird dieser Schlamm mit Hilfe einer Siebbandpresse entwässert, bevor er dem Kompostwerk des Landkreises Konstanz zugeführt wird. Das beim Faulprozess entstehende Methangas wird mittels eines Gasmotors zur Stromerzeugung verwendet. |

Literatur
Kläranlage Gaienhofen
Gemeinde Gaienhofen
Broschüre, Juni 1993

Ausbaugröße
7.350 Einwohner
Reaktorvolumen
3.000 m³

Bauherr
Gemeinde Gaienhofen
Mitwirkung
Amt für Wasserwirtschaft und Bodenschutz, Konstanz, und Kh. Krauth, Universität Stuttgart
Planung
DAR – Deutsche Abwasser-Reinigungs-Gesellschaft mbH, Wiesbaden
Baufirmen
Dyckerhoff & Widmann AG, Engen, und Friedr. Wieland GmbH & Co. KG, Singen
Bauzeiten
1970–1972 und 1987–1990

KISSLEGG-SCHURTANNEN
Bodenfilter

Die Pflanzenkläranlage vom Typ „Bewachse-
ner Bodenfilter" entsorgt die Abwässer des
ca. 70 Einwohner umfassenden Weilers
Schurtannen. Dieses Ökosystem erzielt sehr
gute Abflusswerte, ist aber auf die strenge
Disziplin der Benutzer angewiesen, da z.B.
verschiedene chemische Substanzen die
Anlage zerstören können.

Funktionsbeschreibung

Das Abwasser erfährt zunächst in den Drei-
kammergruben der jeweiligen Häuser eine
konventionelle Reinigung. Danach fließt es in
einem *Trennsystem* dem Bodenfilter zu. Vier
Schilfbeete aus aufgeschüttetem Sand nehmen eine Geländefläche von knapp 1.700 m²
in Anspruch. Sie bedecken Mulden, die mit
Teichfolien abgedichtet sind. Bei einer Schütt-
tiefe von ca. 1,20 m werden Bakterien in den
Porenräumen sowie auf den Korn- und Wurzel-
oberflächen ausreichende Siedlungsmöglich-
keiten angeboten. Die Schilfwurzeln durchdringen mögliche Verschlammungen und
versorgen die Bakterien ausreichend mit
Sauerstoff, damit diese die Wasserinhalts-
stoffe biologisch abbauen können. Einfache
Schieber regeln die Beschickung der einzelnen Beete. Dabei können die Beete nachein-

ander als Kaskaden oder im Parallelbetrieb
durchströmt werden. Das Stauziel des Wasser-
körpers in den Beeten richtet sich nach der
einstellbaren Höhenlage der flexiblen Auslauf-
schläuche in den Kontrollschächten. Ein Über-
stau oder ein vollständiges Trockenlegen verbunden mit einer damit einhergehenden
Durchlüftung des Sandkörpers sind auf diese
Art möglich. |

Wegbeschreibung
In der Ortsmitte von Kißlegg (zwischen Leutkirch und Wangen i.A.)
findet man an der Kirche einen
Wegweiser nach Leupolz. Dort
fährt man südlich in Richtung
Waffenried. Schurtannen liegt
rechts neben der Straße.

Kontakt
Abwasserverein Schurtannen
Dr. F. Rockhoff, 1. Vorsitzender
Telefon (0 75 63) 10 21

Bauherr
Abwasserverein Schurtannen
Planung
Geller & Partner, Augsburg
Baujahr
1993

Abwasser

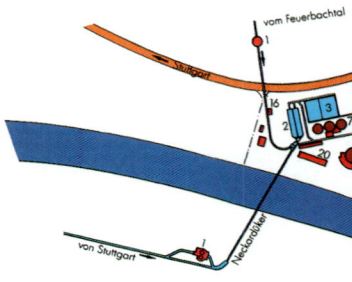

Legende:
1 Rechen- und Sandfanganlage
2 Vorbelüftungsbecken
3 Vorklärbecken
4 Belebungsbecken
5 Nachklärbecken
6 Sandfilteranlage
7 Schlammfaulbehälter
8 Schlammeindickbehälter
9 Schlammaufbereitungsanlage
10 Schlammverbrennungsanlage
11 Gasbehälter

STUTTGART-MÜHLHAUSEN
Hauptklärwerk der Stadt Stuttgart ● ● ●

Im Klärwerk Mühlhausen werden im Schnitt täglich 233.000 m³ Abwasser gereinigt. Mit einer Kapazität von 1,2 Mio. Einwohnerwerten ist es das größte Klärwerk in Baden-Württemberg ●.

Reinigungsstufen
Dem Klärwerk Mühlhausen fließt das Abwasser aus zwei Sammlern zu. Es sind dies der Zulaufkanal aus Richtung Bad Cannstatt sowie der aus dem Feuerbacher Tal. Das Abwasser aus beiden Kanälen durchläuft insgesamt DREI STUFEN, bevor es nach einem Aufenthalt von etwa 12 Stunden zu 98 % gereinigt dem Neckar zugeführt wird.

In der ERSTEN STUFE erfahren die Abwässer eine *mechanische Reinigung*. Beide Zuläufe

Wegbeschreibung
Mühlhausen liegt im Norden von Stuttgart und ist zu erreichen von Stuttgart-Bad Cannstatt aus über die Neckartalstraße bzw. vom Hauptbahnhof aus mit der Stadtbahnlinie U14. Das Klärwerk liegt östlich von Mühlhausen direkt am Neckar.

Kontakt
Tiefbauamt der Stadt Stuttgart
Hohe Straße 25, 70176 Stuttgart
Telefon (07 11) 216-77 30

münden hierzu in eigene Rechen- und Sandfanganlagen, die jeweils außerhalb des Klärwerks angeordnet sind. Für den Zulauf aus Richtung Bad Cannstatt befindet sich diese Anlage in Stuttgart-Hofen, also noch vor dem Unterqueren des Neckars, um eine Verstopfung des 22 m tiefen und 165 m langen Abwasserdükers zu vermeiden. Die vorgereinigten Abwässer beider Zuläufe werden dann im Klärwerk vereinigt und in zwei Vorbelüftungsbecken mit einem Gesamtvolumen von 1.830 m³ geführt. Danach kommen sie in drei

12	Gasaufbereitungsanlage	18	Betriebs- und Sozialgebäude
13	Gasfackel	19	Kantine (geplant)
14	Gasverdichterstation	20	Labor
15	Gebläsestation	21	Werkstatt
16	Pumpwerk	22	Lager
17	Trafogebäude		

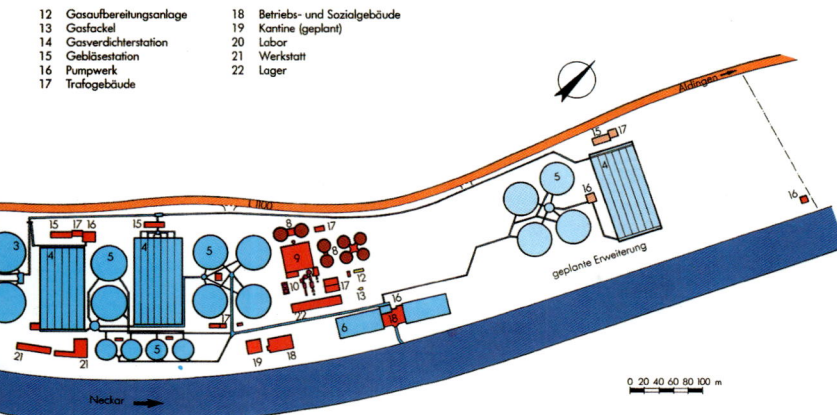

runde Vorklärbecken (∅ = 60 m; Gesamtvolumen = 23.400 m³), in denen die *mechanische Reinigung* abgeschlossen wird.

In der ZWEITEN STUFE, der *biologischen Reinigung*, fließt das Abwasser in 18 belüftete Belebungsbecken mit einem Gesamtvolumen von 90.000 m³, danach in 10 runde Nachklärbecken (∅ = 50 m; Gesamtvolumen = 70.000 m³). Der dort abgesonderte Schlamm kommt zum großen Teil wieder in Belebungsbecken zurück, während der sogenannte Überschussschlamm zu den Eindickern abgeleitet wird.

In Mühlhausen folgt der Nachklärung noch eine DRITTE STUFE. In einer im Jahre 1985 installierten Sandfilteranlage – damals in dieser Größenordnung einmalig in Europa – wird die Schwebstoffbelastung noch mal reduziert. Hierzu wird das biologisch gereinigte Abwasser von einem zentralen Schneckenpumpwerk gehoben und in 48 Filterkammern mit je 5 x 8 m Filterfläche verteilt. Jeder Filter ist 1,45 m dick und besteht aus zwei verschiedenen Materialien: Spezifisch leichteres Blähschiefermaterial mit grober Körnung lagert dabei über feinem, aber schwerem Quarzsand.

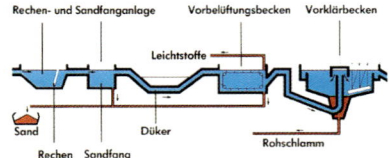

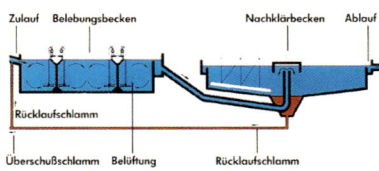

Darunter liegt noch eine Verteilschicht aus Quarzkies. Das Wasser durchläuft die drei Schichten in nur 10 Minuten. Eine Reinigung der Filter erfolgt durchschnittlich alle zwei Tage, indem mit Druckluft und gereinigtem Abwasser die Filterschichten gespült werden. Das verschmutzte Spülwasser durchläuft nach der Filterreinigung erneut den Klärprozess der zweiten und dritten Stufe.

Abwasser

Schlammbehandlung

Im Klärwerk Mühlhausen fallen durchschnittlich täglich 1.500 m³ Schlamm an, die entsorgt werden müssen. Der in den 6 Faultürmen (Gesamtvolumen = 27.600 m³) ausgefaulte Schlamm aus den Vorklärbecken und der Überschussschlamm aus den Nachklärbecken werden dazu in Eindickbehältern durch Schwerkraft vorentwässert. Hierbei verringert sich das Schlammvolumen um etwa die Hälfte. Eine weitere Entwässerung erfolgt in Zentrifugen. Danach wird der Schlamm getrocknet und einer Verbrennung zugeführt. Der hierfür 1981 in Betrieb genommene Wirbelschichtofen ist so konstruiert, dass er nahezu ohne zusätzliche Brennstoffe und ohne eine besondere Rauchgasnachverbrennung arbeitet. In Mühlhausen werden auf diese Weise täglich 72 Tonnen getrockneter Klärschlamm verbrannt. |

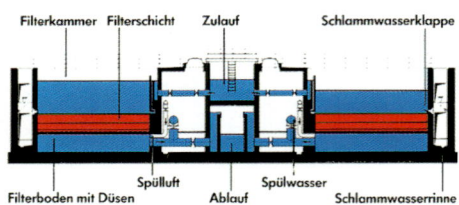

Filterkammer Filterschicht Zulauf Schlammwasserklappe
Filterboden mit Düsen Spülluft Spülwasser Schlammwasserrinne
Ablauf

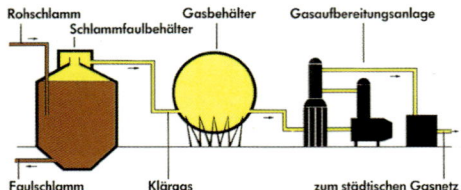

Rohschlamm Gasbehälter Gasaufbereitungsanlage
Schlammfaulbehälter
Faulschlamm Klärgas zum städtischen Gasnetz

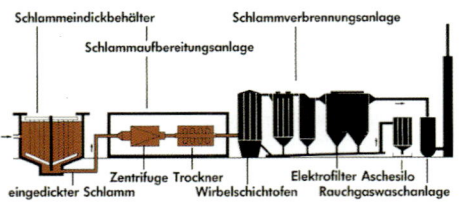

Schlammeindickbehälter Schlammverbrennungsanlage
Schlammaufbereitungsanlage
eingedickter Schlamm Zentrifuge Trockner Elektrofilter Aschesilo
Wirbelschichtofen Rauchgaswaschanlage

Literatur
Landeshauptstadt Stuttgart (Hrsg.)
*Wir sorgen für klare Verhältnisse –
Hauptklärwerk Stuttgart-Mühlhausen*
2. Auflage, Bleicher Verlag, Gerlingen
1992

Ausbaugröße
1,2 Mio. Einwohner
Reaktorvolumen
185.230 m³

Bauherr
Landeshauptstadt Stuttgart
Bauzeit
1915–1997 (in Abschnitten)

TENGEN
Wirbelabscheider ● ●

Das Land Baden-Württemberg gilt als Vor-
reiter bei der Regenwasserbehandlung.
Darunter versteht man Methoden und
Techniken, die bei *Mischkanalisationen* die
Schmutzbelastung der Kläranlagen bei
Regenwetter minimieren sollen. Auslöser
waren Bodensee-Wassergüteprobleme in
den siebziger Jahren. Es wurden daraufhin
sogenannte Regenüberlaufbecken angelegt,
die einen Großteil der im Regenwasser mit-
geschwemmten Schmutzstoffe zurückhalten
und in Trockenwetterperioden dosiert an die
Kläranlage abgeben. Diese neue Technik
warf aber auch unerwartete Probleme auf,
wie beispielsweise starke Schlamman-
sammlungen in den Becken. Des Weiteren
gab es so gut wie keine Geräte, die, ohne zu
verstopfen, zuverlässig einen Abwasser-
strom stark drosseln konnten. Der Wirbelabscheider ist das Ergebnis einer regen Erfin-
dertätigkeit und stellt eine Platz sparende
Alternative zum Regenüberlaufbecken dar● .
Das Projekt wurde mit dem Preis der Abwas-
sertechnischen Vereinigung (ATV) ausgezeichnet.

Wegbeschreibung

Tengen kann man über die A81,
Ausfahrt Engen, anfahren. Die Anlage befindet sich ca. 300 m hinter
dem Ortsrand von Tengen links
neben der abfallenden Straße nach
Talheim. Eine kleine, asphaltierte
Stichstraße stößt steil hinab zum
umzäunten Gelände mit den beiden
braunen Abscheidertöpfen.

Besichtigung

Den Schlüssel zum Tor des umzäunten Geländes kann man auf
dem Rathaus der Stadt Tengen,
Telefon (0 77 36) 819-0, abholen.
Um die beiden Wirbelabscheider
anzuschauen, sollte man den Hang
rechts neben der Plattform hinauf-
steigen und über den Notüberlauf,
der übrigens noch nie benötigt
wurde, auf den Deckel des Wirbel-
abscheiders klettern. Man kann
dann den ringförmigen Überlauf-
schlitz sehen und in den Topf hin-
einschauen.

Abwasser

Beschreibung der Anlage

Die Wirbelabscheideranlage besteht aus zwei Stahltöpfen, die spiegelsymmetrisch angeordnet sind. In jedem Topf befindet sich eine Wirbelkammer mit einem Durchmesser von 3 m, einer Höhe von 2,50 m und einem Volumen von knapp 18 m³. Zusammen mit der bei Regen eingestauten Zulaufleitung hat die ganze Anlage ein Nutzvolumen von nur etwa 80 m³. In Tengen steht die weltweit erste Anlage dieser Art. Ein geplantes und bereits genehmigtes Regenüberlaufbecken mit einer Größe von 350 m³ wurde durch sie überflüssig. Betriebsbereit angeliefert dauerte die Montage auf einer örtlich vorbereiteten Betonplattform zusammen mit dem Anschluss an das Kanalnetz nur einen Tag. Seit ihrer Inbetriebnahme im Jahre 1987 arbeitet die Anlage jährlich durchschnittlich eine Abwassermenge von 100.000 m³ ab.

Funktionsprinzip

Bei Trockenwetter fließen der Anlage ca. 5 l/s Abwasser aus der *Mischkanalisation* der Stadt Tengen zu. Diese Abwassermenge durchläuft die Wirbelabscheideranlage ungehindert. Über den ausgerundeten Boden gelangt das Wasser in einen Trichter und von dort zu zwei Wirbelventilen, die es in einen Kanal geben, der zur Kläranlage führt. Die Wirbelventile sind Abflussdrosseln, die ohne bewegliche Teile arbeiten und Strömungseffekte wie den Erhalt des Drehimpulses nutzen (Effekt, der bei einer Eislaufpirouette durch das Anlegen der Arme für die Beschleunigung der Drehbewegung sorgt). Wenn es regnet, fließen der Anlage schlagartig bis zu 1.000 l/s zu. Die beiden Wirbelventile drosseln den Abfluss zur Kläranlage auf zusammen 26 l/s. Der Rückstau füllt innerhalb von Minuten die beiden Abscheidertöpfe bis zum Überlaufen. Wegen der tangentialen Anströmung beginnt das Abwasser in den Töpfen zu kreisen. Ähnlich wie bei einer Teetasse, bei der sich die Teeblätter beim Umrühren in Tassenmitte sammeln, werden die absetzbaren Schmutzstoffe im Zentrum der Töpfe konzentriert. Ein im Deckel integrierter Leitapparat in der Form eines umgedrehten Trichters trennt das konzentriert verschmutzte Wasser vom relativ sauberen Überlaufwasser,

das direkt dem Vorfluter zugeführt wird. Schwere Stoffe in Form von Schotter und Geröll sinken im zentralen Auslasskonus zu Boden und können über eine verschließbare Öffnung abgelassen werden. Aufgrund seiner besonderen Wirkungsweise erreicht der Wirbelabscheider trotz eines deutlich kleineren Nutzvolumens einen Schmutzrückhalt, der dem klassischen Regenüberlaufbecken ebenbürtig ist. |

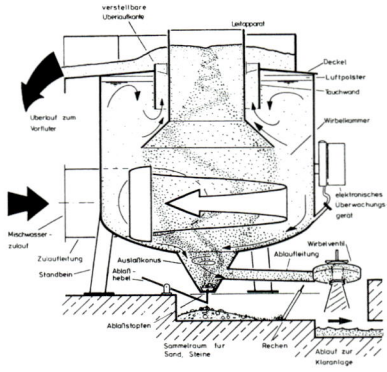

Bauherr
Stadt Tengen
Ingenieure
- Kh. Krauth, Institut für Siedlungswasserbau, Universität Stuttgart
- J. Giesecke, Institut für Wasserbau, Universität Stuttgart
- Hj. Brombach, Büro UFT, Bad Mergentheim
Baufirma
Kuhn, Höpfingen
Baujahr
1987

Wegbeschreibung
Das Klärwerk liegt unmittelbar an
der am Oberrhein entlangführen-
den B34 zwischen Tiengen und
Lauchringen.

Besichtigungen und Führungen
Siegfried Duttlinger, Betriebsleiter
Telefon (0 77 41) 27 70

WALDSHUT-TIENGEN
Kläranlage

Im Jahre 1961 wurde der „Abwasserverband
Klettgau-West" gegründet. Heute gehören
zu den Mitgliedern die Stadt Waldshut-Tiengen sowie die Gemeinden Lauchringen und
Weilheim. Nach 2-jähriger Bauzeit konnte im
Juni 1965 eine Zentralkläranlage in Tiengen
mit *mechanischer* und *biologischer Reinigung* in Betrieb gehen. Sie war ausgelegt für
19.400 Einwohner. Nach verschiedenen Aus-
baustufen hat die Verbands-Kläranlage
heute eine Ausbaugröße für 50.000 Einwohner. Die Abwässer gelangen dabei teilweise
im freien Gefälle, teilweise über dezentral
angeordnete Pumpwerke zur Kläranlage.
Das Netz wird als *Mischkanalisation* betrieben. Das hierbei mit abzuführende Regenwasser wird in mehreren, im Netz angeordneten Regenbecken aufgefangen bzw. durch
deren Überläufe direkt den Gewässern zugeführt. Der verschmutzte Inhalt der Becken
wird gespeichert und nach Regenende über
das Kanalnetz zur Kläranlage geleitet.

Funktionsbeschreibung

Eine Besonderheit der Kläranlage ist ein
Pumphebewerk, das die Abwässer nach dem
Durchlaufen der *mechanischen Reinigung*
auf ein höheres Niveau pumpt. Hierdurch kann
der Betrieb der Anlage auch bei Hochwasser-
stand der Wutach gewährleistet werden. In
der anschließenden *biologischen Reinigung*
wird den *Denitrifikations-* und *Nitrifikationsbecken* ein Anaerob-Becken vorgeschaltet.
In diesem Becken wird dem Abwasser gezielt

sogenannter Belebtschlamm aus den Nachklärbecken zugeführt. Dieser bakterien-
reiche Schlamm wird ohne Sauerstoffeintrag
(anaerob) zusammen mit dem Abwasser ge-
rührt. Aufgrund dieser „Stressbedingungen"
nehmen die Mikroorganismen vermehrt Phosphor als Energieträger auf und sorgen damit
für eine biologische Phosphorelimination. Zum
Abschluss der *biologischen Reinigung* durchläuft das Wasser zwei Nachklärbecken, die
mit einem Durchmesser von jeweils 35 m
einen Rauminhalt von 3.450 m³ zur Verfügung
stellen. Das gereinigte Wasser wird der
Wutach zugeführt – zuvor passiert es jedoch
eine Messstation, die die Abflusswerte kon-
trolliert. |

Literatur
Abwasserverband Klettgau-West
(Hrsg.)
*Broschüre über die Kläranlage
Waldshut-Tiengen*
1996

Ausbaugröße 50.000 Einwohner
Reaktorvolumen 21.300 m³

Bauherr
Abwasserverband Klettgau-West
Planung
Süddeutsche Abwasserreinigungs-
Gesellschaft mbH, Ulm
Ingenieur
H. Mayer, Waldshut-Tiengen
Bauzeiten
1963–1974 und 1986–1995

Abwasser

Ferne Märkte
JOACHIM LEHRER, Tübingen, 1985

Wärmekraftwerke

Wärmekraftwerke

Der Bau von fossil oder nuklear betriebenen Wärmekraftwerken bietet mit ihren Kesselhäusern, Schornsteinen, Kühltürmen und Reaktorbehältern eine Reihe interessanter Bauingenieuraufgaben des konstruktiven Ingenieurbaus. Auch hier ist wieder die Bereitschaft zur interdisziplinären Zusammenarbeit erforderlich, um diese spezielle bauliche Einrichtung optimal in das betriebliche Gesamtkonzept des Kraftwerks zu integrieren.

Ein gutes Beispiel dafür sind Kühltürme, jene teilweise mächtig hohen, manchmal aber auch relativ niederen Bauwerke, die praktisch ausschließlich die Aufgabe haben, Energie zu „vernichten" (genau gesagt: in Form von Verdampfungswärme an die Umwelt abzugeben), damit der thermische Wirkungsgrad der Dampfturbine seinem möglichen Optimum nahe kommt. Gerade aber die hohen Kühltürme, wie z.B. einer beim Kohlekraftwerk in Heilbronn beschrieben wird, gehören mit ihren dünnen Beton-*Schalen* in der Form eines *Rotationshyperboloiden* zu den kühnsten Konstruktionen des Stahlbetonbaus.

Neben zwei Kohlekraftwerken werden hier auch zwei Kernkraftwerke beschrieben. Letztere fordern den Ingenieur im besonderen Maße bei der Erstellung des Reaktorgebäudes, bei dem die Dichtigkeit sehr wichtig ist für den Strahlenschutz. Des Weiteren hat die Hülle aus Sicherheitsgründen einen Flugzeuganprall zu überstehen, weshalb Sonderkonstruktionen zu entwickeln waren.

Einen Sonderfall eines Wärmekraftwerks stellt ein in Baden-Württemberg entwickelter Sonnenspiegel dar, der für den Einsatz in sonnenreichen Ländern gedacht ist. Mit Hilfe eines Stirling-Motors wird hier die Energie eines durch Sonnenlicht erwärmten Gases in elektrische Energie umwandelt.

Die Wasserkraftwerke finden sich im Kapitel „Wasserbau, Wasserwirtschaft und Wasserversorgung", die Windkraftanlagen im Kapitel „Türme, Maste, Windkraftanlagen und Behälter".

ehemalige „Kraftcentrale" in Altbach

ALTBACH/DEIZISAU
Heizkraftwerk Neckar ●

Geschichte

Bereits im August 1899 wurde in der Talaue
hinter dem Altbacher Bahnhof der erste Spa-
tenstich für eine „Kraftcentrale" getan. Diese
erreichte mit drei Voith-Wasserturbinen eine
Leistung von 1.050 kW und war damit die
größte Anlage dieser Art in Württemberg.
Gleichzeitig wurden aber auch Dampfmaschinen zur Stromerzeugung eingesetzt. Nachdem
1952 die Wasserkraftanlage abgebaut worden
war und der Strom nur noch aus Kohle gewonnen wurde, erreichte der Werkteil I im Jahre
1954 mit einer installierten Leistung von 108
MW aus sieben Dampfturbinensätzen seinen
Endausbau. In den fünfziger Jahren wurde das
Kraftwerk um den Werkteil II mit drei Kohle-
blöcken erweitert. Dazu kam im Jahre 1971 der
Kombiblock 4, bei dem eine Gasturbine mit
einem Dampfturbinenkreislauf kombiniert ist.
Damit stieg die verfügbare Leistung in den
Werkteilen I und II bis 1975 auf 676 MW. Im
März 1982 war nach dreijähriger Planungs-
phase der Baubeginn für den Block 5, das
Heizkraftwerk Neckar. Dieses ersetzte den

Wegbeschreibung
Das Kraftwerk liegt unmittelbar an
der B10 Stuttgart–Göppingen. Man
erreicht es, wenn man die B10 über
die Abfahrt Altbach/Deizisau verlässt und den Neckar in Richtung
Altbach überquert. Noch auf der
Brücke geht die Zufahrt zum Kraftwerk links ab.

Werkteil I, der im selben Jahr abgeschaltet
und 1986 abgebrochen wurde. Mit einer Nettoleistung von 423 MW dient der Block 5, der
hier beschrieben wird, der Stromversorgung
im *Mittellastbereich*.

Kesselhaus

Die Dampferzeugung beim Heizkraftwerk
Neckar erfolgt über einen sogenannten
Zwangsdurchlaufkessel in Einzugbauweise
mit Trockenfeuerung. Die Temperaturen im
Feuerraum des Kessels betragen bei dieser
Feuerungsart etwa 1.300 °C. Der Kessel mit
einer Höhe von 87 m und einem Leergewicht
von 8.200 t ist im Kesselhaus an einem Stahlgerüst so aufgehängt, dass er nur auf Zug

Wärmekraftwerke

beansprucht wird und sich entsprechend der
Temperaturbedingungen frei dehnen kann.
Die Tragkonstruktion des Kessels ist aufgebaut
aus vier in einem annähernd quadratischen
Raster von 24,50 x 25 m stehenden Hohlkasten-
stäben, die mittels K-Fachwerken verstrebt
sind. Am oberen Ende nehmen die Kessel-
deckenträger die Lasten aus der angehängten
Kesselkonstruktion auf und übertragen diese
auf das Stützgerüst. Sämtliche Haupttragglie-
der sind aus Blechen der Güte St. 52 zusammengeschweißt. Das Umschließungsbauwerk
des Kesselhauses hat eine Grundfläche von
38,80 x 46,50 m; seine Höhe beträgt rund
98 m. Der Zugang zu den einzelnen Bühnen
des Kesselhauses ist über zwei 100 m hohe
Türme aus Stahlbeton möglich.

Schornstein

Die Aufgabe des Schornsteins ist es, die von
Schwefel, Stickoxiden und Staub weitgehend
gereinigten Rauchgase über die das Neckartal
umgebenden Höhen hinaus abzuführen. Dafür
war eine Mindesthöhe von 250 m erforderlich.
Da die Rauchgase erst in einer Höhe von 32 m
in den Kamin eingeführt werden, wurde der
darunter liegende, sonst ungenutzte Raum für
den Einbau eines unabhängigen Flugaschesilos
mit einem Fassungsvermögen von 5.300 m³
verwendet. Das Flugaschesilo musste vollkommen frei im Turm untergebracht werden,
um ein ungehindertes Dehnen der Silo-*Schale*
infolge der mit etwa 100 °C eingebrachten Flugasche zu gewährleisten. Der Schornstein selber besteht aus einem äußeren Stahlbetonschaft, einem begehbaren und belüfteten
Zwischenraum sowie einer inneren Rauchgas-
röhre. Der Stahlbetonschaft übernimmt dabei
als Mantelröhre die tragende Funktion. Er ist
in 8,40 m Tiefe auf einem Ringfundament mit
einem Durchmesser von 26,75 m außen bzw.
19,25 m innen gegründet. Die Dicke dieses
Rings, der gleichzeitig auch als Gründungskörper für das Flugaschesilo dient, beträgt
3,40 m. Der Schaft verjüngt sich von 24,82 m
Außendurchmesser auf Oberkante Fundament
bis auf 9,03 m an der Schornsteinmündung.
Die vertikale Außenkontur folgt dabei einer
Klotoide. Die Wandstärke beträgt im untersten
Abschnitt 42 cm; im Bereich der Rauchgas-

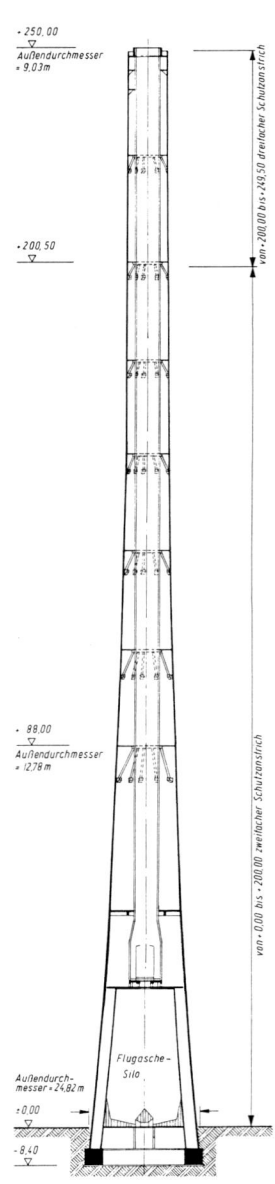

einführung vergrößert sie sich auf 50 cm und erreicht auf der Höhe von 150 m die zulässige Mindestdicke von 25 cm. Das Rauchrohr hat eine konstante, lichte Weite von 5,80 m. Es besteht aus 10 cm dicken, säurefesten Steinen mit umlaufender Nut und Feder, die in Kaliwasserglaskit vermauert sind. Zur Abfangung der Vertikallasten des Rauchrohres sind im Stahlbetonschaft sieben Zwischenbühnen mit schräg stehenden Stützen angeordnet, die sich aus Betonfertigteilen zusammensetzen. Der Stahlbetonschaft wurde mit einer *Gleitschalung* in 92 Tagen hergestellt.

Kühlturm

Der Kühlturm des Heizkraftwerks Neckar ist ein sogenannter zwangsbelüfteter Hybridkühlturm, der im Gegensatz zu einem Naturzugkühlturm sehr niedrig sein kann. Die Zwangsbelüftung erfolgt hierbei durch elektrisch angetriebene Ventilatoren, die ohne wesentlichen Naturzug für den nötigen Luftdurchsatz sorgen. Seine Konstruktion ermöglicht zwei Betriebsweisen: den reinen Nassbetrieb und eine Kombination von Nass- und Trockenkühlung, die sogenannten Hybridbetrieb. Beim Nassbetrieb wird das zu kühlende Wasser im unteren Bereich des Kühlturms auf über 100.000 m² Faserzementplatten verteilt und über ein Rieselwerk versprüht. 19 Ventilatoren saugen Umgebungsluft an und drücken sie im Gegenstrom zum herabrieselnden Wasser durch den Turm. Durch den Verdunstungseffekt kühlt die Luft das Wasser ab. Beim Hybridbetrieb wird das Kühlwasser zunächst über einen Trockenteil und dann erst zum Nassteil geleitet; bei der Trockenkühlung wird das Wasser in geschlossenen Rohren (Wärmetauscher) von der umströmenden Luft gekühlt. Durch die Aufwärmung werden die nassen Schwaden dabei erheblich reduziert. Der Anteil der Trockenkühlung an der Gesamtkühlleistung beträgt maximal 20 %. Der Hybridkühlturm des Kraftwerks Altbach/Deizisau hat einen Kühlwasserdurchsatz von rund 8,3 m³/s. Bei einer Temperaturdifferenz zwischen Zu- und Ablauf von 16 °C beträgt seine Kühlleistung rund 556 MW. Das Haupttragwerk des Turms stellt ein im Grundriss 20-eckiger Ringbau dar. Er umschließt den Nassteil und lenkt

mit der aufgesetzten Kegelstumpf-*Schale* die Abluftströme. Der äußere Durchmesser des Ringbaus beträgt 78,60 m (innen 59,30 m). Er ist 23,60 m hoch; zusammen mit der 21,40 m hohen *Schale* beträgt die Gesamthöhe 45 m. Die Kegelstumpf-*Schale* hat einen als Umgang ausgebildeten, oberen Aussteifungsring mit einem Durchmesser von 40,60 m. Am unteren Rand ist zur Aufnahme der Ringzugkräfte ein Zugring in der Dachebene des Ringbaus angeordnet. Der Ringbau ist in radialer Richtung als zweigeschossiger Rahmen ausgebildet. Im Obergeschoss sind die Baugruppen für die Trockenkühlung eingebaut, während auf der Innenseite des Untergeschosses die Ventilatoren für den Nassbetrieb ihren Platz haben. In einem Sektorfeld des Untergeschosses ist die Pumpenanlage untergebracht, wodurch sich auch die geringere Anzahl an Ventilatoren im Nassteil gegenüber dem Trockenteil erklärt. Das Rieselwerk besteht aus einer in sich ausgesteiften Fertigteilkonstruktion, die im inneren Bereich des Ringbaus in der sogenannten Auffangtasse steht. Das Stützenraster beträgt hier 5,20 m. Die Aussteifung erfolgt über Rahmen, die gleichzeitig auch die Hauptverteilungskanäle tragen. Zugänglich ist der Kühlturm über einen frei stehenden Treppenturm, der auch die elektrischen Leitungen führt. |

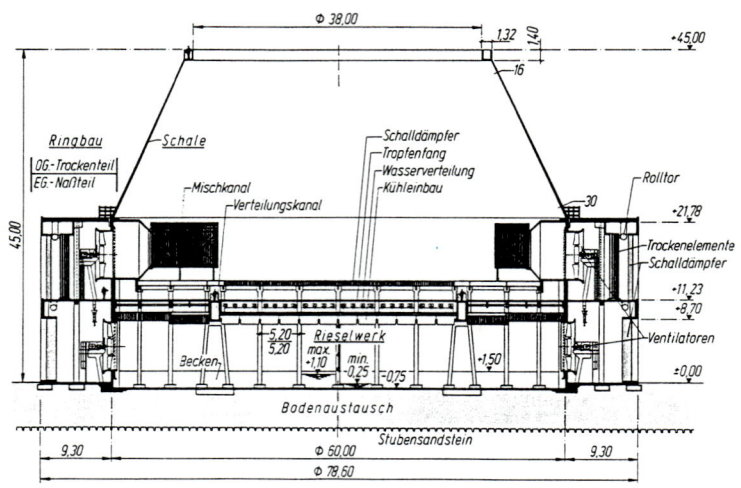

Bauherr
Neckarwerke AG
Bauzeit
1982–1985

Kesselhaus
- **Baufirma**
Krupp Industrietechnik, Altbach

Kühlturm
- **Technik**
Balcke-Dürr AG
- **Planung**
Ed. Züblin AG und E. Ramm, Institut
für Statik, Universität Stuttgart
- **Prüfer**
K. Wilhelm, Stuttgart
- **Baufirma**
Ed. Züblin AG

Schornstein
- **Planung**
Neckarwerke AG, Esslingen
- **Baufirma**
Wayss & Freytag AG

Literatur
Beton
Heft 4, 1984 (Schornstein)

Züblin-Rundschau
Nr. 16, Dezember 1984 (Kühlturm)

Elektr. Bruttoleistung
465 MW
Elektr. Nettoleistung
423 MW
max. Fernwärmeleistung
280 MW

HEILBRONN
Heizkraftwerk ● ●

Das Heizkraftwerk Heilbronn ist das größte
Steinkohlekraftwerk der ehemaligen Energie-Versorgung Schwaben AG, heute Energie
Baden-Württemberg AG. Zwei der sieben
Blöcke wurden im Jahre 1988 aus Umwelt-
schutzgründen stillgelegt. Die übrigen fünf
Blöcke bringen eine elektrische Leistung
von 1.066 MW. Jeder Kraftwerkblock stellt
dabei eine selbstständige Einheit aus Kessel,
Turbine, Generator, Transformator und Hilfs-
einrichtungen dar. Die ersten sechs Blöcke
wurden in mehreren Ausbauschritten in den
Jahren 1952 bis 1966 gebaut. Mit der Weiterentwicklung der Kraftwerktechnik stieg ihre
Nettoleistung je Block von 60 MW (Block 1
und 2) über 92 MW (Block 3 und 4) bis auf
121 MW (Block 5 und 6). Bereits seit den
sechziger Jahren wird Fernwärme zur Versorgung der umliegenden Industriegebiete
ausgekoppelt. Ende der siebziger Jahre
wurde die Planung für den Block 7 aufgenommen, der im Jahre 1985 in Betrieb ging.
Dieser Block verfügt über eine elektrische
Nettoleistung von 640 MW bei einer Fernwärmeleistung von 340 MW. Das Kraftwerk
Heilbronn wird überwiegend zur Deckung
des Strombedarfs in der *Mittellast* eingesetzt.

Wegbeschreibung
Man erreicht das Kraftwerk Heil-
bronn über die Autobahn A6 Mann-
heim–Heilbronn. Nach der Ausfahrt
Heilbronn/Untereisesheim in
Richtung Heilbronn fahren und den
Neckar bei erster Gelegenheit
überqueren (Neckargartacher
Brücke). An der nächsten Kreuzung
links abbiegen in die Lichtenbergs-
traße, die vorbei am Kraftwerk zur
Pforte führt.

Schornsteine
Die Rauchgase, die bei der Verbrennung der
Steinkohle in den Blöcken 3 bis 7 entstehen,
werden über zwei Schornsteine abgeführt.
Dabei sind die Blöcke 3 bis 6 an einen gemeinsamen Sammelschornstein angeschlossen;
dieser ersetzt vier Schornsteine, die sich ursprünglich auf den Kesselhäusern der einzelnen Blöcke befanden. Beide Schornsteine sind
sehr ähnlich. In ihrer Konstruktion und den
Abmessungen sind sie vergleichbar mit dem
Schornstein des Kraftwerks in Altbach/Deizis-
au *siehe Seite 664*. So sind beispielsweise
beide Schornsteine 250 m hoch. Im Gegensatz
zum Schornstein für die Blöcke 3 bis 6, der
wie in Altbach/Deizisau seine Lasten über ein

Ringfundament (hier: Außendurchmesser = 28 m) abträgt, ist der Schornstein für den Block 7 auf 30 Stahlbeton-Bohr-*Pfählen* mit einer Länge von 8,50 m und einem Durchmesser von 1,50 m gegründet. Als Besonderheit befindet sich im Fuß des Schornsteins der Blöcke 3 bis 6 ein Suspensionsbehälter der Rauchgasentschwefelungsanlage; bei einer Höhe von 10,50 m und einem Durchmesser von 20 m hat dieser Behälter ein Fassungsvermögen von 3.300 m³. Zwischen dem Behälter und der Rauchgaszuführung auf der Höhe von 68 m befinden sich auf zusätzlichen Bühnen zwei Druckerhöhungsgebläse. Bei der Herstellung der Türme mit *Gleitschalung* betrug der Arbeitsfortschritt durchschnittlich 4,50 Höhenmeter pro Tag.

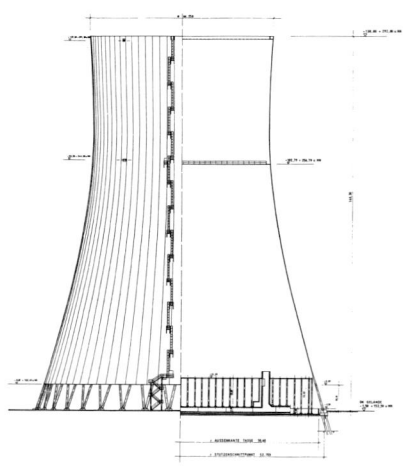

Kühlturm

Während die Abwärme der Blöcke 3 bis 6 über eine Frischwasserkühlung direkt an den Neckar abgegeben wird, erfolgt die Rückkühlung des Kühlwassers beim Block 7 über einen Naturzug-Nasskühlturm. Das Funktionsprinzip dieses Kühlturmtyps beruht auf der natürlichen Zugerzeugung, die bedingt durch die Dichtedifferenz zwischen der erwärmten Kühlluft (Schwaden) und der kälteren Umgebungsluft erfolgt. Im Inneren des Turms ist auf einer Höhe von 13,50 m ein Verteilersystem eingebaut, von dem aus das Kühlwasser im Gegenstrom zur aufsteigenden Luft in die Kühlturmtasse rieselt. Da die 2 m tiefe Kühlturmtasse ständig mit Wasser gefüllt ist, spricht man hier im Gegensatz zur „trockenen Tasse" von einer „nassen Tasse". Bei einem Gesamtvolumen des Kühlwassers von 75.000 m³ beträgt der Wasserdurchsatz durch den Kühlturm etwa 16 m³/s. Dabei wird das Wasser von 32 auf 19 °C abgekühlt. Neben den Stützen besteht die Tragwerkskonstruktion aus einer 130 m hohen, *rotationshyperbolischen Schale* aus Beton, deren Mündung die Höhe von 140 m über Grund erreicht. Der Mündungsdurchmesser hat eine lichte Weite von 66 m, während die Basisdurchmesser eine von 102 m aufweist; an ihrer Taille auf 110 m Höhe beträgt der Innendurchmesser der *Schale* immerhin noch 60 m. Die Wandstärke variiert von 65 cm an der Basis bis auf 16 cm als

Mindestmaß, um dann wieder auf Höhe der Mündung auf 25,4 cm anzuwachsen. Aufgrund der speziellen Form wird die *Schale* unter Eigenlast sowohl in Meridian- (vertikal) als auch in Ringrichtung (horizontal) relativ gleichmäßig nur durch Druckspannungen beansprucht, was den spezifischen Werkstoffeigenschaften des Betons sehr entgegenkommt. Problematisch ist der Lastfall Wind, der als Staudruck auf der Frontseite, aber auch als Sog an den Flanken und der Lee-Seite die *Schale* auf Biegung beansprucht. Den Verformungen und der damit verbundenen Beulgefahr wird hier durch eine vertikal und horizontal angeordnete, zweilagige Bewehrung sowie durch zwei horizontale Aussteifungsringe Rechnung getragen. Diese Ringe befinden sich auf der Innenseite der *Schale* auf 103 m Höhe bzw. an der Mündung und sind als Umgang zur Wartung der Flugsicherungsanlage ausgebildet. Getragen wird die *Schale* von 38 V-förmig angeordneten Stützenpaaren, die tangential an den Körper der Kühlturm-*Schale* anschließen. Sie sind jeweils auf vier Stahlbeton-Bohr-*Pfählen* mit einer Länge von 7 bis 9 m gegründet. Die *Schale* ist so ausgelegt, dass sie den Ausfall eines Stützenpaares problemlos verkraften kann. Bedingt durch die punktweise Stützung

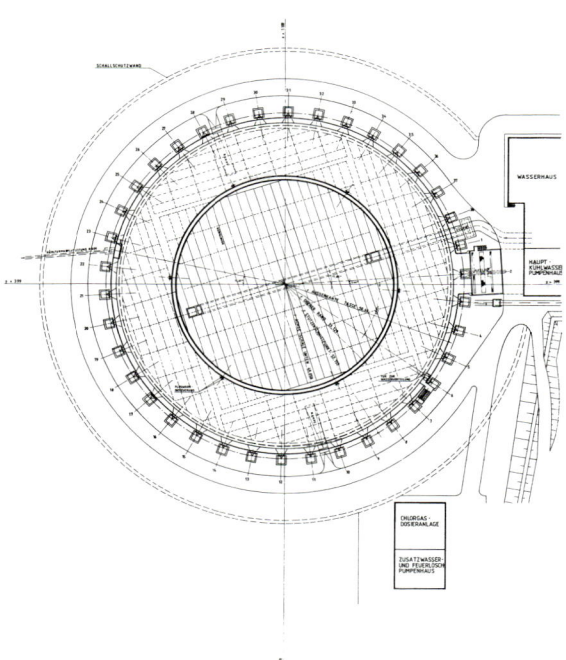

geht am unteren *Schalen*-Rand die *Membran*-Tragwirkung in eine Scheibentragwirkung über. Bei der Herstellung waren die nach innen geneigten Fertigteilstützen zwischenzeitlich zu stabilisieren. Erst als der Basisring der Kühlturm-*Schale* als Druckring die Stützfunktion übernahm, konnten die Hilfsmittel demontiert werden. Das aus fallenden und steigenden Diagonalen gebildete, kegelstumpfartige Fachwerk war ab diesem Zeitpunkt in sich stabil. Die aufgesetzte Stahlbeton-*Schale* wurde daraufhin in 130 Tagesringen mit Hilfe einer *Kletterschalung* errichtet. Kühltürme dieser Art, in Deutschland vor allem von den Professoren W. Zerna und W. B. Krätzig entwickelt, zählen zu den kühnsten Betonbauwerken überhaupt.

Verweis auf ähnliche Bauwerke
Das Kernkraftwerk in Philippsburg am Rhein verfügt über zwei Naturzugkühltürme. |

Bauherr
Energie-Versorgung Schwaben AG

Schornstein
- **Planung**
Deutsche Babcock Bau GmbH
- **Bauzeit**
1982–1983 (Block 7); 1985 (Block 3–6)

Kühlturm
- **Planung**
BBC Brown Boveri und
Balcke-Dürr AG
- **Prüfer**
J. Schlaich, Stuttgart
- **Baufirma**
Fa. Heitkamp
- **Bauzeit**
1982–1983

Wärmekraftwerke

Wegbeschreibung
Man erreicht das Versuchsgelände
der DLR über die Autobahn A81
Heilbronn–Würzburg, Ausfahrt
Möckmühl. Auf der Fahrt nach
Lampoldshausen biegt man nach
etwa 1 km links in ein Waldgebiet
ein und erreicht nach ca. 500 m
das Versuchsgelände.

LAMPOLDSHAUSEN
Sonnenspiegel der DLR ● ●

Unter den verschiedenen solarthermischen
Stromerzeugungsanlagen ist die Hochtem-
peratur-Energieumwandlung mit doppelt
gekrümmten, konzentrierenden Systemen
und Stirling-Motoren als Energiewandler die
effizienteste und eine der aussichtsreichs-
ten Technologien. Ein solches Solarkraft-
werk mit einer elektrischen Leistung von
etwa 50 kW steht in Lampoldshausen und
wird dort von der Deutschen Forschungsge-
sellschaft für Luft- und Raumfahrt e.V. (DLR)
genutzt. Das Besondere an dieser Anlage
ist der dafür entwickelte Metall-*Membran*-
Hohlspiegel, der einen Durchmesser von
17 m hat ●.

Funktionsprinzip
Der parabolisch gekrümmte Hohlspiegel ist
so aufgehängt, dass er zweiachsig der Sonne
nachgeführt werden kann. Er reflektiert die auf
ihn einfallenden Sonnenstrahlen und konzentriert sie ursprünglich auf den Wärmetauscher

eines im Brennpunkt angeordneten Stirling-
Motors. Dieser Motor gehört aufgrund seiner
Betriebsart zur Gruppe der Heißgasmotoren.
Sein Arbeitsprinzip zeichnet sich dadurch aus,
dass das heiße Arbeitsgas einen Kreisprozess
durchläuft und so die Wärme in kinetische
Energie umgewandelt wird. Beim Sonnen-
spiegel ist der Stirling-Motor direkt mit einem
Generator gekoppelt, der den Strom erzeugt.
Die elektrische Leistungsfähigkeit des Spie-
gels ist sehr stark von der Abbildungsqualität
der doppelt gekrümmten Kollektorfläche ab-
hängig – der Gesamtwirkungsgrad (definiert
als das Verhältnis der elektrisch nutzbaren
Leistung zur Sonneneinstrahlung auf die
Spiegelfläche) kann bis zu 27% erreichen.
Dieser Typ nimmt damit eine Spitzenstellung
unter den Solaranlagen ein.

Konstruktion
Der Sonnenspiegel ist ein geschlossener,
zylindrischer Hohlkörper, vergleichbar mit
einer Trommel. Die „Trommelfelle" bestehen
aus den parabolisch nach innen gekrümmten
Metall-*Membranen*, die aus Chrom-Nickel-
Stahl gefertigt sind. Um diese zu stabilisieren
herrscht in der Trommel ein Unterdruck.
Durch die damit verbundene *Vorspannung*
wird der äußere Zylindermantel auf Druck
beansprucht. Die Zugkräften ausgesetzten
Membranen beanspruchen diesen Druckring
aber nicht nur, sondern steifen ihn als räumliches *Schalen-Faltwerk* aus. Gestützt wird die
Trommel von einer fachwerkartigen Konstruktion, die das Schwenken des Spiegels in einer
horizontalen und einer vertikalen Ebene ermöglicht. Der Stirling-Motor mit dem Generator wird im Brennpunkt des Spiegels von
einem seilverspannten Bogen getragen.

Der Bogen, der in einer vertikalen Ebene liegt, dient gleichzeitig als Justiereinrichtung für die horizontale Kippachse.

Herstellung des Spiegels

Die nur 0,3 mm dicken Edelstahl-*Membranen* wurden zunächst aus dünnen Blechbahnstreifen in der Ebene gasdicht miteinander verschweißt. Hierfür wurde ein Schweißgerät entwickelt, das speziell für dünnes Blech geeignet ist. Die gesamte ebene *Membran*-Fläche wurde in einen Ring eingespannt und durch radiales Dehnen gespannt und glatt gereckt, um so Unebenheiten durch Schweißschrumpfungen, *Anisotropie* des Bleches sowie Fertigungsungenauigkeiten zu beseitigen. Anschließend wurden die *Membranen* auf den zylindrischen Außenring aufgezogen, der für diesen Vorgang zwischenzeitlich mit Speichenseilen ausgesteift werden musste. Nach dem Wenden der Einheit wurde der luftdicht abgeschlossene Zwischenraum zwischen dem Boden und der vorderen *Membran* so unter Druck gesetzt, dass sich die Blechhaut plastisch zu einem Parabolspiegel verformte. Nach Beendigung dieses Vorgangs wurde der planmäßige Unterdruck in der Trommel eingestellt, um die dünnen Bleche in ihrer Form zu stabilisieren. Zum Abschluss der Arbeiten wurde die vordere *Membran* mit Dünnglasspiegeln beklebt, um Reflexionsverluste zu minimieren.

Nach erfolgreichem Testbetrieb in Lampoldshausen wurden zwei weitere Anlagen in Saudi Arabien gebaut. Weil der Stirling-Motor dort benötigt wurde, wird die Anlage in Lampoldshausen heute für Versuchszwecke im solaren Hochtemperaturbereich genutzt. Diese Dish/Stirling-Systeme wurden seither kontinuierlich weiterentwickelt. Heute stehen u. a. sechs kleinere Anlagen auf der europäischen Solarplattform in Almeria/Spanien. Sie haben sich im jahrelangen Dauerbetrieb als sehr robust erwiesen und können solaren Strom wesentlich billiger erzeugen als beispielsweise photovoltaische Zellen.

Verweis auf ähnliche Bauwerke

Auf dem Campus in Stuttgart-Vaihingen (Nobelstraße) und im Pforzheimer Enzauenpark stehen Sonnenspiegel gleicher Bauart. |

Literatur
SCHLAICH, J. / BENZ, R.
Solar Power Plant with a Concave Membrane Mirror
DGS 5. Internationales Sonnenforum, Berlin 1984

Spiegeldurchmesser
17 m
Spiegelfläche
227 m²
Elektrische Leistung
54,5 kW bei 1.000 W/m² Einstrahlung
Wirkungsgrad
23,1 %

Entwicklung und Projektierung
Schlaich, Bergermann und Partner, Stuttgart
Membrankonzentratorbau
Fa. Lipp GmbH, Tannhausen

Wärmekraftwerke

NECKARWESTHEIM
Block II des GKN ●

Das Gemeinschaftskernkraftwerk Neckar (GKN) hat zwei Blöcke mit je einem Druckwasserreaktor und erzeugt damit eine elektrische Bruttoleistung von 2.205 MW. Bei einem Eigenbedarf von von rund 151 MW verbleiben davon 2.054 MW zur Einspeisung ins Stromnetz. Im Januar 1972 war Baubeginn für den Block I des GKN. Nach einer Bauzeit von etwa 4,5 Jahren und einem Probebetrieb von 2 Monaten ging er im Dezember 1976 mit einer Nettoleistung von 785 MW ans Netz. Die Investitionskosten für diesen Block betrugen rund eine Milliarde DM. Baubeginn für den zweiten Block war im Januar 1984. Die Kosten hierfür betrugen bei einer Nettoleistung von 1.269 MW fünf Milliarden DM, wovon allein ca. 20 % auf die Rohbaukosten entfielen. Der Block II des GKN wurde in der sogenannten Konvoi-Bauweise nahezu zeitgleich mit den Kraftwerken Isar 2 und Emsland errichtet. Ziel der Konvoi-Bauweise war es, durch die baugleiche Ausführung der standortunabhängigen Bauteile Zeit und Kosten zu sparen. Zu den standortunabhängigen Einrichtungen gehörten u.a. das Reaktorgebäude und das Maschinenhaus. Im Gegensatz dazu wurden die standortabhängigen Bauwerke, wie beispielsweise der Kühlturm und die Nebengebäude für Betrieb und Verwaltung, für jeden Standort individuell entworfen und gebaut. Der Block II ging im April 1989 nach einer Bauzeit von gut fünf Jahren erstmals ans Netz. Bedingt durch die hohe, aber unflexible Leistung beider Blöcke werden sie zur Deckung des Strombedarfs in der *Grundlast* herangezogen.

Wegbeschreibung

Auf der B27 aus Richtung Stuttgart kommend erreicht man das GKN, wenn man am Ortseingang von Kirchheim den Neckar in Richtung Gemmrigheim und Neckarwestheim überquert. An Gemmrigheim vorbei führt die Strecke nach 500 m links ab direkt zum Kraftwerk.
Von der Autobahn A81 Stuttgart–Heilbronn aus nimmt man die Ausfahrt Ilsfeld.

Information

Am Haupteingang kann man eine Ausstellung besuchen.

Reaktorgebäude

Der Aufbau des Reaktorgebäudes GKN Block II ist vergleichbar mit dem des Reaktorgebäudes in Obrigheim *siehe Seite 675*. Bedingt durch die mehr als dreimal so hohe Leistung des Blocks II gegenüber Obrigheim ist allerdings das Neckarwestheimer Gebäude deutlich größer. Hier hat die gasdichte und druckfeste, kugelförmige Stahlhülle einen Durchmesser von 56 m bei einer Dicke von 30 mm (Obrigheim: $\emptyset$ = 44 m bei einer Dicke von 18,7 mm). Die Sekundärabschirmung aus Stahlbeton ist hier als stehender Zylinder mit aufgesetzter Kuppel ausgeführt. Der Außendurchmesser dieser äußeren Hülle beträgt für den Block II 66,80 m mit einer einheitlichen Dicke von 1,80 m (Obrigheim: 48 m Außendurchmesser bei einer maximalen Stärke von 80 cm). Damit ist die Stahlbetonhülle des Blocks II so ausgelegt, dass sie einem Flugzeugabsturz oder einer äußeren Explosionsdruckwelle widerstehen kann. Die lichte Weite zwischen der Stahlbeton- und der Stahlhülle beträgt im Kuppelscheitel 1,60 m und am Übergang Kuppel zu Zylinder 3,60 m.

Maschinenhaus

In diesem Gebäude sind die wesentlichen Anlagen des Wasserdampfkreislaufs mit Turbine und Generator untergebracht. Es ist als Gebäude mit Haupt- und Nebentrakt ausgeführt. Das Hauptgebäude ist 93,50 m lang und 51,25 m breit; die Höhe beträgt etwa 36 m. Der Nebentrakt erstreckt sich über die gesamte Länge des Maschinenhauses bei einer Breite von 9,50 m. Das Bauwerk ist vollständig, in Teilbereichen bis zu 12 m Tiefe unterkellert. Haupt- und Nebentrakt haben auf dem Kellergeschoss aufbauend drei weitere Hauptgeschosse, wobei das oberste Geschoss des Haupttraktes durch den Turbinenflur mit der darüber angeordneten Halle einschließlich Kranbahn gebildet wird. Das Gebäude ist auf einer steifen Stahlbetonplatte gegründet. Das als Stahlbetonträgerrost ausgebildete Fundament für den in Gebäudelängsrichtung aufgestellten Turbosatz trägt seine Lasten über Federkörper auf Stützen ab. Verformungen am Maschinenfundament können durch eine Mess- und Registriereinrichtung kontrolliert

werden. Das Tragwerk der Halle besteht aus einer klassischen Stahlbetonskelettkonstruktion.

Kühlturm

Die Rückkühlung des Blocks II wird mittels eines Hybridkühlturms durchgeführt, der vom Prinzip her dem des Heizkraftwerks Neckar in Altbach/Deizisau *siehe Seite 665* ähnelt. Die Grundrissfläche des Neckarwestheimer Turms misst dabei allerdings das Vierfache seines Vorgängers. Der Außendurchmesser beträgt nun 160 m an der Basis und 76,24 m an der Mündung der aufgesetzten Kegelstumpf-*Schale*. Zur Gesamthöhe von 51,22 m trägt diese *Schale* 24,97 m bei. Der Nassteil befindet sich im Zentrum des Bauwerks und wird durch eine Ringwand mit einem Innendurchmesser von 120 m umschlossen. Hier wird über die 39.000 m³ fassende Wassertasse das Kühlwasser in der Wasserverteilungsebene verregnet. Der Durchsatz beträgt 43,9 m³/s. Für den kühlenden Luftstrom sorgen 44 in der unteren Ebene der inneren Ringwand angeordnete Ventilatoren. Um der Geräuschemission der „nassen Tasse" Einhalt zu gebieten, sind über der Wasserverteilungsebene Schalldämpfer eingebaut. Der Trockenkühlteil des Hybridkühlturms ist um den Nassteil herum im Ringbau untergebracht. Das zu kühlende Wasser wird in Trockenkühlelementen durch ein mit Wärmetauschern ausgestattetes Rohrsystem geführt. Die Kühlung erfolgt durch den angesaugten Luftstrom von weiteren 44 Ventilatoren, die in der zweiten Etage der inneren Ringwand angeordnet sind. Diese Ventilatoren drücken ihre trockenwarme Luft durch Mischkanäle in das Kühlturminnere, wo sich diese mit der feuchten Abluft des Nassteils vermischt. Auf diese Art gelangt der Abluftstrom nahezu schwadenfrei in die Atmosphäre. Ein weiterer Vorteil dieses Systems besteht in der geringeren Höhe, die ein Hybridkühlturm gegenüber einem klassischen Naturzugkühlturm aufweist. Der große Energiebedarf für den künstlich erzeugten Luftstrom ist dagegen nachteilig. Daran hat die Trockenkühlung einen wesentlichen Anteil, weil sie im Vergleich zur Nasskühlung bei einer deutlich geringeren Kühlleistung (i.d.R. nur

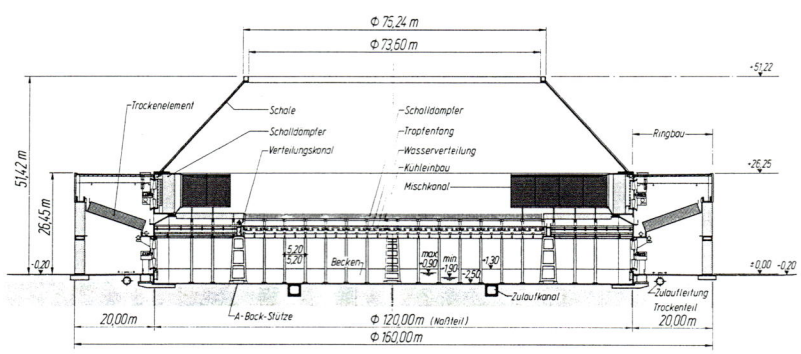

max. 50 % der Nasskühlleistung) einen höheren Energieeinsatz erfordert. In Neckarwestheim beträgt der Strombedarf der Ventilatoren des Hybridkühlturms 19,36 MW (das entspricht in etwa 1,4 % der Bruttoleistung von Block II) – davon entfallen 42 % auf die Nasskühlung und 48 % auf die Trockenkühlung. Das Haupttragwerk des Kühlturms wird von der 30 cm starken Ringwand und der Kegelstumpf-*Schale* gebildet. Die Wanddicke der *Schale* beträgt an der Basis 50 cm und verjüngt sich bis auf 30 cm an der Mündung. Die dort auftretenden Ringdruckkräfte werden durch einen Ring aufgenommen, der gleichzeitig den freien Rand aussteift. Die Lasten der *Schale* werden neben der Ringwand über 44 radial angeordnete, wandartige Scheiben abgetragen. Diese werden durch die Ringwand ausgesteift. Die Flachgründung des Bauwerks konnte erst nach umfangreichen Bodenverbesserungs- und Bodenaustauschmaßnahmen erfolgen. |

Literatur
Züblin-Rundschau
Nr. 19, 1987

Bauherr
Gemeinschaftskernkraftwerk Neckar GmbH
Gesamtplanung
Siemens/Kraftwerk Union AG
Bauzeit
Block II: 1982–1986

Reaktor
- **Prüfer**
J. Schlaich, Stuttgart
- **Baufirma**
Arge Blockbauwerke GKN II

Kühlturm
- **Technik**
Balcke-Dürr AG
- **Planung**
Ed. Züblin AG
- **Prüfer**
J. Eibl, Karlsruhe
- **Baufirma**
Ed. Züblin AG

O B R I G H E I M
Reaktorgebäude des
Kernkraftwerks ●

Das Kernkraftwerk Obrigheim ist das älteste
noch in Betrieb befindliche Kernkraftwerk
Deutschlands ●. In den Jahren 1965 bis 1967
errichtet arbeitet es mit einem Druckwasserreaktor. Als Demonstrationskraftwerk
unterstützten die Bundesrepublik Deutschland und das Land Baden-Württemberg
sowie die Europäische Atomgemeinschaft
EURATOM dieses Projekt. Mit einer Nettoleistung von 283 MW ging das Kernkraftwerk
Obrigheim im Oktober 1968 erstmals ans
Netz. Bereits im Dezember 1969 konnte die
elektrische Nettoleistung auf 328 MW
gesteigert werden. Dies entsprach damals
über 10 % des in Baden-Württemberg benötigten Stroms. Heute deckt das Kraftwerk
mit einer Leistungsfähigkeit von 340 MW
(netto) nur noch rund 5 % des baden-württembergischen Strombedarfs. Es dient zur
Stromversorgung im *Grundlastbereich*.

Konstruktion

Das „Herzstück" des Kernkraftwerks ist das
kugelförmige Reaktorgebäude. Hier finden
sämtliche atomaren Prozesse statt. Außerdem
sind hier alle hochdruckführenden Anlagenteile und das Lagerbecken für verbrauchte
Brennelemente untergebracht. Die komplette

Wegbeschreibung
Am Mosbacher-Kreuz bei Neckar-
elz von der B27 bzw. B37 auf die
B292 in Richtung Sinsheim fahren.
Nach wenigen Kilometern rechts
in Richtung Obrigheim abbiegen.
Unmittelbar vor Obrigheim folgt
man dem Hinweisschild
„Kernkraftwerk".

Reaktoranlage ist von einer doppelten Sicher-
heitshülle umgeben: Diese Konstruktion besteht aus einer inneren Stahlhülle und einer
äußeren Stahlbetonhülle. Letztere dient hierbei als Schutz vor äußeren Einwirkungen. Die
Stahlhülle besteht aus einem 18,7 mm dicken,
gasdicht verschweißten Stahlblechmantel. Sie
ist für einen Innendruck von 3 bar (rund 30 m
Wassersäule) ausgelegt. Im Gegensatz zur
Kugelform der Stahlhülle (Ø = 44 m) besteht
die Stahlbetonhülle aus einem stehenden
Zylinder mit einer aufgesetzten Halbkugel-
Kuppel, die sich der inneren Stahlhülle an-
schmiegt. Die Wandstärken dieser Stahlbetonkonstruktion betragen im Zylinderbereich
80 cm, im Bereich der Kuppel 60 cm. Zwischen
beiden Hüllen herrscht ein Unterdruck von
etwa 10 mbar, um die Stahlhülle ständig auf
Dichtigkeit zu überprüfen. Das Fundament
der Reaktoranlage ist eine ca. 2 m dicke
Kalotte aus Stahlbeton, die von dem armierten

Wärmekraftwerke

Unterbeton durch eine mehrschichtige Isolier-
haut getrennt ist. Die Innenräume des Reaktorgebäudes sind in zwei Raumgruppen aufge-
teilt: Die Raumgruppe im oberen Bereich des
Gebäudes ist jederzeit, d.h. auch während des
Betriebs zugänglich, während die im unteren
Teil der Anlage nur nach Abschaltung des
Reaktors betreten werden kann. Das Reaktorgebäude ist durch zwei druckfeste und
gasdichte Schleusen, je eine für Personen-
und Materialtransport, zugänglich. Zusätzlich
steht im Notfall eine weitere Personenschleu-
se zur Verfügung. Der Reaktordruckbehälter
ist in der Reaktorgrube untergebracht. Über
der Reaktorgrube befindet sich der Reaktorraum, der mit rostfreien Stahlblechen ausgekleidet ist und während des Betriebs mit
Betonriegeln abgedeckt wird. Neben dem
Reaktorraum ist das wassergefüllte Brenn-
elementbecken angeordnet. Dieses ist durch
ein *Schütz,* das beim Brennelementwechsel
entfernt wird, wasserdicht vom Reaktorraum
getrennt. Die Wandstärken dieser Baugruppen
schwanken zwischen 1 und 1,80 m. Anfang
der achtziger Jahre wurde im Zuge der Nach-
rüstung des Kernkraftwerks Obrigheim das
Reaktorgebäude um ein Notstandsgebäude
und ein externes Brennelement-Lagerbecken
erweitert.

Herstellung

Der Stahlbeton-Zylinder wurde in einer *Gleitschalung* hergestellt. Nach Abbau dieser
Schalung wurde der innere Stahlkugelmantel
zusammengefügt und dann in einem Abstand
von 1,20 m zum Stahlmantel die äußere Kuppel betoniert. Da die innere Stahlhülle nicht
den Schalungsdruck aufnehmen konnte,
musste die Kuppel in einzelnen Ringen von
3,50 m Breite hergestellt werden. Dazu wurde
eine *frei vorgebaute* Schalungskonstruktion
verwendet, die sich an den bereits tragfähigen
Ringen festhielt. |

Literatur
Dyckerhoff & Widmann AG (Hrsg.)
Kernkraftwerk Obrigheim am Neckar
DYWIDAG-Berichte VII, Nr. 3, 1968

Kernkraftwerk Obrigheim GmbH
(Hrsg.)
*Wir über uns – Das Kernkraftwerk
Obrigheim*
1994

Durchmesser der Stahlhülle
44 m
Innendurchmesser der Betonhülle
46,40 m

Bauherr
Kernkraftwerk Obrigheim GmbH
Planung und Entwurf
Siemens-Schuckertwerke, Erlangen
Baufirma
Dyckerhoff & Widmann AG
Bauzeit
1965–1967

Vorbemerkung

Dieses Glossar will auf keinen Fall ein Wörterbuch des konstruktiven Ingenieurbaus sein – dafür fände es kein Ende –, ebenso wie dieser Ingenieurbauführer insgesamt kein Lehrbuch sein kann.

Es dient ausschließlich dem Zweck, die speziellen Bauwerksbeschreibungen dieses Buches dadurch kurz und übersichtlich zu halten, dass dort häufig wiederkehrende Begriffe nicht erklärt werden müssen, sondern kursiv geschrieben werden können, um so darauf hinzuweisen, dass sie hier im Glossar erläutert werden. Wenn also wichtige Begriffe, die nicht so oft vorkommen, innerhalb der Bauwerksbeschreibung erklärt werden können, kommen sie nicht im Glossar vor. Die leider unvermeidliche Folge dieses Vorgehens ist eine ärgerliche Unausgewogenheit der im Glossar zu findenden oder eben nicht zu findenden Begriffe für denjenigen Leser, der das Glossar unabhängig von den Bauwerksbeschreibungen als Informationsquelle benutzen will – wofür es aber nicht gedacht ist.

Wir durften einige Begriffe aus dem „Betonlexikon" des Beton-Verlags übernehmen, wofür wir uns herzlich bedanken! Ganz besonderen Dank verdient an dieser Stelle über seine Erwähnung im Vorwort hinaus nochmals Rüdiger Siebel für die Zeichnungen in diesem Glossar.

anisotropes Werkstoffverhalten

Ein Werkstoff hat ein anisotropes Verhalten, wenn seine physikalischen, mechanischen und chemischen Eigenschaften richtungsabhängig sind. Beispielsweise ist das Werkstoffverhalten von Holz anisotrop, weil sein Dehnverhalten und seine Festigkeit parallel oder quer zur Faserrichtung völlig unterschiedlich sind.

antiklastisch

Antiklastisch oder gegensinnig gekrümmt ist eine Fläche, wenn die Mittelpunkte ihrer beiden Krümmungsradien auf den gegenüberliegenden Seiten der Fläche liegen (negative „Gaußsche Krümmung"). Typische Beispiele sind das *Rotationshyperboloid* bzw. das *hyperbolische Paraboloid vgl. synklastisch*.

Arbeitsfuge

Solche Fugen entstehen in Beton-, Stahlbeton- oder Spannbeton-Bauteilen, wenn im Rahmen einer Erweiterung, Sanierung oder bedingt durch den Arbeitszyklus frischer Beton gegen eine mehr oder weniger alte Betonlage betoniert wird. Normalerweise werden solche Fugen im Standsicherheitsnachweis nicht berücksichtigt, weshalb durch eine rauhe Kontaktfläche und eine übergreifende bzw. kraftschlüssig gekoppelte Bewehrung ein möglichst guter Verbund zwischen den beiden Betonierabschnitten hergestellt werden muss.

Armierung

Umgangssprachliche, alte Bezeichnung für Bewehrung bzw. Betonstahl.

Betondeckung

Abstand der Außenkante eines Bewehrungsstabes zur Betonoberfläche.

Betongelenk

Bei einem Betongelenk wird der Betonquerschnitt derart eingeschnürt, dass (geringfügige) Rotationen ohne große Biegebeanspruchungen möglich sind. Um trotzdem große Druck- und Querkräfte ohne Abscheren übertragen zu können, werden die eingeschnürten Bereiche kräftig bewehrt.

Betonstahl

Stahl zur Aufnahme der Zugkräfte in einer Stahlbetonkonstruktion. Er wird in Form von rundem und geripptem Stabstahl oder als Matte eingebaut.

Bewegungsfugen

Fugen zur Aufnahme von gegenseitigen Verschiebungen benachbarter Bauwerksteile. Sie erlauben Relativbewegungen der Bauteile in einer oder mehreren Richtungen (z. B. infolge Temperaturdehnungen, ungleichmäßigen Setzungen oder *Kriechen*).

Carbonatisierung

Bildung von Calciumcarbonat aus dem Kalkhydrat des Zementsteins infolge der Einwirkung von Kohlensäure. Die Kohlensäure kann aus der Luft stammen oder durch kohlensäurehaltiges Wasser zugeführt werden. Der Prozess beginnt an der Bauteiloberfläche und breitet sich mit der Zeit nach innen aus. Die Carbonatisierung hat für die Bewehrung eine schädliche Wirkung, hebt sie doch den Korrosionsschutz des *Betonstahls* in normalerweise alkalischen Betonmilieu auf. Deshalb ist bei der Bemessung der *Betondeckung* die Carbonatisierungsgefahr, also der Umwelteinfluss zu berücksichtigen.

Dammbalkentafel

Verschlusskörper aus einzelnen, übereinander liegenden Balken, die zu einer Tafel zusammengesetzt sind. Seitlich werden sie in Nuten geführt. Ausführungsform und Material sind vom Wasserdruck abhängig.

Drosselklappe

Bei Drosselklappen wird eine kreisrunde Klappe in Rohrmitte umgelegt, um den Querschnitt zu versperren.

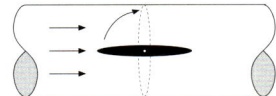

E-Modul (Elastizitätsmodul)

Der E-Modul gibt das Verhältnis der Spannung zur zugehörigen Dehnung eines linear-elastischen Werkstoffes an.

Eisenbeton

Veraltete Bezeichnung für Stahlbeton.

Eurocodes

Europäisches Regelwerk für den Entwurf, die Bemessung und die Ausführung von Ingenieurbauwerken mit dem Ziel, einheitliche Regeln bzw. Normen länderübergreifend bereitzustellen.

Fachwerkbau, Band

Kurzes Schrägholz zur Verstrebung. Es ist nicht länger als die halbe Geschosshöhe. Zwischen *Rähm* und Ständer als Kopfband, zwischen *Schwelle* und Ständer als Fußband bezeichnet.

Fachwerkbau, Kehlbalken

Längerer Querbalken im Dachwerk, der die Sparren versteift und gleichzeitig zwei Dachgeschosse voneinander trennen kann.

Fachwerkbau, Rähm

Waagerechtes, oberes Abschlussholz einer Wand.

Fachwerkbau, Schwelle

Den unteren Wandabschluss bildendes, waagerechtes Holz.

Fachwerkbau, Schwertung

Aufgeblattetes Verstrebungsholz, üblicherweise länger als die Geschosshöhe.

Fachwerkbau, Spannriegel

Druckbeanspruchter, horizontaler Gurtstab eines *Hänge-*, *Spreng-* bzw. *Hängesprengwerkes*.

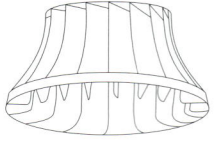

Francis-Turbine

Faltwerk

Flächentragwerk aus Platten bzw. Scheiben, die fugenlos miteinander verbunden sind. Die Endflächen werden in der Regel durch eine gemeinsame Binderscheibe (Schott) ausgesteift. Ein Bogen, der durch einen faltwerkartigen Querschnitt ausgesteift wird, kann auf diese Weise materialsparend sehr weit spannen (z. B. Paketposthalle in München).

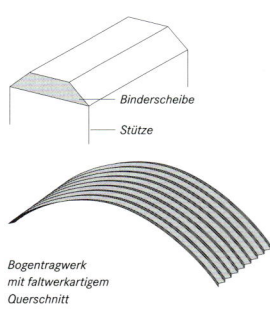

Binderscheibe

Stütze

Bogentragwerk mit faltwerkartigem Querschnitt

Fischtreppe

Eine Fischtreppe besteht aus mehreren kleinen Becken, die treppenartig hintereinander angeordnet sind. Sie sind durch kleine Überfälle und Durchlässe miteinander verbunden, so dass Fische mit ihrer Hilfe größere Höhenunterschiede überwinden können. Eine Lockströmung sorgt dafür, dass die Fische der „Treppe" zugeführt werden.

Francis-Turbine, Francis-Schachtturbine, Francis-Spiralturbine, Zwillingsfrancisturbine

Francis-Turbinen werden von der Außenseite angeströmt und führen das Wasser durch die Mitte des Laufrades ab. Mit ihnen kann ein großer Bereich von mittleren Fallhöhen und mittleren Durchflussmengen abgedeckt werden. Die Welle kann horizontal oder vertikal angeordnet werden. Bei vertikaler Wellenanordnung spricht man von einer Francis-Schachtturbine. Wird das Wasser gleichmäßig über eine Einlaufspirale zugeführt, nennt man sie Francis-Spiralturbine. Bei Zwillingsfrancisturbinen sitzen zwei Laufräder, die getrennt voneinander angeströmt werden, in einem

Gehäuse hintereinander auf einer Welle. Die Wasserabfuhr der beiden Laufräder wird zusammengefasst.

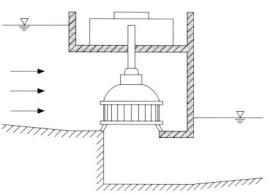

Francis-Schachtturbine

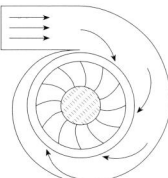

Francis-Spiralturbine

Freivorbau

Brückenbauverfahren, bei dem der Brückenüberbau – meist aus Spannbeton – abschnittsweise verlängert wird, ohne dass dabei eine Abstützung nach unten erfolgt. Große und aufwendige Lehrgerüste werden so vermieden. Bei mehrfeldrigen Brücken kragt vom Pfeilertisch ausgehend zu beiden Seiten jeweils ein Kragarm aus, dessen Länge sich aus Gleichgewichtsgründen von seinem Pendant nur um ein geringfügiges Maß unterscheiden darf. Um ein Kippen des „Waagebalkens" auf dem Pfeilertisch zu vermeiden, wird er monolithisch mit dem Pfeiler verbunden oder verkeilt bzw. durch temporäre Abstützungen gesichert, bis die Durchlaufträgerwirkung des Überbaus eingestellt ist. Das Verfahren wurde zunächst zum Bau großer Strombrücken mit frei auskragenden Kastenträgern und veränderlicher Konstruktionshöhe angewandt. Später wurden auch Rüstträger, die über der Brückentafel liegen und etwa die 1,6-fache Spannweite haben, verwandt, um die frei stehenden Pfeiler zu stabilisieren und den Materialtransport zentral von einem Widerlager aus zu besorgen.

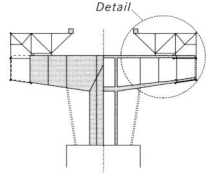
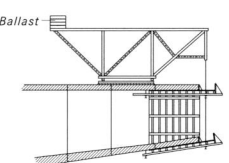

Freivorbau ohne Rüstträger

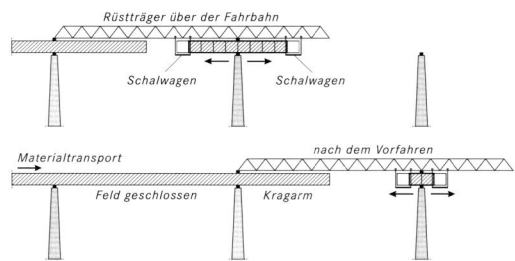

Freivorbau mit Rüstträger

Gleitschalung
Langsam, meist vertikal gleitende Schalung, bei der der Beton während des Gleitens abbindet. Der Vorteil eines stetigen Baufortschritts ohne Ausschalfristen und zeitintensives Umsetzen der Schalung wird erkauft durch eine vergleichsweise rauhe Betonoberfläche, die i.d.R. eine Nachbehandlung erforderlich macht. Sie eignet sich besonders bei gleichbleibender Querschnittsform, z.B. bei Treppenhäusern von Hochhäusern und bei Silos, wird aber auch bei veränderlichen Querschnitten, z.B. bei Kaminen, eingesetzt. Bei turmartigen Bauwerken wird die Gleitschalung am fertig gestellten Teil hochgedrückt. Der Hubvorgang kann pneumatisch oder hydraulisch erfolgen; die Gleitgeschwindigkeit liegt zwischen 20 und 80 cm/h.

Hängesäule
Auf Zug beanspruchter Pfosten *siehe auch Hängewerk.*

Hänge-, Spreng- bzw. Hängesprengwerk
Die häufigste Tragwerksform bei gedeckten Holzbrücken ist das Hängewerk. Dabei sind die Querträger an *Hängesäulen* aufgehängt. Letztere führen die Lasten nach oben, wo sie von schrägen Druckstreben zu den Auflagern getragen werden.

Der Horizontalschub der schrägen Druckstreben wird auf Fahrbahnebene durch zugbeanspruchte Untergurtbalken kurzgeschlossen (selbstverankert). Neben dem einfachen Hängewerk sind auch doppelte Hängewerke geläufig, um größere Spannweiten zu erzielen. Hier wird ein horizontaler Obergurtstab, der sogenannte *Spannriegel*, (siehe unter Fachwerk) eingefügt.

Beim Sprengwerk wird der Brückenträger von unten durch die schrägen Druckstreben unterstützt. Im Gegensatz zum Hängewerk wird beim Sprengwerk der Horizontalschub der schrägen Druckstreben nicht intern kurzgeschlossen, sondern in die Auflager eingetragen (erdverankert). Beim doppelten Sprengwerk wird wieder ein *Spannriegel* als Druckstab eingefügt.

Das Hängesprengwerk ist eine Kombination von Hängewerk und Sprengwerk: Die schrägen Druckstreben verlaufen sowohl unter als auch über der Fahrbahnebene. Zur Ausführung gelangten rein erdverankerte, aber auch solche Tragwerke, bei denen der Teil oberhalb der Fahrbahn selbst verankert wurde, um die Widerlager für kleinere Kräfte auszulegen. Das doppelte Hängesprengwerk erreicht im Vergleich zu den zuvor genannten Arten die größte Spannweite.

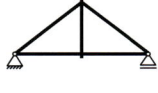
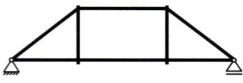

Hängewerk

Sprengwerk

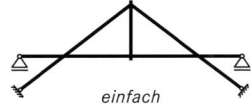
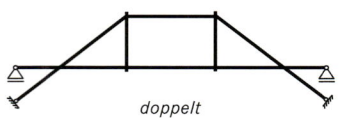

Hängesprengwerk

einfach   *doppelt*

Herdmauer, Herdgang

Herdmauern verlaufen am Fuße eines Stau-
bauwerks, meist auf der Wasserseite. Sie
haben die Aufgabe, den Sickerweg zu verlängern und damit die Strömung unter dem
Bauwerk einzudämmen. Oft werden Herdmauern auch begehbar mit dem Herdgang
ausgerüstet, um nachträglich einen „Dichtungsschleier" abteufen zu können.

Hosenrohr

Ein Hosenrohr ist ein sich in zwei Verteilrohre
aufspaltendes Rohr. Die beiden Verteilrohre
sind meistens gleich groß und symmetrisch
angeordnet.

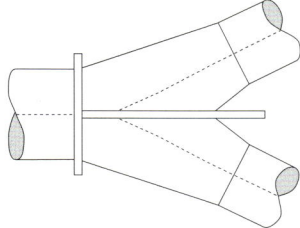

Hubdeckenverfahren

Am Boden aufeinander betonierte Decken
werden mittels der in den USA entwickelten,
sogenannten „Lift-Slab-Methode" in ihre endgültige Lage gehoben. Die Methode bringt
Einsparungen bei Schalung und Gerüst sowie
eine Zeitersparnis durch das kontinuierliche
Betonieren aller Decken. In Deutschland
gelangte das Hubdeckenverfahren nur in Ein-
zelfällen zur Anwendung. Ein Beispiel ist die
Pädagogische Hochschule in Ludwigsburg
siehe Seite 405.

Hydratation, Hydratationswärme

Während des Abbindens des Betons entsteht
durch die Wasseranbindung des Zements aus
dem Zementleim Zementstein (Hydratation).
Die Hydratation des Zements ist ein exother-
mer, chemischer Vorgang. Die dabei frei
werdende Wärmemenge wird als Hydratationswärme bezeichnet. Die Abführung dieser
Wärme kann bei dicken Bauteilen, die außen
schneller abkühlen als innen, problematisch

sein. Um einen Risse erzeugenden Eigenspannungszustand zu vermeiden, werden
in Sonderfällen bei sehr dicken Bauteilen, wie
Staumauern, sogar Kühlleitungen eingebaut,
die gezielt für eine gleichmäßige Abkühlung
sorgen.

Hyperbolisches Paraboloid (Hypar)

Das hyperbolische Paraboloid ist eine *anti-
klastisch* gekrümmte Fläche. Sie kann als
Regelfläche erzeugt werden, indem eine
Gerade (lat. Regula = Lineal) entlang zwei fes-
ten, windschiefen Geraden bewegt wird, oder
als Translationsfläche, indem eine hängende
Parabel (Erzeugende) entlang einer stehenden
Parabel (Leitkurve) verschoben wird. Im
Schrägschnitt ergeben sich Hyperbeln.

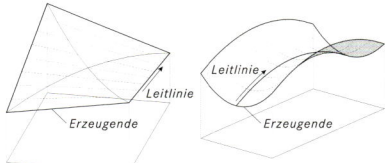

Kaplan-Turbine, Kaplan-Rohrturbine

Kaplan-Turbinen haben ein Laufrad, das einer
Schiffsschraube gleicht. Sie eignen sich vor
allem für große Wassermengen bei geringer
Fallhöhe. Kaplan-Rohrturbinen haben eine
horizontale oder eine nur leicht geneigte
Welle. Bei ihnen ist der Generator in einer
vom Wasser umströmten „Stahlbirne" untergebracht.

Kaverne

In der Längsausdehnung begrenzter, unter-
irdischer Hohlraum.

Kavitation

Infolge hoher Strömungsgeschwindigkeiten
des Wassers sinkt der Druck im Wasser auf
Verdampfungsdruckniveau, so dass sich
Dampfbläschen bilden. Steigt der Druck
wieder an, beginnen die Dampfbläschen zu
implodieren. Dieser Effekt wird Kavitation
genannt. Er tritt vor allem bei Turbinen,

genannt. Er tritt vor allem bei Turbinen, aber auch bei Pumpen auf. Die Folgen sind Wirkungsgradeinbußen, in ungünstigen Fällen aber auch Beschädigungen an den *Laufrädern*.

Kettenlinie

Die Form, die eine Kette unter ihrer Eigenlast einnimmt. In Scheitelnähe entspricht sie praktisch der quadratischen Parabel, so dass ein flaches, hängendes Seil unter Eigenlast genügend genau als Parabel 2. Ordnung behandelt werden kann *vgl. Stützlinie*.

Kletterschalung

Schalung für Turmbauwerke, die einen nur geringfügig veränderlichen Querschnitt haben. Grundelement ist eine großflächige Wandschalung, die in regelmäßigen Takten nach dem Abbinden des Betons nach oben gezogen wird. Die Kletterausrüstung besteht im Wesentlichen aus einer Kletterkonsole, die sich im unteren Teil auf das Bauwerk abstützt. Sie dient als Arbeitsbühne für das Ausrichten und Abstützen der Schaltafeln. Im Bedarfsfall wird darunter eine Bühne für Nacharbeiten angehängt. Typische Einsatzgebiete sind Brückenpfeiler, Fahrstuhlschächte, Kamine, Silos und Kühltürme.

Klotoide

Die Klotoide ist ein Übergangsbogen mit sich stetig änderndem Radius. Gerade bei hohen Fahrzeuggeschwindigkeiten sind solche Übergangsbögen wichtig, um im Straßenverkehr ruckartige Lenkbewegungen zu vermeiden bzw. beim Schienenverkehr die Anrampung (Querneigungswechsel) über eine gewisse Länge zu strecken.

Kraftwerke, Grundlast

Zur Deckung der Grundlast in der Stromversorgung werden vorrangig Kraftwerke eingesetzt, die sich aufgrund betriebsbedingter Prozesse in Bezug auf die erzeugte Strommenge nicht an den Schwankungen des Strombedarfs über den Tag bzw. die Woche orientieren können. Sie werden im Normalfall ständig unter Volllast gefahren. Zu dieser Gruppe der Stromerzeuger gehören vor allem die Kernkraftwerke.

Kraftwerke, Mittellast

Stromerzeuger der Mittellast decken zum Teil Tagesschwankungen, werden aber auch am Wochenende abgeschaltet, um die Stromerzeugung dem Bedarf anzupassen. Zu ihnen gehören die Kohle- und Ölkraftwerke.

Kraftwerke, Spitzenlast

Die Spitzenlast in der Stromversorgung wird relativ kurz, i.d.R. zweimal für ein bis zwei Stunden am Tag benötigt. Hierfür sind aber Stromerzeuger notwendig, die innerhalb von Sekunden ans Netz gehen können und auch über entsprechende Leistungsreserven verfügen. Da dies kein Wärmekraftwerk leistet, sind eigens zu diesem Zweck Pumpspeicherkraftwerke gebaut worden, die in kürzester Zeitspanne auf die Schwankungen im Netz reagieren können. Diese Art der Kraftwerke, die streng genommen Energie vernichten (der Energiebedarf beim Pumpen ist natürlich größer als die Energieausbeute beim Generatorbetrieb), rechnet sich dadurch, dass der überschüssige und daher billige Strom, den die Kraftwerke der Grund- bzw. Mittellast-Deckung nachts erzeugen, zum Pumpen benutzt und am Tag teuer verkauft wird.

Kriechen

Zeitabhängige Zunahme der Verformungen unter gleich bleibender Beanspruchung. Typisch für Beton ist, dass seine Kriechverkürzung zwischen 1,5- bis 3-mal so groß sein kann wie seine elastische Stauchung.

Langerscher Balken

Als Langerscher Balken bezeichnet man eine Brückenkonstruktion, bei der ein oben liegender, schlanker Bogen vom Fahrbahnträger, der gleichzeitig als Zugband fungiert, versteift wird.

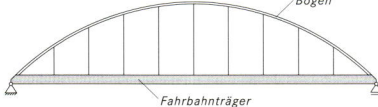

Bogen

Fahrbahnträger

Laufrad, Laufradschaufel (Turbinenlaufrad bzw. Pumpenlaufrad)

Das Laufrad ist das drehende Rad einer Turbine oder Pumpe. Bei Turbinen kommt die Drehbewegung des Rades durch das Auftreffen des Wasserstromes auf die Laufradschaufeln zustande. Teilweise sind Turbinen mit verstellbaren Laufradschaufeln ausgerüstet, die eine Regulierung der Turbinendrehzahl ermöglichen.

Leitapparat, Leitradschaufel

Der starre Leitapparat hat die Aufgabe, dem *Laufrad* einer Turbine oder Pumpe das Wasser zuzuführen. Dies wird durch die Leitradschaufeln bewerkstelligt. Bei leitradregulierten Turbinen oder Pumpen können durch das Verstellen der Leitradschaufeln die Wasserdurchflussmenge und der Auftreffwinkel des Wassers auf die *Laufradschaufeln* verändert werden, wodurch die Drehzahl reguliert werden kann.

Membran, Membran(spannungs)zustand

Eine Membran ist eine nur auf Zug beanspruchbare Struktur. Ein reiner Menbranzustand herrscht, wenn die Membran so im Einklang mit ihrer Flächen- und Randbelastung steht, dass sie keine Falten wirft. Der Begriff des Membranspannungszustandes charakterisiert also einen Gleichgewichtszustand, der im Tragwerk ausschließlich Normalspannungen hervorruft. Er wird auch erweitert auf druckfeste *Schalen* mit Druck- und Zugspannungen und vernachlässigbar kleinen Biegespannungen und tritt dort auf, wenn die *Schalen* sehr dünn (geringe Biegesteifigkeit), stetig belastet und am Rand geeignet gelagert sind.

Mischkanalisation

Gemeinsame Abführung von Regen- und Abwasser zu Kläranlagen. Bei länger anhaltenden Regenperioden kann dies zu einem stoßartigen Anstieg der Wasser- und vor allem auch der Schmutzmenge (Spülung der Leitung) führen, so dass Rückhaltebecken oder Wirbelabscheider *siehe Seite 657* erforderlich werden.

Muffe, Glockenmuffe, Innenstemm-Muffe

Muffenverbindungen sind neben geschraubten Flansch- und Schweißverbindungen bei Stahlrohren die wichtigste Verbindungsart zweier Rohrstücke. Bei der Glockenmuffe wird ein Ende des Rohres aufgeweitet und über das stumpfe Ende des anderen Rohres gestülpt. Die Innenstemm-Muffe hat an den Enden Abstufungen in den Rohrwandungen, die sich ineinander fügen lassen.

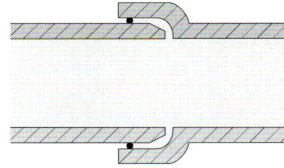

Glockenmuffe

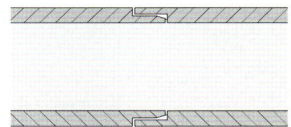

Innenstemm-Muffe

Nitrifikationsbecken, Denitrifikationsbecken
Beide Becken gehören zur *biologischen Reinigung* des Abwassers. Im Nitrifikationsbecken erfolgt eine gezielte Sauerstoffversorgung des Belebtschlamms (Schlamm mit Mikroorganismen), so dass die organischen Schmutzstoffe in Form von Ammonium (NH_4) zum Nitrat (NO_3) abgebaut werden.

Im Denitrifikationsbecken wird dem Abwasser-Belebtschlamm-Gemisch unter Rühren nitrathaltiges Kreislaufwasser aus dem Nitrifikationsbecken zugegeben. Durch den anoxischen Betrieb wird hier das Nitrat gespalten und abgeschieden.

Oberhaupt, Unterhaupt
Ober- bzw. unterwasserseitiger Schleusenabschnitt einer Staustufe.

Ortbeton
Im Gegensatz zur Fertigteil-Bauweise wird vor Ort (auf der Baustelle) betoniert. Dabei kann der Beton auf der Baustelle als Baustellenbeton hergestellt oder als Lieferbeton vom Transportbetonwerk mittels Mischfahrzeugen angeliefert werden.

orthotrope Fahrbahnplatte
Unter einer orthotropen Bauweise versteht man eine Konstruktion, die in zwei orthogonal (rechtwinklig) aufeinander stehenden Richtungen ein *anisotropes* Verhalten hat. Im Fall der orthotropen Fahrbahnplatte sind Längsrippen (meist trapezförmige Profile), Quer- und Hauptträger unterschiedlicher Querschnitte und Trägheitsmomente zu einem Trägerrost mit einem oben bündig abschließenden Deckblech zu einer Einheit verschweißt. Das Deckblech fungiert dabei sowohl in Längsrichtung für die Längsrippen und Hauptträger als auch für die Querträger als Obergurt.

Pelton-Turbine
Für große Fallhöhen und vorzugsweise geringe Wassermengen eignen sich Pelton-Turbinen. Sie werden auch Freistrahl-Turbinen genannt, weil bei ihnen ein Wasserstrahl mit hohem Druck auf die *Laufradschaufeln* trifft.

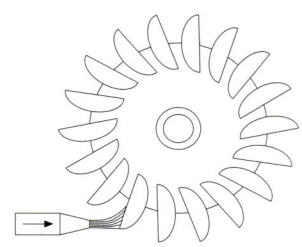

Pendelstütze
Die Pendelstütze ist am Fuß und am Kopf gelenkig gelagert, so dass sie relative Querbewegungen ihrer Kopf- und Fußpunkte zu ihrer Achse ohne Zwänge mitmachen kann.

Pfähle
Bei nicht tragfähigem Baugrund müssen die Kräfte aus Eigen- und Verkehrslast in tiefere, tragfähige Bodenschichten abgeleitet werden. Für diese Tiefgründungen wurden mehrere Arten von Pfählen entwickelt: z.B. Rammpfähle, Bohrpfähle, Presspfähle, Rüttelpfähle. Früher wurden vorrangig Holzpfähle verwendet, heute solche aus Beton oder Spannbeton.

Plattenbalken
Betonträger, bei dem eine Platte kraftschlüssig mit einem oder mehreren Stegen verbunden ist. Seine Wirtschaftlichkeit beruht darauf, dass unter einer Momentenbeanspruchung die Zugzone, in der der Beton rechnerisch nicht trägt, klein gehalten wird (geringes „totes Gewicht"), aber in der Druckzone die Betonplatte mit großer Kernweite ideal Druckkräfte aufnehmen kann. Der Trogquerschnitt ist ein umgedrehter Plattenbalken, weil bei ihm die Platte unten liegt.

Polonceau-Träger

Der französische Eisenbahningenieur Camille Polonceau entwickelte in der ersten Hälfte des 19. Jahrhunderts einen speziellen Bindertyp für weit gespannte Bahnhofshallen (berühmte Beispiele: Gare du Nord, Paris, und Westbahnhof, Budapest). Nach Polonceaus Konstruktionsprinzip kann man die hölzernen Sparren eines Satteldaches als unterspannte Balken auffassen, die mit einem horizontalen Zugband verbunden sind. Für die Unterspannung und das Zugband hatte Polonceau Schmiedeeisen vorgesehen, so dass es sich ursprünglich um eine Mischkonstruktion handelte, bei der die Werkstoffe entsprechend ihrer spezifischen Eigenschaft eingesetzt wurden. Wegen der Brandgefahr wurden die Binder später ausschließlich aus Eisen gefertigt. Heute werden bevorzugt im Sporthallenbau Polonceau-Binder vorgesehen. Dabei kommen wieder Mischkonstruktionen aus Holz und Stahl zur Ausführung.

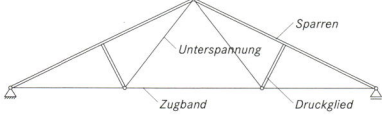

Reinigung, biologische

Mikroorganismen wandeln organisch gelöste Stoffe unter Zufuhr von Luftsauerstoff in absetzbaren Schlamm um *vgl. Nitrifikations- bzw. Denitrifikationsbecken.*

Reinigung, chemische

Durch die Zugabe chemischer Substanzen (z. B. Aluminiumchlorid) werden im Abwasser gelöste Stoffe, wie z. B. Phosphor, ausgefällt und über Filtration entzogen.

Reinigung, mechanische

Dem Abwasser werden mit Rechen und Sandfang ungelöste Schwimm- und Sinkstoffe entnommen.

Relaxation

Zeitabhängiger Spannungsabfall unter gleich bleibender Verformung. Typisch für hochfesten Stahl unter hohen Zugspannungen.

Retention, Retentionsraum

Unter Retention versteht man das Zurückhalten von Wasser bei Hochwassergefahr. Dies wird erreicht durch das Fluten sogenannter Retentionsräume (Stauräume).

Rotationshyperboloid

Die *antiklastisch* gekrümmte Fläche eines Rotationshyperboloids wird durch eine Gerade erzeugt, die um eine zu ihr windschiefe, zentrale Achse rotiert.

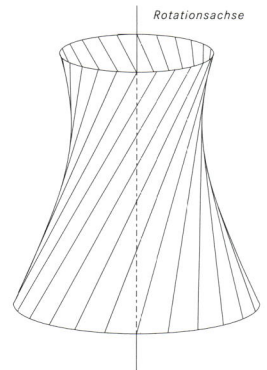

Schale

Plattenartige, dünne Strukturen, Flächentragwerke, deren Mittelfläche merklich (einfach oder doppelt) gekrümmt ist. Der Spannungszustand jeder Schale enthält neben den Normalspannungen auch Biegespannungen entsprechend denen der Platten, die aber gegenüber den Normalspannungen zurücktreten, so dass man sie oft ganz vernachlässigen kann. Dann sind die Spannungen gleichmäßig über die Schalendicke verteilt und tangential zur Mittelfläche orientiert (*Membranspannungszustand*).

Scheinfuge

Sollbruchstellen in Betonflächen, die sonst unkontrollierte Temperatur- und *Schwind*-Risse lokalisieren. Sie werden entweder sofort im Frischbeton durch Einlegen eines Hartfaserstreifens bzw. einer Folie ausgebildet oder durch nachträgliches Schneiden im jungen Betonalter angelegt. In Betonfahrbahndecken werden beispielsweise Scheinfugen in Längs- und Querrichtung geschnitten und mit Bitumen vergossen, um bei einer oberflächennahen Erwärmung bzw. Abkühlung Zwangsspannungen abzubauen.

Schieber, Kegelstrahlschieber, Kugel- bzw. Zweiwegkugelschieber, Ringschieber, Streckenschieber

Schieber sind i.d.R. Einrichtungen, die Rohrleitungen nicht nur versperren, sondern auch die Durchflussmenge regulieren können.

Bei einem Kegelstrahlschieber trifft der Wasserstrom auf einen zentrisch im Rohr angeordneten Prallkegel. Ein um das Rohr angeordneter Zylinder kann dabei so in Richtung des Kegels verschoben werden, dass die seitliche Öffnung auf Höhe des Kegels teilweise oder ganz geschlossen wird.

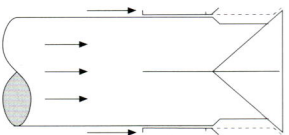

Kugelschieber sind in einer Kugelkalotte drehbar gelagerte Rohrstücke. Zum Absperren werden sie um 90° gedreht.

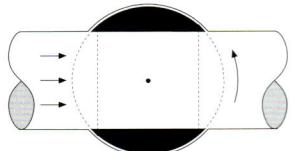

Bei Zweiwegkugelschiebern kann durch die Drehung alternativ zwischen zwei Rohrleitungen gewählt werden (kein Absperrorgan).

Bei einem Ringschieber wird ein in einer Verbreiterung des Rohres angebrachter Stopfen in Fließrichtung verschoben, wodurch sich der Durchflussquerschnitt verkleinert.

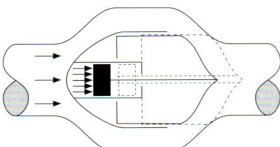

Streckenschieber sind bei längeren Rohrleitungen regelmäßig angeordnete Verschlussorgane. Sie können einzelne Rohrleitungsabschnitte absperren, so dass bei Revisionsarbeiten oder bei Rohrbrüchen nicht die gesamte Leitung entleert werden muss. Teilweise werden die Streckenschieber als Rohrbruchsicherungen ausgeführt, die automatisch schließen, wenn ein Rohrbruch auftritt.

Schlankheit

Die Schlankheit eines Bauteils errechnet sich aus dem Verhältnis von Länge zu Höhe bei Trägern bzw. Höhe zu Dicke bei Stützen und Pfeilern.

Schütz, Gleit- oder Rollschütz, Segmentschütz, Zylinderschütz

Ein Schütz ist eine Vorrichtung zum Absperren und Aufstauen von Wasser in Wasserläufen. Gleit- oder Rollschütze – auch Tafelschütze genannt – versperren den Querschnitt durch eine in seitlichen Nischen geführte Schütztafel.

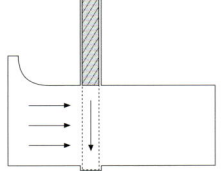

Segmentschütze sind drehbar gelagerte Kreissegmente, die durch eine Rotation den Querschnitt versperren. Im Drehlager kommt es zur Einleitung von konzentrierten Lasten.

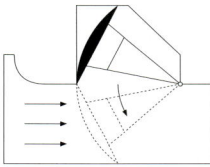

Ein Zylinderschütz kann durch Absenken eines Zylinders einen kreisförmigen Einlauf absperren.

Schwinden

Volumenverminderung des Zementsteins von Beton infolge Austrocknung.

SF$_6$-isolierte Rohrleiter

SF$_6$-isolierte Rohrleiter dienen der Ableitung sehr großer Ströme. Sie bestehen aus einem Innenleiter und einem Mantelrohr aus Aluminium. In regelmäßigen Abständen sind gerippte Stützisolatoren aus Gießharz angeordnet, die den Innenleiter im Mantelrohr fixieren. Der Raum zwischen Mantelrohr und Innenleiter ist mit dem Gas SF$_6$ (Schwefelhexafluorid) gefüllt, das als Isolierung wirkt.

Spannband

Eine Spannband-Brücke ist eine erdverankerte Hängebrücke, bei der Tragseil und Versteifungsträger in einem Bauelement verschmolzen werden oder anders ausgedrückt das (geringfügig) versteifte Tragseil direkt befahren wird. Das Spannband wird bewusst sehr schlank gehalten, um die Momentenbean-

spruchung klein zu halten. Eine Versteifung wird vorrangig durch das relativ hohe Eigengewicht und ein besonders kleines Stich/Spannweite-Verhältnis erzielt. Diese Eigenschaften bedingen aber verhältnismäßig große Zugkräfte im Band, die aufwendige Widerlager erfordern. Die Ausbildung des Übergangs vom Spannband ins Widerlager bedarf wegen des Biegezugs besonderer Sorgfalt.

Straflo-Turbine

Die Straflo-Turbine ist eine Sonderform der Kaplan-Turbine. Ihr fließt das Wasser gerade zu („straigt flow"). Ein weiteres Erkennungsmerkmal ist der „Außenkranzgenerator", der außerhalb des Strömungskanals konzentrisch um die Turbine herum angeordnet ist. Die Generatorpole liegen dabei auf einem Außenkranz, der fest mit den *Laufradschaufeln* verbunden ist.

Stützlinie

Die Stützlinie ist die Umkehrung der *Kettenlinie*. Ein Bogen, der für eine bestimmte Belastung nach der Stützlinie geformt ist, trägt diese nur über Normaldruckkräfte, also ohne Biegung ab. Die Stützlinie für Gleichlast ist eine quadratische Parabel, in Scheitelnähe auch für die Eigenlast eines Bogens mit gleich bleibendem Querschnitt.

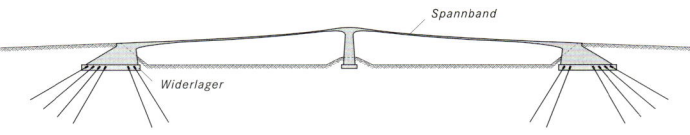

Spannband

Widerlager

Spannband

synklastisch

Synklastisch bzw. kuppelförmig oder gleichsinnig gekrümmt ist eine Fläche, wenn die Mittelpunkte ihrer beiden Krümmungsradien auf der gleichen Seite der Fläche liegen (positive „Gaußsche Krümmung"). Beispiele sind die Kugel (hier sind beide Krümmungsradien gleich groß und haben denselben Mittelpunkt) oder das Ellipsoid *vgl. antiklastisch.*

Die Zylinder-*Schale* ist im Gegensatz zur *anti-* oder synklastisch gekrümmten Fläche nur einseitig gekrümmt (Gaußsche Krümmung = o).

Taktschiebeverfahren

Dieses Verfahren zur Herstellung eines Brückenüberbaus vereint die Vorteile der Fabrikfertigung (Betonieren in ortsfester Schalung, ständige Wiederholung gleicher Arbeiten in Takten, wettergeschützter Arbeitsplatz, kurze Transportwege der Baustoffe) mit denen des *Ortbetons* (monolithisches Tragwerk ohne schwächende Fugen, keine schweren Hebezeuge). Beim Taktschiebeverfahren wird der Überbau hinter einem Widerlager in 10 bis 30 m langen Teilstücken hergestellt und zusammen mit den bereits gefertigten Abschnitten in Richtung Brücke verschoben. Am vordersten Teilstück wird ein stählerner Vorbauschnabel befestigt, um die Kragmomente bis zum Erreichen des nächsten Pfeilers zu vermindern.

Nachteilig ist der verfahrensbedingte, gleich bleibende Querschnitt, dessen Konstruktionshöhe von der größten Spannweite bestimmt wird. Des Weiteren werden in der Regel die Bauzustände maßgebend für die Bemessung, so dass bei einem Betonüberbau im Vergleich zu einem konventionell auf Lehrgerüst hergestellten mehr Spannstahl erforderlich wird. Unabhängig davon kann das Verfahren nur bei gleich bleibenden oder zumindest nur geringfügig sich ändernden Trassierungsparametern (Krümmung der Fahrbahn im Grund- und Aufriss) angewandt werden.

Trajektorie

Eine Kurve, die in jedem Punkt einer flächigen Struktur (Scheibe, Platte, *Schale*, *Membran*) die Richtung der jeweiligen Hauptspannung angibt. An unbelasteten Rändern verläuft sie senkrecht oder parallel zu diesen Rändern.

Trennsystem

Getrennte Abführung von Regen- und Abwasser. Das Regenwasser wird dabei in der Regel ungeklärt einem Vorfluter (Bach, Fluss) zugeführt.

Tübbings

Fertigteile zum Auskleiden von Tunneln, Stollen und Schächten mit einer tragenden Innen*schale*, die alle im Bau- und Endzustand auftretenden Belastungen aufnimmt.

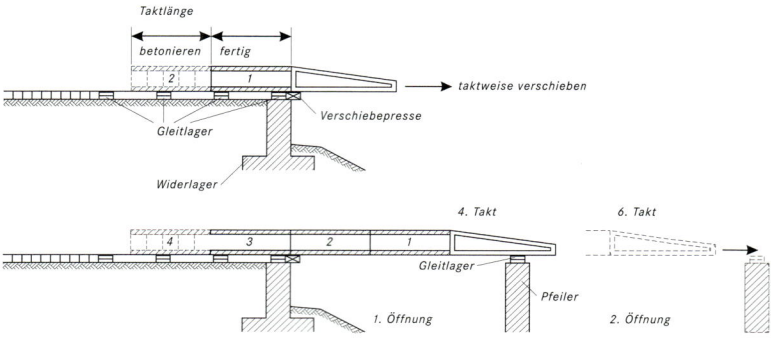

Tunnelbauweise, Alte Österreichische

Bei dieser Methode wird mit Ausnahme der Sohle der gesamte Querschnitt vor Beginn der Ausmauerung ausgebrochen, im Gegensatz zur *Englischen Tunnelbauweise* allerdings nicht scheibenweise, sondern absatzweise in Richtung der Tunnellängsachse (Stufenabbau). Die einzelnen Ausbauzonen haben je nach Druckverhältnissen Längen von 1,50 bis 9 m.

Tunnelbauweise, Belgische

Im Vergleich zur *Deutschen Tunnelbauweise* erfolgt hierbei der Ausbruch in größeren Teilquerschnitten und in anderer Reihenfolge, auch bleibt hier kein Kern stehen. Bei längeren Tunneln erfolgt der Ausbruch zuerst über einen Sohlstollen, der im Weiteren dazu genutzt wird, Schächte anzulegen, um abschnittweise im Firstbereich *Kavernen* einzurichten. Der ausgebrochene First wird dabei gleich mit dem gemauerten Gewölbe gesichert, so dass keine eigentliche Auszimmerung, sondern nur eine provisorische, seitliche Abstützung des Gewölbes erforderlich wird. Im Nachlauf werden dabei die *Strossen* in Abschnitten so ausgebrochen, dass seitliche „Pfeiler" stehen bleiben, um das Gewölbe zu stützen. Erst wenn die *Strossen*-Abschnitte ausgemauert sind und dem Gewölbe den nötigen Halt geben, werden die Pfeiler entfernt.

Tunnelbauweise, Deutsche

Die Reihenfolge des Abbaus erfolgt derart, dass der Querschnitt um einen zentralen Kern herum von unten nach oben in einzelnen Schichten ausgebrochen wird. Da der Kern der Abstützung der Zimmerung dient, wird er erst zum Schluss ausgebrochen *siehe Seite 692*. Nachteilig sind die beengten Arbeitsräume, weshalb diese Methode nur bei großen Profilen und zur Wiederherstellung von Einbruchstellen verwendet wird.

Tunnelbauweise, Englische

Nach einem schmalen Sohlstollen wird das gesamte Tunnelprofil unter gleichzeitiger Verwendung der Jochzimmerung in 3 bis 8 m langen Zonen ausgebrochen *siehe Seite 692*. Vor dem bergmännischen Ausbruch der nächsten Zone und deren zwischenzeitlicher Sicherung durch eine Auszimmerung wird die Vorgängerzone vollständig ausgemauert. Die Bauweise gestattet einen großen, freien Arbeitsraum hinter dem Sohlstollen und eine Ausmauerung, die von unten mit dem Sohlgewölbe beginnt. Da unverpackte Hohlräume zwischen Gewölbe und Gebirge verbleiben, ist diese Methode vorteilhaft bei druckschwachem Gebirge mit nicht zu starker Wasserführung.

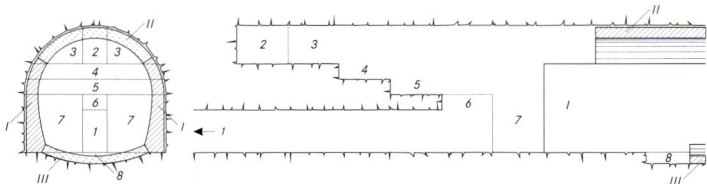

Alte Österreichische Tunnelbauweise

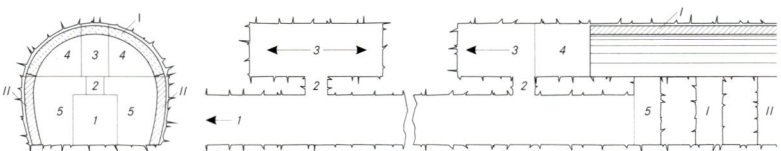

Belgische Tunnelbauweise

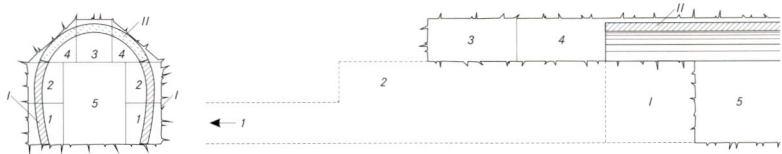

Deutsche Tunnelbauweise

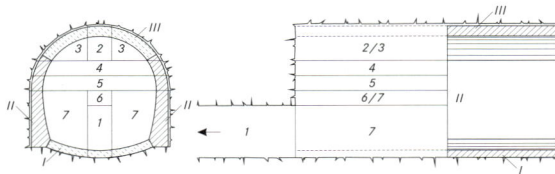

Englische Tunnelbauweise

Tunnelbauweise, Neue Österreichische

Bauweise, bei der das Tunnelgewölbe unmittelbar nach Ausbruch mit Spritzbeton und Stahleinlagen gesichert wird, um eine Entspannung und damit eine Störung der Gebirgstragwirkung weitgehend zu unterbinden. Die Spritzbetonschicht ersetzt damit die früher übliche Auszimmerung.

Tunnelbauweise, Strosse

Seitliche Ausbruchsfläche eines Tunnelquerschnitts.

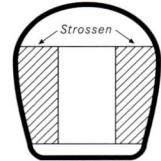

Tunnelbauweise, Kalotte

Oberer Teil des Ausbruchsquerschnitts eines Tunnels.

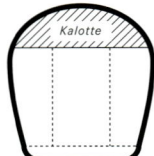

Tunnelbauweise, Ulme

Seitenwand von Hohlräumen im Untertagebau.

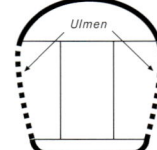

Unterzug

Träger, der die Last einer über ihm liegenden Balkenlage, Decke oder Wand aufnimmt und auf Wände oder Stützen überträgt. Deckengleiche oder sogenannte versteckte Unterzüge schränken dabei den unter der Decke befindlichen lichten Raum nicht ein.

Überblattung

Die Überblattung ist eine unverschiebbare und winkelfeste Verbindung von Hölzern, die in der gleichen Ebene liegen. Sie wird meist mit einem Holznagel gesichert. Jedes Holz wird in seinem Querschnitt halbiert. Das Blatt sitzt in einer Negativform, der sogenannten Blattsasse. Ist die Überblattung schwalbenschwanzförmig ausgeführt, kann sie auch geringe Zugkräfte übertragen *vgl. Verblattung.*

Verblattung

Verbindungstechnik zur Verlängerung waagerechter Kanthölzer.

Versatz, Stirnversatz, zurückgesetzter Versatz

Bei dieser Verbindungstechnik wird ein schräg anzuschließendes Holz mit Hilfe einer Kerbe in einem zweiten Holz versenkt. Die Scherfläche zwischen beiden Hölzern ist so profiliert, dass das schräge, auf Druck beanspruchte Holz nicht abrutschen kann. Die Normalkraft wird dabei durch eine speziell ausgebildete Stirnfläche (Stirnversatz) oder durch einen hinteren Sägezahn (zurückgesetzter Versatz) übertragen. Endet das zweite Holz hinter dem Versatz, ist zu beachten, dass dieses entsprechend über den Versatz hinausgehen muss (Vorholzlänge), um ein Abscheren zu verhindern.

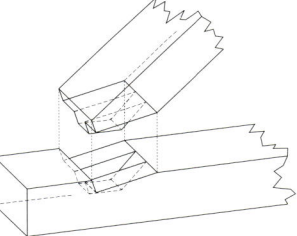

Stirnversatz

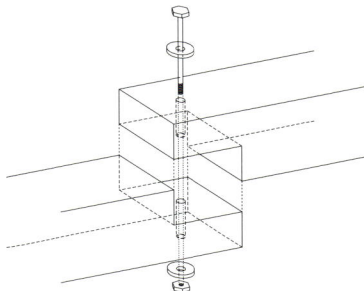

Verblattung

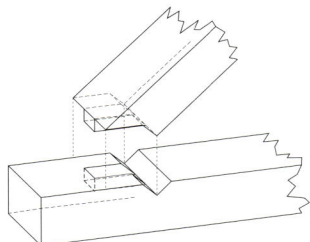

zurückgesetzter Versatz

Verzapfung

Ein Zapfen am Ende eines Holzes fügt sich in ein am anderen Holz ausgearbeitetes Loch oder einen durchgehenden Schlitz. Die Verzapfung gilt als voll gelenkige Verbindung. Die Verzapfung gewährleistet bei den Ständern die volle Aufstandsfläche. Das durchgehende Holz ist bei Überkreuzungen weniger geschwächt. Das Zapfenschloss bietet die Möglichkeit, Zugbelastungen aufzunehmen. Ein Nachteil der Verzapfung liegt in der schlechten Kontrollmöglichkeit. Die Zapfenlöcher sollten mit einer Bohrung versehen sein, damit eingedrungenes Wasser ablaufen kann.

Vierendeel-Träger

Der Vierendeel-Träger besteht ausschließlich aus zwei Gurten sowie quer dazu angeordneten Verbindungselementen. Die derart gebildeten Viereckmaschen – es fehlen die Diagonalen – wären beweglich und nicht tragfähig, wenn die einzelnen Stäbe nicht biegesteif miteinander verbunden wären. Vom Tragverhalten her entspricht damit ein solcher Träger einem Rahmen, bei dem die Aussteifung ausschließlich über die Biegetragwirkung von Stielen und Riegeln erzielt wird.

Vorspannung

Seiltragwerke werden vorgespannt, um dem Schlaffwerden einzelner Seile unter veränderlichen Lasten vorzubeugen, was mit einem Steifigkeitsverlust des Gesamtsystems verbunden ist. Wird das System so vorgespannt, dass die kritischen Seile im zu betrachtenden Grenzzustand gerade spannungslos werden, dann werden trotz der Vorspannung keine größeren Seilquerschnitte benötigt. Der so künstlich eingeprägte „Eigenspannungszustand" (Spannungszustand ohne äußere Lasten) vermindert daher die Verformungen, nicht aber die Traglast. Tragwerke aus Beton werden vorgespannt (vorgedrückt), um eine Rissbildung, die der spröde Werkstoff Beton durch zentrischen Zug oder Biegezug erfährt, zu vermeiden oder zumindest so hinauszuzögern, dass das steife Verhalten bzw. die für die Bewehrung schützende Wirkung des ungerissenen Querschnitts unter Last erhalten bleibt. Man unterscheidet beim Spannbeton vier Arten der Vorspannung *siehe unten*.

Vorspannung, beschränkte

Die beschränkte (oder unvollkommene) Vorspannung lässt geringe Zugspannungen im Beton zu. Nach der deutschen Norm DIN 4227, Teil 1, sind die zulässigen Werte auf etwa 2/3 der Betonzugfestigkeit begrenzt, damit mögliche Risse unter seltenen Lastfällen nicht bis zur Spanngliedlage vordringen.

Vorspannung, teilweise

Bei der teilweisen (oder partiellen) Vorspannung wird neben vorgespannten Stahleinlagen auch reichlich schlaffe Bewehrung eingebaut. Der Schlaffstahl dient der Rissbreitenbegrenzung und der Bruchsicherheit.

Vorspannung, mäßige

Hier braucht keine Zugspannungsbegrenzung für den Beton eingehalten zu werden, d.h. der Vorspanngrad kann beliebig klein gewählt werden. Die mäßige Vorspannung dient beispielsweise dazu, *Schwind*-Risse zu verhindern, die beim Abbindevorgang an der Oberfläche infolge der ungleichmäßigen Abkühlung auftreten.

Vorspannung, volle

Hierbei werden unter allen denkbaren Lastfallkombinationen Zugspannungen im Beton ausgeschlossen, indem bei genügend großer Kernweite die Vorspannung ausreichend hoch gewählt wird. Bei den meisten Konstruktionen ist es aber unwirtschaftlich, diese Forderung für extreme, seltene oder sogar fiktive Lastfälle aufrechtzuerhalten, so dass die volle Vorspannung meistens nur noch für häufige Lastfälle gefordert wird. Ausnahmen sind Bauwerke wie beispielsweise Behälter oder Silos, bei denen die Dichtigkeit des Betons und damit die Rissefreiheit eine wichtige Rolle spielt.

Voute

Eine stetige Verdickung bzw. Verdünnung eines sonst gleichmäßig dicken Trägers, meist zu Auflagern hin. Bauteile wie Plattenbalken und Hohlkästen werden auch im Querschnitt gevoutet.

Wasserbehälter der Bauart Intze I

Bei dieser Behälterkonstruktion wird ein Stützboden in der Form einer Kugelkalotte seitlich so von einem Kegelstumpfmantel berandet, dass der Auflagerring zwischen beiden keine Ringkräfte erfährt. Zwänge hervorgerufen durch unterschiedliche Dehnungen der Anschlussbleche bzw. des Ringes bei unterschiedlichen Füllzuständen können so vermindert werden. Die Konstruktion geht auf den Ingenieur Otto Intze zurück, der sie sich 1883 patentieren ließ.

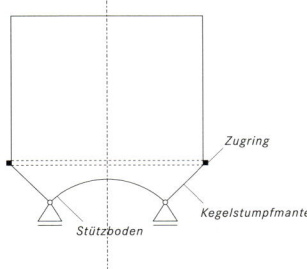

Wasserbehälter der Bauart Intze II

Überstiegen die Nutzinhalte 500 m³, so erwies sich der Wasserbehälter der Bauart Intze I als unwirtschaftlich, weil durch die Ausmaße des Stützbodens ein beträchtlicher Teil des Nutzvolumens verloren ging. Dem wurde durch die Anordnung eines mittleren Hängebodens unter Beibehaltung des Prinzips, dass der Auflagerring keine Ringkräfte erhält, begegnet. Die neue Bodenausbildung ermöglichte nicht nur eine bessere Raumausnutzung, sondern auch eine einfachere Herstellung bei geringerer Beulgefahr. Nachteilig war, dass am Rand des Hängebodens ein Druckring eingebaut werden musste. Da der Durchmesser des

Hängebodens jedoch klein gewählt werden konnte, reichten hierfür meistens normale Winkeleisen aus.

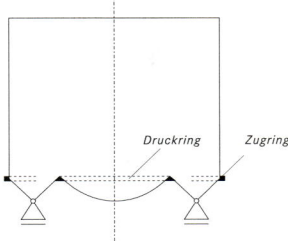

Wasserbehälter der Bauart Klönne

Bei diesem Behältertyp wurden doppelt gekrümmte Bleche zu einer tragenden Kugel-Schale zusammengenietet. Diese hat wegen ihrer doppelten Krümmung eine hohe Beulsteifigkeit, weshalb auf Steifen verzichtet werden konnte. Die Stützung des Behälters erfolgte in einem unter dem Äquator angeordneten Auflagerring. Um hier keinen Druckring, der den Membranspannungszustand gestört hätte, anordnen zu müssen, wurde ein steifer, inverser Kegelstumpfmantel tangential an die Kugel angeschlossen. Dieser Mantel gab auf Höhe der Standgerüstkrone die Lasten auf einen Auflagerring ab. Weil die Herstellung des Kegelstumpfmantels sehr aufwendig war, wurde bei kleineren Behältern die Kugel auch direkt auf dem Unterbau aufgesetzt.

Wasserbehälter mit Hängeboden

Der Hängeboden ist eine doppelt gekrümmte Schale. Ein solcher, unter Wasserlast rein auf Zug beanspruchter Boden konnte aus Eisenblechen sehr wirtschaftlich hergestellt werden. Da der Boden freitragend – nur am Rand durch einen Auflagerring-Druckring gestützt – ist, kann man auf Innenmauern unter dem Behälter verzichten, was der Zugänglichkeit bei Revisionsarbeiten zugute kommt.

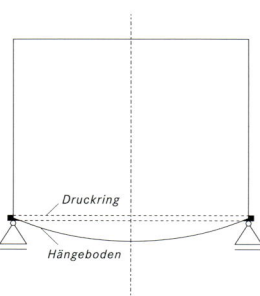

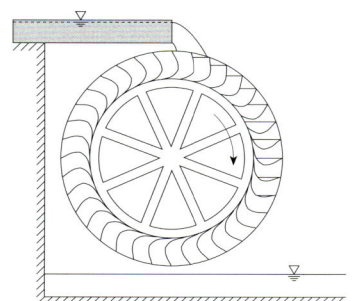

Wasserbehälter mit Hängeboden

Wasserrad, mittelschlächtiges

Einem mittelschlächtig betriebenen Wasserrad wird das Wasser in Achshöhe zugeführt. Dabei wird sowohl die potentielle Energie der mit Wasser gefüllten Zellen als auch die Impulskraft der Wasserströmung (kinetische Energie) genutzt.

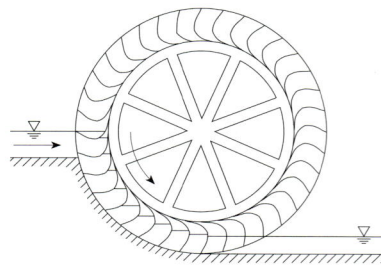

Wasserrad, oberschlächtiges

Einem oberschlächtig betriebenen Wasserrad fließt das Wasser von oben zu. Das Rad dreht sich aufgrund der Gewichtskraft der wassergefüllten Zellen (potentielle Energie).

Wasserschloss, Schachtwasserschloss, Doppelkammerwasserschloss

Bei Pumpspeicheranlagen werden durch den oftmals raschen Wechsel vom Generator- zum Pumpbetrieb – und umgekehrt – Druckstöße erzeugt. Um Beschädigungen an den Rohrleitungen bzw. Stollen zu vermeiden, aber auch um beim Anfahren der Turbinen bzw. Pumpen schnell ausreichend viel Wasser zur Verfügung zu haben, werden Wasserschlösser angeordnet, die meistens im anstehenden Gebirge gebaut werden.

Das Schachtwasserschloss besteht nur aus einem einfachen, meistens vertikalen Schacht, der als Reservoir dient und in dem das Wasser auf- und abschwingen kann, um Druckunterschiede auszugleichen. Tritt der belüftete Schacht am oberen Ende vollständig ins Freie, wird er mit einer „Überfalltasse" ausgestattet, um bei extremen Druckstößen den Austritt von Wasser abzufangen.

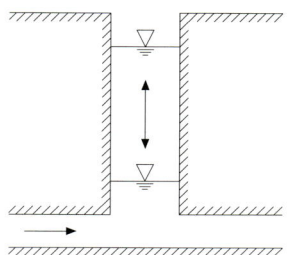

Beim Doppelkammerwasserschloss sind am oberen und unteren Ende des Steigschachtes Kammern angeordnet, die Wasser speichern und dadurch genügend Anfahrwasser bereitstellen.

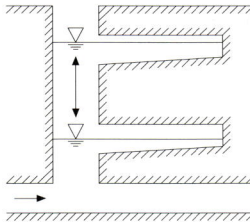

Wehr, Streichwehr, Walzenwehr
Als Wehr wird die Aufstauung eines Wasserlaufes mit planmäßigem Wasserüberlauf bezeichnet.

Ein Streichwehr ist ein parallel oder im spitzen Winkel zur Flussachse verlaufendes Wehr. Die Anströmung erfolgt hier nicht senkrecht, sondern längs zur Krone.

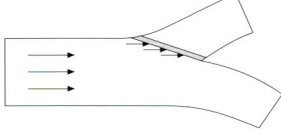

Das Walzenwehr besteht aus einem horizontal, quer zur Flussrichtung liegenden stählernen Hohlzylinder. Seitlich ist die Walze in Nischen gelagert und kann von Gelenkketten bzw. Zahnstangen gehoben werden, um den gesamten Abflussquerschnitt oder auch nur einen Teil freizugeben. Oftmals ist an der Unterkante der Walzen noch ein sogenannter Stauschnabel angebracht, der zur besseren Abdichtung und zur Verhinderung von Schwingungen dient.

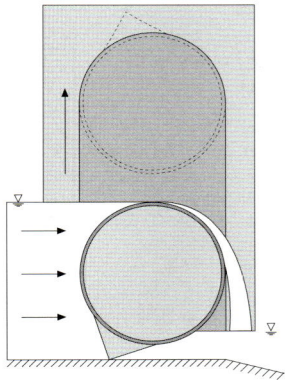

Zollinger-Dachkonstruktion
Dachtragwerke aus bogenförmigen Bohlenbindern sind seit dem Jahre 1561 bekannt (Philibert de L'Orme). Zu Beginn des 20. Jahrhunderts entwickelte daraus der Merseburger Stadtbaurat Fritz Zollinger eine neuartige, hochgradig typisierte Dachkonstruktion, bei der Brett- oder Bohlenlamellen zu einem einfach gekrümmten, rautenförmigen Flächentragwerk zusammengesetzt werden. Die gleichartigen Lamellen werden dabei so angeordnet, dass jeweils auf eine über zwei Rautenfelder durchgehende Lamelle mittig zwei andere Lamellen stoßen. Die auf die durchgehende Lamelle treffenden Lamellenenden haben einen schrägen Stirnflächenzuschnitt und werden an dieser Stelle mit einem zentralen Schraubenbolzen verbunden. Auf Zollinger geht auch die Idee von „Gusshäu-

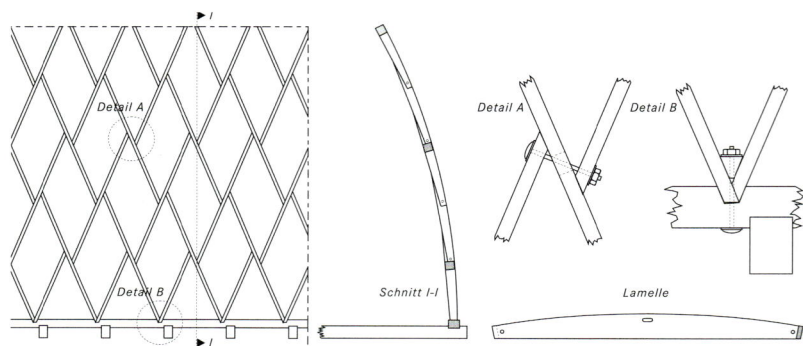

Zollinger-Bauweise

sern" (gemeint ist die Herstellung der Wände aus Schüttbeton) zurück. Er errichtete in Merseburg kostengünstige Gusshäuser, die in „Zollbau-Lamellen-Bauweise" überdacht wurden.

Zuppinger-Rad

Das nach seinem Erfinder benannte Wasserrad hat im Gegensatz zu Zellenrädern gewölbte Schaufeln, die seitlich keine Begrenzung haben.

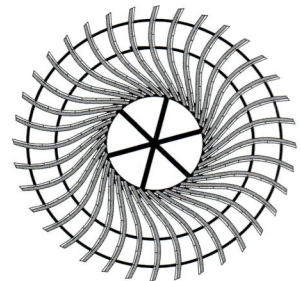

zwei- bzw. einflutige Pumpen

Bei zweiflutigen Pumpen sind zwei Pumpen in einem Pumpengehäuse mit dem Ziel größerer Pumpleistung parallel geschaltet. Das Wasser strömt durch zwei Saugrohre den beiden auf einer Welle sitzenden Pumpen-*Laufrädern* zu, wird dann aber auf der Druckseite zu einem - gemeinsamen Pumpförderstrom in einem Rohr vereinigt. Bei einflutigen Pumpen wird das Wasser über ein Saugrohr und ein Pumpen-*Laufrad* dem Druckrohr zugeführt.

Bauwerke, die nicht eigens beschrieben werden, sondern auf die nur in der Beschreibung eines entsprechenden Bauwerks verwiesen wird, werden in diesem Register ohne Seitenzahl aufgeführt.

Personen bzw. Körperschaften

Architekturbüro Heinle, Wischer und Partner, Stuttgart: Seite 405

Barthel, Rainer; München: Seite 430

Bauamt Langenburg: Seite 211

Bodensee-Wasserversorgung, Stuttgart: Seiten 632, 633, 634, 635 (o.), 635 (u.), 636, 637 (alle Abb.)

Buchter, Jürgen; Wendlingen: Seite 663

DB Projekt GmbH „Stuttgart 21"; Stuttgart: Seite 291

Deutsche Bahn AG, Karlsruhe: Seiten 24, 44, 45, 47 (o.), 59, 120, 149, 227

Deutsche Bahn AG, Stuttgart: Seiten 33 (o.), 33 (m.), 71, 141 (o.), 144 (alle Abb.), 213 (o.)

Disch, Rolf; Freiburg i. Br.: Seiten 397 (o.), 397 (u.), 398

Ed. Züblin AG, Stuttgart: Seiten 253 (o.), 254, 372, 373, 374

Energie Baden-Württemberg AG, Stuttgart: Seiten 527 (alle Abb.), 606, 607, 667, 668, 669

Energie- und Wasserwerke Rhein-Neckar AG, Mannheim: Seite 513 (alle Abb.)

Fernmeldetechnisches Zentralamt, Darmstadt: Seite 495 (alle Abb.)

Forstdirektion Karlsruhe: Seite 105 (o.), 105 (u.)

Gemeinde Bisingen-Wessingen: Seiten 647, 648

Gemeinde Eriskirch-Gmünd: Seite 650

Gemeinde Forbach: Seiten 55, 56 (o.), 56 (u.)

Gemeinde Gaienhofen: Seiten 651, 652

Gemeinde Inzigkofen: Seite 99 (o.), 99 (u.)

Hajdu, Rose; Stuttgart: Seiten 82, 160, 204, 208, 218, 458, 520, 533, 586

Hammelehle, Heiko; Stuttgart: Seiten 37, 47 (u.), 231, 396

Handschuh, Rainer; Ellwangen: Seiten 237, 675

Hohenzollerische Landesbahn AG, Hechingen: Seite 165

Informationsdienst Holz, Düsseldorf: Seiten 299, 304, 305 (o.), 305 (u.), 306, 465, 466 (alle Abb.)

Ingenieurbüro Burkard, Zimmern o. R.: Seite 350

Ingenieurbüro Fritz Weiß, Freiburg i. Br.: Seite 546

Ingenieurbüro Großmann, Göttingen: Seite 331

Ingenieurbüro Kirsch, Stuttgart-Vaihingen: Seite 333 (u.)

Ingenieurbüro Leonhardt, Andrä und Partner, Stuttgart: Seite 195 (o.), 415 (alle Abb.)

Ingenieurbüro Peter und Lochner, Stuttgart: Seiten 370, 530

Ingenieurbüro Schlaich, Bergermann und Partner, Stuttgart: Seiten 132 (alle Abb.), 187 (alle Abb.), 191 (alle Abb.), 198, 199, 326, 327, 341 (o.), 384, 386, 387, 390, 391 (o.), 391 (u.), 478, 479, 670

Ingenieurbüro Tabasaran & Partner, Stuttgart: Seiten 645, 646

Ingenieurbüro Stoelcker, Theobald, von Lampe; Kirchzarten: Seite 314

Ingenieurbüro Walter Flößer, Bad Säckingen: Seiten 73, 154, 155, 436, 437 (o. l.), 437 (o. r.), 437 (u.)

Institut für internationale Architektur-Dokumentation GmbH, München: Seite 423

Institut für Konstruktion und Entwurf II, Universität Stuttgart: Seiten 107, 125, 130, 131, 134, 135, 138 (o.), 138 (u.), 140, 162, 166, 171 (m.), 173, 175–177, 179, 180, 181, 184, 185 (o. r.), 186, 188 (o.), 188 (u.), 189 (o. l.), 189 (o. r.), 189 (m. l.), 190 (o.), 190 (u.), 192, 193, 220, 296, 539

Institut für Siedlungswasserbau, Wassergüte- und Abfallwirtschaft, Universität Stuttgart: Seiten 649, 653, 657–659

Junginger, Gunther; Kuchen/Fils: Seiten 57, 58, 60, 81, 98, 106, 141, 142 (u.), 172, 210, 216

Käser, Jürgen; Berlin: Seiten 30, 35, 143, 287, 300, 301, 303, 316, 320, 321, 348, 349, 351, 352 (alle Abb.), 353 (o.), 411, 412, 416, 418, 426, 429, 434, 443, 444, 445 (alle Abb.), 446 (l.), 446 (r.), 447–453, 543

Kleinschmidt, Per Manfred; Stuttgart: Seiten 322, 323 (o.), 323 (u.)

Kraftwerk Laufenburg, Laufenburg/Baden: Seiten 525, 578, 579 (o.), 579 (u.), 580

Kühfuss, Martin; Berlin: Seiten 312, 332, 333 (o.), 362, 363

Kur- und Bäderamt der Stadt Stuttgart: Seite 366

Landesamt für Straßenwesen: Seiten 225 (alle Abb.), 243 (alle Abb.), 245 (alle Abb.), 246

Landesbildstelle Württemberg, Stuttgart: Seite 394

Landeshauptstadt Stuttgart: Seiten 375–378

Landesvermessungsamt Baden-Württemberg, Stuttgart: Seite 274

Landeswasserversorgung, Stuttgart: Seiten 627, 628, 629 (alle Abb.), 630, 631

Landratsamt Böblingen: Seiten 643, 644

Lehrer, Joachim; Tübingen: Seite 660

Lichtenfels, Achim; Stuttgart: Seiten 531, 532

Luftbild Brugger, Leinfelden-Echterdingen: Seiten 529, 611

Luftbild Elsäßer, Stuttgart: Seiten 564, 575, 615

LZ-Archiv, c/o Zeppelin Museum, Friedrichshafen: Seite 295

Mero-Raumstruktur, Würzburg: Seite 353 (u.)

Moniteurs, Berlin: Seiten 283, 288, 722–735

Neckarwerke Stuttgart AG, Stuttgart: Seite 662

Regierungspräsidium Karlsruhe: Seite 61

Regierungspräsidium Freiburg i. Br.: Seite 31

Regierungspräsidium Tübingen: Seiten 36 (o.), 36 (m.), 203

Regierungspräsidium Stuttgart: Seiten 137 (alle Abb.), 157, 161

Rheinkraftwerk Iffezheim, Iffezheim: Seiten 560–562

Schäfer, Jürgen; Stuttgart: Seiten 459, 467, 471, 472, 481 (l.), 499, 504, 506, 512, 514, 516

Schluchseewerk AG, Freiburg i. Br.: Seite 599 (o.), 599 (u.)

Schwäbischer Albverein, Stuttgart: Seiten 468, 469 (u.), 470 (alle Abb.)

Siebel, Rüdiger; Neu-Isenburg: Seiten 553, 554, 558, 568, 570, 572, 574, 576, 582, 583, 617, 623–625, 679–698 (alle Abb.)

Stadt Diessenhofen (CH): Seite 75 (o.), 75 (m.)

Stadt Göppingen: Seiten 318, 319, 503 (alle Abb.)

Stadt Karlsruhe: Seite 101

Stadt Waiblingen: Seite 217 (alle Abb.)

Stadtwerke Pforzheim: Seite 542

Südwestdeutsche Salzwerke AG, Bad Friedrichshall-Kochendorf: Seite 258

Tiefbauamt der Stadt Freiburg i. Br.: Seiten 65 (o.), 65 (u.), 67 (o.)

Tiefbauamt der Stadt Heidelberg: Seite 84 (o.), 84 (m.)

Tiefbauamt der Stadt Stuttgart: Seiten 171 (o.), 171 (u.), 250 (alle Abb.), 251, 642, 654 (l.)

Volksschauspiele Ötigheim: Seiten 344, 345

Wasserversorgungsverband Neckarhausen, Edingen-Neckarhausen: Seite 501 (o. l.), 501 (u. l.)

Wayss & Freytag AG, Frankfurt/Main: Seiten 401, 402, 403 (o.), 403 (u.), 404

Bücher

ACKERMANN, K.; *Geschossbauten für Gewerbe und Industrie:* Seite 317 (alle Abb.)

Autobahnamt Baden-Württemberg (Hrsg.); *Der Albaufstieg – 1955/57:* Seiten 266, 267

Bauunternehmung A. Kunz & Co. (Hrsg.); *Türme:* Seiten 485 (r.), 493 (l.)

BAYER, H.-J. / SCHUSTER, G.; *Besucherbergwerk Tiefer Stollen:* Seiten 255, 256 (u.), 257

Beratungsstelle für Stahlverwendung; *Gittermaste für Hochspannungsleitungen:* Seite 523

BEYE, P.; *Schwäbische Maler um 1900:* Seite 260

BOEYNG, U.; *Eiserne Eisenbahnbrücken in Baden-Württemberg:* Seiten 48, 114 (u.)

BOYKEN, I.; *Gestaltetes Eisen,* in: *Erhalten historisch bedeutsamer Bauwerke:* Seiten 475 (r.), 477 (r.)

BRÜCKNER, H. (Hrsg.); *Handbuch der Gasindustrie ... :* Seite 541

Bundesminister für Verkehr (Hrsg.); *Steinbrücken in Deutschland:* Seiten 52, 83, 110 (o.), 112 (o.), 152, 153, 159

Bundesminister für Verkehr u. a. (Hrsg.); *Bundesautobahn Heilbronn–Würzburg:* Seite 232 (alle Abb.)

Bundesminister für Verkehr u. a. (Hrsg.); *Bundesautobahn A6 Heilbronn–Nürnberg:* Seite 78

Bundesminister für Verkehr u. a. (Hrsg.); *Aichelberg – A8 Karlsruhe–München:* Seiten 264, 265

Bundesminister für Verkehr u. a. (Hrsg.);
Bundesautobahn A 81 Stuttgart–Singen: Seiten 146,
147 (alle Abb.), 229 (alle Abb.), 230, 238 (alle Abb.)

Bundesminister für Verkehr u. a. (Hrsg.);
*Festschrift zur Verkehrsübergabe der Straßenbrücke
über den Rhein zwischen Weil/Rh. und Hüningen/
Neudorf ... :* Seiten 222, 223 (alle Abb.)

Die Stuttgarter Kunst der Gegenwart; Vorkriegs-
exemplar, Autor und Verlag unbekannt: Seite 292

DÖRFLER, H. / MAYER, R.;
Ulm, eine lebendige Stadt: Seite 438

GALL, W.; *Malerei des 20. Jahrhunderts:*
Seiten 454, 640

GROSSMANN, G.U.; *Der Fachwerkbau ... :*
Seite 442 (alle Abb.)

HECK, W.; *Der Hafen Mannheim:*
Seiten 565, 567 (alle Abb.)

HEINLE, E. / LEONHARDT, F.;
Türme aller Zeiten – aller Kulturen: Seite 421

HOLGATE, A.; *The Art of Structural Engineering ... :*
Seite 167 (alle Abb.)

KIRSCH, K.; *Kleiner Führer durch
die Weissenhofsiedlung:* Seite 409

KRIENS, H. / GOER, M. / SCHMIDT, L./
HAJDU, R.; *Mühle und Fabrik, ... :* Seite 51

KUNZE, K.; *Himmel in Stein –
Das Freiburger Münster:* Seite 422

Landeshauptstadt Stuttgart (Hrsg.); *Wir sorgen
für klare Verhältnisse – Hauptklärwerk Stuttgart-
Mühlhausen:* Seiten 654/655 (o.), 655 (u.),
656 (alle Abb.)

LEONHARDT, F.; *Brücken:*
Seiten 76, 88, 124, 133, 224, 228

MERKL, G. / BAUR, A. / GOCKEL, B. /
MEVIUS, W.; *Historische Wassertürme:*
Seiten 505 (alle Abb.), 507, 515, 521

MÖRSCH, E.; *Brücken aus Stahlbeton
und Spannbeton ... :* Seiten 89, 205

MÜLLER, U.; *Die Wutachtalbahn ... :*
Seiten 275, 276, 277, 280/281

NAGEL, G.; *Erwin Starker:* Seiten 18, 548

Neckar-AG u. a. (Hrsg.); *Großschiffahrtsstraße
Neckar:* Seite 557

Neckarwerke Elektrizitätsversorgungs-AG (Hrsg.);
Laufwasserkraftwerk Oberriexingen: Seite 571

POTTGIESSER, H.; *Eisenbahnbrücken aus zwei
Jahrhunderten:* Seite 169 (o.)

RAMM, E. / SCHUNCK, E.; *Heinz Isler Schalen:*
Seiten 297 (o.), 297 (u.), 347 (alle Abb.)

REINHARDT, B.; *Reinhold Nägele:* Seite 392

SCHARF, H.-W. / WOLLY, B.;
Die Höllentalbahn ... : Seiten 90, 119

SCHEFOLD, K. / NEHER, A.; *50 Jahre
Autobahnen in Baden-Württemberg:* Seite 123

SCHEFOLD, K.; *Autobahnen im Wandel der Zeit ... :*
Seiten 121, 145, 242, 244, 263

Schluchseewerk AG (Hrsg.); *50 Jahre Schluchseewerk AG Freiburg:* Seiten 587, 588 (l.), 588 (r.),
591 (alle Abb.), 592, 593, 596–598, 600,
602 (alle Abb.), 603

Schriftenreihe der Straßenbauverwaltung Baden-
Württemberg; *Kreativ planen, Ideenwettbewerbe
bei der Straßenplanung, Projekt B30 Umgehung
Ravensburg:* Seiten 268, 269 (alle Abb.)

Schriftenreihe; *Stahl und Form:* Seiten 308, 309,
328, 329, 334, 335, 336 (alle Abb.), 339, 340 (o.),
340 (u.), 341 (u.), 358, 359, 389

SETZLER, W.; *Von Menschen und Maschinen ... :*
Seiten 234, 556

St. Blasien/Schwarzwald, Verlag Schnell & Greiner:
Seite 432

Stuttgarter Straßenbahnen AG, Landeshauptstadt
Stuttgart (Hrsg.); *Stadtbahn Stuttgart:*
Seiten 270, 271

Technische Werke Stuttgart (TWS) (Hrsg.);
Stuttgart und das Gas: Seite 248 (u.)

WALTHER, R.; *Schrägseilbrücken:*
Seite 215 (alle Abb.)

Wasser- und Schiffahrtsdirektion Südwest u. a.
(Hrsg.); *Kulturwehr Kehl, Straßburg:*
Seiten 621 (alle Abb.), 622

Wasserverband Kocher-Lein (Hrsg.);
*Hochwasserschutz, Landschaftspflege,
Naherholung:* Seite 616

WÖRNER, M. / LUPFER, G.;
Stuttgart – ein Architekturführer: Seite 453 (o.)

Zeitschriften

Bauen mit Holz: Seiten 178 (alle Abb.), 313, 354, 355 (alle Abb.), 356

Bauwelt: Seite 406

Bauzeitung für Württemberg, Baden, Hessen und Elsaß Lothringen: Seite 473 (alle Abb.)

Beton: Seiten 407 (o.), 407 (u.), 664

Beton und Eisen: Seiten 122 (alle Abb.), 367

Beton- und Stahlbetonbau: Seiten 26, 38 (o.), 38 (u.), 39, 49 (u.), 50, 87, 108 (o.), 108 (u.), 163 (alle Abb.), 182, 183, 185 (o. l.), 185 (m. l.), 201 (alle Abb.), 371, 419, 420, 483 (alle Abb.), 487 (alle Abb.), 488 (alle Abb.), 490 (alle Abb.), 511 (o.), 517

Denkmalpflege in Baden-Württemberg: Seite 435 (alle Abb.)

Der Bauingenieur: Seiten 207 (alle Abb.), 221 (alle Abb.), 584, 609

Der Oberrhein im Wandel: Seite 620

Der Stahlbau: Seiten 41, 96 (o.), 96 (u.), 97, 126 (alle Abb.), 128, 209

Deutsche Bauzeitung: Seiten 197, 302, 311 (u.), 325, 400 (alle Abb.), 433 (alle Abb.), 461 (u.), 534

Die Bautechnik: Seiten 91–93, 174

Glasforum: Seite 383 (l.)

GWF-Wasser/Abwasser: Seite 613

Ingenieurbauwerke ibw: Seiten 239, 240

Tiefbau, Ingenieurbau, Straßenbau: Seite 28

Wasserwirtschaft: Seite 612

Zeitschrift des Vereins Deutscher Ingenieure: Seite 116 (alle Abb.)

Zeitschrift für das Bauwesen: Seite 142 (o.)

Zeitschrift für das Post- und Fernmeldewesen: Seite 498 (l.)

Zement-Kalk-Gips: Seite 537

Züblin-Rundschau: Seiten 666, 674

Alle übrigen Bilder stammen von den Verfassern.

Brücken

BAY, H.
*Lernen und Reifen – Vom Erlebnis
moderner Bautechnik*
Beton-Verlag, Düsseldorf 1969

BECK, B.
Schwäbische Eisenbahn
Verlag Gebr. Metz, Tübingen 1989

BILLINGTON, D. P.
Robert Maillart und die Kunst des Stahlbetonbaus
Verlag für Architektur Artemis, Zürich 1989

BOEYNG, U.
Eiserne Eisenbahnbrücken in Baden-Württemberg
Konrad Theiss Verlag, Stuttgart 1995

BONATZ, P. / LEONHARDT, F.
Brücken
Karl Robert Langewiesche-Verlag,
Königstein im Taunus 1956

BRAUN, R. u. a.
Industriearchitektur in Karlsruhe
Stadtarchiv Karlsruhe (Hrsg.), 1987

Bundesbahndirektion Karlsruhe u. a. (Hrsg.)
*Festschrift zum 75-jährigen Jubiläum
der Murgtalbahn*
Karlsruhe 1985

Bundesminister für Verkehr u. a. (Hrsg.)
Bundesautobahn Heilbronn–Würzburg
Stuttgart 1974

Bundesminister für Verkehr u. a. (Hrsg.)
Bundesautobahn A 81 Stuttgart–Singen
Stuttgart 1978

Bundesminister für Verkehr (Hrsg.)
Steinbrücken in Deutschland
Beton-Verlag, Düsseldorf 1988

FOERSTER, M. (Hrsg.)
Taschenbuch für Bauingenieure
Band I und II, Springer-Verlag, Berlin 1928

FREESE, J. / GOTTWALDT, A. B.
Die Eisenbahn durchs Höllental
Transpress Verlag, Berlin 1994

FUCHTMANN, E.
Stahlbrückenbau
Deutsches Museum, München 1983

HEINRICH, B.
Brücken – Vom Balken zum Bogen
Rowohlt Taschenbuch Verlag,
Reinbek bei Hamburg 1983

Hohenzollerische Landesbahn AG (Hrsg.)
*Hohenzollerische Landesbahn AG –
Von der Gründungszeit bis heute*
Hechingen 1987

HOLGATE, A.
*The Art of Structural Engineering –
The Work of Jörg Schlaich and his Team*
Edition Axel Menges, Stuttgart 1997

HORN, T.
Gedeckte Holzbrücken, Zeugen alter Holzbaukunst
Eigenverlag Trude Horn, Klagenfurt 1980

KRIENS, H. / GOER, M. / SCHMIDT, L. / HAJDU, R.
*Brücke, Mühle und Fabrik; Technische
Kulturdenkmale in Baden-Württemberg*
Konrad Theiss Verlag, Stuttgart 1991

KUNTZEMÜLLER, A.
Die Badischen Eisenbahnen
G. Braun-Verlag, Karlsruhe 1953

LAMPRECHT, H.-O. u. a. (Hrsg.)
Beton Lexikon
Beton-Verlag, Düsseldorf 1990

Landesamt für Straßenwesen (Hrsg.)
A 96 München–Lindau, Umfahrung Wangen
Weka-Verlag, Kissing 1990

LEONHARDT, F.
Spannbeton für die Praxis
3. Auflage, Verlag Ernst & Sohn, Berlin 1973

LEONHARDT, F.
Brücken
DVA, Stuttgart 1982

MIHAILESCU, P.-M. u. a.
Vergessene Bahnen in Baden-Württemberg
Konrad Theiss Verlag, Stuttgart 1985

Ministerium für Umwelt und Verkehr
Baden-Württemberg (Hrsg.)
Brücken verbinden – Ingenieurbauwerke an Straßen
Schriftenreihe der Straßenbauverwaltung, Heft 6,
Stuttgart 1997

MÖRSCH, E.
*Brücken aus Stahlbeton und Spannbeton –
Entwurf und Konstruktion*
6. Auflage, Verlag Konrad Wittwer, Stuttgart 1958

MÜHL, A. u.a.
Die Württembergischen Staatseisenbahnen
Konrad Theiss Verlag, Stuttgart 1970

POTTGIESSER, H.
Eisenbahnbrücken aus zwei Jahrhunderten
Birkhäuser Verlag, Basel 1985

RICKEN, H.
Der Bauingenieur
Verlag für Bauwesen, Berlin 1994

ROIK, K.-H. / ALBRECHT, G. / WEYER, U.
Schrägseilbrücken
Verlag Ernst & Sohn, Berlin 1986

SCHÄCHTERLE, K.
Der Brückenbau der Reichsautobahnen
Volk und Reich Verlag, Berlin 1942

SCHARF, H.-W. / WOLLNY, B.
*Die Höllentalbahn – Von Freiburg in den
Schwarzwald*
Eisenbahn-Kurier Verlag, Freiburg 1987

SCHEFOLD, K. / NEHER, A. (Hrsg.)
50 Jahre Autobahnen in Baden-Württemberg
2. Auflage, Landesamt für Straßenwesen,
Stuttgart 1990

SCHEFOLD, K.
*Autobahnen im Wandel der Zeit – gezeigt
am Beispiel Baden-Württemberg*
Staatsanzeiger für Baden-Württemberg,
Stuttgart 1996

SCHLAICH, J. / BERGERMANN, R.
Fußgängerbrücken
Katalog zur Ausstellung an der ETH Zürich, 1992

SETZLER, W.
*Von Menschen und Maschinen – Industriekultur
in Baden-Württemberg*
Verlag J. B. Metzler, Stuttgart 1998

SLOTTA, R.
*Technische Denkmäler in der Bundesrepublik
Deutschland*
Band 7, Deutsches Bergbau-Museum,
Bochum 1975

STIGLAT, K.
Brücken am Weg
Verlag Ernst & Sohn, Berlin 1997

TRAUTZ, M.
*Eiserne Brücken im 19. Jahrhundert in
Deutschland*
Werner-Verlag, Düsseldorf 1991

WALTHER, R.
Schrägseilbrücken
Beton-Verlag, Düsseldorf 1994

WITTFOTH, H.
Triumph der Spannweiten
Beton-Verlag, Düsseldorf 1972

Tunnel- und Bergbau

Bundesminister für Verkehr u.a. (Hrsg.)
Bundesautobahn A 81 Stuttgart–Singen
Stuttgart 1978

FOERSTER, M. (Hrsg.)
Taschenbuch für Bauingenieure
Band I und II, Springer-Verlag, Berlin 1928

KOLYMBAS, D.
Geotechnik, Tunnelbau und Tunnelmechanik
Springer-Verlag, Berlin 1997

Landesbergamt Baden-Württemberg (Hrsg.)
*Bericht des Landesbergamtes Baden-Württemberg
für das Jahr 1993*
Landesbergamt Baden-Württemberg,
Urachstraße 23, 79102 Freiburg

MAIDL, B.R.
Handbuch des Tunnelbaus und Stollenbaus
Band I und II, Verlag Glückauf, 1994 bzw. 1995

MAIDL, B.R. / JODL, H.G. / SCHMID, L.R. u.a.
Tunnelbau im Sprengvortrieb
Springer-Verlag, Berlin 1994

MAIDL, B.R. / HERRENKNECHT, M. /
ANHEUSER, L.
Maschineller Tunnelbau im Schildvortrieb
Verlag Ernst & Sohn, Berlin 1995

QUELLMELZ, F.
Die Neue Österreichische Tunnelbauweise
Bauverlag, 1986

SCHEFOLD, K.
*Autobahnen im Wandel der Zeit – gezeigt
am Beispiel Baden-Württemberg*
Staatsanzeiger für Baden-Württemberg,
Stuttgart 1996

SETZLER, W.
Von Menschen und Maschinen – Industriekultur in Baden-Württemberg
Verlag J. B. Metzler, Stuttgart 1998

SLOTTA, R.
Technische Denkmäler in der Bundesrepublik Deutschland
Band 3: Die Steinsalzindustrie, Deutsches Bergbau-Museum, Bochum 1980

STUVA-Studiengesellschaft für unterirdische Verkehrsanlagen e.V. u.a. (Hrsg.)
Unterirdisches Bauen in Deutschland 1995
STUVA, Matthisa-Brüggen-Straße 41, 50827 Köln

Straßen- und Bahnbau

BECK, B.
Schwäbische Eisenbahn
Verlag Gebr. Metz, Tübingen 1989

Bund-Deutscher-Architekten (BDA) u.a. (Hrsg.)
Renaissance der Bahnhöfe – Die Stadt im 21. Jahrhundert
Vieweg-Verlag, Braunschweig 1996

Bundesbahndirektion Karlsruhe u.a. (Hrsg.)
Festschrift zum 75-jährigen Jubiläum der Murgtalbahn
Karlsruhe 1985

Bundesminister für Verkehr
Bundesverkehrswegeplan 1992

Bundesminister für Verkehr u.a. (Hrsg.)
Bundesautobahn Heilbronn–Würzburg
Stuttgart 1974

Bundesminister für Verkehr u.a. (Hrsg.)
Bundesautobahn A81 Stuttgart–Singen
Stuttgart 1978

FONGER, M.
Transeuropäische Netze – Auf dem Weg zu einer gesamteuropäischen Infrastrukturplanung
Internationales Verkehrswesen, Heft 11, 1994

FREESE, J. / GOTTWALDT, A.B.
Die Eisenbahn durchs Höllental
Transpress Verlag, Berlin 1994

GEB/UIC
Das Transeuropäische Eisenbahnnetz – Züge für Europa
GEB/UIC, Oktober 1995

Hohenzollerische Landesbahn AG (Hrsg.)
Hohenzollerische Landesbahn AG – Von der Gründungszeit bis heute
Hechingen 1987

KRIENS, H. / GOER, M. / SCHMIDT, L. / HAJDU, R.
Brücke, Mühle und Fabrik; Technische Kulturdenkmale in Baden-Württemberg
Konrad Theiss Verlag, Stuttgart 1991

KUNTZEMÜLLER, A.
Die Badischen Eisenbahnen
G. Braun-Verlag, Karlsruhe 1953

Landesamt für Straßenwesen (Hrsg.)
A96 München–Lindau, Umfahrung Wangen
Weka-Verlag, Kissing 1990

MORLOCK, G. VON
Die Königlich-Württembergischen Staatseisenbahnen
Stuttgart 1980

MÜHL, A. u.a.
Die Württembergischen Staatseisenbahnen
Konrad Theiss Verlag, Stuttgart 1970

SCHÄCHTERLE, K.
Der Brückenbau der Reichsautobahnen
Volk und Reich Verlag, Berlin 1942

SCHARF, H.-W. / WOLLNY, B.
Die Höllentalbahn – Von Freiburg in den Schwarzwald
Eisenbahn-Kurier Verlag, Freiburg 1987

SCHARF, H.-W. / WOLLNY, B.
Die Gäubahn – Von Stuttgart nach Singen
Eisenbahn-Kurier Verlag, Freiburg 1992

SCHEFOLD, K. / NEHER, A. (Hrsg.)
50 Jahre Autobahnen in Baden-Württemberg
2. Auflage, Landesamt für Straßenwesen, Stuttgart 1990

SCHEFOLD, K.
Autobahnen im Wandel der Zeit – gezeigt am Beispiel Baden-Württemberg
Staatsanzeiger für Baden-Württemberg, Stuttgart 1996

SCHLEUNING, H.
Stuttgarter Handbuch
Konrad Theiss Verlag, Stuttgart 1985

SCHUHKRAFT, H.
Stuttgarter Straßengeschichte(n)
Silberburg-Verlag, Stuttgart 1986

SCHULZE, C.
Eisenbahnstrecken in Baden-Württemberg –
Merkmale, die Bau und Betrieb beeinflussen
Vertieferarbeit in der Abteilung Eisenbahnwesen
des Instituts für Straßen- und Eisenbahnwesen,
Universität Karlsruhe, Karlsruhe 1995

SEIDEL, K.
Die Remsbahn – Schienenwege in Ostwürttemberg
Konrad Theiss Verlag, Stuttgart 1987

Stuttgarter Straßenbahnen AG (SSB) u.a. (Hrsg.)
Stadtbahn Stuttgart
Stuttgart 1990

SUPPER
Die Entwicklung des Eisenbahnwesens im
Königreich Württemberg
Stuttgart 1895

Hallen und Dächer

BÜTTNER, O. / HAMPE, E.
Bauwerk, Tragwerk, Tragstruktur...
Verlag Ernst & Sohn, Berlin 1985

DINKELACKER, H. / MAYER-VORFELDER,
H.J./ MÜLLER, R.-A.
Vorspannung ohne Verbund bei auskragenden
Flachdecken eines Verwaltungs-Neubaus
Beton- und Stahlbetonbau, Heft 5, 1990

FOERSTER, M. (Hrsg.)
Taschenbuch für Bauingenieure
Band I und II, Springer-Verlag, Berlin 1928

HAHN, V.
Eduard Züblin – Leben und Wirken eines Ingenieurs
in der Entwicklungszeit des Stahlbetons
in: *Wegbereiter der Bautechnik*
VDI Verlag, Düsseldorf 1990

HEINLE, E. / SCHLAICH, J.
Kuppeln – aller Kulturen – aller Zeiten
DVA, Stuttgart 1996

HOLGATE, A.
The Art of Structural Engineering –
The Work of Jörg Schlaich and his Team
Edition Axel Menges, Stuttgart 1997

Informationsdienst Holz (Hrsg.)
Beispiele moderner Holzarchitektur
Holzwirtschaftlicher Verlag der Arbeits-
gemeinschaft Holz e.V., Düsseldorf 1990

JOEDICKE, J.
Schalenbau
Verlag Karl Krämer, Stuttgart 1962

JOEDICKE, J.
Architektur im Umbruch, Geschichte –
Entwicklung – Ausblick
DVA, Stuttgart 1980

KLOTZ, H. (Hrsg.)
Vision der Moderne – Das Prinzip Konstruktion
Prestel-Verlag, München 1986

KRIENS, H. / GOER, M. / SCHMIDT, L. / HAJDU, R.
Brücke, Mühle und Fabrik; Technische
Kulturdenkmale in Baden-Württemberg
Konrad Theiss Verlag, Stuttgart 1991

LAMPRECHT, H.-O. u.a. (Hrsg.)
Beton Lexikon
Beton-Verlag, Düsseldorf 1990

LUKERT, G.
Baugeschichte der Salinen in Baden-Württemberg
Dissertation, Tübingen; Stuttgart 1970

MESCHKE, H.-J.
Baukunst und -technik der hölzernen
Wölbkonstruktionen
Dissertation, TH Aachen, 1989

RAMM, E. / SCHUNCK, E.
Heinz Isler Schalen
Verlag Karl Krämer, Stuttgart 1989

Stahl-Informations-Zentrum (Hrsg.)
Acht Sporthallen – Entwicklung und Vergleich
Schriftenreihe: *Stahl und Form*
Stahl-Informations-Zentrum, Postfach 104842,
40039 Düsseldorf

STEINLE, A. / HAHN, V.
Bauen mit Betonfertigteilen im Hochbau
Verlag Ernst & Sohn, Berlin 1995

Wayss & Freytag AG (Hrsg.)
Papierfabrik Scheufelen in Oberlenningen (Württ.)
Technische Blätter der Wayss & Freytag AG,
Januar 1931

WINTER, K. / RUG, W.
Innovation im Holzbau – Die Zollinger-Bauweise
Bautechnik, Heft 4, 1992

WÖRNER, M. / LUPFER, G.
Stuttgart – Ein Architekturführer
Dietrich Reimer Verlag, Berlin 1991

Gebäude, Kirchen und Fachwerkhäuser

BIEDRZYNSKI, R.
Kirchen unserer Zeit
Hirmer Verlag, München 1958

BOLL, K.
Anordnung von Dehnfugen bei tragenden Skeletten des Hochbaus
Bautechnik, Heft 3, 1974

DÖRFLER, H. / MAYER, R.
Ulm, eine lebendige Stadt
Edm. von König-Verlag, Dielheim 1993

FOERSTER, M. (Hrsg.)
Taschenbuch für Bauingenieure
Band I und II, Springer-Verlag, Berlin 1928

GERNER, M.
Fachwerk – Entwicklung, Gefüge, Instandsetzung
DVA, Stuttgart 1994

GROSSMANN, G.U.
Der Fachwerkbau: Das historische Fachwerkhaus, seine Entstehung, Farbgebung, Nutzung und Restaurierung
DuMont, Köln 1986

HEINLE, E. / SCHLAICH, J.
Kuppeln – aller Kulturen – aller Zeiten
DVA, Stuttgart 1996

KÄHLERT, G. (Hrsg.)
Architektour – Bauen in Stuttgart seit 1900
Vieweg Verlag, Braunschweig 1991

KRIENS, H. / GOER, M. / SCHMIDT, L. / HAJDU, R.
Brücke, Mühle und Fabrik; Technische Kulturdenkmale in Baden-Württemberg
Konrad Theiss Verlag, Stuttgart 1991

KUNZE, K.
Himmel in Stein – Das Freiburger Münster
Herder Verlag, Freiburg i. Br. 1995

LAMPRECHT, H.-O. u.a. (Hrsg.)
Beton Lexikon
Beton-Verlag, Düsseldorf 1990

MESCHKE, H.-J.
Baukunst und -technik der hölzernen Wölbkonstruktionen
Dissertation, TH Aachen, 1989

OTTO, CH.
Architektur in Baden-Württemberg seit 1970
BDA, Stuttgart

PHLEPS, H.
Alemannische Holzbaukunst
Franz Steiner Verlag, Wiesbaden 1967

STEINLE, A. / HAHN, V.
Bauen mit Betonfertigteilen im Hochbau
Verlag Ernst & Sohn, Berlin 1995

WÖRNER, M. / LUPFER, G.
Stuttgart – Ein Architekturführer
Dietrich Reimer Verlag, Berlin 1991

Türme, Maste, Windkraftanlagen und Behälter

Bauunternehmung A. Kunz & Co. (Hrsg.)
Türme
München 1973

BOYKEN, I.
Gestaltetes Eisen
in: *Erhalten historisch bedeutsamer Bauwerke*
Sonderforschungsbereich 315,
Jahrbuch 1987, Universität Karlsruhe,
Verlag Ernst & Sohn, Berlin 1988

BRÜCKNER, H. (Hrsg.)
Handbuch der Gasindustrie – Die Gasspeicherung
Oldenbourg-Verlag, München 1954

DRECHSEL, W.
Turmbauwerke
Wiesbaden 1965

FOERSTER, M. (Hrsg.)
Taschenbuch für Bauingenieure
Band I und II, Springer-Verlag, Berlin 1928

HEINLE, E. / LEONHARDT, F.
Türme aller Zeiten – aller Kulturen
2. Auflage, DVA, Stuttgart 1990

IZE Informationszentrale der
Elektrizitätswirtschaft (Hrsg.)
Im Dreiländereck
Technik-Touren-Karte Nr. 11
IZE, Stresemannallee 23, 60569 Frankfurt/Main

KRIENS, H. / GOER, M. / SCHMIDT, L. / HAJDU, R.
Brücke, Mühle und Fabrik; Technische Kulturdenkmale in Baden-Württemberg
Konrad Theiss Verlag, Stuttgart 1991

LAMPRECHT, H.-O. u.a. (Hrsg.)
Beton Lexikon
Beton-Verlag, Düsseldorf 1990

MERKL, G. / BAUR, A. / GOCKEL, B. /
MEVIUS, W.
Historische Wassertürme
Oldenbourg-Verlag, München 1985

REINICKE, B. / MÜH, H.
Windenergienutzung auf der Schwäbischen Alb –
Errichtung eines Prototyps mit 55-kW-Darrieus-
Konverter
EVS AG, Stuttgart 1992

REINICKE, B. / MÜH, H.
Zwei Jahre Windenergienutzung auf der
Schwäbischen Alb – Erfahrungsbericht
EVS AG, Stuttgart 1992

SCHLAICH, J. / LEONHARDT, F.
Zur konstruktiven Entwicklung der Fernmelde-
türme in der Bundesrepublik Deutschland
in: *Jahrbuch des elektrischen Fernmeldewesens*
Verlag Georg Heidecker,
Bad Windsheim/Mittelfranken 1974

Schwäbischer Albverein (Hrsg.)
Die Aussichtstürme des Schwäbischen Albvereins
Verlag des Schwäbischen Albvereins e. V.,
Stuttgart 1991

SLOTTA, R.
Technische Denkmäler in der Bundesrepublik
Band 2, Deutsches Bergbau-Museum,
Bochum 1977

THALER, W.
Planung und Typisierung von Fernmeldetürmen
aus Stahlbeton
Sonderdruck aus der Zeitschrift für das Post- und
Fernmeldewesen, Heft 16, Josef Keller Verlag,
Starnberg 1965

Wasserbau, Wasserwirtschaft und Wasserversorgung

Arbeitsgemeinschaft Kinzig- und Wolfachtal (Hrsg.)
Wandern auf den Spuren der Flößer
Wanderkarte mit Begleitheft,
Verlag Gerhart Seeger, Freiburg i. Br.

DICKGIESSER, H.
Elektrische Regelenergie aus dem Schwarzwald
Wasserwirtschaft, Heft 3, 1991

Energieversorgung Schwaben AG (Hrsg.)
Wandern rund um den Strom
Teil 2, Stuttgart 1984

FRANKE, P. / FREY, W.
Talsperren in Deutschland
Hrsg.: Nationales Komitee für große Talsperren
in der Bundesrepublik Deutschland (DNK) und
Deutscher Verband für Wasserwirtschaft und
Kulturbau e. V. (DVWK), Berlin 1987

GIESECKE, J.
Wasserwirtschaftliche und betriebliche Aspekte
bei Hochwasserrückhaltebecken
Wasserwirtschaft, Heft 1, 1974

GIESECKE, J. / NEUMAYER, H. / RUPPERT, J.
Untersuchung des hydraulischen Antriebs einer
Mühle
Wasserwirtschaft, Heft 7 und 8, 1982

GIESECKE, J. / MOSONYI, E.
Wasserkraftanlagen
Springer-Verlag, Berlin 1997

GÜNTHER, J.
Erweiterung der Wasserkraftnutzung und
Berücksichtigung der Umweltprobleme am Neckar
Elektrizitätswirtschaft, Heft 24, 1991

HAGG, H.-P.
Zusätzliche Stromerzeugung aus Wasserkraft
am Neckar
Wasserwirtschaft, Heft 3, 1991

HECK. W.
Der Hafen Mannheim
in *Jahrbuch der Hafentechnischen*
Gesellschaft 39, 1982

HEIMERL, S.
Untersuchung zur intensiveren Nutzung der
Transportkapazitäten auf Binnenschiffahrtsstraßen
in Baden-Württemberg
Diplomarbeit, Institut für Wasserbau der Universität
Stuttgart, 1994

KELEN, N.
Die Staumauern
Springer-Verlag, Berlin 1926

KELEN, N.
Gewichtsstaumauern und massive Wehre
Springer-Verlag, Berlin 1933

KERN, K.
Restoration of lowland rivers: the german experience
in: *Lowland floodplain rivers – geomorphological*
perspectives
John Wiley & Sohns, Chichester 1992

KLEPSER, H.
Naturschutz, Landschaftspflege und Biotop-
vernetzung in der Donauaue
Limnologie aktuell, Band 2, 1994

MARX, W.
Stadt und Wasserkraft
Die alte Stadt, Heft 3, 1993

Ministerium für Wirtschaft, Mittelstand und
Technologie Baden-Württemberg (Hrsg.)
Wasserkraft in Baden-Württemberg
Stuttgart 1991

Ministerium für Ernährung, Landwirtschaft,
Umwelt und Forsten Baden-Württemberg (Hrsg.)
Neckar
Stuttgart 1992

Neckar-AG (Hrsg.)
Erweiterungsprogramm Wasserkraft,
Neckarwasserstraße Mannheim–Plochingen
Stuttgart 1992

PRESS, H.
Talsperren
Verlag Ernst & Sohn, Berlin 1958

Regierungspräsidien Tübingen und Freiburg (Hrsg.)
Rahmenvorstellungen zum Integrierten
Donau-Programm
Lebensraum Donau – Erhalten, Entwickeln;
Heft 1, 1994

Regierungspräsidium Tübingen (Hrsg.)
Leitbilder und Maßnahmen
Lebensraum Donau – Erhalten, Entwickeln;
Heft 5, 1995

Schluchseewerk AG (Hrsg.)
50 Jahre Schluchseewerk AG Freiburg (1928–1978)
Freiburg i. Br. 1978

Schluchseewerk AG (Hrsg.)
Schluchseewerk AG
Freiburg i. Br

Schluchseewerk AG (Hrsg.)
Regelenergie aus dem Schwarzwald
Freiburg i. Br. 1989

SETZLER, W.
Von Menschen und Maschinen – Industriekultur
in Baden-Württemberg
Verlag J. B. Metzler, Stuttgart 1998

Vedewa (Hrsg.)
125 Jahre Albwasserversorgung
Hinderer Verlag, Stuttgart 1995

Wasser- und Schiffahrtsverwaltung des Bundes
und Rheinkraftwerk Iffezheim GmbH (Hrsg.)
Ausbau des Rheins zwischen Kehl/Straßburg
und Neuburgweier/Lauterburg
Rastatt 1976

Abfall und Abwasser

Abwassertechnische Vereinigung (Hrsg.)
ATV-Handbuch – Biologische und weitergehende
Abwasserreinigung
4. Auflage, Verlag Ernst & Sohn, Berlin 1997

Abwassertechnische Vereinigung (Hrsg.)
ATV-Handbuch – Mechanische Abwasserreinigung
4. Auflage, Verlag Ernst & Sohn, Berlin 1997

Abwassertechnische Vereinigung (Hrsg.)
ATV-Handbuch – Klärschlamm
4. Auflage, Verlag Ernst & Sohn, Berlin 1996

Abwassertechnische Vereinigung (Hrsg.)
ATV-Handbuch – Planung der Kanalisation
4. Auflage, Verlag Ernst & Sohn, Berlin 1995

Abwasserzweckverband Nagold (Hrsg.)
Abwasserbeseitigungsanlagen
Nagold 1979

BILITEWSKI, B. / HÄRDTLE, G. / MAREK, K.
Abfallwirtschaft: eine Einführung
2. Auflage, Springer-Verlag, Berlin 1994

Landesamt für Umweltschutz
Baden-Württemberg (Hrsg.)
Altlasten – Erkunden, Bewerten und Sanieren
Landesanstalt für Umweltschutz
Baden-Württemberg, Bibliothek,
Griesbachstraße 3, 76185 Karlsruhe

TABASARAN, O.
Abfallwirtschaft, Abfalltechnik
Verlag Ernst & Sohn, Berlin 1997

THOMÉ-KOZMIENSKY, K.J.
Thermische Abfallbehandlung
EF-Verlag für Energie- und Umwelttechnik,
Berlin 1994

THOMÉ-KOZMIENSKY, K.J.
Biologische Abfallbehandlung
EF-Verlag für Energie- und Umwelttechnik,
Berlin 1995

THOMÉ-KOZMIENSKY, K.J.
Management der Kreislaufwirtschaft
EF-Verlag für Energie- und Umwelttechnik,
Berlin 1995

Wärmekraftwerke

Fachinformationszentrum Karlsruhe (Hrsg.)
BINE-Informationspakete
u. a.: *Bildungsführer Erneuerbare Energien;*
Blockheizkraftwerk; Wärmespeicher
Fachinformationszentrum Karlsruhe,
Büro Bonn, Mechenstraße 57, 53129 Bonn

HOLGATE, A.
The Art of Structural Engineering –
The Work of Jörg Schlaich and his Team
Edition Axel Menges, Stuttgart 1997

IZE Informationszentrale der
Elektrizitätswirtschaft e. V. (Hrsg.)
Technik-Touren
Tips für Technik-Trips
IZE, Stresemannallee 23,
60596 Frankfurt/Main

SCHLAICH, S. / SCHLAICH, J.
Erneuerbare Energien nutzen
Werner-Verlag, Düsseldorf 1991

STEFFEN, P.
Reiseführer Erneuerbare Energien
– Bundesrepublik Deutschland
Verlag TÜV Rheinland, Köln 1993

VGB Technische Vereinigung der
Großkraftwerksbetreiber (Hrsg.)
Bautechnik in Wärmekraftwerken
Verlag VGB-Kraftwerkstechnik, Essen 1993

Übersichtskarte
Baden-Württemberg

⌒ Brücken

⬛ Tunnel- und Bergbau

◢ Straßen- und Bahnbau

⌓ Hallen und Dächer

⬢ Gebäude, Kirchen, Fachwerkhäuser

I Türme, Maste, Windkraftanlagen
  und Behälter, Achterbahn

⬢ Wasserbau, -wirtschaft
  und -versorgung

↯ Abfall und Abwasser

⊯ Wärmekraftwerke

[ ] Verweis

Zahlen vor den Symbolen geben
die Anzahl von Bauwerken gleichen
Typs an.

722

Mannheim•
Heidelberg•

•Heilbronn

725

726 Karlsruhe•

•Stuttgart

729

•Kehl

•Ulm

730

•Freiburg

733

•Ravensburg

Kartengrundlagen:
Topografische Übersichtskarte
Baden-Württemberg 1:200 000
Reliefkarte
Baden-Württemberg 1:600 000
© Landesvermessungsamt
Baden-Württemberg
(http://www.lv-bw.de)
Az.: 5.13 / 1520

↓ S.726

Rhein

A 5

A 61

A 6

A 6   A 659

MANNHEIM
[⌒] ⛴ 3⚓ 🏛

**LUDWIGS-
HAFEN**

• Schriesheim
[🏰]

Edingen

A 656

HEIDELBERG
2 ⌒ ⌒ 🏛
[⛲]

Ketsch ⌒

• Leimen
⚓

Hockenheim ⌒
⚓

A 5

Philippsburg [🏭]
• Waghäusel
[⚓]

⌒
• Bruchsal   Zaisenhausen
•
[⌒]

Rhein

• Untergrombach
[🏛]

Main

Taub...

A 81

Obrigheim • • Mosbach
2

Neckar

Schöntal

Widdern •

Kocher

Lampoldshausen •

Sinsheim •

Bad Wimpfen [ ]

Möglingen a. K. •
[ ]

A 6

Untereisesheim [ ] •

Bad Friedrichshall •

Neckarsulm •

Öhringen •
[ ]

Weinsberg •

2 [ ]
Eppingen •
5 [ ]

HEILBRONN

Mainhardt •
[ ]

Brackenheim •

Neckarwestheim •

↓ S.728

Main

Jagst

Ingelfingen

Künzelsau

Unterregenbach

Langenburg

Kirchberg

Geislingen

Crailsheim

Schwäbisch Hall
2

STRASBOURG

Kehl

Rhein

A 35

OFFENBURG

Lahr

Seelbach

Rust

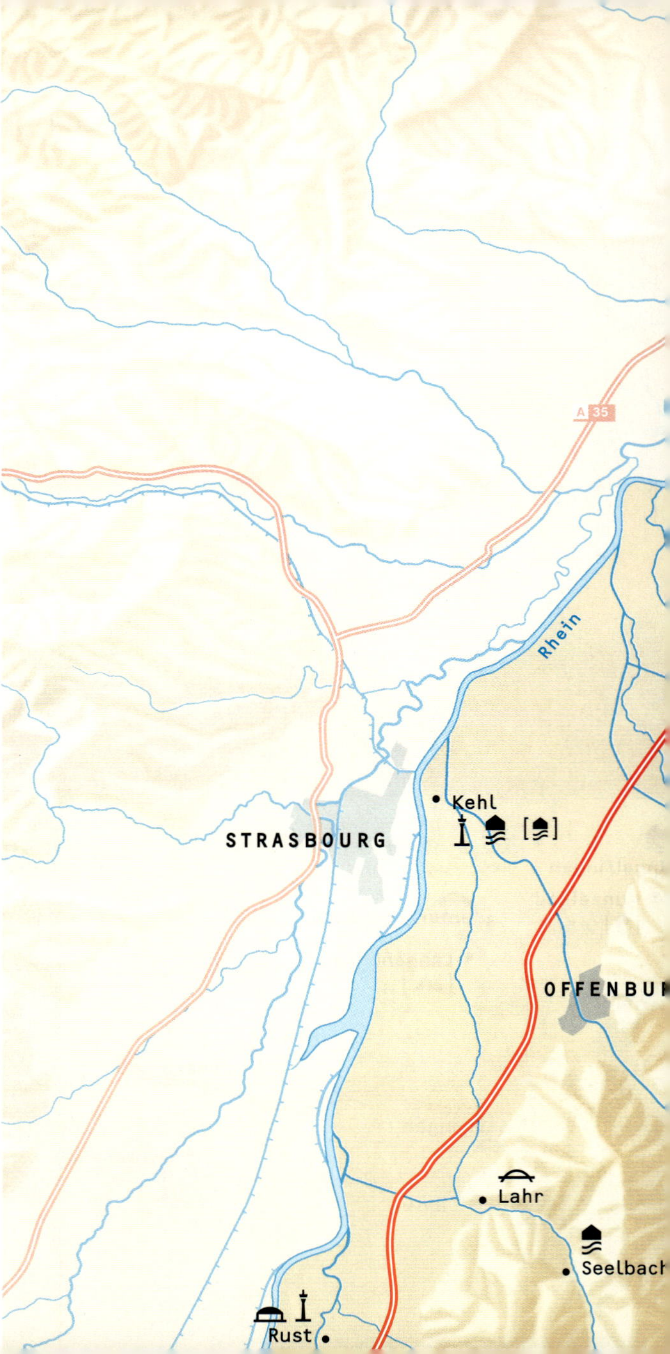

↓ S.730

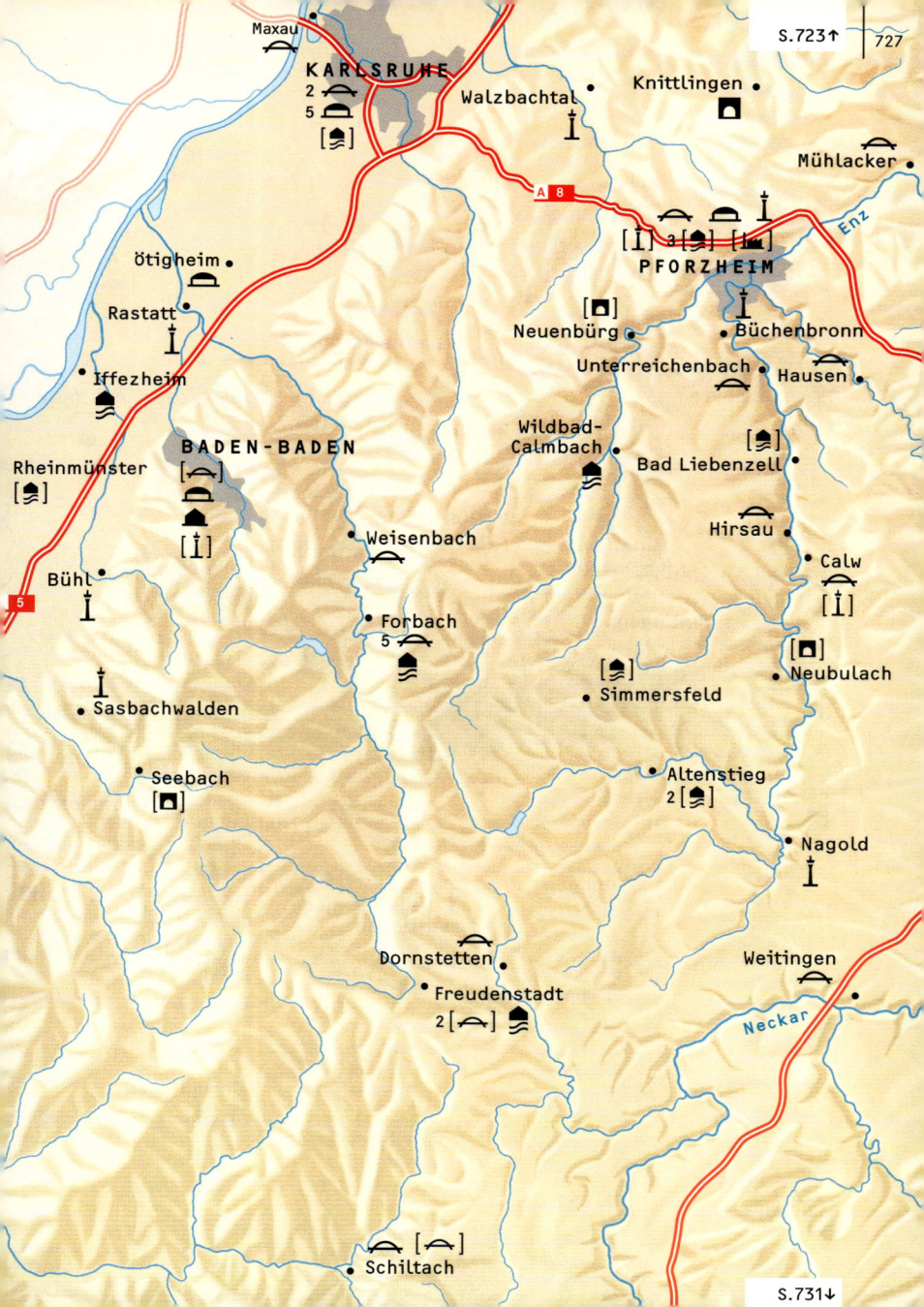

Maxau

KARLSRUHE
2
5
[ ]

Knittlingen

Walzbachtal

Mühlacker

A 8

Enz

[ ] 3 [ ] [ ]
PFORZHEIM

Ötigheim

Rastatt

[ ]
Neuenbürg

Büchenbronn

Iffezheim

Unterreichenbach

Hausen

Rheinmünster
[ ]

BADEN-BADEN
[ ]

Wildbad-Calmbach

[ ]
Bad Liebenzell

Weisenbach

Hirsau

Calw
[ ]

Bühl

Forbach
5

[ ]
Simmersfeld

[ ]
Neubulach

Sasbachwalden

Altenstieg
2 [ ]

Seebach
[ ]

Nagold

Dornstetten

Weitingen

Freudenstadt
2 [ ]

Neckar

Schiltach
[ ]

Oberstenfeld

Besigheim

A 81

Sulzbach

2 Bietigheim

Backnang

Kaisersbac

Oberriexingen

[ ] Markgröningen

Geisingen

Althütte

Möglingen

2 Ludwigsburg

Rudersberg

Schwieberdingen

[ ]

Kornwestheim [ ]

S-Mühlhausen

S. 181

S-Neugereut

Leonberg

[ ] A 8

Waiblingen

Schorndor

Stetten i. R.

[ ]

STUTTGART
siehe Seite 734

[ ]

2 5 [ ]

Ostfildern

Esslingen a. N.

[ ]

2 S. 172

Altbach

3

2 [ ]

Leinfelden
Echterdingen

Plochingen

[ ] [ ]

Sindelfingen

Böblingen

Köngen

[ ]

Stetten/F.

[ ]

Kirchheim

Steinenbronn

[ ]

[ ]

Waldenbuch

Aichtal

Neckar

A 81

Herrenberg

Lenningen

Wiesensteig

[ ]

Tübingen

Mühlhausen i.T

2

[ ]

[ ]

Glems

Reutlingen

[ ]

Neckar

Bad Urach

Rottenburg

[ ]

Pfullingen

Gomadingen

[ ]

Bisingen

A 7

Ellwangen
[♨]

Gschwend

Abtsgmünd

Aalen

Alfdorf
[ⓘ] [♨]

Heubach
[ⓘ] [♨]

Neresheim

Göppingen
[ⓘ]

Böhmenkirch

Heidenheim

Giengen

Bad Überkingen
[♨]

Geislingen

Aufhausen

A 7

A 8

Langenau

Heroldstatt

Herrlingen
[⌂]

Blaubeuren
[♨]

U L M
2 ♨ 2 ▲ [▲] ⓘ

Teuringshofen

Donau

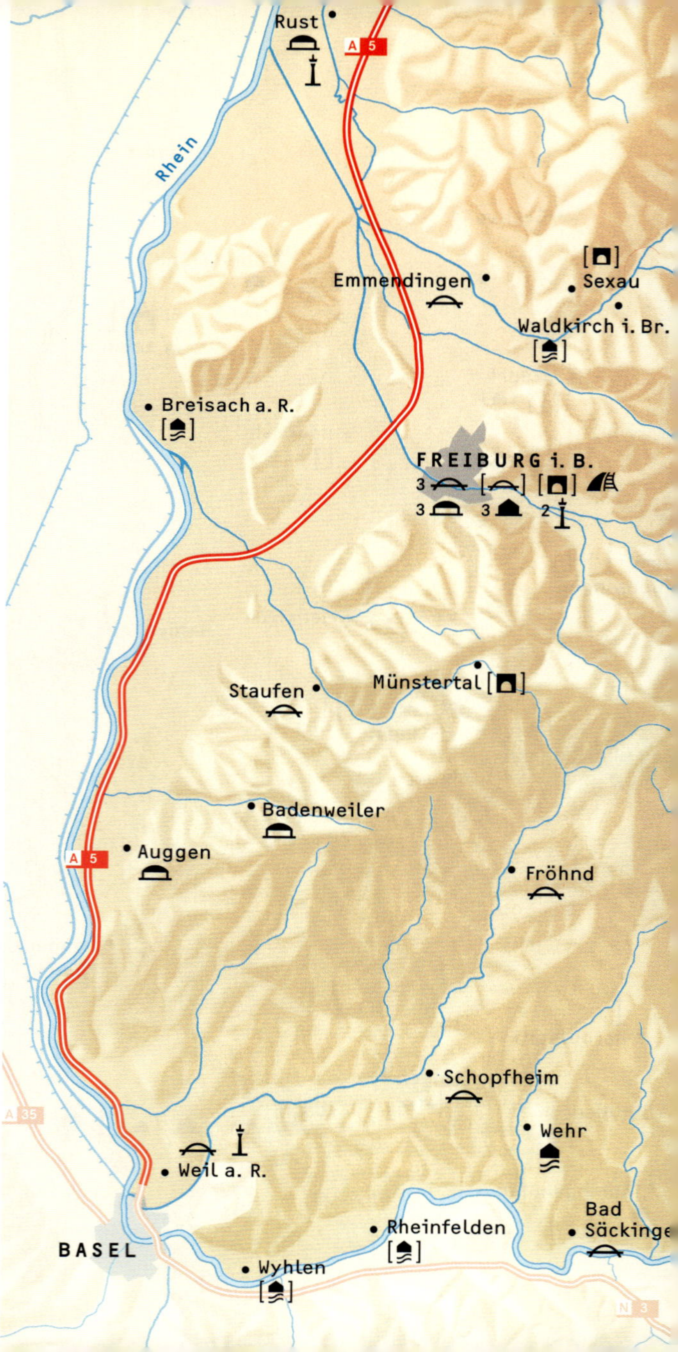

Rust

A 5

Rhein

Emmendingen

[◻] Sexau

Waldkirch i. Br.
[♨]

Breisach a. R.
[♨]

FREIBURG i. B.
3 ⌂ [⌂] [◻]
3 ⌂ 3 ◼ 2 ⌇

Staufen

Münstertal [◻]

Badenweiler

A 5 Auggen

Fröhnd

A 35

Schopfheim

Wehr
♨

Weil a. R.

BASEL

Rheinfelden
[♨]

Bad
Säckinge

Wyhlen
[♨]

N 3